BERLINER
ASTRONOMISCHES JAHRBUCH

FÜR

1957

182. JAHRGANG

HERAUSGEBER

ASTRONOMISCHES RECHENINSTITUT
DER DEUTSCHEN AKADEMIE DER WISSENSCHAFTEN ZU BERLIN
UND
ASTRONOMISCHES RECHENINSTITUT ZU HEIDELBERG

1955

AKADEMIE-VERLAG · BERLIN

Astronomische Zeichen und Abkürzungen

Bezeichnung der Wochentage

☉	Sonntag
☾	Montag
♂	Dienstag
☿	Mittwoch
♃	Donnerstag
♀	Freitag
♄	Sonnabend

Adspekten

☌	Konjunktion
□	Quadratur
☍	Opposition

Mondphasen

●	Neumond
☽	Erstes Viertel
○	Vollmond
☾	Letztes Viertel

☊ Aufsteigender } Knoten
☋ Absteigender } Knoten

Zeichen des Tierkreises und der Himmelskörper

♈	Widder	0 Grad		
♉	Stier	30 »	☉	Sonne
♊	Zwillinge	60 »	☾	Mond
♋	Krebs	90 »	☿	Merkur
♌	Löwe	120 »	♀	Venus
♍	Jungfrau	150 »	♁	Erde
♎	Waage	180 »	♂	Mars
♏	Skorpion	210 »	♃	Jupiter
♐	Schütze	240 »	♄	Saturn
♑	Steinbock	270 »	♅	Uranus
♒	Wassermann	300 »	♆	Neptun
♓	Fische	330 »	♇	Pluto

Herausgeber: Astronomisches Recheninstitut der Deutschen Akademie der Wissenschaften zu Berlin und Astronomisches Recheninstitut zu Heidelberg. Verantwortlich für den Inhalt: Prof. Dr. A. Kahrstedt, Berlin-Lichterfelde-West, und Prof. Dr. W. Fricke, Heidelberg. Verlag: Akademie-Verlag GmbH, Berlin W 8, Mohrenstraße 39; Fernsprecher: Sammelnummer 20 03 86; Postscheckkonto: Berlin 350 21. Bestell- und Verlagsnummer dieses Werkes: 1004/182. Preis: 12 DM. Druck: (III/9/1) Sächsische Zeitung, Verlag und Druckerei, Dresden N 23. 4371. Veröffentlicht unter Lizenz-Nr. 1210 des Amtes für Literatur und Verlagswesen der Deutschen Demokratischen Republik. Karten: MdI der DDR Nr. 2031/K 11

Vorwort

Vom Jahrgang 1916 an ist der fundamentale Meridian, auf den alle Angaben des Jahrbuchs bezogen sind, der Meridian von Greenwich.

Die Zeit ist vom Jahrgang 1925 an in Weltzeit, d. i. Bürgerliche Zeit Greenwich, ausgedrückt (siehe Erläuterungen).

Die Grundlagen des Berliner Astronomischen Jahrbuchs bilden:

Für die Sonne und die großen Planeten:

Die Tafeln von Newcomb und (für Jupiter und Saturn) von Hill, enthalten in:

Astronomical Papers of the American Ephemeris,
Vol. VI, Part I—IV: *Tables of the four inner planets,*
Vol. VII, Part I—IV: *Tables of Jupiter, Saturn, Uranus, Neptune.*

Für Pluto die Elemente von E. C. Bower. (Näheres siehe Erläuterungen.)

Als Sonnenhalbmesser in der mittleren Entfernung ist 16′ 1″.50 angenommen; dagegen liegt der Berechnung der Finsternisse der von Auwers in A. N., Bd. 128 gegebene Wert 15′ 59″.63 zugrunde.

Für den Mond:

Tables of the Motion of the Moon by Ernest W. Brown.

Der geozentrische Mondhalbmesser $r_☾$ ist aus der Äquatorial-Horizontalparallaxe $p_☾$ gerechnet nach der Formel

$$r_☾ = 0.272469\, p_☾ + 1''.50,$$

für die Finsternisse nach $\sin r_☾ = 0.272274 \sin p_☾$.

Als Neigung des Mondäquators gegen die Ekliptik ist nach F. Hayn (A. N. Bd. 199, 263) angenommen: $J = 1° 32' 20''$.

Für die Fixsterne:

Dritter Fundamentalkatalog des Berliner Astronomischen Jahrbuchs (Veröffentlichungen des Astronomischen Recheninstituts zu Berlin-Dahlem Nr. 54 und Abhandlungen der Preußischen Akademie der Wissenschaften Jahrgang 1938. Phys.-math. Klasse. Nr. 3).

Die Sterngrößen und Sternspektren sind dem »Henry Draper Catalogue (Harvard Annals, vol. 91—99)« entnommen.

Als Werte der fundamentalen Reduktionsgrößen sind angenommen:

Die Präzessions-Größen nach S. Newcomb (vgl. H. Andoyer, Bull. Astr. Bd. 28, S. 67)

Die Nutations-Konstante . . . . . 9″.21

Die Nutations-Größen nach S. Newcomb (Bull. Astr. Bd. 15, S. 241)
Die Aberrations-Konstante . . . . 20″47
Die Sonnen-Parallaxe . . . . 8″80
Die Abplattung der Erde . . . . . . 1 : 297

Für die Satelliten:

Die Angaben über die 4 älteren Jupitertrabanten beruhen auf den Tafeln von R. A. Sampson (*Tables of the four great Satellites of Jupiter.* London 1910), die Angaben über die 8 älteren Saturnsatelliten auf den von H. und G. Struve sowie von J. Woltjer ermittelten Werten (Näheres s. Erläuterungen).

In allen Ephemeriden der Sonne, der Planeten und der Fixsterne sind die kurzperiodischen, von der Mondlänge abhängigen Nutationsglieder weggelassen; doch bietet das Jahrbuch die Möglichkeit, auch diese weggelassenen Glieder zu berücksichtigen (s. Erläuterungen).

Der Inhalt des Jahrbuchs hat gegenüber dem Vorjahr keine Veränderung erfahren.

Nach einem internationalen Übereinkommen vom Jahre 1911 wurde ein Teil der Angaben von H. M. Nautical Almanac Office, Royal Greenwich Observatory, vom Nautical Almanac Office, U. S. Naval Observatory, Washington, und vom Bureau des Longitudes, Paris, zur Verfügung gestellt. Es wurden übernommen von H. M. Nautical Almanac Office, Royal Greenwich Observatory, die Ephemeriden der Sonne, des Mondes und der Planeten mit Ausnahme von Pluto sowie die Vorausberechnungen der Sternbedeckungen für Berlin-Babelsberg, Frankfurt a.M. und München. Vom Nautical Almanac Office, Washington, wurden zur Verfügung gestellt die rechtwinkligen, heliozentrischen, äquatorialen Koordinaten von Pluto, die Angaben über Finsternisse, die Elemente der Sternbedeckungen, die Rotationselemente der Sonne, des Mars und des Jupiter, die Konstellationen und die Auf- und Untergangszeiten des Mondes. Vom Bureau des Longitudes, Paris, wurden die Zeiten der Verfinsterungen der Jupitertrabanten sowie die Tafeln ihrer Anordnung und die Refraktionstafel übernommen. Die mittleren und scheinbaren Sternörter sowie die Angaben über die Saturnstrabanten sind im Astronomischen Recheninstitut in Heidelberg unter der Leitung von Dr. Gondolatsch berechnet. Die Berechnung der übrigen Teile und die Beaufsichtigung des Druckes sind unter der Leitung von Prof. Dr. Kohl vom Astronomischen Recheninstitut in Berlin besorgt worden.

Bezüglich der Zahlengrundlagen sei auf die im Berliner Astronomischen Jahrbuch für 1916 gegebene Darstellung der „Grundbegriffe der Sphärischen Astronomie" hingewiesen.

Astronomisches Recheninstitut in Berlin
Astronomisches Recheninstitut in Heidelberg

Inhalt

Zeit- und Festrechnung 1957

Das Jahr 1957 entspricht dem
Jahr 6670 der Julianischen Periode und dem
Jahr 7465—7466 der Byzantinischen Ära.

Gregorianischer Kalender

Goldene Zahl	1
Epakte	XXIX
Sonnenzirkel	6
Sonntagsbuchstabe	F
Septuagesima	17. Febr.
Aschermittwoch	6. März
I. Quatember	13. März
Ostersonntag	21. April
Himmelfahrt	30. Mai
Pfingstsonntag	9. Juni
II. Quatember	12. Juni
Fronleichnam	20. Juni
III. Quatember	18. Sept.
I. Adventssonntag	1. Dez.
IV. Quatember	18. Dez.

Dimensionen der Erde

a) Nach Bessel (1841)

Große Halbachse	$a =$ 6 377 397.155 m	$\log a = 6.804\,6434\,637$
Kleine Halbachse	$b =$ 6 356 078.963 m	$\log b = 6.803\,1892\,839$
Abplattung	$\mathfrak{a} = 1 : 299.152\,8129$	$\log \mathfrak{a} = 7.524\,1069\,092 - 10$
Meridianquadrant	= 10 000 855.76 m	

Die Maßeinheit der Länge ist das legale Meter.

b) Nach Hayford (1909)

identisch mit Internationalem Ellipsoid (1924)

Große Halbachse	$a =$ 6 378 388 m	$\log a = 6.804\,7109\,340$
Kleine Halbachse	$b =$ 6 356 911.946 m	$\log b = 6.803\,2461\,958$
Abplattung	$\mathfrak{a} = 1 : 297$	$\log \mathfrak{a} = 7.527\,2435\,507 - 10$
Meridianquadrant	= 10 002 288.30 m	

c) Nach Krassovsky (1940)

Große Halbachse	$a =$ 6 378 245 m	$\log a = 6.804\,7011\,973$
Abplattung	$\mathfrak{a} = 1 : 298.3$	$\log \mathfrak{a} = 7.525\,3467\,466 - 10$

Die Maßeinheit der Länge ist das internationale Meter.

Ein internationales Meter = 0.999 9866 legales Meter.

Will man die Länge einer in legalen Metern gemessenen Strecke in internationalen Metern angeben, so hat man die Anzahl der legalen Meter mit 1.000 0134 zu multiplizieren.

Normalwert für die Schwerebeschleunigung im Meeresniveau:

$\gamma_0 = 978.030\ (1 + 0.005302 \cdot \sin^2\varphi - 0.000007 \cdot \sin^2 2\varphi)$ cm. sec^{-2}. (Helmert 1901)

$\gamma_0 = 978.0490\ (1 + 0.0052884 \cdot \sin^2\varphi - 0.0000059 \cdot \sin^2 2\varphi)$ cm. sec^{-2}. (Cassinis 1930)

Masse der Erde: $5.974 \cdot 10^{27}$ g

Masse der Sonne: $1.983 \cdot 10^{33}$ g

Radius der Sonne: 695 300 km

Mittlere Entfernung Erde—Sonne: 149 504 200 km

Lichtzeit für die mittlere Entfernung Erde—Sonne: $498^{s}.72$ (mit Lichtgeschwindigkeit 299 774 km/sec.)

Astronomische Konstanten

Allgemeine Präzession	$\psi =$	$50''.2564$	$+\ 0''.000\,222\ t$
Präzession in Rektaszension	$m =$	$3^s.07234$	$+\ 0^s.000\,0186\ t$
Präzession in Deklination	$n =$	$20''.0468$	$-\ 0''.000\,085\ t$
Mittlere Schiefe der Ekliptik	$\epsilon =$	$23^\circ\,27'\,8''.26$	$-\ 0''.4684\ t$
Länge d. aufsteig. Knotens d. bewegl. a. d. festen Ekliptik	$\Pi =$	$173^\circ\,57'\,3''.6$	$+\ 32''.862\ t$
Winkel zwischen fester u. bewegl. Ekliptik . .	$\pi =$	$0''.4711$	$-\ 0''.000\,007\ t$

	d	d
Länge des tropischen Jahres	365.242 198 79	— 0.000 000 0614 t
„ „ siderischen „	365.256 360 42	+ 0.000 000 0011 t
„ „ anomalistischen „	365.259 641 34	+ 0.000 000 0304 t
„ „ julianischen „	365.25	

t = Zeit seit 1900 in julianischen Jahren

	d
Länge des synodischen Monats	29.530 588
„ „ tropischen „	27.321 582
„ „ siderischen „	27.321 661
„ „ anomalistischen „	27.554 550

Länge des mittl. Sonnentages = $24^h\,3^m\,56^s.555$ Sternzeit = 1.002 737 91 Sterntag

Länge d. mittl. Sterntages = $23^h\,56^m\,4^s.091$ mittl. Zeit = 0.997 269 57 mittl. Sonnentag

Äquatorial-Horizontalparallaxe des Mondes . . . . $57'\,2''.70$

Gravitationskonstante nach Gauß k = 0.017 202 099 = $3548''.18761$

log k = 8.235 581 44—10, log k'' = 3.550 00657

1 Lichtjahr = 63 275 Astr. Einh. = 0.3068 Parsek = $9.460 \cdot 10^{12}$ km

1 Parsek = 206 264.806 Astr. Einh. = 3.2598 Lichtjahre = $30.84 \cdot 10^{12}$ km

Elemente der Planetenbahnen für 1957 Jan. 0, 0^h Weltzeit

	☊	i	$\tilde{\omega}$	e
	°	°	°	
Merkur	47.821	7.004	76.786	0.205 626
Venus	76.293	3.394	130.966	0.006 794
Erde	—	—	102.201	0.016 727
Mars	49.226	1.850	335.267	0.093 365
Jupiter	100.019	1.305	13.639	0.048 428
Saturn	113.288	2.490	92.215	0.055 695
Uranus	73.762	0.773	172.395	0.046 329
Neptun	131.308	1.774	47.539	0.009 001
Pluto	109.633	17.141	223.175	0.248 644

	a	L	$n_{sid.}$	$P_{sid.}$ a	$P_{sid.}$ d
		°	°	a	d
Merkur	0.387 099	55.330	4.092 34	0	87.9693
Venus.	0.723 332	217.516	1.602 13	0	224.7008
Erde	1.000 000	99.396	0.985 61	1	0.0142
Mars	1.523 688	44.111	0.524 03	1	321.7375
Jupiter	5.202 561	168.679	0.083 09	11	314.925
Saturn	9.554 747	243.940	0.033 46	29	167.21
Uranus	19.218 14	128.401	0.011 73	84	8.11
Neptun	30.109 57	210.341	0.005 98	164	281.6
Pluto	39.517 74	175.720	0.003 97	248	157

Merkur, Venus und Erde nach Newcomb, Mars nach Newcomb und Ross, Jupiter bis Neptun nach Leverrier und Gaillot, Pluto nach Bower. Bei Uranus und Neptun sind in L die Hauptglieder der langperiodischen Störungen enthalten. Für Pluto sind baryzentrische Elemente bezogen auf Ekliptik und mittleres Äquinoktium 1950.0 gegeben.

Kalender der Juden

Jahr 5717 (Schaltjahr von 385 Tagen)

Schewat	1		1957	Jan.	3
Adar	1			Febr.	2
	14	Klein-Purim			15
Veadar	1			März	4
	11	Fasten-Esther			14
	14	Purim			17
	15	Schuschan-Purim			18
Nissan	1			April	2
	14	Erew Pessach			15
	15	*Passah-Anfang			16
	16	*Zweites Fest			17
	21	*Siebentes Fest			22
	22	*Achtes Fest			23
Ijar	1			Mai	2
	18	Lag-B'aumer			19
Siwan	1				31
	6	*Wochenfest		Juni	5
	7	*Zweites Fest			6
Tammus	1				30
	17	Fasten: Eroberung Jerusalems		Juli	16
Aw	1				29
	9	Fasten: Tempelverbrennung		Aug.	6
Ellul	1				28

Jahr 5718 (Gemeinjahr von 354 Tagen)

Tischri	1	*Neujahrsfest	1957	Sept.	26
	2	*Zweites Fest			27
	4	Fasten-Gedaljah			29
	10	*Versöhnungsfest		Okt.	5
	15	*Laubhüttenfest			10
	16	*Zweites Fest			11
	21	Palmenfest			16
	22	*Laubhüttenende			17
	23	*Gesetzesfreude			18
Marcheschwan	1				26
Kislew	1			Nov.	24
	25	Tempelweihe		Dez.	18
Tewet	1				24

Die mit * bezeichneten Festtage werden streng gefeiert.

Kalender der Mohammedaner

Jahr 1376 (Schaltjahr von 355 Tagen)

Dschemâdi-el-accher	1	1957	Jan.	3
Redscheb	1		Febr.	1
Schabân	1		März	3
Ramadân	1		April	1
Schewwâl	1		Mai	1
Dsû'l-kade	1		Mai	30
Dsû'l-hedsche	1		Juni	29

Jahr 1377 (Gemeinjahr von 354 Tagen)

Moharrem	1	1957	Juli	29
Safar	1		Aug.	28
Rebî-el-awwel	1		Sept.	26
Rebî-el-accher	1		Okt.	26
Dschemâdi-el-awwel	1		Nov.	24
Dschemâd-el-accher	1		Dez.	24

Sonne, Mond, Große Planeten

1957

Tag	Wochentag	0h Weltzeit: Zeitgleichung Wahre Zeit *minus* Mittlere Zeit	Diff.	Scheinbare Rektaszension	Diff.	Scheinbare Deklination	Diff.	Halbe Durchgangs-Dauer St.-Zt.	Halbmesser
1957		m s	s	h m s	m s	° ′ ″	′ ″	s	′ ″
Jan. 0	Mo	— 2 54.05	28.72	18 40 28.60	4 25.29	—23 7 1.9	4 30.6	71.10	16 17.80
1	Di	3 22.77	28.42	18 44 53.89	4 24.97	23 2 31.3	4 58.1	71.06	16 17.81
2	Mi	3 51.19	28.08	18 49 18.86	4 24.64	22 57 33.2	5 25.6	71.02	16 17.82
3	Do	4 19.27	27.71	18 53 43.50	4 24.27	22 52 7.6	5 52.9	70.97	16 17.82
4	Fr	4 46.98	27.30	18 58 7.77	4 23.85	22 46 14.7	6 20.0	70.92	16 17.82
5	Sa	5 14.28	26.86	19 2 31.62	4 23.42	22 39 54.7	6 46.9	70.86	16 17.81
6	So	— 5 41.14	26.39	19 6 55.04	4 22.95	—22 33 7.8	7 13.5	70.80	16 17.80
7	Mo	6 7.53	25.90	19 11 17.99	4 22.45	22 25 54.3	7 40.1	70.74	16 17.79
8	Di	6 33.43	25.37	19 15 40.44	4 21.93	22 18 14.2	8 6.3	70.67	16 17.77
9	Mi	6 58.80	24.81	19 20 2.37	4 21.37	22 10 7.9	8 32.3	70.60	16 17.75
10	Do	7 23.61	24.24	19 24 23.74	4 20.80	22 1 35.6	8 58.1	70.53	16 17.72
11	Fr	7 47.85	23.63	19 28 44.54	4 20.19	21 52 37.5	9 23.6	70.45	16 17.69
12	Sa	— 8 11.48	23.02	19 33 4.73	4 19.57	—21 43 13.9	9 48.8	70.37	16 17.65
13	So	8 34.50	22.37	19 37 24.30	4 18.93	21 33 25.1	10 13.7	70.29	16 17.61
14	Mo	8 56.87	21.72	19 41 43.23	4 18.27	21 23 11.4	10 38.5	70.20	16 17.56
15	Di	9 18.59	21.05	19 46 1.50	4 17.61	21 12 32.9	11 2.8	70.11	16 17.50
16	Mi	9 39.64	20.36	19 50 19.11	4 16.92	21 1 30.1	11 26.9	70.02	16 17.44
17	Do	10 0.00	19.67	19 54 36.03	4 16.22	20 50 3.2	11 50.8	69.92	16 17.37
18	Fr	—10 19.67	18.96	19 58 52.25	4 15.52	—20 38 12.4	12 14.2	69.82	16 17.29
19	Sa	10 38.63	18.25	20 3 7.77	4 14.81	20 25 58.2	12 37.5	69.72	16 17.21
20	So	10 56.88	17.52	20 7 22.58	4 14.07	20 13 20.7	13 0.2	69.62	16 17.12
21	Mo	11 14.40	16.78	20 11 36.65	4 13.34	20 0 20.5	13 22.8	69.51	16 17.02
22	Di	11 31.18	16.03	20 15 49.99	4 12.59	19 46 57.7	13 45.0	69.40	16 16.92
23	Mi	11 47.21	15.28	20 20 2.58	4 11.84	19 33 12.7	14 6.8	69.29	16 16.82
24	Do	—12 2.49	14.51	20 24 14.42	4 11.07	—19 19 5.9	14 28.1	69.18	16 16.71
25	Fr	12 17.00	13.74	20 28 25.49	4 10.29	19 4 37.8	14 49.2	69.07	16 16.59
26	Sa	12 30.74	12.95	20 32 35.78	4 9.50	18 49 48.6	15 9.9	68.96	16 16.47
27	So	12 43.69	12.15	20 36 45.28	4 8.71	18 34 38.7	15 30.1	68.85	16 16.36
28	Mo	12 55.84	11.35	20 40 53.99	4 7.90	18 19 8.6	15 49.9	68.74	16 16.24
29	Di	13 7.19	10.54	20 45 1.89	4 7.10	18 3 18.7	16 9.4	68.63	16 16.11
30	Mi	—13 17.73	9.73	20 49 8.99	4 6.28	—17 47 9.3	16 28.5	68.52	16 15.98
31	Do	13 27.46	8.91	20 53 15.27	4 5.47	17 30 40.8	16 47.0	68.41	16 15.84
Febr. 1	Fr	13 36.37	8.08	20 57 20.74	4 4.64	17 13 53.8	17 5.2	68.29	16 15.70
2	Sa	13 44.45	7.26	21 1 25.38	4 3.82	16 56 48.6	17 23.0	68.18	16 15.57
3	So	13 51.71	6.44	21 5 29.20	4 2.99	16 39 25.6	17 40.4	68.06	16 15.42
4	Mo	13 58.15	5.61	21 9 32.19	4 2.16	16 21 45.2	17 57.4	67.95	16 15.27
5	Di	—14 3.76	4.78	21 13 34.35	4 1.33	—16 3 47.8	18 13.8	67.84	16 15.12
6	Mi	14 8.54	3.96	21 17 35.68	4 0.52	15 45 34.0	18 29.9	67.73	16 14.96
7	Do	14 12.50	3.14	21 21 36.20	3 59.69	15 27 4.1	18 45.6	67.61	16 14.80
8	Fr	14 15.64	2.32	21 25 35.89	3 58.88	15 8 18.5	19 0.9	67.50	16 14.65
9	Sa	14 17.96	1.52	21 29 34.77	3 58.07	14 49 17.6	19 15.7	67.39	16 14.48
10	So	—14 19.48		21 33 32.84		—14 30 1.9		67.28	16 14.31

Tag	Julian. Zeit	Sternzeit	Nutation in AR. langp. Gl.	Nutation in AR. kurzp. Gl.	Mittleres Äquinoktium 1957.0 Länge	Diff.	Breite	*R*	Diff.	Auf-gang	Unter-gang
										in {+50° Breite, 0h Länge}	
1957	2435 d	h m s	s in 0.001		° ′ ″	′ ″	in 0″.01			h m	h m
Jan. 0	838.5	6 37 34.557	+918	+ 3	279 18 2.7	61 10.5	+11	0.983 3310	108	7 59	16 8
1	839.5	6 41 31.115	921	+ 7	280 19 13.2	61 10.7	+22	0.983 3202	70	7 59	16 9
2	840.5	6 45 27.672	923	+ 9	281 20 23.9	61 10.6	+31	0.983 3132	$\underline{30}$	7 59	16 10
3	841.5	6 49 24.230	925	+10	282 21 34.5	61 10.5	+38	0.983 3102	9	7 59	16 11
4	842.5	6 53 20.787	927	+10	283 22 45.0	61 10.3	+42	0.983 3111	50	7 59	16 12
5	843.5	6 57 17.345	929	+ 8	284 23 55.3	61 10.1	+45	0.983 3161	92	7 58	16 13
6	844.5	7 1 13.902	+931	+ 4	285 25 5.4	61 9.8	+44	0.983 3253	136	7 58	16 14
7	845.5	7 5 10.460	934	− 1	286 26 15.2	61 9.3	+40	0.983 3389	181	7 58	16 15
8	846.5	7 9 7.017	935	− 7	287 27 24.5	61 8.9	+34	0.983 3570	228	7 57	16 17
9	847.5	7 13 3.574	937	−12	288 28 33.4	61 8.3	+25	0.983 3798	279	7 57	16 18
10	848.5	7 17 0.131	939	−15	289 29 41.7	61 7.9	+14	0.983 4077	331	7 56	16 19
11	849.5	7 20 56.689	941	−16	290 30 49.6	61 7.1	+ 2	0.983 4408	386	7 56	16 21
12	850.5	7 24 53.246	+943	−15	291 31 56.7	61 6.7	−11	0.983 4794	444	7 55	16 22
13	851.5	7 28 49.803	944	−10	292 33 3.4	61 5.9	−24	0.983 5238	506	7 55	16 23
14	852.5	7 32 46.360	946	− 4	293 34 9.3	61 5.4	−35	0.983 5744	569	7 54	16 25
15	853.5	7 36 42.916	947	+ 3	294 35 14.7	61 4.8	−46	0.983 6313	633	7 53	16 26
16	854.5	7 40 39.473	949	+ 9	295 36 19.5	61 4.3	−55	0.983 6946	699	7 53	16 28
17	855.5	7 44 36.030	950	+12	296 37 23.8	61 3.9	−61	0.983 7645	764	7 52	16 29
18	856.5	7 48 32.587	+951	+13	297 38 27.7	61 3.4	−64	0.983 8409	828	7 51	16 31
19	857.5	7 52 29.143	953	+10	298 39 31.1	61 3.0	−64	0.983 9237	889	7 50	16 32
20	858.5	7 56 25.700	954	+ 6	299 40 34.1	61 2.6	−61	0.984 0126	948	7 49	16 34
21	859.5	8 0 22.256	955	0	300 41 36.7	61 2.2	−54	0.984 1074	1001	7 48	16 36
22	860.5	8 4 18.812	956	− 4	301 42 38.9	61 1.8	−45	0.984 2075	1053	7 47	16 37
23	861.5	8 8 15.368	956	− 7	302 43 40.7	61 1.4	−34	0.984 3128	1100	7 46	16 39
24	862.5	8 12 11.924	+957	− 7	303 44 42.1	61 0.8	−21	0.984 4228	1144	7 45	16 40
25	863.5	8 16 8.480	958	− 5	304 45 42.9	61 0.3	− 8	0.984 5372	1186	7 44	16 42
26	864.5	8 20 5.036	958	− 1	305 46 43.2	60 59.7	+ 5	0.984 6558	1225	7 42	16 44
27	865.5	8 24 1.592	959	+ 3	306 47 42.9	60 59.0	+17	0.984 7783	1262	7 41	16 45
28	866.5	8 27 58.148	959	+ 7	307 48 41.9	60 58.1	+29	0.984 9045	1297	7 40	16 47
29	867.5	8 31 54.704	960	+ 9	308 49 40.0	60 57.3	+38	0.985 0342	1331	7 39	16 49
30	868.5	8 35 51.259	+960	+11	309 50 37.3	60 56.4	+45	0.985 1673	1364	7 37	16 50
31	869.5	8 39 47.815	960	+11	310 51 33.7	60 55.3	+50	0.985 3037	1397	7 36	16 52
Febr. 1	870.5	8 43 44.370	960	+ 9	311 52 29.0	60 54.2	+52	0.985 4434	1429	7 34	16 54
2	871.5	8 47 40.925	960	+ 5	312 53 23.2	60 53.0	+51	0.985 5863	1462	7 33	16 55
3	872.5	8 51 37.480	959	+ 1	313 54 16.2	60 51.8	+48	0.985 7325	1494	7 31	16 57
4	873.5	8 55 34.035	959	− 4	314 55 8.0	60 50.4	+42	0.985 8819	1528	7 30	16 59
5	874.5	8 59 30.590	+958	−10	315 55 58.4	60 49.0	+34	0.986 0347	1563	7 28	17 1
6	875.5	9 3 27.145	958	−14	316 56 47.4	60 47.5	+23	0.986 1910	1600	7 27	17 2
7	876.5	9 7 23.700	957	−16	317 57 34.9	60 46.0	+11	0.986 3510	1638	7 25	17 4
8	877.5	9 11 20.254	957	−15	318 58 20.9	60 44.5	− 1	0.986 5148	1678	7 23	17 6
9	878.5	9 15 16.809	956	−12	319 59 5.4	60 42.8	−14	0.986 6826	1722	7 22	17 8
10	879.5	9 19 13.363	+955	− 7	320 59 48.2		−26	0.986 8548		7 20	17 9

Tag	Wochentag	0h Weltzeit: Zeitgleichung Wahre Zeit *minus* Mittlere Zeit		Scheinbare Rektaszension		Scheinbare Deklination		Halbe Durchgangs-Dauer St.-Zt.	Halbmesser
1957		m s	s	h m s	m s	° ′ ″	′ ″	s	′ ″
Febr. 10	So	−14 19.48	0.72	21 33 32.84	3 57.27	−14 30 1.9	19 30.1	67.28	16 14.31
11	Mo	14 20.20	0.07	21 37 30.11	3 56.49	14 10 31.8	19 44.1	67.17	16 14.13
12	Di	14 20.13	0.85	21 41 26.60	3 55.71	13 50 47.7	19 57.8	67.06	16 13.95
13	Mi	14 19.28	1.61	21 45 22.31	3 54.94	13 30 49.9	20 11.0	66.95	16 13.77
14	Do	14 17.67	2.35	21 49 17.25	3 54.20	13 10 38.9	20 23.9	66.84	16 13.58
15	Fr	14 15.32	3.08	21 53 11.45	3 53.48	12 50 15.0	20 36.3	66.73	16 13.39
16	Sa	−14 12.24	3.80	21 57 4.93	3 52.76	−12 29 38.7	20 48.5	66.63	16 13.19
17	So	14 8.44	4.48	22 0 57.69	3 52.06	12 8 50.2	21 0.1	66.53	16 12.98
18	Mo	14 3.96	5.17	22 4 49.75	3 51.39	11 47 50.1	21 11.4	66.43	16 12.77
19	Di	13 58.79	5.83	22 8 41.14	3 50.72	11 26 38.7	21 22.2	66.33	16 12.56
20	Mi	13 52.96	6.47	22 12 31.86	3 50.08	11 5 16.5	21 32.7	66.23	16 12.34
21	Do	13 46.49	7.11	22 16 21.94	3 49.45	10 43 43.8	21 42.8	66.14	16 12.12
22	Fr	−13 39.38	7.73	22 20 11.39	3 48.82	−10 22 1.0	21 52.5	66.04	16 11.90
23	Sa	13 31.65	8.32	22 24 0.21	3 48.23	10 0 8.5	22 1.6	65.95	16 11.67
24	So	13 23.33	8.92	22 27 48.44	3 47.64	9 38 6.9	22 10.5	65.86	16 11.45
25	Mo	13 14.41	9.49	22 31 36.08	3 47.06	9 15 56.4	22 18.9	65.77	16 11.21
26	Di	13 4.92	10.04	22 35 23.14	3 46.51	8 53 37.5	22 26.8	65.69	16 10.97
27	Mi	12 54.88	10.59	22 39 9.65	3 45.96	8 31 10.7	22 34.4	65.61	16 10.74
28	Do	−12 44.29	11.12	22 42 55.61	3 45.43	− 8 8 36.3	22 41.5	65.53	16 10.50
März 1	Fr	12 33.17	11.64	22 46 41.04	3 44.92	7 45 54.8	22 48.2	65.45	16 10.26
2	Sa	12 21.53	12.13	22 50 25.96	3 44.42	7 23 6.6	22 54.5	65.38	16 10.01
3	So	12 9.40	12.62	22 54 10.38	3 43.94	7 0 12.1	23 0.5	65.31	16 9.78
4	Mo	11 56.78	13.09	22 57 54.32	3 43.46	6 37 11.6	23 5.9	65.24	16 9.53
5	Di	11 43.69	13.54	23 1 37.78	3 43.02	6 14 5.7	23 11.0	65.17	16 9.29
6	Mi	−11 30.15	13.97	23 5 20.80	3 42.57	− 5 50 54.7	23 15.7	65.11	16 9.05
7	Do	11 16.18	14.39	23 9 3.37	3 42.16	5 27 39.0	23 20.0	65.05	16 8.80
8	Fr	11 1.79	14.80	23 12 45.53	3 41.76	5 4 19.0	23 23.9	65.00	16 8.56
9	Sa	10 46.99	15.18	23 16 27.29	3 41.37	4 40 55.1	23 27.3	64.94	16 8.31
10	So	10 31.81	15.54	23 20 8.66	3 41.01	4 17 27.8	23 30.5	64.89	16 8.05
11	Mo	10 16.27	15.89	23 23 49.67	3 40.67	3 53 57.3	23 33.3	64.84	16 7.80
12	Di	−10 0.38	16.21	23 27 30.34	3 40.34	− 3 30 24.0	23 35.6	64.79	16 7.54
13	Mi	9 44.17	16.50	23 31 10.68	3 40.05	3 6 48.4	23 37.7	64.74	16 7.29
14	Do	9 27.67	16.79	23 34 50.73	3 39.77	2 43 10.7	23 39.4	64.70	16 7.03
15	Fr	9 10.88	17.03	23 38 30.50	3 39.51	2 19 31.3	23 40.7	64.66	16 6.77
16	Sa	8 53.85	17.26	23 42 10.01	3 39.30	1 55 50.6	23 41.7	64.63	16 6.49
17	So	8 36.59	17.46	23 45 49.31	3 39.10	1 32 8.9	23 42.4	64.60	16 6.23
18	Mo	− 8 19.13	17.63	23 49 28.41	3 38.92	− 1 8 26.5	23 42.7	64.58	16 5.96
19	Di	8 1.50	17.78	23 53 7.33	3 38.77	0 44 43.8	23 42.7	64.55	16 5.69
20	Mi	7 43.72	17.91	23 56 46.10	3 38.64	− 0 21 1.1	23 42.2	64.53	16 5.41
21	Do	7 25.81	18.01	0 0 24.74	3 38.54	+ 0 2 41.1	23 41.6	64.51	16 5.14
22	Fr	7 7.80	18.09	0 4 3.28	3 38.46	0 26 22.7	23 40.4	64.49	16 4.86
23	Sa	− 6 49.71		0 7 41.74		+ 0 50 3.1		64.47	16 4.57

Tag	Julian. Zeit	Sternzeit	Nutation in AR. langp. Gl.	Nutation in AR. kursp. Gl.	0h Weltzeit Mittleres Äquinoktium 1957.0 Länge		Breite	R		Aufgang in {+50° Breite, 0h Länge	Untergang in {+50° Breite, 0h Länge
1957	2435 d	h m s	s in 0.001		° ′ ″	′ ″	″ in 0.01			h m	h m
Febr. 10	879.5	9 19 13.363	+955	− 7	320 59 48.2	60 41.2	−26	0.986 8548	1769	7 20	17 9
11	880.5	9 23 9.918	954	0	322 0 29.4	60 39.6	−37	0.987 0317	1817	7 18	17 11
12	881.5	9 27 6.472	953	+ 6	323 1 9.0	60 38.0	−46	0.987 2134	1867	7 17	17 13
13	882.5	9 31 3.026	951	+10	324 1 47.0	60 36.5	−53	0.987 4001	1920	7 15	17 14
14	883.5	9 34 59.580	950	+12	325 2 23.5	60 35.0	−56	0.987 5921	1973	7 13	17 16
15	884.5	9 38 56.134	948	+10	326 2 58.5	60 33.5	−56	0.987 7894	2025	7 11	17 18
16	885.5	9 42 52.688	+947	+ 6	327 3 32.0	60 32.2	−53	0.987 9919	2076	7 10	17 20
17	886.5	9 46 49.241	945	+ 2	328 4 4.2	60 30.8	−46	0.988 1995	2125	7 8	17 21
18	887.5	9 50 45.795	944	− 3	329 4 35.0	60 29.5	−37	0.988 4120	2170	7 6	17 23
19	888.5	9 54 42.349	942	− 7	330 5 4.5	60 28.2	−26	0.988 6290	2211	7 4	17 25
20	889.5	9 58 38.902	940	− 7	331 5 32.7	60 26.9	−13	0.988 8501	2249	7 2	17 26
21	890.5	10 2 35.456	938	− 6	332 5 59.6	60 25.5	0	0.989 0750	2282	7 0	17 28
22	891.5	10 6 32.009	+936	− 2	333 6 25.1	60 24.3	+12	0.989 3032	2314	6 58	17 30
23	892.5	10 10 28.562	934	+ 2	334 6 49.4	60 22.8	+24	0.989 5346	2340	6 56	17 32
24	893.5	10 14 25.115	932	+ 6	335 7 12.2	60 21.4	+35	0.989 7686	2365	6 54	17 33
25	894.5	10 18 21.668	929	+10	336 7 33.6	60 19.8	+45	0.990 0051	2387	6 52	17 35
26	895.5	10 22 18.221	927	+12	337 7 53.4	60 18.3	+52	0.990 2438	2406	6 50	17 37
27	896.5	10 26 14.774	925	+12	338 8 11.7	60 16.7	+57	0.990 4844	2424	6 48	17 38
28	897.5	10 30 11.327	+922	+10	339 8 28.4	60 15.1	+59	0.990 7268	2440	6 46	17 40
März 1	898.5	10 34 7.880	919	+ 7	340 8 43.5	60 13.3	+58	0.990 9708	2455	6 44	17 42
2	899.5	10 38 4.433	917	+ 3	341 8 56.8	60 11.4	+55	0.991 2163	2468	6 42	17 43
3	900.5	10 42 0.985	914	− 2	342 9 8.2	60 9.6	+49	0.991 4631	2481	6 40	17 45
4	901.5	10 45 57.538	911	− 7	343 9 17.8	60 7.7	+42	0.991 7112	2495	6 38	17 47
5	902.5	10 49 54.090	909	−12	344 9 25.5	60 5.6	+32	0.991 9607	2507	6 36	17 48
6	903.5	10 53 50.643	+906	−15	345 9 31.1	60 3.6	+19	0.992 2114	2521	6 34	17 50
7	904.5	10 57 47.195	903	−15	346 9 34.7	60 1.4	+ 7	0.992 4635	2537	6 32	17 52
8	905.5	11 1 43.748	900	−13	347 9 36.1	59 59.3	− 6	0.992 7172	2553	6 30	17 53
9	906.5	11 5 40.300	897	− 9	348 9 35.4	59 57.1	−18	0.992 9725	2572	6 27	17 55
10	907.5	11 9 36.852	894	− 3	349 9 32.5	59 54.8	−29	0.993 2297	2594	6 25	17 56
11	908.5	11 13 33.405	891	+ 3	350 9 27.3	59 52.6	−38	0.993 4891	2617	6 23	17 58
12	909.5	11 17 29.957	+888	+ 8	351 9 19.9	59 50.4	−45	0.993 7508	2643	6 21	18 0
13	910.5	11 21 26.509	884	+10	352 9 10.3	59 48.2	−49	0.994 0151	2673	6 19	18 1
14	911.5	11 25 23.061	881	+10	353 8 58.5	59 46.1	−50	0.994 2824	2703	6 17	18 3
15	912.5	11 29 19.614	878	+ 7	354 8 44.6	59 44.0	−47	0.994 5527	2733	6 15	18 4
16	913.5	11 33 16.166	875	+ 2	355 8 28.6	59 42.1	−41	0.994 8260	2764	6 12	18 6
17	914.5	11 37 12.718	872	− 3	356 8 10.7	59 40.1	−32	0.995 1024	2793	6 10	18 8
18	915.5	11 41 9.270	+868	− 7	357 7 50.8	59 38.2	−21	0.995 3817	2819	6 8	18 9
19	916.5	11 45 5.822	865	− 8	358 7 29.0	59 36.5	− 9	0.995 6636	2843	6 6	18 11
20	917.5	11 49 2.374	862	− 7	359 7 5.5	59 34.6	+ 5	0.995 9479	2864	6 4	18 12
21	918.5	11 52 58.926	858	− 4	0 6 40.1	59 33.0	+18	0.996 2343	2880	6 2	18 14
22	919.5	11 56 55.478	855	0	1 6 13.1	59 31.1	+30	0.996 5223	2893	5 59	18 16
23	920.5	12 0 52.030	+852	+ 5	2 5 44.2		+42	0.996 8116		5 57	18 17

Sonne 1957

Tag	Wochentag	0h Weltzeit: Zeitgleichung Wahre Zeit *minus* Mittlere Zeit		Scheinbare Rektaszension		Scheinbare Deklination		Halbe Durchgangs-Dauer St.-Zt.	Halbmesser
1957		m s	s	h m s	m s	° ′ ″	′ ″	s	′ ″
März 23	Sa	−6 49.71	18.16	0 7 41.74	3 38.39	+ 0 50 3.1	23 39.0	64.47	16 4.57
24	So	6 31.55	18.21	0 11 20.13	3 38.35	1 13 42.1	23 37.1	64.46	16 4.29
25	Mo	6 13.34	18.22	0 14 58.48	3 38.32	1 37 19.2	23 34.9	64.45	16 4.01
26	Di	5 55.12	18.23	0 18 36.80	3 38.32	2 0 54.1	23 32.3	64.45	16 3.73
27	Mi	5 36.89	18.22	0 22 15.12	3 38.34	2 24 26.4	23 29.4	64.45	16 3.45
28	Do	5 18.67	18.19	0 25 53.46	3 38.36	2 47 55.8	23 26.1	64.45	16 3.16
29	Fr	−5 0.48	18.14	0 29 31.82	3 38.41	+ 3 11 21.9	23 22.4	64.45	16 2.88
30	Sa	4 42.34	18.08	0 33 10.23	3 38.48	3 34 44.3	23 18.4	64.46	16 2.61
31	So	4 24.26	17.99	0 36 48.71	3 38.56	3 58 2.7	23 14.0	64.47	16 2.34
April 1	Mo	4 6.27	17.90	0 40 27.27	3 38.65	4 21 16.7	23 9.2	64.49	16 2.06
2	Di	3 48.37	17.78	0 44 5.92	3 38.77	4 44 25.9	23 4.0	64.51	16 1.78
3	Mi	3 30.59	17.66	0 47 44.69	3 38.90	5 7 29.9	22 58.6	64.53	16 1.51
4	Do	−3 12.93	17.51	0 51 23.59	3 39.04	+ 5 30 28.5	22 52.7	64.55	16 1.24
5	Fr	2 55.42	17.35	0 55 2.63	3 39.20	5 53 21.2	22 46.5	64.57	16 0.96
6	Sa	2 38.07	17.18	0 58 41.83	3 39.37	6 16 7.7	22 39.9	64.60	16 0.69
7	So	2 20.89	16.99	1 2 21.20	3 39.57	6 38 47.6	22 33.0	64.63	16 0.42
8	Mo	2 3.90	16.78	1 6 0.77	3 39.77	7 1 20.6	22 25.7	64.66	16 0.16
9	Di	1 47.12	16.55	1 9 40.54	3 40.00	7 23 46.3	22 18.2	64.69	15 59.89
10	Mi	−1 30.57	16.31	1 13 20.54	3 40.24	+ 7 46 4.5	22 10.2	64.73	15 59.62
11	Do	1 14.26	16.04	1 17 0.78	3 40.51	8 8 14.7	22 2.0	64.77	15 59.35
12	Fr	0 58.22	15.76	1 20 41.29	3 40.80	8 30 16.7	21 53.5	64.82	15 59.08
13	Sa	0 42.46	15.45	1 24 22.09	3 41.10	8 52 10.2	21 44.6	64.86	15 58.81
14	So	0 27.01	15.13	1 28 3.19	3 41.42	9 13 54.8	21 35.4	64.91	15 58.54
15	Mo	−0 11.88	14.79	1 31 44.61	3 41.77	9 35 30.2	21 25.8	64.96	15 58.28
16	Di	+0 2.91	14.41	1 35 26.38	3 42.14	+ 9 56 56.0	21 16.1	65.01	15 58.01
17	Mi	0 17.32	14.03	1 39 8.52	3 42.52	10 18 12.1	21 5.9	65.07	15 57.74
18	Do	0 31.35	13.62	1 42 51.04	3 42.93	10 39 18.0	20 55.5	65.12	15 57.47
19	Fr	0 44.97	13.21	1 46 33.97	3 43.35	11 0 13.5	20 44.7	65.18	15 57.20
20	Sa	0 58.18	12.78	1 50 17.32	3 43.78	11 20 58.2	20 33.6	65.24	15 56.94
21	So	1 10.96	12.33	1 54 1.10	3 44.22	11 41 31.8	20 22.1	65.30	15 56.68
22	Mo	+1 23.29	11.86	1 57 45.32	3 44.69	+12 1 53.9	20 10.3	65.36	15 56.42
23	Di	1 35.15	11.40	2 1 30.01	3 45.15	12 22 4.2	19 58.1	65.43	15 56.15
24	Mi	1 46.55	10.91	2 5 15.16	3 45.64	12 42 2.3	19 45.7	65.49	15 55.88
25	Do	1 57.46	10.42	2 9 0.80	3 46.14	13 1 48.0	19 32.9	65.56	15 55.62
26	Fr	2 7.88	9.92	2 12 46.94	3 46.64	13 21 20.9	19 19.8	65.63	15 55.37
27	Sa	2 17.80	9.41	2 16 33.58	3 47.14	13 40 40.7	19 6.2	65.71	15 55.12
28	So	+2 27.21	8.89	2 20 20.72	3 47.66	+13 59 46.9	18 52.5	65.78	15 54.87
29	Mo	2 36.10	8.37	2 24 8.38	3 48.19	14 18 39.4	18 38.3	65.86	15 54.62
30	Di	2 44.47	7.85	2 27 56.57	3 48.71	14 37 17.7	18 23.9	65.93	15 54.37
Mai 1	Mi	2 52.32	7.31	2 31 45.28	3 49.24	14 55 41.6	18 9.1	66.01	15 54.13
2	Do	2 59.63	6.78	2 35 34.52	3 49.77	15 13 50.7	17 53.9	66.09	15 53.89
3	Fr	+3 6.41		2 39 24.29		+15 31 44.6		66.16	15 53.66

Tag	0h Weltzeit: Julian. Zeit	Sternzeit	Nutation in AR. langp. Gl.	Nutation in AR. kurzp. Gl.	Mittleres Äquinoktium 1957.0 Länge		Breite	R		Aufgang in +50° Breite 0h Länge	Untergang in +50° Breite 0h Länge
1957	2435 d	h m s	s in 0.001		° ′ ″	′ ″	″ in 0.01			h m	h m
März 23	920.5	12 0 52.030	+852	+ 5	2 5 44.2	59 29.5	+42	0.996 8116	2901	5 57	18 17
24	921.5	12 4 48.582	849	+ 9	3 5 13.7	59 27.6	+51	0.997 1017	2907	5 55	18 19
25	922.5	12 8 45.134	845	+12	4 4 41.3	59 25.9	+59	0.997 3924	2910	5 53	18 20
26	923.5	12 12 41.687	842	+13	5 4 7.2	59 24.0	+64	0.997 6834	2910	5 51	18 22
27	924.5	12 16 38.239	839	+11	6 3 31.2	59 22.2	+66	0.997 9744	2907	5 49	18 24
28	925.5	12 20 34.791	836	+ 9	7 2 53.4	59 20.3	+66	0.998 2651	2901	5 46	18 25
29	926.5	12 24 31.343	+832	+ 4	8 2 13.7	59 18.4	+62	0.998 5552	2895	5 44	18 27
30	927.5	12 28 27.895	829	0	9 1 32.1	59 16.4	+56	0.998 8447	2885	5 42	18 28
31	928.5	12 32 24.447	826	− 6	10 0 48.5	59 14.4	+48	0.999 1332	2874	5 40	18 30
April 1	929.5	12 36 21.000	823	−10	11 0 2.9	59 12.3	+38	0.999 4206	2863	5 38	18 31
2	930.5	12 40 17.552	820	−13	11 59 15.2	59 10.2	+26	0.999 7069	2851	5 36	18 33
3	931.5	12 44 14.104	817	−14	12 58 25.4	59 7.9	+13	0.999 9920	2837	5 33	18 34
4	932.5	12 48 10.657	+814	−13	13 57 33.3	59 5.8	0	1.000 2757	2826	5 31	18 36
5	933.5	12 52 7.209	811	− 9	14 56 39.1	59 3.4	−13	1.000 5583	2815	5 29	18 38
6	934.5	12 56 3.761	808	− 4	15 55 42.5	59 1.2	−25	1.000 8398	2806	5 27	18 39
7	935.5	13 0 0.314	805	+ 2	16 54 43.7	58 58.8	−36	1.001 1204	2799	5 25	18 41
8	936.5	13 3 56.866	802	+ 7	17 53 42.5	58 56.5	−43	1.001 4003	2795	5 23	18 42
9	937.5	13 7 53.419	800	+10	18 52 39.0	58 54.2	−48	1.001 6798	2793	5 21	18 44
10	938.5	13 11 49.972	+797	+10	19 51 33.2	58 51.9	−49	1.001 9591	2794	5 18	18 45
11	939.5	13 15 46.524	794	+ 7	20 50 25.1	58 49.6	−48	1.002 2385	2797	5 16	18 47
12	940.5	13 19 43.077	791	+ 3	21 49 14.7	58 47.4	−43	1.002 5182	2802	5 14	18 49
13	941.5	13 23 39.630	789	− 2	22 48 2.1	58 45.4	−34	1.002 7984	2806	5 12	18 50
14	942.5	13 27 36.183	786	− 6	23 46 47.5	58 43.3	−23	1.003 0790	2812	5 10	18 52
15	943.5	13 31 32.736	784	− 9	24 45 30.8	58 41.4	−12	1.003 3602	2817	5 8	18 53
16	944.5	13 35 29.289	+782	− 9	25 44 12.2	58 39.5	+ 1	1.003 6419	2819	5 6	18 55
17	945.5	13 39 25.842	779	− 6	26 42 51.7	58 37.7	+15	1.003 9238	2819	5 4	18 56
18	946.5	13 43 22.395	777	− 2	27 41 29.4	58 36.0	+28	1.004 2057	2815	5 2	18 58
19	947.5	13 47 18.948	775	+ 3	28 40 5.4	58 34.3	+40	1.004 4872	2808	5 0	19 0
20	948.5	13 51 15.502	773	+ 8	29 38 39.7	58 32.7	+50	1.004 7680	2799	4 58	19 1
21	949.5	13 55 12.055	771	+11	30 37 12.4	58 31.0	+59	1.005 0479	2785	4 56	19 3
22	950.5	13 59 8.608	+769	+13	31 35 43.4	58 29.4	+63	1.005 3264	2769	4 54	19 4
23	951.5	14 3 5.162	767	+12	32 34 12.8	58 27.7	+67	1.005 6033	2749	4 52	19 6
24	952.5	14 7 1.716	766	+10	33 32 40.5	58 26.1	+67	1.005 8782	2726	4 50	19 7
25	953.5	14 10 58.269	764	+ 6	34 31 6.6	58 24.4	+64	1.006 1508	2702	4 48	19 9
26	954.5	14 14 54.823	762	+ 1	35 29 31.0	58 22.8	+58	1.006 4210	2674	4 46	19 10
27	955.5	14 18 51.377	761	− 4	36 27 53.8	58 21.2	+50	1.006 6884	2642	4 44	19 12
28	956.5	14 22 47.931	+759	− 9	37 26 15.0	58 19.4	+41	1.006 9526	2611	4 42	19 14
29	957.5	14 26 44.485	758	−12	38 24 34.4	58 17.7	+29	1.007 2137	2576	4 41	19 15
30	958.5	14 30 41.039	757	−14	39 22 52.1	58 16.0	+15	1.007 4713	2539	4 39	19 17
Mai 1	959.5	14 34 37.593	756	−13	40 21 8.1	58 14.1	+ 2	1.007 7252	2502	4 37	19 18
2	960.5	14 38 34.148	755	−10	41 19 22.2	58 12.2	−11	1.007 9754	2465	4 35	19 20
3	961.5	14 42 30.702	+754	− 5	42 17 34.4		−25	1.008 2219		4 33	19 21

Sonne 1957

Tag		Wochentag	0h Weltzeit: Zeitgleichung Wahre Zeit *minus* Mittlere Zeit		0h Weltzeit: Scheinbare Rektaszension		0h Weltzeit: Scheinbare Deklination		Halbe Durchgangs-Dauer St.-Zt.	Halbmesser
1957			m s	s	h m s	m s	° ′ ″	′ ″	s	′ ″
Mai	3	Fr	+3 6.41	6.25	2 39 24.29	3 50.31	+15 31 44.6	17 38.4	66.16	15 53.66
	4	Sa	3 12.66	5.71	2 43 14.60	3 50.84	15 49 23.0	17 22.7	66.24	15 53.43
	5	So	3 18.37	5.17	2 47 5.44	3 51.39	16 6 45.7	17 6.6	66.32	15 53.20
	6	Mo	3 23.54	4.63	2 50 56.83	3 51.92	16 23 52.3	16 50.2	66.40	15 52.98
	7	Di	3 28.17	4.08	2 54 48.75	3 52.47	16 40 42.5	16 33.5	66.48	15 52.76
	8	Mi	3 32.25	3.54	2 58 41.22	3 53.02	16 57 16.0	16 16.5	66.57	15 52.54
	9	Do	+3 35.79	2.98	3 2 34.24	3 53.57	+17 13 32.5	15 59.2	66.65	15 52.33
	10	Fr	3 38.77	2.43	3 6 27.81	3 54.13	17 29 31.7	15 41.7	66.73	15 52.12
	11	Sa	3 41.20	1.87	3 10 21.94	3 54.68	17 45 13.4	15 23.7	66.81	15 51.91
	12	So	3 43.07	1.31	3 14 16.62	3 55.25	18 0 37.1	15 5.7	66.89	15 51.70
	13	Mo	3 44.38	0.74	3 18 11.87	3 55.82	18 15 42.8	14 47.2	66.98	15 51.49
	14	Di	3 45.12	0.17	3 22 7.69	3 56.39	18 30 30.0	14 28.5	67.06	15 51.28
	15	Mi	+3 45.29	0.41	3 26 4.08	3 56.96	+18 44 58.5	14 9.6	67.14	15 51.08
	16	Do	3 44.88	0.98	3 30 1.04	3 57.53	18 59 8.1	13 50.4	67.22	15 50.88
	17	Fr	3 43.90	1.55	3 33 58.57	3 58.11	19 12 58.5	13 30.9	67.30	15 50.68
	18	Sa	3 42.35	2.13	3 37 56.68	3 58.68	19 26 29.4	13 11.1	67.38	15 50.48
	19	So	3 40.22	2.69	3 41 55.36	3 59.25	19 39 40.5	12 51.1	67.46	15 50.28
	20	Mo	3 37.53	3.26	3 45 54.61	3 59.82	19 52 31.6	12 30.8	67.54	15 50.08
	21	Di	+3 34.27	3.82	3 49 54.43	4 0.37	+20 5 2.4	12 10.3	67.62	15 49.90
	22	Mi	3 30.45	4.36	3 53 54.80	4 0.91	20 17 12.7	11 49.5	67.69	15 49.71
	23	Do	3 26.09	4.90	3 57 55.71	4 1.46	20 29 2.2	11 28.4	67.77	15 49.53
	24	Fr	3 21.19	5.42	4 1 57.17	4 1.98	20 40 30.6	11 7.2	67.84	15 49.35
	25	Sa	3 15.77	5.95	4 5 59.15	4 2.51	20 51 37.8	10 45.7	67.91	15 49.17
	26	So	3 9.82	6.45	4 10 1.66	4 3.00	21 2 23.5	10 23.9	67.98	15 49.00
	27	Mo	+3 3.37	6.94	4 14 4.66	4 3.50	+21 12 47.4	10 2.0	68.05	15 48.83
	28	Di	2 56.43	7.42	4 18 8.16	4 3.97	21 22 49.4	9 39.8	68.11	15 48.67
	29	Mi	2 49.01	7.86	4 22 12.13	4 4.43	21 32 29.2	9 17.4	68.18	15 48.51
	30	Do	2 41.15	8.31	4 26 16.56	4 4.86	21 41 46.6	8 54.8	68.24	15 48.36
	31	Fr	2 32.84	8.72	4 30 21.42	4 5.27	21 50 41.4	8 32.0	68.30	15 48.21
Juni	1	Sa	2 24.12	9.11	4 34 26.69	4 5.67	21 59 13.4	8 9.0	68.36	15 48.07
	2	So	+2 15.01	9.49	4 38 32.36	4 6.04	+22 7 22.4	7 46.0	68.41	15 47.94
	3	Mo	2 5.52	9.84	4 42 38.40	4 6.40	22 15 8.4	7 22.6	68.47	15 47.81
	4	Di	1 55.68	10.17	4 46 44.80	4 6.73	22 22 31.0	6 59.2	68.52	15 47.68
	5	Mi	1 45.51	10.49	4 50 51.53	4 7.05	22 29 30.2	6 35.5	68.57	15 47.56
	6	Do	1 35.02	10.79	4 54 58.58	4 7.35	22 36 5.7	6 11.8	68.62	15 47.45
	7	Fr	1 24.23	11.07	4 59 5.93	4 7.62	22 42 17.5	5 47.8	68.66	15 47.33
	8	Sa	+1 13.16	11.33	5 3 13.55	4 7.89	+22 48 5.3	5 23.9	68.70	15 47.22
	9	So	1 1.83	11.57	5 7 21.44	4 8.13	22 53 29.2	4 59.8	68.74	15 47.11
	10	Mo	0 50.26	11.80	5 11 29.57	4 8.35	22 58 29.0	4 35.5	68.78	15 47.01
	11	Di	0 38.46	12.01	5 15 37.92	4 8.57	23 3 4.5	4 11.2	68.81	15 46.91
	12	Mi	0 26.45	12.20	5 19 46.49	4 8.76	23 7 15.7	3 46.8	68.84	15 46.81
	13	Do	+0 14.25		5 23 55.25		+23 11 2.5		68.86	15 46.71

Tag	Julian. Zeit	Sternzeit	Nutation in AR. langp. Gl.	Nutation in AR. kurzp. Gl.	Mittleres Äquinoktium 1957.0 Länge	Diff.	Breite	R	Diff.	Aufgang (in +50° Breite, 0h Länge)	Untergang (in +50° Breite, 0h Länge)
1957	243 d	h m s	s in 0.001		° ′ ″	′ ″	″ in 0.01			h m	h m
Mai 3	5961.5	14 42 30.702	+754	− 5	42 17 34.4	58 10.4	−25	1.008 2219	2430	4 33	19 21
4	5962.5	14 46 27.256	753	+ 1	43 15 44.8	58 8.4	−36	1.008 4649	2396	4 32	19 23
5	5963.5	14 50 23.811	752	+ 6	44 13 53.2	58 6.4	−45	1.008 7045	2363	4 30	19 24
6	5964.5	14 54 20.366	751	+10	45 11 59.6	58 4.5	−51	1.008 9408	2332	4 28	19 26
7	5965.5	14 58 16.920	751	+10	46 10 4.1	58 2.5	−54	1.009 1740	2305	4 27	19 27
8	5966.5	15 2 13.475	750	+ 9	47 8 6.6	58 0.5	−53	1.009 4045	2280	4 25	19 29
9	5967.5	15 6 10.030	+750	+ 5	48 6 7.1	57 58.7	−48	1.009 6325	2257	4 24	19 30
10	5968.5	15 10 6.585	749	0	49 4 5.8	57 56.9	−42	1.009 8582	2238	4 22	19 32
11	5969.5	15 14 3.140	749	− 5	50 2 2.7	57 55.1	−32	1.010 0820	2220	4 20	19 33
12	5970.5	15 17 59.695	749	− 9	50 59 57.8	57 53.4	−20	1.010 3040	2203	4 19	19 35
13	5971.5	15 21 56.250	748	− 9	51 57 51.2	57 51.8	− 7	1.010 5243	2187	4 17	19 36
14	5972.5	15 25 52.806	748	− 8	52 55 43.0	57 50.3	+ 6	1.010 7430	2169	4 16	19 38
15	5973.5	15 29 49.361	+748	− 4	53 53 33.3	57 49.0	+20	1.010 9599	2150	4 15	19 39
16	5974.5	15 33 45.916	748	0	54 51 22.3	57 47.6	+33	1.011 1749	2130	4 13	19 40
17	5975.5	15 37 42.472	749	+ 5	55 49 9.9	57 46.3	+44	1.011 3879	2107	4 12	19 42
18	5976.5	15 41 39.028	749	+ 9	56 46 56.2	57 45.2	+52	1.011 5986	2082	4 10	19 43
19	5977.5	15 45 35.583	749	+12	57 44 41.4	57 44.0	+59	1.011 8068	2053	4 9	19 44
20	5978.5	15 49 32.139	750	+12	58 42 25.4	57 42.9	+63	1.012 0121	2022	4 8	19 46
21	5979.5	15 53 28.695	+750	+11	59 40 8.3	57 41.8	+64	1.012 2143	1988	4 7	19 47
22	5980.5	15 57 25.251	751	+ 7	60 37 50.1	57 40.8	+61	1.012 4131	1951	4 6	19 48
23	5981.5	16 1 21.807	751	+ 3	61 35 30.9	57 39.8	+56	1.012 6082	1911	4 4	19 50
24	5982.5	16 5 18.363	752	− 3	62 33 10.7	57 38.7	+49	1.012 7993	1869	4 3	19 51
25	5983.5	16 9 14.919	753	− 8	63 30 49.4	57 37.7	+40	1.012 9862	1824	4 2	19 52
26	5984.5	16 13 11.475	754	−12	64 28 27.1	57 36.7	+29	1.013 1686	1776	4 1	19 53
27	5985.5	16 17 8.031	+754	−14	65 26 3.8	57 35.8	+15	1.013 3462	1725	4 0	19 55
28	5986.5	16 21 4.588	755	−14	66 23 39.6	57 34.6	+ 2	1.013 5187	1673	3 59	19 56
29	5987.5	16 25 1.144	757	−11	67 21 14.2	57 33.5	−12	1.013 6860	1619	3 59	19 57
30	5988.5	16 28 57.701	758	− 6	68 18 47.7	57 32.5	−25	1.013 8479	1565	3 58	19 58
31	5989.5	16 32 54.257	759	− 1	69 16 20.2	57 31.3	−37	1.014 0044	1509	3 57	19 59
Juni 1	5990.5	16 36 50.814	760	+ 5	70 13 51.5	57 30.0	−47	1.014 1553	1455	3 56	20 0
2	5991.5	16 40 47.370	+761	+ 9	71 11 21.5	57 28.8	−54	1.014 3008	1405	3 55	20 1
3	5992.5	16 44 43.927	763	+11	72 8 50.3	57 27.6	−58	1.014 4413	1355	3 55	20 2
4	5993.5	16 48 40.484	764	+10	73 6 17.9	57 26.3	−58	1.014 5768	1308	3 54	20 3
5	5994.5	16 52 37.040	765	+ 7	74 3 44.2	57 25.1	−56	1.014 7076	1265	3 53	20 4
6	5995.5	16 56 33.597	767	+ 2	75 1 9.3	57 23.9	−49	1.014 8341	1225	3 53	20 5
7	5996.5	17 0 30.154	768	− 3	75 58 33.2	57 22.8	−40	1.014 9566	1186	3 52	20 5
8	5997.5	17 4 26.711	+770	− 7	76 55 56.0	57 21.6	−28	1.015 0752	1151	3 52	20 6
9	5998.5	17 8 23.268	771	− 9	77 53 17.6	57 20.7	−15	1.015 1903	1118	3 51	20 7
10	5999.5	17 12 19.825	772	− 8	78 50 38.3	57 19.7	− 2	1.015 3021	1087	3 51	20 8
11	6000.5	17 16 16.382	774	− 5	79 47 58.0	57 19.0	+11	1.015 4108	1055	3 51	20 8
12	6001.5	17 20 12.939	776	− 1	80 45 17.0	57 18.2	+24	1.015 5163	1025	3 51	20 9
13	6002.5	17 24 9.496	+778	+ 3	81 42 35.2		+35	1.015 6188		3 50	20 10

Tag	Wochentag	0h Weltzeit: Zeitgleichung (Wahre Zeit *minus* Mittlere Zeit)	Diff.	Scheinbare Rektaszension	Diff.	Scheinbare Deklination	Diff.	Halbe Durchgangs-Dauer St.-Zt.	Halbmesser
1957		m s	s	h m s	m s	° ′ ″	′ ″	s	′ ″
Juni 13	Do	+0 14.25	12.38	5 23 55.25	4 8.93	+23 11 2.5	3 22.2	68.86	15 46.71
14	Fr	+0 1.87	12.54	5 28 4.18	4 9.10	23 14 24.7	2 57.7	68.88	15 46.62
15	Sa	−0 10.67	12.67	5 32 13.28	4 9.23	23 17 22.4	2 33.1	68.90	15 46.54
16	So	0 23.34	12.79	5 36 22.51	4 9.34	23 19 55.5	2 8.3	68.92	15 46.45
17	Mo	0 36.13	12.88	5 40 31.85	4 9.44	23 22 3.8	1 43.6	68.93	15 46.36
18	Di	0 49.01	12.96	5 44 41.29	4 9.52	23 23 47.4	1 18.8	68.94	15 46.28
19	Mi	−1 1.97	13.01	5 48 50.81	4 9.57	+23 25 6.2	0 54.0	68.94	15 46.21
20	Do	1 14.98	13.04	5 53 0.38	4 9.59	23 26 0.2	0 29.2	68.94	15 46.14
21	Fr	1 28.02	13.05	5 57 9.97	4 9.61	23 26 29.4	0 4.4	68.94	15 46.07
22	Sa	1 41.07	13.02	6 1 19.58	4 9.58	23 26 33.8	0 20.4	68.94	15 46.01
23	So	1 54.09	12.99	6 5 29.16	4 9.54	23 26 13.4	0 45.3	68.93	15 45.95
24	Mo	2 7.08	12.91	6 9 38.70	4 9.47	23 25 28.1	1 10.0	68.92	15 45.89
25	Di	−2 19.99	12.82	6 13 48.17	4 9.38	+23 24 18.1	1 34.7	68.90	15 45.85
26	Mi	2 32.81	12.70	6 17 57.55	4 9.26	23 22 43.4	1 59.4	68.88	15 45.81
27	Do	2 45.51	12.55	6 22 6.81	4 9.10	23 20 44.0	2 24.1	68.86	15 45.77
28	Fr	2 58.06	12.37	6 26 15.91	4 8.93	23 18 19.9	2 48.6	68.84	15 45.74
29	Sa	3 10.43	12.16	6 30 24.84	4 8.72	23 15 31.3	3 13.0	68.82	15 45.72
30	So	3 22.59	11.93	6 34 33.56	4 8.48	23 12 18.3	3 37.4	68.79	15 45.70
Juli 1	Mo	−3 34.52	11.67	6 38 42.04	4 8.23	+23 8 40.9	4 1.6	68.76	15 45.68
2	Di	3 46.19	11.38	6 42 50.27	4 7.94	23 4 39.3	4 25.9	68.73	15 45.67
3	Mi	3 57.57	11.08	6 46 58.21	4 7.64	23 0 13.4	4 49.8	68.69	15 45.67
4	Do	4 8.65	10.75	6 51 5.85	4 7.30	22 55 23.6	5 13.7	68.65	15 45.67
5	Fr	4 19.40	10.40	6 55 13.15	4 6.96	22 50 9.9	5 37.6	68.60	15 45.68
6	Sa	4 29.80	10.03	6 59 20.11	4 6.59	22 44 32.3	6 1.2	68.55	15 45.69
7	So	−4 39.83	9.65	7 3 26.70	4 6.20	+22 38 31.1	6 24.7	68.50	15 45.71
8	Mo	4 49.48	9.25	7 7 32.90	4 5.81	22 32 6.4	6 48.1	68.45	15 45.73
9	Di	4 58.73	8.84	7 11 38.71	4 5.39	22 25 18.3	7 11.3	68.40	15 45.75
10	Mi	5 7.57	8.41	7 15 44.10	4 4.97	22 18 7.0	7 34.3	68.34	15 45.77
11	Do	5 15.98	7.97	7 19 49.07	4 4.53	22 10 32.7	7 57.2	68.28	15 45.80
12	Fr	5 23.95	7.52	7 23 53.60	4 4.08	22 2 35.5	8 20.0	68.22	15 45.84
13	Sa	−5 31.47	7.06	7 27 57.68	4 3.61	+21 54 15.5	8 42.4	68.16	15 45.88
14	So	5 38.53	6.59	7 32 1.29	4 3.14	21 45 33.1	9 4.8	68.09	15 45.91
15	Mo	5 45.12	6.10	7 36 4.43	4 2.66	21 36 28.3	9 26.9	68.02	15 45.95
16	Di	5 51.22	5.60	7 40 7.09	4 2.16	21 27 1.4	9 48.9	67.95	15 46.00
17	Mi	5 56.82	5.10	7 44 9.25	4 1.66	21 17 12.5	10 10.6	67.88	15 46.05
18	Do	6 1.92	4.59	7 48 10.91	4 1.14	21 7 1.9	10 32.1	67.81	15 46.10
19	Fr	−6 6.51	4.06	7 52 12.05	4 0.62	+20 56 29.8	10 53.3	67.73	15 46.16
20	Sa	6 10.57	3.53	7 56 12.67	4 0.09	20 45 36.5	11 14.4	67.65	15 46.22
21	So	6 14.10	2.99	8 0 12.76	3 59.54	20 34 22.1	11 35.2	67.57	15 46.29
22	Mo	6 17.09	2.44	8 4 12.30	3 59.00	20 22 46.9	11 55.8	67.49	15 46.36
23	Di	6 19.53	1.88	8 8 11.30	3 58.43	20 10 51.1	12 16.1	67.41	15 46.43
24	Mi	−6 21.41		8 12 9.73		+19 58 35.0		67.33	15 46.51

Tag	Julian. Zeit	Sternzeit	Nutation in AR. langp. Gl.	Nutation in AR. kurzp. Gl.	Mittleres Äquinoktium 1957.0 Länge		Breite	*R*		Aufgang in {+50° Breite, 0h Länge}	Untergang in {+50° Breite, 0h Länge}
	0h Weltzeit										
1957	2436 d	h m s	s in 0.001		° ′ ″	′ ″	in 0.″01			h m	h m
Juni 13	002.5	17 24 9.496	+778	+ 3	81 42 35.2	57 17.5	+35	1.015 6188	993	3 50	20 10
14	003.5	17 28 6.053	779	+ 8	82 39 52.7	57 17.0	+45	1.015 7181	960	3 50	20 10
15	004.5	17 32 2.610	781	+11	83 37 9.7	57 16.5	+52	1.015 8141	925	3 50	20 11
16	005.5	17 35 59.167	783	+12	84 34 26.2	57 16.1	+56	1.015 9066	890	3 50	20 11
17	006.5	17 39 55.724	785	+11	85 31 42.3	57 15.7	+57	1.015 9956	850	3 50	20 12
18	007.5	17 43 52.281	786	+ 8	86 28 58.0	57 15.5	+55	1.016 0806	810	3 50	20 12
19	008.5	17 47 48.838	+788	+ 4	87 26 13.5	57 15.2	+51	1.016 1616	767	3 50	20 12
20	009.5	17 51 45.396	790	− 1	88 23 28.7	57 15.0	+45	1.016 2383	721	3 50	20 13
21	010.5	17 55 41.953	792	− 6	89 20 43.7	57 14.9	+37	1.016 3104	674	3 50	20 13
22	011.5	17 59 38.510	793	−11	90 17 58.6	57 14.7	+27	1.016 3778	623	3 51	20 13
23	012.5	18 3 35.067	795	−14	91 15 13.3	57 14.6	+15	1.016 4401	569	3 51	20 13
24	013.5	18 7 31.624	797	−15	92 12 27.9	57 14.4	+ 2	1.016 4970	514	3 51	20 13
25	014.5	18 11 28.181	+799	−13	93 9 42.3	57 14.4	−12	1.016 5484	455	3 52	20 13
26	015.5	18 15 24.738	800	− 9	94 6 56.7	57 14.2	−25	1.016 5939	394	3 52	20 13
27	016.5	18 19 21.295	802	− 3	95 4 10.9	57 14.0	−37	1.016 6333	331	3 52	20 13
28	017.5	18 23 17.853	804	+ 3	96 1 24.9	57 13.8	−47	1.016 6664	268	3 53	20 13
29	018.5	18 27 14.410	806	+ 8	96 58 38.7	57 13.6	−54	1.016 6932	205	3 53	20 13
30	019.5	18 31 10.967	807	+11	97 55 52.3	57 13.2	−59	1.016 7137	144	3 54	20 13
Juli 1	020.5	18 35 7.524	+809	+12	98 53 5.5	57 12.9	−61	1.016 7281	85	3 55	20 13
2	021.5	18 39 4.081	811	+ 9	99 50 18.4	57 12.6	−59	1.016 7366	29	3 55	20 12
3	022.5	18 43 0.638	812	+ 5	100 47 31.0	57 12.3	−53	1.016 7395	— 25	3 56	20 12
4	023.5	18 46 57.195	814	− 1	101 44 43.3	57 11.9	−45	1.016 7370	74	3 57	20 12
5	024.5	18 50 53.751	815	− 5	102 41 55.2	57 11.6	−35	1.016 7296	121	3 57	20 11
6	025.5	18 54 50.308	817	− 8	103 39 6.8	57 11.4	−23	1.016 7175	164	3 58	20 11
7	026.5	18 58 46.865	+818	− 8	104 36 18.2	57 11.3	−10	1.016 7011	204	3 59	20 10
8	027.5	19 2 43.422	820	− 6	105 33 29.5	57 11.1	+ 3	1.016 6807	243	4 0	20 9
9	028.5	19 6 39.979	821	− 2	106 30 40.6	57 11.2	+16	1.016 6564	279	4 1	20 9
10	029.5	19 10 36.535	822	+ 3	107 27 51.8	57 11.2	+27	1.016 6285	315	4 2	20 8
11	030.5	19 14 33.092	824	+ 7	108 25 3.0	57 11.4	+37	1.016 5970	349	4 3	20 8
12	031.5	19 18 29.649	825	+10	109 22 14.4	57 11.6	+45	1.016 5621	383	4 4	20 7
13	032.5	19 22 26.205	+826	+11	110 19 26.0	57 12.0	+49	1.016 5238	419	4 5	20 6
14	033.5	19 26 22.762	827	+11	111 16 38.0	57 12.4	+51	1.016 4819	454	4 6	20 5
15	034.5	19 30 19.318	828	+ 9	112 13 50.4	57 12.9	+50	1.016 4365	492	4 7	20 4
16	035.5	19 34 15.875	829	+ 5	113 11 3.3	57 13.4	+47	1.016 3873	530	4 8	20 3
17	036.5	19 38 12.431	830	+ 1	114 8 16.7	57 14.1	+41	1.016 3343	570	4 9	20 2
18	037.5	19 42 8.987	831	− 4	115 5 30.8	57 14.7	+33	1.016 2773	611	4 10	20 1
19	038.5	19 46 5.543	+832	− 9	116 2 45.5	57 15.5	+23	1.016 2162	656	4 11	20 0
20	039.5	19 50 2.099	833	−13	117 0 1.0	57 16.2	+12	1.016 1506	701	4 13	19 59
21	040.5	19 53 58.655	833	−15	117 57 17.2	57 17.0	− 1	1.016 0805	750	4 14	19 58
22	041.5	19 57 55.211	834	−15	118 54 34.2	57 17.9	−14	1.016 0055	800	4 15	19 57
23	042.5	20 1 51.767	835	−12	119 51 52.1	57 18.7	−25	1.015 9255	854	4 16	19 56
24	043.5	20 5 48.323	+835	− 7	120 49 10.8		−37	1.015 8401		4 18	19 54

Tag	Wochentag	0^h Weltzeit							
		Zeitgleichung Wahre Zeit *minus* Mittlere Zeit		Scheinbare Rektaszension		Scheinbare Deklination		Halbe Durchgangs-Dauer St.-Zt.	Halbmesser
1957		m s	s	h m s	m s	° ′ ″	′ ″	s	′ ″
Juli 24	Mi	−6 21.41	1.31	8 12 9.73	3 57.87	+19 58 35.0	12 36.1	67.33	15 46.51
25	Do	6 22.72	0.74	8 16 7.60	3 57.29	19 45 58.9	12 55.8	67.24	15 46.59
26	Fr	6 23.46	0.14	8 20 4.89	3 56.70	19 33 3.1	13 15.4	67.16	15 46.68
27	Sa	6 23.60	0.45	8 24 1.59	3 56.11	19 19 47.7	13 34.5	67.07	15 46.78
28	So	6 23.15	1.05	8 27 57.70	3 55.50	19 6 13.2	13 53.3	66.99	15 46.88
29	Mo	6 22.10	1.66	8 31 53.20	3 54.89	18 52 19.9	14 12.0	66.90	15 46.98
30	Di	−6 20.44	2.29	8 35 48.09	3 54.27	+18 38 7.9	14 30.3	66.81	15 47.10
31	Mi	6 18.15	2.91	8 39 42.36	3 53.65	18 23 37.6	14 48.3	66.73	15 47.22
Aug. 1	Do	6 15.24	3.53	8 43 36.01	3 53.02	18 8 49.3	15 6.0	66.64	15 47.34
2	Fr	6 11.71	4.16	8 47 29.03	3 52.40	17 53 43.3	15 23.4	66.56	15 47.47
3	Sa	6 7.55	4.79	8 51 21.43	3 51.77	17 38 19.9	15 40.5	66.47	15 47.60
4	So	6 2.76	5.40	8 55 13.20	3 51.14	17 22 39.4	15 57.5	66.38	15 47.74
5	Mo	−5 57.36	6.02	8 59 4.34	3 50.54	+17 6 41.9	16 14.0	66.30	15 47.88
6	Di	5 51.34	6.64	9 2 54.88	3 49.92	16 50 27.9	16 30.2	66.21	15 48.02
7	Mi	5 44.70	7.23	9 6 44.80	3 49.32	16 33 57.7	16 46.2	66.13	15 48.16
8	Do	5 37.47	7.84	9 10 34.12	3 48.72	16 17 11.5	17 1.9	66.04	15 48.31
9	Fr	5 29.63	8.42	9 14 22.84	3 48.13	16 0 9.6	17 17.3	65.95	15 48.46
10	Sa	5 21.21	9.00	9 18 10.97	3 47.56	15 42 52.3	17 32.5	65.87	15 48.61
11	So	−5 12.21	9.56	9 21 58.53	3 46.99	+15 25 19.8	17 47.3	65.78	15 48.77
12	Mo	5 2.65	10.12	9 25 45.52	3 46.43	15 7 32.5	18 1.8	65.70	15 48.93
13	Di	4 52.53	10.67	9 29 31.95	3 45.89	14 49 30.7	18 16.1	65.62	15 49.09
14	Mi	4 41.86	11.20	9 33 17.84	3 45.35	14 31 14.6	18 30.0	65.54	15 49.25
15	Do	4 30.66	11.72	9 37 3.19	3 44.83	14 12 44.6	18 43.7	65.47	15 49.42
16	Fr	4 18.94	12.24	9 40 48.02	3 44.32	13 54 0.9	18 57.0	65.39	15 49.59
17	Sa	−4 6.70	12.74	9 44 32.34	3 43.81	+13 35 3.9	19 10.0	65.32	15 49.77
18	So	3 53.96	13.22	9 48 16.15	3 43.33	13 15 53.9	19 22.7	65.24	15 49.95
19	Mo	3 40.74	13.70	9 51 59.48	3 42.86	12 56 31.2	19 35.1	65.16	15 50.13
20	Di	3 27.04	14.16	9 55 42.34	3 42.40	12 36 56.1	19 47.2	65.09	15 50.31
21	Mi	3 12.88	14.61	9 59 24.74	3 41.94	12 17 8.9	19 58.9	65.02	15 50.49
22	Do	2 58.27	15.06	10 3 6.68	3 41.50	11 57 10.0	20 10.4	64.95	15 50.68
23	Fr	−2 43.21	15.48	10 6 48.18	3 41.07	+11 36 59.6	20 21.4	64.88	15 50.88
24	Sa	2 27.73	15.90	10 10 29.25	3 40.65	11 16 38.2	20 32.2	64.82	15 51.08
25	So	2 11.83	16.32	10 14 9.90	3 40.23	10 56 6.0	20 42.6	64.76	15 51.28
26	Mo	1 55.51	16.72	10 17 50.13	3 39.84	10 35 23.4	20 52.6	64.70	15 51.48
27	Di	1 38.79	17.11	10 21 29.97	3 39.44	10 14 30.8	21 2.3	64.64	15 51.70
28	Mi	1 21.68	17.49	10 25 9.41	3 39.06	9 53 28.5	21 11.7	64.58	15 51.91
29	Do	−1 4.19	17.87	10 28 48.47	3 38.68	+ 9 32 16.8	21 20.7	64.53	15 52.13
30	Fr	0 46.32	18.22	10 32 27.15	3 38.34	9 10 56.1	21 29.4	64.48	15 52.36
31	Sa	0 28.10	18.56	10 36 5.49	3 37.99	8 49 26.7	21 37.8	64.43	15 52.58
Sept. 1	So	−0 9.54	18.89	10 39 43.48	3 37.66	8 27 48.9	21 45.8	64.38	15 52.81
2	Mo	+0 9.35	19.19	10 43 21.14	3 37.36	8 6 3.1	21 53.5	64.34	15 53.04
3	Di	+0 28.54		10 46 58.50		+ 7 44 9.6		64.30	15 53.28

Tag	0h Weltzeit: Julian. Zeit	Sternzeit	Nutation in AR. langp. Gl.	Nutation in AR. kurzp. Gl.	Mittleres Äquinoktium 1957.0 Länge		Breite	R		Aufgang in {+50° Breite, 0h Länge}	Untergang in {+50° Breite, 0h Länge}
1957	2436 d	h m s	s in 0.001		° ′ ″	′ ″	in 0.″01			h m	h m
Juli 24	043.5	20 5 48.323	+835	− 7	120 49 10.8	57 19.6	−37	1.015 8401	910	4 18	19 54
25	044.5	20 9 44.879	836	0	121 46 30.4	57 20.3	−47	1.015 7491	969	4 19	19 53
26	045.5	20 13 41.435	836	+ 6	122 43 50.7	57 21.2	−55	1.015 6522	1029	4 20	19 52
27	046.5	20 17 37.990	836	+10	123 41 11.9	57 21.9	−60	1.015 5493	1089	4 22	19 50
28	047.5	20 21 34.546	836	+11	124 38 33.8	57 22.5	−62	1.015 4404	1150	4 23	19 49
29	048.5	20 25 31.101	836	+10	125 35 56.3	57 23.2	−60	1.015 3254	1207	4 25	19 47
30	049.5	20 29 27.657	+836	+ 6	126 33 19.5	57 23.8	−55	1.015 2047	1264	4 26	19 46
31	050.5	20 33 24.212	836	+ 1	127 30 43.3	57 24.4	−48	1.015 0783	1316	4 27	19 45
Aug. 1	051.5	20 37 20.767	836	− 4	128 28 7.7	57 25.0	−38	1.014 9467	1366	4 29	19 43
2	052.5	20 41 17.322	836	− 7	129 25 32.7	57 25.6	−27	1.014 8101	1411	4 30	19 41
3	053.5	20 45 13.877	836	− 8	130 22 58.3	57 26.2	−13	1.014 6690	1452	4 32	19 40
4	054.5	20 49 10.432	835	− 6	131 20 24.5	57 26.8	0	1.014 5238	1491	4 33	19 38
5	055.5	20 53 6.987	+835	− 3	132 17 51.3	57 27.6	+13	1.014 3747	1526	4 34	19 37
6	056.5	20 57 3.542	834	+ 2	133 15 18.9	57 28.4	+24	1.014 2221	1559	4 36	19 35
7	057.5	21 1 0.097	833	+ 6	134 12 47.3	57 29.3	+34	1.014 0662	1589	4 37	19 33
8	058.5	21 4 56.651	833	+10	135 10 16.6	57 30.2	+42	1.013 9073	1619	4 39	19 32
9	059.5	21 8 53.206	832	+12	136 7 46.8	57 31.2	+47	1.013 7454	1646	4 40	19 30
10	060.5	21 12 49.760	831	+12	137 5 18.0	57 32.3	+50	1.013 5808	1673	4 42	19 28
11	061.5	21 16 46.315	+830	+10	138 2 50.3	57 33.5	+49	1.013 4135	1699	4 43	19 26
12	062.5	21 20 42.869	829	+ 7	139 0 23.8	57 34.8	+46	1.013 2436	1727	4 45	19 25
13	063.5	21 24 39.423	828	+ 3	139 57 58.6	57 36.1	+41	1.013 0709	1753	4 46	19 23
14	064.5	21 28 35.977	826	− 2	140 55 34.7	57 37.4	+33	1.012 8956	1781	4 48	19 21
15	065.5	21 32 32.531	825	− 7	141 53 12.1	57 39.0	+23	1.012 7175	1811	4 49	19 19
16	066.5	21 36 29.085	824	−12	142 50 51.1	57 40.4	+13	1.012 5364	1840	4 50	19 17
17	067.5	21 40 25.639	+822	−14	143 48 31.5	57 42.0	0	1.012 3524	1872	4 52	19 15
18	068.5	21 44 22.193	821	−15	144 46 13.5	57 43.6	−13	1.012 1652	1905	4 53	19 13
19	069.5	21 48 18.746	819	−13	145 43 57.1	57 45.3	−24	1.011 9747	1942	4 55	19 11
20	070.5	21 52 15.300	817	− 9	146 41 42.4	57 46.9	−36	1.011 7805	1979	4 56	19 9
21	071.5	21 56 11.854	815	− 4	147 39 29.3	57 48.6	−46	1.011 5826	2019	4 58	19 7
22	072.5	22 0 8.407	813	+ 2	148 37 17.9	57 50.3	−53	1.011 3807	2064	4 59	19 5
23	073.5	22 4 4.960	+811	+ 7	149 35 8.2	57 51.9	−59	1.011 1743	2108	5 1	19 3
24	074.5	22 8 1.514	809	+10	150 33 0.1	57 53.6	−62	1.010 9635	2156	5 2	19 1
25	075.5	22 11 58.067	807	+10	151 30 53.7	57 55.0	−60	1.010 7479	2203	5 4	18 59
26	076.5	22 15 54.620	805	+ 7	152 28 48.7	57 56.6	−56	1.010 5276	2250	5 5	18 57
27	077.5	22 19 51.173	803	+ 2	153 26 45.3	57 58.0	−48	1.010 3026	2296	5 7	18 55
28	078.5	22 23 47.726	800	− 3	154 24 43.3	57 59.4	−38	1.010 0730	2338	5 8	18 53
29	079.5	22 27 44.279	+798	− 6	155 22 42.7	58 0.7	−25	1.009 8392	2377	5 10	18 51
30	080.5	22 31 40.832	795	− 8	156 20 43.4	58 2.0	−13	1.009 6015	2413	5 11	18 49
31	081.5	22 35 37.385	793	− 7	157 18 45.4	58 3.4	+ 1	1.009 3602	2443	5 13	18 47
Sept. 1	082.5	22 39 33.937	790	− 4	158 16 48.8	58 4.8	+14	1.009 1159	2472	5 14	18 45
2	083.5	22 43 30.490	788	+ 1	159 14 53.6	58 6.1	+26	1.008 8687	2495	5 16	18 43
3	084.5	22 47 27.043	+785	+ 6	160 12 59.7		+36	1.008 6192		5 17	18 41

Tag	Wochentag	0h Weltzeit: Zeitgleichung Wahre Zeit *minus* Mittlere Zeit	Diff.	Scheinbare Rektaszension	Diff.	Scheinbare Deklination	Diff.	Halbe Durchgangs-Dauer St.-Zt.	Halbmesser
1957		m s	s	h m s	m s	° ′ ″	′ ″	s	′ ″
Sept. 3	Di	+ 0 28.54	19.48	10 46 58.50	3 37.07	+7 44 9.6	22 1.0	64.30	15 53.28
4	Mi	0 48.02	19.75	10 50 35.57	3 36.80	7 22 8.6	22 8.1	64.26	15 53.52
5	Do	1 7.77	20.00	10 54 12.37	3 36.56	7 0 0.5	22 15.0	64.23	15 53.76
6	Fr	1 27.77	20.23	10 57 48.93	3 36.32	6 37 45.5	22 21.4	64.19	15 54.00
7	Sa	1 48.00	20.43	11 1 25.25	3 36.12	6 15 24.1	22 27.5	64.16	15 54.25
8	So	2 8.43	20.62	11 5 1.37	3 35.93	5 52 56.6	22 33.5	64.13	15 54.49
9	Mo	+ 2 29.05	20.79	11 8 37.30	3 35.77	+5 30 23.1	22 39.1	64.10	15 54.73
10	Di	2 49.84	20.93	11 12 13.07	3 35.63	5 7 44.0	22 44.3	64.08	15 54.98
11	Mi	3 10.77	21.04	11 15 48.70	3 35.50	4 44 59.7	22 49.2	64.06	15 55.23
12	Do	3 31.81	21.14	11 19 24.20	3 35.41	4 22 10.5	22 53.9	64.04	15 55.48
13	Fr	3 52.95	21.22	11 22 59.61	3 35.34	3 59 16.6	22 58.2	64.03	15 55.73
14	Sa	4 14.17	21.27	11 26 34.95	3 35.28	3 36 18.4	23 2.1	64.02	15 55.98
15	So	+ 4 35.44	21.31	11 30 10.23	3 35.24	+3 13 16.3	23 5.9	64.01	15 56.23
16	Mo	4 56.75	21.31	11 33 45.47	3 35.24	2 50 10.4	23 9.2	64.01	15 56.48
17	Di	5 18.06	21.31	11 37 20.71	3 35.25	2 27 1.2	23 12.2	64.00	15 56.73
18	Mi	5 39.37	21.27	11 40 55.96	3 35.28	2 3 49.0	23 14.9	64.00	15 56.99
19	Do	6 0.64	21.21	11 44 31.24	3 35.34	1 40 34.1	23 17.2	64.00	15 57.24
20	Fr	6 21.85	21.15	11 48 6.58	3 35.40	1 17 16.9	23 19.2	64.01	15 57.50
21	Sa	+ 6 43.00	21.06	11 51 41.98	3 35.49	+0 53 57.7	23 20.8	64.02	15 57.76
22	So	7 4.06	20.96	11 55 17.47	3 35.60	0 30 36.9	23 22.1	64.03	15 58.02
23	Mo	7 25.02	20.84	11 58 53.07	3 35.71	+0 7 14.8	23 22.9	64.04	15 58.29
24	Di	7 45.86	20.70	12 2 28.78	3 35.85	−0 16 8.1	23 23.5	64.06	15 58.55
25	Mi	8 6.56	20.55	12 6 4.63	3 36.00	0 39 31.6	23 23.7	64.08	15 58.82
26	Do	8 27.11	20.39	12 9 40.63	3 36.17	1 2 55.3	23 23.5	64.11	15 59.10
27	Fr	+ 8 47.50	20.20	12 13 16.80	3 36.35	−1 26 18.8	23 22.9	64.14	15 59.38
28	Sa	9 7.70	20.00	12 16 53.15	3 36.55	1 49 41.7	23 21.9	64.17	15 59.66
29	So	9 27.70	19.78	12 20 29.70	3 36.77	2 13 3.6	23 20.7	64.21	15 59.94
30	Mo	9 47.48	19.54	12 24 6.47	3 37.01	2 36 24.3	23 19.1	64.25	16 0.21
Okt. 1	Di	10 7.02	19.28	12 27 43.48	3 37.27	2 59 43.4	23 17.1	64.29	16 0.49
2	Mi	10 26.30	19.00	12 31 20.75	3 37.55	3 23 0.5	23 14.7	64.33	16 0.78
3	Do	+10 45.30	18.70	12 34 58.30	3 37.86	−3 46 15.2	23 12.1	64.38	16 1.06
4	Fr	11 4.00	18.37	12 38 36.16	3 38.18	4 9 27.3	23 9.2	64.43	16 1.34
5	Sa	11 22.37	18.02	12 42 14.34	3 38.53	4 32 36.5	23 5.7	64.48	16 1.62
6	So	11 40.39	17.65	12 45 52.87	3 38.90	4 55 42.2	23 2.1	64.53	16 1.90
7	Mo	11 58.04	17.26	12 49 31.77	3 39.29	5 18 44.3	22 58.0	64.59	16 2.18
8	Di	12 15.30	16.84	12 53 11.06	3 39.71	5 41 42.3	22 53.6	64.65	16 2.46
9	Mi	+12 32.14	16.41	12 56 50.77	3 40.15	−6 4 35.9	22 48.8	64.72	16 2.73
10	Do	12 48.55	15.95	13 0 30.92	3 40.60	6 27 24.7	22 43.8	64.78	16 3.01
11	Fr	13 4.50	15.46	13 4 11.52	3 41.09	6 50 8.5	22 38.3	64.85	16 3.28
12	Sa	13 19.96	14.96	13 7 52.61	3 41.60	7 12 46.8	22 32.4	64.92	16 3.56
13	So	13 34.92	14.43	13 11 34.21	3 42.12	7 35 19.2	22 26.3	64.99	16 3.83
14	Mo	+13 49.35		13 15 16.33		−7 57 45.5		65.07	16 4.10

Tag	0h Weltzeit									Aufgang	Untergang
	Julian. Zeit	Sternzeit	Nutation in AR. langp. Gl.	Nutation in AR. kurzp. Gl.	Mittleres Äquinoktium 1957.0 Länge		Mittleres Äquinoktium 1957.0 Breite	R		in {+50° Breite, 0h Länge}	
1957	2436 d	h m s	s in 0.001		° ′ ″	′ ″	″ in 0.01			h m	h m
Sept. 3	084.5	22 47 27.043	+785	+ 6	160 12 59.7	58 7.6	+36	1.008 6192	2516	5 17	18 41
4	085.5	22 51 23.595	782	+10	161 11 7.3	58 9.0	+44	1.008 3676	2533	5 19	18 38
5	086.5	22 55 20.148	779	+12	162 9 16.3	58 10.6	+50	1.008 1143	2549	5 20	18 36
6	087.5	22 59 16.700	776	+13	163 7 26.9	58 12.2	+53	1.007 8594	2562	5 22	18 34
7	088.5	23 3 13.253	773	+12	164 5 39.1	58 13.9	+53	1.007 6032	2573	5 23	18 32
8	089.5	23 7 9.805	770	+ 8	165 3 53.0	58 15.5	+50	1.007 3459	2583	5 25	18 30
9	090.5	23 11 6.357	+767	+ 4	166 2 8.5	58 17.4	+45	1.007 0876	2593	5 26	18 28
10	091.5	23 15 2.910	764	0	167 0 25.9	58 19.2	+38	1.006 8283	2601	5 28	18 25
11	092.5	23 18 59.462	761	− 5	167 58 45.1	58 21.1	+28	1.006 5682	2609	5 29	18 23
12	093.5	23 22 56.014	758	−10	168 57 6.2	58 23.1	+17	1.006 3073	2618	5 31	18 21
13	094.5	23 26 52.566	754	−13	169 55 29.3	58 25.1	+ 5	1.006 0455	2627	5 32	18 19
14	095.5	23 30 49.118	751	−14	170 53 54.4	58 27.3	− 7	1.005 7828	2636	5 34	18 17
15	096.5	23 34 45.670	+748	−13	171 52 21.7	58 29.3	−20	1.005 5192	2648	5 35	18 14
16	097.5	23 38 42.222	745	−10	172 50 51.0	58 31.5	−31	1.005 2544	2660	5 37	18 12
17	098.5	23 42 38.774	741	− 6	173 49 22.5	58 33.7	−42	1.004 9884	2675	5 38	18 10
18	099.5	23 46 35.326	738	0	174 47 56.2	58 36.0	−50	1.004 7209	2691	5 40	18 8
19	100.5	23 50 31.878	735	+ 5	175 46 32.2	58 38.2	−55	1.004 4518	2712	5 41	18 6
20	101.5	23 54 28.430	731	+ 8	176 45 10.4	58 40.4	−58	1.004 1806	2734	5 43	18 3
21	102.5	23 58 24.982	+728	+ 9	177 43 50.8	58 42.5	−57	1.003 9072	2757	5 44	18 1
22	103.5	0 2 21.534	724	+ 7	178 42 33.3	58 44.7	−53	1.003 6315	2783	5 46	17 59
23	104.5	0 6 18.086	721	+ 3	179 41 18.0	58 46.7	−45	1.003 3532	2810	5 47	17 57
24	105.5	0 10 14.638	718	− 2	180 40 4.7	58 48.7	−35	1.003 0722	2835	5 49	17 55
25	106.5	0 14 11.190	714	− 6	181 38 53.4	58 50.5	−24	1.002 7887	2859	5 50	17 52
26	107.5	0 18 7.742	710	− 8	182 37 43.9	58 52.5	−10	1.002 5028	2881	5 52	17 50
27	108.5	0 22 4.294	+707	− 8	183 36 36.4	58 54.2	+ 3	1.002 2147	2900	5 53	17 48
28	109.5	0 26 0.846	704	− 6	184 35 30.6	58 55.9	+17	1.001 9247	2914	5 55	17 46
29	110.5	0 29 57.398	701	− 1	185 34 26.5	58 57.7	+30	1.001 6333	2923	5 56	17 44
30	111.5	0 33 53.950	697	+ 4	186 33 24.2	58 59.4	+40	1.001 3410	2931	5 58	17 41
Okt. 1	112.5	0 37 50.502	694	+ 9	187 32 23.6	59 1.2	+50	1.001 0479	2933	5 59	17 39
2	113.5	0 41 47.054	691	+12	188 31 24.8	59 2.9	+56	1.000 7546	2933	6 1	17 37
3	114.5	0 45 43.606	+687	+14	189 30 27.7	59 4.8	+60	1.000 4613	2930	6 2	17 35
4	115.5	0 49 40.158	684	+13	190 29 32.5	59 6.6	+61	1.000 1683	2924	6 4	17 33
5	116.5	0 53 36.710	681	+10	191 28 39.1	59 8.4	+58	0.999 8759	2915	6 6	17 31
6	117.5	0 57 33.263	678	+ 6	192 27 47.5	59 10.4	+54	0.999 5844	2904	6 7	17 28
7	118.5	1 1 29.815	674	+ 1	193 26 57.9	59 12.2	+48	0.999 2940	2891	6 9	17 26
8	119.5	1 5 26.367	671	− 4	194 26 10.1	59 14.3	+38	0.999 0049	2876	6 10	17 24
9	120.5	1 9 22.919	+668	− 8	195 25 24.4	59 16.4	+27	0.998 7173	2861	6 12	17 22
10	121.5	1 13 19.472	665	−11	196 24 40.8	59 18.4	+14	0.998 4312	2845	6 13	17 20
11	122.5	1 17 16.024	662	−13	197 23 59.2	59 20.6	+ 2	0.998 1467	2829	6 15	17 18
12	123.5	1 21 12.576	659	−13	198 23 19.8	59 22.8	−11	0.997 8638	2812	6 16	17 16
13	124.5	1 25 9.129	656	−10	199 22 42.6	59 25.0	−24	0.997 5826	2797	6 18	17 14
14	125.5	1 29 5.682	+654	− 6	200 22 7.6		−35	0.997 3029		6 20	17 12

Tag	Wochentag	0h Weltzeit: Zeitgleichung Wahre Zeit *minus* Mittlere Zeit	Diff.	Scheinbare Rektaszension	Diff.	Scheinbare Deklination	Diff.	Halbe Durchgangs-Dauer St.-Zt.	Halbmesser
1957		m s	s	h m s	m s	° ′ ″	′ ″	s	′ ″
Okt. 14	Mo	+13 49.35	13.89	13 15 16.33	3 42.66	− 7 57 45.5	22 19.7	65.07	16 4.10
15	Di	14 3.24	13.32	13 18 58.99	3 43.24	8 20 5.2	22 12.7	65.15	16 4.37
16	Mi	14 16.56	12.72	13 22 42.23	3 43.83	8 42 17.9	22 5.5	65.23	16 4.63
17	Do	14 29.28	12.13	13 26 26.06	3 44.43	9 4 23.4	21 57.7	65.31	16 4.90
18	Fr	14 41.41	11.50	13 30 10.49	3 45.05	9 26 21.1	21 49.7	65.40	16 5.17
19	Sa	14 52.91	10.86	13 33 55.54	3 45.69	9 48 10.8	21 41.1	65.49	16 5.44
20	So	+15 3.77	10.21	13 37 41.23	3 46.34	−10 9 51.9	21 32.3	65.58	16 5.70
21	Mo	15 13.98	9.55	13 41 27.57	3 47.00	10 31 24.2	21 22.9	65.67	16 5.97
22	Di	15 23.53	8.88	13 45 14.57	3 47.68	10 52 47.1	21 13.3	65.77	16 6.23
23	Mi	15 32.41	8.19	13 49 2.25	3 48.37	11 14 0.4	21 3.1	65.87	16 6.49
24	Do	15 40.60	7.49	13 52 50.62	3 49.05	11 35 3.5	20 52.5	65.97	16 6.77
25	Fr	15 48.09	6.79	13 56 39.67	3 49.76	11 55 56.0	20 41.6	66.07	16 7.03
26	Sa	+15 54.88	6.08	14 0 29.43	3 50.48	−12 16 37.6	20 30.2	66.17	16 7.30
27	So	16 0.96	5.36	14 4 19.91	3 51.19	12 37 7.8	20 18.4	66.28	16 7.56
28	Mo	16 6.32	4.63	14 8 11.10	3 51.93	12 57 26.2	20 6.2	66.39	16 7.83
29	Di	16 10.95	3.88	14 12 3.03	3 52.68	13 17 32.4	19 53.6	66.50	16 8.09
30	Mi	16 14.83	3.12	14 15 55.71	3 53.43	13 37 26.0	19 40.6	66.61	16 8.36
31	Do	16 17.95	2.36	14 19 49.14	3 54.19	13 57 6.6	19 27.2	66.72	16 8.62
Nov. 1	Fr	+16 20.31	1.59	14 23 43.33	3 54.97	−14 16 33.8	19 13.5	66.83	16 8.87
2	Sa	16 21.90	0.79	14 27 38.30	3 55.76	14 35 47.3	18 59.2	66.95	16 9.13
3	So	16 22.69	0.00	14 31 34.06	3 56.55	14 54 46.5	18 44.6	67.06	16 9.39
4	Mo	16 22.69	0.81	14 35 30.61	3 57.36	15 13 31.1	18 29.6	67.18	16 9.64
5	Di	16 21.88	1.62	14 39 27.97	3 58.18	15 32 0.7	18 14.3	67.29	16 9.89
6	Mi	16 20.26	2.45	14 43 26.15	3 59.00	15 50 15.0	17 58.4	67.41	16 10.13
7	Do	+16 17.81	3.28	14 47 25.15	3 59.84	−16 8 13.4	17 42.3	67.53	16 10.37
8	Fr	16 14.53	4.13	14 51 24.99	4 0.68	16 25 55.7	17 25.7	67.65	16 10.61
9	Sa	16 10.40	4.97	14 55 25.67	4 1.53	16 43 21.4	17 8.8	67.77	16 10.84
10	So	16 5.43	5.83	14 59 27.20	4 2.39	17 0 30.2	16 51.4	67.89	16 11.07
11	Mo	15 59.60	6.70	15 3 29.59	4 3.25	17 17 21.6	16 33.6	68.01	16 11.29
12	Di	15 52.90	7.56	15 7 32.84	4 4.11	17 33 55.2	16 15.5	68.13	16 11.51
13	Mi	+15 45.34	8.42	15 11 36.95	4 4.98	−17 50 10.7	15 57.0	68.25	16 11.73
14	Do	15 36.92	9.30	15 15 41.93	4 5.85	18 6 7.7	15 38.0	68.36	16 11.94
15	Fr	15 27.62	10.16	15 19 47.78	4 6.72	18 21 45.7	15 18.7	68.48	16 12.15
16	Sa	15 17.46	11.03	15 23 54.50	4 7.58	18 37 4.4	14 59.0	68.60	16 12.36
17	So	15 6.43	11.88	15 28 2.08	4 8.44	18 52 3.4	14 38.9	68.72	16 12.57
18	Mo	14 54.55	12.73	15 32 10.52	4 9.29	19 6 42.3	14 18.4	68.83	16 12.77
19	Di	+14 41.82	13.57	15 36 19.81	4 10.12	−19 21 0.7	13 57.5	68.95	16 12.97
20	Mi	14 28.25	14.40	15 40 29.93	4 10.96	19 34 58.2	13 36.3	69.06	16 13.17
21	Do	14 13.85	15.20	15 44 40.89	4 11.76	19 48 34.5	13 14.6	69.17	16 13.37
22	Fr	13 58.65	16.01	15 48 52.65	4 12.56	20 1 49.1	12 52.6	69.28	16 13.56
23	Sa	13 42.64	16.78	15 53 5.21	4 13.34	20 14 41.7	12 30.3	69.39	16 13.75
24	So	+13 25.86		15 57 18.55		−20 27 12.0		69.50	16 13.93

Tag	Julian. Zeit	Sternzeit	Nutation in AR. langp. Gl.	Nutation in AR. kurzp. Gl.	0h Weltzeit: Mittleres Äquinoktium 1957.0 Länge		Breite	R		Auf-gang	Unter-gang
										in {+50° Breite, 0h Länge}	in {+50° Breite, 0h Länge}
1957	2436 d	h m s	s in 0.001		° ′ ″	′ ″	″ in 0.01			h m	h m
Okt. 14	125.5	1 29 5.682	+654	− 6	200 22 7.6	59 27.4	−35	0.997 3029	2782	6 20	17 12
15	126.5	1 33 2.234	651	− 1	201 21 35.0	59 29.6	−44	0.997 0247	2770	6 21	17 10
16	127.5	1 36 58.787	648	+ 4	202 21 4.6	59 31.9	−51	0.996 7477	2759	6 23	17 8
17	128.5	1 40 55.340	646	+ 7	203 20 36.5	59 34.3	−54	0.996 4718	2751	6 24	17 6
18	129.5	1 44 51.892	643	+ 9	204 20 10.8	59 36.6	−55	0.996 1967	2744	6 26	17 4
19	130.5	1 48 48.445	640	+ 7	205 19 47.4	59 38.9	−51	0.995 9223	2741	6 28	17 2
20	131.5	1 52 44.998	+638	+ 4	206 19 26.3	59 41.1	−44	0.995 6482	2739	6 29	17 0
21	132.5	1 56 41.551	636	− 1	207 19 7.4	59 43.3	−35	0.995 3743	2740	6 31	16 58
22	133.5	2 0 38.104	634	− 6	208 18 50.7	59 45.4	−23	0.995 1003	2741	6 33	16 56
23	134.5	2 4 34.657	631	− 9	209 18 36.1	59 47.4	−11	0.994 8262	2742	6 34	16 54
24	135.5	2 8 31.211	629	−10	210 18 23.5	59 49.3	+ 4	0.994 5520	2741	6 36	16 52
25	136.5	2 12 27.764	627	− 8	211 18 12.8	59 51.1	+18	0.994 2779	2738	6 37	16 50
26	137.5	2 16 24.317	+625	− 4	212 18 3.9	59 52.9	+31	0.994 0041	2733	6 39	16 48
27	138.5	2 20 20.871	623	+ 2	213 17 56.8	59 54.6	+43	0.993 7308	2724	6 41	16 46
28	139.5	2 24 17.425	622	+ 7	214 17 51.4	59 56.2	+51	0.993 4584	2711	6 43	16 45
29	140.5	2 28 13.978	620	+11	215 17 47.6	59 57.9	+61	0.993 1873	2695	6 44	16 43
30	141.5	2 32 10.532	619	+14	216 17 45.5	59 59.6	+65	0.992 9178	2675	6 46	16 41
31	142.5	2 36 7.086	617	+14	217 17 45.1	60 1.1	+66	0.992 6503	2652	6 47	16 39
Nov. 1	143.5	2 40 3.640	+616	+12	218 17 46.2	60 2.8	+66	0.992 3851	2626	6 49	16 38
2	144.5	2 44 0.194	614	+ 8	219 17 49.0	60 4.4	+62	0.992 1225	2597	6 51	16 36
3	145.5	2 47 56.748	613	+ 3	220 17 53.4	60 6.0	+55	0.991 8628	2566	6 53	16 34
4	146.5	2 51 53.303	612	− 2	221 17 59.4	60 7.7	+47	0.991 6062	2531	6 54	16 33
5	147.5	2 55 49.857	611	− 6	222 18 7.1	60 9.3	+35	0.991 3531	2496	6 56	16 31
6	148.5	2 59 46.411	610	−10	223 18 16.4	60 11.1	+24	0.991 1035	2457	6 58	16 29
7	149.5	3 3 42.966	+609	−12	224 18 27.5	60 12.8	+11	0.990 8578	2418	6 59	16 28
8	150.5	3 7 39.521	609	−13	225 18 40.3	60 14.6	− 2	0.990 6160	2377	7 1	16 26
9	151.5	3 11 36.075	608	−11	226 18 54.9	60 16.4	−14	0.990 3783	2336	7 3	16 25
10	152.5	3 15 32.630	608	− 7	227 19 11.3	60 18.2	−26	0.990 1447	2294	7 4	16 23
11	153.5	3 19 29.185	607	− 2	228 19 29.5	60 20.2	−35	0.989 9153	2254	7 6	16 22
12	154.5	3 23 25.740	607	+ 3	229 19 49.7	60 22.0	−43	0.989 6899	2215	7 8	16 20
13	155.5	3 27 22.295	+607	+ 7	230 20 11.7	60 24.0	−47	0.989 4684	2177	7 9	16 19
14	156.5	3 31 18.851	606	+ 9	231 20 35.7	60 25.9	−49	0.989 2507	2142	7 11	16 18
15	157.5	3 35 15.406	606	+ 8	232 21 1.6	60 27.8	−46	0.989 0365	2110	7 12	16 17
16	158.5	3 39 11.961	607	+ 5	233 21 29.4	60 29.8	−41	0.988 8255	2080	7 14	16 15
17	159.5	3 43 8.517	607	+ 1	234 21 59.2	60 31.5	−32	0.988 6175	2053	7 16	16 14
18	160.5	3 47 5.073	607	− 4	235 22 30.7	60 33.4	−21	0.988 4122	2028	7 17	16 13
19	161.5	3 51 1.628	+607	− 8	236 23 4.1	60 35.0	− 9	0.988 2094	2005	7 19	16 12
20	162.5	3 54 58.184	608	−10	237 23 39.1	60 36.7	+ 6	0.988 0089	1983	7 20	16 11
21	163.5	3 58 54.740	608	− 9	238 24 15.8	60 38.2	+19	0.987 8106	1961	7 22	16 10
22	164.5	4 2 51.296	609	− 6	239 24 54.0	60 39.6	+33	0.987 6145	1938	7 23	16 9
23	165.5	4 6 47.852	610	− 1	240 25 33.6	60 40.9	+45	0.987 4207	1915	7 25	16 8
24	166.5	4 10 44.408	+611	+ 4	241 26 14.5		+57	0.987 2292		7 27	16 7

Tag	Wochentag	0h Weltzeit: Zeitgleichung (Wahre Zeit *minus* Mittlere Zeit)	Diff.	Scheinbare Rektaszension	Diff.	Scheinbare Deklination	Diff.	Halbe Durchgangs-Dauer St.-Zt.	Halbmesser
1957		m s	s	h m s	m s	° ′ ″	′ ″	s	′ ″
Nov. 24	So	+13 25.86	17.55	15 57 18.55	4 14.10	−20 27 12.0	12 7.5	69.50	16 13.93
25	Mo	13 8.31	18.29	16 1 32.65	4 14.85	20 39 19.5	11 44.5	69.61	16 14.12
26	Di	12 50.02	19.02	16 5 47.50	4 15.58	20 51 4.0	11 21.1	69.71	16 14.31
27	Mi	12 31.00	19.74	16 10 3.08	4 16.29	21 2 25.1	10 57.4	69.81	16 14.49
28	Do	12 11.26	20.43	16 14 19.37	4 16.99	21 13 22.5	10 33.3	69.91	16 14.66
29	Fr	11 50.83	21.10	16 18 36.36	4 17.66	21 23 55.8	10 9.0	70.01	16 14.83
30	Sa	+11 29.73	21.76	16 22 54.02	4 18.31	−21 34 4.8	9 44.3	70.10	16 15.00
Dez. 1	So	11 7.97	22.40	16 27 12.33	4 18.96	21 43 49.1	9 19.4	70.19	16 15.17
2	Mo	10 45.57	23.01	16 31 31.29	4 19.57	21 53 8.5	8 54.2	70.28	16 15.33
3	Di	10 22.56	23.61	16 35 50.86	4 20.17	22 2 2.7	8 28.7	70.37	16 15.49
4	Mi	9 58.95	24.19	16 40 11.03	4 20.74	22 10 31.4	8 3.0	70.45	16 15.64
5	Do	9 34.76	24.74	16 44 31.77	4 21.29	22 18 34.4	7 37.0	70.53	16 15.78
6	Fr	+ 9 10.02	25.27	16 48 53.06	4 21.83	−22 26 11.4	7 10.8	70.60	16 15.92
7	Sa	8 44.75	25.78	16 53 14.89	4 22.34	22 33 22.2	6 44.3	70.67	16 16.06
8	So	8 18.97	26.27	16 57 37.23	4 22.83	22 40 6.5	6 17.7	70.74	16 16.19
9	Mo	7 52.70	26.73	17 2 0.06	4 23.29	22 46 24.2	5 50.8	70.80	16 16.31
10	Di	7 25.97	27.17	17 6 23.35	4 23.73	22 52 15.0	5 23.8	70.86	16 16.43
11	Mi	6 58.80	27.59	17 10 47.08	4 24.14	22 57 38.8	4 56.5	70.92	16 16.54
12	Do	+ 6 31.21	27.97	17 15 11.22	4 24.53	−23 2 35.3	4 29.0	70.97	16 16.64
13	Fr	6 3.24	28.34	17 19 35.75	4 24.89	23 7 4.3	4 1.6	71.02	16 16.74
14	Sa	5 34.90	28.66	17 24 0.64	4 25.22	23 11 5.9	3 33.9	71.06	16 16.83
15	So	5 6.24	28.95	17 28 25.86	4 25.51	23 14 39.8	3 6.0	71.10	16 16.92
16	Mo	4 37.29	29.22	17 32 51.37	4 25.78	23 17 45.8	2 38.1	71.14	16 17.01
17	Di	4 8.07	29.44	17 37 17.15	4 26.00	23 20 23.9	2 10.1	71.17	16 17.10
18	Mi	+ 3 38.63	29.63	17 41 43.15	4 26.18	−23 22 34.0	1 42.0	71.19	16 17.18
19	Do	3 9.00	29.78	17 46 9.33	4 26.34	23 24 16.0	1 13.9	71.21	16 17.25
20	Fr	2 39.22	29.89	17 50 35.67	4 26.45	23 25 29.9	0 45.6	71.23	16 17.31
21	Sa	2 9.33	29.96	17 55 2.12	4 26.52	23 26 15.5	0 17.3	71.24	16 17.38
22	So	1 39.37	29.99	17 59 28.64	4 26.55	23 26 32.8	0 10.8	71.24	16 17.44
23	Mo	1 9.38	29.99	18 3 55.19	4 26.54	23 26 22.0	0 39.2	71.24	16 17.50
24	Di	+ 0 39.39	29.95	18 8 21.73	4 26.51	−23 25 42.8	1 7.4	71.24	16 17.56
25	Mi	+ 0 9.44	29.86	18 12 48.24	4 26.42	23 24 35.4	1 35.6	71.23	16 17.61
26	Do	− 0 20.42	29.75	18 17 14.66	4 26.31	23 22 59.8	2 3.7	71.23	16 17.66
27	Fr	0 50.17	29.60	18 21 40.97	4 26.15	23 20 56.1	2 31.9	71.21	16 17.70
28	Sa	1 19.77	29.41	18 26 7.12	4 25.97	23 18 24.2	2 59.9	71.19	16 17.74
29	So	1 49.18	29.19	18 30 33.09	4 25.75	23 15 24.3	3 27.9	71.16	16 17.78
30	Mo	− 2 18.37	28.94	18 34 58.84	4 25.49	−23 11 56.4	3 55.7	71.13	16 17.81
31	Di	2 47.31	28.65	18 39 24.33	4 25.21	23 8 0.7	4 23.4	71.09	16 17.83
32	Mi	− 3 15.96		18 43 49.54		−23 3 37.3		71.07	16 17.85

Tag	Julian. Zeit	Sternzeit	Nutation in AR. langp. Gl.	kursp. Gl.	Mittleres Äquinoktium 1957.0 Länge		Breite	R		Aufgang in +50° Breite 0h Länge	Untergang
1957	2436 d	h m s	s in 0.001		° ′ ″	′ ″	″ in 0.01			h m	h m
Nov. 24	166.5	4 10 44.408	+611	+ 4	241 26 14.5	60 42.2	+57	0.987 2292	1888	7 27	16 7
25	167.5	4 14 40.965	611	+ 9	242 26 56.7	60 43.3	+65	0.987 0404	1859	7 28	16 6
26	168.5	4 18 37.521	612	+12	243 27 40.0	60 44.4	+69	0.986 8545	1827	7 29	16 5
27	169.5	4 22 34.077	613	+13	244 28 24.4	60 45.4	+72	0.986 6718	1792	7 31	16 4
28	170.5	4 26 30.634	615	+12	245 29 9.8	60 46.5	+71	0.986 4926	1755	7 32	16 3
29	171.5	4 30 27.190	616	+ 9	246 29 56.3	60 47.4	+69	0.986 3171	1713	7 34	16 3
30	172.5	4 34 23.747	+617	+ 5	247 30 43.7	60 48.3	+63	0.986 1458	1670	7 35	16 2
Dez. 1	173.5	4 38 20.304	618	0	248 31 32.0	60 49.3	+55	0.985 9788	1623	7 36	16 1
2	174.5	4 42 16.861	620	− 5	249 32 21.3	60 50.2	+46	0.985 8165	1575	7 38	16 1
3	175.5	4 46 13.417	621	− 9	250 33 11.5	60 51.1	+34	0.985 6590	1524	7 39	16 0
4	176.5	4 50 9.974	623	−12	251 34 2.6	60 52.1	+22	0.985 5066	1469	7 40	16 0
5	177.5	4 54 6.531	625	−13	252 34 54.7	60 52.9	+10	0.985 3597	1414	7 42	15 59
6	178.5	4 58 3.088	+626	−11	253 35 47.6	60 53.9	− 3	0.985 2183	1356	7 43	15 59
7	179.5	5 1 59.645	628	− 8	254 36 41.5	60 54.8	15	0.985 0827	1296	7 44	15 59
8	180.5	5 5 56.203	630	− 3	255 37 36.3	60 55.8	−26	0.984 9531	1237	7 45	15 58
9	181.5	5 9 52.760	632	+ 2	256 38 32.1	60 56.9	−33	0.984 8294	1178	7 46	15 58
10	182.5	5 13 49.317	633	+ 7	257 39 29.0	60 57.9	−39	0.984 7116	1119	7 47	15 58
11	183.5	5 17 45.874	635	+ 9	258 40 26.9	60 59.0	−42	0.984 5997	1063	7 48	15 58
12	184.5	5 21 42.432	+637	+10	259 41 25.9	61 0.1	−41	0.984 4934	1009	7 49	15 58
13	185.5	5 25 38.989	639	+ 7	260 42 26.0	61 1.2	−37	0.984 3925	956	7 50	15 58
14	186.5	5 29 35.546	641	+ 3	261 43 27.2	61 2.2	−28	0.984 2969	908	7 51	15 58
15	187.5	5 33 32.104	644	− 2	262 44 29.4	61 3.3	−18	0.984 2061	863	7 52	15 58
16	188.5	5 37 28.661	646	− 6	263 45 32.7	61 4.2	− 6	0.984 1198	820	7 53	15 59
17	189.5	5 41 25.219	648	− 9	264 46 36.9	61 5.1	+ 7	0.984 0378	779	7 53	15 59
18	190.5	5 45 21.776	+650	−10	265 47 42.0	61 5.9	+21	0.983 9599	741	7 54	15 59
19	191.5	5 49 18.334	652	− 7	266 48 47.9	61 6.6	+34	0.983 8858	705	7 55	15 59
20	192.5	5 53 14.891	654	3	267 49 54.5	61 7.3	+46	0.983 8153	669	7 55	16 0
21	193.5	5 57 11.449	656	+ 2	268 51 1.8	61 7.7	+58	0.983 7484	633	7 56	16 0
22	194.5	6 1 8.006	658	+ 7	269 52 9.5	61 8.1	+66	0.983 6851	598	7 57	16 1
23	195.5	6 5 4.564	661	+11	270 53 17.6	61 8.5	+72	0.983 6253	560	7 57	16 1
24	196.5	6 9 1.121	+663	+13	271 54 26.1	61 8.7	+75	0.983 5693	520	7 57	16 2
25	197.5	6 12 57.679	665	+12	272 55 34.8	61 8.8	+75	0.983 5173	479	7 58	16 3
26	198.5	6 16 54.237	667	+10	273 56 43.6	61 8.9	+73	0.983 4694	435	7 58	16 3
27	199.5	6 20 50.794	669	+ 6	274 57 52.5	61 8.9	+68	0.983 4259	390	7 58	16 4
28	200.5	6 24 47.352	671	+ 1	275 59 1.4	61 8.9	+60	0.983 3869	341	7 59	16 5
29	201.5	6 28 43.909	674	− 4	277 0 10.3	61 8.8	+51	0.983 3528	291	7 59	16 6
30	202.5	6 32 40.466	+676	− 8	278 1 19.1	61 8.7	+40	0.983 3237	238	7 59	16 6
31	203.5	6 36 37.024	678	−12	279 2 27.8	61 8.6	+28	0.983 2999	184	7 59	16 7
32	204.5	6 40 33.581	+680	−14	280 3 36.4		+14	0.983 2815		7 59	16 8

0h Weltzeit	Mittleres Äquinoktium 1957.0											
	X			ΔX	Y			ΔY	Z			ΔZ
1957 Jan. 0	+0.158 923	+17 240	− 50	−3	−0.890 291	+ 2 745	+279	+3	−0.386 091	+1 191	+121	+2
1	0.176 163	17 186	54	+3	0.887 546	3 023	278	+3	0.384 900	1 312	121	+2
2	0.193 349	17 125	61	0	0.884 523	3 299	276	0	0.383 588	1 431	119	−4
3	0.210 474	17 058	67	−1	0.881 224	3 575	276	+2	0.382 157	1 550	119	−3
4	0.227 532	16 987	71	+5	0.877 649	3 849	274	−2	0.380 607	1 669	119	+1
5	0.244 519	16 910	77	+3	0.873 800	4 121	272	−3	0.378 938	1 788	119	+3
6	+0.261 429	+16 827	− 83	−3	−0.869 679	+ 4 393	+272	0	−0.377 150	+1 904	+116	−4
7	0.278 256	16 738	89	−5	0.865 286	4 662	269	−1	0.375 246	2 022	118	+4
8	0.294 994	16 645	93	0	0.860 624	4 930	268	+3	0.373 224	2 137	115	0
9	0.311 639	16 547	98	+4	0.855 694	5 196	266	+3	0.371 087	2 253	116	+5
10	0.328 186	16 443	104	+2	0.850 498	5 460	264	+3	0.368 834	2 367	114	+4
11	0.344 629	16 335	108	+5	0.845 038	5 722	262	+1	0.366 467	2 481	114	+5
12	+0.360 964	+16 222	−113	+3	−0.839 316	+ 5 982	+260	+1	−0.363 986	+2 594	+113	+3
13	0.377 186	16 103	119	−2	0.833 334	6 239	257	0	0.361 392	2 705	111	−2
14	0.393 289	15 981	122	+3	0.827 095	6 495	256	+2	0.358 687	2 816	111	−1
15	0.409 270	15 854	127	+4	0.820 600	6 748	253	+2	0.355 871	2 926	110	0
16	0.425 124	15 723	131	+5	0.813 852	7 000	252	+5	0.352 945	3 035	109	0
17	0.440 847	15 587	136	0	0.806 852	7 249	249	+2	0.349 910	3 144	109	+2
18	+0.456 434	+15 446	−141	−4	−0.799 603	+ 7 497	+248	+4	−0.346 766	+3 251	+107	0
19	0.471 880	15 301	145	−1	0.792 106	7 741	244	−4	0.343 515	3 357	106	−2
20	0.487 181	15 152	149	+4	0.784 365	7 985	244	+4	0.340 158	3 464	107	+3
21	0.502 333	14 998	154	+5	0.776 380	8 227	242	+4	0.336 694	3 567	103	−4
22	0.517 331	14 839	159	+1	0.768 153	8 465	238	−4	0.333 127	3 672	105	+4
23	0.532 170	14 675	164	−1	0.759 688	8 701	236	−3	0.329 455	3 774	102	+1
24	+0.546 845	+14 506	−169	−2	−0.750 987	+ 8 936	+235	+4	−0.325 681	+3 876	+102	+3
25	0.561 351	14 334	172	+3	0.742 051	9 167	231	−1	0.321 805	3 976	100	+2
26	0.575 685	14 155	179	−3	0.732 884	9 395	228	0	0.317 829	4 075	99	+4
27	0.589 840	13 973	182	+1	0.723 489	9 621	226	+3	0.313 754	4 173	98	+4
28	0.603 813	13 785	188	−3	0.713 868	9 844	223	+5	0.309 581	4 270	97	+3
29	0.617 598	13 594	191	+3	0.704 024	10 063	219	0	0.305 311	4 364	94	−3
30	+0.631 192	+13 398	−196	+2	−0.693 961	+10 279	+216	0	−0.300 947	+4 458	+ 94	0
31	0.644 590	13 197	201	0	0.683 682	10 491	212	−2	0.296 489	4 550	92	−1
Febr. 1	0.657 787	12 993	204	+4	0.673 191	10 701	210	+1	0.291 939	4 640	90	−3
2	0.670 780	12 784	209	+2	0.662 490	10 905	204	−4	0.287 299	4 729	89	+1
3	0.683 564	12 572	212	+4	0.651 585	11 108	203	+3	0.282 570	4 817	88	+5
4	0.696 136	12 355	217	+1	0.640 477	11 305	197	−2	0.277 753	4 903	86	+1
5	+0.708 491	+12 135	−220	+2	−0.629 172	+11 499	+194	+1	−0.272 850	+4 986	+ 83	−5
6	0.720 626	11 911	224	0	0.617 673	11 690	191	+2	0.267 864	5 068	82	−2
7	0.732 537	11 684	227	+3	0.605 983	11 875	185	−4	0.262 796	5 150	82	+4
8	0.744 221	11 454	230	+2	0.594 108	12 057	182	−2	0.257 646	5 228	78	−4
9	0.755 675	+11 220	234	−3	0.582 051	+12 235	178	−1	0.252 418	+5 305	77	−2
10	+0.766 895		−237	−3	−0.569 816		+174	0	−0.247 113		+ 76	+3

ΔX, ΔY, ΔZ sind in Einheiten der 7. Dezimale gegeben.

0h Weltzeit	Mittleres Äquinoktium 1957.0											
	X			ΔX	Y			ΔY	Z			ΔZ
1957 Febr. 10	+0.766 895	+10 983	−237	−3	−0.569 816	+12 409	+174	0	−0.247 113	+5 381	+76	+3
11	0.777 878	10 744	239	+2	0.557 407	12 579	170	−1	0.241 732	5 455	74	0
12	0.788 622	10 503	241	+4	0.544 828	12 744	165	−3	0.236 277	5 526	71	−4
13	0.799 125	10 257	246	−4	0.532 084	12 907	163	+2	0.230 751	5 597	71	+1
14	0.809 382	10 010	247	0	0.519 177	13 065	158	+1	0.225 154	5 666	69	+3
15	0.819 392	9 760	250	+2	0.506 112	13 220	155	0	0.219 488	5 733	67	0
16	+0.829 152	+ 9 508	−252	+4	−0.492 892	+13 370	+150	−5	−0.213 755	+5 799	+66	0
17	0.838 660	9 253	255	+1	0.479 522	13 517	147	−3	0.207 956	5 862	63	−4
18	0.847 913	8 994	259	−5	0.466 005	13 660	143	−3	0.202 094	5 925	63	+1
19	0.856 907	8 733	261	−4	0.452 345	13 800	140	+1	0.196 169	5 985	60	−3
20	0.865 640	8 470	263	−1	0.438 545	13 934	134	−3	0.190 184	6 044	59	−3
21	0.874 110	8 203	267	−4	0.424 611	14 066	132	+3	0.184 140	6 100	56	−4
22	+0.882 313	+ 7 934	−269	−3	−0.410 545	+14 193	+127	+3	−0.178 040	+6 156	+56	+3
23	0.890 247	7 662	272	0	0.396 352	14 315	122	−1	0.171 884	6 209	53	−2
24	0.897 909	7 389	273	+4	0.382 037	14 433	118	+2	0.165 675	6 259	50	−5
25	0.905 298	7 112	277	−1	0.367 604	14 547	114	+5	0.159 416	6 309	50	+1
26	0.912 410	6 833	279	−2	0.353 057	14 655	108	+2	0.153 107	6 356	47	0
27	0.919 243	6 552	281	+1	0.338 402	14 760	105	+5	0.146 751	6 401	45	−2
28	+0.925 795	+ 6 270	−282	+4	−0.323 642	+14 859	+ 99	+1	−0.140 350	+6 444	+43	−4
März 1	0.932 065	5 985	285	+1	0.308 783	14 954	95	+2	0.133 906	6 484	40	−4
2	0.938 050	5 698	287	0	0.293 829	15 043	89	−4	0.127 422	6 524	40	+3
3	0.943 748	5 411	287	+4	0.278 786	15 128	85	0	0.120 898	6 560	36	−4
4	0.949 159	5 121	290	−2	0.263 658	15 208	80	+2	0.114 338	6 595	35	0
5	0.954 280	4 830	291	−2	0.248 450	15 283	75	0	0.107 743	6 627	32	−4
6	+0.959 110	+ 4 538	−292	0	−0.233 167	+15 352	+ 69	−4	−0.101 116	+6 657	+30	−4
7	0.963 648	4 246	292	+3	0.217 815	15 418	66	+2	0.094 459	6 685	28	−1
8	0.967 894	3 952	294	−1	0.202 397	15 477	59	−2	0.087 774	6 712	27	+3
9	0.971 846	3 657	295	−2	0.186 920	15 532	55	+2	0.081 062	6 735	23	−3
10	0.975 503	3 363	294	+4	0.171 388	15 583	51	+5	0.074 327	6 757	22	0
11	0.978 866	3 069	294	+5	0.155 805	15 628	45	0	0.067 570	6 777	20	+2
12	+0.981 935	+ 2 772	−297	−5	−0.140 177	+15 668	+ 40	0	−0.060 793	+6 795	+18	+3
13	0.984 707	2 477	295	−2	0.124 509	15 705	37	+5	0.053 998	6 811	16	0
14	0.987 184	2 182	295	+1	0.108 804	15 737	32	+2	0.047 187	6 824	13	−4
15	0.989 366	1 885	297	−3	0.093 067	15 763	26	−4	0.040 363	6 837	13	+1
16	0.991 251	1 590	295	+1	0.077 304	15 787	24	+3	0.033 526	6 846	9	−4
17	0.992 841	1 293	297	−3	0.061 517	15 805	18	+1	0.026 680	6 855	9	+3
18	+0.994 134	+ 996	−297	−2	−0.045 712	+15 820	+ 15	+3	−0.019 825	+6 861	+ 6	+2
19	0.995 130	700	296	+3	0.029 892	15 830	10	+1	0.012 964	6 866	5	+3
20	0.995 830	402	298	0	−0.014 062	15 835	5	−3	−0.006 098	6 868	+ 2	−1
21	0.996 232	+ 105	297	+3	+0.001 773	15 836	+ 1	−2	+0.000 770	6 868	0	−3
22	0.996 337	− 192	297	+4	0.017 609	+15 832	− 4	−4	0.007 638	+6 866	− 2	−2
23	+0.996 145		−298	−1	+0.033 441		− 9	−4	+0.014 504		− 3	+3

ΔX, ΔY, ΔZ sind in Einheiten der 7. Dezimale gegeben.

0h Weltzeit	Mittleres Äquinoktium 1957.0											
	X			ΔX	Y			ΔY	Z			ΔZ
1957												
März 23	+0.996 145	− 490	−298	−1	+0.033 441	+15 823	− 9	−4	+0.014 504	+6 863	− 3	+3
24	0.995 655	788	298	−4	0.049 264	15 810	13	+4	0.021 367	6 857	6	+2
25	0.994 867	1 085	297	0	0.065 074	15 793	17	+5	0.028 224	6 849	8	−1
26	0.993 782	1 382	297	0	0.080 867	15 769	24	−3	0.035 073	6 838	11	−3
27	0.992 400	1 679	297	+1	0.096 636	15 741	28	−3	0.041 911	6 827	11	+4
28	0.990 721	1 974	295	+5	0.112 377	15 709	32	0	0.048 738	6 812	15	−2
29	+0.988 747	− 2 270	−296	0	+0.128 086	+15 671	− 38	−3	+0.055 550	+6 796	−16	0
30	0.986 477	2 564	294	+4	0.143 757	15 628	43	−3	0.062 346	6 777	19	−2
31	0.983 913	2 857	293	+2	0.159 385	15 582	46	+3	0.069 123	6 757	20	0
April 1	0.981 056	3 150	293	−2	0.174 967	15 529	53	−4	0.075 880	6 733	24	−4
2	0.977 906	3 441	291	+1	0.190 496	15 472	57	−4	0.082 613	6 709	24	+4
3	0.974 465	3 730	289	+4	0.205 968	15 409	63	−4	0.089 322	6 683	26	+5
4	+0.970 735	− 4 018	−288	+1	+0.221 377	+15 344	− 65	+4	+0.096 005	+6 653	−30	−5
5	0.966 717	4 304	286	−1	0.236 721	15 272	72	−3	0.102 658	6 622	31	−3
6	0.962 413	4 589	285	−5	0.251 993	15 195	77	−4	0.109 280	6 589	33	0
7	0.957 824	4 871	282	0	0.267 188	15 116	79	+3	0.115 869	6 555	34	+4
8	0.952 953	5 151	280	+1	0.282 304	15 030	86	−2	0.122 424	6 518	37	+2
9	0.947 802	5 429	278	0	0.297 334	14 942	88	+5	0.128 942	6 480	38	+2
10	+0.942 373	− 5 705	−276	−2	+0.312 276	+14 849	− 93	+2	+0.135 422	+6 439	−41	−1
11	0.936 668	5 979	274	−2	0.327 125	14 752	97	−1	0.141 861	6 398	41	+3
12	0.930 689	6 250	271	+1	0.341 877	14 651	101	−3	0.148 259	6 354	44	−1
13	0.924 439	6 520	270	0	0.356 528	14 546	105	−2	0.154 613	6 309	45	+2
14	0.917 919	6 787	267	+1	0.371 074	14 438	108	+1	0.160 922	6 262	47	0
15	0.911 132	7 052	265	0	0.385 512	14 326	112	+1	0.167 184	6 213	49	0
16	+0.904 080	− 7 316	−264	−5	+0.399 838	+14 210	−116	0	+0.173 397	+6 163	−50	+4
17	0.896 764	7 577	261	−2	0.414 048	14 090	120	0	0.179 560	6 112	51	+5
18	0.889 187	7 837	260	−5	0.428 138	13 967	123	+4	0.185 672	6 057	55	−2
19	0.881 350	8 094	257	−1	0.442 105	13 839	128	−1	0.191 729	6 002	55	+3
20	0.873 256	8 349	255	+1	0.455 944	13 707	132	−1	0.197 731	5 945	57	+3
21	0.864 907	8 601	252	+4	0.469 651	13 572	135	+4	0.203 676	5 886	59	+3
22	+0.856 306	− 8 852	−251	0	+0.483 223	+13 433	−139	+3	+0.209 562	+5 826	−60	+3
23	0.847 454	9 099	247	+5	0.496 656	13 288	145	−2	0.215 388	5 763	63	−3
24	0.838 355	9 344	245	+5	0.509 944	13 142	146	+4	0.221 151	5 699	64	−4
25	0.829 011	9 586	242	+3	0.523 086	12 990	152	−1	0.226 850	5 632	67	−5
26	0.819 425	9 825	239	+2	0.536 076	12 835	155	0	0.232 482	5 566	66	+5
27	0.809 600	10 062	237	−4	0.548 911	12 675	160	−3	0.238 048	5 497	69	+2
28	+0.799 538	−10 296	−234	−4	+0.561 586	+12 513	−162	+3	+0.243 545	+5 425	−72	−3
29	0.789 242	10 525	229	+4	0.574 099	12 345	168	0	0.248 970	5 354	71	+3
30	0.778 717	10 751	226	+3	0.586 444	12 175	170	+5	0.254 324	5 279	75	−4
Mai 1	0.767 966	10 975	224	−5	0.598 619	12 001	174	+5	0.259 603	5 203	76	−2
2	0.756 991	−11 194	219	−3	0.610 620	+11 823	178	+2	0.264 806	+5 127	76	+4
3	+0.745 797		−216	−5	+0.622 443		−181	0	+0.269 933		−79	−1

ΔX, ΔY, ΔZ sind in Einheiten der 7. Dezimale gegeben.

0h Weltzeit	Mittleres Äquinoktium 1957.0											
	X			ΔX	Y			ΔY	Z			ΔZ
1957 Mai 3	+0.745 797	−11 410	−216	−5	+0.622 443	+11 642	−181	0	+0.269 933	+5 048	− 79	−1
4	0.734 387	11 622	212	−4	0.634 085	11 457	185	−4	0.274 981	4 968	80	−2
5	0.722 765	11 829	207	+1	0.645 542	11 269	188	−4	0.279 949	4 887	81	−1
6	0.710 936	12 034	205	−4	0.656 811	11 079	190	0	0.284 836	4 804	83	−2
7	0.698 902	12 233	199	+2	0.667 890	10 885	194	−5	0.289 640	4 721	83	+1
8	0.686 669	12 430	197	−1	0.678 775	10 689	196	−3	0.294 361	4 635	86	−3
9	+0.674 239	−12 621	−191	+4	+0.689 464	+10 490	−199	−3	+0.298 996	+4 550	− 85	+3
10	0.661 618	12 810	189	−3	0.699 954	10 289	201	−2	0.303 546	4 463	87	+1
11	0.648 808	12 995	185	−1	0.710 243	10 085	204	−2	0.308 009	4 374	89	−4
12	0.635 813	13 175	180	+5	0.720 328	9 879	206	+1	0.312 383	4 285	89	−2
13	0.622 638	13 353	178	+1	0.730 207	9 671	208	+3	0.316 668	4 194	91	−2
14	0.609 285	13 526	173	+5	0.739 878	9 460	211	+1	0.320 862	4 104	90	+4
15	+0.595 759	−13 696	−170	+5	+0.749 338	+ 9 247	−213	+1	+0.324 966	+4 011	− 93	−3
16	0.582 063	13 862	166	+4	0.758 585	9 032	215	+1	0.328 977	3 917	94	−5
17	0.568 201	14 025	163	−1	0.767 617	8 813	219	−5	0.332 894	3 822	95	−2
18	0.554 176	14 184	159	−1	0.776 430	8 592	221	−3	0.336 716	3 727	95	+1
19	0.539 992	14 339	155	0	0.785 022	8 370	222	+4	0.340 443	3 630	97	0
20	0.525 653	14 490	151	+3	0.793 392	8 144	226	+2	0.344 073	3 532	98	−2
21	+0.511 163	−14 637	−147	+3	+0.801 536	+ 7 917	−227	+5	+0.347 605	+3 433	− 99	−2
22	0.496 526	14 779	142	+5	0.809 453	7 686	231	0	0.351 038	3 333	100	−2
23	0.481 747	14 919	140	−3	0.817 139	7 454	232	+3	0.354 371	3 232	101	0
24	0.466 828	15 053	134	+1	0.824 593	7 219	235	+2	0.357 603	3 130	102	0
25	0.451 775	15 183	130	+2	0.831 812	6 982	237	+3	0.360 733	3 028	102	+2
26	0.436 592	15 309	126	0	0.838 794	6 743	239	+5	0.363 761	2 923	105	−4
27	+0.421 283	−15 430	−121	+4	+0.845 537	+ 6 502	−241	+5	+0.366 684	+2 819	−104	+2
28	0.405 853	15 546	116	+4	0.852 039	6 259	243	+2	0.369 503	2 713	106	0
29	0.390 307	15 658	112	0	0.858 298	6 013	246	−4	0.372 216	2 607	106	+3
30	0.374 649	15 765	107	−1	0.864 311	5 766	247	−1	0.374 823	2 500	107	+4
31	0.358 884	15 867	102	0	0.870 077	5 518	248	+2	0.377 323	2 393	107	+5
Juni 1	0.343 017	15 963	96	+4	0.875 595	5 267	251	−2	0.379 716	2 284	109	−2
2	+0.327 054	−16 056	− 93	−4	+0.880 862	+ 5 017	−250	+2	+0.382 000	+2 175	−109	−4
3	0.310 998	16 142	86	0	0.885 879	4 764	253	−4	0.384 175	2 066	109	−1
4	0.294 856	16 225	83	−4	0.890 643	4 510	254	−3	0.386 241	1 956	110	−2
5	0.278 631	16 302	77	−1	0.895 153	4 257	253	+2	0.388 197	1 846	110	+2
6	0.262 329	16 374	72	+1	0.899 410	4 001	256	−3	0.390 043	1 736	110	+4
7	0.245 955	16 443	69	−3	0.903 411	3 747	254	+4	0.391 779	1 626	110	+2
8	+0.229 512	−16 505	− 62	+3	+0.907 158	+ 3 489	−258	−4	+0.393 405	+1 514	−112	−5
9	0.213 007	16 565	60	−2	0.910 647	3 234	255	+4	0.394 919	1 403	111	−4
10	0.196 442	16 619	54	+3	0.913 881	2 976	258	−3	0.396 322	1 291	112	−5
11	0.179 823	16 669	50	+3	0.916 857	2 718	258	−1	0.397 613	1 180	111	−1
12	0.163 154	−16 714	45	+3	0.919 575	+ 2 460	258	+3	0.398 793	+1 067	113	−5
13	+0.146 440		− 42	−4	+0.922 035		−259	+2	+0.399 860		−112	−2

ΔX, ΔY, ΔZ sind in Einheiten der 7. Dezimale gegeben.

0h Weltzeit	Mittleres Äquinoktium 1957.0											
	X			*ΔX*	*Y*			*ΔY*	*Z*			*ΔZ*
1957												
Juni 13	+0.146 440	−16 756	− 42	−4	+0.922 035	+2 201	−259	+2	+0.399 860	+ 955	−112	−2
14	0.129 684	16 793	37	−4	0.924 236	1 942	259	+3	0.400 815	842	113	0
15	0.112 891	16 826	33	−3	0.926 178	1 681	261	−2	0.401 657	730	112	+3
16	0.096 065	16 853	27	+3	0.927 859	1 421	260	+2	0.402 387	616	114	−4
17	0.079 212	16 877	24	−3	0.929 280	1 159	262	+1	0.403 003	503	113	−1
18	0.062 335	16 896	19	−1	0.930 439	898	261	+4	0.403 506	389	114	−4
19	+0.045 439	−16 910	− 14	+1	+0.931 337	+ 636	−262	0	+0.403 895	+ 275	−114	−4
20	0.028 529	16 919	9	+2	0.931 973	373	263	−3	0.404 170	161	114	0
21	+0.011 610	16 925	− 6	−3	0.932 346	+ 110	263	−5	0.404 331	+ 47	114	+2
22	−0.005 315	16 924	+ 1	+4	0.932 456	− 153	263	−3	0.404 378	− 67	114	+5
23	0.022 239	16 919	5	+2	0.932 303	417	264	−3	0.404 311	181	114	+5
24	0.039 158	16 910	9	−1	0.931 886	680	263	+1	0.404 130	295	114	+1
25	−0.056 068	−16 894	+ 16	+4	+0.931 206	− 944	−264	0	+0.403 835	− 410	−115	−5
26	0.072 962	16 875	19	−3	0.930 262	1 207	263	+5	0.403 425	525	115	−4
27	0.089 837	16 850	25	−2	0.929 055	1 470	263	+4	0.402 900	638	113	+4
28	0.106 687	16 819	31	+3	0.927 585	1 733	263	−2	0.402 262	752	114	+2
29	0.123 506	16 784	35	0	0.925 852	1 996	263	−5	0.401 510	866	114	+1
30	0.140 290	16 743	41	+2	0.923 856	2 257	261	−2	0.400 644	979	113	+4
Juli 1	−0.157 033	−16 698	+ 45	+1	+0.921 599	−2 518	−261	−3	+0.399 665	−1 091	−112	+4
2	0.173 731	16 647	51	+3	0.919 081	2 777	259	0	0.398 574	1 204	113	−3
3	0.190 378	16 591	56	+4	0.916 304	3 035	258	0	0.397 370	1 316	112	−3
4	0.206 969	16 532	59	−3	0.913 269	3 293	258	−5	0.396 054	1 428	112	−2
5	0.223 501	16 467	65	+1	0.909 976	3 548	255	−1	0.394 626	1 538	110	+5
6	0.239 968	16 398	69	−1	0.906 428	3 803	255	−2	0.393 088	1 648	110	+4
7	−0.256 366	−16 325	+ 73	−1	+0.902 625	−4 055	−252	+3	+0.391 440	−1 758	−110	0
8	0.272 691	16 247	78	+1	0.898 570	4 308	253	−4	0.389 682	1 867	109	−1
9	0.288 938	16 165	82	−1	0.894 262	4 557	249	+3	0.387 815	1 976	109	−5
10	0.305 103	16 079	86	−3	0.889 705	4 807	250	−5	0.385 839	2 084	108	−4
11	0.321 182	15 989	90	−5	0.884 898	5 055	248	−4	0.383 755	2 192	108	−4
12	0.337 171	15 895	94	−3	0.879 843	5 301	246	0	0.381 563	2 299	107	−1
13	−0.353 066	−15 796	+ 99	+1	+0.874 542	−5 546	−245	0	+0.379 264	−2 405	−106	+3
14	0.368 862	15 693	103	+2	0.868 996	5 790	244	−2	0.376 859	2 511	106	+2
15	0.384 555	15 586	107	+1	0.863 206	6 033	243	−3	0.374 348	2 616	105	+2
16	0.400 141	15 474	112	+3	0.857 173	6 273	240	+2	0.371 732	2 721	105	−1
17	0.415 615	15 359	115	−1	0.850 900	6 513	240	−2	0.369 011	2 825	104	0
18	0.430 974	15 239	120	+1	0.844 387	6 751	238	−3	0.366 186	2 928	103	0
19	−0.446 213	−15 114	+125	+5	+0.837 636	−6 988	−237	−3	+0.363 258	−3 031	−103	−3
20	0.461 327	14 986	128	+2	0.830 648	7 222	234	0	0.360 227	3 133	102	−2
21	0.476 313	14 852	134	+5	0.823 426	7 456	234	−4	0.357 094	3 234	101	−2
22	0.491 165	14 715	137	−2	0.815 970	7 687	231	0	0.353 860	3 334	100	0
23	0.505 880	−14 573	142	−1	0.808 283	−7 916	229	+1	0.350 526	−3 434	100	−2
24	−0.520 453		+146	−2	+0.800 367		−228	−4	+0.347 092		− 98	+1

ΔX, *ΔY*, *ΔZ* sind in Einheiten der 7. Dezimale gegeben.

0h Weltzeit	Mittleres Äquinoktium 1957.0											
	X			ΔX	Y			ΔY	Z			ΔZ
1957 Juli 24	−0.520 453	−14 427	+146	−2	+0.800 367	−8 144	−228	−4	+0.347 092	−3 532	−98	+1
25	0.534 880	14 275	152	+4	0.792 223	8 370	226	−3	0.343 560	3 630	98	−2
26	0.549 155	14 120	155	0	0.783 853	8 592	222	+3	0.339 930	3 727	97	−2
27	0.563 275	13 959	161	+3	0.775 261	8 813	221	−2	0.336 203	3 822	95	+3
28	0.577 234	13 795	164	−3	0.766 448	9 031	218	−1	0.332 381	3 916	94	+4
29	0.591 029	13 627	168	−5	0.757 417	9 246	215	+2	0.328 465	4 009	93	0
30	−0.604 656	−13 454	+173	0	+0.748 171	−9 458	−212	+3	+0.324 456	−4 102	−93	−4
31	0.618 110	13 277	177	+4	0.738 713	9 666	208	+4	0.320 354	4 191	89	+3
Aug. 1	0.631 387	13 096	181	+3	0.729 047	9 873	207	−4	0.316 163	4 281	90	−2
2	0.644 483	12 913	183	−2	0.719 174	10 076	203	−3	0.311 882	4 369	88	−2
3	0.657 396	12 725	188	+3	0.709 098	10 276	200	−3	0.307 513	4 455	86	0
4	0.670 121	12 534	191	+1	0.698 822	10 472	196	+3	0.303 058	4 541	86	−5
5	−0.682 655	−12 340	+194	−2	+0.688 350	−10 666	−194	+1	+0.298 517	−4 625	−84	−3
6	0.694 995	12 143	197	−2	0.677 684	10 857	191	+1	0.293 892	4 708	83	−2
7	0.707 138	11 942	201	−2	0.666 827	11 044	187	+3	0.289 184	4 789	81	0
8	0.719 080	11 739	203	−5	0.655 783	11 230	186	−2	0.284 395	4 870	81	−2
9	0.730 819	11 532	207	0	0.644 553	11 411	181	+2	0.279 525	4 948	78	+4
10	0.742 351	11 322	210	+2	0.633 142	11 590	179	0	0.274 577	5 026	78	−3
11	−0.753 673	−11 108	+214	+3	+0.621 552	−11 766	−176	+3	+0.269 551	−5 103	−77	−5
12	0.764 781	10 893	215	−4	0.609 786	11 938	172	+4	0.264 448	5 178	75	−1
13	0.775 674	10 673	220	+1	0.597 848	12 109	171	−4	0.259 270	5 251	73	+1
14	0.786 347	10 451	222	0	0.585 739	12 275	166	0	0.254 019	5 324	73	−4
15	0.796 798	10 225	226	+2	0.573 464	12 439	164	−2	0.248 695	5 395	71	−3
16	0.807 023	9 997	228	0	0.561 025	12 599	160	0	0.243 300	5 465	70	−2
17	−0.817 020	−9 764	+233	+4	+0.548 426	−12 757	−158	−1	+0.237 835	−5 533	−68	+2
18	0.826 784	9 530	234	−2	0.535 669	12 910	153	+4	0.232 302	5 599	66	+5
19	0.836 314	9 292	238	−2	0.522 759	13 061	151	+3	0.226 703	5 665	66	+1
20	0.845 606	9 051	241	−1	0.509 698	13 208	147	+2	0.221 038	5 728	63	+4
21	0.854 657	8 807	244	+1	0.496 490	13 351	143	+1	0.215 310	5 791	63	−1
22	0.863 464	8 559	248	+2	0.483 139	13 492	141	−4	0.209 519	5 851	60	+3
23	−0.872 023	−8 309	+250	−2	+0.469 647	−13 627	−135	0	+0.203 668	−5 910	−59	+2
24	0.880 332	8 056	253	−2	0.456 020	13 760	133	−3	0.197 758	5 967	57	+2
25	0.888 388	7 800	256	+1	0.442 260	13 887	127	+4	0.191 791	6 022	55	+4
26	0.896 188	7 541	259	+4	0.428 373	14 011	124	+1	0.185 769	6 076	54	+2
27	0.903 729	7 279	262	+4	0.414 362	14 129	118	+3	0.179 693	6 127	51	+5
28	0.911 008	7 017	262	−2	0.400 233	14 245	116	−4	0.173 566	6 176	49	+4
29	−0.918 025	−6 751	+266	+4	+0.385 988	−14 355	−110	0	+0.167 390	−6 225	−49	−4
30	0.924 776	6 483	268	+5	0.371 633	14 460	105	+2	0.161 165	6 270	45	+1
31	0.931 259	6 215	268	−1	0.357 173	14 563	103	−3	0.154 895	6 315	45	−4
Sept. 1	0.937 474	5 944	271	+4	0.342 610	14 659	96	+4	0.148 580	6 356	41	+3
2	0.943 418	−5 671	273	+5	0.327 951	−14 752	93	+1	0.142 224	−6 397	41	−4
3	−0.949 089		+273	−3	+0.313 199		−90	−3	+0.135 827		−39	−5

ΔX, ΔY, ΔZ sind in Einheiten der 7. Dezimale gegeben.

0h Weltzeit	Mittleres Äquinoktium 1957.0											
	X			ΔX	Y			ΔY	Z			ΔZ
1957												
Sept. 3	−0.949 089	−5 398	+273	−3	+0.313 199	−14 842	−90	−3	+0.135 827	−6 436	−39	−5
4	0.954 487	5 123	275	−4	0.298 357	14 925	83	+4	0.129 391	6 473	37	−3
5	0.959 610	4 847	276	−3	0.283 432	15 007	82	−4	0.122 918	6 508	35	+1
6	0.964 457	4 569	278	+1	0.268 425	15 083	76	0	0.116 410	6 541	33	+4
7	0.969 026	4 289	280	+4	0.253 342	15 155	72	+1	0.109 869	6 572	31	+4
8	0.973 315	4 009	280	−2	0.238 187	15 224	69	−1	0.103 297	6 602	30	0
9	−0.977 324	−3 728	+281	−4	+0.222 963	−15 288	−64	+2	+0.096 695	−6 631	−29	−4
10	0.981 052	3 444	284	+2	0.207 675	15 347	59	+3	0.090 064	6 656	25	+4
11	0.984 496	3 160	284	−1	0.192 328	15 404	57	−4	0.083 408	6 681	25	0
12	0.987 656	2 875	285	−3	0.176 924	15 456	52	−2	0.076 727	6 703	22	+1
13	0.990 531	2 589	286	−3	0.161 468	15 503	47	+2	0.070 024	6 724	21	+1
14	0.993 120	2 300	289	+4	0.145 965	15 547	44	−2	0.063 300	6 743	19	0
15	−0.995 420	−2 012	+288	−1	+0.130 418	−15 586	−39	+4	+0.056 557	−6 759	−16	+2
16	0.997 432	1 721	291	+2	0.114 832	15 620	34	+5	0.049 798	6 775	16	−4
17	0.999 153	1 431	290	−4	0.099 212	15 652	32	−3	0.043 023	6 788	13	−2
18	1.000 584	1 139	292	−2	0.083 560	15 677	25	+4	0.036 235	6 799	11	0
19	1.001 723	846	293	+1	0.067 883	15 698	21	+3	0.029 436	6 808	9	0
20	1.002 569	551	295	+5	0.052 185	15 716	18	−2	0.022 628	6 815	7	−2
21	−1.003 120	− 257	+294	0	+0.036 469	−15 727	−11	+4	+0.015 813	−6 820	− 5	−4
22	1.003 377	+ 39	296	+2	0.020 742	15 734	7	+3	0.008 993	6 823	3	−4
23	1.003 338	334	295	−4	+0.005 008	15 736	− 2	+3	+0.002 170	6 824	− 1	−4
24	1.003 004	630	296	0	−0.010 728	15 732	+ 4	+4	−0.004 654	6 822	+ 2	−1
25	1.002 374	926	296	+2	0.026 460	15 725	7	−3	0.011 476	6 819	3	−3
26	1.001 448	1 222	296	+2	0.042 185	15 711	14	+2	0.018 295	6 813	6	+3
27	−1.000 226	+1 517	+295	+1	−0.057 896	−15 693	+18	−1	−0.025 108	−6 804	+ 9	+4
28	0.998 709	1 812	295	+2	0.073 589	15 670	23	0	0.031 912	6 795	9	−4
29	0.996 897	2 105	293	−1	0.089 259	15 642	28	0	0.038 707	6 783	12	−3
30	0.994 792	2 399	294	+4	0.104 901	15 610	32	−1	0.045 490	6 769	14	−2
Okt. 1	0.992 393	2 692	293	+4	0.120 511	15 572	38	+3	0.052 259	6 753	16	−2
2	0.989 701	2 983	291	−3	0.136 083	15 531	41	−4	0.059 012	6 735	18	−1
3	−0.986 718	+3 273	+290	−4	−0.151 614	−15 486	+45	−4	−0.065 747	−6 716	+19	−2
4	0.983 445	3 564	291	+3	0.167 100	15 434	52	+4	0.072 463	6 693	23	+4
5	0.979 881	3 852	288	−2	0.182 534	15 380	54	−3	0.079 156	6 670	23	−3
6	0.976 029	4 140	288	0	0.197 914	15 321	59	−3	0.085 826	6 645	25	−4
7	0.971 889	4 427	287	−1	0.213 235	15 258	63	−1	0.092 471	6 617	28	+1
8	0.967 462	4 712	285	−4	0.228 493	15 189	69	+4	0.099 088	6 588	29	−1
9	−0.962 750	+4 997	+285	−1	−0.243 682	−15 118	+71	−3	−0.105 676	−6 557	+31	0
10	0.957 753	5 280	283	−3	0.258 800	15 041	77	+1	0.112 233	6 523	34	+3
11	0.952 473	5 563	283	0	0.273 841	14 961	80	−1	0.118 756	6 489	34	−3
12	0.946 910	5 843	280	−4	0.288 802	14 876	85	+1	0.125 245	6 452	37	0
13	0.941 067	+6 124	281	+2	0.303 678	−14 787	89	+1	0.131 697	−6 413	39	+1
14	−0.934 943		+278	−2	−0.318 465		+94	+3	−0.138 110		+40	−1

Δ X, Δ Y, Δ Z sind in Einheiten der 7. Dezimale gegeben.

0h Weltzeit	Mittleres Äquinoktium 1957.0											
	X			*ΔX*	*Y*			*ΔY*	*Z*			*ΔZ*
1957												
Okt. 14	−0.934 943	+ 6 402	+278	−2	−0.318 465	−14 693	+ 94	+3	−0.138 110	−6 373	+ 40	−1
15	0.928 541	6 679	277	−2	0.333 158	14 595	98	0	0.144 483	6 329	44	+4
16	0.921 862	6 955	276	+2	0.347 753	14 493	102	−2	0.150 812	6 286	43	−4
17	0.914 907	7 230	275	+5	0.362 246	14 386	107	−3	0.157 098	6 239	47	+3
18	0.907 677	7 503	273	+2	0.376 632	14 275	111	−3	0.163 337	6 190	49	+5
19	0.900 174	7 774	271	−2	0.390 907	14 158	117	0	0.169 527	6 140	50	+1
20	−0.892 400	+ 8 043	+269	−4	−0.405 065	−14 038	+120	−5	−0.175 667	−6 087	+ 53	+5
21	0.884 357	8 310	267	−5	0.419 103	13 912	126	−2	0.181 754	6 032	55	+2
22	0.876 047	8 575	265	−2	0.433 015	13 782	130	−2	0.187 786	5 976	56	−4
23	0.867 472	8 837	262	−2	0.446 797	13 646	136	+3	0.193 762	5 918	58	−3
24	0.858 635	9 097	260	+3	0.460 443	13 507	139	−4	0.199 680	5 857	61	+2
25	0.849 538	9 354	257	+5	0.473 950	13 364	143	−5	0.205 537	5 794	63	+3
26	−0.840 184	+ 9 608	+254	+3	−0.487 314	−13 215	+149	+3	−0.211 331	−5 730	+ 64	−1
27	0.830 576	9 858	250	0	0.500 529	13 062	153	+5	0.217 061	5 664	66	−3
28	0.820 718	10 106	248	+2	0.513 591	12 906	156	+2	0.222 725	5 597	67	−5
29	0.810 612	10 350	244	0	0.526 497	12 745	161	+5	0.228 322	5 527	70	+1
30	0.800 262	10 591	241	+2	0.539 242	12 581	164	+4	0.233 849	5 456	71	+1
31	0.789 671	10 829	238	+4	0.551 823	12 413	168	+5	0.239 305	5 383	73	+1
Nov. 1	−0.778 842	+11 064	+235	+4	−0.564 236	−12 241	+172	+5	−0.244 688	−5 309	+ 74	+1
2	0.767 778	11 295	231	0	0.576 477	12 066	175	+1	0.249 997	5 233	76	+1
3	0.756 483	11 523	228	0	0.588 543	11 887	179	0	0.255 230	5 155	78	+2
4	0.744 960	11 747	224	−2	0.600 430	11 705	182	−4	0.260 385	5 077	78	−5
5	0.733 213	11 969	222	+3	0.612 135	11 520	185	−4	0.265 462	4 996	81	−3
6	0.721 244	12 187	218	0	0.623 655	11 330	190	0	0.270 458	4 915	81	−5
7	−0.709 057	+12 401	+214	−5	−0.634 985	−11 138	+192	−3	−0.275 373	−4 831	+ 84	+2
8	0.696 656	12 612	211	−5	0.646 123	10 943	195	−5	0.280 204	4 746	85	+2
9	0.684 044	12 819	207	−4	0.657 066	10 744	199	−2	0.284 950	4 660	86	+1
10	0.671 225	13 024	205	+2	0.667 810	10 542	202	+1	0.289 610	4 572	88	+3
11	0.658 201	13 225	201	+1	0.678 352	10 336	206	+4	0.294 182	4 483	89	+2
12	0.644 976	13 422	197	−2	0.688 688	10 128	208	0	0.298 665	4 392	91	+3
13	−0.631 554	+13 615	+193	−4	−0.698 816	9 915	+213	+4	−0.303 057	−4 300	+ 92	0
14	0.617 939	13 805	190	+1	0.708 731	9 701	214	−2	0.307 357	4 207	93	−3
15	0.604 134	13 992	187	+5	0.718 432	9 481	220	+3	0.311 564	4 112	95	+2
16	0.590 142	14 174	182	+2	0.727 913	9 260	221	−1	0.315 676	4 015	97	+5
17	0.575 968	14 352	178	+1	0.737 173	9 034	226	+5	0.319 691	3 917	98	+5
18	0.561 616	14 526	174	+2	0.746 207	8 805	229	+3	0.323 608	3 818	99	+2
19	−0.547 090	+14 695	+169	0	−0.755 012	− 8 573	+232	+1	−0.327 426	−3 717	+101	+4
20	0.532 395	14 861	166	+4	0.763 585	8 338	235	0	0.331 143	3 615	102	+3
21	0.517 534	15 020	159	−4	0.771 923	8 100	238	0	0.334 758	3 512	103	+1
22	0.502 514	15 175	155	−2	0.780 023	7 858	242	+4	0.338 270	3 407	105	+1
23	0.487 339	+15 326	151	+1	0.787 881	− 7 615	243	−3	0.341 677	−3 302	105	−3
24	−0.472 013		+144	−2	−0.795 496		+246	−2	−0.344 979		+107	−1

ΔX, ΔY, ΔZ sind in Einheiten der 7. Dezimale gegeben.

0h Weltzeit	Mittleres Äquinoktium 1957.0											
	X			ΔX	Y			ΔY	Z			ΔZ
1957												
Nov. 24	−0.472 013	+15 470	+144	−2	−0.795 496	−7 369	+246	−2	−0.344 979	−3 195	+107	−1
25	0.456 543	15 611	141	+4	0.802 865	7 120	249	0	0.348 174	3 088	107	−1
26	0.440 932	15 746	135	+2	0.809 985	6 870	250	−3	0.351 262	2 979	109	+4
27	0.425 186	15 876	130	−1	0.816 855	6 616	254	+3	0.354 241	2 869	110	+4
28	0.409 310	16 001	125	−3	0.823 471	6 362	254	−4	0.357 110	2 759	110	−2
29	0.393 309	16 120	119	−4	0.829 833	6 106	256	−2	0.359 869	2 648	111	−2
30	−0.377 189	+16 236	+116	+3	−0.835 939	−5 847	+259	+5	−0.362 517	−2 536	+112	−2
Dez. 1	0.360 953	16 346	110	0	0.841 786	5 587	260	+4	0.365 053	2 424	112	−3
2	0.344 607	16 450	104	−4	0.847 373	5 325	262	+2	0.367 477	2 310	114	+1
3	0.328 157	16 551	101	+1	0.852 698	5 063	262	−2	0.369 787	2 196	114	+1
4	0.311 606	16 645	94	−2	0.857 761	4 798	265	+3	0.371 983	2 082	114	+1
5	0.294 961	16 736	91	+4	0.862 559	4 532	266	+3	0.374 065	1 965	117	+5
6	−0.278 225	+16 821	+ 85	+1	−0.867 091	−4 265	+267	−1	−0.376 030	−1 851	+114	−5
7	0.261 404	16 901	80	+1	0.871 356	3 997	268	−4	0.377 881	1 734	117	0
8	0.244 503	16 977	76	+5	0.875 353	3 728	269	−4	0.379 615	1 617	117	0
9	0.227 526	17 048	71	+5	0.879 081	3 457	271	0	0.381 232	1 499	118	+2
10	0.210 478	17 114	66	+2	0.882 538	3 185	272	+2	0.382 731	1 381	118	−2
11	0.193 364	17 174	60	−2	0.885 723	2 911	274	+5	0.384 112	1 263	118	−5
12	−0.176 190	+17 231	+ 57	+3	−0.888 634	−2 637	+274	0	−0.385 375	−1 143	+120	0
13	0.158 959	17 281	50	−1	0.891 271	2 361	276	−1	0.386 518	1 024	119	−5
14	0.141 678	17 327	46	+3	0.893 632	2 085	276	−4	0.387 542	903	121	0
15	0.124 351	17 368	41	+4	0.895 717	1 806	279	+1	0.388 445	783	120	−5
16	0.106 983	17 402	34	−1	0.897 523	1 527	279	−2	0.389 228	662	121	−1
17	0.089 581	17 432	30	+1	0.899 050	1 248	279	−4	0.389 890	540	122	+3
18	−0.072 149	+17 455	+ 23	−3	−0.900 298	− 966	+282	+3	−0.390 430	− 418	+122	0
19	0.054 694	17 473	18	0	0.901 264	685	281	−3	0.390 848	297	121	−5
20	0.037 221	17 486	13	+3	0.901 949	404	281	−4	0.391 145	174	123	0
21	0.019 735	17 491	5	−4	0.902 353	− 121	283	+1	0.391 319	− 52	122	−4
22	−0.002 244	17 492	+ 1	0	0.902 474	+ 161	282	−1	0.391 371	+ 69	121	−5
23	+0.015 248	17 487	− 5	0	0.902 313	442	281	−4	0.391 302	193	124	+4
24	+0.032 735	+17 475	− 12	−3	−0.901 871	+ 725	+283	+4	−0.391 109	+ 314	+121	−4
25	0.050 210	17 459	16	+3	0.901 146	1 006	281	−1	0.390 795	436	122	−2
26	0.067 669	17 437	22	0	0.900 140	1 286	280	−5	0.390 359	558	122	−1
27	0.085 106	17 408	29	−4	0.898 854	1 567	281	0	0.389 801	679	121	−5
28	0.102 514	17 375	33	+1	0.897 287	1 846	279	−2	0.389 122	800	121	−4
29	0.119 889	17 337	38	+3	0.895 441	2 125	279	−2	0.388 322	921	121	−3
30	+0.137 226	+17 292	− 45	−3	−0.893 316	+2 402	+277	−5	−0.387 401	+1 041	+120	−5
31	0.154 518	+17 243	49	+1	0.890 914	+2 679	277	−5	0.386 360	+1 161	120	−5
32	+0.171 761		− 55	0	−0.888 235		+275	−5	−0.385 199		+119	−3

ΔX, ΔY, ΔZ sind in Einheiten der 7. Dezimale gegeben.

Frühlingsäquinoktium	**20. März**	**21h**	**17m Weltzeit**	**Herbstäquinoktium**	**23. Sept.**	**7h**	**27m Weltzeit**
Sommersolstitium	**21. Juni**	**16**	**21 „**	**Wintersolstitium**	**22. Dez.**	**2**	**49 „**

Erdnähe 3. Jan. 6h Weltzeit
Erdferne 3. Juli 1 „

Tag		0h Weltzeit			
		Aberration	Parallaxe	Mittlere Länge $L_{\odot}$	Mittlere Anomalie $M_{\odot}$
1957		″	″	°	°
Jan.	−4	20.82	8.95	275.4532	353.253
	+6	20.82	8.95	285.3097	3.109
	16	20.81	8.95	295.1662	12.965
	26	20.79	8.94	305.0227	22.821
Febr.	5	20.76	8.92	314.8791	32.677
	15	20.72	8.91	324.7356	42.533
	25	20.68	8.89	334.5921	52.389
März	7	20.63	8.87	344.4486	62.245
	17	20.57	8.84	354.3050	72.101
	27	20.51	8.82	4.1615	81.957
April	6	20.45	8.79	14.0180	91.813
	16	20.40	8.77	23.8744	101.669
	26	20.34	8.74	33.7309	111.525
Mai	6	20.29	8.72	43.5874	121.381
	16	20.24	8.70	53.4439	131.237
	26	20.20	8.69	63.3003	141.093
Juni	5	20.17	8.67	73.1568	150.949
	15	20.15	8.66	83.0133	160.805
	25	20.14	8.66	92.8698	170.661
Juli	5	20.13	8.66	102.7262	180.517
	15	20.14	8.66	112.5827	190.373
	25	20.15	8.66	122.4392	200.229
Aug.	4	20.18	8.67	132.2957	210.085
	14	20.21	8.69	142.1521	219.941
	24	20.25	8.70	152.0086	229.797
Sept.	3	20.30	8.72	161.8651	239.653
	13	20.35	8.75	171.7216	249.509
	23	20.40	8.77	181.5780	259.365
Okt.	3	20.46	8.80	191.4345	269.221
	13	20.52	8.82	201.2910	279.077
	23	20.58	8.85	211.1474	288.933
Nov.	2	20.63	8.87	221.0039	298.789
	12	20.68	8.89	230.8604	308.645
	22	20.73	8.91	240.7169	318.501
Dez.	2	20.76	8.93	250.5733	328.357
	12	20.79	8.94	260.4298	338.213
	22	20.81	8.95	270.2863	348.069
	32	20.82	8.95	280.1428	357.925

Tägliche Änderungen

	$\Delta L_{\odot}$	$\Delta M_{\odot}$
d	°	°
1	+0.9856	+0.986
2	1.9713	1.971
3	2.9569	2.957
4	3.9426	3.942
5	4.9282	4.928
6	+5.9139	+5.914
7	6.8995	6.899
8	7.8852	7.885
9	8.8708	8.870
10	+9.8565	+9.856

Stündliche Änderungen

	$\Delta L_{\odot}$	$\Delta M_{\odot}$
h	°	°
1	+0.0411	+0.041
2	0.0821	0.082
3	0.1232	0.123
4	0.1643	0.164
5	+0.2053	+0.205
6	0.2464	0.246
7	0.2875	0.287
8	0.3285	0.329
9	+0.3696	+0.370
10	0.4107	0.411
11	0.4518	0.452
12	0.4928	0.493
13	+0.5339	+0.534
14	0.5750	0.575
15	0.6160	0.616
16	0.6571	0.657
17	+0.6982	+0.698
18	0.7392	0.739
19	0.7803	0.780
20	0.8214	0.821
21	+0.8624	+0.862
22	0.9035	0.903
23	0.9446	0.945
24	+0.9856	+0.986

Tag	Scheinbare Rektaszension		Scheinbare Deklination		Parallaxe		Halbmesser		Länge	Breite	Alter
	0h Weltzeit										
1957	h m s	m s	° ′	° ′	′ ″	″	′ ″	″	°	°	d
Jan. 0	17 47 48	51 39	−20 56.3	1 11.1	54 51.4	19.7	14 58.3	5.4	267.149	+2.475	28.7
1	18 39 27	50 5	−19 45.2	2 3.5	54 31.7	15.8	14 52.9	4.3	279.294	+3.371	29.7
2	19 29 32	48 19	−17 41.7	2 47.9	54 15.9	11.1	14 48.6	3.0	291.329	+4.106	0.9
3	20 17 51	46 38	−14 53.8	3 23.0	54 4.8	5.5	14 45.6	1.5	303.274	+4.654	1.9
4	21 4 29	45 20	−11 30.8	3 49.1	53 59.3	1.1	14 44.1	0.3	315.155	+4.996	2.9
5	21 49 49	44 31	− 7 41.7	4 6.7	54 0.4	9.0	14 44.4	2.5	327.004	+5.122	3.9
6	22 34 20	44 24	− 3 35.0	4 16.1	54 9.4	17.8	14 46.9	4.8	338.863	+5.028	4.9
7	23 18 44	45 1	+ 0 41.1	4 17.4	54 27.2	27.2	14 51.7	7.4	350.787	+4.715	5.9
8	0 3 45	46 26	+ 4 58.5	4 10.3	54 54.4	36.8	14 59.1	10.1	2.841	+4.192	6.9
9	0 50 11	48 42	+ 9 8.8	3 53.0	55 31.2	45.9	15 9.2	12.5	16.000	+3.469	7.9
10	1 38 53	51 40	+13 1.8	3 23.3	56 17.1	53.4	15 21.7	14.5	27.642	+2.565	8.9
11	2 30 33	55 8	+16 25.1	2 39.1	57 10.5	58.1	15 36.2	15.8	40.548	+1.506	9.9
12	3 25 41	58 36	+19 4.2	1 38.5	58 8.6	58.8	15 52.0	16.1	53.886	+0.333	10.9
13	4 24 17	61 27	+20 42.7	0 22.8	59 7.4	54.1	16 8.1	14.7	67.702	−0.898	11.9
14	5 25 44	62 59	+21 5.5	1 2.5	60 1.5	43.8	16 22.8	11.9	82.006	−2.114	12.9
15	6 28 43	62 55	+20 3.0	2 27.7	60 45.3	27.9	16 34.7	7.6	96.753	−3.224	13.9
16	7 31 38	61 28	+17 35.3	3 42.1	61 13.2	8.8	16 42.3	2.4	111.841	−4.135	14.9
17	8 33 6	59 15	+13 53.2	4 36.9	61 22.0	11.3	16 44.7	3.1	127.115	−4.762	15.9
18	9 32 21	56 55	+ 9 16.3	5 8.0	61 10.7	29.1	16 41.6	7.9	142.389	−5.049	16.9
19	10 29 16	54 59	+ 4 8.3	5 15.9	60 41.6	42.6	16 33.7	11.6	157.478	−4.980	17.9
20	11 24 15	53 39	− 1 7.6	5 3.5	59 59.0	50.6	16 22.1	13.8	172.234	−4.579	18.9
21	12 17 54	52 58	− 6 11.1	4 34.8	59 8.4	53.4	16 8.3	14.5	186.563	−3.899	19.9
22	13 10 52	52 47	−10 45.9	3 53.6	58 15.0	52.1	15 53.8	14.2	200.430	−3.006	20.9
23	14 3 39	52 55	−14 39.5	3 2.9	57 22.9	47.8	15 39.6	13.0	213.849	−1.972	21.9
24	14 56 34	53 4	−17 42.4	2 6.0	56 35.1	41.8	15 26.6	11.4	226.867	−0.865	22.9
25	15 49 38	52 59	−19 48.4	1 5.5	55 53.3	35.0	15 15.2	9.6	239.549	+0.257	23.9
26	16 42 37	52 29	−20 53.9	0 4.5	55 18.3	28.3	15 5.6	7.7	251.966	+1.341	24.9
27	17 35 6	51 31	−20 58.4	0 54.0	54 50.0	21.9	14 57.9	5.9	264.183	+2.344	25.9
28	18 26 37	50 10	−20 4.4	1 47.6	54 28.1	16.1	14 52.0	4.4	276.257	+3.226	26.9
29	19 16 47	48 36	−18 16.8	2 33.9	54 12.0	10.6	14 47.6	2.9	288.235	+3.956	27.9
30	20 5 23	47 3	−15 42.9	3 11.8	54 1.4	5.4	14 44.7	1.5	300.151	+4.507	28.9
31	20 52 26	45 45	−12 31.1	3 40.9	53 56.0	0.4	14 43.2	0.1	312.032	+4.858	0.1
Febr. 1	21 38 11	44 50	− 8 50.2	4 1.2	53 55.6	5.0	14 43.1	1.4	323.898	+4.997	1.1
2	22 23 1	44 26	− 4 49.0	4 12.5	54 0.6	11.0	14 44.5	3.0	335.772	+4.920	2.1
3	23 7 27	44 41	− 0 36.5	4 15.5	54 11.6	17.5	14 47.5	4.7	347.678	+4.627	3.1
4	23 52 8	45 36	+ 3 39.0	4 9.4	54 29.1	24.9	14 52.2	6.8	359.651	+4.129	4.1
5	0 37 44	47 13	+ 7 48.4	3 54.2	54 54.0	32.7	14 59.0	8.9	11.736	+3.441	5.1
6	1 24 57	49 29	+11 42.6	3 28.2	55 26.7	40.7	15 7.9	11.1	23.989	+2.584	6.1
7	2 14 26	52 19	+15 10.8	2 50.2	56 7.4	48.1	15 19.0	13.1	36.479	+1.587	7.1
8	3 6 45	55 23	+18 1.0	1 58.7	56 55.5	53.8	15 32.1	14.7	49.279	+0.485	8.1
9	4 2 8	58 17	+19 59.7	0 53.9	57 49.3	56.9	15 46.8	15.5	62.465	−0.675	9.1
10	5 0 25		+20 53.6		58 46.2		16 2.3		76.098	−1.834	10.1

Tag	Obere Kulmination in Greenwich							0h Länge, + 50° Breite			
	AR.	Änderung für 1h westl. Länge	Dekl.	Änderung für 1h westl. Länge	Parallaxe	Zeit des Durchgangs	Änderung für 1h westl. Länge	Aufgang	Änderung für 1h westl. Länge	Untergang	Änderung für 1h westl. Länge
1957	h m s	s	° ′	′	′	h m	m	h m	m	h m	m
Jan. 0	18 12 51	134	−20 29.1	+ 3.0	54.7	11 33.4	2.06	7 12	1.8	15 57	2.4
1	19 5 28	129	−18 47.7	+ 5.4	54.4	12 21.9	1.98	7 52	1.5	16 57	2.6
2	19 56 13	124	−16 14.7	+ 7.3	54.2	13 8.6	1.90	8 25	1.3	17 59	2.6
3	20 45 2	120	−13 0.0	+ 8.8	54.0	13 53.3	1.83	8 53	1.1	19 2	2.6
4	21 32 12	116	− 9 13.9	+ 9.9	54.0	14 36.5	1.77	9 17	1.0	20 5	2.6
5	22 18 16	114	− 5 5.9	+10.7	54.1	15 18.5	1.73	9 39	0.9	21 8	2.7
6	23 3 54	114	− 0 44.9	+11.0	54.3	16 0.0	1.74	9 59	0.9	22 12	2.7
7	23 49 56	116	+ 3 40.6	+11.0	54.8	16 42.0	1.77	10 20	0.9	23 16	2.7
8	0 37 16	121	+ 8 1.5	+10.6	55.3	17 25.3	1.85	10 41	0.9	— —	—
9	1 26 49	127	+12 7.5	+ 9.8	56.1	18 10.8	1.95	11 5	1.1	0 22	2.8
10	2 19 29	136	+15 45.8	+ 8.3	57.0	18 59.4	2.10	11 32	1.3	1 29	2.8
11	3 15 55	146	+18 40.6	+ 6.1	58.0	19 51.7	2.27	12 6	1.6	2 38	2.9
12	4 16 17	156	+20 33.6	+ 3.2	59.0	20 48.0	2.42	12 47	2.0	3 48	2.8
13	5 20 0	162	+21 6.9	− 0.5	59.9	21 47.6	2.53	13 40	2.4	4 54	2.7
14	6 25 36	165	+20 8.2	− 4.4	60.7	22 49.1	2.58	14 44	2.9	5 55	2.4
15	7 31 14	163	+17 36.5	− 8.1	61.2	23 50.6	2.53	15 58	3.2	6 47	2.0
16	— — —	—	— —	—	—	— —	—	17 19	3.4	7 31	1.7
17	8 35 13	157	+13 44.3	−11.1	61.4	0 50.5	2.45	18 43	3.5	8 7	1.4
18	9 36 41	150	+ 8 54.0	−12.9	61.2	1 47.8	2.33	20 5	3.4	8 38	1.2
19	10 35 34	144	+ 3 32.6	−13.7	60.6	2 42.6	2.24	21 26	3.3	9 5	1.1
20	11 32 20	140	− 1 54.2	−13.4	59.9	3 35.3	2.16	22 44	3.2	9 32	1.1
21	12 27 45	137	− 7 4.6	−12.3	59.0	4 26.6	2.12	— —	—	9 58	1.1
22	13 22 30	137	−11 41.3	−10.6	58.1	5 17.3	2.11	0 0	3.1	10 25	1.2
23	14 17 9	137	−15 31.3	− 8.5	57.2	6 7.9	2.11	1 12	2.9	10 56	1.4
24	15 11 59	137	−18 25.1	− 6.0	56.4	6 58.6	2.12	2 21	2.8	11 31	1.6
25	16 6 56	137	−20 16.5	− 3.3	55.7	7 49.5	2.12	3 24	2.5	12 12	1.8
26	17 1 39	136	−21 2.5	− 0.6	55.1	8 40.1	2.10	4 21	2.2	12 59	2.1
27	17 55 38	134	−20 43.8	+ 2.1	54.7	9 30.0	2.05	5 10	1.9	13 52	2.3
28	18 48 21	130	−19 24.3	+ 4.5	54.3	10 18.7	1.99	5 52	1.6	14 50	2.5
29	19 39 27	126	−17 11.0	+ 6.6	54.1	11 5.7	1.93	6 27	1.3	15 50	2.6
30	20 28 48	121	−14 12.4	+ 8.2	54.0	11 51.0	1.85	6 56	1.2	16 53	2.6
31	21 16 33	118	−10 38.4	+ 9.5	53.9	12 34.7	1.79	7 22	1.0	17 56	2.6
Febr. 1	22 3 5	115	− 6 38.6	+10.4	54.0	13 17.2	1.75	7 45	0.9	18 59	2.6
2	22 48 55	114	− 2 22.7	+10.9	54.1	13 58.9	1.74	8 6	0.9	20 2	2.7
3	23 34 43	115	+ 2 0.0	+11.0	54.4	14 40.7	1.75	8 26	0.9	21 6	2.7
4	0 21 13	118	+ 6 20.1	+10.7	54.7	15 23.1	1.80	8 47	0.9	22 11	2.7
5	1 9 13	123	+10 28.0	+ 9.9	55.3	16 7.1	1.87	9 10	1.0	23 16	2.8
6	1 59 30	129	+14 12.5	+ 8.7	55.9	16 53.3	1.98	9 35	1.2	— —	—
7	2 52 44	137	+17 20.7	+ 6.9	56.7	17 42.4	2.12	10 5	1.4	0 23	2.8
8	3 49 22	146	+19 38.1	+ 4.4	57.6	18 35.0	2.26	10 42	1.7	1 30	2.8
9	4 49 20	154	+20 49.0	+ 1.4	58.6	19 30.8	2.39	11 27	2.1	2 35	2.7
10	5 51 58	159	+20 39.6	− 2.2	59.6	20 29.4	2.48	12 23	2.6	3 37	2.4

Tag	0h Weltzeit										
	Scheinbare Rektaszension		Scheinbare Deklination		Parallaxe		Halbmesser		Länge	Breite	Alter
1957	h m s	m s	° ′	° ′	′ ″	″	′ ″	″	°	°	d
Febr. 10	5 0 25	60 30	+20 53.6	0 22.3	58 46.2	55.7	16 2.3	15.2	76.098	−1.834	10.1
11	6 0 55	61 35	+20 31.3	1 44.0	59 41.9	49.2	16 17.5	13.4	90.214	−2.921	11.1
12	7 2 30	61 26	+18 47.3	3 2.7	60 31.1	37.0	16 30.9	10.1	104.806	−3.855	12.1
13	8 3 56	60 21	+15 44.6	4 9.2	61 8.1	19.7	16 41.0	5.3	119.806	−4.551	13.1
14	9 4 17	58 47	+11 35.4	4 56.0	61 27.8	0.7	16 46.3	0.2	135.085	−4.937	14.1
15	10 3 4	57 13	+ 6 39.4	5 19.1	61 27.1	21.1	16 46.1	5.7	150.462	−4.970	15.1
16	11 0 17	56 0	+ 1 20.3	5 18.2	61 6.0	38.7	16 40.4	10.6	165.737	−4.647	16.1
17	11 56 17	55 11	− 3 57.9	4 56.2	60 27.3	51.1	16 29.8	13.9	180.726	−4.008	17.1
18	12 51 28	54 46	− 8 54.1	4 17.0	59 36.2	57.7	16 15.9	15.7	195.294	−3.120	18.1
19	13 46 14	54 34	−13 11.1	3 25.7	58 38.5	58.7	16 0.2	16.0	209.371	−2.067	19.1
20	14 40 48	54 21	−16 36.8	2 26.6	57 39.8	55.3	15 44.2	15.1	222.946	−0.929	20.1
21	15 35 9	53 54	−19 3.4	1 23.9	56 44.5	48.9	15 29.1	13.3	236.055	+0.222	21.1
22	16 29 3	53 6	−20 27.3	0 21.4	55 55.6	40.8	15 15.8	11.1	248.763	+1.327	22.1
23	17 22 9	51 54	−20 48.7	0 38.2	55 14.8	32.0	15 4.7	8.7	261.151	+2.341	23.1
24	18 14 3	50 25	−20 10.5	1 32.5	54 42.8	23.1	14 56.0	6.3	273.300	+3.228	24.1
25	19 4 28	48 50	−18 38.0	2 19.9	54 19.7	14.9	14 49.7	4.1	285.288	+3.958	25.1
26	19 53 18	47 18	−16 18.1	2 59.7	54 4.8	7.4	14 45.6	2.0	297.181	+4.509	26.1
27	20 40 36	46 2	−13 18.4	3 31.1	53 57.4	0.9	14 43.6	0.2	309.032	+4.862	27.1
28	21 26 38	45 9	− 9 47.3	3 54.3	53 56.5	4.9	14 43.4	1.3	320.885	+5.005	28.1
März 1	22 11 47	44 44	− 5 53.0	4 8.6	54 1.4	10.1	14 44.7	2.7	332.770	+4.930	29.1
2	22 56 31	44 53	− 1 44.4	4 14.3	54 11.5	14.7	14 47.4	4.1	344.711	+4.640	0.3
3	23 41 24	45 36	+ 2 29.9	4 10.5	54 26.2	19.4	14 51.5	5.2	356.726	+4.140	1.3
4	0 27 0	46 55	+ 6 40.4	3 57.0	54 45.6	24.2	14 56.7	6.6	8.837	+3.449	2.3
5	1 13 55	48 45	+10 37.4	3 32.9	55 9.8	29.3	15 3.3	8.0	21.069	+2.591	3.3
6	2 2 40	51 2	+14 10.3	2 57.4	55 39.1	34.5	15 11.3	9.4	33.458	+1.597	4.3
7	2 53 42	53 32	+17 7.7	2 10.2	56 13.6	39.6	15 20.7	10.8	46.046	+0.507	5.3
8	3 47 14	55 56	+19 17.9	1 11.4	56 53.2	44.2	15 31.5	12.0	58.887	−0.631	6.3
9	4 43 10	57 52	+20 29.3	0 3.0	57 37.4	47.1	15 43.5	12.9	72.039	−1.765	7.3
10	5 41 2	59 3	+20 32.3	1 11.3	58 24.5	47.5	15 56.4	12.9	85.554	−2.832	8.3
11	6 40 5	59 23	+19 21.0	2 25.7	59 12.0	44.3	16 9.3	12.1	99.471	−3.765	9.3
12	7 39 28	58 57	+16 55.3	3 33.5	59 56.3	36.5	16 21.4	9.9	113.798	−4.492	10.3
13	8 38 25	58 7	+13 21.8	4 27.9	60 32.8	23.9	16 31.3	6.5	128.501	−4.944	11.3
14	9 36 32	57 13	+ 8 53.9	5 3.7	60 56.7	7.6	16 37.8	2.1	143.492	−5.071	12.3
15	10 33 45	56 33	+ 3 50.2	5 17.6	61 4.3	10.6	16 39.9	2.9	158.634	−4.847	13.3
16	11 30 18	56 13	− 1 27.4	5 8.9	60 53.7	28.3	16 37.0	7.7	173.760	−4.285	14.3
17	12 26 31	56 9	− 6 36.3	4 39.2	60 25.4	42.8	16 29.3	11.6	188.698	−3.434	15.3
18	13 22 40	56 14	−11 15.5	3 52.5	59 42.6	52.4	16 17.7	14.3	203.304	−2.372	16.3
19	14 18 54	56 9	−15 8.0	2 53.9	58 50.2	56.8	16 3.4	15.5	217.480	−1.190	17.3
20	15 15 3	55 42	−18 1.9	1 48.9	57 53.4	56.0	15 47.9	15.3	231.185	+0.027	18.3
21	16 10 45	54 44	−19 50.8	0 42.7	56 57.4	51.4	15 32.6	14.0	244.424	+1.204	19.3
22	17 5 29	53 17	−20 33.5	0 20.4	56 6.0	43.8	15 18.6	11.9	257.244	+2.284	20.3
23	17 58 46		−20 13.1		55 22.2		15 6.7		269.710	+3.225	21.3

Tag	Obere Kulmination in Greenwich							0^h Länge, + 50° Breite			
	AR.	Änderung für 1^h westl. Länge	Dekl.	Änderung für 1^h westl. Länge	Parallaxe	Zeit des Durchgangs	Änderung für 1^h westl. Länge	Aufgang	Änderung für 1^h westl. Länge	Untergang	Änderung für 1^h westl. Länge
1957	h m s	s	° ′	′	′	h m	m	h m	m	h m	m
Febr. 10	5 51 58	159	+20 39.6	− 2.2	59.6	20 29.4	2.48	12 23	2.6	3 37	2.4
11	6 56 2	161	+19 2.0	− 5.9	60.4	21 29.3	2.50	13 30	3.0	4 32	2.1
12	8 0 6	159	+15 58.3	− 9.3	61.1	22 29.3	2.48	14 46	3.3	5 19	1.8
13	9 2 58	155	+11 41.5	−11.9	61.5	23 28.1	2.41	16 8	3.5	5 59	1.6
14	— — —	—	— —	—	—	— —	—	17 32	3.5	6 33	1.3
15	10 4 5	150	+ 6 34.0	−13.5	61.4	0 25.1	2.34	18 56	3.5	7 3	1.2
16	11 3 27	147	+ 1 2.3	−13.9	61.1	1 20.3	2.27	20 18	3.4	7 31	1.2
17	12 1 27	144	− 4 26.8	−13.3	60.4	2 14.3	2.23	21 37	3.3	7 58	1.2
18	12 58 36	142	− 9 30.0	−11.8	59.5	3 7.3	2.20	22 54	3.1	8 27	1.2
19	13 55 21	142	−13 49.2	− 9.7	58.5	4 0.0	2.19	— —	—	8 57	1.4
20	14 51 52	141	−17 11.5	− 7.1	57.5	4 52.4	2.18	0 7	2.9	9 32	1.6
21	15 48 6	140	−19 29.2	− 4.3	56.5	5 44.6	2.16	1 14	2.7	10 11	1.8
22	16 43 45	138	−20 39.4	− 1.5	55.7	6 36.1	2.13	2 14	2.4	10 57	2.0
23	17 38 23	135	−20 43.0	+ 1.2	55.1	7 26.7	2.08	3 6	2.0	11 48	2.2
24	18 31 35	131	−19 44.5	+ 3.6	54.6	8 15.8	2.01	3 51	1.7	12 44	2.4
25	19 23 4	127	−17 50.4	+ 5.8	54.2	9 3.2	1.94	4 28	1.4	13 44	2.5
26	20 12 49	122	−15 9.0	+ 7.6	54.0	9 48.9	1.87	4 59	1.2	14 45	2.6
27	21 0 59	119	−11 49.0	+ 9.0	53.9	10 33.0	1.81	5 26	1.1	15 48	2.6
28	21 47 55	116	− 7 59.7	+10.0	54.0	11 15.9	1.77	5 50	1.0	16 51	2.6
März 1	22 34 7	115	− 3 50.3	+10.7	54.1	11 58.0	1.75	6 12	0.9	17 54	2.7
2	23 20 9	115	+ 0 29.7	+10.9	54.3	12 40.0	1.75	6 33	0.9	18 58	2.7
3	0 6 41	117	+ 4 50.5	+10.7	54.6	13 22.5	1.79	6 54	0.9	20 2	2.7
4	0 54 22	121	+ 9 1.9	+10.1	55.0	14 6.1	1.85	7 16	1.0	21 7	2.8
5	1 43 51	126	+12 52.7	+ 9.0	55.5	14 51.5	1.94	7 41	1.1	22 14	2.8
6	2 35 41	133	+16 10.8	+ 7.4	56.0	15 39.3	2.05	8 10	1.3	23 20	2.7
7	3 30 13	140	+18 43.0	+ 5.2	56.7	16 29.7	2.16	8 43	1.6	— —	—
8	4 27 31	146	+20 16.1	+ 2.5	57.4	17 22.9	2.27	9 24	1.9	0 24	2.6
9	5 27 10	151	+20 38.2	− 0.7	58.2	18 18.5	2.35	10 15	2.3	1 26	2.4
10	6 28 22	154	+19 41.0	− 4.1	59.0	19 15.6	2.40	11 15	2.7	2 21	2.2
11	7 30 7	154	+17 22.9	− 7.4	59.8	20 13.2	2.40	12 24	3.0	3 10	1.9
12	8 31 31	152	+13 50.0	−10.2	60.5	21 10.5	2.37	13 40	3.3	3 52	1.6
13	9 32 0	150	+ 9 16.5	−12.4	60.9	22 6.9	2.33	15 0	3.4	4 28	1.4
14	10 31 29	148	+ 4 2.7	−13.6	61.1	23 2.3	2.29	16 22	3.4	4 59	1.3
15	11 30 11	146	− 1 26.7	−13.7	60.9	23 56.9	2.27	17 45	3.4	5 28	1.2
16	— — —	—	— —	—	—	— —	—	19 7	3.4	5 56	1.2
17	12 28 31	146	− 6 46.8	−12.8	60.4	0 51.2	2.25	20 26	3.3	6 24	1.2
18	13 26 47	146	−11 34.3	−11.0	59.7	1 45.3	2.26	21 43	3.1	6 54	1.3
19	14 25 8	146	−15 30.4	− 8.6	58.7	2 39.6	2.25	22 55	2.9	7 28	1.5
20	15 23 21	145	−18 22.3	− 5.7	57.7	3 33.7	2.25	— —	—	8 7	1.8
21	16 21 0	143	−20 3.7	− 2.7	56.8	4 27.3	2.21	0 1	2.6	8 52	2.0
22	17 17 27	139	−20 34.2	+ 0.2	55.9	5 19.6	2.15	0 58	2.2	9 42	2.2
23	18 12 11	134	−19 58.3	+ 2.8	55.2	6 10.3	2.07	1 46	1.8	10 37	2.4

Tag	Scheinbare Rektaszension		Scheinbare Deklination		Parallaxe		Halbmesser		Länge	Breite	Alter
	0h Weltzeit										
1957	h m s	m s	° ′	° ′	′ ″	″	′ ″	″	°	°	d
März 23	17 58 46	51 29	−20 13.1	1 17.4	55 22.2	34.6	15 6.7	9.4	269.710	+3.225	21.3
24	18 50 15	49 35	−18 55.7	2 6.8	54 47.6	24.7	14 57.3	6.8	281.903	+3.997	22.3
25	19 39 50	47 49	−16 48.9	2 48.1	54 22.9	14.9	14 50.5	4.0	293.905	+4.581	23.3
26	20 27 39	46 20	−14 0.8	3 21.1	54 8.0	5.5	14 46.5	1.5	305.795	+4.960	24.3
27	21 13 59	45 21	−10 39.7	3 46.3	54 2.5	2.8	14 45.0	0.8	317.643	+5.126	25.3
28	21 59 20	44 53	− 6 53.4	4 3.3	54 5.3	10.0	14 45.8	2.7	329.508	+5.072	26.3
29	22 44 13	45 0	− 2 50.1	4 12.1	54 15.3	15.8	14 48.5	4.3	341.440	+4.798	27.3
30	23 29 13	45 44	+ 1 22.0	4 11.8	54 31.1	20.5	14 52.8	5.6	353.475	+4.309	28.3
31	0 14 57	47 1	+ 5 33.8	4 1.4	54 51.6	24.0	14 58.4	6.5	5.639	+3.620	29.3
April 1	1 1 58	48 49	+ 9 35.2	3 40.0	55 15.6	26.6	15 4.9	7.3	17.952	+2.752	0.6
2	1 50 47	50 58	+13 15.2	3 6.8	55 42.2	28.8	15 12.2	7.8	30.429	+1.740	1.6
3	2 41 45	53 15	+16 22.0	2 21.2	56 11.0	30.5	15 20.0	8.3	43.086	+0.626	2.6
4	3 35 0	55 21	+18 43.2	1 24.4	56 41.5	32.0	15 28.3	8.7	55.940	−0.539	3.6
5	4 30 21	56 55	+20 7.6	0 18.7	57 13.5	33.3	15 37.0	9.1	69.012	−1.697	4.6
6	5 27 16	57 46	+20 26.3	0 52.0	57 46.8	34.0	15 46.1	9.3	82.327	−2.787	5.6
7	6 25 2	57 49	+19 34.3	2 2.5	58 20.8	33.4	15 55.4	9.1	95.908	−3.743	6.6
8	7 22 51	57 15	+17 31.8	3 7.3	58 54.2	30.9	16 4.5	8.4	109.771	−4.502	7.6
9	8 20 6	56 25	+14 24.5	4 1.7	59 25.1	26.0	16 12.9	7.1	123.917	−5.006	8.6
10	9 16 31	55 38	+10 22.8	4 41.4	59 51.1	17.9	16 20.0	4.8	138.321	−5.208	9.6
11	10 12 9	55 12	+ 5 41.4	5 3.5	60 9.0	6.9	16 24.8	1.9	152.925	−5.079	10.6
12	11 7 21	55 12	+ 0 37.9	5 6.2	60 15.9	6.1	16 26.7	1.6	167.645	−4.616	11.6
13	12 2 33	55 36	− 4 28.3	4 48.8	60 9.8	19.9	16 25.1	5.5	182.366	−3.850	12.6
14	12 58 9	56 14	− 9 17.1	4 12.4	59 49.9	32.4	16 19.6	8.8	196.967	−2.836	13.6
15	13 54 23	56 47	−13 29.5	3 20.3	59 17.5	42.3	16 10.8	11.5	211.334	−1.656	14.6
16	14 51 10	56 54	−16 49.8	2 17.3	58 35.2	48.2	15 59.3	13.2	225.377	−0.399	15.6
17	15 48 4	56 22	−19 7.1	1 9.2	57 47.0	49.9	15 46.1	13.6	239.041	+0.851	16.6
18	16 44 26	55 5	−20 16.3	0 2.1	56 57.1	47.6	15 32.5	12.9	252.307	+2.019	17.6
19	17 39 31	53 12	−20 18.4	0 59.4	56 9.5	42.1	15 19.6	11.5	265.191	+3.050	18.6
20	18 32 43	51 1	−19 19.0	1 52.8	55 27.4	34.0	15 8.1	9.2	277.734	+3.907	19.6
21	19 23 44	48 53	−17 26.2	2 36.9	54 53.4	24.5	14 58.9	6.7	289.997	+4.565	20.6
22	20 12 37	47 1	−14 49.3	3 12.0	54 28.9	14.2	14 52.2	3.9	302.054	+5.008	21.6
23	20 59 38	45 40	−11 37.3	3 38.7	54 14.7	4.0	14 48.3	1.1	313.980	+5.231	22.6
24	21 45 18	44 56	− 7 58.6	3 57.5	54 10.7	5.8	14 47.2	1.6	325.854	+5.229	23.6
25	22 30 14	44 51	− 4 1.1	4 8.7	54 16.5	14.6	14 48.8	4.0	337.748	+5.003	24.6
26	23 15 5	45 29	+ 0 7.6	4 11.5	54 31.1	21.9	14 52.8	5.9	349.728	+4.559	25.6
27	0 0 34	46 45	+ 4 19.1	4 5.3	54 53.0	27.3	14 58.7	7.5	1.849	+3.906	26.6
28	0 47 19	48 38	+ 8 24.4	3 48.2	55 20.3	31.0	15 6.2	8.4	14.156	+3.064	27.6
29	1 35 57	50 58	+12 12.6	3 18.9	55 51.3	32.6	15 14.6	8.9	26.679	+2.061	28.6
30	2 26 55	53 28	+15 31.5	2 36.4	56 23.9	32.4	15 23.5	8.8	39.436	+0.936	0.0
Mai 1	3 20 23	55 45	+18 7.9	1 41.0	56 56.3	30.8	15 32.3	8.4	52.433	−0.259	1.0
2	4 16 8	57 27	+19 48.9	0 35.2	57 27.1	28.2	15 40.7	7.7	65.666	−1.461	2.0
3	5 13 35		+20 24.1		57 55.3		15 48.4		79.123	−2.604	3.0

Tag	Obere Kulmination in Greenwich							0ʰ Länge, + 50° Breite			
	AR.	Änderung für 1ʰ westl. Länge	Dekl.	Änderung für 1ʰ westl. Länge	Parallaxe	Zeit des Durchgangs	Änderung für 1ʰ westl. Länge	Aufgang	Änderung für 1ʰ westl. Länge	Untergang	Änderung für 1ʰ westl. Länge
1957	h m s	s	° ′	′	′	h m	m	h m	m	h m	m
März 23	18 12 11	134	−19 58.3	+ 2.8	55.2	6 10.3	2.07	1 46	1.8	10 37	2.4
24	19 4 52	129	−18 23.5	+ 5.1	54.7	6 58.9	1.98	2 26	1.6	11 36	2.5
25	19 55 28	124	−15 58.7	+ 7.0	54.3	7 45.4	1.90	3 0	1.3	12 37	2.6
26	20 44 12	120	−12 52.9	+ 8.5	54.1	8 30.1	1.83	3 29	1.1	13 39	2.6
27	21 31 30	117	− 9 15.3	+ 9.6	54.0	9 13.4	1.78	3 54	1.0	14 42	2.6
28	22 17 56	115	− 5 14.4	+10.4	54.1	9 55.7	1.76	4 16	0.9	15 45	2.6
29	23 4 6	116	− 0 59.0	+10.8	54.4	10 37.8	1.76	4 38	0.9	16 48	2.7
30	23 50 42	118	+ 3 21.6	+10.8	54.7	11 20.4	1.79	4 59	0.9	17 53	2.7
31	0 38 23	121	+ 7 37.1	+10.4	55.1	12 4.0	1.85	5 21	1.0	18 58	2.8
April 1	1 27 47	126	+11 36.2	+ 9.4	55.5	12 49.3	1.93	5 46	1.1	20 5	2.8
2	2 19 25	132	+15 6.0	+ 8.0	56.0	13 36.9	2.03	6 13	1.3	21 11	2.8
3	3 13 32	138	+17 53.2	+ 5.9	56.5	14 26.9	2.14	6 46	1.5	22 17	2.7
4	4 10 7	144	+19 44.3	+ 3.3	57.0	15 19.4	2.23	7 25	1.8	23 19	2.5
5	5 8 43	148	+20 27.9	+ 0.3	57.6	16 13.9	2.30	8 12	2.2	— —	—
6	6 8 32	150	+19 56.4	− 2.9	58.2	17 9.7	2.33	9 8	2.5	0 16	2.2
7	7 8 39	150	+18 8.3	− 6.1	58.8	18 5.7	2.33	10 13	2.9	1 6	1.9
8	8 8 17	148	+15 8.2	− 8.9	59.3	19 1.2	2.30	11 25	3.1	1 49	1.7
9	9 7 0	146	+11 7.0	−11.1	59.8	19 55.8	2.26	12 40	3.2	2 26	1.4
10	10 4 50	144	+ 6 20.3	−12.6	60.1	20 49.6	2.23	13 59	3.3	2 58	1.3
11	11 2 6	143	+ 1 7.2	−13.3	60.3	21 42.7	2.21	15 18	3.3	3 27	1.2
12	11 59 19	143	− 4 10.7	−13.0	60.2	22 35.9	2.22	16 38	3.3	3 54	1.1
13	12 56 58	145	− 9 11.3	−11.9	59.8	23 29.4	2.25	17 58	3.3	4 21	1.2
14	— — —	—	— —	—	—	— —	—	19 16	3.2	4 50	1.3
15	13 55 19	147	−13 33.3	− 9.9	59.3	0 23.7	2.28	20 31	3.0	5 23	1.5
16	14 54 16	148	−16 59.0	− 7.2	58.5	1 18.6	2.29	21 41	2.8	6 0	1.7
17	15 53 20	147	−19 16.4	− 4.2	57.7	2 13.5	2.28	22 44	2.4	6 42	1.9
18	16 51 42	144	−20 20.3	− 1.1	56.8	3 7.8	2.23	23 37	2.1	7 31	2.2
19	17 48 33	140	−20 12.6	+ 1.7	56.0	4 0.6	2.16	— —	—	8 26	2.4
20	18 43 13	134	−19 0.2	+ 4.2	55.3	4 51.2	2.05	0 22	1.7	9 24	2.5
21	19 35 27	128	−16 52.9	+ 6.3	54.8	5 39.3	1.96	0 58	1.4	10 26	2.6
22	20 25 21	122	−14 1.0	+ 7.9	54.4	6 25.2	1.87	1 29	1.2	11 28	2.6
23	21 13 22	118	−10 34.6	+ 9.2	54.2	7 9.1	1.80	1 56	1.1	12 31	2.6
24	22 0 5	116	− 6 42.5	+10.1	54.2	7 51.8	1.76	2 20	0.9	13 33	2.6
25	22 46 13	115	− 2 33.2	+10.6	54.3	8 33.8	1.75	2 41	0.9	14 36	2.7
26	23 32 32	117	+ 1 44.8	+10.8	54.6	9 16.1	1.78	3 3	0.9	15 40	2.7
27	0 19 50	120	+ 6 2.6	+10.6	55.1	9 59.3	1.83	3 25	1.0	16 45	2.8
28	1 8 49	125	+10 9.3	+ 9.9	55.6	10 44.2	1.92	3 49	1.1	17 52	2.8
29	2 0 7	132	+13 52.6	+ 8.6	56.1	11 31.5	2.03	4 15	1.2	18 59	2.8
30	2 54 8	139	+16 58.2	+ 6.7	56.7	12 21.4	2.14	4 46	1.4	20 6	2.8
Mai 1	3 50 52	145	+19 11.2	+ 4.2	57.2	13 14.1	2.25	5 24	1.9	21 11	2.6
2	4 49 51	150	+20 18.1	+ 1.3	57.7	14 9.0	2.32	6 9	2.1	22 11	2.4
3	5 50 10	151	+20 9.8	− 2.0	58.2	15 5.2	2.35	7 3	2.4	23 4	2.1

Tag	0^h Weltzeit										
	Scheinbare Rektaszension		Scheinbare Deklination		Parallaxe		Halbmesser		Länge	Breite	Alter
1957	h m s	m s	° ′	° ′	′ ″	″	′ ″	″	°	°	d
Mai 3	5 13 35	58 15	+20 24.1	0 36.2	57 55.3	25.0	15 48.4	6.8	79.123	−2.604	3.0
4	6 11 50	58 2	+19 47.9	1 47.5	58 20.3	21.5	15 55.2	5.9	92.788	−3.617	4.0
5	7 9 52	57 6	+18 0.4	2 52.4	58 41.8	18.0	16 1.1	4.9	106.638	−4.433	5.0
6	8 6 58	55 49	+15 8.0	3 46.5	58 59.8	14.0	16 6.0	3.8	120.651	−4.996	6.0
7	9 2 47	54 36	+11 21.5	4 26.4	59 13.8	9.6	16 9.8	2.6	134.798	−5.264	7.0
8	9 57 23	53 48	+ 6 55.1	4 50.6	59 23.4	4.1	16 12.4	1.1	149.043	−5.213	8.0
9	10 51 11	53 33	+ 2 4.5	4 57.9	59 27.5	2.5	16 13.5	0.6	163.344	−4.841	9.0
10	11 44 44	53 55	− 2 53.4	4 47.9	59 25.0	10.2	16 12.9	2.8	177.649	−4.169	10.0
11	12 38 39	54 44	− 7 41.3	4 20.6	59 14.8	18.6	16 10.1	5.1	191.898	−3.242	11.0
12	13 33 23	55 43	−12 1.9	3 37.4	58 56.2	26.6	16 5.0	7.3	206.028	−2.124	12.0
13	14 29 6	56 30	−15 39.3	2 41.0	58 29.6	33.6	15 57.7	9.1	219.975	−0.892	13.0
14	15 25 36	56 41	−18 20.3	1 35.9	57 56.0	38.5	15 48.6	10.5	233.684	+0.370	14.0
15	16 22 17	56 5	−19 56.2	0 27.8	57 17.5	40.6	15 38.1	11.0	247.114	+1.587	15.0
16	17 18 22	54 37	−20 24.0	0 37.4	56 36.9	39.8	15 27.1	10.9	260.239	+2.691	16.0
17	18 12 59	52 33	−19 46.6	1 35.5	55 57.1	36.0	15 16.2	9.8	273.059	+3.632	17.0
18	19 5 32	50 16	−18 11.1	2 24.1	55 21.1	29.9	15 6.4	8.1	285.591	+4.376	18.0
19	19 55 48	48 5	−15 47.0	3 2.6	54 51.2	21.7	14 58.3	6.0	297.873	+4.902	19.0
20	20 43 53	46 20	−12 44.4	3 31.6	54 29.5	12.2	14 52.3	3.3	309.956	+5.201	20.0
21	21 30 13	45 9	− 9 12.8	3 52.0	54 17.3	2.0	14 49.0	0.5	321.906	+5.271	21.0
22	22 15 22	44 39	− 5 20.8	4 4.8	54 15.3	8.4	14 48.5	2.3	333.797	+5.115	22.0
23	23 0 1	44 56	− 1 16.0	4 10.0	54 23.7	18.3	14 50.8	5.0	345.703	+4.740	23.0
24	23 44 57	45 59	+ 2 54.0	4 6.9	54 42.0	27.1	14 55.8	7.3	357.703	+4.156	24.0
25	0 30 56	47 44	+ 7 0.9	3 54.5	55 9.1	34.2	15 3.1	9.3	9.869	+3.379	25.0
26	1 18 40	50 7	+10 55.4	3 30.7	55 43.3	38.9	15 12.4	10.6	22.264	+2.430	26.0
27	2 8 47	52 54	+14 26.1	2 53.8	56 22.2	40.9	15 23.0	11.2	34.940	+1.343	27.0
28	3 1 41	55 42	+17 19.9	2 2.8	57 3.1	39.9	15 34.2	10.9	47.931	+0.162	28.0
29	3 57 23	58 2	+19 22.7	0 58.8	57 43.0	35.9	15 45.1	9.8	61.247	−1.057	29.0
30	4 55 25	59 23	+20 21.5	0 14.3	58 18.9	30.1	15 54.9	8.0	74.875	−2.242	0.5
31	5 54 48	59 33	+20 7.2	1 29.4	58 49.0	21.4	16 2.9	6.0	88.778	−3.317	1.5
Juni 1	6 54 21	58 37	+18 37.8	2 39.4	59 10.4	13.3	16 8.9	3.6	102.899	−4.207	2.5
2	7 52 58	57 2	+15 58.4	3 37.7	59 23.7	5.1	16 12.5	1.4	117.166	−4.846	3.5
3	8 50 0	55 17	+12 20.7	4 20.5	59 28.8	2.1	16 13.9	0.6	131.503	−5.187	4.5
4	9 45 17	53 52	+ 8 0.2	4 46.1	59 26.7	8.1	16 13.3	2.2	145.838	−5.205	5.5
5	10 39 9	53 2	+ 3 14.1	4 54.8	59 18.6	12.9	16 11.1	3.5	160.112	−4.902	6.5
6	11 32 11	52 52	− 1 40.7	4 47.3	59 5.7	17.1	16 7.6	4.7	174.280	−4.303	7.5
7	12 25 3	53 19	− 6 28.0	4 24.1	58 48.6	20.7	16 2.9	5.6	188.308	−3.452	8.5
8	13 18 22	54 10	−10 52.1	3 46.6	58 27.9	24.2	15 57.3	6.6	202.176	−2.407	9.5
9	14 12 32	55 7	−14 38.7	2 56.5	58 3.7	27.3	15 50.7	8.4	215.867	−1.237	10.5
10	15 7 39	55 46	−17 35.2	1 56.6	57 36.4	29.9	15 42.3	7.2	229.370	−0.014	11.5
11	16 3 25	55 46	−19 31.8	0 51.3	57 6.5	31.9	15 35.1	8.7	242.670	+1.189	12.5
12	16 59 11	54 56	−20 23.1	0 14.2	56 34.6	32.4	15 26.4	8.8	255.756	+2.308	13.5
13	17 54 7		−20 8.9		56 2.2		15 17.6		268.618	+3.288	14.5

Tag	Obere Kulmination in Greenwich							0^h Länge, + 50° Breite			
	AR.	Änderung für 1h westl. Länge	Dekl.	Änderung für 1h westl. Länge	Parallaxe	Zeit des Durchgangs	Änderung für 1h westl. Länge	Aufgang	Änderung für 1h westl. Länge	Untergang	Änderung für 1h westl. Länge
1957	h m s	s	° ′	′	′	h m	m	h m	m	h m	m
Mai 3	5 50 10	151	+20 9.8	— 2.0	58.2	15 5.2	2.35	7 3	2.4	23 4	2.1
4	6 50 40	151	+18 43.8	— 5.2	58.6	16 1.6	2.34	8 6	2.8	23 49	1.7
5	7 50 20	148	+16 4.8	— 8.0	58.9	16 57.1	2.29	9 16	3.0	— —	—
6	8 48 37	144	+12 23.9	—10.3	59.2	17 51.3	2.23	10 30	3.1	0 27	1.5
7	9 45 30	141	+ 7 56.1	—11.9	59.4	18 44.1	2.18	11 46	3.2	1 0	1.3
8	10 41 21	139	+ 2 58.8	—12.8	59.5	19 35.9	2.15	13 3	3.2	1 29	1.2
9	11 36 49	139	— 2 9.6	—12.8	59.4	20 27.3	2.15	14 20	3.2	1 56	1.1
10	12 32 35	140	— 7 10.1	—12.1	59.3	21 19.0	2.17	15 37	3.2	2 22	1.1
11	13 29 14	143	—11 43.6	—10.6	59.0	22 11.5	2.21	16 54	3.2	2 50	1.2
12	14 26 57	146	—15 32.0	— 8.4	58.5	23 5.2	2.26	18 9	3.1	3 20	1.3
13	15 25 35	147	—18 20.3	— 5.6	57.9	23 59.7	2.28	19 21	2.9	3 54	1.6
14	— — —	—	— —	—	—	— —	—	20 27	2.6	4 34	1.8
15	16 24 26	147	—19 58.5	— 2.6	57.3	0 54.5	2.27	21 25	2.2	5 19	2.1
16	17 22 32	144	—20 23.4	+ 0.5	56.6	1 48.5	2.22	22 14	1.9	6 12	2.3
17	18 18 57	138	—19 38.6	+ 3.2	55.9	2 40.8	2.13	22 55	1.6	7 10	2.5
18	19 13 2	132	—17 52.8	+ 5.5	55.3	3 30.8	2.03	23 29	1.3	8 11	2.6
19	20 4 35	126	—15 16.8	+ 7.4	54.8	4 18.3	1.93	23 57	1.1	9 14	2.6
20	20 53 47	120	—12 1.9	+ 8.8	54.4	5 3.4	1.84	— —	—	10 17	2.6
21	21 41 10	117	— 8 18.5	+ 9.8	54.3	5 46.7	1.78	0 22	1.0	11 20	2.6
22	22 27 26	115	— 4 15.6	+10.4	54.3	6 28.9	1.75	0 45	0.9	12 23	2.6
23	23 13 24	115	— 0 1.4	+10.7	54.5	7 10.9	1.75	1 6	0.9	13 26	2.7
24	23 59 55	118	+ 4 15.9	+10.7	54.8	7 53.3	1.79	1 28	0.9	14 30	2.7
25	0 47 50	122	+ 8 27.1	+10.2	55.3	8 37.2	1.87	1 50	1.0	15 36	2.8
26	1 37 57	129	+12 21.4	+ 9.2	56.0	9 23.2	1.98	2 15	1.1	16 43	2.8
27	2 30 55	136	+15 45.3	+ 7.7	56.7	10 12.1	2.10	2 44	1.3	17 51	2.8
28	3 27 3	144	+18 23.7	+ 5.4	57.4	11 4.1	2.23	3 19	1.6	18 57	2.7
29	4 26 7	151	+20 0.7	+ 2.6	58.0	11 59.1	2.34	4 2	2.0	20 1	2.5
30	5 27 20	155	+20 23.2	— 0.7	58.6	12 56.3	2.40	4 53	2.4	20 58	2.2
31	6 29 21	155	+19 24.4	— 4.1	59.0	13 54.2	2.41	5 55	2.7	21 47	1.9
Juni 1	7 30 48	152	+17 6.7	— 7.3	59.3	14 51.5	2.36	7 4	3.0	22 29	1.6
2	8 30 41	147	+13 40.8	— 9.8	59.5	15 47.3	2.28	8 18	3.2	23 3	1.4
3	9 28 36	142	+ 9 23.1	—11.6	59.5	16 41.1	2.21	9 35	3.2	23 34	1.2
4	10 24 47	139	+ 4 32.5	—12.5	59.4	17 33.2	2.14	10 52	3.2	— —	—
5	11 19 51	137	— 0 32.1	—12.7	59.2	18 24.2	2.11	12 9	3.2	0 1	1.1
6	12 14 33	137	— 5 32.4	—12.2	58.9	19 14.8	2.11	13 25	3.2	0 27	1.1
7	13 9 38	139	—10 11.3	—10.9	58.5	20 5.8	2.14	14 40	3.1	0 54	1.2
8	14 5 37	141	—14 12.6	— 9.1	58.1	20 57.7	2.19	15 54	3.1	1 22	1.2
9	15 2 40	144	—17 21.7	— 6.6	57.7	21 50.7	2.23	17 6	2.9	1 53	1.4
10	16 0 29	145	—19 27.3	— 3.8	57.1	22 44.4	2.25	18 13	2.7	2 30	1.7
11	16 58 20	144	—20 22.9	— 0.8	56.6	23 38.2	2.23	19 14	2.4	3 12	1.9
12	— — —	—	— —	—	—	— —	—	20 7	2.0	4 1	2.2
13	17 55 18	140	—20 7.9	+ 2.0	56.0	0 31.1	2.17	20 51	1.7	4 57	2.4

Tag	0h Weltzeit: Scheinbare Rektaszension		Scheinbare Deklination		Parallaxe		Halbmesser		Länge	Breite	Alter
1957	h m s	m s	° ′	° ′	′ ″	″	′ ″	″	°	°	d
Juni 13	17 54 7	53 23	−20 8.9	1 15.3	56 2.2	31.3	15 17.6	8.5	268.618	+3.288	14.5
14	18 47 30	51 19	−18 53.6	2 8.1	55 30.9	28.4	15 9.1	7.8	281.255	+4.087	15.5
15	19 38 49	49 8	−16 45.5	2 50.8	55 2.5	23.6	15 1.3	6.4	293.673	+4.676	16.5
16	20 27 57	47 9	−13 54.7	3 23.3	54 38.9	17.0	14 54.9	4.6	305.891	+5.041	17.5
17	21 15 6	45 37	−10 31.4	3 46.4	54 21.9	8.8	14 50.3	2.4	317.944	+5.176	18.5
18	22 0 43	44 42	− 6 45.0	4 0.8	54 13.1	0.5	14 47.9	0.1	329.880	+5.085	19.5
19	22 45 25	44 31	− 2 44.2	4 7.6	54 13.6	10.5	14 48.0	2.9	341.757	+4.775	20.5
20	23 29 56	45 5	+ 1 23.4	4 6.6	54 24.1	20.7	14 50.9	5.6	353.648	+4.260	21.5
21	0 15 1	46 26	+ 5 30.0	3 57.5	54 44.8	30.4	14 56.5	8.3	5.630	+3.556	22.5
22	1 1 27	48 31	+ 9 27.5	3 38.6	55 15.2	39.0	15 4.8	10.6	17.784	+2.683	23.5
23	1 49 58	51 15	+13 6.1	3 8.3	55 54.2	45.5	15 15.4	12.4	30.192	+1.667	24.5
24	2 41 13	54 17	+16 14.4	2 24.5	56 39.7	49.0	15 27.8	13.4	42.925	+0.545	25.5
25	3 35 30	57 14	+18 38.9	1 26.5	57 28.7	48.9	15 41.2	13.3	56.037	−0.637	26.5
26	4 32 44	59 30	+20 5.4	0 16.4	58 17.6	44.6	15 54.5	12.1	69.560	−1.817	27.5
27	5 32 14	60 40	+20 21.8	1 0.9	59 2.2	36.3	16 6.6	9.9	83.487	−2.922	28.5
28	6 32 54	60 29	+19 20.9	2 17.3	59 38.5	24.7	16 16.5	6.8	97.775	−3.872	0.1
29	7 33 23	59 14	+17 3.6	3 24.2	60 3.2	11.4	16 23.3	3.1	112.337	−4.590	1.1
30	8 32 37	57 26	+13 39.4	4 15.2	60 14.6	2.0	16 26.4	0.6	127.057	−5.013	2.1
Juli 1	9 30 3	55 37	+ 9 24.2	4 47.0	60 12.6	13.8	16 25.8	3.7	141.806	−5.105	3.1
2	10 25 40	54 13	+ 4 37.2	4 59.3	59 58.8	23.0	16 22.1	6.3	156.462	−4.862	4.1
3	11 19 53	53 25	− 0 22.1	4 53.4	59 35.8	29.3	16 15.8	8.0	170.929	−4.312	5.1
4	12 13 18	53 16	− 5 15.5	4 31.5	59 6.5	32.7	16 7.8	8.9	185.143	−3.503	6.1
5	13 6 34	53 36	− 9 47.0	3 55.6	58 33.8	34.0	15 58.9	9.3	199.077	−2.500	7.1
6	14 0 10	54 13	−13 42.6	3 8.3	57 59.8	33.9	15 49.6	9.2	212.731	−1.372	8.1
7	14 54 23	54 46	−16 50.9	2 11.7	57 25.9	32.8	15 40.4	8.9	226.122	−0.191	9.1
8	15 49 9	54 56	−19 2.6	1 9.6	56 53.1	31.4	15 31.5	8.6	239.275	+0.978	10.1
9	16 44 5	54 27	−20 12.2	0 5.8	56 21.7	29.6	15 22.9	8.1	252.215	+2.075	11.1
10	17 38 32	53 20	−20 18.0	0 55.4	55 52.1	27.5	15 14.8	7.4	264.962	+3.049	12.1
11	18 31 52	51 40	−19 22.6	1 50.2	55 24.6	24.8	15 7.4	6.8	277.531	+3.857	13.1
12	19 23 32	49 42	−17 32.4	2 36.5	54 59.8	21.5	15 0.6	5.8	289.933	+4.470	14.1
13	20 13 14	47 48	−14 55.9	3 12.6	54 38.3	17.0	14 54.8	4.7	302.178	+4.867	15.1
14	21 1 2	46 9	−11 43.3	3 39.1	54 21.3	11.5	14 50.1	3.1	314.279	+5.039	16.1
15	21 47 11	44 59	− 8 4.2	3 56.1	54 9.8	4.8	14 47.0	1.3	326.260	+4.986	17.1
16	22 32 10	44 25	− 4 8.1	4 4.7	54 5.0	3.1	14 45.7	0.8	338.152	+4.716	18.1
17	23 16 35	44 33	− 0 3.4	4 5.4	54 8.1	12.0	14 46.5	3.3	350.001	+4.244	19.1
18	0 1 8	45 23	+ 4 2.0	3 58.2	54 20.1	21.6	14 49.8	5.9	1.865	+3.588	20.1
19	0 46 31	46 57	+ 8 0.2	3 42.4	54 41.7	31.2	14 55.7	8.5	13.815	+2.770	21.1
20	1 33 28	49 13	+11 42.6	3 16.9	55 12.9	40.5	15 4.2	11.0	25.931	+1.816	22.1
21	2 22 41	51 59	+14 59.5	2 40.0	55 53.4	48.4	15 15.2	13.2	38.298	+0.758	23.1
22	3 14 40	55 0	+17 39.5	1 50.2	56 41.8	53.8	15 28.4	14.6	51.000	−0.365	24.1
23	4 9 40	57 48	+19 29.7	0 47.7	57 35.6	55.7	15 43.0	15.2	64.111	−1.502	25.1
24	5 7 28		+20 17.4		58 31.3		15 58.2		77.684	−2.593	26.1

Tag	Obere Kulmination in Greenwich: AR.	Änderung für 1h westl. Länge	Dekl.	Änderung für 1h westl. Länge	Parallaxe	Zeit des Durchgangs	Änderung für 1h westl. Länge	0h Länge, + 50° Breite: Aufgang	Änderung für 1h westl. Länge	Untergang	Änderung für 1h westl. Länge
1957	h m s	s	° ′	′	′	h m	m	h m	m	h m	m
Juni 13	17 55 18	140	−20 7.9	+ 2.0	56.0	0 31.1	2.17	20 51	1.7	4 57	2.4
14	18 50 29	135	−18 47.6	+ 4.6	55.5	1 22.2	2.08	21 28	1.4	5 57	2.6
15	19 43 22	129	−16 31.6	+ 6.7	55.0	2 11.0	1.98	21 59	1.2	7 0	2.6
16	20 33 51	123	−13 31.2	+ 8.3	54.6	2 57.4	1.89	22 25	1.1	8 3	2.6
17	21 22 12	119	− 9 57.8	+ 9.4	54.3	3 41.7	1.81	22 49	1.0	9 6	2.6
18	22 8 58	116	− 6 1.7	+10.2	54.2	4 24.4	1.76	23 11	0.9	10 9	2.6
19	22 54 53	114	− 1 51.8	+10.6	54.2	5 6.2	1.74	23 32	0.9	11 12	2.6
20	23 40 45	115	+ 2 23.4	+10.6	54.5	5 48.0	1.75	23 53	0.9	12 15	2.7
21	0 27 27	119	+ 6 35.7	+10.3	54.9	6 30.7	1.81	— —	—	13 19	2.7
22	1 15 51	124	+10 36.0	+ 9.6	55.4	7 15.0	1.90	0 17	1.1	14 25	2.8
23	2 6 48	131	+14 13.1	+ 8.4	56.1	8 1.9	2.02	0 44	1.2	15 31	2.8
24	3 0 54	140	+17 13.6	+ 6.5	57.0	8 51.9	2.15	1 15	1.4	16 39	2.8
25	3 58 26	148	+19 21.8	+ 4.0	57.8	9 45.4	2.30	1 53	1.8	17 44	2.6
26	4 59 2	155	+20 22.0	+ 0.9	58.6	10 41.9	2.40	2 41	2.2	18 45	2.4
27	6 1 41	158	+20 2.0	− 2.6	59.4	11 40.4	2.46	3 38	2.6	19 39	2.1
28	7 4 54	157	+18 17.6	− 6.1	59.9	12 39.5	2.45	4 45	3.0	20 25	1.8
29	8 7 13	154	+15 15.0	− 9.1	60.2	13 37.7	2.39	6 0	3.2	21 3	1.5
30	9 7 42	149	+11 9.4	−11.3	60.2	14 34.1	2.30	7 18	3.3	21 36	1.3
Juli 1	10 6 6	144	+ 6 21.5	−12.6	60.1	15 28.4	2.23	8 38	3.3	22 6	1.2
2	11 2 43	140	+ 1 13.5	−13.0	59.7	16 21.0	2.16	9 56	3.3	22 33	1.1
3	11 58 14	138	− 3 54.0	−12.5	59.3	17 12.4	2.13	11 14	3.2	22 59	1.1
4	12 53 22	138	− 8 42.6	−11.4	58.7	18 3.4	2.13	12 30	3.1	23 27	1.2
5	13 48 46	139	−12 56.3	− 9.6	58.1	18 54.8	2.15	13 44	3.1	23 57	1.3
6	14 44 48	141	−16 21.6	− 7.4	57.5	19 46.7	2.18	14 56	2.9	— —	—
7	15 41 30	142	−18 47.9	− 4.8	57.0	20 39.3	2.20	16 4	2.7	0 31	1.6
8	16 38 27	142	−20 8.0	− 1.9	56.4	21 32.2	2.20	17 6	2.4	1 11	1.8
9	17 34 58	140	−20 19.6	+ 0.9	55.9	22 24.6	2.16	18 1	2.1	1 56	2.1
10	18 30 16	136	−19 25.2	+ 3.6	55.4	23 15.8	2.10	18 48	1.8	2 49	2.3
11	— — —	—	— —	—	—	— —	—	19 28	1.5	3 46	2.5
12	19 23 43	131	−17 31.9	+ 5.8	55.0	0 5.2	2.01	20 1	1.3	4 48	2.6
13	20 15 1	126	−14 49.5	+ 7.6	54.6	0 52.4	1.92	20 29	1.1	5 51	2.6
14	21 4 12	121	−11 29.2	+ 9.0	54.3	1 37.5	1.84	20 53	1.0	6 54	2.6
15	21 51 37	117	− 7 41.8	+ 9.9	54.1	2 20.9	1.78	21 16	0.9	7 57	2.6
16	22 37 50	115	− 3 37.3	+10.4	54.1	3 3.1	1.74	21 37	0.9	9 0	2.6
17	23 23 30	114	+ 0 35.0	+10.6	54.2	3 44.7	1.73	21 59	0.9	10 3	2.6
18	0 9 27	116	+ 4 46.9	+10.4	54.4	4 26.6	1.77	22 21	1.0	11 6	2.7
19	0 56 27	120	+ 8 49.6	+ 9.8	54.8	5 9.5	1.82	22 46	1.1	12 10	2.7
20	1 45 21	125	+12 33.8	+ 8.8	55.4	5 54.3	1.92	23 14	1.3	13 14	2.7
21	2 36 54	133	+15 48.4	+ 7.3	56.1	6 41.8	2.04	23 48	1.6	14 20	2.8
22	3 31 38	141	+18 20.1	+ 5.2	57.0	7 32.5	2.18	— —	—	15 25	2.7
23	4 29 42	149	+19 54.3	+ 2.5	57.9	8 26.5	2.31	0 30	1.9	16 27	2.5
24	5 30 43	155	+20 16.6	− 0.7	58.9	9 23.4	2.42	1 21	2.4	17 24	2.3

Tag	0h Weltzeit										
	Scheinbare Rektaszension		Scheinbare Deklination		Parallaxe		Halbmesser		Länge	Breite	Alter
1957	h m s	m s	° ′	° ′	′ ″	″	′ ″	″	°	°	d
Juli 24	5 7 28	59 54	+20 17.4	0 25.4	58 31.3	53.0	15 58.2	14.5	77.684	−2.593	26.1
25	6 7 22	60 51	+19 52.0	1 43.1	59 24.3	45.2	16 12.7	12.3	91.734	−3.565	27.1
26	7 8 13	60 37	+18 8.9	2 57.2	60 9.5	32.5	16 25.0	8.8	106.228	−4.338	28.1
27	8 8 50	59 30	+15 11.7	3 59.3	60 42.0	16.1	16 33.8	4.4	121.079	−4.840	29.1
28	9 8 20	57 57	+11 12.4	4 42.7	60 58.1	1.6	16 38.2	0.4	136.148	−5.016	0.8
29	10 6 17	56 27	+ 6 29.7	5 4.6	60 56.5	18.4	16 37.8	5.0	151.268	−4.843	1.8
30	11 2 44	55 21	+ 1 25.1	5 4.7	60 38.1	31.8	16 32.8	8.7	166.271	−4.338	2.8
31	11 58 5	54 43	− 3 39.6	4 45.7	60 6.3	41.1	16 24.1	11.2	181.017	−3.549	3.8
Aug. 1	12 52 48	54 34	− 8 25.3	4 10.6	59 25.2	45.8	16 12.9	12.5	195.414	−2.550	4.8
2	13 47 22	54 42	−12 35.9	3 23.0	58 39.4	46.6	16 0.4	12.7	209.421	−1.420	5.8
3	14 42 4	54 49	−15 58.9	2 26.8	57 52.8	44.7	15 47.7	12.1	223.042	−0.238	6.8
4	15 36 53	54 44	−18 25.7	1 25.4	57 8.1	40.8	15 35.6	11.1	236.308	+0.927	7.8
5	16 31 37	54 11	−19 51.1	0 22.4	56 27.3	36.0	15 24.5	9.9	249.266	+2.015	8.8
6	17 25 48	53 7	−20 13.5	0 38.3	55 51.3	30.9	15 14.6	8.4	261.969	+2.980	9.8
7	18 18 55	51 36	−19 35.2	1 33.7	55 20.4	25.9	15 6.2	7.0	274.464	+3.783	10.8
8	19 10 31	49 51	−18 1.5	2 21.5	54 54.5	21.0	14 59.2	5.8	286.790	+4.396	11.8
9	20 0 22	48 5	−15 40.0	3 0.3	54 33.5	16.2	14 53.4	4.4	298.978	+4.800	12.8
10	20 48 27	46 30	−12 39.7	3 29.7	54 17.3	11.3	14 49.0	3.1	311.053	+4.982	13.8
11	21 34 57	45 18	− 9 10.0	3 49.9	54 6.0	6.2	14 45.9	1.7	323.033	+4.943	14.8
12	22 20 15	44 35	− 5 20.1	4 1.1	53 59.8	0.5	14 44.2	0.1	334.939	+4.687	15.8
13	23 4 50	44 27	− 1 19.0	4 3.9	53 59.3	6.0	14 44.1	1.7	346.796	+4.229	16.8
14	23 49 17	44 56	+ 2 44.9	3 58.4	54 5.3	13.2	14 45.8	3.6	358.636	+3.587	17.8
15	0 34 13	46 3	+ 6 43.3	3 44.4	54 18.5	21.3	14 49.4	5.7	10.504	+2.786	18.8
16	1 20 16	47 45	+10 27.7	3 21.7	54 39.8	29.8	14 55.1	8.2	22.456	+1.855	19.8
17	2 8 1	50 0	+13 49.4	2 48.9	55 9.6	38.4	15 3.3	10.4	34.561	+0.828	20.8
18	2 58 1	52 36	+16 38.3	2 5.4	55 48.0	46.5	15 13.7	12.7	46.896	−0.258	21.8
19	3 50 37	55 13	+18 43.7	1 10.5	56 34.5	53.1	15 26.4	14.5	59.544	−1.360	22.8
20	4 45 50	57 31	+19 54.2	0 5.5	57 27.6	56.8	15 40.9	15.5	72.585	−2.425	23.8
21	5 43 21	59 9	+19 59.7	1 7.0	58 24.4	56.7	15 56.4	15.4	86.083	−3.392	24.8
22	6 42 30	59 52	+18 52.7	2 20.8	59 21.1	51.5	16 11.8	14.0	100.075	−4.193	25.8
23	7 42 22	59 42	+16 31.9	3 29.0	60 12.6	40.4	16 25.8	11.0	114.552	−4.757	26.8
24	8 42 4	58 59	+13 2.9	4 23.6	60 53.0	24.5	16 36.8	6.7	129.446	−5.019	27.8
25	9 41 3	58 3	+ 8 39.3	4 58.9	61 17.5	5.2	16 43.5	1.4	144.631	−4.936	28.8
26	10 39 6	57 13	+ 3 40.4	5 11.6	61 22.7	14.8	16 44.9	4.0	159.935	−4.502	0.5
27	11 36 19	56 41	− 1 31.2	5 1.6	61 7.9	32.3	16 40.9	8.8	175.167	−3.749	1.5
28	12 33 0	56 26	− 6 32.8	4 31.3	60 35.6	45.4	16 32.1	12.4	190.156	−2.745	2.5
29	13 29 26	56 22	−11 4.1	3 44.9	59 50.2	52.9	16 19.7	14.4	204.775	−1.581	3.5
30	14 25 48	56 14	−14 49.0	2 47.5	58 57.3	55.3	16 5.3	15.1	218.956	−0.350	4.5
31	15 22 2	55 49	−17 36.5	1 44.0	58 2.0	53.4	15 50.2	14.5	232.683	+0.866	5.5
Sept. 1	16 17 51	54 57	−19 20.5	0 39.3	57 8.6	48.4	15 35.7	13.2	245.982	+1.997	6.5
2	17 12 48	53 38	−19 59.8	0 22.8	56 20.2	41.8	15 22.5	11.4	258.905	+2.993	7.5
3	18 6 26		−19 37.0		55 38.4		15 11.1		271.517	+3.817	8.5

Tag	Obere Kulmination in Greenwich							0h Länge, + 50° Breite			
	AR.	Änderung für 1h westl. Länge	Dekl.	Änderung für 1h westl. Länge	Parallaxe	Zeit des Durchgangs	Änderung für 1h westl. Länge	Aufgang	Änderung für 1h westl. Länge	Untergang	Änderung für 1h westl. Länge
1957	h m s	s	° ′	′	′	h m	m	h m	m	h m	m
Juli 24	5 30 43	155	+20 16.6	− 0.7	58.9	9 23.4	2.42	1 21	2.4	17 24	2.3
25	6 33 36	158	+19 17.0	− 4.2	59.8	10 22.1	2.47	2 23	2.8	18 15	2.0
26	7 37 0	158	+16 53.7	− 7.6	60.4	11 21.4	2.46	3 34	3.1	18 58	1.7
27	8 39 35	155	+13 15.4	−10.4	60.9	12 19.9	2.41	4 52	3.3	19 34	1.4
28	9 40 36	150	+ 8 40.0	−12.4	61.0	13 16.8	2.33	6 13	3.4	20 6	1.3
29	10 39 50	146	+ 3 30.7	−13.2	60.8	14 12.0	2.27	7 35	3.4	20 35	1.2
30	11 37 38	143	− 1 47.8	−13.1	60.3	15 5.7	2.22	8 56	3.3	21 3	1.2
31	12 34 33	142	− 6 52.9	−12.2	59.7	15 58.5	2.19	10 15	3.3	21 31	1.2
Aug. 1	13 31 7	141	−11 25.7	−10.5	58.9	16 51.0	2.18	11 32	3.2	22 1	1.3
2	14 27 45	142	−15 11.0	− 8.2	58.1	17 43.5	2.20	12 46	3.0	22 34	1.5
3	15 24 34	142	−17 58.0	− 5.6	57.3	18 36.3	2.20	13 56	2.8	23 12	1.7
4	16 21 21	142	−19 39.8	− 2.8	56.6	19 29.0	2.19	15 0	2.5	23 56	1.9
5	17 17 37	140	−20 14.1	0.0	55.9	20 21.2	2.15	15 57	2.2	— —	—
6	18 12 48	136	−19 42.6	+ 2.6	55.4	21 12.2	2.10	16 46	1.9	0 45	2.2
7	19 6 21	132	−18 11.1	+ 5.0	54.9	22 1.7	2.03	17 28	1.6	1 41	2.4
8	19 57 58	127	−15 47.9	+ 6.9	54.6	22 49.3	1.94	18 3	1.3	2 40	2.5
9	20 47 37	122	−12 43.1	+ 8.4	54.3	23 34.9	1.86	18 32	1.2	3 42	2.6
10	— — —	—	— —	—	—	— —	—	18 58	1.0	4 45	2.6
11	21 35 33	118	− 9 7.1	+ 9.5	54.1	0 18.7	1.80	19 21	0.9	5 48	2.6
12	22 22 9	115	− 5 10.0	+10.2	54.0	1 1.3	1.75	19 43	0.9	6 51	2.6
13	23 8 1	114	− 1 1.5	+10.5	54.0	1 43.1	1.74	20 5	0.9	7 53	2.6
14	23 53 46	115	+ 3 9.2	+10.4	54.1	2 24.8	1.75	20 27	0.9	8 56	2.6
15	0 40 7	117	+ 7 13.4	+ 9.9	54.3	3 7.1	1.79	20 50	1.1	9 58	2.6
16	1 27 47	121	+11 1.8	+ 9.1	54.7	3 50.7	1.85	21 17	1.2	11 2	2.7
17	2 17 26	127	+14 24.6	+ 7.8	55.3	4 36.2	1.95	21 48	1.4	12 6	2.7
18	3 9 38	134	+17 10.7	+ 6.0	56.0	5 24.4	2.06	22 25	1.7	13 10	2.6
19	4 4 45	142	+19 7.8	+ 3.7	56.8	6 15.4	2.19	23 11	2.1	14 12	2.5
20	5 2 46	148	+20 3.1	+ 0.8	57.7	7 9.3	2.30	— —	—	15 10	2.3
21	6 3 10	153	+19 45.4	− 2.4	58.7	8 5.6	2.38	0 6	2.5	16 2	2.1
22	7 5 4	156	+18 8.1	− 5.7	59.7	9 3.4	2.42	1 11	2.9	16 48	1.8
23	8 7 22	155	+15 12.3	− 8.9	60.5	10 1.6	2.42	2 24	3.2	17 27	1.6
24	9 9 11	153	+11 8.0	−11.4	61.1	10 59.4	2.39	3 43	3.4	18 2	1.4
25	10 10 2	151	+ 6 13.7	−13.0	61.4	11 56.1	2.34	5 5	3.4	18 33	1.3
26	11 9 51	148	+ 0 53.5	−13.5	61.3	12 51.8	2.30	6 28	3.4	19 2	1.2
27	12 8 54	147	− 4 27.0	−13.0	60.9	13 46.8	2.28	7 50	3.4	19 31	1.3
28	13 7 33	146	− 9 23.5	−11.6	60.2	14 41.3	2.27	9 11	3.3	20 2	1.3
29	14 6 5	146	−13 36.3	− 9.4	59.3	15 35.8	2.27	10 29	3.2	20 35	1.5
30	15 4 30	146	−16 50.8	− 6.7	58.3	16 30.1	2.26	11 42	2.9	21 12	1.7
31	16 2 34	144	−18 58.4	− 3.9	57.4	17 24.1	2.23	12 50	2.7	21 55	1.9
Sept. 1	16 59 49	142	−19 56.2	− 1.0	56.5	18 17.3	2.19	13 51	2.4	22 43	2.1
2	17 55 43	138	−19 46.4	+ 1.7	55.8	19 9.1	2.12	14 43	2.0	23 37	2.3
3	18 49 48	133	−18 34.7	+ 4.2	55.2	19 59.1	2.04	15 27	1.7	— —	—

Mond 1957

Tag	0h Weltzeit: Scheinbare Rektaszension	Diff.	Scheinbare Deklination	Diff.	Parallaxe	Diff.	Halbmesser	Diff.	Länge	Breite	Alter
1957	h m s	m s	° ′	° ′	′ ″	″	′ ″	″	°	°	d
Sept. 3	18 6 26	51 56	−19 37.0	1 19.1	55 38.4	34.2	15 11.1	9.3	271.517	+3.817	8.5
4	18 58 22	50 5	−18 17.9	2 8.1	55 4.2	26.6	15 1.8	7.2	283.881	+4.445	9.5
5	19 48 27	48 16	−16 9.8	2 48.3	54 37.6	19.4	14 54.6	5.3	296.059	+4.860	10.5
6	20 36 43	46 43	−13 21.5	3 19.8	54 18.2	12.7	14 49.3	3.5	308.103	+5.053	11.5
7	21 23 26	45 30	−10 1.7	3 42.5	54 5.5	6.7	14 45.8	1.8	320.055	+5.023	12.5
8	22 8 56	44 47	− 6 19.2	3 56.5	53 58.8	1.1	14 44.0	0.3	331.949	+4.774	13.5
9	22 53 43	44 34	− 2 22.7	4 2.0	53 57.7	4.2	14 43.7	1.1	343.814	+4.319	14.5
10	23 38 17	44 56	+ 1 39.3	3 58.8	54 1.9	9.5	14 44.8	2.6	355.675	+3.676	15.5
11	0 23 13	45 49	+ 5 38.1	3 47.0	54 11.4	15.1	14 47.4	4.1	7.559	+2.870	16.5
12	1 9 2	47 13	+ 9 25.1	3 26.0	54 26.5	21.0	14 51.5	5.7	19.500	+1.931	17.5
13	1 56 15	49 3	+12 51.1	2 55.4	54 47.5	27.4	14 57.2	7.5	31.538	+0.897	18.5
14	2 45 18	51 9	+15 46.5	2 15.0	55 14.9	34.1	15 4.7	9.3	43.722	−0.193	19.5
15	3 36 27	53 19	+18 1.5	1 24.8	55 49.0	40.8	15 14.0	11.1	56.111	−1.295	20.5
16	4 29 46	55 17	+19 26.3	0 25.5	56 29.8	46.8	15 25.1	12.8	68.773	−2.358	21.5
17	5 25 3	56 49	+19 51.8	0 40.2	57 16.6	51.2	15 37.9	13.9	81.774	−3.330	22.5
18	6 21 52	57 42	+19 11.6	1 48.9	58 7.8	52.7	15 51.8	14.4	95.174	−4.151	23.5
19	7 19 34	58 0	+17 22.7	2 55.4	59 0.5	50.4	16 6.2	13.7	109.016	−4.761	24.5
20	8 17 34	57 52	+14 27.3	3 53.7	59 50.9	43.0	16 19.9	11.7	123.308	−5.099	25.5
21	9 15 26	57 33	+10 33.6	4 38.3	60 33.9	30.3	16 31.6	8.3	138.011	−5.117	26.5
22	10 12 59	57 19	+ 5 55.3	5 4.0	61 4.2	13.3	16 39.9	3.6	153.035	−4.789	27.5
23	11 10 18	57 20	+ 0 51.3	5 7.8	61 17.5	6.1	16 43.5	1.7	168.239	−4.122	28.5
24	12 7 38	57 34	− 4 16.5	4 49.0	61 11.4	25.2	16 41.8	6.8	183.453	−3.162	0.2
25	13 5 12	57 54	− 9 5.5	4 10.0	60 46.2	41.0	16 35.0	11.2	198.503	−1.989	1.2
26	14 3 6	58 3	−13 15.5	3 14.9	60 5.2	51.9	16 23.8	14.1	213.243	−0.704	2.2
27	15 1 9	57 45	−16 30.4	2 10.0	59 13.3	57.2	16 9.7	15.6	227.576	+0.595	3.2
28	15 58 54	56 50	−18 40.4	1 1.6	58 16.1	57.2	15 54.1	15.6	241.453	+1.819	4.2
29	16 55 44	55 17	−19 42.0	0 4.5	57 18.9	53.0	15 38.5	14.5	254.876	+2.903	5.2
30	17 51 1	53 16	−19 37.5	1 4.4	56 25.9	46.2	15 24.0	12.5	267.879	+3.802	6.2
Okt. 1	18 44 17	51 3	−18 33.1	1 55.8	55 39.7	37.6	15 11.5	10.3	280.520	+4.488	7.2
2	19 35 20	48 56	−16 37.3	2 37.9	55 2.1	28.3	15 1.2	7.7	292.870	+4.949	8.2
3	20 24 16	47 6	−13 59.4	3 11.0	54 33.8	19.2	14 53.5	5.2	305.000	+5.179	9.2
4	21 11 22	45 43	−10 48.4	3 35.3	54 14.6	10.6	14 48.3	2.9	316.980	+5.179	10.2
5	21 57 5	44 55	− 7 13.1	3 51.5	54 4.0	2.8	14 45.4	0.8	328.870	+4.956	11.2
6	22 42 0	44 38	− 3 21.6	3 59.6	54 1.2	3.8	14 44.6	1.1	340.725	+4.521	12.2
7	23 26 38	44 59	+ 0 38.0	3 59.4	54 5.0	9.6	14 45.7	2.6	352.590	+3.890	13.2
8	0 11 37	45 50	+ 4 37.4	3 50.3	54 14.6	14.5	14 48.3	3.9	4.501	+3.088	14.2
9	0 57 27	47 12	+ 8 27.7	3 31.8	54 29.1	18.6	14 52.2	5.1	16.490	+2.142	15.2
10	1 44 39	48 56	+11 59.5	3 3.4	54 47.7	22.5	14 57.3	6.1	28.584	+1.091	16.2
11	2 33 35	50 52	+15 2.9	2 24.7	55 10.2	26.3	15 3.4	7.2	40.813	−0.024	17.2
12	3 24 27	52 47	+17 27.6	1 36.2	55 36.5	30.0	15 10.6	8.2	53.204	−1.154	18.2
13	4 17 14	54 25	+19 3.8	0 39.3	56 6.5	33.8	15 18.8	9.2	65.792	−2.247	19.2
14	5 11 39		+19 43.1		56 40.3		15 28.0		78.613	−3.249	20.2

Tag	Obere Kulmination in Greenwich							0^h Länge, + 50° Breite			
	AR.	Änderung für 1h westl. Länge	Dekl.	Änderung für 1h westl. Länge	Parallaxe	Zeit des Durchgangs	Änderung für 1h westl. Länge	Aufgang	Änderung für 1h westl. Länge	Untergang	Änderung für 1h westl. Länge
1957	h m s	s	° ′	′	′	h m	m	h m	m	h m	m
Sept. 3	18 49 48	133	−18 34.7	+ 4.2	55.2	19 59.1	2.04	15 27	1.7	— —	—
4	19 41 51	128	−16 29.5	+ 6.2	54.7	20 47.0	1.96	16 4	1.4	0 35	2.5
5	20 31 52	123	−13 40.3	+ 7.8	54.3	21 33.0	1.88	16 35	1.2	1 36	2.6
6	21 20 8	119	−10 16.8	+ 9.1	54.1	22 17.2	1.81	17 2	1.1	2 38	2.6
7	22 7 3	116	− 6 28.8	+ 9.9	54.0	23 0.1	1.76	17 27	1.0	3 40	2.6
8	22 53 9	115	− 2 25.7	+10.3	54.0	23 42.1	1.75	17 49	0.9	4 43	2.6
9	— — —	—	— —	—	—	— —	—	18 11	0.9	5 45	2.6
10	23 39 2	115	+ 1 43.3	+10.4	54.0	0 23.9	1.75	18 33	0.9	6 47	2.6
11	0 25 18	117	+ 5 48.9	+10.0	54.2	1 6.1	1.78	18 56	1.0	7 50	2.7
12	1 12 34	120	+ 9 41.6	+ 9.3	54.5	1 49.3	1.83	19 22	1.2	8 54	2.7
13	2 1 24	125	+13 11.5	+ 8.1	54.8	2 34.1	1.90	19 51	1.3	9 57	2.6
14	2 52 18	130	+16 8.0	+ 6.5	55.3	3 20.9	2.00	20 26	1.6	11 0	2.6
15	3 45 33	136	+18 20.1	+ 4.4	55.9	4 10.1	2.10	21 7	1.9	12 1	2.5
16	4 41 12	142	+19 36.8	+ 1.9	56.7	5 1.7	2.20	21 57	2.3	12 59	2.3
17	5 38 57	147	+19 48.2	− 1.0	57.5	5 55.3	2.27	22 56	2.6	13 52	2.1
18	6 38 15	150	+18 47.6	− 4.1	58.4	6 50.5	2.32	— —	—	14 39	1.8
19	7 38 21	151	+16 32.9	− 7.1	59.3	7 46.5	2.34	0 3	2.9	15 20	1.6
20	8 38 36	150	+13 8.6	− 9.8	60.1	8 42.7	2.34	1 16	3.2	15 56	1.4
21	9 38 35	150	+ 8 46.1	−11.9	60.8	9 38.6	2.32	2 35	3.3	16 29	1.3
22	10 38 14	149	+ 3 43.4	−13.2	61.2	10 34.2	2.31	3 56	3.4	16 59	1.2
23	11 37 45	149	− 1 37.0	−13.4	61.3	11 29.6	2.31	5 18	3.4	17 28	1.2
24	12 37 23	149	− 6 49.7	−12.5	61.0	12 25.1	2.32	6 41	3.4	17 58	1.3
25	13 37 22	150	−11 30.6	−10.7	60.4	13 21.0	2.34	8 2	3.3	18 31	1.5
26	14 37 39	151	−15 18.9	− 8.2	59.6	14 17.2	2.34	9 20	3.2	19 8	1.6
27	15 37 50	150	−18 0.7	− 5.2	58.6	15 13.3	2.33	10 33	2.9	19 49	1.9
28	16 37 16	147	−19 29.3	− 2.2	57.6	16 8.6	2.28	11 38	2.6	20 37	2.1
29	17 35 10	142	−19 45.3	+ 0.8	56.7	17 2.4	2.20	12 35	2.2	21 30	2.3
30	18 30 57	136	−18 54.7	+ 3.4	55.8	17 54.1	2.11	13 23	1.8	22 28	2.5
Okt. 1	19 24 18	130	−17 6.7	+ 5.6	55.2	18 43.4	2.00	14 3	1.6	23 28	2.6
2	20 15 15	125	−14 31.7	+ 7.3	54.6	19 30.3	1.91	14 37	1.3	— —	—
3	21 4 6	120	−11 20.1	+ 8.6	54.3	20 15.0	1.83	15 5	1.1	0 30	2.6
4	21 51 23	117	− 7 41.3	+ 9.6	54.1	20 58.3	1.78	15 31	1.0	1 32	2.6
5	22 37 40	115	− 3 44.5	+10.1	54.0	21 40.5	1.75	15 54	0.9	2 35	2.6
6	23 23 37	115	+ 0 21.7	+10.3	54.1	22 22.4	1.75	16 16	0.9	3 37	2.6
7	0 9 52	117	+ 4 28.2	+10.2	54.2	23 4.6	1.78	16 38	0.9	4 39	2.6
8	0 57 3	120	+ 8 25.8	+ 9.6	54.5	23 47.7	1.83	17 1	1.0	5 42	2.6
9	— — —	—	— —	—	—	— —	—	17 26	1.1	6 45	2.7
10	1 45 44	124	+12 4.0	+ 8.5	54.8	0 32.3	1.90	17 55	1.3	7 49	2.7
11	2 36 19	129	+15 11.9	+ 7.0	55.2	1 18.8	1.98	18 28	1.5	8 53	2.6
12	3 29 3	135	+17 38.2	+ 5.1	55.6	2 7.5	2.07	19 7	1.8	9 55	2.5
13	4 23 54	140	+19 11.9	+ 2.7	56.2	2 58.2	2.15	19 54	2.1	10 54	2.4
14	5 20 30	143	+19 43.6	− 0.1	56.8	3 50.8	2.22	20 49	2.4	11 48	2.1

Tag	0h Weltzeit										
	Scheinbare Rektaszension		Scheinbare Deklination		Parallaxe		Halbmesser		Länge	Breite	Alter
1957	h m s	m s	° ′	° ′	′ ″	″	′ ″	″	°	°	d
Okt. 14	5 11 39	55 34	+19 43.1	0 23.4	56 40.3	37.4	15 28.0	10.2	78.613	−3.249	20.2
15	6 7 13	56 8	+19 19.7	1 28.2	57 17.7	40.2	15 38.2	10.9	91.707	−4.104	21.2
16	7 3 21	56 12	+17 51.5	2 31.1	57 57.9	41.7	15 49.1	11.4	105.110	−4.758	22.2
17	7 59 33	55 57	+15 20.4	3 27.6	58 39.6	40.7	16 0.5	11.1	118.848	−5.159	23.2
18	8 55 30	55 40	+11 52.8	4 13.7	59 20.3	36.5	16 11.6	9.9	132.929	−5.266	24.2
19	9 51 10	55 36	+ 7 39.1	4 45.4	59 56.8	28.1	16 21.5	7.7	147.334	−5.049	25.2
20	10 46 46	55 55	+ 2 53.7	4 59.7	60 24.9	16.0	16 29.2	4.3	162.009	−4.502	26.2
21	11 42 41	56 38	− 2 6.0	4 53.9	60 40.9	0.7	16 33.5	0.2	176.863	−3.648	27.2
22	12 39 19	57 34	− 6 59.9	4 27.2	60 41.6	15.8	16 33.7	4.3	191.778	−2.544	28.2
23	13 36 53	58 29	−11 27.1	3 41.4	60 25.8	31.3	16 29.4	8.5	206.617	−1.272	29.2
24	14 35 22	58 58	−15 8.5	2 40.6	59 54.5	43.5	16 20.9	11.9	221.251	+0.069	0.8
25	15 34 20	58 39	−17 49.1	1 31.3	59 11.0	51.3	16 9.0	13.9	235.572	+1.377	1.8
26	16 32 59	57 26	−19 20.4	0 20.7	58 19.7	54.1	15 55.1	14.8	249.509	+2.568	2.8
27	17 30 25	55 27	−19 41.1	0 44.9	57 25.6	52.4	15 40.3	14.3	263.027	+3.579	3.8
28	18 25 52	52 57	−18 56.2	1 41.6	56 33.2	47.0	15 26.0	12.8	276.132	+4.369	4.8
29	19 18 49	50 25	−17 14.6	2 27.7	55 46.2	39.0	15 13.2	10.6	288.858	+4.919	5.8
30	20 9 14	48 8	−14 46.9	3 3.3	55 7.2	29.5	15 2.6	8.0	301.262	+5.223	6.8
31	20 57 22	46 20	−11 43.6	3 29.4	54 37.7	19.4	14 54.6	5.3	313.414	+5.285	7.8
Nov. 1	21 43 42	45 9	− 8 14.2	3 47.2	54 18.3	9.3	14 49.3	2.5	325.390	+5.116	8.8
2	22 28 51	44 38	− 4 27.0	3 57.2	54 9.0	0.2	14 46.8	0.0	337.265	+4.730	9.8
3	23 13 29	44 47	− 0 29.8	3 59.4	54 9.2	8.5	14 46.8	2.3	349.111	+4.143	10.8
4	23 58 16	45 37	+ 3 29.6	3 53.5	54 17.7	15.6	14 49.1	4.3	0.996	+3.376	11.8
5	0 43 53	47 0	+ 7 23.1	3 38.7	54 33.3	21.0	14 53.4	5.7	12.974	+2.456	12.8
6	1 30 53	48 51	+11 1.8	3 13.6	54 54.3	25.0	14 59.1	6.8	25.092	+1.415	13.8
7	2 19 44	50 58	+14 15.4	2 37.7	55 19.3	27.4	15 5.9	7.5	37.386	+0.294	14.8
8	3 10 42	53 2	+16 53.1	1 50.8	55 46.7	28.7	15 13.4	7.8	49.879	−0.859	15.8
9	4 3 44	54 47	+18 43.9	0 54.4	56 15.4	29.1	15 21.2	7.9	62.589	−1.988	16.8
10	4 58 31	55 53	+19 38.3	0 8.5	56 44.5	28.9	15 29.1	7.9	75.521	−3.035	17.8
11	5 54 24	56 15	+19 29.8	1 13.7	57 13.4	28.5	15 37.0	7.8	88.677	−3.940	18.8
12	6 50 39	55 57	+18 16.1	2 16.4	57 41.9	27.9	15 44.8	7.6	102.056	−4.646	19.8
13	7 46 36	55 14	+15 59.7	3 12.1	58 9.8	26.7	15 52.4	7.3	115.652	−5.106	20.8
14	8 41 50	54 28	+12 47.6	3 57.4	58 36.5	25.0	15 59.7	6.8	129.456	−5.280	21.8
15	9 36 18	53 57	+ 8 50.2	4 29.7	59 1.5	21.8	16 6.5	5.9	143.456	−5.147	22.8
16	10 30 15	53 56	+ 4 20.5	4 47.4	59 23.3	16.6	16 12.4	4.5	157.631	−4.702	23.8
17	11 24 11	54 28	− 0 26.9	4 48.3	59 39.9	9.2	16 16.9	2.5	171.950	−3.962	24.8
18	12 18 39	55 32	− 5 15.2	4 31.6	59 49.1	0.4	16 19.4	0.1	186.365	−2.969	25.8
19	13 14 11	56 52	− 9 46.8	3 56.8	59 48.7	11.5	16 19.3	3.1	200.814	−1.784	26.8
20	14 11 3	58 6	−13 43.6	3 5.5	59 37.2	22.9	16 16.2	6.3	215.222	−0.490	27.8
21	15 9 9	58 45	−16 49.1	2 1.6	59 14.3	33.1	16 9.9	9.0	229.505	+0.822	28.8
22	16 7 54	58 29	−18 50.7	0 51.2	58 41.2	41.0	16 0.9	11.1	243.579	+2.064	0.3
23	17 6 23	57 10	−19 41.9	0 18.4	58 0.2	45.2	15 49.8	12.4	257.374	+3.158	1.3
24	18 3 33		−19 23.5		57 15.0		15 37.4		270.841	+4.048	2.3

Tag	Obere Kulmination in Greenwich							0h Länge, + 50° Breite			
	AR.	Änderung für 1h westl. Länge	Dekl.	Änderung für 1h westl. Länge	Parallaxe	Zeit des Durchgangs	Änderung für 1h westl. Länge	Aufgang	Änderung für 1h westl. Länge	Untergang	Änderung für 1h westl. Länge
1957	h m s	s	° ′	′′	′	h m	m	h m	m	h m	m
Okt. 14	5 20 30	143	+19 43.6	— 0.1	56.8	3 50.8	2.22	20 49	2.4	11 48	2.1
15	6 18 17	145	+19 7.4	— 3.0	57.4	4 44.5	2.25	21 51	2.7	12 36	1.9
16	7 16 35	146	+17 21.5	— 5.8	58.1	5 38.7	2.26	23 0	3.0	13 18	1.6
17	8 14 50	145	+14 29.0	— 8.5	58.8	6 32.8	2.25	— —	—	13 54	1.4
18	9 12 47	144	+10 38.5	—10.7	59.5	7 26.7	2.24	0 14	3.2	14 26	1.3
19	10 10 28	144	+ 6 2.7	—12.2	60.1	8 20.3	2.23	1 31	3.3	14 56	1.2
20	11 8 13	145	+ 0 59.0	—13.0	60.5	9 13.9	2.24	2 50	3.3	15 25	1.2
21	12 6 30	147	— 4 12.1	—12.8	60.7	10 8.1	2.28	4 10	3.4	15 54	1.3
22	13 5 43	149	— 9 7.5	—11.7	60.6	11 3.3	2.32	5 31	3.4	16 25	1.4
23	14 6 1	152	—13 24.6	— 9.6	60.2	11 59.5	2.36	6 51	3.3	17 0	1.6
24	15 7 9	153	—16 43.4	— 6.9	59.5	12 56.5	2.38	8 7	3.1	17 39	1.8
25	16 8 23	152	—18 50.7	— 3.7	58.7	13 53.6	2.37	9 18	2.8	18 25	2.1
26	17 8 41	149	—19 41.3	— 0.5	57.8	14 49.8	2.31	10 21	2.4	19 18	2.4
27	18 7 2	143	—19 18.6	+ 2.4	56.8	15 44.1	2.21	11 15	2.1	20 15	2.5
28	19 2 46	136	—17 51.4	+ 4.8	56.0	16 35.7	2.09	11 59	1.7	21 16	2.6
29	19 55 38	129	—15 31.5	+ 6.8	55.3	17 24.5	1.98	12 36	1.4	22 19	2.6
30	20 45 53	123	—12 30.8	+ 8.2	54.7	18 10.7	1.88	13 7	1.2	23 22	2.6
31	21 34 0	118	— 9 0.3	+ 9.3	54.4	18 54.8	1.80	13 33	1.1	— —	—
Nov. 1	22 20 40	115	— 5 9.4	+ 9.9	54.2	19 37.4	1.76	13 57	1.0	0 24	2.6
2	23 6 39	115	— 1 6.5	+10.3	54.2	20 19.3	1.74	14 20	0.9	1 27	2.6
3	23 52 41	116	+ 3 0.0	+10.2	54.3	21 1.3	1.76	14 42	0.9	2 29	2.6
4	0 39 32	119	+ 7 1.6	+ 9.8	54.5	21 44.1	1.81	15 5	1.0	3 31	2.6
5	1 27 51	123	+10 48.5	+ 9.0	54.9	22 28.3	1.88	15 29	1.1	4 35	2.7
6	2 18 10	129	+14 9.8	+ 7.7	55.3	23 14.6	1.98	15 56	1.2	5 39	2.7
7	— — —	—	— —	—	—	— —	—	16 28	1.5	6 43	2.7
8	3 10 48	135	+16 53.3	+ 5.9	55.8	0 3.1	2.07	17 6	1.7	7 47	2.6
9	4 5 46	140	+18 47.0	+ 3.5	56.3	0 54.0	2.16	17 51	2.1	8 48	2.4
10	5 2 37	144	+19 39.9	+ 0.8	56.8	1 46.8	2.23	18 44	2.4	9 44	2.2
11	6 0 41	146	+19 24.8	— 2.1	57.3	2 40.8	2.26	19 45	2.7	10 34	2.0
12	6 59 3	146	+17 59.6	— 5.0	57.8	3 35.0	2.25	20 52	2.9	11 18	1.7
13	7 56 59	144	+15 27.8	— 7.6	58.2	4 28.9	2.23	22 3	3.0	11 56	1.5
14	8 54 4	142	+11 58.1	— 9.8	58.7	5 21.9	2.19	23 17	3.1	12 29	1.3
15	9 50 21	140	+ 7 42.7	—11.4	59.1	6 14.1	2.16	— —	—	12 58	1.2
16	10 46 10	139	+ 2 56.6	—12.3	59.5	7 5.8	2.15	0 33	3.2	13 26	1.2
17	11 42 10	141	— 2 3.2	—12.5	59.7	7 57.7	2.18	1 50	3.2	13 54	1.2
18	12 38 58	144	— 6 58.1	—11.9	59.8	8 50.4	2.23	3 7	3.2	14 23	1.3
19	13 37 6	147	—11 28.1	—10.4	59.8	9 44.5	2.28	4 25	3.2	14 55	1.4
20	14 36 45	151	—15 13.3	— 8.2	59.5	10 40.0	2.34	5 42	3.2	15 31	1.6
21	15 37 32	153	—17 56.5	— 5.3	59.0	11 36.7	2.37	6 56	2.9	16 13	1.9
22	16 38 37	152	—19 26.4	— 2.1	58.3	12 33.7	2.36	8 3	2.6	17 3	2.2
23	17 38 45	148	—19 39.8	+ 1.0	57.6	13 29.7	2.30	9 2	2.3	17 58	2.4
24	18 36 51	142	—18 41.7	+ 3.8	56.8	14 23.8	2.19	9 52	1.9	18 59	2.6

Mond 1957

Tag	0h Weltzeit										
	Scheinbare Rektaszension		Scheinbare Deklination		Parallaxe		Halbmesser		Länge	Breite	Alter
1957	h m s	m s	° ′	° ′	′ ″	″	′ ″	″	°	°	d
Nov. 24	18 3 33	55 1	−19 23.5	1 21.3	57 15.0	45.9	15 37.4	12.5	270.841	+4.048	2.3
25	18 58 34	52 24	−18 2.2	2 13.6	56 29.1	42.8	15 24.9	11.6	283.955	+4.699	3.3
26	19 50 58	49 47	−15 48.6	2 54.3	55 46.3	36.8	15 13.3	10.1	296.722	+5.096	4.3
27	20 40 45	47 32	−12 54.3	3 23.9	55 9.5	28.5	15 3.2	7.7	309.173	+5.241	5.3
28	21 28 17	45 50	− 9 30.4	3 43.8	54 41.0	18.8	14 55.5	5.2	321.360	+5.144	6.3
29	22 14 7	44 50	− 5 46.6	3 55.2	54 22.2	8.4	14 50.3	2.2	333.352	+4.823	7.3
30	22 58 57	44 34	− 1 51.4	3 59.2	54 13.8	2.2	14 48.1	0.6	345.226	+4.298	8.3
Dez. 1	23 43 31	45 4	+ 2 7.8	3 55.6	54 16.0	12.1	14 48.7	3.3	357.067	+3.592	9.3
2	0 28 35	46 16	+ 6 3.4	3 44.3	54 28.1	21.0	14 52.0	5.7	8.955	+2.728	10.3
3	1 14 51	48 4	+ 9 47.7	3 23.6	54 49.1	28.2	14 57.7	7.7	20.970	+1.737	11.3
4	2 2 55	50 21	+13 11.3	2 52.4	55 17.3	33.2	15 5.4	9.0	33.180	+0.652	12.3
5	2 53 16	52 48	+16 3.7	2 9.8	55 50.5	35.8	15 14.4	9.8	45.639	−0.483	13.3
6	3 46 4	55 4	+18 13.5	1 15.7	56 26.3	36.1	15 24.2	9.8	58.385	−1.618	14.3
7	4 41 8	56 43	+19 29.2	0 12.7	57 2.4	33.7	15 34.0	9.2	71.433	−2.693	15.3
8	5 37 51	57 29	+19 41.9	0 55.2	57 36.1	29.8	15 43.2	8.1	84.776	−3.644	16.3
9	6 35 20	57 19	+18 46.7	2 1.8	58 5.9	24.4	15 51.3	6.6	98.386	−4.407	17.3
10	7 32 39	56 26	+16 44.9	3 1.6	58 30.3	18.6	15 57.9	5.1	112.215	−4.926	18.3
11	8 29 5	55 12	+13 43.3	3 49.6	58 48.9	12.9	16 3.0	3.5	126.205	−5.159	19.3
12	9 24 17	54 5	+ 9 53.7	4 23.6	59 1.8	7.8	16 6.5	2.2	140.298	−5.084	20.3
13	10 18 22	53 23	+ 5 30.1	4 42.0	59 9.6	3.1	16 8.7	0.8	154.441	−4.701	21.3
14	11 11 45	53 16	+ 0 48.1	4 44.7	59 12.7	1.2	16 9.5	0.3	168.592	−4.031	22.3
15	12 5 1	53 48	− 3 56.6	4 31.5	59 11.5	5.7	16 9.2	1.6	182.720	−3.118	23.3
16	12 58 49	54 49	− 8 28.1	4 2.8	59 5.8	10.5	16 7.6	2.8	196.804	−2.019	24.3
17	13 53 38	56 4	−12 30.9	3 19.3	58 55.3	16.0	16 4.8	4.4	210.822	−0.805	25.3
18	14 49 42	57 9	−15 50.2	2 23.0	58 39.3	21.6	16 0.4	5.9	224.753	+0.449	26.3
19	15 46 51	57 39	−18 13.2	1 18.0	58 17.7	27.3	15 54.5	7.4	238.566	+1.663	27.3
20	16 44 30	57 13	−19 31.2	0 9.7	57 50.4	32.1	15 47.1	8.8	252.224	+2.765	28.3
21	17 41 43	55 51	−19 40.9	0 56.0	57 18.3	35.2	15 38.3	9.6	265.687	+3.693	29.3
22	18 37 34	53 44	−18 44.9	1 53.5	56 43.1	36.3	15 28.7	9.8	278.914	+4.403	0.7
23	19 31 18	51 18	−16 51.4	2 40.3	56 6.8	34.8	15 18.9	9.5	291.877	+4.869	1.7
24	20 22 36	48 55	−14 11.1	3 15.2	55 32.0	30.8	15 9.4	8.4	304.563	+5.083	2.7
25	21 11 31	46 53	−10 55.9	3 39.1	55 1.2	24.7	15 1.0	6.7	316.979	+5.049	3.7
26	21 58 24	45 27	− 7 16.8	3 53.1	54 36.5	16.4	14 54.3	4.5	329.155	+4.785	4.7
27	22 43 51	44 40	− 3 23.7	3 58.8	54 20.1	7.0	14 49.8	1.9	341.142	+4.313	5.7
28	23 28 31	44 39	+ 0 35.1	3 56.9	54 13.1	3.4	14 47.9	0.9	353.004	+3.659	6.7
29	0 13 10	45 22	+ 4 32.0	3 47.7	54 16.5	14.0	14 48.8	3.8	4.823	+2.851	7.7
30	0 58 32	46 47	+ 8 19.7	3 30.5	54 30.5	24.2	14 52.6	6.6	16.685	+1.916	8.7
31	1 45 19	48 50	+11 50.2	3 4.4	54 54.7	33.3	14 59.2	9.1	28.681	+0.888	9.7
32	2 34 9		+14 54.6		55 28.0		15 8.3		40.899	−0.198	10.7

Tag	Obere Kulmination in Greenwich: AR.	Änderung für 1h westl. Länge	Dekl.	Änderung für 1h westl. Länge	Parallaxe	Zeit des Durchgangs	Änderung für 1h westl. Länge	0h Länge, + 50° Breite: Aufgang	Änderung für 1h westl. Länge	Untergang	Änderung für 1h westl. Länge
1957	h m s	s	° ′	′	′	h m	m	h m	m	h m	m
Nov. 24	18 36 51	142	−18 41.7	+ 3.8	56.8	14 23.8	2.19	9 52	1.9	18 59	2.6
25	19 32 10	135	−16 42.6	+ 6.0	56.0	15 15.0	2.08	10 33	1.6	20 3	2.7
26	20 24 33	127	−13 55.8	+ 7.8	55.3	16 3.3	1.95	11 7	1.3	21 7	2.7
27	21 14 16	121	−10 33.9	+ 9.0	54.8	16 48.9	1.85	11 35	1.1	22 11	2.6
28	22 1 55	117	− 6 48.3	+ 9.8	54.4	17 32.5	1.79	12 1	1.1	23 13	2.6
29	22 48 15	115	− 2 48.4	+10.2	54.2	18 14.8	1.75	12 23	1.0	— —	—
30	23 34 7	115	+ 1 17.4	+10.3	54.2	18 56.6	1.75	12 46	0.9	0 16	2.6
Dez. 1	0 20 21	117	+ 5 21.3	+10.0	54.4	19 38.8	1.78	13 8	0.9	1 18	2.6
2	1 7 45	121	+ 9 14.8	+ 9.4	54.8	20 22.1	1.85	13 31	1.0	2 21	2.6
3	1 57 3	126	+12 48.3	+ 8.3	55.2	21 7.4	1.93	13 57	1.2	3 24	2.7
4	2 48 48	133	+15 50.3	+ 6.8	55.8	21 55.0	2.04	14 27	1.4	4 28	2.7
5	3 43 17	140	+18 8.0	+ 4.6	56.4	22 45.4	2.15	15 2	1.6	5 33	2.7
6	4 40 17	145	+19 28.5	+ 2.0	57.0	23 38.4	2.25	15 44	1.9	6 36	2.6
7	— — —	—	— —	—	—	— —	—	16 35	2.3	7 36	2.4
8	5 39 10	148	+19 41.4	− 1.0	57.6	0 33.1	2.30	17 34	2.6	8 30	2.1
9	6 38 53	149	+18 41.1	− 4.0	58.1	1 28.8	2.32	18 41	2.9	9 17	1.8
10	7 38 21	148	+16 29.2	− 6.9	58.5	2 24.1	2.29	19 53	3.1	9 57	1.6
11	8 36 46	144	+13 14.2	− 9.3	58.8	3 18.5	2.23	21 7	3.1	10 32	1.4
12	9 33 48	141	+ 9 9.7	−11.0	59.1	4 11.4	2.18	22 23	3.2	11 3	1.2
13	10 29 39	139	+ 4 31.7	−12.0	59.2	5 3.2	2.14	23 38	3.2	11 31	1.2
14	11 24 50	138	− 0 22.3	−12.3	59.2	5 54.3	2.13	— —	—	11 58	1.2
15	12 20 5	139	− 5 15.0	−11.9	59.2	6 45.4	2.15	0 54	3.2	12 26	1.2
16	13 16 6	141	− 9 49.1	−10.8	59.1	7 37.4	2.19	2 10	3.2	12 55	1.3
17	14 13 22	145	−13 47.3	− 8.9	58.8	8 30.6	2.25	3 25	3.1	13 29	1.5
18	15 12 2	148	−16 53.6	− 6.5	58.5	9 25.1	2.30	4 38	2.9	14 7	1.7
19	16 11 41	150	−18 55.2	− 3.6	58.1	10 20.7	2.33	5 46	2.7	14 52	2.0
20	17 11 29	149	−19 44.2	− 0.5	57.6	11 16.4	2.30	6 48	2.4	15 44	2.3
21	18 10 18	145	−19 20.3	+ 2.5	57.0	12 11.1	2.25	7 42	2.1	16 42	2.5
22	19 7 6	139	−17 49.6	+ 5.0	56.4	13 3.8	2.14	8 27	1.7	17 45	2.7
23	20 1 19	132	−15 23.5	+ 7.1	55.8	13 54.0	2.03	9 5	1.4	18 49	2.7
24	20 52 48	126	−12 15.0	+ 8.6	55.2	14 41.4	1.93	9 36	1.2	19 54	2.7
25	21 41 53	120	− 8 37.0	+ 9.5	54.7	15 26.4	1.83	10 3	1.1	20 58	2.7
26	22 29 7	116	− 4 40.9	+10.1	54.4	16 9.6	1.77	10 27	1.0	22 1	2.6
27	23 15 16	115	− 0 36.1	+10.3	54.2	16 51.6	1.74	10 50	0.9	23 4	2.6
28	0 1 9	115	+ 3 29.0	+10.1	54.2	17 33.5	1.75	11 12	0.9	— —	—
29	0 47 35	117	+ 7 26.5	+ 9.6	54.4	18 15.8	1.79	11 34	1.0	0 6	2.6
30	1 35 24	122	+11 8.1	+ 8.8	54.8	18 59.6	1.86	11 59	1.1	1 8	2.6
31	2 25 21	128	+14 24.3	+ 7.5	55.4	19 45.5	1.97	12 26	1.2	2 12	2.7
32	3 17 59	135	+17 3.9	+ 5.7	56.0	20 34.0	2.08	12 58	1.3	3 15	2.8

Mond 1957

Phasen des Mondes

1957		Weltzeit h	m	
Jan.	1	2	13	Neumond
	9	7	6	Erstes Viertel
	16	6	21	Vollmond
	22	21	48	Letztes Viertel
	30	21	24	Neumond
Febr.	7	23	23	Erstes Viertel
	14	16	38	Vollmond
	21	12	18	Letztes Viertel
März	1	16	12	Neumond
	9	11	50	Erstes Viertel
	16	2	22	Vollmond
	23	5	4	Letztes Viertel
	31	9	19	Neumond
April	7	20	32	Erstes Viertel
	14	12	9	Vollmond
	21	23	0	Letztes Viertel
	29	23	54	Neumond
Mai	7	2	29	Erstes Viertel
	13	22	34	Vollmond
	21	17	3	Letztes Viertel
	29	11	39	Neumond
Juni	5	7	10	Erstes Viertel
	12	10	2	Vollmond
	20	10	22	Letztes Viertel
	27	20	53	Neumond

1957		Weltzeit h	m	
Juli	4	12	9	Erstes Viertel
	11	22	50	Vollmond
	20	2	17	Letztes Viertel
	27	4	28	Neumond
Aug.	2	18	55	Erstes Viertel
	10	13	8	Vollmond
	18	16	16	Letztes Viertel
	25	11	32	Neumond
Sept.	1	4	34	Erstes Viertel
	9	4	55	Vollmond
	17	4	2	Letztes Viertel
	23	19	18	Neumond
	30	17	49	Erstes Viertel
Okt.	8	21	42	Vollmond
	16	13	44	Letztes Viertel
	23	4	43	Neumond
	30	10	48	Erstes Viertel
Nov.	7	14	32	Vollmond
	14	21	59	Letztes Viertel
	21	16	19	Neumond
	29	6	57	Erstes Viertel
Dez.	7	6	16	Vollmond
	14	5	45	Letztes Viertel
	21	6	12	Neumond
	29	4	52	Erstes Viertel

Mond in Erdnähe

1957		Weltzeit h
Jan.	16	22
Febr.	14	11
März	14	22
April	12	1
Mai	9	3
Juni	3	4
Juni	30	8
Juli	28	10
Aug.	25	18
Sept.	23	5
Okt.	21	13
Nov.	18	11
Dez.	14	5

Mond in Erdferne

1957		Weltzeit h
Jan.	4	8
Jan.	31	14
Febr.	27	15
März	27	4
April	23	21
Mai	21	16
Juni	18	11
Juli	16	3
Aug.	12	14
Sept.	8	17
Okt.	5	22
Nov.	2	12
Nov.	30	7
Dez.	28	4

Tag	0h Weltzeit: Scheinbare Rektaszension		Scheinbare Deklination		Δ		Halbmesser	Hor. Par.	Aufgang (in 0h Länge, + 50° Breite)	Obere Kulmination	Untergang
1957	h m s	m s	° ′ ″	′ ″			″	″	h m	h m	h m
Jan. 0	19 57 11.96	0 34.45	—20 53 17.9	18 40.9	0.843 625	24 857	3.96	10.43	9 2	13 17.9	17 35
1	19 57 46.41	0 12.16	20 34 37.0	17 29.3	0.818 768	23 958	4.08	10.75	8 56	13 14.1	17 33
2	19 57 34.25	1 0.83	20 17 7.7	16 1.4	0.794 810	22 750	4.20	11.07	8 50	13 9.5	17 29
3	19 56 33.42	1 50.45	20 1 6.3	14 19.4	0.772 060	21 220	4.33	11.40	8 43	13 4.1	17 25
4	19 54 42.97	2 39.61	19 46 46.9	12 26.2	0.750 840	19 364	4.45	11.72	8 36	12 57.9	17 20
5	19 52 3.36	3 26.52	19 34 20.7	10 25.3	0.731 476	17 197	4.57	12.03	8 28	12 50.9	17 14
6	19 48 36.84	4 9.21	—19 23 55.4	8 20.6	0.714 279	14 747	4.68	12.32	8 19	12 43.2	17 7
7	19 44 27.63	4 45.65	19 15 34.8	6 16.5	0.699 532	12 059	4.77	12.58	8 10	12 34.8	16 59
8	19 39 41.98	5 13.99	19 9 18.3	4 16.3	0.687 473	9 194	4.86	12.80	8 1	12 25.9	16 51
9	19 34 27.99	5 32.73	19 5 2.0	2 23.0	0.678 279	6 223	4.92	12.97	7 52	12 16.6	16 42
10	19 28 55.26	5 40.99	19 2 39.0	0 38.1	0.672 056	3 225	4.97	13.09	7 42	12 7.1	16 32
11	19 23 14.27	5 38.61	19 2 0.9	0 57.2	0.668 831	277	4.99	13.16	7 32	11 57.5	16 23
12	19 17 35.66	5 26.13	—19 2 58.1	2 22.9	0.668 554	2 547	4.99	13.16	7 23	11 48.1	16 14
13	19 12 9.53	5 4.75	19 5 21.0	3 39.4	0.671 101	5 190	4.98	13.11	7 14	11 38.9	16 4
14	19 7 4.78	4 36.07	19 9 0.4	4 47.0	0.676 291	7 605	4.94	13.01	7 6	11 30.2	15 55
15	19 2 28.71	4 1.90	19 13 47.4	5 46.3	0.683 896	9 761	4.88	12.87	6 58	11 21.9	15 46
16	18 58 26.81	3 24.06	19 19 33.7	6 37.0	0.693 657	11 648	4.82	12.69	6 51	11 14.3	15 38
17	18 55 2.75	2 44.23	19 26 10.7	7 19.6	0.705 305	13 264	4.74	12.48	6 44	11 7.3	15 31
18	18 52 18.52	2 3.80	—19 33 30.3	7 53.8	0.718 569	14 616	4.65	12.25	6 39	11 0.9	15 24
19	18 50 14.72	1 23.88	19 41 24.1	8 19.5	0.733 185	15 724	4.55	12.00	6 34	10 55.2	15 17
20	18 48 50.84	0 45.31	19 49 43.6	8 36.6	0.748 909	16 607	4.46	11.75	6 29	10 50.2	15 11
21	18 48 5.53	0 8.64	19 58 20.2	8 45.6	0.765 516	17 291	4.36	11.50	6 25	10 45.8	15 6
22	18 47 56.89	0 25.80	20 7 5.8	8 46.4	0.782 807	17 796	4.27	11.24	6 22	10 42.0	15 1
23	18 48 22.69	0 57.81	20 15 52.2	8 39.5	0.800 603	18 148	4.17	10.99	6 20	10 38.8	14 57
24	18 49 20.50	1 27.36	—20 24 31.7	8 25.3	0.818 751	18 368	4.08	10.75	6 18	10 36.0	14 54
25	18 50 47.86	1 54.47	20 32 57.0	8 4.3	0.837 119	18 476	3.99	10.51	6 16	10 33.7	14 51
26	18 52 42.33	2 19.26	20 41 1.3	7 36.9	0.855 595	18 487	3.91	10.29	6 15	10 31.9	14 48
27	18 55 1.59	2 41.84	20 48 38.2	7 3.8	0.874 082	18 421	3.82	10.07	6 15	10 30.4	14 46
28	18 57 43.43	3 2.39	20 55 42.0	6 25.4	0.892 503	18 287	3.74	9.86	6 14	10 29.3	14 44
29	19 0 45.82	3 21.06	21 2 7.4	5 42.3	0.910 790	18 100	3.67	9.66	6 14	10 28.6	14 43
30	19 4 6.88	3 37.99	—21 7 49.7	4 55.0	0.928 890	17 868	3.59	9.47	6 14	10 28.1	14 42
31	19 7 44.87	3 53.36	21 12 44.7	4 3.9	0.946 758	17 600	3.53	9.29	6 14	10 27.9	14 42
Febr. 1	19 11 38.23	4 7.30	21 16 48.6	3 9.3	0.964 358	17 302	3.47	9.13	6 14	10 27.9	14 41
2	19 15 45.53	4 19.96	21 19 57.9	2 11.9	0.981 660	16 982	3.40	8.96	6 15	10 28.2	14 42
3	19 20 5.49	4 31.45	21 22 9.8	1 11.6	0.998 642	16 644	3.34	8.81	6 16	10 28.7	14 42
4	19 24 36.94	4 41.89	21 23 21.4	0 9.0	1.015 286	16 292	3.29	8.67	6 16	10 29.4	14 43
5	19 29 18.83	4 51.38	—21 23 30.4	0 55.6	1.031 578	15 931	3.24	8.53	6 17	10 30.2	14 43
6	19 34 10.21	5 0.03	21 22 34.8	2 2.2	1.047 509	15 561	3.19	8.40	6 18	10 31.2	14 45
7	19 39 10.24	5 7.89	21 20 32.6	3 10.2	1.063 070	15 186	3.14	8.28	6 19	10 32.3	14 46
8	19 44 18.13	5 15.06	21 17 22.4	4 19.9	1.078 256	14 809	3.10	8.16	6 20	10 33.5	14 48
9	19 49 33.19	5 21.61	21 13 2.5	5 30.8	1.093 065	14 430	3.06	8.05	6 21	10 34.9	14 49
10	19 54 54.80		—21 7 31.7		1.107 495		3.02	7.95	6 22	10 36.3	14 52

Tag	0h Weltzeit: Scheinbare Rektaszension		0h Weltzeit: Scheinbare Deklination		0h Weltzeit: Δ		Halbmesser	Hor. Par.	Aufgang	Obere Kulmination	Untergang
									in 0h Länge, + 50° Breite		
1957	h m s	m s	° ′ ″	′ ″			″	″	h m	h m	h m
Febr. 10	19 54 54.80	5 27.59	−21 7 31.7	6 42.7	1.107 495	14 050	3.02	7.95	6 22	10 36.3	14 52
11	20 0 22.39	5 33.05	21 0 49.0	7 55.7	1.121 545	13 671	2.98	7.85	6 22	10 37.9	14 54
12	20 5 55.44	5 38.06	20 52 53.3	9 9.5	1.135 216	13 293	2.94	7.75	6 23	10 39.6	14 56
13	20 11 33.50	5 42.64	20 43 43.8	10 24.1	1.148 509	12 917	2.91	7.66	6 24	10 41.3	14 59
14	20 17 16.14	5 46.87	20 33 19.7	11 39.4	1.161 426	12 542	2.88	7.58	6 25	10 43.1	15 2
15	20 23 3.01	5 50.75	20 21 40.3	12 55.2	1.173 968	12 169	2.85	7.50	6 25	10 45.0	15 5
16	20 28 53.76	5 54.31	−20 8 45.1	14 11.5	1.186 137	11 797	2.82	7.42	6 26	10 46.9	15 9
17	20 34 48.07	5 57.62	19 54 33.6	15 28.1	1.197 934	11 427	2.79	7.35	6 26	10 48.9	15 12
18	20 40 45.69	6 0.67	19 39 5.5	16 45.3	1.209 361	11 058	2.76	7.28	6 27	10 50.9	15 16
19	20 46 46.36	6 3.50	19 22 20.2	18 2.6	1.220 419	10 691	2.74	7.21	6 27	10 53.0	15 20
20	20 52 49.86	6 6.13	19 4 17.6	19 20.3	1.231 110	10 322	2.71	7.15	6 27	10 55.2	15 24
21	20 58 55.99	6 8.59	18 44 57.3	20 38.0	1.241 432	9 955	2.69	7.09	6 28	10 57.4	15 28
22	21 5 4.58	6 10.90	−18 24 19.3	21 55.9	1.251 387	9 586	2.67	7.03	6 28	10 59.6	15 32
23	21 11 15.48	6 13.07	18 2 23.4	23 14.0	1.260 973	9 216	2.65	6.98	6 28	11 1.8	15 36
24	21 17 28.55	6 15.13	17 39 9.4	24 32.1	1.270 189	8 844	2.63	6.93	6 28	11 4.1	15 41
25	21 23 43.68	6 17.10	17 14 37.3	25 50.2	1.279 033	8 469	2.61	6.88	6 28	11 6.4	15 46
26	21 30 0.78	6 18.99	16 48 47.1	27 8.4	1.287 502	8 089	2.59	6.83	6 28	11 8.8	15 51
27	21 36 19.77	6 20.81	16 21 38.7	28 26.6	1.295 591	7 704	2.58	6.79	6 28	11 11.2	15 55
28	21 42 40.58	6 22.59	−15 53 12.1	29 44.6	1.303 295	7 314	2.56	6.75	6 28	11 13.6	16 1
März 1	21 49 3.17	6 24.35	15 23 27.5	31 2.7	1.310 609	6 914	2.55	6.71	6 28	11 16.1	16 6
2	21 55 27.52	6 26.09	14 52 24.8	32 20.6	1.317 523	6 506	2.54	6.68	6 27	11 18.6	16 11
3	22 1 53.61	6 27.82	14 20 4.2	33 38.4	1.324 029	6 088	2.52	6.65	6 27	11 21.1	16 17
4	22 8 21.43	6 29.57	13 46 25.8	34 55.9	1.330 117	5 655	2.51	6.62	6 27	11 23.6	16 22
5	22 14 51.00	6 31.34	13 11 29.9	36 13.2	1.335 772	5 210	2.50	6.59	6 26	11 26.2	16 28
6	22 21 22.34	6 33.15	−12 35 16.7	37 30.3	1.340 982	4 748	2.49	6.56	6 25	11 28.8	16 34
7	22 27 55.49	6 35.00	11 57 46.4	38 47.0	1.345 730	4 267	2.48	6.54	6 25	11 31.4	16 39
8	22 34 30.49	6 36.92	11 18 59.4	40 3.2	1.349 997	3 764	2.47	6.52	6 24	11 34.1	16 45
9	22 41 7.41	6 38.89	10 38 56.2	41 18.9	1.353 761	3 239	2.47	6.50	6 23	11 36.8	16 52
10	22 47 46.30	6 40.93	9 57 37.3	42 33.9	1.357 000	2 688	2.46	6.48	6 23	11 39.5	16 58
11	22 54 27.23	6 43.05	9 15 3.4	43 48.2	1.359 688	2 107	2.46	6.47	6 22	11 42.2	17 4
12	23 1 10.28	6 45.25	− 8 31 15.2	45 1.4	1.361 795	1 494	2.45	6.46	6 21	11 45.0	17 11
13	23 7 55.53	6 47.52	7 46 13.8	46 13.7	1.363 289	846	2.45	6.45	6 20	11 47.9	17 17
14	23 14 43.05	6 49.88	7 0 0.1	47 24.4	1.364 135	159	2.45	6.45	6 19	11 50.8	17 24
15	23 21 32.93	6 52.30	6 12 35.7	48 33.4	1.364 294	569	2.45	6.45	6 18	11 53.7	17 31
16	23 28 25.23	6 54.77	5 24 2.3	49 40.5	1.363 725	1 343	2.45	6.45	6 17	11 56.6	17 38
17	23 35 20.00	6 57.29	4 34 21.8	50 45.1	1.362 382	2 164	2.45	6.46	6 16	11 59.6	17 45
18	23 42 17.29	6 59.82	− 3 43 36.7	51 46.7	1.360 218	3 037	2.46	6.47	6 15	12 2.7	17 52
19	23 49 17.11	7 2.33	2 51 50.0	52 45.1	1.357 181	3 964	2.46	6.48	6 14	12 5.8	18 0
20	23 56 19.44	7 4.78	1 59 4.9	53 39.2	1.353 217	4 946	2.47	6.50	6 13	12 8.9	18 7
21	0 3 24.22	7 7.12	1 5 25.7	54 28.6	1.348 271	5 984	2.48	6.53	6 12	12 12.0	18 14
22	0 10 31.34	7 9.30	− 0 10 57.1	55 12.5	1.342 287	7 078	2.49	6.56	6 11	12 15.2	18 22
23	0 17 40.64		+ 0 44 15.4		1.335 209		2.50	6.59	6 9	12 18.5	18 30

Tag	Scheinbare Rektaszension		Scheinbare Deklination		Δ		Halbmesser	Hor. Par.	Aufgang	Obere Kulmination	Untergang
	0h Weltzeit								in 0h Länge, + 50° Breite		
1957	h m s	m s	° ′ ″	′ ″			″	″	h m	h m	h m
März 23	0 17 40.64	7 11.25	+ 0 44 15.4	55 49.8	1.335 209	8 227	2.50	6.59	6 9	12 18.5	18 30
24	0 24 51.89	7 12.87	1 40 5.2	56 19.8	1.326 982	9 427	2.52	6.63	6 8	12 21.7	18 38
25	0 32 4.76	7 14.08	2 36 25.0	56 41.4	1.317 555	10 672	2.54	6.68	6 7	12 25.0	18 45
26	0 39 18.84	7 14.78	3 33 6.4	56 53.6	1.306 883	11 956	2.55	6.73	6 6	12 28.3	18 53
27	0 46 33.62	7 14.85	4 30 0.0	56 55.3	1.294 927	13 268	2.58	6.80	6 4	12 31.6	19 1
28	0 53 48.47	7 14.19	5 26 55.3	56 45.7	1.281 659	14 596	2.61	6.87	6 3	12 34.9	19 9
29	1 1 2.66	7 12.68	+ 6 23 41.0	56 23.6	1.267 063	15 923	2.63	6.94	6 2	12 38.2	19 17
30	1 8 15.34	7 10.17	7 20 4.6	55 48.7	1.251 140	17 236	2.67	7.03	6 1	12 41.5	19 25
31	1 15 25.51	7 6.60	8 15 53.3	55 0.1	1.233 904	18 513	2.71	7.13	5 59	12 44.7	19 33
April 1	1 22 32.11	7 1.85	9 10 53.4	53 57.7	1.215 391	19 736	2.75	7.24	5 58	12 47.8	19 41
2	1 29 33.96	6 55.84	10 4 51.1	52 41.5	1.195 655	20 885	2.79	7.36	5 56	12 50.9	19 48
3	1 36 29.80	6 48.52	10 57 32.6	51 11.6	1.174 770	21 943	2.84	7.49	5 55	12 53.8	19 55
4	1 43 18.32	6 39.85	+11 48 44.2	49 29.0	1.152 827	22 891	2.90	7.63	5 53	12 56.6	20 3
5	1 49 58.17	6 29.83	12 38 13.2	47 34.1	1.129 936	23 718	2.96	7.79	5 52	12 59.3	20 9
6	1 56 28.00	6 18.46	13 25 47.3	45 28.1	1.106 218	24 412	3.02	7.96	5 50	13 1.7	20 16
7	2 2 46.46	6 5.77	14 11 15.4	43 12.4	1.081 806	24 965	3.09	8.13	5 49	13 4.0	20 22
8	2 8 52.23	5 51.85	14 54 27.8	40 47.9	1.056 841	25 374	3.16	8.33	5 47	13 6.0	20 28
9	2 14 44.08	5 36.72	15 35 15.7	38 16.2	1.031 467	25 641	3.24	8.53	5 45	13 7.8	20 33
10	2 20 20.80	5 20.47	+16 13 31.9	35 38.4	1.005 826	25 767	3.32	8.75	5 43	13 9.3	20 38
11	2 25 41.27	5 3.18	16 49 10.3	32 55.8	0.980 059	25 758	3.41	8.98	5 41	13 10.5	20 42
12	2 30 44.45	4 44.93	17 22 6.1	30 9.3	0.954 301	25 620	3.50	9.22	5 39	13 11.5	20 46
13	2 35 29.38	4 25.80	17 52 15.4	27 19.6	0.928 681	25 364	3.60	9.48	5 37	13 12.1	20 49
14	2 39 55.18	4 5.86	18 19 35.0	24 27.9	0.903 317	24 995	3.70	9.74	5 35	13 12.4	20 52
15	2 44 1.04	3 45.23	18 44 2.9	21 34.4	0.878 322	24 525	3.80	10.02	5 33	13 12.4	20 54
16	2 47 46.27	3 23.95	+19 5 37.3	18 39.7	0.853 797	23 962	3.91	10.31	5 30	13 12.0	20 55
17	2 51 10.22	3 2.14	19 24 17.0	15 44.2	0.829 835	23 314	4.02	10.60	5 28	13 11.3	20 56
18	2 54 12.36	2 39.90	19 40 1.2	12 48.1	0.806 521	22 589	4.14	10.91	5 25	13 10.2	20 56
19	2 56 52.26	2 17.30	19 52 49.3	9 51.7	0.783 932	21 794	4.26	11.23	5 23	13 8.7	20 55
20	2 59 9.56	1 54.49	20 2 41.0	6 55.4	0.762 138	20 935	4.38	11.55	5 20	13 6.8	20 54
21	3 1 4.05	1 31.61	20 9 36.4	3 59.3	0.741 203	20 018	4.51	11.87	5 17	13 4.6	20 52
22	3 2 35.66	1 8.80	+20 13 35.7	1 4.0	0.721 185	19 047	4.63	12.20	5 14	13 2.0	20 49
23	3 3 44.46	0 46.21	20 14 39.7	1 50.0	0.702 138	18 028	4.76	12.53	5 12	12 59.0	20 46
24	3 4 30.67	0 24.08	20 12 49.7	4 42.0	0.684 110	16 964	4.88	12.86	5 9	12 55.6	20 42
25	3 4 54.75	0 2.59	20 8 7.7	7 30.9	0.667 146	15 858	5.01	13.19	5 6	12 51.9	20 38
26	3 4 57.34	0 18.04	20 0 36.8	10 15.8	0.651 288	14 715	5.13	13.51	5 2	12 47.8	20 33
27	3 4 39.30	0 37.56	19 50 21.0	12 55.1	0.636 573	13 540	5.25	13.82	4 59	12 43.4	20 27
28	3 4 1.74	0 55.74	+19 37 25.9	15 27.2	0.623 033	12 334	5.36	14.12	4 56	12 38.7	20 21
29	3 3 6.00	1 12.30	19 21 58.7	17 50.3	0.610 699	11 104	5.47	14.41	4 53	12 33.7	20 14
30	3 1 53.70	1 27.06	19 4 8.4	20 2.4	0.599 595	9 854	5.57	14.67	4 49	12 28.4	20 7
Mai 1	3 0 26.64	1 39.79	18 44 6.0	22 1.5	0.589 741	8 589	5.66	14.92	4 46	12 22.9	19 59
2	2 58 46.85	1 50.29	18 22 4.5	23 45.4	0.581 152	7 314	5.75	15.14	4 42	12 17.3	19 51
3	2 56 56.56		+17 58 19.1		0.573 838		5.82	15.34	4 39	12 11.4	19 43

Tag	0h Weltzeit: Scheinbare Rektaszension		Scheinbare Deklination		Δ		Halbmesser	Hor. Par.	Aufgang (in 0h Länge, + 50° Breite)	Obere Kulmination (in 0h Länge, + 50° Breite)	Untergang (in 0h Länge, + 50° Breite)
1957	h m s	m s	° ′ ″	′ ″			″	″	h m	h m	h m
Mai 3	2 56 56.56	1 58.45	+17 58 19.1	25 12.4	0.573 838	6 034	5.82	15.34	4 39	12 11.4	19 43
4	2 54 58.11	2 4.13	17 33 6.7	26 20.4	0.567 804	4 759	5.88	15.50	4 35	12 5.5	19 34
5	2 52 53.98	2 7.32	17 6 46.3	27 8.4	0.563 045	3 490	5.93	15.63	4 32	11 59.5	19 26
6	2 50 46.66	2 8.01	16 39 37.9	27 35.3	0.559 555	2 236	5.97	15.73	4 28	11 53.4	19 17
7	2 48 38.65	2 6.27	16 12 2.6	27 40.6	0.557 319	1 004	5.99	15.79	4 25	11 47.4	19 9
8	2 46 32.38	2 2.18	15 44 22.0	27 24.6	0.556 315	204	6.00	15.82	4 21	11 41.4	19 0
9	2 44 30.20	1 55.91	+15 16 57.4	26 47.7	0.556 519	1 379	6.00	15.81	4 18	11 35.5	18 52
10	2 42 34.29	1 47.66	14 50 9.7	25 51.0	0.557 898	2 519	5.99	15.77	4 14	11 29.7	18 44
11	2 40 46.63	1 37.63	14 24 18.7	24 36.1	0.560 417	3 619	5.96	15.70	4 11	11 24.1	18 36
12	2 39 9.00	1 26.05	13 59 42.6	23 4.9	0.564 036	4 677	5.92	15.60	4 8	11 18.6	18 28
13	2 37 42.95	1 13.16	13 36 37.7	21 19.6	0.568 713	5 689	5.87	15.47	4 4	11 13.3	18 21
14	2 36 29.79	0 59.19	13 15 18.1	19 22.2	0.574 402	6 656	5.81	15.32	4 1	11 8.3	18 15
15	2 35 30.60	0 44.37	+12 55 55.9	17 15.1	0.581 058	7 576	5.75	15.14	3 58	11 3.5	18 8
16	2 34 46.23	0 28.91	12 38 40.8	15 0.7	0.588 634	8 449	5.67	14.95	3 55	10 59.0	18 3
17	2 34 17.32	0 13.02	12 23 40.1	12 40.9	0.597 083	9 277	5.59	14.74	3 52	10 54.7	17 57
18	2 34 4.30	0 3.16	12 10 59.2	10 17.8	0.606 360	10 059	5.51	14.51	3 49	10 50.6	17 52
19	2 34 7.46	0 19.48	12 0 41.4	7 53.1	0.616 419	10 800	5.42	14.28	3 46	10 46.9	17 48
20	2 34 26.94	0 35.82	11 52 48.3	5 28.2	0.627 219	11 499	5.32	14.03	3 43	10 43.4	17 44
21	2 35 2.76	0 52.06	+11 47 20.1	3 4.7	0.638 718	12 160	5.23	13.78	3 40	10 40.2	17 40
22	2 35 54.82	1 8.14	11 44 15.4	0 43.6	0.650 878	12 783	5.13	13.52	3 37	10 37.2	17 37
23	2 37 2.96	1 24.00	11 43 31.8	1 34.3	0.663 661	13 373	5.03	13.26	3 34	10 34.5	17 35
24	2 38 26.96	1 39.62	11 45 6.1	3 48.3	0.677 034	13 931	4.93	13.00	3 32	10 32.1	17 33
25	2 40 6.58	1 54.94	11 48 54.4	5 57.4	0.690 965	14 459	4.84	12.74	3 29	10 29.9	17 31
26	2 42 1.52	2 9.97	11 54 51.8	8 1.7	0.705 424	14 959	4.73	12.47	3 27	10 28.0	17 30
27	2 44 11.49	2 24.70	+12 2 53.5	10 0.5	0.720 383	15 433	4.64	12.22	3 24	10 26.4	17 29
28	2 46 36.19	2 39.15	12 12 54.0	11 53.8	0.735 816	15 883	4.54	11.96	3 22	10 24.9	17 29
29	2 49 15.34	2 53.31	12 24 47.8	13 41.2	0.751 699	16 310	4.44	11.71	3 19	10 23.7	17 29
30	2 52 8.65	3 7.24	12 38 29.0	15 22.7	0.768 009	16 714	4.35	11.46	3 17	10 22.8	17 29
31	2 55 15.89	3 20.92	12 53 51.7	16 58.4	0.784 723	17 098	4.25	11.21	3 15	10 22.1	17 30
Juni 1	2 58 36.81	3 34.42	13 10 50.1	18 27.9	0.801 821	17 462	4.17	10.98	3 13	10 21.6	17 31
2	3 2 11.23	3 47.76	+13 29 18.0	19 51.5	0.819 283	17 805	4.08	10.74	3 11	10 21.3	17 33
3	3 5 58.99	4 0.98	13 49 9.5	21 8.9	0.837 088	18 128	3.99	10.51	3 9	10 21.2	17 35
4	3 9 59.97	4 14.09	14 10 18.4	22 20.4	0.855 216	18 429	3.91	10.29	3 7	10 21.4	17 37
5	3 14 14.06	4 27.17	14 32 38.8	23 25.7	0.873 645	18 709	3.82	10.07	3 6	10 21.8	17 39
6	3 18 41.23	4 40.23	14 56 4.5	24 24.7	0.892 354	18 965	3.74	9.86	3 4	10 22.4	17 42
7	3 23 21.46	4 53.31	15 20 29.2	25 17.4	0.911 319	19 195	3.67	9.66	3 2	10 23.2	17 45
8	3 28 14.77	5 6.43	+15 45 46.6	26 3.7	0.930 514	19 399	3.59	9.46	3 1	10 24.3	17 49
9	3 33 21.20	5 19.64	16 11 50.3	26 43.3	0.949 913	19 570	3.51	9.26	3 0	10 25.5	17 53
10	3 38 40.84	5 32.96	16 38 33.6	27 16.1	0.969 483	19 709	3 45	9.08	2 59	10 27.0	17 57
11	3 44 13.80	5 46.39	17 5 49.7	27 41.9	0.989 192	19 808	3.38	8.90	2 58	10 28.7	18 1
12	3 50 0.19	5 59.98	17 33 31.6	28 0.3	1.009 000	19 866	3.31	8.72	2 57	10 30.7	18 6
13	3 56 0.17		+18 1 31.9		1.028 866		3.25	8.55	2 56	10 32.8	18 11

Tag	0h Weltzeit: Scheinbare Rektaszension		Scheinbare Deklination		Δ		Halbmesser	Hor. Par.	Aufgang (in 0h Länge, +50° Breite)	Obere Kulmination (in 0h Länge, +50° Breite)	Untergang (in 0h Länge, +50° Breite)
1957	h m s	m s	° ′ ″	′ ″			″	″	h m	h m	h m
Juni 13	3 56 0.17	6 13.71	+18 1 31.9	28 10.7	1.028 866	19 874	3.25	8.55	2 56	10 32.8	18 11
14	4 2 13.88	6 27.59	18 29 42.6	28 13.2	1.048 740	19 830	3.18	8.39	2 56	10 35.2	18 16
15	4 8 41.47	6 41.60	18 57 55.8	28 6.9	1.068 570	19 725	3.13	8.24	2 56	10 37.8	18 22
16	4 15 23.07	6 55.73	19 26 2.7	27 51.6	1.088 295	19 553	3.07	8.09	2 56	10 40.7	18 28
17	4 22 18.80	7 9.92	19 53 54.3	27 26.7	1.107 848	19 309	3.01	7.94	2 56	10 43.8	18 34
18	4 29 28.72	7 24.14	20 21 21.0	26 51.4	1.127 157	18 985	2.96	7.81	2 56	10 47.1	18 40
19	4 36 52.86	7 38.29	+20 48 12.4	26 5.6	1.146 142	18 572	2.91	7.68	2 57	10 50.7	18 46
20	4 44 31.15	7 52.29	21 14 18.0	25 8.6	1.164 714	18 065	2.87	7.56	2 58	10 54.5	18 53
21	4 52 23.44	8 6.01	21 39 26.6	24 0.0	1.182 779	17 461	2.82	7.44	3 0	10 58.6	18 59
22	5 0 29.45	8 19.34	22 3 26.6	22 39.4	1.200 240	16 751	2.78	7.33	3 1	11 2.8	19 6
23	5 8 48.79	8 32.11	22 26 6.0	21 6.8	1.216 991	15 936	2.74	7.23	3 3	11 7.3	19 13
24	5 17 20.90	8 44.14	22 47 12.8	19 22.1	1.232 927	15 015	2.71	7.14	3 6	11 12.0	19 20
25	5 26 5.04	8 55.26	+23 6 34.9	17 25.7	1.247 942	13 989	2.68	7.05	3 8	11 16.9	19 27
26	5 35 0.30	9 5.30	23 24 0.6	15 18.0	1.261 931	12 865	2.65	6.97	3 11	11 22.0	19 34
27	5 44 5.60	9 14.07	23 39 18.6	12 59.9	1.274 796	11 652	2.62	6.90	3 15	11 27.2	19 41
28	5 53 19.67	9 21.42	23 52 18.5	10 32.7	1.286 448	10 360	2.60	6.84	3 19	11 32.6	19 47
29	6 2 41.09	9 27.20	24 2 51.2	7 57.5	1.296 808	9 007	2.58	6.79	3 23	11 38.1	19 54
30	6 12 8.29	9 31.34	24 10 48.7	5 16.3	1.305 815	7 606	2.56	6.74	3 28	11 43.7	20 0
Juli 1	6 21 39.63	9 33.77	+24 16 5.0	2 30.6	1.313 421	6 178	2.54	6.70	3 33	11 49.3	20 6
2	6 31 13.40	9 34.46	24 18 35.6	0 17.4	1.319 599	4 742	2.53	6.67	3 38	11 55.0	20 12
3	6 40 47.86	9 33.46	24 18 18.2	3 6.1	1.324 341	3 315	2.52	6.65	3 44	12 0.6	20 17
4	6 50 21.32	9 30.84	24 15 12.1	5 53.3	1.327 656	1 916	2.52	6.63	3 50	12 6.2	20 22
5	6 59 52.16	9 26.71	24 9 18.8	8 37.6	1.329 572	558	2.51	6.62	3 56	12 11.8	20 27
6	7 9 18.87	9 21.21	24 0 41.2	11 17.3	1.330 130	743	2.51	6.62	4 3	12 17.3	20 31
7	7 18 40.08	9 14.47	+23 49 23.9	13 51.1	1.329 387	1 979	2.51	6.62	4 10	12 22.6	20 35
8	7 27 54.55	9 6.68	23 35 32.8	16 18.1	1.327 408	3 143	2.52	6.63	4 17	12 27.9	20 38
9	7 37 1.23	8 58.00	23 19 14.7	18 37.6	1.324 265	4 228	2.52	6.65	4 24	12 33.0	20 41
10	7 45 59.23	8 48.59	23 0 37.1	20 48.8	1.320 037	5 234	2.53	6.67	4 31	12 38.0	20 44
11	7 54 47.82	8 38.61	22 39 48.3	22 51.5	1.314 803	6 160	2.54	6.69	4 38	12 42.8	20 46
12	8 3 26.43	[illegible]	22 16 56.8	24 45.8	1.308 643	7 007	2.55	6.72	4 45	12 47.4	20 48
13	8 11 54.61	8 17.45	+21 52 11.0	26 31.3	1.301 636	7 780	2.57	6.76	4 52	12 51.8	20 50
14	8 20 12.06	8 6.53	21 25 39.7	28 8.4	1.293 856	8 481	2.58	6.80	5 0	12 56.1	20 51ʳ
15	8 28 18.59	7 55.49	20 57 31.3	29 37.2	1.285 375	9 114	2.60	6.85	5 7	13 0.2	20 52
16	8 36 14.08	7 44.42	20 27 54.1	30 58.0	1.276 261	9 685	2.62	6.89	5 14	13 4.1	20 53
17	8 43 58.50	7 33.39	19 56 56.1	32 11.2	1.266 576	10 198	2.64	6.95	5 20	13 7.8	20 53
18	8 51 31.89	7 22.44	19 24 44.9	33 17.0	1.256 378	10 660	2.66	7.00	5 27	13 11.3	20,53
19	8 58 54.33	7 11.63	+18 51 27.9	34 15.9	1.245 718	11 074	2.68	7.06	5 34	13 14.6	20 53
20	9 6 5.96	7 0.95	18 17 12.0	35 8.1	1.234 644	11 445	2.71	7.13	5 41	13 17.8	20 53
21	9 13 6.91	6 50.46	17 42 3.9	35 54.0	1.223 199	11 778	2.73	7.19	5 47	13 20.8	20 52
22	9 19 57.37	6 40.16	17 6 9.9	36 34.1	1.211 421	12 076	2.76	7.26	5 54	13 23.6	20 52
23	9 26 37.53	6 30.04	16 29 35.8	37 8.6	1.199 345	12 345	2.79	7.34	6 0	13 26.2	20 51
24	9 33 7.57		+15 52 27.2		1.187 000		2.81	7.41	6 6	13 28.7	20 50

Tag	0h Weltzeit: Scheinbare Rektaszension		Scheinbare Deklination		Δ		Halbmesser	Hor. Par.	Aufgang (in 0h Länge, + 50° Breite)	Obere Kulmination (in 0h Länge, + 50° Breite)	Untergang (in 0h Länge, + 50° Breite)
1957	h m s	m s	° ′ ″	′ ″			″	″	h m	h m	h m
Juli 24	9 33 7.57	6 20.11	+15 52 27.2	37 37.7	1.187 000	12 586	2.81	7.41	6 6	13 28.7	20 50
25	9 39 27.68	6 10.37	15 14 49.5	38 1.6	1.174 414	12 804	2.84	7.49	6 12	13 31.0	20 48
26	9 45 38.05	6 0.80	14 36 47.9	38 20.8	1.161 610	13 001	2.88	7.58	6 17	13 33.1	20 47
27	9 51 38.85	5 51.41	13 58 27.1	38 35.3	1.148 609	13 180	2.91	7.66	6 23	13 35.1	20 46
28	9 57 30.26	5 42.16	13 19 51.8	38 45.4	1.135 429	13 342	2.94	7.75	6 28	13 36.9	20 44
29	10 3 12.42	5 33.04	12 41 6.4	38 51.2	1.122 087	13 489	2.98	7.84	6 33	13 38.6	20 42
30	10 8 45.46	5 24.03	+12 2 15.2	38 52.8	1.108 598	13 625	3.01	7.94	6 38	13 40.1	20 40
31	10 14 9.49	5 15.11	11 23 22.4	38 50.4	1.094 973	13 748	3.05	8.04	6 43	13 41.5	20 38
Aug. 1	10 19 24.60	5 6.26	10 44 32.0	38 44.0	1.081 225	13 862	3.09	8.14	6 47	13 42.7	20 36
2	10 24 30.86	4 57.45	10 5 48.0	38 33.8	1.067 363	13 966	3.13	8.24	6 52	13 43.8	20 34
3	10 29 28.31	4 48.66	9 27 14.2	38 19.6	1.053 397	14 062	3.17	8.35	6 56	13 44.7	20 32
4	10 34 16.97	4 39.86	8 48 54.6	38 1.7	1.039 335	14 149	3.21	8.47	7 0	13 45.5	20 29
5	10 38 56.83	4 31.01	+ 8 10 52.9	37 39.9	1.025 186	14 230	3.26	8.58	7 4	13 46.2	20 27
6	10 43 27.84	4 22.09	7 33 13.0	37 14.1	1.010 956	14 303	3.30	8.70	7 7	13 46.7	20 24
7	10 47 49.93	4 13.07	6 55 58.9	36 44.3	0.996 653	14 369	3.35	8.83	7 11	13 47.0	20 22
8	10 52 3.00	4 3.90	6 19 14.6	36 10.5	0.982 284	14 427	3.40	8.96	7 14	13 47.2	20 19
9	10 56 6.90	3 54.56	5 43 4.1	35 32.4	0.967 857	14 478	3.45	9.09	7 17	13 47.2	20 16
10	11 0 1.46	3 44.99	5 7 31.7	34 50.0	0.953 379	14 520	3.50	9.23	7 20	13 47.1	20 13
11	11 3 46.45	3 35.17	+ 4 32 41.7	34 2.8	0.938 859	14 553	3.56	9.37	7 22	13 46.8	20 10
12	11 7 21.62	3 25.04	3 58 38.9	33 10.8	0.924 306	14 575	3.61	9.52	7 25	13 46.4	20 7
13	11 10 46.66	3 14.56	3 25 28.1	32 13.8	0.909 731	14 587	3.67	9.67	7 27	13 45.7	20 3
14	11 14 1.22	3 3.68	2 53 14.3	31 11.3	0.895 144	14 585	3.73	9.83	7 29	13 44.9	20 0
15	11 17 4.90	2 52.36	2 22 3.0	30 2.9	0.880 559	14 568	3.79	9.99	7 30	13 43.9	19 57
16	11 19 57.26	2 40.54	1 52 0.1	28 48.3	0.865 991	14 533	3.86	10.16	7 31	13 42.8	19 53
17	11 22 37.80	2 28.16	+ 1 23 11.8	27 27.1	0.851 458	14 479	3.92	10.34	7 32	13 41.4	19 49
18	11 25 5.96	2 15.21	0 55 44.7	25 58.8	0.836 979	14 403	3.99	10.51	7 33	13 39.8	19 46
19	11 27 21.17	2 1.60	0 29 45.9	24 22.7	0.822 576	14 299	4.06	10.70	7 33	13 38.0	19 42
20	11 29 22.77	1 47.29	+ 0 5 23.2	22 38.5	0.808 277	14 165	4.13	10.89	7 33	13 35.9	19 38
21	11 31 10.06	1 32.25	− 0 17 15.3	20 45.5	0.794 112	13 997	4.21	11.08	7 33	13 33.6	19 34
22	11 32 42.31	1 16.44	0 38 0.8	18 43.0	0.780 115	13 790	4.28	11.28	7 32	13 31.1	19 30
23	11 33 58.75	0 59.84	− 0 56 43.8	16 30.6	0.766 325	13 538	4.36	11.48	7 31	13 28.3	19 26
• 24	11 34 58.59	0 42.44	1 13 14.4	14 7.7	0.752 787	13 233	4.44	11.69	7 29	13 25.2	19 21
25	11 35 41.03	0 24.25	1 27 22.1	11 33.9	0.739 554	12 872	4.52	11.90	7 26	13 21.8	19 17
26	11 36 5.28	0 5.32	1 38 56.0	8 48.7	0.726 682	12 445	4.60	12.11	7 24	13 18.1	19 12
27	11 36 10.60	0 14.28	1 47 44.7	5 52.2	0.714 237	11 944	4.68	12.32	7 20	13 14.1	19 8
• 28	11 35 56.32	0 34.43	1 53 36.9	2 44.4	0.702 293	11 361	4.76	12.53	7 16	13 9.7	19 3
29	11 35 21.89	0 54.99	− 1 56 21.3	0 34.2	0.690 932	10 687	4.84	12.74	7 12	13 5.0	18 58
30	11 34 26.90	1 15.70	1 55 47.1	4 2.4	0.680 245	9 914	4.91	12.94	7 7	13 0.0	18 53
31	11 33 11.20	1 36.29	1 51 44.7	7 38.6	0.670 331	9 032	4.98	13.13	7 1	12 54.6	18 48
Sept. 1	11 31 34.91	1 56.40	1 44 6.1	11 20.7	0.661 299	8 034	5.05	13.31	6 55	12 48.9	18 44
2	11 29 38.51	2 15.61	1 32 45.4	15 5.4	0.653 265	6 913	5.11	13.47	6 48	12 42.9	18 39
3	11 27 22.90		− 1 17 40.0		0.646 352		5.17	13.61	6 40	12 36.5	18 34

Tag	0h Weltzeit Scheinbare Rektaszension		Scheinbare Deklination		Δ		Halbmesser	Hor. Par.	Aufgang (in 0h Länge, + 50° Breite)	Obere Kulmination (in 0h Länge, + 50° Breite)	Untergang (in 0h Länge, + 50° Breite)
1957	h m s	m s	° ′ ″	′ ″			″	″	h m	h m	h m
Sept. 3	11 27 22.90	2 33.44	−1 17 40.0	18 48.8	0.646 352	5 663	5.17	13.61	6 40	12 36.5	18 34
4	11 24 49.46	2 49.32	0 58 51.2	22 26.2	0.640 689	4 281	5.21	13.74	6 32	12 29.9	18 29
5	11 22 0.14	3 2.72	0 36 25.0	25 52.0	0.636 408	2 769	5.25	13.83	6 23	12 23.1	18 24
6	11 18 57.42	3 13.03	−0 10 33.0	29 0.2	0.633 639	1 127	5.27	13.89	6 14	12 16.0	18 19
7	11 15 44.39	3 19.72	+0 18 27.2	31 44.8	0.632 512	637	5.28	13.91	6 5	12 8.8	18 14
8	11 12 24.67	3 22.30	0 50 12.0	33 59.3	0.633 149	2 511	5.28	13.90	5 55	12 1.6	18 9
9	11 9 2.37	3 20.37	+1 24 11.3	35 38.4	0.635 660	4 478	5.25	13.84	5 45	11 54.3	18 5
10	11 5 42.00	3 13.71	1 59 49.7	36 37.8	0.640 138	6 521	5.22	13.75	5 35	11 47.1	18 1
11	11 2 28.29	3 2.22	2 36 27.5	36 54.2	0.646 659	8 615	5.17	13.61	5 25	11 40.0	17 57
12	10 59 26.07	2 46.02	3 13 21.7	36 26.4	0.655 274	10 733	5.10	13.43	5 15	11 33.2	17 53
13	10 56 40.05	2 25.36	3 49 48.1	35 14.7	0.666 007	12 847	5.01	13.21	5 6	11 26.7	17 49
14	10 54 14.69	2 0.68	4 25 2.8	33 21.0	0.678 854	14 928	4.92	12.96	4 57	11 20.6	17 46
15	10 52 14.01	1 32.53	+4 58 23.8	30 48.9	0.693 782	16 944	4.81	12.68	4 49	11 14.9	17 43
16	10 50 41.48	1 1.57	5 29 12.7	27 42.6	0.710 726	18 869	4.70	12.38	4 41	11 9.6	17 40
17	10 49 39.91	0 28.51	5 56 55.3	24 7.6	0.729 595	20 672	4.58	12.06	4 34	11 4.9	17 37
18	10 49 11.40	0 5.93	6 21 2.9	20 9.3	0.750 267	22 330	4.45	11.73	4 28	11 0.8	17 35
19	10 49 17.33	0 41.01	6 41 12.2	15 53.4	0.772 597	23 817	4.32	11.39	4 22	10 57.2	17 33
20	10 49 58.34	1 16.07	6 57 5.6	11 25.5	0.796 414	25 116	4.19	11.05	4 18	10 54.2	17 31
21	10 51 14.41	1 50.45	+7 8 31.1	6 50.6	0.821 530	26 209	4.06	10.71	4 15	10 51.8	17 30
22	10 53 4.86	2 23.65	7 15 21.7	2 13.7	0.847 739	27 085	3.94	10.38	4 12	10 50.0	17 28
23	10 55 28.51	2 55.18	7 17 35.4	2 21.1	0.874 824	27 737	3.82	10.06	4 11	10 48.7	17 27
24	10 58 23.69	3 24.69	7 15 14.3	6 49.9	0.902 561	28 160	3.70	9.75	4 10	10 47.9	17 26
25	11 1 48.38	3 51.87	7 8 24.4	11 9.1	0.930 721	28 361	3.59	9.46	4 11	10 47.5	17 25
26	11 5 40.25	4 16.58	6 57 15.3	15 16.2	0.959 082	28 344	3.48	9.18	4 11	10 47.6	17 24
27	11 9 56.83	4 38.68	+6 41 59.1	19 8.8	0.987 426	28 124	3.38	8.91	4 12	10 48.1	17 23
28	11 14 35.51	4 58.17	6 22 50.3	22 45.2	1.015 550	27 716	3.29	8.67	4 15	10 49.0	17 22
29	11 19 33.68	5 15.10	6 0 5.1	26 4.1	1.043 266	27 143	3.20	8.44	4 18	10 50.2	17 21
30	11 24 48.78	5 29.58	5 34 1.0	29 4.7	1.070 409	26 423	3.12	8.22	4 21	10 51.6	17 21
Okt. 1	11 30 18.36	5 41.76	5 4 56.3	31 47.1	1.096 832	25 582	3.04	8.02	4 25	10 53.2	17 20
2	11 36 0.12	5 51.04	4 33 9.2	34 11.0	1.122 414	24 613	2.98	7.84	4 30	10 55.1	17 19
3	11 41 51.96	6 0.01	+3 58 58.2	36 17.3	1.147 057	23 627	2.91	7.67	4 35	10 57.1	17 18
4	11 47 51.97	6 6.49	3 22 40.9	38 6.4	1.170 684	22 556	2.85	7.52	4 40	10 59.2	17 17
5	11 53 58.46	6 11.52	2 44 34.5	39 39.5	1.193 240	21 449	2.80	7.38	4 45	11 1.4	17 16
6	12 0 9.98	6 15.27	2 4 55.0	40 57.7	1.214 689	20 321	2.75	7.24	4 50	11 3.7	17 15
7	12 6 25.25	6 17.97	1 23 57.3	42 2.1	1.235 010	19 187	2.71	7.13	4 56	11 6.0	17 14
8	12 12 43.22	6 19.77	+0 41 55.2	42 54.1	1.254 197	18 060	2.66	7.02	5 2	11 8.4	17 13
9	12 19 2.99	6 20.85	−0 0 58.9	43 34.5	1.272 257	16 945	2.63	6.92	5 7	11 10.8	17 12
10	12 25 23.84	6 21.35	0 44 33.4	44 4.8	1.289 202	15 851	2.59	6.83	5 13	11 13.2	17 11
11	12 31 45.19	6 21.38	1 28 38.2	44 25.9	1.305 053	14 786	2.56	6.74	5 19	11 15.6	17 10
12	12 38 6.57	6 21.07	2 13 4.1	44 38.8	1.319 839	13 748	2.53	6.67	5 25	11 18.0	17 9
13	12 44 27.64	6 20.48	2 57 42.9	44 44.5	1.333 587	12 744	2.50	6.60	5 31	11 20.4	17 8
14	12 50 48.12		−3 42 27.4		1.346 331		2.48	6.54	5 37	11 22.8	17 7

Tag	0h Weltzeit: Scheinbare Rektaszension		Scheinbare Deklination		Δ		Halbmesser	Hor. Par.	Aufgang (in 0h Länge, +50° Breite)	Obere Kulmination (in 0h Länge, +50° Breite)	Untergang (in 0h Länge, +50° Breite)
1957	h m s	m s	° ′ ″	′ ″			″	″	h m	h m	h m
Okt. 14	12 50 48.12	6 19.72	− 3 42 27.4	44 43.6	1.346 331	11 773	2.48	6.54	5 37	11 22.8	17 7
15	12 57 7.84	6 18.84	4 27 11.0	44 37.2	1.358 104	10 836	2.46	6.48	5 43	11 25.2	17 5
16	13 3 26.68	6 17.87	5 11 48.2	44 25.5	1.368 940	9 932	2.44	6.43	5 49	11 27.6	17 4
17	13 9 44.55	6 16.90	5 56 13.7	44 9.4	1.378 872	9 061	2.42	6.38	5 55	11 29.9	17 3
18	13 16 1.45	6 15.92	6 40 23.1	43 49.3	1.387 933	8 222	2.41	6.34	6 1	11 32.3	17 2
19	13 22 17.37	6 14.99	7 24 12.4	43 25.6	1.396 155	7 413	2.39	6.30	6 7	11 34.6	17 1
20	13 28 32.36	6 14.11	− 8 7 38.0	42 58.7	1.403 568	6 632	2.38	6.27	6 13	11 36.9	16 59
21	13 34 46.47	6 13.31	8 50 36.7	42 28.9	1.410 200	5 878	2.37	6.24	6 19	11 39.2	16 58
22	13 40 59.78	6 12.60	9 33 5.6	41 56.7	1.416 078	5 149	2.36	6.22	6 25	11 41.5	16 57
23	13 47 12.38	6 11.98	10 15 2.3	41 22.0	1.421 227	4 444	2.35	6.19	6 30	11 43.7	16 56
24	13 53 24.36	6 11.48	10 56 24.3	40 45.1	1.425 671	3 761	2.34	6.17	6 36	11 46.0	16 54
25	13 59 35.84	6 11.09	11 37 9.4	40 6.4	1.429 432	3 098	2.34	6.16	6 42	11 48.2	16 53
26	14 5 46.93	6 10.81	−12 17 15.8	39 25.9	1.432 530	2 452	2.33	6.14	6 47	11 50.5	16 52
27	14 11 57.74	6 10.64	12 56 41.7	38 43.7	1.434 982	1 824	2.33	6.13	6 53	11 52.7	16 51
28	14 18 8.38	6 10.59	13 35 25.4	37 59.8	1.436 806	1 211	2.32	6.12	6 59	11 55.0	16 50
29	14 24 18.97	6 10.66	14 13 25.2	37 14.6	1.438 017	611	2.32	6.12	7 4	11 57.2	16 49
30	14 30 29.63	6 10.83	14 50 39.8	36 27.8	1.438 628	23	2.32	6.12	7 10	11 59.4	16 48
31	14 36 40.46	6 11.11	15 27 7.6	35 39.7	1.438 651	555	2.32	6.12	7 15	12 1.7	16 47
Nov. 1	14 42 51.57	6 11.49	−16 2 47.3	34 50.3	1.438 096	1 123	2.32	6.12	7 21	12 3.9	16 46
2	14 49 3.06	6 11.97	16 37 37.6	33 59.6	1.436 973	1 684	2.32	6.12	7 26	12 6.2	16 45
3	14 55 15.03	6 12.54	17 11 37.2	33 7.6	1.435 289	2 238	2.33	6.13	7 32	12 8.4	16 44
4	15 1 27.57	6 13.18	17 44 44.8	32 14.3	1.433 051	2 787	2.33	6.14	7 37	12 10.7	16 43
5	15 7 40.75	6 13.90	18 16 59.1	31 19.8	1.430 264	3 333	2.33	6.15	7 42	12 13.0	16 43
6	15 13 54.65	6 14.68	18 48 18.9	30 24.0	1.426 931	3 874	2.34	6.17	7 48	12 15.3	16 42
7	15 20 9.33	6 15.52	−19 18 42.9	29 26.9	1.423 057	4 416	2.35	6.18	7 53	12 17.6	16 41
8	15 26 24.85	6 16.39	19 48 9.8	28 28.5	1.418 641	4 955	2.35	6.20	7 58	12 19.9	16 41
9	15 32 41.24	6 17.29	20 16 38.3	27 28.9	1.413 686	5 495	2.36	6.22	8 3	12 22.3	16 41
10	15 38 58.53	6 18.21	20 44 7.2	26 27.9	1.408 191	6 038	2.37	6.25	8 8	12 24.6	16 40
11	15 45 16.74	6 19.12	21 10 35.1	25 25.5	1.402 153	6 583	2.38	6.28	8 13	12 27.0	16 40
12	15 51 35.86	6 20.01	21 36 0.6	24 21.9	1.395 570	7 130	2.39	6.31	8 18	12 29.4	16 40
13	15 57 55.87	6 20.88	−22 0 22.5	23 16.8	1.388 440	7 682	2.41	6.34	8 23	12 31.8	16 40
14	16 4 16.75	6 21.67	22 23 39.3	22 10.5	1.380 758	8 240	2.42	6.37	8 28	12 34.2	16 40
15	16 10 38.42	6 22.40	22 45 49.8	21 2.5	1.372 518	8 804	2.43	6.41	8 33	12 36.7	16 40
16	16 17 0.82	6 23.02	23 6 52.3	19 53.3	1.363 714	9 375	2.45	6.45	8 37	12 39.1	16 40
17	16 23 23.84	6 23.50	23 26 45.6	18 42.6	1.354 339	9 954	2.47	6.50	8 42	12 41.5	16 41
18	16 29 47.34	6 23.83	23 45 28.2	17 30.5	1.344 385	10 541	2.49	6.55	8 46	12 44.0	16 41
19	16 36 11.17	6 23.95	−24 2 58.7	16 16.9	1.333 844	11 137	2.50	6.60	8 51	12 46.5	16 42
20	16 42 35.12	6 23.85	24 19 15.6	15 1.9	1.322 707	11 742	2.52	6.65	8 55	12 48.9	16 42
21	16 48 58.97	6 23.48	24 34 17.5	13 45.5	1.310 965	12 359	2.55	6.71	8 59	12 51.4	16 43
22	16 55 22.45	6 22.79	24 48 3.0	12 27.7	1.298 606	12 984	2.57	6.78	9 3	12 53.8	16 44
23	17 1 45.24	6 21.72	25 0 30.7	11 8.7	1.285 622	13 621	2.60	6.85	9 7	12 56.3	16 45
24	17 8 6.96		−25 11 39.4		1.272 001		2.63	6.92	9 11	12 58.7	16 46

Tag	0h Weltzeit: Scheinbare Rektaszension	Diff.	Scheinbare Deklination	Diff.	Δ	Diff.	Halbmesser	Hor. Par.	Aufgang (in 0h Länge, +50° Breite)	Obere Kulmination (in 0h Länge, +50° Breite)	Untergang (in 0h Länge, +50° Breite)
1957	h m s	m s	° ′ ″	′ ″			″	″	h m	h m	h m
Nov. 24	17 8 6.96	6 20.24	−25 11 39.4	9 48.2	1.272 001	14 267	2.63	6.92	9 11	12 58.7	16 46
25	17 14 27.20	6 18.27	25 21 27.6	8 26.7	1.257 734	14 924	2.66	7.00	9 14	13 1.1	16 48
26	17 20 45.47	6 15.75	25 29 54.3	7 4.1	1.242 810	15 591	2.69	7.08	9 17	13 3.4	16 49
27	17 27 1.22	6 12.59	25 36 58.4	5 40.5	1.227 219	16 266	2.72	7.17	9 20	13 5.7	16 51
28	17 33 13.81	6 8.72	25 42 38.9	4 16.0	1.210 953	16 949	2.76	7.27	9 23	13 7.9	16 53
29	17 39 22.53	6 4.03	25 46 54.9	2 50.9	1.194 004	17 638	2.80	7.37	9 26	13 10.1	16 54
30	17 45 26.56	5 58.40	−25 49 45.8	1 25.5	1.176 366	18 330	2.84	7.48	9 28	13 12.2	16 56
Dez. 1	17 51 24.96	5 51.71	25 51 11.3	0 0.1	1.158 036	19 024	2.88	7.60	9 30	13 14.2	16 58
2	17 57 16.67	5 43.83	25 51 11.2	1 25.6	1.139 012	19 715	2.93	7.73	9 32	13 16.0	17 0
3	18 3 0.50	5 34.58	25 49 45.6	2 50.4	1.119 297	20 396	2.98	7.86	9 34	13 17.7	17 2
4	18 8 35.08	5 23.78	25 46 55.2	4 14.2	1.098 901	21 065	3.04	8.01	9 35	13 19.2	17 4
5	18 13 58.86	5 11.27	25 42 41.0	5 36.6	1.077 836	21 711	3.10	8.16	9 36	13 20.6	17 6
6	18 19 10.13	4 56.77	−25 37 4.4	6 57.0	1.056 125	22 325	3.16	8.33	9 36	13 21.7	17 8
7	18 24 6.90	4 40.09	25 30 7.4	8 14.6	1.033 800	22 896	3.23	8.51	9 36	13 22.6	17 10
8	18 28 46.99	4 20.95	25 21 52.8	9 28.9	1.010 904	23 411	3.31	8.71	9 36	13 23.1	17 11
9	18 33 7.94	3 59.08	25 12 23.9	10 39.1	0.987 493	23 851	3.38	8.91	9 35	13 23.3	17 12
10	18 37 7.02	3 34.22	25 1 44.8	11 44.4	0.963 642	24 198	3.47	9.13	9 33	13 23.1	17 13
11	18 40 41.24	3 6.12	24 50 0.4	12 44.1	0.939 444	24 431	3.56	9.37	9 31	13 22.5	17 14
12	18 43 47.36	2 34.52	−24 37 16.3	13 37.5	0.915 013	24 522	3.65	9.62	9 29	13 21.4	17 14
13	18 46 21.88	1 59.29	24 23 38.8	14 23.6	0.890 491	24 442	3.75	9.88	9 26	13 19.7	17 14
14	18 48 21.17	1 20.37	24 9 15.2	15 2.4	0.866 049	24 162	3.86	10.16	9 22	13 17.4	17 13
15	18 49 41.54	0 37.85	23 54 12.8	15 33.2	0.841 887	23 651	3.97	10.45	9 17	13 14.4	17 12
16	18 50 19.39	0 7.93	23 38 39.6	15 56.2	0.818 236	22 873	4.08	10.75	9 12	13 10.7	17 10
17	18 50 11.46	0 56.36	23 22 43.4	16 11.5	0.795 363	21 802	4.20	11.06	9 6	13 6.2	17 7
18	18 49 15.10	1 46.47	−23 6 31.9	16 19.4	0.773 561	20 413	4.32	11.38	8 59	13 0.9	17 3
19	18 47 28.63	2 36.87	22 50 12.5	16 20.3	0.753 148	18 691	4.43	11.68	8 51	12 54.7	16 58
20	18 44 51.76	3 25.79	22 33 52.2	16 14.7	0.734 457	16 633	4.55	11.98	8 43	12 47.8	16 53
21	18 41 25.97	4 11.15	22 17 37.5	16 2.2	0.717 824	14 255	4.65	12.26	8 33	12 40.0	16 47
22	18 37 14.82	4 50.65	22 1 35.3	15 42.0	0.703 569	11 590	4.75	12.51	8 24	12 31.6	16 40
23	18 32 24.17	5 22.05	21 45 53.3	15 12.6	0.691 979	8 689	4.83	12.72	8 13	12 22.6	16 33
24	18 27 2.12	5 43.48	−21 30 40.7	14 31.7	0.683 290	5 624	4.89	12.88	8 2	12 13.1	16 25
25	18 21 18.64	5 53.67	21 16 9.0	13 37.3	0.677 666	2 479	4.93	12.99	7 51	12 3.4	16 17
26	18 15 24.97	5 52.12	21 2 31.7	12 27.4	0.675 187	658	4.95	13.03	7 40	11 53.6	16 8
27	18 9 32.85	5 39.29	20 50 4.3	11 1.4	0.675 845	3 700	4.94	13.02	7 29	11 44.0	15 59
28	18 3 53.56	5 16.40	20 39 2.9	9 20.4	0.679 545	6 569	4.92	12.95	7 19	11 34.6	15 51
29	17 58 37.16	4 45.23	20 29 42.5	7 27.1	0.686 114	9 202	4.87	12.83	7 9	11 25.7	15 43
30	17 53 51.93	4 7.90	−20 22 15.4	5 25.1	0.695 316	11 558	4.80	12.66	7 0	11 17.3	15 35
31	17 49 44.03	3 26.51	20 16 50.3	3 19.2	0.706 874	13 613	4.72	12.45	6 51	11 9.6	15 28
32	17 46 17.52		−20 13 31.1		0.720 487		4.63	12.21	6 44	11 2.6	15 21

Venus 1957

Tag	0h Weltzeit: Scheinbare Rektaszension		Scheinbare Deklination		Δ		Halbmesser	Hor. Par.	Aufgang	Obere Kulmination	Untergang
									in 0^h Länge, $+50°$ Breite		
1957	h m s	m s	° ′ ″	′ ″			″	″	h m	h m	h m
Jan. 0	16 50 54.58	5 18.64	−21 27 47.1	10 52.9	1.476 344	4 374	5.70	5.96	6 2	10 13.9	14 26
1	16 56 13.22	5 19.48	21 38 40.0	10 15.0	1.480 718	4 337	5.68	5.94	6 4	10 15.3	14 26
2	17 1 32.70	5 20.28	21 48 55.0	9 36.7	1.485 055	4 299	5.67	5.93	6 6	10 16.7	14 27
3	17 6 52.98	5 21.03	21 58 31.7	8 58.0	1.489 354	4 262	5.65	5.91	6 9	10 18.1	14 27
4	17 12 14.01	5 21.74	22 7 29.7	8 18.8	1.493 616	4 224	5.63	5.89	6 11	10 19.5	14 28
5	17 17 35.75	5 22.40	22 15 48.5	7 39.1	1.497 840	4 188	5.62	5.88	6 13	10 20.9	14 28
6	17 22 58.15	5 22.99	−22 23 27.6	6 59.1	1.502 028	4 151	5.60	5.86	6 16	10 22.4	14 29
7	17 28 21.14	5 23.56	22 30 26.7	6 18.8	1.506 179	4 114	5.58	5.84	6 18	10 23.8	14 30
8	17 33 44.70	5 24.06	22 36 45.5	5 38.0	1.510 293	4 077	5.57	5.83	6 20	10 25.3	14 30
9	17 39 8.76	5 24.52	22 42 23.5	4 57.1	1.514 370	4 042	5.55	5.81	6 22	10 26.7	14 31
10	17 44 33.28	5 24.91	22 47 20.6	4 15.8	1.518 412	4 005	5.54	5.80	6 24	10 28.2	14 32
11	17 49 58.19	5 25.25	22 51 36.4	3 34.3	1.522 417	3 970	5.52	5.78	6 26	10 29.7	14 33
12	17 55 23.44	5 25.53	−22 55 10.7	2 52.6	1.526 387	3 934	5.51	5.77	6 28	10 31.1	14 35
13	18 0 48.97	5 25.77	22 58 3.3	2 10.6	1.530 321	3 900	5.50	5.75	6 29	10 32.6	14 36
14	18 6 14.74	5 25.95	23 0 13.9	1 28.7	1.534 221	3 864	5.49	5.74	6 31	10 34.1	14 37
15	18 11 40.69	5 26.06	23 1 42.6	0 46.4	1.538 085	3 829	5.47	5.72	6 33	10 35.6	14 39
16	18 17 6.75	5 26.13	23 2 29.0	0 4.2	1.541 914	3 794	5.46	5.71	6 34	10 37.1	14 40
17	18 22 32.88	5 26.13	23 2 33.2	0 38.1	1.545 708	3 759	5.44	5.69	6 36	10 38.6	14 42
18	18 27 59.01	5 26.09	−23 1 55.1	1 20.4	1.549 467	3 723	5.43	5.68	6 37	10 40.1	14 43
19	18 33 25.10	5 25.98	23 0 34.7	2 2.7	1.553 190	3 687	5.42	5.67	6 38	10 41.6	14 45
20	18 38 51.08	5 25.81	22 58 32.0	2 45.0	1.556 877	3 651	5.40	5.65	6 40	10 43.1	14 47
21	18 44 16.89	5 25.59	22 55 47.0	3 27.2	1.560 528	3 615	5.39	5.64	6 41	10 44.6	14 48
22	18 49 42.48	5 25.31	22 52 19.8	4 9.3	1.564 143	3 578	5.38	5.63	6 42	10 46.1	14 50
23	18 55 7.79	5 24.96	22 48 10.5	4 51.1	1.567 721	3 541	5.36	5.61	6 43	10 47.5	14 52
24	19 0 32.75	5 24.57	−22 43 19.4	5 32.9	1.571 262	3 503	5.35	5.60	6 44	10 49.0	14 54
25	19 5 57.32	5 24.11	22 37 46.5	6 14.3	1.574 765	3 466	5.34	5.59	6 45	10 50.5	14 56
26	19 11 21.43	5 23.60	22 31 32.2	6 55.7	1.578 231	3 428	5.33	5.58	6 46	10 51.9	14 59
27	19 16 45.03	5 23.04	22 24 36.5	7 36.6	1.581 659	3 390	5.31	5.56	6 46	10 53.4	15 1
28	19 22 8.07	5 22.41	22 16 59.9	8 17.4	1.585 049	3 352	5.30	5.55	6 47	10 54.8	15 3
29	19 27 30.48	5 21.75	22 8 42.5	8 57.6	1.588 401	3 315	5.29	5.54	6 47	10 56.3	15 6
30	19 32 52.23	5 21.03	−21 59 44.9	9 37.6	1.591 716	3 276	5.28	5.53	6 48	10 57.7	15 8
31	19 38 13.26	5 20.27	21 50 7.3	10 17.2	1.594 992	3 239	5.28	5.52	6 48	10 59.1	15 10
Febr. 1	19 43 33.53	5 19.46	21 39 50.1	10 56.3	1.598 231	3 200	5.27	5.51	6 49	11 0.5	15 13
2	19 48 52.99	5 18.60	21 28 53.8	11 35.1	1.601 431	3 163	5.26	5.50	6 49	11 1.8	15 15
3	19 54 11.59	5 17.72	21 17 18.7	12 13.3	1.604 594	3 125	5.24	5.48	6 49	11 3.2	15 18
4	19 59 29.31	5 16.79	21 5 5.4	12 51.0	1.607 719	3 088	5.23	5.47	6 49	11 4.5	15 20
5	20 4 46.10	5 15.82	−20 52 14.4	13 28.3	1.610 807	3 050	5.22	5.46	6 49	11 5.9	15 23
6	20 10 1.92	5 14.83	20 38 46.1	14 5.1	1.613 857	3 013	5.21	5.45	6 49	11 7.2	15 26
7	20 15 16.75	5 13.81	20 24 41.0	14 41.2	1.616 870	2 976	5.20	5.44	6 49	11 8.5	15 29
8	20 20 30.56	5 12.75	20 9 59.8	15 16.8	1.619 846	2 939	5.19	5.43	6 49	11 9.8	15 31
9	20 25 43.31	5 11.68	19 54 43.0	15 51.8	1.622 785	2 903	5.18	5.42	6 49	11 11.0	15 34
10	20 30 54.99		−19 38 51.2		1.625 688		5.17	5.41	6 48	11 12.3	15 37

Tag	0h Weltzeit Scheinbare Rektaszension		Scheinbare Deklination		Δ		Halbmesser	Hor. Par.	Aufgang in 0h Länge, +50° Breite	Obere Kulmination	Untergang
1957	h m s	m s	° ′ ″	′ ″			″	″	h m	h m	h m
Febr. 10	20 30 54.99	5 10.59	−19 38 51.2	16 26.3	1.625 688	2 866	5.17	5.41	6 48	11 12.3	15 37
11	20 36 5.58	5 9.47	19 22 24.9	17 0.1	1.628 554	2 830	5.16	5.40	6 48	11 13.5	15 40
12	20 41 15.05	5 8.35	19 5 24.8	17 33.4	1.631 384	2 794	5.15	5.39	6 47	11 14.7	15 43
13	20 46 23.40	5 7.21	18 47 51.4	18 5.9	1.634 178	2 758	5.14	5.38	6 47	11 15.9	15 46
14	20 51 30.61	5 6.07	18 29 45.5	18 37.9	1.636 936	2 721	5.14	5.38	6 46	11 17.1	15 49
15	20 56 36.68	5 4.92	18 11 7.6	19 9.1	1.639 657	2 686	5.13	5.37	6 46	11 18.2	15 51
16	21 1 41.60	5 3.76	−17 51 58.5	19 39.8	1.642 343	2 648	5.12	5.36	6 45	11 19.4	15 54
17	21 6 45.36	5 2.61	17 32 18.7	20 9.7	1.644 991	2 612	5.11	5.35	6 44	11 20.5	15 57
18	21 11 47.97	5 1.46	17 12 9.0	20 39.0	1.647 603	2 574	5.10	5.34	6 44	11 21.6	16 0
19	21 16 49.43	5 0.30	16 51 30.0	21 7.5	1.650 177	2 537	5.09	5.33	6 43	11 22.6	16 3
20	21 21 49.73	4 59.14	16 30 22.5	21 35.4	1.652 714	2 499	5.08	5.32	6 42	11 23.7	16 6
21	21 26 48.87	4 58.00	16 8 47.1	22 2.5	1.655 213	2 459	5.08	5.32	6 41	11 24.7	16 10
22	21 31 46.87	4 56.85	−15 46 44.6	22 28.8	1.657 672	2 421	5.07	5.31	6 40	11 25.7	16 13
23	21 36 43.72	4 55.72	15 24 15.8	22 54.5	1.660 093	2 382	5.07	5.30	6 39	11 26.7	16 16
24	21 41 39.44	4 54.60	15 1 21.3	23 19.5	1.662 475	2 341	5.06	5.29	6 38	11 27.7	16 19
25	21 46 34.04	4 53.49	14 38 1.8	23 43.5	1.664 816	2 302	5.06	5.29	6 37	11 28.7	16 22
26	21 51 27.53	4 52.39	14 14 18.3	24 7.0	1.667 118	2 262	5.05	5.28	6 35	11 29.6	16 25
27	21 56 19.92	4 51.30	13 50 11.3	24 29.6	1.669 380	2 222	5.04	5.27	6 34	11 30.5	16 28
28	22 1 11.22	4 50.23	−13 25 41.7	24 51.6	1.671 602	2 180	5.03	5.26	6 33	11 31.4	16 31
März 1	22 6 1.45	4 49.19	13 0 50.1	25 12.7	1.673 782	2 140	5.03	5.26	6 32	11 32.3	16 34
2	22 10 50.64	4 48.16	12 35 37.4	25 33.1	1.675 922	2 099	5.02	5.25	6 30	11 33.2	16 37
3	22 15 38.80	4 47.15	12 10 4.3	25 52.7	1.678 021	2 058	5.01	5.24	6 29	11 34.0	16 40
4	22 20 25.95	4 46.17	11 44 11.6	26 11.6	1.680 079	2 017	5.01	5.24	6 28	11 34.9	16 43
5	22 25 12.12	4 45.21	11 18 0.0	26 29.7	1.682 096	1 976	5.00	5.23	6 26	11 35.7	16 46
6	22 29 57.33	4 44.28	−10 51 30.3	26 47.2	1.684 072	1 935	5.00	5.23	6 25	11 36.5	16 49
7	22 34 41.61	4 43.37	10 24 43.1	27 3.7	1.686 007	1 893	4.99	5.22	6 24	11 37.3	16 52
8	22 39 24.98	4 42.49	9 57 39.4	27 19.6	1.687 900	1 853	4.98	5.21	6 22	11 38.1	16 55
9	22 44 7.47	4 41.65	9 30 19.8	27 34.8	1.689 753	1 811	4.98	5.21	6 21	11 38.8	16 58
10	22 48 49.12	4 40.83	9 2 45.0	27 49.1	1.691 564	1 770	4.97	5.20	6 19	11 39.6	17 1
11	22 53 29.95	4 40.06	8 34 55.9	28 2.0	1.693 334	1 730	4.97	5.20	6 17	11 40.3	17 4
12	22 58 10.01	4 39.31	− 8 6 53.1	28 15.7	1.695 064	1 689	4.96	5.19	6 16	11 41.0	17 7
13	23 2 49.32	4 38.60	7 38 37.4	28 27.9	1.696 753	1 648	4.96	5.19	6 14	11 41.7	17 10
14	23 7 27.92	4 37.93	7 10 9.5	28 39.4	1.698 401	1 607	4.95	5.18	6 13	11 42.4	17 13
15	23 12 5.85	4 37.29	6 41 30.1	28 50.2	1.700 008	1 567	4.95	5.18	6 11	11 43.1	17 16
16	23 16 43.14	4 36.71	6 12 39.9	29 0.3	1.701 575	1 525	4.94	5.17	6 9	11 43.8	17 19
17	23 21 19.85	4 36.16	5 43 39.6	29 9.5	1.703 100	1 484	4.94	5.17	6 8	11 44.4	17 22
18	23 25 56.01	4 35.64	− 5 14 30.1	29 18.1	1.704 584	1 442	4.93	5.16	6 6	11 45.1	17 25
19	23 30 31.65	4 35.18	4 45 12.0	29 26.1	1.706 026	1 399	4.93	5.16	6 4	11 45.8	17 28
20	23 35 6.83	4 34.74	4 15 45.9	29 33.2	1.707 425	1 357	4.92	5.15	6 3	11 46.4	17 31
21	23 39 41.57	4 34.36	3 46 12.7	29 39.6	1.708 782	1 313	4.92	5.15	6 1	11 47.0	17 34
22	23 44 15.93	4 34.01	3 16 33.1	29 45.3	1.710 095	1 269	4.92	5.15	5 59	11 47.7	17 37
23	23 48 49.94		− 2 46 47.8		1.711 364		4.91	5.14	5 57	11 48.3	17 40

Tag	0h Weltzeit: Scheinbare Rektaszension		Scheinbare Deklination		Δ		Halbmesser	Hor. Par.	Aufgang	Obere Kulmination	Untergang
									in 0h Länge, + 50° Breite		
1957	h m s	m s	° ′ ″	′ ″			″	″	h m	h m	h m
März 23	23 48 49.94	4 33.70	− 2 46 47.8	29 50.3	1.711 364	1 225	4.91	5.14	5 57	11 48.3	17 40
24	23 53 23.64	4 33.44	2 16 57.5	29 54.6	1.712 589	1 180	4.91	5.14	5 56	11 48.9	17 44
25	23 57 57.08	4 33.20	1 47 2.9	29 58.0	1.713 769	1 134	4.90	5.13	5 54	11 49.5	17 47
26	0 2 30.28	4 33.02	1 17 4.9	30 0.9	1.714 903	1 089	4.90	5.13	5 52	11 50.1	17 50
27	0 7 3.30	4 32.88	0 47 4.0	30 2.9	1.715 992	1 042	4.90	5.13	5 50	11 50.7	17 53
28	0 11 36.18	4 32.76	− 0 17 1.1	30 4.2	1.717 034	995	4.90	5.13	5 48	11 51.3	17 56
29	0 16 8.94	4 32.71	+ 0 13 3.1	30 4.9	1.718 029	949	4.89	5.12	5 47	11 51.9	17 58
30	0 20 41.65	4 32.68	0 43 8.0	30 4.7	1.718 978	901	4.89	5.12	5 45	11 52.5	18 1
31	0 25 14.33	4 32.69	1 13 12.7	30 3.8	1.719 879	853	4.89	5.12	5 43	11 53.1	18 4
April 1	0 29 47.02	4 32.75	1 43 16.5	30 2.3	1.720 732	805	4.88	5.11	5 41	11 53.7	18 7
2	0 34 19.77	4 32.84	2 13 18.8	30 0.0	1.721 537	757	4.88	5.11	5 40	11 54.3	18 10
3	0 38 52.61	4 32.98	2 43 18.8	29 56.9	1.722 294	708	4.88	5.11	5 38	11 54.9	18 14
4	0 43 25.59	4 33.15	+ 3 13 15.7	29 53.2	1.723 002	660	4.88	5.11	5 36	11 55.6	18 17
5	0 47 58.74	4 33.36	3 43 8.9	29 48.7	1.723 662	611	4.88	5.11	5 34	11 56.2	18 20
6	0 52 32.10	4 33.62	4 12 57.6	29 43.5	1.724 273	562	4.87	5.10	5 32	11 56.8	18 23
7	0 57 5.72	4 33.91	4 42 41.1	29 37.5	1.724 835	513	4.87	5.10	5 31	11 57.4	18 26
8	1 1 39.63	4 34.24	5 12 18.6	29 30.9	1.725 348	465	4.87	5.10	5 29	11 58.0	18 29
9	1 6 13.87	4 34.62	5 41 49.5	29 23.5	1.725 813	416	4.87	5.10	5 27	11 58.7	18 32
10	1 10 48.49	4 35.03	+ 6 11 13.0	29 15.4	1.726 229	367	4.87	5.10	5 25	11 59.3	18 35
11	1 15 23.52	4 35.48	6 40 28.4	29 6.7	1.726 596	319	4.87	5.10	5 24	11 59.9	18 38
12	1 19 59.00	4 35.98	7 9 35.1	28 57.1	1.726 915	269	4.87	5.10	5 22	12 0.6	18 41
13	1 24 34.98	4 36.52	7 38 32.2	28 46.9	1.727 184	221	4.86	5.09	5 20	12 1.2	18 44
14	1 29 11.50	4 37.09	8 7 19.1	28 35.9	1.727 405	172	4.86	5.09	5 18	12 1.9	18 47
15	1 33 48.59	4 37.70	8 35 55.0	28 24.2	1.727 577	123	4.86	5.09	5 17	12 2.6	18 50
16	1 38 26.29	4 38.36	+ 9 4 19.2	28 11.9	1.727 700	72	4.86	5.09	5 15	12 3.3	18 53
17	1 43 4.65	4 39.04	9 32 31.1	27 58.7	1.727 772	23	4.86	5.09	5 13	12 4.0	18 56
18	1 47 43.69	4 39.78	10 0 29.8	27 44.8	1.727 795	<u>28</u>	4.86	5.09	5 12	12 4.7	18 59
19	1 52 23.47	4 40.53	10 28 14.6	27 30.2	1.727 767	80	4.86	5.09	5 10	12 5.4	19 2
20	1 57 4.00	4 41.32	10 55 44.8	27 14.9	1.727 687	131	4.86	5.09	5 9	12 6.2	19 5
21	2 1 45.32	4 42.15	11 22 59.7	26 58.8	1.727 556	183	4.86	5.09	5 7	12 6.9	19 8
22	2 6 27.47	4 43.01	+11 49 58.5	26 41.9	1.727 373	236	4.86	5.09	5 6	12 7.7	19 11
23	2 11 10.48	4 43.90	12 16 40.4	26 24.4	1.727 137	290	4.87	5.10	5 4	12 8.5	19 14
24	2 15 54.38	4 44.80	12 43 4.8	26 6.1	1.726 847	343	4.87	5.10	5 2	12 9.3	19 18
25	2 20 39.18	4 45.74	13 9 10.9	25 46.9	1.726 504	396	4.87	5.10	5 1	12 10.1	19 21
26	2 25 24.92	4 46.71	13 34 57.8	25 27.1	1.726 108	452	4.87	5.10	4 59	12 10.9	19 24
27	2 30 11.63	4 47.69	14 0 24.9	25 6.6	1.725 656	506	4.87	5.10	4 58	12 11.8	19 27
28	2 34 59.32	4 48.70	+14 25 31.5	24 45.2	1.725 150	562	4.87	5.10	4 57	12 12.6	19 30
29	2 39 48.02	4 49.72	14 50 16.7	24 23.2	1.724 588	617	4.87	5.10	4 55	12 13.5	19 33
30	2 44 37.74	4 50.76	15 14 39.9	24 0.2	1.723 971	674	4.87	5.10	4 54	12 14.4	19 36
Mai 1	2 49 28.50	4 51.82	15 38 40.1	23 36.7	1.723 297	730	4.88	5.11	4 53	12 15.3	19 39
2	2 54 20.32	4 52.88	16 2 16.8	23 12.4	1.722 567	786	4.88	5.11	4 52	12 16.2	19 42
3	2 59 13.20		+16 25 29.2		1.721 781		4.88	5.11	4 50	12 17.2	19 46

Tag	0h Weltzeit								Aufgang	Obere Kulmination	Untergang
	Scheinbare Rektaszension		Scheinbare Deklination		Δ		Halbmesser	Hor. Par.	in 0h Länge, + 50° Breite		
1957	h m s	m s	° ′ ″	′ ″			″	″	h m	h m	h m
Mai 3	2 59 13.20	4 53.97	+16 25 29.2	22 47.3	1.721 781	843	4.88	5.11	4 50	12 17.2	19 46
4	3 4 7.17	4 55.06	16 48 16.5	22 21.5	1.720 938	899	4.88	5.11	4 49	12 18.2	19 49
5	3 9 2.23	4 56.15	17 10 38.0	21 55.0	1.720 039	955	4.89	5.12	4 48	12 19.2	19 52
6	3 13 58.38	4 57.26	17 32 33.0	21 27.7	1.719 084	1 012	4.89	5.12	4 47	12 20.2	19 55
7	3 18 55.64	4 58.37	17 54 0.7	20 59.7	1.718 072	1 069	4.89	5.12	4 46	12 21.2	19 58
8	3 23 54.01	4 59.47	18 15 0.4	20 31.0	1.717 003	1 124	4.90	5.13	4 45	12 22.2	20 1
9	3 28 53.48	5 0.59	+18 35 31.4	20 1.6	1.715 879	1 181	4.90	5.13	4 44	12 23.3	20 4
10	3 33 54.07	5 1.69	18 55 33.0	19 31.6	1.714 698	1 236	4.90	5.13	4 43	12 24.4	20 7
11	3 38 55.76	5 2.81	19 15 4.6	19 0.7	1.713 462	1 292	4.91	5.14	4 42	12 25.5	20 10
12	3 43 58.57	5 3.91	19 34 5.3	18 29.3	1.712 170	1 348	4.91	5.14	4 41	12 26.6	20 13
13	3 49 2.48	5 5.00	19 52 34.6	17 57.2	1.710 822	1 404	4.91	5.14	4 41	12 27.7	20 16
14	3 54 7.48	5 6.09	20 10 31.8	17 24.4	1.709 418	1 460	4.92	5.15	4 40	12 28.8	20 19
15	3 59 13.57	5 7.18	+20 27 56.2	16 50.9	1.707 958	1 515	4.92	5.15	4 39	12 30.0	20 22
16	4 4 20.75	5 8.24	20 44 47.1	16 16.8	1.706 443	1 572	4.93	5.16	4 39	12 31.2	20 25
17	4 9 28.99	5 9.28	21 1 3.9	15 42.2	1.704 871	1 628	4.93	5.16	4 38	12 32.4	20 27
18	4 14 38.27	5 10.30	21 16 46.1	15 6.8	1.703 243	1 685	4.94	5.17	4 38	12 33.6	20 30
19	4 19 48.57	5 11.31	21 31 52.9	14 30.9	1.701 558	1 743	4.94	5.17	4 38	12 34.9	20 33
20	4 24 59.88	5 12.29	21 46 23.8	13 54.5	1.699 815	1 799	4.95	5.18	4 37	12 36.1	20 36
21	4 30 12.17	5 13.24	+22 0 18.3	13 17.4	1.698 016	1 856	4.95	5.18	4 37	12 37.4	20 39
22	4 35 25.41	5 14.15	22 13 35.7	12 39.7	1.696 160	1 915	4.96	5.19	4 37	12 38.7	20 41
23	4 40 39.56	5 15.04	22 26 15.4	12 1.7	1.694 245	1 973	4.96	5.19	4 37	12 40.0	20 44
24	4 45 54.60	5 15.88	22 38 17.1	11 23.0	1.692 272	2 030	4.97	5.20	4 37	12 41.3	20 46
25	4 51 10.48	5 16.69	22 49 40.1	10 43.9	1.690 242	2 090	4.98	5.21	4 37	12 42.6	20 49
26	4 56 27.17	5 17.45	23 0 24.0	10 4.3	1.688 152	2 148	4.98	5.21	4 37	12 44.0	20 52
27	5 1 44.62	5 18.17	+23 10 28.3	9 24.3	1.686 004	2 208	4.99	5.22	4 38	12 45.3	20 54
28	5 7 2.79	5 18.84	23 19 52.6	8 44.0	1.683 796	2 266	5.00	5.23	4 38	12 46.7	20 56
29	5 12 21.63	5 19.46	23 28 36.6	8 3.1	1.681 530	2 326	5.00	5.23	4 38	12 48.1	20 59
30	5 17 41.09	5 20.02	23 36 39.7	7 21.9	1.679 204	2 386	5.01	5.24	4 39	12 49.5	21 1
31	5 23 1.11	5 20.54	23 44 1.6	6 40.5	1.676 818	2 445	5.02	5.25	4 39	12 50.9	21 3
Juni 1	5 28 21.65	5 21.00	23 50 42.1	5 50.7	1.674 373	2 505	5.03	5.26	4 40	12 52.3	21 5
2	5 33 42.65	5 21.39	+23 56 40.8	5 16.7	1.671 868	2 563	5.03	5.26	4 41	12 53.7	21 7
3	5 39 4.04	5 21.73	24 1 57.5	4 34.4	1.669 305	2 622	5.04	5.27	4 42	12 55.1	21 9
4	5 44 25.77	5 22.01	24 6 31.9	3 51.9	1.666 683	2 681	5.06	5.29	4 42	12 56.5	21 11
5	5 49 47.78	5 22.24	24 10 23.8	3 9.2	1.664 002	2 739	5.06	5.29	4 43	12 58.0	21 13
6	5 55 10.02	5 22.39	24 13 33.0	2 26.3	1.661 263	2 797	5.07	5.30	4 45	12 59.4	21 15
7	6 0 32.41	5 22.49	24 15 59.3	1 43.5	1.658 466	2 855	5.07	5.31	4 46	13 0.8	21 16
8	6 5 54.90	5 22.53	+24 17 42.8	1 0.4	1.655 611	2 911	5.08	5.32	4 47	13 2.3	21 18
9	6 11 17.43	5 22.51	24 18 43.2	0 17.3	1.652 700	2 968	5.08	5.32	4 48	13 3.7	21 19
10	6 16 39.94	5 22.43	24 19 0.5	0 25.8	1.649 732	3 024	5.09	5.33	4 50	13 5.1	21 21
11	6 22 2.37	5 22.29	24 18 34.7	1 8.9	1.646 708	3 079	5.10	5.34	4 51	13 6.5	21 22
12	6 27 24.66	5 22.09	24 17 25.8	1 51.9	1.643 629	3 136	5.11	5.35	4 53	13 8.0	21 23
13	6 32 46.75		+24 15 33.9		1.640 493		5.12	5.36	4 54	13 9.4	21 24

Tag	0h Weltzeit: Scheinbare Rektaszension		Scheinbare Deklination		Δ		Halbmesser	Hor. Par.	Aufgang	Obere Kulmination	Untergang
									in 0h Länge, +50° Breite		
1957	h m s	m s	° ′ ″	′ ″			″	″	h m	h m	h m
Juni 13	6 32 46.75	5 21.83	+24 15 33.9	2 35.0	1.640 493	3 191	5.12	5.36	4 54	13 9.4	21 24
14	6 38 8.58	5 21.52	24 12 58.9	3 17.9	1.637 302	3 246	5.13	5.37	4 56	13 10.8	21 25
15	6 43 30.10	5 21.14	24 9 41.0	4 0.6	1.634 056	3 301	5.15	5.39	4 58	13 12.2	21 26
16	6 48 51.24	5 20.71	24 5 40.4	4 43.3	1.630 755	3 356	5.16	5.40	5 0	13 13.6	21 27
17	6 54 11.95	5 20.22	24 0 57.1	5 25.7	1.627 399	3 412	5.17	5.41	5 2	13 15.0	21 28
18	6 59 32.17	5 19.68	23 55 31.4	6 7.9	1.623 987	3 466	5.18	5.42	5 4	13 16.4	21 29
19	7 4 51.85	5 19.09	+23 49 23.5	6 49.9	1.620 521	3 521	5.19	5.43	5 6	13 17.8	21 29
20	7 10 10.94	5 18.43	23 42 33.6	7 31.5	1.617 000	3 575	5.20	5.44	5 8	13 19.2	21 30
21	7 15 29.37	5 17.73	23 35 2.1	8 12.8	1.613 425	3 631	5.21	5.45	5 10	13 20.5	21 30
22	7 20 47.10	5 16.98	23 26 49.3	8 53.9	1.609 794	3 685	5.23	5.47	5 13	13 21.9	21 30
23	7 26 4.08	5 16.18	23 17 55.4	9 34.5	1.606 109	3 740	5.24	5.48	5 15	13 23.2	21 31
24	7 31 20.26	5 15.32	23 8 20.9	10 14.8	1.602 369	3 794	5.25	5.49	5 17	13 24.5	21 31
25	7 36 35.58	5 14.44	+22 58 6.1	10 54.6	1.598 575	3 849	5.26	5.50	5 20	13 25.8	21 31
26	7 41 50.02	5 13.50	22 47 11.5	11 34.1	1.594 726	3 904	5.28	5.52	5 22	13 27.1	21 31
27	7 47 3.52	5 12.52	22 35 37.4	12 12.9	1.590 822	3 958	5.28	5.53	5 25	13 28.4	21 31
28	7 52 16.04	5 11.50	22 23 24.5	12 51.4	1.586 864	4 013	5.30	5.55	5 28	13 29.7	21 31
29	7 57 27.54	5 10.44	22 10 33.1	13 29.2	1.582 851	4 067	5.31	5.56	5 30	13 30.9	21 31
30	8 2 37.98	5 9.35	21 57 3.9	14 6.6	1.578 784	4 121	5.32	5.57	5 33	13 32.1	21 30
Juli 1	8 7 47.33	5 8.22	+21 42 57.3	14 43.4	1.574 663	4 174	5.34	5.59	5 36	13 33.3	21 30
2	8 12 55.55	5 7.06	21 28 13.9	15 19.7	1.570 489	4 227	5.35	5.60	5 38	13 34.5	21 30
3	8 18 2.61	5 5.87	21 12 54.2	15 55.3	1.566 262	4 279	5.37	5.62	5 41	13 35.7	21 29
4	8 23 8.48	5 4.66	20 56 58.9	16 30.3	1.561 983	4 331	5.38	5.63	5 44	13 36.8	21 29
5	8 28 13.14	5 3.42	20 40 28.6	17 4.8	1.557 652	4 382	5.40	5.65	5 47	13 38.0	21 28
6	8 33 16.56	5 2.18	20 23 23.8	17 38.6	1.553 270	4 432	5.42	5.67	5 50	13 39.1	21 27
7	8 38 18.74	5 0.91	+20 5 45.2	18 11.8	1.548 838	4 482	5.43	5.68	5 53	13 40.2	21 27
8	8 43 19.65	4 59.63	19 47 33.4	18 44.2	1.544 356	4 531	5.45	5.70	5 56	13 41.2	21 26
9	8 48 19.28	4 58.34	19 28 49.2	19 16.2	1.539 825	4 580	5.47	5.72	5 59	13 42.3	21 25
10	8 53 17.62	4 57.05	19 9 33.0	19 47.4	1.535 245	4 627	5.48	5.73	6 2	13 43.3	21 24
11	8 58 14.67	4 55.75	18 49 45.6	20 17.9	1.530 618	4 674	5.50	5.75	6 5	13 44.3	21 23
12	9 3 10.42	4 54.45	18 29 27.7	20 47.8	1.525 944	4 721	5.51	5.77	6 7	13 45.2	21 22
13	9 8 4.87	4 53.16	+18 8 39.9	21 17.0	1.521 223	4 768	5.52	5.78	6 10	13 46.2	21 21
14	9 12 58.03	4 51.87	17 47 22.9	21 45.5	1.516 455	4 813	5.54	5.80	6 13	13 47.1	21 20
15	9 17 49.90	4 50.58	17 25 37.4	22 13.3	1.511 642	4 859	5.56	5.82	6 16	13 48.0	21 18
16	9 22 40.48	4 49.29	17 3 24.1	22 40.4	1.506 783	4 904	5.58	5.84	6 20	13 48.9	21 17
17	9 27 29.77	4 48.03	16 40 43.7	23 6.9	1.501 879	4 949	5.60	5.86	6 23	13 49.8	21 16
18	9 32 17.80	4 46.76	16 17 36.8	23 32.5	1.496 930	4 993	5.62	5.88	6 26	13 50.6	21 15
19	9 37 4.56	4 45.53	+15 54 4.3	23 57.5	1.491 937	5 037	5.64	5.90	6 29	13 51.5	21 13
20	9 41 50.09	4 44.29	15 30 6.8	24 21.8	1.486 900	5 081	5.66	5.92	6 32	13 52.3	21 12
21	9 46 34.38	4 43.08	15 5 45.0	24 45.3	1.481 819	5 125	5.68	5.94	6 35	13 53.1	21 10
22	9 51 17.46	4 41.88	14 40 59.7	25 8.1	1.476 694	5 168	5.70	5.96	6 38	13 53.8	21 9
23	9 55 59.34	4 40.70	14 15 51.6	25 30.3	1.471 526	5 212	5.71	5.98	6 41	13 54.6	21 7
24	10 0 40.04		+13 50 21.3		1.466 314		5.73	6.00	6 44	13 55.3	21 6

Tag	0h Weltzeit Scheinbare Rektaszension		Scheinbare Deklination		Δ		Halbmesser	Hor. Par.	Aufgang	Obere Kulmination	Untergang
									in 0h Länge, + 50° Breite		
1957	h m s	m s	° ′ ″	′ ″			″	″	h m	h m	h m
Juli 24	10 0 40.04	4 39.55	+13 50 21.3	25 51.6	1.466 314	5 255	5.73	6.00	6 44	13 55.3	21 6
25	10 5 19.59	4 38.42	13 24 29.7	26 12.2	1.461 059	5 298	5.75	6.02	6 47	13 56.0	21 4
26	10 9 58.01	4 37.30	12 58 17.5	26 32.2	1.455 761	5 340	5.77	6.04	6 50	13 56.7	21 2
27	10 14 35.31	4 36.21	12 31 45.3	26 51.3	1.450 421	5 383	5.80	6.07	6 53	13 57.3	21 1
28	10 19 11.52	4 35.14	12 4 54.0	27 9.8	1.445 038	5 426	5.82	6.09	6 56	13 58.0	20 59
29	10 23 46.66	4 34.10	11 37 44.2	27 27.4	1.439 612	5 467	5.84	6.11	6 59	13 58.6	20 57
30	10 28 20.76	4 33.07	+11 10 16.8	27 44.4	1.434 145	5 509	5.87	6.14	7 2	13 59.2	20 56
31	10 32 53.83	4 32.09	10 42 32.4	28 0.6	1.428 636	5 550	5.89	6.16	7 5	13 59.8	20 54
Aug. 1	10 37 25.92	4 31.11	10 14 31.8	28 16.1	1.423 086	5 590	5.91	6.18	7 8	14 0.4	20 52
2	10 41 57.03	4 30.18	9 46 15.7	28 30.9	1.417 496	5 629	5.93	6.21	7 10	14 1.0	20 50
3	10 46 27.21	4 29.28	9 17 44.8	28 44.9	1.411 867	5 668	5.95	6.23	7 13	14 1.5	20 48
4	10 50 56.49	4 28.40	8 48 59.9	28 58.2	1.406 199	5 706	5.98	6.26	7 16	14 2.1	20 46
5	10 55 24.89	4 27.57	+ 8 20 1.7	29 10.9	1.400 493	5 744	6.00	6.28	7 19	14 2.6	20 45
6	10 59 52.46	4 26.75	7 50 50.8	29 22.9	1.394 749	5 780	6.03	6.31	7 22	14 3.1	20 43
7	11 4 19.21	4 25.99	7 21 27.9	29 34.0	1.388 969	5 815	6.06	6.34	7 25	14 3.6	20 41
8	11 8 45.20	4 25.26	6 51 53.9	29 44.6	1.383 154	5 851	6.08	6.36	7 28	14 4.1	20 39
9	11 13 10.46	4 24.56	6 22 9.3	29 54.5	1.377 303	5 885	6.11	6.39	7 31	14 4.6	20 37
10	11 17 35.02	4 23.91	5 52 14.8	30 3.7	1.371 418	5 919	6.14	6.42	7 34	14 5.0	20 35
11	11 21 58.93	4 23.29	+ 5 22 11.1	30 12.2	1.365 499	5 953	6.16	6.44	7 37	14 5.5	20 33
12	11 26 22.22	4 22.71	4 51 58.9	30 19.9	1.359 546	5 985	6.18	6.47	7 40	14 5.9	20 31
13	11 30 44.93	4 22.18	4 21 39.0	30 27.2	1.353 561	6 017	6.21	6.50	7 43	14 6.3	20 29
14	11 35 7.11	4 21.68	3 51 11.8	30 33.6	1.347 544	6 050	6.24	6.53	7 45	14 6.8	20 27
15	11 39 28.79	4 21.23	3 20 38.2	30 39.3	1.341 494	6 081	6.27	6.56	7 48	14 7.2	20 25
16	11 43 50.02	4 20.80	2 49 58.9	30 44.5	1.335 413	6 112	6.31	6.60	7 51	14 7.6	20 23
17	11 48 10.82	4 20.44	+ 2 19 14.4	30 49.0	1.329 301	6 143	6.33	6.62	7 54	14 8.0	20 21
18	11 52 31.26	4 20.11	1 48 25.4	30 52.7	1.323 158	6 173	6.36	6.65	7 57	14 8.4	20 19
19	11 56 51.37	4 19.82	1 17 32.7	30 55.8	1.316 985	6 203	6.38	6.68	8 0	14 8.8	20 17
20	12 1 11.19	4 19.58	0 46 36.9	30 58.2	1.310 782	6 233	6.41	6.71	8 3	14 9.2	20 14
21	12 5 30.77	4 19.36	+ 0 15 38.7	30 59.9	1.304 549	6 264	6.45	6.75	8 6	14 9.5	20 12
22	12 9 50.13	4 19.20	− 0 15 21.2	31 1.1	1.298 285	6 293	6.48	6.78	8 8	14 9.9	20 10
23	12 14 9.33	4 19.07	− 0 46 22.3	31 1.4	1.291 992	6 323	6.51	6.81	8 11	14 10.3	20 8
24	12 18 28.40	4 18.99	1 17 23.7	31 1.1	1.285 669	6 352	6.54	6.84	8 14	14 10.7	20 6
25	12 22 47.39	4 18.93	1 48 24.8	31 0.1	1.279 317	6 382	6.58	6.88	8 17	14 11.0	20 4
26	12 27 6.32	4 18.93	2 19 24.9	30 58.5	1.272 935	6 411	6.60	6.91	8 20	14 11.4	20 2
27	12 31 25.25	4 18.94	2 50 23.4	30 56.0	1.266 524	6 440	6.64	6.95	8 23	14 11.8	20 0
28	12 35 44.19	4 19.00	3 21 19.4	30 52.9	1.260 084	6 468	6.67	6.98	8 26	14 12.2	19 58
29	12 40 3.19	4 19.09	− 3 52 12.3	30 49.2	1.253 616	6 497	6.71	7.02	8 28	14 12.5	19 56
30	12 44 22.28	4 19.22	4 23 1.5	30 44.7	1.247 119	6 525	6.75	7.06	8 31	14 12.9	19 54
31	12 48 41.50	4 19.38	4 53 46.2	30 39.5	1.240 594	6 552	6.78	7.09	8 34	14 13.3	19 52
Sept. 1	12 53 0.88	4 19.57	5 24 25.7	30 33.7	1.234 042	6 578	6.81	7.13	8 37	14 13.7	19 50
2	12 57 20.45	4 19.81	5 54 59.4	30 27.2	1.227 464	6 604	6.85	7.17	8 40	14 14.1	19 47
3	13 1 40.26		− 6 25 26.6		1.220 860		6.89	7.21	8 43	14 14.5	19 45

Tag	0h Weltzeit Scheinbare Rektaszension		Scheinbare Deklination		Δ		Halbmesser	Hor. Par.	Aufgang	Obere Kulmination	Untergang
									in 0h Länge, + 50° Breite		
1957	h m s	m s	° ′ ″	′ ″			″	″	h m	h m	h m
Sept. 3	13 1 40.26	4 20.08	− 6 25 26.6	30 20.0	1.220 860	6 629	6.89	7.21	8 43	14 14.5	19 45
4	13 6 0.34	4 20.39	6 55 46.6	30 12.0	1.214 231	6 653	6.93	7.25	8 45	14 14.9	19 43
5	13 10 20.73	4 20.72	7 25 58.6	30 3.5	1.207 578	6 677	6.97	7.29	8 48	14 15.3	19 41
6	13 14 41.45	4 21.11	7 56 2.1	29 54.3	1.200 901	6 701	7.01	7.33	8 51	14 15.7	19 39
7	13 19 2.56	4 21.51	8 25 56.4	29 44.3	1.194 200	6 723	7.04	7.37	8 54	14 16.1	19 37
8	13 23 24.07	4 21.96	8 55 40.7	29 33.7	1.187 477	6 746	7.08	7.41	8 57	14 16.5	19 35
9	13 27 46.03	4 22.44	− 9 25 14.4	29 22.4	1.180 731	6 768	7.12	7.45	9 0	14 16.9	19 33
10	13 32 8.47	4 22.96	9 54 36.8	29 10.5	1.173 963	6 788	7.17	7.50	9 3	14 17.3	19 31
11	13 36 31.43	4 23.50	10 23 47.3	28 57.8	1.167 175	6 810	7.21	7.54	9 5	14 17.8	19 29
12	13 40 54.93	4 24.09	10 52 45.1	28 44.5	1.160 365	6 830	7.24	7.58	9 8	14 18.2	19 27
13	13 45 19.02	4 24.71	11 21 29.6	28 30.4	1.153 535	6 850	7.29	7.63	9 11	14 18.7	19 25
14	13 49 43.73	4 25.34	11 50 0.0	28 15.7	1.146 685	6 869	7.33	7.67	9 14	14 19.2	19 23
15	13 54 9.07	4 26.02	−12 18 15.7	28 0.3	1.139 816	6 889	7.38	7.72	9 17	14 19.7	19 21
16	13 58 35.09	4 26.73	12 46 16.0	27 44.2	1.132 927	6 909	7.43	7.77	9 20	14 20.2	19 20
17	14 3 1.82	4 27.46	13 14 0.2	27 27.4	1.126 018	6 927	7.47	7.82	9 23	14 20.7	19 18
18	14 7 29.28	4 28.21	13 41 27.6	27 10.0	1.119 091	6 946	7.51	7.86	9 26	14 21.2	19 16
19	14 11 57.49	4 29.00	14 8 37.6	26 51.8	1.112 145	6 965	7.56	7.91	9 29	14 21.7	19 14
20	14 16 26.49	4 29.81	14 35 29.4	26 32.9	1.105 180	6 984	7.61	7.96	9 32	14 22.3	19 12
21	14 20 56.30	4 30.62	−15 2 2.3	26 13.3	1.098 196	7 003	7.65	8.01	9 34	14 22.9	19 10
22	14 25 26.92	4 31.47	15 28 15.6	25 53.1	1.091 193	7 023	7.70	8.06	9 37	14 23.4	19 9
23	14 29 58.39	4 32.32	15 54 8.7	25 32.0	1.084 170	7 041	7.76	8.12	9 40	14 24.0	19 7
24	14 34 30.71	4 33.19	16 19 40.7	25 10.4	1.077 129	7 060	7.81	8.17	9 43	14 24.6	19 5
25	14 39 3.90	4 34.06	16 44 51.1	24 47.9	1.070 069	7 079	7.86	8.22	9 46	14 25.2	19 3
26	14 43 37.96	4 34.94	17 9 39.0	24 24.9	1.062 990	7 098	7.91	8.28	9 49	14 25.9	19 2
27	14 48 12.90	4 35.82	−17 34 3.9	24 0.9	1.055 892	7 117	7.96	8.33	9 52	14.26.5	19 0
28	14 52 48.72	4 36.70	17 58 4.8	23 36.5	1.048 775	7 134	8.02	8.39	9 55	14 27.2	18 59
29	14 57 25.42	4 37.59	18 21 41.3	23 11.2	1.041 641	7 152	8.08	8.45	9 58	14 27.9	18 57
30	15 2 3.01	4 38.46	18 44 52.5	22 45.4	1.034 489	7 170	8.13	8.51	10 1	14 28.6	18 56
Okt. 1	15 6 41.47	4 39.35	19 7 37.9	22 18.7	1.027 319	7 186	8.19	8.57	10 4	14 29.3	18 54
2	15 11 20.82	4 40.21	19 29 56.6	21 51.5	1.020 133	7 202	8.25	8.63	10 7	14 30.0	18 53
3	15 16 1.03	4 41.07	−19 51 48.1	21 23.5	1.012 931	7 217	8.30	8.69	10 9	14 30.7	18 51
4	15 20 42.10	4 41.93	20 13 11.6	20 55.0	1.005 714	7 233	8.36	8.75	10 12	14 31.5	18 50
5	15 25 24.03	4 42.77	20 34 6.6	20 25.8	0.998 481	7 247	8.42	8.81	10 15	14 32.2	18 49
6	15 30 6.80	4 43.61	20 54 32.4	19 55.9	0.991 234	7 262	8.49	8.88	10 18	14 33.0	18 48
7	15 34 50.41	4 44.41	21 14 28.3	19 25.4	0.983 972	7 275	8.54	8.94	10 21	14 33.8	18 46
8	15 39 34.82	4 45.21	21 33 53.7	18 54.3	0.976 697	7 288	8.61	9.01	10 23	14 34.6	18 45
9	15 44 20.03	4 45.98	−21 52 48.0	18 22.7	0.969 409	7 301	8.68	9.08	10 26	14 35.4	18 44
10	15 49 6.01	4 46.73	22 11 10.7	17 50.3	0.962 108	7 313	8.74	9.15	10 29	14 36.3	18 43
11	15 53 52.74	4 47.45	22 29 1.0	17 17.5	0.954 795	7 325	8.81	9.22	10 32	14 37.1	18 42
12	15 58 40.19	4 48.15	22 46 18.5	16 44.1	0.947 470	7 336	8.88	9.29	10 34	14 38.0	18 41
13	16 3 28.34	4 48.81	23 3 2.6	16 10.1	0.940 134	7 348	8.95	9.36	10 37	14 38.8	18 40
14	16 8 17.15		−23 19 12.7		0.932 786		9.01	9.43	10 40	14 39.7	18 39

Tag	0h Weltzeit: Scheinbare Rektaszension		Scheinbare Deklination		Δ		Halbmesser	Hor. Par.	Aufgang	Obere Kulmination	Untergang
									in 0h Länge, + 50° Breite		
1957	h m s	m s	° ′ ″	′ ″			″	″	h m	h m	h m
Okt. 14	16 8 17.15	4 49.45	−23 19 12.7	15 35.6	0.932 786	7 358	9.01	9.43	10 40	14 39.7	18 39
15	16 13 6.60	4 50.04	23 34 48.3	15 0.6	0.925 428	7 369	9.09	9.51	10 42	14 40.6	18 39
16	16 17 56.64	4 50.61	23 49 48.9	14 25.2	0.918 059	7 380	9.16	9.59	10 45	14 41.5	18 38
17	16 22 47.25	4 51.11	24 4 14.1	13 49.2	0.910 679	7 390	9.23	9.66	10 47	14 42.4	18 37
18	16 27 38.36	4 51.58	24 18 3.3	13 12.8	0.903 289	7 400	9.31	9.74	10 50	14 43.3	18 37
19	16 32 29.94	4 52.00	24 31 16.1	12 36.0	0.895 889	7 410	9.38	9.82	10 52	14 44.3	18 36
20	16 37 21.94	4 52.37	−24 43 52.1	11 58.8	0.888 479	7 421	9.46	9.90	10 54	14 45.2	18 36
21	16 42 14.31	4 52.67	24 55 50.9	11 21.1	0.881 058	7 432	9.55	9.99	10 57	14 46.1	18 35
22	16 47 6.98	4 52.91	25 7 12.0	10 43.2	0.873 626	7 441	9.62	10.07	10 59	14 47.1	18 35
23	16 51 59.89	4 53.09	25 17 55.2	10 5.0	0.866 185	7 453	9.71	10.16	11 1	14 48.0	18 35
24	16 56 52.98	4 53.19	25 28 0.2	9 26.3	0.858 732	7 463	9.80	10.25	11 3	14 49.0	18 35
25	17 1 46.17	4 53.22	25 37 26.5	8 47.5	0.851 269	7 472	9.88	10.34	11 5	14 49.9	18 35
26	17 6 39.39	4 53.16	−25 46 14.0	8 8.5	0.843 797	7 483	9.97	10.43	11 7	14 50.8	18 35
27	17 11 32.55	4 53.04	25 54 22.5	7 29.1	0.836 314	7 492	10.05	10.52	11 9	14 51.8	18 35
28	17 16 25.59	4 52.81	26 1 51.6	6 49.7	0.828 822	7 501	10.15	10.62	11 11	14 52.7	18 35
29	17 21 18.40	4 52.52	26 8 41.3	6 10.2	0.821 321	7 510	10.24	10.71	11 12	14 53.6	18 35
30	17 26 10.92	4 52.13	26 14 51.5	5 30.4	0.813 811	7 517	10.33	10.81	11 14	14 54.6	18 35
31	17 31 3.05	4 51.65	26 20 21.9	4 50.6	0.806 294	7 525	10.43	10.91	11 15	14 55.5	18 36
Nov. 1	17 35 54.70	4 51.09	−26 25 12.5	4 10.8	0.798 769	7 532	10.53	11.02	11 17	14 56.4	18 36
2	17 40 45.79	4 50.44	26 29 23.3	3 30.9	0.791 237	7 537	10.63	11.12	11 18	14 57.3	18 36
3	17 45 36.23	4 49.70	26 32 54.2	2 51.1	0.783 700	7 544	10.73	11.23	11 20	14 58.2	18 37
4	17 50 25.93	4 48.85	26 35 45.3	2 11.4	0.776 156	7 548	10.84	11.34	11 21	14 59.1	18 38
5	17 55 14.78	4 47.93	26 37 56.7	1 31.7	0.768 608	7 552	10.94	11.45	11 22	15 0.0	18 38
6	18 0 2.71	4 46.91	26 39 28.4	0 52.3	0.761 056	7 556	11.05	11.56	11 23	15 0.8	18 39
7	18 4 49.62	4 45.80	−26 40 20.7	0 12.9	0.753 500	7 558	11.16	11.68	11 24	15 1.6	18 40
8	18 9 35.42	4 44.58	26 40 33.6	0 26.3	0.745 942	7 561	11.28	11.80	11 25	15 2.4	18 40
9	18 14 20.00	4 43.28	26 40 7.3	1 5.2	0.738 381	7 561	11.39	11.92	11 25	15 3.2	18 41
10	18 19 3.28	4 41.88	26 39 2.1	1 43.9	0.730 820	7 563	11.51	12.04	11 26	15 4.0	18 42
11	18 23 45.16	4 40.40	26 37 18.2	2 22.1	0.723 257	7 563	11.63	12.17	11 26	15 4.7	18 43
12	18 28 25.56	4 38.8[illegible]	26 34 56.1	3 [illegible]	0.715 694	7 56[illegible]	11.75	12.30	11 27	15 5.4	18 44
13	18 33 4.38	4 37.14	−26 31 55.9	3 37.9	0.708 132	7 560	11.88	12.43	11 27	15 6.1	18 46
14	18 37 41.52	4 35.37	26 28 18.0	4 15.1	0.700 572	7 559	12.00	12.56	11 27	15 6.8	18 47
15	18 42 16.89	4 33.51	26 24 2.9	4 51.9	0.693 013	7 558	12.14	12.70	11 27	15 7.4	18 48
16	18 46 50.40	4 31.55	26 19 11.0	5 28.2	0.685 455	7 554	12.27	12.84	11 27	15 8.0	18 49
17	18 51 21.95	4 29.50	26 13 42.8	6 4.0	0.677 901	7 552	12.40	12.98	11 27	15 8.6	18 50
18	18 55 51.45	4 27.34	26 7 38.8	6 39.2	0.670 349	7 548	12.55	13.13	11 27	15 9.1	18 51
19	19 0 18.79	4 25.09	−26 0 59.6	7 13.9	0.662 801	7 544	12.69	13.28	11 27	15 9.6	18 53
20	19 4 43.88	4 22.73	25 53 45.7	7 48.0	0.655 257	7 541	12.83	13.43	11 26	15 10.0	18 54
21	19 9 6.61	4 20.27	25 45 57.7	8 21.3	0.647 716	7 536	12.99	13.59	11 26	15 10.4	18 55
22	19 13 26.88	4 17.71	25 37 36.4	8 54.1	0.640 180	7 530	13.14	13.75	11 25	15 10.8	18 57
23	19 17 44.59	4 15.02	25 28 42.3	9 26.0	0.632 650	7 525	13.29	13.91	11 24	15 11.1	18 58
24	19 21 59.61		−25 19 16.3		0.625 125		13.46	14.08	11 24	15 11.4	19 0

Tag	0h Weltzeit Scheinbare Rektaszension		Scheinbare Deklination		Δ		Halbmesser	Hor. Par.	Aufgang (in 0h Länge, +50° Breite)	Obere Kulmination (in 0h Länge, +50° Breite)	Untergang (in 0h Länge, +50° Breite)
1957	h m s	m s	° ′ ″	′ ″			″	″	h m	h m	h m
Nov. 24	19 21 59.61	4 12.22	−25 19 16.3	9 57.2	0.625 125	7 518	13.46	14.08	11 24	15 11.4	19 0
25	19 26 11.83	4 9.33	25 9 19.1	10 27.6	0.617 607	7 510	13.62	14.25	11 23	15 11.7	19 1
26	19 30 21.16	4 6.31	24 58 51.5	10 57.2	0.610 097	7 501	13.78	14.42	11 22	15 11.9	19 3
27	19 34 27.47	4 3.19	24 47 54.3	11 26.0	0.602 596	7 492	13.95	14.60	11 21	15 12.0	19 4
28	19 38 30.66	3 59.94	24 36 28.3	11 53.9	0.595 104	7 480	14.13	14.79	11 19	15 12.0	19 5
29	19 42 30.60	3 56.59	24 24 34.4	12 20.9	0.587 624	7 467	14.32	14.98	11 18	15 12.0	19 7
30	19 46 27.19	3 53.13	−24 12 13.5	12 47.1	0.580 157	7 454	14.50	15.17	11 16	15 12.0	19 8
Dez. 1	19 50 20.32	3 49.54	23 59 26.4	13 12.2	0.572 703	7 438	14.69	15.37	11 15	15 11.9	19 9
2	19 54 9.86	3 45.84	23 46 14.2	13 36.5	0.565 265	7 422	14.88	15.57	11 13	15 11.8	19 11
3	19 57 55.70	3 42.03	23 32 37.7	13 59.8	0.557 843	7 403	15.08	15.78	11 12	15 11.6	19 12
4	20 1 37.73	3 38.08	23 18 37.9	14 22.0	0.550 440	7 383	15.28	15.99	11 10	15 11.3	19 13
5	20 5 15.81	3 34.03	23 4 15.9	14 43.3	0.543 057	7 360	15.48	16.20	11 8	15 10.9	19 15
6	20 8 49.84	3 29.86	−22 49 32.6	15 3.5	0.535 697	7 337	15.70	16.43	11 6	15 10.5	19 16
7	20 12 19.70	3 25.55	22 34 29.1	15 22.6	0.528 360	7 310	15.92	16.66	11 4	15 10.0	19 17
8	20 15 45.25	3 21.13	22 19 6.5	15 40.7	0.521 050	7 283	16.14	16.89	11 2	15 9.4	19 18
9	20 19 6.38	3 16.58	22 3 25.8	15 57.8	0.513 767	7 252	16.37	17.13	10 59	15 8.8	19 19
10	20 22 22.96	3 11.90	21 47 28.0	16 13.6	0.506 515	7 220	16.60	17.37	10 57	15 8.1	19 20
11	20 25 34.86	3 7.09	21 31 14.4	16 28.4	0.499 295	7 186	16.84	17.62	10 55	15 7.3	19 21
12	20 28 41.95	3 2.17	−21 14 46.0	16 42.0	0.492 109	7 150	17.09	17.88	10 52	15 6.4	19 21
13	20 31 44.12	2 57.08	20 58 4.0	16 54.5	0.484 959	7 111	17.35	18.15	10 49	15 5.5	19 22
14	20 34 41.20	2 51.86	20 41 9.5	17 5.7	0.477 848	7 069	17.60	18.42	10 47	15 4.4	19 23
15	20 37 33.06	2 46.49	20 24 3.8	17 15.7	0.470 779	7 027	17.86	18.69	10 44	15 3.3	19 23
16	20 40 19.55	2 40.97	20 6 48.1	17 24.4	0.463 752	6 981	18.14	18.98	10 41	15 2.1	19 24
17	20 43 0.52	2 35.28	19 49 23.7	17 31.8	0.456 771	6 933	18.42	19.27	10 38	15 0.7	19 24
18	20 45 35.80	2 29.41	−19 31 51.9	17 37.7	0.449 838	6 881	18.70	19.56	10 35	14 59.3	19 25
19	20 48 5.21	2 23.37	19 14 14.2	17 42.3	0.442 957	6 829	18.99	19.87	10 32	14 57.8	19 25
20	20 50 28.58	2 17.14	18 56 31.9	17 45.7	0.436 128	6 772	19.29	20.18	10 28	14 56.2	19 25
21	20 52 45.72	2 10.73	18 38 46.2	17 47.3	0.429 356	6 712	19.59	20.50	10 25	14 54.5	19 25
22	20 54 56.45	2 4.09	18 20 58.9	17 47.6	0.422 644	6 648	19.90	20.82	10 22	14 52.7	19 25
23	20 57 0.54	1 57.25	18 3 11.3	17 46.3	0.415 996	6 582	20.21	21.15	10 18	14 50.7	19 24
24	20 58 57.79	1 50.20	−17 45 25.0	17 43.3	0.409 414	6 510	20.54	21.49	10 14	14 48.7	19 24
25	21 0 47.99	1 42.92	17 27 41.7	17 38.8	0.402 904	6 435	20.87	21.84	10 10	14 46.5	19 23
26	21 2 30.91	1 35.41	17 10 2.9	17 32.6	0.396 469	6 354	21.22	22.20	10 6	14 44.2	19 23
27	21 4 6.32	1 27.69	16 52 30.3	17 24.9	0.390 115	6 269	21.56	22.56	10 2	14 41.8	19 22
28	21 5 34.01	1 19.72	16 35 5.4	17 15.3	0.383 846	6 179	21.91	22.93	9 58	14 39.2	19 21
29	21 6 53.73	1 11.54	16 17 50.1	17 4.1	0.377 667	6 083	22.27	23.30	9 54	14 36.5	19 20
30	21 8 5.27	1 3.13	−16 0 46.0	16 51.0	0.371 584	5 981	22.63	23.68	9 50	14 33.7	19 18
31	21 9 8.40	0 54.49	15 43 55.0	16 36.3	0.365 603	5 874	23.00	24.07	9 45	14 30.7	19 17
32	21 10 2.89		−15 27 18.7		0.359 729		23.38	24.46	9 41	14 27.6	19 15

Tag	0h Weltzeit: Scheinbare Rektaszension	Diff.	0h Weltzeit: Scheinbare Deklination	Diff.	Δ	Diff.	Halbmesser	Hor. Par.	Aufgang (in 0h Länge, + 50° Breite)	Obere Kulmination (in 0h Länge, + 50° Breite)	Untergang (in 0h Länge, + 50° Breite)
1957	h m s	m s	° ′ ″	′ ″			″	″	h m	h m	h m
Jan. 0	0 47 53.27	2 4.08	+ 5 24 3.7	14 31.6	1.048 459	9 028	4.46	8.39	11 39	18 8.9	0 40
1	0 49 57.35	2 4.70	5 38 35.3	14 31.7	1.057 487	9 050	4.42	8.32	11 36	18 7.0	0 39
2	0 52 2.05	2 5.29	5 53 7.0	14 31.4	1.066 537	9 072	4.39	8.25	11 33	18 5.2	0 38
3	0 54 7.34	2 5.89	6 7 38.4	14 31.1	1.075 609	9 091	4.35	8.18	11 30	18 3.3	0 38
4	0 56 13.23	2 6.46	6 22 9.5	14 30.6	1.084 700	9 111	4.31	8.11	11 27	18 1.5	0 37
5	0 58 19.69	2 7.04	6 36 40.1	14 30.0	1.093 811	9 130	4.28	8.05	11 24	17 59.7	0 37
6	1 0 26.73	2 7.60	+ 6 51 10.1	14 29.2	1.102 941	9 147	4.24	7.98	11 21	17 57.9	0 36
7	1 2 34.33	2 8.15	7 5 39.3	14 28.3	1.112 088	9 164	4.21	7.91	11 18	17 56.1	0 35
8	1 4 42.48	2 8.70	7 20 7.6	14 27.3	1.121 252	9 181	4.17	7.85	11 15	17 54.3	0 35
9	1 6 51.18	2 9.23	7 34 34.9	14 26.0	1.130 433	9 196	4.14	7.78	11 12	17 52.5	0 34
10	1 9 0.41	2 9.76	7 49 0.9	14 24.6	1.139 629	9 210	4.11	7.72	11 9	17 50.7	0 33
11	1 11 10.17	2 10.28	8 3 25.5	14 23.0	1.148 839	9 225	4.07	7.66	11 6	17 48.9	0 33
12	1 13 20.45	2 10.78	+ 8 17 48.5	14 21.4	1.158 064	9 239	4.04	7.60	11 3	17 47.1	0 32
13	1 15 31.23	2 11.28	8 32 9.9	14 19.6	1.167 303	9 253	4.01	7.54	11 0	17 45.4	0 32
14	1 17 42.51	2 11.77	8 46 29.5	14 17.5	1.176 556	9 265	3.98	7.48	10 58	17 43.7	0 31
15	1 19 54.28	2 12.26	9 0 47.0	14 15.5	1.185 821	9 278	3.95	7.42	10 55	17 41.9	0 30
16	1 22 6.54	2 12.73	9 15 2.5	14 13.2	1.195 099	9 291	3.91	7.36	10 52	17 40.2	0 30
17	1 24 19.27	2 13.21	9 29 15.7	14 10.9	1.204 390	9 304	3.89	7.31	10 49	17 38.4	0 29
18	1 26 32.48	2 13.69	+ 9 43 26.6	14 8.4	1.213 694	9 315	3.86	7.25	10 46	17 36.7	0 29
19	1 28 46.17	2 14.16	9 57 35.0	14 5.8	1.223 009	9 328	3.83	7.20	10 43	17 35.0	0 28
20	1 31 0.33	2 14.63	10 11 40.8	14 3.0	1.232 337	9 339	3.80	7.14	10 40	17 33.3	0 28
21	1 33 14.96	2 15.11	10 25 43.8	14 0.3	1.241 676	9 350	3.77	7.09	10 37	17 31.6	0 27
22	1 35 30.07	2 15.58	10 39 44.1	13 57.4	1.251 026	9 361	3.74	7.03	10 34	17 30.0	0 27
23	1 37 45.65	2 16.06	10 53 41.5	13 54.3	1.260 387	9 371	3.71	6.98	10 32	17 28.3	0 26
24	1 40 1.71	2 16.53	+11 7 35.8	13 51.2	1.269 758	9 380	3.69	6.93	10 29	17 26.6	0 26
25	1 42 18.24	2 17.01	11 21 27.0	13 47.8	1.279 138	9 389	3.66	6.88	10 26	17 25.0	0 25
26	1 44 35.25	2 17.48	11 35 14.8	13 44.5	1.288 527	9 396	3.63	6.83	10 23	17 23.3	0 25
27	1 46 52.73	2 17.96	11 48 59.3	13 40.9	1.297 923	9 403	3.61	6.78	10 20	17 21.7	0 24
28	1 49 10.69	2 18.42	12 2 40.2	13 37.4	1.307 326	9 409	3.58	6.73	10 17	17 20.0	0 24
29	1 51 29.11	2 18.90	12 16 17.6	13 33.5	1.316 735	9 414	3.55	6.68	10 15	17 18.4	0 24
30	1 53 48.01	2 19.36	+12 29 51.1	13 29.7	1.326 149	9 418	3.53	6.64	10 12	17 16.8	0 23
31	1 56 7.37	2 19.82	12 43 20.8	13 25.6	1.335 567	9 421	3.50	6.59	10 9	17 15.2	0 23
Febr. 1	1 58 27.19	2 20.28	12 56 46.4	13 21.5	1.344 988	9 424	3.48	6.54	10 6	17 13.6	0 22
2	2 0 47.47	2 20.74	13 10 7.9	13 17.1	1.354 412	9 426	3.46	6.50	10 3	17 12.0	0 22
3	2 3 8.21	2 21.20	13 23 25.0	13 12.8	1.363 838	9 426	3.43	6.45	10 1	17 10.4	0 21
4	2 5 29.41	2 21.64	13 36 37.8	13 8.2	1.373 264	9 427	3.41	6.41	9 58	17 8.8	0 21
5	2 7 51.05	2 22.08	+13 49 46.0	13 3.4	1.382 691	9 426	3.38	6.36	9 55	17 7.2	0 20
6	2 10 13.13	2 22.53	14 2 49.4	12 58.7	1.392 117	9 424	3.36	6.32	9 53	17 5.6	0 20
7	2 12 35.66	2 22.95	14 15 48.1	12 53.7	1.401 541	9 423	3.34	6.28	9 50	17 4.1	0 20
8	2 14 58.61	2 23.39	14 28 41.8	12 48.7	1.410 964	9 419	3.32	6.24	9 47	17 2.5	0 19
9	2 17 22.00	2 23.81	14 41 30.5	12 43.4	1.420 383	9 417	3.30	6.20	9 44	17 1.0	0 19
10	2 19 45.81		+14 54 13.9		1.429 800		3.27	6.15	9 42	16 59.4	0 18

Mars 1957

Tag	0h Weltzeit: Scheinbare Rektaszension	Diff.	0h Weltzeit: Scheinbare Deklination	Diff.	0h Weltzeit: Δ	Diff.	0h Weltzeit: Halbmesser	0h Weltzeit: Hor. Par.	Aufgang (in 0h Länge, + 50° Breite)	Obere Kulmination (in 0h Länge, + 50° Breite)	Untergang (in 0h Länge, + 50° Breite)
1957	h m s	m s	° ′ ″	′ ″			″	″	h m	h m	h m
Febr. 10	2 19 45.81	2 24.23	+14 54 13.9	12 38.1	1.429 800	9 413	3.27	6.15	9 42	16 59.4	0 18
11	2 22 10.04	2 24.64	15 6 52.0	12 32.6	1.439 213	9 409	3.25	6.11	9 39	16 57.9	0 18
12	2 24 34.68	2 25.05	15 19 24.6	12 27.1	1.448 622	9 405	3.23	6.07	9 36	16 56.4	0 18
13	2 26 59.73	2 25.46	15 31 51.7	12 21.3	1.458 027	9 401	3.21	6.04	9 34	16 54.9	0 17
14	2 29 25.19	2 25.86	15 44 13.0	12 15.5	1.467 428	9 396	3.19	6.00	9 31	16 53.4	0 17
15	2 31 51.05	2 26.26	15 56 28.5	12 9.6	1.476 824	9 392	3.17	5.96	9 28	16 51.9	0 17
16	2 34 17.31	2 26.67	+16 8 38.1	12 3.5	1.486 216	9 387	3.15	5.92	9 26	16 50.4	0 16
17	2 36 43.98	2 27.08	16 20 41.6	11 57.4	1.495 603	9 381	3.13	5.88	9 23	16 48.9	0 16
18	2 39 11.06	2 27.48	16 32 39.0	11 51.1	1.504 984	9 376	3.11	5.85	9 21	16 47.4	0 15
19	2 41 38.54	2 27.88	16 44 30.1	11 44.8	1.514 360	9 370	3.09	5.81	9 18	16 45.9	0 15
20	2 44 6.42	2 28.29	16 56 14.9	11 38.4	1.523 730	9 364	3.07	5.78	9 15	16 44.4	0 15
21	2 46 34.71	2 28.70	17 7 53.3	11 31.8	1.533 094	9 356	3.05	5.74	9 13	16 43.0	0 14
22	2 49 3.41	2 29.11	+17 19 25.1	11 25.1	1.542 450	9 348	3.04	5.71	9 10	16 41.5	0 14
23	2 51 32.52	2 29.52	17 30 50.2	11 18.4	1.551 798	9 340	3.02	5.67	9 8	16 40.1	0 13
24	2 54 2.04	2 29.93	17 42 8.6	11 11.5	1.561 138	9 330	3.00	5.64	9 5	16 38.6	0 13
25	2 56 31.97	2 30.33	17 53 20.1	11 4.5	1.570 468	9 320	2.98	5.60	9 3	16 37.2	0 13
26	2 59 2.30	2 30.73	18 4 24.6	10 57.4	1.579 788	9 309	2.96	5.57	9 0	16 35.7	0 12
27	3 1 33.03	2 31.14	18 15 22.0	10 50.3	1.589 097	9 297	2.95	5.54	8 58	16 34.3	0 12
28	3 4 4.17	2 31.54	+18 26 12.3	10 42.9	1.598 394	9 285	2.93	5.51	8 55	16 32.9	0 12
März 1	3 6 35.71	2 31.93	18 36 55.2	10 35.6	1.607 679	9 271	2.91	5.47	8 53	16 31.5	0 11
2	3 9 7.64	2 32.33	18 47 30.8	10 28.0	1.616 950	9 257	2.89	5.44	8 50	16 30.1	0 11
3	3 11 39.97	2 32.71	18 57 58.8	10 20.4	1.626 207	9 242	2.88	5.41	8 48	16 28.7	0 11
4	3 14 12.68	2 33.10	19 8 19.2	10 12.7	1.635 449	9 227	2.86	5.38	8 46	16 27.3	0 10
5	3 16 45.78	2 33.47	19 18 31.9	10 4.9	1.644 676	9 209	2.85	5.35	8 43	16 25.9	0 10
6	3 19 19.25	2 33.85	+19 28 36.8	9 56.9	1.653 885	9 193	2.83	5.32	8 41	16 24.5	0 9
7	3 21 53.10	2 34.21	19 38 33.7	9 48.8	1.663 078	9 175	2.81	5.29	8 39	16 23.2	0 9
8	3 24 27.31	2 34.57	19 48 22.5	9 40.8	1.672 253	9 156	2.80	5.26	8 36	16 21.8	0 9
9	3 27 1.88	2 34.93	19 58 3.3	9 32.5	1.681 409	9 137	2.78	5.23	8 34	16 20.4	0 8
10	3 29 36.81	2 35.28	20 7 35.8	9 24.1	1.690 546	9 118	2.77	5.21	8 31	16 19.1	0 8
11	3 32 12.09	2 35.62	20 16 59.9	9 15.7	1.699 664	9 099	2.75	5.18	8 29	16 17.7	0 7
12	3 34 47.71	2 35.95	+20 26 15.6	9 7.1	1.708 763	9 078	2.74	5.15	8 27	16 16.4	0 7
13	3 37 23.66	2 36.28	20 35 22.7	8 58.5	1.717 841	9 058	2.72	5.12	8 25	16 15.1	0 7
14	3 39 59.94	2 36.61	20 44 21.2	8 49.8	1.726 899	9 038	2.71	5.10	8 22	16 13.7	0 6
15	3 42 36.55	2 36.93	20 53 11.0	8 40.9	1.735 937	9 018	2.70	5.07	8 20	16 12.4	0 6
16	3 45 13.48	2 37.25	21 1 51.9	8 32.1	1.744 955	8 997	2.68	5.04	8 18	16 11.1	0 5
17	3 47 50.73	2 37.56	21 10 24.0	8 23.0	1.753 952	8 977	2.67	5.02	8 16	16 9.8	0 5
18	3 50 28.29	2 37.88	+21 18 47.0	8 14.0	1.762 929	8 956	2.65	4.99	8 14	16 8.4	0 4
19	3 53 6.17	2 38.19	21 27 1.0	8 4.9	1.771 885	8 935	2.64	4.97	8 11	16 7.1	0 4
20	3 55 44.36	2 38.50	21 35 5.9	7 55.6	1.780 820	8 913	2.63	4.94	8 9	16 5.8	0 4
21	3 58 22.86	2 38.80	21 43 1.5	7 46.4	1.789 733	8 892	2.62	4.92	8 7	16 4.5	0 3
22	4 1 1.66	2 39.11	21 50 47.9	7 37.0	1.798 625	8 868	2.60	4.89	8 5	16 3.2	0 3
23	4 3 40.77		+21 58 24.9		1.807 493		2.59	4.87	8 3	16 1.9	0 2

Tag	Scheinbare Rektaszension (0h Weltzeit)		Scheinbare Deklination (0h Weltzeit)		Δ (0h Weltzeit)		Halbmesser	Hor. Par.	Aufgang	Obere Kulmination	Untergang
									in 0h Länge, + 50° Breite		
1957	h m s	m s	° ′ ″	′ ″			″	″	h m	h m	h m
März 23	4 3 40.77	2 39.42	+21 58 24.9	7 27.5	1.807 493	8 845	2.59	4.87	8 3	16 1.9	0 2
24	4 6 20.19	2 39.71	22 5 52.4	7 18.0	1.816 338	8 821	2.58	4.85	8 1	16 0.7	0 2
25	4 8 59.90	2 40.01	22 13 10.4	7 8.4	1.825 159	8 797	2.56	4.82	7 59	15 59.4	0 1
26	4 11 39.91	2 40.30	22 20 18.8	6 58.7	1.833 956	8 771	2.55	4.80	7 57	15 58.1	0 1
27	4 14 20.21	2 40.58	22 27 17.5	6 49.0	1.842 727	8 744	2.54	4.78	7 55	15 56.9	0 0
28	4 17 0.79	2 40.86	22 34 6.5	6 39.2	1.851 471	8 718	2.53	4.75	7 53	15 55.6	{0 0 {23 59
29	4 19 41.65	2 41.13	+22 40 45.7	6 29.2	1.860 189	8 691	2.52	4.73	7 51	15 54.3	23 58
30	4 22 22.78	2 41.40	22 47 14.9	6 19.4	1.868 880	8 662	2.50	4.71	7 49	15 53.1	23 58
31	4 25 4.18	2 41.66	22 53 34.3	6 9.3	1.877 542	8 633	2.49	4.69	7 47	15 51.8	23 57
April 1	4 27 45.84	2 41.91	22 59 43.6	5 59.3	1.886 175	8 603	2.48	4.67	7 45	15 50.6	23 57
2	4 30 27.75	2 42.16	23 5 42.9	5 49.1	1.894 778	8 573	2.47	4.64	7 43	15 49.3	23 56
3	4 33 9.91	2 42.39	23 11 32.0	5 38.9	1.903 351	8 542	2.46	4.62	7 41	15 48.1	23 56
4	4 35 52.30	2 42.62	+23 17 10.9	5 28.6	1.911 893	8 509	2.45	4.60	7 39	15 46.9	23 55
5	4 38 34.92	2 42.83	23 22 39.5	5 18.3	1.920 402	8 478	2.44	4.58	7 37	15 45.6	23 54
6	4 41 17.75	2 43.05	23 27 57.8	5 8.0	1.928 880	8 445	2.43	4.56	7 35	15 44.4	23 54
7	4 44 0.80	2 43.24	23 33 5.8	4 57.5	1.937 325	8 412	2.41	4.54	7 34	15 43.2	23 53
8	4 46 44.04	2 43.43	23 38 3.3	4 47.1	1.945 737	8 378	2.40	4.52	7 32	15 42.0	23 53
9	4 49 27.47	2 43.61	23 42 50.4	4 36.5	1.954 115	8 345	2.39	4.50	7 30	15 40.8	23 52
10	4 52 11.08	2 43.78	+23 47 26.9	4 25.9	1.962 460	8 312	2.38	4.48	7 29	15 39.6	23 51
11	4 54 54.86	2 43.94	23 51 52.8	4 15.3	1.970 772	8 277	2.38	4.47	7 27	15 38.4	23 50
12	4 57 38.80	2 44.10	23 56 8.1	4 4.7	1.979 049	8 244	2.37	4.45	7 25	15 37.1	23 50
13	5 0 22.90	2 44.25	24 0 12.8	3 53.9	1.987 293	8 210	2.36	4.43	7 23	15 35.9	23 49
14	5 3 7.15	2 44.39	24 4 6.7	3 43.2	1.995 503	8 176	2.35	4.41	7 22	15 34.7	23 48
15	5 5 51.54	2 44.52	24 7 49.9	3 32.4	2.003 679	8 142	2.33	4.39	7 20	15 33.5	23 47
16	5 8 36.06	2 44.66	+24 11 22.3	3 21.6	2.011 821	8 108	2.32	4.37	7 19	15 32.3	23 46
17	5 11 20.72	2 44.78	24 14 43.9	3 10.7	2.019 929	8 074	2.32	4.36	7 17	15 31.1	23 46
18	5 14 5.50	2 44.90	24 17 54.6	2 59.9	2.028 003	8 039	2.31	4.34	7 15	15 30.0	23 45
19	5 16 50.40	2 45.02	24 20 54.5	2 49.0	2.036 042	8 003	2.30	4.32	7 14	15 28.8	23 44
20	5 19 35.42	2 45.12	24 23 43.5	2 38.0	2.044 045	7 967	2.29	4.31	7 12	15 27.6	23 43
21	5 22 20.54	2 45.23	24 26 21.5	2 27.0	2.052 012	7 931	2.28	4.29	7 11	15 26.4	23 42
22	5 25 5.77	2 45.32	+24 28 48.5	2 16.1	2.059 943	7 894	2.27	4.27	7 10	15 25.2	23 41
23	5 27 51.09	2 45.42	24 31 4.6	2 5.1	2.067 837	7 857	2.27	4.26	7 8	15 24.0	23 40
24	5 30 36.51	2 45.49	24 33 9.7	1 54.1	2.075 694	7 818	2.25	4.24	7 7	15 22.8	23 39
25	5 33 22.00	2 45.57	24 35 3.8	1 43.0	2.083 512	7 780	2.24	4.22	7 5	15 21.6	23 38
26	5 36 7.57	2 45.64	24 36 46.8	1 32.0	2.091 292	7 741	2.24	4.21	7 4	15 20.5	23 37
27	5 38 53.21	2 45.70	24 38 18.8	1 20.9	2.099 033	7 700	2.23	4.19	7 3	15 19.3	23 36
28	5 41 38.91	2 45.74	+24 39 39.7	1 9.8	2.106 733	7 660	2.22	4.18	7 1	15 18.1	23 35
29	5 44 24.65	2 45.79	24 40 49.5	0 58.8	2.114 393	7 618	2.21	4.16	7 0	15 16.9	23 34
30	5 47 10.44	2 45.82	24 41 48.3	0 47.7	2.122 011	7 577	2.21	4.15	6 59	15 15.7	23 33
Mai 1	5 49 56.26	2 45.84	24 42 36.0	0 36.6	2.129 588	7 533	2.20	4.13	6 57	15 14.6	23 32
2	5 52 42.10	2 45.85	24 43 12.6	0 25.5	2.137 121	7 491	2.19	4.12	6 56	15 13.4	23 31
3	5 55 27.95		+24 43 38.1		2.144 612		2.18	4.10	6 55	15 12.2	23 30

Tag	0h Weltzeit Scheinbare Rektaszension		Scheinbare Deklination		Δ		Halbmesser	Hor. Par.	Aufgang	Obere Kulmination	Untergang
									in 0h Länge, + 50° Breite		
1957	h m s	m s	° ′ ″	′ ″			″	″	h m	h m	h m
Mai 3	5 55 27.95	2 45.85	+24 43 38.1	0 14.4	2.144 612	7 447	2.18	4.10	6 55	15 12.2	23 30
4	5 58 13.80	2 45.84	24 43 52.5	0 3.4	2.152 059	7 403	2.18	4.09	6 54	15 11.0	23 29
5	6 0 59.64	2 45.83	24 43 55.9	0 7.7	2.159 462	7 358	2.17	4.08	6 53	15 9.9	23 27
6	6 3 45.47	2 45.79	24 43 48.2	0 18.7	2.166 820	7 314	2.16	4.06	6 51	15 8.7	23 26
7	6 6 31.26	2 45.76	24 43 29.5	0 29.8	2.174 134	7 269	2.15	4.05	6 50	15 7.5	23 25
8	6 9 17.02	2 45.70	24 42 59.7	0 40.9	2.181 403	7 225	2.14	4.03	6 49	15 6.3	23 23
9	6 12 2.72	2 45.64	+24 42 18.8	0 51.8	2.188 628	7 179	2.14	4.02	6 48	15 5.1	23 22
10	6 14 48.36	2 45.58	24 41 27.0	1 2.8	2.195 807	7 135	2.13	4.01	6 47	15 3.9	23 21
11	6 17 33.94	2 45.51	24 40 24.2	1 13.9	2.202 942	7 090	2.12	3.99	6 46	15 2.8	23 20
12	6 20 19.45	2 45.42	24 39 10.3	1 24.8	2.210 032	7 045	2.12	3.98	6 45	15 1.6	23 18
13	6 23 4.87	2 45.33	24 37 45.5	1 35.7	2.217 077	7 001	2.11	3.97	6 44	15 0.4	23 17
14	6 25 50.20	2 45.24	24 36 9.8	1 46.7	2.224 078	6 956	2.11	3.96	6 43	14 59.2	23 16
15	6 28 35.44	2 45.14	+24 34 23.1	1 57.6	2.231 034	6 911	2.10	3.94	6 42	14 58.0	23 14
16	6 31 20.58	2 45.04	24 32 25.5	2 8.4	2.237 945	6 865	2.09	3.93	6 41	14 56.8	23 13
17	6 34 5.62	2 44.93	24 30 17.1	2 19.4	2.244 810	6 820	2.08	3.92	6 40	14 55.6	23 11
18	6 36 50.55	2 44.81	24 27 57.7	2 30.2	2.251 630	6 775	2.08	3.91	6 39	14 54.4	23 10
19	6 39 35.36	2 44.70	24 25 27.5	2 40.9	2.258 405	6 728	2.07	3.90	6 38	14 53.2	23 8
20	6 42 20.06	2 44.57	24 22 46.6	2 51.8	2.265 133	6 681	2.07	3.89	6 37	14 52.1	23 7
21	6 45 4.63	2 44.44	+24 19 54.8	3 2.5	2.271 814	6 634	2.06	3.87	6 36	14 50.9	23 5
22	6 47 49.07	2 44.30	24 16 52.3	3 13.2	2.278 448	6 587	2.05	3.86	6 36	14 49.6	23 4
23	6 50 33.37	2 44.16	24 13 39.1	3 23.8	2.285 035	6 538	2.05	3.85	6 35	14 48.4	23 2
24	6 53 17.53	2 44.01	24 10 15.3	3 34.5	2.291 573	6 490	2.04	3.84	6 34	14 47.2	23 0
25	6 56 1.54	2 43.86	24 6 40.8	3 45.1	2.298 063	6 440	2.04	3.83	6 33	14 46.0	22 59
26	6 58 45.40	2 43.69	24 2 55.7	3 55.6	2.304 503	6 391	2.03	3.82	6 32	14 44.8	22 57
27	7 1 29.09	2 43.53	+23 59 0.1	4 6.1	2.310 894	6 340	2.03	3.81	6 31	14 43.6	22 55
28	7 4 12.62	2 43.36	23 54 54.0	4 16.5	2.317 234	6 289	2.02	3.80	6 31	14 42.4	22 54
29	7 6 55.98	2 43.18	23 50 37.5	4 26.9	2.323 523	6 237	2.02	3.79	6 30	14 41.2	22 52
30	7 9 39.16	2 42.99	23 46 10.6	4 37.3	2.329 760	6 185	2.01	3.78	6 29	14 39.9	22 50
31	7 12 22.15	2 42.79	23 41 33.3	4 47.5	2.335 945	6 133	2.00	3.77	6 29	14 38.7	22 48
Juni 1	7 15 4.94	2 42.59	23 36 45.8	4 57.7	2.342 078	6 079	2.00	3.76	6 28	14 37.5	22 47
2	7 17 47.53	2 42.38	+23 31 48.1	5 7.9	2.348 157	6 027	1.99	3.75	6 27	14 36.3	22 45
3	7 20 29.91	2 42.16	23 26 40.2	5 17.9	2.354 184	5 973	1.99	3.74	6 27	14 35.0	22 43
4	7 23 12.07	2 41.93	23 21 22.3	5 28.0	2.360 157	5 919	1.98	3.73	6 26	14 33.8	22 41
5	7 25 54.00	2 41.70	23 15 54.3	5 37.9	2.366 076	5 866	1.98	3.72	6 25	14 32.5	22 39
6	7 28 35.70	2 41.47	23 10 16.4	5 47.8	2.371 942	5 813	1.97	3.71	6 25	14 31.3	22 37
7	7 31 17.17	2 41.23	23 4 28.6	5 57.7	2.377 755	5 759	1.97	3.70	6 24	14 30.0	22 36
8	7 33 58.40	2 40.98	+22 58 30.9	6 7.4	2.383 514	5 705	1.96	3.69	6 24	14 28.8	22 34
9	7 36 39.38	2 40.73	22 52 23.5	6 17.2	2.389 219	5 653	1.96	3.68	6 23	14 27.5	22 32
10	7 39 20.11	2 40.47	22 46 6.3	6 26.8	2.394 872	5 600	1.95	3.67	6 23	14 26.2	22 30
11	7 42 0.58	2 40.22	22 39 39.5	6 36.3	2.400 472	5 546	1.95	3.67	6 22	14 25.0	22 28
12	7 44 40.80	2 39.96	22 33 3.2	6 46.0	2.406 018	5 494	1.95	3.66	6 21	14 23.7	22 26
13	7 47 20.76		+22 26 17.2		2.411 512		1.94	3.65	6 21	14 22.4	22 24

Tag	0h Weltzeit: Scheinbare Rektaszension		Scheinbare Deklination		Δ		Halbmesser	Hor. Par.	Aufgang	Obere Kulmination	Untergang
									in 0h Länge, + 50° Breite		
1957	h m s	m s	° ′ ″	′ ″			″	″	h m	h m	h m
Juni 13	7 47 20.76	2 39.70	+22 26 17.2	6 55.4	2.411 512	5 440	1.94	3.65	6 21	14 22.4	22 24
14	7 50 0.46	2 39.45	22 19 21.8	7 4.8	2.416 952	5 386	1.94	3.64	6 20	14 21.1	22 22
15	7 52 39.91	2 39.18	22 12 17.0	7 14.1	2.422 338	5 333	1.93	3.63	6 20	14 19.8	22 19
16	7 55 19.09	2 38.92	22 5 2.9	7 23.4	2.427 671	5 280	1.93	3.62	6 19	14 18.6	22 17
17	7 57 58.01	2 38.65	21 57 39.5	7 32.6	2.432 951	5 225	1.93	3.62	6 19	14 17.3	22 15
18	8 0 36.66	2 38.39	21 50 6.9	7 41.8	2.438 176	5 170	1.92	3.61	6 18	14 16.0	22 13
19	8 3 15.05	2 38.12	+21 42 25.1	7 50.8	2.443 346	5 116	1.91	3.60	6 18	14 14.7	22 11
20	8 5 53.17	2 37.86	21 34 34.3	7 59.8	2.448 462	5 060	1.91	3.59	6 17	14 13.3	22 9
21	8 8 31.03	2 37.58	21 26 34.5	8 8.7	2.453 522	5 004	1.91	3.59	6 17	14 12.0	22 7
22	8 11 8.61	2 37.31	21 18 25.8	8 17.6	2.458 526	4 948	1.90	3.58	6 16	14 10.7	22 5
23	8 13 45.92	2 37.05	21 10 8.2	8 26.4	2.463 474	4 891	1.90	3.57	6 16	14 9.4	22 3
24	8 16 22.97	2 36.77	21 1 41.8	8 35.0	2.468 365	4 834	1.90	3.57	6 15	14 8.1	22 0
25	8 18 59.74	2 36.49	+20 53 6.8	8 43.6	2.473 199	4 776	1.89	3.56	6 15	14 6.7	21 58
26	8 21 36.23	2 36.22	20 44 23.2	8 52.2	2.477 975	4 718	1.89	3.55	6 15	14 5.4	21 56
27	8 24 12.45	2 35.94	20 35 31.0	9 0.6	2.482 693	4 659	1.88	3.54	6 14	14 4.1	21 53
28	8 26 48.39	2 35.65	20 26 30.4	9 9.0	2.487 352	4 599	1.88	3.54	6 14	14 2.7	21 51
29	8 29 24.04	2 35.38	20 17 21.4	9 17.2	2.491 951	4 540	1.88	3.53	6 13	14 1.4	21 49
30	8 31 59.42	2 35.08	20 8 4.2	9 25.3	2.496 491	4 480	1.87	3.52	6 13	14 0.0	21 47
Juli 1	8 34 34.50	2 34.80	+19 58 38.9	9 33.5	2.500 971	4 420	1.87	3.52	6 13	13 58.7	21 44
2	8 37 9.30	2 34.50	19 49 5.4	9 41.4	2.505 391	4 360	1.87	3.51	6 12	13 57.3	21 42
3	8 39 43.80	2 34.21	19 39 24.0	9 49.3	2.509 751	4 300	1.87	3.51	6 12	13 55.9	21 40
4	8 42 18.01	2 33.92	19 29 34.7	9 57.2	2.514 051	4 240	1.86	3.50	6 11	13 54.6	21 37
5	8 44 51.93	2 33.62	19 19 37.5	10 4.9	2.518 291	4 180	1.86	3.49	6 11	13 53.2	21 35
6	8 47 25.55	2 33.32	19 9 32.6	10 12.5	2.522 471	4 120	1.86	3.49	6 11	13 51.8	21 32
7	8 49 58.87	2 33.03	+18 59 20.1	10 20.1	2.526 591	4 061	1.85	3.48	6 10	13 50.4	21 30
8	8 52 31.90	2 32.74	18 49 0.0	10 27.5	2.530 652	4 002	1.85	3.48	6 10	13 49.0	21 28
9	8 55 4.64	2 32.45	18 38 32.5	10 35.0	2.534 654	3 942	1.85	3.47	6 9	13 47.6	21 25
10	8 57 37.09	2 32.16	18 27 57.5	10 42.4	2.538 596	3 883	1.85	3.47	6 9	13 46.2	21 23
11	9 0 9.25	2 31.87	18 17 15.1	10 49.5	2.542 479	3 824	1.84	3.46	6 9	13 44.8	21 20
12	9 2 41.12	2 31.59	18 6 25.6	10 56.7	2.546 303	3 765	1.84	3.46	6 8	13 43.4	21 18
13	9 5 12.71	2 31.31	+17 55 28.9	11 3.8	2.550 068	3 706	1.83	3.45	6 8	13 42.0	21 15
14	9 7 44.02	2 31.03	17 44 25.1	11 10.9	2.553 774	3 646	1.83	3.45	6 8	13 40.5	21 13
15	9 10 15.05	2 30.76	17 33 14.2	11 17.8	2.557 420	3 586	1.83	3.44	6 7	13 39.1	21 10
16	9 12 45.81	2 30.49	17 21 56.4	11 24.6	2.561 006	3 527	1.83	3.44	6 7	13 37.7	21 8
17	9 15 16.30	2 30.22	17 10 31.8	11 31.4	2.564 533	3 466	1.82	3.43	6 7	13 36.3	21 5
18	9 17 46.52	2 29.96	16 59 0.4	11 38.1	2.567 999	3 406	1.82	3.43	6 6	13 34.8	21 3
19	9 20 16.48	2 29.69	+16 47 22.3	11 44.7	2.571 405	3 344	1.82	3.42	6 6	13 33.4	21 0
20	9 22 46.17	2 29.44	16 35 37.6	11 51.2	2.574 749	3 284	1.82	3.42	6 6	13 31.9	20 58
21	9 25 15.61	2 29.18	16 23 46.4	11 57.6	2.578 033	3 222	1.81	3.41	6 5	13 30.5	20 55
22	9 27 44.79	2 28.93	16 11 48.8	12 4.0	2.581 255	3 160	1.81	3.41	6 5	13 29.0	20 53
23	9 30 13.72	2 28.68	15 59 44.8	12 10.2	2.584 415	3 098	1.81	3.41	6 5	13 27.5	20 50
24	9 32 42.40		+15 47 34.6		2.587 513		1.81	3.40	6 4	13 26.1	20 47

Mars 1957

Tag	0h Weltzeit: Scheinbare Rektaszension		Scheinbare Deklination		Δ		Halb-messer	Hor. Par.	Auf-gang	Obere Kul-mination	Unter-gang
1957	h m s	m s	° ′ ″	′ ″			″	″	h m (in 0h Länge, + 50° Breite)	h m	h m
Juli 24	9 32 42.40	2 28.43	+15 47 34.6	12 16.4	2.587 513	3 035	1.81	3.40	6 4	13 26.1	20 47
25	9 35 10.83	2 28.19	15 35 18.2	12 22.5	2.590 548	2 971	1.81	3.40	6 4	13 24.6	20 45
26	9 37 39.02	2 27.95	15 22 55.7	12 28.5	2.593 519	2 907	1.80	3.39	6 4	13 23.1	20 42
27	9 40 6.97	2 27.71	15 10 27.2	12 34.3	2.596 426	2 843	1.80	3.39	6 3	13 21.7	20 40
28	9 42 34.68	2 27.47	14 57 52.9	12 40.0	2.599 269	2 778	1.80	3.39	6 3	13 20.2	20 37
29	9 45 2.15	2 27.23	14 45 12.9	12 45.8	2.602 047	2 714	1.80	3.38	6 3	13 18.7	20 34
30	9 47 29.38	2 26.99	+14 32 27.1	12 51.4	2.604 761	2 649	1.80	3.38	6 2	13 17.2	20 32
31	9 49 56.37	2 26.76	14 19 35.7	12 56.9	2.607 410	2 585	1.80	3.38	6 2	13 15.7	20 29
Aug. 1	9 52 23.13	2 26.52	14 6 38.8	13 2.2	2.609 995	2 520	1.79	3.37	6 1	13 14.2	20 26
2	9 54 49.65	2 26.30	13 53 36.6	13 7.6	2.612 515	2 456	1.79	3.37	6 1	13 12.7	20 24
3	9 57 15.95	2 26.06	13 40 29.0	13 12.7	2.614 971	2 392	1.79	3.37	6 1	13 11.2	20 21
4	9 59 42.01	2 25.85	13 27 16.3	13 17.9	2.617 363	2 329	1.79	3.36	6 0	13 9.7	20 18
5	10 2 7.86	2 25.63	+13 13 58.4	13 23.0	2.619 692	2 265	1.79	3.36	6 0	13 8.2	20 16
6	10 4 33.49	2 25.41	13 0 35.4	13 27.9	2.621 957	2 202	1.79	3.36	6 0	13 6.7	20 13
7	10 6 58.90	2 25.21	12 47 7.5	13 32.9	2.624 159	2 139	1.78	3.35	5 59	13 5.1	20 10
8	10 9 24.11	2 25.00	12 33 34.6	13 37.6	2.626 298	2 076	1.78	3.35	5 59	13 3.6	20 8
9	10 11 49.11	2 24.81	12 19 57.0	13 42.3	2.628 374	2 012	1.78	3.35	5 59	13 2.1	20 5
10	10 14 13.92	2 24.62	12 6 14.7	13 47.0	2.630 386	1 950	1.78	3.35	5 58	13 0.6	20 2
11	10 16 38.54	2 24.43	+11 52 27.7	13 51.6	2.632 336	1 887	1.78	3.34	5 58	12 59.0	19 59
12	10 19 2.97	2 24.25	11 38 36.1	13 56.0	2.634 223	1 824	1.78	3.34	5 58	12 57.5	19 57
13	10 21 27.22	2 24.08	11 24 40.1	14 0.5	2.636 047	1 761	1.78	3.34	5 57	12 56.0	19 54
14	10 23 51.30	2 23.92	11 10 39.6	14 4.8	2.637 808	1 697	1.78	3.34	5 57	12 54.4	19 51
15	10 26 15.22	2 23.75	10 56 34.8	14 9.0	2.639 505	1 633	1.77	3.33	5 57	12 52.9	19 48
16	10 28 38.97	2 23.60	10 42 25.8	14 13.2	2.641 138	1 570	1.77	3.33	5 56	12 51.3	19 46
17	10 31 2.57	2 23.45	+10 28 12.6	14 17.2	2.642 708	1 506	1.77	3.33	5 56	12 49.8	19 43
18	10 33 26.02	2 23.30	10 13 55.4	14 21.2	2.644 214	1 442	1.77	3.33	5 56	12 48.2	19 40
19	10 35 49.32	2 23.17	9 59 34.2	14 25.2	2.645 656	1 377	1.77	3.33	5 55	12 46.7	19 37
20	10 38 12.49	2 23.04	9 45 9.0	14 28.9	2.647 033	1 312	1.77	3.32	5 55	12 45.1	19 35
21	10 40 35.53	2 22.91	9 30 40.1	14 32.7	2.648 345	1 246	1.77	3.32	5 55	12 43.6	19 32
22	10 42 58.44	2 22.80	9 16 7.4	14 36.3	2.649 591	1 181	1.77	3.32	5 54	12 42.0	19 29
23	10 45 21.24	2 22.67	+ 9 1 31.1	14 39.8	2.650 772	1 114	1.77	3.32	5 54	12 40.5	19 26
24	10 47 43.91	2 22.56	8 46 51.3	14 43.3	2.651 886	1 048	1.77	3.32	5 54	12 38.9	19 24
25	10 50 6.47	2 22.46	8 32 8.0	14 46.6	2.652 934	982	1.77	3.32	5 53	12 37.3	19 21
26	10 52 28.93	2 22.35	8 17 21.4	14 49.9	2.653 916	914	1.77	3.32	5 53	12 35.7	19 18
27	10 54 51.28	2 22.24	8 2 31.5	14 53.0	2.654 830	847	1.76	3.31	5 53	12 34.2	19 15
28	10 57 13.52	2 22.15	7 47 38.5	14 56.1	2.655 677	781	1.76	3.31	5 52	12 32.6	19 12
29	10 59 35.67	2 22.05	+ 7 32 42.4	14 58.9	2.656 458	714	1.76	3.31	5 52	12 31.0	19 10
30	11 1 57.72	2 21.97	7 17 43.5	15 1.9	2.657 172	648	1.76	3.31	5 52	12 29.5	19 7
31	11 4 19.69	2 21.88	7 2 41.6	15 4.6	2.657 820	582	1.76	3.31	5 51	12 27.9	19 4
Sept. 1	11 6 41.57	2 21.80	6 47 37.0	15 7.3	2.658 402	516	1.76	3.31	5 51	12 26.3	19 1
2	11 9 3.37	2 21.73	6 32 29.7	15 9.9	2.658 918	451	1.76	3.31	5 50	12 24.7	18 58
3	11 11 25.10		+ 6 17 19.8		2.659 369		1.76	3.31	5 50	12 23.2	18 56

Tag	Scheinbare Rektaszension		Scheinbare Deklination		Δ		Halb-messer	Hor. Par.	Auf-gang	Obere Kul-mination	Unter-gang
	0h Weltzeit								in 0h Länge, + 50° Breite		
1957	h m s	m s	° ′ ″	′ ″			″	″	h m	h m	h m
Sept. 3	11 11 25.10	2 21.67	+6 17 19.8	15 12.4	2.659 369	386	1.76	3.31	5 50	12 23.2	18 56
4	11 13 46.77	2 21.60	6 2 7.4	15 14.9	2.659 755	322	1.76	3.31	5 50	12 21.6	18 53
5	11 16 8.37	2 21.55	5 46 52.5	15 17.2	2.660 077	257	1.76	3.31	5 49	12 20.0	18 50
6	11 18 29.92	2 21.51	5 31 35.3	15 19.5	2.660 334	193	1.76	3.31	5 49	12 18.4	18 47
7	11 20 51.43	2 21.47	5 16 15.8	15 21.6	2.660 527	128	1.76	3.31	5 49	12 16.8	18 44
8	11 23 12.90	2 21.43	5 0 54.2	15 23.7	2.660 655	64	1.76	3.31	5 48	12 15.2	18 41
9	11 25 34.33	2 21.41	+4 45 30.5	15 25.8	2.660 719	1	1.76	3.31	5 48	12 13.7	18 39
10	11 27 55.74	2 21.40	4 30 4.7	15 27.7	2.660 720	— 64	1.76	3.31	5 48	12 12.1	18 36
11	11 30 17.14	2 21.39	4 14 37.0	15 29.5	2.660 656	128	1.76	3.31	5 47	12 10.5	18 33
12	11 32 38.53	2 21.38	3 59 7.5	15 31.4	2.660 528	192	1.76	3.31	5 47	12 8.9	18 30
13	11 34 59.91	2 21.40	3 43 36.1	15 33.0	2.660 336	256	1.76	3.31	5 47	12 7.3	18 27
14	11 37 21.31	2 21.41	3 28 3.1	15 34.6	2.660 080	320	1.76	3.31	5 46	12 5.7	18 25
15	11 39 42.72	2 21.42	+3 12 28.5	15 36.1	2.659 760	385	1.76	3.31	5 46	12 4.1	18 22
16	11 42 4.14	2 21.46	2 56 52.4	15 37.6	2.659 375	449	1.76	3.31	5 46	12 2.6	18 19
17	11 44 25.60	2 21.49	2 41 14.8	15 38.9	2.658 926	515	1.76	3.31	5 45	12 1.0	18 16
18	11 46 47.09	2 21.54	2 25 35.9	15 40.1	2.658 411	580	1.76	3.31	5 45	11 59.4	18 13
19	11 49 8.63	2 21.58	2 9 55.8	15 41.3	2.657 831	645	1.76	3.31	5 45	11 57.8	18 10
20	11 51 30.21	2 21.63	1 54 14.5	15 42.3	2.657 186	711	1.76	3.31	5 44	11 56.2	18 8
21	11 53 51.84	2 21.70	+1 38 32.2	15 43.3	2.656 475	777	1.76	3.31	5 44	11 54.7	18 5
22	11 56 13.54	2 21.76	1 22 48.9	15 44.1	2.655 698	844	1.76	3.31	5 44	11 53.1	18 2
23	11 58 35.30	2 21.83	1 7 4.8	15 44.9	2.654 854	910	1.76	3.31	5 43	11 51.5	17 59
24	12 0 57.13	2 21.91	0 51 19.9	15 45.5	2.653 944	976	1.77	3.32	5 43	11 49.9	17 56
25	12 3 19.04	2 21.98	0 35 34.4	15 46.0	2.652 968	1 042	1.77	3.32	5 43	11 48.4	17 53
26	12 5 41.02	2 22.06	0 19 48.4	15 46.5	2.651 926	1 108	1.77	3.32	5 42	11 46.8	17 51
27	12 8 3.08	2 22.15	+0 4 1.9	15 46.8	2.650 818	1 174	1.77	3.32	5 42	11 45.2	17 48
28	12 10 25.23	2 22.25	—0 11 44.9	15 47.1	2.649 644	1 239	1.77	3.32	5 42	11 43.6	17 45
29	12 12 47.48	2 22.35	0 27 32.0	15 47.2	2.648 405	1 303	1.77	3.32	5 42	11 42.1	17 42
30	12 15 9.83	2 22.45	0 43 19.2	15 47.2	2.647 102	1 368	1.77	3.32	5 41	11 40.5	17 39
Okt. 1	12 17 32.28	2 22.56	0 59 6.4	15 47.2	2.645 734	1 431	1.77	3.33	5 41	11 38.9	17 37
2	12 19 54.84	2 22.68	1 14 53.6	15 47.1	2.644 303	1 495	1.77	3.33	5 41	11 37.4	17 34
3	12 22 17.52	2 22.81	—1 30 40.7	15 46.8	2.642 808	1 558	1.77	3.33	5 40	11 35.8	17 31
4	12 24 40.33	2 22.95	1 46 27.5	15 46.5	2.641 250	1 620	1.77	3.33	5 40	11 34.2	17 28
5	12 27 3.28	2 23.09	2 2 14.0	15 46.1	2.639 630	1 683	1.77	3.33	5 40	11 32.7	17 25
6	12 29 26.37	2 23.24	2 18 0.1	15 45.6	2.637 947	1 745	1.78	3.34	5 39	11 31.1	17 22
7	12 31 49.61	2 23.39	2 33 45.7	15 45.0	2.636 202	1 807	1.78	3.34	5 39	11 29.6	17 20
8	12 34 13.00	2 23.56	2 49 30.7	15 44.3	2.634 395	1 869	1.78	3.34	5 39	11 28.0	17 17
9	12 36 36.56	2 23.74	—3 5 15.0	15 43.6	2.632 526	1 930	1.78	3.34	5 38	11 26.5	17 14
10	12 39 0.30	2 23.92	3 20 58.6	15 42.7	2.630 596	1 992	1.78	3.35	5 38	11 24.9	17 11
11	12 41 24.22	2 24.10	3 36 41.3	15 41.6	2.628 604	2 053	1.78	3.35	5 38	11 23.4	17 8
12	12 43 48.32	2 24.31	3 52 22.9	15 40.7	2.626 551	2 115	1.78	3.35	5 38	11 21.9	17 6
13	12 46 12.63	2 24.50	4 8 3.6	15 39.5	2.624 436	2 176	1.78	3.35	5 37	11 20.3	17 3
14	12 48 37.13		—4 23 43.1		2.622 260		1.79	3.36	5 37	11 18.8	17 0

Tag	0h Weltzeit: Scheinbare Rektaszension		Scheinbare Deklination		Δ		Halbmesser	Hor. Par.	Aufgang (in 0h Länge, +50° Breite)	Obere Kulmination	Untergang
1957	h m s	m s	° ′ ″	′ ″			″	″	h m	h m	h m
Okt. 14	12 48 37.13	2 24.72	− 4 23 43.1	15 38.2	2.622 260	2 238	1.79	3.36	5 37	11 18.8	17 0
15	12 51 1.85	2 24.95	4 39 21.3	15 36.8	2.620 022	2 299	1.79	3.36	5 36	11 17.3	16 57
16	12 53 26.80	2 25.17	4 54 58.1	15 35.4	2.617 723	2 361	1.79	3.36	5 36	11 15.7	16 55
17	12 55 51.97	2 25.40	5 10 33.5	15 33.8	2.615 362	2 423	1.79	3.36	5 36	11 14.2	16 52
18	12 58 17.37	2 25.64	5 26 7.3	15 32.1	2.612 939	2 485	1.79	3.37	5 36	11 12.7	16 49
19	13 0 43.01	2 25.89	5 41 39.4	15 30.4	2.610 454	2 548	1.79	3.37	5 35	11 11.2	16 46
20	13 3 8.90	2 26.14	− 5 57 9.8	15 28.4	2.607 906	2 609	1.79	3.37	5 35	11 9.7	16 44
21	13 5 35.04	2 26.39	6 12 38.2	15 26.4	2.605 297	2 672	1.80	3.38	5 35	11 8.2	16 41
22	13 8 1.43	2 26.66	6 28 4.6	15 24.3	2.602 625	2 734	1.80	3.38	5 35	11 6.7	16 38
23	13 10 28.09	2 26.91	6 43 28.9	15 22.1	2.599 891	2 796	1.80	3.38	5 34	11 5.2	16 35
24	13 12 55.00	2 27.19	6 58 51.0	15 19.6	2.597 095	2 858	1.80	3.39	5 34	11 3.7	16 33
25	13 15 22.19	2 27.46	7 14 10.6	15 17.2	2.594 237	2 918	1.80	3.39	5 34	11 2.2	16 30
26	13 17 49.65	2 27.74	− 7 29 27.8	15 14.6	2.591 319	2 980	1.81	3.40	5 34	11 0.7	16 27
27	13 20 17.39	2 28.02	7 44 42.4	15 11.9	2.588 339	3 040	1.81	3.40	5 33	10 59.3	16 24
28	13 22 45.41	2 28.31	7 59 54.3	15 9.0	2.585 299	3 099	1.81	3.40	5 33	10 57.8	16 22
29	13 25 13.72	2 28.60	8 15 3.3	15 6.2	2.582 200	3 158	1.81	3.41	5 33	10 56.3	16 19
30	13 27 42.32	2 28.91	8 30 9.5	15 3.1	2.579 042	3 216	1.81	3.41	5 33	10 54.9	16 16
31	13 30 11.23	2 29.21	8 45 12.6	14 59.9	2.575 826	3 275	1.82	3.42	5 32	10 53.4	16 14
Nov. 1	13 32 40.44	2 29.53	− 9 0 12.5	14 56.6	2.572 551	3 331	1.82	3.42	5 32	10 51.9	16 11
2	13 35 9.97	2 29.85	9 15 9.1	14 53.3	2.569 220	3 389	1.82	3.43	5 32	10 50.5	16 8
3	13 37 39.82	2 30.17	9 30 2.4	14 49.8	2.565 831	3 446	1.82	3.43	5 32	10 49.1	16 6
4	13 40 9.99	2 30.52	9 44 52.2	14 46.3	2.562 385	3 501	1.82	3.43	5 32	10 47.6	16 3
5	13 42 40.51	2 30.85	9 59 38.5	14 42.5	2.558 884	3 557	1.83	3.44	5 32	10 46.2	16 0
6	13 45 11.36	2 31.20	10 14 21.0	14 38.7	2.555 327	3 613	1.83	3.44	5 32	10 44.8	15 58
7	13 47 42.56	2 31.56	−10 28 59.7	14 34.8	2.551 714	3 667	1.83	3.45	5 31	10 43.4	15 55
8	13 50 14.12	2 31.92	10 43 34.5	14 30.7	2.548 047	3 722	1.83	3.45	5 31	10 42.0	15 52
9	13 52 46.04	2 32.30	10 58 5.2	14 26.6	2.544 325	3 777	1.84	3.46	5 31	10 40.5	15 50
10	13 55 18.34	2 32.67	11 12 31.8	14 22.4	2.540 548	3 832	1.84	3.46	5 31	10 39.1	15 47
11	13 57 51.01	2 33.05	11 26 54.2	14 17.9	2.536 716	3 886	1.85	3.47	5 30	10 37.7	15 44
12	14 0 24.06	2 33.45	11 41 12.1	14 13.5	2.532 830	3 940	1.85	3.47	5 30	10 36.4	15 42
13	14 2 57.51	2 33.84	−11 55 25.6	14 8.8	2.528 890	3 994	1.85	3.48	5 30	10 35.0	15 39
14	14 5 31.35	2 34.24	12 9 34.4	14 4.1	2.524 896	4 049	1.86	3.49	5 30	10 33.6	15 37
15	14 8 5.59	2 34.65	12 23 38.5	13 59.3	2.520 847	4 103	1.86	3.49	5 30	10 32.2	15 34
16	14 10 40.24	2 35.06	12 37 37.8	13 54.2	2.516 744	4 157	1.86	3.50	5 30	10 30.9	15 32
17	14 13 15.30	2 35.47	12 51 32.0	13 49.1	2.512 587	4 212	1.86	3.50	5 29	10 29.5	15 29
18	14 15 50.77	2 35.89	13 5 21.1	13 43.9	2.508 375	4 266	1.87	3.51	5 29	10 28.2	15 27
19	14 18 26.66	2 36.31	−13 19 5.0	13 38.5	2.504 109	4 319	1.87	3.51	5 29	10 26.8	15 24
20	14 21 2.97	2 36.73	13 32 43.5	13 32.9	2.499 790	4 374	1.87	3.52	5 29	10 25.5	15 22
21	14 23 39.70	2 37.15	13 46 16.4	13 27.3	2.495 416	4 427	1.88	3.53	5 29	10 24.2	15 19
22	14 26 16.85	2 37.58	13 59 43.7	13 21.5	2.490 989	4 479	1.88	3.53	5 29	10 22.9	15 17
23	14 28 54.43	2 38.01	14 13 5.2	13 15.7	2.486 510	4 531	1.88	3.54	5 29	10 21.5	15 14
24	14 31 32.44		−14 26 20.9		2.481 979		1.89	3.55	5 28	10 20.2	15 12

Tag	0ʰ Weltzeit: Scheinbare Rektaszension		Scheinbare Deklination		Δ		Halbmesser	Hor. Par.	Aufgang	Obere Kulmination	Untergang
									in 0ʰ Länge, + 50° Breite		
1957	h m s	m s	° ′ ″	′ ″			″	″	h m	h m	h m
Nov. 24	14 31 32.44	2 38.44	—14 26 20.9	13 9.5	2.481 979	4 583	1.89	3.55	5 28	10 20.2	15 12
25	14 34 10.88	2 38.88	14 39 30.4	13 3.4	2.477 396	4 633	1.89	3.55	5 28	10 18.9	15 9
26	14 36 49.76	2 39.31	14 52 33.8	12 57.1	2.472 763	4 684	1.89	3.56	5 28	10 17.6	15 7
27	14 39 29.07	2 39.75	15 5 30.9	12 50.7	2.468 079	4 733	1.90	3.57	5 28	10 16.4	15 4
28	14 42 8.82	2 40.19	15 18 21.6	12 44.0	2.463 346	4 782	1.90	3.57	5 28	10 15.1	15 2
29	14 44 49.01	2 40.65	15 31 5.6	12 37.4	2.458 564	4 830	1.90	3.58	5 28	10 13.8	15 0
30	14 47 29.66	2 41.09	—15 43 43.0	12 30.6	2.453 734	4 877	1.91	3.59	5 28	10 12.6	14 57
Dez. 1	14 50 10.75	2 41.55	15 56 13.6	12 23.6	2.448 857	4 923	1.91	3.59	5 27	10 11.3	14 55
2	14 52 52.30	2 42.01	16 8 37.2	12 16.6	2.443 934	4 970	1.91	3.60	5 27	10 10.1	14 52
3	14 55 34.31	2 42.47	16 20 53.8	12 9.4	2.438 964	5 016	1.92	3.61	5 27	10 8.8	14 50
4	14 58 16.78	2 42.94	16 33 3.2	12 2.1	2.433 948	5 061	1.93	3.62	5 27	10 7.6	14 48
5	15 0 59.72	2 43.41	16 45 5.3	11 54.6	2.428 887	5 105	1.93	3.62	5 27	10 6.4	14 45
6	15 3 43.13	2 43.88	—16 56 59.9	11 47.0	2.423 782	5 149	1.93	3.63	5 27	10 5.2	14 43
7	15 6 27.01	2 44.36	17 8 46.9	11 39.3	2.418 633	5 193	1.94	3.64	5 27	10 4.0	14 41
8	15 9 11.37	2 44.83	17 20 26.2	11 31.5	2.413 440	5 236	1.94	3.65	5 27	10 2.8	14 39
9	15 11 56.20	2 45.33	17 31 57.7	11 23.5	2.408 204	5 279	1.94	3.65	5 27	10 1.6	14 36
10	15 14 41.53	2 45.81	17 43 21.2	11 15.5	2.402 925	5 322	1.95	3.66	5 26	10 0.4	14 34
11	15 17 27.34	2 46.29	17 54 36.7	11 7.2	2.397 603	5 365	1.95	3.67	5 26	9 59.2	14 32
12	15 20 13.63	2 46.79	—18 5 43.9	10 58.9	2.392 238	5 408	1.96	3.68	5 26	9 58.0	14 30
13	15 23 0.42	2 47.28	18 16 42.8	10 50.4	2.386 830	5 450	1.96	3.69	5 26	9 56.9	14 27
14	15 25 47.70	2 47.77	18 27 33.2	10 41.8	2.381 380	5 493	1.97	3.70	5 26	9 55.7	14 25
15	15 28 35.47	2 48.25	18 38 15.0	10 33.0	2.375 887	5 535	1.97	3.70	5 26	9 54.6	14 23
16	15 31 23.72	2 48.75	18 48 48.0	10 24.2	2.370 352	5 576	1.97	3.71	5 26	9 53.4	14 21
17	15 34 12.47	2 49.23	18 59 12.2	10 15.1	2.364 776	5 619	1.98	3.72	5 26	9 52.3	14 19
18	15 37 1.70	2 49.71	—19 9 27.3	10 6.0	2.359 157	5 659	1.98	3.73	5 25	9 51.2	14 17
19	15 39 51.41	2 50.19	19 19 33.3	9 56.7	2.353 498	5 701	1.99	3.74	5 25	9 50.1	14 15
20	15 42 41.60	2 50.67	19 29 30.0	9 47.3	2.347 797	5 741	1.99	3.75	5 25	9 49.0	14 13
21	15 45 32.27	2 51.15	19 39 17.3	9 37.7	2.342 056	5 780	2.00	3.76	5 25	9 47.9	14 11
22	15 48 23.42	2 51.61	19 48 55.0	9 28.0	2.336 276	5 819	2.00	3.77	5 25	9 46.8	14 9
23	15 51 15.03	2 52.08	19 58 23.0	9 18.3	2.330 457	5 857	2.01	3.78	5 25	9 45.7	14 7
24	15 54 7.11	2 52.54	—20 7 41.3	9 8.3	2.324 600	5 895	2.02	3.79	5 24	9 44.7	14 5
25	15 56 59.65	2 53.01	20 16 49.6	8 58.2	2.318 705	5 931	2.02	3.80	5 24	9 43.6	14 3
26	15 59 52.66	2 53.46	20 25 47.8	8 48.1	2.312 774	5 967	2.02	3.80	5 24	9 42.5	14 1
27	16 2 46.12	2 53.92	20 34 35.9	8 37.7	2.306 807	6 002	2.03	3.81	5 24	9 41.5	13 59
28	16 5 40.04	2 54.38	20 43 13.6	8 27.3	2.300 805	6 036	2.03	3.82	5 24	9 40.5	13 57
29	16 8 34.42	2 54.82	20 51 40.9	8 16.8	2.294 769	6 069	2.04	3.83	5 24	9 39.4	13 55
30	16 11 29.24	2 55.27	—20 59 57.7	8 6.1	2.288 700	6 102	2.04	3.84	5 23	9 38.4	13 53
31	16 14 24.51	2 55.72	21 8 3.8	7 55.3	2.282 598	6 134	2.05	3.86	5 23	9 37.4	13 51
32	16 17 20.23		—21 15 59.1		2.276 464		2.06	3.87	5 23	9 36.4	13 50

Tag	0h Weltzeit: Scheinbare Rektaszension		Scheinbare Deklination		Δ		Halbmesser	Hor. Par.	Aufgang (in 0h Länge, + 50° Breite)	Obere Kulmination	Untergang
1957	h m s	s	° ′ ″	′ ″			″	″	h m	h m	h m
Jan. 0	12 7 6.09	11.38	+0 38 4.7	0 56.1	5.211 719	15 875	17.64	1.69	23 19	5 28.7	11 34
1	12 7 17.47	10.72	0 37 8.6	0 51.7	5.195 844	15 833	17.69	1.69	23 16	5 24.9	11 30
2	12 7 28.19	10.04	0 36 16.9	0 47.2	5.180 011	15 788	17.74	1.70	23 12	5 21.2	11 27
3	12 7 38.23	9.36	0 35 29.7	0 42.9	5.164 223	15 735	17.80	1.70	23 8	5 17.4	11 23
4	12 7 47.59	8.69	0 34 46.8	0 38.4	5.148 488	15 679	17.85	1.71	23 5	5 13.6	11 19
5	12 7 56.28	8.00	0 34 8.4	0 33.9	5.132 809	15 619	17.91	1.71	23 1	5 9.8	11 15
6	12 8 4.28	7.32	+0 33 34.5	0 29.4	5.117 190	15 553	17.96	1.72	22 57	5 6.0	11 11
7	12 8 11.60	6.63	0 33 5.1	0 24.9	5.101 637	15 481	18.02	1.72	22 53	5 2.2	11 7
8	12 8 18.23	5.94	0 32 40.2	0 20.4	5.086 156	15 405	18.07	1.73	22 49	4 58.4	11 4
9	12 8 24.17	5.25	0 32 19.8	0 16.0	5.070 751	15 325	18.13	1.74	22 46	4 54.6	11 0
10	12 8 29.42	4.55	0 32 3.8	0 11.3	5.055 426	15 239	18.18	1.74	22 42	4 50.7	10 56
11	12 8 33.97	3.86	0 31 52.5	0 6.8	5.040 187	15 149	18.24	1.75	22 38	4 46.9	10 52
12	12 8 37.83	3.16	+0 31 45.7	0 2.3	5.025 038	15 053	18.29	1.75	22 34	4 43.0	10 48
13	12 8 40.99	2.46	0 31 43.4	0 2.2	5.009 985	14 954	18.35	1.76	22 30	4 39.1	10 44
14	12 8 43.45	1.77	0 31 45.6	0 6.7	4.995 031	14 850	18.40	1.76	22 26	4 35.2	10 40
15	12 8 45.22	1.06	0 31 52.3	0 11.3	4.980 181	14 742	18.46	1.77	22 22	4 31.3	10 36
16	12 8 46.28	0.36	0 32 3.6	0 15.9	4.965 439	14 629	18.51	1.77	22 18	4 27.4	10 33
17	12 8 46.64	0.34	0 32 19.5	0 20.4	4.950 810	14 511	18.56	1.78	22 14	4 23.4	10 29
18	12 8 46.30	1.04	+0 32 39.9	0 24.9	4.936 299	14 389	18.62	1.78	22 10	4 19.5	10 25
19	12 8 45.26	1.75	0 33 4.8	0 29.5	4.921 910	14 264	18.67	1.79	22 6	4 15.6	10 21
20	12 8 43.51	2.46	0 33 34.3	0 34.0	4.907 646	14 130	18.73	1.79	22 2	4 11.6	10 17
21	12 8 41.05	3.16	0 34 8.3	0 38.6	4.893 516	13 994	18.78	1.80	21 58	4 7.6	10 13
22	12 8 37.89	3.87	0 34 46.9	0 43.1	4.879 522	13 854	18.84	1.80	21 54	4 3.6	10 9
23	12 8 34.02	4.57	0 35 30.0	0 47.6	4.865 668	13 706	18.89	1.81	21 50	3 59.6	10 5
24	12 8 29.45	5.28	+0 36 17.6	0 52.1	4.851 962	13 554	18.94	1.81	21 46	3 55.6	10 1
25	12 8 24.17	5.97	0 37 9.7	0 56.6	4.838 408	13 398	19.00	1.82	21 42	3 51.6	9 57
26	12 8 18.20	6.69	0 38 6.3	1 1.0	4.825 010	13 235	19.05	1.82	21 38	3 47.6	9 53
27	12 8 11.51	7.38	0 39 7.3	1 5.5	4.811 775	13 068	19.10	1.83	21 34	3 43.5	9 49
28	12 8 4.13	8.07	0 40 12.8	1 9.9	4.798 707	12 896	19.15	1.83	21 30	3 39.5	9 45
29	12 7 56.06	8.77	0 41 22.7	1 14.2	4.785 811	12 718	19.20	1.84	21 26	3 35.4	9 41
30	12 7 47.29	9.45	+0 42 36.9	1 18.6	4.773 093	12 535	19.26	1.84	21 21	3 31.3	9 37
31	12 7 37.84	10.13	0 43 55.5	1 22.9	4.760 558	12 348	19.31	1.85	21 17	3 27.2	9 33
Febr. 1	12 7 27.71	10.80	0 45 18.4	1 27.0	4.748 210	12 154	19.36	1.85	21 13	3 23.1	9 29
2	12 7 16.91	11.48	0 46 45.4	1 31.2	4.736 056	11 958	19.41	1.86	21 9	3 19.0	9 25
3	12 7 5.43	12.14	0 48 16.6	1 35.4	4.724 098	11 757	19.46	1.86	21 4	3 14.9	9 21
4	12 6 53.29	12.79	0 49 52.0	1 39.5	4.712 341	11 549	19.50	1.87	21 0	3 10.8	9 17
5	12 6 40.50	13.44	+0 51 31.5	1 43.5	4.700 792	11 338	19.55	1.87	20 56	3 6.6	9 13
6	12 6 27.06	14.07	0 53 15.0	1 47.4	4.689 454	11 122	19.60	1.88	20 52	3 2.5	9 9
7	12 6 12.99	14.71	0 55 2.4	1 51.3	4.678 332	10 902	19.65	1.88	20 47	2 58.3	9 5
8	12 5 58.28	15.33	0 56 53.7	1 55.2	4.667 430	10 679	19.69	1.89	20 43	2 54.1	9 1
9	12 5 42.95	15.94	0 58 48.9	1 58.9	4.656 751	10 450	19.74	1.89	20 39	2 49.9	8 57
10	12 5 27.01		+1 0 47.8		4.646 301		19.78	1.89	20 34	2 45.7	8 53

Tag	0h Weltzeit Scheinbare Rektaszension		Scheinbare Deklination		Δ		Halbmesser	Hor. Par.	Aufgang	Obere Kulmination	Untergang
									in 0h Länge, +50° Breite		
1957	h m s	s	° ′ ″	′ ″			″	″	h m	h m	h m
Febr. 10	12 5 27.01	16.54	+1 0 47.8	2 2.5	4.646 301	10 219	19.78	1.89	20 34	2 45.7	8 53
11	12 5 10.47	17.13	1 2 50.3	2 6.2	4.636 082	9 983	19.82	1.90	20 30	2 41.5	8 49
12	12 4 53.34	17.71	1 4 56.5	2 9.8	4.626 099	9 744	19.87	1.90	20 25	2 37.3	8 45
13	12 4 35.63	18.27	1 7 6.3	2 13.2	4.616 355	9 501	19.91	1.91	20 21	2 33.1	8 41
14	12 4 17.36	18.84	1 9 19.5	2 16.6	4.606 854	9 256	19.95	1.91	20 17	2 28.9	8 37
15	12 3 58.52	19.39	1 11 36.1	2 19.9	4.597 598	9 005	19.99	1.91	20 12	2 24.6	8 33
16	12 3 39.13	19.93	+1 13 56.0	2 23.1	4.588 593	8 753	20.03	1.92	20 8	2 20.4	8 29
17	12 3 19.20	20.46	1 16 19.1	2 26.3	4.579 840	8 496	20.07	1.92	20 3	2 16.1	8 25
18	12 2 58.74	20.96	1 18 45.4	2 29.3	4.571 344	8 235	20.11	1.93	19 59	2 11.8	8 21
19	12 2 37.78	21.47	1 21 14.7	2 32.3	4.563 109	7 971	20.14	1.93	19 54	2 7.5	8 16
20	12 2 16.31	21.97	1 23 47.0	2 35.1	4.555 138	7 704	20.18	1.93	19 50	2 3.3	8 12
21	12 1 54.34	22.43	1 26 22.1	2 37.9	4.547 434	7 432	20.21	1.94	19 45	1 59.0	8 8
22	12 1 31.91	22.90	+1 29 0.0	2 40.6	4.540 002	7 159	20.24	1.94	19 41	1 54.6	8 4
23	12 1 9.01	23.35	1 31 40.6	2 43.2	4.532 843	6 880	20.28	1.94	19 36	1 50.3	8 0
24	12 0 45.66	23.78	1 34 23.8	2 45.6	4.525 963	6 598	20.31	1.94	19 32	1 46.0	7 56
25	12 0 21.88	24.19	1 37 9.4	2 47.9	4.519 365	6 315	20.34	1.95	19 27	1 41.7	7 52
26	11 59 57.69	24.59	1 39 57.3	2 50.2	4.513 050	6 027	20.37	1.95	19 22	1 37.4	7 48
27	11 59 33.10	24.97	1 42 47.5	2 52.3	4.507 023	5 737	20.39	1.95	19 18	1 33.0	7 44
28	11 59 8.13	25.33	+1 45 39.8	2 54.2	4.501 286	5 445	20.42	1.95	19 13	1 28.7	7 40
März 1	11 58 42.80	25.68	1 48 34.0	2 56.0	4.495 841	5 150	20.44	1.96	19 9	1 24.3	7 35
2	11 58 17.12	26.00	1 51 30.0	2 57.8	4.490 691	4 851	20.47	1.96	19 4	1 20.0	7 31
3	11 57 51.12	26.31	1 54 27.8	2 59.4	4.485 840	4 553	20.49	1.96	19 0	1 15.6	7 27
4	11 57 24.81	26.60	1 57 27.2	3 0.8	4.481 287	4 251	20.51	1.96	18 55	1 11.2	7 23
5	11 56 58.21	26.87	2 0 28.0	3 2.2	4.477 036	3 948	20.53	1.97	18 50	1 6.9	7 19
6	11 56 31.34	27.11	+2 3 30.2	3 3.3	4.473 088	3 643	20.55	1.97	18 46	1 2.5	7 15
7	11 56 4.23	27.34	2 6 33.5	3 4.4	4.469 445	3 338	20.56	1.97	18 41	0 58.1	7 11
8	11 55 36.89	27.55	2 9 37.9	3 5.3	4.466 107	3 031	20.58	1.97	18 36	0 53.7	7 7
9	11 55 9.34	27.73	2 12 43.2	3 6.1	4.463 076	2 723	20.59	1.97	18 32	0 49.3	7 2
10	11 54 41.61	27.91	2 15 49.3	3 6.7	4.460 353	2 415	20.61	1.97	18 27	0 44.9	6 58
11	11 54 13.70	28.05	2 18 56.0	3 7.3	4.457 938	2 106	20.62	1.97	18 22	0 40.5	6 54
12	11 53 45.65	28.18	+2 22 3.3	3 7.6	4.455 832	1 797	20.63	1.97	18 18	0 36.1	6 50
13	11 53 17.47	28.28	2 25 10.9	3 7.9	4.454 035	1 487	20.64	1.98	18 13	0 31.7	6 46
14	11 52 49.19	28.37	2 28 18.8	3 8.1	4.452 548	1 178	20.64	1.98	18 9	0 27.3	6 42
15	11 52 20.82	28.45	2 31 26.9	3 8.0	4.451 370	869	20.65	1.98	18 4	0 22.9	6 37
16	11 51 52.37	28.50	2 34 34.9	3 7.9	4.450 501	559	20.65	1.98	17 59	0 18.5	6 33
17	11 51 23.87	28.52	2 37 42.8	3 7.6	4.449 942	249	20.65	1.98	17 55	0 14.1	6 29
18	11 50 55.35	28.54	+2 40 50.4	3 7.3	4.449 693	61	20.66	1.98	17 50	0 9.7	6 25
19	11 50 26.81	28.53	2 43 57.7	3 6.7	4.449 754	370	20.65	1.98	17 45	0 5.3	6 21
20	11 49 58.28	28.50	2 47 4.4	3 6.1	4.450 124	680	20.65	1.98	17 41	{0 0.9 / 23 56.5}	6 17
21	11 49 29.78	28.45	2 50 10.5	3 5.3	4.450 804	989	20.65	1.98	17 36	23 52.1	6 13
22	11 49 1.33	28.39	2 53 15.8	3 4.5	4.451 793	1 299	20.65	1.98	17 31	23 47.7	6 8
23	11 48 32.94		+2 56 20.3		4.453 092		20.64	1.98	17 27	23 43.3	6 4

Jupiter 1957

Tag	0h Weltzeit: Scheinbare Rektaszension		Scheinbare Deklination		Δ		Halbmesser	Hor. Par.	Aufgang (in 0h Länge, +50° Breite)	Obere Kulmination (in 0h Länge, +50° Breite)	Untergang (in 0h Länge, +50° Breite)
1957	h m s	s	° ′ ″	′ ″			″	″	h m	h m	h m
März 23	11 48 32.94	28.30	+2 56 20.3	3 3.4	4.453 092	1 607	20.64	1.98	17 27	23 43.3	6 4
24	11 48 4.64	28.19	2 59 23.7	3 2.2	4.454 699	1 915	20.63	1.98	17 22	23 38.9	6 0
25	11 47 36.45	28.07	3 2 25.9	3 0.9	4.456 614	2 222	20.62	1.97	17 17	23 34.5	5 56
26	11 47 8.38	27.91	3 5 26.8	2 59.5	4.458 836	2 528	20.61	1.97	17 13	23 30.1	5 52
27	11 46 40.47	27.75	3 8 26.3	2 58.0	4.461 364	2 834	20.60	1.97	17 8	23 25.7	5 48
28	11 46 12.72	27.56	3 11 24.3	2 56.2	4.464 198	3 136	20.59	1.97	17 4	23 21.4	5 43
29	11 45 45.16	27.35	+3 14 20.5	2 54.4	4.467 334	3 439	20.57	1.97	16 59	23 17.0	5 39
30	11 45 17.81	27.12	3 17 14.9	2 52.5	4.470 773	3 738	20.56	1.97	16 54	23 12.6	5 35
31	11 44 50.69	26.87	3 20 7.4	2 50.5	4.474 511	4 037	20.54	1.97	16 50	23 8.2	5 31
April 1	11 44 23.82	26.61	3 22 57.9	2 48.3	4.478 548	4 333	20.52	1.96	16 45	23 3.8	5 27
2	11 43 57.21	26.32	3 25 46.2	2 45.9	4.482 881	4 627	20.50	1.96	16 41	22 59.5	5 23
3	11 43 30.89	26.01	3 28 32.1	2 43.6	4.487 508	4 918	20.48	1.96	16 36	22 55.1	5 19
4	11 43 4.88	25.70	+3 31 15.7	2 41.0	4.492 426	5 206	20.46	1.96	16 31	22 50.7	5 14
5	11 42 39.18	25.35	3 33 56.7	2 38.4	4.497 632	5 493	20.44	1.96	16 27	22 46.4	5 10
6	11 42 13.83	24.99	3 36 35.1	2 35.7	4.503 125	5 775	20.41	1.95	16 22	22 42.0	5 6
7	11 41 48.84	24.62	3 39 10.8	2 32.9	4.508 900	6 054	20.38	1.95	16 18	22 37.7	5 2
8	11 41 24.22	24.23	3 41 43.7	2 30.0	4.514 954	6 330	20.36	1.95	16 13	22 33.4	4 58
9	11 40 59.99	23.83	3 44 13.7	2 26.9	4.521 284	6 604	20.33	1.95	16 9	22 29.0	4 54
10	11 40 36.16	23.41	+3 46 40.6	2 23.9	4.527 888	6 872	20.30	1.94	16 4	22 24.7	4 50
11	11 40 12.75	22.97	3 49 4.5	2 20.8	4.534 760	7 137	20.27	1.94	16 0	22 20.4	4 45
12	11 39 49.78	22.53	3 51 25.3	2 17.4	4.541 897	7 402	20.24	1.94	15 55	22 16.1	4 41
13	11 39 27.25	22.08	3 53 42.7	2 14.2	4.549 299	7 660	20.20	1.93	15 51	22 11.8	4 37
14	11 39 5.17	21.60	3 55 56.9	2 10.8	4.556 959	7 917	20.17	1.93	15 46	22 7.5	4 33
15	11 38 43.57	21.12	3 58 7.7	2 7.3	4.564 876	8 168	20.13	1.93	15 42	22 3.2	4 29
16	11 38 22.45	20.62	+4 0 15.0	2 3.8	4.573 044	8 418	20.10	1.92	15 37	21 59.0	4 25
17	11 38 1.83	20.12	4 2 18.8	2 0.3	4.581 462	8 665	20.06	1.92	15 33	21 54.7	4 21
18	11 37 41.71	19.61	4 4 19.1	1 56.6	4.590 127	8 906	20.02	1.92	15 28	21 50.4	4 17
19	11 37 22.10	19.07	4 6 15.7	1 52.8	4.599 033	9 146	19.98	1.91	15 24	21 46.2	4 13
20	11 37 3.03	18.54	4 8 8.5	1 49.1	4.608 179	9 382	19.94	1.91	15 20	21 41.9	4 8
21	11 36 44.49	17.99	4 9 57.6	1 45.2	4.617 561	9 614	19.90	1.91	15 15	21 37.7	4 4
22	11 36 26.50	17.43	+4 11 42.8	1 41.4	4.627 175	9 842	19.86	1.90	15 11	21 33.5	4 0
23	11 36 9.07	16.85	4 13 24.2	1 37.4	4.637 017	10 067	19.82	1.90	15 7	21 29.3	3 56
24	11 35 52.22	16.28	4 15 1.6	1 33.4	4.647 084	10 288	19.78	1.89	15 2	21 25.1	3 52
25	11 35 35.94	15.69	4 16 35.0	1 29.3	4.657 372	10 504	19.73	1.89	14 58	21 20.9	3 48
26	11 35 20.25	15.09	4 18 4.3	1 25.3	4.667 876	10 715	19.69	1.89	14 54	21 16.7	3 44
27	11 35 5.16	14.49	4 19 29.6	1 21.0	4.678 591	10 925	19.64	1.88	14 49	21 12.5	3 40
28	11 34 50.67	13.87	+4 20 50.6	1 16.9	4.689 516	11 128	19.60	1.88	14 45	21 8.4	3 36
29	11 34 36.80	13.25	4 22 7.5	1 12.7	4.700 644	11 327	19.55	1.87	14 41	21 4.2	3 32
30	11 34 23.55	12.62	4 23 20.2	1 8.5	4.711 971	11 521	19.51	1.87	14 37	21 0.1	3 28
Mai 1	11 34 10.93	11.99	4 24 28.7	1 4.1	4.723 492	11 712	19.46	1.86	14 32	20 55.9	3 24
2	11 33 58.94	11.35	4 25 32.8	0 59.8	4.735 204	11 897	19.41	1.86	14 28	20 51.8	3 20
3	11 33 47.59		+4 26 32.6		4.747 101		19.36	1.85	14 24	20 47.7	3 16

Tag	0h Weltzeit Scheinbare Rektaszension		Scheinbare Deklination		Δ		Halbmesser	Hor. Par.	Aufgang	Obere Kulmination	Untergang
									in 0h Länge, + 50° Breite		
1957	h m s	s	° ′ ″	′ ″			″	″	h m	h m	h m
Mai 3	11 33 47.59	10.70	+4 26 32.6	0 55.6	4.747 101	12 077	19.36	1.85	14 24	20 47.7	3 16
4	11 33 36.89	10.05	4 27 28.2	0 51.2	4.759 178	12 253	19.31	1.85	14 20	20 43.6	3 12
5	11 33 26.84	9.39	4 28 19.4	0 46.8	4.771 431	12 423	19.26	1.84	14 16	20 39.5	3 7
6	11 33 17.45	8.74	4 29 6.2	0 42.4	4.783 854	12 589	19.21	1.84	14 12	20 35.4	3 3
7	11 33 8.71	8.08	4 29 48.6	0 38.1	4.796 443	12 750	19.16	1.83	14 7	20 31.4	2 59
8	11 33 0.63	7.41	4 30 26.7	0 33.7	4.809 193	12 907	19.11	1.83	14 3	20 27.3	2 55
9	11 32 53.22	6.75	+4 31 0.4	0 29.3	4.822 100	13 057	19.06	1.82	13 59	20 23.3	2 52
10	11 32 46.47	6.09	4 31 29.7	0 24.9	4.835 157	13 205	19.01	1.82	13 55	20 19.3	2 48
11	11 32 40.38	5.42	4 31 54.6	0 20.6	4.848 362	13 347	18.96	1.82	13 51	20 15.2	2 44
12	11 32 34.96	4.76	4 32 15.2	0 16.2	4.861 709	13 485	18.90	1.81	13 47	20 11.2	2 40
13	11 32 30.20	4.09	4 32 31.4	0 11.8	4.875 194	13 621	18.85	1.81	13 43	20 7.2	2 36
14	11 32 26.11	3.43	4 32 43.2	0 7.5	4.888 815	13 749	18.80	1.80	13 39	20 3.2	2 31
15	11 32 22.68	2.76	+4 32 50.7	0 3.1	4.902 564	13 876	18.75	1.79	13 35	19 59.2	2 27
16	11 32 19.92	2.09	4 32 53.8	0 1.3	4.916 440	13 996	18.69	1.79	13 31	19 55.3	2 23
17	11 32 17.83	1.42	4 32 52.5	0 5.6	4.930 436	14 115	18.64	1.78	13 27	19 51.3	2 20
18	11 32 16.41	0.76	4 32 46.9	0 9.9	4.944 551	14 227	18.59	1.78	13 23	19 47.4	2 16
19	11 32 15.65	0.10	4 32 37.0	0 14.3	4.958 778	14 337	18.53	1.77	13 19	19 43.4	2 12
20	11 32 15.55	0.57	4 32 22.7	0 18.6	4.973 115	14 441	18.48	1.77	13 15	19 39.5	2 8
21	11 32 16.12	1.24	+4 32 4.1	0 22.9	4.987 556	14 542	18.43	1.76	13 11	19 35.6	2 4
22	11 32 17.36	1.90	4 31 41.2	0 27.3	5.002 098	14 638	18.37	1.76	13 8	19 31.7	2 0
23	11 32 19.26	2.56	4 31 13.9	0 31.5	5.016 736	14 730	18.32	1.75	13 4	19 27.8	1 56
24	11 32 21.82	3.23	4 30 42.4	0 35.8	5.031 466	14 817	18.27	1.75	13 0	19 23.9	1 52
25	11 32 25.05	3.88	4 30 6.6	0 40.1	5.046 283	14 900	18.21	1.74	12 56	19 20.1	1 48
26	11 32 28.93	4.55	4 29 26.5	0 44.3	5.061 183	14 978	18.16	1.74	12 52	19 16.2	1 44
27	11 32 33.48	5.20	+4 28 42.2	0 48.6	5.076 161	15 053	18.11	1.73	12 48	19 12.3	1 40
28	11 32 38.68	5.85	4 27 53.6	0 52.7	5.091 214	15 121	18.05	1.73	12 45	19 8.5	1 36
29	11 32 44.53	6.51	4 27 0.9	0 56.9	5.106 335	15 187	18.00	1.72	12 41	19 4.7	1 32
30	11 32 51.04	7.16	4 26 4.0	1 1.1	5.121 522	15 247	17.95	1.72	12 37	19 0.9	1 29
31	11 32 58.20	7.80	4 25 2.9	1 5.3	5.136 769	15 303	17.89	1.71	12 34	18 57.1	1 25
Juni 1	11 33 6.00	8.44	4 23 57.6	1 9.3	5.152 072	15 353	17.84	1.71	12 30	18 53.3	1 21
2	11 33 14.44	9.09	+4 22 48.3	1 13.4	5.167 425	15 400	17.79	1.70	12 26	18 49.5	1 17
3	11 33 23.53	9.71	4 21 34.9	1 17.5	5.182 825	15 442	17.73	1.70	12 22	18 45.7	1 13
4	11 33 33.24	10.34	4 20 17.4	1 21.4	5.198 267	15 479	17.68	1.69	12 19	18 41.9	1 9
5	11 33 43.58	10.97	4 18 56.0	1 25.4	5.213 746	15 513	17.63	1.69	12 15	18 38.2	1 5
6	11 33 54.55	11.58	4 17 30.6	1 29.3	5.229 259	15 542	17.58	1.68	12 11	18 34.4	1 1
7	11 34 6.13	12.20	4 16 1.3	1 33.2	5.244 801	15 567	17.52	1.68	12 8	18 30.7	0 57
8	11 34 18.33	12.80	+4 14 28.1	1 37.2	5.260 368	15 589	17.47	1.67	12 4	18 27.0	0 54
9	11 34 31.13	13.40	4 12 50.9	1 40.9	5.275 957	15 607	17.42	1.67	12 1	18 23.3	0 50
10	11 34 44.53	14.00	4 11 10.0	1 44.7	5.291 564	15 622	17.37	1.66	11 57	18 19.6	0 46
11	11 34 58.53	14.59	4 9 25.3	1 48.4	5.307 186	15 632	17.32	1.66	11 54	18 15.9	0 42
12	11 35 13.12	15.16	4 7 36.9	1 52.2	5.322 818	15 640	17.27	1.65	11 50	18 12.2	0 38
13	11 35 28.28		+4 5 44.7		5.338 458		17.22	1.65	11 46	18 8.5	0 34

Tag	0h Weltzeit: Scheinbare Rektaszension		0h Weltzeit: Scheinbare Deklination		0h Weltzeit: Δ		0h Weltzeit: Halbmesser	0h Weltzeit: Hor. Par.	Aufgang (in 0h Länge, + 50° Breite)	Obere Kulmination (in 0h Länge, + 50° Breite)	Untergang (in 0h Länge, + 50° Breite)
1957	h m s	s	° ′ ″	′ ″			″	″	h m	h m	h m
Juni 13	11 35 28.28	15.76	+4 5 44.7	1 55.9	5.338 458	15 644	17.22	1.65	11 46	18 8.5	0 34
14	11 35 44.04	16.33	4 3 48.8	1 59.6	5.354 102	15 644	17.17	1.64	11 43	18 4.9	0 31
15	11 36 0.37	16.90	4 1 49.2	2 3.1	5.369 746	15 640	17.12	1.64	11 39	18 1.2	0 27
16	11 36 17.27	17.46	3 59 46.1	2 6.8	5.385 386	15 636	17.07	1.63	11 36	17 57.6	0 23
17	11 36 34.73	18.03	3 57 39.3	2 10.3	5.401 022	15 624	17.02	1.63	11 33	17 53.9	0 19
18	11 36 52.76	18.58	3 55 29.0	2 13.9	5.416 646	15 612	16.97	1.62	11 29	17 50.3	0 15
19	11 37 11.34	19.13	+3 53 15.1	2 17.4	5.432 258	15 595	16.92	1.62	11 26	17 46.7	0 12
20	11 37 30.47	19.68	3 50 57.7	2 20.8	5.447 853	15 573	16.87	1.62	11 22	17 43.1	0 8
21	11 37 50.15	20.22	3 48 36.9	2 24.2	5.463 426	15 550	16.82	1.61	11 19	17 39.5	0 4
22	11 38 10.37	20.76	3 46 12.7	2 27.7	5.478 976	15 522	16.77	1.61	11 15	17 35.9	{0 0 {23 56
23	11 38 31.13	21.29	3 43 45.0	2 31.1	5.494 498	15 492	16.73	1.60	11 12	17 32.3	23 53
24	11 38 52.42	21.81	3 41 13.9	2 34.3	5.509 990	15 457	16.68	1.60	11 9	17 28.7	23 49
25	11 39 14.23	22.33	+3 38 39.6	2 37.7	5.525 447	15 418	16.63	1.59	11 5	17 25.2	23 45
26	11 39 36.56	22.86	3 36 1.9	2 40.9	5.540 865	15 377	16.59	1.59	11 2	17 21.6	23 41
27	11 39 59.42	23.36	3 33 21.0	2 44.2	5.556 242	15 330	16.54	1.58	10 59	17 18.1	23 38
28	11 40 22.78	23.87	3 30 36.8	2 47.3	5.571 572	15 282	16.50	1.58	10 55	17 14.5	23 34
29	11 40 46.65	24.37	3 27 49.5	2 50.5	5.586 854	15 228	16.45	1.58	10 52	17 11.0	23 30
30	11 41 11.02	24.86	3 24 59.0	2 53.6	5.602 082	15 172	16.41	1.57	10 49	17 7.5	23 26
Juli 1	11 41 35.88	25.34	+3 22 5.4	2 56.7	5.617 254	15 112	16.36	1.57	10 45	17 4.0	23 23
2	11 42 1.22	25.83	3 19 8.7	2 59.7	5.632 366	15 048	16.32	1.56	10 42	17 0.5	23 19
3	11 42 27.05	26.30	3 16 9.0	3 2.7	5.647 414	14 982	16.27	1.56	10 39	16 57.0	23 15
4	11 42 53.35	26.76	3 13 6.3	3 5.6	5.662 396	14 914	16.23	1.55	10 36	16 53.5	23 11
5	11 43 20.11	27.22	3 10 0.7	3 8.5	5.677 310	14 840	16.19	1.55	10 32	16 50.0	23 8
6	11 43 47.33	27.68	3 6 52.2	3 11.3	5.692 150	14 765	16.15	1.55	10 29	16 46.5	23 4
7	11 44 15.01	28.12	+3 3 40.9	3 14.2	5.706 915	14 688	16.11	1.54	10 26	16 43.0	23 0
8	11 44 43.13	28.56	3 0 26.7	3 16.9	5.721 603	14 607	16.06	1.54	10 23	16 39.6	22 56
9	11 45 11.69	29.00	2 57 9.8	3 19.7	5.736 210	14 525	16.02	1.53	10 19	16 36.1	22 53
10	11 45 40.69	29.43	2 53 50.1	3 22.3	5.750 735	14 440	15.98	1.53	10 16	16 32.7	22 49
11	11 46 10.12	29.85	2 50 27.8	3 25.0	5.765 175	14 351	15.94	1.53	10 13	16 29.2	22 45
12	11 46 39.97	30.26	2 47 2.8	3 27.7	5.779 526	14 262	15.90	1.52	10 10	16 25.8	22 42
13	11 47 10.23	30.68	+2 43 35.1	3 30.2	5.793 788	14 169	15.86	1.52	10 7	16 22.4	22 38
14	11 47 40.91	31.09	2 40 4.9	3 32.9	5.807 957	14 075	15.82	1.52	10 4	16 19.0	22 34
15	11 48 12.00	31.49	2 36 32.0	3 35.3	5.822 032	13 976	15.79	1.51	10 1	16 15.6	22 30
16	11 48 43.49	31.88	2 32 56.7	3 37.8	5.836 008	13 876	15.75	1.51	9 57	16 12.2	22 27
17	11 49 15.37	32.28	2 29 18.9	3 40.3	5.849 884	13 773	15.71	1.50	9 54	16 8.8	22 23
18	11 49 47.65	32.66	2 25 38.6	3 42.7	5.863 657	13 669	15.67	1.50	9 51	16 5.4	22 19
19	11 50 20.31	33.05	+2 21 55.9	3 45.2	5.877 326	13 560	15.64	1.50	9 48	16 2.0	22 16
20	11 50 53.36	33.42	2 18 10.7	3 47.5	5.890 886	13 451	15.60	1.49	9 45	15 58.6	22 12
21	11 51 26.78	33.80	2 14 23.2	3 49.7	5.904 337	13 338	15.57	1.49	9 42	15 55.2	22 8
22	11 52 0.58	34.17	2 10 33.5	3 52.1	5.917 675	13 221	15.53	1.49	9 39	15 51.9	22 5
23	11 52 34.75	34.52	2 6 41.4	3 54.4	5.930 896	13 104	15.50	1.48	9 36	15 48.5	22 1
24	11 53 9.27		+2 2 47.0		5.944 000		15.46	1.48	9 33	15 45.1	21 57

Tag	Scheinbare Rektaszension		Scheinbare Deklination		Δ		Halbmesser	Hor. Par.	Aufgang	Obere Kulmination	Untergang
	0h Weltzeit								in 0h Länge, + 50° Breite		
1957	h m s	s	° ′ ″	′ ″			″	″	h m	h m	h m
Juli 24	11 53 9.27	34.89	+2 2 47.0	3 56.5	5.944 000	12 982	15.46	1.48	9 33	15 45.1	21 57
25	11 53 44.16	35.24	1 58 50.5	3 58.8	5.956 982	12 858	15.43	1.48	9 30	15 41.8	21 54
26	11 54 19.40	35.58	1 54 51.7	4 0.9	5.969 840	12 733	15.40	1.47	9 27	15 38.4	21 50
27	11 54 54.98	35.93	1 50 50.8	4 3.0	5.982 573	12 603	15.36	1.47	9 24	15 35.1	21 46
28	11 55 30.91	36.26	1 46 47.8	4 5.1	5.995 176	12 471	15.33	1.47	9 21	15 31.8	21 43
29	11 56 7.17	36.59	1 42 42.7	4 7.1	6.007 647	12 337	15.30	1.46	9 18	15 28.4	21 39
30	11 56 43.76	36.92	+1 38 35.6	4 9.0	6.019 984	12 201	15.27	1.46	9 15	15 25.1	21 35
31	11 57 20.68	37.23	1 34 26.6	4 11.1	6.032 185	12 061	15.24	1.46	9 12	15 21.8	21 32
Aug. 1	11 57 57.91	37.55	1 30 15.5	4 12.9	6.044 246	11 922	15.21	1.46	9 9	15 18.5	21 28
2	11 58 35.46	37.85	1 26 2.6	4 14.8	6.056 168	11 779	15.18	1.45	9 6	15 15.2	21 24
3	11 59 13.31	38.15	1 21 47.8	4 16.6	6.067 947	11 634	15.15	1.45	9 3	15 11.9	21 21
4	11 59 51.46	38.44	1 17 31.2	4 18.4	6.079 581	11 488	15.12	1.45	9 0	15 8.6	21 17
5	12 0 29.90	38.73	+1 13 12.8	4 20.2	6.091 069	11 340	15.09	1.44	8 57	15 5.3	21 14
6	12 1 8.63	39.02	1 8 52.6	4 21.8	6.102 409	11 191	15.06	1.44	8 54	15 2.0	21 10
7	12 1 47.65	39.29	1 4 30.8	4 23.6	6.113 600	11 041	15.03	1.44	8 51	14 58.7	21 6
8	12 2 26.94	39.57	1 0 7.2	4 25.2	6.124 641	10 888	15.01	1.44	8 48	14 55.5	21 3
9	12 3 6.51	39.84	0 55 42.0	4 26.8	6.135 529	10 733	14.98	1.43	8 45	14 52.2	20 59
10	12 3 46.35	40.11	0 51 15.2	4 28.4	6.146 262	10 577	14.95	1.43	8 42	14 48.9	20 55
11	12 4 26.46	40.36	+0 46 46.8	4 30.0	6.156 839	10 421	14.93	1.43	8 39	14 45.7	20 52
12	12 5 6.82	40.62	0 42 16.8	4 31.5	6.167 260	10 262	14.90	1.43	8 36	14 42.4	20 48
13	12 5 47.44	40.88	0 37 45.3	4 33.0	6.177 522	10 099	14.88	1.42	8 34	14 39.1	20 45
14	12 6 28.32	41.12	0 33 12.3	4 34.4	6.187 621	9 939	14.85	1.42	8 31	14 35.9	20 41
15	12 7 9.44	41.37	0 28 37.9	4 35.9	6.197 560	9 774	14.83	1.42	8 28	14 32.6	20 37
16	12 7 50.81	41.60	0 24 2.0	4 37.3	6.207 334	9 609	14.81	1.42	8 25	14 29.4	20 34
17	12 8 32.41	41.84	+0 19 24.7	4 38.6	6.216 943	9 441	14.78	1.42	8 22	14 26.2	20 30
18	12 9 14.25	42.08	0 14 46.1	4 40.0	6.226 384	9 271	14.76	1.41	8 19	14 22.9	20 27
19	12 9 56.33	42.30	0 10 6.1	4 41.2	6.235 655	9 101	14.74	1.41	8 16	14 19.7	20 23
20	12 10 38.63	42.53	0 5 24.9	4 42.6	6.244 756	8 928	14.72	1.41	8 13	14 16.5	20 19
21	12 11 21.16	42.74	+0 0 42.3	4 43.8	6.253 684	8 753	14.70	1.41	8 11	14 13.2	20 16
22	12 12 3.90	42.96	−0 4 1.5	4 44.9	6.262 437	8 577	14.68	1.41	8 8	14 10.0	20 12
23	12 12 46.86	43.17	−0 8 46.4	4 46.1	6.271 014	8 397	14.66	1.40	8 5	14 6.8	20 9
24	12 13 30.03	43.37	0 13 32.5	4 47.3	6.279 411	8 217	14.64	1.40	8 2	14 3.6	20 5
25	12 14 13.40	43.57	0 18 19.8	4 48.4	6.287 628	8 036	14.62	1.40	7 59	14 0.4	20 1
26	12 14 56.97	43.77	0 23 8.2	4 49.4	6.295 664	7 851	14.60	1.40	7 56	13 57.2	19 58
27	12 15 40.74	43.96	0 27 57.6	4 50.4	6.303 515	7 666	14.58	1.40	7 54	13 54.0	19 54
28	12 16 24.70	44.15	0 32 48.0	4 51.4	6.311 181	7 480	14.56	1.39	7 51	13 50.8	19 51
29	12 17 8.85	44.32	−0 37 39.4	4 52.3	6.318 661	7 291	14.55	1.39	7 48	13 47.6	19 47
30	12 17 53.17	44.49	0 42 31.7	4 53.2	6.325 952	7 102	14.53	1.39	7 45	13 44.4	19 43
31	12 18 37.66	44.66	0 47 24.9	4 54.1	6.333 054	6 913	14.51	1.39	7 42	13 41.2	19 40
Sept. 1	12 19 22.32	44.83	0 52 19.0	4 54.9	6.339 967	6 722	14.50	1.39	7 40	13 38.0	19 36
2	12 20 7.15	44.99	0 57 13.9	4 55.7	6.346 689	6 531	14.48	1.39	7 37	13 34.8	19 33
3	12 20 52.14		−1 2 9.6		6.353 220		14.47	1.39	7 34	13 31.6	19 29

Jupiter 1957

Tag	0ʰ Weltzeit: Scheinbare Rektaszension		0ʰ Weltzeit: Scheinbare Deklination		0ʰ Weltzeit: Δ		0ʰ Weltzeit: Halbmesser	0ʰ Weltzeit: Hor. Par.	Aufgang (in 0ʰ Länge, + 50° Breite)	Obere Kulmination (in 0ʰ Länge, + 50° Breite)	Untergang (in 0ʰ Länge, + 50° Breite)
1957	h m s	s	° ′ ″	′ ″			″	″	h m	h m	h m
Sept. 3	12 20 52.14	45.14	−1 2 9.6	4 56.5	6.353 220	6 337	14.47	1.39	7 34	13 31.6	19 29
4	12 21 37.28	45.29	1 7 6.1	4 57.2	6.359 557	6 146	14.45	1.38	7 31	13 28.4	19 26
5	12 22 22.57	45.44	1 12 3.3	4 57.8	6.365 703	5 951	14.44	1.38	7 28	13 25.3	19 22
6	12 23 8.01	45.58	1 17 1.1	4 58.6	6.371 654	5 756	14.42	1.38	7 26	13 22.1	19 18
7	12 23 53.59	45.72	1 21 59.7	4 59.2	6.377 410	5 562	14.41	1.38	7 23	13 18.9	19 15
8	12 24 39.31	45.85	1 26 58.9	4 59.8	6.382 972	5 364	14.40	1.38	7 20	13 15.7	19 11
9	12 25 25.16	45.99	−1 31 58.7	5 0.4	6.388 336	5 168	14.39	1.38	7 17	13 12.6	19 8
10	12 26 11.15	46.11	1 36 59.1	5 0.9	6.393 504	4 969	14.38	1.38	7 15	13 9.4	19 4
11	12 26 57.26	46.24	1 42 0.0	5 1.4	6.398 473	4 769	14.36	1.38	7 12	13 6.2	19 1
12	12 27 43.50	46.36	1 47 1.4	5 1.9	6.403 242	4 570	14.35	1.37	7 9	13 3.1	18 57
13	12 28 29.86	46.47	1 52 3.3	5 2.4	6.407 812	4 370	14.34	1.37	7 6	12 59.9	18 53
14	12 29 16.33	46.59	1 57 5.7	5 2.8	6.412 182	4 167	14.33	1.37	7 4	12 56.8	18 50
15	12 30 2.92	46.69	−2 2 8.5	5 3.2	6.416 349	3 964	14.32	1.37	7 1	12 53.6	18 46
16	12 30 49.61	46.80	2 7 11.7	5 3.5	6.420 313	3 762	14.32	1.37	6 58	12 50.4	18 43
17	12 31 36.41	46.91	2 12 15.2	5 3.9	6.424 075	3 555	14.31	1.37	6 55	12 47.3	18 39
18	12 32 23.32	47.00	2 17 19.1	5 4.2	6.427 630	3 350	14.30	1.37	6 52	12 44.1	18 36
19	12 33 10.32	47.09	2 22 23.3	5 4.4	6.430 980	3 143	14.29	1.37	6 50	12 41.0	18 32
20	12 33 57.41	47.18	2 27 27.7	5 4.7	6.434 123	2 934	14.28	1.37	6 47	12 37.8	18 29
21	12 34 44.59	47.27	−2 32 32.4	5 4.9	6.437 057	2 725	14.28	1.37	6 44	12 34.7	18 25
22	12 35 31.86	47.35	2 37 37.3	5 5.0	6.439 782	2 515	14.27	1.37	6 41	12 31.5	18 21
23	12 36 19.21	47.42	2 42 42.3	5 5.1	6.442 297	2 304	14.27	1.37	6 39	12 28.4	18 18
24	12 37 6.63	47.49	2 47 47.4	5 5.3	6.444 601	2 092	14.26	1.37	6 36	12 25.2	18 14
25	12 37 54.12	47.55	2 52 52.7	5 5.2	6.446 693	1 881	14.26	1.37	6 33	12 22.1	18 11
26	12 38 41.67	47.62	2 57 57.9	5 5.3	6.448 574	1 668	14.25	1.36	6 31	12 19.0	18 7
27	12 39 29.29	47.66	−3 3 3.2	5 5.2	6.450 242	1 455	14.25	1.36	6 28	12 15.8	18 4
28	12 40 16.95	47.72	3 8 8.4	5 5.2	6.451 697	1 242	14.25	1.36	6 25	12 12.7	18 0
29	12 41 4.67	47.76	3 13 13.6	5 5.0	6.452 939	1 030	14.24	1.36	6 22	12 9.5	17 57
30	12 41 52.43	47.80	3 18 18.6	5 4.9	6.453 969	818	14.24	1.36	6 20	12 6.4	17 53
Okt. 1	12 42 40.23	47.84	3 23 23.5	5 4.8	6.454 787	604	14.24	1.36	6 17	12 3.3	17 49
2	12 43 28.07	47.87	3 28 28.3	5 4.6	6.455 391	392	14.24	1.36	6 14	12 0.1	17 46
3	12 44 15.94	47.89	−3 33 32.9	5 4.3	6.455 783	179	14.24	1.36	6 11	11 57.0	17 42
4	12 45 3.83	47.92	3 38 37.2	5 4.1	6.455 962	$\overline{34}$	14.24	1.36	6 9	11 53.8	17 39
5	12 45 51.75	47.94	3 43 41.3	5 3.8	6.455 928	246	14.24	1.36	6 6	11 50.7	17 35
6	12 46 39.69	47.96	3 48 45.1	5 3.5	6.455 682	459	14.24	1.36	6 3	11 47.6	17 32
7	12 47 27.65	47.96	3 53 48.6	5 3.1	6.455 223	673	14.24	1.36	6 0	11 44.4	17 28
8	12 48 15.61	47.97	3 58 51.7	5 2.7	6.454 550	883	14.24	1.36	5 58	11 41.3	17 25
9	12 49 3.58	47.98	−4 3 54.4	5 2.3	6.453 667	1 096	14.24	1.36	5 55	11 38.2	17 21
10	12 49 51.56	47.98	4 8 56.7	5 1.9	6.452 571	1 310	14.24	1.36	5 52	11 35.0	17 18
11	12 50 39.54	47.97	4 13 58.6	5 1.5	6.451 261	1 524	14.25	1.36	5 49	11 31.9	17 14
12	12 51 27.51	47.96	4 19 0.1	5 0.9	6.449 737	1 735	14.25	1.36	5 47	11 28.8	17 11
13	12 52 15.47	47.96	4 24 1.0	5 0.4	6.448 002	1 950	14.25	1.36	5 44	11 25.6	17 7
14	12 53 3.43		−4 29 1.4		6.446 052		14.26	1.37	5 41	11 22.5	17 4

Tag	0h Weltzeit: Scheinbare Rektaszension		Scheinbare Deklination		Δ		Halbmesser	Hor. Par.	Aufgang	Obere Kulmination	Untergang
									in 0h Länge, + 50° Breite		
1957	h m s	s	° ′ ″	′ ″			″	″	h m	h m	h m
Okt. 14	12 53 3.43	47.94	−4 29 1.4	4 59.8	6.446 052	2 162	14.26	1.37	5 41	11 22.5	17 4
15	12 53 51.37	47.91	4 34 1.2	4 59.2	6.443 890	2 375	14.26	1.37	5 39	11 19.3	17 0
16	12 54 39.28	47.90	4 39 0.4	4 58.6	6.441 515	2 590	14.27	1.37	5 36	11 16.2	16 57
17	12 55 27.18	47.86	4 43 59.0	4 57.9	6.438 925	2 804	14.27	1.37	5 33	11 13.1	16 53
18	12 56 15.04	47.83	4 48 56.9	4 57.2	6.436 121	3 017	14.28	1.37	5 30	11 9.9	16 50
19	12 57 2.87	47.79	4 53 54.1	4 56.5	6.433 104	3 232	14.29	1.37	5 28	11 6.8	16 46
20	12 57 50.66	47.75	−4 58 50.6	4 55.8	6.429 872	3 446	14.29	1.37	5 25	11 3.6	16 42
21	12 58 38.41	47.69	5 3 46.4	4 54.9	6.426 426	3 660	14.30	1.37	5 22	11 0.5	16 39
22	12 59 26.10	47.64	5 8 41.3	4 54.1	6.422 766	3 873	14.31	1.37	5 19	10 57.4	16 35
23	13 0 13.74	47.58	5 13 35.4	4 53.1	6.418 893	4 088	14.32	1.37	5 17	10 54.2	16 32
24	13 1 1.32	47.52	5 18 28.5	4 52.3	6.414 805	4 299	14.33	1.37	5 14	10 51.1	16 28
25	13 1 48.84	47.44	5 23 20.8	4 51.3	6.410 506	4 511	14.34	1.37	5 11	10 47.9	16 25
26	13 2 36.28	47.36	−5 28 12.1	4 50.3	6.405 995	4 722	14.35	1.37	5 8	10 44.8	16 21
27	13 3 23.64	47.27	5 33 2.4	4 49.3	6.401 273	4 933	14.36	1.37	5 6	10 41.6	16 18
28	13 4 10.91	47.19	5 37 51.7	4 48.2	6.396 340	5 142	14.37	1.38	5 3	10 38.5	16 14
29	13 4 58.10	47.10	5 42 39.9	4 47.2	6.391 198	5 349	14.38	1.38	5 0	10 35.3	16 11
30	13 5 45.20	47.00	5 47 27.1	4 46.1	6.385 849	5 557	14.39	1.38	4 57	10 32.2	16 7
31	13 6 32.20	46.90	5 52 13.2	4 44.8	6.380 292	5 763	14.41	1.38	4 54	10 29.0	16 4
Nov. 1	13 7 19.10	46.78	−5 56 58.0	4 43.7	6.374 529	5 968	14.42	1.38	4 52	10 25.9	16 0
2	13 8 5.88	46.68	6 1 41.7	4 42.5	6.368 561	6 172	14.43	1.38	4 49	10 22.7	15 57
3	13 8 52.56	46.56	6 6 24.2	4 41.2	6.362 389	6 374	14.45	1.38	4 46	10 19.6	15 53
4	13 9 39.12	46.43	6 11 5.4	4 39.9	6.356 015	6 578	14.46	1.38	4 43	10 16.4	15 49
5	13 10 25.55	46.31	6 15 45.3	4 38.7	6.349 437	6 779	14.48	1.39	4 41	10 13.2	15 46
6	13 11 11.86	46.18	6 20 24.0	4 37.3	6.342 658	6 978	14.49	1.39	4 38	10 10.1	15 42
7	13 11 58.04	46.04	−6 25 1.3	4 35.9	6.335 680	7 178	14.51	1.39	4 35	10 6.9	15 39
8	13 12 44.08	45.90	6 29 37.2	4 34.6	6.328 502	7 377	14.52	1.39	4 32	10 3.7	15 35
9	13 13 29.98	45.75	6 34 11.8	4 33.1	6.321 125	7 573	14.54	1.39	4 29	10 0.6	15 32
10	13 14 15.73	45.60	6 38 44.9	4 31.6	6.313 552	7 770	14.56	1.39	4 27	9 57.4	15 28
11	13 15 1.33	45.45	6 43 16.5	4 30.2	6.305 782	7 965	14.58	1.40	4 24	9 54.2	15 25
12	13 15 46.78	45.29	6 47 46.7	4 28.6	6.297 817	8 161	14.59	1.40	4 21	9 51.0	15 21
13	13 16 32.07	45.12	−6 52 15.3	4 27.1	6.289 656	8 355	14.61	1.40	4 18	9 47.9	15 17
14	13 17 17.19	44.95	6 56 42.4	4 25.5	6.281 301	8 548	14.63	1.40	4 15	9 44.7	15 14
15	13 18 2.14	44.77	7 1 7.9	4 23.9	6.272 753	8 740	14.65	1.40	4 12	9 41.5	15 10
16	13 18 46.91	44.59	7 5 31.8	4 22.2	6.264 013	8 931	14.67	1.40	4 10	9 38.3	15 7
17	13 19 31.50	44.39	7 9 54.0	4 20.5	6.255 082	9 121	14.69	1.41	4 7	9 35.1	15 3
18	13 20 15.89	44.20	7 14 14.5	4 18.8	6.245 961	9 309	14.72	1.41	4 4	9 31.9	15 0
19	13 21 0.09	44.00	−7 18 33.3	4 17.0	6.236 652	9 498	14.74	1.41	4 1	9 28.7	14 56
20	13 21 44.09	43.78	7 22 50.3	4 15.1	6.227 154	9 682	14.76	1.41	3 58	9 25.5	14 53
21	13 22 27.87	43.56	7 27 5.4	4 13.4	6.217 472	9 866	14.78	1.42	3 55	9 22.3	14 49
22	13 23 11.43	43.34	7 31 18.8	4 11.5	6.207 606	10 049	14.81	1.42	3 53	9 19.1	14 46
23	13 23 54.77	43.11	7 35 30.3	4 9.5	6.197 557	10 228	14.83	1.42	3 50	9 15.9	14 42
24	13 24 37.88		−7 39 39.8		6.187 329		14.85	1.42	3 47	9 12.6	14 38

Jupiter 1957

Tag	0h Weltzeit								Aufgang	Obere Kulmination	Untergang
	Scheinbare Rektaszension		Scheinbare Deklination		Δ		Halbmesser	Hor. Par.	in 0h Länge, + 50° Breite		
1957	h m s	s	° ′ ″	′ ″			″	″	h m	h m	h m
Nov. 24	13 24 37.88	42.88	−7 39 39.8	4 7.7	6.187 329	10 407	14.85	1.42	3 47	9 12.6	14 38
25	13 25 20.76	42.63	7 43 47.5	4 5.6	6.176 922	10 582	14.88	1.42	3 44	9 9.4	14 35
26	13 26 3.39	42.37	7 47 53.1	4 3.6	6.166 340	10 757	14.91	1.43	3 41	9 6.2	14 31
27	13 26 45.76	42.12	7 51 56.7	4 1.5	6.155 583	10 927	14.93	1.43	3 38	9 3.0	14 28
28	13 27 27.88	41.86	7 55 58.2	3 59.5	6.144 656	11 098	14.96	1.43	3 35	8 59.7	14 24
29	13 28 9.74	41.59	7 59 57.7	3 57.4	6.133 558	11 264	14.98	1.43	3 32	8 56.5	14 21
30	13 28 51.33	41.32	−8 3 55.1	3 55.3	6.122 294	11 429	15.01	1.44	3 29	8 53.3	14 17
Dez. 1	13 29 32.65	41.04	8 7 50.4	3 53.1	6.110 865	11 592	15.04	1.44	3 26	8 50.0	14 14
2	13 30 13.69	40.75	8 11 43.5	3 50.8	6.099 273	11 754	15.07	1.44	3 23	8 46.8	14 10
3	13 30 54.44	40.46	8 15 34.3	3 48.7	6.087 519	11 911	15.10	1.45	3 21	8 43.5	14 6
4	13 31 34.90	40.16	8 19 23.0	3 46.4	6.075 608	12 068	15.13	1.45	3 18	8 40.2	14 3
5	13 32 15.06	39.86	8 23 9.4	3 44.1	6.063 540	12 222	15.16	1.45	3 15	8 37.0	13 59
6	13 32 54.92	39.55	−8 26 53.5	3 41.8	6.051 318	12 375	15.19	1.45	3 12	8 33.7	13 56
7	13 33 34.47	39.23	8 30 35.3	3 39.5	6.038 943	12 524	15.22	1.46	3 9	8 30.4	13 52
8	13 34 13.70	38.92	8 34 14.8	3 37.2	6.026 419	12 673	15.25	1.46	3 6	8 27.1	13 48
9	13 34 52.62	38.58	8 37 52.0	3 34.7	6.013 746	12 818	15.28	1.46	3 3	8 23.8	13 45
10	13 35 31.20	38.25	8 41 26.7	3 32.3	6.000 928	12 963	15.32	1.47	3 0	8 20.5	13 41
11	13 36 9.45	37.91	8 44 59.0	3 29.8	5.987 965	13 103	15.35	1.47	2 57	8 17.2	13 38
12	13 36 47.36	37.56	−8 48 28.8	3 27.3	5.974 862	13 245	15.38	1.47	2 54	8 13.9	13 34
13	13 37 24.92	37.20	8 51 56.1	3 24.8	5.961 617	13 381	15.42	1.48	2 51	8 10.6	13 31
14	13 38 2.12	36.85	8 55 20.9	3 22.2	5.948 236	13 517	15.45	1.48	2 48	8 7.3	13 27
15	13 38 38.97	36.47	8 58 43.1	3 19.6	5.934 719	13 649	15.49	1.48	2 45	8 4.0	13 23
16	13 39 15.44	36.09	9 2 2.7	3 17.0	5.921 070	13 780	15.52	1.49	2 42	8 0.7	13 20
17	13 39 51.53	35.71	9 5 19.7	3 14.3	5.907 290	13 907	15.56	1.49	2 38	7 57.3	13 16
18	13 40 27.24	35.31	−9 8 34.0	3 11.6	5.893 383	14 031	15.60	1.49	2 35	7 54.0	13 13
19	13 41 2.55	34.91	9 11 45.6	3 8.9	5.879 352	14 153	15.63	1.50	2 32	7 50.6	13 9
20	13 41 37.46	34.50	9 14 54.5	3 6.1	5.865 199	14 271	15.67	1.50	2 29	7 47.3	13 5
21	13 42 11.96	34.08	9 18 0.6	3 3.3	5.850 928	14 386	15.71	1.50	2 26	7 43.9	13 2
22	13 42 46.04	33.65	9 21 3.9	3 0.5	5.836 542	14 498	15.75	1.51	2 23	7 40.6	12 58
23	13 43 19.69	33.22	9 24 4.4	2 57.5	5.822 044	14 606	15.79	1.51	2 20	7 37.2	12 54
24	13 43 52.91	32.78	−9 27 1.9	2 54.7	5.807 438	14 712	15.83	1.52	2 17	7 33.8	12 51
25	13 44 25.69	32.34	9 29 56.6	2 51.8	5.792 726	14 812	15.87	1.52	2 14	7 30.4	12 47
26	13 44 58.03	31.88	9 32 48.4	2 48.8	5.777 914	14 911	15.91	1.52	2 10	7 27.0	12 44
27	13 45 29.91	31.42	9 35 37.2	2 45.9	5.763 003	15 005	15.95	1.53	2 7	7 23.6	12 40
28	13 46 1.33	30.95	9 38 23.1	2 42.8	5.747 998	15 097	15.99	1.53	2 4	7 20.2	12 36
29	13 46 32.28	30.48	9 41 5.9	2 39.8	5.732 901	15 185	16.03	1.53	2 1	7 16.8	12 33
30	13 47 2.76	29.99	−9 43 45.7	2 36.7	5.717 716	15 268	16.07	1.54	1 58	7 13.3	12 29
31	13 47 32.75	29.51	9 46 22.4	2 33.7	5.702 448	15 350	16.12	1.54	1 54	7 9.9	12 25
32	13 48 2.26		−9 48 56.1		5.687 098		16.16	1.55	1 51	7 6.5	12 22

Tag	0h Weltzeit: Scheinbare Rektaszension		Scheinbare Deklination		Δ		Halbmesser	Hor. Par.	Aufgang	Obere Kulmination	Untergang
									in 0h Länge, + 50° Breite		
1957	h m s	s	° ′ ″	″			″	″	h m	h m	h m
Jan. 0	16 31 5.77	27.24	−20 10 30.6	56.5	10.84 348	850	6.88	0.81	5 33	9 52.1	14 12
1	16 31 33.01	27.09	20 11 27.1	55.6	10.83 498	873	6.88	0.81	5 29	9 48.6	14 8
2	16 32 0.10	26.92	20 12 22.7	54.9	10.82 625	895	6.89	0.81	5 26	9 45.1	14 4
3	16 32 27.02	26.74	20 13 17.6	54.1	10.81 730	918	6.89	0.81	5 22	9 41.6	14 1
4	16 32 53.76	26.57	20 14 11.7	53.4	10.80 812	940	6.90	0.81	5 19	9 38.1	13 57
5	16 33 20.33	26.39	20 15 5.1	52.5	10.79 872	962	6.91	0.81	5 16	9 34.6	13 54
6	16 33 46.72	26.20	−20 15 57.6	51.8	10.78 910	984	6.91	0.82	5 12	9 31.2	13 50
7	16 34 12.92	26.01	20 16 49.4	51.0	10.77 926	1 005	6.92	0.82	5 9	9 27.7	13 47
8	16 34 38.93	25.81	20 17 40.4	50.1	10.76 921	1 026	6.92	0.82	5 5	9 24.2	13 43
9	16 35 4.74	25.61	20 18 30.5	49.4	10.75 895	1 047	6.93	0.82	5 2	9 20.6	13 39
10	16 35 30.35	25.40	20 19 19.9	48.6	10.74 848	1 067	6.94	0.82	4 58	9 17.1	13 36
11	16 35 55.75	25.19	20 20 8.5	47.8	10.73 781	1 088	6.94	0.82	4 55	9 13.6	13 32
12	16 36 20.94	24.98	−20 20 56.3	47.0	10.72 693	1 108	6.95	0.82	4 52	9 10.1	13 29
13	16 36 45.92	24.76	20 21 43.3	46.1	10.71 585	1 127	6.96	0.82	4 48	9 6.6	13 25
14	16 37 10.68	24.53	20 22 29.4	45.4	10.70 458	1 147	6.97	0.82	4 45	9 3.1	13 21
15	16 37 35.21	24.30	20 23 14.8	44.6	10.69 311	1 166	6.97	0.82	4 41	8 59.6	13 18
16	16 37 59.51	24.07	20 23 59.4	43.7	10.68 145	1 185	6.98	0.82	4 38	8 56.0	13 14
17	16 38 23.58	23.84	20 24 43.1	42.9	10.66 960	1 204	6.99	0.82	4 34	8 52.5	13 11
18	16 38 47.42	23.59	−20 25 26.0	42.2	10.65 756	1 222	7.00	0.83	4 31	8 48.9	13 7
19	16 39 11.01	23.35	20 26 8.2	41.3	10.64 534	1 240	7.00	0.83	4 28	8 45.4	13 3
20	16 39 34.36	23.10	20 26 49.5	40.5	10.63 294	1 258	7.01	0.83	4 24	8 41.8	13 0
21	16 39 57.46	22.84	20 27 30.0	39.7	10.62 036	1 276	7.02	0.83	4 20	8 38.3	12 56
22	16 40 20.30	22.58	20 28 9.7	38.8	10.60 760	1 293	7.03	0.83	4 17	8 34.8	12 53
23	16 40 42.88	22.31	20 28 48.5	38.0	10.59 467	1 310	7.04	0.83	4 13	8 31.2	12 49
24	16 41 5.19	22.04	−20 29 26.5	37.2	10.58 157	1 326	7.05	0.83	4 10	8 27.6	12 45
25	16 41 27.23	21.77	20 30 3.7	36.4	10.56 831	1 344	7.06	0.83	4 6	8 24.1	12 42
26	16 41 49.00	21.49	20 30 40.1	35.6	10.55 487	1 359	7.06	0.83	4 3	8 20.5	12 38
27	16 42 10.49	21.20	20 31 15.7	34.8	10.54 128	1 375	7.07	0.83	3 59	8 16.9	12 34
28	16 42 31.69	20.91	20 31 50.5	33.9	10.52 753	1 390	7.08	0.84	3 56	8 13.3	12 31
29	16 42 52.60	20.61	20 32 24.4	33.1	10.51 363	1 405	7.09	0.84	3 52	8 9.7	12 27
30	16 43 13.21	20.31	−20 32 57.5	32.3	10.49 958	1 420	7.10	0.84	3 49	8 6.1	12 23
31	16 43 33.52	20.01	20 33 29.8	31.5	10.48 538	1 434	7.11	0.84	3 45	8 2.5	12 20
Febr. 1	16 43 53.53	19.70	20 34 1.3	30.7	10.47 104	1 447	7.12	0.84	3 42	7 58.9	12 16
2	16 44 13.23	19.38	20 34 32.0	29.8	10.45 657	1 461	7.13	0.84	3 38	7 55.3	12 12
3	16 44 32.61	19.07	20 35 1.8	29.0	10.44 196	1 474	7.14	0.84	3 35	7 51.7	12 9
4	16 44 51.68	18.74	20 35 30.8	28.2	10.42 722	1 487	7.15	0.84	3 31	7 48.1	12 5
5	16 45 10.42	18.42	−20 35 59.0	27.4	10.41 235	1 499	7.16	0.85	3 28	7 44.5	12 1
6	16 45 28.84	18.09	20 36 26.4	26.6	10.39 736	1 510	7.17	0.85	3 24	7 40.9	11 58
7	16 45 46.93	17.75	20 36 53.0	25.8	10.38 226	1 522	7.18	0.85	3 20	7 37.2	11 54
8	16 46 4.68	17.41	20 37 18.8	25.0	10.36 704	1 533	7.19	0.85	3 17	7 33.6	11 50
9	16 46 22.09	17.08	20 37 43.8	24.1	10.35 171	1 543	7.20	0.85	3 13	7 29.9	11 47
10	16 46 39.17		−20 38 7.9		10.33 628		7.21	0.85	3 10	7 26.3	11 43

Tag	0h Weltzeit: Scheinbare Rektaszension		Scheinbare Deklination		Δ		Halbmesser	Hor. Par.	Aufgang	Obere Kulmination	Untergang
									in 0h Länge, +50° Breite		
1957	h m s	s	° ′ ″	″			″	″	h m	h m	h m
Febr. 10	16 46 39.17	16.73	−20 38 7.9	23.4	10.33 628	1 553	7.21	0.85	3 10	7 26.3	11 43
11	16 46 55.90	16.38	20 38 31.3	22.5	10.32 075	1 563	7.23	0.85	3 6	7 22.6	11 39
12	16 47 12.28	16.03	20 38 53.8	21.8	10.30 512	1 573	7.24	0.85	3 2	7 19.0	11 36
13	16 47 28.31	15.68	20 39 15.6	21.0	10.28 939	1 581	7.25	0.86	2 59	7 15.3	11 32
14	16 47 43.99	15.32	20 39 36.6	20.1	10.27 358	1 589	7.26	0.86	2 55	7 11.6	11 28
15	16 47 59.31	14.96	20 39 56.7	19.4	10.25 769	1 598	7.27	0.86	2 51	7 8.0	11 25
16	16 48 14.27	14.59	−20 40 16.1	18.6	10.24 171	1 605	7.28	0.86	2 48	7 4.3	11 21
17	16 48 28.86	14.23	20 40 34.7	17.8	10.22 566	1 613	7.29	0.86	2 44	7 0.6	11 17
18	16 48 43.09	13.86	20 40 52.5	17.0	10.20 953	1 620	7.30	0.86	2 40	6 56.9	11 13
19	16 48 56.95	13.48	20 41 9.5	16.3	10.19 333	1 626	7.32	0.86	2 37	6 53.2	11 10
20	16 49 10.43	13.11	20 41 25.8	15.5	10.17 707	1 632	7.33	0.86	2 33	6 49.5	11 6
21	16 49 23.54	12.72	20 41 41.3	14.7	10.16 075	1 638	7.34	0.87	2 29	6 45.7	11 2
22	16 49 36.26	12.33	−20 41 56.0	13.9	10.14 437	1 642	7.35	0.87	2 26	6 42.0	10 59
23	16 49 48.59	11.95	20 42 9.9	13.1	10.12 795	1 648	7.36	0.87	2 22	6 38.3	10 55
24	16 50 0.54	11.55	20 42 23.0	12.4	10.11 147	1 652	7.37	0.87	2 18	6 34.6	10 51
25	16 50 12.09	11.16	20 42 35.4	11.6	10.09 495	1 656	7.39	0.87	2 15	6 30.8	10 47
26	16 50 23.25	10.76	20 42 47.0	10.9	10.07 839	1 659	7.40	0.87	2 12	6 27.1	10 44
27	16 50 34.01	10.36	20 42 57.9	10.1	10.06 180	1 662	7.41	0.87	2 8	6 23.3	10 40
28	16 50 44.37	9.95	−20 43 8.0	9.4	10.04 518	1 664	7.42	0.88	2 4	6 19.5	10 36
März 1	16 50 54.32	9.55	20 43 17.4	8.6	10.02 854	1 666	7.44	0.88	2 0	6 15.8	10 32
2	16 51 3.87	9.14	20 43 26.0	7.9	10.01 188	1 668	7.45	0.88	1 56	6 12.0	10 28
3	16 51 13.01	8.73	20 43 33.9	7.1	9.99 520	1 668	7.46	0.88	1 52	6 8.2	10 25
4	16 51 21.74	8.31	20 43 41.0	6.4	9.97 852	1 669	7.47	0.88	1 48	6 4.4	10 21
5	16 51 30.05	7.90	20 43 47.4	5.6	9.96 183	1 668	7.49	0.88	1 44	6 0.6	10 17
6	16 51 37.95	7.48	−20 43 53.0	4.9	9.94 515	1 668	7.50	0.88	1 41	5 56.8	10 13
7	16 51 45.43	7.07	20 43 57.9	4.2	9.92 847	1 666	7.51	0.89	1 37	5 53.0	10 9
8	16 51 52.50	6.65	20 44 2.1	3.5	9.91 181	1 665	7.52	0.89	1 33	5 49.2	10 6
9	16 51 59.15	6.22	20 44 5.6	2.8	9.89 516	1 663	7.54	0.89	1 29	5 45.4	10 2
10	16 52 5.37	5.80	20 44 8.4	2.0	9.87 853	1 660	7.55	0.89	1 25	5 41.6	9 58
11	16 52 11.17	5.39	20 44 10.4	1.3	9.86 193	1 657	7.56	0.89	1 22	5 37.7	9 54
12	16 52 16.56	4.96	−20 44 11.7	0.7	9.84 536	1 653	7.57	0.89	1 18	5 33.9	9 50
13	16 52 21.52	4.54	20 44 12.4	0.1	9.82 883	1 649	7.59	0.90	1 14	5 30.0	9 46
14	16 52 26.06	4.11	20 44 12.3	0.8	9.81 234	1 645	7.60	0.90	1 10	5 26.2	9 42
15	16 52 30.17	3.70	20 44 11.5	1.4	9.79 589	1 640	7.61	0.90	1 6	5 22.3	9 39
16	16 52 33.87	3.27	20 44 10.1	2.2	9.77 949	1 634	7.63	0.90	1 2	5 18.4	9 35
17	16 52 37.14	2.84	20 44 7.9	2.8	9.76 315	1 629	7.64	0.90	0 58	5 14.6	9 31
18	16 52 39.98	2.42	−20 44 5.1	3.5	9.74 686	1 622	7.65	0.90	0 55	5 10.7	9 27
19	16 52 42.40	1.99	20 44 1.6	4.2	9.73 064	1 616	7.66	0.90	0 51	5 6.8	9 23
20	16 52 44.39	1.56	20 43 57.4	4.9	9.71 448	1 608	7.68	0.91	0 47	5 2.9	9 19
21	16 52 45.95	1.14	20 43 52.5	5.5	9.69 840	1 601	7.69	0.91	0 43	4 59.0	9 15
22	16 52 47.09	0.71	20 43 47.0	6.2	9.68 239	1 592	7.70	0.91	0 39	4 55.1	9 11
23	16 52 47.80		−20 43 40.8		9.66 647		7.71	0.91	0 35	4 51.1	9 7

Tag	0h Weltzeit Scheinbare Rektaszension		Scheinbare Deklination		Δ		Halbmesser	Hor. Par.	Aufgang	Obere Kulmination	Untergang
									in 0h Länge, + 50° Breite		
1957	h m s	s	° ′ ″	″			″	″	h m	h m	h m
März 23	16 52 47.80	0.28	−20 43 40.8	6.8	9.66 647	1 584	7.71	0.91	0 35	4 51.1	9 7
24	16 52 48.08	0.14	20 43 34.0	7.5	9.65 063	1 575	7.73	0.91	0 31	4 47.2	9 4
25	16 52 47.94	0.57	20 43 26.5	8.1	9.63 488	1 565	7.74	0.91	0 27	4 43.3	9 0
26	16 52 47.37	1.00	20 43 18.4	8.8	9.61 923	1 555	7.75	0.91	0 23	4 39.3	8 56
27	16 52 46.37	1.43	20 43 9.6	9.5	9.60 368	1 544	7.76	0.92	0 19	4 35.4	8 52
28	16 52 44.94	1.85	20 43 0.1	10.0	9.58 824	1 533	7.78	0.92	0 15	4 31.4	8 48
29	16 52 43.09	2.27	−20 42 50.1	10.7	9.57 291	1 522	7.79	0.92	0 11	4 27.5	8 44
30	16 52 40.82	2.69	20 42 39.4	11.3	9.55 769	1 509	7.80	0.92	0 7	4 23.5	8 40
31	16 52 38.13	3.12	20 42 28.1	11.9	9.54 260	1 497	7.81	0.92	{0 3 / 23 59}	4 19.5	8 36
April 1	16 52 35.01	3.53	20 42 16.2	12.6	9.52 763	1 483	7.83	0.92	23 55	4 15.5	8 32
2	16 52 31.48	3.95	20 42 3.6	13.1	9.51 280	1 470	7.84	0.93	23 51	4 11.5	8 28
3	16 52 27.53	4.36	20 41 50.5	13.8	9.49 810	1 456	7.85	0.93	23 47	4 7.5	8 24
4	16 52 23.17	4.78	−20 41 36.7	14.3	9.48 354	1 441	7.86	0.93	23 43	4 3.5	8 20
5	16 52 18.39	5.18	20 41 22.4	15.0	9.46 913	1 426	7.88	0.93	23 39	3 59.5	8 16
6	16 52 13.21	5.58	20 41 7.4	15.5	9.45 487	1 410	7.89	0.93	23 35	3 55.5	8 12
7	16 52 7.63	5.99	20 40 51.9	16.1	9.44 077	1 394	7.90	0.93	23 31	3 51.5	8 8
8	16 52 1.64	6.38	20 40 35.8	16.7	9.42 683	1 378	7.91	0.93	23 27	3 47.4	8 4
9	16 51 55.26	6.78	20 40 19.1	17.2	9.41 305	1 361	7.92	0.93	23 23	3 43.4	8 0
10	16 51 48.48	7.16	−20 40 1.9	17.8	9.39 944	1 344	7.93	0.94	23 19	3 39.4	7 56
11	16 51 41.32	7.55	20 39 44.1	18.4	9.38 600	1 326	7.94	0.94	23 15	3 35.3	7 52
12	16 51 33.77	7.93	20 39 25.7	18.9	9.37 274	1 308	7.96	0.94	23 11	3 31.3	7 48
13	16 51 25.84	8.31	20 39 6.8	19.4	9.35 966	1 290	7.97	0.94	23 7	3 27.2	7 44
14	16 51 17.53	8.68	20 38 47.4	20.0	9.34 676	1 271	7.98	0.94	23 2	3 23.1	7 40
15	16 51 8.85	9.05	20 38 27.4	20.5	9.33 405	1 252	7.99	0.94	22 58	3 19.0	7 36
16	16 50 59.80	9.42	−20 38 6.9	21.0	9.32 153	1 233	8.00	0.94	22 54	3 14.9	7 32
17	16 50 50.38	9.78	20 37 45.9	21.5	9.30 920	1 212	8.01	0.95	22 50	3 10.9	7 28
18	16 50 40.60	10.14	20 37 24.4	22.0	9.29 708	1 192	8.02	0.95	22 46	3 6.8	7 24
19	16 50 30.46	10.49	20 37 2.4	22.6	9.28 516	1 172	8.03	0.95	22 42	3 2.7	7 20
20	16 50 19.97	10.84	20 36 39.8	23.0	9.27 344	1 150	8.04	0.95	22 38	2 58.6	7 16
21	16 50 9.13	11.19	20 36 16.8	23.5	9.26 194	1 129	8.05	0.95	22 33	2 54.5	7 12
22	16 49 57.94	11.52	−20 35 53.3	24.0	9.25 065	1 107	8.06	0.95	22 29	2 50.3	7 7
23	16 49 46.42	11.85	20 35 29.3	24.4	9.23 958	1 085	8.07	0.95	22 25	2 46.2	7 3
24	16 49 34.57	12.19	20 35 4.9	24.9	9.22 873	1 062	8.08	0.95	22 21	2 42.1	6 59
25	16 49 22.38	12.50	20 34 40.0	25.3	9.21 811	1 038	8.09	0.95	22 17	2 38.0	6 55
26	16 49 9.88	12.82	20 34 14.7	25.7	9.20 773	1 016	8.10	0.96	22 13	2 33.8	6 51
27	16 48 57.06	13.13	20 33 49.0	26.2	9.19 757	991	8.11	0.96	22 8	2 29.7	6 47
28	16 48 43.93	13.43	−20 33 22.8	26.7	9.18 766	968	8.12	0.96	22 4	2 25.5	6 43
29	16 48 30.50	13.73	20 32 56.1	27.0	9.17 798	943	8.12	0.96	22 0	2 21.4	6 39
30	16 48 16.77	14.01	20 32 29.1	27.4	9.16 855	917	8.13	0.96	21 56	2 17.2	6 35
Mai 1	16 48 2.76	14.30	20 32 1.7	27.8	9.15 938	893	8.14	0.96	21 52	2 13.0	6 31
2	16 47 48.46	14.57	20 31 33.9	28.2	9.15 045	867	8.15	0.96	21 47	2 8.9	6 26
3	16 47 33.89		−20 31 5.7		9.14 178		8.16	0.96	21 43	2 4.7	6 22

Saturn 1957

Tag	0h Weltzeit: Scheinbare Rektaszension		Scheinbare Deklination		Δ		Halbmesser	Hor. Par.	Aufgang (in 0h Länge, + 50° Breite)	Obere Kulmination	Untergang
1957	h m s	s	° ′ ″	″			″	″	h m	h m	h m
Mai 3	16 47 33.89	14.83	−20 31 5.7	28.6	9.14 178	842	8.16	0.96	21 43	2 4.7	6 22
4	16 47 19.06	15.09	20 30 37.1	28.9	9.13 336	815	8.16	0.96	21 39	2 0.5	6 18
5	16 47 3.97	15.33	20 30 8.2	29.2	9.12 521	789	8.17	0.96	21 35	1 56.3	6 14
6	16 46 48.64	15.58	20 29 39.0	29.5	9.11 732	763	8.18	0.97	21 31	1 52.1	6 10
7	16 46 33.06	15.81	20 29 9.5	29.9	9.10 969	735	8.19	0.97	21 26	1 47.9	6 6
8	16 46 17.25	16.03	20 28 39.6	30.2	9.10 234	709	8.19	0.97	21 22	1 43.8	6 2
9	16 46 1.22	16.25	−20 28 9.4	30.5	9.09 525	681	8.20	0.97	21 18	1 39.6	5 57
10	16 45 44.97	16.45	20 27 38.9	30.7	9.08 844	654	8.20	0.97	21 14	1 35.4	5 53
11	16 45 28.52	16.66	20 27 8.2	31.0	9.08 190	627	8.21	0.97	21 9	1 31.2	5 49
12	16 45 11.86	16.84	20 26 37.2	31.3	9.07 563	598	8.22	0.97	21 5	1 26.9	5 45
13	16 44 55.02	17.03	20 26 5.9	31.5	9.06 965	571	8.22	0.97	21 1	1 22.7	5 41
14	16 44 37.99	17.20	20 25 34.4	31.8	9.06 394	543	8.23	0.97	20 56	1 18.5	5 37
15	16 44 20.79	17.37	−20 25 2.6	31.9	9.05 851	514	8.23	0.97	20 52	1 14.3	5 32
16	16 44 3.42	17.53	20 24 30.7	32.1	9.05 337	486	8.24	0.97	20 48	1 10.1	5 28
17	16 43 45.89	17.68	20 23 58.6	32.3	9.04 851	457	8.24	0.97	20 44	1 5.9	5 24
18	16 43 28.21	17.82	20 23 26.3	32.5	9.04 394	429	8.25	0.97	20 39	1 1.6	5 20
19	16 43 10.39	17.95	20 22 53.8	32.6	9.03 965	400	8.25	0.97	20 35	0 57.4	5 16
20	16 42 52.44	18.07	20 22 21.2	32.8	9.03 565	370	8.25	0.97	20 31	0 53.2	5 12
21	16 42 34.37	18.19	−20 21 48.4	32.8	9.03 195	341	8.26	0.97	20 26	0 48.9	5 7
22	16 42 16.18	18.30	20 21 15.6	33.0	9.02 854	312	8.26	0.97	20 22	0 44.7	5 3
23	16 41 57.88	18.39	20 20 42.6	33.1	9.02 542	282	8.26	0.98	20 18	0 40.5	4 59
24	16 41 39.49	18.48	20 20 9.5	33.1	9.02 260	253	8.26	0.98	20 14	0 36.2	4 55
25	16 41 21.01	18.56	20 19 36.4	33.3	9.02 007	222	8.27	0.98	20 9	0 32.0	4 51
26	16 41 2.45	18.63	20 19 3.1	33.2	9.01 785	193	8.27	0.98	20 5	0 27.8	4 46
27	16 40 43.82	18.68	−20 18 29.9	33.3	9.01 592	163	8.27	0.98	20 1	0 23.5	4 42
28	16 40 25.14	18.73	20 17 56.6	33.3	9.01 429	133	8.27	0.98	19 56	0 19.3	4 38
29	16 40 6.41	18.77	20 17 23.3	33.2	9.01 296	103	8.27	0.98	19 52	0 15.0	4 34
30	16 39 47.64	18.80	20 16 50.1	33.2	9.01 193	72	8.27	0.98	19 48	0 10.8	4 30
31	16 39 28.84	18.81	20 16 16.9	33.2	9.01 121	43	8.28	0.98	19 43	0 6.6	4 25
Juni 1	16 39 10.03	18.82	20 15 43.7	33.1	9.01 078	12	8.28	0.98	19 39	0 2.3 / 23 58.1	4 21
2	16 38 51.21	18.81	−20 15 10.6	33.0	9.01 066	17	8.28	0.98	19 35	23 53.8	4 17
3	16 38 32.40	18.80	20 14 37.6	32.9	9.01 083	48	8.28	0.98	19 30	23 49.6	4 13
4	16 38 13.60	18.78	20 14 4.7	32.7	9.01 131	78	8.28	0.98	19 26	23 45.3	4 9
5	16 37 54.82	18.75	20 13 32.0	32.6	9.01 209	107	8.27	0.98	19 22	23 41.1	4 4
6	16 37 36.07	18.70	20 12 59.4	32.5	9.01 316	138	8.27	0.98	19 18	23 36.9	4 0
7	16 37 17.37	18.65	20 12 26.9	32.2	9.01 454	167	8.27	0.98	19 13	23 32.6	3 56
8	16 36 58.72	18.59	−20 11 54.7	32.1	9.01 621	196	8.27	0.98	19 9	23 28.4	3 52
9	16 36 40.13	18.52	20 11 22.6	31.8	9.01 817	226	8.27	0.98	19 5	23 24.1	3 48
10	16 36 21.61	18.45	20 10 50.8	31.6	9.02 043	256	8.27	0.98	19 0	23 19.9	3 44
11	16 36 3.16	18.36	20 10 19.2	31.3	9.02 299	285	8.26	0.98	18 56	23 15.7	3 39
12	16 35 44.80	18.26	20 9 47.9	31.1	9.02 584	314	8.26	0.97	18 52	23 11.4	3 35
13	16 35 26.54		−20 9 16.8		9.02 898		8.26	0.97	18 48	23 7.2	3 31

Tag	Scheinbare Rektaszension		Scheinbare Deklination		Δ		Halbmesser	Hor. Par.	Aufgang	Obere Kulmination	Untergang
	0h Weltzeit								in 0h Länge, + 50° Breite		
1957	h m s	s	° ′ ″	″			″	″	h m	h m	h m
Juni 13	16 35 26.54		—20 9 16.8		9.02 898		8.26	0.97	18 48	23 7.2	3 31
14	16 35 8.38	18.16	20 8 46.0	30.8	9.03 241	343	8.26	0.97	18 43	23 3.0	3 27
15	16 34 50.34	18.04	20 8 15.6	30.4	9.03 613	372	8.25	0.97	18 39	22 58.7	3 23
16	16 34 32.42	17.92	20 7 45.5	30.1	9.04 014	401	8.25	0.97	18 35	22 54.5	3 18
17	16 34 14.62	17.80	20 7 15.7	29.8	9.04 443	429	8.24	0.97	18 31	22 50.3	3 14
18	16 33 56.97	17.65	20 6 46.4	29.3	9.04 902	459	8.24	0.97	18 26	22 46.1	3 10
19	16 33 39.46	17.51	—20 6 17.4	29.0	9.05 388	486	8.24	0.97	18 22	22 41.9	3 6
20	16 33 22.10	17.36	20 5 48.8	28.6	9.05 903	515	8.23	0.97	18 18	22 37.6	3 2
21	16 33 4.91	17.19	20 5 20.7	28.1	9.06 446	543	8.23	0.97	18 13	22 33.4	2 58
22	16 32 47.89	17.02	20 4 53.0	27.7	9.07 017	571	8.22	0.97	18 9	22 29.2	2 54
23	16 32 31.06	16.83	20 4 25.7	27.3	9.07 616	599	8.22	0.97	18 5	22 25.0	2 49
24	16 32 14.41	16.65	20 3 59.0	26.7	9.08 242	626	8.21	0.97	18 1	22 20.8	2 45
25	16 31 57.95	16.46	—20 3 32.7	26.3	9.08 896	654	8.20	0.97	17 56	22 16.6	2 41
26	16 31 41.71	16.24	20 3 7.0	25.7	9.09 577	681	8.20	0.97	17 52	22 12.4	2 37
27	16 31 25.68	16.03	20 2 41.8	25.2	9.10 285	708	8.19	0.97	17 48	22 8.2	2 33
28	16 31 9.87	15.81	20 2 17.2	24.6	9.11 020	735	8.19	0.97	17 44	22 4.0	2 29
29	16 30 54.30	15.57	20 1 53.1	24.1	9.11 781	761	8.18	0.97	17 40	21 59.8	2 24
30	16 30 38.96	15.34	20 1 29.6	23.5	9.12 569	788	8.17	0.96	17 35	21 55.6	2 20
Juli 1	16 30 23.87	15.09	—20 1 6.7	22.9	9.13 382	813	8.16	0.96	17 31	21 51.5	2 16
2	16 30 9.04	14.83	20 0 44.5	22.2	9.14 221	839	8.16	0.96	17 27	21 47.3	2 12
3	16 29 54.46	14.58	20 0 22.9	21.6	9.15 085	864	8.15	0.96	17 23	21 43.1	2 8
4	16 29 40.16	14.30	20 0 2.0	20.9	9.15 973	888	8.14	0.96	17 18	21 38.9	2 4
5	16 29 26.13	14.03	19 59 41.8	20.2	9.16 887	914	8.13	0.96	17 14	21 34.8	2 0
6	16 29 12.38	13.75	19 59 22.2	19.6	9.17 824	937	8.12	0.96	17 10	21 30.6	1 55
7	16 28 58.91	13.47	—19 59 3.3	18.9	9.18 785	961	8.12	0.96	17 6	21 26.5	1 51
8	16 28 45.74	13.17	19 58 45.2	18.1	9.19 770	985	8.11	0.96	17 2	21 22.3	1 47
9	16 28 32.87	12.87	19 58 27.8	17.4	9.20 778	1 008	8.10	0.96	16 58	21 18.2	1 43
10	16 28 20.30	12.57	19 58 11.1	16.7	9.21 809	1 031	8.09	0.95	16 53	21 14.1	1 39
11	16 28 8.03	12.27	19 57 55.2	15.9	9.22 862	1 053	8.08	0.95	16 49	21 9.9	1 35
12	16 27 56.08	11.95	19 57 40.1	15.1	9.23 937	1 075	8.07	0.95	16 45	21 5.8	1 31
13	16 27 44.45	11.63	—19 57 25.8	14.3	9.25 034	1 097	8.06	0.95	16 41	21 1.7	1 27
14	16 27 33.14	11.31	19 57 12.2	13.6	9.26 153	1 119	8.05	0.95	16 37	20 57.6	1 23
15	16 27 22.16	10.98	19 56 59.4	12.8	9.27 293	1 140	8.04	0.95	16 33	20 53.5	1 19
16	16 27 11.51	10.65	19 56 47.5	11.9	9.28 454	1 161	8.03	0.95	16 28	20 49.4	1 14
17	16 27 1.20	10.31	19 56 36.4	11.1	9.29 635	1 181	8.02	0.95	16 24	20 45.3	1 10
18	16 26 51.23	9.97	19 56 26.1	10.3	9.30 836	1 201	8.01	0.95	16 20	20 41.2	1 6
19	16 26 41.60	9.63	—19 56 16.7	9.4	9.32 057	1 221	8.00	0.94	16 16	20 37.1	1 2
20	16 26 32.33	9.27	19 56 8.2	8.5	9.33 297	1 240	7.99	0.94	16 12	20 33.0	0 58
21	16 26 23.41	8.92	19 56 0.5	7.7	9.34 556	1 259	7.98	0.94	16 8	20 28.9	0 54
22	16 26 14.85	8.56	19 55 53.7	6.8	9.35 834	1 278	7.97	0.94	16 4	20 24.9	0 50
23	16 26 6.66	8.19	19 55 47.8	5.9	9.37 130	1 296	7.96	0.94	16 0	20 20.8	0 46
24	16 25 58.83	7.83	—19 55 42.7	5.1	9.38 444	1 314	7.95	0.94	15 56	20 16.7	0 42

Tag	0h Weltzeit: Scheinbare Rektaszension	Diff.	Scheinbare Deklination	Diff.	Δ	Diff.	Halbmesser	Hor. Par.	Aufgang	Obere Kulmination	Untergang
									in 0h Länge, +50° Breite		
1957	h m s	s	° ′ ″	″			″	″	h m	h m	h m
Juli 24	16 25 58.83	7.45	−19 55 42.7	4.1	9.38 444	1 331	7.95	0.94	15 56	20 16.7	0 42
25	16 25 51.38	7.08	19 55 38.6	3.2	9.39 775	1 349	7.93	0.94	15 52	20 12.7	0 38
26	16 25 44.30	6.70	19 55 35.4	2.3	9.41 124	1 365	7.92	0.94	15 48	20 8.7	0 34
27	16 25 37.60	6.32	19 55 33.1	1.4	9.42 489	1 381	7.91	0.93	15 44	20 4.6	0 30
28	16 25 31.28	5.93	19 55 31.7	0.4	9.43 870	1 397	7.90	0.93	15 40	20 0.6	0 26
29	16 25 25.35	5.54	19 55 31.3	0.5	9.45 267	1 412	7.89	0.93	15 36	19 56.5	0 22
30	16 25 19.81	5.15	−19 55 31.8	1.4	9.46 679	1 426	7.88	0.93	15 32	19 52.5	0 18
31	16 25 14.66	4.76	19 55 33.2	2.4	9.48 105	1 441	7.87	0.93	15 28	19 48.5	0 14
Aug. 1	16 25 9.90	4.36	19 55 35.6	3.3	9.49 546	1 455	7.85	0.93	15 23	19 44.5	0 10
2	16 25 5.54	3.96	19 55 38.9	4.3	9.51 001	1 468	7.84	0.93	15 19	19 40.5	0 5
3	16 25 1.58	3.57	19 55 43.2	5.2	9.52 469	1 480	7.83	0.92	15 16	19 36.5	{ 0 1 / 23 58
4	16 24 58.01	3.17	19 55 48.4	6.2	9.53 949	1 493	7.82	0.92	15 12	19 32.6	23 54
5	16 24 54.84	2.76	−19 55 54.6	7.1	9.55 442	1 505	7.80	0.92	15 8	19 28.6	23 50
6	16 24 52.08	2.37	19 56 1.7	8.0	9.56 947	1 517	7.79	0.92	15 4	19 24.6	23 46
7	16 24 49.71	1.96	19 56 9.7	9.0	9.58 464	1 527	7.78	0.92	15 0	19 20.6	23 42
8	16 24 47.75	1.56	19 56 18.7	10.0	9.59 991	1 538	7.77	0.92	14 56	19 16.7	23 38
9	16 24 46.19	1.16	19 56 28.7	11.0	9.61 529	1 548	7.76	0.92	14 52	19 12.7	23 34
10	16 24 45.03	0.76	19 56 39.7	11.9	9.63 077	1 558	7.74	0.91	14 48	19 8.8	23 30
11	16 24 44.27	0.35	−19 56 51.6	12.8	9.64 635	1 568	7.73	0.91	14 44	19 4.8	23 26
12	16 24 43.92	0.06	19 57 4.4	13.8	9.66 203	1 576	7.72	0.91	14 40	19 0.9	23 22
13	16 24 43.98	0.46	19 57 18.2	14.7	9.67 779	1 585	7.71	0.91	14 36	18 57.0	23 18
14	16 24 44.44	0.87	19 57 32.9	15.6	9.69 364	1 593	7.69	0.91	14 32	18 53.1	23 14
15	16 24 45.31	1.27	19 57 48.5	16.6	9.70 957	1 601	7.68	0.91	14 28	18 49.1	23 10
16	16 24 46.58	1.68	19 58 5.1	17.6	9.72 558	1 607	7.67	0.90	14 24	18 45.2	23 6
17	16 24 48.26	2.08	−19 58 22.7	18.4	9.74 165	1 615	7.65	0.90	14 21	18 41.3	23 2
18	16 24 50.34	2.49	19 58 41.1	19.4	9.75 780	1 621	7.64	0.90	14 17	18 37.4	22 58
19	16 24 52.83	2.90	19 59 0.5	20.3	9.77 401	1 627	7.63	0.90	14 13	18 33.6	22 54
20	16 24 55.73	3.31	19 59 20.8	21.3	9.79 028	1 632	7.62	0.90	14 9	18 29.7	22 50
21	16 24 59.04	3.72	19 59 42.1	22.1	9.80 660	1 637	7.60	0.90	14 5	18 25.8	22 46
22	16 25 2.76	4.13	20 0 4.2	23.0	9.82 297	1 642	7.59	0.90	14 1	18 21.9	22 42
23	16 25 6.89	4.53	−20 0 27.2	24.0	9.83 939	1 646	7.58	0.89	13 58	18 18.1	22 39
24	16 25 11.42	4.94	20 0 51.2	24.8	9.85 585	1 649	7.57	0.89	13 54	18 14.2	22 35
25	16 25 16.36	5.34	20 1 16.0	25.8	9.87 234	1 653	7.55	0.89	13 50	18 10.4	22 31
26	16 25 21.70	5.76	20 1 41.8	26.6	9.88 887	1 655	7.54	0.89	13 46	18 6.5	22 27
27	16 25 27.46	6.15	20 2 8.4	27.5	9.90 542	1 657	7.53	0.89	13 42	18 2.7	22 23
28	16 25 33.61	6.55	20 2 35.9	28.3	9.92 199	1 659	7.52	0.89	13 39	17 58.9	22 19
29	16 25 40.16	6.96	−20 3 4.2	29.2	9.93 858	1 659	7.50	0.89	13 35	17 55.1	22 15
30	16 25 47.12	7.36	20 3 33.4	30.1	9.95 517	1 661	7.49	0.88	13 31	17 51.3	22 11
31	16 25 54.48	7.75	20 4 3.5	30.8	9.97 178	1 660	7.48	0.88	13 27	17 47.5	22 8
Sept. 1	16 26 2.23	8.15	20 4 34.3	31.7	9.98 838	1 660	7.47	0.88	13 24	17 43.7	22 4
2	16 26 10.38	8.55	20 5 6.0	32.6	10.00 498	1 660	7.45	0.88	13 20	17 39.9	22 0
3	16 26 18.93		−20 5 38.6		10.02 158		7.44	0.88	13 16	17 36.1	21 56

Tag	0h Weltzeit: Scheinbare Rektaszension		0h Weltzeit: Scheinbare Deklination		0h Weltzeit: Δ		Halbmesser	Hor. Par.	Aufgang (in 0h Länge, +50° Breite)	Obere Kulmination (in 0h Länge, +50° Breite)	Untergang (in 0h Länge, +50° Breite)
1957	h m s	s	° ′ ″	″			″	″	h m	h m	h m
Sept. 3	16 26 18.93		−20 5 38.6		10.02 158		7.44	0.88	13 16	17 36.1	21 56
4	16 26 27.86	8.93	20 6 11.9	33.3	10.03 816	1 658	7.43	0.88	13 12	17 32.3	21 52
5	16 26 37.18	9.32	20 6 46.0	34.1	10.05 473	1 657	7.42	0.88	13 9	17 28.5	21 48
6	16 26 46.88	9.70	20 7 20.9	34.9	10.07 128	1 655	7.40	0.87	13 5	17 24.8	21 45
7	16 26 56.97	10.09	20 7 56.5	35.6	10.08 780	1 652	7.39	0.87	13 1	17 21.0	21 41
8	16 27 7.44	10.47	20 8 32.9	36.4	10.10 430	1 650	7.38	0.87	12 58	17 17.2	21 37
9	16 27 18.29	10.85	−20 9 10.1	37.2	10.12 076	1 646	7.37	0.87	12 54	17 13.5	21 33
10	16 27 29.51	11.22	20 9 48.0	37.9	10.13 719	1 643	7.36	0.87	12 50	17 9.8	21 29
11	16 27 41.11	11.60	20 10 26.6	38.6	10.15 358	1 639	7.34	0.87	12 46	17 6.0	21 26
12	16 27 53.08	11.97	20 11 5.9	39.3	10.16 993	1 635	7.33	0.87	12 43	17 2.3	21 22
13	16 28 5.42	12.34	20 11 46.0	40.1	10.18 622	1 629	7.32	0.86	12 39	16 58.6	21 18
14	16 28 18.13	12.71	20 12 26.7	40.7	10.20 247	1 625	7.31	0.86	12 36	16 54.9	21 14
15	16 28 31.20	13.07	−20 13 8.0	41.3	10.21 866	1 619	7.30	0.86	12 32	16 51.2	21 10
16	16 28 44.64	13.44	20 13 50.0	42.0	10.23 479	1 613	7.29	0.86	12 28	16 47.4	21 7
17	16 28 58.44	13.80	20 14 32.7	42.7	10.25 085	1 606	7.27	0.86	12 25	16 43.7	21 3
18	16 29 12.59	14.15	20 15 16.0	43.3	10.26 685	1 600	7.26	0.86	12 21	16 40.1	20 59
19	16 29 27.11	14.52	20 15 59.9	43.9	10.28 277	1 592	7.25	0.86	12 17	16 36.4	20 55
20	16 29 41.97	14.86	20 16 44.5	44.6	10.29 862	1 585	7.24	0.85	12 14	16 32.7	20 52
21	16 29 57.19	15.22	−20 17 29.6	45.1	10.31 439	1 577	7.23	0.85	12 10	16 29.0	20 48
22	16 30 12.76	15.57	20 18 15.2	45.6	10.33 007	1 568	7.22	0.85	12 7	16 25.3	20 44
23	16 30 28.67	15.91	20 19 1.5	46.3	10.34 567	1 560	7.21	0.85	12 3	16 21.7	20 40
24	16 30 44.92	16.25	20 19 48.3	46.8	10.36 117	1 550	7.20	0.85	11 59	16 18.0	20 37
25	16 31 1.52	16.60	20 20 35.6	47.3	10.37 657	1 540	7.19	0.85	11 56	16 14.4	20 33
26	16 31 18.45	16.93	20 21 23.5	47.9	10.39 187	1 530	7.18	0.85	11 52	16 10.7	20 29
27	16 31 35.71	17.26	−20 22 11.8	48.3	10.40 706	1 519	7.17	0.84	11 49	16 7.1	20 25
28	16 31 53.30	17.59	20 23 0.7	48.9	10.42 215	1 509	7.16	0.84	11 45	16 3.4	20 22
29	16 32 11.22	17.92	20 23 50.0	49.3	10.43 712	1 497	7.14	0.84	11 42	15 59.8	20 18
30	16 32 29.45	18.23	20 24 39.7	49.7	10.45 197	1 485	7.13	0.84	11 38	15 56.2	20 14
Okt. 1	16 32 48.00	18.55	20 25 29.9	50.2	10.46 670	1 473	7.12	0.84	11 35	15 52.6	20 11
2	16 33 6.86	18.86	20 26 20.5	50.6	10.48 130	1 460	7.11	0.84	11 31	15 48.9	20 7
3	16 33 26.03	19.17	−20 27 11.5	51.0	10.49 578	1 448	7.10	0.84	11 27	15 45.3	20 3
4	16 33 45.51	19.48	20 28 3.0	51.5	10.51 013	1 435	7.10	0.84	11 24	15 41.7	19 59
5	16 34 5.28	19.77	20 28 54.8	51.8	10.52 434	1 421	7.09	0.84	11 20	15 38.1	19 56
6	16 34 25.35	20.07	20 29 46.9	52.1	10.53 841	1 407	7.08	0.84	11 17	15 34.5	19 52
7	16 34 45.72	20.37	20 30 39.4	52.5	10.55 234	1 393	7.07	0.83	11 13	15 30.9	19 48
8	16 35 6.38	20.66	20 31 32.2	52.8	10.56 613	1 379	7.06	0.83	11 10	15 27.4	19 45
9	16 35 27.32	20.94	−20 32 25.3	53.1	10.57 977	1 364	7.05	0.83	11 6	15 23.8	19 41
10	16 35 48.54	21.22	20 33 18.8	53.5	10.59 326	1 349	7.04	0.83	11 3	15 20.2	19 37
11	16 36 10.04	21.50	20 34 12.5	53.7	10.60 660	1 334	7.03	0.83	10 59	15 16.6	19 34
12	16 36 31.82	21.78	20 35 6.5	54.0	10.61 978	1 318	7.02	0.83	10 56	15 13.0	19 30
13	16 36 53.87	22.05	20 36 0.7	54.2	10.63 280	1 302	7.01	0.83	10 52	15 9.5	19 26
14	16 37 16.19	22.32	−20 36 55.1	54.4	10.64 566	1 286	7.00	0.83	10 49	15 5.9	19 23

Saturn 1957

Tag	0h Weltzeit: Scheinbare Rektaszension		Scheinbare Deklination		Δ		Halbmesser	Hor. Par.	Aufgang (in 0h Länge, + 50° Breite)	Obere Kulmination (in 0h Länge, + 50° Breite)	Untergang (in 0h Länge, + 50° Breite)
1957	h m s	s	° ′ ″	″			″	″	h m	h m	h m
Okt. 14	16 37 16.19	22.58	−20 36 55.1	54.7	10.64 566	1 269	7.00	0.83	10 49	15 5.9	19 23
15	16 37 38.77	22.84	20 37 49.8	54.9	10.65 835	1 252	7.00	0.83	10 46	15 2.4	19 19
16	16 38 1.61	23.10	20 38 44.7	55.1	10.67 087	1 235	6.99	0.82	10 42	14 58.8	19 16
17	16 38 24.71	23.35	20 39 39.8	55.2	10.68 322	1 218	6.98	0.82	10 39	14 55.3	19 12
18	16 38 48.06	23.61	20 40 35.0	55.4	10.69 540	1 200	6.97	0.82	10 35	14 51.7	19 8
19	16 39 11.67	23.85	20 41 30.4	55.5	10.70 740	1 181	6.96	0.82	10 32	14 48.2	19 5
20	16 39 35.52	24.09	−20 42 25.9	55.7	10.71 921	1 164	6.96	0.82	10 28	14 44.7	19 1
21	16 39 59.61	24.33	20 43 21.6	55.7	10.73 085	1 144	6.95	0.82	10 25	14 41.1	18 57
22	16 40 23.94	24.57	20 44 17.3	55.9	10.74 229	1 125	6.94	0.82	10 21	14 37.6	18 54
23	16 40 48.51	24.79	20 45 13.2	56.0	10.75 354	1 106	6.93	0.82	10 18	14 34.1	18 50
24	16 41 13.30	25.02	20 46 9.2	56.0	10.76 460	1 086	6.93	0.82	10 15	14 30.6	18 46
25	16 41 38.32	25.24	20 47 5.2	56.0	10.77 546	1 066	6.92	0.82	10 11	14 27.0	18 43
26	16 42 3.56	25.45	−20 48 1.2	56.1	10.78 612	1 045	6.91	0.82	10 8	14 23.5	18 39
27	16 42 29.01	25.66	20 48 57.3	56.1	10.79 657	1 025	6.91	0.82	10 4	14 20.0	18 36
28	16 42 54.67	25.86	20 49 53.4	56.1	10.80 682	1 005	6.90	0.81	10 1	14 16.5	18 32
29	16 43 20.53	26.07	20 50 49.5	56.1	10.81 687	983	6.89	0.81	9 57	14 13.0	18 28
30	16 43 46.60	26.26	20 51 45.6	56.1	10.82 670	962	6.89	0.81	9 54	14 9.5	18 25
31	16 44 12.86	26.45	20 52 41.7	56.1	10.83 632	941	6.88	0.81	9 51	14 6.0	18 21
Nov. 1	16 44 39.31	26.64	−20 53 37.8	55.9	10.84 573	919	6.88	0.81	9 47	14 2.5	18 18
2	16 45 5.95	26.82	20 54 33.7	55.9	10.85 492	898	6.87	0.81	9 44	13 59.1	18 14
3	16 45 32.77	27.00	20 55 29.6	55.9	10.86 390	875	6.86	0.81	9 40	13 55.6	18 10
4	16 45 59.77	27.17	20 56 25.5	55.7	10.87 265	854	6.86	0.81	9 37	13 52.1	18 7
5	16 46 26.94	27.34	20 57 21.2	55.6	10.88 119	831	6.85	0.81	9 34	13 48.6	18 3
6	16 46 54.28	27.50	20 58 16.8	55.5	10.88 950	808	6.85	0.81	9 30	13 45.1	18 0
7	16 47 21.78	27.67	−20 59 12.3	55.3	10.89 758	786	6.84	0.81	9 27	13 41.7	17 56
8	16 47 49.45	27.82	21 0 7.6	55.2	10.90 544	763	6.84	0.81	9 24	13 38.2	17 53
9	16 48 17.27	27.97	21 1 2.8	55.1	10.91 307	740	6.83	0.81	9 20	13 34.7	17 49
10	16 48 45.24	28.11	21 1 57.9	54.8	10.92 047	717	6.83	0.81	9 17	13 31.2	17 46
11	16 49 13.35	28.26	21 2 52.7	54.7	10.92 764	693	6.82	0.81	9 13	13 27.8	17 42
12	16 49 41.61	28.40	21 3 47.4	54.4	10.93 457	670	6.82	0.80	9 10	13 24.3	17 39
13	16 50 10.01	28.54	−21 4 41.8	54.2	10.94 127	646	6.82	0.80	9 7	13 20.9	17 35
14	16 50 38.55	28.67	21 5 36.0	54.0	10.94 773	622	6.81	0.80	9 3	13 17.4	17 32
15	16 51 7.22	28.79	21 6 30.0	53.8	10.95 395	598	6.81	0.80	9 0	13 13.9	17 28
16	16 51 36.01	28.91	21 7 23.8	53.5	10.95 993	574	6.80	0.80	8 57	13 10.5	17 24
17	16 52 4.92	29.03	21 8 17.3	53.3	10.96 567	549	6.80	0.80	8 53	13 7.1	17 21
18	16 52 33.95	29.14	21 9 10.6	52.9	10.97 116	525	6.80	0.80	8 50	13 3.6	17 17
19	16 53 3.09	29.25	−21 10 3.5	52.7	10.97 641	499	6.79	0.80	8 47	13 0.2	17 14
20	16 53 32.34	29.35	21 10 56.2	52.4	10.98 140	475	6.79	0.80	8 43	12 56.7	17 10
21	16 54 1.69	29.45	21 11 48.6	52.1	10.98 615	450	6.79	0.80	8 40	12 53.3	17 7
22	16 54 31.14	29.54	21 12 40.7	51.8	10.99 065	424	6.78	0.80	8 37	12 49.8	17 3
23	16 55 0.68	29.63	21 13 32.5	51.4	10.99 489	399	6.78	0.80	8 33	12 46.4	17 0
24	16 55 30.31		−21 14 23.9		10.99 888		6.78	0.80	8 30	12 42.9	16 56

Tag	0h Weltzeit Scheinbare Rektaszension		Scheinbare Deklination		Δ		Halbmesser	Hor. Par.	Aufgang	Obere Kulmination	Untergang
1957	h m s	s	° ′ ″	″			″	″	h m	h m	h m
Nov. 24	16 55 30.31	29.70	−21 14 23.9	51.1	10.99 888	374	6.78	0.80	8 30	12 42.9	16 56
25	16 56 0.01	29.78	21 15 15.0	50.7	11.00 262	348	6.78	0.80	8 26	12 39.5	16 53
26	16 56 29.79	29.85	21 16 5.7	50.3	11.00 610	322	6.78	0.80	8 23	12 36.1	16 49
27	16 56 59.64	29.92	21 16 56.0	50.0	11.00 932	297	6.77	0.80	8 20	12 32.6	16 46
28	16 57 29.56	29.97	21 17 46.0	49.7	11.01 229	271	6.77	0.80	8 16	12 29.2	16 42
29	16 57 59.53	30.03	21 18 35.7	49.2	11.01 500	245	6.77	0.80	8 13	12 25.8	16 39
30	16 58 29.56	30.08	−21 19 24.9	48.8	11.01 745	220	6.77	0.80	8 10	12 22.3	16 35
Dez. 1	16 58 59.64	30.13	21 20 13.7	48.4	11.01 965	194	6.77	0.80	8 6	12 18.9	16 32
2	16 59 29.77	30.16	21 21 2.1	48.0	11.02 159	168	6.77	0.80	8 3	12 15.5	16 28
3	16 59 59.93	30.21	21 21 50.1	47.6	11.02 327	142	6.76	0.80	8 0	12 12.0	16 24
4	17 0 30.14	30.23	21 22 37.7	47.1	11.02 469	116	6.76	0.80	7 56	12 8.6	16 21
5	17 1 0.37	30.26	21 23 24.8	46.7	11.02 585	90	6.76	0.80	7 53	12 5.2	16 17
6	17 1 30.63	30.28	−21 24 11.5	46.2	11.02 675	64	6.76	0.80	7 50	12 1.7	16 14
7	17 2 0.91	30.29	21 24 57.7	45.7	11.02 739	39	6.76	0.80	7 46	11 58.3	16 10
8	17 2 31.20	30.31	21 25 43.4	45.3	11.02 778	12	6.76	0.80	7 43	11 54.9	16 7
9	17 3 1.51	30.32	21 26 28.7	44.9	11.02 790	−13	6.76	0.80	7 40	11 51.4	16 3
10	17 3 31.83	30.32	21 27 13.6	44.3	11.02 777	39	6.76	0.80	7 36	11 48.0	16 0
11	17 4 2.15	30.32	21 27 57.9	43.9	11.02 738	66	6.76	0.80	7 33	11 44.6	15 56
12	17 4 32.47	30.31	−21 28 41.8	43.3	11.02 672	91	6.76	0.80	7 29	11 41.2	15 53
13	17 5 2.78	30.31	21 29 25.1	42.9	11.02 581	117	6.76	0.80	7 26	11 37.7	15 49
14	17 5 33.09	30.29	21 30 8.0	42.4	11.02 464	144	6.76	0.80	7 23	11 34.3	15 46
15	17 6 3.38	30.27	21 30 50.4	41.9	11.02 320	169	6.76	0.80	7 19	11 30.9	15 42
16	17 6 33.65	30.24	21 31 32.3	41.3	11.02 151	196	6.77	0.80	7 16	11 27.4	15 39
17	17 7 3.89	30.21	21 32 13.6	40.8	11.01 955	222	6.77	0.80	7 13	11 24.0	15 35
18	17 7 34.10	30.17	−21 32 54.4	40.3	11.01 733	247	6.77	0.80	7 9	11 20.6	15 32
19	17 8 4.27	30.14	21 33 34.7	39.8	11.01 486	274	6.77	0.80	7 6	11 17.2	15 28
20	17 8 34.41	30.09	21 34 14.5	39.3	11.01 212	300	6.77	0.80	7 3	11 13.7	15 25
21	17 9 4.50	30.03	21 34 53.8	38.7	11.00 912	326	6.77	0.80	6 59	11 10.3	15 21
22	17 9 34.53	29.97	21 35 32.5	38.2	11.00 586	351	6.78	0.80	6 56	11 6.9	15 18
23	17 10 4.50	29.91	21 36 10.7	37.6	11.00 235	377	6.78	0.80	6 52	11 3.4	15 14
24	17 10 34.41	29.84	−21 36 48.3	37.1	10.99 858	403	6.78	0.80	6 49	11 0.0	15 11
25	17 11 4.25	29.76	21 37 25.4	36.5	10.99 455	428	6.78	0.80	6 46	10 56.5	15 8
26	17 11 34.01	29.68	21 38 1.9	36.0	10.99 027	454	6.79	0.80	6 42	10 53.1	15 4
27	17 12 3.69	29.60	21 38 37.9	35.4	10.98 573	479	6.79	0.80	6 39	10 49.7	15 1
28	17 12 33.29	29.51	21 39 13.3	34.8	10.98 094	504	6.79	0.80	6 35	10 46.2	14 57
29	17 13 2.80	29.41	21 39 48.1	34.3	10.97 590	530	6.79	0.80	6 32	10 42.8	14 54
30	17 13 32.21	29.31	−21 40 22.4	33.7	10.97 060	554	6.80	0.80	6 29	10 39.3	14 50
31	17 14 1.52	29.21	21 40 56.1	33.2	10.96 506	578	6.80	0.80	6 25	10 35.9	14 47
32	17 14 30.73		−21 41 29.3		10.95 928		6.80	0.80	6 22	10 32.4	14 43

Aufgang, Obere Kulmination, Untergang: in 0h Länge, +50° Breite

Uranus 1957

Tag	0h Weltzeit: Scheinbare Rektaszension		Scheinbare Deklination		Δ		Halbmesser	Hor. Par.	Aufgang	Obere Kulmination	Untergang
									in 0h Länge, + 50° Breite		
1957	h m s	s	° ′ ″	″			″	″	h m	h m	h m
Jan. 0	8 34 7.89	9.26	+19 23 13.0	35.0	17.65 491	775	1.94	0.50	18 10	1 56.2	9 38
1	8 33 58.63	9.39	19 23 48.0	35.3	17.64 716	746	1.94	0.50	18 6	1 52.1	9 34
2	8 33 49.24	9.50	19 24 23.3	35.7	17.63 970	717	1.94	0.50	18 2	1 48.1	9 30
3	8 33 39.74	9.60	19 24 59.0	35.9	17.63 253	689	1.94	0.50	17 58	1 44.0	9 26
4	8 33 30.14	9.70	19 25 34.9	36.3	17.62 564	659	1.94	0.50	17 54	1 39.9	9 22
5	8 33 20.44	9.81	19 26 11.2	36.5	17.61 905	630	1.95	0.50	17 49	1 35.8	9 18
6	8 33 10.63	9.90	+19 26 47.7	36.8	17.61 275	600	1.95	0.50	17 45	1 31.7	9 14
7	8 33 0.73	9.99	19 27 24.5	37.0	17.60 675	571	1.95	0.50	17 41	1 27.6	9 10
8	8 32 50.74	10.07	19 28 1.5	37.3	17.60 104	540	1.95	0.50	17 37	1 23.5	9 6
9	8 32 40.67	10.16	19 28 38.8	37.5	17.59 564	511	1.95	0.50	17 33	1 19.4	9 2
10	8 32 30.51	10.23	19 29 16.3	37.7	17.59 053	480	1.95	0.50	17 29	1 15.3	8 58
11	8 32 20.28	10.29	19 29 54.0	37.8	17.58 573	450	1.95	0.50	17 24	1 11.2	8 54
12	8 32 9.99	10.36	+19 30 31.8	38.0	17.58 123	419	1.95	0.50	17 20	1 7.1	8 50
13	8 31 59.63	10.43	19 31 9.8	38.2	17.57 704	389	1.95	0.50	17 16	1 3.0	8 46
14	8 31 49.20	10.49	19 31 48.0	38.3	17.57 315	358	1.95	0.50	17 12	0 58.9	8 42
15	8 31 38.71	10.53	19 32 26.3	38.4	17.56 957	328	1.95	0.50	17 8	0 54.8	8 38
16	8 31 28.18	10.58	19 33 4.7	38.4	17.56 629	296	1.95	0.50	17 4	0 50.7	8 34
17	8 31 17.60	10.63	19 33 43.1	38.6	17.56 333	266	1.95	0.50	16 59	0 46.6	8 30
18	8 31 6.97	10.67	+19 34 21.7	38.6	17.56 067	235	1.95	0.50	16 55	0 42.5	8 26
19	8 30 56.30	10.70	19 35 0.3	38.6	17.55 832	203	1.95	0.50	16 51	0 38.3	8 22
20	8 30 45.60	10.72	19 35 38.9	38.7	17.55 629	172	1.95	0.50	16 47	0 34.2	8 18
21	8 30 34.88	10.76	19 36 17.6	38.6	17.55 457	141	1.95	0.50	16 43	0 30.1	8 14
22	8 30 24.12	10.78	19 36 56.2	38.6	17.55 316	109	1.95	0.50	16 38	0 26.0	8 10
23	8 30 13.34	10.79	19 37 34.8	38.5	17.55 207	78	1.95	0.50	16 34	0 21.9	8 5
24	8 30 2.55	10.79	+19 38 13.3	38.5	17.55 129	46	1.95	0.50	16 30	0 17.8	8 1
25	8 29 51.76	10.81	19 38 51.8	38.5	17.55 083	15	1.95	0.50	16 26	0 13.7	7 57
26	8 29 40.95	10.80	19 39 30.3	38.4	17.55 068	17	1.95	0.50	16 22	0 9.6	7 53
27	8 29 30.15	10.80	19 40 8.7	38.3	17.55 085	48	1.95	0.50	16 18	0 5.5	7 49
28	8 29 19.35	10.78	19 40 47.0	38.2	17.55 133	80	1.95	0.50	16 13	{0 1.4 / 23 57.2}	7 45
29	8 29 8.57	10.77	19 41 25.2	38.1	17.55 213	111	1.95	0.50	16 9	23 53.1	7 41
30	8 28 57.80	10.75	+19 42 3.3	37.9	17.55 324	142	1.95	0.50	16 5	23 49.0	7 37
31	8 28 47.05	10.73	19 42 41.2	37.7	17.55 466	174	1.95	0.50	16 1	23 44.9	7 33
Febr. 1	8 28 36.32	10.69	19 43 18.9	37.5	17.55 640	204	1.95	0.50	15 57	23 40.8	7 29
2	8 28 25.63	10.66	19 43 56.4	37.3	17.55 844	236	1.95	0.50	15 53	23 36.7	7 25
3	8 28 14.97	10.62	19 44 33.7	37.0	17.56 080	268	1.95	0.50	15 48	23 32.6	7 21
4	8 28 4.35	10.57	19 45 10.7	36.8	17.56 348	298	1.95	0.50	15 44	23 28.5	7 17
5	8 27 53.78	10.52	+19 45 47.5	36.5	17.56 646	329	1.95	0.50	15 40	23 24.4	7 13
6	8 27 43.26	10.47	19 46 24.0	36.2	17.56 975	360	1.95	0.50	15 36	23 20.3	7 9
7	8 27 32.79	10.41	19 47 0.2	36.0	17.57 335	390	1.95	0.50	15 32	23 16.2	7 5
8	8 27 22.38	10.33	19 47 36.2	35.6	17.57 725	420	1.95	0.50	15 28	23 12.1	7 1
9	8 27 12.05	10.27	19 48 11.8	35.4	17.58 145	450	1.95	0.50	15 23	23 8.0	6 57
10	8 27 1.78		+19 48 47.2		17.58 595		1.95	0.50	15 19	23 3.9	6 53

Tag	0h Weltzeit: Scheinbare Rektaszension		Scheinbare Deklination		Δ		Halbmesser	Hor. Par.	Aufgang (in 0h Länge, +50° Breite)	Obere Kulmination (in 0h Länge, +50° Breite)	Untergang (in 0h Länge, +50° Breite)
1957	h m s	s	° ′ ″	″			″	″	h m	h m	h m
Febr. 10	8 27 1.78	10.19	+19 48 47.2	35.0	17.58 595	480	1.95	0.50	15 19	23 3.9	6 53
11	8 26 51.59	10.11	19 49 22.2	34.7	17.59 075	510	1.95	0.50	15 15	22 59.8	6 49
12	8 26 41.48	10.03	19 49 56.9	34.3	17.59 585	539	1.95	0.50	15 11	22 55.7	6 45
13	8 26 31.45	9.94	19 50 31.2	33.9	17.60 124	568	1.95	0.50	15 7	22 51.6	6 41
14	8 26 21.51	9.85	19 51 5.1	33.6	17.60 692	597	1.95	0.50	15 3	22 47.5	6 36
15	8 26 11.66	9.76	19 51 38.7	33.1	17.61 289	626	1.95	0.50	14 59	22 43.4	6 32
16	8 26 1.90	9.65	+19 52 11.8	32.7	17.61 915	654	1.95	0.50	14 54	22 39.3	6 28
17	8 25 52.25	9.55	19 52 44.5	32.3	17.62 569	683	1.94	0.50	14 50	22 35.2	6 24
18	8 25 42.70	9.45	19 53 16.8	31.9	17.63 252	711	1.94	0.50	14 46	22 31.1	6 20
19	8 25 33.25	9.34	19 53 48.7	31.4	17.63 963	739	1.94	0.50	14 42	22 27.0	6 16
20	8 25 23.91	9.22	19 54 20.1	30.9	17.64 702	766	1.94	0.50	14 38	22 22.9	6 12
21	8 25 14.69	9.09	19 54 51.0	30.4	17.65 468	793	1.94	0.50	14 34	22 18.9	6 8
22	8 25 5.60	8.98	+19 55 21.4	30.0	17.66 261	821	1.94	0.50	14 30	22 14.8	6 4
23	8 24 56.62	8.84	19 55 51.4	29.5	17.67 082	847	1.94	0.50	14 25	22 10.7	6 0
24	8 24 47.78	8.71	19 56 20.9	28.9	17.67 929	874	1.94	0.50	14 21	22 6.6	5 56
25	8 24 39.07	8.57	19 56 49.8	28.4	17.68 803	900	1.94	0.50	14 17	22 2.5	5 52
26	8 24 30.50	8.44	19 57 18.2	27.9	17.69 703	926	1.94	0.50	14 13	21 58.5	5 48
27	8 24 22.06	8.29	19 57 46.1	27.3	17.70 629	951	1.94	0.50	14 9	21 54.4	5 44
28	8 24 13.77	8.14	+19 58 13.4	26.7	17.71 580	976	1.93	0.50	14 5	21 50.3	5 40
März 1	8 24 5.63	7.99	19 58 40.1	26.1	17.72 556	1 001	1.93	0.50	14 1	21 46.3	5 36
2	8 23 57.64	7.84	19 59 6.2	25.6	17.73 557	1 026	1.93	0.50	13 57	21 42.2	5 32
3	8 23 49.80	7.68	19 59 31.8	25.0	17.74 583	1 050	1.93	0.50	13 53	21 38.1	5 28
4	8 23 42.12	7.51	19 59 56.8	24.4	17.75 633	1 073	1.93	0.50	13 48	21 34.1	5 24
5	8 23 34.61	7.35	20 0 21.2	23.7	17.76 706	1 096	1.93	0.50	13 44	21 30.0	5 20
6	8 23 27.26	7.18	+20 0 44.9	23.2	17.77 802	1 119	1.93	0.49	13 40	21 26.0	5 16
7	8 23 20.08	7.01	20 1 8.1	22.5	17.78 921	1 142	1.93	0.49	13 36	21 21.9	5 12
8	8 23 13.07	6.83	20 1 30.6	21.9	17.80 063	1 164	1.93	0.49	13 32	21 17.9	5 8
9	8 23 6.24	6.65	20 1 52.5	21.3	17.81 227	1 185	1.92	0.49	13 28	21 13.8	5 4
10	8 22 59.59	6.48	20 2 13.8	20.6	17.82 412	1 207	1.92	0.49	13 24	21 9.8	5 0
11	8 22 53.11	6.29	20 2 34.4	19.9	17.83 619	1 227	1.92	0.49	13 20	21 5.8	4 56
12	8 22 46.82	6.11	+20 2 54.3	19.3	17.84 846	1 247	1.92	0.49	13 16	21 1.7	4 52
13	8 22 40.71	5.92	20 3 13.6	18.7	17.86 093	1 266	1.92	0.49	13 12	20 57.7	4 48
14	8 22 34.79	5.73	20 3 32.3	17.9	17.87 359	1 286	1.92	0.49	13 8	20 53.7	4 44
15	8 22 29.06	5.54	20 3 50.2	17.3	17.88 645	1 305	1.92	0.49	13 4	20 49.7	4 40
16	8 22 23.52	5.34	20 4 7.5	16.5	17.89 950	1 323	1.92	0.49	12 59	20 45.6	4 36
17	8 22 18.18	5.14	20 4 24.0	15.9	17.91 273	1 342	1.91	0.49	12 55	20 41.6	4 32
18	8 22 13.04	4.95	+20 4 39.9	15.2	17.92 615	1 359	1.91	0.49	12 51	20 37.6	4 28
19	8 22 8.09	4.75	20 4 55.1	14.5	17.93 974	1 376	1.91	0.49	12 47	20 33.6	4 24
20	8 22 3.34	4.55	20 5 9.6	13.9	17.95 350	1 393	1.91	0.49	12 43	20 29.6	4 20
21	8 21 58.79	4.35	20 5 23.5	13.1	17.96 743	1 409	1.91	0.49	12 39	20 25.6	4 16
22	8 21 54.44	4.14	20 5 36.6	12.4	17.98 152	1 425	1.91	0.49	12 35	20 21.6	4 12
23	8 21 50.30		+20 5 49.0		17.99 577		1.90	0.49	12 31	20 17.6	4 8

Uranus 1957

Tag	0h Weltzeit: Scheinbare Rektaszension		Scheinbare Deklination		Δ		Halbmesser	Hor. Par.	Aufgang	Obere Kulmination	Untergang
									in 0h Länge, + 50° Breite		
1957	h m s	s	° ′ ″	″			″	″	h m	h m	h m
März 23	8 21 50.30	3.94	+20 5 49.0	11.7	17.99 577	1 441	1.90	0.49	12 31	20 17.6	4 8
24	8 21 46.36	3.73	20 6 0.7	10.9	18.01 018	1 455	1.90	0.49	12 27	20 13.6	4 4
25	8 21 42.63	3.51	20 6 11.6	10.2	18.02 473	1 470	1.90	0.49	12 23	20 9.6	4 0
26	8 21 39.12	3.31	20 6 21.8	9.5	18.03 943	1 485	1.90	0.49	12 19	20 5.6	3 56
27	8 21 35.81	3.09	20 6 31.3	8.8	18.05 428	1 498	1.90	0.49	12 15	20 1.6	3 52
28	8 21 32.72	2.87	20 6 40.1	8.0	18.06 926	1 511	1.90	0.49	12 11	19 57.6	3 48
29	8 21 29.85	2.65	+20 6 48.1	7.3	18.08 437	1 524	1.90	0.49	12 7	19 53.7	3 44
30	8 21 27.20	2.44	20 6 55.4	6.6	18.09 961	1 536	1.89	0.49	12 3	19 49.7	3 40
31	8 21 24.76	2.22	20 7 2.0	5.8	18.11 497	1 547	1.89	0.49	11 59	19 45.7	3 36
April 1	8 21 22.54	2.00	20 7 7.8	5.1	18.13 044	1 558	1.89	0.49	11 55	19 41.8	3 32
2	8 21 20.54	1.77	20 7 12.9	4.3	18.14 602	1 568	1.89	0.48	11 51	19 37.8	3 28
3	8 21 18.77	1.56	20 7 17.2	3.6	18.16 170	1 579	1.89	0.48	11 47	19 33.8	3 24
4	8 21 17.21	1.33	+20 7 20.8	2.8	18.17 749	1 589	1.89	0.48	11 43	19 29.9	3 20
5	8 21 15.88	1.11	20 7 23.6	2.0	18.19 338	1 597	1.88	0.48	11 39	19 25.9	3 16
6	8 21 14.77	0.89	20 7 25.6	1.2	18.20 935	1 605	1.88	0.48	11 36	19 22.0	3 12
7	8 21 13.88	0.66	20 7 26.8	0.5	18.22 540	1 614	1.88	0.48	11 32	19 18.1	3 8
8	8 21 13.22	0.44	20 7 27.3	0.2	18.24 154	1 621	1.88	0.48	11 28	19 14.1	3 4
9	8 21 12.78	0.21	20 7 27.1	1.0	18.25 775	1 628	1.88	0.48	11 24	19 10.2	3 1
10	8 21 12.57	0.01	+20 7 26.1	1.7	18.27 403	1 634	1.88	0.48	11 20	19 6.2	2 57
11	8 21 12.58	0.23	20 7 24.4	2.5	18.29 037	1 640	1.87	0.48	11 16	19 2.3	2 53
12	8 21 12.81	0.46	20 7 21.9	3.2	18.30 677	1 646	1.87	0.48	11 12	18 58.4	2 49
13	8 21 13.27	0.68	20 7 18.7	4.0	18.32 323	1 650	1.87	0.48	11 8	18 54.5	2 45
14	8 21 13.95	0.90	20 7 14.7	4.7	18.33 973	1 654	1.87	0.48	11 4	18 50.5	2 41
15	8 21 14.85	1.13	20 7 10.0	5.4	18.35 627	1 659	1.87	0.48	11 0	18 46.6	2 37
16	8 21 15.98	1.35	+20 7 4.6	6.2	18.37 286	1 663	1.87	0.48	10 56	18 42.7	2 33
17	8 21 17.33	1.57	20 6 58.4	6.9	18.38 949	1 665	1.86	0.48	10 52	18 38.8	2 29
18	8 21 18.90	1.79	20 6 51.5	7.6	18.40 614	1 668	1.86	0.48	10 48	18 34.9	2 25
19	8 21 20.69	2.01	20 6 43.9	8.4	18.42 282	1 671	1.86	0.48	10 45	18 31.0	2 21
20	8 21 22.70	2.24	20 6 35.5	9.2	18.43 953	1 672	1.86	0.48	10 41	18 27.1	2 17
21	8 21 24.94	2.45	20 6 26.3	9.9	18.45 625	1 674	1.86	0.48	10 37	18 23.2	2 14
22	8 21 27.39	2.68	+20 6 16.4	10.6	18.47 299	1 674	1.86	0.48	10 33	18 19.3	2 10
23	8 21 30.07	2.90	20 6 5.8	11.4	18.48 973	1 675	1.85	0.48	10 29	18 15.5	2 6
24	8 21 32.97	3.12	20 5 54.4	12.1	18.50 648	1 674	1.85	0.48	10 25	18 11.6	2 2
25	8 21 36.09	3.34	20 5 42.3	12.8	18.52 322	1 674	1.85	0.48	10 21	18 7.7	1 58
26	8 21 39.43	3.56	20 5 29.5	13.6	18.53 996	1 672	1.85	0.47	10 18	18 3.8	1 54
27	8 21 42.99	3.77	20 5 15.9	14.3	18.55 668	1 671	1.85	0.47	10 14	17 59.9	1 50
28	8 21 46.76	3.99	+20 5 1.6	15.0	18.57 339	1 669	1.85	0.47	10 10	17 56.1	1 46
29	8 21 50.75	4.21	20 4 46.6	15.8	18.59 008	1 667	1.84	0.47	10 6	17 52.2	1 42
30	8 21 54.96	4.42	20 4 30.8	16.4	18.60 675	1 663	1.84	0.47	10 2	17 48.4	1 38
Mai 1	8 21 59.38	4.63	20 4 14.4	17.2	18.62 338	1 660	1.84	0.47	9 58	17 44.5	1 35
2	8 22 4.01	4.85	20 3 57.2	17.9	18.63 998	1 655	1.84	0.47	9 55	17 40.6	1 31
3	8 22 8.86		+20 3 39.3		18.65 653		1.84	0.47	9 51	17 36.8	1 27

Tag	0h Weltzeit Scheinbare Rektaszension		Scheinbare Deklination		Δ		Halbmesser	Hor. Par.	Aufgang (in 0h Länge, + 50° Breite)	Obere Kulmination (in 0h Länge, + 50° Breite)	Untergang (in 0h Länge, + 50° Breite)
1957	h m s	s	° ′ ″	″			″	″	h m	h m	h m
Mai 3	8 22 8.86	5.07	+20 3 39.3	18.6	18.65 653	1 651	1.84	0.47	9 51	17 36.8	1 27
4	8 22 13.93	5.27	20 3 20.7	19.3	18.67 304	1 645	1.84	0.47	9 47	17 33.0	1 23
5	8 22 19.20	5.48	20 3 1.4	20.0	18.68 949	1 640	1.83	0.47	9 43	17 29.1	1 19
6	8 22 24.68	5.69	20 2 41.4	20.7	18.70 589	1 634	1.83	0.47	9 39	17 25.3	1 15
7	8 22 30.37	5.88	20 2 20.7	21.4	18.72 223	1 627	1.83	0.47	9 35	17 21.4	1 11
8	8 22 36.25	6.09	20 1 59.3	22.0	18.73 850	1 621	1.83	0.47	9 32	17 17.6	1 7
9	8 22 42.34	6.30	+20 1 37.3	22.8	18.75 471	1 613	1.83	0.47	9 28	17 13.8	1 4
10	8 22 48.64	6.50	20 1 14.5	23.4	18.77 084	1 606	1.83	0.47	9 24	17 10.0	1 0
11	8 22 55.14	6.69	20 0 51.1	24.1	18.78 690	1 597	1.82	0.47	9 20	17 6.1	0 56
12	8 23 1.83	6.89	20 0 27.0	24.8	18.80 287	1 589	1.82	0.47	9 17	17 2.3	0 52
13	8 23 8.72	7.08	20 0 2.2	25.4	18.81 876	1 580	1.82	0.47	9 13	16 58.5	0 48
14	8 23 15.80	7.28	19 59 36.8	26.1	18.83 456	1 571	1.82	0.47	9 9	16 54.7	0 44
15	8 23 23.08	7.47	+19 59 10.7	26.8	18.85 027	1 561	1.82	0.47	9 5	16 50.9	0 40
16	8 23 30.55	7.65	19 58 43.9	27.4	18.86 588	1 551	1.82	0.47	9 1	16 47.1	0 37
17	8 23 38.20	7.85	19 58 16.5	28.0	18.88 139	1 541	1.82	0.47	8 58	16 43.3	0 33
18	8 23 46.05	8.03	19 57 48.5	28.7	18.89 680	1 531	1.81	0.47	8 54	16 39.5	0 29
19	8 23 54.08	8.22	19 57 19.8	29.3	18.91 211	1 519	1.81	0.47	8 50	16 35.7	0 25
20	8 24 2.30	8.39	19 56 50.5	29.9	18.92 730	1 507	1.81	0.46	8 46	16 31.9	0 21
21	8 24 10.69	8.58	+19 56 20.6	30.5	18.94 237	1 496	1.81	0.46	8 43	16 28.1	0 17
22	8 24 19.27	8.76	19 55 50.1	31.2	18.95 733	1 483	1.81	0.46	8 39	16 24.3	0 14
23	8 24 28.03	8.93	19 55 18.9	31.8	18.97 216	1 470	1.81	0.46	8 35	16 20.5	0 10
24	8 24 36.96	9.11	19 54 47.1	32.4	18.98 686	1 457	1.81	0.46	8 31	16 16.7	0 6
25	8 24 46.07	9.29	19 54 14.7	33.0	19.00 143	1 444	1.80	0.46	8 28	16 13.0	0 2 / 23 58
26	8 24 55.36	9.46	19 53 41.7	33.6	19.01 587	1 429	1.80	0.46	8 24	16 9.2	23 54
27	8 25 4.82	9.62	+19 53 8.1	34.3	19.03 016	1 415	1.80	0.46	8 20	16 5.4	23 51
28	8 25 14.44	9.79	19 52 33.8	34.8	19.04 431	1 400	1.80	0.46	8 17	16 1.6	23 47
29	8 25 24.23	9.96	19 51 59.0	35.4	19.05 831	1 385	1.80	0.46	8 13	15 57.9	23 43
30	8 25 34.19	10.12	19 51 23.6	36.0	19.07 216	1 370	1.80	0.46	8 9	15 54.1	23 39
31	8 25 44.31	10.28	19 50 47.6	36.5	19.08 586	1 354	1.80	0.46	8 6	15 50.3	23 35
Juni 1	8 25 54.59	10.44	19 50 11.1	37.1	19.09 940	1 338	1.79	0.46	8 2	15 46.6	23 31
2	8 26 5.03	10.60	+19 49 34.0	37.6	19.11 278	1 321	1.79	0.46	7 58	15 42.8	23 28
3	8 26 15.63	10.75	19 48 56.4	38.2	19.12 599	1 304	1.79	0.46	7 54	15 39.1	23 24
4	8 26 26.38	10.90	19 48 18.2	38.7	19.13 903	1 287	1.79	0.46	7 51	15 35.3	23 20
5	8 26 37.28	11.04	19 47 39.5	39.3	19.15 190	1 269	1.79	0.46	7 47	15 31.6	23 16
6	8 26 48.32	11.19	19 47 0.2	39.8	19.16 459	1 252	1.79	0.46	7 43	15 27.8	23 12
7	8 26 59.51	11.33	19 46 20.4	40.3	19.17 711	1 234	1.79	0.46	7 40	15 24.1	23 9
8	8 27 10.84	11.47	+19 45 40.1	40.8	19.18 945	1 215	1.79	0.46	7 36	15 20.3	23 5
9	8 27 22.31	11.61	19 44 59.3	41.4	19.20 160	1 197	1.79	0.46	7 32	15 16.6	23 1
10	8 27 33.92	11.74	19 44 17.9	41.8	19.21 357	1 178	1.78	0.46	7 29	15 12.9	22 57
11	8 27 45.66	11.87	19 43 36.1	42.3	19.22 535	1 159	1.78	0.46	7 25	15 9.1	22 53
12	8 27 57.53	12.00	19 42 53.8	42.8	19.23 694	1 140	1.78	0.46	7 21	15 5.4	22 49
13	8 28 9.53		+19 42 11.0		19.24 834		1.78	0.46	7 18	15 1.7	22 46

Uranus 1957

Tag	0h Weltzeit: Scheinbare Rektaszension		Scheinbare Deklination		Δ		Halb-messer	Hor. Par.	Auf-gang	Obere Kul-mination	Unter-gang
									in 0h Länge, + 50° Breite		
1957	h m s	s	° ′ ″	″			″	″	h m	h m	h m
Juni 13	8 28 9.53	12.13	+19 42 11.0	43.2	19.24 834	1 120	1.78	0.46	7 18	15 1.7	22 46
14	8 28 21.66	12.26	19 41 27.8	43.7	19.25 954	1 100	1.78	0.46	7 14	14 57.9	22 42
15	8 28 33.92	12.38	19 40 44.1	44.2	19.27 054	1 080	1.78	0.46	7 10	14 54.2	22 38
16	8 28 46.30	12.50	19 39 59.9	44.6	19.28 134	1 059	1.78	0.46	7 7	14 50.5	22 34
17	8 28 58.80	12.62	19 39 15.3	45.1	19.29 193	1 039	1.78	0.46	7 3	14 46.8	22 30
18	8 29 11.42	12.74	19 38 30.2	45.5	19.30 232	1 018	1.78	0.46	6 59	14 43.0	22 27
19	8 29 24.16	12.85	+19 37 44.7	46.0	19.31 250	997	1.78	0.46	6 56	14 39.3	22 23
20	8 29 37.01	12.96	19 36 58.7	46.4	19.32 247	975	1.77	0.46	6 52	14 35.6	22 19
21	8 29 49.97	13.07	19 36 12.3	46.9	19.33 222	953	1.77	0.46	6 49	14 31.9	22 15
22	8 30 3.04	13.18	19 35 25.4	47.3	19.34 175	932	1.77	0.45	6 45	14 28.2	22 11
23	8 30 16.22	13.28	19 34 38.1	47.7	19.35 107	910	1.77	0.45	6 41	14 24.5	22 8
24	8 30 29.50	13.38	19 33 50.4	48.0	19.36 017	887	1.77	0.45	6 38	14 20.7	22 4
25	8 30 42.88	13.48	+19 33 2.4	48.5	19.36 904	865	1.77	0.45	6 34	14 17.0	22 0
26	8 30 56.36	13.57	19 32 13.9	48.8	19.37 769	842	1.77	0.45	6 30	14 13.3	21 56
27	8 31 9.93	13.67	19 31 25.1	49.2	19.38 611	819	1.77	0.45	6 27	14 9.6	21 53
28	8 31 23.60	13.76	19 30 35.9	49.5	19.39 430	795	1.77	0.45	6 23	14 5.9	21 49
29	8 31 37.36	13.84	19 29 46.4	49.9	19.40 225	771	1.77	0.45	6 20	14 2.2	21 45
30	8 31 51.20	13.93	19 28 56.5	50.2	19.40 996	748	1.77	0.45	6 16	13 58.5	21 41
Juli 1	8 32 5.13	14.01	+19 28 6.3	50.6	19.41 744	724	1.77	0.45	6 12	13 54.8	21 37
2	8 32 19.14	14.09	19 27 15.7	50.9	19.42 468	699	1.76	0.45	6 9	13 51.1	21 34
3	8 32 33.23	14.16	19 26 24.8	51.3	19.43 167	675	1.76	0.45	6 5	13 47.4	21 30
4	8 32 47.39	14.23	19 25 33.5	51.5	19.43 842	651	1.76	0.45	6 1	13 43.7	21 26
5	8 33 1.62	14.30	19 24 42.0	51.8	19.44 493	626	1.76	0.45	5 58	13 40.0	21 22
6	8 33 15.92	14.37	19 23 50.2	52.1	19.45 119	602	1.76	0.45	5 54	13 36.3	21 19
7	8 33 30.29	14.43	+19 22 58.1	52.4	19.45 721	577	1.76	0.45	5 51	13 32.6	21 15
8	8 33 44.72	14.50	19 22 5.7	52.6	19.46 298	553	1.76	0.45	5 47	13 28.9	21 11
9	8 33 59.22	14.55	19 21 13.1	52.9	19.46 851	528	1.76	0.45	5 43	13 25.3	21 7
10	8 34 13.77	14.60	19 20 20.2	53.2	19.47 379	502	1.76	0.45	5 40	13 21.6	21 3
11	8 34 28.37	14.66	19 19 27.0	53.4	19.47 881	478	1.76	0.45	5 36	13 17.9	21 0
12	8 34 43.03	14.71	19 18 33.6	53.7	19.48 359	452	1.76	0.45	5 33	13 14.2	20 56
13	8 34 57.74	14.76	+19 17 39.9	53.9	19.48 811	427	1.76	0.45	5 29	13 10.5	20 52
14	8 35 12.50	14.80	19 16 46.0	54.1	19.49 238	401	1.76	0.45	5 25	13 6.8	20 48
15	8 35 27.30	14.85	19 15 51.9	54.4	19.49 639	376	1.76	0.45	5 22	13 3.1	20 45
16	8 35 42.15	14.89	19 14 57.5	54.5	19.50 015	350	1.76	0.45	5 18	12 59.4	20 41
17	8 35 57.04	14.93	19 14 3.0	54.7	19.50 365	324	1.76	0.45	5 15	12 55.8	20 37
18	8 36 11.97	14.96	19 13 8.3	54.9	19.50 689	299	1.76	0.45	5 11	12 52.1	20 33
19	8 36 26.93	14.99	+19 12 13.4	55.1	19.50 988	272	1.76	0.45	5 7	12 48.4	20 29
20	8 36 41.92	15.03	19 11 18.3	55.2	19.51 260	246	1.76	0.45	5 4	12 44.7	20 26
21	8 36 56.95	15.05	19 10 23.1	55.4	19.51 506	220	1.76	0.45	5 0	12 41.0	20 22
22	8 37 12.00	15.07	19 9 27.7	55.6	19.51 726	194	1.76	0.45	4 57	12 37.3	20 18
23	8 37 27.07	15.10	19 8 32.1	55.7	19.51 920	167	1.76	0.45	4 53	12 33.7	20 14
24	8 37 42.17		+19 7 36.4		19.52 087		1.76	0.45	4 50	12 30.0	20 11

Tag	0h Weltzeit: Scheinbare Rektaszension		Scheinbare Deklination		Δ		Halbmesser	Hor. Par.	Aufgang (in 0h Länge, +50° Breite)	Obere Kulmination	Untergang
1957	h m s	s	° ′ ″	″			″	″	h m	h m	h m
Juli 24	8 37 42.17		+19 7 36.4		19.52 087		1.76	0.45	4 50	12 30.0	20 11
25	8 37 57.28	15.11	19 6 40.6	55.8	19.52 228	141	1.76	0.45	4 46	12 26.3	20 7
26	8 38 12.41	15.13	19 5 44.7	55.9	19.52 342	114	1.76	0.45	4 42	12 22.6	20 3
27	8 38 27.55	15.14	19 4 48.7	56.0	19.52 430	88	1.76	0.45	4 39	12 18.9	19 59
28	8 38 42.69	15.14	19 3 52.6	56.1	19.52 491	61	1.76	0.45	4 35	12 15.3	19 55
29	8 38 57.85	15.16	19 2 56.5	56.1	19.52 525	34	1.76	0.45	4 32	12 11.6	19 52
30	8 39 13.01	15.16	+19 2 0.3	56.2	19.52 533	8	1.76	0.45	4 28	12 7.9	19 48
31	8 39 28.17	15.16	19 1 4.0	56.3	19.52 514	19	1.76	0.45	4 24	12 4.2	19 44
Aug. 1	8 39 43.32	15.15	19 0 7.7	56.3	19.52 469	45	1.76	0.45	4 21	12 0.5	19 40
2	8 39 58.47	15.15	18 59 11.4	56.3	19.52 397	72	1.76	0.45	4 17	11 56.9	19 37
3	8 40 13.61	15.14	18 58 15.0	56.4	19.52 298	99	1.76	0.45	4 14	11 53.2	19 33
4	8 40 28.74	15.13	18 57 18.6	56.4	19.52 173	125	1.76	0.45	4 10	11 49.5	19 29
5	8 40 43.85	15.11	+18 56 22.2	56.4	19.52 021	152	1.76	0.45	4 7	11 45.8	19 25
6	8 40 58.95	15.10	18 55 25.8	56.4	19.51 843	178	1.76	0.45	4 3	11 42.1	19 21
7	8 41 14.03	15.08	18 54 29.4	56.4	19.51 638	205	1.76	0.45	3 59	11 38.4	19 18
8	8 41 29.08	15.05	18 53 33.1	56.3	19.51 407	231	1.76	0.45	3 56	11 34.8	19 14
9	8 41 44.11	15.03	18 52 36.8	56.3	19.51 150	257	1.76	0.45	3 52	11 31.1	19 10
10	8 41 59.11	15.00	18 51 40.6	56.2	19.50 867	283	1.76	0.45	3 49	11 27.4	19 6
11	8 42 14.08	14.97	+18 50 44.4	56.2	19.50 558	309	1.76	0.45	3 45	11 23.7	19 3
12	8 42 29.01	14.93	18 49 48.3	56.1	19.50 222	336	1.76	0.45	3 41	11 20.0	18 59
13	8 42 43.91	14.90	18 48 52.3	56.0	19.49 861	361	1.76	0.45	3 38	11 16.3	18 55
14	8 42 58.77	14.86	18 47 56.4	55.9	19.49 473	388	1.76	0.45	3 34	11 12.7	18 51
15	8 43 13.59	14.82	18 47 0.5	55.9	19.49 059	414	1.76	0.45	3 31	11 9.0	18 48
16	8 43 28.37	14.78	18 46 4.8	55.7	19.48 619	440	1.76	0.45	3 27	11 5.3	18 44
17	8 43 43.10	14.73	+18 45 9.3	55.5	19.48 153	466	1.76	0.45	3 23	11 1.6	18 40
18	8 43 57.79	14.69	18 44 13.8	55.5	19.47 662	491	1.76	0.45	3 20	10 57.9	18 36
19	8 44 12.42	14.63	18 43 18.5	55.3	19.47 145	517	1.76	0.45	3 16	10 54.2	18 32
20	8 44 27.00	14.58	18 42 23.4	55.1	19.46 603	542	1.76	0.45	3 13	10 50.5	18 29
21	8 44 41.51	14.51	18 41 28.5	54.9	19.46 035	568	1.76	0.45	3 9	10 46.8	18 25
22	8 44 55.97	14.46	18 40 33.7	54.8	19.45 442	593	1.76	0.45	3 5	10 43.1	18 21
23	8 45 10.37	14.40	+18 39 39.1	54.6	19.44 823	619	1.76	0.45	3 2	10 39.4	18 17
24	8 45 24.69	14.32	18 38 44.7	54.4	19.44 179	644	1.76	0.45	2 58	10 35.8	18 13
25	8 45 38.95	14.26	18 37 50.5	54.2	19.43 510	669	1.76	0.45	2 55	10 32.1	18 10
26	8 45 53.14	14.19	18 36 56.6	53.9	19.42 816	694	1.76	0.45	2 51	10 28.4	18 6
27	8 46 7.25	14.11	18 36 2.9	53.7	19.42 097	719	1.77	0.45	2 47	10 24.7	18 2
28	8 46 21.29	14.04	18 35 9.5	53.4	19.41 354	743	1.77	0.45	2 44	10 21.0	17 58
29	8 46 35.24	13.95	+18 34 16.4	53.1	19.40 586	768	1.77	0.45	2 40	10 17.3	17 55
30	8 46 49.11	13.87	18 33 23.6	52.8	19.39 794	792	1.77	0.45	2 36	10 13.6	17 51
31	8 47 2.89	13.78	18 32 31.1	52.5	19.38 978	816	1.77	0.45	2 33	10 9.9	17 47
Sept. 1	8 47 16.58	13.69	18 31 38.9	52.2	19.38 138	840	1.77	0.45	2 29	10 6.1	17 43
2	8 47 30.17	13.59	18 30 47.0	51.9	19.37 274	864	1.77	0.45	2 26	10 2.4	17 39
3	8 47 43.67	13.50	+18 29 55.4	51.6	19.36 387	887	1.77	0.45	2 22	9 58.7	17 36

Tag	0h Weltzeit: Scheinbare Rektaszension		Scheinbare Deklination		Δ		Halbmesser	Hor. Par.	Aufgang (in 0h Länge, +50° Breite)	Obere Kulmination	Untergang
1957	h m s	s	° ′ ″	″			″	″	h m	h m	h m
Sept. 3	8 47 43.67	13.41	+18 29 55.4	51.2	19.36 387	911	1.77	0.45	2 22	9 58.7	17 36
4	8 47 57.08	13.30	18 29 4.2	50.9	19.35 476	933	1.77	0.45	2 18	9 55.0	17 32
5	8 48 10.38	13.20	18 28 13.3	50.5	19.34 543	956	1.77	0.45	2 15	9 51.3	17 28
6	8 48 23.58	13.10	18 27 22.8	50.2	19.33 587	979	1.77	0.46	2 11	9 47.6	17 24
7	8 48 36.68	12.99	18 26 32.6	49.7	19.32 608	1 001	1.77	0.46	2 7	9 43.9	17 20
8	8 48 49.67	12.88	18 25 42.9	49.4	19.31 607	1 022	1.77	0.46	2 4	9 40.2	17 17
9	8 49 2.55	12.77	+18 24 53.5	48.9	19.30 585	1 045	1.78	0.46	2 0	9 36.4	17 13
10	8 49 15.32	12.65	18 24 4.6	48.5	19.29 540	1 066	1.78	0.46	1 57	9 32.7	17 9
11	8 49 27.97	12.54	18 23 16.1	48.1	19.28 474	1 088	1.78	0.46	1 53	9 29.0	17 5
12	8 49 40.51	12.41	18 22 28.0	47.7	19.27 386	1 108	1.78	0.46	1 49	9 25.3	17 1
13	8 49 52.92	12.29	18 21 40.3	47.2	19.26 278	1 130	1.78	0.46	1 46	9 21.5	16 58
14	8 50 5.21	12.17	18 20 53.1	46.7	19.25 148	1 150	1.78	0.46	1 42	9 17.8	16 54
15	8 50 17.38	12.04	+18 20 6.4	46.2	19.23 998	1 171	1.78	0.46	1 38	9 14.1	16 50
16	8 50 29.42	11.91	18 19 20.2	45.8	19.22 827	1 191	1.78	0.46	1 35	9 10.4	16 46
17	8 50 41.33	11.78	18 18 34.4	45.2	19.21 636	1 211	1.78	0.46	1 31	9 6.6	16 42
18	8 50 53.11	11.65	18 17 49.2	44.7	19.20 425	1 231	1.79	0.46	1 27	9 2.9	16 39
19	8 51 4.76	11.51	18 17 4.5	44.2	19.19 194	1 250	1.79	0.46	1 24	8 59.1	16 35
20	8 51 16.27	11.36	18 16 20.3	43.7	19.17 944	1 269	1.79	0.46	1 20	8 55.4	16 31
21	8 51 27.63	11.22	+18 15 36.6	43.1	19.16 675	1 288	1.79	0.46	1 16	8 51.7	16 27
22	8 51 38.85	11.08	18 14 53.5	42.5	19.15 387	1 307	1.79	0.46	1 13	8 47.9	16 23
23	8 51 49.93	10.93	18 14 11.0	41.9	19.14 080	1 325	1.79	0.46	1 9	8 44.2	16 20
24	8 52 0.86	10.78	18 13 29.1	41.4	19.12 755	1 343	1.79	0.46	1 5	8 40.4	16 16
25	8 52 11.64	10.62	18 12 47.7	40.7	19.11 412	1 360	1.79	0.46	1 1	8 36.7	16 12
26	8 52 22.26	10.47	18 12 7.0	40.2	19.10 052	1 377	1.79	0.46	0 58	8 32.9	16 8
27	8 52 32.73	10.31	+18 11 26.8	39.5	19.08 675	1 394	1.80	0.46	0 54	8 29.1	16 4
28	8 52 43.04	10.14	18 10 47.3	38.9	19.07 281	1 410	1.80	0.46	0 50	8 25.4	16 0
29	8 52 53.18	9.98	18 10 8.4	38.3	19.05 871	1 426	1.80	0.46	0 47	8 21.6	15 57
30	8 53 3.16	9.82	18 9 30.1	37.6	19.04 445	1 442	1.80	0.46	0 43	8 17.8	15 53
Okt. 1	8 53 12.98	9.65	18 8 52.5	36.9	19.03 003	1 457	1.80	0.46	0 39	8 14.1	15 49
2	8 53 22.63	9.48	18 8 15.6	36.3	19.01 546	1 472	1.80	0.46	0 36	8 10.3	15 45
3	8 53 32.11	9.31	+18 7 39.3	35.6	19.00 074	1 486	1.80	0.46	0 32	8 6.5	15 41
4	8 53 41.42	9.14	18 7 3.7	34.9	18.98 588	1 500	1.81	0.46	0 28	8 2.8	15 37
5	8 53 50.56	8.96	18 6 28.8	34.3	18.97 088	1 514	1.81	0.46	0 24	7 59.0	15 34
6	8 53 59.52	8.79	18 5 54.5	33.5	18.95 574	1 527	1.81	0.46	0 21	7 55.2	15 30
7	8 54 8.31	8.60	18 5 21.0	32.8	18.94 047	1 539	1.81	0.46	0 17	7 51.4	15 26
8	8 54 16.91	8.43	18 4 48.2	32.1	18.92 508	1 553	1.81	0.46	0 13	7 47.6	15 22
9	8 54 25.34	8.24	+18 4 16.1	31.3	18.90 955	1 565	1.81	0.47	0 10	7 43.8	15 18
10	8 54 33.58	8.06	18 3 44.8	30.6	18.89 390	1 576	1.81	0.47	0 6	7 40.0	15 14
11	8 54 41.64	7.87	18 3 14.2	29.8	18.87 814	1 588	1.82	0.47	{0 2 / 23 58}	7 36.2	15 11
12	8 54 49.51	7.68	18 2 44.4	29.0	18.86 226	1 599	1.82	0.47	23 55	7 32.4	15 7
13	8 54 57.19	7.59	18 2 15.4	28.3	18.84 627	1 610	1.82	0.47	23 51	7 28.6	15 3
14	8 55 4.69		+18 1 47.1		18.83 017		1.82	0.47	23 47	7 24.8	14 59

Tag	0h Weltzeit: Scheinbare Rektaszension		Scheinbare Deklination		Δ		Halbmesser	Hor. Par.	Aufgang	Obere Kulmination	Untergang
									in 0h Länge, + 50° Breite		
1957	h m s	s	° ′ ″	″			″	″	h m	h m	h m
Okt. 14	8 55 4.69	7.30	+18 1 47.1	27.5	18.83 017	1 620	1.82	0.47	23 47	7 24.8	14 59
15	8 55 11.99	7.11	18 1 19.6	26.7	18.81 397	1 630	1.82	0.47	23 43	7 21.0	14 55
16	8 55 19.10	6.91	18 0 52.9	25.9	18.79 767	1 639	1.82	0.47	23 39	7 17.2	14 51
17	8 55 26.01	6.71	18 0 27.0	25.1	18.78 128	1 648	1.83	0.47	23 36	7 13.4	14 47
18	8 55 32.72	6.51	18 0 1.9	24.3	18.76 480	1 656	1.83	0.47	23 32	7 9.5	14 44
19	8 55 39.23	6.31	17 59 37.6	23.5	18.74 824	1 663	1.83	0.47	23 28	7 5.7	14 40
20	8 55 45.54	6.11	+17 59 14.1	22.6	18.73 161	1 672	1.83	0.47	23 24	7 1.9	14 36
21	8 55 51.65	5.90	17 58 51.5	21.8	18.71 489	1 679	1.83	0.47	23 21	6 58.1	14 32
22	8 55 57.55	5.70	17 58 29.7	21.0	18.69 810	1 685	1.83	0.47	23 17	6 54.2	14 28
23	8 56 3.25	5.49	17 58 8.7	20.1	18.68 125	1 691	1.83	0.47	23 13	6 50.4	14 24
24	8 56 8.74	5.28	17 57 48.6	19.2	18.66 434	1 698	1.84	0.47	23 9	6 46.5	14 20
25	8 56 14.02	5.07	17 57 29.4	18.4	18.64 736	1 703	1.84	0.47	23 5	6 42.7	14 17
26	8 56 19.09	4.86	+17 57 11.0	17.4	18.63 033	1 706	1.84	0.47	23 1	6 38.8	14 13
27	8 56 23.95	4.64	17 56 53.6	16.6	18.61 327	1 711	1.84	0.47	22 58	6 35.0	14 9
28	8 56 28.59	4.43	17 56 37.0	15.7	18.59 616	1 715	1.84	0.47	22 54	6 31.1	14 5
29	8 56 33.02	4.21	17 56 21.3	14.8	18.57 901	1 718	1.85	0.47	22 50	6 27.3	14 1
30	8 56 37.23	3.99	17 56 6.5	13.9	18.56 183	1 720	1.85	0.47	22 46	6 23.4	13 57
31	8 56 41.22	3.77	17 55 52.6	13.0	18.54 463	1 721	1.85	0.47	22 42	6 19.5	13 53
Nov. 1	8 56 44.99	3.56	+17 55 39.6	12.1	18.52 742	1 724	1.85	0.47	22 38	6 15.7	13 49
2	8 56 48.55	3.34	17 55 27.5	11.3	18.51 018	1 724	1.85	0.48	22 35	6 11.8	13 45
3	8 56 51.89	3.12	17 55 16.2	10.3	18.49 294	1 725	1.85	0.48	22 31	6 7.9	13 42
4	8 56 55.01	2.91	17 55 5.9	9.5	18.47 569	1 724	1.86	0.48	22 27	6 4.0	13 38
5	8 56 57.92	2.68	17 54 56.4	8.5	18.45 845	1 725	1.86	0.48	22 23	6 0.2	13 34
6	8 57 0.60	2.46	17 54 47.9	7.6	18.44 120	1 724	1.86	0.48	22 19	5 56.3	13 30
7	8 57 3.06	2.24	+17 54 40.3	6.7	18.42 396	1 722	1.86	0.48	22 15	5 52.4	13 26
8	8 57 5.30	2.02	17 54 33.6	5.7	18.40 674	1 721	1.86	0.48	22 11	5 48.5	13 22
9	8 57 7.32	1.80	17 54 27.9	4.9	18.38 953	1 718	1.86	0.48	22 7	5 44.6	13 18
10	8 57 9.12	1.57	17 54 23.0	4.0	18.37 235	1 715	1.87	0.48	22 3	5 40.7	13 14
11	8 57 10.69	1.35	17 54 19.0	3.0	18.35 520	1 712	1.87	0.48	22 0	5 36.8	13 10
12	8 57 12.04	1.13	17 54 16.0	2.1	18.33 808	1 708	1.87	0.48	21 56	5 32.9	13 6
13	8 57 13.17	0.90	+17 54 13.9	1.2	18.32 100	1 704	1.87	0.48	21 52	5 28.9	13 2
14	8 57 14.07	0.68	17 54 12.7	0.2	18.30 396	1 699	1.87	0.48	21 48	5 25.0	12 59
15	8 57 14.75	0.45	17 54 12.5	0.6	18.28 697	1 693	1.87	0.48	21 44	5 21.1	12 55
16	8 57 15.20	0.23	17 54 13.1	1.7	18.27 004	1 688	1.88	0.48	21 40	5 17.2	12 51
17	8 57 15.43	0.00	17 54 14.8	2.5	18.25 316	1 681	1.88	0.48	21 36	5 13.3	12 47
18	8 57 15.43	0.22	17 54 17.3	3.5	18.23 635	1 674	1.88	0.48	21 32	5 9.3	12 43
19	8 57 15.21	0.45	+17 54 20.8	4.4	18.21 961	1 667	1.88	0.48	21 28	5 5.4	12 39
20	8 57 14.76	0.67	17 54 25.2	5.3	18.20 294	1 659	1.88	0.48	21 24	5 1.4	12 35
21	8 57 14.09	0.90	17 54 30.5	6.3	18.18 635	1 650	1.88	0.48	21 20	4 57.5	12 31
22	8 57 13.19	1.12	17 54 36.8	7.2	18.16 985	1 641	1.89	0.48	21 16	4 53.6	12 27
23	8 57 12.07	1.35	17 54 44.0	8.1	18.15 344	1 630	1.89	0.48	21 12	4 49.6	12 23
24	8 57 10.72		+17 54 52.1		18.13 714		1.89	0.49	21 8	4 45.6	12 19

Uranus 1957

Tag	0h Weltzeit: Scheinbare Rektaszension		Scheinbare Deklination		Δ		Halb-messer	Hor. Par.	Auf-gang	Obere Kul-mination	Unter-gang
									in 0h Länge, +50° Breite		
1957	h m s	s	° ′ ″	″			″	″	h m	h m	h m
Nov. 24	8 57 10.72	1.57	+17 54 52.1	9.0	18.13 714	1 620	1.89	0.49	21 8	4 45.6	12 19
25	8 57 9.15	1.79	17 55 1.1	9.9	18.12 094	1 610	1.89	0.49	21 4	4 41.7	12 15
26	8 57 7.36	2.01	17 55 11.0	10.8	18.10 484	1 598	1.89	0.49	21 0	4 37.7	12 11
27	8 57 5.35	2.23	17 55 21.8	11.6	18.08 886	1 586	1.90	0.49	20 56	4 33.8	12 7
28	8 57 3.12	2.45	17 55 33.4	12.6	18.07 300	1 574	1.90	0.49	20 52	4 29.8	12 3
29	8 57 0.67	2.66	17 55 46.0	13.4	18.05 726	1 561	1.90	0.49	20 48	4 25.8	11 59
30	8 56 58.01	2.88	+17 55 59.4	14.3	18.04 165	1 547	1.90	0.49	20 44	4 21.9	11 55
Dez. 1	8 56 55.13	3.10	17 56 13.7	15.2	18.02 618	1 533	1.90	0.49	20 40	4 17.9	11 51
2	8 56 52.03	3.30	17 56 28.9	16.0	18.01 085	1 519	1.90	0.49	20 36	4 13.9	11 48
3	8 56 48.73	3.52	17 56 44.9	16.9	17.99 566	1 504	1.90	0.49	20 32	4 9.9	11 44
4	8 56 45.21	3.73	17 57 1.8	17.7	17.98 062	1 489	1.91	0.49	20 28	4 5.9	11 40
5	8 56 41.48	3.93	17 57 19.5	18.6	17.96 573	1 473	1.91	0.49	20 24	4 1.9	11 36
6	8 56 37.55	4.14	+17 57 38.1	19.3	17.95 100	1 457	1.91	0.49	20 20	3 57.9	11 32
7	8 56 33.41	4.34	17 57 57.4	20.2	17.93 643	1 441	1.91	0.49	20 16	3 53.9	11 28
8	8 56 29.07	4.55	17 58 17.6	21.0	17.92 202	1 423	1.91	0.49	20 12	3 49.9	11 24
9	8 56 24.52	4.74	17 58 38.6	21.8	17.90 779	1 406	1.91	0.49	20 8	3 45.9	11 20
10	8 56 19.78	4.95	17 59 0.4	22.5	17.89 373	1 388	1.92	0.49	20 4	3 41.9	11 16
11	8 56 14.83	5.14	17 59 22.9	23.4	17.87 985	1 369	1.92	0.49	20 0	3 37.9	11 12
12	8 56 9.69	5.34	+17 59 46.3	24.1	17.86 616	1 351	1.92	0.49	19 56	3 33.9	11 8
13	8 56 4.35	5.54	18 0 10.4	24.9	17.85 265	1 330	1.92	0.49	19 52	3 29.8	11 4
14	8 55 58.81	5.72	18 0 35.3	25.6	17.83 935	1 311	1.92	0.49	19 48	3 25.8	11 0
15	8 55 53.09	5.92	18 1 0.9	26.4	17.82 624	1 291	1.92	0.49	19 44	3 21.8	10 56
16	8 55 47.17	6.10	18 1 27.3	27.1	17.81 333	1 269	1.92	0.49	19 40	3 17.8	10 52
17	8 55 41.07	6.29	18 1 54.4	27.9	17.80 064	1 248	1.93	0.49	19 36	3 13.7	10 48
18	8 55 34.78	6.46	+18 2 22.3	28.5	17.78 816	1 227	1.93	0.49	19 32	3 9.7	10 44
19	8 55 28.32	6.65	18 2 50.8	29.3	17.77 589	1 204	1.93	0.50	19 27	3 5.6	10 40
20	8 55 21.67	6.82	18 3 20.1	29.9	17.76 385	1 182	1.93	0.50	19 23	3 1.6	10 36
21	8 55 14.85	7.00	18 3 50.0	30.6	17.75 203	1 159	1.93	0.50	19 19	2 57.6	10 32
22	8 55 7.85	7.16	18 4 20.6	31.2	17.74 044	1 136	1.93	0.50	19 15	2 53.5	10 28
23	8 55 0.69	7.33	18 4 51.8	31.8	17.72 908	1 112	1.93	0.50	19 11	2 49.5	10 24
24	8 54 53.36	7.50	+18 5 23.6	32.4	17.71 796	1 087	1.93	0.50	19 7	2 45.4	10 20
25	8 54 45.86	7.65	18 5 56.0	33.1	17.70 709	1 063	1.94	0.50	19 3	2 41.3	10 16
26	8 54 38.21	7.81	18 6 29.1	33.5	17.69 646	1 037	1.94	0.50	18 59	2 37.3	10 12
27	8 54 30.40	7.96	18 7 2.6	34.2	17.68 609	1 012	1.94	0.50	18 55	2 33.2	10 8
28	8 54 22.44	8.11	18 7 36.8	34.7	17.67 597	987	1.94	0.50	18 50	2 29.2	10 4
29	8 54 14.33	8.25	18 8 11.5	35.2	17.66 610	960	1.94	0.50	18 46	2 25.1	10 0
30	8 54 6.08	8.39	+18 8 46.7	35.8	17.65 650	933	1.94	0.50	18 42	2 21.0	9 56
31	8 53 57.69	8.53	18 9 22.5	36.2	17.64 717	907	1.94	0.50	18 38	2 17.0	9 52
32	8 53 49.16		+18 9 58.7		17.63 810		1.94	0.50	18 34	2 12.9	9 48

Tag	0h Weltzeit								Aufgang	Obere Kulmination	Untergang
	Scheinbare Rektaszension		Scheinbare Deklination		Δ		Halbmesser	Hor. Par.	in 0h Länge, +50° Breite		
1957	h m s	s	° ′ ″	″			″	″	h m	h m	h m
Jan. 0	14 2 47.41	4.30	—10 39 0.7	19.5	30.69 650	1 606	1.19	0.29	2 13	7 24.0	12 35
1	14 2 51.71	4.19	10 39 20.2	18.9	30.68 044	1 618	1.19	0.29	2 9	7 20.2	12 31
2	14 2 55.90	4.07	10 39 39.1	18.2	30.66 426	1 629	1.19	0.29	2 5	7 16.3	12 27
3	14 2 59.97	3.96	10 39 57.3	17.6	30.64 797	1 638	1.19	0.29	2 2	7 12.4	12 23
4	14 3 3.93	3.83	10 40 14.9	16.9	30.63 159	1 648	1.19	0.29	1 58	7 8.6	12 20
5	14 3 7.76	3.72	10 40 31.8	16.2	30.61 511	1 658	1.19	0.29	1 54	7 4.7	12 16
6	14 3 11.48	3.59	—10 40 48.0	15.5	30.59 853	1 666	1.19	0.29	1 50	7 0.8	12 12
7	14 3 15.07	3.47	10 41 3.5	14.9	30.58 187	1 674	1.20	0.29	1 46	6 57.0	12 8
8	14 3 18.54	3.34	10 41 18.4	14.1	30.56 513	1 681	1.20	0.29	1 42	6 53.1	12 4
9	14 3 21.88	3.22	10 41 32.5	13.5	30.54 832	1 689	1.20	0.29	1 38	6 49.2	12 0
10	14 3 25.10	3.10	10 41 46.0	12.8	30.53 143	1 695	1.20	0.29	1 35	6 45.3	11 56
11	14 3 28.20	2.97	10 41 58.8	12.1	30.51 448	1 701	1.20	0.29	1 31	6 41.4	11 52
12	14 3 31.17	2.84	—10 42 10.9	11.4	30.49 747	1 707	1.20	0.29	1 27	6 37.6	11 48
13	14 3 34.01	2.72	10 42 22.3	10.7	30.48 040	1 712	1.20	0.29	1 23	6 33.7	11 44
14	14 3 36.73	2.60	10 42 33.0	10.0	30.46 328	1 717	1.20	0.29	1 19	6 29.8	11 41
15	14 3 39.33	2.47	10 42 43.0	9.3	30.44 611	1 720	1.20	0.29	1 15	6 25.9	11 37
16	14 3 41.80	2.34	10 42 52.3	8.7	30.42 891	1 724	1.20	0.29	1 11	6 22.0	11 33
17	14 3 44.14	2.21	10 43 1.0	7.9	30.41 167	1 727	1.20	0.29	1 7	6 18.1	11 29
18	14 3 46.35	2.08	—10 43 8.9	7.2	30.39 440	1 730	1.20	0.29	1 4	6 14.2	11 25
19	14 3 48.43	1.96	10 43 16.1	6.6	30.37 710	1 732	1.20	0.29	1 0	6 10.3	11 21
20	14 3 50.39	1.82	10 43 22.7	5.8	30.35 978	1 733	1.20	0.29	0 56	6 6.4	11 17
21	14 3 52.21	1.69	10 43 28.5	5.1	30.34 245	1 735	1.20	0.29	0 52	6 2.5	11 13
22	14 3 53.90	1.56	10 43 33.6	4.4	30.32 510	1 735	1.21	0.29	0 48	5 58.6	11 9
23	14 3 55.46	1.43	10 43 38.0	3.7	30.30 775	1 735	1.21	0.29	0 44	5 54.7	11 5
24	14 3 56.89	1.30	—10 43 41.7	3.0	30.29 040	1 735	1.21	0.29	0 40	5 50.8	11 2
25	14 3 58.19	1.17	10 43 44.7	2.3	30.27 305	1 734	1.21	0.29	0 36	5 46.9	10 58
26	14 3 59.36	1.04	10 43 47.0	1.6	30.25 571	1 733	1.21	0.29	0 32	5 43.0	10 54
27	14 4 0.40	0.90	10 43 48.6	0.8	30.23 838	1 730	1.21	0.29	0 28	5 39.1	10 50
28	14 4 1.30	0.77	10 43 49.4	0.2	30.22 108	1 728	1.21	0.29	0 24	5 35.1	10 46
29	14 4 2.07	0.64	10 43 49.6	0.6	30.20 380	1 725	1.21	0.29	0 21	5 31.2	10 42
30	14 4 2.71	0.51	—10 43 49.0	1.2	30.18 655	1 721	1.21	0.29	0 17	5 27.3	10 38
31	14 4 3.22	0.37	10 43 47.8	2.0	30.16 934	1 715	1.21	0.29	0 13	5 23.4	10 34
Febr. 1	14 4 3.59	0.25	10 43 45.8	2.6	30.15 219	1 711	1.21	0.29	0 9	5 19.4	10 30
2	14 4 3.84	0.11	10 43 43.2	3.3	30.13 508	1 706	1.21	0.29	0 5	5 15.5	10 26
3	14 4 3.95	0.02	10 43 39.9	4.0	30.11 802	1 700	1.21	0.29	{0 1 / 23 57}	5 11.6	10 22
4	14 4 3.93	0.14	10 43 35.9	4.7	30.10 102	1 693	1.21	0.29	23 53	5 7.7	10 18
5	14 4 3.79	0.28	—10 43 31.2	5.4	30.08 409	1 685	1.22	0.29	23 49	5 3.7	10 15
6	14 4 3.51	0.41	10 43 25.8	6.1	30.06 724	1 679	1.22	0.29	23 45	4 59.8	10 11
7	14 4 3.10	0.54	10 43 19.7	6.7	30.05 045	1 670	1.22	0.29	23 41	4 55.8	10 7
8	14 4 2.56	0.67	10 43 13.0	7.5	30.03 375	1 661	1.22	0.29	23 37	4 51.9	10 3
9	14 4 1.89	0.79	10 43 5.5	8.0	30.01 714	1 652	1.22	0.29	23 33	4 48.0	9 59
10	14 4 1.10		—10 42 57.5		30.00 062		1.22	0.29	23 29	4 44.0	9 55

Tag	0h Weltzeit: Scheinbare Rektaszension		Scheinbare Deklination		Δ		Halbmesser	Hor. Par.	Aufgang	Obere Kulmination	Untergang
									in 0h Länge, +50° Breite		
1957	h m s	s	° ′ ″	″			″	″	h m	h m	h m
Febr. 10	14 4 1.10	0.93	−10 42 57.5	8.8	30.00 062	1 643	1.22	0.29	23 29	4 44.0	9 55
11	14 4 0.17	1.05	10 42 48.7	9.4	29.98 419	1 632	1.22	0.29	23 25	4 40.1	9 51
12	14 3 59.12	1.18	10 42 39.3	10.1	29.96 787	1 622	1.22	0.29	23 22	4 36.1	9 47
13	14 3 57.94	1.30	10 42 29.2	10.8	29.95 165	1 610	1.22	0.29	23 18	4 32.2	9 43
14	14 3 56.64	1.43	10 42 18.4	11.4	29.93 555	1 599	1.22	0.29	23 14	4 28.2	9 39
15	14 3 55.21	1.55	10 42 7.0	12.0	29.91 956	1 587	1.22	0.29	23 10	4 24.3	9 35
16	14 3 53.66	1.68	−10 41 55.0	12.7	29.90 369	1 574	1.22	0.29	23 6	4 20.3	9 31
17	14 3 51.98	1.80	10 41 42.3	13.3	29.88 795	1 562	1.22	0.29	23 2	4 16.3	9 27
18	14 3 50.18	1.92	10 41 29.0	13.9	29.87 233	1 548	1.22	0.29	22 58	4 12.4	9 23
19	14 3 48.26	2.04	10 41 15.1	14.5	29.85 685	1 535	1.22	0.29	22 54	4 8.4	9 19
20	14 3 46.22	2.16	10 41 0.6	15.2	29.84 150	1 519	1.23	0.29	22 50	4 4.4	9 15
21	14 3 44.06	2.28	10 40 45.4	15.7	29.82 631	1 505	1.23	0.30	22 46	4 0.5	9 11
22	14 3 41.78	2.40	−10 40 29.7	16.4	29.81 126	1 490	1.23	0.30	22 42	3 56.5	9 8
23	14 3 39.38	2.51	10 40 13.3	17.0	29.79 636	1 474	1.23	0.30	22 38	3 52.5	9 4
24	14 3 36.87	2.63	10 39 56.3	17.6	29.78 162	1 457	1.23	0.30	22 34	3 48.6	9 0
25	14 3 34.24	2.75	10 39 38.7	18.1	29.76 705	1 441	1.23	0.30	22 30	3 44.6	8 56
26	14 3 31.49	2.86	10 39 20.6	18.8	29.75 264	1 424	1.23	0.30	22 26	3 40.6	8 52
27	14 3 28.63	2.98	10 39 1.8	19.3	29.73 840	1 406	1.23	0.30	22 22	3 36.6	8 48
28	14 3 25.65	3.08	−10 38 42.5	19.9	29.72 434	1 388	1.23	0.30	22 18	3 32.6	8 44
März 1	14 3 22.57	3.20	10 38 22.6	20.4	29.71 046	1 369	1.23	0.30	22 14	3 28.7	8 40
2	14 3 19.37	3.31	10 38 2.2	21.0	29.69 677	1 350	1.23	0.30	22 10	3 24.7	8 36
3	14 3 16.06	3.41	10 37 41.2	21.5	29.68 327	1 331	1.23	0.30	22 6	3 20.7	8 32
4	14 3 12.65	3.52	10 37 19.7	22.0	29.66 996	1 310	1.23	0.30	22 2	3 16.7	8 28
5	14 3 9.13	3.62	10 36 57.7	22.5	29.65 686	1 290	1.23	0.30	21 58	3 12.7	8 24
6	14 3 5.51	3.72	−10 36 35.2	23.0	29.64 396	1 270	1.23	0.30	21 54	3 8.7	8 20
7	14 3 1.79	3.83	10 36 12.2	23.5	29.63 126	1 248	1.23	0.30	21 50	3 4.7	8 16
8	14 2 57.96	3.92	10 35 48.7	24.0	29.61 878	1 226	1.23	0.30	21 46	3 0.7	8 12
9	14 2 54.04	4.02	10 35 24.7	24.5	29.60 652	1 205	1.23	0.30	21 41	2 56.7	8 8
10	14 2 50.02	4.12	10 35 0.2	25.0	29.59 447	1 182	1.24	0.30	21 37	2 52.7	8 4
11	14 2 45.90	4.21	10 34 35.2	25.4	29.58 265	1 160	1.24	0.30	21 33	2 48.7	8 0
12	14 2 41.69	4.30	−10 34 9.8	25.9	29.57 105	1 136	1.24	0.30	21 29	2 44.7	7 56
13	14 2 37.39	4.38	10 33 43.9	26.3	29.55 969	1 114	1.24	0.30	21 25	2 40.7	7 52
14	14 2 33.01	4.48	10 33 17.6	26.8	29.54 855	1 090	1.24	0.30	21 21	2 36.7	7 48
15	14 2 28.53	4.56	10 32 50.8	27.2	29.53 765	1 066	1.24	0.30	21 17	2 32.7	7 44
16	14 2 23.97	4.65	10 32 23.6	27.5	29.52 699	1 042	1.24	0.30	21 13	2 28.7	7 40
17	14 2 19.32	4.72	10 31 56.1	28.0	29.51 657	1 018	1.24	0.30	21 9	2 24.7	7 36
18	14 2 14.60	4.81	−10 31 28.1	28.3	29.50 639	993	1.24	0.30	21 5	2 20.7	7 32
19	14 2 9.79	4.89	10 30 59.8	28.7	29.49 646	969	1.24	0.30	21 1	2 16.7	7 28
20	14 2 4.90	4.96	10 30 31.1	29.1	29.48 677	943	1.24	0.30	20 57	2 12.7	7 24
21	14 1 59.94	5.04	10 30 2.0	29.5	29.47 734	917	1.24	0.30	20 53	2 8.7	7 20
22	14 1 54.90	5.11	10 29 32.5	29.8	29.46 817	892	1.24	0.30	20 49	2 4.6	7 16
23	14 1 49.79		−10 29 2.7		29.45 925		1.24	0.30	20 45	2 0.6	7 13

Tag	0h Weltzeit Scheinbare Rektaszension		Scheinbare Deklination		Δ		Halbmesser	Hor. Par.	Aufgang	Obere Kulmination	Untergang
									in 0h Länge, +50° Breite		
1957	h m s	s	° ′ ″	″			″	″	h m	h m	h m
März 23	14 1 49.79	5.19	—10 29 2.7	30.1	29.45 925	865	1.24	0.30	20 45	2 0.6	7 13
24	14 1 44.60	5.25	10 28 32.6	30.4	29.45 060	839	1.24	0.30	20 41	1 56.6	7 9
25	14 1 39.35	5.32	10 28 2.2	30.8	29.44 221	812	1.24	0.30	20 37	1 52.6	7 5
26	14 1 34.03	5.39	10 27 31.4	31.0	29.43 409	785	1.24	0.30	20 33	1 48.6	7 1
27	14 1 28.64	5.45	10 27 0.4	31.3	29.42 624	758	1.24	0.30	20 29	1 44.6	6 57
28	14 1 23.19	5.51	10 26 29.1	31.6	29.41 866	731	1.24	0.30	20 25	1 40.5	6 53
29	14 1 17.68	5.57	—10 25 57.5	31.8	29.41 135	703	1.24	0.30	20 21	1 36.5	6 49
30	14 1 12.11	5.62	10 25 25.7	32.1	29.40 432	676	1.24	0.30	20 16	1 32.5	6 45
31	14 1 6.49	5.68	10 24 53.6	32.3	29.39 756	647	1.24	0.30	20 12	1 28.5	6 41
April 1	14 1 0.81	5.72	10 24 21.3	32.6	29.39 109	618	1.24	0.30	20 8	1 24.4	6 37
2	14 0 55.09	5.78	10 23 48.7	32.7	29.38 491	590	1.24	0.30	20 4	1 20.4	6 33
3	14 0 49.31	5.82	10 23 16.0	33.0	29.37 901	561	1.24	0.30	20 0	1 16.4	6 29
4	14 0 43.49	5.87	—10 22 43.0	33.1	29.37 340	532	1.24	0.30	19 56	1 12.3	6 25
5	14 0 37.62	5.90	10 22 9.9	33.3	29.36 808	504	1.24	0.30	19 52	1 8.3	6 21
6	14 0 31.72	5.95	10 21 36.6	33.4	29.36 304	474	1.25	0.30	19 48	1 4.3	6 17
7	14 0 25.77	5.98	10 21 3.2	33.6	29.35 830	445	1.25	0.30	19 44	1 0.3	6 13
8	14 0 19.79	6.01	10 20 29.6	33.7	29.35 385	416	1.25	0.30	19 40	0 56.2	6 9
9	14 0 13.78	6.05	10 19 55.9	33.7	29.34 969	386	1.25	0.30	19 36	0 52.2	6 5
10	14 0 7.73	6.07	—10 19 22.2	33.9	29.34 583	357	1.25	0.30	19 32	0 48.2	6 1
11	14 0 1.66	6.10	10 18 48.3	34.0	29.34 226	327	1.25	0.30	19 27	0 44.1	5 57
12	13 59 55.56	6.13	10 18 14.3	34.1	29.33 899	298	1.25	0.30	19 23	0 40.1	5 53
13	13 59 49.43	6.15	10 17 40.2	34.1	29.33 601	269	1.25	0.30	19 19	0 36.1	5 49
14	13 59 43.28	6.17	10 17 6.1	34.2	29.33 332	239	1.25	0.30	19 15	0 32.0	5 45
15	13 59 37.11	6.19	10 16 31.9	34.3	29.33 093	210	1.25	0.30	19 11	0 28.0	5 41
16	13 59 30.92	6.20	—10 15 57.6	34.3	29.32 883	180	1.25	0.30	19 7	0 24.0	5 37
17	13 59 24.72	6.21	10 15 23.3	34.2	29.32 703	150	1.25	0.30	19 3	0 19.9	5 33
18	13 59 18.51	6.23	10 14 49.1	34.3	29.32 553	120	1.25	0.30	18 59	0 15.9	5 29
19	13 59 12.28	6.23	10 14 14.8	34.2	29.32 433	90	1.25	0.30	18 55	0 11.9	5 25
20	13 59 6.05	6.24	10 13 40.6	34.2	29.32 343	61	1.25	0.30	18 51	0 7.8	5 21
21	13 58 59.81	6.24	10 13 6.4	34.2	29.32 282	30	1.25	0.30	18 47	{0 3.8 / 23 59.8}	5 17
22	13 58 53.57	6.25	—10 12 32.2	34.1	29.32 252	1	1.25	0.30	18 43	23 55.7	5 13
23	13 58 47.32	6.24	10 11 58.1	34.0	29.32 251	— 29	1.25	0.30	18 38	23 51.7	5 9
24	13 58 41.08	6.24	10 11 24.1	34.0	29.32 280	60	1.25	0.30	18 34	23 47.6	5 5
25	13 58 34.84	6.23	10 10 50.1	33.9	29.32 340	89	1.25	0.30	18 30	23 43.6	5 1
26	13 58 28.61	6.23	10 10 16.2	33.7	29.32 429	119	1.25	0.30	18 26	23 39.6	4 57
27	13 58 22.38	6.21	10 9 42.5	33.7	29.32 548	149	1.25	0.30	18 22	23 35.5	4 53
28	13 58 16.17	6.20	—10 9 8.8	33.5	29.32 697	179	1.25	0.30	18 18	23 31.5	4 49
29	13 58 9.97	6.19	10 8 35.3	33.4	29.32 876	208	1.25	0.30	18 14	23 27.5	4 45
30	13 58 3.78	6.16	10 8 1.9	33.2	29.33 084	237	1.25	0.30	18 10	23 23.4	4 41
Mai 1	13 57 57.62	6.15	10 7 28.7	33.1	29.33 321	267	1.25	0.30	18 6	23 19.4	4 37
2	13 57 51.47	6.12	10 6 55.6	32.9	29.33 588	297	1.25	0.30	18 2	23 15.4	4 33
3	13 57 45.35		—10 6 22.7		29.33 885		1.25	0.30	17 58	23 11.3	4 29

Tag	0h Weltzeit: Scheinbare Rektaszension	Diff.	Scheinbare Deklination	Diff.	Δ	Diff.	Halbmesser	Hor. Par.	Aufgang (in 0h Länge, +50° Breite)	Obere Kulmination (in 0h Länge, +50° Breite)	Untergang (in 0h Länge, +50° Breite)
1957	h m s	s	° ′ ″	″			″	″	h m	h m	h m
Mai 3	13 57 45.35	6.10	—10 6 22.7	32.6	29.33 885	325	1.25	0.30	17 58	23 11.3	4 29
4	13 57 39.25	6.06	10 5 50.1	32.4	29.34 210	355	1.25	0.30	17 54	23 7.3	4 25
5	13 57 33.19	6.04	10 5 17.7	32.2	29.34 565	384	1.25	0.30	17 49	23 3.3	4 21
6	13 57 27.15	6.00	10 4 45.5	31.9	29.34 949	413	1.25	0.30	17 45	22 59.2	4 17
7	13 57 21.15	5.97	10 4 13.6	31.7	29.35 362	441	1.25	0.30	17 41	22 55.2	4 13
8	13 57 15.18	5.93	10 3 41.9	31.4	29.35 803	469	1.25	0.30	17 37	22 51.2	4 9
9	13 57 9.25	5.89	—10 3 10.5	31.2	29.36 272	498	1.25	0.30	17 33	22 47.2	4 5
10	13 57 3.36	5.85	10 2 39.3	30.9	29.36 770	525	1.24	0.30	17 29	22 43.1	4 1
11	13 56 57.51	5.80	10 2 8.4	30.6	29.37 295	553	1.24	0.30	17 25	22 39.1	3 57
12	13 56 51.71	5.76	10 1 37.8	30.4	29.37 848	581	1.24	0.30	17 21	22 35.1	3 53
13	13 56 45.95	5.71	10 1 7.4	30.0	29.38 429	608	1.24	0.30	17 17	22 31.0	3 49
14	13 56 40.24	5.66	10 0 37.4	29.7	29.39 037	635	1.24	0.30	17 13	22 27.0	3 45
15	13 56 34.58	5.61	—10 0 7.7	29.4	29.39 672	662	1.24	0.30	17 9	22 23.0	3 41
16	13 56 28.97	5.56	9 59 38.3	29.0	29.40 334	689	1.24	0.30	17 5	22 19.0	3 37
17	13 56 23.41	5.50	9 59 9.3	28.6	29.41 023	716	1.24	0.30	17 1	22 14.9	3 33
18	13 56 17.91	5.44	9 58 40.7	28.2	29.41 739	742	1.24	0.30	16 57	22 10.9	3 29
19	13 56 12.47	5.38	9 58 12.5	27.8	29.42 481	768	1.24	0.30	16 53	22 6.9	3 25
20	13 56 7.09	5.32	9 57 44.7	27.5	29.43 249	794	1.24	0.30	16 49	22 2.9	3 21
21	13 56 1.77	5.26	— 9 57 17.2	27.0	29.44 043	820	1.24	0.30	16 44	21 58.9	3 17
22	13 55 56.51	5.19	9 56 50.2	26.7	29.44 863	845	1.24	0.30	16 40	21 54.8	3 13
23	13 55 51.32	5.13	9 56 23.5	26.2	29.45 708	870	1.24	0.30	16 36	21 50.8	3 9
24	13 55 46.19	5.05	9 55 57.3	25.8	29.46 578	895	1.24	0.30	16 32	21 46.8	3 5
25	13 55 41.14	4.99	9 55 31.5	25.4	29.47 473	920	1.24	0.30	16 28	21 42.8	3 1
26	13 55 36.15	4.91	9 55 6.1	24.9	29.48 393	945	1.24	0.30	16 24	21 38.8	2 57
27	13 55 31.24	4.83	— 9 54 41.2	24.4	29.49 338	968	1.24	0.30	16 20	21 34.8	2 53
28	13 55 26.41	4.76	9 54 16.8	24.0	29.50 306	992	1.24	0.30	16 16	21 30.8	2 49
29	13 55 21.65	4.68	9 53 52.8	23.5	29.51 298	1 016	1.24	0.30	16 12	21 26.8	2 45
30	13 55 16.97	4.60	9 53 29.3	23.0	29.52 314	1 039	1.24	0.30	16 8	21 22.7	2 42
31	13 55 12.37	4.51	9 53 6.3	22.5	29.53 353	1 061	1.24	0.30	16 4	21 18.7	2 38
Juni 1	13 55 7.86	4.43	9 52 43.8	21.9	29.54 414	1 084	1.24	0.30	16 0	21 14.7	2 34
2	13 55 3.43	4.34	— 9 52 21.9	21.5	29.55 498	1 106	1.24	0.30	15 56	21 10.7	2 30
3	13 54 59.09	4.26	9 52 0.4	20.9	29.56 604	1 128	1.24	0.30	15 52	21 6.7	2 26
4	13 54 54.83	4.17	9 51 39.5	20.4	29.57 732	1 148	1.24	0.30	15 48	21 2.7	2 22
5	13 54 50.66	4.07	9 51 19.1	19.9	29.58 880	1 170	1.24	0.30	15 44	20 58.7	2 18
6	13 54 46.59	3.99	9 50 59.2	19.3	29.60 050	1 190	1.24	0.30	15 40	20 54.7	2 14
7	13 54 42.60	3.89	9 50 39.9	18.8	29.61 240	1 211	1.23	0.30	15 36	20 50.7	2 10
8	13 54 38.71	3.79	— 9 50 21.1	18.2	29.62 451	1 229	1.23	0.30	15 32	20 46.7	2 6
9	13 54 34.92	3.70	9 50 2.9	17.6	29.63 680	1 250	1.23	0.30	15 28	20 42.7	2 2
10	13 54 31.22	3.60	9 49 45.3	17.1	29.64 930	1 268	1.23	0.30	15 24	20 38.8	1 58
11	13 54 27.62	3.51	9 49 28.2	16.5	29.66 198	1 287	1.23	0.30	15 20	20 34.8	1 54
12	13 54 24.11	3.40	9 49 11.7	15.8	29.67 485	1 304	1.23	0.30	15 16	20 30.8	1 50
13	13 54 20.71		— 9 48 55.9		29.68 789		1.23	0.30	15 12	20 26.8	1 46

Tag	Scheinbare Rektaszension (0h Weltzeit)		Scheinbare Deklination (0h Weltzeit)		Δ (0h Weltzeit)		Halbmesser	Hor. Par.	Aufgang (in 0h Länge, +50° Breite)	Obere Kulmination (in 0h Länge, +50° Breite)	Untergang (in 0h Länge, +50° Breite)
1957	h m s	s	° ′ ″	″			″	″	h m	h m	h m
Juni 13	13 54 20.71	3.31	−9 48 55.9	15.3	29.68 789	1 323	1.23	0.30	15 12	20 26.8	1 46
14	13 54 17.40	3.20	9 48 40.6	14.7	29.70 112	1 340	1.23	0.30	15 8	20 22.8	1 42
15	13 54 14.20	3.10	9 48 25.9	14.1	29.71 452	1 357	1.23	0.30	15 4	20 18.8	1 38
16	13 54 11.10	3.00	9 48 11.8	13.5	29.72 809	1 374	1.23	0.30	15 0	20 14.8	1 34
17	13 54 8.10	2.89	9 47 58.3	12.9	29.74 183	1 390	1.23	0.30	14 56	20 10.9	1 30
18	13 54 5.21	2.78	9 47 45.4	12.3	29.75 573	1 407	1.23	0.30	14 52	20 6.9	1 26
19	13 54 2.43	2.68	−9 47 33.1	11.6	29.76 980	1 422	1.23	0.30	14 48	20 2.9	1 22
20	13 53 59.75	2.56	9 47 21.5	11.0	29.78 402	1 437	1.23	0.30	14 44	19 58.9	1 18
21	13 53 57.19	2.46	9 47 10.5	10.4	29.79 839	1 452	1.23	0.30	14 40	19 55.0	1 14
22	13 53 54.73	2.35	9 47 0.1	9.7	29.81 291	1 466	1.23	0.30	14 36	19 51.0	1 10
23	13 53 52.38	2.24	9 46 50.4	9.1	29.82 757	1 481	1.23	0.30	14 32	19 47.0	1 6
24	13 53 50.14	2.12	9 46 41.3	8.5	29.84 238	1 494	1.23	0.29	14 28	19 43.0	1 2
25	13 53 48.02	2.01	−9 46 32.8	7.8	29.85 732	1 506	1.22	0.29	14 24	19 39.1	0 58
26	13 53 46.01	1.90	9 46 25.0	7.1	29.87 238	1 520	1.22	0.29	14 20	19 35.1	0 54
27	13 53 44.11	1.78	9 46 17.9	6.4	29.88 758	1 532	1.22	0.29	14 16	19 31.2	0 50
28	13 53 42.33	1.67	9 46 11.5	5.8	29.90 290	1 542	1.22	0.29	14 12	19 27.2	0 47
29	13 53 40.66	1.55	9 46 5.7	5.1	29.91 832	1 554	1.22	0.29	14 8	19 23.2	0 43
30	13 53 39.11	1.43	9 46 0.6	4.5	29.93 386	1 565	1.22	0.29	14 4	19 19.3	0 39
Juli 1	13 53 37.68	1.31	−9 45 56.1	3.8	29.94 951	1 575	1.22	0.29	14 0	19 15.3	0 35
2	13 53 36.37	1.19	9 45 52.3	3.1	29.96 526	1 585	1.22	0.29	13 56	19 11.4	0 31
3	13 53 35.18	1.08	9 45 49.2	2.5	29.98 111	1 594	1.22	0.29	13 52	19 7.4	0 27
4	13 53 34.10	0.95	9 45 46.7	1.8	29.99 705	1 603	1.22	0.29	13 48	19 3.5	0 23
5	13 53 33.15	0.83	9 45 44.9	1.1	30.01 308	1 611	1.22	0.29	13 44	18 59.5	0 19
6	13 53 32.32	0.72	9 45 43.8	0.5	30.02 919	1 619	1.22	0.29	13 40	18 55.6	0 15
7	13 53 31.60	0.59	−9 45 43.3	0.3	30.04 538	1 626	1.22	0.29	13 36	18 51.6	0 11
8	13 53 31.01	0.48	9 45 43.6	0.9	30.06 164	1 633	1.22	0.29	13 32	18 47.7	0 7
9	13 53 30.53	0.36	9 45 44.5	1.6	30.07 797	1 640	1.22	0.29	13 28	18 43.8	0 3 / 23 59
10	13 53 30.17	0.23	9 45 46.1	2.3	30.09 437	1 645	1.21	0.29	13 25	18 39.8	23 55
11	13 53 29.94	0.12	9 45 48.4	3.0	30.11 082	1 651	1.21	0.29	13 21	18 35.9	23 51
12	13 53 29.82	0.01	9 45 51.4	3.6	30.12 733	1 656	1.21	0.29	13 17	18 32.0	23 47
13	13 53 29.83	0.13	−9 45 55.0	4.3	30.14 389	1 661	1.21	0.29	13 13	18 28.0	23 43
14	13 53 29.96	0.25	9 45 59.3	5.0	30.16 050	1 665	1.21	0.29	13 9	18 24.1	23 40
15	13 53 30.21	0.37	9 46 4.3	5.7	30.17 715	1 669	1.21	0.29	13 5	18 20.2	23 36
16	13 53 30.58	0.49	9 46 10.0	6.4	30.19 384	1 673	1.21	0.29	13 1	18 16.3	23 32
17	13 53 31.07	0.62	9 46 16.4	7.1	30.21 057	1 676	1.21	0.29	12 57	18 12.3	23 28
18	13 53 31.69	0.74	9 46 23.5	7.7	30.22 733	1 677	1.21	0.29	12 53	18 8.4	23 24
19	13 53 32.43	0.86	−9 46 31.2	8.4	30.24 410	1 680	1.21	0.29	12 49	18 4.5	23 20
20	13 53 33.29	0.99	9 46 39.6	9.1	30.26 090	1 681	1.21	0.29	12 45	18 0.6	23 16
21	13 53 34.28	1.11	9 46 48.7	9.7	30.27 771	1 682	1.21	0.29	12 41	17 56.7	23 12
22	13 53 35.39	1.23	9 46 58.4	10.4	30.29 453	1 682	1.21	0.29	12 38	17 52.7	23 8
23	13 53 36.62	1.35	9 47 8.8	11.1	30.31 135	1 683	1.21	0.29	12 34	17 48.8	23 4
24	13 53 37.97		−9 47 19.9		30.32 818		1.21	0.29	12 30	17 44.9	23 0

Neptun 1957

Tag	0h Weltzeit Scheinbare Rektaszension		Scheinbare Deklination		Δ		Halbmesser	Hor. Par.	Aufgang	Obere Kulmination	Untergang
									in 0h Länge, +50° Breite		
1957	h m s	s	° ′ ″	″			″	″	h m	h m	h m
Juli 24	13 53 37.97	1.47	− 9 47 19.9	11.8	30.32 818	1 682	1.21	0.29	12 30	17 44.9	23 0
25	13 53 39.44	1.59	9 47 31.7	12.4	30.34 500	1 682	1.20	0.29	12 26	17 41.0	22 56
26	13 53 41.03	1.72	9 47 44.1	13.1	30.36 182	1 681	1.20	0.29	12 22	17 37.1	22 52
27	13 53 42.75	1.84	9 47 57.2	13.8	30.37 863	1 678	1.20	0.29	12 18	17 33.2	22 48
28	13 53 44.59	1.96	9 48 11.0	14.4	30.39 541	1 677	1.20	0.29	12 14	17 29.3	22 44
29	13 53 46.55	2.08	9 48 25.4	15.1	30.41 218	1 674	1.20	0.29	12 10	17 25.4	22 41
30	13 53 48.63	2.21	− 9 48 40.5	15.7	30.42 892	1 670	1.20	0.29	12 6	17 21.5	22 37
31	13 53 50.84	2.32	9 48 56.2	16.4	30.44 562	1 666	1.20	0.29	12 3	17 17.6	22 33
Aug. 1	13 53 53.16	2.45	9 49 12.6	17.0	30.46 228	1 662	1.20	0.29	11 59	17 13.7	22 29
2	13 53 55.61	2.56	9 49 29.6	17.7	30.47 890	1 657	1.20	0.29	11 55	17 9.8	22 25
3	13 53 58.17	2.68	9 49 47.3	18.3	30.49 547	1 651	1.20	0.29	11 51	17 6.0	22 21
4	13 54 0.85	2.80	9 50 5.6	18.9	30.51 198	1 645	1.20	0.29	11 47	17 2.1	22 17
5	13 54 3.65	2.92	− 9 50 24.5	19.6	30.52 843	1 640	1.20	0.29	11 43	16 58.2	22 13
6	13 54 6.57	3.03	9 50 44.1	20.2	30.54 483	1 633	1.20	0.29	11 39	16 54.3	22 9
7	13 54 9.60	3.15	9 51 4.3	20.9	30.56 116	1 626	1.20	0.29	11 36	16 50.4	22 5
8	13 54 12.75	3.27	9 51 25.2	21.4	30.57 742	1 618	1.20	0.29	11 32	16 46.6	22 2
9	13 54 16.02	3.38	9 51 46.6	22.1	30.59 360	1 611	1.20	0.29	11 28	16 42.7	21 58
10	13 54 19.40	3.49	9 52 8.7	22.6	30.60 971	1 603	1.19	0.29	11 24	16 38.8	21 54
11	13 54 22.89	3.61	− 9 52 31.3	23.3	30.62 574	1 593	1.19	0.29	11 20	16 34.9	21 50
12	13 54 26.50	3.72	9 52 54.6	23.8	30.64 167	1 585	1.19	0.29	11 16	16 31.1	21 46
13	13 54 30.22	3.83	9 53 18.4	24.4	30.65 752	1 576	1.19	0.29	11 12	16 27.2	21 42
14	13 54 34.05	3.95	9 53 42.8	25.0	30.67 328	1 566	1.19	0.29	11 9	16 23.3	21 38
15	13 54 38.00	4.05	9 54 7.8	25.6	30.68 894	1 556	1.19	0.29	11 5	16 19.5	21 34
16	13 54 42.05	4.17	9 54 33.4	26.2	30.70 450	1 545	1.19	0.29	11 1	16 15.6	21 30
17	13 54 46.22	4.27	− 9 54 59.6	26.7	30.71 995	1 534	1.19	0.29	10 57	16 11.7	21 26
18	13 54 50.49	4.38	9 55 26.3	27.3	30.73 529	1 522	1.19	0.29	10 53	16 7.9	21 22
19	13 54 54.87	4.49	9 55 53.6	27.8	30.75 051	1 510	1.19	0.29	10 50	16 4.0	21 19
20	13 54 59.36	4.59	9 56 21.4	28.4	30.76 561	1 498	1.19	0.29	10 46	16 0.2	21 15
21	13 55 3.95	4.70	9 56 49.8	28.9	30.78 059	1 485	1.19	0.29	10 42	15 56.3	21 11
22	13 55 8.65	4.81	9 57 18.7	29.5	30.79 544	1 472	1.19	0.29	10 38	15 52.4	21 7
23	13 55 13.46	4.91	− 9 57 48.2	30.0	30.81 016	1 457	1.19	0.29	10 34	15 48.6	21 3
24	13 55 18.37	5.01	9 58 18.2	30.6	30.82 473	1 444	1.19	0.29	10 30	15 44.8	20 59
25	13 55 23.38	5.12	9 58 48.8	31.1	30.83 917	1 429	1.19	0.29	10 27	15 40.9	20 55
26	13 55 28.50	5.22	9 59 19.9	31.6	30.85 346	1 414	1.18	0.29	10 23	15 37.1	20 51
27	13 55 33.72	5.31	9 59 51.5	32.1	30.86 760	1 399	1.18	0.29	10 19	15 33.2	20 47
28	13 55 39.03	5.42	10 0 23.6	32.5	30.88 159	1 382	1.18	0.28	10 15	15 29.4	20 44
29	13 55 44.45	5.51	−10 0 56.1	33.1	30.89 541	1 367	1.18	0.28	10 11	15 25.5	20 40
30	13 55 49.96	5.61	10 1 29.2	33.6	30.90 908	1 350	1.18	0.28	10 8	15 21.7	20 36
31	13 55 55.57	5.70	10 2 2.8	34.0	30.92 258	1 333	1.18	0.28	10 4	15 17.9	20 32
Sept. 1	13 56 1.27	5.80	10 2 36.8	34.5	30.93 591	1 315	1.18	0.28	10 0	15 14.0	20 28
2	13 56 7.07	5.89	10 3 11.3	34.9	30.94 906	1 298	1.18	0.28	9 56	15 10.2	20 24
3	13 56 12.96		−10 3 46.2		30.96 204		1.18	0.28	9 52	15 6.3	20 20

Tag	0h Weltzeit: Scheinbare Rektaszension		Scheinbare Deklination		Δ		Halbmesser	Hor. Par.	Aufgang	Obere Kulmination	Untergang
									in 0h Länge, +50° Breite		
1957	h m s	s	° ′ ″	″			″	″	h m	h m	h m
Sept. 3	13 56 12.96	5.98	−10 3 46.2	35.4	30.96 204	1 280	1.18	0.28	9 52	15 6.3	20 20
4	13 56 18.94	6.07	10 4 21.6	35.8	30.97 484	1 261	1.18	0.28	9 49	15 2.5	20 16
5	13 56 25.01	6.16	10 4 57.4	36.2	30.98 745	1 242	1.18	0.28	9 45	14 58.7	20 13
6	13 56 31.17	6.24	10 5 33.6	36.7	30.99 987	1 224	1.18	0.28	9 41	14 54.9	20 9
7	13 56 37.41	6.33	10 6 10.3	37.1	31.01 211	1 204	1.18	0.28	9 37	14 51.0	20 5
8	13 56 43.74	6.41	10 6 47.4	37.5	31.02 415	1 185	1.18	0.28	9 33	14 47.2	20 1
9	13 56 50.15	6.49	−10 7 24.9	37.9	31.03 600	1 164	1.18	0.28	9 30	14 43.4	19 57
10	13 56 56.64	6.58	10 8 2.8	38.3	31.04 764	1 145	1.18	0.28	9 26	14 39.6	19 53
11	13 57 3.22	6.66	10 8 41.1	38.7	31.05 909	1 124	1.18	0.28	9 22	14 35.7	19 49
12	13 57 9.88	6.73	10 9 19.8	39.0	31.07 033	1 103	1.18	0.28	9 18	14 31.9	19 45
13	13 57 16.61	6.82	10 9 58.8	39.4	31.08 136	1 082	1.18	0.28	9 15	14 28.1	19 42
14	13 57 23.43	6.89	10 10 38.2	39.8	31.09 218	1 061	1.18	0.28	9 11	14 24.3	19 38
15	13 57 30.32	6.97	−10 11 18.0	40.1	31.10 279	1 040	1.18	0.28	9 7	14 20.5	19 34
16	13 57 37.29	7.04	10 11 58.1	40.4	31.11 319	1 017	1.18	0.28	9 3	14 16.6	19 30
17	13 57 44.33	7.11	10 12 38.5	40.8	31.12 336	995	1.17	0.28	9 0	14 12.8	19 26
18	13 57 51.44	7.18	10 13 19.3	41.1	31.13 331	972	1.17	0.28	8 56	14 9.0	19 22
19	13 57 58.62	7.25	10 14 0.4	41.4	31.14 303	949	1.17	0.28	8 52	14 5.2	19 18
20	13 58 5.87	7.32	10 14 41.8	41.7	31.15 252	926	1.17	0.28	8 48	14 1.4	19 14
21	13 58 13.19	7.38	−10 15 23.5	42.0	31.16 178	902	1.17	0.28	8 45	13 57.6	19 11
22	13 58 20.57	7.45	10 16 5.5	42.3	31.17 080	878	1.17	0.28	8 41	13 53.8	19 7
23	13 58 28.02	7.51	10 16 47.8	42.6	31.17 958	854	1.17	0.28	8 37	13 50.0	19 3
24	13 58 35.53	7.58	10 17 30.4	42.8	31.18 812	829	1.17	0.28	8 33	13 46.2	18 59
25	13 58 43.11	7.63	10 18 13.2	43.1	31.19 641	804	1.17	0.28	8 30	13 42.4	18 55
26	13 58 50.74	7.69	10 18 56.3	43.4	31.20 445	780	1.17	0.28	8 26	13 38.6	18 51
27	13 58 58.43	7.75	−10 19 39.7	43.6	31.21 225	755	1.17	0.28	8 22	13 34.8	18 47
28	13 59 6.18	7.80	10 20 23.3	43.7	31.21 980	729	1.17	0.28	8 18	13 30.9	18 44
29	13 59 13.98	7.85	10 21 7.0	44.0	31.22 709	704	1.17	0.28	8 15	13 27.1	18 40
30	13 59 21.83	7.91	10 21 51.0	44.2	31.23 413	678	1.17	0.28	8 11	13 23.3	18 36
Okt. 1	13 59 29.74	7.95	10 22 35.2	44.4	31.24 091	652	1.17	0.28	8 7	13 19.5	18 32
2	13 59 37.69	8.00	10 23 19.6	44.6	31.24 743	626	1.17	0.28	8 4	13 15.7	18 28
3	13 59 45.69	8.04	−10 24 4.2	44.7	31.25 369	600	1.17	0.28	8 0	13 11.9	18 24
4	13 59 53.73	8.08	10 24 48.9	44.9	31.25 969	573	1.17	0.28	7 56	13 8.1	18 20
5	14 0 1.81	8.13	10 25 33.8	45.1	31.26 542	547	1.17	0.28	7 52	13 4.4	18 17
6	14 0 9.94	8.17	10 26 18.9	45.1	31.27 089	520	1.17	0.28	7 49	13 0.6	18 13
7	14 0 18.11	8.21	10 27 4.0	45.4	31.27 609	494	1.17	0.28	7 45	12 56.8	18 9
8	14 0 26.32	8.24	10 27 49.4	45.4	31.28 103	466	1.17	0.28	7 41	12 53.0	18 5
9	14 0 34.56	8.28	−10 28 34.8	45.6	31.28 569	439	1.17	0.28	7 37	12 49.2	18 1
10	14 0 42.84	8.30	10 29 20.4	45.6	31.29 008	412	1.17	0.28	7 34	12 45.4	17 57
11	14 0 51.14	8.34	10 30 6.0	45.8	31.29 420	384	1.17	0.28	7 30	12 41.6	17 53
12	14 0 59.48	8.37	10 30 51.8	45.8	31.29 804	357	1.17	0.28	7 26	12 37.8	17 50
13	14 1 7.85	8.40	10 31 37.6	45.9	31.30 161	329	1.17	0.28	7 22	12 34.0	17 46
14	14 1 16.25		−10 32 23.5		31.30 490		1.17	0.28	7 19	12 30.2	17 42

Tag	0h Weltzeit								Aufgang	Obere Kulmination	Untergang
	Scheinbare Rektaszension		Scheinbare Deklination		Δ		Halbmesser	Hor. Par.	in 0h Länge, +50° Breite		
1957	h m s	s	° ′ ″	″			″	″	h m	h m	h m
Okt. 14	14 1 16.25		—10 32 23.5		31.30 490		1.17	0.28	7 19	12 30.2	17 42
15	14 1 24.68	8.43	10 33 9.5	46.0	31.30 791	301	1.17	0.28	7 15	12 26.4	17 38
16	14 1 33.13	8.45	10 33 55.5	46.0	31.31 065	274	1.17	0.28	7 11	12 22.6	17 34
17	14 1 41.60	8.47	10 34 41.6	46.1	31.31 310	245	1.17	0.28	7 7	12 18.8	17 30
18	14 1 50.09	8.49	10 35 27.7	46.1	31.31 527	217	1.17	0.28	7 4	12 15.0	17 26
19	14 1 58.60	8.51	10 36 13.8	46.1	31.31 716	189	1.17	0.28	7 0	12 11.2	17 23
20	14 2 7.13	8.53	—10 36 59.9	46.1	31.31 877	161	1.17	0.28	6 56	12 7.5	17 19
21	14 2 15.67	8.54	10 37 46.0	46.1	31.32 009	132	1.17	0.28	6 52	12 3.7	17 15
22	14 2 24.23	8.56	10 38 32.1	46.1	31.32 113	104	1.17	0.28	6 49	11 59.9	17 11
23	14 2 32.79	8.56	10 39 18.2	46.1	31.32 188	75	1.17	0.28	6 45	11 56.1	17 7
24	14 2 41.37	8.58	10 40 4.2	46.0	31.32 234	46	1.17	0.28	6 41	11 52.3	17 3
25	14 2 49.95	8.58	10 40 50.2	46.0	31.32 252	18	1.17	0.28	6 38	11 48.5	16 59
26	14 2 58.54	8.59	—10 41 36.1	45.9	31.32 241	11	1.17	0.28	6 34	11 44.7	16 56
27	14 3 7.12	8.58	10 42 22.0	45.9	31.32 201	40	1.17	0.28	6 30	11 40.9	16 52
28	14 3 15.71	8.59	10 43 7.8	45.8	31.32 132	69	1.17	0.28	6 26	11 37.1	16 48
29	14 3 24.30	8.59	10 43 53.5	45.7	31.32 034	98	1.17	0.28	6 23	11 33.3	16 44
30	14 3 32.88	8.58	10 44 39.1	45.6	31.31 908	126	1.17	0.28	6 19	11 29.6	16 40
31	14 3 41.46	8.58	10 45 24.6	45.5	31.31 753	155	1.17	0.28	6 15	11 25.8	16 36
Nov. 1	14 3 50.03	8.57	—10 46 9.9	45.3	31.31 569	184	1.17	0.28	6 11	11 22.0	16 32
2	14 3 58.59	8.56	10 46 55.2	45.3	31.31 357	212	1.17	0.28	6 8	11 18.2	16 29
3	14 4 7.14	8.55	10 47 40.3	45.1	31.31 116	241	1.17	0.28	6 4	11 14.4	16 25
4	14 4 15.68	8.54	10 48 25.3	45.0	31.30 847	269	1.17	0.28	6 0	11 10.6	16 21
5	14 4 24.20	8.52	10 49 10.1	44.8	31.30 550	297	1.17	0.28	5 57	11 6.8	16 17
6	14 4 32.70	8.50	10 49 54.8	44.7	31.30 224	326	1.17	0.28	5 53	11 3.0	16 13
7	14 4 41.18	8.48	—10 50 39.2	44.4	31.29 870	354	1.17	0.28	5 49	10 59.2	16 9
8	14 4 49.65	8.47	10 51 23.5	44.3	31.29 489	381	1.17	0.28	5 45	10 55.4	16 6
9	14 4 58.08	8.43	10 52 7.5	44.0	31.29 079	410	1.17	0.28	5 42	10 51.6	16 2
10	14 5 6.50	8.42	10 52 51.3	43.8	31.28 641	438	1.17	0.28	5 38	10 47.9	15 58
11	14 5 14.89	8.39	10 53 34.9	43.6	31.28 175	466	1.17	0.28	5 34	10 44.1	15 54
12	14 5 23.25	8.36	10 54 18.3	43.4	31.27 681	494	1.17	0.28	5 30	10 40.3	15 50
13	14 5 31.58	8.33	—10 55 1.5	43.2	31.27 160	521	1.17	0.28	5 27	10 36.5	15 46
14	14 5 39.88	8.30	10 55 44.4	42.9	31.26 611	549	1.17	0.28	5 23	10 32.7	15 42
15	14 5 48.15	8.27	10 56 27.0	42.6	31.26 035	576	1.17	0.28	5 19	10 28.9	15 39
16	14 5 56.38	8.23	10 57 9.4	42.4	31.25 431	604	1.17	0.28	5 16	10 25.1	15 35
17	14 6 4.57	8.19	10 57 51.5	42.1	31.24 800	631	1.17	0.28	5 12	10 21.3	15 31
18	14 6 12.72	8.15	10 58 33.3	41.8	31.24 142	658	1.17	0.28	5 8	10 17.5	15 27
19	14 6 20.83	8.11	—10 59 14.8	41.5	31.23 457	685	1.17	0.28	5 4	10 13.7	15 23
20	14 6 28.90	8.07	10 59 56.0	41.2	31.22 744	713	1.17	0.28	5 1	10 9.9	15 19
21	14 6 36.92	8.02	11 0 36.9	40.9	31.22 005	739	1.17	0.28	4 57	10 6.1	15 15
22	14 6 44.89	7.97	11 1 17.4	40.5	31.21 240	765	1.17	0.28	4 53	10 2.3	15 12
23	14 6 52.81	7.92	11 1 57.6	40.2	31.20 448	792	1.17	0.28	4 49	9 58.5	15 8
24	14 7 0.68	7.87	—11 2 37.5	39.9	31.19 630	818	1.17	0.28	4 46	9 54.7	15 4

Tag	0h Weltzeit Scheinbare Rektaszension		Scheinbare Deklination		Δ		Halbmesser	Hor. Par.	Aufgang	Obere Kulmination	Untergang
									in 0h Länge, +50° Breite		
1957	h m s	s	° ′ ″	″			″	″	h m	h m	h m
Nov. 24	14 7 0.68	7.81	—11 2 37.5	39.5	31.19 630	844	1.17	0.28	4 46	9 54.7	15 4
25	14 7 8.49	7.76	11 3 17.0	39.1	31.18 786	869	1.17	0.28	4 42	9 50.9	15 0
26	14 7 16.25	7.70	11 3 56.1	38.7	31.17 917	895	1.17	0.28	4 38	9 47.1	14 56
27	14 7 23.95	7.64	11 4 34.8	38.4	31.17 022	919	1.17	0.28	4 34	9 43.3	14 52
28	14 7 31.59	7.58	11 5 13.2	37.9	31.16 103	944	1.17	0.28	4 31	9 39.5	14 48
29	14 7 39.17	7.51	11 5 51.1	37.6	31.15 159	969	1.17	0.28	4 27	9 35.7	14 45
30	14 7 46.68	7.45	—11 6 28.7	37.2	31.14 190	993	1.17	0.28	4 23	9 31.9	14 41
Dez. 1	14 7 54.13	7.37	11 7 5.9	36.7	31.13 197	1 017	1.17	0.28	4 19	9 28.1	14 37
2	14 8 1.50	7.31	11 7 42.6	36.3	31.12 180	1 040	1.17	0.28	4 16	9 24.2	14 33
3	14 8 8.81	7.24	11 8 18.9	35.8	31.11 140	1 064	1.18	0.28	4 12	9 20.4	14 29
4	14 8 16.05	7.17	11 8 54.7	35.4	31.10 076	1 087	1.18	0.28	4 8	9 16.6	14 25
5	14 8 23.22	7.09	11 9 30.1	34.9	31.08 989	1 109	1.18	0.28	4 4	9 12.8	14 21
6	14 8 30.31	7.01	—11 10 5.0	34.4	31.07 880	1 132	1.18	0.28	4 1	9 9.0	14 18
7	14 8 37.32	6.94	11 10 39.4	34.0	31.06 748	1 154	1.18	0.28	3 57	9 5.2	14 14
8	14 8 44.26	6.86	11 11 13.4	33.5	31.05 594	1 176	1.18	0.28	3 53	9 1.4	14 10
9	14 8 51.12	6.78	11 11 46.9	33.0	31.04 418	1 198	1.18	0.28	3 49	8 57.5	14 6
10	14 8 57.90	6.70	11 12 19.9	32.6	31.03 220	1 218	1.18	0.28	3 46	8 53.7	14 2
11	14 9 4.60	6.62	11 12 52.5	32.0	31.02 002	1 240	1.18	0.28	3 42	8 49.9	13 58
12	14 9 11.22	6.53	—11 13 24.5	31.6	31.00 762	1 260	1.18	0.28	3 38	8 46.1	13 54
13	14 9 17.75	6.44	11 13 56.1	31.0	30.99 502	1 281	1.18	0.28	3 34	8 42.3	13 50
14	14 9 24.19	6.36	11 14 27.1	30.6	30.98 221	1 300	1.18	0.28	3 30	8 38.4	13 47
15	14 9 30.55	6.26	11 14 57.7	30.0	30.96 921	1 320	1.18	0.28	3 27	8 34.6	13 43
16	14 9 36.81	6.17	11 15 27.7	29.4	30.95 601	1 340	1.18	0.28	3 23	8 30.8	13 39
17	14 9 42.98	6.07	11 15 57.1	28.9	30.94 261	1 358	1.18	0.28	3 19	8 26.9	13 35
18	14 9 49.05	5.98	—11 16 26.0	28.3	30.92 903	1 377	1.18	0.28	3 15	8 23.1	13 31
19	14 9 55.03	5.88	11 16 54.3	27.8	30.91 526	1 395	1.18	0.28	3 11	8 19.3	13 27
20	14 10 0.91	5.78	11 17 22.1	27.2	30.90 131	1 413	1.18	0.28	3 8	8 15.4	13 23
21	14 10 6.69	5.69	11 17 49.3	26.6	30.88 718	1 429	1.18	0.28	3 4	8 11.6	13 19
22	14 10 12.38	5.58	11 18 15.9	26.0	30.87 289	1 446	1.18	0.29	3 0	8 7.8	13 16
23	14 10 17.96	5.48	11 18 41.9	25.4	30.85 843	1 463	1.18	0.29	2 56	8 3.9	13 12
24	14 10 23.44	5.37	—11 19 7.3	24.9	30.84 380	1 479	1.19	0.29	2 52	8 0.1	13 8
25	14 10 28.81	5.27	11 19 32.2	24.2	30.82 901	1 495	1.19	0.29	2 49	7 56.2	13 4
26	14 10 34.08	5.16	11 19 56.4	23.7	30.81 406	1 509	1.19	0.29	2 45	7 52.4	13 0
27	14 10 39.24	5.05	11 20 20.1	23.1	30.79 897	1 524	1.19	0.29	2 41	7 48.5	12 56
28	14 10 44.29	4.94	11 20 43.2	22.5	30.78 373	1 538	1.19	0.29	2 37	7 44.7	12 52
29	14 10 49.23	4.83	11 21 5.7	21.8	30.76 835	1 551	1.19	0.29	2 33	7 40.8	12 48
30	14 10 54.06	4.72	—11 21 27.5	21.1	30.75 284	1 564	1.19	0.29	2 30	7 37.0	12 44
31	14 10 58.78	4.60	11 21 48.6	20.7	30.73 720	1 577	1.19	0.29	2 26	7 33.1	12 41
32	14 11 3.38		—11 22 9.3		30.72 143		1.19	0.29	2 22	7 29.3	12 37

Tag	Rektaszension 1950.0		Fixstern-aberration	Deklination 1950.0		Fixstern-aberration	Δ		Lichtzeit	Obere Kulmination in Greenwich
	0h Weltzeit									
1957	h m s	s	s	° ′ ″	″	″			d	h m
Jan. 0	10 25 52.81	5.66	+0.78	+21 54 12.0	74.6	−7.7	33.94 813	2 747	0.1958	3 48
2	25 47.15	6.07	0.82	55 26.6	76.0	7.8	92 066	2 667	1957	3 40
4	25 41.08	6.48	0.86	56 42.6	77.2	7.9	89 399	2 583	1955	3 32
6	25 34.60	6.86	0.90	57 59.8	78.2	8.0	86 816	2 496	1954	3 24
8	25 27.74	7.25	0.93	+21 59 18.0	79.3	8.1	84 320	2 406	1952	3 16
10	10 25 20.49	7.60	+0.97	+22 0 37.3	80.0	−8.2	33.81 914	2 313	0.1951	3 8
12	25 12.89	7.96	1.00	1 57.3	80.8	8.3	79 601	2 218	1949	3 0
14	25 4.93	8.30	1.04	3 18.1	81.4	8.3	77 383	2 121	1948	2 52
16	24 56.63	8.62	1.07	4 39.5	82.0	8.4	75 262	2 020	1947	2 44
18	24 48.01	8.93	1.10	6 1.5	82.3	8.4	73 242	1 918	1946	2 36
20	10 24 39.08	9.24	+1.13	+22 7 23.8	82.6	−8.5	33.71 324	1 814	0.1945	2 28
22	24 29.84	9.52	1.16	8 46.4	82.8	8.5	69 510	1 707	1944	2 20
24	24 20.32	9.79	1.18	10 9.2	82.9	8.5	67 803	1 597	1943	2 12
26	24 10.53	10.04	1.21	11 32.1	82.8	8.5	66 206	1 486	1942	2 4
28	24 0.49	10.28	1.23	12 54.9	82.6	8.4	64 720	1 372	1941	1 56
30	10 23 50.21	10.50	+1.25	+22 14 17.5	82.2	−8.4	33.63 348	1 258	0.1940	1 48
Febr. 1	23 39.71	10.70	1.27	15 39.7	81.9	8.4	62 090	1 141	1939	1 40
3	23 29.01	10.88	1.29	17 1.6	81.2	8.3	60 949	1 023	1939	1 32
5	23 18.13	11.05	1.31	18 22.8	80.5	8.3	59 926	905	1938	1 24
7	23 7.08	11.20	1.32	19 43.3	79.7	8.2	59 021	785	1938	1 16
9	10 22 55.88	11.32	+1.33	+22 21 3.0	78.8	−8.1	33.58 236	666	0.1937	1 8
11	22 44.56	11.42	1.34	22 21.8	77.8	8.0	57 570	545	1937	1 0
13	22 33.14	11.52	1.35	23 39.6	76.6	7.9	57 025	425	1936	0 52
15	22 21.62	11.59	1.36	24 56.2	75.4	7.8	56 600	305	1936	0 44
17	22 10.03	11.65	1.37	26 11.6	74.1	7.7	56 295	184	1936	0 36
19	10 21 58.38	11.69	+1.37	+22 27 25.7	72.6	−7.5	33.56 111	64	0.1936	0 28
21	21 46.69	11.70	1.38	28 38.3	71.0	7.4	56 047	57	1936	0 20
23	21 34.99	11.71	1.38	29 49.3	69.4	7.2	56 104	178	1936	0 12
25	21 23.28	11.68	1.38	30 58.7	67.7	7.0	56 282	298	1936	{0 4 {23 59
27	21 11.60	11.65	1.37	32 6.4	65.8	6.9	56 580	418	1936	23 51
März 1	10 20 59.95	11.59	+1.37	+22 33 12.2	63.9	−6.7	33.56 998	536	0.1936	23 43
3	20 48.36	11.51	1.36	34 16.1	61.8	6.5	57 534	654	1937	23 35
5	20 36.85	11.41	1.35	35 17.9	59.7	6.3	58 188	770	1937	23 27
7	20 25.44	11.30	1.34	36 17.6	57.5	6.1	58 958	885	1938	23 19
9	20 14.14	11.16	1.33	37 15.1	55.2	5.9	59 843	998	1938	23 11
11	10 20 2.98	11.01	+1.32	+22 38 10.3	52.8	−5.6	33.60 841	1 109	0.1939	23 3
13	19 51.97	10.84	1.30	39 3.1	50.5	5.4	61 950	1 217	1939	22 55
15	19 41.13	10.66	1.29	39 53.6	48.1	5.2	63 167	1 324	1940	22 47
17	19 30.47	10.46	1.27	40 41.7	45.5	4.9	64 491	1 430	1941	22 39
19	19 20.01	10.25	1.25	41 27.2	43.0	4.7	65 921	1 533	1942	22 31
21	10 19 9.76	10.02	+1.23	+22 42 10.2	40.3	−4.4	33.67 454	1 634	0.1942	22 23
23	18 59.74	9.77	1.20	42 50.5	37.7	4.2	69 088	1 733	1943	22 15
25	18 49.97	9.50	1.18	43 28.2	35.0	3.9	70 821	1 829	1944	22 7
27	18 40.47	9.23	1.15	44 3.2	32.2	3.7	72 650	1 924	1945	21 59
29	18 31.24	8.94	1.13	44 35.4	29.4	3.4	74 574	2 015	1947	21 51
31	18 22.30	8.63	1.10	45 4.8	26.5	3.1	76 589	2 103	1948	21 43
April 2	10 18 13.67		+1.07	+22 45 31.3		−2.8	33.78 692		0.1949	21 35

Tag	0h Weltzeit									Obere Kulmination in Greenwich
	Rektaszension 1950.0		Fix-stern-ab-erration	Deklination 1950.0		Fix-stern-ab-erration	Δ		Licht-zeit	
1957	h m s	s	s	° ′ ″	″	″			d	h m
April 2	10 18 13.67	8.31	+1.07	+22 45 31.3	23.7	−2.8	33.78 692	2 188	0.1949	21 35
4	18 5.36	7.98	1.04	45 55.0	20.8	2.6	80 880	2 270	1950	21 27
6	17 57.38	7.63	1.00	46 15.8	17.9	2.3	83 150	2 349	1951	21 19
8	17 49.75	7.27	0.97	46 33.7	15.0	2.0	85 499	2 424	1953	21 11
10	17 42.48	6.91	0.94	46 48.7	12.1	1.7	87 923	2 495	1954	21 3
12	10 17 35.57	6.53	+0.90	+22 47 0.8	9.2	−1.4	33.90 418	2 563	0.1956	20 55
14	17 29.04	6.15	0.86	47 10.0	6.2	1.1	92 981	2 629	1957	20 47
16	17 22.89	5.76	0.83	47 16.2	3.4	0.8	95 610	2 691	1959	20 39
18	17 17.13	5.35	0.79	47 19.6	0.5	0.6	33.98 301	2 749	1960	20 31
20	17 11.78	4.94	0.75	47 20.1	2.5	−0.3	34.01 050	2 804	1962	20 23
22	10 17 6.84	4.53	+0.71	+22 47 17.6	5.4	0.0	34.03 854	2 856	0.1963	20 15
24	17 2.31	4.10	0.67	47 12.2	8.2	+0.3	06 710	2 905	1965	20 7
26	16 58.21	3.66	0.62	47 4.0	11.1	0.6	09 615	2 948	1967	19 59
28	16 54.55	3.23	0.58	46 52.9	14.0	0.9	12 563	2 990	1968	19 51
30	16 51.32	2.78	0.54	46 38.9	16.9	1.2	15 553	3 026	1970	19 43
Mai 2	10 16 48.54	2.33	+0.50	+22 46 22.0	19.6	+1.4	34.18 579	3 059	0.1972	19 36
4	16 46.21	1.88	0.45	46 2.4	22.5	1.7	21 638	3 087	1974	19 28
6	16 44.33	1.42	0.41	45 39.9	25.1	2.0	24 725	3 111	1975	19 20
8	16 42.91	0.96	0.36	45 14.8	27.8	2.3	27 836	3 133	1977	19 12
10	16 41.95	0.50	0.32	44 47.0	30.5	2.5	30 969	3 149	1979	19 4
12	10 16 41.45	0.05	+0.27	+22 44 16.5	33.1	+2.8	34.34 118	3 162	0.1981	18 56
14	16 41.40	0.42	0.22	43 43.4	35.6	3.0	37 280	3 173	1983	18 48
16	16 41.82	0.87	0.18	43 7.8	38.2	3.3	40 453	3 178	1985	18 40
18	16 42.69	1.34	0.13	42 29.6	40.6	3.5	43 631	3 182	1986	18 32
20	16 44.03	1.80	0.09	41 49.0	43.1	3.8	46 813	3 180	1988	18 25
22	10 16 45.83	2.26	+0.04	+22 41 5.9	45.4	+4.0	34.49 993	3 176	0.1990	18 17
24	16 48.09	2.72	−0.01	40 20.5	47.8	4.3	53 169	3 168	1992	18 9
26	16 50.81	3.18	0.05	39 32.7	50.1	4.5	56 337	3 155	1994	18 1
28	16 53.99	3.64	0.10	38 42.6	52.3	4.7	59 492	3 139	1996	17 53
30	16 57.63	4.09	0.14	37 50.3	54.5	5.0	62 631	3 119	1997	17 46
Juni 1	10 17 1.72	4.55	−0.19	+22 36 55.8	56.6	+5.2	34.65 750	3 096	0.1999	17 38
3	17 6.27	4.99	0.23	35 59.2	58.6	5.4	68 846	3 067	2001	17 30
5	17 11.26	5.43	0.28	35 0.6	60.6	5.6	71 913	3 037	2003	17 22
7	17 16.69	5.86	0.32	34 0.0	62.4	5.8	74 950	3 002	2004	17 14
9	17 22.55	6.29	0.37	32 57.6	64.2	6.0	77 952	2 965	2006	17 7
11	10 17 28.84	6.72	−0.41	+22 31 53.4	66.0	+6.2	34.80 917	2 924	0.2008	16 59
13	17 35.56	7.13	0.45	30 47.4	67.8	6.4	83 841	2 881	2010	16 51
15	17 42.69	7.54	0.50	29 39.6	69.3	6.5	86 722	2 833	2011	16 43
17	17 50.23	7.95	0.54	28 30.3	70.9	6.7	89 555	2 784	2013	16 36
19	17 58.18	8.34	0.58	27 19.4	72.4	6.8	92 339	2 732	2014	16 28
21	10 18 6.52	8.74	−0.62	+22 26 7.0	73.8	+7.0	34.95 071	2 675	0.2016	16 20
23	18 15.26	9.12	0.66	24 53.2	75.2	7.1	34.97 746	2 616	2018	16 12
25	18 24.38	9.50	0.70	23 38.0	76.4	7.3	35.00 362	2 554	2019	16 5
27	18 33.88	9.87	0.74	22 21.6	77.7	7.4	02 916	2 488	2021	15 57
29	18 43.75	10.23	0.77	21 3.9	78.8	7.5	05 404	2 420	2022	15 49
Juli 1	10 18 53.98		−0.81	+22 19 45.1		+7.6	35.07 824		0.2023	15 42

Tag	0h Weltzeit									Obere Kulmination in Greenwich
	Rektaszension 1950.0		Fixstern-aberration	Deklination 1950.0		Fixstern-aberration	Δ		Lichtzeit	
1957	h m s	s	s	° ′ ″	″	″			d	h m
Juli 1	10 18 53.98	10.58	−0.81	+22 19 45.1	79.8	+7.6	35.07 824	2 349	0.2023	15 42
3	19 4.56	10.92	0.85	18 25.3	80.7	7.7	10 173	2 275	2025	15 34
5	19 15.48	11.24	0.88	17 4.6	81.6	7.8	12 448	2 198	2026	15 26
7	19 26.72	11.56	0.91	15 43.0	82.4	7.9	14 646	2 121	2027	15 19
9	19 38.28	11.87	0.95	14 20.6	83.2	8.0	16 767	2 040	2029	15 11
11	10 19 50.15	12.17	−0.98	+22 12 57.4	83.7	+8.1	35.18 807	1 957	0.2030	15 3
13	20 2.32	12.46	1.01	11 33.7	84.4	8.2	20 764	1 873	2031	14 56
15	20 14.78	12.73	1.04	10 9.3	84.8	8.2	22 637	1 786	2032	14 48
17	20 27.51	13.00	1.07	8 44.5	85.3	8.3	24 423	1 698	2033	14 40
19	20 40.51	13.26	1.09	7 19.2	85.6	8.3	26 121	1 607	2034	14 33
21	10 20 53.77	13.50	−1.12	+22 5 53.6	85.9	+8.3	35.27 728	1 514	0.2035	14 25
23	21 7.27	13.74	1.14	4 27.7	86.0	8.4	29 242	1 419	2036	14 17
25	21 21.01	13.96	1.17	3 1.7	86.2	8.4	30 661	1 323	2037	14 10
27	21 34.97	14.18	1.19	1 35.5	86.1	8.4	31 984	1 224	2037	14 2
29	21 49.15	14.37	1.21	+22 0 9.4	86.1	8.4	33 208	1 124	2038	13 55
31	10 22 3.52	14.55	−1.23	+21 58 43.3	86.0	+8.4	35.34 332	1 023	0.2039	13 47
Aug. 2	22 18.07	14.73	1.25	57 17.3	85.6	8.3	35 355	920	2039	13 39
4	22 32.80	14.88	1.27	55 51.7	85.3	8.3	36 275	817	2040	13 32
6	22 47.68	15.02	1.28	54 26.4	84.9	8.3	37 092	713	2040	13 24
8	23 2.70	15.16	1.30	53 1.5	84.4	8.2	37 805	608	2041	13 16
10	10 23 17.86	15.28	−1.31	+21 51 37.1	83.9	+8.2	35.38 413	502	0.2041	13 9
12	23 33.14	15.38	1.32	50 13.2	83.3	8.1	38 915	396	2041	13 1
14	23 48.52	15.49	1.33	48 49.9	82.5	8.1	39 311	289	2042	12 54
16	24 4.01	15.56	1.34	47 27.4	81.8	8.0	39 600	181	2042	12 46
18	24 19.57	15.64	1.35	46 5.6	80.9	7.9	39 781	73	2042	12 38
20	10 24 35.21	15.69	−1.36	+21 44 44.7	80.0	+7.8	35.39 854	36	0.2042	12 31
22	24 50.90	15.74	1.36	43 24.7	79.0	7.7	39 818	146	2042	12 23
24	25 6.64	15.77	1.36	42 5.7	77.8	7.6	39 672	256	2042	12 16
26	25 22.41	15.78	1.37	40 47.9	76.6	7.5	39 416	366	2042	12 8
28	25 38.19	15.78	1.37	39 31.3	75.4	7.3	39 050	475	2041	12 0
30	10 25 53.97	15.77	−1.37	+21 38 15.9	74.0	+7.2	35.38 575	585	0.2041	11 53
Sept. 1	26 9.74	15.74	1.36	37 1.9	72.5	7.0	37 990	693	2041	11 45
3	26 25.48	15.69	1.36	35 49.4	71.1	6.9	37 297	802	2040	11 38
5	26 41.17	15.64	1.36	34 38.3	69.5	6.7	36 495	908	2040	11 30
7	26 56.81	15.57	1.35	33 28.8	67.9	6.6	35 587	1 015	2039	11 22
9	10 27 12.38	15.49	−1.34	+21 32 20.9	66.2	+6.4	35.34 572	1 121	0.2039	11 15
11	27 27.87	15.40	1.33	31 14.7	64.4	6.2	33 451	1 225	2038	11 7
13	27 43.27	15.29	1.32	30 10.3	62.6	6.0	32 226	1 330	2037	10 59
15	27 58.56	15.17	1.31	29 7.7	60.7	5.8	30 896	1 433	2037	10 52
17	28 13.73	15.04	1.29	28 7.0	58.7	5.6	29 463	1 536	2036	10 44
19	10 28 28.77	14.89	−1.28	+21 27 8.3	56.7	+5.4	35.27 927	1 636	0.2035	10 37
21	28 43.66	14.73	1.26	26 11.6	54.6	5.2	26 291	1 736	2034	10 29
23	28 58.39	14.55	1.24	25 17.0	52.3	5.0	24 555	1 835	2033	10 21
25	29 12.94	14.36	1.22	24 24.7	50.2	4.8	22 720	1 932	2032	10 14
27	29 27.30	14.16	1.20	23 34.5	47.8	4.5	20 788	2 026	2031	10 6
29	29 41.46	13.94	1.18	22 46.7	45.4	4.3	18 762	2 118	2030	9 58
Okt. 1	10 29 55.40		−1.16	+21 22 1.3		+4.0	35.16 644		0.2029	9 51

Tag	Rektaszension 1950.0		Fixstern-aberration	Deklination 1950.0		Fixstern-aberration	Δ		Lichtzeit	Obere Kulmination in Greenwich
	0h Weltzeit									
1957	h m s	s	s	° ′ ″	″	″			d	h m
Okt. 1	10 29 55.40	13.71	−1.16	+21 22 1.3	43.1	+4.0	35.16 644	2 208	0.2029	9 51
3	30 9.11	13.47	1.13	21 18.2	40.6	3.8	14 436	2 296	2027	9 43
5	30 22.58	13.21	1.11	20 37.6	38.1	3.5	12 140	2 381	2026	9 36
7	30 35.79	12.95	1.08	19 59.5	35.5	3.3	09 759	2 465	2025	9 28
9	30 48.74	12.67	1.05	19 24.0	33.0	3.0	07 294	2 545	2023	9 20
11	10 31 1.41	12.39	−1.02	+21 18 51.0	30.3	+2.7	35.04 749	2 624	0.2022	9 13
13	31 13.80	12.08	0.99	18 20.7	27.7	2.5	35.02 125	2 700	2020	9 5
15	31 25.88	11.77	0.96	17 53.0	24.9	2.2	34.99 425	2 774	2019	8 57
17	31 37.65	11.45	0.93	17 28.1	22.1	1.9	96 651	2 845	2017	8 50
19	31 49.10	11.12	0.89	17 6.0	19.4	1.6	93 806	2 913	2015	8 42
21	10 32 0.22	10.76	−0.86	+21 16 46.6	16.5	+1.3	34.90 893	2 979	0.2014	8 34
23	32 10.98	10.41	0.82	16 30.1	13.6	1.0	87 914	3 040	2012	8 27
25	32 21.39	10.04	0.78	16 16.5	10.7	0.7	84 874	3 098	2010	8 19
27	32 31.43	9.65	0.74	16 5.8	7.8	0.5	81 776	3 153	2008	8 11
29	32 41.08	9.27	0.70	15 58.0	4.9	+0.2	78 623	3 205	2007	8 4
31	10 32 50.35	8.87	−0.66	+21 15 53.1	1.9	−0.1	34.75 418	3 252	0.2005	7 56
Nov. 2	32 59.22	8.46	0.62	15 51.2	1.0	0.4	72 166	3 295	2003	7 48
4	33 7.68	8.05	0.58	15 52.2	4.0	0.7	68 871	3 336	2001	7 40
6	33 15.73	7.63	0.54	15 56.2	6.9	1.0	65 535	3 373	1999	7 33
8	33 23.36	7.20	0.50	16 3.1	9.8	1.3	62 162	3 406	1997	7 25
10	10 33 30.56	6.76	−0.45	+21 16 12.9	12.8	−1.6	34.58 756	3 436	0.1995	7 17
12	33 37.32	6.33	0.41	16 25.7	15.8	1.9	55 320	3 463	1993	7 9
14	33 43.65	5.88	0.36	16 41.5	18.7	2.2	51 857	3 484	1991	7 2
16	33 49.53	5.42	0.32	17 0.2	21.7	2.5	48 373	3 503	1989	6 54
18	33 54.95	4.95	0.27	17 21.9	24.6	2.8	44 870	3 518	1987	6 46
20	10 33 59.90	4.49	−0.22	+21 17 46.5	27.5	−3.1	34.41 352	3 528	0.1985	6 38
22	34 4.39	4.02	0.18	18 14.0	30.4	3.4	37 824	3 533	1983	6 31
24	34 8.41	3.53	0.13	18 44.4	33.2	3.6	34 291	3 535	1981	6 23
26	34 11.94	3.06	0.08	19 17.6	36.0	3.9	30 756	3 531	1979	6 15
28	34 15.00	2.58	−0.03	19 53.6	38.8	4.2	27 225	3 524	1977	6 7
30	10 34 17.58	2.10	+0.01	+21 20 32.4	41.5	−4.4	34.23 701	3 513	0.1975	5 59
Dez. 2	34 19.68	1.61	0.06	21 13.9	44.2	4.7	20 188	3 497	1973	5 52
4	34 21.29	1.13	0.11	21 58.1	46.7	5.0	16 691	3 478	1971	5 44
6	34 22.42	0.65	0.16	22 44.8	49.3	5.2	13 213	3 454	1969	5 36
8	34 23.07	0.17	0.20	23 34.1	51.8	5.5	09 759	3 426	1967	5 28
10	10 34 23.24	0.32	+0.25	+21 24 25.9	54.2	−5.7	34.06 333	3 396	0.1965	5 20
12	34 22.92	0.80	0.30	25 20.1	56.6	5.9	34.02 937	3 360	1963	5 12
14	34 22.12	1.27	0.35	26 16.7	58.9	6.2	33.99 577	3 320	1961	5 4
16	34 20.85	1.75	0.39	27 15.6	61.2	6.4	96 257	3 277	1959	4 57
18	34 19.10	2.23	0.44	28 16.8	63.3	6.6	92 980	3 230	1957	4 49
20	10 34 16.87	2.70	+0.49	+21 29 20.1	65.4	−6.8	33.89 750	3 177	0.1955	4 41
22	34 14.17	3.16	0.53	30 25.5	67.3	7.0	86 573	3 121	1953	4 33
24	34 11.01	3.62	0.58	31 32.8	69.3	7.2	83 452	3 060	1952	4 25
26	34 7.39	4.07	0.62	32 42.1	71.0	7.3	80 392	2 996	1950	4 17
28	34 3.32	4.52	0.66	33 53.1	72.7	7.5	77 396	2 928	1948	4 9
30	33 58.80	4.95	0.71	35 5.8	74.3	7.6	74 468	2 857	1946	4 1
32	10 33 53.85		+0.75	+21 36 20.1		−7.8	33.71 611		0.1945	3 53

0h Weltzeit	Mittleres Äquinoktium 1950.0											
	X			ΔX	Y			ΔY	Z			ΔZ
1957												
Jan. 0	+0.157 267	+17 246	− 49	0	−0.890 538	+ 2 718	+278	0	−0.386 198	+1 179	+120	−3
1	0.174 513	17 191	55	−3	0.887 820	2 996	278	0	0.385 019	1 300	121	−1
2	0.191 704	17 131	60	0	0.884 824	3 272	276	−2	0.383 719	1 419	119	−4
3	0.208 835	17 065	66	0	0.881 552	3 548	276	+2	0.382 300	1 539	120	+1
4	0.225 900	16 994	71	+2	0.878 004	3 822	274	+1	0.380 761	1 657	118	−1
5	0.242 894	16 917	77	+1	0.874 182	4 095	273	+4	0.379 104	1 776	119	+5
6	+0.259 811	+16 835	− 82	+2	−0.870 087	+ 4 367	+272	+3	−0.377 328	+1 894	+118	+3
7	0.276 646	16 747	88	+1	0.865 720	4 636	269	−2	0.375 434	2 010	116	−3
8	0.293 393	16 655	92	+3	0.861 084	4 904	268	0	0.373 424	2 126	116	−1
9	0.310 048	16 556	99	−2	0.856 180	5 170	266	0	0.371 298	2 242	116	+1
10	0.326 604	16 454	102	+3	0.851 010	5 434	264	+1	0.369 056	2 356	114	−3
11	0.343 058	16 345	109	−3	0.845 576	5 697	263	+2	0.366 700	2 469	113	−4
12	+0.359 403	+16 233	−112	+1	−0.839 879	+ 5 956	+259	−4	−0.364 231	+2 583	+114	+3
13	0.375 636	16 115	118	−3	0.833 923	6 214	258	+1	0.361 648	2 694	111	−2
14	0.391 751	15 993	122	−2	0.827 709	6 470	256	+1	0.358 954	2 805	111	−1
15	0.407 744	15 867	126	−1	0.821 239	6 724	254	+1	0.356 149	2 915	110	+1
16	0.423 611	15 735	132	−5	0.814 515	6 975	251	−4	0.353 234	3 025	110	+4
17	0.439 346	15 600	135	0	0.807 540	7 225	250	−3	0.350 209	3 133	108	−1
18	+0.454 946	+15 460	−140	+1	−0.800 315	+ 7 471	+246	−5	−0.347 076	+3 240	+107	0
19	0.470 406	15 316	144	+3	0.792 844	7 718	247	+5	0.343 836	3 347	107	+3
20	0.485 722	15 167	149	+2	0.785 126	7 962	244	+3	0.340 489	3 453	106	+4
21	0.500 889	15 013	154	+1	0.777 164	8 202	240	−4	0.337 036	3 558	105	+4
22	0.515 902	14 855	158	0	0.768 962	8 442	240	+4	0.333 478	3 662	104	0
23	0.530 757	14 691	164	−5	0.760 520	8 679	237	+2	0.329 816	3 764	102	−4
24	+0.545 448	+14 523	−168	−4	−0.751 841	+ 8 913	+234	−1	−0.326 052	+3 866	+102	−2
25	0.559 971	14 350	173	−3	0.742 928	9 144	231	−3	0.322 186	3 966	100	−2
26	0.574 321	14 173	177	+1	0.733 784	9 374	230	+4	0.318 220	4 066	100	+3
27	0.588 494	13 990	183	−1	0.724 410	9 599	225	−4	0.314 154	4 163	97	−3
28	0.602 484	13 804	186	+4	0.714 811	9 822	223	−1	0.309 991	4 260	97	+1
29	0.616 288	13 613	191	+3	0.704 989	10 041	219	−2	0.305 731	4 355	95	+1
30	+0.629 901	+13 417	−196	−1	−0.694 948	+10 258	+217	+5	−0.301 376	+4 449	+ 94	+1
31	0.643 318	13 217	200	−2	0.684 690	10 471	213	+3	0.296 927	4 541	92	−1
Febr. 1	0.656 535	13 012	205	−3	0.674 219	10 680	209	0	0.292 386	4 631	90	−3
2	0.669 547	12 805	207	+4	0.663 539	10 886	206	+1	0.287 755	4 721	90	+3
3	0.682 352	12 592	213	−2	0.652 653	11 088	202	−2	0.283 034	4 808	87	0
4	0.694 944	12 376	216	+1	0.641 565	11 286	198	−4	0.278 226	4 894	86	0
5	+0.707 320	+12 156	−220	+2	−0.630 279	+11 480	+194	−4	−0.273 332	+4 978	+ 84	0
6	0.719 476	11 933	223	+4	0.618 799	11 670	190	−3	0.268 354	5 061	83	0
7	0.731 409	11 706	227	+4	0.607 129	11 857	187	+4	0.263 293	5 141	80	−5
8	0.743 115	11 476	230	+4	0.595 272	12 039	182	+3	0.258 152	5 220	79	−2
9	0.754 591	+11 243	233	+3	0.583 233	+12 218	179	+5	0.252 932	+5 298	78	+2
10	+0.765 834		−236	0	−0.571 015		+174	0	−0.247 634		+ 75	0

ΔX, ΔY, ΔZ **sind in Einheiten der 7. Dezimale gegeben.**

0h Weltzeit	Mittleres Äquinoktium 1950.0											
	X			ΔX	Y			ΔY	Z			ΔZ
1957 Febr. 10	+0.765 834	+11 007	−236	0	−0.571 015	+12 392	+174	0	−0.247 634	+5 373	+75	0
11	0.776 841	10 767	240	−4	0.558 623	12 562	170	−3	0.242 261	5 447	74	+3
12	0.787 608	10 526	241	+2	0.546 061	12 728	166	−3	0.236 814	5 520	73	+5
13	0.798 134	10 281	245	0	0.533 333	12 891	163	−2	0.231 294	5 590	70	−1
14	0.808 415	10 035	246	+4	0.520 442	13 049	158	−4	0.225 704	5 659	69	+1
15	0.818 450	9 785	250	−1	0.507 393	13 204	155	−2	0.220 045	5 726	67	0
16	+0.828 235	+ 9 532	−253	−3	−0.494 189	+13 355	+151	0	−0.214 319	+5 792	+66	+4
17	0.837 767	9 278	254	+2	0.480 834	13 503	148	+3	0.208 527	5 857	65	+5
18	0.847 045	9 019	259	−3	0.467 331	13 646	143	−2	0.202 670	5 918	61	−3
19	0.856 064	8 759	260	+2	0.453 685	13 786	140	+1	0.196 752	5 979	61	+1
20	0.864 823	8 496	263	+2	0.439 899	13 921	135	0	0.190 773	6 038	59	+2
21	0.873 319	8 229	267	−2	0.425 978	14 053	132	+4	0.184 735	6 095	57	+3
22	+0.881 548	+ 7 961	−268	0	−0.411 925	+14 181	+128	+5	−0.178 640	+6 150	+55	+4
23	0.889 509	7 689	272	−3	0.397 744	14 303	122	−3	0.172 490	6 204	54	+5
24	0.897 198	7 415	274	−3	0.383 441	14 422	119	0	0.166 286	6 255	51	0
25	0.904 613	7 139	276	0	0.369 019	14 535	113	−3	0.160 031	6 304	49	−4
26	0.911 752	6 860	279	0	0.354 484	14 645	110	+2	0.153 727	6 351	47	−4
27	0.918 612	6 580	280	+5	0.339 839	14 749	104	−2	0.147 376	6 396	45	−2
28	+0.925 192	+ 6 298	−282	+3	−0.325 090	+14 849	+100	+2	−0.140 980	+6 440	+44	+1
März 1	0.931 490	6 012	286	−4	0.310 241	14 944	95	+4	0.134 540	6 480	40	−2
2	0.937 502	5 727	285	+3	0.295 297	15 035	91	+5	0.128 060	6 520	40	+4
3	0.943 229	5 438	289	−4	0.280 262	15 120	85	−1	0.121 540	6 557	37	−1
4	0.948 667	5 149	289	+2	0.265 142	15 199	79	−4	0.114 983	6 591	34	−4
5	0.953 816	4 859	290	+4	0.249 943	15 275	76	+4	0.108 392	6 623	32	−3
6	+0.958 675	+ 4 567	−292	0	−0.234 668	+15 346	+ 71	+4	−0.101 769	+6 655	+32	+4
7	0.963 242	4 274	293	−1	0.219 322	15 411	65	−1	0.095 114	6 682	27	−4
8	0.967 516	3 981	293	+1	0.203 911	15 471	60	−2	0.088 432	6 709	27	+1
9	0.971 497	3 686	295	−2	0.188 440	15 527	56	0	0.081 723	6 733	24	−2
10	0.975 183	3 392	294	+3	0.172 913	15 577	50	−4	0.074 990	6 755	22	−4
11	0.978 575	3 097	295	+4	0.157 336	15 623	46	−2	0.068 235	6 774	19	−5
12	+0.981 672	+ 2 802	−295	+1	−0.141 713	+15 664	+ 41	0	−0.061 461	+6 793	+19	+5
13	0.984 474	2 506	296	−1	0.126 049	15 701	37	+1	0.054 668	6 809	16	+3
14	0.986 980	2 211	295	+4	0.110 348	15 733	32	−1	0.047 859	6 823	14	+2
15	0.989 191	1 915	296	+2	0.094 615	15 761	28	−1	0.041 036	6 835	12	+2
16	0.991 106	1 619	296	−1	0.078 854	15 784	23	−4	0.034 201	6 846	11	+4
17	0.992 725	1 322	297	−1	0.063 070	15 803	19	−1	0.027 355	6 854	8	0
18	+0.994 047	+ 1 026	−296	+4	−0.047 267	+15 818	+ 15	+1	−0.020 501	+6 861	+ 7	0
19	0.995 073	729	297	+3	0.031 449	15 829	11	+3	0.013 640	6 865	4	−5
20	0.995 802	432	297	+4	−0.015 620	15 834	5	−2	−0.006 775	6 867	2	−4
21	0.996 234	+ 135	297	+2	+0.000 214	15 836	+ 2	+2	+0.000 092	6 868	+ 1	+1
22	0.996 369	− 163	298	−3	0.016 050	+15 832	− 4	−2	0.006 960	+6 867	− 1	+1
23	+0.996 206		−298	−4	+0.031 882		− 7	+1	+0.013 827		− 4	−3

ΔX, ΔY, ΔZ sind in Einheiten der 7. Dezimale gegeben.

0h Weltzeit	Mittleres Äquinoktium 1950.0											
	X			ΔX	Y			ΔY	Z			ΔZ
1957												
März 23	+0.996 206	−461	−298	−4	+0.031 882	+15 825	−7	+1	+0.013 827	+6 863	−4	−3
24	0.995 745	758	297	−2	0.047 707	15 811	14	−4	0.020 690	6 857	6	−1
25	0.994 987	1 056	298	−4	0.063 518	15 794	17	−1	0.027 547	6 850	7	+2
26	0.993 931	1 353	297	−1	0.079 312	15 771	23	−2	0.034 397	6 839	11	−3
27	0.992 578	1 649	296	+3	0.095 083	15 744	27	0	0.041 236	6 828	11	+3
28	0.990 929	1 945	296	0	0.110 827	15 712	32	−1	0.048 064	6 813	15	−1
29	+0.988 984	−2 241	−296	−3	+0.126 539	+15 674	−38	−4	+0.054 877	+6 798	−15	+4
30	0.986 743	2 535	294	+3	0.142 213	15 633	41	+2	0.061 675	6 779	19	−3
31	0.984 208	2 828	293	+2	0.157 846	15 585	48	−2	0.068 454	6 758	21	−3
April 1	0.981 380	3 121	293	−3	0.173 431	15 534	51	+5	0.075 212	6 736	22	+2
2	0.978 259	3 412	291	−1	0.188 965	15 478	56	+4	0.081 948	6 712	24	+1
3	0.974 847	3 702	290	0	0.204 443	15 415	63	−2	0.088 660	6 684	28	−4
4	+0.971 145	−3 989	−287	+3	+0.219 858	+15 350	−65	+4	+0.095 344	+6 656	−28	+1
5	0.967 156	4 276	287	−3	0.235 208	15 278	72	−1	0.102 000	6 625	31	0
6	0.962 880	4 561	285	−3	0.250 486	15 203	75	+5	0.108 625	6 593	32	+2
7	0.958 319	4 842	281	+4	0.265 689	15 123	80	+4	0.115 218	6 558	35	−3
8	0.953 477	5 123	281	−4	0.280 812	15 039	84	+5	0.121 776	6 521	37	−2
9	0.948 354	5 402	279	−5	0.295 851	14 950	89	+2	0.128 297	6 484	37	+3
10	+0.942 952	−5 677	−275	+1	+0.310 801	+14 858	−92	+4	+0.134 781	+6 443	−41	−3
11	0.937 275	5 951	274	−3	0.325 659	14 761	97	0	0.141 224	6 402	41	0
12	0.931 324	6 223	272	−5	0.340 420	14 661	100	+1	0.147 626	6 358	44	−3
13	0.925 101	6 493	270	−4	0.355 081	14 556	105	0	0.153 984	6 313	45	+2
14	0.918 608	6 760	267	−2	0.369 637	14 449	107	+5	0.160 297	6 267	46	+4
15	0.911 848	7 026	266	−5	0.384 086	14 337	112	+1	0.166 564	6 218	49	0
16	+0.904 822	−7 290	−264	−3	+0.398 423	+14 221	−116	0	+0.172 782	+6 168	−50	+2
17	0.897 532	7 551	261	+4	0.412 644	14 103	118	+4	0.178 950	6 117	51	+3
18	0.889 981	7 810	259	+3	0.426 747	13 978	125	−4	0.185 067	6 063	54	−3
19	0.882 171	8 068	258	−3	0.440 725	13 852	126	+4	0.191 130	6 007	56	−5
20	0.874 103	8 324	256	−4	0.454 577	13 721	131	0	0.197 137	5 951	56	0
21	0.865 779	8 576	252	+4	0.468 298	13 585	136	−4	0.203 088	5 892	59	−3
22	+0.857 203	−8 826	−250	+3	+0.481 883	+13 446	−139	−1	+0.208 980	+5 831	−61	−4
23	0.848 377	9 074	248	−2	0.495 329	13 303	143	+2	0.214 811	5 769	62	0
24	0.839 303	9 320	246	−5	0.508 632	13 156	147	+1	0.220 580	5 705	64	+1
25	0.829 983	9 562	242	−3	0.521 788	13 005	151	+2	0.226 285	5 640	65	+3
26	0.820 421	9 802	240	−2	0.534 793	12 850	155	+2	0.231 925	5 572	68	−2
27	0.810 619	10 038	236	+1	0.547 643	12 692	158	+3	0.237 497	5 503	69	+2
28	+0.800 581	−10 272	−234	−3	+0.560 335	+12 528	−164	−4	+0.243 000	+5 433	−70	+5
29	0.790 309	10 502	230	−2	0.572 863	12 362	166	+4	0.248 433	5 361	72	+1
30	0.779 807	10 729	227	−3	0.585 225	12 192	170	+4	0.253 794	5 286	75	−4
Mai 1	0.769 078	10 953	224	−5	0.597 417	12 018	174	+2	0.259 080	5 211	75	+1
2	0.758 125	−11 172	219	0	0.609 435	+11 840	178	0	0.264 291	+5 134	77	+1
3	+0.746 953		−216	−2	+0.621 275		−180	+3	+0.269 425		−78	+2

ΔX, ΔY, ΔZ sind in Einheiten der 7. Dezimale gegeben.

0h Weltzeit	Mittleres Äquinoktium 1950.0											
	X			ΔX	Y			ΔY	Z			ΔZ
1957 Mai 3	+0.746 953	−11 388	−216	−2	+0.621 275	+11 660	−180	+3	+0.269 425	+5 056	− 78	+2
4	0.735 565	11 601	213	−4	0.632 935	11 475	185	−3	0.274 481	4 976	80	−1
5	0.723 964	11 808	207	+4	0.644 410	11 288	187	−1	0.279 457	4 895	81	−1
6	0.712 156	12 013	205	−1	0.655 698	11 097	191	−2	0.284 352	4 812	83	−2
7	0.700 143	12 213	200	+1	0.666 795	10 904	193	+1	0.289 164	4 729	83	+3
8	0.687 930	12 410	197	+1	0.677 699	10 709	195	+4	0.293 893	4 644	85	+2
9	+0.675 520	−12 602	−192	+5	+0.688 408	+10 510	−199	−1	+0.298 537	+4 559	− 85	+3
10	0.662 918	12 790	188	+3	0.698 918	10 309	201	−3	0.303 096	4 471	88	−4
11	0.650 128	12 976	186	−4	0.709 227	10 105	204	−3	0.307 567	4 383	88	−2
12	0.637 152	13 157	181	0	0.719 332	9 900	205	+3	0.311 950	4 294	89	−1
13	0.623 995	13 335	178	0	0.729 232	9 692	208	+1	0.316 244	4 203	91	−2
14	0.610 660	13 508	173	+4	0.738 924	9 481	211	−2	0.320 447	4 113	90	+5
15	+0.597 152	−13 679	−171	0	+0.748 405	+ 9 268	−213	0	+0.324 560	+4 020	− 93	0
16	0.583 473	13 846	167	+1	0.757 673	9 053	215	+4	0.328 580	3 927	93	+1
17	0.569 627	14 008	162	+4	0.766 726	8 836	217	+4	0.332 507	3 832	95	−2
18	0.555 619	14 168	160	−2	0.775 562	8 615	221	−4	0.336 339	3 736	96	−3
19	0.541 451	14 323	155	−1	0.784 177	8 392	223	−5	0.340 075	3 640	96	+2
20	0.527 128	14 475	152	−2	0.792 569	8 167	225	−3	0.343 715	3 542	98	−2
21	+0.512 653	−14 622	−147	0	+0.800 736	+ 7 939	−228	−4	+0.347 257	+3 443	− 99	−4
22	0.498 031	14 766	144	−1	0.808 675	7 709	230	0	0.350 700	3 343	100	−4
23	0.483 265	14 904	138	+4	0.816 384	7 478	231	+4	0.354 043	3 242	101	−2
24	0.468 361	15 040	136	−3	0.823 862	7 242	236	−4	0.357 285	3 140	102	−1
25	0.453 321	15 170	130	+3	0.831 104	7 006	236	+3	0.360 425	3 038	102	+4
26	0.438 151	15 296	126	+1	0.838 110	6 767	239	+2	0.363 463	2 934	104	+1
27	+0.422 855	−15 418	−122	0	+0.844 877	+ 6 526	−241	+2	+0.366 397	+2 829	−105	+1
28	0.407 437	15 535	117	+1	0.851 403	6 283	243	0	0.369 226	2 724	105	+4
29	0.391 902	15 647	112	+4	0.857 686	6 038	245	−3	0.371 950	2 618	106	+3
30	0.376 255	15 754	107	+5	0.863 724	5 791	247	−5	0.374 568	2 511	107	0
31	0.360 501	15 856	102	+4	0.869 515	5 542	249	−5	0.377 079	2 403	108	−2
Juni 1	0.344 645	15 954	98	0	0.875 057	5 292	250	−1	0.379 482	2 295	108	−1
2	+0.328 691	−16 046	− 92	+1	+0.880 349	+ 5 042	−250	+3	+0.381 777	+2 186	−109	−4
3	0.312 645	16 134	88	−2	0.885 391	4 789	253	−2	0.383 963	2 077	109	−2
4	0.296 511	16 216	82	+3	0.890 180	4 536	253	+1	0.386 040	1 967	110	−3
5	0.280 295	16 294	78	0	0.894 716	4 282	254	0	0.388 007	1 857	110	+1
6	0.264 001	16 367	73	+1	0.898 998	4 027	255	0	0.389 864	1 747	110	+4
7	0.247 634	16 435	68	+2	0.903 025	3 772	255	+3	0.391 611	1 637	110	+3
8	+0.231 199	−16 499	− 64	−2	+0.906 797	+ 3 516	−256	+2	+0.393 248	+1 525	−112	−2
9	0.214 700	16 559	60	−2	0.910 313	3 259	257	−2	0.394 773	1 414	111	+1
10	0.198 141	16 613	54	+3	0.913 572	3 002	257	0	0.396 187	1 303	111	+3
11	0.181 528	16 664	51	−1	0.916 574	2 745	257	+2	0.397 490	1 191	112	0
12	0.164 864	−16 710	46	0	0.919 319	+ 2 486	259	−3	0.398 681	+1 079	112	−1
13	+0.148 154		− 42	−1	+0.921 805		−259	−2	+0.399 760		−113	−4

ΔX, ΔY, ΔZ sind in Einheiten der 7. Dezimale gegeben.

0h Weltzeit	Mittleres Äquinoktium 1950.0											
	X	δ	δ²	ΔX	Y	δ	δ²	ΔY	Z	δ	δ²	ΔZ
1957 Juni 13	+0.148 154	−16 752	−42	−1	+0.921 805	+2 227	−259	−2	+0.399 760	+966	−113	−4
14	0.131 402	16 789	37	0	0.924 032	1 968	259	+1	0.400 726	854	112	+2
15	0.114 613	16 822	33	−3	0.926 000	1 708	260	−2	0.401 580	741	113	−1
16	0.097 791	16 851	29	−5	0.927 708	1 447	261	−4	0.402 321	627	114	−3
17	0.080 940	16 875	24	−4	0.929 155	1 186	261	−2	0.402 948	515	112	+4
18	0.064 065	16 894	19	−1	0.930 341	924	262	−5	0.403 463	400	115	−4
19	+0.047 171	−16 909	−15	−2	+0.931 265	+662	−262	−4	+0.403 863	+287	−113	+1
20	0.030 262	16 919	10	+1	0.931 927	399	263	−3	0.404 150	173	114	0
21	+0.013 343	16 924	−5	+3	0.932 326	+137	262	0	0.404 323	+59	114	−3
22	−0.003 581	16 924	0	+3	0.932 463	−127	264	−3	0.404 382	−56	115	−5
23	0.020 505	16 920	+4	−2	0.932 336	390	263	+1	0.404 326	170	114	0
24	0.037 425	16 911	9	−2	0.931 946	654	264	0	0.404 156	284	114	+1
25	−0.054 336	−16 896	+15	0	+0.931 292	−917	−263	+4	+0.403 872	−398	−114	0
26	0.071 232	16 877	19	−4	0.930 375	1 180	263	+3	0.403 474	513	115	−4
27	0.088 109	16 853	24	−5	0.929 195	1 445	265	−4	0.402 961	627	114	−1
28	0.104 962	16 822	31	+3	0.927 750	1 707	262	+4	0.402 334	741	114	+2
29	0.121 784	16 788	34	−2	0.926 043	1 969	262	+4	0.401 593	854	113	+5
30	0.138 572	16 747	41	+3	0.924 074	2 231	262	−1	0.400 739	967	113	+2
Juli 1	−0.155 319	−16 702	+45	0	+0.921 843	−2 492	−261	0	+0.399 772	−1 081	−114	−4
2	0.172 021	16 652	50	−4	0.919 351	2 751	259	+5	0.398 691	1 192	111	+3
3	0.188 673	16 598	54	−5	0.916 600	3 009	258	+5	0.397 499	1 305	113	−4
4	0.205 271	16 537	61	+2	0.913 591	3 267	258	0	0.396 194	1 416	111	0
5	0.221 808	16 474	63	−5	0.910 324	3 522	255	+3	0.394 778	1 527	111	−1
6	0.238 282	16 405	69	−3	0.906 802	3 777	255	−1	0.393 251	1 637	110	0
7	−0.254 687	−16 333	+72	−3	+0.903 025	−4 030	−253	+1	+0.391 614	−1 747	−110	−2
8	0.271 020	16 255	78	+4	0.898 995	4 282	252	−1	0.389 867	1 856	109	−2
9	0.287 275	16 174	81	+2	0.894 713	4 532	250	0	0.388 011	1 965	109	−5
10	0.303 449	16 088	86	+5	0.890 181	4 782	250	−5	0.386 046	2 073	108	−4
11	0.319 537	15 998	90	+4	0.885 399	5 030	248	−2	0.383 973	2 181	108	−5
12	0.335 535	15 904	94	+2	0.880 369	5 276	246	+2	0.381 792	2 288	107	−3
13	−0.351 439	−15 806	+98	−2	+0.875 093	−5 521	−245	+1	+0.379 504	−2 395	−107	−1
14	0.367 245	15 704	102	−4	0.869 572	5 766	245	−4	0.377 109	2 500	105	+5
15	0.382 949	15 597	107	−2	0.863 806	6 008	242	+1	0.374 609	2 606	106	+2
16	0.398 546	15 486	111	−2	0.857 798	6 249	241	0	0.372 003	2 710	104	+5
17	0.414 032	15 371	115	−3	0.851 549	6 489	240	−2	0.369 293	2 814	104	+1
18	0.429 403	15 251	120	−2	0.845 060	6 727	238	−3	0.366 479	2 918	104	−4
19	−0.444 654	−15 128	+123	−3	+0.838 333	−6 964	−237	−4	+0.363 561	−3 021	−103	−3
20	0.459 782	14 999	129	+4	0.831 369	7 199	235	−5	0.360 540	3 123	102	+1
21	0.474 781	14 866	133	+3	0.824 170	7 433	234	−4	0.357 417	3 223	100	+3
22	0.489 647	14 729	137	−2	0.816 737	7 664	231	+2	0.354 194	3 325	102	−4
23	0.504 376	−14 588	141	−4	0.809 073	−7 893	229	+4	0.350 869	−3 423	98	+4
24	−0.518 964		+146	−2	+0.801 180		−229	−3	+0.347 446		−100	−4

ΔX, ΔY, ΔZ sind in Einheiten der 7. Dezimale gegeben.

0h Weltzeit	Mittleres Äquinoktium 1950.0											
	X			ΔX	Y			ΔY	Z			ΔZ
1957 Juli 24	−0.518 964	−14 442	+146	−2	+0.801 180	− 8 122	−229	−3	+0.347 446	−3 523	−100	−4
25	0.533 406	14 291	151	+3	0.793 058	8 347	225	+4	0.343 923	3 620	97	+1
26	0.547 697	14 135	156	+4	0.784 711	8 570	223	+3	0.340 303	3 717	97	−2
27	0.561 832	13 976	159	−3	0.776 141	8 791	221	−1	0.336 586	3 812	95	−1
28	0.575 808	13 812	164	−3	0.767 350	9 009	218	−1	0.332 774	3 908	96	−5
29	0.589 620	13 644	168	−3	0.758 341	9 225	216	−2	0.328 866	4 000	92	+5
30	−0.603 264	−13 471	+173	+1	+0.749 116	− 9 437	−212	+2	+0.324 866	−4 092	− 92	+4
31	0.616 735	13 295	176	−1	0.739 679	9 646	209	+4	0.320 774	4 182	90	+3
Aug. 1	0.630 030	13 115	180	−1	0.730 033	9 852	206	+3	0.316 592	4 272	90	−2
2	0.643 145	12 931	184	0	0.720 181	10 056	204	−1	0.312 320	4 360	88	−3
3	0.656 076	12 744	187	−2	0.710 125	10 255	199	+2	0.307 960	4 447	87	−3
4	0.668 820	12 554	190	−5	0.699 870	10 453	198	−3	0.303 513	4 532	85	−1
5	−0.681 374	−12 360	+194	−2	+0.689 417	−10 647	−194	+1	+0.298 981	−4 617	− 85	−4
6	0.693 734	12 163	197	−1	0.678 770	10 837	190	+4	0.294 364	4 699	82	+1
7	0.705 897	11 963	200	−2	0.667 933	11 026	189	−4	0.289 665	4 781	82	−4
8	0.717 860	11 759	204	0	0.656 907	11 211	185	−2	0.284 884	4 862	81	−5
9	0.729 619	11 553	206	−4	0.645 696	11 393	182	−3	0.280 022	4 941	79	−1
10	0.741 172	11 344	209	−4	0.634 303	11 573	180	−5	0.275 081	5 018	77	+2
11	−0.752 516	−11 130	+214	+2	+0.622 730	−11 748	−175	+5	+0.270 063	−5 095	− 77	−3
12	0.763 646	10 915	215	−4	0.610 982	11 922	174	0	0.264 968	5 171	76	−3
13	0.774 561	10 696	219	−1	0.599 060	12 092	170	+3	0.259 797	5 244	73	+3
14	0.785 257	10 473	223	+3	0.586 968	12 258	166	+4	0.254 553	5 317	73	+1
15	0.795 730	10 249	224	−3	0.574 710	12 423	165	−4	0.249 236	5 388	71	+3
16	0.805 979	10 020	229	+4	0.562 287	12 584	161	−2	0.243 848	5 457	69	+4
17	−0.815 999	− 9 788	+232	+4	+0.549 703	−12 741	−157	+3	+0.238 391	−5 526	− 69	−4
18	0.825 787	9 554	234	+1	0.536 962	12 895	154	+1	0.232 865	5 593	67	−5
19	0.835 341	9 316	238	+1	0.524 067	13 047	152	−1	0.227 272	5 659	66	−4
20	0.844 657	9 075	241	−1	0.511 020	13 194	147	+4	0.221 613	5 722	63	+2
21	0.853 732	8 832	243	−5	0.497 826	13 337	143	+5	0.215 891	5 785	63	−1
22	0.862 564	8 585	247	−2	0.484 489	13 478	141	−2	0.210 106	5 845	60	+3
23	−0.871 149	− 8 334	+251	+4	+0.471 011	−13 615	−137	−4	+0.204 261	−5 904	− 59	0
24	0.879 483	8 081	253	0	0.457 396	13 746	131	+3	0.198 357	5 962	58	−3
25	0.887 564	7 826	255	−3	0.443 650	13 875	129	−4	0.192 395	6 017	55	+4
26	0.895 390	7 567	259	+2	0.429 775	13 999	124	−4	0.186 378	6 070	53	+5
27	0.902 957	7 306	261	+2	0.415 776	14 119	120	−4	0.180 308	6 122	52	−1
28	0.910 263	7 043	263	+3	0.401 657	14 233	114	+3	0.174 186	6 172	50	−2
29	−0.917 306	− 6 777	+266	+5	+0.387 424	−14 344	−111	−3	+0.168 014	−6 220	− 48	−2
30	0.924 083	6 511	266	−1	0.373 080	14 451	107	−5	0.161 794	6 266	46	−1
31	0.930 594	6 241	270	+4	0.358 629	14 552	101	+1	0.155 528	6 310	44	−2
Sept. 1	0.936 835	5 971	270	−2	0.344 077	14 650	98	−4	0.149 218	6 353	43	−3
2	0.942 806	− 5 699	272	−3	0.329 427	−14 744	94	−4	0.142 865	−6 393	40	+1
3	−0.948 505		+273	−5	+0.314 683		− 89	+1	+0.136 472		− 39	−2

ΔX, ΔY, ΔZ sind in Einheiten der 7. Dezimale gegeben.

0h Weltzeit	Mittleres Äquinoktium 1950.0											
	X			ΔX	Y			ΔY	Z			ΔZ
1957 Sept. 3	−0.948 505	−5 426	+273	−5	+0.314 683	−14 833	−89	+1	+0.136 472	−6 432	−39	−2
4	0.953 931	5 151	275	−2	0.299 850	14 918	85	+3	0.130 040	6 469	37	−3
5	0.959 082	4 874	277	+1	0.284 932	14 998	80	+5	0.123 571	6 505	36	−4
6	0.963 956	4 597	277	−4	0.269 934	15 076	78	−5	0.117 066	6 538	33	+2
7	0.968 553	4 318	279	−1	0.254 858	15 149	73	−2	0.110 528	6 569	31	+3
8	0.972 871	4 037	281	+1	0.239 709	15 217	68	+3	0.103 959	6 600	31	−1
9	−0.976 908	−3 756	+281	−4	+0.224 492	−15 282	−65	−1	+0.097 359	−6 628	−28	+2
10	0.980 664	3 473	283	−2	0.209 210	15 342	60	−1	0.090 731	6 653	25	+5
11	0.984 137	3 189	284	−1	0.193 868	15 399	57	−4	0.084 078	6 679	26	−5
12	0.987 326	2 904	285	+1	0.178 469	15 451	52	−3	0.077 399	6 701	22	−2
13	0.990 230	2 617	287	+4	0.163 018	15 500	49	−4	0.070 698	6 723	22	−3
14	0.992 847	2 329	288	+3	0.147 518	15 543	43	+3	0.063 975	6 741	18	+4
15	−0.995 176	−2 041	+288	−1	+0.131 975	−15 582	−39	+5	+0.057 234	−6 758	−17	+2
16	0.997 217	1 750	291	+2	0.116 393	15 618	36	−2	0.050 476	6 774	16	0
17	0.998 967	1 460	290	−5	0.100 775	15 649	31	−3	0.043 702	6 787	13	+3
18	1.000 427	1 168	292	−4	0.085 126	15 676	27	−3	0.036 915	6 798	11	+5
19	1.001 595	875	293	−2	0.069 450	15 697	21	+4	0.030 117	6 807	9	+3
20	1.002 470	581	294	0	0.053 753	15 714	17	+2	0.023 310	6 815	8	−3
21	−1.003 051	−286	+295	+3	+0.038 039	−15 727	−13	−3	+0.016 495	−6 820	−5	−1
22	1.003 337	+9	295	+2	0.022 312	15 734	7	0	0.009 675	6 823	3	0
23	1.003 328	305	296	+4	+0.006 578	15 736	−2	0	+0.002 852	6 824	−1	0
24	1.003 023	601	296	+5	−0.009 158	15 734	+2	−4	−0.003 972	6 823	+1	+1
25	1.002 422	897	296	+4	0.024 892	15 726	8	−1	0.010 795	6 818	5	+5
26	1.001 525	1 193	296	+2	0.040 618	15 713	13	0	0.017 613	6 814	4	−5
27	−1.000 332	+1 488	+295	−1	−0.056 331	−15 695	+18	−2	−0.024 427	−6 806	+8	−2
28	0.998 844	1 782	294	−2	0.072 026	15 673	22	−4	0.031 233	6 796	10	−1
29	0.997 062	2 077	295	+4	0.087 699	15 646	27	−2	0.038 029	6 784	12	−2
30	0.994 985	2 370	293	−2	0.103 345	15 613	33	+4	0.044 813	6 771	13	−5
Okt. 1	0.992 615	2 662	292	−2	0.118 958	15 577	36	+1	0.051 584	6 755	16	−1
2	0.989 953	2 954	292	+1	0.134 535	15 536	41	+2	0.058 339	6 737	18	+1
3	−0.986 999	+3 245	+291	+1	−0.150 071	−15 490	+46	+5	−0.065 076	−6 718	+19	0
4	0.983 754	3 535	290	0	0.165 561	15 440	50	+2	0.071 794	6 696	22	+4
5	0.980 219	3 823	288	−2	0.181 001	15 386	54	0	0.078 490	6 672	24	+3
6	0.976 396	4 112	289	+4	0.196 387	15 327	59	0	0.085 162	6 648	24	−4
7	0.972 284	4 398	286	−2	0.211 714	15 265	62	−3	0.091 810	6 620	28	+3
8	0.967 886	4 684	286	+1	0.226 979	15 197	68	+4	0.098 430	6 591	29	+1
9	−0.963 202	+4 969	+285	+2	−0.242 176	−15 125	+72	+3	−0.105 021	−6 560	+31	0
10	0.958 233	5 252	283	−1	0.257 301	15 050	75	−1	0.111 581	6 527	33	−1
11	0.952 981	5 535	283	+2	0.272 351	14 969	81	+4	0.118 108	6 493	34	−3
12	0.947 446	5 816	281	0	0.287 320	14 885	84	−1	0.124 601	6 456	37	+2
13	0.941 630	+6 096	280	−1	0.302 205	−14 796	89	−2	0.131 057	−6 417	39	+4
14	−0.935 534		+279	0	−0.317 001		+92	−5	−0.137 474		+40	0

ΔX, ΔY, ΔZ sind in Einheiten der 7. Dezimale gegeben.

0h Weltzeit	Mittleres Äquinoktium 1950.0 X			ΔX	Y			ΔY	Z			ΔZ
1957 Okt. 14	—0.935 534	+ 6 375	+279	0	—0.317 001	−14 704	+ 92	—5	—0.137 474	−6 377	+ 40	0
15	0.929 159	6 652	277	—4	0.331 705	14 605	99	+2	0.143 851	6 334	43	+2
16	0.922 507	6 928	276	—1	0.346 310	14 504	101	—5	0.150 185	6 290	44	—2
17	0.915 579	7 203	275	+2	0.360 814	14 398	106	—4	0.156 475	6 244	46	—2
18	0.908 376	7 476	273	+2	0.375 212	14 286	112	+3	0.162 719	6 195	49	+1
19	0.900 900	7 748	272	+2	0.389 498	14 171	115	—1	0.168 914	6 145	50	—4
20	—0.893 152	+ 8 017	+269	—3	—0.403 669	−14 050	+121	+2	—0.175 059	−6 093	+ 52	—3
21	0.885 135	8 284	267	—5	0.417 719	13 925	125	0	0.181 152	6 038	55	0
22	0.876 851	8 549	265	—1	0.431 644	13 795	130	0	0.187 190	5 982	56	—3
23	0.868 302	8 812	263	+3	0.445 439	13 660	135	+1	0.193 172	5 924	58	0
24	0.859 490	9 072	260	+4	0.459 099	13 522	138	—4	0.199 096	5 863	61	+5
25	0.850 418	9 329	257	+4	0.472 621	13 378	144	+3	0.204 959	5 800	63	+4
26	—0.841 089	+ 9 583	+254	+4	—0.485 999	−13 229	+149	+5	—0.210 759	−5 737	+ 63	—3
27	0.831 506	9 834	251	+5	0.499 228	13 078	151	—3	0.216 496	5 671	66	0
28	0.821 672	10 082	248	+4	0.512 306	12 922	156	0	0.222 167	5 603	68	+1
29	0.811 590	10 327	245	+2	0.525 228	12 761	161	+5	0.227 770	5 534	69	—2
30	0.801 263	10 567	240	—3	0.537 989	12 597	164	+2	0.233 304	5 463	71	—2
31	0.790 696	10 806	239	+5	0.550 586	12 430	167	—3	0.238 767	5 391	72	—4
Nov. 1	—0.779 890	+11 041	+235	+4	—0.563 016	−12 259	+171	—2	—0.244 158	−5 316	+ 75	+2
2	0.768 849	11 273	232	+2	0.575 275	12 084	175	+1	0.249 474	5 241	75	—3
3	0.757 576	11 500	227	—3	0.587 359	11 905	179	+4	0.254 715	5 163	78	+1
4	0.746 076	11 726	226	+4	0.599 264	11 723	182	0	0.259 878	5 085	78	—4
5	0.734 350	11 947	221	+1	0.610 987	11 539	184	—4	0.264 963	5 004	81	—2
6	0.722 403	12 166	219	+4	0.622 526	11 349	190	+3	0.269 967	4 923	81	—5
7	—0.710 237	+12 380	+214	—2	—0.633 875	−11 158	+191	—1	—0.274 890	−4 839	+ 84	—1
8	0.697 857	12 592	212	+1	0.645 033	10 962	196	+3	0.279 729	4 755	84	—5
9	0.685 265	12 799	207	—2	0.655 995	10 764	198	—1	0.284 484	4 669	86	—2
10	0.672 466	13 005	206	+4	0.666 759	10 562	202	+2	0.289 153	4 581	88	+3
11	0.659 461	13 205	200	—3	0.677 321	10 357	205	+1	0.293 734	4 492	89	+3
12	0.646 256	13 403	198	+1	0.687 678	10 148	209	+1	0.298 226	4 401	91	+4
13	—0.632 853	+13 597	+194	+1	—0.697 826	− 9 937	+211	—5	—0.302 627	−4 309	+ 92	0
14	0.619 256	13 787	190	+1	0.707 763	9 722	215	—4	0.306 936	4 216	93	—5
15	0.605 469	13 974	187	+5	0.717 485	9 504	218	—5	0.311 152	4 122	94	—4
16	0.591 495	14 157	183	+5	0.726 989	9 281	223	+2	0.315 274	4 024	98	+4
17	0.577 338	14 335	178	+2	0.736 270	9 057	224	—4	0.319 298	3 927	97	—3
18	0.563 003	14 510	175	+5	0.745 327	8 828	229	0	0.323 225	3 828	99	—3
19	—0.548 493	+14 679	+169	—1	—0.754 155	− 8 596	+232	+1	—0.327 053	−3 727	+101	0
20	0.533 814	14 845	166	+3	0.762 751	8 361	235	0	0.330 780	3 625	102	—1
21	0.518 969	15 005	160	0	0.771 112	8 123	238	—2	0.334 405	3 523	102	—4
22	0.503 964	15 161	156	+1	0.779 235	7 883	240	—3	0.337 928	3 417	106	+4
23	0.488 803	+15 311	150	—2	0.787 118	− 7 639	244	+2	0.341 345	−3 312	105	—3
24	—0.473 492		+146	+3	—0.794 757		+246	+4	—0.344 657		+106	—5

ΔX, ΔY, ΔZ sind in Einheiten der 7. Dezimale gegeben.

0^h Weltzeit	Mittleres Äquinoktium 1950.0											
	X	1. Diff.	2. Diff.	ΔX	Y	1. Diff.	2. Diff.	ΔY	Z	1. Diff.	2. Diff.	ΔZ
1957 Nov. 24	−0.473 492	+15 457	+146	+3	−0.794 757	−7 393	+246	+4	−0.344 657	−3 206	+106	−5
25	0.458 035	15 598	141	+2	0.802 150	7 144	249	+4	0.347 863	3 098	108	−1
26	0.442 437	15 733	135	−3	0.809 294	6 894	250	−3	0.350 961	2 990	108	−2
27	0.426 704	15 863	130	−4	0.816 188	6 642	252	−3	0.353 951	2 880	110	+1
28	0.410 841	15 989	126	+1	0.822 830	6 387	255	+2	0.356 831	2 770	110	−3
29	0.394 852	16 109	120	+1	0.829 217	6 130	257	+3	0.359 601	2 659	111	−2
30	−0.378 743	+16 225	+116	+4	−0.835 347	−5 873	+257	−2	−0.362 260	−2 547	+112	−1
Dez. 1	0.362 518	16 335	110	+2	0.841 220	5 612	261	+3	0.364 807	2 435	112	−3
2	0.346 183	16 441	106	+4	0.846 832	5 352	260	−4	0.367 242	2 321	114	0
3	0.329 742	16 541	100	0	0.852 184	5 088	264	+4	0.369 563	2 207	114	−2
4	0.313 201	16 637	96	+3	0.857 272	4 824	264	0	0.371 770	2 093	114	−4
5	0.296 564	16 727	90	−1	0.862 096	4 559	265	0	0.373 863	1 978	115	−3
6	−0.279 837	+16 813	+ 86	+2	−0.866 655	−4 291	+268	+4	−0.375 841	−1 862	+116	+3
7	0.263 024	16 894	81	+2	0.870 946	4 024	267	−2	0.377 703	1 745	117	+4
8	0.246 130	16 970	76	+2	0.874 970	3 754	270	+4	0.379 448	1 628	117	−1
9	0.229 160	17 041	71	+2	0.878 724	3 483	271	+2	0.381 076	1 511	117	−5
10	0.212 119	17 108	67	+4	0.882 207	3 212	271	−2	0.382 587	1 393	118	−5
11	0.195 011	17 169	61	+1	0.885 419	2 938	274	+3	0.383 980	1 275	118	−4
12	−0.177 842	+17 226	+ 57	+2	−0.888 357	−2 664	+274	−1	−0.385 255	−1 155	+120	+4
13	0.160 616	17 277	51	−2	0.891 021	2 388	276	−1	0.386 410	1 035	120	+2
14	0.143 339	17 323	46	−2	0.893 409	2 112	276	−5	0.387 445	915	120	−1
15	0.126 016	17 364	41	0	0.895 521	1 833	279	−1	0.388 360	795	120	−4
16	0.108 652	17 400	36	+1	0.897 354	1 555	278	−5	0.389 155	673	122	+2
17	0.091 252	17 429	29	−5	0.898 909	1 274	281	+1	0.389 828	552	121	−2
18	−0.073 823	+17 453	+ 24	−3	−0.900 183	− 994	+280	−5	−0.390 380	− 431	+121	−4
19	0.056 370	17 472	19	+2	0.901 177	713	281	−4	0.390 811	308	123	+3
20	0.038 898	17 485	13	+2	0.901 890	431	282	+1	0.391 119	186	122	−1
21	0.021 413	17 491	6	−3	0.902 321	− 148	283	+3	0.391 305	− 64	122	−4
22	−0.003 922	17 492	+ 1	−1	0.902 469	+ 133	281	−3	0.391 369	+ 58	122	−4
23	+0.013 570	17 488	− 4	+2	0.902 336	416	283	+1	0.391 311	180	122	−4
24	+0.031 058	+17 477	− 11	−3	−0.901 920	+ 697	+281	−5	−0.391 131	+ 302	+122	−1
25	0.048 535	17 460	17	−4	0.901 223	978	281	−4	0.390 829	424	122	+2
26	0.065 995	17 439	21	+1	0.900 245	1 259	281	−1	0.390 405	546	122	+4
27	0.083 434	17 411	28	+1	0.898 986	1 540	281	+2	0.389 859	667	121	+2
28	0.100 845	17 379	32	+5	0.897 446	1 819	279	−3	0.389 192	789	122	+4
29	0.118 224	17 340	39	+1	0.895 627	2 097	278	−5	0.388 403	909	120	−3
30	+0.135 564	+17 297	− 43	+4	−0.893 530	+2 375	+278	+1	−0.387 494	+1 029	+120	−3
31	0.152 861	+17 248	49	+2	0.891 155	+2 652	277	+1	0.386 465	+1 149	120	0
32	+0.170 109		− 54	+1	−0.888 503		+276	+1	−0.385 316		+120	+4

ΔX, ΔY, ΔZ sind in Einheiten der 7. Dezimale gegeben.

Mittleres Äquinoktium 1950.0

MERKUR 1957

0h Weltzeit	log r	Helioz. Länge	Red. auf d. Bahn	Helioz. Breite	0h Weltzeit	log r	Helioz. Länge	Red. auf d. Bahn	Helioz. Breite
1957		°	°	°	1957		°	°	°
Jan. — 3	9.5152	26.73	−0.14	−2.52	Juli 1	9.4881	81.68	+0.20	+3.93
+ 2	9.4925	56.19	+0.06	+1.04	6	9.5023	112.63	+0.16	+6.35
7	9.4893	87.60	+0.21	+4.50	11	9.5316	140.70	−0.02	+6.99
12	9.5069	118.17	+0.14	+6.60	16	9.5660	164.86	−0.17	+6.24
17	9.5379	145.53	−0.06	+6.94	21	9.5984	185.43	−0.21	+4.73
22	9.5723	168.96	−0.19	+6.00	26	9.6256	203.26	−0.16	+2.91
27	9.6040	188.96	−0.21	+4.40	31	9.6463	219.17	−0.06	+1.05
Febr. 1	9.6300	206.37	−0.15	+2.56	Aug. 5	9.6603	233.83	+0.05	−0.75
6	9.6494	222.00	−0.04	+0.70	10	9.6677	247.80	+0.14	−2.42
11	9.6622	236.50	+0.06	−1.07	15	9.6686	261.54	+0.20	−3.91
16	9.6684	250.39	+0.15	−2.71	20	9.6629	275.48	+0.21	−5.20
21	9.6680	264.13	+0.20	−4.17	25	9.6507	290.05	+0.18	−6.21
26	9.6611	278.15	+0.21	−5.41	30	9.6317	305.76	+0.09	−6.85
März 3	9.6477	292.90	+0.16	−6.36	Sept. 4	9.6063	323.21	−0.04	−6.97
8	9.6275	308.89	+0.07	−6.92	9	9.5750	343.08	−0.17	−6.33
13	9.6008	326.73	−0.07	−6.92	14	9.5406	6.14	−0.21	−4.66
18	9.5687	347.15	−0.18	−6.11	19	9.5091	32.90	−0.11	−1.80
23	9.5342	10.88	−0.21	−4.21	24	9.4900	62.97	+0.11	+1.85
28	9.5042	38.33	−0.07	−1.15	29	9.4915	94.45	+0.21	+5.11
April 2	9.4886	68.86	+0.14	+2.54	Okt. 4	9.5130	124.47	+0.10	+6.82
7	9.4942	100.29	+0.21	+5.57	9	9.5454	150.98	−0.10	+6.82
12	9.5185	129.75	+0.06	+6.94	14	9.5797	173.60	−0.20	+5.68
17	9.5519	155.51	−0.12	+6.67	19	9.6102	192.96	−0.20	+4.01
22	9.5857	177.46	−0.21	+5.40	24	9.6348	209.91	−0.13	+2.15
27	9.6153	196.30	−0.19	+3.67	29	9.6528	225.25	−0.02	+0.30
Mai 2	9.6387	212.90	−0.11	+1.80	Nov. 3	9.6642	239.57	+0.09	−1.44
7	9.6554	228.00	0.00	−0.03	8	9.6689	253.39	+0.17	−3.05
12	9.6655	242.19	+0.10	−1.76	13	9.6671	267.16	+0.21	−4.46
17	9.6690	255.97	+0.18	−3.33	18	9.6588	281.30	+0.21	−5.65
22	9.6660	269.77	+0.21	−4.70	23	9.6438	296.27	+0.15	−6.52
27	9.6565	284.03	+0.20	−5.84	28	9.6222	312.61	+0.04	−6.98
Juni 1	9.6403	299.22	+0.13	−6.65	Dez. 3	9.5942	330.95	−0.10	−6.82
6	9.6174	315.88	+0.01	−7.00	8	9.5611	352.03	−0.20	−5.79
11	9.5883	334.67	−0.12	−6.70	13	9.5270	16.56	−0.19	−3.64
16	9.5546	356.35	−0.21	−5.48	18	9.4991	44.79	−0.02	−0.36
21	9.5210	21.58	−0.17	−3.10	23	9.4878	75.75	+0.18	+3.30
26	9.4955	50.45	+0.02	+0.33	28	9.4982	106.98	+0.19	+6.03
Juli 1	9.4881	81.68	+0.20	+3.93	33	9.5254	135.72	+0.02	+7.00

☊ = 47°739 $i = 7°004$ $m = \frac{1}{6\,000\,000}$

Mittleres Äquinoktium 1950.0

0^h Weltzeit	Julian. Zeit	log r	Heliozentr. Länge	Red. auf d. Bahn	Heliozentr. Breite	log R	Länge
		VENUS 1957				ERDE 1957	
1957	d		°	in 0°001	°		°
Jan. −8	2435 830.5	9.85851	205.400	−49	+2.632	9.99281	91.051
+2	840.5	9.85933	221.449	−47	+1.937	9.99268	101.242
12	850.5	9.86015	237.424	−31	+1.094	9.99277	111.433
22	860.5	9.86089	253.331	− 5	+0.171	9.99309	121.615
Febr. 1	870.5	9.86152	269.187	+22	−0.763	9.99362	131.777
11	2435 880.5	9.86198	285.009	+42	−1.636	9.99434	141.909
21	890.5	9.86223	300.818	+50	−2.385	9.99523	152.004
März 3	900.5	9.86226	316.631	+43	−2.953	9.99626	162.054
13	910.5	9.86207	332.463	+23	−3.297	9.99740	172.054
23	920.5	9.86167	348.324	− 4	−3.392	9.99861	182.000
April 2	2435 930.5	9.86109	4.220	−30	−3.228	9.99986	191.889
12	940.5	9.86037	20.154	−47	−2.817	0.00110	201.722
22	950.5	9.85958	36.131	−50	−2.187	0.00231	211.499
Mai 2	960.5	9.85875	52.153	−37	−1.385	0.00344	221.224
12	970.5	9.85798	68.222	−14	−0.472	0.00446	230.901
22	2435 980.5	9.85730	84.342	+14	+0.481	0.00536	240.535
Juni 1	2435 990.5	9.85678	100.511	+38	+1.398	0.00609	250.132
11	2436 000.5	9.85647	116.722	+50	+2.206	0.00665	259.701
21	010.5	9.85638	132.965	+46	+2.840	0.00703	269.250
Juli 1	020.5	9.85652	149.220	+28	+3.246	0.00720	278.786
11	2436 030.5	9.85689	165.464	+ 1	+3.394	0.00716	288.319
21	040.5	9.85744	181.675	−26	+3.271	0.00693	297.859
31	050.5	9.85815	197.830	−45	+2.891	0.00649	307.413
Aug. 10	060.5	9.85895	213.915	−50	+2.286	0.00587	316.990
20	070.5	9.85977	229.924	−40	+1.504	0.00508	326.599
30	2436 080.5	9.86055	245.862	−18	+0.610	0.00415	336.246
Sept. 9	090.5	9.86124	261.740	+10	−0.327	0.00308	345.938
19	100.5	9.86179	277.575	+34	−1.238	0.00192	355.679
29	110.5	9.86214	293.388	+48	−2.053	0.00070	5.475
Okt. 9	120.5	9.86227	309.198	+48	−2.711	9.99946	15.326
19	2436 130.5	9.86219	325.020	+34	−3.165	9.99822	25.234
29	140.5	9.86188	340.866	+ 9	−3.379	9.99703	35.197
Nov. 8	150.5	9.86138	356.745	−18	−3.337	9.99592	45.214
18	160.5	9.86072	12.661	−40	−3.039	9.99493	55.279
28	170.5	9.85995	28.618	−50	−2.507	9.99409	65.386
Dez. 8	2436 180.5	9.85913	44.619	−45	−1.780	9.99343	75.529
18	190.5	9.85833	60.666	−26	−0.911	9.99297	85.698
28	200.5	9.85760	76.762	+ 1	+0.033	9.99272	95.884
38	2436 210.5	9.85700	92.909	+28	+0.976	9.99270	106.076

Venus: ☊ = 76°230 i = 3°394 $m = \frac{1}{408\,000}$

Erde: $m = \frac{1}{329\,390}$

Mittleres Äquinoktium 1950.0

0^h Weltzeit	log r	Heliozentr. Länge	Red. a. d. Bahn	Heliozentr. Breite	log r	Heliozentr. Länge	Red. a. d. Bahn	Heliozentr. Breite
	MARS 1957				JUPITER 1957			
1957		°	in 0°001	°		°	in 0°0001	°
Jan. — 8	0.16855	49.966	0	+0.026	0.735130	170.3426	+47	+1.2310
+ 2	0.17230	55.490	+ 3	0.204	0.735244	171.1033	45	1.2367
12	0.17607	60.918	+ 6	0.377	0.735354	171.8636	44	1.2422
22	0.17984	66.253	+ 8	0.544	0.735460	172.6235	42	1.2475
Febr. 1	0.18357	71.497	+10	0.703	0.735563	173.3830	41	1.2525
11	0.18724	76.652	+12	+0.854	0.735662	174.1422	+39	+1.2574
21	0.19080	81.723	+14	0.996	0.735757	174.9011	37	1.2620
März 3	0.19425	86.713	+14	1.128	0.735849	175.6596	36	1.2663
13	0.19755	91.626	+15	1.249	0.735936	176.4178	34	1.2705
23	0.20070	96.468	+15	1.360	0.736021	177.1757	32	1.2745
April 2	0.20366	101.242	+14	+1.459	0.736101	177.9334	+30	+1.2782
12	0.20644	105.953	+14	1.548	0.736177	178.6908	28	1.2816
22	0.20901	110.608	+13	1.625	0.736251	179.4479	27	1.2849
Mai 2	0.21136	115.210	+11	1.690	0.736319	180.2047	25	1.2880
12	0.21349	119.765	+ 9	1.745	0.736385	180.9613	23	1.2908
22	0.21539	124.279	+ 7	+1.788	0.736446	181.7178	+21	+1.2933
Juni 1	0.21704	128.756	+ 5	1.819	0.736504	182.4740	19	1.2957
11	0.21845	133.202	+ 3	1.840	0.736557	183.2300	17	1.2978
21	0.21961	137.621	+ 1	1.849	0.736608	183.9858	15	1.2997
Juli 1	0.22051	142.020	— 1	1.847	0.736654	184.7415	14	1.3014
11	0.22116	146.402	— 4	+1.835	0.736696	185.4970	+12	+1.3029
21	0.22155	150.775	— 6	1.812	0.736734	186.2524	10	1.3041
31	0.22169	155.142	— 8	1.778	0.736768	187.0076	8	1.3051
Aug. 10	0.22156	159.508	—10	1.734	0.736798	187.7628	6	1.3059
20	0.22117	163.880	—11	1.680	0.736827	188.5178	4	1.3064
30	0.22053	168.262	—13	+1.616	0.736850	189.2728	+ 2	+1.3068
Sept. 9	0.21963	172.659	—14	1.542	0.736869	190.0276	0	1.3069
19	0.21848	177.076	—14	1.459	0.736884	190.7824	— 2	1.3067
29	0.21707	181.520	—15	1.367	0.736895	191.5372	4	1.3064
Okt. 9	0.21542	185.994	—15	1.265	0.736902	192.2919	6	1.3058
19	0.21354	190.505	—15	+1.155	0.736906	193.0467	— 8	+1.3050
29	0.21141	195.057	—14	1.037	0.736905	193.8014	10	1.3039
Nov. 8	0.20907	199.656	—13	0.911	0.736901	194.5561	12	1.3027
18	0.20651	204.306	—11	0.777	0.736893	195.3108	14	1.3012
28	0.20374	209.014	—10	0.637	0.736882	196.0656	16	1.2995
Dez. 8	0.20078	213.784	— 8	+0.490	0.736866	196.8204	—18	+1.2975
18	0.19765	218.621	— 5	0.338	0.736847	197.5753	20	1.2954
28	0.19435	223.531	— 3	0.181	0.736823	198.3302	21	1.2930
38	0.19092	228.517	0	+0.020	0.736796	199.0852	—23	+1.2904

Mars: ☊ = 49°172 i = 1°850 $m = \frac{1}{3\,093\,500}$

Jupiter: ☊ = 99°9528 i = 1°3059 $m = \frac{1}{1\,047.35}$

Mittleres Äquinoktium 1950.0

SATURN 1957

0^h Weltzeit		Julian. Zeit	log r	Heliozentrische Länge	Red. auf die Bahn	Heliozentr. Breite
		d		°	in 0°0001	°
1957	Jan. 2	2435 840.5	1.000244	246.3328	−270	+1.8165
	Febr. 11	880.5	1.000475	247.5486	271	1.7800
	März 23	920.5	1.000696	248.7630	271	1.7427
	Mai 2	2435 960.5	1.000906	249.9764	−270	+1.7047
	Juni 11	2436 000.5	1.001106	251.1886	269	1.6659
	Juli 21	040.5	1.001295	252.3997	268	1.6265
	Aug. 30	080.5	1.001475	253.6098	−266	+1.5863
	Okt. 9	120.5	1.001643	254.8190	264	1.5455
	Nov. 18	160.5	1.001801	256.0272	261	1.5040
1957	Dez. 28	200.5	1.001949	257.2346	257	1.4619
1958	Febr. 6	2436 240.5	1.002086	258.4413	−254	+1.4192

☊ = 113°2251 i = 2°4903 $m = \frac{1}{3\,501.6}$

URANUS 1957

0^h Weltzeit		Julian. Zeit	log r	Heliozentrische Länge	Red. auf die Bahn	Heliozentr. Breite
		d		°	in 0°001	°
1957	Jan. 2	2435 840.5	1.26807	124.547	+3	+0.599
	Febr. 11	880.5	1.26795	125.050	3	603
	März 23	920.5	1.26782	125.553	3	607
	Mai 2	2435 960.5	1.26769	126.057	+3	+0.611
	Juni 11	2436 000.5	1.26757	126.560	3	615
	Juli 21	040.5	1.26744	127.065	3	620
	Aug. 30	080.5	1.26732	127.569	+2	+0.624
	Okt. 9	120.5	1.26720	128.073	2	628
	Nov. 18	160.5	1.26707	128.578	2	632
1957	Dez. 28	200.5	1.26695	129.083	2	635
1958	Febr. 6	2436 240.5	1.26683	129.589	+2	+0.639

☊ = 73°745 i = 0°773 $m = \frac{1}{22\,869}$

NEPTUN 1957

0^h Weltzeit		Julian. Zeit	log r	Heliozentrische Länge	Red. auf die Bahn	Heliozentr. Breite
		d		°	in 0°001	°
1957	Jan. 2	2435 840.5	1.48182	210.482	+5	+1.744
	Febr. 11	880.5	1.48183	210.718	5	1.745
	März 23	920.5	1.48183	210.954	5	1.746
	Mai 2	2435 960.5	1.48184	211.190	+5	+1.747
	Juni 11	2436 000.5	1.48184	211.426	5	1.749
	Juli 21	040.5	1.48185	211.662	5	1.750
	Aug. 30	080.5	1.48185	211.898	+4	+1.751
	Okt. 9	120.5	1.48185	212.134	4	1.752
	Nov. 18	160.5	1.48186	212.370	4	1.753
1957	Dez. 28	200.5	1.48186	212.605	4	1.754
1958	Febr. 6	2436 240.5	1.48187	212.841	+4	+1.756

☊ = 131°230 i = 1°775 $m = \frac{1}{19\,314}$

PLUTO 1957

0^h Weltzeit		Julian. Zeit	log r	Heliozentrische Länge	Red. auf die Bahn	Heliozentr. Breite
		d		°	°	°
1956	Nov. 23	2435 800.5	1.53895	148.664	+1.279	+10.990
1957	Febr. 11	880.5	1.53827	149.066	1.282	11.082
	Mai 2	2435 960.5	1.53759	149.467	1.286	11.174
	Juli 21	2436 040.5	1.53691	149.870	1.289	11.265
	Okt. 9	120.5	1.53623	150.274	1.291	11.356
1957	Dez. 28	2436 200.5	1.53555	150.679	+1.293	+11.447

☊ = 109°633 i = 17°144 $m \approx \frac{1}{360\,000}$

Mittlere und Scheinbare Sternörter 1957

Reduktionsgrößen

A

Mittlere Sternörter 1957.0

Nr.	Name	Größe	Spektrum	AR. 1957.0	Jährl. Veränderung 1957.5	Jährl. Eigenbew. in 0.ˢ0001	Dekl. 1957.0	Jährl. Veränderung 1957.5	Jährl. Eigenbew. in 0.″001
		m		h m s	s		° ′ ″	″	
905	[2 Ceti]	4.62	A 0	0 1 32.258	+3.0722	+ 16	−17 34 31.01	+20.040	− 2
1001	[45 G. Tucanae]	5.64	B 9	0 2 31.651	+3.0377	+ 92	−71 40 34.66	+20.025	− 16
1002	[33 Piscium]	4.68	K 0	0 3 8.021	+3.0707	− 8	− 5 56 52.76	+20.137	+ 97
1003	[9 G. Ceti]	6.06	F 0	0 4 38.152	+3.0690	+ 73	−23 20 47.04	+19.998	− 40
1	α Andromedae	2.15	A op	0 6 9.565	+3.1036	+ 103	+28 51 11.25	+19.876	− 159
2	β Cassiopeiae	2.42	F 5	0 6 52.161	+3.2077	+ 676	+58 54 45.72	+19.855	− 178
3	ε Phoenicis	3.94	K 0	0 7 14.086	+3.0422	+ 126	−45 59 4.26	+19.862	− 170
4	[22 Andromedae]	5.08	F 0	0 8 4.583	+3.1224	+ 3	+45 49 59.08	+20.032	+ 3
5	[$\varkappa^2$ Sculptoris]	5.56	K 0	0 9 23.546	+3.0450	+ 8	−28 2 20.78	+20.050	+ 25
6	[ϑ Sculptoris]	5.19	F 5	0 9 32.978	+3.0467	+ 129	−35 22 24.75	+20.160	+ 136
7	γ Pegasi	2.87	B 2	0 11 1.079	+3.0907	+ 1	+14 56 40.66	+20.012	− 6
1004	[χ Pegasi]	4.94	M 0	0 12 22.401	+3.1062	+ 65	+19 58 3.69	+20.018	+ 5
1005	[σ Andromedae]	4.51	A 2	0 16 4.421	+3.1373	− 57	+36 32 49.46	+19.957	− 35
1006	[Pi 0^h 38 Andr]	5.80	A 0	0 16 23.159	+3.1362	+ 47	+31 16 43.33	+19.995	+ 4
9	ι Ceti	3.75	K 0	0 17 14.177	+3.0561	− 12	− 9 3 43.50	+19.958	− 27
10	ζ Tucanae	4.34	F 8	0 17 50.613	+3.1194	+2705	−65 7 38.30	+21.154	+1173
1007	[−18° 41 Cetus]	6.88	K 0	0 17 52.214	+3.0446	+ 50	−17 56 19.84	+19.990	+ 9
1008	[41 Piscium]	5.58	K 0	0 18 22.928	+3.0880	− 4	+ 7 57 5.81	+19.993	+ 15
1009	[ρ Andromedae]	5.20	F 5	0 18 50.925	+3.1634	+ 49	+37 43 50.30	+19.940	− 34
1010	[44 Piscium]	5.99	G 5	0 23 11.813	+3.0765	− 9	+ 1 42 6.32	+19.930	− 10
11	β Hydri	2.90	G 0	0 23 31.466	+3.1423	+6869	−77 29 46.57	+20.265	+ 329
12	α Phoenicis	2.44	K 0	0 24 9.785	+2.9632	+ 189	−42 32 21.29	+19.547	− 384
1011	[Pi 0^h 78 Cetus]	7.54	M 3	0 25 49.607	+3.0447	+ 30	−11 53 47.50	+19.899	− 15
1012	[48 Piscium]	6.46	K 2	0 25 58.414	+3.1185	+ 11	+16 12 26.86	+19.902	− 11
13	12 Ceti	6.05	K 5	0 27 50.600	+3.0622	+ 6	− 4 11 40.62	+19.891	− 3
14	[49 G. Ceti]	5.23	A 3	0 28 13.732	+2.9983	− 19	−24 1 31.05	+19.911	+ 22
15	[λ^1 Phoenicis]	4.88	A 2	0 29 20.828	+2.8912	+ 145	−49 2 27.68	+19.908	+ 30
16	[ϰ Cassiopeiae]	4.24	B 0	0 30 32.211	+3.4172	− 5	+62 41 41.33	+19.867	+ 3
1013	[77 G. Sculptoris]	5.62	K 0	0 31 33.531	+2.9662	− 21	−29 47 42.41	+19.819	− 32
1014	[58 G. Phoenicis]	5.55	F 5	0 32 25.327	+2.8508	+ 241	−52 36 37.68	+19.881	+ 39
17	ζ Cassiopeiae	3.72	B 3	0 34 33.738	+3.3482	+ 17	+53 39 38.08	+19.808	− 6
18	π Andromedae	4.47	B 3	0 34 34.634	+3.2075	+ 12	+33 28 58.50	+19.814	0
19	[ε Andromedae]	4.52	G 5	0 36 16.619	+3.1730	− 177	+29 4 43.10	+19.544	− 247
20	δ Andromedae	3.49	K 2	0 37 1.323	+3.2112	+ 104	+30 37 33.42	+19.693	− 88
21	α Cassiopeiae	2.1—2.6	K 0	0 38 3.155	+3.4108	+ 60	+56 18 6.83	+19.738	− 28
1015	[μ Phoenicis]	4.65	K 0	0 39 17.800	+2.8320	− 26	−46 19 14.40	+19.759	+ 11
1016	[Lac 181 Scul]	7.21	M 0	0 40 32.699	+2.8991	− 18	−36 15 28.55	+19.739	+ 10
23	[η Phoenicis]	4.53	A 0	0 41 25.709	+2.6937	+ 4	−57 41 54.74	+19.736	+ 21
22	β Ceti	2.24	K 0	0 41 25.894	+3.0108	+ 165	−18 13 20.29	+19.755	+ 40
26	[λ^2 Sculptoris]	5.97	K 0	0 42 7.489	+2.8981	+ 201	−38 39 29.54	+19.831	+ 127

Nr.	Name	Größe	Spektrum	AR. 1957.0	Jährl. Veränderung 1957.5	Jährl. Eigenbew. in 0.0001 s	Dekl. 1957.0	Jährl. Veränderung 1957.5	Jährl. Eigenbew. in 0.001″
		m		h m s	s		° ′ ″	″	
25	o Cassiopeiae	4.70	B 2	0 42 19.076	+3.3483	+ 17	+48 2 57.90	+19.698	− 3
24	21 Cassiopeiae	*5.7-6.1*	A 2	0 42 46.195	+3.9785	− 53	+74 45 12.45	+19.674	− 20
1017	[70 G. Phoenicis]	6.00	A 5	0 42 55.281	+2.8342	− 79	−42 54 38.04	+19.591	− 100
27	ζ Andromedae	4.30	K 0	0 45 3.235	+3.1824	− 75	+24 2 1.09	+19.580	− 76
1018	[79 G. Ceti]	5.45	B 9	0 45 53.419	+2.9679	+ 17	−21 57 24.75	+19.632	− 9
1019	[96 G. Piscium]	5.82	G 5	0 46 7.478	+3.1476	+ 505	+ 5 3 35.32	+18.495	−1142
28	[δ Piscium]	4.55	K 5	0 46 26.903	+3.1137	+ 55	+ 7 21 5.08	+19.587	− 45
1020	[64 Piscium]	5.23	F 5	0 46 42.867	+3.1544	− 2	+16 42 31.85	+19.429	− 197
31	[λ Hydri]	4.96	K 5	0 47 6.322	+2.0795	+ 353	−75 9 26.13	+19.596	− 24
1021	[ν Andromedae]	4.42	B 3	0 47 26.000	+3.3125	+ 15	+40 50 42.40	+19.597	− 17
30	[φ² Ceti]	5.24	F 5	0 47 58.312	+3.0044	− 157	−10 52 31.75	+19.384	− 220
29	[Br 82 Cass]	5.45	F2+A2	0 48 5.785	+3.6488	+ 39	+64 0 50.09	+19.595	− 6
1022	[20 Ceti]	4.92	K 0	0 50 48.507	+3.0667	+ 3	− 1 22 38.70	+19.538	− 13
34	[λ² Tucanae]	5.34	K 0	0 53 24.326	+2.2385	+ 20	−69 45 33.52	+19.463	− 36
32	γ Cassiopeiae	1.6—2.3	B op	0 54 5.678	+3.6285	+ 28	+60 29 3.78	+19.484	− 2
33	μ Andromedae	3.94	A 2	0 54 21.486	+3.3339	+ 127	+38 15 59.66	+19.517	+ 37
1023	[68 Piscium]	5.64	K 0	0 55 30.113	+3.2496	+ 2	+28 45 36.53	+19.450	− 7
35	α Sculptoris	4.39	B 5	0 56 32.095	+2.8893	+ 12	−29 35 22.12	+19.442	+ 7
1024	[98 G. Ceti]	6.70	K 0	0 56 34.990	+3.0388	+ 3	− 6 6 49.29	+19.360	− 73
1025	[101 G. Ceti]	6.58	G 5	0 59 30.610	+2.9772	+ 55	−16 29 43.81	+19.298	− 71
1027	[80 G. Phoenicis]	6.00	K 0	1 0 12.915	+2.5339	− 2	−57 14 0.53	+19.382	+ 29
1026	[σ Sculptoris]	5.52	A 2	1 0 23.266	+2.8634	+ 57	−31 46 59.22	+19.366	+ 17
36	ε Piscium	4.45	K 0	1 0 42.502	+3.1150	− 54	+ 7 39 32.72	+19.372	+ 30
37	[26 Ceti]	6.18	F 0	1 1 36.078	+3.0883	+ 78	+ 1 8 12.46	+19.286	− 36
1028	[72 Piscium]	5.65	F 2	1 2 48.907	+3.1688	+ 4	+14 42 55.09	+19.352	+ 59
1029	[106 G. Ceti]	6.29	G 5	1 4 2.809	+2.9057	− 19	−24 13 19.12	+19.221	− 42
1030	[μ Cassiopeiae]	5.26	G 5	1 5 23.626	+3.9996	+3944	+54 42 36.70	+17.654	−1576
39	[ι Tucanae]	5.32	K 0	1 5 36.746	+2.3743	+ 108	−62 0 16.21	+19.228	+ 2
1031	υ Phoenicis	5.15	A 3	1 5 50.146	+2.7394	+ 35	−41 42 59.83	+19.224	+ 4
40	[η Ceti]	3.60	K 0	1 6 25.550	+3.0180	+ 147	−10 24 34.76	+19.077	− 128
42	β Andromedae	2.37	M 0	1 7 18.997	+3.3630	+ 146	+35 23 35.16	+19.071	− 112
41	[44 H. Cephei]	5.68	A 0	1 8 28.713	+5.2190	+ 327	+79 26 45.31	+19.155	+ 2
1032	[χ Piscium]	4.89	K 0	1 9 8.218	+3.2269	+ 26	+20 48 23.66	+19.132	− 5
43	[τ Piscium]	4.70	K 0	1 9 17.108	+3.3072	+ 53	+29 51 42.82	+19.101	− 32
44	[102 G. Sculpt.]	5.91	A 5	1 10 46.638	+2.7619	+ 68	−38 5 1.97	+19.069	− 25
1033	[ζ Piscium *pr*]	5.57	A 5	1 11 28.882	+3.1359	+ 95	+ 7 20 54.51	+19.024	− 50
1034	[89 Piscium]	5.28	A 2	1 15 34.676	+3.0956	− 35	+ 3 23 18.85	+18.942	− 19
45	υ Piscium	4.67	A 2	1 17 5.789	+3.3003	+ 16	+27 2 19.04	+18.909	− 9
1035	[ξ Andromedae]	4.99	K 0	1 19 47.863	+3.5375	+ 31	+45 18 14.78	+18.849	+ 11
1036	[109 G. Sculpt.]	5.82	K 5	1 21 30.980	+2.7914	− 5	−31 10 8.88	+18.750	− 37

Mittlere Sternörter 1957.0

Nr.	Name	Größe	Spektrum	AR. 1957.0	Jährl. Veränderung 1957.5	Jährl. Eigenbew. in 0.s0001	Dekl. 1957.0	Jährl. Veränderung 1957.5	Jährl. Eigenbew. in 0."001
		m		h m s	s		° ′ ″	″	
47	ϑ Ceti	3.83	K0	1 21 52.359	+2.9990	− 54	− 8 24 17.08	+18.560	− 216
1037	[138 G. Ceti]	6.38	G5	1 22 37.483	+3.0492	+ 11	− 3 4 18.83	+18.726	− 26
46	[ψ Cassiopeiae]	4.97	K0	1 22 51.925	+4.2510	+ 126	+67 54 23.07	+18.775	+ 30
48	δ Cassiopeiae	2.80	A5	1 22 58.998	+3.9336	+ 397	+60 0 45.24	+18.695	− 46
1038	[9 G. Hydri]	5.82	K5	1 23 36.172	+2.0725	+ 27	−64 35 33.59	+18.712	− 10
1039	[94 Piscium]	5.63	K0	1 24 21.991	+3.2423	+ 31	+19 1 5.47	+18.642	− 57
1041	[47 Ceti]	5.68	F0	1 24 44.211	+2.9606	+ 12	−13 16 46.25	+18.699	+ 12
1040	[ω Andromedae]	4.96	F5	1 25 4.263	+3.5935	+ 321	+45 11 7.62	+18.575	− 101
49	[γ Phoenicis]	3.40	K5	1 26 29.986	+2.6038	− 16	−43 32 16.52	+18.433	− 198
1043	[48 Ceti]	5.13	A0	1 27 32.356	+2.8776	+ 40	−21 51 4.41	+18.606	+ 9
1042	[38 Cassiopeiae]	5.95	F5	1 27 59.654	+4.4789	+ 264	+70 2 39.41	+18.512	− 70
50	η Piscium	3.72	G5	1 29 10.675	+3.2123	+ 18	+15 7 29.08	+18.540	− 3
1044	[δ Phoenicis]	3.96	K0	1 29 27.774	+2.4960	+ 137	−49 17 44.11	+18.696	+ 162
53	[14 G. Hydri]	6.06	G5	1 33 20.804	+0.4121	− 75	−78 43 21.99	+18.285	− 118
1045	[υ Andromedae]	4.18	G0	1 34 15.810	+3.5257	− 154	+41 11 28.20	+17.991	− 378
1046	[π Piscium]	5.63	F0	1 34 48.900	+3.1823	− 46	+11 55 20.40	+18.399	+ 48
51	40 Cassiopeiae	5.50	K0	1 35 2.043	+4.8121	− 37	+72 49 18.83	+18.332	− 10
52	51 Andromedae	3.77	K0	1 35 20.440	+3.6886	+ 66	+48 24 40.29	+18.223	− 109
54	α Eridani	0.60	B5	1 36 6.926	+2.2334	+ 126	−57 27 16.63	+18.281	− 23
55	43 Cassiopeiae	5.54	A0p	1 39 7.525	+4.4569	+ 87	+67 49 35.72	+18.192	− 3
56	[ν Piscium]	4.68	K0	1 39 11.415	+3.1235	− 17	+ 5 16 14.56	+18.200	+ 7
1047	[+ 34° 297 Tria]	5.45	B8	1 39 33.846	+3.4715	+ 38	+35 1 45.55	+18.149	− 30
58	[129 G. Sculpt.]	5.64	A0	1 40 9.224	+2.6426	− 39	−37 2 55.33	+18.139	− 19
1048	[π Sculptoris]	5.28	K0	1 40 12.133	+2.7062	− 62	−32 32 35.02	+18.141	− 14
1049	[175 G. Ceti]	5.27	G5	1 40 32.953	+3.0345	− 1	− 3 54 22.04	+18.111	− 32
57	φ Persei	4.19	B0p	1 40 57.098	+3.7667	+ 26	+50 28 22.78	+18.116	− 11
59	τ Ceti	3.65	K0	1 42 4.175	+2.7875	−1191	−16 9 47.81	+18.946	+ 860
60	o Piscium	4.50	K0	1 43 7.156	+3.1697	+ 48	+ 8 56 31.49	+18.100	+ 54
61	ε Sculptoris	5.42	F0	1 43 37.918	+2.8096	+ 117	−25 16 0.55	+17.975	− 52
1050	[4 Arietis]	5.73	A0	1 45 50.675	+3.2559	+ 34	+16 44 31.95	+17.912	− 30
1051	[χ Ceti]	4.77	F0	1 47 28.276	+2.9469	− 103	−10 53 54.24	+17.788	− 90
62	ζ Ceti	3.92	K0	1 49 20.177	+2.9617	+ 25	−10 32 48.26	+17.771	− 33
1052	[2 Persei]	5.64	B9	1 49 24.395	+3.8217	+ 12	+50 34 52.40	+17.778	− 23
64	α Trianguli	3.58	F5	1 50 37.396	+3.4233	+ 8	+29 22 12.79	+17.520	− 231
63	ε Cassiopeiae	3.44	B3	1 51 16.591	+4.3264	+ 40	+63 27 33.87	+17.707	− 17
65	ξ Piscium	4.84	K0	1 51 19.586	+3.1073	+ 14	+ 2 58 33.75	+17.751	+ 28
67	ψ Phoenicis	4.41	M3	1 51 55.409	+2.4043	− 82	−46 30 45.41	+17.619	− 79
66	β Arietis	2.72	A5	1 52 15.549	+3.3166	+ 68	+20 35 55.13	+17.577	− 108
1053	[φ Phoenicis]	5.00	B9	1 52 34.968	+2.4878	− 38	−42 42 26.01	+17.653	− 18
69	[η^2 Hydri]	4.72	K0	1 53 50.560	+1.5214	+ 128	−67 51 29.91	+17.706	+ 87

Nr.	Name	Größe	Spektrum	AR. 1957.0	Jährl. Veränderung 1957.5	Jährl. Eigenbew. in 0.s0001	Dekl. 1957.0	Jährl. Veränderung 1957.5	Jährl. Eigenbew. in 0.″001
		m		h m s	s		° ′ ″	″	
68	χ Eridani	3.73	G 5	1 54 17.162	+2.3340	+ 733	−51 49 20.29	+17.901	+ 300
72	α Hydri	3.02	F 0	1 57 24.918	+1.8904	+ 374	−61 46 42.48	+17.507	+ 39
71	υ Ceti	4.18	M 0	1 57 58.687	+2.8264	+ 93	−21 17 7.45	+17.428	− 16
1054	[4 Persei]	4.99	B 8	1 59 25.318	+4.0024	+ 37	+54 16 50.79	+17.383	+ 3
70	50 Cassiopeiae	4.06	A 2	1 59 43.032	+5.1421	− 104	+72 12 52.70	+17.396	+ 28
73	γ Andromedae *pr*	2.28	K 0	2 1 14.993	+3.6878	+ 44	+42 7 27.91	+17.254	− 47
1055	[ν Fornacis]	4.74	A op	2 2 33.765	+2.6885	+ 4	−29 30 8.97	+17.252	+ 9
74	α Arietis	2.23	K 2	2 4 44.605	+3.3847	+ 138	+23 15 36.11	+17.001	− 144
75	β Trianguli	3.08	A 5	2 6 58.585	+3.5738	+ 119	+34 47 5.59	+17.004	− 38
1056	[15 Arietis]	5.92	M 0	2 8 14.253	+3.3280	+ 62	+19 17 54.41	+16.961	− 23
1057	[19 Arietis]	5.99	K 5	2 10 42.286	+3.2744	+ 66	+15 4 45.34	+16.852	− 17
1058	[ξ¹ Ceti]	4.54	G 5	2 10 43.014	+3.1815	− 16	+ 8 38 45.52	+16.866	− 2
77	[Br 299 Andr]	5.40	K 0	2 10 43.882	+3.9971	+ 366	+50 52 2.10	+16.701	− 166
78	μ Fornacis	5.24	A 0	2 11 0.859	+2.6417	+ 14	−30 55 29.11	+16.866	+ 12
76	55 Cassiopeiae	6.15	F5+A2	2 11 4.706	+4.7212	− 23	+66 19 27.39	+16.851	0
1060	[135 G. Phoenicis]	5.86	K 0	2 12 47.477	+2.4265	− 27	−41 21 58.99	+16.744	− 25
1059	[21 Arietis]	5.64	F 5	2 13 16.012	+3.4067	− 66	+24 50 41.47	+16.669	− 78
79	[γ Trianguli]	4.07	A 0	2 14 44.986	+3.5703	+ 35	+33 38 58.05	+16.631	− 44
80	67 Ceti	5.70	G 5	2 14 50.203	+2.9934	+ 60	− 6 37 10.00	+16.566	− 105
82	[φ Eridani]	3.78	B 8	2 14 58.393	+2.1430	+ 98	−51 42 37.91	+16.649	− 16
1062	[21 G. Fornacis]	6.74	G 5	2 15 30.532	+2.5425	+ 139	−36 10 53.86	+16.699	+ 60
81	[ϑ Arietis]	5.69	A 0	2 15 43.698	+3.3397	− 9	+19 42 11.65	+16.630	+ 3
1061	[232 G. Ceti]	5.82	F 8	2 15 47.204	+3.1180	+ 243	+ 1 33 19.82	+17.006	+ 381
1063	[62 Andromedae]	5.12	A 0	2 16 29.586	+3.8768	− 57	+47 10 58.03	+16.588	− 2
1064	[239 G. Ceti]	5.99	K 0	2 20 3.365	+2.8276	+ 12	−17 51 25.06	+16.362	− 51
83	[κ Fornacis]	5.37	F 5	2 20 34.469	+2.7455	+ 147	−24 0 39.29	+16.332	− 55
1065	[δ Hydri]	4.26	A 2	2 20 58.705	+1.0721	− 79	−68 51 16.88	+16.381	+ 13
1067	[κ Hydri]	6.00	K 0	2 22 35.923	+0.3676	− 187	−73 50 25.80	+16.297	+ 11
84	[λ Horologii]	5.47	F 2	2 23 41.668	+1.6781	− 95	−60 30 13.96	+16.105	− 125
1066	[ρ Ceti]	4.90	A 0	2 23 52.241	+2.8985	− 12	−12 29 0.55	+16.217	− 3
86	[κ Eridani]	4.44	B 5	2 25 24.545	+2.1991	+ 21	−47 53 40.06	+16.139	− 1
1068	[12 Trianguli]	5.38	F 0	2 25 38.273	+3.5203	− 15	+29 28 42.62	+16.045	− 83
85	ξ² Ceti	4.34	A 0	2 25 52.126	+3.1914	+ 25	+ 8 16 6.08	+16.114	− 2
1069	[27 Arietis]	6.41	G 5	2 28 30.976	+3.3302	+ 22	+17 30 52.98	+15.897	− 81
1070	[14 Trianguli]	5.35	K 0	2 29 28.184	+3.6655	+ 37	+35 57 27.99	+15.946	+ 19
1071	[σ Ceti]	4.82	F 5	2 30 2.850	+2.8436	− 53	−15 25 56.97	+15.779	− 117
88	[λ¹ Fornacis]	5.88	K 0	2 31 19.392	+2.5011	− 19	−34 50 18.00	+15.812	− 17
90	μ Hydri	5.29	K 0	2 32 32.118	−1.2451	+ 457	−79 17 49.83	+15.728	− 37
1072	[ν Ceti]	5.04	G 5	2 33 36.836	+3.1499	− 21	+ 5 24 23.80	+15.683	− 21
1073	[268 G. Ceti]	5.92	K 0	2 33 43.145	+3.2918	+1210	+ 6 40 58.07	+17.161	+1462

Nr.	Name	Größe	Spektrum	AR. 1957.0	Jährl. Veränderung 1957.5	Jährl. Eigenbew. in 0ˢ.0001	Dekl. 1957.0	Jährl. Veränderung 1957.5	Jährl. Eigenbew. in 0″.001
		m		h m s	s		° ′ ″	″	
1074	[80 Ceti]	5.71	K 5	2 33 52.906	+2.9538	− 25	− 8 1 3.59	+15.635	− 55
87	36 H. Cassiop.	5.34	K 0	2 33 53.719	+5.7243	− 80	+72 37 55.67	+15.711	+ 23
89	ν Arietis	5.36	A 2	2 36 22.118	+3.4092	− 9	+21 46 35.81	+15.541	− 13
91	δ Ceti	4.04	B 2	2 37 16.517	+3.0762	+ 7	+ 0 8 38.75	+15.507	+ 3
95	[ε Hydri]	4.26	B 9	2 38 55.294	+0.9280	+ 170	−68 27 2.54	+15.429	+ 15
1075	[ι Eridani]	4.06	K 0	2 38 58.181	+2.3671	+ 115	−40 2 18.99	+15.384	− 26
1076	[ζ Horologii]	5.26	F 2	2 39 19.323	+1.8680	+ 48	−54 44 0.06	+15.400	+ 10
94	[35 Arietis]	4.58	B 3	2 40 55.310	+3.5238	+ 5	+27 31 31.55	+15.295	− 5
92	[Br 366 Cass]	5.84	A 2	2 41 5.701	+5.1765	+ 23	+67 38 37.30	+15.260	− 29
93	ϑ Persei	4.22	F 8	2 41 14.997	+4.1042	+ 344	+49 2 52.90	+15.197	− 84
1077	[14 Persei]	5.58	G 5	2 41 16.482	+3.9121	+ 3	+44 6 55.97	+15.274	− 6
97	π Ceti	4.39	B 5	2 42 4.461	+2.8557	− 6	−14 2 23.43	+15.224	− 11
1078	[43 G. Fornacis]	6.87	G 0	2 42 19.884	+2.6678	+ 123	−25 40 37.32	+15.281	+ 61
98	μ Ceti	4.36	F 0	2 42 36.810	+3.2449	+ 190	+ 9 56 1.28	+15.174	− 30
101	β Fornacis	4.50	K 0	2 47 17.422	+2.5111	+ 72	−32 35 8.05	+15.098	+ 163
100	41 Arietis	3.68	B 8	2 47 26.768	+3.5344	+ 49	+27 5 4.25	+14.811	− 113
99	[η Persei]	3.95	K 0	2 47 32.599	+4.3846	+ 22	+55 43 6.99	+14.909	− 10
102	τ² Eridani	4.81	K 0	2 49 5.204	+2.7215	− 36	−21 10 49.26	+14.810	− 18
1079	[σ Arietis]	5.46	B 5	2 49 6.854	+3.3149	+ 22	+14 54 21.71	+14.804	− 23
103	τ Persei	4.06	G0+A5	2 51 11.674	+4.2608	+ 3	+52 35 16.87	+14.701	− 2
104	η Eridani	4.05	K 0	2 54 19.480	+2.9317	+ 53	− 9 4 5.53	+14.303	− 214
1080	[40 G. Eridani]	5.27	A 2	2 54 27.939	+3.0086	− 23	− 3 53 3.75	+14.467	− 41
1081	[47 Arietis]	5.85	F 0	2 55 37.215	+3.4364	+ 165	+20 29 50.95	+14.410	− 28
1082	[24 Persei]	4.97	K 0	2 56 23.314	+3.7207	− 42	+35 0 43.75	+14.402	+ 10
106	ϑ Eridani *pr*	3.42	A 2	2 56 37.790	+2.2745	− 46	−40 28 33.99	+14.404	+ 26
1083	[λ Ceti]	4.69	B 5	2 57 24.378	+3.2171	+ 1	+ 8 44 13.79	+14.319	− 10
107	α Ceti	2.82	M 0	3 0 1.712	+3.1376	− 6	+ 3 55 19.94	+14.095	− 73
1084	[−18° 516 Erid.]	7.40	F 0	3 0 3.930	+2.7578	− 17	−18 22 32.66	+14.145	− 22
105	47 H. Cephei	5.72	M 0	3 0 17.359	+8.0454	− 138	+79 15 5.71	+14.161	+ 11
1085	[τ³ Eridani]	4.16	A 3	3 0 29.697	+2.6455	− 105	−23 47 31.22	+14.093	− 47
1086	[58 G. Eridani]	5.66	K 0	3 1 27.574	+2.0505	+ 18	−47 8 33.69	+14.094	+ 14
108	γ Persei	3.08	F5+A3	3 1 40.044	+4.3524	+ 1	+53 20 22.84	+14.063	− 3
113	[ϑ Hydri]	5.52	B 8	3 2 9.212	+0.1330	+ 65	−72 4 13.05	+14.061	+ 23
109	ρ Persei	3.2—4.1	M 3	3 2 24.729	+3.8488	+ 111	+38 40 30.29	+13.916	− 104
110	μ Horologii	5.16	F 0	3 2 35.812	+1.4149	− 101	−59 54 13.90	+13.957	− 52
1087	[63 G. Eridani]	7.16	G 0	3 5 16.696	+2.8344	+ 5	−13 55 23.54	+13.587	− 253
111	β Persei	2.2—3.5	B 8	3 5 21.717	+3.9083	+ 6	+40 47 29.45	+13.837	+ 3
112	[ι Persei]	4.17	G 0	3 5 57.049	+4.3360	+1298	+49 27 2.89	+13.719	− 78
1088	[55 Arietis]	5.60	B 9	3 7 1.119	+3.6126	+ 15	+28 54 51.25	+13.720	− 10
114	δ Arietis	4.53	K 0	3 9 9.911	+3.4331	+ 107	+19 33 55.53	+13.587	− 5

Nr.	Name	Größe	Spektrum	AR. 1957.0	Jährl. Veränderung 1957.5	Jährl. Eigenbew. in 0.s0001	Dekl. 1957.0	Jährl. Veränderung 1957.5	Jährl. Eigenbew. in 0.″001
		m		h m s	s		° ′ ″	″	
116	[94 Ceti]	5.14	F 8	3 10 34.600	+3.0632	+ 131	— 1 21 20.47	+13.442	— 59
118	[38 G. Horologii]	5.72	N 0	3 11 27.569	+1.5203	+ 11	—57 28 54.91	+13.462	+ 17
1089	[ζ Arietis]	4.95	A 0	3 12 25.475	+3.4511	— 19	+20 53 11.11	+13.309	— 72
1090	79 G. Fornacis	6.85	G 0	3 12 58.549	+2.3592	+ 24	—35 43 0.37	+13.357	+ 12
1091	[ζ Eridani]	4.90	A 3	3 13 44.549	+2.9151	— 4	— 8 58 41.88	+13.347	+ 51
115	48 H. Cephei	5.50	F 0	3 14 47.398	+7.6525	+ 196	+77 34 47.09	+13.169	— 55
1092	[Lac 1044 Forn]	6.89	A 0	3 15 9.299	+2.4586	+ 14	—31 30 31.61	+13.184	— 19
1095	[ι Hydri]	5.53	F 2	3 16 59.431	—1.4750	+ 336	—77 32 45.43	+13.150	+ 66
1093	[κ Ceti]	4.96	G 5	3 17 6.160	+3.1481	+ 178	+ 3 12 49.57	+13.172	+ 98
119	[82 G. Eridani]	4.30	G 5	3 18 12.614	+2.3959	+2784	—43 13 59.15	+13.751	+ 750
1094	[τ Arietis]	5.17	B 3	3 18 44.362	+3.4663	+ 19	+20 59 36.11	+12.940	— 25
1096	[Pi 3^h 27 Caml]	5.55	K 2	3 20 55.047	+5.2193	— 13	+64 26 3.95	+12.823	+ 4
120	α Persei	1.90	F 5	3 21 14.466	+4.2894	+ 30	+49 42 35.57	+12.775	— 22
121	ο Tauri	3.80	G 5	3 22 29.734	+3.2303	— 45	+ 8 52 44.03	+12.642	— 71
123	[ξ Tauri]	3.75	B 8	3 24 50.097	+3.2532	+ 39	+ 9 35 3.06	+12.522	— 32
122	2 H. Camelopard.	4.44	B 9p	3 25 34.095	+4.8670	— 2	+59 47 32.76	+12.503	0
124	[σ Persei]	4.55	K 0	3 27 31.924	+4.2357	+ 8	+47 50 54.81	+12.393	+ 24
1097	[17 Eridani]	4.80	B 9	3 28 28.878	+2.9778	+ 8	— 5 13 16.71	+12.317	+ 13
125	5 Tauri	4.28	K 0	3 28 29.709	+3.3144	+ 15	+12 47 26.55	+12.306	+ 3
126	[κ Reticuli]	4.80	F 5	3 28 37.245	+1.0498	+ 550	—63 5 18.94	+12.676	+ 380
1098	[+34° 674 Pers]	5.80	B 3	3 29 55.293	+3.8237	— 7	+35 19 1.50	+12.208	+ 4
127	ε Eridani	3.81	K 0	3 30 54.149	+2.8276	— 660	— 9 36 9.55	+12.158	+ 21
128	[45 G. Horologii]	5.60	K 0	3 31 17.611	+1.7884	+ 75	—50 31 25.65	+12.197	+ 87
1099	[τ^5 Eridani]	4.32	B 8	3 31 53.205	+2.6503	+ 30	—21 46 33.68	+12.043	— 25
1100	[20 Eridani]	5.32	A op	3 34 19.733	+2.7339	+ 17	—17 36 29.77	+11.891	— 5
1101	[10 Tauri]	4.40	G 5	3 34 40.537	+3.0629	— 156	+ 0 15 59.37	+11.392	— 480
130	[110 G. Eridani]	4.58	K 0	3 35 32.976	+2.1530	— 13	—40 24 53.05	+11.788	— 23
1102	[τ Fornacis]	6.08	A 0	3 37 0.238	+2.4961	+ 13	—28 4 57.08	+11.734	+ 27
1103	[11 Tauri]	6.15	A 0	3 38 11.886	+3.5863	+ 8	+25 11 31.14	+11.612	— 10
129	[Grb 716 Caml]	5.32	M 0	3 38 24.156	+5.2160	— 27	+63 4 46.27	+11.624	+ 17
131	δ Persei	3.10	B 5	3 39 51.178	+4.2770	+ 31	+47 39 6.77	+11.471	— 32
133	[δ Fornacis]	4.93	B 5	3 40 32.183	+2.3864	0	—32 4 28.83	+11.475	+ 19
135	[δ Eridani]	3.72	K 0	3 41 11.175	+2.8753	— 63	— 9 54 27.92	+12.155	+ 746
134	ν Persei	3.93	F 5	3 42 15.850	+4.0806	— 8	+42 26 40.05	+11.330	0
136	[17 Tauri]	3.81	B 5p	3 42 19.012	+3.5652	+ 15	+23 58 46.94	+11.285	— 41
137	[24 Eridani]	5.09	B 8	3 42 19.286	+3.0485	0	— 1 17 50.76	+11.323	— 3
1104	[29 Tauri]	5.36	B 3	3 43 23.153	+3.1892	+ 12	+ 5 55 0.45	+11.245	— 5
141	β Reticuli	3.80	K 0	3 43 39.187	+0.7548	+ 481	—64 56 30.71	+11.314	+ 82
139	η Tauri	2.96	B 5p	3 44 55.404	+3.5689	+ 15	+23 58 25.29	+11.094	— 44
140	τ^6 Eridani	4.33	F 8	3 44 59.790	+2.5816	— 116	—23 22 32.11	+10.610	— 523

Mittlere Sternörter 1957.0

Nr.	Name	Größe	Spektrum	AR. 1957.0	Jährl. Veränderung 1957.5	Jährl. Eigenbew. in 0.s0001	Dekl. 1957.0	Jährl. Veränderung 1957.5	Jährl. Eigenbew. in 0."001
		m		h m s	s		° ′ ″	″	
138	γ Camelopard.	4.67	A 0	3 45 46.985	+6.3493	+ 38	+71 12 9.05	+11.035	− 38
142	[27 Tauri]	3.80	B 8	3 46 36.017	+3.5699	+ 13	+23 55 24.56	+10.973	− 43
143	138 G. Eridani	4.24	K 0	3 47 50.606	+2.2454	− 43	−36 19 45.77	+10.882	− 43
146	γ Hydri	3.17	M 0	3 47 53.036	−0.9174	+ 130	−74 22 16.11	+11.044	+ 120
1105	+57° 752 Caml	5.79	A 0	3 50 12.908	+4.8783	+ 106	+57 50 57.63	+10.651	− 98
1106	[Pi 3^h 187 Taur]	5.96	F 0	3 50 42.244	+3.4329	+ 100	+17 12 1.79	+10.687	− 27
1107	[145 G. Eridani]	6.55	B 9	3 51 1.828	+2.9390	− 5	− 6 45 37.77	+10.692	+ 1
144	ζ Persei	2.91	B 1	3 51 25.385	+3.7745	+ 7	+31 45 27.20	+10.651	− 10
1108	[55 G. Horologii]	5.77	K 0	3 52 13.288	+1.8596	+ 29	−47 1 9.25	+10.573	− 30
147	ε Persei	2.96	B 1	3 54 57.646	+4.0299	+ 18	+39 53 15.18	+10.371	− 26
149	γ Eridani	3.19	K 5	3 56 1.285	+2.8001	+ 43	−13 37 46.54	+10.211	− 108
148	ξ Persei	4.05	O e 5	3 56 10.102	+3.8964	+ 5	+35 40 8.69	+10.307	− 1
1109	[17 G. Reticuli]	6.14	F 2	3 57 47.320	+1.2897	+ 33	−57 13 25.43	+10.203	+ 16
1110	[δ Reticuli]	4.41	M 0	3 58 3.594	+0.9517	+ 8	−61 31 16.36	+10.154	− 13
150	λ Tauri	3.8—4.1	B 3	3 58 17.661	+3.3257	− 4	+12 22 13.05	+10.137	− 11
1111	[35 Eridani]	5.25	B 5	3 59 21.129	+3.0412	+ 14	− 1 40 7.59	+10.056	− 12
151	ν Tauri	3.94	A 0	4 0 51.931	+3.1928	+ 1	+ 5 52 17.30	+ 9.954	+ 1
1114	[63 G. Hydri]	6.72	A 0	4 0 58.056	−0.3448	+ 57	−71 17 10.24	+ 9.988	+ 41
1112	[37 Tauri]	4.50	K 0	4 2 8.910	+3.5493	+ 66	+21 57 57.81	+ 9.801	− 54
1113	[λ Persei]	4.33	A 0	4 3 22.231	+4.4748	− 10	+50 14 11.50	+ 9.726	− 36
153	174 G. Eridani	5.57	A 5	4 3 51.016	+2.4736	+ 153	−27 46 5.74	+ 9.831	+ 105
152	48 Persei	4.03	B 3p	4 5 31.832	+4.3605	+ 24	+47 35 58.94	+ 9.569	− 27
1115	[43 Tauri]	5.67	G 5	4 6 39.411	+3.4975	+ 76	+19 29 49.65	+ 9.481	− 29
1116	[44 Tauri]	5.55	F 0	4 8 12.446	+3.6565	− 22	+26 22 13.35	+ 9.355	− 36
154	o^1 Eridani	4.14	F 2	4 9 45.853	+2.9296	+ 6	− 6 56 54.02	+ 9.356	+ 86
1117	[μ Persei]	4.28	G 0	4 11 43.868	+4.4098	+ 8	+48 18 7.42	+ 9.099	− 18
155	α Horologii	3.83	K 0	4 12 34.481	+1.9882	+ 32	−42 23 58.04	+ 8.849	− 204
1118	[μ Tauri]	4.32	B 3	4 13 11.773	+3.2594	+ 15	+ 8 47 10.19	+ 8.984	− 19
156	α Reticuli	3.36	G 5	4 13 51.946	+0.7753	+ 61	−62 34 51.80	+ 9.005	+ 53
157	[γ Doradus]	4.36	F 5	4 14 53.847	+1.5729	+ 108	−51 35 39.32	+ 9.063	+ 192
159	[γ Tauri]	3.86	K 0	4 17 20.567	+3.4161	+ 81	+15 31 31.32	+ 8.655	− 23
158	[54 Persei]	5.10	G 5	4 17 36.753	+3.8985	− 20	+34 27 52.86	+ 8.650	− 6
1119	[208 G. Eridani]	6.65	B 9	4 18 12.178	+2.7168	+ 16	−16 32 20.61	+ 8.607	− 4
161	[212 G. Eridani]	5.31	A 0	4 18 46.376	+2.6179	+ 19	−20 44 27.59	+ 8.557	− 8
162	δ Tauri	3.93	K 0	4 20 27.082	+3.4619	+ 76	+17 26 35.76	+ 8.404	− 27
166	[δ Mensae]	5.62	K op	4 20 50.182	−4.0209	+ 130	−80 18 59.27	+ 8.475	+ 69
163	[η Reticuli]	5.18	K 0	4 21 25.117	+0.6519	+ 128	−63 29 17.30	+ 8.532	+ 174
1120	[ξ Eridani]	5.23	A 2	4 21 32.223	+2.9883	− 36	− 3 50 36.70	+ 8.291	− 55
1121	[43 Eridani]	4.06	K 5	4 22 25.164	+2.2537	+ 46	−34 6 56.18	+ 8.331	+ 54
1122	[+69° 258 Caml]	7.02	K 0	4 25 19.455	+6.3115	+ 16	+69 17 5.56	+ 8.011	− 30

Nr.	Name	Größe	Spektrum	AR. 1957.0	Jährl. Veränderung 1957.5	Jährl. Eigenbew. in 0.ˢ0001	Dekl. 1957.0	Jährl. Veränderung 1957.5	Jährl. Eigenbew. in 0.″001
		m		h m s	s		° ′ ″	″	
164	ε Tauri	3.63	K 0	4 26 6.121	+3.5052	+ 77	+19 5 12.18	+7.947	— 34
1123	[Br 615 Taur]	5.50	B 8	4 26 18.585	+3.1019	+ 9	+ 1 17 12.82	+7.945	— 20
165	[1 Camelop. *sq*]	5.86	B 1	4 28 36.848	+4.7571	0	+53 49 10.60	+7.778	— 1
167	[δ Caeli]	5.16	B 3	4 29 30.974	+1.8383	+ 1	—45 2 42.40	+7.709	+ 2
1124	[57 Persei]	6.07	F 0	4 30 22.965	+4.2250	+ 6	+42 58 26.55	+7.640	+ 4
1125	[ρ Tauri]	4.75	A 5	4 31 24.277	+3.4062	+ 68	+14 45 20.31	+7.531	— 23
171	α Doradus	3.47	A op	4 33 3.867	+1.2978	+ 57	—55 7 59.50	+7.425	+ 4
168	α Tauri	1.06	K 5	4 33 27.011	+3.4442	+ 47	+16 25 28.03	+7.200	— 188
170	[υ² Eridani]	3.88	K 0	4 33 52.633	+2.3331	— 39	—30 38 57.38	+7.344	— 10
169	ν Eridani	4.12	B 2	4 34 10.096	+2.9989	+ 2	— 3 26 20.19	+7.328	— 2
172	53 Eridani	3.98	K 0	4 36 12.579	+2.7486	— 48	—14 23 12.50	+7.003	— 160
1127	[258 G. Eridani]	5.59	K 0	4 38 19.436	+2.4965	— 45	—24 33 55.09	+7.008	+ 18
1126	[Pi 4ʰ 148 Taur]	5.68	A 0	4 38 38.014	+3.7574	+ 28	+28 32 0.29	+6.932	— 32
1129	[α Caeli]	4.52	F 2	4 39 10.432	+1.9328	— 138	—41 56 41.86	+6.844	— 77
174	τ Tauri	4.33	B 5	4 39 39.623	+3.6028	— 1	+22 52 34.21	+6.865	— 15
1128	[Grb 866 Pers]	5.77	B 8	4 40 5.018	+4.5642	— 2	+49 53 37.54	+6.826	— 19
1130	[β Caeli]	5.08	F 5	4 40 32.104	+2.1217	+ 30	—37 13 38.09	+7.008	+ 199
1131	[56 Eridani]	5.87	B 5	4 42 1.205	+2.8830	— 3	— 8 34 56.96	+6.686	0
173	Grb 848 Caml	6.04	F 0	4 43 0.682	+8.0942	+ 102	+75 52 0.36	+6.467	— 135
176	[μ Eridani]	4.18	B 5	4 43 21.002	+3.0009	+ 9	— 3 19 55.19	+6.567	— 10
177	[μ Mensae]	5.69	B 9	4 43 29.105	—0.5926	+ 20	—71 0 36.64	+6.602	+ 34
175	4 Camelopard.	5.35	A 2	4 44 24.744	+5.0033	+ 65	+56 40 59.71	+6.342	— 145
1132	[268 G. Eridani]	5.97	A 2	4 44 42.665	+2.3964	+ 1	—28 9 50.77	+6.481	+ 16
1133	[Br 658 Pers]	5.10	K 2	4 47 0.670	+4.0411	— 30	+37 24 51.51	+6.312	+ 39
1134	[π³ Orionis]	3.31	F 8	4 47 30.202	+3.2580	+ 312	+ 6 53 16.22	+6.250	+ 18
1135	[97 Tauri]	5.12	F 0	4 48 51.330	+3.5114	+ 57	+18 46 6.11	+6.086	— 34
179	[π⁴ Orionis]	3.78	B 3	4 48 54.799	+3.1965	— 2	+ 5 31 59.32	+6.118	+ 3
178	α Camelopard.	4.38	B 0	4 49 45.592	+5.9722	+ 3	+66 16 21.35	+6.052	+ 9
1136	[o¹ Orionis]	5.19	M 0	4 50 5.812	+3.3951	— 3	+14 10 50.12	+5.960	— 56
180	π⁵ Orionis	3.87	B 3	4 52 0.540	+3.1261	— 3	+ 2 22 18.50	+5.860	+ 3
181	ι Aurigae	2.90	K 2	4 54 11.347	+3.9092	+ 3	+33 5 59.68	+5.655	— 18
1138	[η Mensae]	5.28	K 0	4 56 24.488	—1.7161	+ 72	—75 0 13.91	+5.550	+ 58
183	ε Aurigae	3.1—3.8	F 5 p	4 58 52.694	+4.3082	+ 4	+43 45 42.37	+5.273	— 6
1137	[ζ Aurigae]	4.9—5.6	K0+B1	4 59 28.055	+4.1963	+ 10	+41 0 54.43	+5.207	— 22
182	β Camelopard.	4.22	G 0 p	4 59 34.990	+5.3421	— 6	+60 22 55.28	+5.205	— 14
184	ι Tauri	4.70	A 5	5 0 31.334	+3.5876	+ 47	+21 31 49.14	+5.101	— 40
1139	[26 G. Caeli]	6.00	K 0	5 0 45.066	+2.2707	— 8	—31 49 58.01	+5.205	+ 83
1140	[11 Orionis]	4.65	B 9	5 2 6.554	+3.4296	+ 11	+15 20 45.08	+4.973	— 34
185	η Aurigae	3.28	B 3	5 3 29.675	+4.2096	+ 27	+41 10 42.37	+4.822	— 66
186	ε Leporis	3.29	K 5	5 3 38.360	+2.5404	+ 18	—22 25 38.99	+4.809	— 69

Mittlere Sternörter 1957.0

Nr.	Name	Größe	Spektrum	AR. 1957.0	Jährl. Veränderung 1957.5	Jährl. Eigenbew. in 0.s0001	Dekl. 1957.0	Jährl. Veränderung 1957.5	Jährl. Eigenbew. in 0.″001
		m		h m s	s		° ′ ″	″	
187	[η² Pictoris]	4.92	K 5	5 3 50.983	+1.5540	+ 55	−49 38 7.27	+4.860	− 1
189	[ζ Doradus]	4.76	F 8	5 4 46.200	+1.0292	− 51	−57 31 51.25	+4.901	+ 118
188	β Eridani	2.92	A 3	5 5 44.025	+2.9502	− 64	− 5 8 25.89	+4.622	− 77
1143	[13 G. Pictoris]	7.10	A 0	5 6 9.429	+1.7821	+ 25	−44 52 36.56	+4.689	+ 25
1142	[16 Orionis]	5.42	A 2	5 6 57.554	+3.3016	+ 41	+ 9 46 33.53	+4.592	− 3
1141	[+27°732 *pr*Taur]	5.97	A 3	5 7 2.904	+3.7687	+ 43	+27 58 39.42	+4.521	− 66
190	[λ Eridani]	4.34	B 2	5 7 5.208	+2.8720	+ 1	− 8 48 28.10	+4.582	− 3
192	μ Aurigae	4.78	A 3	5 10 28.898	+4.1074	− 17	+38 26 7.85	+4.216	− 78
1144	[μ Leporis]	3.30	A op	5 10 59.896	+2.6955	+ 28	−16 15 18.40	+4.223	− 28
194	β Orionis	0.34	B 8p	5 12 28.189	+2.8840	+ 2	− 8 14 59.62	+4.124	− 1
193	α Aurigae	0.21	G 0	5 13 30.515	+4.4347	+ 80	+45 57 23.55	+3.612	− 423
196	ϑ Doradus	4.78	K 0	5 13 47.016	−0.0448	+ 10	−67 14 1.56	+4.050	+ 35
191	19 H. Camelop.	5.24	F 8	5 15 25.906	+9.9089	− 289	+79 11 11.88	+4.025	+ 159
195	[τ Orionis]	3.68	B 5	5 15 31.004	+2.9139	− 11	− 6 53 21.95	+3.856	− 8
197	[o Columbae]	4.91	K 0	5 15 55.933	+2.1641	+ 69	−34 56 10.45	+3.490	− 338
1145	[λ Aurigae]	4.85	G 0	5 16 6.769	+4.2223	+ 457	+40 3 46.63	+3.148	− 663
1146	[λ Leporis]	4.29	B 1	5 17 35.557	+2.7647	− 2	−13 13 11.27	+3.684	− 2
198	[12 G. Columbae]	5.75	A 0	5 17 40.804	+2.3928	+ 5	−27 24 42.48	+3.674	− 4
199	[ζ Pictoris]	5.52	F 8	5 18 18.653	+1.4717	+ 10	−50 39 4.97	+3.858	+ 234
1147	[22 Orionis]	4.65	B 3	5 19 33.918	+3.0635	− 2	− 0 25 24.32	+3.514	− 1
201	γ Orionis	1.70	B 2	5 22 49.367	+3.2187	− 6	+ 6 18 44.26	+3.220	− 15
202	β Tauri	1.78	B 8	5 23 34.272	+3.7939	+ 20	+28 34 22.82	+2.994	− 175
1148	[115 Tauri]	5.31	B 3	5 24 39.441	+3.5009	+ 4	+17 55 36.97	+3.052	− 24
1149	[18 G. Columbae]	5.85	A 2	5 25 42.351	+1.9250	− 8	−40 58 47.16	+3.081	+ 95
203	17 Camelopard.	5.75	K 5	5 26 6.092	+5.6703	− 7	+63 2 3.05	+2.947	− 2
204	[β Leporis]	2.96	G 0	5 26 24.111	+2.5716	+ 1	−20 47 33.03	+2.834	− 92
1150	[18 Camelopard.]	6.46	G 0	5 28 52.543	+5.1416	+ 145	+57 11 36.12	+2.492	− 218
1152	[20 G. Pictoris]	5.54	G 5	5 28 58.418	+1.6498	+ 14	−47 6 27.59	+2.577	− 127
206	δ Orionis	2.48	B 0	5 29 48.482	+3.0658	0	− 0 19 45.73	+2.632	+ 1
1151	[χ Aurigae]	4.88	B 1	5 29 55.590	+3.9064	0	+32 9 43.95	+2.617	− 3
207	α Leporis	2.69	F 0	5 30 49.936	+2.6468	+ 2	−17 51 6.14	+2.546	+ 4
208	[φ¹ Orionis]	4.53	B 0	5 32 27.475	+3.2944	− 1	+ 9 27 43.59	+2.398	− 2
212	β Doradus	4.2—5.7	F 5v	5 33 14.919	+0.5212	− 11	−62 31 3.69	+2.342	+ 9
209	ι Orionis	2.89	O e5	5 33 19.685	+2.9355	+ 1	− 5 56 11.66	+2.329	+ 4
214	[γ Mensae]	5.06	K 0	5 33 34.598	−2.3701	+ 311	−76 22 21.73	+2.601	+ 294
205	Grb 966 Caml	6.36	K 5	5 33 57.739	+8.0328	− 20	+75 1 9.93	+2.292	+ 26
210	ε Orionis	1.75	B 0	5 34 1.793	+3.0449	0	− 1 13 40.15	+2.265	+ 1
211	ζ Tauri	3.00	B 3p	5 35 4.368	+3.5865	+ 1	+21 7 5.12	+2.151	− 22
1153	[35 G. Columbae]	6.75	K 2	5 36 24.158	+2.3902	+ 8	−27 14 4.53	+2.049	− 9
215	α Columbae	2.75	B 5p	5 38 5.424	+2.1733	+ 2	−34 5 45.33	+1.885	− 26

Nr.	Name	Größe	Spektrum	AR. 1957.0	Jährl. Veränderung 1957.5	Jährl. Eigenbew. in 0.s0001	Dekl. 1957.0	Jährl. Veränderung 1957.5	Jährl. Eigenbew. in 0.″001
		m		h m s	s		° ′ ″	″	
216	o Aurigae	5.52	A 0	5 42 33.978	+4.6495	− 10	+49 48 35.22	+1.517	− 3
217	[γ Leporis]	3.80	F 8	5 42 40.187	+2.5020	− 206	−22 27 40.13	+1.142	− 370
1154	[δ Doradus]	4.52	A 5	5 44 41.665	+0.1087	− 51	−65 45 5.78	+1.344	+ 7
218	[130 Tauri]	5.51	F 0	5 44 55.644	+3.4988	− 4	+17 42 52.95	+1.307	− 8
219	ζ Leporis	3.67	A 2	5 45 0.339	+2.7191	− 12	−14 50 12.11	+1.303	− 5
220	κ Orionis	2.20	B 0	5 45 42.950	+2.8461	+ 2	− 9 41 0.63	+1.242	− 4
1155	[142 G. Orionis]	5.95	G 5	5 46 26.631	+2.9813	+ 36	− 4 6 16.81	+0.980	− 202
221	[ν Aurigae]	4.18	K 0	5 48 30.449	+4.1588	− 5	+39 8 16.72	+1.008	+ 7
1156	[γ Pictoris]	4.38	K 0	5 49 2.618	+1.0899	+ 84	−56 10 35.97	+0.894	− 63
223	[β Columbae]	3.22	K 0	5 49 26.526	+2.1154	+ 40	−35 47 0.19	+1.326	+ 404
222	[δ Leporis]	3.90	K 0	5 49 28.279	+2.5808	+ 166	−20 52 53.22	+0.270	− 649
1159	[37 G. Pictoris]	4.98	K 0	5 49 54.785	+1.3581	+ 5	−52 7 5.11	+0.801	− 79
1158	[136 Tauri]	4.54	A 0	5 50 37.392	+3.7719	+ 4	+27 36 14.22	+0.803	− 14
1157	[ξ Aurigae]	4.92	A 2	5 51 14.398	+5.0290	− 17	+55 41 58.20	+0.783	+ 20
224	α Orionis	0.1—1.2	M 0	5 52 50.562	+3.2487	+ 19	+ 7 24 2.58	+0.635	+ 11
226	[η Leporis]	3.77	F 0	5 54 26.703	+2.7332	− 29	−14 10 27.17	+0.621	+ 138
225	δ Aurigae	3.88	K 0	5 55 59.110	+4.9411	+ 97	+54 17 1.89	+0.221	− 127
1160	[γ Columbae]	4.36	B 3	5 56 0.666	+2.1278	− 2	−35 17 12.50	+0.356	+ 9
227	β Aurigae	2.07	A op	5 56 22.401	+4.4018	− 50	+44 56 42.97	+0.311	− 2
1161	[60 Orionis]	5.25	A 0	5 56 36.829	+3.0852	− 10	+ 0 33 1.88	+0.295	+ 1
1162	+33° 1209 Auri	6.80	A 2	5 57 24.686	+3.9446	− 9	+33 8 8.85	+0.230	+ 6
229	η Columbae	4.03	K 0	5 57 49.731	+1.8368	+ 13	−42 49 0.11	+0.171	− 17
1163	[1 Geminorum]	4.30	G 5	6 1 30.312	+3.6475	− 4	+23 16 2.85	−0.238	− 104
230	[66 Orionis]	5.70	K 0	6 2 41.943	+3.1702	− 4	+ 4 9 45.54	−0.245	− 7
231	[1 G. Puppis]	6.22	F 8	6 3 14.060	+1.7270	− 87	−45 2 7.75	−0.037	+ 247
1164	[74 G. Columbae]	5.72	A 0	6 4 26.117	+2.3104	+ 6	−29 45 9.50	−0.430	− 40
232	ν Orionis	4.40	B 2	6 5 6.935	+3.4260	+ 3	+14 46 31.05	−0.473	− 23
1165	[94 G. Leporis]	5.46	A 0	6 7 9.371	+2.5233	+ 9	−22 25 6.32	−0.663	− 36
233	[36 Camelopard.]	5.39	K 0	6 8 31.539	+6.0358	+ 12	+65 43 48.25	−0.778	− 29
1166	[ν Doradus]	5.21	B 9	6 9 0.870	−0.3843	− 95	−68 50 3.48	−0.765	+ 23
235	[δ Pictoris]	4.84	B 1	6 9 27.538	+1.1679	− 19	−54 57 29.90	−0.815	+ 13
239	[α Mensae]	5.14	K 0	6 11 31.459	−1.7875	+ 302	−74 44 21.28	−1.222	− 216
1168	κ Aurigae	4.45	K 0	6 12 38.243	+3.8232	− 55	+29 30 56.83	−1.372	− 265
1167	[Br 904 *sq* Auri]	6.42	F 0	6 12 45.114	+4.0432	− 53	+36 9 48.69	−1.109	+ 8
1169	[74 Orionis]	5.11	F 5	6 14 1.679	+3.3693	+ 55	+12 17 8.94	−1.042	+ 186
234	22 H. Camelop.	4.73	A 0	6 14 6.648	+6.6105	+ 8	+69 20 18.09	−1.342	− 103
238	[κ Columbae]	4.51	K 0	6 15 1.202	+2.1341	− 14	−35 7 30.49	−1.231	+ 84
237	[2 Lyncis]	4.42	A 0	6 15 49.777	+5.2931	− 12	+59 1 44.67	−1.367	+ 20
1170	[7 Monocerotis]	5.13	B 3	6 17 38.447	+2.8905	− 4	− 7 48 12.36	−1.543	+ 1
240	ζ Canis maj.	3.10	B 3	6 18 39.670	+2.3037	+ 5	−30 2 35.05	−1.627	+ 5

Mittlere Sternörter 1957.0

Nr.	Name	Größe	Spektrum	AR. 1957.0	Jährl. Veränderung 1957.5	Jährl. Eigenbew. in 0ˢ.0001	Dekl. 1957.0	Jährl. Veränderung 1957.5	Jährl. Eigenbew. in 0″.001
		m		h m s	s		° ′ ″	″	
241	μ Geminorum	3.19	M 0	6 20 21.508	+ 3.6297	+ 40	+22 32 14.82	−1.893	− 112
243	β Canis maj.	1.99	B 1	6 20 48.297	+ 2.6424	− 4	−17 55 59.94	−1.822	− 4
244	8 ε Monocerotis	4.48	A 5	6 21 29.317	+ 3.1796	− 12	+ 4 36 58.71	−1.868	+ 11
242	ψ¹ Aurigae	5.10	K 2	6 21 35.230	+ 4.6207	+ 1	+49 18 43.65	−1.893	− 4
1171	[23 G. Canis maj.]	5.39	K 0	6 22 9.920	+ 2.7992	− 35	−11 30 20.27	−1.978	− 40
245	α Carinae	−0.86	F 0	6 22 59.797	+ 1.3325	+ 24	−52 40 17.08	−1.983	+ 25
1172	[Grb 1156 Auri]	7.14	G 5	6 23 18.023	+ 4.2696	0	+41 59 7.35	−2.048	− 11
246	10 Monocerotis	4.98	B 3	6 25 50.088	+ 2.9628	− 6	− 4 44 2.45	−2.252	+ 4
1173	[ν Geminorum]	4.06	B 5	6 26 24.565	+ 3.5624	− 4	+20 14 27.84	−2.325	− 18
1174	[13 Monocerotis]	4.50	A op	6 30 34.675	+ 3.2444	− 2	+ 7 21 57.77	−2.675	− 7
1175	[56 G. Monocer.]	5.02	B 3	6 31 26.859	+ 3.0451	− 9	− 1 11 10.04	−2.768	− 24
249	ξ² Canis maj.	4.54	A 0	6 33 15.168	+ 2.5147	+ 6	−22 55 46.18	−2.886	+ 14
247	8 Lyncis	6.05	G 0	6 33 45.847	+ 5.4807	− 290	+61 31 17.99	−3.224	− 278
251	γ Geminorum	1.93	A 0	6 35 13.664	+ 3.4660	+ 30	+16 26 15.64	−3.115	− 44
250	51 Aurigae	5.71	K 0	6 35 40.782	+ 4.1565	− 22	+39 25 50.60	−3.225	− 115
252	ν Puppis	3.18	B 8	6 36 26.638	+ 1.8357	− 7	−43 9 25.96	−3.176	− 1
248	23 H. Camelop.	5.60	F 8	6 38 55.976	+10.2270	− 322	+79 36 58.52	−4.003	− 607
254	ε Geminorum	3.18	G 5	6 41 17.196	+ 3.6908	− 5	+25 10 31.76	−3.609	− 15
256	ξ Geminorum	3.40	F 5	6 42 52.535	+ 3.3671	− 81	+12 56 36.88	−3.925	− 195
257	*α Canis maj.	−1.58	A 0	6 43 15.231	+ 2.6433	− 374	−16 39 21.09	−4.972	−1210
255	[ψ⁵ Aurigae]	5.34	G 0	6 43 38.474	+ 4.3236	− 1	+43 37 20.44	−3.634	+ 162
264	[ζ Mensae]	5.64	A 2	6 43 39.690	− 5.0035	− 21	−80 46 14.31	−3.733	+ 59
1177	16 Monocerotis	5.84	B 3	6 44 11.668	+ 3.2718	− 7	+ 8 38 3.37	−3.851	− 8
1176	[ψ⁶ Aurigae]	5.28	K 0	6 44 22.992	+ 4.5726	− 4	+48 50 13.86	−3.856	+ 5
258	18 Monocerotis	4.70	K 0	6 45 37.070	+ 3.1283	− 14	+ 2 27 38.70	−3.979	− 13
1178	[31 G. Puppis]	5.25	B 9	6 45 52.974	+ 2.0528	− 19	−37 52 52.39	−4.003	− 16
1179	[80 G. Monocer.]	5.65	A 0	6 47 6.398	+ 3.0216	− 11	− 2 13 18.85	−4.088	+ 4
262	α Pictoris	3.30	A 5	6 47 45.006	+ 0.6150	− 107	−61 53 41.25	−3.877	+ 269
1180	[ϰ Canis maj.]	3.78	B 2p	6 48 14.002	+ 2.2414	− 10	−32 27 27.64	−4.184	+ 4
263	[τ Puppis]	2.83	K 0	6 48 52.060	+ 1.4883	+ 26	−50 33 45.50	−4.315	− 73
259	[43 Camelopard.]	5.13	B 5	6 49 4.672	+ 6.4642	+ 2	+68 56 29.10	−4.260	+ 4
261	ϑ Geminorum	3.64	A 2	6 49 57.350	+ 3.9536	− 1	+34 0 53.98	−4.389	− 52
267	[ι Volantis]	5.52	B 8	6 51 56.821	− 0.6897	− 9	−70 54 36.75	−4.484	+ 20
266	ϑ Canis maj.	4.25	K 2	6 52 11.470	+ 2.7876	− 95	−11 59 0.26	−4.541	− 14
260	24 H. Camelop.	4.75	K 5	6 53 49.469	+ 8.7386	+ 209	+77 2 11.32	−4.682	− 12
268	ε Canis maj.	1.63	B 1	6 56 56.106	+ 2.3585	+ 4	−28 54 44.63	−4.927	+ 2
1181	[101 G. Monoc.]	5.84	A 0	6 58 19.697	+ 2.8823	− 15	− 8 20 44.39	−5.058	− 10
1182	[ω Geminorum]	5.21	K 0	6 59 47.611	+ 3.6550	− 7	+24 16 42.53	−5.176	− 3
1183	[σ Canis maj.]	3.68	K 5	7 0 0.317	+ 2.3905	− 4	−27 52 19.63	−5.188	+ 1
270	[o² Canis maj.]	3.12	B 5p	7 1 13.689	+ 2.5057	− 1	−23 46 9.34	−5.291	+ 2

Nr. 257. Ort des Schwerpunktes. Die Reduktion auf den Hauptstern ist nach den Elementen von V o l e t , Bull. Astr. II, Bd. 7, 1931:

1957.0 $\Delta\alpha = -0^s.149$ $\Delta\delta = +0''.43$
1958.0 $= -0.158$ $= +0.30$

Nr.	Name	Größe	Spektrum	AR. 1957.0	Jährl. Veränderung 1957.5	Jährl. Eigenbew. in 0.s0001	Dekl. 1957.0	Jährl. Veränderung 1957.5	Jährl. Eigenbew. in 0.″001
		m		h m s	s		° ′ ″	″	
269	ζ Geminorum	3.7—4.1	G op	7 1 33.532	+3.5578	— 7	+20 38 6.32	—5.324	— 3
271	γ Canis maj.	4.07	B 5	7 1 48.734	+2.7147	+ 1	—15 34 6.22	—5.351	— 9
1184	[C Puppis]	5.26	A 2	7 2 40.893	+1.9019	— 20	—42 16 22.24	—5.348	+ 67
272	[27 G. Carinae]	5.30	A 0	7 3 30.168	+1.1169	— 12	—56 41 1.79	—5.481	+ 2
1185	[2 G. Canis min.]	5.92	K 0	7 5 29.964	+3.2428	— 3	+ 7 32 24.95	—5.688	— 36
273	δ Canis maj.	1.98	F 8p	7 6 38.520	+2.4398	— 3	—26 19 25.39	—5.743	+ 5
1186	[20 Monocerotis]	5.02	K 0	7 8 5.497	+2.9802	— 1	— 4 10 6.77	—5.654	+ 215
274	63 Aurigae	5.07	K 2	7 8 41.988	+4.1252	+ 36	+39 23 33.35	—5.923	— 2
1189	[γ^2 Volantis]	3.87	K 0	7 9 7.208	—0.5110	+ 45	—70 25 45.90	—5.855	+ 98
1187	[22 δ Monocerot.]	4.09	A 0	7 9 40.066	+3.0637	— 3	— 0 25 12.21	—5.995	+ 6
1188	[51 Geminorum]	5.31	M 3	7 10 54.129	+3.4446	+ 6	+16 14 0.83	—6.148	— 43
275	[I Puppis]	4.47	F 0	7 11 19.979	+1.7101	— 141	—46 41 12.26	—6.042	+ 98
1190	[Grb 1281 Lynx]	5.55	G 0	7 12 38.811	+4.4535	+ 35	+47 19 6.31	—6.434	— 184
276	[64 Aurigae]	5.75	A 3	7 15 2.960	+4.1700	— 16	+40 57 42.25	—6.438	+ 11
277	λ Geminorum	3.65	A 2	7 15 37.326	+3.4471	— 35	+16 37 10.53	—6.535	— 39
278	π Puppis	2.74	K 5	7 15 37.394	+2.1194	— 8	—37 1 8.80	—6.486	+ 9
281	δ Volantis	4.02	F 5	7 16 51.442	—0.0318	— 12	—67 52 42.79	—6.598	— 2
279	δ Geminorum	3.52	F 0	7 17 33.345	+3.5823	— 19	+22 3 47.53	—6.670	— 14
280	19 Lyncis *sq*	5.61	B 8	7 19 21.911	+4.8919	— 8	+55 21 52.87	—6.841	— 35
1191	[66 Aurigae]	5.28	K 0	7 21 9.990	+4.1529	— 5	+40 45 25.38	—6.982	— 29
283	[η Canis maj.]	2.43	B 5p	7 22 23.586	+2.3734	— 5	—29 13 5.12	—7.047	+ 6
282	ι Geminorum	3.89	K 0	7 23 3.453	+3.7252	— 92	+27 53 6.95	—7.197	— 89
1192	[169 G. Can. maj.]	5.82	F 0	7 23 9.770	+2.7555	— 142	—13 39 57.96	—7.127	— 11
285	β Canis minor.	3.09	B 8	7 24 49.127	+3.2530	— 38	+ 8 22 39.01	—7.291	— 40
286	ρ Geminorum	4.18	F 0	7 26 20.846	+3.8574	+ 116	+31 52 18.17	—7.205	+ 172
284	Grb 1308 Caml	5.80	K 0	7 26 25.330	+6.2335	— 22	+68 33 23.08	—7.424	— 40
1193	[6 Canis minor.]	4.85	K 0	7 27 24.193	+3.3390	— 1	+12 5 49.60	—7.478	— 17
1194	[σ Puppis]	3.28	K 5	7 27 51.914	+1.9035	— 57	—43 12 48.25	—7.308	+ 190
287	*α Geminorum	1.99 2.85	A 0 A 0	7 31 51.464	+3.8278	— 138	+31 59 4.03	—7.925	— 103
288	[108 G. Puppis]	4.52	F 8	7 32 12.622	+2.5678	— 38	—22 12 7.81	—7.815	+ 35
1196	[υ Geminorum]	4.22	K 5	7 33 16.473	+3.6957	— 26	+26 59 34.77	—8.045	— 110
1195	[+46° 1286 Lynx]	5.80	K 5	7 33 24.612	+4.3530	— 29	+46 16 37.21	—7.986	— 39
1198	[Q Carinae]	4.92	K 5	7 34 35.857	+1.4834	+ 15	—52 26 14.02	—8.062	— 21
1197	[125 G. Puppis]	5.66	B 3	7 34 47.590	+2.6372	— 4	—19 36 19.02	—8.054	+ 3
289	25 Monocerotis	5.17	F 5	7 35 8.365	+2.9825	— 51	— 4 0 49.02	—8.069	+ 16
290	[127 G. Puppis]	4.62	B 8	7 35 46.526	+2.2197	— 27	—34 52 14.31	—8.117	+ 18
291	*α Canis min.	0.48	F 5	7 37 3.092	+3.1397	— 474	+ 5 20 11.84	—9.267	—1029
293	[26 α Monocer.]	4.07	K 0	7 39 11.533	+2.8664	— 51	— 9 26 58.47	—8.432	— 24
292	24 Lyncis	4.96	A 2	7 39 22.713	+5.0709	— 53	+58 48 47.81	—8.478	— 54
294	κ Geminorum	3.70	G 5	7 41 51.209	+3.6209	— 23	+24 30 10.02	—8.672	— 53

Nr. 287. Ort des Schwerpunktes. Die Reduktion auf den Ort des helleren Sterns beträgt nach den Elementen von S t r a n d , Astronom. Journal Bd. 49, 1940:

1957.0 $\Delta\alpha = -0^s.008$ $\Delta\delta = +0''.94$
1958.0 $= -0.011$ $= +0.90$

Nr. 291. Ort des Schwerpunktes. Die Reduktion auf den Ort des hellen Sterns beträgt nach den Elementen von S t r a n d , Astrophys. Journal Bd. 113,1.; 1951:

1957.0 $\Delta\alpha = -0^s.077$ $\Delta\delta = -0''.62$
1958.0 $= -0.079$ $= -0.49$

Nr.	Name	Größe	Spektrum	AR. 1957.0	Jährl. Veränderung 1957.5	Jährl. Eigenbew. in 0.s0001	Dekl. 1957.0	Jährl. Veränderung 1957.5	Jährl. Eigenbew. in 0.″001
		m		h m s	s		° ′ ″	″	
297	ζ Volantis	3.89	K 0	7 42 21.764	−0.7437	+ 59	−72 30 11.09	− 8.639	+ 18
295	β Geminorum	1.21	K 0	7 42 41.208	+3.6697	− 474	+28 7 54.04	− 8.737	− 52
1200	[81 Geminorum]	5.02	K 2	7 43 38.140	+3.4728	− 54	+18 36 59.33	− 8.821	− 61
1199	[+37° 1769 Lynx]	5.45	M 0	7 43 47.286	+4.0009	+ 15	+37 37 23.63	− 8.765	+ 7
1201	[11 Canis minor.]	5.30	A 0	7 43 54.210	+3.3019	− 22	+10 52 28.34	− 8.804	− 24
1202	[4 Puppis]	5.11	F 0	7 43 58.010	+2.7627	− 10	−14 27 28.97	− 8.781	+ 4
296	π Geminorum	5.29	K 2	7 44 44.202	+3.8667	− 9	+33 31 22.64	− 8.877	− 31
1203	[187 G. Puppis]	5.26	B 2	7 46 13.472	+1.8127	− 13	−46 30 3.32	− 8.958	+ 4
1204	[ξ Puppis]	3.47	G 0p	7 47 29.088	+2.5236	− 3	−24 45 2.62	− 9.064	− 3
1206	[61 G. Carinae]	5.82	F 2	7 48 30.274	+0.9895	− 95	−60 10 33.39	− 8.988	+ 151
1205	[ζ Canis minor.]	5.11	B 8	7 49 28.168	+3.1108	− 15	+ 1 52 40.80	− 9.220	− 5
301	[213 G. Puppis]	3.76	G 5	7 50 44.222	+2.0621	− 21	−40 27 50.28	− 9.312	0
1207	[φ Geminorum]	4.99	A 2	7 50 52.047	+3.6701	− 28	+26 52 43.26	− 9.359	− 35
299	[26 Lyncis]	5.69	K 0	7 51 35.197	+4.3650	− 50	+47 40 40.82	− 9.382	− 2
1208	[1 Cancri]	5.96	K 0	7 54 33.012	+3.4052	− 23	+15 54 23.74	− 9.653	− 45
300	Grb 1374 Caml	5.56	K 0	7 55 5.258	+7.1636	− 30	+74 2 9.62	− 9.686	− 34
1209	[Grb 1384 Lynx]	6.47	K 0	7 55 15.683	+4.2113	+ 38	+44 5 38.88	− 9.654	+ 8
303	χ Carinae	3.60	B 3	7 55 41.074	+1.5248	− 41	−52 51 58.08	− 9.664	+ 29
1210	[225 G. Puppis]	4.85	A 2	7 55 57.198	+2.3921	− 6	−30 13 4.19	− 9.709	+ 6
304	[27 Monocerotis]	5.06	K 0	7 57 35.210	+2.9967	− 43	− 3 33 39.63	− 9.841	− 1
1212	[232 G. Puppis]	4.64	A 2	7 57 56.344	+2.6885	− 6	−18 16 48.78	− 9.916	− 50
302	[53 Camelop.]	6.00	A 2p	7 58 2.722	+5.1162	− 74	+60 26 39.09	− 9.898	− 22
1211	[ω Cancri]	5.88	K 0	7 58 19.876	+3.6286	+ 8	+25 30 43.35	− 9.897	0
1213	[161 G. Monocer.]	6.30	G 0	8 0 19.198	+2.9481	+ 7	− 6 12 58.42	−10.075	− 28
305	χ Geminorum	5.04	K 0	8 0 52.777	+3.6830	− 21	+27 54 59.19	−10.136	− 46
306	ζ Puppis	2.27	O d	8 2 4.290	+2.1087	− 30	−39 52 51.68	−10.165	+ 14
307	27 Lyncis	4.87	A 2	8 5 13.854	+4.5084	− 67	+51 37 57.02	−10.427	− 9
308	ρ Puppis	2.88	F 5	8 5 42.713	+2.5555	− 60	−24 10 44.91	−10.401	+ 51
1214	[Pi 7^h 308 Lynx]	6.64	F 8	8 7 23.766	+3.9017	+ 163	+35 35 8.03	−10.816	− 237
309	γ Velorum	1.92	O ap	8 8 12.398	+1.8493	− 8	−47 12 32.55	−10.632	+ 5
1215	[3 H. Ursae maj.]	5.48	G 5	8 8 33.513	+5.9598	− 4	+68 36 11.60	−10.659	+ 7
311	20 Puppis	5.05	G 5	8 11 21.319	+2.7575	− 12	−15 39 26.98	−10.876	− 6
312	β Cancri	3.76	K 2	8 14 11.043	+3.2528	− 34	+ 9 19 9.98	−11.128	− 51
310	Br 1147 Caml	5.73	G 5	8 14 11.461	+7.5091	+ 65	+75 53 28.80	−11.065	+ 15
1216	[+4° 1945 Hydra]	6.68	G0+A2	8 15 2.730	+3.1581	+ 1	+ 4 21 11.06	−11.139	+ 1
313	[289 G. Puppis]	4.43	A 5	8 16 56.652	+2.2459	− 94	−36 31 30.47	−11.186	+ 91
1218	[7 G. Hydrae]	6.32	A 5	8 17 11.336	+2.8738	− 43	−10 1 49.86	−11.266	+ 29
1217	[χ Cancri]	5.16	F 5	8 17 27.304	+3.6425	− 15	+27 21 30.08	−11.700	− 386
1219	[294 G. Puppis]	4.94	K 0	8 19 41.319	+2.3629	− 13	−32 54 59.42	−11.466	+ 9
314	31 Lyncis	4.43	K 5	8 19 53.894	+4.1044	− 16	+43 19 39.67	−11.595	− 104

Nr.	Name	Größe	Spektrum	AR. 1957.0	Jährl. Veränderung 1957.5	Jährl. Eigenbew. in 0.ˢ0001	Dekl. 1957.0	Jährl. Veränderung 1957.5	Jährl. Eigenbew. in 0.″001
		m		h m s	s		° ′ ″	″	
1220	[20 Cancri]	5.88	F 0	8 20 54.198	+3.4340	− 40	+18 28 18.09	−11.592	− 30
315	ε Carinae	1.74	K0+B	8 21 37.973	+1.2304	− 37	−59 22 13.87	−11.595	+ 18
318	ϑ Chamaeleontis	4.26	K 0	8 21 58.253	−1.8116	− 386	−77 20 47.13	−11.596	+ 39
1221	[302 G. Puppis *pr*]	5.55	K 5	8 23 12.268	+2.5909	− 22	−23 54 20.23	−11.699	+ 27
316	Br 1197 Hydra	3.95	A 0	8 23 30.704	+2.9976	− 46	− 3 45 53.73	−11.773	− 26
319	[β Volantis]	3.65	K 0	8 25 16.561	+0.6516	− 44	−65 59 35.05	−12.030	− 160
1222	[29 Cancri]	5.90	A 2	8 26 13.434	+3.3467	− 13	+14 21 16.18	−11.955	− 16
317	o Ursae maj.	3.47	G 0	8 26 42.467	+4.9769	− 185	+60 51 50.09	−12.085	− 111
320	Grb 1450 Lynx	6.05	K 0	8 30 7.577	+3.8974	− 86	+38 9 55.46	−12.384	− 172
321	η Cancri	5.52	K 0	8 30 13.430	+3.4678	− 35	+20 35 18.87	−12.268	− 49
322	[Grb 1446 Caml]	6.29	K 0	8 34 58.378	+6.6501	− 51	+73 46 57.21	−12.651	− 104
1223	[δ Hydrae]	4.18	A 0	8 35 22.818	+3.1754	− 47	+ 5 51 17.61	−12.584	− 11
323	[Grb 1460 UMaj]	6.03	K 0	8 36 7.046	+4.4399	− 39	+52 51 50.17	−12.660	− 36
324	[48 G. Velorum]	4.13	A 5	8 36 7.803	+2.1094	− 17	−42 50 15.93	−12.616	+ 7
1224	[σ Hydrae]	4.54	K 0	8 36 30.620	+3.1354	− 13	+ 3 29 36.85	−12.671	− 21
325	[6 Hydrae]	5.15	K 2	8 37 59.168	+2.8421	− 60	−12 19 20.27	−12.755	− 6
1225	[34 Lyncis]	5.52	K 0	8 38 3.211	+4.1422	+ 21	+45 59 10.88	−12.669	+ 85
1227	o Velorum	3.68	B 3	8 39 3.674	+1.7196	− 22	−52 46 6.48	−12.799	+ 22
1226	[53 G. Velorum]	4.06	F 5p	8 39 11.892	+1.9913	− 6	−46 29 41.61	−12.826	+ 4
1228	[γ Cancri]	4.73	A 0	8 40 47.996	+3.4703	− 76	+21 37 28.00	−12.982	− 44
327	α Pyxidis	3.70	B 2	8 41 51.771	+2.4112	− 13	−33 1 49.43	−12.999	+ 9
326	δ Cancri	4.17	K 0	8 42 14.599	+3.4079	− 15	+18 18 49.03	−13.268	− 233
331	[η Chamaeleontis]	5.62	B 9	8 42 50.342	−2.0545	− 78	−78 48 29.14	−13.050	+ 21
1229	[25 G. Pyxidis]	6.13	A 2	8 42 59.805	+2.6850	+ 4	−21 0 37.81	−13.059	+ 25
328	ι Cancri	4.20	G 5	8 44 5.919	+3.6283	− 19	+28 55 6.93	−13.202	− 45
1230	[14 Hydrae]	5.19	B 9	8 47 12.044	+3.0145	− 18	− 3 16 56.28	−13.383	− 23
332	[γ Pyxidis]	4.19	K 2	8 48 42.336	+2.5468	− 101	−27 32 58.17	−13.377	+ 81
334	ζ Hydrae	3.30	K 0	8 53 7.283	+3.1705	− 69	+ 6 6 37.18	−13.732	+ 10
1231	[80 G. Hydrae]	5.90	K 0	8 53 13.854	+2.7584	+ 23	−18 4 35.72	−13.767	− 19
336	108 G. Carinae	3.98	B 8	8 54 4.474	+1.3598	− 25	−60 28 47.04	−13.760	+ 41
1233	[109 G. Carinae]	5.29	B 3	8 55 55.282	+1.4673	− 20	−59 3 45.40	−13.907	+ 12
337	α Cancri	4.27	A 3	8 56 8.208	+3.2801	+ 22	+12 1 31.36	−13.966	− 34
335	ι Ursae maj.	3.12	A 5	8 56 16.354	+4.1030	− 443	+48 12 42.65	−14.181	− 240
1232	[64 Cancri]	5.64	G 5	8 56 54.478	+3.6816	− 37	+32 35 12.81	−14.021	− 40
339	Br 1268 Lynx	4.09	F 5	8 57 51.316	+3.8910	− 395	+41 57 15.59	−14.298	− 257
1234	[91 G. Velorum]	4.42	F 8	8 58 28.979	+2.2402	− 40	−41 5 7.83	−14.040	+ 39
338	ρ Ursae maj.	4.99	M 0	8 58 41.733	+5.3964	− 45	+67 47 56.78	−14.078	+ 16
1235	[92 G. Hydrae]	5.80	K 0	8 59 46.158	+3.0645	− 37	− 0 18 48.35	−14.083	+ 76
341	κ Ursae maj.	3.68	A 0	9 0 41.903	+4.0915	− 35	+47 19 40.97	−14.275	− 58
340	[Grb 1501 UMaj]	5.68	A 2	9 0 52.055	+4.3891	− 14	+54 27 17.53	−14.229	− 1

Mittlere Sternörter 1957.0

Nr.	Name	Größe	Spektrum	AR. 1957.0	Jährl. Veränderung 1957.5	Jährl. Eigenbew. in 0ˢ.0001	Dekl. 1957.0	Jährl. Veränderung 1957.5	Jährl. Eigenbew. in 0″.001
		m		h m s	s		° ′ ″	″	
1236	[93 G. Hydrae]	6.74	A 0	9 1 34.842	+2.9902	− 11	− 5 0 0.42	−14.266	+ 5
343	α Volantis	4.18	A 5	9 1 46.436	+0.9465	+ 11	−66 13 26.73	−14.383	− 101
342	[97 G. Velorum]	3.69	K 0	9 2 40.141	+2.0690	− 57	−46 55 32.80	−14.352	− 15
1237	[Pi 8^h 245 Lynx]	4.71	G 5	9 3 47.999	+3.8129	− 27	+38 37 31.26	−14.429	− 22
1238	[κ Cancri]	5.14	B 8	9 5 25.145	+3.2483	− 17	+10 50 32.70	−14.515	− 10
345	λ Velorum	2.22	K 5	9 6 24.730	+2.2072	− 25	−43 15 29.13	−14.549	+ 15
1239	[ξ Cancri]	5.22	G 5	9 6 53.367	+3.4475	0	+22 13 13.84	−14.594	− 1
1240	[101 G. Hydrae]	5.81	K 0	9 7 7.723	+2.8766	+ 8	−12 10 57.79	−14.622	− 15
1241	[ε Pyxidis]	5.63	A 3	9 8 6.980	+2.5436	0	−30 11 19.93	−14.711	− 45
1242	[107 G. Hydrae]	5.81	K 0	9 10 0.496	+2.7486	− 39	−19 34 15.97	−14.744	+ 35
346	[36 Lyncis]	5.30	B 8	9 10 59.910	+3.9199	− 27	+43 23 46.80	−14.876	− 39
347	ϑ Hydrae	3.84	A 0	9 12 7.668	+3.1209	+ 86	+ 2 29 48.11	−15.217	− 314
348	β Carinae	1.80	A 0	9 12 44.306	+0.6574	− 280	−69 32 23.36	−14.834	+ 103
351	[ι Carinae]	2.25	F 0	9 15 56.359	+1.6063	− 23	−59 5 39.41	−15.118	+ 5
350	83 Cancri	6.60	F 5	9 16 34.985	+3.3468	− 87	+17 53 19.21	−15.296	− 135
352	α Lyncis	3.30	K 5	9 18 26.436	+3.6519	− 181	+34 34 31.92	−15.254	+ 13
1243	[ϑ Pyxidis]	4.93	M 0	9 19 35.277	+2.6570	− 7	−25 46 53.56	−15.341	− 10
353	κ Velorum	2.63	B 3	9 20 46.843	+1.8585	− 12	−54 49 34.84	−15.388	+ 10
1244	[κ Leonis]	4.61	K 0	9 22 9.223	+3.4918	− 25	+26 22 6.78	−15.524	− 49
1245	[28 Hydrae]	5.81	K 5	9 23 15.002	+2.9995	− 11	− 4 55 51.90	−15.549	− 14
354	α Hydrae	2.16	K 2	9 25 28.432	+2.9482	− 10	− 8 28 16.89	−15.631	+ 27
356	ε Antliae	4.64	K 2	9 27 28.087	+2.4770	− 22	−35 45 45.32	−15.775	− 10
355	23 Ursae maj.	3.75	F 0	9 28 9.592	+4.7191	+ 155	+63 15 4.77	−15.779	+ 25
1246	[ξ Leonis]	5.12	G 5	9 29 37.755	+3.2324	− 66	+11 29 28.30	−15.969	− 87
361	[N Velorum]	3.4—4.2	K 5	9 29 54.830	+1.8235	− 42	−56 50 38.60	−15.894	+ 2
358	ϑ Ursae maj.	3.26	F 8p	9 29 59.537	+4.0065	−1030	+51 52 28.09	−16.443	− 542
357	24 Ursae maj.	4.57	G 0	9 30 42.837	+5.2873	− 134	+70 1 15.49	−15.865	+ 75
1247	[160 G. Hydrae]	5.16	K 0	9 31 13.555	+2.7628	− 18	−20 55 28.43	−15.956	+ 11
362	[H Carinae]	5.52	K 2	9 31 17.870	+0.4471	− 32	−72 53 24.36	−15.977	− 8
360	10 Leonis min.	4.62	G 5	9 31 35.678	+3.6720	+ 4	+36 35 22.22	−16.016	− 29
1248	[17 G. Antliae]	5.63	K 0	9 35 18.714	+2.5836	+ 27	−31 59 4.58	−16.204	− 24
1249	[Br 1352 Hydrae]	4.78	K 0	9 36 12.764	+3.1291	− 108	+ 4 50 39.78	−16.282	− 55
1250	[ι Hydrae]	4.10	K 0	9 37 39.598	+3.0636	+ 31	− 0 56 48.28	−16.370	− 69
364	[κ Hydrae]	4.96	B 3	9 38 14.608	+2.8763	− 20	−14 8 11.02	−16.354	− 24
363	[Grb 1564 UMaj]	5.74	K 0	9 38 35.911	+5.1190	− 141	+69 26 4.86	−16.423	− 74
365	[o Leonis]	3.76	F5+A3	9 38 51.415	+3.2009	− 98	+10 5 19.98	−16.400	− 39
1251	[15 Leonis]	5.73	A 2	9 41 2.250	+3.5141	− 18	+30 10 22.96	−16.580	− 109
1252	[ψ Leonis]	5.62	M 0	9 41 23.487	+3.2657	− 1	+14 13 9.84	−16.492	− 4
366	ϑ Antliae	4.98	F 5p	9 42 16.963	+2.6752	− 38	−27 34 18.72	−16.502	+ 30
367	ε Leonis	3.12	G 0p	9 43 24.819	+3.4034	− 34	+23 58 23.37	−16.605	− 17

Nr.	Name	Größe	Spektrum	AR. 1957.0	Jährl. Veränderung 1957.5	Jährl. Eigenbew. in 0.ˢ0001	Dekl. 1957.0	Jährl. Veränderung 1957.5	Jährl. Eigenbew. in 0.″001
		m		h m s	s		° ′ ″	″	
1253	[+19° 2254 Leo]	6.92	K 0	9 43 28.768	+3.3313	+ 16	+18 52 57.14	−16.610	− 19
1254	[l Carinae]	3.6—4.8	G 0	9 44 3.911	+1.6485	− 18	−62 18 32.03	−16.606	+ 13
1255	[Br 1369 UMaj]	5.20	G 0	9 45 49.502	+3.8652	+ 215	+46 13 20.57	−16.803	− 97
368	υ Ursae maj.	3.89	F 0	9 47 56.902	+4.2577	− 385	+59 14 31.67	−16.964	− 156
370	6 Sextantis	6.00	A 2	9 49 3.979	+3.0228	+ 5	− 4 2 27.72	−16.893	− 33
1256	[162 G. Velorum]	5.72	K 0	9 49 39.755	+2.3257	− 29	−45 59 31.14	−16.853	+ 35
371	[μ Leonis]	4.10	K 0	9 50 19.299	+3.4097	− 162	+26 12 37.28	−16.980	− 60
373	[183 G. Hydrae]	5.16	M 0	9 52 50.429	+2.8306	− 31	−18 48 17.90	−17.084	− 47
1257	[18 G. Sextantis]	7.03	K 0	9 53 59.739	+2.9802	− 20	− 7 26 26.73	−17.096	− 6
372	Grb 1586 UMaj	5.96	K 0	9 54 34.912	+5.3402	− 183	+73 5 7.02	−17.160	− 43
374	[19 Leonis min.]	5.19	F 5	9 55 3.457	+3.6704	− 107	+41 15 40.74	−17.168	− 30
375	φ Velorum	3.70	B 5	9 55 20.977	+2.1074	− 16	−54 21 44.39	−17.140	+ 11
377	[η Antliae]	5.25	F 0	9 57 1.361	+2.5748	− 81	−35 41 4.28	−17.251	− 25
376	[12 Sextantis]	6.63	A 5	9 57 29.245	+3.1112	− 49	+ 3 35 27.94	−17.229	+ 18
378	π Leonis	4.89	M 0	9 57 56.520	+3.1695	− 23	+ 8 15 4.72	−17.294	− 27
1258	[20 Leonis min.]	5.60	G 5	9 58 32.218	+3.4562	− 414	+32 8 9.64	−17.727	− 433
1259	[Pi 9^h 229 UMaj]	5.74	F 5	10 1 45.621	+3.9809	− 28	+54 6 2.33	−17.445	− 10
1260	[193 G. Hydrae]	5.80	F 0	10 2 21.728	+2.7732	− 71	−24 4 36.21	−17.440	+ 20
1261	[υ^2 Hydrae]	4.72	B 8	10 3 1.757	+2.9218	− 26	−12 51 19.90	−17.481	+ 8
379	η Leonis	3.58	A 0p	10 4 59.410	+3.2691	− 4	+16 58 23.15	−17.578	− 6
380	α Leonis	1.34	B 8	10 6 5.013	+3.1939	− 169	+12 10 41.24	−17.615	+ 3
381	λ Hydrae	3.83	K 0	10 8 29.431	+2.9252	− 138	−12 8 27.07	−17.810	− 93
385	[ω Carinae]	3.56	B 8	10 12 43.124	+1.4282	− 45	−69 49 26.53	−17.884	+ 2
382	191 G. Velorum	4.09	A 2	10 12 55.617	+2.5197	− 137	−41 54 29.99	−17.855	+ 40
384	ζ Leonis	3.65	F 0	10 14 18.094	+3.3346	+ 11	+23 37 56.27	−17.961	− 12
383	λ Ursae maj.	3.52	A 2	10 14 30.655	+3.6140	− 152	+43 7 47.50	−18.002	− 45
1262	[32 Ursae maj.]	5.74	A 3	10 14 56.071	+4.3454	− 144	+65 19 25.69	−17.987	− 13
1263	[ε Sextantis]	5.40	F 0	10 15 29.529	+2.9813	− 109	− 7 51 12.57	−17.994	+ 1
1264	[187 G. Carinae]	3.44	K 5	10 15 38.625	+2.0051	− 32	−61 7 0.85	−17.996	+ 5
1265	[59 G. Antliae]	5.62	B 9	10 16 9.143	+2.7508	− 14	−28 46 34.94	−18.010	+ 10
1266	[23 Sextantis]	6.53	B 3	10 18 48.768	+3.0976	− 8	+ 2 30 24.08	−18.125	− 4
386	μ Ursae maj.	3.21	K 5	10 19 46.467	+3.5702	− 74	+41 42 59.39	−18.128	+ 29
1268	[204 G. Velorum]	4.99	K 5	10 20 28.669	+2.5745	− 28	−41 25 58.99	−18.130	+ 53
1267	[27 Leonis min.]	5.83	A 3	10 20 38.045	+3.4527	− 10	+34 7 33.14	−18.203	− 14
387	30 H. Ursae maj.	4.92	A 0	10 21 3.216	+4.3136	− 24	+65 47 4.94	−18.229	− 25
388	[25 Sextantis]	6.10	B 9	10 21 16.017	+3.0320	− 37	− 3 51 21.91	−18.211	0
1269	[64 G. Antliae]	5.40	A 3	10 21 36.093	+2.6285	− 137	−37 47 27.47	−18.278	− 54
391	I Carinae	4.08	F 5	10 23 32.879	+1.1899	− 30	−73 48 44.80	−18.320	− 26
389	μ Hydrae	4.06	K 5	10 24 0.533	+2.9024	− 89	−16 36 58.28	−18.394	− 83
392	α Antliae	4.42	K 5	10 25 10.874	+2.7469	− 57	−30 50 53.25	−18.337	+ 15

Nr.	Name	Größe	Spektrum	AR. 1957.0	Jährl. Veränderung 1957.5	Jährl. Eigenbew. in 0ˢ.0001	Dekl. 1957.0	Jährl. Veränderung 1957.5	Jährl. Eigenbew. in 0″.001
		m		h m s	s		° ′ ″	″	
390	β Leonis min.	4.41	K 0	10 25 24.147	+3.4659	− 102	+36 55 41.48	−18.469	− 109
393	196 G. Carinae	4.08	F 0	10 26 17.726	+2.2039	− 20	−58 31 9.81	−18.395	− 5
1270	[δ Sextantis]	5.24	B 9	10 27 17.625	+3.0468	− 35	− 2 31 6.31	−18.445	− 19
1271	[+29° 2057 LMin]	6.92	K 0	10 27 29.258	+3.3625	+ 7	+28 48 6.49	−18.441	− 8
394	36 Ursae maj.	4.84	F 5	10 27 53.263	+3.8321	− 218	+56 12 6.40	−18.481	− 35
1272	[46 Leonis]	5.74	M 0	10 29 54.139	+3.2014	− 29	+14 21 30.44	−18.498	+ 16
397	[203 G. Carinae]	3.58	B 5p	10 30 29.419	+2.1353	− 27	−61 27 49.10	−18.524	+ 9
396	[ρ Leonis]	3.85	B 0p	10 30 32.872	+3.1581	− 6	+ 9 31 42.45	−18.541	− 6
1273	219 G. Velorum	5.14	K 0	10 31 7.857	+2.5364	+ 6	−46 46 53.00	−18.555	− 1
395	9 H. Draconis	5.04	G 5	10 31 29.575	+5.0714	− 96	+75 56 7.22	−18.577	− 9
399	[44 Hydrae]	5.32	K 2	10 31 58.000	+2.8547	− 7	−23 31 22.86	−18.564	+ 18
398	[37 Ursae maj.]	5.16	F 0	10 32 24.342	+3.8572	+ 78	+57 18 17.25	−18.563	+ 34
1274	[236 G. Hydrae]	5.85	F 8	10 34 23.774	+2.9873	+ 175	−11 59 55.75	−19.341	− 680
401	[γ Chamaeleon.]	4.10	M 0	10 34 58.593	+0.7040	− 125	−78 23 4.08	−18.658	+ 20
1275	[37 Leonis min.]	4.77	G 0	10 36 18.302	+3.3739	+ 2	+32 12 0.45	−18.721	+ 1
402	[225 G. Velorum]	4.37	G 0	10 37 35.399	+2.3904	− 21	−55 22 44.03	−18.763	− 2
404	33 Sextantis	6.40	K 0	10 39 12.890	+3.0518	− 94	− 1 30 54.00	−18.936	− 125
403	[35 H. Ursae maj.]	5.23	K 0	10 40 1.011	+4.2812	− 8	+69 18 6.43	−18.852	− 17
1277	[78 G. Antliae]	5.73	A 0	10 40 43.380	+2.7827	− 23	−32 29 24.07	−18.854	+ 1
1276	[Pi 10ʰ 135 UMaj]	5.28	F 0	10 41 1.772	+3.5216	− 260	+46 25 49.33	−18.938	− 73
405	[41 Leonis min.]	5.05	A 2	10 41 4.842	+3.2601	− 85	+23 24 50.58	−18.861	+ 5
406	ϑ Carinae	3.03	B 0	10 41 25.072	+2.1431	− 24	−64 10 7.12	−18.864	+ 12
407	42 Leonis min.	5.37	B 9	10 43 28.671	+3.3334	− 21	+30 54 33.52	−18.977	− 41
1278	[Br 1493 Leo]	6.29	K 0	10 43 51.359	+3.1230	− 8	+ 6 36 1.02	−18.987	− 40
1279	[51 Leonis]	5.64	K 0	10 44 5.649	+3.2304	+ 64	+19 7 7.31	−18.998	− 45
1280	[250 G. Hydrae]	6.86	K 0	10 44 39.968	+2.8526	− 121	−25 49 18.54	−18.920	+ 49
411	[δ² Chamaeleon.]	4.62	B 3	10 45 24.155	+0.5544	− 154	−80 18 47.91	−18.988	+ 2
409	53 Leonis	5.27	A 0	10 46 59.865	+3.1526	− 4	+10 46 23.61	−19.062	− 28
410	[ν Hydrae]	3.32	K 0	10 47 30.071	+2.9612	+ 67	−15 58 5.48	−18.854	+ 195
1281	[41 Sextantis]	5.78	A 2	10 48 8.529	+3.0101	− 5	− 8 40 10.34	−19.087	− 21
412	[46 Leonis min.]	3.92	K 0	10 50 54.706	+3.3523	+ 69	+34 26 49.62	−19.424	− 285
414	[ι Antliae]	4.70	K 0	10 54 42.564	+2.7981	+ 67	−36 54 22.33	−19.367	− 132
413	[Br 1508 Draco]	6.26	G 5	10 56 34.203	+4.7653	− 245	+78 0 3.71	−19.311	− 31
1282	[47 Ursae maj.]	5.14	G 0	10 57 3.852	+3.3564	− 281	+40 39 37.01	−19.242	+ 49
1283	[α Crateris]	4.20	K 0	10 57 40.612	+2.9240	− 323	−18 4 9.96	−19.183	+ 123
415	239 G. Velorum	4.56	A 2	10 58 10.535	+2.7546	+ 17	−41 59 41.70	−19.322	− 4
1284	[58 Leonis]	5.05	K 0	10 58 20.385	+3.0980	+ 8	+ 3 50 55.65	−19.339	− 18
416	β Ursae maj.	2.44	A 0	10 59 15.552	+3.6138	+ 97	+56 36 47.88	−19.316	+ 27
1285	[29 G. Leonis]	7.13	G 5	11 0 25.484	+3.0523	− 14	− 3 16 51.30	−19.399	− 30
417	α Ursae maj.	1.95	K 0	11 1 5.412	+3.6941	− 174	+61 59 0.65	−19.455	− 71

Nr.	Name	Größe	Spektrum	AR. 1957.0	Jährl. Veränderung 1957.5	Jährl. Eigenbew. in 0ˢ.0001	Dekl. 1957.0	Jährl. Veränderung 1957.5	Jährl. Eigenbew. in 0″.001
		m		h m s	s		° ′ ″	″	
418	χ Leonis	4.66	F 0	11 2 47.955	+3.0941	− 231	+ 7 34 7.90	−19.470	− 49
419	[χ¹ Hydrae]	5.06	F 5	11 3 15.383	+2.8919	− 143	−27 3 39.82	−19.435	− 4
1286	[11 G. Crateris]	6.14	A 3	11 3 24.390	+3.0118	+ 10	−10 51 21.10	−19.540	− 105
1287	[65 Leonis]	5.66	G 5	11 4 42.590	+3.0601	− 255	+ 2 11 21.41	−19.552	− 90
1288	[259 G. Carinae]	5.80	B 3	11 5 16.340	+2.1699	− 40	−70 38 41.97	−19.475	− 2
1289	[260 G. Carinae]	4.02	F 8 p	11 6 44.711	+2.5659	− 8	−58 44 30.20	−19.505	− 1
420	ψ Ursae maj.	3.15	K 0	11 7 15.182	+3.3690	− 62	+44 43 55.89	−19.545	− 31
421	β Crateris	4.52	A 2	11 9 32.401	+2.9524	+ 3	−22 35 26.66	−19.662	− 103
1290	[275 G. Hydrae]	6.46	M 0	11 10 10.187	+2.8934	+ 14	−32 11 59.80	−19.566	+ 4
1291	[9 G. Centauri]	5.67	A 2	11 10 35.127	+2.7364	− 98	−48 52 1.43	−19.538	+ 41
422	δ Leonis	2.58	A 3	11 11 49.416	+3.1892	+ 102	+20 45 34.49	−19.737	− 136
423	ϑ Leonis	3.41	A 0	11 11 59.094	+3.1470	− 43	+15 39 53.63	−19.686	− 82
424	[Grb 1757 U Maj]	5.97	K 0	11 14 16.928	+3.3761	− 94	+49 42 40.42	−19.660	− 15
1292	[φ Leonis]	4.58	A 5	11 14 28.452	+3.0502	− 75	− 3 24 58.64	−19.691	− 43
425	ν Ursae maj.	3.71	K 0	11 16 9.615	+3.2381	− 23	+33 19 45.03	−19.655	+ 22
1293	[55 Ursae maj.]	4.78	A 2	11 16 47.600	+3.2670	− 49	+38 25 17.93	−19.764	− 77
426	δ Crateris	3.82	K 0	11 17 11.300	+3.0005	− 85	−14 32 44.20	−19.494	+ 200
427	σ Leonis	4.13	A 0	11 18 55.140	+3.0931	− 64	+ 6 15 55.04	−19.734	− 13
428	π Centauri	4.26	B 5	11 19 2.333	+2.7404	− 31	−54 15 18.17	−19.727	− 4
429	Grb 1771 U Maj	5.98	A 0	11 20 18.979	+3.5558	− 13	+64 33 57.71	−19.714	+ 29
1294	[28 G. Centauri]	6.42	B 3	11 22 18.211	+2.8720	− 15	−42 25 58.02	−19.782	− 10
431	[γ Crateris]	4.14	A 5	11 22 43.843	+2.9986	− 69	−17 26 51.44	−19.780	− 2
1295	[Pi 11ʰ 63 Leo]	7.15	A 2	11 23 29.159	+3.1790	− 23	+26 59 1.62	−19.786	+ 3
1296	[83 Leonis]	6.54	K 0	11 24 34.711	+3.0369	− 482	+ 3 14 51.63	−19.626	+ 178
1297	[τ Leonis]	5.18	K 0	11 25 43.529	+3.0854	+ 12	+ 3 5 35.68	−19.835	− 17
1298	[282 G. Hydrae]	6.79	K 0	11 27 29.506	+2.9727	− 12	−27 47 36.35	−19.848	− 7
432	[58 Ursae maj.]	5.88	F 8	11 28 11.848	+3.2428	− 53	+43 24 33.91	−19.774	+ 76
433	λ Draconis	4.06	M 0	11 28 52.411	+3.5507	− 78	+69 34 6.99	−19.878	− 20
434	ξ Hydrae	3.72	G 5	11 30 52.935	+2.9532	− 161	−31 37 9.79	−19.918	− 38
436	λ Centauri	3.34	B 9	11 33 47.217	+2.7718	− 53	−62 46 53.86	−19.917	− 5
435	[C² Centauri]	5.42	F 0	11 33 50.041	+2.9108	+ 28	−47 24 10.78	−19.963	− 51
1299	[ϑ Crateris]	4.81	B 9	11 34 29.889	+3.0441	− 43	− 9 33 51.35	−19.914	+ 4
437	υ Leonis	4.47	K 0	11 34 44.759	+3.0721	+ 2	− 0 35 10.30	−19.882	+ 39
438	[π Chamaeleon.]	5.74	F 0	11 35 28.428	+2.4836	− 320	−75 39 29.26	−19.920	+ 7
439	[o Hydrae]	4.88	B 8	11 38 4.336	+2.9828	− 30	−34 30 21.86	−19.947	+ 3
1300	[61 Ursae maj.]	5.46	G 5	11 38 47.374	+3.1568	− 12	+34 26 40.42	−20.346	− 390
440	3 Draconis	5.48	K 0	11 40 5.443	+3.3376	− 83	+66 58 58.71	−19.932	+ 34
1301	[ζ Crateris]	4.90	G 5	11 42 34.807	+3.0426	+ 24	−18 6 41.74	−20.021	− 37
442	[λ Muscae]	3.80	A 5	11 43 33.922	+2.8388	− 149	−66 29 24.91	−19.960	+ 30
1302	[ν Virginis]	4.20	M 0	11 43 38.932	+3.0835	− 12	+ 6 46 13.49	−20.178	− 187

Nr.	Name	Größe	Spektrum	AR. 1957.0	Jährl. Veränderung 1957.5	Jährl. Eigenbew. in 0ˢ.0001	Dekl. 1957.0	Jährl. Veränderung 1957.5	Jährl. Eigenbew. in 0″.001
		m		h m s	s		° ′ ″	″	
441	χ Ursae maj.	3.85	K 0	11 43 47.187	+3.1643	− 138	+48 1 4.37	−19.969	+ 23
443	[65 G. Centauri]	4.22	G 0	11 44 25.254	+2.9062	− 42	−60 56 21.01	−20.015	− 19
1303	[Grb 1826 U Maj]	6.64	F 0	11 44 49.306	+3.2317	− 52	+61 38 28.41	−20.042	− 44
1304	[93 Leonis]	4.54	F 8	11 45 46.117	+3.0935	− 108	+20 27 28.46	−20.014	− 11
1305	[298 G. Hydrae]	5.45	M 3	11 46 34.530	+3.0325	− 20	−26 30 37.92	−20.019	− 11
444	β Leonis	2.23	A 2	11 46 52.025	+3.0594	− 342	+14 48 44.86	−20.128	− 119
445	β Virginis	3.80	F 8	11 48 27.261	+3.1252	+ 494	+ 2 0 25.54	−20.291	− 275
1306	[12 G. Virginis]	5.81	K 0	11 48 50.230	+3.0679	+ 3	− 5 5 39.05	−20.024	− 5
446	[B Centauri]	4.71	K 0	11 48 59.144	+3.0007	− 88	−44 56 3.74	−20.048	− 29
1307	[Grb 1830 U Maj]	6.46	G 5	11 50 30.344	+3.4547	+3381	+38 1 38.40	−25.832	−5807
447	γ Ursae maj.	2.54	A 0	11 51 34.625	+3.1510	+ 104	+53 56 1.81	−20.023	+ 6
1308	[95 Leonis]	5.49	A 2	11 53 27.885	+3.0849	+ 7	+15 53 9.79	−20.037	− 3
1309	[η Crateris]	5.16	A 0	11 53 49.240	+3.0588	− 37	−16 54 40.98	−20.046	− 11
1310	[Pi 11ʰ 202 U Maj]	6.30	F 0	11 55 54.839	+3.0801	− 84	+32 30 50.13	−20.107	− 69
1311	[π Virginis]	4.57	A 3	11 58 40.133	+3.0742	− 2	+ 6 51 14.67	−20.074	− 33
449	[88 G. Centauri]	5.28	F 0	12 1 25.463	+3.1103	+ 292	−42 11 35.76	−20.161	− 120
450	o Virginis	4.24	G 5	12 3 1.099	+3.0557	− 149	+ 8 58 18.47	−19.995	+ 45
451	[Grb 1852 Caml]	5.96	K 0	12 3 5.539	+3.0374	+ 436	+77 8 45.69	−20.140	− 100
1312	[311 G. Hydrae]	6.26	B 9	12 3 43.587	+3.0847	− 42	−35 27 15.73	−20.035	+ 5
452	δ Centauri	2.88	B 3p	12 6 7.228	+3.1136	− 33	−50 28 58.51	−20.045	− 11
453	ε Corvi	3.21	K 0	12 7 54.534	+3.0876	− 49	−22 22 50.33	−20.020	+ 10
1313	[3 Comae]	6.34	A 0	12 8 20.142	+3.0570	− 14	+17 2 54.21	−20.035	− 6
454	Br 1634 Caml	5.12	A 5	12 10 12.422	+2.7986	+ 21	+77 51 18.23	−20.003	+ 19
1314	[Br 1636 U Maj]	6.26	K 0	12 12 35.897	+2.9709	− 25	+53 40 25.60	−20.031	− 19
455	[δ Crucis]	3.08	B 3	12 12 50.943	+3.1915	− 44	−58 30 34.69	−20.017	− 6
456	δ Ursae maj.	3.44	A 2	12 13 18.337	+2.9651	+ 125	+57 16 16.87	−20.005	+ 3
457	[γ Corvi]	2.78	B 8	12 13 35.453	+3.0870	− 111	−17 18 11.90	−19.990	+ 16
458	[2 Canum venat.]	5.92	K 5	12 13 58.505	+3.0042	+ 14	+40 53 57.69	−20.044	− 39
459	β Chamaeleontis	4.38	B 5	12 15 46.883	+3.5372	− 134	−79 4 24.57	−19.978	+ 16
1315	[14 Virginis]	7.03	K 0	12 17 7.227	+3.0887	0	− 8 40 32.64	−20.013	− 27
1316	[3 Canum venat.]	5.56	K 2	12 17 41.974	+2.9527	− 10	+49 13 21.53	−19.979	+ 3
460	η Virginis	4.00	A 0	12 17 42.251	+3.0699	− 42	− 0 25 40.70	−20.004	− 22
1317	[16 Virginis]	5.10	K 0	12 18 9.864	+3.0472	− 197	+ 3 33 6.67	−20.049	− 70
1318	[12 Comae]	4.78	F 5	12 20 20.719	+3.0145	− 9	+26 5 4.51	−19.976	− 13
1319	[322 G. Hydrae]	6.34	K 0	12 23 2.992	+3.1437	+ 3	−27 30 40.00	−19.961	− 20
461	[6 Canum venat.]	5.22	K 0	12 23 44.027	+2.9534	− 70	+39 15 24.89	−19.974	− 40
462	α Crucis *m*	1.58 2.09	B 1 B 1	12 24 11.749	+3.3445	− 39	−62 51 40.05	−19.942	− 12
463	[323 G. Hydrae]	5.68	A 0	12 24 35.326	+3.1644	− 6	−32 35 30.52	−19.957	− 30
464	[σ Centauri]	4.16	B 3	12 25 42.266	+3.2493	− 25	−49 59 33.63	−19.937	− 21
1320	[122 G. Centauri]	5.60	B 8	12 26 4.787	+3.1930	− 25	−38 48 11.75	−19.932	− 20

Nr.	Name	Größe	Spektrum	AR. 1957.0	Jährl. Veränderung 1957.5	Jährl. Eigenbew. in 0s.0001	Dekl. 1957.0	Jährl. Veränderung 1957.5	Jährl. Eigenbew. in 0".001
		m		h m s	s		° ' "	"	
466	20 Comae	5.72	A 2	12 27 33.668	+3.0131	+ 17	+21 8 2.49	—19.931	— 34
465	δ Corvi	3.11	A 0	12 27 38.122	+3.1058	— 146	—16 16 34.47	—20.039	— 143
467	[74 Ursae maj.]	5.44	A 5	12 27 57.226	+2.7978	— 87	+58 38 31.64	—19.805	+ 88
468	[γ Crucis]	1.61	M 3	12 28 46.057	+3.3339	+ 39	—56 52 21.14	—20.148	— 264
469	[γ Muscae]	4.04	B 5	12 29 52.368	+3.5960	— 92	—71 53 44.18	—19.878	— 6
1321	[35 G. Corvi]	5.76	G 5	12 31 20.206	+3.1124	— 17	—12 35 37.60	—19.804	+ 50
1322	[Pi 12h 122 C Ven]	5.43	K 0	12 31 31.943	+2.9533	+ 12	+33 29 5.55	—19.891	— 39
472	κ Draconis	3.88	B 5p	12 31 39.442	+2.5553	— 117	+70 1 30.04	—19.843	+ 8
470	β Canum venat.	4.32	G 0	12 31 42.223	+2.8467	— 630	+41 35 27.15	—19.563	+ 287
471	β Corvi	2.84	G 5	12 32 7.421	+3.1538	+ 4	—23 9 32.95	—19.903	— 57
1323	[23 Comae]	4.78	A 0	12 32 42.543	+2.9881	— 51	+22 51 56.60	—19.823	+ 15
473	24 Comae *sq*	5.18	K 0	12 32 58.370	+3.0085	— 4	+18 36 48.70	—19.815	+ 20
1324	[25 Virginis]	5.90	A 0	12 34 34.290	+3.0909	— 22	— 5 35 42.38	—19.834	— 20
474	α Muscae	2.94	B 3	12 34 35.815	+3.5882	— 65	—68 53 55.48	—19.826	— 13
475	[χ Virginis]	4.78	K 0	12 37 1.430	+3.0976	— 52	— 7 45 33.31	—19.813	— 33
1325	133 G. Centauri	5.84	K 0	12 39 0.588	+3.2996	— 77	—45 54 37.67	—19.698	+ 54
478	76 Ursae maj.	5.92	A 0	12 39 41.564	+2.6168	— 56	+62 56 55.66	—19.764	— 22
1326	[ρ Virginis]	4.95	A 0	12 39 42.437	+3.0365	+ 57	+10 28 20.25	—19.836	— 94
479	[330 G. Hydrae]	5.73	K 2	12 41 42.611	+3.1998	— 27	—28 5 17.45	—19.749	— 38
1327	[Y Canum ven.]	4.8—6.0	N 3	12 43 6.827	+2.8175	+ 1	+45 40 30.01	—19.678	+ 10
1328	[32 d^2 Virginis]	5.24	A 5	12 43 26.642	+3.0311	— 73	+ 7 54 29.41	—19.681	+ 2
481	β Crucis	1.50	B 1	12 45 11.615	+3.5127	— 47	—59 27 14.02	—19.667	— 14
1329	[332 G. Hydrae]	6.29	B 9	12 45 36.168	+3.1914	— 31	—24 37 3.66	—19.613	+ 34
1330	[35 Virginis]	6.66	M 0	12 45 39.940	+3.0553	— 5	+ 3 48 25.89	—19.650	— 5
1331	[143 G. Centauri]	5.01	A 0	12 48 20.737	+3.2581	— 25	—33 45 54.60	—19.620	— 23
1332	[31 Comae]	5.07	G 0	12 49 36.307	+2.9211	— 12	+27 46 27.46	—19.589	— 16
1333	[32 Comae]	6.53	K 5	12 50 3.906	+2.9826	— 6	+17 18 26.53	—19.582	— 17
482	150 G. Centauri	4.34	A 5	12 51 2.796	+3.3265	+ 58	—39 56 43.20	—19.571	— 25
1334	[52 G. Corvi]	6.84	A 0	12 51 43.871	+3.1669	— 26	—17 48 16.57	—19.535	— 2
1335	[ψ Virginis]	4.91	M 3	12 52 6.799	+3.1211	— 17	— 9 18 20.83	—19.546	— 20
483	ε Ursae maj.	1.68	A 0p	12 52 8.558	+2.6366	+ 134	+56 11 34.51	—19.534	— 9
484	δ Virginis	3.66	M 0	12 53 26.141	+3.0224	— 314	+ 3 37 50.66	—19.557	— 58
486	8 Draconis	5.27	F 0	12 53 46.144	+2.3848	— 15	+65 40 16.83	—19.528	— 36
485	α Canum ven. *sq*	2.90	A 0p	12 54 1.117	+2.8046	— 201	+38 33 0.64	—19.437	+ 50
1336	[44 Virginis]	5.88	A 0	12 57 26.443	+3.0916	— 26	— 3 34 49.26	—19.410	+ 5
487	[δ Muscae]	3.63	K 2	12 59 16.978	+4.1422	+ 573	—71 19 2.98	—19.405	— 30
488	ε Virginis	2.95	K 0	13 0 2.117	+2.9863	— 186	+11 11 23.54	—19.339	+ 19
1337	[14 Canum ven.]	5.11	B 9	13 3 43.911	+2.8040	— 26	+36 1 42.72	—19.255	+ 16
1338	[Grb 1956 C Ven]	5.72	K 0	13 3 56.332	+2.6971	— 18	+45 29 53.12	—19.241	+ 25
1339	[39 Comae]	6.04	F 5	13 4 15.449	+2.9231	— 55	+21 23 1.52	—19.305	— 46

Mittlere Sternörter 1957.0

Nr.	Name	Größe	Spektrum	AR. 1957.0	Jährl. Veränderung 1957.5	Jährl. Eigenbew. in 0.s0001	Dekl. 1957.0	Jährl. Veränderung 1957.5	Jährl. Eigenbew. in 0.″001
		m		h m s	s		° ′ ″	″	
489	[ξ^2 Centauri]	4.40	B 3	13 4 23.268	+3.5069	− 32	−49 40 34.69	−19.267	− 11
1340	[177 G. Centauri]	5.96	B 9	13 5 4.169	+3.5704	− 42	−53 13 48.26	−19.271	− 32
490	ϑ Virginis	4.46	A 0	13 7 43.222	+3.1073	− 23	− 5 18 35.54	−19.208	− 35
491	[17 Canum ven.]	6.05	F 0	13 8 4.832	+2.7533	− 64	+38 43 37.13	−19.126	+ 38
1341	[342 G. Hydrae]	6.48	A 3	13 9 18.576	+3.2663	− 41	−26 19 25.07	−19.138	− 6
492	β Comae	4.32	G 0	13 9 52.043	+2.7988	− 604	+28 5 44.17	−18.241	+ 876
493	[η Muscae]	4.95	B 8	13 12 18.492	+4.0775	− 57	−67 40 2.28	−19.068	− 16
1342	[195 G. Centauri]	5.36	K 0	13 14 29.422	+3.3358	+ 30	−31 16 44.73	−19.043	− 52
1343	[196 G. Centauri]	5.87	A 3p	13 14 43.639	+3.4823	− 10	−43 45 10.51	−18.998	− 13
1344	[σ Virginis]	5.01	M 0	13 15 25.894	+3.0299	− 5	+ 5 41 45.36	−18.953	+ 13
494	[20 Canum ven.]	4.66	F 0	13 15 36.983	+2.6887	− 110	+40 47 54.66	−18.943	+ 18
1345	[61 Virginis]	4.80	G 5	13 16 9.023	+3.1403	− 755	−18 4 21.65	−20.019	−1074
495	γ Hydrae	3.33	G 5	13 16 34.736	+3.2644	+ 54	−22 56 42.85	−18.981	− 49
496	ι Centauri	2.91	A 2	13 18 10.301	+3.3760	− 281	−36 29 9.60	−18.974	− 88
1346	[23 Canum ven.]	5.69	K 0	13 18 23.439	+2.6870	− 53	+40 22 32.47	−18.890	− 10
1347	[J Centauri]	4.62	B 5	13 19 50.132	+3.8848	− 39	−60 45 48.21	−18.847	− 10
497	ζ Ursae maj. *pr*	2.40	A 2p	13 22 11.818	+2.4138	+ 140	+55 8 57.95	−18.791	− 25
498	α Virginis	1.21	B 2	13 22 55.442	+3.1622	− 26	−10 56 14.87	−18.777	− 33
1348	[68 Virginis]	5.59	K 2	13 24 26.594	+3.1708	− 93	−12 29 4.25	−18.720	− 24
499	Grb 2001 U Min	6.07	K 5	13 25 2.067	+1.5301	+ 39	+72 36 51.89	−18.691	− 13
1350	[+31° 2493 C Ven]	7.12	K 2	13 26 19.472	+2.7739	+ 2	+31 22 17.21	−18.638	− 2
1349	[70 Virginis]	5.16	G 0	13 26 19.542	+2.9344	− 164	+14 0 28.27	−19.216	− 580
500	69 H. Ursae maj.	5.41	A 0	13 26 52.517	+2.2001	− 110	+60 10 2.61	−18.586	+ 33
1351	[78 Virginis]	4.93	A 2p	13 31 57.046	+3.0409	+ 28	+ 3 52 44.92	−18.478	− 29
501	ζ Virginis	3.44	A 2	13 32 29.965	+3.0579	− 190	− 0 22 36.38	−18.395	+ 35
502	17 H. Can. ven.	4.96	F 0	13 32 52.659	+2.6774	+ 68	+37 24 7.70	−18.429	− 11
1352	[80 Virginis]	5.75	K 0	13 33 16.865	+3.1223	+ 9	− 5 10 40.62	−18.331	+ 73
1353	[Grb 2017 C Ven]	6.63	A 5	13 33 24.326	+2.5523	− 21	+44 24 58.58	−18.387	+ 12
503	[49 G. Chamael.]	6.44	A 0	13 35 28.014	+5.1563	− 35	−75 27 55.76	−18.341	− 15
505	[Grb 2029 U Min]	5.67	K 0	13 36 8.730	+1.4417	− 89	+71 27 38.64	−18.309	− 6
504	ε Centauri	2.56	B 1	13 37 8.961	+3.8075	− 22	−53 14 54.17	−18.281	− 14
1354	[355 G. Hydrae]	6.42	A 0	13 39 8.119	+3.3133	− 7	−23 13 58.51	−18.193	+ 2
1355	[82 Virginis]	5.16	M 0	13 39 21.095	+3.1505	− 67	− 8 29 12.32	−18.153	+ 34
1356	[253 G. Centauri]	6.30	B 2	13 40 6.383	+3.9270	− 24	−56 33 5.71	−18.169	− 10
1357	[83 Virginis]	5.71	G 0	13 42 10.326	+3.2392	+ 9	−15 57 48.90	−18.094	− 12
506	[1 Centauri]	4.36	F 5	13 43 14.200	+3.4125	− 363	−32 49 37.23	−18.192	− 150
1358	[3 Bootis]	5.91	F 5	13 44 43.496	+2.7853	− 16	+25 55 2.15	−18.049	− 64
507	τ Bootis	4.51	F 5	13 45 13.065	+2.8510	− 338	+17 40 13.27	−17.932	+ 34
509	η Ursae maj.	1.91	B 3	13 45 50.854	+2.3630	− 126	+49 31 38.40	−17.956	− 14
508	[μ Centauri]	3.32	B 2p	13 47 0.969	+3.6182	− 19	−42 15 36.96	−17.920	− 24

Nr.	Name	Größe	Spektrum	AR. 1957.0	Jährl. Veränderung 1957.5	Jährl. Eigenbew. in 0ˢ.0001	Dekl. 1957.0	Jährl. Veränderung 1957.5	Jährl. Eigenbew. in 0".001
		m		h m s	s		° ′ ″	″	
510	89 Virginis	5.11	K 0	13 47 31.798	+3.2619	− 70	−17 55 14.76	−17.918	− 43
1359	[+9° 2814 Bootes]	6.54	A 0	13 47 35.936	+2.9807	− 10	+ 8 37 17.03	−17.872	0
511	[10 Draconis]	4.77	M 0	13 50 10.483	+1.7519	− 4	+64 56 6.49	−17.779	− 9
513	η Bootis	2.80	G 0	13 52 38.173	+2.8567	− 44	+18 36 45.05	−18.031	− 363
512	ζ Centauri	3.06	B 2p	13 52 50.724	+3.7473	− 55	−47 4 38.70	−17.702	− 42
1360	[+32° 2411 C Ven]	6.29	F 2	13 54 15.940	+2.6598	− 106	+32 14 30.41	−17.556	+ 45
514	[294 G. Centauri]	4.68	K 0	13 54 30.829	+4.3517	− 50	−63 28 36.52	−17.621	− 31
515	[47 Hydrae]	5.17	B 8	13 56 6.025	+3.3693	− 32	−24 45 47.03	−17.552	− 28
1361	[48 Hydrae]	5.80	F 0	13 57 35.257	+3.3620	− 145	−24 48 5.01	−17.559	− 99
1362	[204 G. Virginis]	6.30	F 5	13 57 35.378	+3.1097	− 20	− 3 20 28.26	−17.528	− 68
517	11 Bootis	6.12	A 3	13 59 13.448	+2.7200	− 63	+27 35 36.64	−17.378	+ 12
516	τ Virginis	4.34	A 2	13 59 27.321	+3.0542	+ 11	+ 1 45 6.61	−17.403	− 24
518	β Centauri	0.86	B 1	14 0 46.196	+4.2430	− 25	−60 9 59.37	−17.342	− 20
1364	[307 G. Centauri]	6,44	A op	14 0 49.613	+3.6585	− 40	−41 13 1.27	−17.351	− 32
1363	[ϑ Apodis]	5.5—6.7	M 3	14 1 4.349	+5.8757	− 242	−76 35 26.20	−17.342	− 35
1365	[210 G. Virginis]	6.36	K 0	14 2 7.007	+3.2497	− 26	−14 45 57.25	−17.286	− 24
521	α Draconis	3.64	A op	14 3 13.333	+1.6247	− 89	+64 34 51.05	−17.200	+ 13
519	[π Hydrae]	3.48	K 0	14 3 54.976	+3.4195	+ 34	−26 28 33.88	−17.326	− 144
1366	[94 Virginis]	6.56	A 0	14 4 0.915	+3.1787	+ 1	− 8 41 14.07	−17.159	+ 18
520	ϑ Centauri	2.26	K 0	14 4 8.606	+3.5343	− 427	−36 9 33.51	−17.694	− 523
1367	[+39° 2720 C Ven]	7.90	K 0	14 4 38.379	+2.5220	+ 9	+38 37 18.80	−17.156	− 7
1368	[9 H. Bootis]	5.44	M 3	14 6 12.618	+2.3975	+ 7	+44 3 30.04	−17.107	− 29
522	12 *d* Bootis	4.82	F 5	14 8 26.219	+2.7360	− 18	+25 17 40.49	−17.039	− 64
524	4 Ursae min.	5.00	K 0	14 8 58.968	−0.2199	− 108	+77 44 58.20	−16.923	+ 28
523	ϰ Virginis	4.31	K 0	14 10 35.863	+3.2020	+ 5	−10 4 28.13	−16.739	+ 135
526	α Bootis	0.24	K 0	14 13 41.918	+2.7368	− 774	+19 24 19.86	−18.725	−1998
525	ι Virginis	4.16	F 5	14 13 45.369	+3.1475	− 7	− 5 47 46.09	−17.151	− 428
528	[ι Bootis]	4.87	A 5	14 14 38.547	+2.1238	− 163	+51 33 53.85	−16.592	+ 89
527	λ Bootis	4.26	A 0	14 14 44.941	+2.2801	− 182	+46 17 6.27	−16.518	+ 158
1370	[A Bootis]	4.83	K 0	14 16 10.696	+2.5354	− 3	+35 42 25.74	−16.594	+ 12
1369	[236 G. Virginis]	5.74	A op	14 16 15.237	+3.3196	− 46	−18 31 4.13	−16.644	− 42
1371	[λ Virginis]	4.60	A 2	14 16 46.701	+3.2480	− 12	−13 10 26.90	−16.552	+ 24
1372	[18 Bootis]	5.31	F 0	14 17 11.302	+2.9039	+ 71	+13 12 6.45	−16.590	− 34
529	[ν Centauri]	4.41	B 5	14 17 18.251	+4.1966	− 22	−56 11 22.32	−16.564	− 14
1373	[ψ Centauri]	4.17	A 0	14 17 55.936	+3.6522	− 58	−37 41 18.50	−16.529	− 10
1374	[2 Librae]	6.30	K 0	14 21 6.516	+3.2299	− 8	−11 31 7.07	−16.424	− 63
530	[10 G. Circini]	5.71	A 2p	14 21 30.419	+4.9865	− 23	−68 0 4.34	−16.354	− 14
1375	[244 G. Virginis]	5.08	A 3	14 22 2.789	+2.9862	− 54	+ 6 0 51.51	−16.308	+ 5
1376	[3 G. Librae]	5.39	K 0	14 22 21.040	+3.4257	− 40	−24 36 44.12	−16.324	− 27
1377	[τ^1 Lupi]	4.65	B 3	14 23 21.924	+3.8553	− 14	−45 1 40.67	−16.260	− 15

Nr.	Name	Größe	Spektrum	AR. 1957.0	Jährl. Veränderung 1957.5	Jährl. Eigenbew. in 0ˢ.0001	Dekl. 1957.0	Jährl. Veränderung 1957.5	Jährl. Eigenbew. in 0″.001
		m		h m s	s		° ′ ″	″	
531	ϑ Bootis	4.06	F 8	14 23 43.912	+2.0421	— 260	+52 2 55.83	—16.628	— 401
1378	[22 Bootis]	5.36	A 5	14 24 27.259	+2.7906	— 52	+19 25 9.49	—16.168	+ 21
532	[52 Hydrae]	5.00	B 8	14 25 38.879	+3.5167	— 18	—29 17 57.92	—16.154	— 26
533	[φ Virginis]	4.99	K 0	14 25 59.015	+3.0925	— 92	— 2 2 10.10	—16.114	— 4
1379	[5 Ursae min.]	4.37	K 2	14 27 35.341	—0.1155	+ 12	+75 53 13.74	—16.007	+ 21
534	ρ Bootis	3.78	K 0	14 29 58.544	+2.5853	— 79	+30 33 33.62	—15.784	+ 117
535	γ Bootis	3.00	F 0	14 30 20.751	+2.4154	— 98	+38 29 43.94	—15.732	+ 149
536	[Grb 2125 Draco]	6.18	F 0	14 30 32.581	+1.6291	— 72	+60 24 52.11	—15.857	+ 14
537	η Centauri	2.65	B 3 p + A 2 p	14 32 45.993	+3.8137	— 30	—41 58 12.28	—15.785	— 35
1380	[σ Bootis]	4.48	F 0	14 32 48.439	+2.6123	+ 146	+29 55 51.75	—15.621	+ 128
1381	[10 G. Librae]	6.24	F 8	14 34 42.276	+3.1937	— 591	—12 7 25.08	—15.285	+ 360
538	*α Centauri	0.33 1.70	G 0 K 5	14 36 39.887	+4.0856	—4894	—60 39 33.18	—14.832	+ 705
540	[33 Bootis]	5.39	A 0	14 37 14.148	+2.2322	— 68	+44 35 21.75	—15.526	— 20
539	[α Circini]	3.42	F 0	14 39 0.343	+4.8593	— 295	—64 47 21.96	—15.644	— 237
541	[α Lupi]	2.89	B 2	14 39 3.487	+3.9951	— 16	—47 12 17.29	—15.423	— 19
1382	32 Bootis	5.63	G 5	14 39 39.447	+2.8828	— 108	+11 50 41.51	—15.489	— 118
545	μ Virginis	3.95	F 5	14 40 47.424	+3.1632	+ 71	— 5 28 20.45	—15.629	— 322
544	[371 G. Centauri]	4.13	K 0	14 41 1.141	+3.6727	— 52	—34 59 22.94	—15.480	— 186
1383	[34 Bootis]	4.93	M 0	14 41 31.911	+2.6369	— 10	+26 42 35.03	—15.284	— 19
542	α Apodis	3.81	K 5	14 42 25.297	+7.4929	— 8	—78 51 52.56	—15.233	— 21
1384	[+33° 2489 Boot]	6.47	M 0	14 43 25.696	+2.5095	+ 31	+32 58 10.13	—15.240	— 82
546	[30 G. Lupi]	5.20	K 0	14 43 59.938	+4.2014	— 24	—52 12 10.17	—15.206	— 83
547	109 Virginis	3.76	A 0	14 44 4.330	+3.0343	— 74	+ 2 4 22.75	—15.152	— 32
1385	[56 Hydrae]	5.39	G 5	14 45 13.815	+3.5052	+ 32	—25 54 29.74	—15.055	— 1
1386	[Grb 2152 Boot]	5.98	F 0	14 47 25.355	+2.3552	— 220	+37 59 15.18	—14.819	+ 108
1387	[α¹ Librae]	5.33	F 5	14 48 18.197	+3.3203	— 69	—15 49 10.88	—14.950	— 75
548	α² Librae	2.90	A 3	14 48 29.690	+3.3209	— 73	—15 51 51.27	—14.935	— 71
549	Grb 2164 Draco	5.67	K 2	14 50 20.689	+1.5237	— 167	+59 28 5.21	—14.622	+ 134
550	β Ursae min.	2.24	K 5	14 50 48.465	—0.1650	— 84	+74 19 52.49	—14.720	+ 9
1388	[+ 6° 2957 Virgo]	6.69	K 0	14 51 31.965	+2.9693	— 19	+ 6 24 59.43	—14.676	+ 8
1389	[381 G. Centauri]	5.34	A 0	14 53 5.905	+3.6861	+ 21	—33 40 56.73	—14.596	— 5
551	Pi 14ʰ 221 Boot	5.77	A 0	14 54 11.322	+2.8323	— 10	+14 37 8.48	—14.529	— 4
1390	[ξ² Librae]	5.63	K 0	14 54 25.826	+3.2569	+ 4	—11 14 14.34	—14.506	+ 4
1391	[33 G. Librae]	6.00	K 5	14 54 56.963	+3.5066	+ 744	—21 13 22.04	—16.218	—1739
1392	[Pi 14ʰ 227 Boot]	6.24	A 0	14 55 7.286	+2.7040	— 10	+21 43 40.49	—14.494	— 25
1393	[Br 1908 Virgo]	5.71	K 0	14 55 20.768	+3.0776	+ 42	+ 0 0 16.61	—14.482	— 27
552	β Lupi	2.81	B 2p	14 55 42.283	+3.9331	— 37	—42 57 43.32	—14.474	— 41
553	[κ Centauri]	3.35	B 3	14 56 21.253	+3.9072	— 15	—41 55 58.76	—14.422	— 28
554	[2 H. Ursae min.]	4.86	M 3	14 56 53.487	+0.9565	— 138	+66 6 11.75	—14.336	+ 26
1394	[δ Librae]	4.8—5.9	A 0	14 58 40.253	+3.2069	— 44	— 8 20 58.10	—14.260	— 8

Nr. 538. Ort des Schwerpunktes. Die Reduktion auf den Ort des helleren Sterns beträgt nach den Elementen von Finsen, Union Observ. Circular 68, 1926:

1957.0 $\Delta\alpha = -0^{s}.160$ $\Delta\delta = -0''.86$

1958.0 $= -0.109$ $= +0.11$

Nr.	Name	Größe	Spektrum	AR. 1957.0	Jährl. Veränderung 1957.5	Jährl. Eigenbew. in 0.s0001	Dekl. 1957.0	Jährl. Veränderung 1957.5	Jährl. Eigenbew. in 0.″001
		m		h m s	s		° ′ ″	″	
555	β Bootis	3.63	G 5	15 0 19.488	+2.2597	− 40	+40 33 33.39	−14.184	− 33
556	σ Librae	3.41	M 3	15 1 32.837	+3.5141	− 53	−25 6 51.35	−14.122	− 48
557	ψ Bootis	4.67	K 0	15 2 36.090	+2.5709	− 133	+27 6 51.51	−14.018	− 9
1395	[47 Bootis]	5.59	A 0	15 4 0.289	+1.9873	− 68	+48 18 58.93	−13.892	+ 29
1397	[+ 55° 1730 Boot]	5.21	G 5	15 5 2.855	+1.7140	+ 50	+54 43 16.06	−13.847	+ 9
1396	[45 Bootis]	5.03	F 0	15 5 24.650	+2.6353	+ 135	+25 2 7.98	−14.006	− 174
1398	[χ¹ Lupi]	4.14	B 9	15 8 55.966	+4.1753	− 100	−48 34 32.93	−13.658	− 52
558	ζ Lupi	3.50	K 0	15 9 10.927	+4.3155	− 121	−51 56 13.36	−13.658	− 67
559	[ι Librae]	4.66	A op	15 9 45.890	+3.4219	− 27	−19 37 48.97	−13.596	− 42
1399	[1 Lupi]	4.95	F 0	15 11 58.855	+3.6784	− 2	−31 21 35.85	−13.412	− 2
562	[3 Serpentis]	5.44	K 0	15 13 2.926	+2.9831	− 14	+ 5 5 52.18	−13.339	+ 1
563	δ Bootis	3.54	K 0	15 13 46.051	+2.4189	+ 66	+33 28 27.14	−13.412	− 118
561	[β Circini]	4.16	A 3	15 14 7.774	+4.7042	− 126	−58 38 32.35	−13.407	− 138
565	1 H. Ursae min.	5.23	G 0	15 14 8.072	+0.6925	+ 372	+67 30 35.16	−13.661	− 390
564	β Librae	2.74	B 8	15 14 41.336	+3.2299	− 66	− 9 13 31.82	−13.256	− 23
560	γ Triang. austr.	3.06	A 0	15 14 51.889	+5.6155	− 105	−68 31 21.49	−13.248	− 27
1400	[Pi 15h 36 Serp]	5.66	G 5	15 16 28.721	+2.6902	− 9	+20 43 44.01	−13.138	− 23
1401	[+ 10° 2823 Serp]	6.71	F 8	15 16 38.010	+2.8782	− 63	+10 35 0.39	−13.104	+ 1
1402	[δ Lupi]	3.43	B 2	15 18 32.424	+3.9415	− 13	−40 29 35.77	−13.005	− 27
566	φ¹ Lupi	3.59	K 5	15 19 4.143	+3.8097	− 79	−36 6 24.47	−13.030	− 87
1404	[73 G. Librae]	6.78	K 0	15 20 22.588	+3.5877	+ 24	−26 32 11.21	−12.863	− 8
1403	[φ² Lupi]	4.69	B 3	15 20 24.019	+3.8363	− 14	−36 42 20.56	−12.878	− 25
1405	[30 Librae]	6.74	K 2	15 20 37.586	+3.3478	− 2	−14 58 55.03	−12.828	+ 11
569	γ Ursae min.	3.14	A 2	15 20 46.720	−0.0877	− 48	+71 59 13.33	−12.812	+ 19
1406	[8 Serpentis]	6.10	F 0	15 21 30.500	+3.0940	+ 49	− 0 52 12.83	−12.811	− 31
568	μ Bootis *pr*	4.47	F 0	15 22 51.867	+2.2667	− 124	+37 31 37.17	−12.606	+ 83
570	[τ¹ Serpentis]	5.46	M 0	15 23 47.592	+2.7830	− 12	+15 34 40.89	−12.639	− 14
571	ι Draconis	3.47	K 0	15 23 58.100	+1.3360	− 16	+59 6 57.89	−12.601	+ 13
1407	[32 Librae]	5.92	K 0	15 25 49.595	+3.3854	+ 10	−16 34 4.55	−12.523	− 36
572	β Coronae bor.	3.72	F op	15 26 3.265	+2.4739	− 138	+29 15 10.39	−12.389	+ 82
567	[ϰ¹ Apodis]	5.65	B 5p	15 26 46.955	+6.5582	+ 15	−73 14 35.39	−12.453	− 34
1408	[+ 9° 3055 Serp]	6.46	F 2	15 28 50.029	+2.9138	+ 24	+ 8 43 29.98	−12.282	− 2
573	ν¹ Bootis	5.15	K 5	15 29 22.972	+2.1552	+ 7	+40 58 43.60	−12.249	− 7
576	[ϑ Coronae bor.]	4.17	B 5	15 31 11.629	+2.4193	− 19	+31 30 11.28	−12.134	− 18
1409	[37 Librae]	4.83	K 0	15 31 49.416	+3.2804	+ 205	− 9 55 6.69	−12.313	− 241
574	[ε Triang. austr.]	4.11	K 0	15 32 45.564	+5.5010	+ 45	−66 10 29.01	−12.074	− 69
578	α Coronae bor.	2.31	A 0	15 32 51.935	+2.5405	+ 90	+26 51 30.03	−12.091	− 91
577	γ Librae	4.02	K 0	15 33 6.973	+3.3577	+ 43	−14 38 51.24	−11.980	+ 1
1410	115 G. Lupi	5.47	K 5	15 33 14.757	+4.1127	− 48	−44 15 14.80	−12.016	− 44
579	[υ Librae]	3.78	K 2	15 34 24.476	+3.6448	− 4	−27 59 38.79	−11.893	− 2

Mittlere Sternörter 1957.0

Nr.	Name	Größe	Spektrum	AR. 1957.0	Jährl. Veränderung 1957.5	Jährl. Eigenbew. in 0.s0001	Dekl. 1957.0	Jährl. Veränderung 1957.5	Jährl. Eigenbew. in 0.″001
		m		h m s	s		° ′ ″	″	
1411	[2 G. Normae]	5.48	A 0	15 35 36.974	+4.4632	− 39	−52 13 57.44	−11.845	− 40
580	[φ Bootis]	5.41	G 5	15 36 16.829	+2.1548	+ 52	+40 29 32.82	−11.703	+ 56
1412	[Pi 15h 153 Boot]	5.78	F 0	15 36 53.435	+1.9216	+ 81	+46 56 18.95	−11.842	− 126
1413	[κ Librae]	4.96	K 5	15 39 27.839	+3.4586	− 27	−19 32 27.49	−11.642	− 111
582	α Serpentis	2.75	K 0	15 42 8.848	+2.9559	+ 92	+ 6 33 34.78	−11.294	+ 46
583	β Serpentis	3.74	A 2	15 44 12.064	+2.7697	+ 48	+15 33 18.62	−11.239	− 48
590	ζ Ursae min.	4.34	A 2	15 45 32.921	−2.1231	+ 52	+77 55 39.45	−11.100	− 4
587	[12 H. Draconis]	5.13	A 2	15 46 0.233	+0.9166	+ 48	+62 43 55.08	−11.122	− 61
584	κ Serpentis	4.28	K 5	15 46 48.133	+2.7012	− 34	+18 16 23.51	−11.091	− 89
585	μ Serpentis	3.63	A 0	15 47 22.378	+3.1322	− 58	− 3 18 0.05	−10.988	− 28
586	[χ Lupi]	4.11	B 9	15 48 13.147	+3.8148	− 8	−33 29 51.98	−10.930	− 32
588	ε Serpentis	3.75	A 2	15 48 40.188	+2.9915	+ 85	+ 4 36 21.20	−10.802	+ 63
1414	[κ Coronae bor.]	4.77	K 0	15 49 36.594	+2.2609	− 9	+35 47 22.94	−11.149	− 353
1415	[λ Librae]	5.06	B 3	15 50 49.996	+3.4848	− 7	−20 2 24.08	−10.733	− 28
1416	[χ Herculis]	4.61	G 0	15 51 11.193	+2.0740	+ 392	+42 34 15.34	−10.051	+ 628
589	β Triang. austr.	3.04	F 0	15 51 19.997	+5.2945	− 281	−63 18 0.07	−11.061	− 394
591	[γ Serpentis]	3.86	F 5	15 54 27.870	+2.7720	+ 213	+15 48 2.46	−11.722	−1286
1417	[48 Librae]	4.68	B 3p	15 55 46.627	+3.3612	− 10	−14 9 24.59	−10.359	− 22
593	ε Coronae bor.	4.22	K 0	15 55 48.309	+2.4841	− 61	+27 0 4.46	−10.400	− 64
592	[π Scorpii]	3.00	B 2	15 56 14.716	+3.6316	− 6	−25 59 30.49	−10.327	− 25
1418	[144 G. Lupi]	5.07	G 5	15 56 34.115	+4.0905	− 22	−41 37 21.32	−10.287	− 10
595	[Grb 2296 Draco]	4.96	A 5	15 56 45.941	+1.4238	− 185	+54 52 13.98	−10.158	+ 106
594	δ Scorpii	2.54	B 0	15 57 47.168	+3.5496	− 5	−22 30 3.17	−10.213	− 27
1419	[49 Librae]	5.53	F 8	15 57 54.529	+3.3683	− 441	−16 24 29.52	−10.575	− 398
1420	[50 Librae]	5.55	A 0	15 58 28.111	+3.2403	− 12	− 8 17 28.33	−10.153	− 18
598	ϑ Draconis	4.11	F 8	16 1 4.710	+1.1254	− 413	+58 40 46.37	− 9.604	+ 335
597	β Scorpii *pr*	2.90	B 1	16 2 55.939	+3.4903	− 2	−19 41 21.41	− 9.818	− 22
596	[δ Normae]	4.84	A 3p	16 3 26.582	+4.2433	+ 4	−45 3 29.79	− 9.726	+ 31
599	[ϑ Lupi]	4.33	B 3	16 3 45.679	+3.9420	− 17	−36 41 13.12	− 9.768	− 36
1421	[κ Herculis *pr*]	5.34	G 5	16 6 7.940	+2.7083	− 25	+17 9 36.66	− 9.563	− 11
1422	[+6° 3169 Serp]	6.02	G 5	16 7 3.982	+2.9551	+ 158	+ 6 30 0.55	−10.203	− 723
1423	[τ Coronae bor.]	4.94	K 0	16 7 23.821	+2.1937	− 49	+36 35 56.39	− 9.130	+ 324
601	[φ Herculis]	4.26	B 9p	16 7 24.739	+1.8906	− 28	+45 2 48.22	− 9.419	+ 34
600	[κ Normae]	5.09	K 0	16 10 4.472	+4.7357	− 11	−54 31 16.58	− 9.272	− 26
602	[δ Triang. austr.]	4.03	G 0	16 11 30.353	+5.4681	+ 10	−63 34 41.38	− 9.148	− 15
606	19 Ursae min.	5.51	B 8	16 12 1.264	−1.6978	− 15	+75 59 11.81	− 9.085	+ 13
603	δ Ophiuchi	3.03	M 0	16 12 5.341	+3.1450	− 31	− 3 35 6.24	− 9.236	− 146
1424	[δ¹ Apodis]	4.78	M 3	16 13 50.885	+8.9965	− 23	−78 35 28.89	− 8.986	− 37
1425	[17 Herculis]	6.59	K 0	16 14 26.570	+2.5585	− 12	+23 13 42.20	− 8.920	− 14
605	ε Ophiuchi	3.34	K 0	16 16 2.573	+3.1753	+ 55	− 4 35 20.85	− 8.741	+ 39

Nr.	Name	Größe	Spektrum	AR. 1957.0	Jährl. Veränderung 1957.5	Jährl. Eigenbew. in 0ˢ.0001	Dekl. 1957.0	Jährl. Veränderung 1957.5	Jährl. Eigenbew. in 0″.001
		m		h m s	s		° ′ ″	″	
604	γ^2 Normae	4.14	K 0	16 16 36.741	+4.4923	— 170	—50 3 7.30	—8.789	— 54
1426	[55 G. Scorpii *sq*]	5.69	F 2	16 16 49.189	+3.7973	+ 66	—30 48 14.75	—8.697	+ 21
608	τ Herculis	3.91	B 5	16 18 26.752	+1.8040	— 12	+46 24 53.62	—8.555	+ 37
607	[σ Scorpii]	3.10	B 1	16 18 34.196	+3.6485	— 7	—25 29 28.65	—8.605	— 24
612	[η Ursae min.]	5.04	F 0	16 18 44.058	—1.7419	— 232	+75 51 18.44	—8.322	+ 250
1427	[σ Serpentis]	4.80	F 0	16 19 53.506	+3.0390	— 106	+ 1 7 43.28	—8.427	+ 50
609	γ Herculis	3.79	F 0	16 20 1.261	+2.6469	— 35	+19 15 10.34	—8.423	+ 44
1428	[23 Herculis]	6.30	A 2	16 21 17.292	+2.3029	+ 9	+32 25 56.05	—8.377	— 10
1429	[21 Herculis]	5.72	A 0	16 22 4.985	+2.9230	— 1	+ 7 2 46.66	—8.285	+ 18
613	[ω Herculis]	4.53	A op	16 23 25.738	+2.7692	+ 27	+14 7 51.48	—8.255	— 59
614	[Grb 2343 Draco]	5.66	A 2	16 23 28.695	+1.3136	+ 13	+55 18 7.89	—8.175	+ 17
610	[ζ Triang. austr.]	4.93	G 0	16 23 49.114	+6.4649	+ 403	—69 59 25.17	—8.057	+ 105
616	α Scorpii	1.22	Mo+A3	16 26 46.007	+3.6807	— 2	—26 20 17.76	—7.950	— 23
611	γ Apodis	3.90	K 0	16 26 47.324	+9.2343	— 407	—78 48 16.54	—7.990	— 68
1430	[22 G. Ophiuchi]	5.75	G 0	16 27 20.833	+3.3922	+ 20	—14 27 28.60	—7.865	+ 16
619	A Draconis	4.98	B 8p	16 28 3.377	—0.1130	— 53	+68 51 40.33	—7.792	+ 34
618	β Herculis	2.81	K 0	16 28 22.158	+2.5794	— 72	+21 34 55.38	—7.816	— 16
1431	[N Scorpii]	4.33	B 3	16 28 34.000	+3.9227	— 6	—34 36 44.64	—7.798	— 15
1432	Pi 16^h 140 Draco	5.85	A 0	16 31 48.840	+0.8491	+ 18	+60 54 46.61	—7.536	— 13
623	[Grb 2373 U Min]	6.39	G 5	16 32 27.662	—2.5669	— 330	+77 31 59.73	—7.199	+ 273
621	σ Herculis	4.25	A 0	16 32 42.870	+1.9346	— 12	+42 31 29.14	—7.405	+ 43
620	[τ Scorpii]	2.91	B 0	16 33 12.056	+3.7366	— 5	—28 7 42.76	—7.432	— 25
1433	[12 Ophiuchi]	5.87	K 0	16 34 5.736	+3.1522	+ 302	— 2 14 3.73	—7.650	— 315
622	ζ Ophiuchi	2.70	B 0	16 34 47.268	+3.3046	+ 8	—10 28 53.68	—7.255	+ 24
1434	[42 Herculis]	5.14	M 0	16 37 34.671	+1.6294	— 48	+49 0 42.18	—7.020	+ 32
624	[Br 2114 Ophi]	5.04	K 0	16 39 4.928	+3.4710	— 16	—17 39 38.17	—6.931	— 3
626	η Herculis	3.61	K 0	16 41 25.185	+2.0572	+ 29	+39 0 10.99	—6.820	— 83
625	α Triang. austr.	1.88	K 2	16 44 5.579	+6.3622	+ 51	—68 57 5.97	—6.546	— 33
627	Grb 2377 Draco	4.88	F 0	16 44 28.621	+1.1389	+ 17	+56 51 29.39	—6.420	+ 65
1436	[19 Ophiuchi]	6.04	A 2	16 44 59.480	+3.0246	— 16	+ 2 8 26.30	—6.453	— 12
1435	[η Arae]	3.68	K 5	16 46 3.640	+5.1842	+ 44	—58 58 1.16	—6.380	— 30
1437	[—21° 4422 Ophi]	7.60	M 0	16 47 0.897	+3.5796	— 8	—21 46 42.72	—6.293	— 20
628	ε Scorpii	2.36	K 0	16 47 22.420	+3.8879	— 490	—34 13 1.05	—6.496	— 253
1438	[20 Ophiuchi]	4.73	F 5	16 47 27.102	+3.3199	+ 63	—10 42 30.96	—6.334	— 97
1439	[μ^1 Scorpii]	3.09	B 3p	16 48 57.135	+4.0660	— 8	—37 58 31.96	—6.139	— 28
1440	[51 Herculis]	5.20	K 0	16 49 58.203	+2.4874	+ 9	+24 43 39.19	—6.019	+ 9
629	49 Herculis	6.41	A op	16 50 7.249	+2.7318	+ 10	+15 2 42.00	—6.012	+ 3
1441	[53 Herculis]	5.35	F 0	16 51 20.063	+2.2749	— 78	+31 46 18.04	—5.933	— 20
1442	[ι Ophiuchi]	4.29	B 8	16 51 58.272	+2.8392	— 35	+10 14 5.00	—5.897	— 37
1443	[51 G. Apodis]	7.00	F 8	16 54 57.596	+8.2682	— 96	—76 9 9.44	—5.755	— 149

Nr.	Name	Größe	Spektrum	AR. 1957.0	Jährl. Veränderung 1957.5	Jährl. Eigenbew. in 0s.0001	Dekl. 1957.0	Jährl. Veränderung 1957.5	Jährl. Eigenbew. in 0".001
		m		h m s	s		° ' "	"	
1444	24 G. Arae	5.70	B 9	16 54 58.362	+ 4.6324	− 14	−50 34 31.41	−5.652	− 44
631	ζ Arae	3.06	K 5	16 55 3.176	+ 4.9681	− 20	−55 55 28.13	−5.633	− 33
633	κ Ophiuchi	4.1-5.0	K 0	16 55 37.841	+ 2.8401	− 199	+ 9 26 25.77	−5.562	− 9
632	[ε^1 Arae]	4.15	K 2	16 56 8.911	+ 4.7843	0	−53 5 47.58	−5.491	+ 17
634	ε Herculis	3.92	A 0	16 58 38.533	+ 2.2956	− 40	+30 59 18.99	−5.272	+ 28
1445	[30 Ophiuchi]	5.00	K 0	16 58 47.352	+ 3.1638	− 34	− 4 9 35.02	−5.366	− 78
1446	[59 Herculis]	5.27	A 2	17 0 0.973	+ 2.2146	− 4	+33 37 45.57	−5.188	− 4
635	[60 Herculis]	4.91	A 3	17 3 22.919	+ 2.7824	+ 33	+12 47 54.67	−4.908	− 8
1448	[Pi 16^h 307 Herc]	6.36	A 0	17 3 46.218	+ 1.8274	0	+43 52 10.97	−4.867	− 1
1447	[80 G. Ophiuchi]	6.20	A 0	17 4 13.151	+ 3.7190	+ 2	−26 27 23.99	−4.847	− 19
1449	85 G. Ophiuchi	6.14	K 0	17 5 44.839	+ 3.4845	+ 2	−17 33 13.65	−4.732	− 35
636	[Grb 2415 Herc]	6.27	A 2	17 6 22.422	+ 1.9572	− 34	+40 34 16.56	−4.678	− 33
1450	[88 G. Ophiuchi]	5.58	F 5	17 7 25.149	+ 3.3176	+ 38	−10 28 7.21	−4.657	− 101
639	ζ Draconis	3.22	B 5	17 8 39.405	+ 0.1759	− 32	+65 46 3.00	−4.431	+ 21
638	[η Scorpii]	3.44	F 2	17 9 4.096	+ 4.2989	+ 22	−43 11 4.04	−4.697	− 283
1451	[97 G. Ophiuchi]	6.39	K 0	17 9 40.671	+ 2.8932	+ 18	+ 7 56 44.28	−4.352	+ 11
641	δ Herculis	3.16	A 2	17 13 15.805	+ 2.4646	− 18	+24 53 19.08	−4.215	− 158
643	π Herculis	3.36	K 5	17 13 32.843	+ 2.0898	− 25	+36 51 23.66	−4.029	+ 4
1452	[139 G. Scorpii]	5.55	F 5	17 14 15.589	+ 3.9040	− 75	−32 36 57.96	−4.024	− 53
1453	[U Ophiuchi]	5.7—6.4	B 8	17 14 20.656	+ 3.0442	− 5	+ 1 15 24.87	−3.980	− 16
642	[ι Apodis]	5.60	B 8	17 17 17.386	+ 6.6983	+ 12	−70 4 52.33	−3.723	− 14
1454	Pi 17^h 68 Herc	5.17	M 0	17 18 25.029	+ 2.6440	+ 2	+18 5 59.99	−3.668	− 54
1456	[72 Herculis]	5.36	G 0	17 19 2.868	+ 2.2449	+ 98	+32 31 18.76	−4.603	−1042
644	ϑ Ophiuchi	3.37	B 3	17 19 21.950	+ 3.6854	− 2	−24 57 30.24	−3.553	− 21
645	β Arae	2.80	K 2	17 21 43.162	+ 4.9893	− 7	−55 29 29.80	−3.353	− 25
1455	[59 G. Apodis]	5.93	M 3	17 23 22.532	+11.2437	+ 27	−80 49 28.74	−3.222	− 41
1458	[138 G. Ophiuchi]	6.31	F 5	17 23 43.844	+ 3.1155	+ 48	− 1 36 57.03	−3.109	+ 47
1457	[44 Ophiuchi]	4.28	F 0	17 23 44.475	+ 3.6647	0	−24 8 15.13	−3.271	− 116
647	[27 H. Ophiuchi]	4.61	F 0	17 24 20.835	+ 3.1837	− 64	− 5 3 0.64	−3.147	− 44
1459	[σ Ophiuchi]	4.44	K 0	17 24 22.727	+ 2.9770	− 1	+ 4 10 34.34	−3.094	+ 6
646	[45 Ophiuchi]	4.37	F 5	17 24 36.329	+ 3.8320	+ 15	−29 49 48.03	−3.221	− 141
650	[77 Herculis]	5.81	A 2	17 25 35.698	+ 1.5905	− 4	+48 17 43.05	−3.003	− 7
648	δ Arae	3.79	B 8	17 27 12.665	+ 5.4188	− 66	−60 39 1.43	−2.942	− 89
649	[υ Scorpii]	2.80	B 3	17 27 50.212	+ 4.0800	0	−37 15 48.48	−2.831	− 31
651	α Arae	2.97	B 3p	17 28 30.809	+ 4.6394	− 28	−49 50 39.58	−2.814	− 72
1460	[λ Herculis]	4.48	K 0	17 28 59.916	+ 2.4247	+ 11	+26 8 30.57	−2.683	+ 18
653	β Draconis	2.99	G 0	17 29 27.517	+ 1.3559	− 21	+52 19 57.06	−2.649	+ 13
652	λ Scorpii	1.71	B 2	17 30 41.128	+ 4.0748	0	−37 4 27.76	−2.581	− 28
655	[ν^1 Draconis]	4.98	A 5	17 31 19.569	+ 1.1815	+ 165	+55 12 46.85	−2.446	+ 54
657	[ν^2 Draconis]	4.95	A 5	17 31 25.010	+ 1.1826	+ 168	+55 12 5.68	−2.439	+ 53

Nr.	Name	Größe	Spektrum	AR. 1957.0	Jährl. Veränderung 1957.5	Jährl. Eigenbew. in 0.s0001	Dekl. 1957.0	Jährl. Veränderung 1957.5	Jährl. Eigenbew. in 0."001
		m		h m s	s		° ′ ″	″	
1462	[Grb 2444 Herc]	5.82	K 0	17 31 45.251	+1.9025	− 71	+41 16 22.18	−2.526	− 64
659	[27 Draconis]	5.21	K 0	17 32 7.868	−0.2392	− 30	+68 9 45.13	−2.297	+ 134
1461	[−11° 4411 Serp]	5.68	B 8	17 32 22.675	+3.3354	− 10	−11 12 52.13	−2.402	+ 6
656	α Ophiuchi	2.14	A 5	17 32 56.195	+2.7851	+ 80	+12 35 23.71	−2.585	− 226
654	ϑ Scorpii	2.04	F 0	17 34 13.538	+4.3118	+ 15	−42 58 20.89	−2.243	+ 3
658	ξ Serpentis	3.64	A 5	17 35 7.316	+3.4355	− 31	−15 22 23.65	−2.230	− 62
664	ω Draconis	4.87	F 5	17 37 11.903	−0.3504	0	+68 46 40.89	−1.668	+ 323
663	ι Herculis	3.79	B 3	17 38 14.926	+1.6938	− 9	+46 1 41.97	−1.894	+ 4
660	[κ Scorpii]	2.51	B 2	17 39 30.595	+4.1510	− 5	−39 0 35.58	−1.815	− 28
662	[μ Arae]	5.26	G 5	17 40 43.582	+4.7641	− 20	−51 48 48.08	−1.868	− 188
1463	[58 Ophiuchi]	4.89	F 5	17 40 51.067	+3.5956	− 67	−21 39 50.94	−1.718	− 48
665	β Ophiuchi	2.94	K 0	17 41 20.788	+2.9638	− 28	+ 4 35 1.41	−1.468	+ 159
661	η Pavonis	3.58	K 0	17 41 30.503	+5.8912	− 4	−64 42 21.67	−1.661	− 50
670	ψ Draconis *pr*	4.90	F 5	17 42 41.851	−1.0648	+ 40	+72 10 13.81	−1.779	− 267
666	[ι¹ Scorpii]	3.14	F 5p	17 44 34.471	+4.1967	+ 2	−40 6 44.42	−1.349	− 4
667	μ Herculis	3.48	G 5	17 44 46.415	+2.3484	− 238	+27 44 41.00	−2.073	− 744
1464	[X Sagittarii]	4.4—5.0	F 8v	17 44 51.081	+3.7766	− 2	−27 48 58.63	−1.330	− 9
668	[γ Ophiuchi]	3.74	A 0	17 45 44.083	+3.0084	− 16	+ 2 43 19.08	−1.316	− 71
1465	[+ 20° 3570 Herc]	5.77	K 0	17 46 33.921	+2.5735	+ 9	+20 34 41.90	−1.173	0
669	[G Scorpii]	3.25	K 2	17 46 55.783	+4.0849	+ 51	−37 1 53.48	−1.105	+ 34
1466	[+ 9° 3485 Ophi]	6.79	K 5	17 48 6.991	+2.8388	− 27	+ 9 51 35.80	−1.088	− 52
675	35 Draconis	5.04	F 5	17 51 22.172	−2.6855	+ 106	+76 58 11.61	−0.510	+ 246
1467	[−7° 4523 Ophi]	6.87	G 5	17 52 37.759	+3.2511	− 35	− 7 43 36.74	−0.699	− 57
671	ξ Draconis	3.90	K 0	17 52 46.978	+1.0375	+ 110	+56 52 43.70	−0.554	+ 76
1468	[89 Herculis]	5.48	F 5p	17 53 40.975	+2.4202	− 2	+26 3 20.18	−0.545	+ 6
672	ϑ Herculis	3.99	K 0	17 54 46.585	+2.0574	− 1	+37 15 18.47	−0.450	+ 6
676	γ Draconis	2.42	K 5	17 55 36.332	+1.3931	− 13	+51 29 35.67	−0.403	− 20
674	[ξ Herculis]	3.82	K 0	17 56 5.530	+2.3315	+ 62	+29 15 4.64	−0.358	− 18
673	ν Ophiuchi	3.50	K 0	17 56 39.450	+3.3028	− 6	− 9 46 12.19	−0.409	− 120
1469	[93 Herculis]	4.71	K 0	17 58 8.475	+2.6708	− 5	+16 45 7.08	−0.171	− 11
677	67 Ophiuchi	3.95	B 5p	17 58 29.370	+3.0046	− 4	+ 2 55 55.44	−0.140	− 10
1470	[6 Sagittarii]	6.31	K 2	17 58 53.089	+3.4857	− 2	−17 9 25.20	−0.102	− 7
679	γ Sagittarii	3.07	K 0	18 3 2.654	+3.8540	− 41	−30 25 35.38	+0.084	− 185
1471	[ϑ Arae]	3.90	B 1p	18 3 16.904	+4.6696	− 14	−50 5 47.91	+0.272	− 18
678	[66 G. Apodis]	5.69	K 5	18 5 14.877	+8.3947	+ 48	−75 53 46.86	+0.187	− 278
680	72 Ophiuchi	3.73	A 3	18 5 18.568	+2.8442	− 43	+ 9 33 22.69	+0.548	+ 82
681	o Herculis	3.83	A 0	18 5 51.798	+2.3402	− 3	+28 45 19.33	+0.523	+ 9
1472	[−13° 4863 Serp]	6.50	K 0	18 7 16.769	+3.4050	+ 1	−13 56 35.62	+0.640	+ 1
1473	[ε Telescopii]	4.60	K 0	18 8 2.179	+4.4529	− 15	−45 57 50.27	+0.674	− 32
682	μ Sagittarii	4.01	B 8p	18 11 11.431	+3.5877	+ 1	−21 4 18.89	+0.980	− 1

Mittlere Sternörter 1957.0

Nr.	Name	Größe	Spektrum	AR. 1957.0	Jährl. Veränderung 1957.5	Jährl. Eigenbew. in 0.s0001	Dekl. 1957.0	Jährl. Veränderung 1957.5	Jährl. Eigenbew. in 0."001
		m		h m s	s		° ′ ″	″	
1474	[6 G. Telescopii]	5.54	B 5	18 13 30.065	+5.0515	— 22	—56 2 21.12	+1.171	— 12
685	36 Draconis	5.03	F 5	18 13 38.849	+0.3447	+ 529	+64 22 56.96	+1.225	+ 32
684	[Grb 2533 Lyra]	5.42	B 5	18 14 18.401	+1.8659	— 7	+42 8 37.02	+1.247	— 4
683	[η Sagittarii]	3.16	M 3	18 14 42.966	+4.0591	— 109	—36 46 35.58	+1.125	— 164
1475	[Br 2292 Serp]	6.30	A 5	18 15 1.979	+3.3030	— 1	— 9 46 30.01	+1.252	— 64
687	[δ Sagittarii]	2.84	K 0	18 18 14.442	+3.8408	+ 31	—29 50 53.88	+1.567	— 29
1477	[κ Lyrae]	4.34	K 0	18 18 21.168	+2.1024	— 18	+36 2 38.83	+1.647	+ 42
1476	[74 Ophiuchi]	4.92	G 5	18 18 43.150	+2.9949	— 4	+ 3 21 22.87	+1.648	+ 10
688	η Serpentis	3.42	K 0	18 19 4.986	+3.1040	— 372	— 2 54 41.56	+0.971	— 698
686	[ξ Pavonis]	4.25	K 2	18 19 15.852	+5.5267	— 5	—61 30 58.03	+1.691	+ 4
689	ε Sagittarii	1.95	A 0	18 21 19.075	+3.9822	— 23	—34 24 24.93	+1.739	— 126
695	χ Draconis	3.69	F 8	18 21 49.901	—1.0836	+1173	+72 42 53.14	+1.552	— 354
690	109 Herculis	3.92	K 0	18 21 51.838	+2.5565	+ 137	+21 44 56.08	+1.670	— 241
1478	[+7° 3682 Ophi]	5.69	G0+A3	18 23 34.574	+2.8859	— 6	+ 8 0 23.01	+2.054	— 6
691	α Telescopii	3.76	B 3	18 23 47.082	+4.4476	— 16	—45 59 38.78	+2.038	— 42
1479	[+29° 3259 Herc]	5.71	A 2	18 24 19.098	+2.3127	+ 3	+29 48 10.78	+2.103	— 22
692	[λ Sagittarii]	2.94	K 0	18 25 18.965	+3.7020	— 33	—25 26 50.10	+2.029	— 183
696	[γ Scuti]	4.73	A 3	18 26 44.732	+3.4189	0	—14 35 41.80	+2.333	— 3
1480	[60 Serpentis]	5.44	K 0	18 27 26.623	+3.1218	+ 18	— 2 0 52.90	+2.363	— 33
1481	[+16° 3529 Herc]	5.67	A 0	18 29 9.557	+2.6676	— 32	+16 53 50.36	+2.518	— 27
697	[ϑ Coron. austr.]	4.69	G 5	18 30 25.916	+4.2829	+ 25	—42 20 43.96	+2.636	— 21
700	[Grb 2655 Draco]	5.84	K 0	18 31 50.139	—2.9043	— 12	+77 30 53.98	+2.775	+ 2
1483	[Grb 2603 Lyra]	6.66	A 0	18 32 34.679	+1.6948	— 1	+46 11 3.99	+2.854	+ 14
1482	[α Scuti]	4.06	K 0	18 32 51.954	+3.2643	— 14	— 8 16 32.81	+2.554	— 312
1484	[+9° 3783 Ophi]	5.40	F 2	18 34 24.647	+2.8611	— 10	+ 9 5 13.91	+2.874	— 126
1485	[83 G. Sagittarii]	5.80	A 5	18 35 19.900	+3.5915	— 2	—21 26 6.36	+3.010	— 70
699	α Lyrae	0.14	A 0	18 35 28.876	+2.0311	+ 170	+38 44 33.13	+3.375	+ 283
701	[Grb 2640 Draco]	6.00	A 3	18 36 5.120	+0.1860	+ 16	+65 27 0.25	+3.224	+ 82
698	ζ Pavonis	4.10	K 0	18 38 1.377	+7.0060	+ 16	—71 28 6.51	+3.155	— 160
1486	[δ Scuti]	4.74	F 0	18 39 55.094	+3.2844	+ 3	— 9 5 43.12	+3.476	0
702	[ε Scuti]	5.09	G 5	18 41 10.684	+3.2669	+ 13	— 8 19 9.67	+3.590	+ 6
1487	[φ Sagittarii]	3.30	B 8	18 42 58.183	+3.7472	+ 39	—27 2 12.49	+3.740	+ 1
703	110 Herculis	4.26	F 5	18 43 48.569	+2.5817	— 12	+20 30 13.88	+3.475	— 335
1488	[+26° 3349 Lyra]	4.92	K 0	18 44 20.421	+2.4175	+ 11	+26 36 53.77	+3.880	+ 25
1489	[β Scuti]	4.47	G 0	18 44 53.506	+3.1826	— 8	— 4 47 43.72	+3.886	— 17
1491	[111 Herculis]	4.37	A 3	18 45 7.237	+2.6491	+ 48	+18 7 56.13	+4.037	+ 114
1490	[η^1 Coron. austr.]	5.59	A 2	18 45 44.331	+4.3282	+ 21	—43 43 43.76	+3.964	— 13
1492	[Grb 2671 Draco]	5.76	B 5	18 45 45.376	+1.3401	+ 9	+52 56 24.08	+3.973	— 3
1494	[50 Draconis]	5.37	A 0	18 47 46.106	—1.9451	— 54	+75 23 3.58	+4.223	+ 78
704	λ Pavonis	4.42	B 2	18 48 14.259	+5.5545	— 11	—62 14 22.42	+4.174	— 17

Nr.	Name	Größe	Spektrum	AR. 1957.0	Jährl. Veränderung 1957.5	Jährl. Eigenbew. in 0.s0001	Dekl. 1957.0	Jährl. Veränderung 1957.5	Jährl. Eigenbew. in 0".001
		m		h m s	s		° ′ ″	″	
1493	[30 Sagittarii]	6.24	F 0	18 48 15.336	+3.6048	− 21	−22 12 47.32	+4.160	− 31
705	β Lyrae	3.4—4.3	B8p + B2p	18 48 29.438	+2.2147	− 2	+33 18 41.93	+4.208	− 2
707	ο Draconis	4.85	K 0	18 50 33.982	+0.8843	+ 98	+59 20 7.13	+4.412	+ 25
706	σ Sagittarii	2.14	B 3	18 52 35.952	+3.7188	+ 10	−26 21 7.03	+4.507	− 55
1495	[114 G. Sagittarii]	5.58	F 5	18 53 2.343	+3.4545	− 24	−16 25 50.49	+4.413	− 187
711	R Lyrae	4.0—4.5	M 3	18 54 1.511	+1.8254	+ 17	+43 53 18.73	+4.765	+ 82
709	ϑ Serpentis *pr*	4.50	A 5	18 54 4.850	+2.9821	+ 29	+ 4 8 46.49	+4.724	+ 36
714	[υ Draconis]	4.91	K 0	18 54 55.766	−0.7387	+ 95	+71 14 24.59	+4.804	+ 47
708	λ Telescopii	5.03	B 9	18 55 1.591	+4.7972	+ 19	−52 59 49.11	+4.777	+ 8
710	[ξ² Sagittarii]	3.61	K 0	18 55 9.859	+3.5778	+ 20	−21 9 53.85	+4.766	− 14
713	γ Lyrae	3.30	A 0p	18 57 20.001	+2.2439	− 7	+32 37 45.90	+4.964	+ 1
712	[ε Aquilae]	4.21	K 0	18 57 40.168	+2.7225	− 39	+15 0 30.64	+4.918	− 74
716	ζ Aquilae	3.02	A 0	19 3 25.942	+2.7570	− 8	+13 47 53.44	+5.384	− 94
717	λ Aquilae	3.55	B 9	19 3 57.960	+3.1829	− 17	− 4 56 54.81	+5.436	− 87
1496	[τ Sagittarii]	3.42	K 0	19 4 15.361	+3.7443	− 41	−27 44 6.28	+5.299	− 250
1497	[21 G. Aquilae]	6.72	B 8	19 4 21.551	+3.1061	+ 10	− 1 24 48.55	+5.547	− 9
1498	[Pi 18h 318 Lyra]	5.46	A 5	19 4 55.253	+2.3806	+ 55	+28 33 35.37	+5.690	+ 87
719	[ι Lyrae]	5.13	B 5	19 5 45.922	+2.1404	− 9	+36 1 54.29	+5.674	0
718	α Coron. austr.	4.12	A 2	19 6 32.911	+4.0799	+ 73	−37 58 24.17	+5.642	− 99
720	π Sagittarii	3.02	F 2	19 7 12.413	+3.5667	− . 1	−21 5 37.49	+5.759	− 37
1500	[20 Aquilae]	5.37	B 3	19 10 20.718	+3.2533	+ 6	− 8 0 46.77	+6.051	− 7
1499	[42 G. Octantis]	6.78	A 2	19 10 33.867	+8.1324	− 2	−75 52 31.03	+6.068	− 12
723	δ Draconis	3.24	K 0	19 12 32.916	+0.0108	+ 160	+67 35 9.33	+6.332	+ 93
724	ϑ Lyrae	4.46	K 0	19 14 52.431	+2.0820	− 8	+38 3 21.94	+6.436	+ 2
722	[43 Sagittarii]	5.03	K 0	19 15 7.152	+3.5088	− 9	−19 1 52.29	+6.439	− 16
725	ω Aquilae	5.14	A 5	19 15 47.803	+2.8155	− 4	+11 30 59.61	+6.528	+ 18
726	κ Cygni	3.98	K 0	19 16 6.494	+1.3856	+ 61	+53 17 18.39	+6.658	+ 123
729	τ Draconis	4.63	K 0	19 16 23.347	−1.1623	− 332	+73 16 34.62	+6.667	+ 111
1501	[162 G. Sagittarii]	5.61	B 5	19 16 49.103	+3.9737	+ 3	−35 30 4.87	+6.593	− 2
727	[υ Sagittarii]	4.58	B8p + F2p	19 19 15.865	+3.4345	− 2	−16 2 14.46	+6.791	− 6
1502	[β¹ Sagittarii]	4.31	B 8	19 19 32.950	+4.3099	+ 1	−44 32 30.27	+6.802	− 19
728	α Sagittarii	4.11	B 8	19 20 54.568	+4.1543	+ 26	−40 41 55.37	+6.814	− 118
1503	[31 Aquilae]	5.23	G 5	19 22 55.110	+2.8600	+ 489	+11 51 3.47	+7.736	+ 640
730	δ Aquilae	3.44	F 0	19 23 19.760	+3.0240	+ 167	+ 3 1 39.43	+7.214	+ 85
731	[186 G. Sagittarii]	5.68	B 9	19 24 13.529	+3.7898	+ 15	−29 49 47.91	+7.158	− 45
734	Grb 2900 Draco	6.00	A 2	19 24 19.314	−3.6622	+ 41	+79 31 6.23	+7.175	− 31
1504	[59 G. Telescopii]	5.58	K 2	19 24 21.276	+4.8151	− 2	−54 24 47.44	+7.230	+ 15
1505	[Br 2462 Vulp]	6.04	K 5	19 24 35.697	+2.6238	− 8	+19 48 16.99	+7.186	− 46
1506	[Grb 2844 Cygn]	6.72	G 5	19 24 37.794	+1.8295	− 46	+44 50 40.95	+7.158	− 77
1507	[Pi 19h 156 Draco]	6.46	B 8	19 25 0.023	+1.0831	− 20	+57 56 24.44	+7.274	+ 9

Nr.	Name	Größe	Spektrum	AR. 1957.0	Jährl. Veränderung 1957.5	Jährl. Eigenbew. in 0.s0001	Dekl. 1957.0	Jährl. Veränderung 1957.5	Jährl. Eigenbew. in 0."001
		m		h m s	s		° ' "	"	
1508	[α Vulpeculae]	4.63	M o	19 26 54.872	+2.4961	— 97	+24 34 36.02	+ 7.318	— 103
1509	[36 Aquilae]	5.22	M o	19 28 24.853	+3.1366	+ 9	— 2 52 47.69	+ 7.538	— 6
733	ι Cygni	3.94	A 2	19 28 37.268	+1.5118	+ 18	+51 38 14.78	+ 7.689	+ 129
732	β Cygni *pr*	3.24	Ko+Ao	19 28 59.144	+2.4192	— 3	+27 52 5.35	+ 7.585	— 4
1510	[8 Cygni]	4.85	B 3	19 30 10.321	+2.2291	— 6	+34 21 37.75	+ 7.685	0
1511	[μ Aquilae]	4.65	K o	19 31 59.256	+2.9303	+ 141	+ 7 17 10.61	+ 7.678	— 155
735	[ι Telescopii]	5.02	K o	19 32 1.830	+4.4469	— 16	—48 11 38.00	+ 7.802	— 35
736	52 Sagittarii	4.66	B 9	19 34 5.505	+3.6492	+ 51	—24 58 48.67	+ 7.982	— 20
737	[κ Aquilae]	5.04	B o	19 34 34.656	+3.2263	0	— 7 7 28.65	+ 8.036	— 4
738	ϑ Cygni	4.64	F 5	19 35 17.210	+1.6074	— 30	+50 7 14.38	+ 8.350	+ 254
1512	[54 Sagittarii]	5.45	K o	19 38 15.603	+3.4354	+ 46	—16 23 36.13	+ 8.289	— 45
1513	[β Sagittae]	4.45	K o	19 39 6.979	+2.6941	+ 3	+17 22 30.32	+ 8.368	— 34
1514	[55 Sagittarii]	5.10	F o	19 40 3.569	+3.4299	+ 42	—16 13 34.92	+ 8.466	— 11
1515	[10 Vulpeculae]	5.45	G 5	19 41 55.549	+2.4942	+ 4	+25 40 4.27	+ 8.644	+ 20
740	15 Cygni	5.02	K o	19 42 43.441	+2.1633	+ 56	+37 14 57.94	+ 8.721	+ 34
1516	[228 G. Sagittarii]	5.56	B 8	19 43 16.732	+3.8255	+ 2	—32 0 50.54	+ 8.712	— 19
1517	[56 Sagittarii]	5.06	K o	19 43 51.277	+3.4979	— 95	—19 51 57.88	+ 8.690	— 87
741	γ Aquilae	2.80	K 2	19 44 12.864	+2.8516	+ 9	+10 30 26.02	+ 8.808	+ 3
739	[ν Telescopii]	5.52	A 5	19 44 30.999	+4.8935	+ 102	—56 28 4.78	+ 8.701	— 129
743	δ Sagittae	3.78	Mo+Ao	19 45 28.144	+2.6747	+ 2	+18 25 37.06	+ 8.915	+ 12
744	[51 Aquilae]	5.55	F o	19 48 24.875	+3.3000	— 19	—10 52 26.78	+ 9.168	+ 35
745	α Aquilae	0.89	A 5	19 48 41.068	+2.9263	+ 359	+ 8 45 12.44	+ 9.542	+ 388
746	[η Aquilae]	3.7—4.4	G op	19 50 16.910	+3.0552	+ 3	+ 0 53 38.14	+ 9.274	— 4
1518	[75 G. Pavonis]	6.32	A 3	19 50 56.064	+5.2331	+ 13	—61 17 2.87	+ 9.339	+ 9
1519	[90 G. Aquilae]	5.64	Fop+A	19 51 3.596	+3.1415	+ 14	— 3 13 38.03	+ 9.354	+ 16
1520	[ι Sagittarii]	4.21	K o	19 52 17.904	+4.1348	+ 7	—41 58 59.19	+ 9.490	+ 56
749	β Aquilae	3.90	K o	19 53 12.000	+2.9462	+ 26	+ 6 17 52.98	+ 9.026	— 478
1521	[η Cygni]	4.03	K o	19 54 41.482	+2.2505	— 30	+34 58 5.30	+ 9.590	— 27
1522	[61 Sagittarii]	5.05	A o	19 55 30.730	+3.4009	+ 7	—15 36 25.29	+ 9.586	— 96
748	ε Pavonis	4.10	A o	19 55 39.311	+6.9236	+ 191	—73 1 37.09	+ 9.565	— 130
752	γ Sagittae	3.71	K 5	19 56 50.596	+2.6675	+ 42	+19 22 27.17	+ 9.811	+ 28
751	ϑ¹ Sagittarii	4.39	B 3	19 56 56.412	+3.9017	0	—35 23 39.26	+ 9.766	— 25
1523	[15 Vulpeculae]	4.74	A 5	19 59 19.688	+2.4706	+ 40	+27 38 1.28	+ 9.982	+ 10
753	[62 Sagittarii]	4.60	M 3	20 0 0.981	+3.6869	+ 27	—27 49 51.43	+10.044	+ 20
1524	[τ Aquilae]	5.65	K o	20 2 2.238	+2.9294	+ 5	+ 7 9 19.21	+10.192	+ 16
755	[ξ Telescopii]	4.86	M o	20 4 5.989	+4.5915	— 15	—53 0 20.84	+10.345	+ 12
754	δ Pavonis	3.64	G 5	20 4 31.552	+5.8753	+1977	—66 17 38.91	+ 9.229	—1137
1525	[28 Cygni]	4.82	B 2p	20 7 49.682	+2.2278	— 2	+36 42 43.37	+10.624	+ 15
756	ϑ Aquilae	3.37	A o	20 9 5.150	+3.0943	+ 22	— 0 57 1.29	+10.709	+ 6
759	κ Cephei	4.43	B 9	20 10 22.317	—2.0381	+ 21	+77 34 58.34	+10.823	+ 28

Nr.	Name	Größe	Spektrum	AR. 1957.0	Jährl. Veränderung 1957.5	Jährl. Eigenbew. in 0.s0001	Dekl. 1957.0	Jährl. Veränderung 1957.5	Jährl. Eigenbew. in 0."001
		m		h m s	s		° ′ ″	″	
757	31 o^2 Cygni	3.95	Ko+B8	20 12 16.559	+1.8886	— 3	+46 36 36.48	+10.943	+ 6
1526	[ρ Aquilae]	4.96	A 0	20 12 17.166	+2.7757	+ 36	+15 3 55.04	+10.993	+ 55
758	33 Cygni	4.32	A 3	20 12 23.898	+1.3936	+ 72	+56 26 8.06	+11.029	+ 83
760	24 Vulpeculae	5.45	K 0	20 14 56.589	+2.5670	+ 9	+24 32 15.25	+11.118	— 14
1527	[α^1 Capricorni]	4.55	G op	20 15 15.902	+3.3235	+ 11	—12 38 32.99	+11.159	+ 3
1529	[4 Capricorni]	5.96	K 0	20 15 29.919	+3.5226	+ 23	—21 56 39.77	+11.144	— 29
761	α^2 Capricorni	3.77	G 5	20 15 40.166	+3.3269	+ 41	—12 40 46.29	+11.191	+ 6
1528	[83 G. Telescopii]	6.28	M 0	20 15 51.314	+4.2979	+ 6	—47 50 44.71	+11.205	+ 5
1530	[290 G. Sagittarii]	6.51	K 2	20 18 5.452	+3.8690	+ 14	—35 48 38.62	+11.389	+ 28
762	[β Capricorni]	3.25	Go+Ao	20 18 35.779	+3.3688	+ 26	—14 55 6.95	+11.400	+ 3
763	[$\varkappa^1$ Sagittarii]	5.64	A 0	20 19 32.654	+4.0698	+ 32	—42 11 12.23	+11.378	— 88
765	γ Cygni	2.32	F 8p	20 20 41.005	+2.1531	0	+40 7 5.29	+11.547	+ 2
1531	[132 G. Aquilae]	5.41	K 0	20 21 2.796	+2.9715	— 25	+ 5 12 15.64	+11.537	— 35
764	α Pavonis	2.12	B 3	20 22 15.450	+4.7399	+ 11	—56 52 28.97	+11.577	— 82
1532	[296 G. Sagittarii]	5.97	K 0	20 22 49.021	+3.6707	+ 8	—28 48 14.64	+11.718	+ 19
1533	[69 Aquilae]	5.11	K 0	20 27 24.149	+3.1344	+ 44	— 3 1 47.07	+12.007	— 15
1534	[41 Cygni]	4.09	F 5p	20 27 38.210	+2.4512	+ 2	+30 13 26.31	+12.035	— 3
1535	42 Cygni	5.94	A 0	20 27 41.881	+2.2886	+ 1	+36 18 36.99	+12.043	+ 2
767	ϑ Cephei	4.28	A 5	20 28 51.723	+1.0046	+ 60	+62 50 57.07	+12.112	— 11
1536	[29 G. Capricorni]	5.82	G 5	20 30 2.559	+3.2805	+ 202	—10 0 5.25	+12.308	+ 103
1538	[Grb 3241 Draco]	6.42	K 2	20 30 12.591	—0.2648	— 14	+72 23 10.41	+12.199	— 16
768	ε Delphini	3.98	B 5	20 31 9.452	+2.8656	+ 4	+11 9 21.63	+12.266	— 17
1537	[9 G. Delphini]	6.68	K 0	20 31 51.468	+2.9864	+ 6	+ 4 45 2.19	+12.325	— 6
770	73 Draconis	5.18	A 2p	20 32 5.783	—0.8022	+ 10	+74 48 27.48	+12.334	— 11
769	α Indi	3.21	K 0	20 34 33.012	+4.2149	+ 50	—47 26 34.77	+12.589	+ 72
1539	29 Vulpeculae	4.78	A 0	20 36 35.982	+2.6791	+ 44	+21 2 57.17	+12.663	+ 7
772	[ϰ Delphini]	5.23	G 5	20 37 2.379	+2.9132	+ 210	+ 9 56 0.76	+12.706	+ 21
773	υ Capricorni	5.33	M 0	20 37 36.202	+3.4131	— 15	—18 17 28.99	+12.706	— 18
1540	[13 G. Microscopii]	5.54	K 2	20 37 38.252	+3.7613	+ 26	—33 35 6.81	+12.776	+ 50
774	α Delphini	3.86	B 8	20 37 38.369	+2.7862	+ 41	+15 45 33.35	+12.727	+ 1
777	α Cygni	1.33	A 2p	20 39 57.861	+2.0452	0	+45 7 33.22	+12.886	+ 5
776	[η Indi]	4.70	F 0	20 40 53.489	+4.3997	+ 172	—52 4 34.44	+12.891	— 54
775	β Pavonis	3.60	A 5	20 41 6.466	+5.3952	— 64	—66 21 34.64	+12.978	+ 18
778	[δ Delphini]	4.53	A 5	20 41 27.011	+2.8005	— 16	+14 55 9.24	+12.941	— 40
779	[ψ Capricorni]	4.26	F 8	20 43 33.133	+3.5496	— 40	—25 25 36.46	+12.966	— 155
782	[6 H. Cephei]	4.63	G 0	20 44 17.048	+1.4881	— 87	+57 25 29.54	+12.935	— 234
783	η Cephei	3.59	K 0	20 44 25.033	+1.2184	+ 127	+61 40 16.89	+13.999	+ 822
780	ε Cygni	2.64	K 0	20 44 28.165	+2.4276	+ 283	+33 48 29.76	+13.511	+ 330
1541	[γ Delphini *sq*]	4.49	G 5	20 44 39.706	+2.7828	— 28	+15 58 5.76	+13.001	— 193
1544	[Grb 3285 Cygn]	6.43	K 0	20 45 6.309	+1.7390	— 97	+52 50 16.96	+13.116	— 106

Mittlere Sternörter 1957.0

Nr.	Name	Größe	Spektrum	AR. 1957.0	Jährl. Veränderung 1957.5	Jährl. Eigenbew. in 0.s0001	Dekl. 1957.0	Jährl. Veränderung 1957.5	Jährl. Eigenbew. in 0.″001
		m		h m s	s		° ′ ″	″	
781	ε Aquarii	3.83	A 0	20 45 20.935	+3.2460	+ 20	− 9 39 15.84	+13.208	− 31
1543	[3 Aquarii]	4.60	M 0	20 45 28.119	+3.1641	− 2	− 5 11 10.87	+13.210	− 37
1542	[ι Microscopii]	5.14	F 0	20 45 34.613	+4.0628	+ 167	−44 8 48.14	+13.153	− 102
1545	[−1°4057 Aqar]	6.53	M 3	20 47 4.543	+3.0835	− 24	− 0 43 23.85	+13.340	− 12
1546	[ω Capricorni]	4.24	M 0	20 49 15.496	+3.5778	− 7	−27 4 53.06	+13.492	− 2
1547	[μ Aquarii]	4.80	A 3	20 50 20.113	+3.2344	+ 26	− 9 8 45.11	+13.536	− 28
785	β Indi	3.72	K 0	20 51 27.836	+4.6808	+ 23	−58 37 4.83	+13.618	− 19
786	32 Vulpeculae	5.24	K 5	20 52 43.527	+2.5571	− 6	+27 53 35.30	+13.718	+ 2
1548	[64 G. Capricorni]	5.95	A 3	20 55 16.273	+3.3565	+ 31	−16 11 53.98	+13.879	0
788	ν Cygni	4.04	A 0	20 55 34.073	+2.2368	+ 5	+41 0 3.12	+13.887	− 9
1549	[33 Vulpeculae]	5.57	K 5	20 56 20.897	+2.6820	− 6	+22 9 31.56	+13.952	+ 6
789	[11 Aquarii]	6.26	G 0	20 58 17.969	+3.1575	+ 26	− 4 53 50.83	+13.936	− 132
1551	[59 Cygni]	4.88	B op	20 58 21.676	+2.0404	0	+47 21 8.56	+14.076	+ 5
1550	[γ Microscopii]	4.71	G 5	20 58 39.473	+3.6770	0	−32 25 37.83	+14.096	+ 6
787	[α Octantis]	5.24	F 2	20 59 34.852	+7.2380	+ 35	−77 11 24.80	+13.788	− 362
790	ζ Microscopii	5.35	F 0	21 0 13.425	+3.8297	− 24	−38 48 2.61	+14.078	− 109
792	[ξ Cygni]	3.92	K 5	21 3 21.872	+2.1825	+ 4	+43 45 19.97	+14.384	+ 5
1552	[ϑ Capricorni]	4.19	A 0	21 3 31.912	+3.3706	+ 57	−17 24 17.48	+14.336	− 54
1553	[−0°4161 Aqar]	7.10	K 2	21 4 20.980	+3.0785	+ 6	− 0 16 41.56	+14.455	+ 15
791	[A Capricorni]	4.60	M 0	21 4 36.933	+3.5064	− 20	−25 10 44.44	+14.413	− 43
793	*61 Cygni *pr*	5.57 6.28	K 5 K 5	21 4 58.764	+2.6897	+3522	+38 32 2.67	+17.665	+3187
795	Br 2777 Ceph	5.90	B 9	21 6 23.473	−1.2232	+ 60	+77 57 9.10	+14.597	+ 36
794	ν Aquarii	4.52	K 0	21 7 15.168	+3.2663	+ 61	−11 32 49.00	+14.602	− 12
1555	[γ Equulei]	4.76	F op	21 8 15.000	+2.9174	+ 38	+ 9 57 26.39	+14.523	− 151
1554	[o Pavonis]	5.08	M 0	21 9 20.614	+5.6106	+ 85	−70 18 13.37	+14.709	− 32
1556	[58 G. Microscopii]	5.55	K 5	21 10 44.555	+3.5548	+ 73	−27 47 45.50	+14.707	− 116
797	ζ Cygni	3.40	K 0	21 11 6.231	+2.5535	− 4	+30 2 58.94	+14.790	− 53
796	[23 G. Indi]	5.84	A 5	21 12 42.177	+4.2765	+ 18	−53 26 32.62	+14.926	− 11
800	α Equulei	4.14	F8+A3	21 13 40.425	+2.9983	+ 36	+ 5 4 8.67	+14.910	− 83
1557	[24 G. Indi]	6.70	K 0	21 14 57.347	+4.0808	− 24	−48 53 53.54	+14.989	− 79
801	[ε Microscopii]	4.79	A 0	21 15 20.064	+3.6344	+ 39	−32 21 12.20	+15.068	− 21
1558	[σ Cygni]	4.28	A op	21 15 43.453	+2.3568	− 4	+39 12 49.12	+15.109	− 2
1559	[υ Cygni]	4.42	B 3p	21 16 8.826	+2.4672	+ 6	+34 42 55.68	+15.133	− 2
803	α Cephei	2.60	A 5	21 17 33.188	+1.4307	+ 212	+62 24 10.57	+15.267	+ 52
802	[ϑ¹ Microscopii]	4.92	A 2p	21 18 0.964	+3.8329	+ 56	−40 59 33.18	+15.242	− 1
1560	[Grb 3434 Cygn]	6.81	K 2	21 18 17.676	+1.9294	+ 6	+52 52 31.45	+15.258	0
1561	[ι Capricorni]	4.30	K 0	21 19 51.256	+3.3386	+ 22	−17 1 7.68	+15.353	+ 6
804	1 Pegasi	4.27	K 0	21 20 5.768	+2.7746	+ 72	+19 37 10.74	+15.427	+ 68
1562	[18 Aquarii]	5.54	A 5	21 21 50.585	+3.2767	+ 60	−13 3 49.28	+15.468	+ 11
805	γ Pavonis	4.30	F 8	21 22 54.870	+4.9491	+ 151	−65 33 44.57	+16.317	+ 799

Nr. 793. Ort des Schwerpunktes. Die Reduktion auf den Ort des helleren Sterns beträgt nach den Elementen von S t r a n d ; siehe Veröff. des Astr. Rech.-Inst. Heidelberg Nr. 4, S. 10, 1954:

1957.0 $\Delta\alpha = -0^{s}.712$ $\Delta\delta = +10''.37$

1958.0 $= -0.711$ $= +10.43$

Nr.	Name	Größe	Spektrum	AR. 1957.0	Jährl. Veränderung 1957.5	Jährl. Eigenbew. in 0.ˢ0001	Dekl. 1957.0	Jährl. Veränderung 1957.5	Jährl. Eigenbew. in 0.″001
		m		h m s	s		° ′ ″	″	
1563	[γ Indi]	6.24	F 0	21 23 12.177	+4.2731	+ 8	−54 50 50.87	+15.579	+ 46
806	ζ Capricorni	3.86	G 5p	21 24 12.900	+3.4230	+ 1	−22 35 55.19	+15.616	+ 27
1564	[2 G. Pegasi]	6.66	M 0	21 26 17.599	+2.9569	+ 4	+ 8 0 27.16	+15.670	− 32
807	[71 Cygni]	5.34	K 0	21 27 51.585	+2.2146	+ 42	+46 21 1.17	+15.895	+ 109
1565	[2 Pegasi]	4.76	K 5	21 27 59.871	+2.7179	+ 13	+23 26 58.15	+15.800	+ 6
809	β Cephei	3.33	B 1	21 28 6.747	+0.7702	+ 21	+70 22 18.57	+15.813	+ 13
808	β Aquarii	3.07	G 0	21 29 17.747	+3.1569	+ 12	− 5 45 40.73	+15.860	− 4
1566	[6 Piscis austr.]	5.99	A 2	21 29 38.846	+3.6264	+ 6	−34 8 6.77	+15.880	− 3
1567	[3 G. Gruis]	5.73	K 0	21 30 36.790	+3.8831	− 18	−45 2 23.71	+15.931	− 4
1568	[ρ Cygni]	4.22	K 0	21 32 21.641	+2.2572	− 25	+45 24 3.88	+15.936	− 90
811	74 Cygni	5.09	A 5	21 35 13.343	+2.4055	− 7	+40 13 10.97	+16.194	+ 19
1569	[ξ Aquarii]	4.78	A 5	21 35 27.799	+3.1922	+ 74	− 8 2 52.83	+16.167	− 22
1570	[5 Pegasi]	5.29	F 0	21 35 44.593	+2.8077	+ 70	+19 7 27.37	+16.218	+ 16
810	ν Octantis	3.74	K 0	21 36 46.518	+6.6405	+ 187	−77 34 58.27	+16.017	− 240
813	[13 H. Cephei]	5.97	O e5	21 37 37.424	+1.8617	− 7	+57 17 38.69	+16.299	0
812	[γ Capricorni]	3.80	F op	21 37 42.626	+3.3219	+ 131	−16 51 27.24	+16.281	− 22
817	[11 Cephei]	4.85	K 0	21 41 17.860	+0.8748	+ 235	+71 6 47.86	+16.588	+ 105
815	ε Pegasi	2.54	K 0	21 42 4.377	+2.9462	+ 18	+ 9 40 37.27	+16.527	+ 5
814	[ι Piscis austr.]	4.35	A 0	21 42 23.426	+3.5706	+ 29	−33 13 22.82	+16.447	− 91
1571	[+35° 4626 Cygn]	6.60	K 0	21 43 54.947	+2.5446	+ 75	+35 39 29.82	+16.629	+ 17
1572	[ν Cephei]	4.46	A 2p	21 44 12.388	+1.7309	− 7	+60 55 18.91	+16.628	+ 2
818	[λ Capricorni]	5.43	A 0	21 44 13.280	+3.2277	+ 17	−11 33 54.51	+16.623	− 4
819	δ Capricorni	2.98	A 5	21 44 40.157	+3.3093	+ 181	−16 19 24.03	+16.357	− 293
1574	[11 Pegasi]	5.50	A 0	21 45 3.109	+3.0417	+ 5	+ 2 29 11.31	+16.673	+ 5
821	π^2 Cygni	4.26	B 3	21 45 12.092	+2.2175	+ 2	+49 6 35.98	+16.677	+ 2
1573	[13 G. Gruis]	5.75	G 5	21 45 28.461	+3.8966	+ 159	−47 30 1.20	+16.394	− 295
820	[ο Indi]	5.50	K 2	21 47 10.989	+5.0602	− 44	−69 49 51.33	+16.769	− 3
1575	[14 Pegasi]	5.00	A 0	21 47 56.373	+2.6545	+ 10	+29 58 23.73	+16.783	− 23
1576	[127 G. Capricor.]	6.85	F 8	21 48 57.968	+3.4126	+ 253	−23 28 18.03	+16.772	− 84
1577	[μ Capricorni]	5.18	F 0	21 50 57.187	+3.2691	+ 211	−13 45 18.38	+16.963	+ 14
823	16 Pegasi	5.05	B 3	21 51 6.185	+2.7304	+ 2	+25 43 19.56	+16.959	+ 3
822	γ Gruis	3.16	B 8	21 51 19.843	+3.6289	+ 85	−37 34 4.71	+16.954	− 12
1578	[Br 2880 Ceph]	6.58	A 0	21 52 17.302	+0.6958	+ 79	+73 29 55.66	+17.041	+ 31
1579	[Pi 21^h 339 Pegs]	6.62	K 5	21 54 23.189	+2.8053	− 3	+21 2 5.16	+17.126	+ 19
824	[δ Indi]	4.56	F 0	21 55 0.320	+4.0765	+ 63	−55 11 53.05	+17.133	− 3
1580	[98 G. Aquarii]	6.42	K 0	21 56 40.427	+3.1278	− 4	− 4 34 34.80	+16.957	− 254
826	[20 Pegasi]	5.66	F 2	21 58 59.545	+2.9226	+ 35	+12 54 47.80	+17.268	− 46
825	[ε Indi]	4.74	K 5	22 0 5.094	+4.5803	+4806	−56 57 49.77	+14.817	−2546
1581	[λ Gruis]	4.60	K 2	22 3 31.779	+3.6122	− 18	−39 45 5.94	+17.396	− 114
827	α Aquarii	3.19	G 0	22 3 34.509	+3.0804	+ 10	− 0 31 46.10	+17.509	− 4

Mittlere Sternörter 1957.0

Nr.	Name	Größe	Spektrum	AR. 1957.0	Jährl. Veränderung 1957.5	Jährl. Eigenbew. in 0.s0001	Dekl. 1957.0	Jährl. Veränderung 1957.5	Jährl. Eigenbew. in 0.″001
		m		h m s	s		° ′ ″	″	
830	20 Cephei	5.39	K 5	22 3 41.927	+1.8242	+ 21	+62 34 31.75	+17.580	+ 64
828	ι Aquarii	4.35	B 8	22 4 6.972	+3.2382	+ 26	−14 4 44.72	+17.482	− 53
831	[ι Pegasi]	3.96	F 5	22 5 0.379	+2.7935	+ 216	+25 8 3.91	+17.601	+ 28
829	α Gruis	2.16	B 5	22 5 31.894	+3.7758	+ 123	−47 10 12.38	+17.448	− 147
832	[μ Piscis austr.]	4.62	A 2	22 5 52.777	+3.4972	+ 64	−33 11 57.48	+17.573	− 37
833	[27 Pegasi]	5.65	K 0	22 7 19.110	+2.6595	− 49	+32 57 41.95	+17.606	− 63
834	ϑ Pegasi	3.70	A 2	22 8 1.775	+3.0258	+ 181	+ 5 59 8.50	+17.735	+ 37
835	π Pegasi	4.38	F 5	22 8 4.456	+2.6656	− 13	+32 57 59.76	+17.683	− 17
837	24 Cephei	4.99	G 5	22 8 59.049	+1.1498	+ 63	+72 7 45.47	+17.751	+ 14
836	ζ Cephei	3.62	K 0	22 9 21.507	+2.0826	+ 14	+57 59 19.80	+17.760	+ 8
838	[λ Piscis austr.]	5.40	B 9	22 11 52.749	+3.3979	+ 20	−27 58 51.31	+17.854	0
1583	[1 H. Lacertae]	4.64	K 2	22 12 1.758	+2.5768	+ 33	+39 30 3.35	+17.870	+ 11
1582	[125 G. Aquarii]	6.60	G 5	22 12 18.595	+3.2464	− 8	−16 1 41.97	+17.519	− 352
840	ϑ Aquarii	4.32	K 0	22 14 33.918	+3.1645	+ 78	− 7 59 53.25	+17.941	− 19
839	[ε Octantis]	5.11	M 3	22 15 19.868	+6.6815	+ 302	−80 39 18.48	+17.956	− 34
841	α Tucanae	2.91	K 2	22 15 34.436	+4.1028	− 83	−60 28 29.09	+17.964	− 34
1584	[47 Aquarii]	5.40	K 0	22 19 13.717	+3.3005	− 5	−21 48 52.19	+18.053	− 84
843	[31 Pegasi]	4.93	B 3p	22 19 23.974	+2.9531	+ 2	+11 59 16.99	+18.160	+ 17
842	γ Aquarii	3.97	A 0	22 19 26.107	+3.0978	+ 85	− 1 36 16.75	+18.157	+ 13
844	β Lacertae	4.58	K 0	22 21 51.842	+2.3611	− 19	+52 0 47.17	+18.048	− 185
1585	[π Aquarii]	4.64	B 1p	22 23 4.822	+3.0633	+ 10	+ 1 9 30.73	+18.282	+ 4
1586	[Pi 22^h 97 Pegs]	6.40	K 0	22 23 36.021	+2.8951	+ 13	+18 13 30.39	+18.334	+ 39
1587	[72 G. Indi]	5.70	A 3	22 25 29.315	+4.4066	+ 276	−67 42 29.59	+18.299	− 65
845	[ν Gruis]	5.48	K 0	22 26 8.339	+3.5126	+ 32	−39 21 0.00	+18.229	− 156
846	[δ^1 Gruis]	4.02	G 5	22 26 42.407	+3.5814	+ 24	−43 42 57.37	+18.407	+ 2
1588	[36 Pegasi]	5.82	K 2	22 26 59.144	+2.9943	+ 36	+ 8 54 32.02	+18.399	− 15
1589	[Pi 22^h 120 Pegs]	5.96	K 2	22 27 9.130	+2.8119	+ 15	+26 32 33.92	+18.416	− 5
847	[δ Cephei]	*3.7-4.4*	G 0v	22 27 34.118	+2.2291	+ 11	+58 11 40.65	+18.437	+ 3
1590	[38 Pegasi]	5.51	A 0	22 28 3.580	+2.7455	+ 25	+32 21 7.19	+18.440	− 12
1591	[σ Aquarii]	4.89	A 0	22 28 22.339	+3.1735	0	−10 53 55.15	+18.436	− 27
1592	[β Piscis austr.]	4.40	A 0	22 29 3.930	+3.4083	+ 53	−32 34 1.42	+18.480	− 6
848	α Lacertae	3.85	A 0	22 29 30.872	+2.4736	+ 140	+50 3 39.58	+18.523	+ 23
1593	[ρ Cephei]	5.50	A 2	22 29 31.046	+0.5221	− 13	+78 36 12.88	+18.486	− 14
1594	[Grb 3834 Ceph]	5.74	A 0	22 31 31.278	+1.0477	− 69	+76 0 17.05	+18.565	− 2
849	[υ Aquarii]	5.29	F 5	22 32 20.634	+3.2796	+ 155	−20 55 44.91	+18.452	− 143
850	η Aquarii	4.13	B 8	22 33 8.786	+3.0823	+ 60	− 0 20 22.80	+18.571	− 50
851	31 Cephei	5.22	F 0	22 34 42.332	+1.4807	+ 392	+73 25 11.29	+18.701	+ 31
1595	[κ Aquarii]	5.33	K 0	22 35 31.765	+3.1061	− 48	− 4 27 1.24	+18.585	− 112
853	[30 Cephei]	5.21	A 2	22 37 7.135	+2.1298	− 12	+63 21 38.16	+18.727	− 20
852	10 Lacertae	4.91	O e5	22 37 19.634	+2.6939	− 1	+38 49 33.53	+18.750	− 3
854	[ε Piscis austr.]	4.22	B 8	22 38 16.848	+3.3158	+ 21	−27 16 6.28	+18.788	+ 6

Nr.	Name	Größe	Spektrum	AR. 1957.0	Jährl. Veränderung 1957.5	Jährl. Eigenbew. in 0.ˢ0001	Dekl. 1957.0	Jährl. Veränderung 1957.5	Jährl. Eigenbew. in 0.″001
		m		h m s	s		° ′ ″	″	
855	ζ Pegasi	3.61	B 8	22 39 18.946	+2.9924	+ 53	+10 36 23.03	+18.807	— 7
856	β Gruis	2.24	M 3	22 40 6.484	+3.5778	+ 133	—47 6 36.22	+18.835	— 3
857	η Pegasi	3.10	G 0	22 40 58.961	+2.8137	+ 9	+29 59 45.23	+18.841	— 22
858	[13 Lacertae]	5.24	K 0	22 42 10.109	+2.6774	— 10	+41 35 35.60	+18.909	+ 11
1596	[45 Pegasi]	6.45	K 0	22 43 22.473	+2.9189	— 24	+19 8 21.91	+18.995	+ 63
859	λ Pegasi	4.14	K 0	22 44 27.400	+2.8907	+ 39	+23 20 20.07	+18.958	— 6
1597	[68 Aquarii]	5.43	G 5	22 45 14.672	+3.2205	— 73	—19 50 17.27	+18.788	— 198
1598	[—2° 5826 Aqar.]	7.58	K 2	22 45 16.906	+3.0887	+ 3	— 2 0 56.50	+18.990	+ 3
860	ε Gruis	3.69	A 2	22 45 58.018	+3.6183	+ 111	—51 32 36.39	+18.947	— 59
861	[τ Aquarii]	4.21	K 5	22 47 18.977	+3.1749	— 10	—13 49 12.05	+19.012	— 31
862	[μ Pegasi]	3.67	K 0	22 47 55.470	+2.8969	+ 107	+24 22 26.91	+19.024	— 36
863	ι Cephei	3.68	K 0	22 48 8.548	+2.1377	— 113	+65 58 26.46	+18.947	— 118
1599	69 G. Gruis	5.39	K 2	22 48 35.651	+3.4113	+ 18	—39 23 6.30	+19.071	— 7
864	λ Aquarii	3.84	M 0	22 50 22.282	+3.1287	+ 5	— 7 48 32.07	+19.164	+ 40
865	ρ Indi	6.14	G 0	22 51 41.828	+4.1614	— 73	—70 18 14.43	+19.234	+ 74
866	δ Aquarii	3.51	A 2	22 52 22.183	+3.1823	— 29	—16 2 59.85	+19.156	— 20
1600	[+36° 4956 Lacr]	6.00	F 2	22 53 2.365	+2.7921	+ 70	+36 50 50.18	+19.208	+ 15
867	α Piscis austr.	1.29	A 3	22 55 16.725	+3.3128	+ 258	—29 51 2.10	+19.090	— 159
868	[ζ Gruis]	4.18	G 5	22 58 21.088	+3.5368	— 74	—52 59 6.44	+19.318	— 4
869	ο Andromedae	3.63	B 5 + A 2 p	22 59 56.215	+2.7626	+ 18	+42 5 40.76	+19.360	+ 2
1601	[π Piscis austr.]	5.13	F 0	23 1 7.276	+3.3161	+ 53	—34 58 56.20	+19.474	+ 89
870	β Pegasi	2.61	M 0	23 1 41.142	+2.9099	+ 142	+27 50 57.29	+19.541	+ 143
1602	[β Piscium]	4.58	B 5p	23 1 41.236	+3.0529	+ 6	+ 3 35 17.58	+19.395	— 3
871	α Pegasi	2.57	A 0	23 2 36.985	+2.9891	+ 42	+14 58 24.80	+19.381	— 36
1603	[55 Pegasi]	4.69	M 0	23 4 50.177	+3.0224	+ 5	+ 9 10 36.72	+19.456	— 8
1604	[5 Andromedae]	5.83	F 0	23 5 47.760	+2.7278	+ 152	+49 3 40.77	+19.623	+ 139
873	88 Aquarii	3.80	K 0	23 7 9.361	+3.1969	+ 39	—21 24 21.96	+19.552	+ 40
1605	[ι Gruis]	4.10	K 0	23 7 55.894	+3.3916	+ 124	—45 28 47.60	+19.510	— 18
1606	[59 Pegasi]	5.15	A 3	23 9 33.813	+3.0292	— 7	+ 8 29 10.60	+19.558	— 1
875	Br 3077 Cass	5.65	K 2	23 11 12.098	+2.8928	+2528	+56 55 50.65	+19.890	+ 300
1607	[φ Aquarii]	4.40	M 0	23 12 5.717	+3.1063	+ 24	— 6 16 51.95	+19.416	— 190
1608	[ψ¹ Aquarii]	4.48	K 0	23 13 38.354	+3.1426	+ 251	— 9 19 20.32	+19.623	— 11
876	[25 G. Tucanae]	5.69	G 0	23 14 23.473	+3.5999	+ 251	—62 14 9.42	+19.623	— 24
877	γ Tucanae	4.10	F 2	23 14 55.925	+3.4948	— 38	—58 28 17.97	+19.750	+ 94
878	γ Piscium	3.85	K 0	23 14 56.101	+3.1101	+ 506	+ 3 2 49.53	+19.681	+ 24
879	γ Sculptoris	4.51	K 0	23 16 30.371	+3.2373	+ 18	—32 45 59.30	+19.622	— 60
1609	[ψ³ Aquarii]	5.16	A 0	23 16 43.493	+3.1199	+ 30	— 9 50 45.87	+19.690	+ 4
880	τ Pegasi	4.65	A 5	23 18 30.297	+2.9710	+ 21	+23 30 17.14	+19.713	— 2
1610	[12 Andromedae]	5.75	F 5	23 18 48.351	+2.8975	+ 103	+37 56 50.00	+19.654	— 66
1611	[11 G. Sculptoris]	5.81	G 5	23 18 58.212	+3.1948	— 10	—27 13 21.27	+19.710	— 12
1612	[98 Aquarii]	4.20	K 0	23 20 42.821	+3.1491	— 87	—20 20 7.85	+19.660	— 88

Mittlere Sternörter 1957.0

Nr.	Name	Größe	Spektrum	AR. 1957.0	Jährl. Veränderung 1957.5	Jährl. Eigenbew. in 0.ˢ0001	Dekl. 1957.0	Jährl. Veränderung 1957.5	Jährl. Eigenbew. in 0.″001
		m		h m s	s		° ′ ″	″	
1613	[67 Pegasi]	5.46	A 0	23 22 44.217	+2.9384	+ 8	+32 8 54.36	+19.782	+ 4
882	4 Cassiopeiae	5.20	K 5	23 22 54.985	+2.6687	+ 7	+62 2 47.80	+19.775	— 6
881	[υ Pegasi]	4.57	G 0	23 23 13.760	+2.9958	+ 137	+23 10 1.89	+19.827	+ 42
883	[ο Gruis]	5.54	F 0	23 24 12.653	+3.3511	+ 25	—52 57 35.43	+19.932	+ 133
884	κ Piscium	4.94	A 2p	23 24 43.609	+3.0753	+ 56	+ 1 1 12.02	+19.715	— 90
1614	[ϑ Piscium]	4.45	G 5	23 25 47.107	+3.0437	— 84	+ 6 8 33.27	+19.780	— 40
1615	[+15° 4830 Pegs]	6.98	A 2	23 26 52.259	+3.0192	+ 1	+15 46 32.01	+19.843	+ 9
885	70 Pegasi	4.67	K 0	23 26 58.649	+3.0350	+ 42	+12 31 23.74	+19.874	+ 39
886	[β Sculptoris]	4.46	B 9	23 30 40.191	+3.2140	+ 73	—38 3 22.99	+19.900	+ 21
1616	[15 Andromedae]	5.50	A 0	23 32 30.938	+2.9379	— 15	+39 59 57.43	+19.860	— 38
1617	[ι Phoenicis]	4.80	A 2p	23 32 46.064	+3.2237	+ 35	—42 51 10.76	+19.909	+ 8
888	248 G. Aquarii	6.51	K 0	23 33 18.955	+3.0941	— 3	— 7 42 9.06	+19.932	+ 25
890	λ Andromedae	4.00	K 0	23 35 27.083	+2.9397	+ 152	+46 13 30.42	+19.511	— 416
889	[11 G. Phoenicis]	4.86	A 2	23 35 32.456	+3.2256	+ 63	—45 43 49.41	+19.923	— 5
891	ι Andromedae	4.28	B 8	23 36 1.215	+2.9456	+ 23	+43 1 47.70	+19.935	+ 3
893	γ Cephei	3.42	K 0	23 37 33.710	+2.4683	— 215	+77 23 32.59	+20.103	+ 157
892	ι Piscium	4.28	F 8	23 37 44.201	+3.0861	+ 250	+ 5 23 35.20	+19.516	— 432
1619	[κ Andromedae]	4.33	A 0	23 38 16.959	+2.9584	+ 73	+44 5 44.71	+19.937	— 15
1618	[μ Sculptoris]	5.33	K 0	23 38 22.957	+3.1455	— 74	—32 18 39.55	+19.904	— 49
1620	[λ Piscium]	4.61	A 5	23 39 51.062	+3.0615	— 88	+ 1 32 36.25	+19.821	— 143
894	ω² Aquarii	4.62	A 0	23 40 29.575	+3.1099	+ 66	—14 46 58.19	+19.906	— 64
1621	[106 Aquarii]	5.26	B 8	23 41 58.331	+3.1105	+ 19	—18 30 56.25	+19.986	+ 6
1622	[ψ Andromedae]	5.09	K0+A5	23 43 53.696	+2.9764	+ 6	+46 10 53.45	+19.991	— 1
1623	[20 Piscium]	5.60	K 0	23 45 43.836	+3.0838	+ 60	— 3 0 2.42	+20.015	+ 12
895	41 H. Cephei	5.02	A 0	23 45 50.348	+2.8752	+ 13	+67 34 4.36	+20.007	+ 3
896	δ Sculptoris	4.64	A 0	23 46 41.338	+3.1233	+ 81	—28 22 5.25	+19.909	— 100
1624	[Pi 23ʰ 194 Aqar]	7.14	K 0	23 47 12.563	+3.1030	— 3	—21 51 11.67	+20.023	+ 12
897	[268 G. Aquarii]	6.08	K 0	23 48 1.588	+3.0952	+ 92	—10 12 51.51	+20.093	+ 79
898	φ Pegasi	5.23	M 0	23 50 17.799	+3.0536	— 5	+18 52 53.29	+19.994	— 30
1625	[82 Pegasi]	5.39	A 3	23 50 25.361	+3.0612	— 16	+10 42 29.14	+20.032	+ 7
899	ρ Cassiopeiae	4.4—5.1	F 8p	23 52 13.417	+3.0025	— 7	+57 15 36.84	+20.035	+ 5
1626	[27 G. Phoenicis]	6.01	F 8	23 52 23.583	+3.1432	+ 320	—40 32 23.30	+20.065	+ 34
1627	[Grb 4163 Ceph]	6.57	B 9	23 52 42.528	+2.9214	— 26	+74 10 15.42	+20.030	— 1
1628	[Pi 23ʰ 235 Pegs]	6.30	M 0	23 54 29.783	+3.0586	— 16	+22 24 31.98	+20.041	+ 4
1629	[ψ Pegasi]	4.75	M 0	23 55 33.775	+3.0588	— 27	+24 54 8.87	+20.013	— 25
900	27 Piscium	5.07	K 0	23 56 28.268	+3.0715	— 33	— 3 47 40.30	+19.974	— 66
901	[π Phoenicis]	5.14	K 0	23 56 42.492	+3.1042	+ 56	—52 59 9.56	+20.109	+ 69
902	ω Piscium	4.03	F 5	23 57 6.065	+3.0816	+ 101	+ 6 37 30.97	+19.932	— 108
903	ε Tucanae	4.71	B 9	23 57 41.777	+3.1119	+ 89	—65 48 58.81	+20.022	— 19
904	[ϑ Octantis]	4.73	K 0	23 59 24.913	+3.0729	— 150	—77 18 10.44	+19.882	— 160
1630	[30 Piscium]	4.66	M 3	23 59 45.263	+3.0769	+ 34	— 6 15 10.69	+20.009	— 33

Von den Sternen, deren Namen eingeklammert sind, folgen keine Ephemeriden.

Nördliche Polsterne

Nr.	Name	Größe	Spektrum	AR. 1957.0	Jährl. Veränderung 1957.5	Jährl. Eigenbew. in 0.001s	Dekl. 1957.0	Jährl. Veränderung 1957.5	Jährl. Eigenbew. in 0.001"
		m		h m s	s		° ′ ″	″	
Na	43 H. Cephei	4.52	K 0	1 2 28.70	+ 8.342	+ 79	+86 1 39.40	+19.294	− 7
Nb	α Ursae min.	2.12*	F 8v	1 53 33.33	+42.324	+ 184	+89 3 47.79	+17.611	− 6
*N*α	[Br 256 Ceph]	6.86	K 0	2 9 56.71	+ 9.285	+ 39	+83 21 42.86	+16.861	− 41
*N*β	[Br 402 Ceph]	5.78	K 0	3 21 46.55	+14.381	+ 56	+84 45 52.34	+12.625	− 130
Nc	Grb 750 Ceph	6.70	F 8	4 22 1.51	+18.325	+ 18	+85 26 2.26	+ 8.325	+ 28
*N*γ	[+85° 74 Ceph]	6.54	A 5	5 16 19.68	+21.413	+ 23	+85 54 7.13	+ 3.699	− 82
*N*δ	[Grb 944 Ceph]	6.41	K 0	5 47 46.54	+18.898	+ 12	+85 10 35.55	+ 1.058	+ 3
Nd	51 H. Cephei	5.26	M 0	7 21 6.67	+27.859	− 48	+87 6 46.60	− 6.998	− 33
*N*ε	[Grb 1359 Caml]	6.39	A 0	8 6 53.65	+14.225	− 8	+84 11 17.40	−10.569	− 22
*N*ζ	[+84° 196 Caml]	6.26	F 0	9 6 43.31	+12.362	+ 18	+84 21 28.76	−14.579	+ 8
Ne	1 H. Draconis	4.58	K 2	9 31 7.03	+ 8.483	− 7	+81 31 8.62	−15.982	− 18
Nf	30 H. Camelop.	5.34	F 2	10 26 0.73	+ 7.230	− 44	+82 46 43.64	−18.357	+ 25
*N*η	[+86° 161 Caml]	7.17	A 2	11 9 38.53	+ 7.064	− 40	+85 52 26.73	−19.560	+ 1
*N*ϑ	[Grb 1850 Caml]	6.38	F 5	12 2 29.79	+ 2.823	− 49	+85 49 31.16	−19.953	+ 88
*N*ι	[Grb 2063 Caml]	6.16	G 5	13 43 29.30	− 1.631	+ 20	+82 58 6.39	−18.081	− 48
*N*κ	[Grb 2196 U Min]	5.73	G 0	14 53 5.64	− 3.973	+ 90	+82 41 23.38	−14.825	− 231
*N*λ	[Grb 2315 U Min]	7.32	A 2	15 47 45.06	− 6.145	+ 4	+83 4 47.04	−10.938	0
Ng	ε Ursae min.	4.40	G 5	16 50 17.96	− 6.119	+ 6	+82 6 39.80	− 6.002	+ 4
Nh	δ Ursae min.	4.44	A 0	17 46 2.30	−19.412	+ 11	+86 36 27.36	− 1.179	+ 55
Ni	λ Ursae min.	6.55	M 3	18 12 18.11	−77.850	− 113	+89 3 13.80	+ 1.018	0
*N*μ	[Br 2412 Drac]	6.15	A 2	18 29 52.23	− 7.946	+ 6	+83 8 50.78	+ 2.568	− 31
*N*ν	[Grb 3212 Drac]	6.61	A 2	20 5 51.33	− 8.880	− 8	+84 32 49.56	+10.414	− 41
Nk	76 Draconis	5.69	A 0	20 45 49.24	− 4.394	+ 14	+82 22 25.57	+13.293	+ 27
*N*ξ	[32 H. Cephei]	5.38	A 0	22 16 59.38	− 4.968	+ 51	+85 53 33.84	+18.099	+ 50
No	[36 H. Cephei]	4.96	K 5	22 54 49.67	− 0.507	+ 59	+84 6 58.77	+19.270	+ 34
*N*π	[V Cephei]	6.42	A 0	23 54 23.71	+ 2.836	+ 26	+82 57 6.75	+20.054	+ 18

* var.

Von den Sternen, deren Namen eingeklammert sind, folgen keine Ephemeriden.

Südliche Polsterne

Nr.	Name	Größe	Spektrum	AR. 1957.0	Jährl. Veränderung 1957.5	Jährl. Eigenbew. in 0ˢ.001	Dekl. 1957.0	Jährl. Veränderung 1957.5	Jährl. Eigenbew. in 0″.001
		m		h m s	s		° ′ ″	″	
Sα	[o Octantis]	7.22	A 0	0 12 17.92	+ 0.185	+ 43	−88 36 7.38	+20.016	+ 3
Sa	4 G. Octantis	5.63	K 0	1 39 41.79	− 3.320	+ 21	−84 59 15.32	+18.201	+ 25
Sβ	[Lac 1029 Octn]	7.76	F 0	2 27 11.18	− 8.111	0	−85 54 40.57	+16.031	− 21
Sγ	[Lac 1848 Octn]	8.35	G 5	2 35 2.04	−25.727	− 48	−88 20 15.85	+15.620	− 21
Sδ	[12 G. Mensae]	6.76	A 2	4 27 44.62	− 6.939	− 10	−82 59 43.32	+ 7.859	+ 2
Sb	ξ Mensae	5.85	K 0	5 3 41.36	− 6.813	− 3	−82 31 52.32	+ 4.890	+ 11
Sε	[31 G. Mensae]	6.24	A 0	5 38 29.57	−11.585	− 8	−84 48 44.57	+ 1.935	+ 49
Sζ	[6 G. Octantis]	6.74	K 0	5 51 13.09	−15.702	− 15	−85 55 46.15	+ 0.783	+ 4
Sη	[7 G. Octantis]	6.41	F 2	7 2 31.45	−21.222	+ 10	−86 58 5.97	− 5.382	+ 3
Sϑ	[A Octantis]	7.75	A 0	7 6 38.09	−53.201	− 7	−88 41 42.85	− 5.694	+ 15
Sc	ζ Octantis	5.38	F 0	9 3 19.62	− 8.841	− 92	−85 29 38.51	−14.334	+ 37
Sι	[10 G. Octantis]	6.74	A 0	10 33 42.70	− 3.736	− 2	−85 52 6.17	−18.633	+ 4
Sκ	[η Octantis]	6.26	A 0	10 59 39.00	− 0.497	− 45	−84 21 45.11	−19.356	− 5
Sd	ι Octantis	5.38	K 0	12 50 14.49	+ 6.375	+ 47	−84 53 25.49	−19.537	+ 25
Sλ	[κ Octantis]	5.65	A 2	13 33 34.17	+ 9.858	− 68	−85 34 3.16	−18.415	− 23
Se	20 G. Octantis	6.52	A 2	15 4 54.50	+30.241	− 179	−87 58 31.08	−13.920	− 71
Sμ	[ρ Octantis]	5.66	A 2	15 33 3.31	+13.952	+ 92	−84 19 38.64	−11.888	+ 92
Sf	26 G. Octantis	6.13	A 0	16 44 28.12	+22.617	+ 10	−86 17 41.81	− 6.471	0
Sg	χ Octantis	5.22	K 0	18 29 54.54	+35.256	− 65	−87 38 53.87	+ 2.502	− 132
Sν	[44 G. Octantis]	6.32	K 0	19 48 13.13	+11.002	+ 5	−81 27 44.61	+ 9.124	+ 1
Sh	σ Octantis	5.48	F 0	20 23 50.05	+73.045	+ 127	−89 6 58.37	+11.811	− 1
Sξ	[48 G. Octantis]	7.08	A 0	20 32 39.75	+14.130	+ 36	−84 33 31.67	+12.374	− 19
Sπ	[υ Octantis]	5.74	K 0	22 23 58.53	+11.183	− 37	−86 11 18.40	+18.373	+ 62
So	[B Octantis]	6.54	A 5	22 24 38.85	+35.229	+ 63	−89 2 28.92	+18.302	− 41
Si	β Octantis	4.34	F 0	22 41 47.27	+ 6.079	− 23	−81 36 28.71	+18.897	+ 9
Sk	τ Octantis	5.56	K 0	23 22 22.75	+ 8.565	+ 26	−87 43 8.99	+19.785	+ 12

Von den Sternen, deren Namen eingeklammert sind, folgen keine Ephemeriden.

Scheinbare Sternörter 1957

Obere Kulmination Greenwich

Tag	1) α Andromedae				2) β Cassiopeiae				3) ε Phoenicis				7) γ Pegasi			
	AR.		Dekl.		AR.		Dekl.		AR.		Dekl.		AR.		Dekl.	
1957	0h 6m		+28° 51′		0h 6m		+58° 54′		0h 7m		−45° 58′		0h 11m		+14° 56′	
	s		″		s		″		s		″		s		″	
Jan. 0	10.488	143	25.62	96	53.371	313	68.15	77	14.359	206	73.99	31	1.945	120	50.25	88
10	10.345	137	24.66	122	53.058	302	67.38	129	14.153	191	73.68	77	1.825	116	49.37	98
20	10.208	124	23.44	143	52.756	277	66.09	176	13.962	170	72.91	121	1.709	106	48.39	105
30	10.084	106	22.01	158	52.479	240	64.33	214	13.792	143	71.70	162	1.603	91	47.34	109
Febr. 9	9.978	82	20.43	166	52.239	192	62.19	246	13.649	111	70.08	198	1.512	70	46.25	106
19	9.896	50	18.77	167	52.047	131	59.73	267	13.538	74	68.10	230	1.442	44	45.19	99
März 1	9.846	14	17.10	161	51.916	62	57.06	276	13.464	32	65.80	257	1.398	12	44.20	86
11	9.832	28	15.49	146	51.854	14	54.30	274	13.432	15	63.23	280	1.386	24	43.34	67
21	9.860	73	14.03	124	51.868	93	51.56	261	13.447	63	60.43	295	1.410	64	42.67	44
31	9.933	120	12.79	97	51.961	173	48.95	237	13.510	115	57.48	305	1.474	106	42.23	18
April 10	10.053	166	11.82	63	52.134	251	46.58	204	13.625	167	54.43	310	1.580	148	42.05	13
20	10.219	211	11.19	27	52.385	323	44.54	163	13.792	217	51.33	306	1.728	189	42.18	44
30	10.430	250	10.92	12	52.708	384	42.91	117	14.009	264	48.27	297	1.917	227	42.62	76
Mai 10	10.680	285	11.04	51	53.092	437	41.74	67	14.273	307	45.30	281	2.144	259	43.38	107
20	10.965	312	11.55	90	53.529	477	41.07	15	14.580	342	42.49	259	2.403	285	44.45	134
30	11.277	331	12.45	126	54.006	503	40.92	39	14.922	370	39.90	229	2.688	304	45.79	160
Juni 9	11.608	340	13.71	158	54.509	514	41.31	90	15.292	388	37.61	195	2.992	315	47.39	180
19	11.948	341	15.29	186	55.023	513	42.21	140	15.680	395	35.66	156	3.307	318	49.19	196
29	12.289	333	17.15	210	55.536	498	43.61	184	16.075	393	34.10	112	3.625	312	51.15	206
Juli 9	12.622	316	19.25	228	56.034	470	45.45	225	16.468	379	32.98	66	3.937	298	53.21	212
19	12.938	292	21.53	239	56.504	433	47.70	260	16.847	355	32.32	18	4.235	276	55.33	211
29	13.230	262	23.92	246	56.937	386	50.30	289	17.202	321	32.14	31	4.511	250	57.44	207
Aug. 8	13.492	226	26.38	247	57.323	332	53.19	311	17.523	280	32.45	76	4.761	217	59.51	196
18	13.718	188	28.85	242	57.655	272	56.30	326	17.803	231	33.21	120	4.978	181	61.47	183
28	13.906	147	31.27	234	57.927	210	59.56	335	18.034	177	34.41	159	5.159	144	63.30	166
Sept. 7	14.053	105	33.61	220	58.137	146	62.91	336	18.211	121	36.00	191	5.303	105	64.96	146
17	14.158	65	35.81	202	58.283	81	66.27	332	18.332	64	37.91	216	5.408	68	66.42	125
26	[22] 14.223	27	37.83	182	[23] 58.364	19	69.59	319	[23] 18.396	8	40.07	231	[24] 5.476	32	67.67	103
Okt. 6	14.250	8	39.65	160	58.383	41	72.78	301	18.404	45	42.38	238	5.508	0	68.70	80
16	14.242	40	41.25	133	58.342	97	75.79	276	18.359	91	44.76	235	5.508	30	69.50	57
26	14.202	67	42.58	106	58.245	149	78.55	245	18.268	132	47.11	222	5.478	54	70.07	35
Nov. 5	14.135	91	43.64	77	58.096	195	81.00	206	18.136	165	49.33	199	5.424	75	70.42	13
15	14.044	111	44.41	46	57.901	235	83.06	164	17.971	190	51.32	169	5.349	93	70.55	8
25	13.933	126	44.87	14	57.666	269	84.70	116	17.781	207	53.01	133	5.256	106	70.47	29
Dez. 5	13.807	137	45.01	18	57.397	296	85.86	63	17.574	217	54.34	91	5.150	116	70.18	47
15	13.670	144	44.83	50	57.101	312	86.49	10	17.357	219	55.25	46	5.034	121	69.71	64
25	13.526	146	44.33	80	56.789	319	86.59	45	17.138	213	55.71	0	4.913	124	69.07	80
35	13.380		43.53		56.470		86.14		16.925		55.71		4.789		68.27	
Mittl. Ort	9.565		11.25		52.161		45.72		14.086		64.26		1.079		40.66	
sec δ, tg δ	+1.142		+ 0.551		+1.937		+ 1.659		+1.439		− 1.035		+1.035		+ 0.267	
a, *a′*	+3.1		+20.0		+3.1		+20.0		+3.0		+20.0		+3.1		+20.0	
b, *b′*	+0.04		− 0.03		+0.11		− 0.03		−0.07		− 0.03		+0.02		− 0.05	

Scheinbare Sternörter 1957

Obere Kulmination Greenwich

Tag	9) ι Ceti				10) ζ Tucanae[1]				11) β Hydri[2]				12) α Phoenicis			
	AR.		Dekl.		AR.		Dekl.		AR.		Dekl.		AR.		Dekl.	
1957	0h 17m		−9° 3′		0h 17m		−65° 7′		0h 23m		−77° 29′		0h 24m		−42° 31′	
	s		″		s		″		s		″		s		″	
Jan. 0	14.917	118	42.54	59	50.38	41	51.83	78	30.13	90	61.38	100	10.227	196	90.74	5
10	14.799	112	43.13	44	49.97	38	51.05	133	29.23	84	60.38	160	10.031	186	90.69	50
20	14.687	104	43.57	28	49.59	34	49.72	186	28.39	77	58.78	213	9.845	171	90.19	93
30	14.583	89	43.85	9	49.25	30	47.86	232	27.62	67	56.65	261	9.674	149	89.26	134
Febr. 9	14.494	70	43.94	11	48.95	24	45.54	272	26.95	55	54.04	301	9.525	122	87.92	172
19	14.424	46	43.83	32	48.71	18	42.82	305	26.40	42	51.03	333	9.403	89	86.20	206
März 1	14.378	17	43.51	54	48.53	11	39.77	332	25.98	28	47.70	357	9.314	51	84.14	235
11	14.361	17	42.97	78	48.42	2	36.45	351	25.70	13	44.13	373	9.263	8	81.79	260
21	14.378	54	42.19	102	48.40	5	32.94	361	25.57	2	40.40	381	9.255	39	79.19	280
31	14.432	93	41.17	125	48.45	13	29.33	365	25.59	18	36.59	379	9.294	88	76.39	293
April 10	14.525	134	39.92	148	48.58	21	25.68	360	25.77	33	32.80	370	9.382	139	73.46	301
20	14.659	173	38.44	167	48.79	29	22.08	348	26.10	47	29.10	353	9.521	188	70.45	303
30	14.832	211	36.77	184	49.08	37	18.60	329	26.57	61	25.57	328	9.709	235	67.42	298
Mai 10	15.043	244	34.93	197	49.45	43	15.31	301	27.18	74	22.29	296	9.944	278	64.44	286
20	15.287	271	32.96	206	49.88	49	12.30	267	27.92	85	19.33	258	10.222	315	61.58	268
30	15.558	292	30.90	210	50.37	54	9.63	228	28.77	94	16.75	213	10.537	345	58.90	243
Juni 9	15.850	305	28.80	207	50.91	57	7.35	182	29.71	100	14.62	163	10.882	364	56.47	212
19	16.155	311	26.73	200	51.48	59	5.53	131	30.71	104	12.99	110	11.246	376	54.35	176
29	16.466	307	24.73	187	52.07	59	4.22	79	31.75	106	11.89	54	11.622	377	52.59	135
Juli 9	16.773	295	22.86	170	52.66	58	3.43	24	32.81	103	11.35	4	11.999	367	51.24	90
19	17.068	278	21.16	148	53.24	54	3.19	31	33.84	99	11.39	62	12.366	348	50.34	44
29	17.346	252	19.68	123	53.78	49	3.50	86	34.83	92	12.01	117	12.714	318	49.90	4
Aug. 8	17.598	221	18.45	95	54.27	44	4.36	138	35.75	80	13.18	169	13.032	282	49.94	51
18	17.819	186	17.50	65	54.71	37	5.74	183	36.55	67	14.87	215	13.314	239	50.45	96
28	18.005	148	16.85	36	55.08	28	7.57	224	37.22	52	17.02	254	13.553	190	51.41	137
Sept. 7	18.153	110	16.49	7	55.36	19	9.81	256	37.74	35	19.56	285	13.743	138	52.78	172
17	18.263	72	16.42	20	55.55	10	12.37	278	38.09	17	22.41	304	13.881	85	54.50	200
26*	(25) 18.335	36	16.62	43	(25) 55.65	0	15.15	290	(27) 38.26	2	25.45	312	(27) 13.966	32	56.50	220
Okt. 6	18.371	1	17.05	62	55.65	9	18.05	290	38.24	20	28.57	309	13.998	17	58.70	232
16	18.372	28	17.67	78	55.56	17	20.95	279	38.04	38	31.66	293	13.981	61	61.02	233
26	18.344	54	18.45	89	55.39	25	23.74	255	37.66	53	34.59	266	13.920	102	63.35	224
Nov. 5	18.290	75	19.34	95	55.14	31	26.29	223	37.13	67	37.25	227	13.818	135	65.59	208
15	18.215	93	20.29	96	54.83	37	28.52	181	36.46	78	39.52	179	13.683	162	67.67	182
25	18.122	105	21.25	94	54.46	40	30.33	131	35.68	86	41.31	124	13.521	182	69.49	149
Dez. 5	18.017	114	22.19	89	54.06	42	31.64	77	34.82	92	42.55	65	13.339	194	70.98	112
15	17.903	119	23.08	80	53.64	43	32.41	19	33.90	93	43.20	2	13.145	201	72.10	69
25	17.784	120	23.88	68	53.21	42	32.60	41	32.97	92	43.22	61	12.944	200	72.79	24
35	17.664		24.56		52.79		32.19		32.05		42.61		12.744		73.03	
Mittl. Ort	14.177		43.50		50.61		38.30		31.47		46.57		9.785		81.29	
sec δ, tg δ	+1.013		− 0.159		+2.378		− 2.157		+4.619		− 4.509		+1.357		− 0.918	
a, *a′*	+3.1		+20.0		+2.8		+20.0		+2.5		+19.9		+2.9		+19.9	
b, *b′*	−0.01		− 0.08		−0.14		− 0.08		−0.30		− 0.10		−0.06		− 0.11	

[1] Die jährliche Parallaxe (0.″133) ist bereits berücksichtigt.

[2] Die jährliche Parallaxe (0.″143) ist bereits berücksichtigt.

* Bei Stern 11) und 12) lies Sept. 27.

Scheinbare Sternörter 1957

Obere Kulmination Greenwich

Tag	13) 12 Ceti AR.		13) 12 Ceti Dekl.		17) ζ Cassiopeiae AR.		17) ζ Cassiopeiae Dekl.	
1957	0h 27m		−4° 11′		0h 34m		+53° 39′	
	s		″		s		″	
Jan. 0	51.436	117	38.26	67	35.214	262	58.78	51
10	51.319	114	38.93	57	34.952	261	58.27	101
20	51.205	108	39.50	45	34.691	250	57.26	145
30	51.097	95	39.95	31	34.441	227	55.81	183
Febr. 9	51.002	78	40.26	14	34.214	191	53.98	215
19	50.924	55	40.40	4	34.023	146	51.83	238
März 1	50.869	26	40.36	25	33.877	90	49.45	250
11	50.843	6	40.11	48	33.787	27	46.95	252
21	50.849	44	39.63	72	33.760	42	44.43	243
31	50.893	83	38.91	96	33.802	113	42.00	224
April 10	50.976	125	37.95	120	33.915	183	39.76	196
20	51.101	165	36.75	142	34.098	251	37.80	161
30	51.266	202	35.33	163	34.349	311	36.19	120
Mai 10	51.468	237	33.70	179	34.660	364	34.99	73
20	51.705	266	31.91	192	35.024	407	34.26	26
30	51.971	287	29.99	201	35.431	438	34.00	24
Juni 9	52.258	302	27.98	203	35.869	457	34.24	72
19	52.560	308	25.95	201	36.326	463	34.96	119
29	52.868	307	23.94	194	36.789	458	36.15	161
Juli 9	53.175	296	22.00	181	37.247	441	37.76	200
19	53.471	280	20.19	163	37.688	414	39.76	234
29	53.751	256	18.56	142	38.102	378	42.10	262
Aug. 8	54.007	226	17.14	117	38.480	335	44.72	284
18	54.233	193	15.97	91	38.815	287	47.56	299
28	54.426	157	15.06	63	39.102	235	50.55	310
Sept. 7	54.583	120	14.43	36	39.337	181	53.65	313
17	54.703	83	14.07	10	39.518	126	56.78	309
27	[28] 54.786	47	13.97	14	[30] 39.644	71	59.87	301
Okt. 6	54.833	13	14.11	36	39.715	20	62.88	286
16	54.846	16	14.47	53	39.735	31	65.74	264
26	54.830	42	15.00	67	39.704	79	68.38	237
Nov. 5	54.788	64	15.67	76	39.625	122	70.75	205
15	54.724	82	16.43	82	39.503	161	72.80	167
25	54.642	97	17.25	84	39.342	197	74.47	124
Dez. 5	54.545	108	18.09	84	39.145	225	75.71	78
15	54.437	115	18.93	80	38.920	248	76.49	28
25	54.322	119	19.73	74	38.672	262	76.77	21
35	54.203		20.47		38.410		76.56	
Mittl. Ort	50.600		40.62		33.738		38.08	
sec δ, tg δ	+1.003		− 0.073		+1.688		+ 1.359	
a, *a′*	+3.1		+19.9		+3.3		+19.8	
b, *b′*	0.00		− 0.12		+0.09		− 0.15	

Tag	18) π Andromedae AR.		18) π Andromedae Dekl.		20) δ Andromedae AR.		20) δ Andromedae Dekl.	
1957	0h 34m		+33° 28′		0h 37m		+30° 37′	
	s		″		s		″	
Jan. 0	35.820	158	73.67	74	2.499	150	47.62	74
10	35.662	158	72.93	104	2.349	150	46.88	102
20	35.504	151	71.89	131	2.199	144	45.86	125
30	35.353	137	70.58	152	2.055	132	44.61	144
Febr. 9	35.216	115	69.06	167	1.923	111	43.17	157
19	35.101	86	67.39	175	1.812	83	41.60	164
März 1	35.015	48	65.64	175	1.729	48	39.96	161
11	34.967	6	63.89	167	1.681	7	38.35	152
21	34.961	41	62.22	151	1.674	39	36.83	136
31	35.002	92	60.71	127	1.713	87	35.47	112
April 10	35.094	142	59.44	98	1.800	136	34.35	83
20	35.236	192	58.46	63	1.936	185	33.52	50
30	35.428	237	57.83	26	2.121	230	33.02	14
Mai 10	35.665	277	57.57	13	2.351	268	32.88	25
20	35.942	310	57.70	53	2.619	301	33.13	62
30	36.252	334	58.23	90	2.920	325	33.75	98
Juni 9	36.586	349	59.13	127	3.245	341	34.73	132
19	36.935	355	60.40	160	3.586	348	36.05	162
29	37.290	353	62.00	187	3.934	345	37.67	188
Juli 9	37.643	340	63.87	210	4.279	333	39.55	208
19	37.983	319	65.97	228	4.612	314	41.63	224
29	38.302	293	68.25	240	4.926	288	43.87	233
Aug. 8	38.595	260	70.65	247	5.214	256	46.20	238
18	38.855	223	73.12	249	5.470	221	48.58	238
28	39.078	183	75.61	244	5.691	183	50.96	232
Sept. 7	39.261	143	78.05	236	5.874	143	53.28	222
17	39.404	102	80.41	223	6.017	103	55.50	208
27	[30] 39.506	63	82.64	208	6.120	65	57.58	191
Okt. 6	39.569	24	84.72	187	[30] 6.185	29	59.49	171
16	39.593	10	86.59	163	6.214	6	61.20	148
26	39.583	41	88.22	139	6.208	36	62.68	124
Nov. 5	39.542	70	89.61	110	6.172	64	63.92	96
15	39.472	95	90.71	79	6.108	88	64.88	67
25	39.377	117	91.50	46	6.020	109	65.55	37
Dez. 5	39.260	135	91.96	14	5.911	127	65.92	5
15	39.125	149	92.10	21	5.784	141	65.97	26
25	38.976	158	91.89	55	5.643	149	65.71	56
35	38.818		91.34		5.494		65.15	
Mittl. Ort	34.634		58.50		1.323		33.42	
sec δ, tg δ	+1.199		+ 0.661		+1.162		+ 0.592	
a, *a′*	+3.2		+19.8		+3.2		+19.8	
b, *b′*	+0.04		− 0.15		+0.04		− 0.16	

Scheinbare Sternörter 1957

Obere Kulmination Greenwich

Tag	21) α Cassiopeiae				22) β Ceti				25) o Cassiopeiae				24) 21 Cassiopeiae			
	AR.		Dekl.		AR.		Dekl.		AR.		Dekl.		AR.		Dekl.	
1957	$0^h\ 38^m$		+56° 18′		$0^h\ 41^m$		−18° 12′		$0^h\ 42^m$		+48° 2′		$0^h\ 42^m$		+74° 45′	
	s		″		s		″		s		″		s		″	
Jan. 0	4.734	286	28.02	43	26.700	131	83.13	54	20.531	221	77.01	51	48.85	71	36.64	2
10	4.448	287	27.59	95	26.569	130	83.67	29	20.310	222	76.50	96	48.14	72	36.62	63
20	4.161	275	26.64	141	26.439	124	83.96	3	20.088	215	75.54	136	47.42	68	35.99	123
30	3.886	250	25.23	182	26.315	112	83.99	24	19.873	198	74.18	170	46.74	63	34.76	176
Febr. 9	3.636	213	23.41	216	26.203	95	83.75	51	19.675	169	72.48	199	46.11	54	33.00	223
19	3.423	165	21.25	241	26.108	73	83.24	78	19.506	131	70.49	219	45.57	43	30.77	260
März 1	3.258	106	18.84	256	26.035	45	82.46	104	19.375	84	68.30	229	45.14	30	28.17	286
11	3.152	37	16.28	260	25.990	11	81.42	130	19.291	29	66.01	230	44.84	15	25.31	301
21	3.115	36	13.68	253	25.979	26	80.12	154	19.262	31	63.71	220	44.69	1	22.30	303
31	3.151	111	11.15	235	26.005	67	78.58	176	19.293	94	61.51	201	44.70	16	19.27	294
April 10	3.262	187	8.80	209	26.072	109	76.82	196	19.387	157	59.50	175	44.86	32	16.33	272
20	3.449	259	6.71	175	26.181	152	74.86	213	19.544	219	57.75	140	45.18	47	13.61	242
30	3.708	325	4.96	133	26.333	192	72.73	224	19.763	275	56.35	100	45.65	60	11.19	202
Mai 10	4.033	381	3.63	87	26.525	230	70.49	231	20.038	324	55.35	57	46.25	71	9.17	157
20	4.414	426	2.76	39	26.755	261	68.18	234	20.362	364	54.78	12	46.96	80	7.60	106
30	4.840	461	2.37	11	27.016	286	65.84	230	20.726	394	54.66	34	47.76	86	6.54	52
Juni 9	5.301	481	2.48	61	27.302	305	63.54	221	21.120	413	55.00	80	48.62	91	6.02	3
19	5.782	488	3.09	108	27.607	315	61.33	205	21.533	422	55.80	122	49.53	93	6.05	57
29	6.270	484	4.17	153	27.922	316	59.28	185	21.955	418	57.02	162	50.46	91	6.62	111
Juli 9	6.754	467	5.70	194	28.238	310	57.43	159	22.373	406	58.64	197	51.37	89	7.73	161
19	7.221	439	7.64	229	28.548	294	55.84	129	22.779	383	60.61	227	52.26	84	9.34	206
29	7.660	403	9.93	259	28.842	273	54.55	97	23.162	351	62.88	252	53.10	77	11.40	248
Aug. 8	8.063	358	12.52	284	29.115	244	53.58	61	23.513	315	65.40	270	53.87	69	13.88	283
18	8.421	308	15.36	302	29.359	212	52.97	26	23.828	272	68.10	283	54.56	60	16.71	313
28	8.729	253	18.38	313	29.571	175	52.71	9	24.100	226	70.93	291	55.16	49	19.84	336
Sept. 7	8.982	197	21.51	319	29.746	136	52.80	43	24.326	177	73.84	292	55.65	37	23.20	352
17	9.179	139	24.70	318	29.882	96	53.23	72	24.503	129	76.76	286	56.02	26	26.72	361
27	1 9.318	80	27.88	310	1 29.978	59	53.95	98	2 24.632	81	79.62	277	2 56.28	14	30.33	362
Okt. 6	9.398	24	30.98	296	30.037	22	54.93	118	24.713	35	82.39	261	56.42	1	33.95	356
16	9.422	30	33.94	277	30.059	10	56.11	132	24.748	11	85.00	240	56.43	10	37.51	341
26	9.392	81	36.71	250	30.049	40	57.43	139	24.737	52	87.40	214	56.33	22	40.92	319
Nov. 5	9.311	129	39.21	218	30.009	66	58.82	141	24.685	90	89.54	184	56.11	34	44.11	289
15	9.182	172	41.39	180	29.943	86	60.23	136	24.595	126	91.38	149	55.77	43	47.00	250
25	9.010	211	43.19	137	29.857	104	61.59	125	24.469	157	92.87	109	55.34	53	49.50	205
Dez. 5	8.799	244	44.56	90	29.753	118	62.84	111	24.312	184	93.96	66	54.81	62	51.55	154
15	8.555	269	45.46	39	29.635	126	63.95	92	24.128	205	94.62	22	54.19	67	53.09	96
25	8.286	286	45.85	12	29.509	133	64.87	70	23.923	219	94.84	24	53.52	71	54.05	35
35	8.000		45.73		29.376		65.57		23.704		94.60		52.81		54.40	
Mittl. Ort	3.155		6.83		25.894		80.29		19.076		57.90		46.19		12.45	
sec δ, tg δ	+1.802		+ 1.500		+1.053		− 0.329		+1.496		+ 1.113		+3.803		+ 3.669	
a, a′	+3.4		+19.8		+3.0		+19.7		+3.3		+19.7		+4.0		+19.7	
b, b′	+0.10		− 0.17		−0.02		− 0.18		+0.07		− 0.18		+0.24		− 0.19	

Scheinbare Sternörter 1957

Obere Kulmination Greenwich

Tag	27) ζ Andromedae AR.		27) ζ Andromedae Dekl.		32) γ Cassiopeiae AR.		32) γ Cassiopeiae Dekl.		33) μ Andromedae AR.		33) μ Andromedae Dekl.		35) α Sculptoris AR.		35) α Sculptoris Dekl.	
1957	0h 45m		+24° 2′		0h 54m		+60° 28′		0h 54m		+38° 15′		0h 56m		−29° 34′	
	s		″		s		″		s		″		s		″	
Jan. 0	4.406	137	12.90	73	7.60	33	85.33	17	22.896	173	75.68	53	32.891	158	88.95	48
10	4.269	138	12.17	93	7.27	34	85.16	70	22.723	177	75.15	88	32.733	158	89.43	12
20	4.131	135	11.24	111	6.93	33	84.46	122	22.546	175	74.27	120	32.575	152	89.55	25
30	3.996	125	10.13	123	6.60	30	83.24	168	22.371	163	73.07	147	32.423	142	89.30	62
Febr. 9	3.871	107	8.90	131	6.30	27	81.56	206	22.208	143	71.60	168	32.281	124	88.68	96
19	3.764	82	7.59	133	6.03	22	79.50	236	22.065	114	69.92	183	32.157	101	87.72	130
März 1	3.682	51	6.26	128	5.81	15	77.14	258	21.951	77	68.09	188	32.056	72	86.42	160
11	3.631	13	4.98	116	5.66	8	74.56	267	21.874	32	66.21	185	31.984	37	84.82	189
21	3.618	30	3.82	99	5.58	0	71.89	266	21.842	18	64.36	174	31.947	2	82.93	214
31	3.648	75	2.83	77	5.58	9	69.23	254	21.860	71	62.62	156	31.949	46	80.79	235
April 10	3.723	121	2.06	48	5.67	18	66.69	231	21.931	127	61.06	129	31.995	92	78.44	252
20	3.844	168	1.58	17	5.85	26	64.38	201	22.058	180	59.77	98	32.087	138	75.92	264
30	4.012	211	1.41	17	6.11	33	62.37	162	22.238	231	58.79	61	32.225	182	73.28	270
Mai 10	4.223	249	1.58	50	6.44	40	60.75	119	22.469	275	58.18	23	32.407	224	70.58	271
20	4.472	282	2.08	84	6.84	45	59.56	71	22.744	313	57.95	18	32.631	260	67.87	266
30	4.754	306	2.92	115	7.29	50	58.85	21	23.057	342	58.13	58	32.891	290	65.21	253
Juni 9	5.060	324	4.07	143	7.79	53	58.64	29	23.399	362	58.71	97	33.181	313	62.68	235
19	5.384	331	5.50	168	8.32	54	58.93	79	23.761	372	59.68	133	33.494	328	60.33	211
29	5.715	330	7.18	188	8.86	54	59.72	126	24.133	373	61.01	165	33.822	333	58.22	180
Juli 9	6.045	321	9.06	203	9.40	52	60.98	169	24.506	363	62.66	192	34.155	329	56.42	146
19	6.366	304	11.09	212	9.92	50	62.67	209	24.869	345	64.58	216	34.484	318	54.96	107
29	6.670	281	13.21	217	10.42	46	64.76	243	25.214	321	66.74	233	34.802	297	53.89	66
Aug. 8	6.951	252	15.38	216	10.88	42	67.19	272	25.535	290	69.07	245	35.099	270	53.23	22
18	7.203	219	17.54	211	11.30	37	69.91	294	25.825	254	71.52	252	35.369	237	53.01	20
28	7.422	183	19.65	201	11.67	31	72.85	312	26.079	215	74.04	254	35.606	199	53.21	62
Sept. 7	7.605	145	21.66	189	11.98	25	75.97	322	26.294	174	76.58	250	35.805	158	53.83	99
17	7.750	108	23.55	172	12.23	18	79.19	325	26.468	133	79.08	241	35.963	115	54.82	133
27	7.858	72	25.27	153	12.41	12	82.44	322	26.601	91	81.49	229	36.078	73	56.15	160
Okt. 6	7.930	37	26.80	133	12.53	6	85.66	313	26.692	52	83.78	212	36.151	33	57.75	180
16	7.967	4	28.13	111	12.59	0	88.79	297	26.744	13	85.90	192	36.184	5	59.55	192
26	7.971	24	29.24	89	12.59	7	91.76	273	26.757	22	87.82	168	36.179	41	61.47	195
Nov. 5	7.947	50	30.13	64	12.52	13	94.49	244	26.735	54	89.50	141	36.138	71	63.42	191
15	7.897	74	30.77	39	12.39	17	96.93	209	26.681	85	90.91	111	36.067	97	65.33	179
25	7.823	95	31.16	14	12.22	23	99.02	167	26.596	112	92.02	78	35.970	119	67.12	160
Dez. 5	7.728	112	31.30	11	11.99	27	100.69	120	26.484	135	92.80	42	35.851	136	68.72	134
15	7.616	126	31.19	35	11.72	30	101.89	69	26.349	155	93.22	6	35.715	149	70.06	105
25	7.490	135	30.84	60	11.42	33	102.58	16	26.194	170	93.28	31	35.566	157	71.11	71
35	7.355		30.24		11.09		102.74		26.024		92.97		35.409		71.82	
Mittl. Ort	3.235		1.09		5.68		63.78		21.486		59.66		32.095		82.12	
sec δ, tg δ	+1.095		+ 0.446		+2.030		+ 1.766		+1.274		+ 0.789		+1.150		− 0.568	
a, *a′*	+3.2		+19.7		+3.6		+19.5		+3.3		+19.5		+2.9		+19.4	
b, *b′*	+0.03		− 0.20		+0.11		− 0.23		+0.05		− 0.24		−0.04		− 0.24	

Scheinbare Sternörter 1957

Obere Kulmination Greenwich

Tag	36) ε Piscium AR.		36) ε Piscium Dekl.		1031) υ Phoenicis AR.		1031) υ Phoenicis Dekl.		42) β Andromedae AR.		42) β Andromedae Dekl.		45) υ Piscium AR.		45) υ Piscium Dekl.	
1957	1h 0m		+7° 39′		1h 5m		−41° 42′		1h 7m		+35° 23′		1h 17m		+27° 2′	
	s		″		s		″		s		″		s		″	
Jan. 0	43.627	120	38.35	73	50.879	205	70.19	39	20.473	162	49.85	47	7.222	140	30.74	52
10	43.507	124	37.62	75	50.674	205	70.58	9	20.311	169	49.38	78	7.082	148	30.22	75
20	43.383	124	36.87	75	50.469	199	70.49	54	20.142	169	48.60	108	6.934	151	29.47	95
30	43.259	117	36.12	72	50.270	186	69.95	99	19.973	162	47.52	134	6.783	147	28.52	112
Febr. 9	43.142	103	35.40	64	50.084	166	68.96	141	19.811	145	46.18	153	6.636	133	27.40	126
19	43.039	84	34.76	55	49.918	140	67.55	179	19.666	119	44.65	166	6.503	113	26.14	132
März 1	42.955	58	34.21	41	49.778	106	65.76	214	19.547	85	42.99	172	6.390	84	24.82	132
11	42.897	25	33.80	23	49.672	66	63.62	244	19.462	44	41.27	169	6.306	48	23.50	127
21	42.872	12	33.57	3	49.606	21	61.18	270	19.418	3	39.58	159	6.258	5	22.23	114
31	42.884	54	33.54	21	49.585	27	58.48	289	19.421	55	37.99	142	6.253	42	21.09	96
April 10	42.938	96	33.75	46	49.612	79	55.59	302	19.476	108	36.57	118	6.295	90	20.13	73
20	43.034	140	34.21	72	49.691	132	52.57	311	19.584	162	35.39	88	6.385	140	19.40	45
30	43.174	181	34.93	98	49.823	182	49.46	311	19.746	211	34.51	54	6.525	187	18.95	13
Mai 10	43.355	219	35.91	123	50.005	230	46.35	305	19.957	257	33.97	18	6.712	230	18.82	19
20	43.574	251	37.14	144	50.235	274	43.30	292	20.214	295	33.79	20	6.942	268	19.01	51
30	43.825	278	38.58	163	50.509	310	40.38	272	20.509	325	33.99	58	7.210	298	19.52	84
Juni 9	44.103	297	40.21	178	50.819	338	37.66	245	20.834	347	34.57	94	7.508	320	20.36	114
19	44.400	307	41.99	187	51.157	358	35.21	212	21.181	360	35.51	127	7.828	333	21.50	140
29	44.707	311	43.86	192	51.515	367	33.09	173	21.541	363	36.78	158	8.161	339	22.90	164
Juli 9	45.018	305	45.78	191	51.882	367	31.36	130	21.904	357	38.36	183	8.500	335	24.54	182
19	45.323	292	47.69	186	52.249	357	30.06	83	22.261	343	40.19	204	8.835	323	26.36	195
29	45.615	274	49.55	176	52.606	337	29.23	33	22.604	320	42.23	220	9.158	305	28.31	204
Aug. 8	45.889	248	51.31	161	52.943	309	28.90	16	22.924	292	44.43	230	9.463	280	30.35	208
18	46.137	218	52.92	143	53.252	273	29.06	65	23.216	260	46.73	236	9.743	250	32.43	207
28	46.355	186	54.35	123	53.525	231	29.71	112	23.476	223	49.09	237	9.993	217	34.50	202
Sept. 7	46.541	152	55.58	101	53.756	185	30.83	153	23.699	185	51.46	232	10.210	182	36.52	192
17	46.693	117	56.59	78	53.941	136	32.36	189	23.884	145	53.78	224	10.392	147	38.44	180
27	46.810	83	57.37	55	54.077	86	34.25	216	24.029	106	56.02	211	10.539	110	40.24	165
Okt. 6*	6 46.893	50	57.92	33	8 54.163	36	36.41	236	8 24.135	68	58.13	196	10 10.649	76	41.89	148
16	46.943	20	58.25	13	54.199	9	38.77	246	24.203	31	60.09	176	10.725	42	43.37	129
26	46.963	8	58.38	5	54.190	53	41.23	244	24.234	3	61.85	154	10.767	10	44.66	108
Nov. 5	46.955	33	58.33	22	54.137	92	43.67	234	24.231	36	63.39	130	10.777	20	45.74	85
15	46.922	56	58.11	36	54.045	126	46.01	214	24.195	66	64.69	101	10.757	48	46.59	63
25	46.866	76	57.75	48	53.919	154	48.15	187	24.129	94	65.70	72	10.709	73	47.22	38
Dez. 5	46.790	93	57.27	57	53.765	176	50.02	152	24.035	119	66.42	40	10.636	97	47.60	13
15	46.697	107	56.70	66	53.589	192	51.54	112	23.916	140	66.82	6	10.539	117	47.73	12
25	46.590	117	56.04	71	53.397	202	52.66	67	23.776	157	66.88	27	10.422	135	47.61	37
35	46.473		55.33		53.195		53.33		23.619		66.61		10.287		47.24	
Mittl. Ort	42.502		32.72		50.146		59.83		18.997		35.16		5.789		19.04	
sec δ, tg δ	+1.009		+ 0.134		+1.340		− 0.891		+1.227		+ 0.710		+1.123		+ 0.510	
a, *a′*	+3.1		+19.3		+2.7		+19.2		+3.3		+19.2		+3.3		+18.9	
b, *b′*	+0.01		− 0.26		−0.06		− 0.28		+0.05		− 0.29		+0.03		− 0.33	

* Bei Stern 1031), 42) und 45) lies Okt. 7.

Scheinbare Sternörter 1957

Obere Kulmination Greenwich

Tag	47) ϑ Ceti AR.		47) ϑ Ceti Dekl.		48) δ Cassiopeiae AR.		48) δ Cassiopeiae Dekl.		50) η Piscium AR.		50) η Piscium Dekl.		51) 40 Cassiopeiae AR.		51) 40 Cassiopeiae Dekl.	
1957	$1^h\ 21^m$		$-8°\ 23'$		$1^h\ 22^m$		$+60°\ 0'$		$1^h\ 29^m$		$+15°\ 7'$		$1^h\ 35^m$		$+72°\ 49'$	
	s		″		s		″		s		″		s		″	
Jan. 0	53.476	123	77.74	78	61.31	32	65.50	16	12.048	122	36.34	62	5.73	59	40.56	62
10	53.353	130	78.52	61	60.99	33	65.66	36	11.926	132	35.72	72	5.14	63	41.18	3
20	53.223	133	79.13	43	60.66	34	65.30	88	11.794	136	35.00	79	4.51	63	41.21	56
30	53.090	128	79.56	24	60.32	32	64.42	135	11.658	135	34.21	84	3.88	61	40.65	114
Febr. 9	52.962	119	79.80	3	60.00	30	63.07	178	11.523	126	33.37	85	3.27	57	39.51	166
19	52.843	102	79.83	20	59.70	25	61.29	212	11.397	110	32.52	82	2.70	49	37.85	211
März 1	52.741	78	79.63	42	59.45	19	59.17	238	11.287	85	31.70	75	2.21	40	35.74	248
11	52.663	49	79.21	66	59.26	13	56.79	254	11.202	53	30.95	63	1.81	28	33.26	273
21	52.614	13	78.55	91	59.13	5	54.25	259	11.149	15	30.32	48	1.53	16	30.53	288
31	52.601	27	77.64	114	59.08	4	51.66	254	11.134	27	29.84	27	1.37	1	27.65	291
April 10	52.628	69	76.50	138	59.12	12	49.12	238	11.161	72	29.57	3	1.36	14	24.74	283
20	52.697	113	75.12	160	59.24	21	46.74	213	11.233	117	29.54	22	1.50	27	21.91	263
30	52.810	155	73.52	177	59.45	29	44.61	180	11.350	162	29.76	48	1.77	40	19.28	236
Mai 10	52.965	195	71.75	193	59.74	35	42.81	142	11.512	204	30.24	76	2.17	53	16.92	200
20	53.160	230	69.82	205	60.09	42	41.39	99	11.716	240	31.00	101	2.70	63	14.92	157
30	53.390	260	67.77	210	60.51	48	40.40	52	11.956	271	32.01	125	3.33	72	13.35	110
Juni 9	53.650	283	65.67	212	60.99	50	39.88	4	12.227	294	33.26	146	4.05	78	12.25	60
19	53.933	298	63.55	207	61.49	53	39.84	44	12.521	309	34.72	162	4.83	82	11.65	9
29	54.231	306	61.48	196	62.02	54	40.28	90	12.830	317	36.34	174	5.65	85	11.56	43
Juli 9	54.537	305	59.52	181	62.56	53	41.18	134	13.147	315	38.08	182	6.50	85	11.99	93
19	54.842	297	57.71	161	63.09	52	42.52	175	13.462	307	39.90	185	7.35	83	12.92	141
29	55.139	281	56.10	136	63.61	49	44.27	211	13.769	291	41.75	182	8.18	79	14.33	185
Aug. 8	55.420	259	54.74	108	64.10	46	46.38	242	14.060	270	43.57	175	8.97	74	16.18	225
18	55.679	233	53.66	77	64.56	41	48.80	268	14.330	244	45.32	164	9.71	68	18.43	260
28	55.912	202	52.89	46	64.97	36	51.48	288	14.574	214	46.96	150	10.39	60	21.03	290
Sept. 7	56.114	169	52.43	14	65.33	30	54.36	302	14.788	182	48.46	133	10.99	51	23.93	314
17	56.283	135	52.29	16	65.63	24	57.38	310	14.970	149	49.79	115	11.50	42	27.07	330
27	56.418	101	52.45	44	65.87	18	60.48	312	15.119	115	50.94	95	11.92	32	30.37	341
Okt. 7	56.519	66	52.89	67	66.05	12	63.60	307	15.234	83	51.89	75	12.24	21	33.78	345
16	[12] 56.585	35	53.56	87	[12] 66.17	6	66.67	296	[14] 15.317	52	52.64	55	[15] 12.45	11	37.23	340
26	56.620	5	54.43	102	66.23	0	69.63	279	15.369	22	53.19	36	12.56	0	40.63	329
Nov. 5	56.625	22	55.45	110	66.23	7	72.42	255	15.391	6	53.55	19	12.56	11	43.92	309
15	56.603	47	56.55	114	66.16	12	74.97	225	15.385	32	53.74	1	12.45	23	47.01	281
25	56.556	70	57.69	114	66.04	17	77.22	188	15.353	56	53.75	14	12.22	32	49.82	246
Dez. 5	56.486	89	58.83	108	65.87	23	79.10	146	15.297	79	53.61	30	11.90	42	52.28	203
15	56.397	105	59.91	99	65.64	27	80.56	98	15.218	99	53.31	43	11.48	50	54.31	153
25	56.292	119	60.90	87	65.37	30	81.54	49	15.119	116	52.88	56	10.98	57	55.84	98
35	56.173		61.77		65.07		82.03		15.003		52.32		10.41		56.82	
Mittl. Ort	52.359		77.08		59.00		45.24		10.675		29.08		2.04		18.83	
sec δ, tg δ	+1.011		− 0.148		+2.001		+ 1.733		+1.036		+ 0.270		+3.386		+ 3.235	
a, *a′*	+3.0		+18.8		+3.9		+18.7		+3.2		+18.5		+4.8		+18.3	
b, *b′*	−0.01		− 0.35		+0.11		− 0.35		+0.02		− 0.38		+0.20		− 0.40	

Scheinbare Sternörter 1957

Obere Kulmination Greenwich

Tag	52) 51 Andromedae AR.	Diff.	52) 51 Andromedae Dekl.	Diff.	54) α Eridani AR.	Diff.	54) α Eridani Dekl.	Diff.	55) 43 Cassiopeiae AR.	Diff.	55) 43 Cassiopeiae Dekl.	Diff.	57) φ Persei AR.	Diff.	57) φ Persei Dekl.	Diff.
1957	1h 35m		+48° 24′		1h 36m		−57° 26′		1h 39m		+67° 49′		1h 40m		+50° 28′	
	s		″		s		″		s		″		s		″	
Jan. 0	22.441	211	57.37	3	7.708	333	90.82	50	10.65	45	56.52	55	59.220	222	40.08	13
10	22.230	228	57.40	41	7.375	341	91.32	8	10.20	46	57.07	2	58.998	240	40.21	31
20	22.002	234	56.99	82	7.034	336	91.24	64	9.74	48	57.05	58	58.758	249	39.90	75
30	21.768	231	56.17	121	6.698	322	90.60	117	9.26	46	56.47	113	58.509	247	39.15	116
Febr. 9	21.537	216	54.96	155	6.376	299	89.43	167	8.80	44	55.34	162	58.262	232	37.99	152
19	21.321	188	53.41	183	6.077	266	87.76	213	8.36	38	53.72	205	58.030	204	36.47	181
März 1	21.133	150	51.58	201	5.811	223	85.63	253	7.98	31	51.67	238	57.826	165	34.66	203
11	20.983	100	49.57	212	5.588	172	83.10	287	7.67	21	49.29	263	57.661	115	32.63	217
21	20.883	44	47.45	214	5.416	113	80.23	315	7.46	12	46.66	276	57.546	55	30.46	220
31	20.839	19	45.31	207	5.303	49	77.08	335	7.34	1	43.90	277	57.491	11	28.26	215
April 10	20.858	85	43.24	190	5.254	19	73.73	349	7.33	10	41.13	268	57.502	78	26.11	200
20	20.943	152	41.34	165	5.273	90	70.24	354	7.43	22	38.45	249	57.580	147	24.11	177
30	21.095	214	39.69	136	5.363	160	66.70	353	7.65	32	35.96	221	57.727	214	22.34	148
Mai 10	21.309	271	38.33	100	5.523	228	63.17	342	7.97	42	33.75	185	57.941	275	20.86	113
20	21.580	323	37.33	61	5.751	290	59.75	324	8.39	51	31.90	144	58.216	328	19.73	75
30	21.903	365	36.72	19	6.041	345	56.51	299	8.90	58	30.46	98	58.544	372	18.98	33
Juni 9	22.268	396	36.53	23	6.386	392	53.52	266	9.48	62	29.48	50	58.916	406	18.65	10
19	22.664	416	36.76	64	6.778	429	50.86	226	10.10	66	28.98	1	59.322	429	18.75	51
29	23.080	426	37.40	103	7.207	453	48.60	181	10.76	69	28.99	50	59.751	441	19.26	92
Juli 9	23.506	426	38.43	139	7.660	464	46.79	129	11.45	68	29.49	98	60.192	441	20.18	130
19	23.932	416	39.82	172	8.124	464	45.50	75	12.13	67	30.47	143	60.633	432	21.48	164
29	24.348	396	41.54	200	8.588	449	44.75	19	12.80	65	31.90	185	61.065	413	23.12	194
Aug. 8	24.744	369	43.54	224	9.037	423	44.56	39	13.45	60	33.75	223	61.478	387	25.06	219
18	25.113	335	45.78	242	9.460	385	44.95	95	14.05	55	35.98	255	61.865	353	27.25	240
28	25.448	297	48.20	255	9.845	336	45.90	148	14.60	49	38.53	282	62.218	315	29.65	256
Sept. 7	25.745	256	50.75	263	10.181	278	47.38	195	15.09	43	41.35	304	62.533	272	32.21	265
17	26.001	211	53.38	266	10.459	215	49.33	236	15.52	35	44.39	319	62.805	227	34.86	270
27	26.212	166	56.04	263	10.674	148	51.69	269	15.87	27	47.58	327	63.032	181	37.56	269
Okt. 7	26.378	120	58.67	256	10.822	77	54.38	290	16.14	19	50.85	330	63.213	133	40.25	264
16*	[15] 26.498	75	61.23	243	[15] 10.899	7	57.28	301	[16] 16.33	10	54.15	324	[17] 63.346	85	42.89	253
26	26.573	30	63.66	227	10.906	60	60.29	300	16.43	2	57.39	312	63.431	38	45.42	237
Nov. 5	26.603	15	65.93	204	10.846	122	63.29	287	16.45	6	60.51	293	63.469	9	47.79	216
15	26.588	58	67.97	177	10.724	179	66.16	263	16.39	14	63.44	265	63.460	54	49.95	190
25	26.530	98	69.74	145	10.545	229	68.79	229	16.25	23	66.09	230	63.406	99	51.85	158
Dez. 5	26.432	137	71.19	110	10.316	269	71.08	187	16.02	30	68.39	189	63.307	140	53.43	123
15	26.295	171	72.29	71	10.047	301	72.95	138	15.72	36	70.28	142	63.167	178	54.66	83
25	26.124	200	73.00	28	9.746	324	74.33	84	15.36	42	71.70	89	62.989	209	55.49	40
35	25.924		73.28		9.422		75.17		14.94		72.59		62.780		55.89	
Mittl. Ort	20.440		40.29		6.926		76.63		7.52		35.72		57.098		22.78	
sec δ, tg δ	+1.507		+ 1.127		+1.859		− 1.567		+2.650		+ 2.454		+1.571		+ 1.212	
a, a′	+3.7		+18.3		+2.2		+18.3		+4.4		+18.2		+3.8		+18.1	
b, b′	+0.07		− 0.40		−0.10		− 0.41		+0.15		− 0.42		+0.07		− 0.43	

* Bei Stern 57) lies Okt. 17.

Scheinbare Sternörter 1957

Obere Kulmination Greenwich

Tag	59) τ Ceti[1] AR.		59) τ Ceti[1] Dekl.		60) o Piscium AR.		60) o Piscium Dekl.		61) ε Sculptoris AR.		61) ε Sculptoris Dekl.		62) ζ Ceti AR.		62) ζ Ceti Dekl.	
1957	1h 42m		−16° 9′		1h 43m		+8° 56′		1h 43m		−25° 15′		1h 49m		−10° 32′	
	s		″		s		″		s		″		s		″	
Jan. 0	5.328	135	51.74	82	8.549	117	36.10	66	39.031	147	67.22	87	21.432	122	50.44	86
10	5.193	144	52.56	57	8.432	128	35.44	69	38.884	158	68.09	54	21.310	135	51.30	68
20	5.049	149	53.13	30	8.304	135	34.75	70	38.726	163	68.63	19	21.175	141	51.98	48
30	4.900	147	53.43	2	8.169	136	34.05	68	38.563	161	68.82	17	21.034	143	52.46	25
Febr. 9	4.753	140	53.45	26	8.033	130	33.37	63	38.402	152	68.65	52	20.891	136	52.71	1
19	4.613	124	53.19	54	7.903	116	32.74	55	38.250	136	68.13	86	20.755	123	52.72	23
März 1	4.489	102	52.65	82	7.787	93	32.19	44	38.114	114	67.27	119	20.632	103	52.49	48
11	4.387	73	51.83	109	7.694	65	31.75	29	38.000	83	66.08	150	20.529	75	52.01	74
21	4.314	38	50.74	136	7.629	29	31.46	12	37.917	48	64.58	179	20.454	41	51.27	98
31	4.276	2	49.38	161	7.600	12	31.34	9	37.869	6	62.79	204	20.413	2	50.29	123
April 10	4.278	45	47.77	183	7.612	55	31.43	32	37.863	39	60.75	226	20.411	40	49.06	147
20	4.323	90	45.94	202	7.667	100	31.75	56	37.902	85	58.49	244	20.451	85	47.59	167
30	4.413	134	43.92	219	7.767	145	32.31	81	37.987	132	56.05	257	20.536	129	45.92	186
Mai 10	4.547	176	41.73	230	7.912	187	33.12	104	38.119	176	53.48	264	20.665	171	44.06	201
20	4.723	215	39.43	236	8.099	224	34.16	125	38.295	217	50.84	265	20.836	210	42.05	212
30	4.938	247	37.07	238	8.323	255	35.41	145	38.512	252	48.19	261	21.046	242	39.93	218
Juni 9	5.185	274	34.69	232	8.578	281	36.86	160	38.764	281	45.58	249	21.288	270	37.75	218
19	5.459	292	32.37	222	8.859	299	38.46	172	39.045	302	43.09	232	21.558	289	35.57	212
29	5.751	303	30.15	205	9.158	308	40.18	179	39.347	315	40.77	207	21.847	300	33.45	202
Juli 9	6.054	306	28.10	182	9.466	309	41.97	180	39.662	320	38.70	178	22.147	305	31.43	185
19	6.360	301	26.28	155	9.775	303	43.77	177	39.982	317	36.92	142	22.452	301	29.58	163
29	6.661	288	24.73	124	10.078	291	45.54	169	40.299	305	35.50	104	22.753	291	27.95	136
Aug. 8	6.949	270	23.49	88	10.369	272	47.23	156	40.604	286	34.46	63	23.044	273	26.59	107
18	7.219	245	22.61	52	10.641	248	48.79	140	40.890	262	33.83	19	23.317	250	25.52	74
28	7.464	215	22.09	14	10.889	220	50.19	122	41.152	231	33.64	23	23.567	222	24.78	40
Sept. 7	7.679	183	21.95	22	11.109	190	51.41	100	41.383	198	33.87	65	23.789	193	24.38	6
17	7.862	149	22.17	57	11.299	159	52.41	79	41.581	162	34.52	103	23.982	160	24.32	26
27	8.011	114	22.74	87	11.458	126	53.20	57	41.743	123	35.55	135	24.142	127	24.58	57
Okt. 7	8.125	78	23.61	113	11.584	95	53.77	35	41.866	85	36.90	163	24.269	94	25.15	82
17	8.203	45	24.74	133	11.679	64	54.12	15	41.951	49	38.53	182	24.363	62	25.97	103
26	[17] 8.248	13	26.07	147	[17] 11.743	34	54.27	3	[17] 42.000	14	40.35	194	[19] 24.425	31	27.00	120
Nov. 5	8.261	17	27.54	153	11.777	6	54.24	19	42.014	19	42.29	197	24.456	1	28.20	129
15	8.244	44	29.07	153	11.783	20	54.05	31	41.995	50	44.26	192	24.457	26	29.49	132
25	8.200	69	30.60	146	11.763	45	53.74	43	41.945	77	46.18	181	24.431	52	30.81	131
Dez. 5	8.131	93	32.06	134	11.718	69	53.31	53	41.868	102	47.99	161	24.379	76	32.12	124
15	8.038	112	33.40	118	11.649	90	52.78	59	41.766	124	49.60	136	24.303	96	33.36	113
25	7.926	128	34.58	97	11.559	109	52.19	65	41.642	141	50.96	108	24.207	116	34.49	99
35	7.798		35.55		11.450		51.54		41.501		52.04		24.091		35.48	
Mittl. Ort	4.175		47.81		7.156		31.49		37.918		60.55		20.177		48.26	
sec δ, tg δ	+1.041		− 0.290		+1.012		+ 0.157		+1.106		− 0.472		+1.017		− 0.186	
a, *a′*	+2.9		+18.1		+3.2		+18.0		+2.8		+18.0		+3.0		+17.8	
b, *b′*	−0.02		− 0.43		+0.01		− 0.43		−0.03		− 0.44		−0.01		− 0.46	

[1] Die jährliche Parallaxe (0.″298) ist bereits berücksichtigt.

D

Scheinbare Sternörter 1957

Obere Kulmination Greenwich

Tag	64) α Trianguli AR.		64) α Trianguli Dekl.		63) ε Cassiopeiae AR.		63) ε Cassiopeiae Dekl.		65) ξ Piscium AR.		65) ξ Piscium Dekl.		67) ψ Phoenicis AR.		67) ψ Phoenicis Dekl.	
1957	1h 50m		+29° 22′		1h 51m		+63° 27′		1h 51m		+2° 58′		1h 51m		−46° 30′	
	s		″		s		″		s		″		s		″	
Jan. 0	39.098	136	23.79	29	19.51	35	53.27	58	20.968	114	36.04	74	56.422	234	57.73	83
10	38.962	153	23.50	53	19.16	37	53.85	4	20.854	127	35.30	70	56.188	247	58.56	33
20	38.809	162	22.97	76	18.79	39	53.89	49	20.727	136	34.60	64	55.941	250	58.89	18
30	38.647	165	22.21	96	18.40	39	53.40	101	20.591	137	33.96	55	55.691	246	58.71	69
Febr. 9	38.482	158	21.25	113	18.01	37	52.39	148	20.454	133	33.41	44	55.445	232	58.02	116
19	38.324	142	20.12	123	17.64	33	50.91	189	20.321	120	32.97	31	55.213	211	56.86	162
März 1	38.182	116	18.89	130	17.31	27	49.02	223	20.201	99	32.66	16	55.002	182	55.24	202
11	38.066	83	17.59	130	17.04	20	46.79	246	20.102	72	32.50	2	54.820	143	53.22	239
21	37.983	41	16.29	123	16.84	12	44.33	259	20.030	38	32.52	22	54.677	98	50.83	269
31	37.942	5	15.06	110	16.72	3	41.74	262	19.992	2	32.74	44	54.579	48	48.14	295
April 10	37.947	55	13.96	92	16.69	8	39.12	255	19.994	45	33.18	66	54.531	8	45.19	314
20	38.002	107	13.04	68	16.77	17	36.57	237	20.039	89	33.84	90	54.539	65	42.05	326
30	38.109	158	12.36	41	16.94	26	34.20	211	20.128	133	34.74	112	54.604	124	38.79	331
Mai 10	38.267	205	11.95	11	17.20	34	32.09	178	20.261	175	35.86	134	54.728	180	35.48	330
20	38.472	247	11.84	20	17.54	42	30.31	138	20.436	213	37.20	152	54.908	231	32.18	319
30	38.719	283	12.04	51	17.96	49	28.93	95	20.649	246	38.72	167	55.139	279	28.99	302
Juni 9	39.002	311	12.55	82	18.45	53	27.98	49	20.895	272	40.39	177	55.418	319	25.97	277
19	39.313	330	13.37	109	18.98	57	27.49	2	21.167	291	42.16	184	55.737	349	23.20	245
29	39.643	341	14.46	133	19.55	59	27.47	45	21.458	302	44.00	186	56.086	370	20.75	206
Juli 9	39.984	344	15.79	154	20.14	59	27.92	91	21.760	305	45.86	181	56.456	382	18.69	162
19	40.328	338	17.33	171	20.73	59	28.83	134	22.065	301	47.67	172	56.838	382	17.07	113
29	40.666	324	19.04	183	21.32	57	30.17	174	22.366	289	49.39	159	57.220	374	15.94	61
Aug. 8	40.990	305	20.87	190	21.89	53	31.91	209	22.655	272	50.98	141	57.594	354	15.33	7
18	41.295	280	22.77	193	22.42	50	34.00	240	22.927	250	52.39	120	57.948	326	15.26	48
28	41.575	251	24.70	192	22.92	44	36.40	266	23.177	224	53.59	96	58.274	290	15.74	100
Sept. 7	41.826	220	26.62	186	23.36	39	39.06	286	23.401	194	54.55	71	58.564	247	16.74	149
17	42.046	186	28.48	178	23.75	33	41.92	300	23.595	164	55.26	45	58.811	200	18.23	193
27	42.232	151	30.26	167	24.08	26	44.92	309	23.759	131	55.71	21	59.011	150	20.16	228
Okt. 7	42.383	116	31.93	154	24.34	20	48.01	311	23.890	100	55.92	3	59.161	97	22.44	256
17	42.499	83	33.47	137	24.54	12	51.12	307	23.990	70	55.89	23	59.258	44	25.00	273
26	42.582	50	34.84	120	24.66	6	54.19	296	24.060	40	55.66	40	59.302	6	27.73	279
Nov. 5	42.632	16	36.04	101	24.72	1	57.15	278	24.100	12	55.26	54	59.296	53	30.52	274
15	42.648	15	37.05	80	24.71	9	59.93	253	24.112	15	54.72	65	59.243	98	33.26	260
25	42.633	46	37.85	59	24.62	15	62.46	221	24.097	41	54.07	73	59.145	139	35.86	234
Dez. 5	42.587	76	38.44	35	24.47	22	64.67	183	24.056	65	53.34	76	59.006	173	38.20	201
15	42.511	103	38.79	11	24.25	28	66.50	139	23.991	87	52.58	77	58.833	201	40.21	160
25	42.408	127	38.90	13	23.97	33	67.89	89	23.904	106	51.81	77	58.632	225	41.81	114
35	42.281		38.77		23.64		68.78		23.798		51.04		58.407		42.95	
Mittl. Ort	37.396		12.79		16.59		33.87		19.586		33.75		55.409		45.41	
sec δ, tg δ	+1.147		+ 0.563		+2.238		+ 2.002		+1.001		+ 0.052		+1.453		− 1.054	
a, *a*′	+3.4		+17.8		+4.3		+17.7		+3.1		+17.7		+2.4		+17.7	
b, *b*′	+0.03		− 0.46		+0.12		− 0.47		0.00		− 0.47		−0.06		− 0.47	

Tag	66) β Arietis AR.		66) β Arietis Dekl.		68) χ Eridani AR.		68) χ Eridani Dekl.		72) α Hydri AR.		72) α Hydri Dekl.		71) υ Ceti AR.		71) υ Ceti Dekl.	
1957	$1^h\ 52^m$		+20° 35′		$1^h\ 54^m$		−51° 48′		$1^h\ 57^m$		−61° 46′		$1^h\ 57^m$		−21° 16′	
	s		″		s		″		s		″		s		″	
Jan. 0	17.133	123	63.27	46	18.154	272	93.71	80	25.86	39	57.55	70	59.912	138	73.26	96
10	17.010	137	62.81	60	17.882	285	94.51	25	25.47	41	58.25	13	59.774	150	74.22	67
20	16.873	146	62.21	74	17.597	289	94.76	28	25.06	41	58.38	45	59.624	158	74.89	35
30	16.727	150	61.47	85	17.308	282	94.48	81	24.65	40	57.93	102	59.466	160	75.24	2
Febr. 9	16.577	144	60.62	92	17.026	268	93.67	131	24.25	38	56.91	155	59.306	154	75.26	30
19	16.433	129	59.70	95	16.758	243	92.36	178	23.87	34	55.36	203	59.152	140	74.96	63
März 1	16.304	108	58.75	94	16.515	211	90.58	220	23.53	30	53.33	247	59.012	121	74.33	95
11	16.196	77	57.81	88	16.304	168	88.38	257	23.23	25	50.86	283	58.891	93	73.38	125
21	16.119	39	56.93	77	16.136	118	85.81	288	22.98	18	48.03	314	58.798	58	72.13	153
31	16.080	4	56.16	61	16.018	63	82.93	313	22.80	11	44.89	337	58.740	18	70.60	180
April 10	16.084	51	55.55	40	15.955	2	79.80	331	22.69	4	41.52	353	58.722	25	68.80	203
20	16.135	99	55.15	16	15.953	61	76.49	341	22.65	4	37.99	362	58.747	71	66.77	223
30	16.234	146	54.99	9	16.014	124	73.08	345	22.69	13	34.37	361	58.818	117	64.54	238
Mai 10	16.380	191	55.08	37	16.138	186	69.63	341	22.82	20	30.76	353	58.935	162	62.16	249
20	16.571	230	55.45	64	16.324	243	66.22	329	23.02	28	27.23	337	59.097	202	59.67	253
30	16.801	265	56.09	90	16.567	296	62.93	309	23.30	34	23.86	313	59.299	239	57.14	252
Juni 9	17.066	292	56.99	114	16.863	340	59.84	281	23.64	40	20.73	281	59.538	268	54.62	246
19	17.358	310	58.13	136	17.203	375	57.03	247	24.04	45	17.92	242	59.806	291	52.16	232
29	17.668	322	59.49	152	17.578	400	54.56	205	24.49	49	15.50	197	60.097	306	49.84	212
Juli 9	17.990	324	61.01	165	17.978	415	52.51	158	24.98	51	13.53	145	60.403	312	47.72	185
19	18.314	320	62.66	174	18.393	417	50.93	107	25.49	51	12.08	90	60.715	311	45.87	155
29	18.634	307	64.40	176	18.810	409	49.86	52	26.00	51	11.18	32	61.026	302	44.32	119
Aug. 8	18.941	288	66.16	176	19.219	389	49.34	5	26.51	48	10.86	27	61.328	286	43.13	80
18	19.229	266	67.92	171	19.608	358	49.39	61	26.99	45	11.13	86	61.614	264	42.33	40
28	19.495	238	69.63	163	19.966	320	50.00	114	27.44	40	11.99	141	61.878	236	41.93	2
Sept. 7	19.733	208	71.26	150	20.286	274	51.14	165	27.84	34	13.40	192	62.114	206	41.95	42
17	19.941	176	72.76	136	20.560	221	52.79	209	28.18	27	15.32	237	62.320	172	42.37	80
27	20.117	143	74.12	119	20.781	164	54.88	245	28.45	20	17.69	273	62.492	137	43.17	114
Okt. 7	20.260	112	75.31	103	20.945	106	57.33	272	28.65	13	20.42	299	62.629	101	44.31	142
17	20.372	80	76.34	85	21.051	46	60.05	288	28.78	4	23.41	313	62.730	66	45.73	164
26	[19] 20.452	48	77.19	67	[20] 21.097	12	62.93	294	[21] 28.82	4	26.54	315	[21] 62.796	32	47.37	178
Nov. 5	20.500	18	77.86	49	21.085	67	65.87	287	28.78	12	29.69	305	62.828	0	49.15	184
15	20.518	11	78.35	32	21.018	117	68.74	270	28.66	18	32.74	284	62.828	31	50.99	184
25	20.507	39	78.67	14	20.901	163	71.44	242	28.48	25	35.58	252	62.797	60	52.83	175
Dez. 5	20.468	66	78.81	3	20.738	203	73.86	206	28.23	30	38.10	210	62.737	85	54.58	160
15	20.402	91	78.78	20	20.535	236	75.92	161	27.93	34	40.20	161	62.652	109	56.18	140
25	20.311	114	78.58	36	20.299	261	77.53	113	27.59	38	41.81	107	62.543	128	57.58	115
35	20.197		78.22		20.038		78.66		27.21		42.88		62.415		58.73	
Mittl. Ort	15.549		55.13		17.162		80.29		24.92		42.48		58.687		67.45	
sec δ, tg δ	+1.068		+ 0.376		+1.618		− 1.272		+2.115		− 1.863		+1.073		− 0.390	
a, a′	+3.3		+17.7		+2.3		+17.6		+1.9		+17.5		+2.8		+17.4	
b, b′	+0.02		− 0.47		−0.07		− 0.48		−0.11		− 0.49		−0.02		− 0.49	

Scheinbare Sternörter 1957

Obere Kulmination Greenwich

Tag	70) 50 Cassiopeiae AR.		70) 50 Cassiopeiae Dekl.		73) γ Andromedae *pr* AR.		73) γ Andromedae *pr* Dekl.		74) α Arietis AR.		74) α Arietis Dekl.		75) β Trianguli AR.		75) β Trianguli Dekl.	
1957	1h 59m		+72° 12′		2h 1m		+42° 7′		2h 4m		+23° 15′		2h 6m		+34° 47′	
	s		″		s		″		s		″		s		″	
Jan. 0	47.14	54	72.89	92	17.044	169	42.01	10	46.304	121	44.54	36	60.505	143	17.37	5
10	46.60	59	73.81	34	16.875	191	42.11	26	46.183	140	44.18	52	60.362	163	17.32	34
20	46.01	61	74.15	25	16.684	204	41.85	61	46.043	152	43.66	68	60.199	178	16.98	62
30	45.40	60	73.90	83	16.480	209	41.24	95	45.891	157	42.98	82	60.021	183	16.36	88
Febr. 9	44.80	58	73.07	137	16.271	201	40.29	124	45.734	153	42.16	92	59.838	178	15.48	110
19	44.22	53	71.70	184	16.070	183	39.05	149	45.581	141	41.24	99	59.660	165	14.38	129
März 1	43.69	44	69.86	225	15.887	154	37.56	167	45.440	119	40.25	101	59.495	140	13.09	140
11	43.25	33	67.61	256	15.733	115	35.89	177	45.321	89	39.24	97	59.355	105	11.69	146
21	42.92	22	65.05	276	15.618	66	34.12	179	45.232	52	38.27	89	59.250	63	10.23	145
31	42.70	8	62.29	285	15.552	12	32.33	175	45.180	9	37.38	76	59.187	14	8.78	137
April 10	42.62	5	59.44	283	15.540	47	30.58	161	45.171	38	36.62	58	59.173	39	7.41	123
20	42.67	19	56.61	270	15.587	107	28.97	141	45.209	88	36.04	35	59.212	94	6.18	102
30	42.86	33	53.91	247	15.694	167	27.56	115	45.297	137	35.69	10	59.306	148	5.16	77
Mai 10	43.19	45	51.44	216	15.861	222	26.41	84	45.434	183	35.59	17	59.454	199	4.39	49
20	43.64	56	49.28	179	16.083	272	25.57	51	45.617	225	35.76	44	59.653	245	3.90	17
30	44.20	66	47.49	136	16.355	314	25.06	15	45.842	262	36.20	71	59.898	286	3.73	16
Juni 9	44.86	73	46.13	88	16.669	348	24.91	22	46.104	290	36.91	96	60.184	317	3.89	47
19	45.59	78	45.25	40	17.017	372	25.13	58	46.394	311	37.87	119	60.501	341	4.36	78
29	46.37	82	44.85	11	17.389	387	25.71	92	46.705	324	39.06	138	60.842	355	5.14	107
Juli 9	47.19	83	44.96	60	17.776	391	26.63	123	47.029	329	40.44	154	61.197	361	6.21	132
19	48.02	82	45.56	107	18.167	387	27.86	151	47.358	326	41.98	164	61.558	357	7.53	153
29	48.84	81	46.63	153	18.554	375	29.37	175	47.684	316	43.62	171	61.915	347	9.06	171
Aug. 8	49.65	76	48.16	194	18.929	355	31.12	195	48.000	299	45.33	173	62.262	329	10.77	185
18	50.41	71	50.10	231	19.284	328	33.07	209	48.299	278	47.06	171	62.591	306	12.62	193
28	51.12	65	52.41	263	19.612	298	35.16	220	48.577	251	48.77	165	62.897	278	14.55	197
Sept. 7	51.77	57	55.04	290	19.910	263	37.36	226	48.828	222	50.42	156	63.175	247	16.52	198
17	52.34	48	57.94	311	20.173	226	39.62	227	49.050	192	51.98	144	63.422	214	18.50	194
27	52.82	40	61.05	325	20.399	187	41.89	224	49.242	160	53.42	130	63.636	179	20.44	188
Okt. 7	53.22	29	64.30	334	20.586	148	44.13	218	49.402	127	54.72	115	63.815	144	22.32	178
17	53.51	19	67.64	334	20.734	108	46.31	207	49.529	96	55.87	98	63.959	108	24.10	165
26	[21] 53.70	8	70.98	328	[22] 20.842	68	48.38	192	[23] 49.625	63	56.85	82	[23] 64.067	71	25.75	151
Nov. 5	53.78	2	74.26	314	20.910	27	50.30	175	49.688	32	57.67	64	64.138	36	27.26	133
15	53.76	13	77.40	291	20.937	13	52.05	153	49.720	1	58.31	47	64.174	1	28.59	113
25	53.63	24	80.31	261	20.924	51	53.58	127	49.721	29	58.78	30	64.175	35	29.72	91
Dez. 5	53.39	34	82.92	222	20.873	89	54.85	99	49.692	58	59.08	11	64.140	69	30.63	67
15	53.05	43	85.14	177	20.784	125	55.84	66	49.634	86	59.19	6	64.071	101	31.30	41
25	52.62	52	86.91	126	20.659	156	56.50	32	49.548	110	59.13	25	63.970	130	31.71	12
35	52.10		88.17		20.503		56.82		49.438		58.88		63.840		31.83	
Mittl. Ort	43.03		52.70		14.993		27.91		44.605		36.11		58.585		5.59	
sec δ, tg δ	+3.274		+ 3.117		+1.348		+ 0.904		+1.088		+ 0.430		+1.218		+ 0.695	
a, *a′*	+5.2		+17.4		+3.7		+17.3		+3.4		+17.1		+3.6		+17.0	
b, *b′*	+0.18		− 0.50		+0.05		− 0.50		+0.02		− 0.52		+0.04		− 0.53	

Obere Kulmination Greenwich

Tag	78) μ Fornacis AR.		78) μ Fornacis Dekl.		76) 55 Cassiopeiae AR.		76) 55 Cassiopeiae Dekl.		80) 67 Ceti AR.		80) 67 Ceti Dekl.		85) ξ² Ceti AR.		85) ξ² Ceti Dekl.	
1957	$2^h\ 11^m$		$-30°\ 55'$		$2^h\ 11^m$		$+66°\ 19'$		$2^h\ 14^m$		$-6°\ 36'$		$2^h\ 25^m$		$+8°\ 16'$	
	s		″		s		″		s		″		s		″	
Jan. 0	2.098	160	37.92	109	8.18	38	46.01	88	51.630	114	71.66	92	53.753	104	8.80	66
10	1.938	175	39.01	70	7.80	41	46.89	35	51.516	130	72.58	77	53.649	124	8.14	65
20	1.763	185	39.71	30	7.39	45	47.24	20	51.386	142	73.35	59	53.525	139	7.49	63
30	1.578	188	40.01	11	6.94	45	47.04	74	51.244	147	73.94	40	53.386	148	6.86	61
Febr. 9	1.390	183	39.90	52	6.49	44	46.30	125	51.097	146	74.34	20	53.238	149	6.25	55
19	1.207	170	39.38	91	6.05	39	45.05	170	50.951	137	74.54	2	53.089	141	5.70	48
März 1	1.037	150	38.47	128	5.66	34	43.35	209	50.814	120	74.52	24	52.948	125	5.22	37
11	0.887	121	37.19	163	5.32	27	41.26	238	50.694	94	74.28	48	52.823	100	4.85	24
21	0.766	85	35.56	195	5.05	18	38.88	257	50.600	63	73.80	71	52.723	68	4.61	9
31	0.681	44	33.61	223	4.87	8	36.31	266	50.537	25	73.09	95	52.655	30	4.52	10
April 10	0.637	2	31.38	247	4.79	3	33.65	265	50.512	17	72.14	119	52.625	13	4.62	30
20	0.639	50	28.91	266	4.82	14	31.00	253	50.529	61	70.95	141	52.638	58	4.92	51
30	0.689	100	26.25	279	4.96	24	28.47	231	50.590	106	69.54	161	52.696	104	5.43	74
Mai 10	0.789	149	23.46	287	5.20	34	26.16	203	50.696	150	67.93	178	52.800	149	6.17	95
20	0.938	193	20.59	287	5.54	42	24.13	167	50.846	190	66.15	192	52.949	190	7.12	115
30	1.131	233	17.72	281	5.96	50	22.46	126	51.036	225	64.23	201	53.139	226	8.27	133
Juni 9	1.364	268	14.91	269	6.46	57	21.20	82	51.261	254	62.22	206	53.365	257	9.60	148
19	1.632	295	12.22	249	7.03	61	20.38	35	51.515	278	60.16	204	53.622	280	11.08	159
29	1.927	314	9.73	222	7.64	63	20.03	11	51.793	293	58.12	198	53.902	296	12.67	165
Juli 9	2.241	325	7.51	189	8.27	66	20.14	58	52.086	300	56.14	185	54.198	304	14.32	167
19	2.566	327	5.62	151	8.93	66	20.72	102	52.386	301	54.29	168	54.502	305	15.99	164
29	2.893	321	4.11	108	9.59	63	21.74	144	52.687	294	52.61	146	54.807	300	17.63	156
Aug. 8	3.214	307	3.03	63	10.22	61	23.18	183	52.981	280	51.15	119	55.107	287	19.19	144
18	3.521	286	2.40	16	10.83	58	25.01	218	53.261	261	49.96	89	55.394	269	20.63	128
28	3.807	259	2.24	33	11.41	52	27.19	247	53.522	238	49.07	58	55.663	248	21.91	108
Sept. 7	4.066	227	2.57	79	11.93	47	29.66	271	53.760	211	48.49	26	55.911	223	22.99	88
17	4.293	192	3.36	121	12.40	41	32.37	291	53.971	182	48.23	6	56.134	196	23.87	66
27	4.485	155	4.57	159	12.81	34	35.28	304	54.153	151	48.29	36	56.330	167	24.53	44
Okt. 7	4.640	115	6.16	190	13.15	26	38.32	311	54.304	120	48.65	62	56.497	137	24.97	22
17	4.755	77	8.06	212	13.41	19	41.43	312	54.424	89	49.27	85	56.634	107	25.19	3
26*	24 4.832	38	10.18	227	24 13.60	11	44.55	306	25 54.513	59	50.12	102	28 56.741	78	25.22	15
Nov. 5	4.870	0	12.45	232	13.71	2	47.61	293	54.572	29	51.14	115	56.819	48	25.07	29
15	4.870	35	14.77	227	13.73	5	50.54	272	54.601	1	52.29	121	56.867	19	24.78	41
25	4.835	68	17.04	214	13.68	14	53.26	245	54.600	28	53.50	123	56.886	11	24.37	51
Dez. 5	4.767	97	19.18	193	13.54	21	55.71	209	54.572	55	54.73	119	56.875	40	23.86	57
15	4.670	125	21.11	165	13.33	29	57.80	167	54.517	81	55.92	112	56.835	67	23.29	62
25	4.545	149	22.76	132	13.04	35	59.47	121	54.436	103	57.04	101	56.768	92	22.67	64
35	4.396		24.08		12.69		60.68		54.333		58.05		56.676		22.03	
Mittl. Ort	0.859		29.11		4.71		27.39		50.203		70.00		52.126		6.08	
sec δ, tg δ	+1.166		− 0.599		+2.490		+ 2.281		+1.007		− 0.116		+1.011		+ 0.145	
a, *a′*	+2.6		+16.9		+4.7		+16.9		+3.0		+16.7		+3.2		+16.1	
b, *b′*	−0.03		− 0.54		+0.13		− 0.54		−0.01		− 0.56		+0.01		− 0.59	

* Bei Stern 85) lies Okt. 27.

Scheinbare Sternörter 1957

Obere Kulmination Greenwich

Tag	90) μ Hydri AR.		90) μ Hydri Dekl.		87) 36 H. Cassiopeiae AR.		87) 36 H. Cassiopeiae Dekl.		89) ν Arietis AR.		89) ν Arietis Dekl.		91) δ Ceti AR.		91) δ Ceti Dekl.	
1957	2h 32m		−79° 17′		2h 33m		+72° 37′		2h 36m		+21° 46′		2h 37m		+0° 8′	
	s		″		s		″		s		″		s		″	
Jan. 0	33.73	116	66.38	92	58.59	51	73.51	133	23.984	108	42.21	27	18.121	102	38.49	85
10	32.57	121	67.30	31	58.08	57	74.84	78	23.876	131	41.94	41	18.019	123	37.64	76
20	31.36	123	67.61	29	57.51	62	75.62	21	23.745	150	41.53	54	17.896	139	36.88	65
30	30.13	122	67.32	89	56.89	64	75.83	37	23.595	160	40.99	66	17.757	149	36.23	52
Febr. 9	28.91	118	66.43	144	56.25	63	75.46	94	23.435	163	40.33	75	17.608	152	35.71	39
19	27.73	111	64.99	196	55.62	59	74.52	145	23.272	157	39.58	81	17.456	147	35.32	23
März 1	26.62	100	63.03	241	55.03	51	73.07	191	23.115	141	38.77	83	17.309	132	35.09	6
11	25.62	88	60.62	281	54.52	43	71.16	229	22.974	115	37.94	83	17.177	110	35.03	12
21	24.74	74	57.81	312	54.09	32	68.87	257	22.859	81	37.11	76	17.067	79	35.15	32
31	24.00	58	54.69	338	53.77	19	66.30	274	22.778	40	36.35	65	16.988	43	35.47	54
April 10	23.42	39	51.31	355	53.58	5	63.56	281	22.738	6	35.70	50	16.945	2	36.01	76
20	23.03	21	47.76	365	53.53	9	60.75	276	22.744	54	35.20	31	16.943	43	36.77	98
30	22.82	2	44.11	366	53.62	23	57.99	262	22.798	103	34.89	10	16.986	88	37.75	118
Mai 10	22.80	18	40.45	359	53.85	37	55.37	240	22.901	151	34.79	13	17.074	133	38.93	138
20	22.98	37	36.86	344	54.22	49	52.97	209	23.052	196	34.92	38	17.207	174	40.31	155
30	23.35	55	33.42	321	54.71	60	50.88	172	23.248	235	35.30	62	17.381	212	41.86	168
Juni 9	23.90	71	30.21	290	55.31	69	49.16	129	23.483	268	35.92	85	17.593	243	43.54	178
19	24.61	86	27.31	251	56.00	76	47.87	85	23.751	293	36.77	105	17.836	268	45.32	183
29	25.47	98	24.80	205	56.76	82	47.02	37	24.044	311	37.82	122	18.104	286	47.15	182
Juli 9	26.45	107	22.75	155	57.58	84	46.65	11	24.355	322	39.04	136	18.390	296	48.97	176
19	27.52	113	21.20	98	58.42	86	46.76	58	24.677	323	40.40	146	18.686	300	50.73	166
29	28.65	116	20.22	40	59.28	85	47.34	103	25.000	319	41.86	152	18.986	296	52.39	151
Aug. 8	29.81	115	19.82	21	60.13	83	48.37	146	25.319	308	43.38	153	19.282	286	53.90	131
18	30.96	111	20.03	82	60.96	80	49.83	187	25.627	291	44.91	150	19.568	270	55.21	107
28	32.07	102	20.85	140	61.76	74	51.70	223	25.918	269	46.41	144	19.838	251	56.28	81
Sept. 7	33.09	91	22.25	195	62.50	67	53.93	253	26.187	245	47.85	135	20.089	227	57.09	54
17	34.00	75	24.20	242	63.17	59	56.46	279	26.432	218	49.20	124	20.316	200	57.63	25
27	34.75	58	26.62	281	63.76	51	59.25	300	26.650	189	50.44	110	20.516	173	57.88	2
Okt. 7	35.33	38	29.43	311	64.27	42	62.25	315	26.839	159	51.54	96	20.689	144	57.86	26
17	35.71	17	32.54	329	64.69	32	65.40	323	26.998	129	52.50	81	20.833	114	57.60	48
27	35.88	5	35.83	334	65.01	21	68.63	324	27.127	97	53.31	67	20.947	85	57.12	67
Nov. 5	^{30}35.83	26	39.17	326	^{30}65.22	9	71.87	317	^{31}27.224	66	53.98	52	^{31}21.032	54	56.45	81
15	35.57	48	42.43	307	65.31	2	75.04	303	27.290	33	54.50	38	21.086	25	55.64	90
25	35.09	67	45.50	276	65.29	14	78.07	280	27.323	1	54.88	24	21.111	5	54.74	95
Dez. 5	34.42	84	48.26	234	65.15	26	80.87	249	27.324	32	55.12	9	21.106	34	53.79	97
15	33.58	98	50.60	185	64.89	36	83.36	210	27.292	63	55.21	4	21.072	62	52.82	94
25	32.60	109	52.45	128	64.53	46	85.46	165	27.229	93	55.17	19	21.010	89	51.88	90
35	31.51		53.73		64.07		87.11		27.136		54.98		20.921		50.98	
Mittl. Ort	32.12		49.83		53.72		55.67		22.118		35.81		16.517		38.75	
sec δ, tg δ	+5.385		− 5.291		+3.350		+ 3.197		+1.077		+ 0.399		+1.000		+ 0.003	
a, *a′*	−1.3		+15.8		+5.7		+15.7		+3.4		+15.6		+3.1		+15.5	
b, *b′*	−0.28		− 0.62		+0.17		− 0.62		+0.02		− 0.63		0.00		− 0.63	

Scheinbare Sternörter 1957

Obere Kulmination Greenwich

Tag	93) ϑ Persei				97) π Ceti				98) μ Ceti				101) β Fornacis			
	AR.		Dekl.		AR.		Dekl.		AR.		Dekl.		AR.		Dekl.	
1957	$2^h\ 41^m$		+49° 2′		$2^h\ 42^m$		—14° 2′		$2^h\ 42^m$		+9° 55′		$2^h\ 47^m$		—32° 34′	
	s		″		s		″		s		″		s		″	
Jan. 0	17.612	175	66.17	64	5.975	113	28.10	115	38.546	98	63.81	60	18.866	154	77.76	142
10	17.437	210	66.81	25	5.862	135	29.25	92	38.448	120	63.21	62	18.712	176	79.18	102
20	17.227	236	67.06	14	5.727	151	30.17	66	38.328	139	62.59	61	18.536	194	80.20	60
30	16.991	251	66.92	54	5.576	161	30.83	39	38.189	151	61.98	59	18.342	204	80.80	17
Febr. 9	16.740	253	66.38	92	5.415	164	31.22	11	38.038	154	61.39	56	18.138	206	80.97	26
19	16.487	242	65.46	126	5.251	158	31.33	18	37.884	149	60.83	50	17.932	200	80.71	69
März 1	16.245	217	64.20	154	5.093	145	31.15	46	37.735	135	60.33	42	17.732	184	80.02	109
11	16.028	179	62.66	175	4.948	123	30.69	74	37.600	113	59.91	31	17.548	159	78.93	147
21	15.849	130	60.91	190	4.825	93	29.95	102	37.487	82	59.60	17	17.389	127	77.46	183
31	15.719	72	59.01	195	4.732	56	28.93	129	37.405	45	59.43	1	17.262	87	75.63	214
April 10	15.647	7	57.06	193	4.676	15	27.64	153	37.360	2	59.42	18	17.175	43	73.49	241
20	15.640	60	55.13	182	4.661	29	26.11	176	37.358	43	59.60	39	17.132	6	71.08	264
30	15.700	129	53.31	165	4.690	75	24.35	196	37.401	89	59.99	59	17.138	57	68.44	280
Mai 10	15.829	195	51.66	141	4.765	120	22.39	211	37.490	135	60.58	81	17.195	107	65.64	292
20	16.024	255	50.25	112	4.885	164	20.28	223	37.625	178	61.39	101	17.302	156	62.72	296
30	16.279	308	49.13	79	5.049	202	18.05	229	37.803	216	62.40	119	17.458	200	59.76	293
Juni 9	16.587	354	48.34	44	5.251	235	15.76	230	38.019	248	63.59	135	17.658	240	56.83	283
19	16.941	389	47.90	8	5.486	263	13.46	224	38.267	274	64.94	147	17.898	273	54.00	266
29	17.330	414	47.82	28	5.749	283	11.22	212	38.541	291	66.41	155	18.171	298	51.34	241
Juli 9	17.744	429	48.10	63	6.032	295	9.10	195	38.832	303	67.96	157	18.469	315	48.93	210
19	18.173	434	48.73	96	6.327	301	7.15	172	39.135	306	69.53	157	18.784	325	46.83	172
29	18.607	430	49.69	127	6.628	298	5.43	144	39.441	303	71.10	151	19.109	325	45.11	130
Aug. 8	19.037	417	50.96	153	6.926	290	3.99	110	39.744	293	72.61	140	19.434	319	43.81	83
18	19.454	397	52.49	175	7.216	275	2.89	75	40.037	279	74.01	126	19.753	305	42.98	33
28	19.851	371	54.24	195	7.491	256	2.14	37	40.316	259	75.27	109	20.058	284	42.65	17
Sept. 7	20.222	340	56.19	210	7.747	231	1.77	2	40.575	236	76.36	90	20.342	258	42.82	66
17	20.562	305	58.29	221	7.978	205	1.79	39	40.811	210	77.26	69	20.600	227	43.48	113
27	20.867	266	60.50	227	8.183	176	2.18	73	41.021	183	77.95	48	20.827	193	44.61	156
Okt. 7	21.133	225	62.77	229	8.359	145	2.91	105	41.204	155	78.43	28	21.020	156	46.17	192
17	21.358	182	65.06	228	8.504	113	3.96	130	41.359	126	78.71	9	21.176	117	48.09	221
27	21.540	136	67.34	222	8.617	82	5.26	150	41.485	96	78.80	8	21.293	78	50.30	241
Nov. 5	^{1}21.676	88	69.56	211	^{1}8.699	50	6.76	162	^{1}41.581	67	78.72	23	^{2}21.371	39	52.71	250
15	21.764	40	71.67	195	8.749	18	8.38	167	41.648	36	78.49	35	21.410	0	55.21	250
25	21.804	10	73.62	175	8.767	13	10.05	166	41.684	5	78.14	43	21.410	38	57.71	241
Dez. 5	21.794	60	75.37	150	8.754	44	11.71	159	41.689	26	77.71	51	21.372	74	60.12	223
15	21.734	108	76.87	121	8.710	73	13.30	146	41.663	55	77.20	55	21.298	108	62.35	196
25	21.626	154	78.08	87	8.637	100	14.76	128	41.608	84	76.65	59	21.190	138	64.31	165
35	21.472		78.95		8.537		16.04		41.524		76.06		21.052		65.96	
Mittl. Ort	14.997		52.90		4.461		23.43		36.810		61.28		17.422		68.05	
sec δ, tg δ	+1.526		+ 1.152		+1.031		— 0.250		+1.015		+ 0.175		+1.187		— 0.639	
a, a′	+4.1		+15.3		+2.9		+15.2		+3.2		+15.2		+2.5		+14.9	
b, b′	+0.06		— 0.65		—0.01		— 0.65		+0.01		— 0.65		—0.03		— 0.67	

Scheinbare Sternörter 1957

Obere Kulmination Greenwich

Tag	100) 41 Arietis				102) τ^2 Eridani				103) τ Persei				104) η Eridani			
	AR.		Dekl.		AR.		Dekl.		AR.		Dekl.		AR.		Dekl.	
1957	2h 47m		+27° 5′		2h 49m		—21° 10′		2h 51m		+52° 35′		2h 54m		—9° 3′	
	s		″		s		″		s		″		s		″	
Jan. 0	28.790	108	11.58	7	6.710	123	56.09	129	14.543	188	30.17	84	21.091	101	69.09	111
10	28.682	135	11.51	25	6.587	146	57.38	101	14.355	228	31.01	45	20.990	126	70.20	92
20	28.547	156	11.26	43	6.441	163	58.39	68	14.127	258	31.46	2	20.864	144	71.12	72
30	28.391	171	10.83	60	6.278	174	59.07	34	13.869	277	31.48	40	20.720	157	71.84	49
Febr. 9	28.220	175	10.23	75	6.104	178	59.41	0	13.592	282	31.08	81	20.563	162	72.33	26
19	28.045	170	9.48	88	5.926	173	59.41	34	13.310	272	30.27	119	20.401	159	72.59	2
März 1	27.875	154	8.60	96	5.753	159	59.07	68	13.038	247	29.08	151	20.242	147	72.61	23
11	27.721	129	7.64	99	5.594	138	58.39	102	12.791	208	27.57	178	20.095	127	72.38	49
21	27.592	95	6.65	98	5.456	108	57.37	132	12.583	157	25.79	195	19.968	99	71.89	74
31	27.497	53	5.67	92	5.348	71	56.05	161	12.426	96	23.84	205	19.869	64	71.15	98
April 10	27.444	6	4.75	81	5.277	29	54.44	188	12.330	27	21.79	207	19.805	23	70.17	123
20	27.438	45	3.94	64	5.248	16	52.56	210	12.303	46	19.72	199	19.782	21	68.94	146
30	27.483	96	3.30	45	5.264	63	50.46	230	12.349	120	17.73	184	19.803	66	67.48	166
Mai 10	27.579	147	2.85	21	5.327	110	48.16	244	12.469	190	15.89	163	19.869	111	65.82	183
20	27.726	194	2.64	3	5.437	155	45.72	253	12.659	256	14.26	135	19.980	155	63.99	197
30	27.920	235	2.67	28	5.592	195	43.19	256	12.915	315	12.91	104	20.135	193	62.02	206
Juni 9	28.155	270	2.95	53	5.787	231	40.63	253	13.230	365	11.87	69	20.328	228	59.96	211
19	28.425	299	3.48	76	6.018	261	38.10	243	13.595	405	11.18	32	20.556	255	57.85	209
29	28.724	319	4.24	97	6.279	283	35.67	226	14.000	434	10.86	6	20.811	276	55.76	202
Juli 9	29.043	330	5.21	116	6.562	298	33.41	204	14.434	453	10.92	42	21.087	290	53.74	189
19	29.373	335	6.37	130	6.860	305	31.37	174	14.887	462	11.34	77	21.377	297	51.85	171
29	29.708	332	7.67	141	7.165	305	29.63	141	15.349	459	12.11	109	21.674	296	50.14	147
Aug. 8	30.040	323	9.08	148	7.470	298	28.22	102	15.808	449	13.20	140	21.970	290	48.67	119
18	30.363	307	10.56	150	7.768	284	27.20	60	16.257	431	14.60	166	22.260	277	47.48	88
28	30.670	287	12.06	150	8.052	265	26.60	17	16.688	405	16.26	189	22.537	259	46.60	53
Sept. 7	30.957	263	13.56	146	8.317	242	26.43	26	17.093	373	18.15	207	22.796	237	46.07	18
17	31.220	237	15.02	139	8.559	214	26.69	68	17.466	338	20.22	221	23.033	213	45.89	17
27	31.457	208	16.41	131	8.773	185	27.37	107	17.804	298	22.43	232	23.246	186	46.06	50
Okt. 7	31.665	177	17.72	120	8.958	152	28.44	140	18.102	254	24.75	238	23.432	157	46.56	79
17	31.842	147	18.92	108	9.110	119	29.84	168	18.356	209	27.13	239	23.589	127	47.35	104
27	2 31.989	115	20.00	96	3 9.229	85	31.52	188	3 18.565	159	29.52	236	4 23.716	96	48.39	125
Nov. 5	32.104	81	20.96	83	9.314	51	33.40	200	18.724	107	31.88	228	23.812	66	49.64	139
15	32.185	47	21.79	69	9.365	18	35.40	205	18.831	54	34.16	215	23.878	35	51.03	146
25	32.232	12	22.48	54	9.383	16	37.45	200	18.885	1	36.31	196	23.913	3	52.49	148
Dez. 5	32.244	24	23.02	38	9.367	49	39.45	189	18.884	57	38.27	172	23.916	29	53.97	143
15	32.220	59	23.40	22	9.318	80	41.34	171	18.827	112	39.99	143	23.887	59	55.40	135
25	32.161	92	23.62	5	9.238	108	43.05	147	18.715	163	41.42	108	23.828	87	56.75	121
35	32.069		23.67		9.130		44.52		18.552		42.50		23.741		57.96	
Mittl. Ort	26.768		4.25		5.204		49.26		11.674		16.87		19.480		65.53	
sec δ, tg δ	+1.123		+ 0.511		+1.072		— 0.387		+1.646		+ 1.307		+1.013		— 0.160	
a, *a′*	+3.5		+14.9		+2.7		+14.8		+4.3		+14.7		+2.9		+14.5	
b, *b′*	+0.03		— 0.67		—0.02		— 0.67		+0.06		— 0.68		—0.01		— 0.69	

Scheinbare Sternörter 1957

Obere Kulmination Greenwich

Tag	106) ϑ Eridani *pr* AR.		Dekl.		107) α Ceti AR.		Dekl.		105) 47 H. Cephei AR.		Dekl.		108) γ Persei AR.		Dekl.	
1957	$2^h\ 56^m$		−40° 28′		$3^h\ 0^m$		+3° 55′		$3^h\ 0^m$		+79° 14′		$3^h\ 1^m$		+53° 20′	
	s		″		s		″		s		″		s		″	
Jan. 0	39.271	182	45.52	156	3.467	90	19.96	78	25.41	79	82.03	182	43.041	182	35.48	96
10	39.089	209	47.08	111	3.377	116	19.18	73	24.62	91	83.85	127	42.859	227	36.44	57
20	38.880	228	48.19	64	3.261	137	18.45	65	23.71	101	85.12	69	42.632	260	37.01	15
30	38.652	239	48.83	15	3.124	151	17.80	56	22.70	106	85.81	8	42.372	282	37.16	28
Febr. 9	38.413	242	48.98	34	2.973	158	17.24	46	21.64	107	85.89	52	42.090	291	36.88	70
19	38.171	236	48.64	80	2.815	156	16.78	34	20.57	102	85.37	110	41.799	284	36.18	109
März 1	37.935	220	47.84	125	2.659	145	16.44	21	19.55	94	84.27	164	41.515	261	35.09	142
11	37.715	194	46.59	168	2.514	125	16.23	6	18.61	81	82.63	209	41.254	224	33.67	171
21	37.521	160	44.91	205	2.389	97	16.17	12	17.80	65	80.54	247	41.030	173	31.96	191
31	37.361	118	42.86	239	2.292	62	16.29	30	17.15	45	78.07	273	40.857	112	30.05	203
April 10	37.243	70	40.47	267	2.230	22	16.59	50	16.70	23	75.34	289	40.745	44	28.02	207
20	37.173	17	37.80	290	2.208	23	17.09	71	16.47	2	72.45	294	40.701	30	25.95	203
30	37.156	37	34.90	306	2.231	69	17.80	91	16.45	20	69.51	289	40.731	104	23.92	190
Mai 10	37.193	92	31.84	317	2.300	114	18.71	111	16.65	42	66.62	274	40.835	177	22.02	170
20	37.285	145	28.67	319	2.414	157	19.82	129	17.07	63	63.88	249	41.012	245	20.32	146
30	37.430	195	25.48	314	2.571	196	21.11	143	17.70	80	61.39	218	41.257	306	18.86	115
Juni 9	37.625	240	22.34	301	2.767	230	22.54	156	18.50	97	59.21	180	41.563	360	17.71	81
19	37.865	278	19.33	280	2.997	258	24.10	163	19.47	110	57.41	138	41.923	402	16.90	46
29	38.143	308	16.53	252	3.255	278	25.73	167	20.57	121	56.03	92	42.325	435	16.44	9
Juli 9	38.451	331	14.01	217	3.533	292	27.40	165	21.78	128	55.11	44	42.760	456	16.35	27
19	38.782	344	11.84	175	3.825	299	29.05	158	23.06	132	54.67	6	43.216	467	16.62	63
29	39.126	348	10.09	128	4.124	298	30.63	146	24.38	134	54.73	53	43.683	468	17.25	96
Aug. 8	39.474	344	8.81	76	4.422	291	32.09	131	25.72	133	55.26	99	44.151	460	18.21	126
18	39.818	332	8.05	22	4.713	279	33.40	111	27.05	129	56.25	145	44.611	443	19.47	153
28	40.150	311	7.83	32	4.992	263	34.51	89	28.34	123	57.70	186	45.054	421	21.00	177
Sept. 7	40.461	284	8.15	87	5.255	242	35.40	64	29.57	115	59.56	224	45.475	391	22.77	198
17	40.745	252	9.02	137	5.497	219	36.04	39	30.72	105	61.80	257	45.866	356	24.75	213
27	40.997	214	10.39	183	5.716	193	36.43	13	31.77	92	64.37	285	46.222	317	26.88	225
Okt. 7	41.211	173	12.22	221	5.909	167	36.56	10	32.69	77	67.22	308	46.539	275	29.13	232
17	41.384	131	14.43	252	6.076	139	36.46	31	33.46	61	70.30	324	46.814	229	31.45	237
27	41.515	86	16.95	272	6.215	109	36.15	49	34.07	44	73.54	334	47.043	179	33.82	236
Nov. 5*	5 41.601	40	19.67	283	6 6.324	80	35.66	64	6 34.51	26	76.88	335	6 47.222	127	36.18	230
15	41.641	5	22.50	281	6.404	49	35.02	73	34.77	6	80.23	328	47.349	72	38.48	219
25	41.636	48	25.31	270	6.453	17	34.29	80	34.83	14	83.51	313	47.421	14	40.67	201
Dez. 5	41.588	90	28.01	248	6.470	14	33.49	84	34.69	33	86.64	288	47.435	44	42.68	180
15	41.498	128	30.49	219	6.456	45	32.65	84	34.36	53	89.52	254	47.391	101	44.48	152
25	41.370	164	32.68	181	6.411	76	31.81	80	33.83	70	92.06	212	47.290	155	46.00	120
35	41.206		34.49		6.335		31.01		33.13		94.18		47.135		47.20	
Mittl. Ort	37.790		33.99		1.712		19.94		17.36		65.71		40.044		22.84	
sec δ, tg δ	+1.315		− 0.853		+1.002		+ 0.069		+5.362		+ 5.268		+1.675		+ 1.344	
a, a′	+2.3		+14.4		+3.1		+14.2		+8.1		+14.1		+4.4		+14.1	
b, b′	−0.04		− 0.70		0.00		− 0.71		+0.25		− 0.71		+0.06		− 0.71	

* Bei Stern 107), 105) und 108) lies Nov. 6.

Scheinbare Sternörter 1957

Obere Kulmination Greenwich

Tag	109) ρ Persei				110) μ Horologii				111) β Persei				114) δ Arietis			
	AR.		Dekl.		AR.		Dekl.		AR.		Dekl.		AR.		Dekl.	
1957	$3^h\ 2^m$		$+38°\ 40'$		$3^h\ 2^m$		$-59°\ 53'$		$3^h\ 5^m$		$+40°\ 47'$		$3^h\ 9^m$		$+19°\ 33'$	
	s		″		s		″		s		″		s		″	
Jan. 0	27.119	121	39.69	42	37.402	338	88.62	162	24.192	125	39.15	52	11.915	88	59.56	26
10	26.998	156	40.11	14	37.064	376	90.24	107	24.067	161	39.67	23	11.827	118	59.30	35
20	26.842	183	40.25	14	36.688	401	91.31	50	23.906	190	39.90	8	11.709	141	58.95	44
30	26.659	201	40.11	43	36.287	414	91.81	8	23.716	209	39.82	38	11.568	159	58.51	52
Febr. 9	26.458	209	39.68	71	35.873	414	91.73	64	23.507	219	39.44	68	11.409	168	57.99	59
19	26.249	206	38.97	95	35.459	401	91.09	118	23.288	215	38.76	95	11.241	167	57.40	63
März 1	26.043	191	38.02	116	35.058	375	89.91	168	23.073	200	37.81	118	11.074	157	56.77	66
11	25.852	163	36.86	131	34.683	338	88.23	214	22.873	172	36.63	135	10.917	136	56.11	64
21	25.689	126	35.55	141	34.345	288	86.09	255	22.701	133	35.28	147	10.781	107	55.47	59
31	25.563	79	34.14	144	34.057	229	83.54	289	22.568	86	33.81	152	10.674	70	54.88	51
April 10	25.484	26	32.70	140	33.828	162	80.65	317	22.482	32	32.29	149	10.604	27	54.37	38
20	25.458	31	31.30	130	33.666	88	77.48	338	22.450	27	30.80	141	10.577	21	53.99	22
30	25.489	89	30.00	114	33.578	11	74.10	351	22.477	87	29.39	126	10.598	70	53.77	4
Mai 10	25.578	146	28.86	94	33.567	68	70.59	357	22.564	146	28.13	106	10.668	117	53.73	17
20	25.724	200	27.92	69	33.635	145	67.02	353	22.710	201	27.07	82	10.785	164	53.90	37
30	25.924	249	27.23	42	33.780	218	63.49	342	22.911	252	26.25	55	10.949	205	54.27	58
Juni 9	26.173	290	26.81	13	33.998	287	60.07	322	23.163	294	25.70	25	11.154	242	54.85	77
19	26.463	323	26.68	16	34.285	347	56.85	293	23.457	329	25.45	4	11.396	271	55.62	96
29	26.786	349	26.84	44	34.632	396	53.92	257	23.786	356	25.49	33	11.667	293	56.58	110
Juli 9	27.135	365	27.28	70	35.028	436	51.35	214	24.142	374	25.82	61	11.960	308	57.68	121
19	27.500	373	27.98	94	35.464	463	49.21	164	24.516	381	26.43	87	12.268	316	58.89	129
29	27.873	373	28.92	116	35.927	478	47.57	108	24.897	382	27.30	110	12.584	316	60.18	133
Aug. 8	28.246	365	30.08	134	36.405	478	46.49	50	25.279	376	28.40	130	12.900	311	61.51	132
18	28.611	351	31.42	148	36.883	466	45.99	11	25.655	362	29.70	147	13.211	300	62.83	129
28	28.962	332	32.90	159	37.349	440	46.10	72	26.017	343	31.17	160	13.511	283	64.12	121
Sept. 7	29.294	309	34.49	166	37.789	404	46.82	132	26.360	319	32.77	168	13.794	264	65.33	110
17	29.603	281	36.15	171	38.193	356	48.14	186	26.679	291	34.45	175	14.058	241	66.43	99
27	29.884	250	37.86	171	38.549	299	50.00	234	26.970	261	36.20	178	14.299	216	67.42	85
Okt. 7	30.134	219	39.57	170	38.848	234	52.34	275	27.231	228	37.98	178	14.515	189	68.27	71
17	30.353	185	41.27	165	39.082	163	55.09	305	27.459	193	39.76	175	14.704	161	68.98	57
27	30.538	147	42.92	159	39.245	90	58.14	324	27.652	155	41.51	169	14.865	131	69.55	44
Nov. 6	[6]30.685	109	44.51	149	[6]39.335	16	61.38	330	27.807	114	43.20	161	[8]14.996	100	69.99	31
15	30.794	68	46.00	137	39.351	59	64.68	324	[7]27.921	73	44.81	150	15.096	68	70.30	20
25	30.862	27	47.37	122	39.292	131	67.92	307	27.994	29	46.31	134	15.164	33	70.50	10
Dez. 5	30.889	17	48.59	103	39.161	197	70.99	278	28.023	15	47.65	116	15.197	2	70.60	1
15	30.872	60	49.62	83	38.964	258	73.77	239	28.008	61	48.81	95	15.195	36	70.59	10
25	30.812	100	50.45	59	38.706	310	76.16	193	27.947	104	49.76	70	15.159	71	70.49	20
35	30.712		51.04		38.396		78.09		27.843		50.46		15.088		70.29	
Mittl. Ort	24.729		30.29		35.812		73.90		21.717		29.45		9.911		55.53	
sec δ, tg δ	+1.281		+ 0.800		+1.994		− 1.725		+1.321		+ 0.863		+1.061		+ 0.355	
a, a′	+3.8		+14.0		+1.4		+14.0		+3.9		+13.8		+3.4		+13.6	
b, b′	+0.04		− 0.71		−0.08		− 0.72		+0.04		− 0.72		+0.02		− 0.73	

Scheinbare Sternörter 1957

Obere Kulmination Greenwich

Tag	1090) 79 G. Fornacis				115) 48 H. Cephei				120) α Persei				121) o Tauri			
	AR.		Dekl.		AR.		Dekl.		AR.		Dekl.		AR.		Dekl.	
1957	$3^h\ 12^m$		$-35°\ 42'$		$3^h\ 14^m$		$+77°\ 34'$		$3^h\ 21^m$		$+49°\ 42'$		$3^h\ 22^m$		$+8°\ 52'$	
	s		″		s		″		s		″		s		″	
Jan. 0	60.133	153	70.95	169	54.81	63	62.00	191	17.410	143	45.97	97	31.650	78	44.50	64
10	59.980	182	72.64	127	54.18	75	63.91	140	17.267	190	46.94	63	31.572	108	43.86	62
20	59.798	205	73.91	84	53.43	85	65.31	84	17.077	226	47.57	26	31.464	133	43.24	58
30	59.593	220	74.75	38	52.58	90	66.15	25	16.851	253	47.83	12	31.331	151	42.66	55
Febr. 9	59.373	227	75.13	8	51.68	92	66.40	35	16.598	267	47.71	51	31.180	163	42.11	49
19	59.146	224	75.05	53	50.76	90	66.05	93	16.331	266	47.20	87	31.017	164	41.62	43
März 1	58.922	212	74.52	97	49.86	83	65.12	146	16.065	251	46.33	119	30.853	157	41.19	34
11	58.710	191	73.55	138	49.03	74	63.66	193	15.814	222	45.14	146	30.696	140	40.85	24
21	58.519	161	72.17	176	48.29	60	61.73	232	15.592	179	43.68	167	30.556	113	40.61	11
31	58.358	123	70.41	210	47.69	44	59.41	262	15.413	126	42.01	181	30.443	80	40.50	3
April 10	58.235	78	68.31	241	47.25	25	56.79	280	15.287	64	40.20	186	30.363	41	40.53	20
20	58.157	29	65.90	266	47.00	7	53.99	288	15.223	3	38.34	184	30.322	4	40.73	38
30	58.128	23	63.24	285	46.93	13	51.11	286	15.226	73	36.50	175	30.326	50	41.11	57
Mai 10	58.151	75	60.39	298	47.06	32	48.25	275	15.299	140	34.75	159	30.376	97	41.68	76
20	58.226	126	57.41	305	47.38	50	45.50	253	15.439	206	33.16	137	30.473	140	42.44	95
30	58.352	175	54.36	304	47.88	66	42.97	224	15.645	266	31.79	110	30.613	182	43.39	111
Juni 9	58.527	218	51.32	296	48.54	81	40.73	190	15.911	317	30.69	82	30.795	218	44.50	125
19	58.745	255	48.36	279	49.35	93	38.83	150	16.228	360	29.87	50	31.013	248	45.75	135
29	59.000	286	45.57	256	50.28	103	37.33	106	16.588	394	29.37	16	31.261	271	47.10	143
Juli 9	59.286	309	43.01	225	51.31	111	36.27	60	16.982	419	29.21	16	31.532	288	48.53	145
19	59.595	324	40.76	187	52.42	115	35.67	13	17.401	432	29.37	47	31.820	297	49.98	143
29	59.919	331	38.89	144	53.57	118	35.54	34	17.833	438	29.84	78	32.117	300	51.41	137
Aug. 8	60.250	329	37.45	96	54.75	117	35.88	80	18.271	434	30.62	105	32.417	297	52.78	126
18	60.579	320	36.49	44	55.92	116	36.68	124	18.705	424	31.67	130	32.714	289	54.04	111
28	60.899	304	36.05	9	57.08	111	37.92	166	19.129	405	32.97	151	33.003	275	55.15	94
Sept. 7	61.203	281	36.14	62	58.19	104	39.58	204	19.534	381	34.48	170	33.278	258	56.09	74
17	61.484	254	36.76	112	59.23	96	41.62	238	19.915	353	36.18	184	33.536	237	56.83	53
27	61.738	221	37.88	159	60.19	86	44.00	267	20.268	321	38.02	196	33.773	215	57.36	31
Okt. 7	61.959	186	39.47	199	61.05	74	46.67	291	20.589	284	39.98	204	33.988	189	57.67	11
17	62.145	147	41.46	232	61.79	61	49.58	310	20.873	243	42.02	208	34.177	163	57.78	9
27	62.292	107	43.78	256	62.40	46	52.68	322	21.116	199	44.10	209	34.340	135	57.69	25
Nov. 6	62.399	66	46.34	269	62.86	30	55.90	326	21.315	152	46.19	205	[11]34.475	106	57.44	39
15	[9]62.465	23	49.03	272	[9]63.16	14	59.16	323	[11]21.467	102	48.24	198	34.581	74	57.05	49
25	62.488	18	51.75	266	63.30	4	62.39	310	21.569	48	50.22	185	34.655	41	56.56	57
Dez. 5	62.470	59	54.41	249	63.26	22	65.49	289	21.617	7	52.07	167	34.696	7	55.99	61
15	62.411	98	56.90	223	63.04	39	68.38	258	21.610	62	53.74	144	34.703	26	55.38	63
25	62.313	134	59.13	192	62.65	54	70.96	220	21.548	116	55.18	118	34.677	61	54.75	64
35	62.179		61.05		62.11		73.16		21.432		56.36		34.616		54.11	
Mittl. Ort	58.549		60.37		47.40		47.09		14.466		35.57		29.734		44.03	
sec δ, tg δ	+1.232		— 0.719		+4.649		+ 4.541		+1.546		+ 1.180		+1.012		+ 0.156	
a, *a′*	+2.4		+13.3		+7.6		+13.2		+4.3		+12.8		+3.2		+12.7	
b, *b′*	—0.03		— 0.75		+0.20		— 0.75		+0.05		+ 0.77		+0.01		— 0.77	

Scheinbare Sternörter 1957

Obere Kulmination Greenwich

Tag	122) 2 H. Camelop.				125) 5 Tauri				127) ε Eridani[1]				131) δ Persei			
	AR.		Dekl.		AR.		Dekl.		AR.		Dekl.		AR.		Dekl.	
1957	3h 25m		+59° 47′		3h 28m		+12° 47′		3h 30m		−9° 35′		3h 39m		+47° 39′	
	s		″		s		″		s		″		s		″	
Jan. 0	37.763	202	44.55	140	31.703	74	27.77	48	55.915	89	74.38	126	54.137	116	15.27	101
10	37.561	260	45.95	100	31.629	106	27.29	51	55.826	118	75.64	105	54.021	165	16.28	71
20	37.301	309	46.95	55	31.523	132	26.78	51	55.708	142	76.69	84	53.856	205	16.99	37
30	36.992	343	47.50	8	31.391	153	26.27	51	55.566	161	77.53	60	53.651	236	17.36	3
Febr. 9	36.649	359	47.58	39	31.238	164	25.76	50	55.405	172	78.13	35	53.415	255	17.39	33
19	36.290	358	47.19	84	31.074	168	25.26	47	55.233	174	78.48	9	53.160	259	17.06	68
März 1	35.932	338	46.35	125	30.906	161	24.79	43	55.059	168	78.57	16	52.901	250	16.38	99
11	35.594	301	45.10	162	30.745	144	24.36	36	54.891	151	78.41	42	52.651	225	15.39	127
21	35.293	246	43.48	191	30.601	119	24.00	28	54.740	127	77.99	69	52.426	189	14.12	148
31	35.047	179	41.57	211	30.482	85	23.72	15	54.613	95	77.30	93	52.237	141	12.64	163
April 10	34.868	102	39.46	224	30.397	45	23.57	1	54.518	56	76.37	118	52.096	84	11.01	171
20	34.766	17	37.22	227	30.352	0	23.56	15	54.462	13	75.19	141	52.012	20	9.30	172
30	34.749	70	34.95	222	30.352	47	23.71	33	54.449	32	73.78	161	51.992	45	7.58	165
Mai 10	34.819	157	32.73	209	30.399	94	24.04	51	54.481	77	72.17	179	52.037	112	5.93	152
20	34.976	239	30.64	189	30.493	139	24.55	70	54.558	122	70.38	194	52.149	176	4.41	134
30	35.215	314	28.75	162	30.632	180	25.25	88	54.680	163	68.44	204	52.325	235	3.07	112
Juni 9	35.529	381	27.13	131	30.812	218	26.13	103	54.843	199	66.40	209	52.560	287	1.95	86
19	35.910	437	25.82	97	31.030	248	27.16	116	55.042	232	64.31	208	52.847	332	1.09	57
29	36.347	481	24.85	60	31.278	272	28.32	126	55.274	257	62.23	202	53.179	368	0.52	27
Juli 9	36.828	513	24.25	21	31.550	290	29.58	131	55.531	275	60.21	191	53.547	395	0.25	3
19	37.341	535	24.04	16	31.840	301	30.89	133	55.806	286	58.30	172	53.942	412	0.28	31
29	37.876	544	24.20	52	32.141	304	32.22	130	56.092	292	56.58	149	54.354	421	0.59	59
Aug. 8	38.420	543	24.72	88	32.445	302	33.52	123	56.384	290	55.09	121	54.775	421	1.18	85
18	38.963	531	25.60	121	32.747	294	34.75	113	56.674	282	53.88	89	55.196	414	2.03	108
28	39.494	511	26.81	151	33.041	282	35.88	99	56.956	270	52.99	54	55.610	401	3.11	128
Sept. 7	40.005	484	28.32	178	33.323	265	36.87	83	57.226	254	52.45	18	56.011	382	4.39	146
17	40.489	449	30.10	201	33.588	244	37.70	64	57.480	233	52.27	18	56.393	358	5.85	160
27	40.938	408	32.11	221	33.832	223	38.34	46	57.713	210	52.45	54	56.751	329	7.45	172
Okt. 7	41.346	361	34.32	236	34.055	199	38.80	29	57.923	184	52.99	85	57.080	297	9.17	180
17	41.707	309	36.68	247	34.254	172	39.09	12	58.107	156	53.84	113	57.377	260	10.97	186
27	42.016	252	39.15	253	34.426	145	39.21	3	58.263	127	54.97	135	57.637	221	12.83	188
Nov. 6	42.268	189	41.68	253	34.571	114	39.18	16	58.390	97	56.32	151	57.858	176	14.71	188
15*	[12] 42.457	122	44.21	249	[13] 34.685	83	39.02	26	[13] 58.487	64	57.83	160	[16] 58.034	128	16.59	182
25	42.579	50	46.70	237	34.768	50	38.76	35	58.551	30	59.43	163	58.162	76	18.41	174
Dez. 5	42.629	22	49.07	219	34.818	14	38.41	40	58.581	3	61.06	159	58.238	21	20.15	160
15	42.607	95	51.26	194	34.832	21	38.01	44	58.578	38	62.65	150	58.259	33	21.75	141
25	42.512	166	53.20	163	34.811	56	37.57	47	58.540	71	64.15	136	58.226	88	23.16	119
35	42.346		54.83		34.755		37.10		58.469		65.51		58.138		24.35	
Mittl. Ort	34.095		32.76		29.709		26.55		54.149		69.55		51.178		6.77	
sec δ, tg δ	+1.988		+ 1.718		+1.025		+ 0.227		+1.014		− 0.169		+1.484		+ 1.097	
a, *a′*	+4.9		+12.5		+3.3		+12.3		+2.9		+12.1		+4.3		+11.5	
b, *b′*	+0.07		− 0.78		+0.01		− 0.79		−0.01		− 0.80		+0.04		− 0.82	

[1] Die jährliche Parallaxe (0″305) ist bereits berücksichtigt.

* Bei Stern 131) lies Nov. 16.

Scheinbare Sternörter 1957

Obere Kulmination Greenwich

Tag	134) ν Persei				141) β Reticuli			
	AR.		Dekl.		AR.		Dekl.	
1957	$3^h\ 42^m$		+42° 26′		$3^h\ 43^m$		−64° 56′	
	s		″		s		″	
Jan. 0	18.598	98	47.35	80	41.29	38	45.27	211
10	18.500	143	48.15	54	40.91	44	47.38	159
20	18.357	181	48.69	26	40.47	48	48.97	103
30	18.176	210	48.95	5	39.99	51	50.00	45
Febr. 9	17.966	228	48.90	35	39.48	53	50.45	12
19	17.738	234	48.55	64	38.95	52	50.33	69
März 1	17.504	226	47.91	91	38.43	50	49.64	123
11	17.278	205	47.00	113	37.93	47	48.41	173
21	17.073	172	45.87	131	37.46	43	46.68	219
31	16.901	129	44.56	142	37.03	36	44.49	258
April 10	16.772	76	43.14	148	36.67	29	41.91	292
20	16.696	19	41.66	146	36.38	22	38.99	320
30	16.677	42	40.20	138	36.16	12	35.79	340
Mai 10	16.719	103	38.82	125	36.04	3	32.39	352
20	16.822	162	37.57	107	36.01	6	28.87	356
30	16.984	217	36.50	85	36.07	15	25.31	351
Juni 9	17.201	265	35.65	61	36.22	23	21.80	338
19	17.466	306	35.04	35	36.45	32	18.42	316
29	17.772	340	34.69	7	36.77	39	15.26	286
Juli 9	18.112	364	34.62	19	37.16	44	12.40	246
19	18.476	381	34.81	44	37.60	49	9.94	200
29	18.857	388	35.25	67	38.09	53	7.94	148
Aug. 8	19.245	389	35.92	89	38.62	55	6.46	90
18	19.634	383	36.81	107	39.17	55	5.56	28
28	20.017	370	37.88	123	39.72	54	5.28	34
Sept. 7	20.387	353	39.11	136	40.26	51	5.62	96
17	20.740	331	40.47	145	40.77	47	6.58	157
27	21.071	305	41.92	153	41.24	41	8.15	212
Okt. 7	21.376	276	43.45	158	41.65	34	10.27	259
17	21.652	244	45.03	161	41.99	27	12.86	297
27	21.896	207	46.64	160	42.26	19	15.83	325
Nov. 6	22.103	167	48.24	158	42.45	9	19.08	341
16	22.270	124	49.82	152	42.54	0	22.49	344
25	[16] 22.394	78	51.34	144	[17] 42.54	9	25.93	335
Dez. 5	22.472	29	52.78	131	42.45	18	29.28	313
15	22.501	22	54.09	116	42.27	26	32.41	280
25	22.479	73	55.25	95	42.01	34	35.21	240
35	22.406		56.20		41.67		37.61	
Mittl. Ort	15.850		40.05		39.19		30.71	
sec δ, tg δ	+1.355		+ 0.915		+2.361		− 2.139	
a, *a′*	+4.1		+11.3		+0.7		+11.2	
b, *b′*	+0.03		− 0.82		−0.08		− 0.83	

Tag	139) η Tauri				140) τ⁶ Eridani			
	AR.		Dekl.		AR.		Dekl.	
1957	$3^h\ 44^m$		+23° 58′		$3^h\ 44^m$		−23° 22′	
	s		″		s		″	
Jan. 0	57.654	69	28.37	0	61.563	100	40.25	174
10	57.585	104	28.37	11	61.463	132	41.99	144
20	57.481	136	28.26	21	61.331	159	43.43	110
30	57.345	161	28.05	33	61.172	181	44.53	73
Febr. 9	57.184	177	27.72	44	60.991	195	45.26	37
19	57.007	182	27.28	53	60.796	199	45.63	1
März 1	56.825	179	26.75	61	60.597	194	45.62	39
11	56.646	163	26.14	66	60.403	181	45.23	74
21	56.483	137	25.48	68	60.222	157	44.49	109
31	56.346	103	24.80	65	60.065	125	43.40	142
April 10	56.243	61	24.15	59	59.940	87	41.98	172
20	56.182	15	23.56	48	59.853	44	40.26	199
30	56.167	35	23.08	36	59.809	3	38.27	222
Mai 10	56.202	86	22.72	19	59.812	50	36.05	239
20	56.288	134	22.53	1	59.862	98	33.66	253
30	56.422	179	22.52	17	59.960	142	31.13	260
Juni 9	56.601	220	22.69	37	60.102	183	28.53	261
19	56.821	253	23.06	54	60.285	219	25.92	254
29	57.074	281	23.60	70	60.504	249	23.38	241
Juli 9	57.355	302	24.30	84	60.753	273	20.97	221
19	57.657	315	25.14	95	61.026	289	18.76	194
29	57.972	322	26.09	103	61.315	299	16.82	161
Aug. 8	58.294	321	27.12	106	61.614	301	15.21	122
18	58.615	316	28.18	107	61.915	297	13.99	79
28	58.931	306	29.25	105	62.212	288	13.20	34
Sept. 7	59.237	291	30.30	100	62.500	274	12.86	13
17	59.528	273	31.30	93	62.774	254	12.99	60
27	59.801	252	32.23	84	63.028	230	13.59	104
Okt. 7	60.053	228	33.07	75	63.258	204	14.63	144
17	60.281	202	33.82	66	63.462	175	16.07	178
27	60.483	174	34.48	56	63.637	142	17.85	205
Nov. 6	60.657	142	35.04	48	63.779	109	19.90	224
16	60.799	109	35.52	39	63.888	72	22.14	234
25	[17] 60.908	72	35.91	32	[17] 63.960	34	24.48	235
Dez. 5	60.980	33	36.23	24	63.994	3	26.83	228
15	61.013	7	36.47	15	63.991	42	29.11	212
25	61.006	47	36.62	6	63.949	79	31.23	190
35	60.959		36.68		63.870		33.13	
Mittl. Ort	55.404		25.29		59.790		32.11	
sec δ, tg δ	+1.094		+ 0.445		+1.089		− 0.432	
a, *a′*	+3.6		+11.1		+2.6		+11.1	
b, *b′*	+0.02		− 0.83		−0.02		− 0.83	

Scheinbare Sternörter 1957

Obere Kulmination Greenwich

Tag	138) γ Camelop. AR.		138) γ Camelop. Dekl.		143) 138 G. Eridani AR.		143) 138 G. Eridani Dekl.		146) γ Hydri AR.		146) γ Hydri Dekl.		1105) +57° 752 Caml AR.		1105) +57° 752 Caml Dekl.	
1957	$3^h\ 45^m$		+71° 11′		$3^h\ 47^m$		−36° 19′		$3^h\ 47^m$		−74° 21′		$3^h\ 50^m$		+57° 50′	
	s		″		s		″		s		″		s		″	
Jan. 0	52.58		80.44		52.381		56.46		55.77		91.13		16.591		66.93	
10	52.26	32	82.43	199	52.247	134	58.48	202	55.11	66	93.20	207	16.437	154	68.43	150
20	51.84	42	83.98	155	52.077	170	60.10	162	54.36	75	94.74	154	16.220	217	69.58	115
30	51.34	50	85.04	106	51.877	200	61.29	119	53.55	81	95.72	98	15.951	269	70.34	76
Febr. 9	50.78	56	85.58	54	51.654	223	62.03	74	52.70	85	96.11	39	15.641	310	70.66	32
19	50.19	59	85.57	1	51.418	236	62.30	27	51.83	87	95.92	19	15.305	336	70.54	12
März 1	49.59	60	85.01	56	51.177	241	62.10	20	50.96	87	95.16	76	14.962	343	69.98	56
11	49.02	57	83.94	107	50.942	235	61.45	65	50.12	84	93.87	129	14.629	333	69.01	97
21	48.49	53	82.40	154	50.723	219	60.36	109	49.33	79	92.08	179	14.325	304	67.67	134
31	48.04	45	80.45	195	50.530	193	58.87	149	48.62	71	89.85	223	14.065	260	66.01	166
April 10	47.69	35	78.19	226	50.371	159	56.99	188	48.00	62	87.22	263	13.863	202	64.11	190
20	47.45	24	75.70	249	50.253	118	54.78	221	47.48	52	84.26	296	13.731	132	62.05	206
30	47.34	11	73.07	263	50.182	71	52.28	250	47.09	39	81.04	322	13.676	55	59.91	214
Mai 10	47.36	2	70.41	266	50.162	20	49.54	274	46.83	26	77.63	341	13.703	27	57.78	213
20	47.51	15	67.82	259	50.195	33	46.63	291	46.70	13	74.11	352	13.813	110	55.73	205
30	47.79	28	65.36	246	50.280	85	43.61	302	46.72	2	70.57	354	14.002	189	53.83	190
Juni 9	48.18	39	63.12	224	50.415	135	40.55	306	46.87	15	67.08	349	14.266	264	52.14	169
19	48.68	50	61.17	195	50.597	182	37.53	302	47.16	29	63.73	335	14.597	331	50.72	142
29	49.28	60	59.56	161	50.821	224	34.63	290	47.58	42	60.61	312	14.985	388	49.59	113
Juli 9	49.95	67	58.32	124	51.080	259	31.93	270	48.11	53	57.80	281	15.422	437	48.79	80
19	50.69	74	57.48	84	51.368	288	29.50	243	48.74	63	55.40	240	15.895	473	48.34	45
29	51.47	78	57.06	42	51.677	309	27.42	208	49.45	71	53.46	194	16.394	499	48.23	11
Aug. 8	52.28	81	57.06	0	51.999	322	25.75	167	50.22	77	52.05	141	16.908	514	48.46	23
18	53.09	81	57.49	43	52.327	328	24.56	119	51.03	81	51.22	83	17.427	519	49.03	57
28	53.90	81	58.33	84	52.653	326	23.87	69	51.85	82	51.01	21	17.942	515	49.92	89
Sept. 7	54.70	80	59.55	122	52.970	317	23.72	15	52.66	81	51.42	41	18.445	503	51.09	117
17	55.46	76	61.13	158	53.271	301	24.12	40	53.43	77	52.46	104	18.927	482	52.53	144
27	56.18	72	63.05	192	53.551	280	25.06	94	54.14	71	54.09	163	19.382	455	54.21	168
Okt. 7	56.84	66	65.26	221	53.804	253	26.50	144	54.76	62	56.26	217	19.804	422	56.10	189
17	57.43	59	67.73	247	54.025	221	28.40	190	55.28	52	58.90	264	20.186	382	58.16	206
27	57.94	51	70.40	267	54.211	186	30.67	227	55.67	39	61.93	303	20.523	337	60.35	219
Nov. 6	58.37	43	73.23	283	54.358	147	33.24	257	55.92	25	65.22	329	20.809	286	62.64	229
16	58.69	32	76.15	292	$_{18}$54.465	107	36.01	277	$_{18}$56.03	11	68.65	343	21.037	228	64.97	233
25	$_{17}$58.90	21	79.09	294	54.528	63	38.87	286	55.98	5	72.11	346	$_{18}$21.203	166	67.30	233
Dez. 5	59.00	10	81.97	288	54.547	19	41.71	284	55.79	19	75.46	335	21.302	99	69.57	227
15	58.98	2	84.72	275	54.522	25	44.44	273	55.45	34	78.58	312	21.330	28	71.72	215
25	58.84	14	87.24	252	54.453	69	46.96	252	54.98	47	81.37	279	21.285	45	73.68	196
35	58.58	26	89.46	222	54.342	111	49.18	222	54.39	59	83.73	236	21.169	116	75.38	170
Mittl. Ort	46.99		69.05		50.606		45.77		53.04		76.11		12.908		57.63	
sec δ, tg δ	+3.103		+ 2.938		+1.241		− 0.735		+3.712		− 3.575		+1.879		+ 1.591	
a, *a′*	+6.3		+11.1		+2.2		+10.9		−0.9		+10.9		+4.9		+10.8	
b, *b′*	+0.11		− 0.83		−0.03		− 0.84		−0.13		− 0.84		+0.06		− 0.84	

Scheinbare Sternörter 1957

Obere Kulmination Greenwich

Tag	144) ζ Persei AR.		144) ζ Persei Dekl.		147) ε Persei AR.		147) ε Persei Dekl.		149) γ Eridani AR.		149) γ Eridani Dekl.		148) ξ Persei AR.		148) ξ Persei Dekl.	
1957	3h 51m		+31° 45′		3h 54m		+39° 53′		3h 56m		−13° 37′		3h 56m		+35° 40′	
	s		″		s		″		s		″		s		″	
Jan. 0	27.839	71	31.60	36	60.362	80	20.98	74	3.146	75	52.72	152	12.685	71	13.56	55
10	27.768	111	31.96	20	60.282	126	21.72	53	3.071	108	54.24	128	12.614	115	14.11	38
20	27.657	146	32.16	2	60.156	165	22.25	28	2.963	137	55.52	104	12.499	153	14.49	16
30	27.511	174	32.18	16	59.991	196	22.53	1	2.826	161	56.56	76	12.346	182	14.65	6
Febr. 9	27.337	192	32.02	36	59.795	217	22.54	26	2.665	177	57.32	46	12.164	202	14.59	29
19	27.145	200	31.66	53	59.578	225	22.28	53	2.488	183	57.78	18	11.962	211	14.30	51
März 1	26.945	195	31.13	70	59.353	221	21.75	77	2.305	181	57.96	12	11.751	208	13.79	72
11	26.750	180	30.43	83	59.132	204	20.98	99	2.124	169	57.84	42	11.543	192	13.07	89
21	26.570	153	29.60	91	58.928	175	19.99	115	1.955	148	57.42	70	11.351	165	12.18	101
31	26.417	116	28.69	96	58.753	134	18.84	126	1.807	119	56.72	99	11.186	127	11.17	109
April 10	26.301	72	27.73	96	58.619	86	17.58	132	1.688	83	55.73	126	11.059	81	10.08	113
20	26.229	23	26.77	90	58.533	32	16.26	131	1.605	42	54.47	150	10.978	29	8.95	110
30	26.206	30	25.87	80	58.501	27	14.95	125	1.563	3	52.97	172	10.949	25	7.85	102
Mai 10	26.236	84	25.07	66	58.528	85	13.70	113	1.566	48	51.25	192	10.974	81	6.83	89
20	26.320	136	24.41	49	58.613	143	12.57	97	1.614	94	49.33	207	11.055	136	5.94	74
30	26.456	185	23.92	30	58.756	197	11.60	78	1.708	137	47.26	217	11.191	187	5.20	54
Juni 9	26.641	228	23.62	10	58.953	244	10.82	55	1.845	176	45.09	222	11.378	232	4.66	34
19	26.869	265	23.52	12	59.197	286	10.27	32	2.021	211	42.87	222	11.610	271	4.32	11
29	27.134	296	23.64	32	59.483	319	9.95	8	2.232	240	40.65	215	11.881	304	4.21	11
Juli 9	27.430	318	23.96	50	59.802	345	9.87	16	2.472	262	38.50	202	12.185	329	4.32	31
19	27.748	333	24.46	67	60.147	364	10.03	39	2.734	278	36.48	182	12.514	345	4.63	51
29	28.081	342	25.13	81	60.511	373	10.42	60	3.012	288	34.66	157	12.859	354	5.14	68
Aug. 8	28.423	343	25.94	93	60.884	376	11.02	78	3.300	291	33.09	127	13.213	357	5.82	83
18	28.766	339	26.87	101	61.260	372	11.80	94	3.591	289	31.82	92	13.570	354	6.65	95
28	29.105	329	27.88	107	61.632	362	12.74	108	3.880	281	30.90	54	13.924	344	7.60	105
Sept. 7	29.434	314	28.95	109	61.994	347	13.82	119	4.161	269	30.36	14	14.268	331	8.65	111
17	29.748	297	30.04	110	62.341	329	15.01	127	4.430	252	30.22	26	14.599	312	9.76	116
27	30.045	275	31.14	109	62.670	306	16.28	133	4.682	232	30.48	65	14.911	291	10.92	119
Okt. 7	30.320	251	32.23	106	62.976	279	17.61	137	4.914	210	31.13	102	15.202	266	12.11	119
17	30.571	223	33.29	102	63.255	250	18.98	139	5.124	183	32.15	132	15.468	239	13.30	118
27	30.794	193	34.31	98	63.505	216	20.37	140	5.307	155	33.47	157	15.707	207	14.48	117
Nov. 6	30.987	160	35.29	92	63.721	179	21.77	138	5.462	125	35.04	177	15.914	172	15.65	113
16	31.147	124	36.21	86	63.900	138	23.15	134	5.587	91	36.81	188	16.086	133	16.78	108
25	[19] 31.271	83	37.07	79	[20] 64.038	93	24.49	127	[20] 5.678	57	38.69	191	[20] 16.219	92	17.86	102
Dez. 5	31.354	41	37.86	69	64.131	45	25.76	117	5.735	20	40.60	188	16.311	47	18.88	93
15	31.395	2	38.55	59	64.176	4	26.93	104	5.755	18	42.48	179	16.358	0	19.81	81
25	31.393	47	39.14	47	64.172	54	27.97	88	5.737	55	44.27	163	16.358	47	20.62	67
35	31.346		39.61		64.118		28.85		5.682		45.90		16.311		21.29	
Mittl. Ort	25.385		27.20		57.646		15.18		1.285		46.54		10.102		8.69	
sec δ, tg δ	+1.176		+ 0.619		+1.303		+ 0.836		+1.029		— 0.242		+1.231		+ 0.718	
a, a′	+3.8		+10.7		+4.0		+10.4		+2.8		+10.3		+3.9		+10.3	
b, b′	+0.02		— 0.85		+0.03		— 0.85		—0.01		— 0.86		+0.02		— 0.86	

Scheinbare Sternörter 1957

Obere Kulmination Greenwich

Tag	150) λ Tauri AR.	Δ	150) λ Tauri Dekl.	Δ	151) ν Tauri AR.	Δ	151) ν Tauri Dekl.	Δ	153) 174 G. Eridani AR.	Δ	153) 174 G. Eridani Dekl.	Δ	152) 48 Persei AR.	Δ	152) 48 Persei Dekl.	Δ
1957	$3^h 58^m$		$+12° 22'$		$4^h 0^m$		$+5° 52'$		$4^h 3^m$		$-27° 45'$		$4^h 5^m$		$+47° 35'$	
	s		″		s		″		s		″		s		″	
Jan. 0	19.772	55	12.70	50	53.970	54	15.35	79	52.865	96	74.87	196	34.924	88	65.25	115
10	19.717	91	12.20	50	53.916	90	14.56	72	52.769	133	76.83	164	34.836	142	66.40	89
20	19.626	122	11.70	48	53.826	121	13.84	65	52.636	164	78.47	128	34.694	189	67.29	60
30	19.504	148	11.22	47	53.705	145	13.19	56	52.472	189	79.75	88	34.505	226	67.89	26
Febr. 9	19.356	165	10.75	44	53.560	163	12.63	46	52.283	206	80.63	48	34.279	251	68.15	8
19	19.191	173	10.31	41	53.397	172	12.17	36	52.077	213	81.11	6	34.028	263	68.07	42
März 1	19.018	171	9.90	36	53.225	170	11.81	25	51.864	212	81.17	35	33.765	261	67.65	75
11	18.847	160	9.54	30	53.055	160	11.56	13	51.652	201	80.82	74	33.504	243	66.90	104
21	18.687	138	9.24	23	52.895	139	11.43	0	51.451	179	80.08	112	33.261	211	65.86	128
31	18.549	108	9.01	12	52.756	109	11.43	16	51.272	149	78.96	148	33.050	168	64.58	147
April 10	18.441	71	8.89	0	52.647	74	11.59	32	51.123	111	77.48	180	32.882	114	63.11	160
20	18.370	28	8.89	15	52.573	32	11.91	50	51.012	69	75.68	210	32.768	54	61.51	165
30	18.342	19	9.04	30	52.541	13	12.41	67	50.943	22	73.58	234	32.714	11	59.86	164
Mai 10	18.361	65	9.34	47	52.554	58	13.08	84	50.921	26	71.24	254	32.725	77	58.22	156
20	18.426	110	9.81	64	52.612	103	13.92	101	50.947	75	68.70	268	32.802	141	56.66	143
30	18.536	154	10.45	79	52.715	146	14.93	116	51.022	122	66.02	276	32.943	203	55.23	125
Juni 9	18.690	193	11.24	94	52.861	184	16.09	127	51.144	166	63.26	277	33.146	258	53.98	102
19	18.883	226	12.18	105	53.045	218	17.36	136	51.310	204	60.49	271	33.404	306	52.96	78
29	19.109	254	13.23	114	53.263	246	18.72	141	51.514	238	57.78	257	33.710	346	52.18	52
Juli 9	19.363	276	14.37	119	53.509	267	20.13	141	51.752	265	55.21	236	34.056	377	51.66	24
19	19.639	290	15.56	120	53.776	282	21.54	137	52.017	286	52.85	208	34.433	400	51.42	3
29	19.929	298	16.76	117	54.058	290	22.91	128	52.303	299	50.77	173	34.833	414	51.45	29
Aug. 8	20.227	300	17.93	110	54.348	293	24.19	116	52.602	306	49.04	132	35.247	420	51.74	54
18	20.527	297	19.03	99	54.641	291	25.35	98	52.908	306	47.72	87	35.667	419	52.28	77
28	20.824	289	20.02	86	54.932	283	26.33	78	53.214	300	46.85	38	36.086	411	53.05	98
Sept. 7	21.113	278	20.88	69	55.215	272	27.11	55	53.514	288	46.47	12	36.497	397	54.03	116
17	21.391	261	21.57	51	55.487	257	27.66	32	53.802	271	46.59	62	36.894	378	55.19	132
27	21.652	243	22.08	33	55.744	239	27.98	7	54.073	250	47.21	110	37.272	355	56.51	145
Okt. 7	21.895	223	22.41	15	55.983	218	28.05	15	54.323	224	48.31	154	37.627	326	57.96	157
17	22.118	199	22.56	1	56.201	195	27.90	36	54.547	195	49.85	192	37.953	293	59.53	165
27	22.317	173	22.55	16	56.396	170	27.54	53	54.742	163	51.77	222	38.246	256	61.18	172
Nov. 6	22.490	144	22.39	28	56.566	141	27.01	68	54.905	128	53.99	244	38.502	213	62.90	175
16	[20] 22.634	112	22.11	37	[21] 56.707	110	26.33	78	[22] 55.033	89	56.43	256	[22] 38.715	165	64.65	174
25	22.746	79	21.74	43	56.817	77	25.55	83	55.122	50	58.99	259	38.880	115	66.39	170
Dez. 5	22.825	42	21.31	47	56.894	40	24.72	85	55.172	9	61.58	252	38.995	59	68.09	161
15	22.867	4	20.84	49	56.934	4	23.87	85	55.181	33	64.10	237	39.054	1	69.70	148
25	22.871	34	20.35	50	56.938	34	23.02	82	55.148	74	66.47	213	39.055	58	71.18	131
35	22.837		19.85		56.904		22.20		55.074		68.60		38.997		72.49	
Mittl. Ort	17.661		13.05		51.931		17.30		51.016		65.74		31.832		58.94	
sec δ, tg δ	+1.024		+ 0.219		+1.005		+ 0.103		+1.130		−0.527		+1.483		+1.095	
a, *a′*	+3.3		+10.1		+3.2		+10.0		+2.5		+9.7		+4.4		+9.6	
b, *b′*	+0.01		− 0.86		0.00		− 0.87		−0.02		−0.87		+0.03		−0.88	

Obere Kulmination Greenwich

Tag	154) o¹ Eridani				155) α Horologii				156) α Reticuli				162) δ Tauri			
	AR.		Dekl.		AR.		Dekl.		AR.		Dekl.		AR.		Dekl.	
1957	4h 9m		−6° 56′		4h 12m		−42° 23′		4h 13m		−62° 34′		4h 20m		+17° 26′	
	s		″		s		″		s		″		s		″	
Jan. 0	47.808	57	59.08	133	36.412	140	69.49	234	54.25	30	65.37	249	29.348	39	35.33	27
10	47.751	93	60.41	116	36.272	182	71.83	194	53.95	36	67.86	200	29.309	78	35.06	28
20	47.658	124	61.57	96	36.090	219	73.77	148	53.59	42	69.86	149	29.231	114	34.78	30
30	47.534	150	62.53	75	35.871	248	75.25	101	53.17	46	71.35	93	29.117	143	34.48	33
Febr. 9	47.384	169	63.28	52	35.623	267	76.26	50	52.71	48	72.28	36	28.974	166	34.15	34
19	47.215	178	63.80	28	35.356	277	76.76	0	52.23	49	72.64	21	28.808	179	33.81	37
März 1	47.037	178	64.08	5	35.079	274	76.76	49	51.74	49	72.43	76	28.629	181	33.44	38
11	46.859	168	64.13	19	34.805	262	76.27	97	51.25	46	71.67	128	28.448	172	33.06	37
21	46.691	149	63.94	44	34.543	238	75.30	142	50.79	42	70.39	177	28.276	153	32.69	35
31	46.542	122	63.50	67	34.305	206	73.88	183	50.37	38	68.62	221	28.123	124	32.34	31
April 10	46.420	88	62.83	91	34.099	164	72.05	220	49.99	32	66.41	260	27.999	89	32.03	23
20	46.332	48	61.92	114	33.935	116	69.85	253	49.67	24	63.81	292	27.910	47	31.80	13
30	46.284	4	60.78	134	33.819	63	67.32	279	49.43	17	60.89	318	27.863	1	31.67	1
Mai 10	46.280	41	59.44	154	33.756	8	64.53	300	49.26	9	57.71	337	27.862	47	31.66	13
20	46.321	86	57.90	170	33.748	48	61.53	314	49.17	0	54.34	349	27.909	94	31.79	27
30	46.407	128	56.20	181	33.796	104	58.39	320	49.17	9	50.85	350	28.003	139	32.06	43
Juni 9	46.535	168	54.39	190	33.900	155	55.19	317	49.26	17	47.35	343	28.142	179	32.49	57
19	46.703	202	52.49	193	34.055	204	52.02	307	49.43	24	43.92	329	28.321	216	33.06	69
29	46.905	231	50.56	191	34.259	246	48.95	288	49.67	31	40.63	304	28.537	246	33.75	80
Juli 9	47.136	254	48.65	183	34.505	281	46.07	261	49.98	38	37.59	271	28.783	270	34.55	88
19	47.390	272	46.82	168	34.786	310	43.46	227	50.36	43	34.88	230	29.053	288	35.43	93
29	47.662	283	45.14	150	35.096	330	41.19	184	50.79	46	32.58	181	29.341	299	36.36	93
Aug. 8	47.945	287	43.64	125	35.426	343	39.35	135	51.25	50	30.77	126	29.640	305	37.29	92
18	48.232	286	42.39	96	35.769	347	38.00	82	51.75	51	29.51	67	29.945	305	38.21	86
28	48.518	281	41.43	65	36.116	343	37.18	26	52.26	51	28.84	4	30.250	301	39.07	78
Sept. 7	48.799	271	40.78	30	36.459	332	36.92	33	52.77	49	28.80	59	30.551	292	39.85	66
17	49.070	257	40.48	6	36.791	314	37.25	91	53.26	46	29.39	122	30.843	279	40.51	53
27	49.327	239	40.54	40	37.105	290	38.16	146	53.72	43	30.61	181	31.122	264	41.04	41
Okt. 7	49.566	219	40.94	72	37.395	258	39.62	196	54.15	37	32.42	233	31.386	246	41.45	27
17	49.785	196	41.66	100	37.653	222	41.58	239	54.52	30	34.75	278	31.632	224	41.72	15
27	49.981	170	42.66	125	37.875	181	43.97	273	54.82	24	37.53	314	31.856	199	41.87	4
Nov. 6	50.151	141	43.91	144	38.056	137	46.70	298	55.06	16	40.67	337	32.055	172	41.91	6
16	50.292	110	45.35	154	38.193	88	49.68	311	55.22	7	44.04	348	32.227	140	41.85	13
25*	[23]50.402	75	46.89	160	[24]38.281	39	52.79	312	[24]55.29	2	47.52	347	[26]32.367	105	41.72	17
Dez. 5	50.477	39	48.49	159	38.320	12	55.91	304	55.27	10	50.99	333	32.472	66	41.55	21
15	50.516	2	50.08	153	38.308	63	58.95	285	55.17	18	54.32	308	32.538	27	41.34	22
25	50.518	37	51.61	141	38.245	112	61.80	254	54.99	26	57.40	273	32.565	16	41.12	25
35	50.481		53.02		38.133		64.34		54.73		60.13		32.549		40.87	
Mittl. Ort	45.853		54.02		34.481		58.04		51.95		51.80		27.082		35.76	
sec δ, tg δ	+1.007		−0.122		+1.354		−0.913		+2.172		−1.928		+1.048		+0.314	
a, *a′*	+2.9		+9.3		+2.0		+9.1		+0.8		+9.0		+3.5		+8.4	
b, *b′*	0.00		−0.89		−0.03		−0.89		−0.06		−0.89		+0.01		−0.91	

* Bei Stern 162) lies Nov. 26.

Scheinbare Sternörter 1957

Obere Kulmination Greenwich

Tag	164) ε Tauri AR.		164) ε Tauri Dekl.		171) α Doradus AR.		171) α Doradus Dekl.		168) α Tauri AR.		168) α Tauri Dekl.		169) ν Eridani AR.		169) ν Eridani Dekl.	
1957	$4^h\ 26^m$		$+19°\ 5'$		$4^h\ 33^m$		$-55°\ 7'$		$4^h\ 33^m$		$+16°\ 25'$		$4^h\ 34^m$		$-3°\ 26'$	
	s		″		s		″		s		″		s		″	
Jan. 0	8.433	34	11.74	18	6.098	197	71.92	267	29.301	28	26.68	32	12.159	36	25.22	128
10	8.399	75	11.56	21	5.901	255	74.59	225	29.273	69	26.36	32	12.123	75	26.50	112
20	8.324	112	11.35	24	5.646	303	76.84	176	29.204	107	26.04	32	12.048	110	27.62	95
30	8.212	144	11.11	27	5.343	342	78.60	125	29.097	139	25.72	32	11.938	140	28.57	77
Febr. 9	8.068	166	10.84	30	5.001	369	79.85	70	28.958	162	25.40	33	11.798	163	29.34	57
19	7.902	180	10.54	35	4.632	383	80.55	14 —	28.796	178	25.07	33	11.635	176	29.91	37
März 1	7.722	183	10.19	38	4.249	385	80.69	40	28.618	183	24.74	34	11.459	181	30.28	16 —
11	7.539	176	9.81	39	3.864	372	80.29	92	28.435	175	24.40	32	11.278	175	30.44	4
21	7.363	158	9.42	38	3.492	347	79.37	142	28.260	159	24.08	30	11.103	159	30.40	26
31	7.205	129	9.04	36	3.145	311	77.95	188	28.101	133	23.78	24	10.944	135	30.14	48
April 10	7.076	94	8.68	29	2.834	264	76.07	229	27.968	99	23.54	18	10.809	103	29.66	68
20	6.982	52	8.39	21	2.570	207	73.78	264	27.869	57	23.36	8 —	10.706	65	28.98	89
30	6.930	5 —	8.18	11 —	2.363	145	71.14	295	27.812	13 —	23.28	4	10.641	22 —	28.09	110
Mai 10	6.925	42	8.07	2	2.218	78	68.19	318	27.799	34	23.32	16	10.619	21	26.99	128
20	6.967	89	8.09	17	2.140	9 —	65.01	333	27.833	80	23.48	30	10.640	65	25.71	143
30	7.056	135	8.26	31	2.131	60	61.68	341	27.913	125	23.78	44	10.705	109	24.28	157
Juni 9	7.191	177	8.57	44	2.191	128	58.27	339	28.038	167	24.22	57	10.814	148	22.71	167
19	7.368	213	9.01	58	2.319	193	54.88	330	28.205	204	24.79	68	10.962	184	21.04	171
29	7.581	244	9.59	70	2.512	251	51.58	310	28.409	235	25.47	78	11.146	216	19.33	172
Juli 9	7.825	269	10.29	78	2.763	302	48.48	283	28.644	260	26.25	85	11.362	240	17.61	166
19	8.094	289	11.07	83	3.065	346	45.65	246	28.904	279	27.10	89	11.602	261	15.95	156
29	8.383	300	11.90	86	3.411	381	43.19	202	29.183	293	27.99	89	11.863	274	14.39	141
Aug. 8	8.683	306	12.76	86	3.792	405	41.17	150	29.476	300	28.88	86	12.137	282	12.98	120
18	8.989	308	13.62	81	4.197	420	39.67	94	29.776	303	29.74	79	12.419	285	11.78	95
28	9.297	304	14.43	75	4.617	424	38.73	34 —	30.079	300	30.53	69	12.704	283	10.83	66
Sept. 7	9.601	297	15.18	65	5.041	417	38.39	30	30.379	293	31.22	57	12.987	277	10.17	35
17	9.898	284	15.83	54	5.458	399	38.69	93	30.672	283	31.79	44	13.264	266	9.82	3 —
27	10.182	270	16.37	42	5.857	371	39.62	152	30.955	270	32.23	30	13.530	253	9.79	30
Okt. 7	10.452	253	16.79	31	6.228	335	41.14	208	31.225	253	32.53	16	13.783	237	10.09	60
17	10.705	231	17.10	20	6.563	289	43.22	256	31.478	233	32.69	3 —	14.020	216	10.69	88
27	10.936	207	17.30	10	6.852	236	45.78	295	31.711	210	32.72	9	14.236	193	11.57	112
Nov. 6	11.143	178	17.40	1 —	7.088	177	48.73	324	31.921	182	32.63	17	14.429	166	12.69	129
16	11.321	148	17.41	4	7.265	112	51.97	341	32.103	152	32.46	23	14.595	135	13.98	141
26	11.469	113	17.37	9	7.377	44 —	55.38	345	32.255	117	32.23	28	14.730	102	15.39	148
Dez. 5	^{27}11.582	73	17.28	12	^{29}7.421	24	58.83	337	^{29}32.372	79	31.95	31	^{29}14.832	66	16.87	148
15	11.655	32 —	17.16	14	7.397	93	62.20	319	32.451	39 —	31.64	31	14.898	26 —	18.35	143
25	11.687	11	17.02	15	7.304	159	65.39	289	32.490	5	31.33	31	14.924	14	19.78	134
35	11.676		16.87		7.145		68.28		32.485		31.02		14.910		21.12	
Mittl. Ort	6.121		12.18		3.867		59.50		27.011		28.03		10.096		20.19	
sec δ, tg δ	+1.058		+0.346		+1.749		−1.435		+1.043		+0.295		+1.002		−0.060	
a, *a′*	+3.5		+8.0		+1.3		+7.4		+3.4		+7.4		+3.0		+7.3	
b, *b′*	+0.01		−0.92		−0.04		−0.93		+0.01		−0.93		0.00		−0.93	

Scheinbare Sternörter 1957

Obere Kulmination Greenwich

Tag	172) 53 Eridani AR.	Diff.	172) 53 Eridani Dekl.	Diff.	174) τ Tauri AR.	Diff.	174) τ Tauri Dekl.	Diff.	173) Grb 848 Caml AR.	Diff.	173) Grb 848 Caml Dekl.	Diff.	175) 4 Camelopard. AR.	Diff.	175) 4 Camelopard. Dekl.	Diff.
1957	$4^h\ 36^m$		−14° 22′		$4^h\ 39^m$		+22° 52′		$4^h\ 43^m$		+75° 51′		$4^h\ 44^m$		+56° 40′	
	s		″		s		″		s		″		s		″	
Jan. 0	14.585	47	79.50	174	42.044	23	33.64	2	8.48	26	66.24	254	28.607	67	63.70	176
10	14.538	87	81.24	152	42.021	67	33.66	2	8.22	42	68.78	221	28.540	141	65.46	151
20	14.451	122	82.76	127	41.954	107	33.64	7	7.80	57	70.99	181	28.399	208	66.97	121
30	14.329	151	84.03	98	41.847	142	33.57	13	7.23	68	72.80	133	28.191	263	68.18	86
Febr. 9	14.178	174	85.01	68	41.705	168	33.44	20	6.55	75	74.13	79	27.928	305	69.04	47
19	14.004	188	85.69	37	41.537	185	33.24	28	5.80	81	74.92	24	27.623	331	69.51	5
März 1	13.816	193	86.06	7	41.352	190	32.96	35	4.99	82	75.16	32	27.292	340	69.56	36
11	13.623	187	86.13	24	41.162	185	32.61	40	4.17	79	74.84	87	26.952	329	69.20	76
21	13.436	171	85.89	54	40.977	168	32.21	44	3.38	73	73.97	137	26.623	301	68.44	112
31	13.265	148	85.35	83	40.809	141	31.77	45	2.65	63	72.60	182	26.322	258	67.32	144
April 10	13.117	115	84.52	111	40.668	107	31.32	43	2.02	51	70.78	219	26.064	201	65.88	168
20	13.002	77	83.41	137	40.561	65	30.89	39	1.51	37	68.59	247	25.863	134	64.20	187
30	12.925	35	82.04	161	40.496	18	30.50	32	1.14	20	66.12	266	25.729	60	62.33	197
Mai 10	12.890	9	80.43	182	40.478	30	30.18	21	0.94	4	63.46	275	25.669	18	60.36	200
20	12.899	55	78.61	199	40.508	79	29.97	9	0.90	13	60.71	277	25.687	96	58.36	197
30	12.954	98	76.62	211	40.587	125	29.88	4	1.03	29	57.94	268	25.783	171	56.39	187
Juni 9	13.052	139	74.51	219	40.712	168	29.92	18	1.32	45	55.26	252	25.954	243	54.52	171
19	13.191	177	72.32	220	40.880	207	30.10	31	1.77	59	52.74	230	26.197	306	52.81	151
29	13.368	209	70.12	216	41.087	240	30.41	43	2.36	72	50.44	202	26.503	362	51.30	127
Juli 9	13.577	237	67.96	204	41.327	267	30.84	53	3.08	82	48.42	169	26.865	409	50.03	101
19	13.814	257	65.92	188	41.594	288	31.37	61	3.90	92	46.73	132	27.274	447	49.02	73
29	14.071	273	64.04	163	41.882	302	31.98	67	4.82	98	45.41	94	27.721	474	48.29	43
Aug. 8	14.344	283	62.41	135	42.184	311	32.65	69	5.80	104	44.47	52	28.195	493	47.86	14
18	14.627	287	61.06	100	42.495	315	33.34	68	6.84	107	43.95	11	28.688	503	47.72	15
28	14.914	286	60.06	62	42.810	312	34.02	65	7.91	107	43.84	31	29.191	505	47.87	43
Sept. 7	15.200	280	59.44	21	43.122	307	34.67	60	8.98	107	44.15	72	29.696	499	48.30	71
17	15.480	269	59.23	21	43.429	298	35.27	53	10.05	104	44.87	112	30.195	485	49.01	96
27	15.749	256	59.44	61	43.727	284	35.80	45	11.09	100	45.99	150	30.680	466	49.97	120
Okt. 7	16.005	238	60.05	100	44.011	268	36.25	38	12.09	93	47.49	185	31.146	439	51.17	142
17	16.243	216	61.05	135	44.279	248	36.63	29	13.02	84	49.34	217	31.585	406	52.59	162
27	16.459	192	62.40	164	44.527	225	36.92	23	13.86	74	51.51	245	31.991	364	54.21	179
Nov. 6	16.651	163	64.04	186	44.752	198	37.15	18	14.60	63	53.96	268	32.355	315	56.00	193
16	16.814	130	65.90	201	44.950	165	37.33	14	15.23	49	56.64	285	32.670	260	57.93	203
26	16.944	96	67.91	208	[1] 45.115	130	37.47	11	[2] 15.72	34	59.49	294	[2] 32.930	196	59.96	208
Dez. 5	[30] 17.040	57	69.99	207	45.245	90	37.58	9	16.06	17	62.43	296	33.126	126	62.04	208
15	17.097	17	72.06	199	45.335	47	37.67	7	16.23	1	65.39	288	33.252	51	64.12	201
25	17.114	24	74.05	185	45.382	3	37.74	5	16.24	17	68.27	270	33.303	25	66.13	189
35	17.090		75.90		45.385		37.79		16.07		70.97		33.278		68.02	
Mittl. Ort	12.579		72.50		39.623		34.21		0.68		60.36		24.744		59.71	
sec δ, tg δ	+1.032		+7.2		+1.085		+0.422		+4.095		+3.971		+1.821		+1.521	
a, *a′*	+2.8		−0.257		+3.6		+6.9		+8.1		+6.6		+5.0		+6.5	
b, *b′*	−0.01		−0.93		+0.01		−0.94		+0.09		−0.94		+0.03		−0.95	

Scheinbare Sternörter 1957

Obere Kulmination Greenwich

Tag	178) α Camelopard. AR.		178) Dekl.		180) π^5 Orionis AR.		180) Dekl.		181) ι Aurigae AR.		181) Dekl.		183) ε Aurigae AR.		183) Dekl.	
1957	$4^h\ 49^m$		+66° 16′		$4^h\ 52^m$		+2° 22′		$4^h\ 54^m$		+33° 5′		$4^h\ 58^m$		+43° 45′	
	s		″		s		″		s		″		s		″	
Jan. 0	50.65	11	25.77	220	2.704	18	13.88	105	14.052	14	59.71	58	55.793	18	43.45	117
10	50.54	21	27.97	194	2.686	59	12.83	94	14.038	64	60.29	50	55.775	77	44.62	103
20	50.33	30	29.91	159	2.627	97	11.89	80	13.974	110	60.79	38	55.698	131	45.65	83
30	50.03	37	31.50	117	2.530	130	11.09	67	13.864	151	61.17	24	55.567	177	46.48	60
Febr. 9	49.66	44	32.67	71	2.400	155	10.42	53	13.713	182	61.41	7	55.390	215	47.08	34
19	49.22	47	33.38	23	2.245	173	9.89	38	13.531	203	61.48	11	55.175	240	47.42	6
März 1	48.75	48	33.61	27	2.072	180	9.51	23	13.328	212	61.37	28	54.935	250	47.48	24
11	48.27	46	33.34	75	1.892	177	9.28	8	13.116	208	61.09	46	54.685	247	47.24	51
21	47.81	43	32.59	119	1.715	165	9.20	9	12.908	193	60.63	60	54.438	230	46.73	76
31	47.38	38	31.40	158	1.550	142	9.29	25	12.715	166	60.03	71	54.208	199	45.97	99
April 10	47.00	30	29.82	191	1.408	112	9.54	41	12.549	129	59.32	80	54.009	157	44.98	116
20	46.70	21	27.91	216	1.296	75	9.95	58	12.420	85	58.52	84	53.852	108	43.82	128
30	46.49	11	25.75	231	1.221	34	10.53	76	12.335	35	57.68	83	53.744	52	42.54	134
Mai 10	46.38	2	23.44	240	1.187	9	11.29	92	12.300	16	56.85	80	53.692	8	41.20	136
20	46.36	9	21.04	240	1.196	54	12.21	107	12.316	70	56.05	71	53.700	69	39.84	131
30	46.45	20	18.64	232	1.250	97	13.28	120	12.386	120	55.34	60	53.769	127	38.53	123
Juni 9	46.65	29	16.32	218	1.347	136	14.48	130	12.506	168	54.74	48	53.896	182	37.30	110
19	46.94	38	14.14	198	1.483	174	15.78	137	12.674	212	54.26	33	54.078	232	36.20	94
29	47.32	46	12.16	172	1.657	206	17.15	141	12.886	248	53.93	19	54.310	276	35.26	77
Juli 9	47.78	52	10.44	143	1.863	232	18.56	139	13.134	280	53.74	4	54.586	313	34.49	57
19	48.30	58	9.01	111	2.095	253	19.95	133	13.414	305	53.70	10	54.899	343	33.92	38
29	48.88	62	7.90	78	2.348	269	21.28	122	13.719	323	53.80	22	55.242	366	33.54	19
Aug. 8	49.50	64	7.12	42	2.617	280	22.50	107	14.042	335	54.02	33	55.608	380	33.35	0
18	50.14	67	6.70	7	2.897	284	23.57	87	14.377	342	54.35	41	55.988	390	33.35	19
28	50.81	67	6.63	29	3.181	285	24.44	64	14.719	342	54.76	49	56.378	393	33.54	35
Sept. 7	51.48	67	6.92	63	3.466	282	25.08	39	15.061	339	55.25	53	56.771	390	33.89	51
17	52.15	66	7.55	97	3.748	274	25.47	11	15.400	332	55.78	57	57.161	383	34.40	65
27	52.81	62	8.52	129	4.022	264	25.58	16	15.732	320	56.35	60	57.544	370	35.05	78
Okt. 7	53.43	59	9.81	158	4.286	250	25.42	43	16.052	304	56.95	62	57.914	353	35.83	90
17	54.02	55	11.39	186	4.536	232	24.99	66	16.356	285	57.57	63	58.267	331	36.73	101
27	54.57	49	13.25	209	4.768	210	24.33	87	16.641	261	58.20	65	58.598	303	37.74	111
Nov. 6	55.06	42	15.34	229	4.978	186	23.46	102	16.902	231	58.85	67	58.901	269	38.85	120
16	55.48	34	17.63	244	5.164	157	22.44	113	17.133	198	59.52	69	59.170	229	40.05	127
26	55.82	26	20.07	252	5.321	124	21.31	119	17.331	158	60.21	70	59.399	183	41.32	131
Dez. 5*	$_3$56.08	15	22.59	255	$_4$5.445	87	20.12	120	$_5$17.489	113	60.91	69	$_6$59.582	131	42.63	134
15	56.23	5	25.14	249	5.532	47	18.92	117	17.602	66	61.60	68	59.713	74	43.97	131
25	56.28	5	27.63	236	5.579	6	17.75	109	17.668	15	62.28	64	59.787	15	45.28	125
35	56.23		29.99		5.585		16.66		17.683		62.92		59.802		46.53	
Mittl. Ort	45.59		21.35		0.540		18.50		11.347		59.68		52.694		42.37	
sec δ, tg δ	+2.485		+2.275		+1.001		+0.041		+1.194		+0.652		+1.385		+0.958	
a, *a′*	+6.0		+6.0		+3.1		+5.9		+3.9		+5.7		+4.3		+5.3	
b, *b′*	+0.05		−0.95		0.00		−0.96		+0.01		−0.96		+0.02		−0.96	

* Bei Stern 183) lies Dez. 6.

Scheinbare Sternörter 1957

Obere Kulmination Greenwich

Tag	182) β Camelopard.				184) ι Tauri				185) η Aurigae				186) ε Leporis			
	AR.		Dekl.		AR.		Dekl.		AR.		Dekl.		AR.		Dekl.	
1957	4h 59m		+60° 22′		5h 0m		+21° 31′		5h 3m		+41° 10′		5h 3m		−22° 25′	
	s		″		s		″		s		″		s		″	
Jan. 0	39.27	6	58.14	199	33.781	4	47.05	4	32.676	10	42.74	104	40.437	37	47.35	220
10	39.21	14	60.13	177	33.777	50	47.01	6	32.666	67	43.78	91	40.400	81	49.55	194
20	39.07	22	61.90	147	33.727	93	46.95	7	32.599	120	44.69	76	40.319	121	51.49	163
30	38.85	28	63.37	111	33.634	130	46.88	10	32.479	165	45.45	55	40.198	155	53.12	129
Febr. 9	38.57	34	64.48	71	33.504	160	46.78	15	32.314	202	46.00	31	40.043	183	54.41	94
19	38.23	37	65.19	27	33.344	181	46.63	20	32.112	228	46.31	7	39.860	201	55.35	56
März 1	37.86	38	65.46	17	33.163	190	46.43	25	31.884	239	46.38	20	39.659	210	55.91	19
11	37.48	38	65.29	61	32.973	188	46.18	30	31.645	237	46.18	46	39.449	209	56.10	19
21	37.10	35	64.68	101	32.785	175	45.88	33	31.408	221	45.72	68	39.240	197	55.91	56
31	36.75	31	63.67	137	32.610	152	45.55	35	31.187	193	45.04	89	39.043	177	55.35	90
April 10	36.44	25	62.30	167	32.458	120	45.20	33	30.994	154	44.15	104	38.866	147	54.45	123
20	36.19	17	60.63	190	32.338	81	44.87	30	30.840	106	43.11	116	38.719	110	53.22	155
30	36.02	10	58.73	206	32.257	37	44.57	23	30.734	53	41.95	121	38.609	70	51.67	182
Mai 10	35.92	1	56.67	214	32.220	10	44.34	16	30.681	4	40.74	122	38.539	26	49.85	206
20	35.91	7	54.53	214	32.230	57	44.18	5	30.685	62	39.52	117	38.513	20	47.79	226
30	35.98	15	52.39	208	32.287	104	44.13	6	30.747	118	38.35	109	38.533	65	45.53	239
Juni 9	36.13	23	50.31	196	32.391	147	44.19	18	30.865	171	37.26	98	38.598	108	43.14	248
19	36.36	31	48.35	179	32.538	187	44.37	29	31.036	220	36.28	83	38.706	149	40.66	250
29	36.67	37	46.56	156	32.725	221	44.66	39	31.256	263	35.45	67	38.855	185	38.16	245
Juli 9	37.04	43	45.00	131	32.946	249	45.05	47	31.519	298	34.78	50	39.040	217	35.71	232
19	37.47	47	43.69	102	33.195	273	45.52	54	31.817	328	34.28	32	39.257	243	33.39	212
29	37.94	51	42.67	73	33.468	290	46.06	57	32.145	350	33.96	15	39.500	264	31.27	185
Aug. 8	38.45	53	41.94	43	33.758	301	46.63	57	32.495	365	33.81	2	39.764	279	29.42	153
18	38.98	55	41.51	11	34.059	308	47.20	55	32.860	374	33.83	18	40.043	288	27.89	114
28	39.53	56	41.40	19	34.367	310	47.75	51	33.234	378	34.01	32	40.331	292	26.75	70
Sept. 7	40.09	55	41.59	49	34.677	307	48.26	45	33.612	376	34.33	45	40.623	292	26.05	23
17	40.64	54	42.08	79	34.984	301	48.71	36	33.988	370	34.78	57	40.915	286	25.82	25
27	41.18	53	42.87	106	35.285	292	49.07	27	34.358	359	35.35	68	41.201	275	26.07	73
Okt. 7	41.71	50	43.93	133	35.577	278	49.34	19	34.717	343	36.03	77	41.476	260	26.80	119
17	42.21	47	45.26	157	35.855	262	49.53	11	35.060	323	36.80	87	41.736	241	27.99	159
27	42.68	42	46.83	178	36.117	240	49.64	5	35.383	296	37.67	96	41.977	216	29.58	195
Nov. 6	43.10	37	48.61	196	36.357	215	49.69	0	35.679	265	38.63	103	42.193	188	31.53	223
16	43.47	31	50.57	212	36.572	185	49.69	3	35.944	227	39.66	110	42.381	155	33.76	243
26	43.78	24	52.69	221	36.757	150	49.66	5	36.171	183	40.76	114	42.536	118	36.19	252
Dez. 6	$_6$44.02	16	54.90	224	$_6$36.907	111	49.61	5	$_7$36.354	134	41.90	117	$_7$42.654	77	38.71	254
15	44.18	8	57.14	221	37.018	67	49.56	4	36.488	80	43.07	115	42.731	33	41.25	247
25	44.26	1	59.35	211	37.085	22	49.52	3	36.568	23	44.22	111	42.764	11	43.72	231
35	44.25		61.46		37.107		49.49		36.591		45.33		42.753		46.03	
Mittl. Ort	34.99		55.28		31.334		49.14		29.675		42.37		38.360		38.99	
sec δ, tg δ	+2.023		+1.759		+1.075		+0.395		+1.329		+0.875		+1.082		−0.413	
a, *a′*	+5.3		+5.2		+3.6		+5.1		+4.2		+4.9		+2.5		+4.9	
b, *b′*	+0.03		−0.97		+0.01		−0.97		+0.01		−0.97		−0.01		−0.97	

Scheinbare Sternörter 1957

Obere Kulmination Greenwich

Tag	188) β Eridani AR.		188) β Eridani Dekl.		192) μ Aurigae AR.		192) μ Aurigae Dekl.	
1957	5h 5m		−5° 8′		5h 10m		+38° 25′	
	s		″		s		″	
Jan. 0	46.164	13	32.03	146	31.808	0	67.30	90
10	46.151	55	33.49	130	31.808	55	68.20	81
20	46.096	94	34.79	111	31.753	107	69.01	68
30	46.002	129	35.90	91	31.646	153	69.69	50
Febr. 9	45.873	156	36.81	68	31.493	190	70.19	30
19	45.717	175	37.49	46	31.303	215	70.49	8
März 1	45.542	185	37.95	24	31.088	229	70.57	15
11	45.357	184	38.19	1	30.859	228	70.42	38
21	45.173	173	38.20	21	30.631	215	70.04	59
31	45.000	153	37.99	45	30.416	189	69.45	77
April 10	44.847	125	37.54	66	30.227	152	68.68	91
20	44.722	90	36.88	87	30.075	108	67.77	101
30	44.632	51	36.01	108	29.967	57	66.76	106
Mai 10	44.581	8	34.93	127	29.910	3	65.70	106
20	44.573	36	33.66	143	29.907	53	64.64	103
30	44.609	78	32.23	157	29.960	107	63.61	95
Juni 9	44.687	119	30.66	166	30.067	159	62.66	85
19	44.806	156	29.00	172	30.226	205	61.81	72
29	44.962	189	27.28	172	30.431	247	61.09	57
Juli 9	45.151	217	25.56	167	30.678	283	60.52	42
19	45.368	241	23.89	158	30.961	311	60.10	27
29	45.609	258	22.31	141	31.272	333	59.83	11
Aug. 8	45.867	272	20.90	120	31.605	349	59.72	2
18	46.139	279	19.70	95	31.954	359	59.74	15
28	46.418	282	18.75	65	32.313	364	59.89	28
Sept. 7	46.700	280	18.10	32	32.677	363	60.17	37
17	46.980	275	17.78	1	33.040	358	60.54	46
27	47.255	267	17.79	36	33.398	349	61.00	55
Okt. 7	47.522	254	18.15	69	33.747	335	61.55	63
17	47.776	237	18.84	99	34.082	316	62.18	70
27	48.013	218	19.83	125	34.398	293	62.88	77
Nov. 6	48.231	193	21.08	144	34.691	263	63.65	84
16	48.424	164	22.52	159	34.954	228	64.49	90
26	48.588	131	24.11	166	35.182	186	65.39	95
Dez. 6	48.719	94	25.77	167	35.368	139	66.34	98
15	48.813	54	27.44	163	35.507	87	67.32	98
25	48.867	12	29.07	153	35.594	32	68.30	96
35	48.879		30.60		35.626		69.26	
Mittl. Ort	44.025		25.89		28.898		67.85	
sec δ, tg δ	+1.004		− 0.090		+1.277		+0.794	
a, a′	+3.0		+ 4.7		+4.1		+4.3	
b, b′	0.00		− 0.97		+0.01		−0.98	

Tag	194) β Orionis AR.		194) β Orionis Dekl.		193) α Aurigae AR.		193) α Aurigae Dekl.	
1957	5h 12m		−8° 14′		5h 13m		+45° 57′	
	s		″		s		″	
Jan. 0	30.326	10	66.32	163	33.748	2	23.59	130
10	30.316	53	67.95	145	33.746	65	24.89	118
20	30.263	93	69.40	124	33.681	124	26.07	100
30	30.170	128	70.64	101	33.557	175	27.07	77
Febr. 9	30.042	157	71.65	77	33.382	217	27.84	50
19	29.885	176	72.42	51	33.165	246	28.34	21
März 1	29.709	187	72.93	25	32.919	261	28.55	10
11	29.522	188	73.18	0	32.658	261	28.45	40
21	29.334	178	73.18	25	32.397	246	28.05	68
31	29.156	159	72.93	50	32.151	218	27.37	94
April 10	28.997	131	72.43	75	31.933	178	26.43	115
20	28.866	98	71.68	98	31.755	129	25.28	130
30	28.768	59	70.70	120	31.626	72	23.98	141
Mai 10	28.709	16	69.50	140	31.554	12	22.57	146
20	28.693	27	68.10	157	31.542	50	21.11	144
30	28.720	69	66.53	171	31.592	111	19.67	139
Juni 9	28.789	111	64.82	180	31.703	169	18.28	129
19	28.900	148	63.02	186	31.872	222	16.99	115
29	29.048	182	61.16	186	32.094	268	15.84	99
Juli 9	29.230	212	59.30	179	32.362	309	14.85	82
19	29.442	235	57.51	168	32.671	342	14.03	62
29	29.677	255	55.83	151	33.013	368	13.41	42
Aug. 8	29.932	268	54.32	127	33.381	386	12.99	23
18	30.200	277	53.05	99	33.767	400	12.76	4
28	30.477	282	52.06	67	34.167	406	12.72	14
Sept. 7	30.759	281	51.39	32	34.573	406	12.86	32
17	31.040	277	51.07	6	34.979	401	13.18	48
27	31.317	270	51.13	42	35.380	392	13.66	64
Okt. 7	31.587	257	51.55	78	35.772	376	14.30	79
17	31.844	242	52.33	110	36.148	356	15.09	93
27	32.086	222	53.43	139	36.504	329	16.02	106
Nov. 6	32.308	197	54.82	160	36.833	295	17.08	119
16	32.505	169	56.42	176	37.128	255	18.27	128
26	32.674	136	58.18	185	37.383	208	19.55	136
Dez. 6	32.810	98	60.03	186	37.591	154	20.91	141
15	32.908	58	61.89	182	37.745	96	22.32	141
25	32.966	14	63.71	170	37.841	33	23.73	138
35	32.980		65.41		37.874		25.11	
Mittl. Ort	28.189		59.62		30.515		23.55	
sec δ, tg δ	+1.010		−0.145		+1.438		+1.034	
a, a′	+2.9		+4.1		+4.4		+4.0	
b, b′	0.00		−0.98		+0.01		−0.98	

Scheinbare Sternörter 1957

Obere Kulmination Greenwich

Tag	196) ϑ Doradus				191) 19 H. Camelop.				201) γ Orionis				202) β Tauri			
	AR.		Dekl.		AR.		Dekl.		AR.		Dekl.		AR.		Dekl.	
1957	5h 13m		−67° 13′		5h 15m		+79° 10′		5h 22m		+6° 18′		5h 23m		+28° 34′	
	s		″		s		″		s		″		s		″	
Jan. 0	50.11	27	73.09	310	36.06	23	74.38	281	51.638	11	39.03	91	36.912	18	20.12	35
10	49.84	37	76.19	271	35.83	44	77.19	256	51.649	34	38.12	81	36.930	33	20.47	33
20	49.47	45	78.90	227	35.39	64	79.75	221	51.615	76	37.31	70	36.897	82	20.80	29
30	49.02	51	81.17	177	34.75	81	81.96	177	51.539	114	36.61	59	36.815	125	21.09	22
Febr. 9	48.51	56	82.94	123	33.94	95	83.73	127	51.425	145	36.02	47	36.690	160	21.31	12
19	47.95	60	84.17	68	32.99	104	85.00	71	51.280	167	35.55	35	36.530	186	21.43	0
März 1	47.35	61	84.85	12	31.95	108	85.71	14	51.113	180	35.20	24	36.344	201	21.43	11
11	46.74	60	84.97	43	30.87	108	85.85	43	50.933	182	34.96	12	36.143	204	21.32	24
21	46.14	59	84.54	96	29.79	103	85.42	98	50.751	174	34.84	1	35.939	194	21.08	35
31	45.55	55	83.58	146	28.76	93	84.44	149	50.577	155	34.83	11	35.745	173	20.73	45
April 10	45.00	49	82.12	192	27.83	78	82.95	194	50.422	129	34.94	24	35.572	143	20.28	51
20	44.51	42	80.20	233	27.05	63	81.01	230	50.293	96	35.18	37	35.429	104	19.77	56
30	44.09	34	77.87	270	26.42	44	78.71	257	50.197	57	35.55	51	35.325	60	19.21	56
Mai 10	43.75	26	75.17	299	25.98	23	76.14	276	50.140	15	36.06	65	35.265	12	18.65	53
20	43.49	17	72.18	321	25.75	2	73.38	286	50.125	29	36.71	77	35.253	37	18.12	49
30	43.32	6	68.97	336	25.73	20	70.52	286	50.154	71	37.48	89	35.290	85	17.63	41
Juni 9	43.26	4	65.61	342	25.93	40	67.66	278	50.225	112	38.37	100	35.375	132	17.22	32
19	43.30	13	62.19	339	26.33	60	64.88	263	50.337	150	39.37	106	35.507	175	16.90	22
29	43.43	22	58.80	327	26.93	78	62.25	241	50.487	184	40.43	111	35.682	212	16.68	12
Juli 9	43.65	31	55.53	305	27.71	93	59.84	213	50.671	213	41.54	111	35.894	244	16.56	2
19	43.96	39	52.48	274	28.64	107	57.71	181	50.884	238	42.65	108	36.138	272	16.54	7
29	44.35	46	49.74	235	29.71	119	55.90	146	51.122	256	43.73	100	36.410	293	16.61	15
Aug. 8	44.81	52	47.39	187	30.90	128	54.44	106	51.378	270	44.73	88	36.703	309	16.76	20
18	45.33	56	45.52	132	32.18	134	53.38	65	51.648	280	45.61	73	37.012	319	16.96	23
28	45.89	58	44.20	72	33.52	138	52.73	23	51.928	285	46.34	53	37.331	324	17.19	26
Sept. 7	46.47	60	43.48	9	34.90	139	52.50	20	52.213	286	46.87	32	37.655	327	17.45	26
17	47.07	59	43.39	56	36.29	139	52.70	63	52.499	284	47.19	8	37.982	324	17.71	25
27	47.66	56	43.95	121	37.68	135	53.33	104	52.783	277	47.27	16	38.306	317	17.96	24
Okt. 7	48.22	52	45.16	182	39.03	128	54.37	144	53.060	268	47.11	38	38.623	308	18.20	23
17	48.74	46	46.98	236	40.31	119	55.81	183	53.328	255	46.73	60	38.931	293	18.43	22
27	49.20	39	49.34	284	41.50	108	57.64	217	53.583	238	46.13	78	39.224	274	18.65	22
Nov. 6	49.59	31	52.18	321	42.58	94	59.81	247	53.821	215	45.35	91	39.498	249	18.87	24
16	49.90	21	55.39	346	43.52	77	62.28	273	54.036	188	44.44	100	39.747	220	19.11	26
26	50.11	11	58.85	360	44.29	58	65.01	291	54.224	157	43.44	105	39.967	183	19.37	29
Dez. 6	10 50.22	0	62.45	361	10 44.87	36	67.92	301	12 54.381	120	42.39	106	12 40.150	142	19.66	32
15	50.22	10	66.06	350	45.23	14	70.93	302	54.501	79	41.33	102	40.292	96	19.98	35
25	50.12	22	69.56	327	45.37	8	73.95	294	54.580	35	40.31	96	40.388	46	20.33	37
35	49.90		72.83		45.29		76.89		54.615		39.35		40.434		20.70	
Mittl. Ort	47.02		61.56		25.91		71.88		49.367		44.26		34.272		22.82	
sec δ, tg δ	+2.584		−2.383		+5.330		+5.236		+1.006		+0.111		+1.139		+0.545	
a, *a′*	0.0		+4.0		+9.9		+3.9		+3.2		+3.2		+3.8		+3.2	
b, *b′*	−0.03		−0.98		+0.07		−0.98		0.00		−0.99		+0.01		−0.99	

Scheinbare Sternörter 1957

Obere Kulmination Greenwich

Tag	203) 17 Camelopard. AR.		203) 17 Camelopard. Dekl.		206) δ Orionis AR.		206) δ Orionis Dekl.	
1957	5h 26m		+63° 1′		5h 29m		—0° 19′	
	s		″		s		″	
Jan. 0	10.76	2	63.38	221	50.705	12 —	51.93	129
10	10.74	11	65.59	202	50.717	32	53.22	115
20	10.63	21	67.61	177	50.685	75	54.37	99
30	10.42	28	69.38	144	50.610	112	55.36	82
Febr. 9	10.14	35	70.82	105	50.498	144	56.18	64
19	9.79	39	71.87	62	50.354	167	56.82	46
März 1	9.40	42	72.49	17 —	50.187	180	57.28	28
11	8.98	42	72.66	30	50.007	184	57.56	10 —
21	8.56	40	72.36	73	49.823	177	57.66	9
31	8.16	37	71.63	115	49.646	160	57.57	26
April 10	7.79	31	70.48	151	49.486	135	57.31	45
20	7.48	24	68.97	179	49.351	103	56.86	62
30	7.24	16	67.18	202	49.248	65	56.24	80
Mai 10	7.08	8 —	65.16	217	49.183	24 —	55.44	96
20	7.00	2	62.99	225	49.159	17	54.48	112
30	7.02	11	60.74	225	49.176	60	53.36	124
Juni 9	7.13	20	58.49	218	49.236	101	52.12	134
19	7.33	28	56.31	206	49.337	139	50.78	141
29	7.61	35	54.25	188	49.476	173	49.37	143
Juli 9	7.96	41	52.37	167	49.649	202	47.94	141
19	8.37	48	50.70	142	49.851	227	46.53	134
29	8.85	52	49.28	114	50.078	247	45.19	122
Aug. 8	9.37	55	48.14	84	50.325	262	43.97	106
18	9.92	58	47.30	53	50.587	273	42.91	84
28	10.50	60	46.77	22 —	50.860	280	42.07	59
Sept. 7	11.10	60	46.55	9	51.140	282	41.48	31
17	11.70	60	46.64	41	51.422	281	41.17	1 —
27	12.30	59	47.05	73	51.703	276	41.16	28
Okt. 7	12.89	57	47.78	103	51.979	267	41.44	58
17	13.46	54	48.81	131	52.246	254	42.02	85
27	14.00	50	50.12	158	52.500	237	42.87	108
Nov. 6	14.50	44	51.70	182	52.737	216	43.95	125
16	14.94	39	53.52	203	52.953	189	45.20	139
26	15.33	31	55.55	219	53.142	158	46.59	146
Dez. 6	15.64	22	57.74	229	53.300	121	48.05	147
15	13 15.86	14	60.03	233	14 53.421	81	49.52	143
25	16.00	3	62.36	228	53.502	38	50.95	135
35	16.03		64.64		53.540		52.30	
Mittl. Ort	6.09		63.05		48.482		45.73	
sec δ, tg δ	+2.205		+1.966		+1.000		—0.006	
a, *a′*	+5.7		+2.9		+3.1		+2.6	
b, *b′*	+0.02		—0.99		0.00		—0.99	

Tag	207) α Leporis AR.		207) α Leporis Dekl.		212) β Doradus AR.		212) β Doradus Dekl.	
1957	5h 30m		—17° 50′		5h 33m		—62° 30′	
	s		″		s		″	
Jan. 0	52.086	5	74.06	215	17.83	18	74.20	327
10	52.081	51	76.21	193	17.65	25	77.47	292
20	52.030	94	78.14	166	17.40	33	80.39	252
30	51.936	132	79.80	137	17.07	40	82.91	205
Febr. 9	51.804	163	81.17	104	16.67	44	84.96	152
19	51.641	187	82.21	71	16.23	48	86.48	99
März 1	51.454	200	82.92	37	15.75	50	87.47	44 —
11	51.254	202	83.29	3 —	15.25	50	87.91	11
21	51.052	196	83.32	31	14.75	49	87.80	64
31	50.856	180	83.01	64	14.26	47	87.16	116
April 10	50.676	155	82.37	94	13.79	42	86.00	165
20	50.521	122	81.43	124	13.37	37	84.35	208
30	50.399	84	80.19	151	13.00	30	82.27	247
Mai 10	50.315	43	78.68	174	12.70	23	79.80	281
20	50.272	0	76.94	195	12.47	16	76.99	307
30	50.272	44	74.99	211	12.31	7 —	73.92	325
Juni 9	50.316	85	72.88	222	12.24	1	70.67	336
19	50.401	126	70.66	226	12.25	9	67.31	338
29	50.527	162	68.40	224	12.34	17	63.93	330
Juli 9	50.689	194	66.16	216	12.51	25	60.63	313
19	50.883	222	64.00	202	12.76	31	57.50	286
29	51.105	244	61.98	179	13.07	37	54.64	251
Aug. 8	51.349	263	60.19	150	13.44	43	52.13	206
18	51.612	275	58.69	117	13.87	47	50.07	155
28	51.887	283	57.52	77	14.34	49	48.52	96
Sept. 7	52.170	286	56.75	35 —	14.83	51	47.56	34 —
17	52.456	286	56.40	10	15.34	50	47.22	31
27	52.742	280	56.50	56	15.84	50	47.53	96
Okt. 7	53.022	270	57.06	100	16.34	47	48.49	159
17	53.292	255	58.06	139	16.81	42	50.08	216
27	53.547	237	59.45	175	17.23	38	52.24	267
Nov. 6	53.784	212	61.20	203	17.61	31	54.91	309
16	53.996	182	63.23	224	17.92	24	58.00	340
26	54.178	148	65.47	237	18.16	15	61.40	358
Dez. 6	54.326	109	67.84	240	18.31	6 —	64.98	364
15	14 54.435	66	70.24	236	14 18.37	3	68.62	358
25	54.501	21	72.60	224	18.34	12	72.20	341
35	54.522		74.84		18.22		75.61	
Mittl. Ort	49.936		66.14		14.92		63.69	
sec δ, tg δ	+1.051		—0.322		+2.167		—1.922	
a, *a′*	+2.6		+2.5		+0.5		+2.3	
b, *b′*	0.00		—0.99		—0.01		—0.99	

Scheinbare Sternörter 1957

Obere Kulmination Greenwich

Tag	209) ι Orionis				205) Grb 966 Caml				210) ε Orionis				211) ζ Tauri			
	AR.		Dekl.		AR.		Dekl.		AR.		Dekl.		AR.		Dekl.	
1957	5h 33m		−5° 56′		5h 33m		+75° 0′		5h 34m		−1° 13′		5h 35m		+21° 6′	
	s		″		s		″		s		″		s		″	
Jan. 0	21.878	11	18.50	159	65.37	7	70.14	272	4.017	15	46.55	135	6.866	29	60.89	9
10	21.889	35	20.09	143	65.30	23	72.86	253	4.032	30	47.90	121	6.895	21	60.80	5
20	21.854	77	21.52	123	65.07	39	75.39	223	4.002	72	49.11	105	6.874	68	60.75	3
30	21.777	114	22.75	102	64.68	53	77.62	186	3.930	110	50.16	86	6.806	110	60.72	3
Febr. 9	21.663	146	23.77	79	64.15	64	79.48	140	3.820	143	51.02	67	6.696	145	60.69	4
19	21.517	170	24.56	56	63.51	72	80.88	90	3.677	167	51.69	48	6.551	171	60.65	7
März 1	21.347	184	25.12	32	62.79	77	81.78	36	3.510	180	52.17	29	6.380	188	60.58	12
11	21.163	187	25.44	8	62.02	77	82.14	19	3.330	184	52.46	10	6.192	193	60.46	15
21	20.976	182	25.52	15	61.25	75	81.95	73	3.146	179	52.56	8	5.999	185	60.31	19
31	20.794	165	25.37	38	60.50	69	81.22	122	2.967	162	52.48	28	5.814	168	60.12	22
April 10	20.629	140	24.99	60	59.81	60	80.00	167	2.805	137	52.20	47	5.646	141	59.90	23
20	20.489	109	24.39	82	59.21	49	78.33	205	2.668	106	51.73	65	5.505	106	59.67	22
30	20.380	72	23.57	103	58.72	35	76.28	235	2.562	69	51.08	82	5.399	66	59.45	19
Mai 10	20.308	32	22.54	122	58.37	21	73.93	257	2.493	29	50.26	100	5.333	22	59.26	13
20	20.276	11	21.32	139	58.16	5	71.36	269	2.464	14	49.26	115	5.311	24	59.13	7
30	20.287	52	19.93	153	58.11	10	68.67	273	2.478	56	48.11	128	5.335	70	59.06	1
Juni 9	20.339	93	18.40	163	58.21	25	65.94	270	2.534	96	46.83	138	5.405	113	59.07	9
19	20.432	132	16.77	169	58.46	40	63.24	259	2.630	134	45.45	144	5.518	153	59.16	17
29	20.564	166	15.08	170	58.86	53	60.65	242	2.764	168	44.01	146	5.671	190	59.33	25
Juli 9	20.730	196	13.38	166	59.39	65	58.23	219	2.932	199	42.55	144	5.861	221	59.58	31
19	20.926	221	11.72	157	60.04	75	56.04	190	3.131	224	41.11	137	6.082	248	59.89	35
29	21.147	243	10.15	141	60.79	85	54.14	159	3.355	244	39.74	125	6.330	269	60.24	37
Aug. 8	21.390	259	8.74	120	61.64	92	52.55	125	3.599	260	38.49	107	6.599	286	60.61	36
18	21.649	271	7.54	95	62.56	96	51.30	87	3.859	271	37.42	85	6.885	296	60.97	33
28	21.920	277	6.59	66	63.52	101	50.43	48	4.130	278	36.57	60	7.181	304	61.30	28
Sept. 7	22.197	281	5.93	33	64.53	103	49.95	9	4.408	282	35.97	31	7.485	307	61.58	20
17	22.478	280	5.60	3	65.56	102	49.86	32	4.690	281	35.66	0	7.792	307	61.78	12
27	22.758	276	5.63	38	66.58	101	50.18	72	4.971	276	35.66	30	8.099	302	61.90	4
Okt. 7	23.034	267	6.01	72	67.59	98	50.90	111	5.247	268	35.96	61	8.401	294	61.94	5
17	23.301	254	6.73	103	68.57	92	52.01	148	5.515	256	36.57	88	8.695	283	61.89	13
27	23.555	238	7.76	131	69.49	85	53.49	184	5.771	240	37.45	112	8.978	266	61.76	18
Nov. 6	23.793	215	9.07	153	70.34	75	55.33	215	6.011	219	38.57	132	9.244	244	61.58	21
16	24.008	189	10.60	168	71.09	64	57.48	242	6.230	193	39.89	145	9.488	218	61.37	22
26	24.197	158	12.28	177	71.73	51	59.90	264	6.423	161	41.34	152	9.706	184	61.15	21
Dez. 6	24.355	120	14.05	180	72.24	36	62.54	279	6.584	124	42.86	153	9.890	146	60.94	18
15	^{14}24.475	79	15.85	176	^{15}72.60	20	65.33	284	^{15}6.708	84	44.39	149	^{15}10.036	102	60.76	14
25	24.554	36	17.61	166	72.80	3	68.17	281	6.792	41	45.88	141	10.138	56	60.62	9
35	24.590		19.27		72.83		70.98		6.833		47.29		10.194		60.53	
Mittl. Ort	19.685		11.66		57.74		69.93		1.793		40.15		4.368		65.12	
sec δ, tg δ	+1.005		−0.104		+3.869		+3.737		+1.000		−0.021		+1.072		+0.386	
a, a′	+2.9		+2.3		+8.0		+2.3		+3.0		+2.3		+3.6		+2.2	
b, b′	0.00		−0.99		+0.03		−0.99		0.00		−0.99		0.00		−0.99	

Scheinbare Sternörter 1957

Obere Kulmination Greenwich

Tag	215) α Columbae AR.		215) α Columbae Dekl.		216) ο Aurigae AR.		216) ο Aurigae Dekl.		219) ζ Leporis AR.		219) ζ Leporis Dekl.		220) κ Orionis AR.		220) κ Orionis Dekl.	
1957	$5^h\ 38^m$		−34° 5′		$5^h\ 42^m$		+49° 48′		$5^h\ 45^m$		−14° 50′		$5^h\ 45^m$		−9° 40′	
	s		″		s		″		s		″		s		″	
Jan 0	7.643	28	54.42	280	37.456	33	32.92	158	2.522	12	19.85	207	45.147	18	68.00	183
10	7.615	79	57.22	253	37.489	38	34.50	148	2.534	35	21.92	188	45.165	28	69.83	165
20	7.536	127	59.75	219	37.451	105	35.98	134	2.499	79	23.80	163	45.137	72	71.48	143
30	7.409	169	61.94	181	37.346	166	37.32	112	2.420	118	25.43	136	45.065	111	72.91	119
Febr. 9	7.240	203	63.75	138	37.180	217	38.44	86	2.302	152	26.79	105	44.954	145	74.10	93
19	7.037	229	65.13	94	36.963	255	39.30	56	2.150	177	27.84	75	44.809	169	75.03	67
März 1	6.808	244	66.07	49	36.708	279	39.86	23	1.973	193	28.59	44	44.640	186	75.70	39
11	6.564	248	66.56	4	36.429	287	40.09	11	1.780	199	29.03	12	44.454	191	76.09	12
21	6.316	242	66.60	42	36.142	279	39.98	44	1.581	194	29.15	20	44.263	187	76.21	14
31	6.074	225	66.18	84	35.863	256	39.54	75	1.387	179	28.95	50	44.076	174	76.07	41
April 10	5.849	199	65.34	125	35.607	220	38.79	102	1.208	156	28.45	79	43.902	150	75.66	66
20	5.650	166	64.09	163	35.387	172	37.77	125	1.052	126	27.66	107	43.752	120	75.00	91
30	5.484	125	62.46	197	35.215	117	36.52	143	0.926	91	26.59	133	43.632	85	74.09	113
Mai 10	5.359	81	60.49	227	35.098	55	35.09	155	0.835	51	25.26	156	43.547	45	72.96	134
20	5.278	34	58.22	252	35.043	9	33.54	160	0.784	8	23.70	176	43.502	3	71.62	153
30	5.244	14	55.70	270	35.052	74	31.94	162	0.776	34	21.94	192	43.499	38	70.09	167
Juni 9	5.258	62	53.00	282	35.126	135	30.32	157	0.810	75	20.02	203	43.537	79	68.42	179
19	5.320	108	50.18	286	35.261	194	28.75	149	0.885	114	17.99	209	43.616	117	66.63	184
29	5.428	151	47.32	282	35.455	248	27.26	136	0.999	151	15.90	209	43.733	153	64.79	185
Juli 9	5.579	190	44.50	271	35.703	294	25.90	122	1.150	182	13.81	203	43.886	184	62.94	181
19	5.769	224	41.79	250	35.997	334	24.68	104	1.332	211	11.78	191	44.070	212	61.13	170
29	5.993	253	39.29	222	36.331	368	23.64	86	1.543	236	9.87	171	44.282	234	59.43	153
Aug. 8	6.246	277	37.07	185	36.699	394	22.78	66	1.779	252	8.16	145	44.516	252	57.90	131
18	6.523	295	35.22	142	37.093	413	22.12	46	2.031	268	6.71	114	44.768	266	56.59	103
28	6.818	308	33.80	94	37.506	427	21.66	26	2.299	277	5.57	78	45.034	275	55.56	71
Sept. 7	7.126	314	32.86	40	37.933	434	21.40	5	2.576	283	4.79	37	45.309	280	54.85	35
17	7.440	315	32.46	15	38.367	435	21.35	14	2.859	284	4.42	5	45.589	282	54.50	3
27	7.755	309	32.61	72	38.802	431	21.49	35	3.143	281	4.47	48	45.871	279	54.53	43
Okt. 7	8.064	298	33.33	126	39.233	421	21.84	54	3.424	274	4.95	90	46.150	272	54.96	80
17	8.362	281	34.59	177	39.654	404	22.38	74	3.698	262	5.85	129	46.422	261	55.76	115
27	8.643	257	36.36	221	40.058	380	23.12	93	3.960	245	7.14	163	46.683	245	56.91	145
Nov. 6	8.900	227	38.57	258	40.438	349	24.05	111	4.205	224	8.77	191	46.928	225	58.36	170
16	9.127	192	41.15	285	40.787	309	25.16	128	4.429	196	10.68	212	47.153	198	60.06	189
26	9.319	150	44.00	302	41.096	260	26.44	143	4.625	163	12.80	225	47.351	166	61.95	199
Dez. 6	9.469	104	47.02	309	41.356	205	27.87	153	4.788	125	15.05	230	47.517	130	63.94	204
16	(16) 9.573	55	50.11	305	(17) 41.561	141	29.40	159	(17) 4.913	83	17.35	226	(18) 47.647	88	65.98	200
25	9.628	2	53.16	291	41.702	73	30.99	161	4.996	38	19.61	215	47.735	44	67.98	190
35	9.630		56.07		41.775		32.60		5.034		21.76		47.779		69.88	
Mittl. Ort	5.424		45.33		33.978		35.22		0.339		12.11		42.950		60.63	
sec δ, tg δ	+1.208		−0.677		+1.550		+1.184		+1.034		−0.265		+1.014		−0.171	
a, a′	+2.2		+1.9		+4.7		+1.5		+2.7		+1.3		+2.8		+1.2	
b, b′	0.00		−1.00		+0.01		−1.00		0.00		−1.00		0.00		−1.00	

Scheinbare Sternörter 1957

Obere Kulmination Greenwich

Tag	224) α Orionis AR.	Δ	224) α Orionis Dekl.	Δ	225) δ Aurigae AR.	Δ	225) δ Aurigae Dekl.	Δ	227) β Aurigae AR.	Δ	227) β Aurigae Dekl.	Δ	1162) +33° 1209 Auri AR.	Δ	1162) +33° 1209 Auri Dekl.	Δ
1957	$5^h\ 52^m$		+7° 23′		$5^h\ 55^m$		+54° 16′		$5^h\ 56^m$		+44° 56′		$5^h\ 57^m$		+33° 7′	
	s		″		s		″		s		″		s		″	
Jan. 0	52.886	38	56.29	92	62.894	50	58.61	181	25.622	54	39.08	131	27.475	54	64.11	62
10	52.924	—8	55.37	81	62.944	—28	60.42	175	25.676	—13	40.39	128	27.529	—2	64.73	63
20	52.916	54	54.56	68	62.916	104	62.17	160	25.663	76	41.67	117	27.527	57	65.36	60
30	52.862	95	53.88	57	62.812	173	63.77	138	25.587	134	42.84	103	27.470	107	65.96	54
Febr. 9	52.767	131	53.31	44	62.639	232	65.15	110	25.453	184	43.87	82	27.363	150	66.50	44
19	52.636	158	52.87	33	62.407	279	66.25	78	25.269	222	44.69	58	27.213	183	66.94	30
März 1	52.478	176	52.54	22	62.128	308	67.03	42	25.047	248	45.27	30	27.030	206	67.24	15
11	52.302	183	52.32	12	61.820	320	67.45	4	24.799	260	45.57	2	26.824	215	67.39	—2
21	52.119	179	52.20	1	61.500	315	67.49	—33	24.539	255	45.59	—27	26.609	211	67.37	18
31	51.940	167	52.19	—9	61.185	294	67.16	70	24.284	237	45.32	54	26.398	197	67.19	34
April 10	51.773	144	52.28	20	60.891	258	66.46	102	24.047	206	44.78	79	26.201	171	66.85	48
20	51.629	114	52.48	31	60.633	209	65.44	130	23.841	165	43.99	100	26.030	136	66.37	59
30	51.515	78	52.79	43	60.424	150	64.14	153	23.676	117	42.99	116	25.894	93	65.78	67
Mai 10	51.437	38	53.22	55	60.274	85	62.61	169	23.559	61	41.83	128	25.801	47	65.11	72
20	51.399	—3	53.77	65	60.189	17	60.92	179	23.498	4	40.55	133	25.754	—2	64.39	72
30	51.402	45	54.42	76	60.172	—54	59.13	184	23.494	—54	39.22	136	25.756	52	63.67	71
Juni 9	51.447	86	55.18	85	60.226	122	57.29	184	23.548	111	37.86	134	25.808	100	62.96	67
19	51.533	124	56.03	91	60.348	187	55.45	177	23.659	164	36.52	128	25.908	145	62.29	61
29	51.657	159	56.94	95	60.535	247	53.68	167	23.823	214	35.24	119	26.053	187	61.68	54
Juli 9	51.816	190	57.89	95	60.782	300	52.01	154	24.037	258	34.05	107	26.240	223	61.14	45
19	52.006	217	58.84	93	61.082	347	50.47	136	24.295	295	32.98	94	26.463	255	60.69	38
29	52.223	238	59.77	85	61.429	387	49.11	117	24.590	327	32.04	80	26.718	282	60.31	30
Aug. 8	52.461	257	60.62	75	61.816	419	47.94	96	24.917	352	31.24	65	27.000	303	60.01	23
18	52.718	270	61.37	60	62.235	444	46.98	74	25.269	373	30.59	49	27.303	318	59.78	17
28	52.988	279	61.97	41	62.679	462	46.24	51	25.642	387	30.10	34	27.621	331	59.61	12
Sept. 7	53.267	284	62.38	22	63.141	473	45.73	27	26.029	396	29.76	18	27.952	339	59.49	7
17	53.551	288	62.60	—1	63.614	479	45.46	3	26.425	399	29.58	3	28.291	341	59.42	4
27	53.839	286	62.59	24	64.093	477	45.43	—21	26.824	399	29.55	—12	28.632	341	59.38	0
Okt. 7	54.125	280	62.35	46	64.570	469	45.64	45	27.223	393	29.67	28	28.973	337	59.38	4
17	54.405	272	61.89	66	65.039	453	46.09	69	27.616	380	29.95	44	29.310	326	59.42	9
27	54.677	258	61.23	83	65.492	429	46.78	94	27.996	362	30.39	60	29.636	311	59.51	15
Nov. 6	54.935	240	60.40	97	65.921	396	47.72	116	28.358	335	30.99	77	29.947	291	59.66	22
16	55.175	215	59.43	105	66.317	354	48.88	137	28.693	302	31.76	92	30.238	263	59.88	30
26	55.390	186	58.38	109	66.671	301	50.25	156	28.995	260	32.68	107	30.501	228	60.18	40
Dez. 6	55.576	150	57.29	108	66.972	241	51.81	171	29.255	210	33.75	119	30.729	185	60.58	48
16	$_{19}$55.726	109	56.21	104	$_{20}$67.213	171	53.52	180	$_{20}$29.465	153	34.94	127	$_{21}$30.914	138	61.06	55
25	55.835	65	55.17	97	67.384	95	55.32	185	29.618	90	36.21	133	31.052	85	61.61	62
35	55.900		54.20		67.479		57.17		29.708		37.54		31.137		62.23	
Mittl. Ort	50.562		62.58		59.110		61.89		22.401		42.97		24.686		68.85	
sec δ, tg δ	+1.008		+0.130		+1.713		+1.391		+1.413		+0.998		+1.194		+0.653	
a, *a′*	+3.2		+0.6		+4.9		+0.3		+4.4		+0.3		+3.9		+0.2	
b, *b′*	0.00		—1.00		0.00		—1.00		0.00		—1.00		0.00		—1.00	

Scheinbare Sternörter 1957

Obere Kulmination Greenwich

Tag	229) η Columbae				232) ν Orionis				1168) κ Aurigae				234) 22 H. Camelop.			
	AR.		Dekl.		AR.		Dekl.		AR.		Dekl.		AR.		Dekl.	
1957	$5^h\ 57^m$		$-42°\ 48'$		$6^h\ 5^m$		$+14°\ 46'$		$6^h\ 12^m$		$+29°\ 30'$		$6^h\ 14^m$		$+69°\ 19'$	
	s		″		s		″		s		″		s		″	
Jan. 0	52.108	28	69.08	316	9.356	55	24.70	50	40.937	70	50.80	37	12.41	8	73.65	254
10	52.080	86	72.24	289	9.411	5	24.20	42	41.007	14	51.17	43	12.49	5	76.19	247
20	51.994	141	75.13	256	9.416	43	23.78	33	41.021	39	51.60	44	12.44	18	78.66	231
30	51.853	190	77.69	216	9.373	87	23.45	25	40.982	90	52.04	42	12.26	29	80.97	204
Febr. 9	51.663	231	79.85	171	9.286	125	23.20	19	40.892	134	52.46	37	11.97	38	83.01	169
19	51.432	261	81.56	124	9.161	155	23.01	14	40.758	169	52.83	29	11.59	47	84.70	128
März 1	51.171	282	82.80	74	9.006	176	22.87	9	40.589	192	53.12	18	11.12	53	85.98	82
11	50.889	291	83.54	25	8.830	185	22.78	7	40.397	205	53.30	5	10.59	55	86.80	32
21	50.598	287	83.79	24	8.645	184	22.71	4	40.192	205	53.35	7	10.04	55	87.12	18
31	50.311	272	83.55	73	8.461	172	22.67	1	39.987	193	53.28	20	9.49	53	86.94	68
April 10	50.039	249	82.82	118	8.289	151	22.66	2	39.794	171	53.08	31	8.96	48	86.26	113
20	49.790	215	81.64	160	8.138	122	22.68	6	39.623	140	52.77	41	8.48	41	85.13	154
30	49.575	174	80.04	199	8.016	86	22.74	12	39.483	101	52.36	47	8.07	33	83.59	188
Mai 10	49.401	128	78.05	234	7.930	47	22.86	18	39.382	58	51.89	52	7.74	22	81.71	216
20	49.273	79	75.71	262	7.883	4	23.04	25	39.324	11	51.37	53	7.52	12	79.55	236
30	49.194	26	73.09	284	7.879	38	23.29	32	39.313	35	50.84	52	7.40	1	77.19	249
Juni 9	49.168	26	70.25	299	7.917	80	23.61	39	39.348	81	50.32	49	7.39	10	74.70	255
19	49.194	78	67.26	306	7.997	119	24.00	45	39.429	125	49.83	46	7.49	22	72.15	253
29	49.272	127	64.20	305	8.116	155	24.45	49	39.554	165	49.37	40	7.71	31	69.62	245
Juli 9	49.399	173	61.15	294	8.271	187	24.94	51	39.719	201	48.97	34	8.02	40	67.17	231
19	49.572	214	58.21	275	8.458	215	25.45	51	39.920	233	48.63	30	8.42	49	64.86	213
29	49.786	252	55.46	247	8.673	238	25.96	48	40.153	260	48.33	25	8.91	57	62.73	189
Aug. 8	50.038	284	52.99	210	8.911	258	26.44	42	40.413	281	48.08	22	9.48	63	60.84	163
18	50.322	309	50.89	166	9.169	273	26.86	33	40.694	300	47.86	19	10.11	68	59.21	134
28	50.631	328	49.23	114	9.442	284	27.19	22	40.994	313	47.67	19	10.79	72	57.87	101
Sept. 7	50.959	341	48.09	58	9.726	292	27.41	8	41.307	322	47.48	18	11.51	75	56.86	68
17	51.300	346	47.51	1	10.018	296	27.49	8	41.629	328	47.30	18	12.26	76	56.18	32
27	51.646	345	47.52	62	10.314	296	27.41	22	41.957	331	47.12	17	13.02	76	55.86	4
Okt. 7	51.991	335	48.14	122	10.610	293	27.19	37	42.288	328	46.95	17	13.78	76	55.90	42
17	52.326	319	49.36	178	10.903	287	26.82	50	42.616	321	46.78	16	14.54	74	56.32	78
27	52.645	294	51.14	228	11.190	274	26.32	61	42.937	310	46.62	12	15.28	70	57.10	115
Nov. 6	52.939	262	53.42	271	11.464	257	25.71	68	43.247	292	46.50	7	15.98	65	58.25	150
16	53.201	222	56.13	304	11.721	234	25.03	71	43.539	267	46.43	0	16.63	58	59.75	181
26	53.423	175	59.17	327	11.955	205	24.32	72	43.806	235	46.43	9	17.21	49	61.56	210
Dez. 6	53.598	123	62.44	337	12.160	169	23.60	68	44.041	196	46.52	18	17.70	39	63.66	233
16	[21] 53.721	67	65.81	338	[23] 12.329	127	22.92	63	[24] 44.237	150	46.70	27	[25] 18.09	28	65.99	249
25	53.788	8	69.19	326	12.456	81	22.29	54	44.387	100	46.97	35	18.37	15	68.48	256
35	53.796		72.45		12.537		21.75		44.487		47.32		18.52		71.04	
Mittl. Ort	49.731		60.11		6.935		31.05		38.243		56.83		6.65		78.09	
sec δ, tg δ	+1.363		−0.927		+1.034		+0.264		+1.149		+0.566		+2.834		+2.652	
a, a′	+1.8		+0.2		+3.4		−0.4		+3.8		−1.1		+6.6		−1.2	
b, b′	0.00		−1.00		0.00		−1.00		0.00		−1.00		−0.01		−1.00	

Scheinbare Sternörter 1957

Obere Kulmination Greenwich

Tag	240) ζ Canis maj. AR.		Dekl.		241) μ Geminorum AR.		Dekl.	
1957	6h 18m		−30° 2′		6h 20m		+22° 32′	
	s		″		s		″	
Jan. 0	41.948	24	43.19	287	24.054	74	8.02	7
10	41.972	—29	46.06	265	24.128	22	7.95	—2
20	41.943	79	48.71	238	24.150	—30	7.97	8
30	41.864	125	51.09	204	24.120	78	8.05	13
Febr. 9	41.739	166	53.13	166	24.042	120	8.18	13
19	41.573	197	54.79	126	23.922	154	8.31	12
März 1	41.376	219	56.05	84	23.768	179	8.43	9
11	41.157	231	56.89	42	23.589	191	8.52	4
21	40.926	232	57.31	—1	23.398	193	8.56	—1
31	40.694	222	57.30	43	23.205	183	8.55	7
April 10	40.472	203	56.87	82	23.022	163	8.48	12
20	40.269	177	56.05	121	22.859	135	8.36	15
30	40.092	143	54.84	156	22.724	99	8.21	17
Mai 10	39.949	104	53.28	188	22.625	60	8.04	18
20	39.845	62	51.40	215	22.565	17	7.86	16
30	39.783	19	49.25	237	22.548	—27	7.70	13
Juni 9	39.764	—25	46.88	253	22.575	70	7.57	10
19	39.789	69	44.35	263	22.645	111	7.47	5
29	39.858	110	41.72	265	22.756	149	7.42	2
Juli 9	39.968	149	39.07	259	22.905	183	7.40	—1
19	40.117	184	36.48	245	23.088	213	7.41	3
29	40.301	215	34.03	223	23.301	240	7.44	4
Aug. 8	40.516	243	31.80	194	23.541	261	7.48	2
18	40.759	265	29.86	156	23.802	278	7.50	—2
28	41.024	283	28.30	113	24.080	292	7.48	6
Sept. 7	41.307	297	27.17	64	24.372	303	7.42	13
17	41.604	304	26.53	11	24.675	309	7.29	21
27	41.908	307	26.42	—43	24.984	312	7.08	27
Okt. 7	42.215	305	26.85	97	25.296	312	6.81	34
17	42.520	296	27.82	148	25.608	306	6.47	39
27	42.816	281	29.30	194	25.914	297	6.08	42
Nov. 6	43.097	259	31.24	235	26.211	281	5.66	43
16	43.356	230	33.59	266	26.492	259	5.23	40
26	43.586	194	36.25	288	26.751	229	4.83	35
Dez. 6	43.780	153	39.13	300	26.980	193	4.48	28
16	43.933	105	42.13	302	27.173	151	4.20	18
26	(26) 44.038	55	45.15	294	(26) 27.324	103	4.02	10
35	44.093		48.09		27.427		3.92	
Mittl. Ort	39.670		35.05		21.508		14.82	
sec δ, tg δ	+1.155		−0.578		+1.083		+0.415	
a, *a′*	+2.3		−1.6		+3.6		−1.8	
b, *b′*	0.00		−1.00		0.00		−1.00	

Tag	243) β Canis maj. AR.		Dekl.		244) 8 ε Monocerotis AR.		Dekl.	
1957	6h 20m		−17° 55′		6h 21m		+4° 36′	
	s		″		s		″	
Jan. 0	50.530	42	67.86	237	31.632	64	51.29	115
10	50.572	—6	70.23	217	31.696	15	50.14	103
20	50.566	54	72.40	194	31.711	—32	49.11	87
30	50.512	99	74.34	165	31.679	76	48.24	71
Febr. 9	50.413	137	75.99	135	31.603	115	47.53	56
19	50.276	167	77.34	101	31.488	146	46.97	41
März 1	50.109	189	78.35	67	31.342	169	46.56	27
11	49.920	201	79.02	34	31.173	180	46.29	13
21	49.719	201	79.36	0	30.993	182	46.16	—1
31	49.518	193	79.36	33	30.811	173	46.17	13
April 10	49.325	175	79.03	65	30.638	155	46.30	26
20	49.150	150	78.38	95	30.483	129	46.56	38
30	49.000	118	77.43	124	30.354	97	46.94	51
Mai 10	48.882	82	76.19	150	30.257	61	47.45	63
20	48.800	42	74.69	172	30.196	21	48.08	74
30	48.758	2	72.97	192	30.175	—18	48.82	84
Juni 9	48.756	—39	71.05	205	30.193	58	49.66	93
19	48.795	79	69.00	214	30.251	96	50.59	98
29	48.874	116	66.86	216	30.347	131	51.57	102
Juli 9	48.990	150	64.70	212	30.478	163	52.59	101
19	49.140	181	62.58	201	30.641	192	53.60	97
29	49.321	208	60.57	183	30.833	216	54.57	88
Aug. 8	49.529	232	58.74	158	31.049	236	55.45	76
18	49.761	252	57.16	128	31.285	253	56.21	59
28	50.013	267	55.88	91	31.538	267	56.80	39
Sept. 7	50.280	278	54.97	50	31.805	277	57.19	16
17	50.558	286	54.47	5	32.082	283	57.35	—9
27	50.844	289	54.42	—40	32.365	287	57.26	35
Okt. 7	51.133	288	54.82	85	32.652	286	56.91	59
17	51.421	281	55.67	129	32.938	281	56.32	83
27	51.702	269	56.96	167	33.219	272	55.49	102
Nov. 6	51.971	250	58.63	199	33.491	256	54.47	118
16	52.221	227	60.62	225	33.747	236	53.29	129
26	52.448	196	62.87	243	33.983	208	52.00	134
Dez. 6	52.644	159	65.30	251	34.191	174	50.66	134
16	52.803	117	67.81	251	34.365	134	49.32	130
26	(27) 52.920	71	70.32	243	(27) 34.499	91	48.02	121
35	52.991		72.75		34.590		46.81	
Mittl. Ort	48.297		59.94		29.317		58.71	
sec δ, tg δ	+1.051		−0.324		+1.003		+0.081	
a, *a′*	+2.6		−1.8		+3.2		−1.9	
b, *b′*	0.00		−1.00		0.00		−1.00	

Scheinbare Sternörter 1957

Obere Kulmination Greenwich

Tag	242) ψ¹ Aurigae				245) α Carinae				246) 10 Monocerotis				249) ξ² Canis maj.			
	AR.		Dekl.		AR.		Dekl.		AR.		Dekl.		AR.		Dekl.	
1957	6h 21m		+49° 18′		6h 22m		−52° 40′		6h 25m		−4° 44′		6h 33m		−22° 55′	
	s		″		s		″		s		″		s		″	
Jan. 0	38.660	90	37.71	155	62.487	25	25.14	350	52.346	61	10.18	170	17.425	49	54.04	264
10	38.750	16	39.26	155	62.462	97	28.64	327	52.407	12	11.88	155	17.474	1	56.68	246
20	38.766	55	40.81	148	62.365	164	31.91	295	52.419	34	13.43	135	17.473	51	59.14	220
30	38.711	121	42.29	135	62.201	224	34.86	256	52.385	79	14.78	115	17.422	97	61.34	191
Febr. 9	38.590	180	43.64	115	61.977	276	37.42	212	52.306	118	15.93	92	17.325	138	63.25	157
19	38.410	228	44.79	90	61.701	317	39.54	164	52.188	149	16.85	68	17.187	170	64.82	121
März 1	38.182	262	45.69	61	61.384	346	41.18	112	52.039	170	17.53	46	17.017	195	66.03	85
11	37.920	280	46.30	29	61.038	361	42.30	60	51.869	183	17.99	24	16.822	208	66.88	47
21	37.640	282	46.59	4	60.677	363	42.90	7	51.686	186	18.23	1	16.614	211	67.35	10
31	37.358	270	46.55	37	60.314	353	42.97	45	51.500	177	18.24	22	16.403	205	67.45	28
April 10	37.088	243	46.18	68	59.961	331	42.52	94	51.323	160	18.02	42	16.198	189	67.17	63
20	36.845	204	45.50	94	59.630	298	41.58	142	51.163	136	17.60	62	16.009	164	66.54	97
30	36.641	156	44.56	117	59.332	256	40.16	185	51.027	104	16.98	82	15.845	135	65.57	130
Mai 10	36.485	102	43.39	136	59.076	207	38.31	225	50.923	70	16.16	100	15.710	99	64.27	158
20	36.383	42	42.03	149	58.869	153	36.06	259	50.853	32	15.16	116	15.611	60	62.69	184
30	36.341	20	40.54	157	58.716	94	33.47	286	50.821	8	14.00	130	15.551	19	60.85	205
Juni 9	36.361	80	38.97	160	58.622	34	30.61	306	50.829	48	12.70	141	15.532	22	58.80	220
19	36.441	138	37.37	159	58.588	28	27.55	318	50.877	85	11.29	148	15.554	62	56.60	231
29	36.579	192	35.78	154	58.616	87	24.37	322	50.962	120	9.81	151	15.616	100	54.29	235
Juli 9	36.771	242	34.24	146	58.703	146	21.15	315	51.082	152	8.30	149	15.716	136	51.94	231
19	37.013	287	32.78	134	58.849	201	18.00	298	51.234	182	6.81	142	15.852	170	49.63	220
29	37.300	324	31.44	121	59.050	251	15.02	274	51.416	207	5.39	129	16.022	199	47.43	202
Aug. 8	37.624	357	30.23	106	59.301	295	12.28	239	51.623	228	4.10	112	16.221	226	45.41	177
18	37.981	383	29.17	90	59.596	334	9.89	195	51.851	246	2.98	88	16.447	247	43.64	144
28	38.364	404	28.27	73	59.930	366	7.94	145	52.097	262	2.10	62	16.694	266	42.20	106
Sept. 7	38.768	418	27.54	54	60.296	388	6.49	87	52.359	272	1.48	31	16.960	280	41.14	62
17	39.186	429	27.00	36	60.684	402	5.62	25	52.631	279	1.17	3	17.240	290	40.52	14
27	39.615	434	26.64	16	61.086	407	5.37	39	52.910	283	1.20	37	17.530	296	40.38	35
Okt. 7	40.049	432	26.48	4	61.493	402	5.76	103	53.193	283	1.57	71	17.826	296	40.73	85
17	40.481	424	26.52	25	61.895	387	6.79	164	53.476	279	2.28	104	18.122	291	41.58	131
27	40.905	408	26.77	47	62.282	360	8.43	221	53.755	269	3.32	131	18.413	280	42.89	175
Nov. 6	41.313	385	27.24	70	62.642	324	10.64	270	54.024	254	4.63	155	18.693	263	44.64	212
16	41.698	352	27.94	91	62.966	278	13.34	311	54.278	233	6.18	172	18.956	238	46.76	241
26	42.050	309	28.85	111	63.244	222	16.45	339	54.511	205	7.90	183	19.194	207	49.17	263
Dez. 6	42.359	257	29.96	129	63.466	158	19.84	357	54.716	171	9.73	187	19.401	170	51.80	274
16	42.616	197	31.25	144	63.624	91	23.41	363	54.887	132	11.60	185	19.571	126	54.54	276
26	42.813	131	32.69	154	63.715	19	27.04	356	55.019	87	13.45	176	19.697	79	57.30	271
35	[27] 42.944		34.23		[27] 63.734		30.60		[28] 55.106		15.21		[30] 19.776		60.01	
Mittl. Ort	35.230		43.65		59.797		17.08		50.088		2.45		15.168		46.18	
sec δ, tg δ	+1.534		+1.163		+1.649		−1.311		+1.003		−0.083		+1.086		−0.423	
a, a′	+4.6		−1.9		+1.3		−2.0		+3.0		−2.3		+2.5		−2.9	
b, b′	−0.01		−1.00		+0.01		−0.99		0.00		−0.99		0.00		−0.99	

Obere Kulmination Greenwich

Tag	247) 8 Lyncis AR.		247) 8 Lyncis Dekl.		251) γ Geminorum AR.		251) γ Geminorum Dekl.		250) 51 Aurigae AR.		250) 51 Aurigae Dekl.		252) ν Puppis AR.		252) ν Puppis Dekl.	
1957	6h 33m		+61° 30′		6h 35m		+16° 26′		6h 35m		+39° 25′		6h 36m		−43° 9′	
	s		″		s		″		s		″		s		″	
Jan. 0	50.26	11	71.25	217	16.108	85	7.91	48	43.748	101	43.18	96	29.112	22	33.54	336
10	50.37	3	73.42	217	16.193	35	7.43	36	43.849	39	44.14	101	29.134	41	36.90	317
20	50.40	8	75.59	208	16.228	16	7.07	25	43.888	23	45.15	102	29.093	100	40.07	288
30	50.32	17	77.67	190	16.212	64	6.82	15	43.865	82	46.17	97	28.993	154	42.95	252
Febr. 9	50.15	25	79.57	164	16.148	107	6.67	9	43.783	135	47.14	87	28.839	201	45.47	211
19	49.90	31	81.21	132	16.041	142	6.58	3	43.648	178	48.01	72	28.638	240	47.58	167
März 1	49.59	36	82.53	93	15.899	167	6.55	1	43.470	209	48.73	53	28.398	268	49.25	120
11	49.23	40	83.46	51	15.732	181	6.56	3	43.261	229	49.26	32	28.130	284	50.45	71
21	48.83	40	83.97	7	15.551	186	6.59	4	43.032	234	49.58	9	27.846	289	51.16	21
31	48.43	39	84.04	36	15.365	179	6.63	4	42.798	225	49.67	14	27.557	282	51.37	27
April 10	48.04	36	83.68	78	15.186	162	6.67	5	42.573	206	49.53	37	27.275	265	51.10	75
20	47.68	31	82.90	116	15.024	137	6.72	6	42.367	175	49.16	57	27.010	239	50.35	120
30	47.37	25	81.74	149	14.887	106	6.78	9	42.192	136	48.59	74	26.771	204	49.15	162
Mai 10	47.12	18	80.25	177	14.781	69	6.87	11	42.056	91	47.85	88	26.567	164	47.53	200
20	46.94	10	78.48	198	14.712	29	6.98	15	41.965	42	46.97	98	26.403	118	45.53	234
30	46.84	2	76.50	212	14.683	12	7.13	19	41.923	9	45.99	104	26.285	70	43.19	261
Juni 9	46.82	5	74.38	221	14.695	53	7.32	23	41.932	59	44.95	108	26.215	20	40.58	281
19	46.87	14	72.17	223	14.748	92	7.55	27	41.991	109	43.87	108	26.195	30	37.77	295
29	47.01	22	69.94	220	14.840	128	7.82	30	42.100	154	42.79	105	26.225	80	34.82	301
Juli 9	47.23	28	67.74	212	14.968	162	8.12	30	42.254	197	41.74	101	26.305	127	31.81	297
19	47.51	35	65.62	199	15.130	192	8.42	29	42.451	234	40.73	95	26.432	172	28.84	284
29	47.86	40	63.63	183	15.322	218	8.71	26	42.685	267	39.78	88	26.604	213	26.00	262
Aug. 8	48.26	45	61.80	163	15.540	240	8.97	20	42.952	295	38.90	81	26.817	250	23.38	231
18	48.71	49	60.17	140	15.780	259	9.17	12	43.247	318	38.09	72	27.067	282	21.07	191
28	49.20	53	58.77	115	16.039	274	9.29	2	43.565	338	37.37	64	27.349	309	19.16	144
Sept. 7	49.73	55	57.62	88	16.313	286	9.31	11	43.903	352	36.73	56	27.658	329	17.72	91
17	50.28	57	56.74	59	16.599	295	9.20	25	44.255	364	36.17	47	27.987	344	16.81	33
27	50.85	58	56.15	30	16.894	301	8.95	39	44.619	370	35.70	36	28.331	351	16.48	27
Okt. 7	51.43	58	55.85	2	17.195	302	8.56	51	44.989	372	35.34	26	28.682	351	16.75	89
17	52.01	57	55.87	35	17.497	300	8.05	63	45.361	368	35.08	14	29.033	343	17.64	148
27	52.58	54	56.22	67	17.797	293	7.42	71	45.729	359	34.94	0	29.376	326	19.12	203
Nov. 6	53.12	52	56.89	99	18.090	279	6.71	77	46.088	342	34.94	16	29.702	300	21.15	252
16	53.64	47	57.88	130	18.369	259	5.94	78	46.430	318	35.10	32	30.002	266	23.67	290
26	54.11	42	59.18	158	18.628	233	5.16	76	46.748	284	35.42	48	30.268	223	26.57	320
Dez. 6	54.53	35	60.76	183	18.861	199	4.40	71	47.032	242	35.90	64	30.491	174	29.77	339
16	54.88	26	62.59	202	19.060	159	3.69	62	47.274	192	36.54	80	30.665	118	33.16	346
26	30 55.14	18	64.61	215	30 19.219	113	3.07	52	30 47.466	137	37.34	92	30 30.783	58	36.62	342
35	55.32		66.76		19.332		2.55		47.603		38.26		30.841		40.04	
Mittl. Ort	45.85		77.99		13.664		15.64		40.782		50.60		26.638		25.96	
sec δ, tg δ	+2.097		+1.843		+1.043		+0.295		+1.295		+0.822		+1.371		−0.938	
a, a′	+5.5		−2.9		+3.5		−3.1		+4.2		−3.1		+1.8		−3.2	
b, b′	−0.02		−0.99		0.00		−0.99		−0.01		−0.99		+0.01		−0.99	

Scheinbare Sternörter 1957

Obere Kulmination Greenwich

Tag	248) 23 H. Camelop. AR.		Dekl.		254) ε Geminorum AR.		Dekl.		256) ξ Geminorum AR.		Dekl.		257) α Canis maj.[1] AR.		Dekl.	
1957	6h 38m		+79° 36′		6h 41m		+25° 10′		6h 42m		+12° 56′		6h 43m		−16° 39′	
	s		″		s		″		s		″		s		″	
Jan. 0*	^{0}66.27	19	51.69	291	^{0}19.778	97	23.78	6	$_{1}$54.931	90	28.79	71	$_{1}$17.330	61	28.74	241
10	66.46	— 5	54.60	289	19.875	44	23.84	17	55.021	40	28.08	59	17.391	11	31.15	223
20	66.41	30	57.49	276	19.919	— 10	24.01	24	55.061	— 11	27.49	45	17.402	— 38	33.38	201
30	66.11	53	60.25	250	19.909	62	24.25	29	55.050	58	27.04	34	17.364	83	35.39	173
Febr. 9	65.58	73	62.75	216	19.847	107	24.54	30	54.992	100	26.70	23	17.281	124	37.12	142
19	64.85	90	64.91	172	19.740	146	24.84	29	54.892	136	26.47	14	17.157	157	38.54	111
März 1	63.95	103	66.63	123	19.594	174	25.13	24	54.756	162	26.33	7	17.000	181	39.65	78
11	62.92	110	67.86	68	19.420	191	25.37	17	54.594	178	26.26	1	16.819	196	40.43	46
21	61.82	113	68.54	11	19.229	197	25.54	9	54.416	183	26.25	— 4	16.623	200	40.89	12
31	60.69	111	68.65	— 45	19.032	190	25.63	1	54.233	178	26.29	8	16.423	193	41.01	— 20
April 10	59.58	105	68.20	100	18.842	174	25.64	— 7	54.055	163	26.37	12	16.230	179	40.81	50
20	58.53	93	67.20	149	18.668	148	25.57	16	53.892	139	26.49	16	16.051	156	40.31	80
30	57.60	79	65.71	193	18.520	116	25.41	21	53.753	108	26.65	21	15.895	127	39.51	108
Mai 10	56.81	61	63.78	230	18.404	77	25.20	25	53.645	74	26.86	26	15.768	93	38.43	134
20	56.20	43	61.48	258	18.327	35	24.95	27	53.571	36	27.12	32	15.675	55	37.09	155
30	55.77	22	58.90	280	18.292	— 7	24.68	28	53.535	— 4	27.44	36	15.620	16	35.54	174
Juni 9	55.55	1	56.10	292	18.299	50	24.40	27	53.539	44	27.80	41	15.604	— 23	33.80	188
19	55.54	— 19	53.18	298	18.349	92	24.13	26	53.583	82	28.21	45	15.627	62	31.92	197
29	55.73	40	50.20	295	18.441	131	23.87	24	53.665	118	28.66	47	15.689	99	29.95	200
Juli 9	56.13	60	47.25	285	18.572	166	23.63	22	53.783	151	29.13	47	15.788	133	27.95	198
19	56.73	77	44.40	269	18.738	199	23.41	22	53.934	181	29.60	45	15.921	164	25.97	189
29	57.50	94	41.71	247	18.937	226	23.19	21	54.115	207	30.05	40	16.085	193	24.08	172
Aug. 8	58.44	108	39.24	220	19.163	251	22.98	22	54.322	230	30.45	32	16.278	217	22.36	150
18	59.52	120	37.04	189	19.414	271	22.76	25	54.552	249	30.77	21	16.495	239	20.86	121
28	60.72	130	35.15	154	19.685	288	22.51	28	54.801	265	30.98	7	16.734	257	19.65	85
Sept. 7	62.02	137	33.61	116	19.973	301	22.23	33	55.066	278	31.05	— 8	16.991	270	18.80	46
17	63.39	143	32.45	76	20.274	311	21.90	37	55.344	288	30.97	25	17.261	281	18.34	4
27	64.82	146	31.69	32	20.585	318	21.53	43	55.632	295	30.72	43	17.542	287	18.30	— 41
Okt. 7	66.28	145	31.37	— 11	20.903	322	21.10	46	55.927	298	30.29	59	17.829	289	18.71	85
17	67.73	142	31.48	56	21.225	319	20.64	49	56.225	296	29.70	74	18.118	285	19.56	128
27	69.15	137	32.04	101	21.544	313	20.15	48	56.521	291	28.96	86	18.403	276	20.84	167
Nov. 6	70.52	127	33.05	144	21.857	300	19.67	46	56.812	278	28.10	95	18.679	262	22.51	199
16	71.79	115	34.49	185	22.157	280	19.21	40	57.090	260	27.15	98	18.941	239	24.50	226
26	72.94	98	36.34	222	22.437	252	18.81	32	57.350	234	26.17	99	19.180	211	26.76	244
Dez. 6	73.92	80	38.56	253	22.689	217	18.49	22	57.584	201	25.18	95	19.391	176	29.20	253
16	74.72	58	41.09	275	22.906	176	18.27	10	57.785	163	24.23	87	19.567	134	31.73	254
26	^{31}75.30	35	43.84	290	$_{32}$23.082	127	18.17	— 1	$_{32}$57.948	117	23.36	76	$_{32}$19.701	89	34.27	247
35	75.65		46.74		23.209		18.18		58.065		22.60		19.790		36.74	
Mittl. Ort	55.98		58.52		17.196		31.76		52.535		36.88		15.083		20.66	
sec δ, tg δ	+ 5.548		+5.457		+1.105		+0.470		+1.026		+0.230		+1.044		−0.299	
a, *a′*	+10.3		−3.4		+3.7		−3.6		+3.4		−3.7		+2.7		−3.8	
b, *b′*	− 0.06		−0.99		−0.01		−0.98		0.00		−0.98		0.00		−0.98	

[1] Ort des Hauptsterns; die jährliche Parallaxe (0.″377) ist bereits berücksichtigt.

* Bei Stern 256) und 257) lies Jan. 1.

Tag	1177) 16 Monocerotis				258) 18 Monocerotis				262) α Pictoris				261) ϑ Geminorum			
	AR.		Dekl.		AR.		Dekl.		AR.		Dekl.		AR.		Dekl.	
1957	6h 44m		+8° 37′		6h 45m		+2° 27′		6h 47m		—61° 53′		6h 49m		+34° 0′	
	s		″		s		″		s		″		s		″	
Jan. 1	[1] 14.017	88	55.25	98	[2] 39.370	85	30.58	135	[2] 48.23	2	47.84	370	[3] 60.125	114	45.46	59
10	14.105	39	54.27	84	39.455	36	29.23	121	48.21	11	51.54	353	60.239	56	46.05	69
20	14.144	10	53.43	69	39.491	12	28.02	104	48.10	20	55.07	326	60.295	4	46.74	75
30	14.134	57	52.74	55	39.479	59	26.98	85	47.90	28	58.33	291	60.291	61	47.49	75
Febr. 9	14.077	100	52.19	41	39.420	100	26.13	68	47.62	35	61.24	249	60.230	112	48.24	72
19	13.977	134	51.78	29	39.320	134	25.45	50	47.27	40	63.73	203	60.118	154	48.96	63
März 1	13.843	160	51.49	17	39.186	160	24.95	33	46.87	45	65.76	152	59.964	187	49.59	50
11	13.683	176	51.32	7	39.026	175	24.62	17	46.42	47	67.28	100	59.777	207	50.09	36
21	13.507	181	51.25	2	38.851	181	24.45	1	45.95	48	68.28	45	59.570	215	50.45	18
31	13.326	176	51.27	11	38.670	176	24.44	13	45.47	48	68.73	8	59.355	211	50.63	0
April 10	13.150	161	51.38	19	38.494	162	24.57	27	44.99	45	68.65	61	59.144	195	50.63	17
20	12.989	138	51.57	27	38.332	139	24.84	42	44.54	43	68.04	111	58.949	168	50.46	33
30	12.851	109	51.84	36	38.193	111	25.26	55	44.11	38	66.93	160	58.781	133	50.13	48
Mai 10	12.742	75	52.20	44	38.082	77	25.81	68	43.73	33	65.33	203	58.648	94	49.65	59
20	12.667	37	52.64	52	38.005	41	26.49	79	43.40	27	63.30	242	58.554	50	49.06	68
30	12.630	2	53.16	58	37.964	3	27.28	89	43.13	19	60.88	274	58.504	3	48.38	74
Juni 9	12.632	40	53.74	65	37.961	35	28.17	98	42.94	12	58.14	300	58.501	44	47.64	78
19	12.672	78	54.39	70	37.996	72	29.15	104	42.82	5	55.14	318	58.545	88	46.86	79
29	12.750	114	55.09	73	38.068	108	30.19	107	42.77	3	51.96	326	58.633	130	46.07	79
Juli 9	12.864	146	55.82	72	38.176	140	31.26	106	42.80	10	48.70	325	58.763	170	45.28	76
19	13.010	176	56.54	68	38.316	169	32.32	100	42.90	18	45.45	315	58.933	206	44.52	74
29	13.186	202	57.22	61	38.485	196	33.32	92	43.08	26	42.30	295	59.139	238	43.78	71
Aug. 8	13.388	224	57.83	51	38.681	218	34.24	78	43.34	32	39.35	264	59.377	265	43.07	69
18	13.612	244	58.34	38	38.899	238	35.02	61	43.66	37	36.71	224	59.642	288	42.38	65
28	13.856	259	58.72	21	39.137	255	35.63	39	44.03	42	34.47	176	59.930	307	41.73	61
Sept. 7	14.115	273	58.93	1	39.392	267	36.02	14	44.45	47	32.71	119	60.237	324	41.12	59
17	14.388	283	58.94	20	39.659	278	36.16	13	44.92	49	31.52	58	60.561	337	40.53	56
27	14.671	290	58.74	42	39.937	285	36.03	40	45.41	51	30.94	6	60.898	345	39.97	51
Okt. 7	14.961	293	58.32	62	40.222	289	35.63	67	45.92	51	31.00	73	61.243	349	39.46	46
17	15.254	292	57.70	82	40.511	287	34.96	93	46.43	49	31.73	138	61.592	350	39.00	39
27	15.546	286	56.88	99	40.798	281	34.03	115	46.92	46	33.11	199	61.942	343	38.61	30
Nov. 6	15.832	274	55.89	110	41.079	270	32.88	133	47.38	43	35.10	254	62.285	331	38.31	19
16	16.106	256	54.79	118	41.349	251	31.55	146	47.81	37	37.64	300	62.616	310	38.12	6
26	16.362	231	53.61	122	41.600	226	30.09	153	48.18	29	40.64	335	62.926	280	38.06	10
Dez. 6	16.593	198	52.39	119	41.826	194	28.56	154	48.47	22	43.99	361	63.206	244	38.16	25
16	16.791	159	51.20	113	42.020	156	27.02	149	48.69	13	47.60	373	63.450	198	38.41	40
26	16.950	116	50.07	103	42.176	112	25.53	141	48.82	4	51.33	373	63.648	146	38.81	54
35	[32] 17.066		49.04		[33] 42.288		24.12		[33] 48.86		55.06		[34] 63.794		39.35	
Mittl. Ort	11.668		63.37		37.070		38.70		45.01		41.25		57.350		53.98	
sec δ, tg δ	+1.011		+0.152		+1.001		+0.043		+2.123		—1.872		+1.206		+0.675	
a, a′	+3.3		—3.8		+3.1		—4.0		+0.6		—4.1		+4.0		—4.3	
b, b′	0.00		—0.98		0.00		—0.98		+0.03		—0.98		—0.01		—0.98	

F

Scheinbare Sternörter 1957

Obere Kulmination Greenwich

Tag	266) ϑ Canis maj. AR.		266) ϑ Canis maj. Dekl.		260) 24 H. Camelop. AR.		260) 24 H. Camelop. Dekl.		268) ε Canis maj. AR.		268) ε Canis maj. Dekl.		269) ζ Geminorum AR.		269) ζ Geminorum Dekl.	
1957	6h 52m		−11° 58′		6h 53m		+77° 1′		6h 56m		−28° 54′		7h 1m		+20° 37′	
	s		″		s		″		s		″		s		″	
Jan. 1	13.718	80	68.18	218	57.77	24	62.82	282	58.416	68	51.95	297	36.012	115	57.28	28
10	^{3}13.798	30	70.36	202	^{4}58.01	4	65.64	284	^{4}58.484	14	54.92	281	^{6}36.127	62	57.00	14
20	13.828	19	72.38	181	58.05	17	68.48	274	58.498	38	57.73	256	36.189	9	56.86	2
30	13.809	65	74.19	156	57.88	36	71.22	255	58.460	88	60.29	227	36.198	42	56.84	8
Febr. 9	13.744	107	75.75	129	57.52	53	73.77	225	58.372	133	62.56	192	36.156	89	56.92	14
19	13.637	141	77.04	100	56.99	67	76.02	186	58.239	171	64.48	155	36.067	128	57.06	18
März 1	13.496	168	78.04	72	56.32	78	77.88	139	58.068	198	66.03	115	35.939	159	57.24	20
11	13.328	184	78.76	43	55.54	86	79.27	88	57.870	217	67.18	74	35.780	178	57.44	18
21	13.144	190	79.19	14	54.68	90	80.15	33	57.653	224	67.92	33	35.602	188	57.62	15
31	12.954	187	79.33	15	53.78	89	80.48	22	57.429	221	68.25	9	35.414	185	57.77	12
April 10	12.767	174	79.18	41	52.89	84	80.26	75	57.208	209	68.16	49	35.229	173	57.89	8
20	12.593	153	78.77	68	52.05	77	79.51	125	56.999	188	67.67	87	35.056	151	57.97	3
30	12.440	126	78.09	92	51.28	65	78.26	171	56.811	161	66.80	123	34.905	122	58.00	0
Mai 10	12.314	94	77.17	115	50.63	53	76.55	209	56.650	127	65.57	157	34.783	88	58.00	2
20	12.220	58	76.02	136	50.10	38	74.46	240	56.523	91	64.00	187	34.695	51	57.98	3
30	12.162	20	74.66	154	49.72	22	72.06	264	56.432	50	62.13	212	34.644	10	57.95	4
Juni 9	12.142	18	73.12	167	49.50	5	69.42	280	56.382	9	60.01	231	34.634	30	57.91	4
19	12.160	55	71.45	176	49.45	12	66.62	288	56.373	31	57.70	245	34.664	69	57.87	3
29	12.215	90	69.69	180	49.57	28	63.74	289	56.404	72	55.25	252	34.733	107	57.84	3
Juli 9	12.305	124	67.89	179	49.85	43	60.85	283	56.476	111	52.73	251	34.840	141	57.81	3
19	12.429	155	66.10	172	50.28	58	58.02	271	56.587	147	50.22	242	34.981	173	57.78	4
29	12.584	184	64.38	158	50.86	71	55.31	252	56.734	180	47.80	226	35.154	201	57.74	8
Aug. 8	12.768	208	62.80	138	51.57	84	52.79	230	56.914	210	45.54	201	35.355	226	57.66	13
18	12.976	230	61.42	113	52.41	94	50.49	202	57.124	237	43.53	168	35.581	248	57.53	19
28	13.206	248	60.29	82	53.35	102	48.47	170	57.361	261	41.85	129	35.829	267	57.34	27
Sept. 7	13.454	264	59.47	46	54.37	109	46.77	134	57.622	280	40.56	83	36.096	283	57.07	36
17	13.718	276	59.01	7	55.46	114	45.43	97	57.902	295	39.73	33	36.379	296	56.71	46
27	13.994	284	58.94	33	56.60	117	44.46	56	58.197	305	39.40	20	36.675	305	56.25	56
Okt. 7	14.278	288	59.27	74	57.77	118	43.90	13	58.502	310	39.60	74	36.980	312	55.69	64
17	14.566	288	60.01	113	58.95	117	43.77	30	58.812	308	40.34	126	37.292	313	55.05	71
27	14.854	282	61.14	149	60.12	114	44.07	75	59.120	301	41.60	174	37.605	311	54.34	76
Nov. 6	15.136	269	62.63	180	61.26	107	44.82	119	59.421	286	43.34	218	37.916	301	53.58	76
16	15.405	250	64.43	203	62.33	97	46.01	160	59.707	262	45.52	253	38.217	285	52.82	74
26	15.655	224	66.46	219	63.30	86	47.61	199	59.969	231	48.05	279	38.502	261	52.08	68
Dez. 6	15.879	191	68.65	229	64.16	71	49.60	233	60.200	193	50.84	297	38.763	228	51.40	58
16	16.070	152	70.94	229	64.87	55	51.93	258	60.393	149	53.81	304	38.991	189	50.82	47
26	16.222	107	73.23	223	65.42	36	54.51	278	60.542	99	56.85	301	39.180	144	50.35	34
35*	$_{34}$16.329		75.46		$_{35}$65.78		57.29		$_{36}$60.641		59.86		$_{37}$39.324		50.01	
Mittl. Ort	11.470		60.26		49.47		71.32		56.106		44.63		33.532		66.32	
sec δ, tg δ	+1.022		−0.212		+4.458		+4.344		+1.142		−0.552		+1.069		+0.377	
a, *a′*	+2.8		−4.5		+8.7		−4.7		+2.4		−4.9		+3.6		−5.3	
b, *b′*	0.00		−0.97		−0.07		−0.97		+0.01		−0.97		−0.01		−0.96	

* Bei Stern 268) und 269) lies Dez. 36.

Scheinbare Sternörter 1957

Obere Kulmination Greenwich

Tag	271) γ Canis maj.				273) δ Canis maj.				274) 63 Aurigae				277) λ Geminorum			
	AR.		Dekl.		AR.		Dekl.		AR.		Dekl.		AR.		Dekl.	
1957	7h 1m		−15° 34′		7h 6m		−26° 19′		7h 8m		+39° 23′		7h 15m		+16° 36′	
	s		″		s		″		s		″		s		″	
Jan. 1	$_{6}$50.984	86	14.01	239	$_{7}$40.813	82	32.61	290	$_{7}$44.883	142	23.41	88	$_{9}$39.729	126	60.98	57
10	51.070	36	16.40	223	40.895	29	35.51	274	45.025	79	24.29	100	39.855	74	60.41	42
20	51.106	13	18.63	202	40.924	24	38.25	251	45.104	15	25.29	107	39.929	22	59.99	27
30	51.093	61	20.65	176	40.900	74	40.76	223	45.119	47	26.36	107	39.951	30	59.72	14
Febr. 9	51.032	104	22.41	148	40.826	119	42.99	191	45.072	104	27.43	103	39.921	76	59.58	4
19	50.928	140	23.89	117	40.707	156	44.90	154	44.968	152	28.46	93	39.845	116	59.54	5
März 1	50.788	168	25.06	86	40.551	186	46.44	116	44.816	191	29.39	78	39.729	148	59.59	11
11	50.620	185	25.92	54	40.365	206	47.60	78	44.625	216	30.17	58	39.581	170	59.70	14
21	50.435	194	26.46	22	40.159	215	48.38	38	44.409	229	30.75	37	39.411	180	59.84	16
31	50.241	191	26.68	9	39.944	213	48.76	2	44.180	228	31.12	13	39.231	180	60.00	17
April 10	50.050	180	26.59	40	39.731	202	48.74	40	43.952	216	31.25	11	39.051	171	60.17	16
20	49.870	160	26.19	68	39.529	184	48.34	77	43.736	192	31.14	33	38.880	152	60.33	15
30	49.710	135	25.51	96	39.345	158	47.57	112	43.544	158	30.81	53	38.728	127	60.48	15
Mai 10	49.575	104	24.55	121	39.187	127	46.45	144	43.386	119	30.28	71	38.601	95	60.63	15
20	49.471	69	23.34	144	39.060	91	45.01	174	43.267	74	29.57	86	38.506	59	60.78	16
30	49.402	32	21.90	164	38.969	53	43.27	198	43.193	27	28.71	98	38.447	22	60.94	16
Juni 9	49.370	6	20.26	179	38.916	14	41.29	218	43.166	22	27.73	106	38.425	16	61.10	17
19	49.376	42	18.47	189	38.902	26	39.11	232	43.188	69	26.67	111	38.441	54	61.27	18
29	49.418	79	16.58	195	38.928	65	36.79	239	43.257	114	25.56	114	38.495	90	61.45	17
Juli 9	49.497	114	14.63	194	38.993	102	34.40	239	43.371	157	24.42	115	38.585	124	61.62	16
19	49.611	146	12.69	187	39.095	138	32.01	232	43.528	197	23.27	113	38.709	154	61.78	13
29	49.757	174	10.82	173	39.233	170	29.69	217	43.725	232	22.14	110	38.863	183	61.91	7
Aug. 8	49.931	201	9.09	153	39.403	200	27.52	195	43.957	264	21.04	106	39.046	209	61.98	1
18	50.132	225	7.56	126	39.603	227	25.57	163	44.221	291	19.98	102	39.255	232	61.99	9
28	50.357	245	6.30	93	39.830	252	23.94	125	44.512	315	18.96	95	39.487	252	61.90	21
Sept. 7	50.602	262	5.37	56	40.082	271	22.69	83	44.827	336	18.01	89	39.739	269	61.69	33
17	50.864	275	4.81	15	40.353	287	21.86	35	45.163	352	17.12	82	40.008	283	61.36	47
27	51.139	286	4.66	29	40.640	299	21.51	17	45.515	365	16.30	72	40.291	296	60.89	62
Okt. 7	51.425	292	4.95	72	40.939	305	21.68	69	45.880	373	15.58	62	40.587	304	60.27	74
17	51.717	292	5.67	115	41.244	306	22.37	119	46.253	376	14.96	49	40.891	308	59.53	85
27	52.009	287	6.82	153	41.550	301	23.56	167	46.629	373	14.47	35	41.199	308	58.68	93
Nov. 6	52.296	276	8.35	187	41.851	288	25.23	209	47.002	362	14.12	17	41.507	300	57.75	99
16	52.572	258	10.22	215	42.139	267	27.32	244	47.364	343	13.95	2	41.807	286	56.76	99
26	52.830	232	12.37	234	42.406	239	29.76	270	47.707	315	13.97	22	42.093	265	55.77	95
Dez. 6	53.062	199	14.71	246	42.645	203	32.46	288	48.022	278	14.19	43	42.358	235	54.82	88
16	53.261	159	17.17	248	42.848	160	35.34	295	48.300	231	14.62	62	42.593	197	53.94	78
26	53.420	115	19.65	244	43.008	112	38.29	293	48.531	175	15.24	81	42.790	153	53.16	63
36	53.535		22.09		43.120		41.22		48.706		16.05		42.943		52.53	
Mittl. Ort	48.734		6.22		38.520		25.39		41.988		33.35		37.326		70.53	
sec δ, tg δ	+1.038		−0.279		+1.116		−0.495		+1.294		+0.821		+1.044		+0.298	
a, *a′*	+2.7		−5.3		+2.4		−5.7		+4.1		−5.9		+3.5		−6.5	
b, *b′*	0.00		−0.96		+0.01		−0.96		−0.02		−0.96		−0.01		−0.95	

Scheinbare Sternörter 1957

Obere Kulmination Greenwich

Tag	278) π Puppis AR.	278) π Puppis Dekl.	281) δ Volantis AR.	281) δ Volantis Dekl.	279) δ Geminorum AR.	279) δ Geminorum Dekl.	280) 19 Lyncis *sq* AR.	280) 19 Lyncis *sq* Dekl.
1957	$7^h\ 15^m$	−37° 1′	$7^h\ 16^m$	−67° 52′	$7^h\ 17^m$	+22° 3′	$7^h\ 19^m$	+55° 21′
	s	″	s	″	s	″	s	″
Jan. 1	^{9}39.805 82	15.15 332	^{9}55.30 2	47.37 382	^{10}35.821 132	37.63 23	^{10}25.556 187	41.77 176
10	39.887 23	18.47 319	55.32 9	51.19 372	35.953 79	37.40 8	25.743 105	43.53 188
20	39.910 35	21.66 295	55.23 20	54.91 352	36.032 25	37.32 5	25.848 19	45.41 192
30	39.875 90	24.61 266	55.03 31	58.43 323	36.057 27	37.37 16	25.867 65	47.33 188
Febr. 9	39.785 139	27.27 232	54.72 40	61.66 287	36.030 76	37.53 24	25.802 142	49.21 175
19	39.646 182	29.59 192	54.32 47	64.53 245	35.954 119	37.77 28	25.660 208	50.96 155
März 1	39.464 214	31.51 149	53.85 53	66.98 197	35.835 151	38.05 30	25.452 262	52.51 128
11	39.250 237	33.00 105	53.32 58	68.95 146	35.684 175	38.35 27	25.190 299	53.79 96
21	39.013 248	34.05 59	52.74 60	70.41 94	35.509 186	38.62 24	24.891 320	54.75 59
31	38.765 249	34.64 13	52.14 61	71.35 40	35.323 186	38.86 19	24.571 324	55.34 20
April 10	38.516 240	34.77 31	51.53 59	71.75 13	35.137 177	39.05 12	24.247 312	55.54 18
20	38.276 221	34.46 75	50.94 57	71.62 66	34.960 158	39.17 7	23.935 284	55.36 56
30	38.055 196	33.71 117	50.37 52	70.96 117	34.802 131	39.24 1	23.651 243	54.80 90
Mai 10	37.859 164	32.54 155	49.85 47	69.79 165	34.671 99	39.25 4	23.408 194	53.90 121
20	37.695 127	30.99 190	49.38 40	68.14 208	34.572 63	39.21 8	23.214 137	52.69 147
30	37.568 87	29.09 220	48.98 33	66.06 246	34.509 24	39.13 11	23.077 75	51.22 169
Juni 9	37.481 44	26.89 245	48.65 25	63.60 277	34.485 15	39.02 12	23.002 10	49.53 185
19	37.437 1	24.44 262	48.40 15	60.83 302	34.500 54	38.90 13	22.992 53	47.68 195
29	37.436 43	21.82 273	48.25 6	57.81 318	34.554 92	38.77 15	23.045 116	45.73 201
Juli 9	37.479 85	19.09 275	48.19 4	54.63 324	34.646 127	38.62 17	23.161 176	43.72 203
19	37.564 126	16.34 270	48.23 13	51.39 321	34.773 159	38.45 19	23.337 231	41.69 201
29	37.690 165	13.64 254	48.36 23	48.18 307	34.932 188	38.26 23	23.568 282	39.68 193
Aug. 8	37.855 201	11.10 230	48.59 31	45.11 283	35.120 215	38.03 28	23.850 328	37.75 184
18	38.056 234	8.80 198	48.90 40	42.28 250	35.335 239	37.75 34	24.178 369	35.91 171
28	38.290 263	6.82 158	49.30 48	39.78 206	35.574 259	37.41 42	24.547 405	34.20 156
Sept. 7	38.553 289	5.24 110	49.78 53	37.72 155	35.833 278	36.99 50	24.952 435	32.64 137
17	38.842 309	4.14 57	50.31 58	36.17 96	36.111 293	36.49 59	25.387 460	31.27 116
27	39.151 324	3.57 1	50.89 61	35.21 33	36.404 305	35.90 68	25.847 479	30.11 93
Okt. 7	39.475 332	3.56 57	51.50 63	34.88 34	36.709 314	35.22 75	26.326 492	29.18 68
17	39.807 335	4.13 116	52.13 62	35.22 100	37.023 319	34.47 80	26.818 497	28.50 40
27	40.142 328	5.29 170	52.75 60	36.22 165	37.342 318	33.67 83	27.315 494	28.10 9
Nov. 6	40.470 313	6.99 219	53.35 55	37.87 224	37.660 312	32.84 82	27.809 479	28.01 22
16	40.783 290	9.18 262	53.90 49	40.11 276	37.972 297	32.02 78	28.288 455	28.23 54
26	41.073 258	11.80 295	54.39 41	42.87 318	38.269 275	31.24 70	28.743 417	28.77 87
Dez. 6	41.331 217	14.75 318	54.80 32	46.05 351	38.544 245	30.54 59	29.160 367	29.64 117
16	41.548 169	17.93 332	55.12 20	49.56 372	38.789 206	29.95 46	29.527 306	30.81 144
26	41.717 115	21.25 333	55.32 9	53.28 379	38.995 161	29.49 30	29.833 234	32.25 167
36	41.832	24.58	55.41	57.07	39.156	29.19	30.067	33.92
Mittl. Ort	37.394	8.80	51.44	42.79	33.345	47.53	21.911	52.87
sec δ, tg δ	+1.252	−0.754	+2.656	−2.460	+1.079	+0.405	+1.759	+1.448
a, *a′*	+2.1	−6.5	0.0	−6.6	+3.6	−6.7	+4.9	−6.8
b, *b′*	+0.02	−0.95	+0.05	−0.94	−0.01	−0.94	−0.03	−0.94

Obere Kulmination Greenwich

Tag	282) ι Geminorum AR.		282) ι Geminorum Dekl.		285) β Canis min. AR.		285) β Canis min. Dekl.		286) ρ Geminorum AR.		286) ρ Geminorum Dekl.		284) Grb 1308 Caml AR.		284) Grb 1308 Caml Dekl.	
1957	$7^h\ 23^m$		+27° 52′		$7^h\ 24^m$		+8° 22′		$7^h\ 26^m$		+31° 51′		$7^h\ 26^m$		+68° 32′	
	s		″		s		″		s		″		s		″	
Jan. 1	6.018	143	56.48	12	51.434	128	29.61	111	23.486	153	67.30	36	30.50	26	71.19	237
11	6.161	89	56.60	27	51.562	78	28.50	95	23.639	96	67.66	52	30.76	14	73.56	250
20	6.250	32	56.87	39	51.640	27	27.55	78	23.735	36	68.18	64	30.90	1	76.06	252
30	6.282	24	57.26	49	51.667	22	26.77	61	23.771	22	68.82	72	30.91	12	78.58	244
Febr. 9	6.258	75	57.75	53	51.645	69	26.16	45	23.749	76	69.54	75	30.79	23	81.02	226
19	6.183	121	58.28	54	51.576	109	25.71	29	23.673	122	70.29	73	30.56	34	83.28	199
März 1	6.062	156	58.82	51	51.467	139	25.42	16	23.551	160	71.02	66	30.22	42	85.27	163
11	5.906	181	59.33	44	51.328	162	25.26	4	23.391	187	71.68	55	29.80	48	86.90	121
21	5.725	194	59.77	34	51.166	174	25.22	6	23.204	202	72.23	42	29.32	52	88.11	74
31	5.531	196	60.11	22	50.992	175	25.28	14	23.002	204	72.65	27	28.80	52	88.85	25
April 10	5.335	187	60.33	11	50.817	167	25.42	22	22.798	195	72.92	10	28.28	52	89.10	24
20	5.148	168	60.44	2	50.650	150	25.64	30	22.603	177	73.02	6	27.76	48	88.86	72
30	4.980	142	60.42	13	50.500	128	25.94	37	22.426	150	72.96	21	27.28	42	88.14	116
Mai 10	4.838	109	60.29	23	50.372	98	26.31	43	22.276	116	72.75	35	26.86	35	86.98	155
20	4.729	71	60.06	32	50.274	65	26.74	49	22.160	78	72.40	47	26.51	27	85.43	190
30	4.658	31	59.74	38	50.209	30	27.23	55	22.082	36	71.93	56	26.24	18	83.53	218
Juni 9	4.627	10	59.36	43	50.179	5	27.78	59	22.046	6	71.37	64	26.06	7	81.35	239
19	4.637	50	58.93	48	50.184	42	28.37	62	22.052	48	70.73	69	25.99	2	78.96	254
29	4.687	89	58.45	51	50.226	76	28.99	63	22.100	89	70.04	74	26.01	12	76.42	263
Juli 9	4.776	127	57.94	52	50.302	108	29.62	62	22.189	128	69.30	77	26.13	21	73.79	264
19	4.903	161	57.42	55	50.410	139	30.24	57	22.317	163	68.53	78	26.34	30	71.15	261
29	5.064	191	56.87	58	50.549	167	30.81	49	22.480	196	67.75	80	26.64	39	68.54	252
Aug. 8	5.255	220	56.29	60	50.716	192	31.30	39	22.676	226	66.95	82	27.03	47	66.02	238
18	5.475	245	55.69	64	50.908	216	31.69	25	22.902	252	66.13	83	27.50	53	63.64	220
28	5.720	268	55.05	67	51.124	236	31.94	7	23.154	276	65.30	83	28.03	59	61.44	197
Sept. 7	5.988	287	54.38	71	51.360	254	32.01	13	23.430	297	64.47	85	28.62	64	59.47	170
17	6.275	305	53.67	75	51.614	271	31.88	33	23.727	315	63.62	85	29.26	69	57.77	140
27	6.580	318	52.92	78	51.885	283	31.55	56	24.042	330	62.77	84	29.95	72	56.37	108
Okt. 7	6.898	328	52.14	79	52.168	293	30.99	77	24.372	340	61.93	81	30.67	73	55.29	70
17	7.226	333	51.35	78	52.461	298	30.22	97	24.712	347	61.12	76	31.40	74	54.59	33
27	7.559	334	50.57	75	52.759	299	29.25	114	25.059	348	60.36	69	32.14	74	54.26	8
Nov. 6	7.893	328	49.82	68	53.058	294	28.11	127	25.407	341	59.67	58	32.88	72	54.34	50
16	8.221	314	49.14	59	53.352	281	26.84	135	25.748	328	59.09	44	33.60	67	54.84	92
26	8.535	291	48.55	45	53.633	261	25.49	138	26.076	305	58.65	28	34.27	62	55.76	131
Dez. 6	8.826	260	48.10	30	53.894	232	24.11	136	26.381	273	58.37	11	34.89	54	57.07	169
16	9.086	221	47.80	14	54.126	196	22.75	128	26.654	232	58.26	9	35.43	44	58.76	201
26	9.307	174	47.66	3	54.322	154	21.47	118	26.886	183	58.35	28	35.87	34	60.77	228
36	9.481		47.69		54.476		20.29		27.069		58.63		36.21		63.05	
Mittl. Ort	3.453		66.95		49.127		39.01		20.846		78.17		25.33		83.08	
sec δ, tg δ	+1.131		+0.529		+1.011		+0.147		+1.178		+0.622		+2.735		+2.546	
a, *a′*	+3.7		−7.1		+3.3		−7.3		+3.8		−7.4		+6.2		−7.4	
b, *b′*	−0.01		−0.93		0.00		−0.93		−0.02		−0.93		−0.06		−0.93	

Scheinbare Sternörter 1957

Obere Kulmination Greenwich

Tag	287) α Geminorum[1] AR.		Dekl.		289) 25 Monocerotis AR.		Dekl.		291) α Canis min.[2] AR.		Dekl.		292) 24 Lyncis AR.		Dekl.	
1957	$7^h\ 31^m$		$+31°\ 58'$		$7^h\ 35^m$		$-4°\ 0'$		$7^h\ 37^m$		$+5°\ 19'$		$7^h\ 39^m$		$+58°\ 48'$	
	s		″		s		″		s		″		s		″	
Jan. 1	54.082	158	53.76	34	10.597	128	57.63	187	5.285	133	61.66	135	26.517	234	34.87	186
11	54.240	101	54.10	51	10.725	79	59.50	171	5.418	83	60.31	118	26.751	143	36.73	202
20	^{13}54.341	42	54.61	64	^{14}10.804	29	61.21	152	^{15}5.501	32	59.13	100	^{15}26.894	50	38.75	211
30	54.383	16	55.25	72	10.833	20	62.73	131	5.533	17	58.13	81	26.944	42	40.86	209
Febr. 9	54.367	72	55.97	76	10.813	65	64.04	108	5.516	63	57.32	62	26.902	129	42.95	200
19	54.295	119	56.73	74	10.748	105	65.12	85	5.453	103	56.70	44	26.773	206	44.95	182
März 1	54.176	157	57.47	69	10.643	137	65.97	62	5.350	136	56.26	28	26.567	269	46.77	154
11	54.019	185	58.16	58	10.506	160	66.59	38	5.214	158	55.98	12	26.298	317	48.31	121
21	53.834	201	58.74	45	10.346	172	66.97	17	5.056	172	55.86	0	25.981	347	49.52	84
31	53.633	205	59.19	30	10.174	176	67.14	4	4.884	175	55.86	11	25.634	357	50.36	43
April 10	53.428	197	59.49	13	9.998	169	67.10	24	4.709	168	55.97	23	25.277	351	50.79	1
20	53.231	180	59.62	4	9.829	156	66.86	42	4.541	153	56.20	33	24.926	327	50.80	40
30	53.051	153	59.58	19	9.673	134	66.44	61	4.388	131	56.53	42	24.599	290	50.40	80
Mai 10	52.898	120	59.39	34	9.539	108	65.83	78	4.257	104	56.95	50	24.309	242	49.60	115
20	52.778	83	59.05	46	9.431	77	65.05	93	4.153	73	57.45	58	24.067	184	48.45	146
30	52.695	42	58.59	56	9.354	44	64.12	106	4.080	39	58.03	65	23.883	120	46.99	173
Juni 9	52.653	0	58.03	65	9.310	10	63.06	116	4.041	4	58.68	70	23.763	53	45.26	194
19	52.653	42	57.38	71	9.300	25	61.90	124	4.037	31	59.38	73	23.710	16	43.32	209
29	52.695	82	56.67	76	9.325	58	60.66	128	4.068	65	60.11	74	23.726	83	41.23	220
Juli 9	52.777	121	55.91	79	9.383	90	59.38	128	4.133	97	60.85	73	23.809	149	39.03	225
19	52.898	156	55.12	83	9.473	121	58.10	123	4.230	127	61.58	67	23.958	211	36.78	226
29	53.054	190	54.29	84	9.594	149	56.87	114	4.357	155	62.25	59	24.169	269	34.52	223
Aug. 8	53.244	219	53.45	86	9.743	176	55.73	98	4.512	182	62.84	47	24.438	322	32.29	214
18	53.463	247	52.59	88	9.919	201	54.75	79	4.694	205	63.31	32	24.760	371	30.15	202
28	53.710	271	51.71	90	10.120	223	53.96	54	4.899	226	63.63	12	25.131	414	28.13	187
Sept. 7	53.981	293	50.81	90	10.343	242	53.42	26	5.125	246	63.75	10	25.545	451	26.26	169
17	54.274	312	49.91	91	10.585	260	53.16	5	5.371	263	63.65	34	25.996	484	24.57	147
27	54.586	328	49.00	89	10.845	275	53.21	39	5.634	278	63.31	59	26.480	510	23.10	122
Okt. 7	54.914	339	48.11	87	11.120	286	53.60	72	5.912	288	62.72	83	26.990	530	21.88	94
17	55.253	346	47.24	83	11.406	293	54.32	105	6.200	295	61.89	106	27.520	540	20.94	63
27	55.599	349	46.41	74	11.699	295	55.37	134	6.495	296	60.83	126	28.060	542	20.31	30
Nov. 6	55.948	343	45.67	63	11.994	290	56.71	160	6.791	293	59.57	142	28.602	531	20.01	6
16	56.291	331	45.04	50	12.284	278	58.31	179	7.084	281	58.15	153	29.133	509	20.07	42
26	56.622	308	44.54	33	12.562	259	60.10	192	7.365	262	56.62	159	29.642	473	20.49	78
Dez. 6	56.930	277	44.21	14	12.821	231	62.02	199	7.627	235	55.03	157	30.115	422	21.27	114
16	57.207	237	44.07	6	13.052	196	64.01	198	7.862	201	53.46	152	30.537	359	22.41	147
26	57.444	189	44.13	25	13.248	154	65.99	191	8.063	158	51.94	141	30.896	283	23.88	174
36	57.633		44.38		13.402		67.90		8.221		50.53		31.179		25.62	
Mittl. Ort	51.456		64.97		8.365		49.02		3.015		71.22		22.713		47.81	
sec δ, tg δ	+1.179		+0.624		+1.002		−0.070		+1.004		+0.093		+1.931		+1.652	
a, *a′*	+3.8		−7.8		+3.0		−8.1		+3.2		−8.2		+5.1		−8.4	
b, *b′*	−0.02		−0.92		0.00		−0.92		0.00		−0.91		−0.05		−0.91	

[1] Ort des helleren Sterns.

[2] Ort des hellen Sterns; die jährliche Parallaxe (0.″291) ist bereits berücksichtigt.

Scheinbare Sternörter 1957

Obere Kulmination Greenwich

Tag	294) ϰ Geminorum AR.		294) ϰ Geminorum Dekl.		297) ζ Volantis AR.		297) ζ Volantis Dekl.		295) β Geminorum[1] AR.		295) β Geminorum[1] Dekl.		296) π Geminorum AR.		296) π Geminorum Dekl.	
1957	$7^h\ 41^m$		$+24°\ 29'$		$7^h\ 42^m$		$-72°\ 30'$		$7^h\ 42^m$		$+28°\ 7'$		$7^h\ 44^m$		$+33°\ 31'$	
	s		″		s		″		s		″		s		″	
Jan. 1	53.664	160	58.76	16	26.40	9	13.74	384	43.725	162	42.47	7	46.821	175	10.56	39
11	[16] 53.824	107	58.60	2	[16] 26.49	6	17.58	382	[16] 43.887	108	42.54	25	[17] 46.996	118	10.95	57
20	53.931	51	58.62	18	26.43	20	21.40	368	43.995	51	42.79	40	47.114	57	11.52	73
30	53.982	5	58.80	30	26.23	33	25.08	346	44.046	6	43.19	51	47.171	3	12.25	83
Febr. 9	53.977	56	59.10	40	25.90	44	28.54	315	44.040	60	43.70	60	47.168	60	13.08	87
19	53.921	101	59.50	45	25.46	55	31.69	277	43.980	107	44.30	62	47.108	109	13.95	86
März 1	53.820	139	59.95	47	24.91	63	34.46	234	43.873	145	44.92	60	46.999	151	14.81	81
11	53.681	166	60.42	44	24.28	70	36.80	186	43.728	173	45.52	54	46.848	181	15.62	70
21	53.515	182	60.86	39	23.58	73	38.66	136	43.555	190	46.06	46	46.667	200	16.32	56
31	53.333	188	61.25	31	22.85	75	40.02	83	43.365	195	46.52	35	46.467	206	16.88	40
April 10	53.145	182	61.56	22	22.10	76	40.85	30	43.170	190	46.87	21	46.261	202	17.28	22
20	52.963	167	61.78	13	21.34	74	41.15	24	42.980	175	47.08	8	46.059	186	17.50	3
30	52.796	144	61.91	4	20.60	69	40.91	76	42.805	151	47.16	4	45.873	161	17.53	16
Mai 10	52.652	115	61.95	5	19.91	64	40.15	127	42.654	121	47.12	16	45.712	131	17.37	32
20	52.537	81	61.90	13	19.27	58	38.88	173	42.533	85	46.96	27	45.581	95	17.05	46
30	52.456	45	61.77	19	18.69	49	37.15	216	42.448	48	46.69	36	45.486	54	16.59	60
Juni 9	52.411	7	61.58	25	18.20	39	34.99	252	42.400	9	46.33	44	45.432	13	15.99	71
19	52.404	31	61.33	29	17.81	28	32.47	283	42.391	31	45.89	49	45.419	28	15.28	78
29	52.435	69	61.04	33	17.53	17	29.64	304	42.422	69	45.40	55	45.447	69	14.50	86
Juli 9	52.504	104	60.71	38	17.36	6	26.60	317	42.491	106	44.85	60	45.516	108	13.64	92
19	52.608	137	60.33	42	17.30	7	23.43	321	42.597	140	44.25	64	45.624	145	12.72	95
29	52.745	168	59.91	47	17.37	19	20.22	314	42.737	172	43.61	68	45.769	179	11.77	99
Aug. 8	52.913	197	59.44	53	17.56	31	17.08	297	42.909	202	42.93	72	45.948	210	10.78	101
18	53.110	223	58.91	59	17.87	42	14.11	269	43.111	229	42.21	77	46.158	239	9.77	103
28	53.333	246	58.32	66	18.29	52	11.42	232	43.340	253	41.44	82	46.397	265	8.74	104
Sept. 7	53.579	268	57.66	73	18.81	61	9.10	185	43.593	275	40.62	86	46.662	289	7.70	106
17	53.847	287	56.93	81	19.42	68	7.25	130	43.868	294	39.76	91	46.951	311	6.64	105
27	54.134	303	56.12	88	20.10	74	5.95	68	44.162	311	38.85	93	47.262	327	5.59	103
Okt. 7	54.437	317	55.24	93	20.84	77	5.27	4	44.473	325	37.92	95	47.589	343	4.56	98
17	54.751	325	54.31	96	21.61	77	5.23	63	44.798	334	36.97	94	47.932	352	3.58	93
27	55.079	329	53.35	96	22.38	76	5.86	129	45.132	337	36.03	91	48.284	356	2.65	84
Nov. 6	55.408	326	52.39	92	23.14	72	7.15	191	45.469	333	35.12	83	48.640	354	1.81	70
16	55.734	316	51.47	86	23.86	64	9.06	248	45.802	323	34.29	72	48.994	343	1.11	55
26	56.050	296	50.61	74	24.50	55	11.54	296	46.125	304	33.57	58	49.337	322	0.56	36
Dez. 6	56.346	269	49.87	60	25.05	44	14.50	334	46.429	275	32.99	41	49.659	292	0.20	14
16	56.615	233	49.27	43	25.49	31	17.84	361	46.704	237	32.58	22	49.951	254	0.06	7
26	56.848	188	48.84	25	25.80	18	21.45	378	46.941	192	32.36	3	50.205	205	0.13	28
36	57.036		48.59		25.98		25.23		47.133		32.33		50.410		0.41	
Mittl. Ort	51.209		70.02		21.76		11.09		41.208		54.04		44.202		22.64	
sec δ, tg δ	+1.099		+0.456		+3.326		−3.172		+1.134		+0.535		+1.200		+0.662	
a, *a′*	+3.6		−8.6		−0.7		−8.7		+3.7		−8.7		+3.9		−8.8	
b, *b′*	−0.01		−0.90		+0.09		−0.90		−0.02		−0.90		−0.02		−0.90	

[1] Die jährliche Parallaxe (0″.100) ist bereits berücksichtigt.

Scheinbare Sternörter 1957

Obere Kulmination Greenwich

Tag	300) Grb 1374 Caml AR.		300) Dekl.		303) χ Carinae AR.		303) Dekl.		305) χ Geminorum AR.		305) Dekl.		306) ζ Puppis AR.		306) Dekl.	
1957	$7^h\ 55^m$		+74° 1′		$7^h\ 55^m$		−52° 51′		$8^h\ 0^m$		+27° 54′		$8^h\ 2^m$		−39° 52′	
	s		″		s		″		s		″		s		″	
Jan. 1	11.46	42	54.99	247	43.898	128	61.32	376	55.228	184	46.69	2	6.739	140	55.95	348
11	11.88	25	57.46	266	44.026	54	65.08	371	55.412	130	46.67	18	6.879	79	59.43	341
20*	19 12.13	9	60.12	274	19 44.080	22	68.79	358	21 55.542	73	46.85	36	21 6.958	18	62.84	327
30	12.22	9	62.86	273	44.058	93	72.37	334	55.615	15	47.21	51	6.976	42	66.11	303
Febr. 9	12.13	25	65.59	260	43.965	160	75.71	304	55.630	40	47.72	61	6.934	97	69.14	274
19	11.88	39	68.19	235	43.805	218	78.75	267	55.590	88	48.33	67	6.837	146	71.88	238
März 1	11.49	50	70.54	201	43.587	266	81.42	224	55.502	129	49.00	66	6.691	187	74.26	199
11	10.99	61	72.55	160	43.321	302	83.66	178	55.373	161	49.66	63	6.504	218	76.25	156
21	10.38	68	74.15	113	43.019	326	85.44	129	55.212	180	50.29	56	6.286	238	77.81	111
31	9.70	71	75.28	61	42.693	337	86.73	79	55.032	190	50.85	45	6.048	248	78.92	65
April 10	8.99	71	75.89	8	42.356	338	87.52	27	54.842	188	51.30	32	5.800	248	79.57	19
20	8.28	68	75.97	45	42.018	327	87.79	25	54.654	176	51.62	19	5.552	238	79.76	27
30	7.60	62	75.52	95	41.691	306	87.54	74	54.478	156	51.81	6	5.314	221	79.49	71
Mai 10	6.98	55	74.57	141	41.385	277	86.80	121	54.322	129	51.87	7	5.093	197	78.78	113
20	6.43	46	73.16	182	41.108	241	85.59	166	54.193	97	51.80	20	4.896	167	77.65	153
30	5.97	34	71.34	218	40.867	197	83.93	206	54.096	62	51.60	30	4.729	132	76.12	188
Juni 9	5.63	22	69.16	246	40.670	149	81.87	241	54.034	25	51.30	39	4.597	95	74.24	218
19	5.41	10	66.70	269	40.521	98	79.46	269	54.009	13	50.91	48	4.502	54	72.06	244
29	5.31	3	64.01	284	40.423	44	76.77	290	54.022	50	50.43	55	4.448	12	69.62	261
Juli 9	5.34	15	61.17	292	40.379	11	73.87	301	54.072	87	49.88	62	4.436	29	67.01	271
19	5.49	28	58.25	293	40.390	68	70.86	305	54.159	120	49.26	68	4.465	72	64.30	273
29	5.77	40	55.32	289	40.458	124	67.81	298	54.279	153	48.58	74	4.537	114	61.57	265
Aug. 8	6.17	51	52.43	279	40.582	178	64.83	281	54.432	183	47.84	79	4.651	155	58.92	249
18	6.68	60	49.64	263	40.760	230	62.02	254	54.615	212	47.05	86	4.806	193	56.43	224
28	7.28	70	47.01	242	40.990	279	59.48	217	54.827	238	46.19	92	4.999	231	54.19	189
Sept. 7	7.98	78	44.59	216	41.269	323	57.31	173	55.065	262	45.27	98	5.230	264	52.30	146
17	8.76	84	42.43	186	41.592	361	55.58	119	55.327	284	44.29	104	5.494	294	50.84	97
27	9.60	90	40.57	151	41.953	391	54.39	60	55.611	303	43.25	107	5.788	319	49.87	42
Okt. 7	10.50	94	39.06	112	42.344	413	53.79	4	55.914	320	42.18	110	6.107	338	49.45	16
17	11.44	96	37.94	71	42.757	423	53.83	68	56.234	333	41.08	109	6.445	350	49.61	76
27	12.40	97	37.23	25	43.180	424	54.51	132	56.567	340	39.99	106	6.795	355	50.37	134
Nov. 6	13.37	95	36.98	21	43.604	411	55.83	191	56.907	340	38.93	99	7.150	348	51.71	188
16	14.32	91	37.19	68	44.015	386	57.74	246	57.247	333	37.94	88	7.498	332	53.59	238
26	15.23	84	37.87	115	44.401	348	60.20	293	57.580	316	37.06	73	7.830	307	55.97	279
Dez. 6	16.07	76	39.02	159	44.749	299	63.13	329	57.896	291	36.33	54	8.137	271	58.76	311
16	16.83	64	40.61	199	45.048	239	66.42	355	58.187	256	35.79	34	8.408	226	61.87	332
26	17.47	51	42.60	232	45.287	171	69.97	369	58.443	212	35.45	14	8.634	173	65.19	343
36	17.98		44.92		45.458		73.66		58.655		35.31		8.807		68.62	
Mittl. Ort	5.26		69.62		41.074		58.08		52.777		59.19		4.290		51.68	
sec δ, tg δ	+3.636		+3.496		+1.657		−1.321		+1.132		+ 0.530		+1.303		− 0.836	
a, *a′*	+7.2		−9.7		+1.5		−9.7		+3.7		−10.1		+2.1		−10.2	
b, *b′*	−0.11		−0.88		+0.04		−0.88		−0.02		− 0.86		+0.03		− 0.86	

* Bei Stern 305) und 306) lies Jan. 21.

Scheinbare Sternörter 1957

Obere Kulmination Greenwich

Tag	307) 27 Lyncis AR.		307) 27 Lyncis Dekl.		308) ρ Puppis AR.		308) ρ Puppis Dekl.		309) γ Velorum AR.		309) γ Velorum Dekl.		311) 20 Puppis AR.		311) 20 Puppis Dekl.	
1957	8h 5m		+51° 37′		8h 5m		—24° 10′		8h 8m		—47° 12′		8h 11m		—15° 39′	
	s		″		s		″		s		″		s		″	
Jan. 1	17.006	244	42.30	135	44.955	148	51.00	293	15.018	148	35.70	366	23.505	157	34.14	255
11	17.250	170	43.65	158	45.103	96	53.93	282	15.166	81	39.36	362	23.662	108	36.69	244
21	[22] 17.420	91	45.23	174	[22] 45.199	43	56.75	266	[22] 15.247	14	42.98	350	[23] 23.770	56	39.13	226
30	17.511	12	46.97	182	45.242	$\overline{10}$	59.41	243	15.261	$\overline{53}$	46.48	329	23.826	5	41.39	204
Febr. 9	17.523	$\overline{64}$	48.79	181	45.232	60	61.84	215	15.208	115	49.77	299	23.831	$\overline{43}$	43.43	177
19	17.459	134	50.60	173	45.172	104	63.99	183	15.093	169	52.76	264	23.788	87	45.20	149
März 1	17.325	192	52.33	155	45.068	141	65.82	150	14.924	214	55.40	224	23.701	122	46.69	119
11	17.133	237	53.88	132	44.927	168	67.32	113	14.710	249	57.64	180	23.579	150	47.88	88
21	16.896	268	55.20	103	44.759	186	68.45	77	14.461	273	59.44	133	23.429	169	48.76	58
31	16.628	284	56.23	69	44.573	195	69.22	40	14.188	286	60.77	89	23.260	177	49.34	27
April 10	16.344	285	56.92	34	44.378	194	69.62	3	13.902	288	61.62	36	23.083	178	49.61	$\overline{4}$
20	16.059	272	57.26	$\overline{2}$	44.184	186	69.65	$\overline{32}$	13.614	281	61.98	$\overline{14}$	22.905	169	49.57	32
30	15.787	246	57.24	38	43.998	169	69.33	67	13.333	263	61.84	62	22.736	154	49.25	60
Mai 10	15.541	211	56.86	71	43.829	147	68.66	99	13.070	238	61.22	108	22.582	133	48.65	86
20	15.330	168	56.15	101	43.682	120	67.67	130	12.832	208	60.14	151	22.449	108	47.79	109
30	15.162	119	55.14	128	43.562	91	66.37	156	12.624	171	58.63	190	22.341	79	46.70	131
Juni 9	15.043	66	53.86	151	43.471	57	64.81	179	12.453	129	56.73	225	22.262	48	45.39	150
19	14.977	12	52.35	170	43.414	23	63.02	197	12.324	86	54.48	252	22.214	16	43.89	163
29	14.965	$\overline{42}$	50.65	184	43.391	$\overline{11}$	61.05	210	12.238	39	51.96	274	22.198	$\overline{17}$	42.26	172
Juli 9	15.007	95	48.81	194	43.402	46	58.95	215	12.199	$\overline{9}$	49.22	286	22.215	49	40.54	177
19	15.102	146	46.87	200	43.448	80	56.80	215	12.208	57	46.36	291	22.264	80	38.77	175
29	15.248	194	44.87	203	43.528	113	54.65	206	12.265	106	43.45	286	22.344	111	37.02	166
Aug. 8	15.442	240	42.84	201	43.641	145	52.59	191	12.371	153	40.59	271	22.455	141	35.36	152
18	15.682	282	40.83	197	43.786	176	50.68	168	12.524	199	37.88	246	22.596	169	33.84	130
28	15.964	320	38.86	190	43.962	206	49.00	137	12.723	243	35.42	212	22.765	197	32.54	103
Sept. 7	16.284	356	36.96	180	44.168	233	47.63	100	12.966	284	33.30	170	22.962	223	31.51	71
17	16.640	388	35.16	165	44.401	258	46.63	57	13.250	319	31.60	118	23.185	246	30.80	32
27	17.028	415	33.51	149	44.659	279	46.06	10	13.569	349	30.42	62	23.431	267	30.48	$\overline{9}$
Okt. 7	17.443	438	32.02	128	44.938	296	45.96	$\overline{40}$	13.918	371	29.80	1	23.698	284	30.57	53
17	17.881	454	30.74	104	45.234	309	46.36	89	14.289	385	29.79	$\overline{61}$	23.982	298	31.10	95
27	18.335	463	29.70	77	45.543	314	47.25	137	14.674	390	30.40	124	24.280	304	32.05	136
Nov. 6	18.798	462	28.93	47	45.857	312	48.62	181	15.064	384	31.64	182	24.584	305	33.41	173
16	19.260	451	28.46	14	46.169	303	50.43	220	15.448	365	33.46	236	24.889	298	35.14	205
26	19.711	428	28.32	$\overline{21}$	46.472	284	52.63	251	15.813	336	35.82	281	25.187	282	37.19	230
Dez. 6	20.139	392	28.53	56	46.756	256	55.14	274	16.149	295	38.63	318	25.469	257	39.49	247
16	20.531	343	29.09	89	47.012	219	57.88	286	16.444	244	41.81	343	25.726	224	41.96	256
26	20.874	284	29.98	121	47.231	176	60.74	292	16.688	186	45.24	359	25.950	183	44.52	256
36	21.158		31.19		47.407		63.66		16.874		48.83		26.133		47.08	
Mittl. Ort	13.854		57.02		42.713		44.91		12.398		32.55		21.319		26.98	
sec δ, tg δ	+1.611		+ 1.263		+1.096		— 0.449		+1.472		— 1.080		+1.039		— 0.280	
a, *a′*	+4.5		—10.4		+2.6		—10.5		+1.9		—10.6		+2.8		—10.9	
b, *b′*	—0.04		— 0.85		+0.02		— 0.85		+0.04		— 0.85		+0.01		— 0.84	

Scheinbare Sternörter 1957

Obere Kulmination Greenwich

Tag	312) β Cancri AR.		312) β Cancri Dekl.		310) Br 1147 Caml AR.		310) Br 1147 Caml Dekl.		314) 31 Lyncis AR.		314) 31 Lyncis Dekl.		315) ε Carinae AR.		315) ε Carinae Dekl.	
1957	8h 14m		+9° 18′		8h 14m		+75° 52′		8h 19m		+43° 19′		8h 21m		−59° 22′	
	s		″		s		″		s		″		s		″	
Jan. 1	13.250	175	59.24	121	18.00	52	72.44	242	56.619	235	24.59	80	41.111	180	14.96	381
11	13.425	127	58.03	102	18.52	35	74.86	266	56.854	173	25.39	106	41.291	94	18.77	385
21	13.552	76	57.01	82	18.87	16	77.52	280	57.027	105	26.45	126	41.385	7	22.62	378
30	[24] 13.628	24	56.19	63	[24] 19.03	3	80.32	283	[25] 57.132	36	27.71	139	[26] 41.392	78	26.40	361
Febr. 9	13.652	25	55.56	43	19.00	22	83.15	274	57.168	31	29.10	145	41.314	158	30.01	336
19	13.627	70	55.13	25	18.78	38	85.89	253	57.137	91	30.55	145	41.156	228	33.37	302
März 1	13.557	107	54.88	10	18.40	53	88.42	223	57.046	144	32.00	136	40.928	288	36.39	264
11	13.450	136	54.78	2	17.87	65	90.65	183	56.902	186	33.36	122	40.640	337	39.03	220
21	13.314	155	54.80	13	17.22	74	92.48	136	56.716	215	34.58	101	40.303	371	41.23	172
31	13.159	165	54.93	22	16.48	79	93.84	86	56.501	231	35.59	76	39.932	392	42.95	122
April 10	12.994	165	55.15	29	15.69	81	94.70	32	56.270	234	36.35	49	39.540	401	44.17	71
20	12.829	156	55.44	34	14.88	79	95.02	22	56.036	226	36.84	21	39.139	398	44.88	17
30	12.673	141	55.78	38	14.09	74	94.80	74	55.810	207	37.05	9	38.741	382	45.05	35
Mai 10	12.532	119	56.16	42	13.35	67	94.06	124	55.603	179	36.96	37	38.359	357	44.70	86
20	12.413	92	56.58	46	12.68	57	92.82	170	55.424	144	36.59	63	38.002	322	43.84	134
30	12.321	64	57.04	47	12.11	45	91.12	208	55.280	104	35.96	86	37.680	280	42.50	179
Juni 9	12.257	32	57.51	49	11.66	33	89.04	241	55.176	62	35.10	108	37.400	230	40.71	219
19	12.225	0	58.00	49	11.33	19	86.63	268	55.114	18	34.02	125	37.170	175	38.52	253
29	12.225	32	58.49	48	11.14	5	83.95	287	55.096	27	32.77	140	36.995	114	35.99	280
Juli 9	12.257	63	58.97	45	11.09	9	81.08	299	55.123	71	31.37	151	36.881	51	33.19	299
19	12.320	94	59.42	38	11.18	22	78.09	305	55.194	113	29.86	160	36.830	15	30.20	309
29	12.414	122	59.80	30	11.40	37	75.04	305	55.307	154	28.26	167	36.845	83	27.11	308
Aug. 8	12.536	149	60.10	19	11.77	49	71.99	298	55.461	192	26.59	170	36.928	150	24.03	298
18	12.685	176	60.29	5	12.26	60	69.01	284	55.653	228	24.89	172	37.078	217	21.05	278
28	12.861	201	60.34	13	12.86	72	66.17	266	55.881	263	23.17	171	37.295	280	18.27	246
Sept. 7	13.062	225	60.21	31	13.58	82	63.51	242	56.144	294	21.46	167	37.575	339	15.81	205
17	13.287	247	59.90	52	14.40	90	61.09	213	56.438	323	19.79	162	37.914	390	13.76	155
27	13.534	267	59.38	74	15.30	97	58.96	179	56.761	351	18.17	153	38.304	435	12.21	98
Okt. 7	13.801	284	58.64	95	16.27	102	57.17	141	57.112	373	16.64	141	38.739	468	11.23	36
17	14.085	298	57.69	114	17.29	107	55.76	98	57.485	391	15.23	126	39.207	489	10.87	30
27	14.383	307	56.55	131	18.36	108	54.78	52	57.876	402	13.97	106	39.696	496	11.17	96
Nov. 6	14.690	309	55.24	143	19.44	107	54.26	4	58.278	406	12.91	83	40.192	488	12.13	159
16	14.999	304	53.81	151	20.51	104	54.22	45	58.684	400	12.08	57	40.680	464	13.72	219
26	15.303	291	52.30	153	21.55	97	54.67	95	59.084	384	11.51	28	41.144	425	15.91	271
Dez. 6	15.594	270	50.77	150	22.52	89	55.62	143	59.468	357	11.23	3	41.569	371	18.62	315
16	15.864	239	49.27	141	23.41	77	57.05	187	59.825	318	11.26	35	41.940	305	21.77	348
26	16.103	200	47.86	128	24.18	62	58.92	225	60.143	269	11.61	65	42.245	229	25.25	370
36	16.303		46.58		24.80		61.17		60.412		12.26		42.474		28.95	
Mittl. Ort	11.043		69.98		11.46		88.80		53.894		39.67		37.973		13.87	
sec δ, tg δ	+1.013		+ 0.164		+4.102		+ 3.979		+1.375		+ 0.943		+1.963		− 1.689	
a, *a′*	+3.3		−11.1		+7.5		−11.1		+4.1		−11.5		+1.2		−11.6	
b, *b′*	−0.01		− 0.83		−0.15		− 0.83		−0.04		− 0.82		+0.07		− 0.82	

Scheinbare Sternörter 1957

Obere Kulmination Greenwich

Tag	318) ϑ Chamael. AR.		Dekl.		316) Br 1197 Hydra AR.		Dekl.		317) o Ursae maj. AR.		Dekl.		320) Grb 1450 Lynx AR.		Dekl.	
1957	8h 21m		−77° 20′		8h 23m		−3° 45′		8h 26m		+60° 51′		8h 30m		+38° 9′	
	s		″		s		″		s		″		s		″	
Jan. 1	64.27	26	46.74	377	32.844	175	62.62	197	46.06	32	33.20	169	10.104	233	40.33	45
11	64.53	7	50.51	386	33.019	127	64.59	182	46.38	24	34.89	197	10.337	175	40.78	71
21	64.60	12	54.37	383	33.146	77	66.41	164	46.62	14	36.86	216	10.512	113	41.49	93
30	^{26}64.48	30	58.20	371	^{26}33.223	26	68.05	142	^{27}46.76	4	39.02	227	^{28}10.625	49	42.42	110
Febr. 9	64.18	48	61.91	350	33.249	22	69.47	118	46.80	5	41.29	227	10.674	14	43.52	120
19	63.70	62	65.41	320	33.227	66	70.65	95	46.75	15	43.56	218	10.660	72	44.72	124
März 1	63.08	75	68.61	285	33.161	103	71.60	71	46.60	22	45.74	199	10.588	122	45.96	122
11	62.33	86	71.46	244	33.058	132	72.31	48	46.38	29	47.73	172	10.466	161	47.18	112
21	61.47	94	73.90	197	32.926	151	72.79	26	46.09	34	49.45	137	10.305	190	48.30	97
31	60.53	100	75.87	148	32.775	162	73.05	5	45.75	36	50.82	98	10.115	207	49.27	78
April 10	59.53	102	77.35	96	32.613	164	73.10	14	45.39	38	51.80	56	9.908	212	50.05	56
20	58.51	102	78.31	43	32.449	158	72.96	32	45.01	37	52.36	11	9.696	206	50.61	32
30	57.49	100	78.74	12	32.291	144	72.64	49	44.64	34	52.47	33	9.490	189	50.93	8
Mai 10	56.49	96	78.62	65	32.147	124	72.15	65	44.30	30	52.14	74	9.301	166	51.01	16
20	55.53	89	77.97	114	32.023	100	71.50	80	44.00	26	51.40	114	9.135	136	50.85	40
30	54.64	79	76.83	162	31.923	73	70.70	91	43.74	21	50.26	148	8.999	100	50.45	61
Juni 9	53.85	69	75.21	206	31.850	45	69.79	102	43.53	14	48.78	179	8.899	62	49.84	80
19	53.16	56	73.15	244	31.805	14	68.77	110	43.39	7	46.99	204	8.837	23	49.04	97
29	52.60	42	70.71	276	31.791	17	67.67	113	43.32	1	44.95	224	8.814	17	48.07	111
Juli 9	52.18	26	67.95	298	31.808	46	66.54	114	43.31	6	42.71	239	8.831	57	46.96	124
19	51.92	10	64.97	311	31.854	77	65.40	111	43.37	12	40.32	250	8.888	96	45.72	134
29	51.82	7	61.86	316	31.931	106	64.29	102	43.49	19	37.82	254	8.984	132	44.38	142
Aug. 8	51.89	23	58.70	310	32.037	133	63.27	89	43.68	25	35.28	254	9.116	168	42.96	149
18	52.12	41	55.60	292	32.170	161	62.38	72	43.93	31	32.74	249	9.284	202	41.47	153
28	52.53	56	52.68	264	32.331	187	61.66	49	44.24	36	30.25	240	9.486	234	39.94	156
Sept. 7	53.09	71	50.04	226	32.518	212	61.17	22	44.60	40	27.85	227	9.720	265	38.38	158
17	53.80	83	47.78	179	32.730	235	60.95	7	45.00	46	25.58	208	9.985	293	36.80	156
27	54.63	94	45.99	124	32.965	257	61.02	40	45.46	50	23.50	186	10.278	319	35.24	153
Okt. 7	55.57	100	44.75	62	33.222	276	61.42	73	45.96	53	21.64	159	10.597	343	33.71	147
17	56.57	105	44.13	4	33.498	290	62.15	105	46.49	55	20.05	129	10.940	361	32.24	136
27	57.62	105	44.17	71	33.788	300	63.20	135	47.04	57	18.76	93	11.302	374	30.88	123
Nov. 6	58.67	101	44.88	135	34.088	304	64.55	162	47.61	57	17.83	55	11.676	381	29.65	105
16	59.68	95	46.23	197	34.392	301	66.17	183	48.18	57	17.28	14	12.057	378	28.60	83
26	60.63	85	48.20	252	34.693	287	68.00	198	48.75	54	17.14	29	12.435	366	27.77	58
Dez. 6	61.48	71	50.72	299	34.980	266	69.98	205	49.29	50	17.43	72	12.801	342	27.19	29
16	62.19	55	53.71	337	35.246	237	72.03	206	49.79	45	18.15	113	13.143	308	26.90	0
26	62.74	38	57.08	364	35.483	199	74.09	201	50.24	37	19.28	151	13.451	263	26.90	29
36	63.12		60.72		35.682		76.10		50.61		20.79		13.714		27.19	
Mittl. Ort	58.25		47.13		30.704		53.73		42.47		50.09		7.577		55.46	
sec δ, tg δ	+4.565		− 4.454		+1.002		− 0.066		+2.054		+ 1.794		+1.272		+ 0.786	
a, *a′*	−1.8		−11.6		+3.0		−11.7		+5.0		−12.0		+3.9		−12.2	
b, *b′*	+0.17		− 0.81		0.00		− 0.81		−0.07		− 0.80		−0.03		− 0.79	

Scheinbare Sternörter 1957

Obere Kulmination Greenwich

Tag	321) η Cancri AR.		321) η Cancri Dekl.		1227) o Velorum AR.		1227) o Velorum Dekl.	
1957	8h 30m		+20° 34′		8h 39m		−52° 46′	
	s		″		s		″	
Jan. 1	15.674	202	66.05	59	6.449	200	7.31	371
11	15.876	153	65.46	37	6.649	128	11.02	376
21	16.029	99	65.09	15	6.777	54	14.78	371
30*	[28] 16.128	44	64.94	5	[30] 6.831	20	18.49	356
Febr. 9	16.172	8	64.99	22	6.811	90	22.05	333
19	16.164	57	65.21	34	6.721	154	25.38	303
März 1	16.107	99	65.55	44	6.567	207	28.41	266
11	16.008	132	65.99	49	6.360	252	31.07	224
21	15.876	155	66.48	50	6.108	285	33.31	180
31	15.721	168	66.98	47	5.823	307	35.11	131
April 10	15.553	172	67.45	44	5.516	317	36.42	81
20	15.381	165	67.89	38	5.199	317	37.23	31
30	15.216	152	68.27	30	4.882	306	37.54	20
Mai 10	15.064	131	68.57	22	4.576	288	37.34	69
20	14.933	105	68.79	15	4.288	262	36.65	116
30	14.828	76	68.94	7	4.026	228	35.49	161
Juni 9	14.752	45	69.01	1	3.798	190	33.88	200
19	14.707	12	69.00	8	3.608	146	31.88	235
29	14.695	20	68.92	16	3.462	98	29.53	262
Juli 9	14.715	53	68.76	23	3.364	48	26.91	283
19	14.768	84	68.53	31	3.316	6	24.08	294
29	14.852	115	68.22	40	3.322	60	21.14	296
Aug. 8	14.967	144	67.82	50	3.382	115	18.18	288
18	15.111	172	67.32	62	3.497	171	15.30	270
28	15.283	200	66.70	73	3.668	224	12.60	242
Sept. 7	15.483	225	65.97	86	3.892	276	10.18	203
17	15.708	250	65.11	98	4.168	323	8.15	157
27	15.958	273	64.13	110	4.491	363	6.58	103
Okt. 7	16.231	293	63.03	121	4.854	396	5.55	43
17	16.524	310	61.82	129	5.250	420	5.12	21
27	16.834	323	60.53	133	5.670	433	5.33	85
Nov. 6	17.157	328	59.20	134	6.103	433	6.18	147
16	17.485	326	57.86	131	6.536	420	7.65	206
26	17.811	315	56.55	121	6.956	394	9.71	258
Dez. 6	18.126	295	55.34	108	7.350	354	12.29	302
16	18.421	266	54.26	90	7.704	302	15.31	336
26	18.687	228	53.36	70	8.006	240	18.67	359
36	18.915		52.66		8.246		22.26	
Mittl. Ort	13.430		78.87		3.674		6.48	
sec δ, tg δ	+1.068		+ 0.376		+1.653		− 1.316	
a, *a′*	+3.5		−12.2		+1.7		−12.8	
b, *b′*	−0.02		− 0.79		+0.06		− 0.77	

Tag	327) α Pyxidis AR.		327) α Pyxidis Dekl.		326) δ Cancri AR.		326) δ Cancri Dekl.	
1957	8h 41m		−33° 1′		8h 42m		+18° 18′	
	s		″		s		″	
Jan. 1	54.046	188	53.08	325	16.775	210	36.20	78
11	54.234	134	56.33	324	16.985	162	35.42	55
21	54.368	77	59.57	313	17.147	110	34.87	33
30*	[31] 54.445	20	62.70	294	[31] 17.257	56	34.54	12
Febr. 9	54.465	34	65.64	270	17.313	3	34.42	8
19	54.431	84	68.34	239	17.316	45	34.50	23
März 1	54.347	126	70.73	206	17.271	88	34.73	35
11	54.221	160	72.79	168	17.183	121	35.08	42
21	54.061	185	74.47	128	17.062	146	35.50	47
31	53.876	201	75.75	87	16.916	161	35.97	47
April 10	53.675	207	76.62	46	16.755	166	36.44	45
20	53.468	205	77.08	5	16.589	162	36.89	41
30	53.263	196	77.13	36	16.427	150	37.30	36
Mai 10	53.067	179	76.77	75	16.277	132	37.66	30
20	52.888	157	76.02	112	16.145	108	37.96	24
30	52.731	131	74.90	147	16.037	82	38.20	17
Juni 9	52.600	102	73.43	176	15.955	53	38.37	10
19	52.498	70	71.67	202	15.902	22	38.47	4
29	52.428	36	69.65	221	15.880	10	38.51	4
Juli 9	52.392	1	67.44	234	15.890	41	38.47	12
19	52.391	36	65.10	240	15.931	71	38.35	20
29	52.427	72	62.70	238	16.002	101	38.15	31
Aug. 8	52.499	109	60.32	228	16.103	130	37.84	41
18	52.608	145	58.04	208	16.233	158	37.43	53
28	52.753	182	55.96	180	16.391	186	36.90	67
Sept. 7	52.935	216	54.16	145	16.577	213	36.23	82
17	53.151	249	52.71	102	16.790	238	35.41	96
27	53.400	278	51.69	53	17.028	262	34.45	111
Okt. 7	53.678	304	51.16	1	17.290	285	33.34	123
17	53.982	324	51.15	54	17.575	303	32.11	134
27	54.306	336	51.69	109	17.878	316	30.77	142
Nov. 6	54.642	340	52.78	161	18.194	325	29.35	145
16	54.982	336	54.39	208	18.519	325	27.90	143
26	55.318	320	56.47	249	18.844	316	26.47	137
Dez. 6	55.638	295	58.96	282	19.160	299	25.10	125
16	55.933	260	61.78	306	19.459	272	23.85	108
26	56.193	216	64.84	319	19.731	234	22.77	89
36	56.409		68.03		19.965		21.88	
Mittl. Ort	51.771		49.43		14.599		49.03	
sec δ, tg δ	+1.193		− 0.650		+1.053		+ 0.331	
a, *a′*	+2.4		−13.0		+3.4		−13.0	
b, *b′*	+0.03		− 0.76		−0.01		− 0.76	

* Bei Stern 327) und 326) lies Jan. 31.

Scheinbare Sternörter 1957

Obere Kulmination Greenwich

Tag	328) ι Cancri AR.		328) ι Cancri Dekl.		334) ζ Hydrae AR.		334) ζ Hydrae Dekl.	
1957	8h 44m		+28° 54′		8h 53m		+6° 6′	
	s		″		s		″	
Jan. 1	8.203	228	52.35	16	9.351	208	26.34	150
11	8.431	177	52.19	10	9.559	162	24.84	132
21	8.608	120	52.29	34	9.721	112	23.52	111
31	8.728	62	52.63	54	9.833	61	22.41	89
Febr. 9	[1]8.790	5	53.17	70	[3]9.894	11	21.52	66
19	8.795	47	53.87	82	9.905	35	20.86	45
März 1	8.748	94	54.69	86	9.870	76	20.41	25
11	8.654	132	55.55	86	9.794	109	20.16	8
21	8.522	159	56.41	82	9.685	134	20.08	6
31	8.363	176	57.23	72	9.551	148	20.14	18
April 10	8.187	182	57.95	59	9.403	155	20.32	29
20	8.005	179	58.54	45	9.248	152	20.61	37
30	7.826	167	58.99	29	9.096	144	20.98	44
Mai 10	7.659	148	59.28	12	8.952	128	21.42	50
20	7.511	122	59.40	4	8.824	108	21.92	54
30	7.389	93	59.36	20	8.716	84	22.46	58
Juni 9	7.296	62	59.16	34	8.632	58	23.04	60
19	7.234	28	58.82	47	8.574	31	23.64	60
29	7.206	7	58.35	60	8.543	3	24.24	59
Juli 9	7.213	41	57.75	72	8.540	26	24.83	56
19	7.254	74	57.03	83	8.566	55	25.39	49
29	7.328	106	56.20	92	8.621	83	25.88	40
Aug. 8	7.434	139	55.28	103	8.704	111	26.28	28
18	7.573	169	54.25	112	8.815	138	26.56	12
28	7.742	199	53.13	121	8.953	166	26.68	5
Sept. 7	7.941	228	51.92	129	9.119	193	26.63	27
17	8.169	255	50.63	136	9.312	219	26.36	50
27	8.424	281	49.27	141	9.531	244	25.86	74
Okt. 7	8.705	305	47.86	144	9.775	266	25.12	99
17	9.010	325	46.42	145	10.041	287	24.13	121
27	9.335	340	44.97	141	10.328	302	22.92	142
Nov. 6	9.675	348	43.56	132	10.630	311	21.50	159
16	10.023	349	42.24	119	10.941	312	19.91	170
26	10.372	341	41.05	103	11.253	306	18.21	176
Dez. 6	10.713	321	40.02	81	11.559	290	16.45	176
16	11.034	293	39.21	57	11.849	264	14.69	169
26	11.327	254	38.64	30	12.113	230	13.00	158
36	11.581		38.34		12.343		11.42	
Mittl. Ort	5.919		66.93		7.283		37.18	
sec δ, tg δ	+1.142		+ 0.552		+1.006		+ 0.107	
a, a′	+3.6		−13.2		+3.2		−13.7	
b, b′	−0.02		− 0.75		0.00		− 0.73	

Tag	336) 108 G. Carinae AR.		336) 108 G. Carinae Dekl.		337) α Cancri AR.		337) α Cancri Dekl.	
1957	8h 54m		−60° 28′		8h 56m		+12° 1′	
	s		″		s		″	
Jan. 1	7.63	23	46.01	373	10.288	215	19.34	119
11	7.86	17	49.74	385	10.503	170	18.15	98
21	8.03	8	53.59	386	10.673	120	17.17	75
31	8.11	2	57.45	375	10.793	67	16.42	52
Febr. 9	[3]8.09	10	61.20	357	[4]10.860	15	15.90	31
19	7.99	17	64.77	330	10.875	31	15.59	11
März 1	7.82	24	68.07	297	10.844	73	15.48	5
11	7.58	31	71.04	257	10.771	108	15.53	18
21	7.27	34	73.61	213	10.663	133	15.71	28
31	6.93	37	75.74	165	10.530	149	15.99	36
April 10	6.56	39	77.39	115	10.381	156	16.35	40
20	6.17	40	78.54	63	10.225	155	16.75	43
30	5.77	40	79.17	10	10.070	145	17.18	43
Mai 10	5.37	37	79.27	42	9.925	130	17.61	44
20	5.00	35	78.85	93	9.795	110	18.05	42
30	4.65	32	77.92	141	9.685	86	18.47	40
Juni 9	4.33	27	76.51	185	9.599	60	18.87	37
19	4.06	23	74.66	224	9.539	32	19.24	34
29	3.83	17	72.42	257	9.507	3	19.58	29
Juli 9	3.66	11	69.85	282	9.504	26	19.87	23
19	3.55	4	67.03	299	9.530	55	20.10	14
29	3.51	3	64.04	306	9.585	83	20.24	5
Aug. 8	3.54	9	60.98	303	9.668	112	20.29	8
18	3.63	16	57.95	289	9.780	140	20.21	22
28	3.79	24	55.06	266	9.920	167	19.99	38
Sept. 7	4.03	30	52.40	231	10.087	194	19.61	56
17	4.33	36	50.09	186	10.281	222	19.05	76
27	4.69	42	48.23	134	10.503	247	18.29	95
Okt. 7	5.11	46	46.89	75	10.750	270	17.34	115
17	5.57	50	46.14	11	11.020	290	16.19	132
27	6.07	51	46.03	55	11.310	306	14.87	146
Nov. 6	6.58	52	46.58	120	11.616	317	13.41	156
16	7.10	51	47.78	182	11.933	319	11.85	162
26	7.61	47	49.60	240	12.252	313	10.23	161
Dez. 6	8.08	43	52.00	289	12.565	297	8.62	156
16	8.51	36	54.89	328	12.862	273	7.06	144
26	8.87	30	58.17	358	13.135	238	5.62	129
36	9.17		61.75		13.373		4.33	
Mittl. Ort	4.47		47.04		8.208		31.36	
sec δ, tg δ	+2.029		− 1.766		+1.022		+ 0.213	
a, a′	+1.4		−13.8		+3.3		−13.9	
b, b′	+0.08		− 0.73		−0.01		− 0.72	

Scheinbare Sternörter 1957

Obere Kulmination Greenwich

Tag	335) ι Ursae maj. AR.		Dekl.		339) Br 1268 Lynx AR.		Dekl.		338) ρ Ursae maj. AR.		Dekl.		341) κ Ursae maj. AR.		Dekl.	
1957	8h 56m		+48° 12′		8h 57m		+41° 56′		8h 58m		+67° 47′		9h 0m		+47° 19′	
	s		″		s		″		s		″		s		″	
Jan. 1	18.998	294	24.87	84	53.767	272	58.51	49	45.67	46	37.18	176	44.483	297	23.06	76
11	19.292	230	25.71	116	54.039	215	59.00	80	46.13	35	38.94	212	44.780	233	23.82	110
21	19.522	159	26.87	144	54.254	151	59.80	108	46.48	24	41.06	238	45.013	165	24.92	138
31	19.681	85	28.31	164	^{4}54.405	83	60.88	130	^{4}46.72	12	43.44	256	^{5}45.178	92	26.30	159
Febr. 9	^{4}19.766	12	29.95	176	54.488	17	62.18	143	46.84	2	46.00	261	45.270	19	27.89	172
19	19.778	57	31.71	179	54.505	46	63.61	151	46.82	13	48.61	256	45.289	49	29.61	177
März 1	19.721	120	33.50	175	54.459	102	65.12	150	46.69	23	51.17	240	45.240	111	31.38	174
11	19.601	172	35.25	162	54.357	148	66.62	141	46.46	33	53.57	215	45.129	162	33.12	162
21	19.429	212	36.87	141	54.209	184	68.03	127	46.13	41	55.72	180	44.967	202	34.74	144
31	19.217	238	38.28	115	54.025	208	69.30	106	45.72	45	57.52	139	44.765	230	36.18	119
April 10	18.979	252	39.43	86	53.817	219	70.36	82	45.27	48	58.91	93	44.535	243	37.37	89
20	18.727	252	40.29	52	53.598	220	71.18	55	44.79	49	59.84	45	44.292	245	38.26	57
30	18.475	240	40.81	18	53.378	209	71.73	26	44.30	48	60.29	5	44.047	235	38.83	24
Mai 10	18.235	220	40.99	17	53.169	190	71.99	3	43.82	44	60.24	54	43.812	216	39.07	10
20	18.015	191	40.82	50	52.979	164	71.96	32	43.38	40	59.70	99	43.596	188	38.97	44
30	17.824	155	40.32	81	52.815	132	71.64	59	42.98	34	58.71	143	43.408	153	38.53	74
Juni 9	17.669	114	39.51	110	52.683	97	71.05	83	42.64	27	57.28	181	43.255	115	37.79	103
19	17.555	72	38.41	135	52.586	58	70.22	106	42.37	19	55.47	214	43.140	73	36.76	129
29	17.483	27	37.06	157	52.528	19	69.16	126	42.18	11	53.33	242	43.067	30	35.47	151
Juli 9	17.456	19	35.49	176	52.509	21	67.90	143	42.07	3	50.91	264	43.037	14	33.96	170
19	17.475	63	33.73	191	52.530	61	66.47	158	42.04	6	48.27	280	43.051	59	32.26	186
29	17.538	108	31.82	203	52.591	100	64.89	170	42.10	14	45.47	290	43.110	102	30.40	198
Aug. 8	17.646	152	29.79	210	52.691	138	63.19	179	42.24	22	42.57	295	43.212	144	28.42	207
18	17.798	193	27.69	215	52.829	175	61.40	186	42.46	30	39.62	293	43.356	185	26.35	213
28	17.991	234	25.54	217	53.004	211	59.54	191	42.76	37	36.69	287	43.541	226	24.22	215
Sept. 7	18.225	273	23.37	215	53.215	247	57.63	193	43.13	45	33.82	274	43.767	264	22.07	215
17	18.498	311	21.22	209	53.462	281	55.70	191	43.58	51	31.08	256	44.031	302	19.92	210
27	18.809	345	19.13	200	53.743	312	53.79	187	44.09	57	28.52	232	44.333	337	17.82	201
Okt. 7	19.154	377	17.13	185	54.055	341	51.92	178	44.66	63	26.20	204	44.670	369	15.81	189
17	19.531	403	15.28	168	54.396	366	50.14	167	45.29	66	24.16	170	45.039	396	13.92	172
27	19.934	424	13.60	145	54.762	386	48.47	150	45.95	70	22.46	130	45.435	417	12.20	150
Nov. 6	20.358	436	12.15	117	55.148	397	46.97	128	46.65	72	21.16	87	45.852	431	10.70	123
16	20.794	439	10.98	85	55.545	401	45.69	102	47.37	71	20.29	41	46.283	434	9.47	92
26	21.233	430	10.13	51	55.946	394	44.67	73	48.08	70	19.88	9	46.717	426	8.55	58
Dez. 6	21.663	408	9.62	13	56.340	375	43.94	39	48.78	66	19.97	59	47.143	407	7.97	21
16	22.071	374	9.49	26	56.715	343	43.55	5	49.44	60	20.56	108	47.550	373	7.76	18
26	22.445	327	9.75	64	57.058	302	43.50	30	50.04	52	21.64	153	47.923	328	7.94	56
36	22.772		10.39		57.360		43.80		50.56		23.17		48.251		8.50	
Mittl. Ort	16.354		42.65		51.316		75.59		41.73		56.78		41.903		40.97	
sec δ, tg δ	+1.501		+ 1.119		+1.345		+ 0.899		+2.647		+ 2.450		+1.475		+ 1.085	
a, a′	+4.1		−13.9		+3.9		−14.0		+5.4		−14.1		+4.1		−14.2	
b, b′	−0.05		− 0.72		−0.04		− 0.71		−0.11		− 0.71		−0.05		− 0.70	

Obere Kulmination Greenwich

Tag	343) α Volantis				345) λ Velorum				347) ϑ Hydrae				348) β Carinae			
	AR.		Dekl.		AR.		Dekl.		AR.		Dekl.		AR.		Dekl.	
1957	9h 1m		−66° 13′		9h 6m		−43° 15′		9h 12m		+2° 29′		9h 12m		−69° 32′	
	s		″		s		″		s		″		s		″	
Jan. 1	50.06	29	24.55	372	27.141	225	29.97	347	9.660	221	37.89	175	48.30	35	20.13	364
11	50.35	19	28.27	387	27.366	167	33.44	355	9.881	178	36.14	159	48.65	23	23.77	384
21	50.54	9	32.14	391	27.533	104	36.99	351	10.059	129	34.55	138	48.88	12	27.61	392
31	^{5}50.63	2	36.05	385	^{6}27.637	41	40.50	338	^{8}10.188	78	33.17	115	^{8}49.00	0	31.53	389
Febr. 9	50.61	12	39.90	369	27.678	20	43.88	319	10.266	29	32.02	92	49.00	12	35.42	377
19	50.49	21	43.59	346	27.658	77	47.07	291	10.295	18	31.10	68	48.88	22	39.19	356
März 1	50.28	30	47.05	314	27.581	127	49.98	258	10.277	59	30.42	47	48.66	32	42.75	328
11	49.98	36	50.19	276	27.454	168	52.56	222	10.218	94	29.95	26	48.34	40	46.03	292
21	49.62	41	52.95	233	27.286	200	54.78	180	10.124	121	29.69	9	47.94	47	48.95	250
31	49.21	46	55.28	186	27.086	223	56.58	136	10.003	137	29.60	8	47.47	52	51.45	205
April 10	48.75	49	57.14	136	26.863	236	57.94	92	9.866	147	29.68	21	46.95	55	53.50	157
20	48.26	50	58.50	83	26.627	239	58.86	46	9.719	148	29.89	33	46.40	58	55.07	104
30	47.76	49	59.33	30	26.388	235	59.32	1	9.571	142	30.22	43	45.82	58	56.11	50
Mai 10	47.27	48	59.63	23	26.153	224	59.31	46	9.429	130	30.65	52	45.24	56	56.61	3
20	46.79	46	59.40	75	25.929	205	58.85	90	9.299	113	31.17	59	44.68	54	56.58	57
30	46.33	41	58.65	126	25.724	182	57.95	131	9.186	92	31.76	66	44.14	51	56.01	108
Juni 9	45.92	37	57.39	173	25.542	154	56.64	169	9.094	69	32.42	69	43.63	46	54.93	157
19	45.55	31	55.66	214	25.388	122	54.95	202	9.025	45	33.11	72	43.17	39	53.36	201
29	45.24	25	53.52	250	25.266	86	52.93	229	8.980	18	33.83	73	42.78	32	51.35	240
Juli 9	44.99	17	51.02	279	25.180	48	50.64	250	8.962	9	34.56	70	42.46	24	48.95	271
19	44.82	9	48.23	298	25.132	8	48.14	263	8.971	36	35.26	65	42.22	15	46.24	295
29	44.73	1	45.25	310	25.124	35	45.51	267	9.007	63	35.91	57	42.07	5	43.29	308
Aug. 8	44.72	8	42.15	310	25.159	79	42.84	263	9.070	91	36.48	44	42.02	5	40.21	312
18	44.80	17	39.05	299	25.238	123	40.21	248	9.161	119	36.92	29	42.07	16	37.09	306
28	44.97	26	36.06	278	25.361	168	37.73	225	9.280	147	37.21	10	42.23	26	34.03	287
Sept. 7	45.23	34	33.28	246	25.529	212	35.48	191	9.427	176	37.31	13	42.49	36	31.16	259
17	45.57	42	30.82	204	25.741	254	33.57	150	9.603	204	37.18	38	42.85	45	28.57	220
27	45.99	48	28.78	153	25.995	293	32.07	101	9.807	231	36.80	65	43.30	54	26.37	170
Okt. 7	46.47	55	27.25	94	26.288	327	31.06	47	10.038	256	36.15	92	43.84	60	24.67	114
17	47.02	59	26.31	31	26.615	354	30.59	13	10.294	279	35.23	119	44.44	66	23.53	52
27	47.61	61	26.00	35	26.969	373	30.72	72	10.573	297	34.04	143	45.10	69	23.01	15
Nov. 6	48.22	61	26.35	102	27.342	382	31.44	131	10.870	310	32.61	164	45.79	70	23.16	81
16	48.83	60	27.37	166	27.724	380	32.75	187	11.180	314	30.97	180	46.49	69	23.97	146
26	49.43	57	29.03	226	28.104	366	34.62	236	11.494	310	29.17	190	47.18	65	25.43	208
Dez. 6	50.00	51	31.29	277	28.470	341	36.98	279	11.804	297	27.27	193	47.83	59	27.51	263
16	50.51	44	34.06	321	28.811	303	39.77	313	12.101	275	25.34	190	48.42	52	30.14	309
26	50.95	35	37.27	354	29.114	257	42.90	335	12.376	243	23.44	182	48.94	41	33.23	344
36	51.30		40.81		29.371		46.25		12.619		21.62		49.35		36.67	
Mittl. Ort	46.44		26.73		24.730		29.13		7.668		48.11		44.31		23.36	
sec δ, tg δ	+2.480		− 2.270		+1.373		− 0.941		+1.001		+ 0.044		+2.861		− 2.680	
a, a′	+0.9		−14.3		+2.2		−14.6		+3.1		−14.9		+0.7		−14.9	
b, b′	+0.11		− 0.70		+0.05		− 0.69		0.00		− 0.67		+0.13		− 0.67	

Scheinbare Sternörter 1957

Obere Kulmination Greenwich

Tag	350) 83 Cancri				352) α Lyncis				353) κ Velorum				354) α Hydrae			
	AR.		Dekl.		AR.		Dekl.		AR.		Dekl.		AR.		Dekl.	
1957	9h 16m		+17° 52′		9h 18m		+34° 33′		9h 20m		−54° 49′		9h 25m		−8° 28′	
	s		″		s		″		s		″		s		″	
Jan. 1	37.008	239	65.63	95	28.613	271	75.07	4	49.600	274	33.00	359	30.390	228	24.51	229
11	37.247	194	64.68	70	28.884	221	75.03	28	49.874	203	36.59	374	30.618	184	26.80	218
21	37.441	143	63.98	44	29.105	164	75.31	58	50.077	128	40.33	378	30.802	136	28.98	203
31	37.584	91	63.54	19	29.269	104	75.89	84	50.205	51	44.11	372	30.938	87	31.01	182
Febr. 9*	$_{9}$37.675	38	63.35	3	$_{9}$29.373	43	76.73	104	$_{10}$50.256	24	47.83	357	$_{11}$31.025	37	32.83	158
19	37.713	12	63.38	22	29.416	15	77.77	117	50.232	92	51.40	334	31.062	10	34.41	133
März 1	37.701	57	63.60	37	29.401	67	78.94	124	50.140	155	54.74	304	31.052	52	35.74	108
11	37.644	94	63.97	49	29.334	112	80.18	125	49.985	208	57.78	268	31.000	87	36.82	81
21	37.550	124	64.46	55	29.222	147	81.43	118	49.777	250	60.46	227	30.913	114	37.63	56
31	37.426	143	65.01	59	29.075	171	82.61	106	49.527	281	62.73	182	30.799	133	38.19	32
April 10	37.283	154	65.60	58	28.904	184	83.67	91	49.246	303	64.55	135	30.666	145	38.51	9
20	37.129	156	66.18	54	28.720	189	84.58	70	48.943	314	65.90	85	30.521	148	38.60	13
30	36.973	150	66.72	49	28.531	183	85.28	48	48.629	314	66.75	35	30.373	144	38.47	34
Mai 10	36.823	138	67.21	42	28.348	169	85.76	26	48.315	306	67.10	15	30.229	135	38.13	53
20	36.685	120	67.63	35	28.179	149	86.02	2	48.009	291	66.95	65	30.094	121	37.60	70
30	36.565	99	67.98	27	28.030	124	86.04	21	47.718	266	66.30	113	29.973	103	36.90	85
Juni 9	36.466	74	68.25	18	27.906	96	85.83	43	47.452	236	65.17	158	29.870	82	36.05	99
19	36.392	48	68.43	8	27.810	65	85.40	64	47.216	200	63.59	197	29.788	60	35.06	110
29	36.344	20	68.51	0	27.745	31	84.76	83	47.016	158	61.62	232	29.728	35	33.96	117
Juli 9	36.324	8	68.51	11	27.714	2	83.93	100	46.858	111	59.30	259	29.693	9	32.79	121
19	36.332	37	68.40	22	27.716	36	82.93	117	46.747	59	56.71	279	29.684	17	31.58	121
29	36.369	66	68.18	34	27.752	69	81.76	131	46.688	5	53.92	291	29.701	45	30.37	115
Aug. 8	36.435	94	67.84	47	27.821	104	80.45	144	46.683	52	51.01	292	29.746	73	29.22	105
18	36.529	123	67.37	61	27.925	138	79.01	155	46.735	112	48.09	282	29.819	102	28.17	90
28	36.652	153	66.76	76	28.063	171	77.46	165	46.847	171	45.27	263	29.921	133	27.27	69
Sept. 7	36.805	181	66.00	93	28.234	204	75.81	173	47.018	231	42.64	234	30.054	162	26.58	44
17	36.986	211	65.07	108	28.438	237	74.08	179	47.249	288	40.30	194	30.216	192	26.14	14
27	37.197	239	63.99	124	28.675	269	72.29	182	47.537	340	38.36	146	30.408	222	26.00	19
Okt. 7	37.436	265	62.75	139	28.944	299	70.47	182	47.877	386	36.90	90	30.630	250	26.19	55
17	37.701	289	61.36	151	29.243	325	68.65	178	48.263	422	36.00	30	30.880	274	26.74	91
27	37.990	309	59.85	159	29.568	348	66.87	169	48.685	448	35.70	34	31.154	295	27.65	126
Nov. 6	38.299	323	58.26	164	29.916	363	65.18	156	49.133	461	36.04	99	31.449	309	28.91	157
16	38.622	329	56.62	163	30.279	371	63.62	138	49.594	460	37.03	160	31.758	315	30.48	185
26	38.951	327	54.99	156	30.650	369	62.24	114	50.054	445	38.63	217	32.073	313	32.33	208
Dez. 6	39.278	315	53.43	145	31.019	355	61.10	86	50.499	413	40.80	268	32.386	301	34.41	222
16	39.593	293	51.98	128	31.374	332	60.24	55	50.912	368	43.48	309	32.687	279	36.63	230
26	39.886	261	50.70	108	31.706	296	59.69	23	51.280	311	46.57	342	32.966	248	38.93	230
36	40.147		49.62		32.002		59.46		51.591		49.99		33.214		41.23	
Mittl. Ort	34.985		79.21		26.436		91.92		46.843		34.84		28.432		16.89	
sec δ, tg δ	+1.051		+ 0.323		+1.215		+ 0.689		+1.736		− 1.419		+1.011		− 0.149	
a, *a′*	+3.4		−15.2		+3.7		−15.3		+1.9		−15.4		+2.9		−15.7	
b, *b′*	−0.02		− 0.65		−0.03		− 0.65		+0.07		− 0.64		+0.01		− 0.62	

* Bei Stern 353) und 354) lies Febr. 10.

Scheinbare Sternörter 1957

Obere Kulmination Greenwich

Tag	356) ε Antliae AR.	Δ	356) ε Antliae Dekl.	Δ	355) 23 Ursae maj. AR.	Δ	355) 23 Ursae maj. Dekl.	Δ	358) ϑ Ursae maj. AR.	Δ	358) ϑ Ursae maj. Dekl.	Δ	357) 24 Ursae maj. AR.	Δ	357) 24 Ursae maj. Dekl.	Δ
1957	9h 27m		−35° 45′		9h 28m		+63° 14′		9h 29m		+51° 51′		9h 30m		+70° 0′	
	s		″		s		″		s		″		s		″	
Jan. 1	30.285	241	46.65	325	12.66	45	43.64	130	62.015	349	68.09	75	46.53	57	53.73	156
11	30.526	189	49.90	330	13.11	36	44.94	172	62.364	286	68.84	114	47.10	45	55.29	198
21	30.715	133	53.20	327	13.47	27	46.66	206	62.650	215	69.98	149	47.55	34	57.27	233
31	30.848	76	56.47	316	13.74	17	48.72	231	62.865	137	71.47	176	47.89	21	59.60	258
Febr. 10	30.924	19	59.63	297	13.91	6	51.03	247	63.002	59	73.23	194	48.10	7	62.18	271
19	30.943	34	62.60	272	13.97	4	53.50	251	63.061	18	75.17	204	48.17	7	64.89	274
März 1	30.909	81	65.32	242	13.93	14	56.01	244	63.043	88	77.21	204	48.10	19	67.63	264
11	30.828	122	67.74	207	13.79	22	58.45	227	62.955	150	79.25	194	47.91	30	70.27	244
21	30.706	153	69.81	171	13.57	29	60.72	202	62.805	199	81.19	177	47.61	39	72.71	215
31	30.553	177	71.52	131	13.28	34	62.74	168	62.606	236	82.96	151	47.22	47	74.86	177
April 10	30.376	191	72.83	91	12.94	38	64.42	127	62.370	260	84.47	121	46.75	51	76.63	132
20	30.185	197	73.74	49	12.56	39	65.69	84	62.110	271	85.68	86	46.24	53	77.95	84
30	29.988	196	74.23	8	12.17	39	66.53	38	61.839	268	86.54	48	45.71	54	78.79	33
Mai 10	29.792	189	74.31	33	11.78	37	66.91	9	61.571	255	87.02	10	45.17	53	79.12	19
20	29.603	176	73.98	73	11.41	35	66.82	56	61.316	233	87.12	28	44.64	48	78.93	68
30	29.427	157	73.25	110	11.06	30	66.26	99	61.083	202	86.84	66	44.16	43	78.25	115
Juni 9	29.270	135	72.15	144	10.76	25	65.27	140	60.881	167	86.18	101	43.73	37	77.10	159
19	29.135	109	70.71	174	10.51	20	63.87	177	60.714	126	85.17	133	43.36	30	75.51	199
29	29.026	81	68.97	200	10.31	14	62.10	209	60.588	83	83.84	161	43.06	21	73.52	233
Juli 9	28.945	49	66.97	220	10.17	7	60.01	236	60.505	37	82.23	186	42.85	13	71.19	261
19	28.896	15	64.77	232	10.10	1	57.65	258	60.468	9	80.37	208	42.72	4	68.58	284
29	28.881	20	62.45	237	10.09	6	55.07	274	60.477	55	78.29	225	42.68	5	65.74	301
Aug. 8	28.901	58	60.08	234	10.15	13	52.33	286	60.532	103	76.04	238	42.73	14	62.73	311
18	28.959	96	57.74	222	10.28	20	49.47	291	60.635	149	73.66	247	42.87	23	59.62	315
28	29.055	136	55.52	202	10.48	26	46.56	292	60.784	195	71.19	252	43.10	32	56.47	313
Sept. 7	29.191	177	53.50	172	10.74	32	43.64	287	60.979	241	68.67	253	43.42	40	53.34	305
17	29.368	216	51.78	134	11.06	38	40.77	276	61.220	285	66.14	249	43.82	48	50.29	292
27	29.584	253	50.44	90	11.44	44	38.01	259	61.505	328	63.65	240	44.30	56	47.37	271
Okt. 7	29.837	288	49.54	40	11.88	49	35.42	237	61.833	368	61.25	227	44.86	63	44.66	245
17	30.125	317	49.14	13	12.37	54	33.05	210	62.201	404	58.98	208	45.49	68	42.21	212
27	30.442	339	49.27	69	12.91	58	30.95	175	62.605	433	56.90	184	46.17	73	40.09	174
Nov. 6	30.781	354	49.96	124	13.49	60	29.20	136	63.038	455	55.06	155	46.90	77	38.35	130
16	31.135	358	51.20	175	14.09	61	27.84	93	63.493	466	53.51	119	47.67	78	37.05	81
26	31.493	352	52.95	221	14.70	61	26.91	45	63.959	466	52.32	80	48.45	77	36.24	30
Dez. 6	31.845	334	55.16	261	15.31	59	26.46	5	64.425	451	51.52	38	49.22	75	35.94	24
16	32.179	305	57.77	292	15.90	55	26.51	56	64.876	423	51.14	7	49.97	69	36.18	77
26	32.484	266	60.69	313	16.45	49	27.07	104	65.299	380	51.21	50	50.66	62	36.95	128
36	32.750		63.82		16.94		28.11		65.679		51.71		51.28		38.23	
Mittl. Ort	28.087		45.32		9.59		64.77		59.537		88.09		42.84		75.49	
sec δ, tg δ	+1.232		− 0.720		+2.222		+ 1.984		+1.620		+ 1.274		+2.927		+ 2.751	
a, a′	+2.5		−15.8		+4.7		−15.8		+4.1		−15.9		+5.3		−15.9	
b, b′	+0.04		− 0.62		−0.10		− 0.61		−0.07		− 0.61		−0.15		− 0.61	

Scheinbare Sternörter 1957

Obere Kulmination Greenwich

Tag	360) 10 Leonis min.				366) ϑ Antliae				367) ε Leonis				368) υ Ursae maj.			
	AR.		Dekl.		AR.		Dekl.		AR.		Dekl.		AR.		Dekl.	
1957	$9^h\ 31^m$		$+36°\ 34'$		$9^h\ 42^m$		$-27°\ 34'$		$9^h\ 43^m$		$+23°\ 57'$		$9^h\ 47^m$		$+59°\ 13'$	
	s		″		s		″		s		″		s		″	
Jan. 1	37.798	289	64.54	3	18.996	248	21.34	298	26.739	269	67.93	76	59.477	428	69.93	94
11	38.087	239	64.51	32	19.244	201	24.32	301	27.008	226	67.17	46	59.905	358	70.87	138
21	38.326	182	64.83	65	19.445	150	27.33	296	27.234	177	66.71	15	60.263	277	72.25	176
31	38.508	121	65.48	93	19.595	97	30.29	283	27.411	123	66.56	13	60.540	188	74.01	207
Febr. 10	38.629	60	66.41	114	19.692	45	33.12	263	27.534	68	66.69	38	60.728	96	76.08	228
19	[13] 38.689	0	67.55	130	[15] 19.737	6	35.75	240	[16] 27.602	15	67.07	59	[17] 60.824	4	78.36	239
März 1	38.689	55	68.85	138	19.731	51	38.15	211	27.617	33	67.66	75	60.828	83	80.75	239
11	38.634	102	70.23	138	19.680	91	40.26	179	27.584	75	68.41	85	60.745	159	83.14	229
21	38.532	140	71.61	133	19.589	121	42.05	146	27.509	109	69.26	89	60.586	224	85.43	209
31	38.392	167	72.94	120	19.468	144	43.51	111	27.400	133	70.15	88	60.362	274	87.52	182
April 10	38.225	184	74.14	103	19.324	160	44.62	76	27.267	150	71.03	84	60.088	309	89.34	147
20	38.041	190	75.17	82	19.164	168	45.38	40	27.117	156	71.87	75	59.779	330	90.81	107
30	37.851	188	75.99	58	18.996	168	45.78	4	26.961	155	72.62	64	59.449	334	91.88	64
Mai 10	37.663	177	76.57	33	18.828	162	45.82	31	26.806	148	73.26	51	59.115	325	92.52	20
20	37.486	159	76.90	7	18.666	152	45.51	64	26.658	134	73.77	36	58.790	306	92.72	25
30	37.327	136	76.97	19	18.514	137	44.87	96	26.524	116	74.13	20	58.484	275	92.47	68
Juni 9	37.191	109	76.78	44	18.377	118	43.91	125	26.408	94	74.33	5	58.209	237	91.79	109
19	37.082	78	76.34	67	18.259	96	42.66	150	26.314	70	74.38	10	57.972	192	90.70	147
29	37.004	47	75.67	88	18.163	73	41.16	172	26.244	44	74.28	26	57.780	142	89.23	181
Juli 9	36.957	13	74.79	109	18.090	45	39.44	188	26.200	17	74.02	42	57.638	90	87.42	211
19	36.944	20	73.70	127	18.045	16	37.56	198	26.183	11	73.60	56	57.548	35	85.31	236
29	36.964	55	72.43	143	18.029	14	35.58	201	26.194	40	73.04	72	57.513	22	82.95	257
Aug. 8	37.019	90	71.00	158	18.043	47	33.57	198	26.234	69	72.32	87	57.535	78	80.38	272
18	37.109	124	69.42	170	18.090	81	31.59	187	26.303	99	71.45	103	57.613	135	77.66	283
28	37.233	159	67.72	181	18.171	117	29.72	167	26.402	130	70.42	117	57.748	194	74.83	288
Sept. 7	37.392	194	65.91	189	18.288	153	28.05	140	26.532	162	69.25	132	57.942	250	71.95	288
17	37.586	229	64.02	195	18.441	190	26.65	106	26.694	193	67.93	147	58.192	306	69.07	283
27	37.815	263	62.07	198	18.631	226	25.59	66	26.887	226	66.46	159	58.498	359	66.24	272
Okt. 7	38.078	295	60.09	197	18.857	260	24.93	21	27.113	257	64.87	169	58.857	411	63.52	255
17	38.373	325	58.12	192	19.117	289	24.72	28	27.370	285	63.18	177	59.268	457	60.97	232
27	38.698	350	56.20	182	19.406	314	25.00	78	27.655	310	61.41	180	59.725	495	58.65	203
Nov. 6	39.048	368	54.38	167	19.720	331	25.78	126	27.965	329	59.61	179	60.220	526	56.62	168
16	39.416	379	52.71	146	20.051	339	27.04	172	28.294	340	57.82	172	60.746	544	54.94	128
26	39.795	379	51.25	121	20.390	337	28.76	212	28.634	344	56.10	159	61.290	548	53.66	82
Dez. 6	40.174	369	50.04	91	20.727	326	30.88	246	28.978	336	54.51	141	61.838	537	52.84	34
16	40.543	347	49.13	58	21.053	302	33.34	273	29.314	319	53.10	118	62.375	508	52.50	16
26	40.890	313	48.55	22	21.355	269	36.07	289	29.633	290	51.92	92	62.883	463	52.66	66
36	41.203		48.33		21.624		38.96		29.923		51.00		63.346		53.32	
Mittl. Ort	35.678		82.22		16.963		18.72		24.819		83.37		56.902		91.67	
sec δ, tg δ	+1.245		+ 0.742		+1.128		− 0.522		+1.094		+ 0.445		+1.955		+ 1.680	
a, *a′*	+3.7		−16.0		+2.7		−16.5		+3.4		−16.6		+4.3		−16.8	
b, *b′*	−0.04		− 0.60		+0.03		− 0.57		−0.02		− 0.56		−0.09		− 0.54	

Scheinbare Sternörter 1957

Obere Kulmination Greenwich

Tag	370) 6 Sextantis AR.		370) Dekl.		372) Grb 1586 U Maj. AR.		372) Dekl.		375) φ Velorum AR.		375) Dekl.		378) π Leonis AR.		378) Dekl.	
1957	9h 49m		−4° 2′		9h 54m		+73° 4′		9h 55m		−54° 21′		9h 57m		+8° 14′	
	s		″		s		″		s		″		s		″	
Jan. 1	5.831	247	36.19	212	38.55	70	43.81	142	23.580	326	40.71	340	58.315	261	53.01	159
11	6.078	207	38.31	200	39.25	58	45.23	190	23.906	260	44.11	361	58.576	221	51.42	138
21	6.285	161	40.31	181	39.83	45	47.13	229	24.166	189	47.72	372	58.797	175	50.04	113
31	6.446	113	42.12	160	40.28	30	49.42	260	24.355	116	51.44	372	58.972	127	48.91	88
Febr. 10	6.559	63	43.72	136	40.58	15	52.02	279	24.471	42	55.16	364	59.099	77	48.03	62
19	[17] 6.622	16	45.08	112	[18] 40.73	1	54.81	287	[19] 24.513	28	58.80	347	[19] 59.176	29	47.41	37
März 1	6.638	28	46.20	86	40.72	16	57.68	282	24.485	92	62.27	323	59.205	16	47.04	15
11	6.610	64	47.06	62	40.56	30	60.50	266	24.393	148	65.50	292	59.189	55	46.89	4
21	6.546	93	47.68	40	40.26	41	63.16	239	24.245	196	68.42	255	59.134	87	46.93	20
31	6.453	116	48.08	18	39.85	51	65.55	203	24.049	234	70.97	215	59.047	110	47.13	34
April 10	6.337	130	48.26	1	39.34	58	67.58	160	23.815	262	73.12	171	58.937	127	47.47	43
20	6.207	137	48.25	18	38.76	62	69.18	112	23.553	281	74.83	124	58.810	134	47.90	49
30	6.070	137	48.07	35	38.14	64	70.30	60	23.272	291	76.07	75	58.676	135	48.39	53
Mai 10	5.933	131	47.72	50	37.50	64	70.90	7	22.981	291	76.82	25	58.541	131	48.92	56
20	5.802	121	47.22	62	36.86	60	70.97	46	22.690	284	77.07	25	58.410	121	49.48	57
30	5.681	106	46.60	73	36.26	56	70.51	97	22.406	271	76.82	73	58.289	107	50.05	55
Juni 9	5.575	89	45.87	82	35.70	50	69.54	145	22.135	249	76.09	119	58.182	91	50.60	53
19	5.486	69	45.05	90	35.20	43	68.09	188	21.886	221	74.90	162	58.091	71	51.13	50
29	5.417	47	44.15	93	34.77	33	66.21	227	21.665	188	73.28	201	58.020	49	51.63	44
Juli 9	5.370	25	43.22	95	34.44	23	63.94	260	21.477	149	71.27	233	57.971	27	52.07	38
19	5.345	0	42.27	93	34.21	14	61.34	287	21.328	103	68.94	258	57.944	3	52.45	28
29	5.345	26	41.34	87	34.07	4	58.47	309	21.225	54	66.36	276	57.941	22	52.73	18
Aug. 8	5.371	52	40.47	77	34.03	7	55.38	323	21.171	0	63.60	284	57.963	49	52.91	4
18	5.423	81	39.70	62	34.10	17	52.15	332	21.171	58	60.76	283	58.012	77	52.95	11
28	5.504	111	39.08	43	34.27	28	48.83	333	21.229	118	57.93	270	58.089	106	52.84	30
Sept. 7	5.615	141	38.65	19	34.55	39	45.50	329	21.347	180	55.23	247	58.195	136	52.54	50
17	5.756	173	38.46	7	34.94	48	42.21	317	21.527	240	52.76	215	58.331	167	52.04	72
27	5.929	204	38.53	38	35.42	57	39.04	299	21.767	298	50.61	172	58.498	199	51.32	96
Okt. 7	6.133	234	38.91	69	35.99	67	36.05	274	22.065	351	48.89	122	58.697	230	50.36	118
17	6.367	262	39.60	101	36.66	74	33.31	242	22.416	397	47.67	65	58.927	260	49.18	140
27	6.629	286	40.61	132	37.40	81	30.89	204	22.813	433	47.02	4	59.187	285	47.78	160
Nov. 6	6.915	305	41.93	160	38.21	85	28.85	160	23.246	456	46.98	59	59.472	305	46.18	175
16	7.220	315	43.53	183	39.06	89	27.25	111	23.702	466	47.57	122	59.777	318	44.43	186
26	7.535	318	45.36	201	39.95	90	26.14	57	24.168	462	48.79	181	60.095	323	42.57	191
Dez. 6	7.853	310	47.37	213	40.85	87	25.57	0	24.630	441	50.60	235	60.418	318	40.66	189
16	8.163	293	49.50	217	41.72	83	25.57	57	25.071	406	52.95	281	60.736	304	38.77	181
26	8.456	266	51.67	215	42.55	76	26.14	112	25.477	358	55.76	319	61.040	278	36.96	168
36	8.722		53.82		43.31		27.26		25.835		58.95		61.318		35.28	
Mittl. Ort	3.979		27.72		34.91		67.02		20.977		44.39		56.520		64.72	
sec δ, tg δ	+1.002		− 0.071		+3.437		+ 3.288		+1.716		− 1.395		+1.010		+ 0.145	
a, *a′*	+3.0		−16.9		+5.4		−17.1		+2.1		−17.2		+3.2		−17.3	
b, *b′*	0.00		− 0.54		−0.19		− 0.52		+0.08		− 0.52		−0.01		− 0.51	

Scheinbare Sternörter 1957

Obere Kulmination Greenwich

Tag	379) η Leonis AR.		379) η Leonis Dekl.		380) α Leonis AR.		380) α Leonis Dekl.	
1957	10h 4m		+16° 57′		10h 6m		+12° 10′	
	s		″		s		″	
Jan. 1	61.179	274	69.11	121	6.769	269	28.46	143
11	61.453	235	67.90	94	7.038	231	27.03	120
21	61.688	190	66.96	64	7.269	186	25.83	93
31	61.878	140	66.32	36	7.455	137	24.90	65
Febr. 10	62.018	88	65.96	8	7.592	86	24.25	39
20	62.106	37	65.88	16	7.678	37	23.86	13
März 1	^{21}62.143	10	66.04	37	^{21}7.715	8	23.73	8
11	62.133	50	66.41	52	7.707	49	23.81	27
21	62.083	85	66.93	64	7.658	81	24.08	41
31	61.998	111	67.57	71	7.577	107	24.49	50
April 10	61.887	128	68.28	72	7.470	124	24.99	58
20	61.759	138	69.00	72	7.346	134	25.57	61
30	61.621	140	69.72	68	7.212	136	26.18	61
Mai 10	61.481	137	70.40	61	7.076	133	26.79	60
20	61.344	128	71.01	52	6.943	124	27.39	56
30	61.216	114	71.53	43	6.819	111	27.95	51
Juni 9	61.102	97	71.96	33	6.708	95	28.46	44
19	61.005	78	72.29	21	6.613	77	28.90	38
29	60.927	56	72.50	9	6.536	56	29.28	29
Juli 9	60.871	33	72.59	4	6.480	33	29.57	18
19	60.838	9	72.55	18	6.447	10	29.75	8
29	60.829	17	72.37	32	6.437	15	29.83	5
Aug. 8	60.846	45	72.05	48	6.452	42	29.78	20
18	60.891	73	71.57	65	6.494	69	29.58	36
28	60.964	102	70.92	82	6.563	99	29.22	54
Sept. 7	61.066	134	70.10	100	6.662	129	28.68	73
17	61.200	166	69.10	120	6.791	162	27.95	95
27	61.366	199	67.90	137	6.953	194	27.00	115
Okt. 7	61.565	231	66.53	154	7.147	226	25.85	136
17	61.796	262	64.99	169	7.373	257	24.49	154
27	62.058	289	63.30	179	7.630	283	22.95	170
Nov. 6	62.347	312	61.51	186	7.913	305	21.25	182
16	62.659	326	59.65	188	8.218	321	19.43	188
26	62.985	333	57.77	183	8.539	327	17.55	189
Dez. 6	63.318	330	55.94	173	8.866	323	15.66	184
16	63.648	317	54.21	156	9.189	310	13.82	172
26	63.965	291	52.65	134	9.499	287	12.10	154
36	64.256		51.31		9.786		10.56	
Mittl. Ort	59.410		83.15		5.013		41.24	
sec δ, tg δ	+1.046		+ 0.305		+1.023		+ 0.216	
a, a′	+3.3		—17.6		+3.2		—17.6	
b, b′	—0.02		— 0.48		—0.01		— 0.48	

Tag	381) λ Hydrae AR.		381) λ Hydrae Dekl.		382) 191 G. Velorum AR.		382) 191 G. Velorum Dekl.	
1957	10h 8m		—12° 8′		10h 12m		—41° 54′	
	s		″		s		″	
Jan. 1	31.234	261	33.03	244	57.762	301	27.99	317
11	31.495	222	35.47	238	58.063	252	31.16	333
21	31.717	177	37.85	226	58.315	196	34.49	340
31	31.894	129	40.11	208	58.511	137	37.89	338
Febr. 10	32.023	80	42.19	187	58.648	77	41.27	328
20	32.103	33	44.06	162	58.725	20	44.55	310
März 1	^{22}32.136	11	45.68	136	^{23}58.745	33	47.65	286
11	32.125	50	47.04	109	58.712	80	50.51	256
21	32.075	81	48.13	83	58.632	120	53.07	223
31	31.994	106	48.96	57	58.512	152	55.30	186
April 10	31.888	122	49.53	32	58.360	176	57.16	147
20	31.766	132	49.85	8	58.184	192	58.63	104
30	31.634	136	49.93	15	57.992	200	59.67	62
Mai 10	31.498	134	49.78	37	57.792	202	60.29	19
20	31.364	127	49.41	56	57.590	199	60.48	24
30	31.237	116	48.85	75	57.391	190	60.24	67
Juni 9	31.121	102	48.10	92	57.201	175	59.57	106
19	31.019	85	47.18	105	57.026	157	58.51	143
29	30.934	66	46.13	115	56.869	133	57.08	176
Juli 9	30.868	45	44.98	123	56.736	106	55.32	204
19	30.823	22	43.75	126	56.630	75	53.28	225
29	30.801	3	42.49	124	56.555	40	51.03	239
Aug. 8	30.804	30	41.25	117	56.515	1	48.64	246
18	30.834	59	40.08	105	56.514	41	46.18	243
28	30.893	90	39.03	87	56.555	86	43.75	231
Sept. 7	30.983	122	38.16	64	56.641	133	41.44	210
17	31.105	157	37.52	36	56.774	180	39.34	179
27	31.262	190	37.16	3	56.954	228	37.55	140
Okt. 7	31.452	224	37.13	33	57.182	272	36.15	94
17	31.676	255	37.46	70	57.454	313	35.21	42
27	31.931	283	38.16	108	57.767	347	34.79	14
Nov. 6	32.214	304	39.24	143	58.114	371	34.93	70
16	32.518	318	40.67	175	58.485	387	35.63	127
26	32.836	323	42.42	202	58.872	390	36.90	180
Dez. 6	33.159	319	44.44	223	59.262	380	38.70	227
16	33.478	303	46.67	237	59.642	358	40.97	268
26	33.781	278	49.04	241	60.000	324	43.65	299
36	34.059		51.45		60.324		46.64	
Mittl. Ort	29.431		27.07		55.617		29.99	
sec δ, tg δ	+1.023		— 0.215		+1.344		— 0.898	
a, a′	+2.9		—17.7		+2.5		—17.9	
b, b′	+0.01		— 0.47		+0.05		— 0.45	

Scheinbare Sternörter 1957

Obere Kulmination Greenwich

Tag	384) ζ Leonis AR.		384) ζ Leonis Dekl.		383) λ Ursae maj. AR.		383) λ Ursae maj. Dekl.		386) μ Ursae maj. AR.		386) μ Ursae maj. Dekl.		387) 30 H. Ursae maj. AR.		387) 30 H. Ursae maj. Dekl.	
1957	10h 14m		+23° 37′		10h 14m		+43° 7′		10h 19m		+41° 42′		10h 21m		+65° 46′	
	s		″		s		″		s		″		s		″	
Jan. 1	19.828	291	40.43	95	32.533	347	27.26	4	48.283	345	39.30	15	5.64	56	41.17	86
11	20.119	252	39.48	62	32.880	301	27.22	$\overline{40}$	48.628	300	39.15	$\overline{29}$	6.20	48	42.03	137
21	20.371	205	38.86	29	33.181	245	27.62	79	48.928	247	39.44	69	6.68	39	43.40	183
31	20.576	155	38.57	$\overline{2}$	33.426	182	28.41	115	49.175	186	40.13	106	7.07	30	45.23	220
Febr. 10	20.731	101	38.59	32	33.608	117	29.56	145	49.361	122	41.19	136	7.37	18	47.43	248
20	20.832	48	38.91	56	33.725	51	31.01	167	49.483	58	42.55	159	7.55	6	49.91	265
März 1	23 20.880	$\overline{1}$	39.47	75	24 33.776	$\overline{11}$	32.68	179	25 49.541	$\overline{3}$	44.14	174	25 7.61	$\overline{4}$	52.56	271
11	20.879	45	40.22	90	33.765	67	34.47	184	49.538	58	45.88	179	7.57	14	55.27	265
21	20.834	81	41.12	98	33.698	114	36.31	180	49.480	105	47.67	178	7.43	23	57.92	247
31	20.753	111	42.10	100	33.584	153	38.11	167	49.375	143	49.45	167	7.20	30	60.39	222
April 10	20.642	131	43.10	98	33.431	180	39.78	149	49.232	171	51.12	150	6.90	36	62.61	187
20	20.511	143	44.08	91	33.251	198	41.27	124	49.061	188	52.62	127	6.54	40	64.48	145
30	20.368	147	44.99	80	33.053	205	42.51	96	48.873	197	53.89	100	6.14	42	65.93	100
Mai 10	20.221	145	45.79	67	32.848	204	43.47	65	48.676	197	54.89	70	5.72	42	66.93	52
20	20.076	137	46.46	52	32.644	194	44.12	31	48.479	188	55.59	38	5.30	42	67.45	2
30	19.939	125	46.98	36	32.450	178	44.43	$\overline{2}$	48.291	174	55.97	5	4.88	40	67.47	$\overline{48}$
Juni 9	19.814	108	47.34	18	32.272	157	44.41	36	48.117	154	56.02	$\overline{27}$	4.48	35	66.99	94
19	19.706	89	47.52	$\overline{1}$	32.115	131	44.05	68	47.963	130	55.75	58	4.13	31	66.05	139
29	19.617	67	47.53	17	31.984	102	43.37	98	47.833	103	55.17	89	3.82	26	64.66	181
Juli 9	19.550	43	47.36	34	31.882	71	42.39	126	47.730	73	54.28	117	3.56	20	62.85	217
19	19.507	19	47.02	52	31.811	38	41.13	152	47.657	42	53.11	143	3.36	14	60.68	249
29	19.488	$\overline{8}$	46.50	70	31.773	$\overline{3}$	39.61	175	47.615	8	51.68	167	3.22	7	58.19	275
Aug. 8	19.496	35	45.80	88	31.770	34	37.86	195	47.607	$\overline{27}$	50.01	188	3.15	0	55.44	297
18	19.531	65	44.92	105	31.804	72	35.91	213	47.634	64	48.13	206	3.15	7	52.47	311
28	19.596	97	43.87	122	31.876	111	33.78	227	47.698	103	46.07	221	3.22	15	49.36	321
Sept. 7	19.693	129	42.65	140	31.987	152	31.51	239	47.801	142	43.86	233	3.37	22	46.15	325
17	19.822	162	41.25	156	32.139	193	29.12	245	47.943	183	41.53	242	3.59	29	42.90	321
27	19.984	197	39.69	170	32.332	234	26.67	248	48.126	225	39.11	246	3.88	37	39.69	312
Okt. 7	20.181	232	37.99	183	32.566	276	24.19	246	48.351	265	36.65	245	4.25	43	36.57	296
17	20.413	264	36.16	192	32.842	315	21.73	238	48.616	304	34.20	240	4.68	50	33.61	272
27	20.677	294	34.24	197	33.157	350	19.35	226	48.920	340	31.80	229	5.18	56	30.89	241
Nov. 6	20.971	318	32.27	197	33.507	379	17.09	206	49.260	369	29.51	211	5.74	60	28.48	204
16	21.289	336	30.30	192	33.886	399	15.03	181	49.629	391	27.40	187	6.34	64	26.44	161
26	21.625	345	28.38	180	34.285	410	13.22	150	50.020	403	25.53	158	6.98	65	24.83	111
Dez. 6	21.970	343	26.58	162	34.695	409	11.72	113	50.423	402	23.95	122	7.63	66	23.72	58
16	22.313	331	24.96	139	35.104	395	10.59	72	50.825	391	22.73	82	8.29	63	23.14	2
26	22.644	309	23.57	111	35.499	368	9.87	29	51.216	365	21.91	40	8.92	60	23.12	$\overline{54}$
36	22.953		22.46		35.867		9.58		51.581		21.51		9.52		23.66	
Mittl. Ort	18.094		56.27		30.655		47.50		46.467		59.39		3.22		64.94	
sec δ, tg δ	+1.092		+ 0.438		+1.370		+ 0.937		+1.340		+ 0.891		+2.438		+ 2.224	
a, *a′*	+3.3		−17.9		+3.6		−18.0		+3.6		−18.2		+4.3		−18.2	
b, *b′*	−0.03		− 0.44		−0.06		− 0.44		−0.05		− 0.42		−0.13		− 0.42	

Scheinbare Sternörter 1957

Obere Kulmination Greenwich

Tag	391) I Carinae				389) μ Hydrae				392) α Antliae				390) β Leonis min.			
	AR.		Dekl.		AR.		Dekl.		AR.		Dekl.		AR.		Dekl.	
1957	10h 23m		−73° 48′		10h 24m		−16° 36′		10h 25m		−30° 50′		10h 25m		+36° 55′	
	s		″		s		″		s		″		s		″	
Jan. 1	37.11	64	36.68	310	2.298	274	62.60	257	12.777	289	53.51	292	25.874	330	22.29	41
11	37.75	52	39.78	346	2.572	236	65.17	255	13.066	248	56.43	302	26.204	290	21.88	0
21	38.27	39	43.24	372	2.808	192	67.72	247	13.314	200	59.45	304	26.494	240	21.88	40
31	38.66	25	46.96	387	3.000	145	70.19	232	13.514	148	62.49	296	26.734	183	22.28	76
Febr. 10	38.91	12	50.83	393	3.145	96	72.51	212	13.662	95	65.45	283	26.917	123	23.04	108
20	[26] 39.03	2	54.76	388	[26] 3.241	48	74.63	190	[26] 13.757	44	68.28	264	[26] 27.040	64	24.12	132
März 1	39.01	15	58.64	375	3.289	3	76.53	164	13.801	4	70.92	239	27.104	7	25.44	150
11	38.86	27	62.39	354	3.292	37	78.17	137	13.797	47	73.31	212	27.111	45	26.94	159
21	38.59	37	65.93	325	3.255	69	79.54	109	13.750	83	75.43	180	27.066	89	28.53	160
31	38.22	46	69.18	290	3.186	96	80.63	81	13.667	112	77.23	147	26.977	125	30.13	155
April 10	37.76	54	72.08	250	3.090	115	81.44	54	13.555	134	78.70	113	26.852	152	31.68	142
20	37.22	60	74.58	204	2.975	127	81.98	27	13.421	148	79.83	77	26.700	168	33.10	124
30	36.62	65	76.62	155	2.848	134	82.25	1	13.273	157	80.60	41	26.532	176	34.34	101
Mai 10	35.97	67	78.17	103	2.714	135	82.26	23	13.116	160	81.01	5	26.356	177	35.35	76
20	35.30	68	79.20	48	2.579	130	82.03	48	12.956	157	81.06	30	26.179	171	36.11	47
30	34.62	68	79.68	6	2.449	122	81.55	70	12.799	150	80.76	64	26.008	158	36.58	19
Juni 9	33.94	65	79.62	60	2.327	111	80.85	90	12.649	138	80.12	96	25.850	141	36.77	10
19	33.29	61	79.02	112	2.216	97	79.95	107	12.511	124	79.16	126	25.709	120	36.67	39
29	32.68	56	77.90	161	2.119	79	78.88	122	12.387	105	77.90	152	25.589	96	36.28	67
Juli 9	32.12	49	76.29	206	2.040	60	77.66	133	12.282	84	76.38	172	25.493	70	35.61	93
19	31.63	39	74.23	244	1.980	39	76.33	140	12.198	60	74.66	189	25.423	41	34.68	118
29	31.24	29	71.79	274	1.941	14	74.93	140	12.138	31	72.77	199	25.382	11	33.50	141
Aug. 8	30.95	18	69.05	296	1.927	13	73.53	137	12.107	0	70.78	201	25.371	22	32.09	162
18	30.77	5	66.09	307	1.940	42	72.16	128	12.107	34	68.77	196	25.393	55	30.47	182
28	30.72	9	63.02	308	1.982	75	70.88	111	12.141	71	66.81	184	25.448	91	28.65	198
Sept. 7	30.81	23	59.94	298	2.057	108	69.77	89	12.212	111	64.97	164	25.539	128	26.67	212
17	31.04	36	56.96	276	2.165	143	68.88	61	12.323	152	63.33	134	25.667	167	24.55	224
27	31.40	49	54.20	242	2.308	180	68.27	28	12.475	194	61.99	98	25.834	206	22.31	231
Okt. 7	31.89	61	51.78	199	2.488	216	67.99	8	12.669	234	61.01	56	26.040	246	20.00	235
17	32.50	71	49.79	146	2.704	250	68.07	48	12.903	272	60.45	10	26.286	283	17.65	234
27	33.21	80	48.33	87	2.954	280	68.55	89	13.175	304	60.35	40	26.569	318	15.31	227
Nov. 6	34.01	85	47.46	22	3.234	305	69.44	128	13.479	330	60.75	90	26.887	347	13.04	215
16	34.86	88	47.24	44	3.539	321	70.72	164	13.809	348	61.65	138	27.234	369	10.89	196
26	35.74	88	47.68	110	3.860	329	72.36	196	14.157	354	63.03	183	27.603	381	8.93	171
Dez. 6	36.62	85	48.78	173	4.189	326	74.32	222	14.511	350	64.86	222	27.984	382	7.22	140
16	37.47	78	50.51	231	4.515	314	76.54	240	14.861	335	67.08	255	28.366	372	5.82	104
26	38.25	70	52.82	281	4.829	291	78.94	252	15.196	308	69.63	279	28.738	350	4.78	65
36	38.95		55.63		5.120		81.46		15.504		72.42		29.088		4.13	
Mittl. Ort	32.88		44.80		0.533		58.28		10.874		53.25		24.147		41.48	
sec δ, tg δ	+3.587		− 3.445		+1.044		− 0.298		+1.165		− 0.597		+1.251		+ 0.752	
a, a′	+1.2		−18.3		+2.9		−18.3		+2.8		−18.4		+3.5		−18.4	
b, b′	+0.21		− 0.41		+0.02		− 0.41		+0.04		− 0.40		−0.05		− 0.40	

Scheinbare Sternörter 1957

Obere Kulmination Greenwich

Tag	393) 196 G. Carinae AR.		Dekl.		394) 36 Ursae maj. AR.		Dekl.		1273) 219 G. Velorum AR.		Dekl.		395) 9 H. Draconis AR.		Dekl.	
1957	10h 26m		−58° 31′		10h 27m		+56° 11′		10h 31m		−46° 46′		10h 31m		+75° 55′	
	s		″		s		″		s		″		s		″	
Jan. 1	20.367	398	3.72	318	55.236	440	43.58	40	10.035	336	49.04	311	32.68	90	42.35	109
11	20.765	333	6.90	348	55.676	385	43.98	90	10.371	287	52.15	333	33.58	78	43.44	164
21	21.098	259	10.38	366	56.061	318	44.88	136	10.658	230	55.48	346	34.36	64	45.08	211
31	21.357	181	14.04	375	56.379	242	46.24	175	10.888	168	58.94	349	35.00	47	47.19	250
Febr. 10	21.538	103	17.79	374	56.621	159	47.99	206	11.056	106	62.43	344	35.47	30	49.69	278
20	21.641	26	21.53	365	56.780	75	50.05	228	11.162	45	65.87	331	35.77	12	52.47	295
März 1	[27]21.667	47	25.18	346	[27]56.855	5	52.33	239	[28]11.207	13	69.18	310	[28]35.89	6	55.42	298
11	21.620	112	28.64	322	56.850	81	54.72	239	11.194	65	72.28	284	35.83	23	58.40	290
21	21.508	169	31.86	291	56.769	147	57.11	229	11.129	109	75.12	253	35.60	39	61.30	271
31	21.339	217	34.77	253	56.622	201	59.40	211	11.020	146	77.65	217	35.21	53	64.01	240
April 10	21.122	256	37.30	213	56.421	243	61.51	183	10.874	176	79.82	178	34.68	63	66.41	201
20	20.866	285	39.43	168	56.178	271	63.34	150	10.698	197	81.60	136	34.05	70	68.42	156
30	20.581	305	41.11	120	55.907	288	64.84	111	10.501	211	82.96	92	33.35	75	69.98	105
Mai 10	20.276	317	42.31	71	55.619	291	65.95	70	10.290	218	83.88	48	32.60	78	71.03	51
20	19.959	319	43.02	20	55.328	285	66.65	26	10.072	219	84.36	2	31.82	77	71.54	4
30	19.640	314	43.22	30	55.043	268	66.91	17	9.853	215	84.38	43	31.05	74	71.50	58
Juni 9	19.326	300	42.92	80	54.775	244	66.74	61	9.638	203	83.95	86	30.31	68	70.92	110
19	19.026	278	42.12	127	54.531	213	66.13	101	9.435	188	83.09	126	29.63	62	69.82	159
29	18.748	250	40.85	170	54.318	177	65.12	140	9.247	167	81.83	164	29.01	53	68.23	204
Juli 9	18.498	213	39.15	208	54.141	136	63.72	176	9.080	140	80.19	197	28.48	43	66.19	243
19	18.285	169	37.07	241	54.005	93	61.96	207	8.940	108	78.22	222	28.05	33	63.76	277
29	18.116	118	34.66	265	53.912	46	59.89	233	8.832	73	76.00	242	27.72	21	60.99	306
Aug. 8	17.998	60	32.01	281	53.866	3	57.56	257	8.759	32	73.58	254	27.51	9	57.93	328
18	17.938	3	29.20	288	53.869	54	54.99	275	8.727	14	71.04	256	27.42	4	54.65	342
28	17.941	70	26.32	283	53.923	106	52.24	288	8.741	63	68.48	249	27.46	16	51.23	351
Sept. 7	18.011	141	23.49	269	54.029	160	49.36	296	8.804	115	65.99	232	27.62	29	47.72	353
17	18.152	213	20.80	243	54.189	216	46.40	299	8.919	169	63.67	205	27.91	42	44.19	346
27	18.365	282	18.37	207	54.405	270	43.41	296	9.088	222	61.62	169	28.33	54	40.73	333
Okt. 7	18.647	348	16.30	162	54.675	324	40.45	287	9.310	274	59.93	125	28.87	66	37.40	313
17	18.995	407	14.68	109	54.999	375	37.58	271	9.584	321	58.68	75	29.53	77	34.27	285
27	19.402	456	13.59	50	55.374	422	34.87	248	9.905	361	57.93	19	30.30	86	31.42	249
Nov. 6	19.858	492	13.09	13	55.796	461	32.39	218	10.266	392	57.74	40	31.16	94	28.93	207
16	20.350	512	13.22	76	56.257	489	30.21	182	10.658	412	58.14	98	32.10	100	26.86	158
26	20.862	517	13.98	138	56.746	506	28.39	141	11.070	420	59.12	155	33.10	103	25.28	103
Dez. 6	21.379	503	15.36	197	57.252	509	26.98	93	11.490	413	60.67	207	34.13	104	24.25	46
16	21.882	474	17.33	248	57.761	495	26.05	42	11.903	392	62.74	252	35.17	101	23.79	15
26	22.356	429	19.81	293	58.256	466	25.63	9	12.295	360	65.26	289	36.18	95	23.94	76
36	22.785		22.74		58.722		25.72		12.655		68.15		37.13		24.70	
Mittl. Ort	17.726		9.81		53.263		66.40		7.857		53.00		29.57		67.22	
sec δ, tg δ	+1.915		− 1.633		+1.798		+ 1.494		+1.460		− 1.064		+4.115		+ 3.992	
a, *a′*	+2.2		−18.4		+3.9		−18.4		+2.5		−18.6		+5.1		−18.6	
b, *b′*	+0.10		− 0.40		−0.09		− 0.39		+0.07		− 0.38		−0.25		− 0.38	

Scheinbare Sternörter 1957

Obere Kulmination Greenwich

Tag	404) 33 Sextantis				406) ϑ Carinae			
	AR.		Dekl.		AR.		Dekl.	
1957	10h 39m		−1° 30′		10h 41m		−64° 9′	
	s		″		s		″	
Jan. 1	14.499	281	62.58	208	27.97	48	59.27	303
11	14.780	248	64.66	193	28.45	40	62.30	337
21	15.028	207	66.59	175	28.85	33	65.67	363
31	15.235	162	68.34	152	29.18	24	69.30	377
Febr. 10	15.397	114	69.86	128	29.42	14	73.07	382
20	15.511	68	71.14	102	29.56	6	76.89	377
März 2	15.579	24	72.16	76	29.62	3	80.66	364
11	[2] 15.603	16	72.92	52	[2] 29.59	11	84.30	344
21	15.587	50	73.44	30	29.48	18	87.74	316
31	15.537	77	73.74	9	29.30	24	90.90	282
April 10	15.460	98	73.83	8	29.06	29	93.72	243
20	15.362	112	73.75	23	28.77	33	96.15	199
30	15.250	119	73.52	37	28.44	36	98.14	153
Mai 10	15.131	121	73.15	48	28.08	38	99.67	102
20	15.010	119	72.67	57	27.70	39	100.69	51
30	14.891	112	72.10	65	27.31	39	101.20	2
Juni 9	14.779	102	71.45	71	26.92	39	101.18	53
19	14.677	90	70.74	74	26.53	36	100.65	104
29	14.587	76	70.00	76	26.17	33	99.61	150
Juli 9	14.511	58	69.24	75	25.84	30	98.11	194
19	14.453	39	68.49	72	25.54	24	96.17	231
29	14.414	18	67.77	65	25.30	19	93.86	260
Aug. 8	14.396	6	67.12	54	25.11	11	91.26	282
18	14.402	33	66.58	41	25.00	4	88.44	293
28	14.435	62	66.17	24	24.96	4	85.51	295
Sept. 7	14.497	93	65.93	3	25.00	12	82.56	286
17	14.590	127	65.90	23	25.12	21	79.70	265
27	14.717	162	66.13	49	25.33	31	77.05	234
Okt. 7	14.879	198	66.62	78	25.64	38	74.71	191
17	15.077	231	67.40	107	26.02	45	72.80	141
27	15.308	263	68.47	136	26.47	52	71.39	84
Nov. 6	15.571	289	69.83	162	26.99	57	70.55	21
16	15.860	309	71.45	183	27.56	59	70.34	43
26	16.169	321	73.28	200	28.15	61	70.77	107
Dez. 6	16.490	323	75.28	211	28.76	59	71.84	169
16	16.813	314	77.39	214	29.35	56	73.53	225
26	17.127	295	79.53	210	29.91	52	75.78	274
36	17.422		81.63		30.43		78.52	
Mittl. Ort	12.890		54.00		25.07		67.12	
sec δ, tg δ	+1.000		− 0.026		+2.295		− 2.066	
a, *a′*	+3.1		−18.8		+2.1		−18.9	
b, *b′*	0.00		− 0.35		+0.13		− 0.34	

Tag	407) 42 Leonis min.				409) 53 Leonis			
	AR.		Dekl.		AR.		Dekl.	
1957	10h 43m		+30° 53′		10h 46m		+10° 45′	
	s		″		s		″	
Jan. 1	30.231	324	75.55	81	61.396	293	71.32	164
11	30.555	288	74.74	42	61.689	260	69.68	140
21	30.843	244	74.32	3	61.949	221	68.28	112
31	31.087	192	74.29	35	62.170	175	67.16	84
Febr. 10	31.279	138	74.64	68	62.345	127	66.32	54
20	31.417	83	75.32	96	62.472	79	65.78	26
März 2	31.500	29	76.28	119	62.551	33	65.52	0
11	[3] 31.529	19	77.47	134	[4] 62.584	8	65.52	21
21	31.510	61	78.81	141	62.576	44	65.73	39
31	31.449	97	80.22	141	62.532	73	66.12	52
April 10	31.352	123	81.63	136	62.459	96	66.64	62
20	31.229	141	82.99	124	62.363	111	67.26	67
30	31.088	152	84.23	108	62.252	119	67.93	70
Mai 10	30.936	156	85.31	88	62.133	123	68.63	69
20	30.780	152	86.19	66	62.010	122	69.32	67
30	30.628	145	86.85	41	61.888	115	69.99	61
Juni 9	30.483	132	87.26	17	61.773	106	70.60	55
19	30.351	116	87.43	9	61.667	93	71.15	47
29	30.235	97	87.34	34	61.574	79	71.62	38
Juli 9	30.138	75	87.00	58	61.495	62	72.00	27
19	30.063	52	86.42	83	61.433	43	72.27	15
29	30.011	26	85.59	106	61.390	22	72.42	2
Aug. 8	29.985	2	84.53	127	61.368	2	72.44	14
18	29.987	33	83.26	148	61.370	28	72.30	32
28	30.020	66	81.78	168	61.398	57	71.98	50
Sept. 7	30.086	100	80.10	185	61.455	88	71.48	71
17	30.186	138	78.25	201	61.543	122	70.77	93
27	30.324	176	76.24	214	61.665	157	69.84	115
Okt. 7	30.500	215	74.10	223	61.822	193	68.69	138
17	30.715	253	71.87	228	62.015	228	67.31	158
27	30.968	288	69.59	229	62.243	260	65.73	176
Nov. 6	31.256	320	67.30	223	62.503	289	63.97	191
16	31.576	343	65.07	211	62.792	311	62.06	200
26	31.919	359	62.96	193	63.103	325	60.06	203
Dez. 6	32.278	364	61.03	168	63.428	329	58.03	200
16	32.642	357	59.35	138	63.757	323	56.03	190
26	32.999	340	57.97	102	64.080	306	54.13	175
36	33.339		56.95		64.386		52.38	
Mittl. Ort	28.671		93.52		59.865		83.61	
sec δ, tg δ	+1.166		+ 0.599		+1.018		+ 0.190	
a, *a′*	+3.3		−18.9		+3.2		−19.0	
b, *b′*	−0.04		− 0.33		−0.01		− 0.31	

Scheinbare Sternörter 1957

Obere Kulmination Greenwich

Tag	415) 239 G. Velorum AR.		415) Dekl.		416) β Ursae maj. AR.		416) Dekl.		417) α Ursae maj. AR.		417) Dekl.		418) χ Leonis AR.		418) Dekl.	
1957	10h 58m		−41° 59′		10h 59m		+56° 36′		11h 1m		+61° 58′		11h 2m		+7° 33′	
	s		″		s		″		s		″		s		″	
Jan. 1	12.463		37.72		17.135		24.32		7.05		36.30		49.404		56.76	
11	12.808	345	40.60	288	17.604	469	24.40	8	7.59	54	36.55	25	49.701	297	54.96	180
21	13.112	304	43.70	310	18.026	422	25.02	62	8.07	48	37.36	81	49.969	268	53.38	158
31	13.366	254	46.94	324	18.389	363	26.15	113	8.48	41	38.69	133	50.199	230	52.05	133
Febr. 10	13.566	200	50.23	329	18.680	291	27.73	158	8.81	33	40.49	180	50.386	187	51.00	105
20	13.709	143	53.48	325	18.892	212	29.69	196	9.06	25	42.66	217	50.526	140	50.24	76
März 2	13.795	86	56.61	313	19.022	130	31.94	225	9.20	14	45.12	246	50.620	94	49.76	48
11	^{7}13.828	33	59.57	296	^{7}19.070	48	34.37	243	^{7}9.25	5	47.75	263	^{8}50.669	49	49.55	21
21	13.812	16	62.30	273	19.040	30	36.88	251	9.21	4	50.43	268	50.676	7	49.58	3
31	13.752	60	64.74	244	18.940	100	39.36	248	9.09	12	53.05	262	50.647	29	49.80	22
April 10	13.655	97	66.87	213	18.780	160	41.70	234	8.89	20	55.52	247	50.588	59	50.19	39
20	13.527	128	68.65	178	18.570	210	43.81	211	8.64	25	57.73	221	50.505	83	50.70	51
30	13.376	151	70.04	139	18.323	247	45.63	182	8.34	30	59.61	188	50.405	100	51.29	59
Mai 10	13.209	167	71.04	100	18.050	273	47.09	146	8.00	34	61.09	148	50.295	110	51.94	65
20	13.030	179	71.64	60	17.764	286	48.14	105	7.65	35	62.13	104	50.178	117	52.62	68
30	12.845	185	71.82	18	17.475	289	48.75	61	7.30	35	62.69	56	50.061	117	53.29	67
Juni 9	12.659	186	71.58	24	17.194	281	48.92	17	6.95	35	62.78	9	49.947	114	53.95	66
19	12.478	181	70.95	63	16.927	267	48.64	28	6.62	33	62.39	39	49.839	108	54.56	61
29	12.307	171	69.93	102	16.683	244	47.91	73	6.31	31	61.53	86	49.741	98	55.12	56
Juli 9	12.150	157	68.56	137	16.468	215	46.77	114	6.04	27	60.22	131	49.654	87	55.61	49
19	12.011	139	66.87	169	16.287	181	45.23	154	5.81	23	58.50	172	49.583	71	56.02	41
29	11.896	115	64.92	195	16.145	142	43.33	190	5.63	18	56.41	209	49.528	55	56.32	30
Aug. 8	11.810	86	62.76	216	16.044	101	41.11	222	5.50	13	53.98	243	49.492	36	56.50	18
18	11.758	52	60.48	228	15.990	54	38.61	250	5.42	8	51.26	272	49.478	14	56.53	3
28	11.744	14	58.15	233	15.985	5	35.87	274	5.40	2	48.31	295	49.490	12	56.40	13
Sept. 7	11.774	30	55.86	229	16.032	47	32.95	292	5.44	4	45.18	313	49.530	40	56.07	33
17	11.851	77	53.70	216	16.134	102	29.89	306	5.54	10	41.94	324	49.600	70	55.54	53
27	11.978	127	51.76	194	16.293	159	26.75	314	5.71	17	38.63	331	49.705	105	54.79	75
Okt. 7	12.157	179	50.13	163	16.510	217	23.60	315	5.96	25	35.33	330	49.845	140	53.79	100
17	12.387	230	48.90	123	16.786	276	20.50	310	6.27	31	32.11	322	50.023	178	52.56	123
27	12.665	278	48.13	77	17.119	333	17.51	299	6.64	37	29.04	307	50.237	214	51.09	147
Nov. 6	12.986	321	47.87	26	17.506	387	14.72	279	7.07	43	26.19	285	50.486	249	49.41	168
16	13.342	356	48.15	28	17.940	434	12.19	253	7.56	49	23.65	254	50.765	279	47.56	185
26	13.724	382	48.99	84	18.412	472	10.01	218	8.10	54	21.48	217	51.068	303	45.57	199
Dez. 6	14.121	397	50.36	137	18.911	499	8.23	178	8.67	57	19.76	172	51.388	320	43.51	206
16	14.519	398	52.22	186	19.422	511	6.92	131	9.25	58	18.55	121	51.715	327	41.44	207
26	14.906	387	54.52	230	19.930	508	6.13	79	9.82	57	17.89	66	52.038	323	39.43	201
36	15.268	362	57.19	267	20.419	489	5.88	25	10.38	56	17.80	9	52.347	309	37.55	188
Mittl. Ort	10.535		41.70		15.552		47.88		5.41		60.65		47.955		67.90	
sec δ, tg δ	+1.346		− 0.900		+1.817		+ 1.517		+2.129		+ 1.879		+1.009		+ 0.133	
a, a′	+2.8		−19.3		+3.6		−19.3		+3.7		−19.4		+3.1		−19.4	
b, b′	+0.06		− 0.27		−0.10		− 0.26		−0.12		− 0.25		−0.01		− 0.25	

Scheinbare Sternörter 1957

Obere Kulmination Greenwich

Tag	420) ψ Ursae maj. AR.		420) ψ Ursae maj. Dekl.		421) β Crateris AR.		421) β Crateris Dekl.	
1957	11h 7m		+44° 43′		11h 9m		−22° 35′	
	s		″		s		″	
Jan. 1	16.586	387	34.46	45	33.999	310	27.86	258
11	16.973	352	34.01	4	34.309	277	30.44	264
21	17.325	305	34.05	52	34.586	238	33.08	264
31	17.630	248	34.57	96	34.824	193	35.72	256
Febr. 10	17.878	187	35.53	136	35.017	145	38.28	242
20	18.065	122	36.89	168	35.162	98	40.70	225
März 2	18.187	59	38.57	191	35.260	53	42.95	202
11	[9] 18.246	2	40.48	205	[9] 35.313	11	44.97	177
21	18.244	56	42.53	209	35.324	27	46.74	151
31	18.188	102	44.62	205	35.297	57	48.25	123
April 10	18.086	140	46.67	192	35.240	82	49.48	94
20	17.946	169	48.59	171	35.158	101	50.42	66
30	17.777	188	50.30	145	35.057	115	51.08	38
Mai 10	17.589	199	51.75	114	34.942	124	51.46	10
20	17.390	201	52.89	80	34.818	128	51.56	17
30	17.189	198	53.69	43	34.690	128	51.39	44
Juni 9	16.991	187	54.12	6	34.562	125	50.95	69
19	16.804	173	54.18	31	34.437	118	50.26	91
29	16.631	153	53.87	68	34.319	108	49.35	112
Juli 9	16.478	130	53.19	102	34.211	95	48.23	128
19	16.348	103	52.17	136	34.116	78	46.95	142
29	16.245	73	50.81	166	34.038	58	45.53	150
Aug. 8	16.172	40	49.15	194	33.980	34	44.03	152
18	16.132	4	47.21	219	33.946	5	42.51	149
28	16.128	35	45.02	240	33.941	27	41.02	139
Sept. 7	16.163	77	42.62	258	33.968	62	39.63	123
17	16.240	121	40.04	271	34.030	101	38.40	99
27	16.361	169	37.33	280	34.131	142	37.41	70
Okt. 7	16.530	216	34.53	283	34.273	184	36.71	35
17	16.746	263	31.70	281	34.457	225	36.36	4
27	17.009	308	28.89	271	34.682	263	36.40	45
Nov. 6	17.317	349	26.18	255	34.945	295	36.85	88
16	17.666	381	23.63	232	35.240	321	37.73	129
26	18.047	405	21.31	202	35.561	337	39.02	168
Dez. 6	18.452	418	19.29	164	35.898	343	40.70	200
16	18.870	416	17.65	121	36.241	338	42.70	227
26	19.286	403	16.44	75	36.579	322	44.97	248
36	19.689		15.69		36.901		47.45	
Mittl. Ort	15.182		55.89		32.401		26.66	
sec δ, tg δ	+1.408		+ 0.991		+1.083		− 0.416	
a, a′	+3.4		−19.5		+3.0		−19.6	
b, b′	−0.06		− 0.23		+0.03		− 0.22	

Tag	422) δ Leonis AR.		422) δ Leonis Dekl.		423) ϑ Leonis AR.		423) ϑ Leonis Dekl.	
1957	11h 11m		+20° 45′		11h 11m		+15° 39′	
	s		″		s		″	
Jan. 1	50.775	317	19.33	139	60.464	310	40.03	156
11	51.092	288	17.94	105	60.774	281	38.47	127
21	51.380	251	16.89	70	61.055	244	37.20	95
31	51.631	206	16.19	34	61.299	201	36.25	62
Febr. 10	51.837	158	15.85	0	61.500	154	35.63	30
20	51.995	109	15.85	32	61.654	106	35.33	1
März 2	52.104	60	16.17	59	61.760	60	35.34	28
11	[10] 52.164	16	16.76	81	[10] 61.820	16	35.62	52
21	52.180	24	17.57	97	61.836	22	36.14	69
31	52.156	58	18.54	107	61.814	55	36.83	81
April 10	52.098	85	19.61	110	61.759	80	37.64	89
20	52.013	105	20.71	110	61.679	99	38.53	92
30	51.908	118	21.81	104	61.580	112	39.45	91
Mai 10	51.790	126	22.85	94	61.468	119	40.36	85
20	51.664	128	23.79	81	61.349	122	41.21	78
30	51.536	126	24.60	67	61.227	120	41.99	68
Juni 9	51.410	120	25.27	49	61.107	114	42.67	55
19	51.290	110	25.76	31	60.993	105	43.22	42
29	51.180	99	26.07	13	60.888	94	43.64	28
Juli 9	51.081	83	26.20	7	60.794	80	43.92	12
19	50.998	66	26.13	28	60.714	64	44.04	5
29	50.932	46	25.85	48	60.650	44	43.99	22
Aug. 8	50.886	23	25.37	69	60.606	22	43.77	41
18	50.863	3	24.68	89	60.584	3	43.36	60
28	50.866	32	23.79	111	60.587	32	42.76	81
Sept. 7	50.898	64	22.68	132	60.619	63	41.95	102
17	50.962	100	21.36	153	60.682	97	40.93	124
27	51.062	136	19.83	172	60.779	134	39.69	145
Okt. 7	51.198	176	18.11	190	60.913	172	38.24	165
17	51.374	215	16.21	204	61.085	210	36.59	183
27	51.589	251	14.17	215	61.295	247	34.76	198
Nov. 6	51.840	285	12.02	221	61.542	279	32.78	208
16	52.125	312	9.81	220	61.821	306	30.70	214
26	52.437	331	7.61	215	62.127	325	28.56	213
Dez. 6	52.768	342	5.46	201	62.452	334	26.43	205
16	53.110	340	3.45	181	62.786	332	24.38	190
26	53.450	328	1.64	155	63.118	321	22.48	169
36	53.778		0.09		63.439		20.79	
Mittl. Ort	49.416		34.49		59.094		53.63	
sec δ, tg δ	+1.069		+ 0.379		+1.039		+ 0.280	
a, a′	+3.2		−19.6		+3.2		−19.6	
b, b′	−0.02		− 0.21		−0.02		− 0.21	

Scheinbare Sternörter 1957

Obere Kulmination Greenwich

Tag	425) ν Ursae maj. AR.		425) ν Ursae maj. Dekl.		426) δ Crateris AR.		426) δ Crateris Dekl.		427) σ Leonis AR.		427) σ Leonis Dekl.		428) π Centauri AR.		428) π Centauri Dekl.	
1957	11h 16m		+33° 19′		11h 17m		−14° 32′		11h 18m		+6° 15′		11h 19m		−54° 15′	
	s		″		s		″		s		″		s		″	
Jan. 1	10.926	347	26.31	95	12.791	305	47.79	239	56.501	305	44.55	188	4.459	430	10.37	272
11	11.273	317	25.36	53	13.096	276	50.18	238	56.806	277	42.67	167	4.889	383	13.09	305
21	11.590	276	24.83	10	13.372	239	52.56	232	57.083	242	41.00	142	5.272	327	16.14	331
31	11.866	229	24.73	33	13.611	197	54.88	219	57.325	200	39.58	115	5.599	264	19.45	347
Febr. 10	12.095	176	25.06	72	13.808	151	57.07	201	57.525	156	38.43	86	5.863	198	22.92	354
20	12.271	122	25.78	105	13.959	106	59.08	179	57.681	110	37.57	57	6.061	130	26.46	352
März 2	12.393	67	26.83	132	14.065	62	60.87	156	57.791	65	37.00	30	6.191	64	29.98	342
11*	[11] 12.460	16	28.15	151	[11] 14.127	21	62.43	131	[12] 57.856	24	36.70	5	[12] 6.255	3	33.40	325
21	12.476	29	29.66	162	14.148	16	63.74	106	57.880	12	36.65	16	6.258	53	36.65	301
31	12.447	69	31.28	166	14.132	45	64.80	80	57.868	44	36.81	34	6.205	102	39.66	273
April 10	12.378	101	32.94	161	14.087	70	65.60	55	57.824	69	37.15	47	6.103	145	42.39	239
20	12.277	125	34.55	152	14.017	90	66.15	32	57.755	88	37.62	58	5.958	180	44.78	201
30	12.152	141	36.07	135	13.927	103	66.47	9	57.667	101	38.20	64	5.778	209	46.79	159
Mai 10	12.011	152	37.42	114	13.824	112	66.56	12	57.566	109	38.84	68	5.569	231	48.38	115
20	11.859	155	38.56	89	13.712	116	66.44	32	57.457	112	39.52	69	5.338	246	49.53	69
30	11.704	153	39.45	63	13.596	117	66.12	52	57.345	112	40.21	68	5.092	255	50.22	22
Juni 9	11.551	147	40.08	35	13.479	114	65.60	69	57.233	109	40.89	65	4.837	256	50.44	25
19	11.404	137	40.43	5	13.365	109	64.91	84	57.124	101	41.54	61	4.581	251	50.19	71
29	11.267	122	40.48	24	13.256	100	64.07	97	57.023	92	42.15	54	4.330	240	49.48	116
Juli 9	11.145	105	40.24	53	13.156	89	63.10	108	56.931	81	42.69	46	4.090	220	48.32	157
19	11.040	86	39.71	81	13.067	73	62.02	114	56.850	66	43.15	36	3.870	194	46.75	193
29	10.954	62	38.90	108	12.994	56	60.88	117	56.784	48	43.51	24	3.676	159	44.82	223
Aug. 8	10.892	36	37.82	134	12.938	34	59.71	115	56.736	27	43.75	10	3.517	118	42.59	247
18	10.856	7	36.48	159	12.904	8	58.56	108	56.709	4	43.85	6	3.399	68	40.12	261
28	10.849	25	34.89	181	12.896	22	57.48	96	56.705	24	43.79	25	3.331	12	37.51	266
Sept. 7	10.874	61	33.08	202	12.918	55	56.52	79	56.729	55	43.54	46	3.319	49	34.85	262
17	10.935	100	31.06	220	12.973	91	55.73	55	56.784	88	43.08	69	3.368	115	32.23	247
27	11.035	141	28.86	234	13.064	130	55.18	28	56.872	125	42.39	93	3.483	183	29.76	221
Okt. 7	11.176	183	26.52	246	13.194	170	54.90	5	56.997	164	41.46	117	3.666	250	27.55	186
17	11.359	226	24.06	252	13.364	210	54.95	40	57.161	201	40.29	142	3.916	314	25.69	142
27	11.585	267	21.54	253	13.574	248	55.35	76	57.362	238	38.87	164	4.230	372	24.27	91
Nov. 6	11.852	303	19.01	247	13.822	280	56.11	112	57.600	270	37.23	183	4.602	419	23.36	35
16	12.155	334	16.54	236	14.102	306	57.23	147	57.870	297	35.40	198	5.021	456	23.01	25
26	12.489	357	14.18	216	14.408	325	58.70	177	58.167	317	33.42	207	5.477	477	23.26	85
Dez. 6	12.846	368	12.02	190	14.733	332	60.47	203	58.484	326	31.35	210	5.954	484	24.11	143
16	13.214	370	10.12	157	15.065	330	62.50	222	58.810	326	29.25	207	6.438	474	25.54	196
26	13.584	358	8.55	120	15.395	316	64.72	233	59.136	314	27.18	195	6.912	449	27.50	243
36	13.942		7.35		15.711		67.05		59.450		25.23		7.361		29.93	
Mittl. Ort	9.615		45.03		11.300		44.20		55.140		55.04		2.333		18.17	
sec δ, tg δ	+1.197		+ 0.658		+1.033		− 0.259		+1.006		+ 0.110		+1.712		− 1.389	
a, *a′*	+3.2		−19.7		+3.0		−19.7		+3.1		−19.7		+2.7		−19.7	
b, *b′*	−0.04		− 0.19		+0.02		− 0.19		−0.01		− 0.18		+0.09		− 0.18	

* Bei Stern 427) und 428) lies März 12.

Scheinbare Sternörter 1957

Obere Kulmination Greenwich

Tag	429) Grb 1771 U Maj AR.	Δ	429) Dekl.	Δ	433) λ Draconis AR.	Δ	433) Dekl.	Δ
1957	11h 20m		+64° 33′		11h 28m		+69° 33′	
	s		″		s		″	
Jan. 1	20.35	59	32.81	11	53.67	71	41.49	16
11	20.94	54	32.92	70	54.38	65	41.65	78
21	21.48	47	33.62	126	55.03	57	42.43	135
31	21.95	39	34.88	176	55.60	48	43.78	186
Febr. 10	22.34	29	36.64	217	56.08	37	45.64	229
20	22.63	20	38.81	249	56.45	25	47.93	262
März 2	22.83	9	41.30	271	56.70	13	50.55	284
12	22.92	0	44.01	280	56.83	0	53.39	294
21	[12] 22.92	10	46.81	277	[14] 56.83	11	56.33	291
31	22.82	19	49.58	264	56.72	22	59.24	276
April 10	22.63	25	52.22	241	56.50	31	62.00	253
20	22.38	31	54.63	208	56.19	39	64.53	219
30	22.07	35	56.71	170	55.80	44	66.72	178
Mai 10	21.72	39	58.41	125	55.36	48	68.50	131
20	21.33	39	59.66	77	54.88	50	69.81	82
30	20.94	39	60.43	28	54.38	51	70.63	30
Juni 9	20.55	38	60.71	22	53.87	50	70.93	22
19	20.17	36	60.49	71	53.37	47	70.71	75
29	19.81	33	59.78	119	52.90	44	69.96	124
Juli 9	19.48	29	58.59	163	52.46	40	68.72	170
19	19.19	25	56.96	204	52.06	34	67.02	213
29	18.94	19	54.92	241	51.72	27	64.89	252
Aug. 8	18.75	14	52.51	272	51.45	21	62.37	285
18	18.61	7	49.79	298	51.24	13	59.52	312
28	18.54	1	46.81	320	51.11	5	56.40	333
Sept. 7	18.53	6	43.61	335	51.06	4	53.07	348
17	18.59	14	40.26	342	51.10	13	49.59	357
27	18.73	21	36.84	344	51.23	23	46.02	357
Okt. 7	18.94	29	33.40	339	51.46	31	42.45	351
17	19.23	37	30.01	325	51.77	41	38.94	335
27	19.60	43	26.76	303	52.18	50	35.59	313
Nov. 6	20.03	50	23.73	274	52.68	57	32.46	281
16	20.53	55	20.99	237	53.25	65	29.65	241
26	21.08	60	18.62	191	53.90	70	27.24	195
Dez. 6	21.68	62	16.71	140	54.60	73	25.29	141
16	22.30	62	15.31	85	55.33	74	23.88	82
26	22.92	61	14.46	24	56.07	72	23.06	21
36	23.53		14.22		56.79		22.85	
Mittl. Ort	18.98		57.71		52.41		66.99	
sec δ, tg δ	+2.328		+ 2.103		+2.865		+ 2.684	
a, a′	+3.6		−19.7		+3.6		−19.9	
b, b′	−0.14		− 0.17		−0.18		− 0.14	

Tag	434) ξ Hydrae AR.	Δ	434) Dekl.	Δ	436) λ Centauri AR.	Δ	436) Dekl.	Δ
1957	11h 30m		−31° 37′		11h 33m		−62° 46′	
	s		″		s		″	
Jan. 1	54.522	338	7.50	257	49.60	54	43.73	249
11	54.860	307	10.07	275	50.14	48	46.22	291
21	55.167	268	12.82	283	50.62	42	49.13	324
31	55.435	223	15.65	284	51.04	34	52.37	348
Febr. 10	55.658	175	18.49	279	51.38	27	55.85	362
20	55.833	125	21.28	266	51.65	18	59.47	367
März 2	55.958	78	23.94	249	51.83	10	63.14	364
12	56.036	34	26.43	228	51.93	3	66.78	353
21	[15] 56.070	7	28.71	202	[16] 51.96	5	70.31	334
31	56.063	42	30.73	175	51.91	11	73.65	309
April 10	56.021	71	32.48	146	51.80	17	76.74	278
20	55.950	95	33.94	114	51.63	22	79.52	242
30	55.855	114	35.08	82	51.41	26	81.94	201
Mai 10	55.741	127	35.90	50	51.15	30	83.95	156
20	55.614	137	36.40	16	50.85	32	85.51	109
30	55.477	142	36.56	16	50.53	34	86.60	58
Juni 9	55.335	143	36.40	48	50.19	35	87.18	8
19	55.192	141	35.92	78	49.84	36	87.26	42
29	55.051	134	35.14	107	49.48	34	86.84	92
Juli 9	54.917	124	34.07	132	49.14	32	85.92	138
19	54.793	109	32.75	152	48.82	29	84.54	181
29	54.684	89	31.23	169	48.53	25	82.73	218
Aug. 8	54.595	65	29.54	179	48.28	19	80.55	248
18	54.530	35	27.75	183	48.09	13	78.07	270
28	54.495	1	25.92	180	47.96	6	75.37	282
Sept. 7	54.494	38	24.12	169	47.90	2	72.55	285
17	54.532	81	22.43	150	47.92	10	69.70	276
27	54.613	127	20.93	123	48.02	19	66.94	255
Okt. 7	54.740	174	19.70	90	48.21	28	64.39	225
17	54.914	221	18.80	50	48.49	36	62.14	185
27	55.135	265	18.30	6	48.85	44	60.29	136
Nov. 6	55.400	302	18.24	40	49.29	50	58.93	79
16	55.702	333	18.64	87	49.79	55	58.14	19
26	56.035	355	19.51	132	50.34	58	57.95	43
Dez. 6	56.390	365	20.83	175	50.92	59	58.38	104
16	56.755	362	22.58	211	51.51	59	59.42	163
26	57.117	349	24.69	240	52.10	56	61.05	218
36	57.466		27.09		52.66		63.23	
Mittl. Ort	52.935		9.79		47.22		53.86	
sec δ, tg δ	+1.174		− 0.616		+2.186		− 1.944	
a, a′	+3.0		−19.9		+2.8		−19.9	
b, b′	+0.04		− 0.13		+0.13		− 0.11	

Scheinbare Sternörter 1957

Obere Kulmination Greenwich

Tag	437) υ Leonis AR.		437) υ Leonis Dekl.		440) 3 Draconis AR.		440) 3 Draconis Dekl.		441) χ Ursae maj. AR.		441) χ Ursae maj. Dekl.		444) β Leonis AR.		444) β Leonis Dekl.	
1957	11h 34m		−0° 35′		11h 40m		+66° 58′		11h 43m		+48° 0′		11h 46m		+14° 48′	
	s		″		s		″		s		″		s		″	
Jan. 1	46.064	309	18.18	207	6.46	65	33.47	7	48.218	421	42.22	71	53.176	321	32.00	173
11	46.373	283	20.25	194	7.11	61	33.40	56	48.639	392	41.51	17	53.497	298	30.27	143
21	46.656	251	22.19	175	7.72	54	33.96	114	49.031	352	41.34	37	53.795	267	28.84	112
31	46.907	212	23.94	152	8.26	45	35.10	167	49.383	300	41.71	88	54.062	228	27.72	78
Febr. 10	47.119	169	25.46	127	8.71	36	36.77	213	49.683	240	42.59	134	54.290	185	26.94	42
20	47.288	124	26.73	99	9.07	26	38.90	250	49.923	177	43.93	172	54.475	140	26.52	10
März 2	47.412	81	27.72	73	9.33	14	41.40	275	50.100	111	45.65	202	54.615	94	26.42	21
12	16 47.493	40	28.45	47	17 9.47	3	44.15	288	18 50.211	47	47.67	223	19 54.709	52	26.63	47
21	47.533	4	28.92	23	9.50	7	47.03	290	50.258	13	49.90	233	54.761	12	27.10	68
31	47.537	27	29.15	3	9.43	16	49.93	279	50.245	67	52.23	234	54.773	22	27.78	84
April 10	47.510	53	29.18	15	9.27	25	52.72	258	50.178	112	54.57	224	54.751	51	28.62	95
20	47.457	74	29.03	30	9.02	32	55.30	229	50.066	150	56.81	207	54.700	73	29.57	100
30	47.383	89	28.73	42	8.70	37	57.59	191	49.916	178	58.88	181	54.627	92	30.57	101
Mai 10	47.294	99	28.31	52	8.33	41	59.50	148	49.738	199	60.69	151	54.535	104	31.58	97
20	47.195	105	27.79	59	7.92	43	60.98	99	49.539	212	62.20	116	54.431	111	32.55	91
30	47.090	108	27.20	64	7.49	44	61.97	49	49.327	216	63.36	77	54.320	116	33.46	80
Juni 9	46.982	108	26.56	68	7.05	44	62.46	3	49.111	215	64.13	36	54.204	116	34.26	69
19	46.874	104	25.88	70	6.61	43	62.43	54	48.896	207	64.49	5	54.088	114	34.95	55
29	46.770	97	25.18	69	6.18	39	61.89	103	48.689	194	64.44	46	53.974	107	35.50	40
Juli 9	46.673	88	24.49	67	5.79	36	60.86	151	48.495	177	63.98	86	53.867	99	35.90	23
19	46.585	76	23.82	62	5.43	32	59.35	195	48.318	155	63.12	124	53.768	88	36.13	6
29	46.509	61	23.20	54	5.11	26	57.40	234	48.163	128	61.88	161	53.680	72	36.19	13
Aug. 8	46.448	41	22.66	45	4.85	20	55.06	269	48.035	98	60.27	194	53.608	54	36.06	33
18	46.407	19	22.21	31	4.65	14	52.37	299	47.937	63	58.33	224	53.554	32	35.73	54
28	46.388	8	21.90	15	4.51	7	49.38	323	47.874	23	56.09	250	53.522	5	35.19	75
Sept. 7	46.396	38	21.75	4	4.44	1	46.15	341	47.851	20	53.59	272	53.517	25	34.44	97
17	46.434	73	21.79	28	4.45	9	42.74	352	47.871	68	50.87	290	53.542	59	33.47	121
27	46.507	110	22.07	53	4.54	17	39.22	356	47.939	118	47.97	303	53.601	97	32.26	143
Okt. 7	46.617	149	22.60	80	4.71	26	35.66	352	48.057	171	44.94	309	53.698	137	30.83	165
17	46.766	189	23.40	107	4.97	34	32.14	341	48.228	225	41.85	310	53.835	178	29.18	184
27	46.955	227	24.47	135	5.31	43	28.73	322	48.453	278	38.75	303	54.013	218	27.34	202
Nov. 6	47.182	261	25.82	160	5.74	50	25.51	293	48.731	327	35.72	288	54.231	255	25.32	215
16	47.443	291	27.42	181	6.24	57	22.58	257	49.058	369	32.84	265	54.486	287	23.17	222
26	47.734	312	29.23	199	6.81	62	20.01	212	49.427	403	30.19	235	54.773	312	20.95	223
Dez. 6	48.046	324	31.22	209	7.43	66	17.89	161	49.830	426	27.84	197	55.085	328	18.72	218
16	48.370	326	33.31	213	8.09	67	16.28	104	50.256	435	25.87	152	55.413	333	16.54	205
26	48.696	318	35.44	210	8.76	66	15.24	44	50.691	430	24.35	102	55.746	327	14.49	186
36	49.014		37.54		9.42		14.80		51.121		23.33		56.073		12.63	
Mittl. Ort	44.759		10.30		5.44		58.71		47.187		64.37		52.025		44.86	
sec δ, tg δ	+1.000		− 0.010		+2.558		+ 2.354		+1.495		+ 1.111		+1.034		+ 0.264	
a, *a′*	+3.1		−19.9		+3.3		−20.0		+3.2		−20.0		+3.1		−20.0	
b, *b′*	0.00		− 0.11		−0.16		− 0.09		−0.07		− 0.07		−0.02		− 0.06	

Scheinbare Sternörter 1957

Obere Kulmination Greenwich

Tag	445) β Virginis[1]				447) γ Ursae maj.				450) o Virginis				452) δ Centauri			
	AR.		Dekl.		AR.		Dekl.		AR.		Dekl.		AR.		Dekl.	
1957	11h 48m		+1° 59′		11h 51m		+53° 55′		12h 3m		+8° 57′		12h 6m		−50° 28′	
	s		″		s		″		s		″		s		″	
Jan. 1	28.478	315	77.02	203	35.537	468	38.55	61	2.180	321	67.89	190	8.920	441	49.75	225
11	28.793	293	74.99	187	36.005	439	37.94	3	2.501	301	65.99	168	9.361	410	52.00	262
21	29.086	261	73.12	166	36.444	397	37.91	54	2.802	272	64.31	140	9.771	367	54.62	290
31	29.347	223	71.46	141	36.841	341	38.45	107	3.074	237	62.91	109	10.138	317	57.52	310
Febr. 10	29.570	182	70.05	113	37.182	276	39.52	155	3.311	196	61.82	78	10.455	262	60.62	322
20	29.752	139	68.92	85	37.458	205	41.07	195	3.507	154	61.04	45	10.717	203	63.84	327
März 2	29.891	96	68.07	57	37.663	132	43.02	226	3.661	110	60.59	15	10.920	145	67.11	322
12	29.987	54	67.50	31	37.795	59	45.28	247	3.771	69	60.44	12	11.065	89	70.33	311
21*	[19] 30.041	18	67.19	8	[20] 37.854	9	47.75	256	3.840	30	60.56	35	11.154	35	73.44	296
31	30.059	15	67.11	13	37.845	72	50.31	256	[23] 3.870	3	60.91	55	[24] 11.189	13	76.40	273
April 10	30.044	41	67.24	30	37.773	127	52.87	244	3.867	32	61.46	69	11.176	57	79.13	246
20	30.003	63	67.54	43	37.646	171	55.31	223	3.835	56	62.15	78	11.119	95	81.59	215
30	29.940	80	67.97	53	37.475	207	57.54	196	3.779	75	62.93	85	11.024	129	83.74	180
Mai 10	29.860	92	68.50	61	37.268	233	59.50	162	3.704	89	63.78	86	10.895	158	85.54	142
20	29.768	100	69.11	65	37.035	250	61.12	122	3.615	100	64.64	85	10.737	181	86.96	101
30	29.668	105	69.76	67	36.785	258	62.34	80	3.515	106	65.49	80	10.556	200	87.97	60
Juni 9	29.563	106	70.43	68	36.527	259	63.14	35	3.409	109	66.29	74	10.356	213	88.57	17
19	29.457	104	71.11	67	36.268	251	63.49	10	3.300	110	67.03	66	10.143	220	88.74	27
29	29.353	99	71.78	64	36.017	239	63.39	54	3.190	108	67.69	55	9.923	221	88.47	70
Juli 9	29.254	92	72.42	58	35.778	220	62.85	99	3.082	102	68.24	43	9.702	216	87.77	110
19	29.162	82	73.00	50	35.558	195	61.86	140	2.980	93	68.67	30	9.486	203	86.67	147
29	29.080	68	73.50	42	35.363	166	60.46	178	2.887	81	68.97	15	9.283	182	85.20	181
Aug. 8	29.012	50	73.92	30	35.197	130	58.68	214	2.806	65	69.12	2	9.101	153	83.39	207
18	28.962	29	74.22	15	35.067	91	56.54	246	2.741	44	69.10	20	8.948	116	81.32	228
28	28.933	3	74.37	2	34.976	47	54.08	274	2.697	20	68.90	40	8.832	71	79.04	241
Sept. 7	28.930	28	74.35	22	34.929	2	51.34	296	2.677	9	68.50	62	8.761	19	76.63	243
17	28.958	61	74.13	45	34.931	56	48.38	312	2.686	43	67.88	85	8.742	41	74.20	237
27	29.019	98	73.68	69	34.987	114	45.26	325	2.729	81	67.03	109	8.783	105	71.83	221
Okt. 7	29.117	138	72.99	95	35.101	173	42.01	330	2.810	121	65.94	133	8.888	170	69.62	195
17	29.255	179	72.04	122	35.274	234	38.71	328	2.931	162	64.61	156	9.058	236	67.67	159
27	29.434	219	70.82	146	35.508	293	35.43	318	3.093	204	63.05	177	9.294	298	66.08	116
Nov. 6	29.653	254	69.36	170	35.801	349	32.25	300	3.297	242	61.28	195	9.592	354	64.92	67
16	29.907	286	67.66	189	36.150	398	29.25	274	3.539	276	59.33	209	9.946	400	64.25	14
26	30.193	309	65.77	204	36.548	437	26.51	239	3.815	302	57.24	217	10.346	434	64.11	42
Dez. 6	30.502	324	63.73	211	36.985	466	24.12	197	4.117	321	55.07	218	10.780	454	64.53	97
16	30.826	328	61.62	213	37.451	479	22.15	148	4.438	329	52.89	213	11.234	459	65.50	149
26	31.154	322	59.49	208	37.930	474	20.67	95	4.767	325	50.76	201	11.693	451	66.99	196
36	31.476		57.41		38.404		19.72		5.092		48.75		12.144		68.95	
Mittl. Ort	27.261		85.54		34.625		61.81		1.099		78.47		7.228		58.51	
sec δ, tg δ	+1.001		+ 0.035		+1.699		+ 1.373		+1.012		+ 0.158		+1.572		− 1.212	
a, *a′*	+3.1		−20.0		+3.1		−20.0		+3.1		−20.0		+3.1		−20.0	
b, *b′*	0.00		− 0.05		−0.09		− 0.04		−0.01		+ 0.01		+0.08		+ 0.03	

[1] Die jährliche Parallaxe (0″.101) ist bereits berücksichtigt.

* Bei Stern 450) und 452) lies März 22.

Obere Kulmination Greenwich

Tag	453) ε Corvi AR.		453) ε Corvi Dekl.		454) Br 1634 Caml AR.		454) Br 1634 Caml Dekl.		456) δ Ursae maj. AR.		456) δ Ursae maj. Dekl.		459) β Chamael. AR.		459) β Chamael. Dekl.	
1957	12h 7m		−22° 22′		12h 10m		+77° 50′		12h 13m		+57° 15′		12h 15m		−79° 4′	
	s		″		s		″		s		″		s		″	
Jan. 1	55.816	337	49.84	229	12.35	114	52.34	16	18.933	505	53.30	76	50.58	126	10.54	168
11	56.153	315	52.13	240	13.49	108	52.18	50	19.438	481	52.54	16	51.84	117	12.22	223
21	56.468	284	54.53	243	14.57	100	52.68	113	19.919	443	52.38	44	53.01	106	14.45	270
31	56.752	247	56.96	240	15.57	87	53.81	171	20.362	391	52.82	101	54.07	91	17.15	310
Febr. 10	56.999	206	59.36	230	16.44	72	55.52	221	20.753	325	53.83	153	54.98	76	20.25	340
20	57.205	163	61.66	215	17.16	54	57.73	262	21.078	252	55.36	198	55.74	59	23.65	363
März 2	57.368	119	63.81	198	17.70	35	60.35	292	21.330	176	57.34	232	56.33	41	27.28	375
12	57.487	77	65.79	176	18.05	16	63.27	309	21.506	98	59.66	257	56.74	24	31.03	380
22	[24] 57.564	40	67.55	154	[25] 18.21	5	66.36	313	[26] 21.604	22	62.23	271	[26] 56.98	6	34.83	376
31	57.604	5	69.09	129	18.16	23	69.49	305	21.626	48	64.94	273	57.04	10	38.59	363
April 10	57.609	24	70.38	105	17.93	40	72.54	286	21.578	111	67.67	264	56.94	27	42.22	344
20	57.585	50	71.43	80	17.53	56	75.40	257	21.467	165	70.31	245	56.67	42	45.66	317
30	57.535	71	72.23	55	16.97	68	77.97	219	21.302	210	72.76	219	56.25	55	48.83	283
Mai 10	57.464	88	72.78	31	16.29	78	80.16	173	21.092	244	74.95	185	55.70	67	51.66	244
20	57.376	101	73.09	6	15.51	85	81.89	124	20.848	269	76.80	145	55.03	78	54.10	200
30	57.275	112	73.15	17	14.66	90	83.13	70	20.579	286	78.25	102	54.25	86	56.10	151
Juni 9	57.163	118	72.98	40	13.76	92	83.83	14	20.293	292	79.27	56	53.39	92	57.61	98
19	57.045	121	72.58	61	12.84	91	83.97	40	20.001	291	79.83	8	52.47	97	58.59	44
29	56.924	122	71.97	82	11.93	88	83.57	95	19.710	283	79.91	40	51.50	97	59.03	12
Juli 9	56.802	118	71.15	99	11.05	82	82.62	147	19.427	267	79.51	86	50.53	96	58.91	67
19	56.684	111	70.16	113	10.23	76	81.15	194	19.160	246	78.65	131	49.57	91	58.24	120
29	56.573	99	69.03	124	9.47	67	79.21	239	18.914	218	77.34	174	48.66	83	57.04	170
Aug. 8	56.474	82	67.79	131	8.80	57	76.82	278	18.696	183	75.60	212	47.83	72	55.34	214
18	56.392	60	66.48	133	8.23	45	74.04	311	18.513	143	73.48	247	47.11	58	53.20	252
28	56.332	31	65.15	128	7.78	32	70.93	338	18.370	97	71.01	278	46.53	42	50.68	282
Sept. 7	56.301	1	63.87	118	7.46	18	67.55	359	18.273	45	68.23	304	46.11	23	47.86	300
17	56.302	40	62.69	102	7.28	4	63.96	372	18.228	13	65.19	323	45.88	2	44.86	309
27	56.342	83	61.67	79	7.24	13	60.24	377	18.241	75	61.96	337	45.86	19	41.77	306
Okt. 7	56.425	128	60.88	51	7.37	28	56.47	375	18.316	140	58.59	345	46.05	41	38.71	289
17	56.553	173	60.37	17	7.65	44	52.72	364	18.456	208	55.14	345	46.46	62	35.82	263
27	56.726	218	60.20	19	8.09	59	49.08	345	18.664	275	51.69	336	47.08	81	33.19	225
Nov. 6	56.944	260	60.39	58	8.68	74	45.63	315	18.939	339	48.33	319	47.89	99	30.94	177
16	57.204	296	60.97	96	9.42	88	42.48	278	19.278	397	45.14	294	48.88	113	29.17	121
26	57.500	323	61.93	133	10.30	99	39.70	231	19.675	445	42.20	260	50.01	123	27.96	61
Dez. 6	57.823	340	63.26	167	11.29	107	37.39	178	20.120	482	39.60	217	51.24	129	27.35	3
16	58.163	347	64.93	195	12.36	113	35.61	119	20.602	504	37.43	167	52.53	130	27.38	68
26	58.510	342	66.88	217	13.49	115	34.42	55	21.106	510	35.76	111	53.83	129	28.06	129
36	58.852		69.05		14.64		33.87		21.616		34.65		55.12		29.35	
Mittl. Ort	54.534		50.33		12.42		78.23		18.337		76.87		46.88		24.57	
sec δ, tg δ	+1.081		− 0.412		+4.753		+ 4.647		+1.850		+ 1.556		+5.276		− 5.180	
a, a′	+3.1		−20.0		+2.8		−20.0		+3.0		−20.0		+3.6		−20.0	
b, b′	+0.03		+ 0.03		−0.31		+ 0.04		−0.10		+ 0.06		+0.34		+ 0.07	

Scheinbare Sternörter 1957

Obere Kulmination Greenwich

Tag	460) η Virginis AR.		Dekl.		462) α Crucis *med.* AR.		Dekl.		466) 20 Comae AR.		Dekl.		465) δ Corvi AR.		Dekl.	
1957	12h 17m		—0° 25′		12h 24m		—62° 51′		12h 27m		+21° 7′		12h 27m		—16° 16′	
	s		″		s		″		s		″		s		″	
Jan. 1	43.306	322	47.63	207	13.67	59	28.01	187	34.506	338	48.43	177	39.240	333	35.51	217
11	43.628	304	49.70	195	14.26	55	29.88	235	34.844	323	46.66	141	39.573	316	37.68	223
21	43.932	278	51.65	176	14.81	51	32.23	275	35.167	299	45.25	103	39.889	290	39.91	221
31	44.210	244	53.41	154	15.32	44	34.98	306	35.466	265	44.22	63	40.179	257	42.12	213
Febr. 10	44.454	206	54.95	128	15.76	37	38.04	329	35.731	226	43.59	21	40.436	219	44.25	199
20	44.660	166	56.23	99	16.13	30	41.33	343	35.957	184	43.38	18	40.655	178	46.24	182
März 2	44.826	124	57.22	72	16.43	22	44.76	350	36.141	139	43.56	53	40.833	138	48.06	163
12	44.950	84	57.94	46	16.65	15	48.26	348	36.280	95	44.09	84	40.971	97	49.69	140
22	45.034	47	58.40	20	16.80	8	51.74	339	36.375	54	44.93	108	41.068	60	51.09	117
31	[27] 45.081	14	58.60	1	[28] 16.88	0	55.13	323	[29] 36.429	16	46.01	126	[29] 41.128	27	52.26	94
April 10	45.095	14	58.59	19	16.88	6	58.36	301	36.445	16	47.27	137	41.155	3	53.20	72
20	45.081	39	58.40	35	16.82	11	61.37	273	36.429	45	48.64	142	41.152	30	53.92	50
30	45.042	59	58.05	47	16.71	18	64.10	239	36.384	69	50.06	140	41.122	51	54.42	29
Mai 10	44.983	75	57.58	55	16.53	22	66.49	201	36.315	88	51.46	133	41.071	70	54.71	10
20	44.908	88	57.03	63	16.31	26	68.50	160	36.227	102	52.79	122	41.001	84	54.81	9
30	44.820	97	56.40	67	16.05	29	70.10	114	36.125	114	54.01	107	40.917	97	54.72	27
Juni 9	44.723	103	55.73	69	15.76	32	71.24	67	36.011	120	55.08	89	40.820	107	54.45	44
19	44.620	107	55.04	69	15.44	34	71.91	17	35.891	124	55.97	68	40.713	113	54.01	58
29	44.513	107	54.35	68	15.10	35	72.08	32	35.767	125	56.65	45	40.600	116	53.43	72
Juli 9	44.406	104	53.67	64	14.75	34	71.76	81	35.642	122	57.10	22	40.484	116	52.71	84
19	44.302	99	53.03	59	14.41	33	70.95	127	35.520	115	57.32	2	40.368	111	51.87	93
29	44.203	89	52.44	52	14.08	31	69.68	169	35.405	106	57.30	27	40.257	103	50.94	99
Aug. 8	44.114	75	51.92	41	13.77	27	67.99	207	35.299	92	57.03	53	40.154	90	49.95	102
18	44.039	57	51.51	28	13.50	21	65.92	238	35.207	72	56.50	79	40.064	71	48.93	100
28	43.982	32	51.23	12	13.29	16	63.54	260	35.135	48	55.71	104	39.993	46	47.93	94
Sept. 7	43.950	4	51.11	6	13.13	8	60.94	274	35.087	19	54.67	130	39.947	16	46.99	83
17	43.946	29	51.17	28	13.05	0	58.20	276	35.068	15	53.37	155	39.931	19	46.16	66
27	43.975	67	51.45	52	13.05	9	55.44	269	35.083	53	51.82	178	39.950	60	45.50	45
Okt. 7	44.042	108	51.97	77	13.14	19	52.75	250	35.136	96	50.04	200	40.010	103	45.05	18
17	44.150	150	52.74	105	13.33	27	50.25	220	35.232	140	48.04	219	40.113	149	44.87	12
27	44.300	193	53.79	131	13.60	36	48.05	181	35.372	185	45.85	234	40.262	194	44.99	44
Nov. 6	44.493	233	55.10	155	13.96	45	46.24	134	35.557	227	43.51	245	40.456	237	45.43	78
16	44.726	268	56.65	178	14.41	51	44.90	79	35.784	267	41.06	249	40.693	275	46.21	112
26	44.994	296	58.43	195	14.92	56	44.11	21	36.051	299	38.57	246	40.968	305	47.33	144
Dez. 6	45.290	316	60.38	207	15.48	59	43.90	38	36.350	323	36.11	236	41.273	325	48.77	171
16	45.606	326	62.45	212	16.07	60	44.28	97	36.673	337	33.75	218	41.598	337	50.48	194
26	45.932	325	64.57	210	16.67	60	45.25	154	37.010	341	31.57	194	41.935	336	52.42	209
36	46.257		66.67		17.27		46.79		37.351		29.63		42.271		54.51	
Mittl. Ort	42.251		40.70		11.75		40.05		33.668		62.49		38.122		34.47	
sec δ, tg δ	+1.000		— 0.007		+2.192		— 1.951		+1.072		+ 0.387		+1.042		— 0.292	
a, *a′*	+3.1		—20.0		+3.3		—19.9		+3.0		—19.9		+3.1		—19.9	
b, *b′*	0.00		+ 0.08		+0.13		+ 0.11		—0.03		+ 0.12		+0.02		+ 0.12	

Obere Kulmination Greenwich

Tag	472) κ Draconis AR.		472) κ Draconis Dekl.		470) β Canum ven.[1] AR.		470) β Canum ven.[1] Dekl.		471) β Corvi AR.		471) β Corvi Dekl.		473) 24 Comae sq AR.		473) 24 Comae sq Dekl.	
1957	12h 31m		+70° 0′		12h 31m		+41° 34′		12h 32m		−23° 9′		12h 32m		+18° 36′	
	s		″		s		″		s		″		s		″	
Jan. 1	39.33		65.14		42.842		67.26		8.572		31.49		59.192		35.60	
11	40.07	74	64.49	65	43.234	392	65.91	135	8.918	346	33.65	216	59.527	335	33.77	183
21	40.79	72	64.49	0	43.613	379	65.09	82	9.246	328	35.93	228	59.848	321	32.27	150
31	41.46	67	65.14	65	43.964	351	64.81	28	9.547	301	38.27	234	60.145	297	31.12	115
Febr. 10	42.06	60	66.39	125	44.277	313	65.06	25	9.815	268	40.60	233	60.411	266	30.37	75
20	42.57	51	68.20	181	44.545	268	65.82	76	10.045	230	42.85	225	60.639	228	30.02	35
März 2	42.98	41	70.48	228	44.761	216	67.03	121	10.233	188	44.99	214	60.825	186	30.05	3
12	43.27	29	73.13	265	44.922	161	68.64	161	10.380	147	46.96	197	60.968	143	30.43	38
22	30 43.44	17	76.03	290	30 45.027	105	70.57	193	30 10.486	106	48.74	178	31 61.068	100	31.12	69
31	43.49	5	79.06	303	45.080	53	72.71	214	10.553	67	50.31	157	61.129	61	32.06	94
April 10	43.43	6	82.10	304	45.083	3	74.96	225	10.586	33	51.66	135	61.152	23	33.19	113
20	43.26	17	85.04	294	45.042	41	77.24	228	10.587	1	52.77	111	61.142	10	34.45	126
30	42.99	27	87.77	273	44.962	80	79.46	222	10.560	27	53.64	87	61.104	38	35.78	133
Mai 10	42.64	35	90.19	242	44.850	112	81.53	207	10.510	50	54.28	64	61.043	61	37.11	133
20	42.23	41	92.23	204	44.711	139	83.38	185	10.440	70	54.69	41	60.962	81	38.39	128
30	41.76	47	93.82	159	44.553	158	84.96	158	10.353	87	54.87	18	60.866	96	39.58	119
Juni 9	41.26	50	94.92	110	44.381	172	86.22	126	10.252	101	54.82	5	60.759	107	40.64	106
19	40.74	52	95.51	59	44.199	182	87.13	91	10.140	112	54.54	28	60.644	115	41.54	90
29	40.21	53	95.57	6	44.013	186	87.65	52	10.020	120	54.05	49	60.524	120	42.26	72
Juli 9	39.68	53	95.09	48	43.828	185	87.79	14	9.896	124	53.36	69	60.402	122	42.78	52
19	39.18	50	94.09	100	43.649	179	87.54	25	9.770	126	52.49	87	60.281	121	43.09	31
29	38.71	47	92.60	149	43.480	169	86.89	65	9.648	122	51.47	102	60.166	115	43.16	7
Aug. 8	38.28	43	90.64	196	43.325	155	85.87	102	9.535	113	50.32	115	60.059	107	43.00	16
18	37.90	38	88.27	237	43.190	135	84.48	139	9.435	100	49.08	124	59.966	93	42.60	40
28	37.59	31	85.51	276	43.080	110	82.75	173	9.354	81	47.81	127	59.891	75	41.96	64
Sept. 7	37.35	24	82.42	309	43.001	79	80.70	205	9.299	55	46.55	126	59.839	52	41.06	90
17	37.19	16	79.08	334	42.957	44	78.36	234	9.276	23	45.36	119	59.816	23	39.91	115
27	37.12	7	75.54	354	42.954	3	75.77	259	9.291	15	44.31	105	59.825	9	38.52	139
Okt. 7	37.15	3	71.86	368	42.998	44	72.98	279	9.348	57	43.45	86	59.873	48	36.88	164
17	37.27	12	68.13	373	43.092	94	70.02	296	9.452	104	42.85	60	59.963	90	35.01	187
27	37.50	23	64.43	370	43.238	146	66.96	306	9.603	151	42.55	30	60.097	134	32.95	206
Nov. 6	37.84	34	60.85	358	43.437	199	63.86	310	9.801	198	42.60	5	60.275	178	30.71	224
16	38.28	44	57.48	337	43.687	250	60.81	305	10.044	243	43.02	42	60.497	222	28.35	236
26	38.81	53	54.41	307	43.984	297	57.88	293	10.327	283	43.82	80	60.758	261	25.93	242
Dez. 6	39.42	61	51.74	267	44.321	337	55.15	273	10.641	314	44.98	116	61.051	293	23.50	243
16	40.09	67	49.54	220	44.689	368	52.71	244	10.978	337	46.48	150	61.369	318	21.15	235
26	40.81	72	47.89	165	45.077	388	50.64	207	11.326	348	48.27	179	61.702	333	18.94	221
36	41.54	73	46.86	103	45.471	394	49.01	163	11.674	348	50.30	203	62.038	336	16.96	198
Mittl. Ort	39.44		90.04		42.223		87.15		7.421		32.95		58.370		48.70	
sec δ, tg δ	+2.927		+ 2.751		+1.337		+ 0.888		+1.088		− 0.428		+1.055		+ 0.337	
a, *a′*	+2.6		−19.9		+2.9		−19.9		+3.2		−19.8		+3.0		−19.8	
b, *b′*	−0.18		+ 0.14		−0.06		+ 0.14		+0.03		+ 0.14		−0.02		+ 0.14	

Die jährliche Parallaxe (0″.108) ist bereits berücksichtigt.

H

Scheinbare Sternörter 1957

Obere Kulmination Greenwich

Tag	474) α Muscae				1325) 133 G. Centauri				478) 76 Ursae maj.				481) β Crucis			
	AR.		Dekl.		AR.		Dekl.		AR.		Dekl.		AR.		Dekl.	
1957	12h 34m		−68° 53′		12h 39m		−45° 54′		12h 39m		+62° 56′		12h 45m		−59° 27′	
	s		″		s		″		s		″		s		″	
Jan. 1	37.91	74	42.10	163	1.960	428	29.05	194	41.63	58	31.82	94	13.216	553	2.03	166
11	38.65	69	43.73	214	2.388	406	30.99	229	42.21	56	30.88	30	13.769	527	3.69	212
21	39.34	63	45.87	259	2.794	375	33.28	257	42.77	54	30.58	33	14.296	488	5.81	252
31	39.97	56	48.46	296	3.169	335	35.85	278	43.31	48	30.91	95	14.784	438	8.33	285
Febr. 10	40.53	48	51.42	324	3.504	289	38.63	290	43.79	41	31.86	151	15.222	379	11.18	308
20	41.01	40	54.66	344	3.793	238	41.53	296	44.20	33	33.37	200	15.601	315	14.26	323
März 2	41.41	30	58.10	356	4.031	186	44.49	294	44.53	25	35.37	241	15.916	250	17.49	331
12	41.71	20	61.66	359	4.217	136	47.43	286	44.78	16	37.78	270	16.166	183	20.80	332
22	41.91	12	65.25	354	4.353	89	50.29	274	44.94	7	40.48	287	16.349	117	24.12	326
31*	[31] 42.03	2	68.79	343	[1] 4.442	42	53.03	255	[1] 45.01	1	43.35	294	[3] 16.466	55	27.38	312
April 10	42.05	6	72.22	323	4.484	0	55.58	232	45.00	10	46.29	288	16.521	4	30.50	292
20	41.99	13	75.45	298	4.484	38	57.90	207	44.90	17	49.17	272	16.517	59	33.42	268
30	41.86	21	78.43	267	4.446	72	59.97	177	44.73	23	51.89	246	16.458	109	36.10	239
Mai 10	41.65	28	81.10	230	4.374	103	61.74	144	44.50	28	54.35	213	16.349	156	38.49	204
20	41.37	33	83.40	189	4.271	129	63.18	110	44.22	31	56.48	173	16.193	197	40.53	166
30	41.04	38	85.29	143	4.142	152	64.28	73	43.91	35	58.21	128	15.996	232	42.19	123
Juni 9	40.66	42	86.72	95	3.990	171	65.01	35	43.56	37	59.49	80	15.764	262	43.42	79
19	40.24	45	87.67	43	3.819	185	65.36	5	43.19	37	60.29	30	15.502	284	44.21	33
29	39.79	46	88.10	8	3.634	193	65.31	43	42.82	37	60.59	21	15.218	298	44.54	14
Juli 9	39.33	47	88.02	60	3.441	197	64.88	80	42.45	36	60.38	72	14.920	303	44.40	61
19	38.86	45	87.42	110	3.244	193	64.08	116	42.09	34	59.66	121	14.617	299	43.79	105
29	38.41	42	86.32	157	3.051	181	62.92	148	41.75	32	58.45	166	14.318	283	42.74	148
Aug. 8	37.99	38	84.75	199	2.870	162	61.44	175	41.43	28	56.79	210	14.035	256	41.26	186
18	37.61	31	82.76	235	2.708	135	59.69	197	41.15	23	54.69	248	13.779	216	39.40	217
28	37.30	23	80.41	263	2.573	99	57.72	211	40.92	18	52.21	283	13.563	166	37.23	241
Sept. 7	37.07	14	77.78	281	2.474	55	55.61	219	40.74	13	49.38	312	13.397	103	34.82	257
17	36.93	4	74.97	290	2.419	3	53.42	216	40.61	6	46.26	335	13.294	32	32.25	264
27	36.89	7	72.07	287	2.416	54	51.26	205	40.55	2	42.91	353	13.262	48	29.61	259
Okt. 7	36.96	20	69.20	272	2.470	116	49.21	184	40.57	9	39.38	362	13.310	132	27.02	244
17	37.16	31	66.48	247	2.586	179	47.37	155	40.66	17	35.76	364	13.442	216	24.58	218
27	37.47	42	64.01	210	2.765	241	45.82	118	40.83	25	32.12	357	13.658	301	22.40	183
Nov. 6	37.89	52	61.91	166	3.006	299	44.64	76	41.08	34	28.55	341	13.959	377	20.57	140
16	38.41	61	60.25	113	3.305	348	43.88	27	41.42	41	25.14	316	14.336	443	19.17	90
26	39.02	67	59.12	55	3.653	389	43.61	24	41.83	47	21.98	282	14.779	496	18.27	34
Dez. 6	39.69	73	58.57	6	4.042	416	43.85	74	42.30	52	19.16	239	15.275	534	17.93	22
16	40.42	74	58.63	68	4.458	430	44.59	122	42.82	56	16.77	188	15.809	553	18.15	78
26	41.16	73	59.31	126	4.888	430	45.81	167	43.38	58	14.89	131	16.362	556	18.93	133
36	41.89		60.57		5.318		47.48		43.96		13.58		16.918		20.26	
Mittl. Ort	35.82		55.48		0.588		37.67		41.56		55.66		11.615		14.02	
sec δ, tg δ	+2.778		− 2.591		+1.437		− 1.032		+2.199		+ 1.958		+1.968		− 1.695	
a, *a′*	+3.6		−19.8		+3.3		−19.8		+2.6		−19.7		+3.5		−19.7	
b, *b′*	+0.17		+ 0.15		+0.07		+ 0.17		−0.13		+ 0.17		+0.11		+ 0.20	

* Bei Stern 1325), 478) und 481) lies April 1.

Obere Kulmination Greenwich

Tag	482) 150 G. Centauri				483) ε Ursae maj.				484) δ Virginis				486) 8 Draconis			
	AR.		Dekl.		AR.		Dekl.		AR.		Dekl.		AR.		Dekl.	
1957	12h 51m		−39° 56′		12h 52m		+56° 10′		12h 53m		+3° 37′		12h 53m		+65° 39′	
	s		″		s		″		s		″		s		″	
Jan. 1	4.005	401	35.91	189	8.671	492	72.12	125	26.953	326	43.30	205	45.85	63	53.08	105
11	4.406	385	37.80	220	9.163	483	70.87	64	27.279	315	41.25	187	46.48	62	52.03	41
21	4.791	358	40.00	243	9.646	458	70.23	2	27.594	295	39.38	166	47.10	59	51.62	25
31	5.149	323	42.43	259	10.104	418	70.21	59	27.889	267	37.72	140	47.69	53	51.87	88
Febr. 10	5.472	281	45.02	268	10.522	364	70.80	117	28.156	233	36.32	110	48.22	47	52.75	146
20	5.753	237	47.70	271	10.886	302	71.97	168	28.389	196	35.22	79	48.69	39	54.21	198
März 2	5.990	190	50.41	267	11.188	234	73.65	211	28.585	157	34.43	49	49.08	30	56.19	241
12	6.180	145	53.08	257	11.422	161	75.76	245	28.742	119	33.94	20	49.38	20	58.60	273
22	6.325	101	55.65	243	11.583	88	78.21	268	28.861	83	33.74	6	49.58	10	61.33	293
April 1	6.426	59	58.08	226	11.671	20	80.89	279	28.944	48	33.80	29	49.68	1	64.26	301
10	6.485	20	60.34	204	11.691	45	83.68	279	28.992	17	34.09	47	49.69	8	67.27	299
20	6.505	14	62.38	180	11.646	103	86.47	269	29.009	10	34.56	62	49.61	17	70.26	284
30	6.491	46	64.18	154	11.543	154	89.16	249	28.999	33	35.18	72	49.44	23	73.10	259
Mai 10	6.445	74	65.72	124	11.389	196	91.65	222	28.966	53	35.90	78	49.21	30	75.69	227
20	6.371	100	66.96	93	11.193	231	93.87	187	28.913	70	36.68	81	48.91	35	77.96	188
30	6.271	122	67.89	61	10.962	256	95.74	146	28.843	85	37.49	82	48.56	38	79.84	142
Juni 9	6.149	141	68.50	27	10.706	275	97.20	102	28.758	97	38.31	79	48.18	41	81.26	94
19	6.008	155	68.77	7	10.431	286	98.22	57	28.661	105	39.10	75	47.77	43	82.20	43
29	5.853	165	68.70	41	10.145	288	98.79	8	28.556	112	39.85	68	47.34	42	82.63	9
Juli 9	5.688	171	68.29	73	9.857	285	98.87	41	28.444	114	40.53	61	46.92	42	82.54	61
19	5.517	171	67.56	104	9.572	274	98.46	87	28.330	114	41.14	50	46.50	41	81.93	112
29	5.346	163	66.52	132	9.298	256	97.59	133	28.216	109	41.64	38	46.09	38	80.81	159
Aug. 8	5.183	149	65.20	156	9.042	232	96.26	177	28.107	100	42.02	25	45.71	34	79.22	205
18	5.034	127	63.64	173	8.810	199	94.49	216	28.007	85	42.27	9	45.37	29	77.17	245
28	4.907	96	61.91	186	8.611	161	92.33	252	27.922	66	42.36	8	45.08	24	74.72	281
Sept. 7	4.811	59	60.05	191	8.450	114	89.81	284	27.856	39	42.28	29	44.84	18	71.91	313
17	4.752	13	58.14	188	8.336	61	86.97	311	27.817	8	41.99	50	44.66	11	68.78	337
27	4.739	39	56.26	177	8.275	2	83.86	332	27.809	29	41.49	74	44.55	3	65.41	356
Okt. 7	4.778	94	54.49	157	8.273	63	80.54	346	27.838	70	40.75	99	44.52	6	61.85	368
17	4.872	153	52.92	130	8.336	131	77.08	353	27.908	114	39.76	123	44.58	15	58.17	371
27	5.025	210	51.62	95	8.467	201	73.55	352	28.022	159	38.53	148	44.73	24	54.46	366
Nov. 6	5.235	265	50.67	55	8.668	269	70.03	343	28.181	203	37.05	171	44.97	32	50.80	351
16	5.500	314	50.12	11	8.937	334	66.60	324	28.384	242	35.34	190	45.29	41	47.29	327
26	5.814	353	50.01	36	9.271	391	63.36	296	28.626	276	33.44	204	45.70	49	44.02	293
Dez. 6	6.167	382	50.37	82	9.662	438	60.40	258	28.902	303	31.40	213	46.19	55	41.09	251
16	6.549	398	51.19	126	10.100	471	57.82	212	29.205	319	29.27	215	46.74	59	38.58	201
26	6.947	401	52.45	165	10.571	489	55.70	160	29.524	324	27.12	209	47.33	62	36.57	142
36	7.348		54.10		11.060		54.10		29.848		25.03		47.95		35.15	
Mittl. Ort	2.796		43.20		8.558		94.51		26.141		50.66		46.14		76.83	
sec δ, tg δ	+1.304		− 0.837		+1.797		+ 1.493		+1.002		+ 0.063		+2.427		+ 2.212	
a, *a′*	+3.3		−19.5		+2.6		−19.5		+3.1		−19.5		+2.4		−19.5	
b, *b′*	+0.05		+ 0.22		−0.10		+ 0.23		0.00		+ 0.23		−0.14		+ 0.23	

Scheinbare Sternörter 1957

Obere Kulmination Greenwich

Tag	485) α Can. ven. sq AR.	Δ	485) Dekl.	Δ	488) ε Virginis AR.	Δ	488) Dekl.	Δ	490) ϑ Virginis AR.	Δ	490) Dekl.	Δ	492) β Comae[1] AR.	Δ	492) Dekl.	Δ
1957	12h 54m		+38° 32′		13h 0m		+11° 10′		13h 7m		−5° 18′		13h 9m		+28° 5′	
	s		″		s		″		s		″		s		″	
Jan. 1	1.568	381	42.21	162	2.825	329	73.74	200	44.021	329	39.31	204	52.519	349	29.19	186
11	1.949	373	40.59	113	3.154	320	71.74	176	44.350	320	41.35	198	52.868	343	27.33	145
21	2.322	351	39.46	60	3.474	301	69.98	147	44.670	302	43.33	186	53.211	326	25.88	100
31	2.673	320	38.86	7	3.775	274	68.51	113	44.972	276	45.19	169	53.537	299	24.88	52
Febr. 10	2.993	280	38.79	46	4.049	241	67.38	77	45.248	245	46.88	147	53.836	265	24.36	5
20	3.273	234	39.25	95	4.290	204	66.61	42	45.493	210	48.35	123	54.101	226	24.31	42
März 2	3.507	184	40.20	136	4.494	166	66.19	7	45.703	172	49.58	97	54.327	183	24.73	84
12	3.691	133	41.56	172	4.660	126	66.12	25	45.875	135	50.55	71	54.510	139	25.57	120
22	3.824	83	43.28	199	4.786	88	66.37	52	46.010	100	51.26	46	54.649	96	26.77	149
April 1	[5] 3.907	36	45.27	215	[7] 4.874	53	66.89	75	[8] 46.110	66	51.72	24	[9] 54.745	56	28.26	171
10	3.943	8	47.42	224	4.927	21	67.64	91	46.176	35	51.96	4	54.801	18	29.97	185
20	3.935	46	49.66	223	4.948	8	68.55	104	46.211	8	52.00	14	54.819	16	31.82	190
30	3.889	80	51.89	212	4.940	33	69.59	110	46.219	16	51.86	28	54.803	46	33.72	189
Mai 10	3.809	108	54.01	196	4.907	54	70.69	111	46.203	38	51.58	40	54.757	72	35.61	180
20	3.701	131	55.97	173	4.853	72	71.80	110	46.165	58	51.18	50	54.685	94	37.41	165
30	3.570	149	57.70	145	4.781	87	72.90	103	46.107	74	50.68	57	54.591	112	39.06	145
Juni 9	3.421	162	59.15	112	4.694	100	73.93	94	46.033	88	50.11	61	54.479	126	40.51	122
19	3.259	171	60.27	77	4.594	109	74.87	82	45.945	100	49.50	66	54.353	138	41.73	95
29	3.088	176	61.04	41	4.485	116	75.69	68	45.845	109	48.84	68	54.215	145	42.68	66
Juli 9	2.912	175	61.45	2	4.369	120	76.37	53	45.736	115	48.16	67	54.070	149	43.34	35
19	2.737	171	61.47	37	4.249	120	76.90	36	45.621	117	47.49	66	53.921	149	43.69	3
29	2.566	162	61.10	74	4.129	115	77.26	17	45.504	115	46.83	62	53.772	144	43.72	29
Aug. 8	2.404	147	60.36	111	4.014	107	77.43	3	45.389	108	46.21	57	53.628	134	43.43	61
18	2.257	126	59.25	147	3.907	92	77.40	23	45.281	95	45.64	47	53.494	119	42.82	93
28	2.131	101	57.78	180	3.815	73	77.17	46	45.186	76	45.17	35	53.375	98	41.89	124
Sept. 7	2.030	68	55.98	211	3.742	48	76.71	69	45.110	51	44.82	21	53.277	71	40.65	154
17	1.962	30	53.87	240	3.694	16	76.02	94	45.059	20	44.61	3	53.206	37	39.11	182
27	1.932	13	51.47	264	3.678	21	75.08	118	45.039	18	44.58	18	53.169	2	37.29	209
Okt. 7	1.945	62	48.83	283	3.699	61	73.90	143	45.057	59	44.76	43	53.171	45	35.20	232
17	2.007	114	46.00	299	3.760	106	72.47	166	45.116	104	45.19	68	53.216	93	32.88	252
27	2.121	167	43.01	307	3.866	152	70.81	188	45.220	151	45.87	96	53.309	142	30.36	266
Nov. 6	2.288	218	39.94	308	4.018	195	68.93	206	45.371	195	46.83	123	53.451	191	27.70	276
16	2.506	267	36.86	301	4.213	237	66.87	220	45.566	237	48.06	147	53.642	237	24.94	278
26	2.773	310	33.85	286	4.450	273	64.67	228	45.803	272	49.53	169	53.879	277	22.16	273
Dez. 6	3.083	344	30.99	262	4.723	300	62.39	229	46.075	301	51.22	187	54.156	310	19.43	259
16	3.427	368	28.37	230	5.023	319	60.10	224	46.376	319	53.09	198	54.466	333	16.84	237
26	3.795	379	26.07	189	5.342	327	57.86	211	46.695	326	55.07	204	54.799	346	14.47	207
36	4.174		24.18		5.669		55.75		47.021		57.11		55.145		12.40	
Mittl. Ort	1.117		60.64		2.117		83.54		43.222		35.54		52.043		44.17	
sec δ, tg δ	+1.279		+0.797		+1.019		+0.198		+1.004		−0.093		+1.134		+0.534	
a, *a′*	+2.8		−19.5		+3.0		−19.4		+3.1		−19.2		+2.9		−19.1	
b, *b′*	−0.05		+0.23		−0.01		+0.26		+0.01		+0.29		−0.03		+0.30	

[1] Die jährliche Parallaxe (0.″121) ist bereits berücksichtigt.

Scheinbare Sternörter 1957

Obere Kulmination Greenwich

Tag	495) γ Hydrae AR.		495) γ Hydrae Dekl.		496) ι Centauri AR.		496) ι Centauri Dekl.		497) ζ Ursae maj. *pr* AR.		497) ζ Ursae maj. *pr* Dekl.		498) α Virginis AR.		498) α Virginis Dekl.	
1957	13h 16m		−22° 56′		13h 18m		−36° 29′		13h 22m		+55° 8′		13h 22m		−10° 56′	
	s		″		s		″		s		″		s		″	
Jan. 1	35.625	352	40.25	188	11.297	390	2.67	168	11.599	474	36.94	162	56.200	333	16.22	197
11	35.977	343	42.13	203	11.687	381	4.35	196	12.073	475	35.32	100	56.533	327	18.19	198
21	36.320	325	44.16	209	12.068	360	6.31	218	12.548	460	34.32	39	56.860	311	20.17	192
31	36.645	298	46.25	211	12.428	332	8.49	232	13.008	430	33.93	24	57.171	287	22.09	180
Febr. 10	36.943	267	48.36	206	12.760	296	10.81	241	13.438	387	34.17	85	57.458	258	23.89	165
20	37.210	230	50.42	196	13.056	257	13.22	243	13.825	333	35.02	141	57.716	224	25.54	145
März 2	37.440	193	52.38	183	13.313	216	15.65	240	14.158	271	36.43	190	57.940	188	26.99	124
12	37.633	155	54.21	167	13.529	173	18.05	232	14.429	205	38.33	230	58.128	153	28.23	100
22	37.788	118	55.88	148	13.702	132	20.37	220	14.634	137	40.63	260	58.281	117	29.23	78
April 1	37.906	83	57.36	129	13.834	93	22.57	204	14.771	70	43.23	278	58.398	84	30.01	56
11	11 37.989	51	58.65	109	11 13.927	56	24.61	186	12 14.841	6	46.01	285	12 58.482	53	30.57	36
20	38.040	21	59.74	88	13.983	21	26.47	165	14.847	53	48.86	282	58.535	24	30.93	17
30	38.061	7	60.62	68	14.004	11	28.12	142	14.794	107	51.68	268	58.559	2	31.10	1
Mai 10	38.054	32	61.30	48	13.993	41	29.54	117	14.687	154	54.36	246	58.557	24	31.11	13
20	38.022	55	61.78	28	13.952	69	30.71	91	14.533	194	56.82	216	58.533	46	30.98	26
30	37.967	74	62.06	9	13.883	93	31.62	63	14.339	227	58.98	179	58.487	66	30.72	37
Juni 9	37.893	93	62.15	11	13.790	116	32.25	34	14.112	253	60.77	138	58.421	82	30.35	46
19	37.800	108	62.04	30	13.674	135	32.59	4	13.859	272	62.15	93	58.339	97	29.89	55
29	37.692	121	61.74	49	13.539	149	32.63	25	13.587	283	63.08	46	58.242	109	29.34	61
Juli 9	37.571	129	61.25	65	13.390	160	32.38	55	13.304	288	63.54	3	58.133	118	28.73	66
19	37.442	134	60.60	80	13.230	166	31.83	82	13.016	286	63.51	51	58.015	123	28.07	70
29	37.308	133	59.80	94	13.064	164	31.01	108	12.730	277	63.00	98	57.892	123	27.37	72
Aug. 8	37.175	127	58.86	103	12.900	157	29.93	130	12.453	259	62.02	144	57.769	118	26.65	71
18	37.048	113	57.83	110	12.743	140	28.63	148	12.194	234	60.58	187	57.651	107	25.94	67
28	36.935	93	56.73	112	12.603	116	27.15	160	11.960	202	58.71	227	57.544	90	25.27	59
Sept. 7	36.842	65	55.61	109	12.487	83	25.55	167	11.758	161	56.44	263	57.454	65	24.68	49
17	36.777	31	54.52	100	12.404	42	23.88	167	11.597	113	53.81	294	57.389	34	24.19	35
27	36.746	10	53.52	85	12.362	5	22.21	158	11.484	56	50.87	321	57.355	3	23.84	16
Okt. 7	36.756	57	52.67	66	12.367	58	20.63	143	11.428	6	47.66	340	57.358	46	23.68	6
17	36.813	105	52.01	41	12.425	115	19.20	119	11.131	73	44.26	353	57.404	91	23.74	32
27	36.918	156	51.60	10	12.540	172	18.01	89	11.507	144	40.73	358	57.495	140	24.06	59
Nov. 6	37.074	206	51.50	22	12.712	228	17.12	54	11.651	215	37.15	354	57.635	187	24.65	87
16	37.280	251	51.72	56	12.940	279	16.58	14	11.866	282	33.61	341	57.822	230	25.52	115
26	37.531	289	52.28	90	13.219	322	16.44	27	12.148	344	30.20	319	58.052	268	26.67	141
Dez. 6	37.820	319	53.18	123	13.541	355	16.71	70	12.492	397	27.01	286	58.320	298	28.08	163
16	38.139	340	54.41	151	13.896	377	17.41	110	12.889	438	24.15	244	58.618	318	29.71	181
26	38.479	348	55.92	175	14.273	386	18.51	147	13.327	465	21.71	195	58.936	330	31.52	192
36	38.827		57.67		14.659		19.98		13.792		19.76		59.266		33.44	
Mittl. Ort	34.736		42.85		10.301		9.60		11.818		57.95		55.442		14.87	
sec δ, tg δ	+1.086		− 0.423		+1.244		− 0.740		+1.750		+ 1.436		+1.019		− 0.193	
a, *a′*	+3.3		−18.9		+3.4		−18.9		+2.4		−18.8		+3.2		−18.7	
b, *b′*	+0.03		+ 0.33		+0.05		+ 0.33		−0.09		+ 0.35		+0.01		+ 0.35	

Scheinbare Sternörter 1957

Obere Kulmination Greenwich

Tag	499) Grb 2001 U Min AR.		Dekl.		500) 69 H. Ursae maj. AR.		Dekl.		501) ζ Virginis AR.		Dekl.		502) 17 H. Can. ven. AR.		Dekl.	
1957	13h 24m		+72° 36′		13h 26m		+60° 9′		13h 32m		−0° 22′		13h 32m		+37° 23′	
	s		″		s		″		s		″		s		″	
Jan. 1	60.52	80	28.74	129	52.02	52	40.99	157	30.580	326	41.11	203	52.806	372	51.09	195
11	61.32	81	27.45	64 —	52.54	53	39.42	95	30.906	321	43.14	191	53.178	371	49.14	148
21	62.13	80	26.81	3	53.07	52	38.47	30 —	31.227	308	45.05	174	53.549	359	47.66	96
31	62.93	75	26.84	70	53.59	48	38.17	34	31.535	287	46.79	153	53.908	337	46.70	41 —
Febr. 10	63.68	68	27.54	133	54.07	44	38.51	96	31.822	259	48.32	126	54.245	306	46.29	14
20	64.36	59	28.87	189	54.51	38	39.47	154	32.081	227	49.58	98	54.551	266	46.43	66
März 2	64.95	47	30.76	236	54.89	31	41.01	203	32.308	192	50.56	69	54.817	223	47.09	114
12	65.42	35	33.12	274	55.20	23	43.04	244	32.500	157	51.25	41	55.040	177	48.23	156
22	65.77	21	35.86	300	55.43	16	45.48	273	32.657	122	51.66	14 —	55.217	130	49.79	188
April 1	65.98	9 —	38.86	314	55.59	8	48.21	291	32.779	89	51.80	10	55.347	83	51.67	213
11	66.07	5	42.00	316	55.67	0	51.12	298	32.868	58	51.70	29	55.430	40	53.80	228
20	13 66.02	17	45.16	305	13 55.67	7	54.10	294	15 32.926	30	51.41	46	15 55.470	0	56.08	233
30	65.85	28	48.21	285	55.60	13	57.04	279	32.956	3 —	50.95	59	55.470	37	58.41	230
Mai 10	65.57	38	51.06	255	55.47	19	59.83	254	32.959	21	50.36	68	55.433	69	60.71	219
20	65.19	46	53.61	217	55.28	23	62.37	223	32.938	42	49.68	74	55.364	98	62.90	200
30	64.73	53	55.78	173	55.05	27	64.60	184	32.896	62	48.94	76	55.266	123	64.90	176
Juni 9	64.20	59	57.51	124	54.78	31	66.44	140	32.834	79	48.18	77	55.143	143	66.66	146
19	63.61	62	58.75	72	54.47	33	67.84	93	32.755	95	47.41	75	55.000	160	68.12	113
29	62.99	64	59.47	19 —	54.14	34	68.77	44 —	32.660	107	46.66	72	54.840	172	69.25	77
Juli 9	62.35	64	59.66	35	53.80	35	69.21	7	32.553	117	45.94	67	54.668	180	70.02	39
19	61.71	63	59.31	88	53.45	35	69.14	57	32.436	122	45.27	59	54.488	183	70.41	0
29	61.08	61	58.43	140	53.10	33	68.57	106	32.314	125	44.68	51	54.305	181	70.41	40
Aug. 8	60.47	57	57.03	188	52.77	31	67.51	153	32.189	121	44.17	41	54.124	174	70.01	79
18	59.90	52	55.15	232	52.46	29	65.98	198	32.068	111	43.76	27	53.950	159	69.22	116
28	59.38	45	52.83	273	52.17	25	64.00	239	31.957	95	43.49	13 —	53.791	139	68.06	153
Sept. 7	58.93	36	50.10	307	51.92	20	61.61	275	31.862	73	43.36	4	53.652	112	66.53	188
17	58.57	28	47.03	336	51.72	15	58.86	306	31.789	44	43.40	24	53.540	77	64.65	220
27	58.29	17	43.67	359	51.57	9	55.80	333	31.745	8 —	43.64	46	53.463	36 —	62.45	249
Okt. 7	58.12	6 —	40.08	374	51.48	1 —	52.47	352	31.737	32	44.10	70	53.427	11	59.96	274
17	58.06	6	36.34	380	51.47	6	48.95	364	31.769	76	44.80	94	53.438	62	57.22	293
27	58.12	19	32.54	379	51.53	14	45.31	368	31.845	124	45.74	119	53.500	117	54.29	308
Nov. 6	58.31	31	28.75	367	51.67	22	41.63	362	31.969	171	46.93	144	53.617	171	51.21	315
16	58.62	44	25.08	347	51.89	30	38.01	348	32.140	214	48.37	166	53.788	224	48.06	313
26	59.06	55	21.61	315	52.19	37	34.53	323	32.354	253	50.03	183	54.012	272	44.93	304
Dez. 6	59.61	64	18.46	274	52.56	44	31.30	288	32.607	284	51.86	197	54.284	312	41.89	286
16	60.25	73	15.72	225	53.00	48	28.42	244	32.891	307	53.83	204	54.596	343	39.03	258
26	60.98	79	13.47	167	53.48	51	25.98	192	33.198	321	55.87	205	54.939	364	36.45	221
36	61.77		11.80		53.99		24.06		33.519		57.92		55.303		34.24	
Mittl. Ort	62.07		51.89		52.52		62.61		29.965		36.38		52.659		67.70	
sec δ, tg δ	+3.347		+ 3.194		+2.010		+ 1.744		+1.000		− 0.007		+1.259		+ 0.765	
a, *a′*	+1.5		−18.7		+2.2		−18.6		+3.1		−18.4		+2.7		−18.4	
b, *b′*	−0.20		+ 0.36		−0.11		+ 0.37		0.00		+ 0.39		−0.05		+ 0.39	

Scheinbare Sternörter 1957

Obere Kulmination Greenwich

Tag	504) ε Centauri AR.	Δ	504) ε Centauri Dekl.	Δ	507) τ Bootis AR.	Δ	507) τ Bootis Dekl.	Δ	509) η Ursae maj. AR.	Δ	509) η Ursae maj. Dekl.	Δ	510) 89 Virginis AR.	Δ	510) 89 Virginis Dekl.	Δ
1957	$13^h\ 37^m$		−53° 14′		$13^h\ 45^m$		+17° 39′		$13^h\ 45^m$		+49° 31′		$13^h\ 47^m$		−17° 55′	
	s		″		s		″		s		″		s		″	
Jan. 1	9.991	496	42.45	112	13.423	329	62.94	210	50.581	421	19.63	194	32.470	341	13.06	176
11	10.487	490	43.57	156	13.752	328	60.84	181	51.002	428	17.69	138	32.811	338	14.82	186
21	10.977	470	45.13	194	14.080	318	59.03	147	51.430	420	16.31	79	33.149	327	16.68	188
31	11.447	439	47.07	225	14.398	300	57.56	106	51.850	399	15.52	17	33.476	306	18.56	186
Febr. 10	11.886	399	49.32	251	14.698	273	56.50	63	52.249	366	15.35	44	33.782	280	20.42	177
20	12.285	354	51.83	269	14.971	242	55.87	22	52.615	323	15.79	103	34.062	249	22.19	165
März 2	12.639	303	54.52	280	15.213	207	55.65	19	52.938	273	16.82	155	34.311	216	23.84	149
12	12.942	251	57.32	286	15.420	169	55.84	56	53.211	218	18.37	199	34.527	181	25.33	131
22	13.193	199	60.18	285	15.589	133	56.40	88	53.429	161	20.36	234	34.708	147	26.64	112
April 1	13.392	147	63.03	278	15.722	97	57.28	115	53.590	103	22.70	259	34.855	113	27.76	93
11	13.539	96	65.81	266	15.819	63	58.43	135	18 53.693	48	25.29	273	19 34.968	82	28.69	74
20	16 13.635	47	68.47	250	18 15.882	31	59.78	149	53.741	4	28.02	277	35.050	52	29.43	57
30	13.682	0	70.97	229	15.913	2	61.27	154	53.737	53	30.79	271	35.102	24	30.00	39
Mai 10	13.682	45	73.26	204	15.915	26	62.81	156	53.684	97	33.50	255	35.126	3	30.39	23
20	13.637	88	75.30	174	15.889	49	64.37	150	53.587	136	36.05	231	35.123	28	30.62	7
30	13.549	128	77.04	141	15.840	71	65.87	140	53.451	168	38.36	200	35.095	51	30.69	6
Juni 9	13.421	163	78.45	106	15.769	91	67.27	126	53.283	197	40.36	165	35.044	72	30.63	20
19	13.258	195	79.51	67	15.678	107	68.53	109	53.086	220	42.01	124	34.972	92	30.43	33
29	13.063	221	80.18	27	15.571	121	69.62	88	52.866	236	43.25	80	34.880	108	30.10	46
Juli 9	12.842	240	80.45	14	15.450	133	70.50	66	52.630	247	44.05	35	34.772	122	29.64	56
19	12.602	251	80.31	55	15.317	139	71.16	41	52.383	252	44.40	12	34.650	132	29.08	66
29	12.351	253	79.76	95	15.178	141	71.57	17	52.131	250	44.28	58	34.518	136	28.42	74
Aug. 8	12.098	245	78.81	133	15.037	139	71.74	9	51.881	241	43.70	103	34.382	135	27.68	80
18	11.853	224	77.48	165	14.898	130	71.65	37	51.640	225	42.67	147	34.247	127	26.88	84
28	11.629	194	75.83	192	14.768	116	71.28	64	51.415	200	41.20	188	34.120	112	26.04	83
Sept. 7	11.435	151	73.91	213	14.652	94	70.64	91	51.215	169	39.32	227	34.008	89	25.21	78
17	11.284	97	71.78	227	14.558	65	69.73	119	51.046	129	37.05	262	33.919	58	24.43	70
27	11.187	34	69.51	230	14.493	30	68.54	147	50.917	80	34.43	292	33.861	21	23.73	57
Okt. 7	11.153	37	67.21	225	14.463	10	67.07	173	50.837	26	31.51	317	33.840	22	23.16	38
17	11.190	112	64.96	209	14.473	56	65.34	197	50.811	34	28.34	335	33.862	70	22.78	16
27	11.302	188	62.87	185	14.529	104	63.37	219	50.845	99	24.99	347	33.932	120	22.62	11
Nov. 6	11.490	263	61.02	152	14.633	152	61.18	235	50.944	164	21.52	350	34.052	170	22.73	39
16	11.753	332	59.50	111	14.785	198	58.83	248	51.108	228	18.02	344	34.222	218	23.12	68
26	12.085	391	58.39	66	14.983	241	56.35	253	51.336	287	14.58	328	34.440	260	23.80	97
Dez. 6	12.476	437	57.73	17	15.224	277	53.82	252	51.623	338	11.30	304	34.700	293	24.77	125
16	12.913	471	57.56	33	15.501	303	51.30	242	51.961	380	8.26	269	34.993	319	26.02	148
26	13.384	489	57.89	82	15.804	322	48.88	225	52.341	410	5.57	225	35.312	334	27.50	167
36	13.873		58.71		16.126		46.63		52.751		3.32		35.646		29.17	
Mittl. Ort	8.961		54.17		13.065		73.27		50.854		38.40		31.798		14.76	
sec δ, tg δ	+1.671		− 1.339		+1.050		+ 0.319		+1.541		+ 1.172		+1.051		− 0.323	
a, *a′*	+3.8		−18.3		+2.9		−18.0		+2.4		−17.9		+3.3		−17.9	
b, *b′*	+0.08		+ 0.41		−0.02		+ 0.44		−0.07		+ 0.45		+0.02		+ 0.45	

Scheinbare Sternörter 1957

Obere Kulmination Greenwich

Tag	513) η Bootis[1]				512) ζ Centauri				517) 11 Bootis				516) τ Virginis			
	AR.		Dekl.		AR.		Dekl.		AR.		Dekl.		AR.		Dekl.	
1957	13h 52m		+18° 36′		13h 52m		−47° 4′		13h 59m		+27° 35′		13h 59m		+1° 44′	
	s		″		s		″		s		″		s		″	
Jan. 1	38.480	329	34.69	214	51.574	447	28.24	108	13.577	338	23.95	218	27.764	322	62.05	202
11	38.809	330	32.55	183	52.021	444	29.32	147	13.915	343	21.77	179	28.086	322	60.03	189
21	39.139	321	30.72	147	52.465	430	30.79	180	14.258	336	19.98	136	28.408	314	58.14	170
31	39.460	304	29.25	107	52.895	406	32.59	207	14.594	321	18.62	87	28.722	297	56.44	147
Febr. 10	39.764	278	28.18	63	53.301	373	34.66	228	14.915	296	17.75	37	29.019	273	54.97	119
20	40.042	248	27.55	20	53.674	335	36.94	243	15.211	264	17.38	13	29.292	246	53.78	89
März 2	40.290	213	27.35	21	54.009	292	39.37	252	15.475	228	17.51	60	29.538	214	52.89	57
12	40.503	176	27.56	60	54.301	248	41.89	255	15.703	191	18.11	102	29.752	181	52.32	28
22	40.679	140	28.16	93	54.549	203	44.44	252	15.894	151	19.13	137	29.933	148	52.04	1
April 1	40.819	104	29.09	120	54.752	158	46.96	246	16.045	112	20.50	167	30.081	115	.52.05	26
11	[20]40.923	69	30.29	141	[20]54.910	113	49.42	234	16.157	75	22.17	187	30.196	85	52.31	46
20*	40.992	38	31.70	154	55.023	71	51.76	220	[22]16.232	38	24.04	200	[22]30.281	55	52.77	64
30	41.030	7	33.24	161	55.094	29	53.96	201	16.270	5	26.04	204	30.336	27	53.41	76
Mai 10	41.037	20	34.85	161	55.123	11	55.97	179	16.275	25	28.08	201	30.363	2	54.17	83
20	41.017	45	36.46	156	55.112	50	57.76	153	16.250	53	30.09	191	30.365	23	55.00	89
30	40.972	68	38.02	145	55.062	86	59.29	125	16.197	79	32.00	175	30.342	45	55.89	90
Juni 9	40.904	89	39.47	131	54.976	120	60.54	94	16.118	102	33.75	155	30.297	67	56.79	88
19	40.815	106	40.78	112	54.856	150	61.48	60	16.016	122	35.30	129	30.230	85	57.67	84
29	40.709	121	41.90	91	54.706	176	62.08	25	15.894	138	36.59	100	30.145	102	58.51	78
Juli 9	40.588	133	42.81	67	54.530	197	62.33	10	15.756	150	37.59	70	30.043	116	59.29	70
19	40.455	141	43.48	43	54.333	211	62.23	46	15.606	160	38.29	38	29.927	126	59.99	60
29	40.314	144	43.91	16	54.122	218	61.77	81	15.446	164	38.67	4	29.801	131	60.59	49
Aug. 8	40.170	142	44.07	11	53.904	214	60.96	114	15.282	162	38.71	30	29.670	132	61.08	36
18	40.028	135	43.96	39	53.690	202	59.82	143	15.120	155	38.41	64	29.538	127	61.44	22
28	39.893	120	43.57	67	53.488	179	58.39	168	14.965	140	37.77	98	29.411	114	61.66	5
Sept. 7	39.773	100	42.90	96	53.309	144	56.71	187	14.825	119	36.79	131	29.297	95	61.71	13
17	39.673	71	41.94	124	53.165	100	54.84	198	14.706	90	35.48	163	29.202	68	61.58	33
27	39.602	37	40.70	152	53.065	47	52.86	202	14.616	55	33.85	194	29.134	35	61.25	55
Okt. 7	39.565	4	39.18	178	53.018	15	50.84	196	14.561	12	31.91	221	29.099	5	60.70	79
17	39.569	49	37.40	203	53.033	82	48.88	183	14.549	35	29.70	246	29.104	49	59.91	103
27	39.618	97	35.37	223	53.115	150	47.05	160	14.584	85	27.24	265	29.153	97	58.88	127
Nov. 6	39.715	146	33.14	241	53.265	218	45.45	130	14.669	137	24.59	280	29.250	145	57.61	151
16	39.861	194	30.73	253	53.483	282	44.15	93	14.806	188	21.79	288	29.395	191	56.10	171
26	40.055	237	28.20	259	53.765	338	43.22	52	14.994	234	18.91	288	29.586	232	54.39	188
Dez. 6	40.292	274	25.61	256	54.103	384	42.70	7	15.228	275	16.03	280	29.818	268	52.51	200
16	40.566	302	23.05	246	54.487	416	42.63	37	15.503	306	13.23	263	30.086	295	50.51	206
26	40.868	320	20.59	229	54.903	436	43.00	82	15.809	329	10.60	237	30.381	313	48.45	205
36	41.188		18.30		55.339		43.82		16.138		8.23		30.694		46.40	
Mittl. Ort	38.173		45.05		50.724		38.70		13.448		36.64		27.321		66.61	
sec δ, tg δ	+1.055		+ 0.337		+1.468		− 1.075		+1.128		+ 0.523		+1.000		+ 0.031	
a, *a′*	+2.9		−17.7		+3.8		−17.7		+2.7		−17.4		+3.1		−17.4	
b, *b′*	−0.02		+ 0.47		+0.06		+ 0.47		−0.03		+ 0.50		0.00		+ 0.50	

[1] Die jährliche Parallaxe (0.″112) ist bereits berücksichtigt.

* Bei Stern 517) und 516) lies April 21.

Scheinbare Sternörter 1957

Obere Kulmination Greenwich

Tag	518) β Centauri				521) α Draconis				520) ϑ Centauri				522) 12 *d* Bootis			
	AR.		Dekl.		AR.		Dekl.		AR.		Dekl.		AR.		Dekl.	
1957	14h 0m		−60° 9′		14h 3m		+64° 34′		14h 4m		−36° 9′		14h 8m		+25° 17′	
	s		″		s		″		s		″		s		″	
Jan. 1	47.08	58	45.95	63	12.02	56	30.85	191	9.306	387	25.81	125	26.325	332	28.90	222
11	47.66	57	46.58	112	12.58	59	28.94	130	9.693	387	27.06	154	26.657	337	26.68	186
21	48.23	57	47.70	156	13.17	59	27.64	64 —	10.080	377	28.60	176	26.994	333	24.82	144
31	48.80	54	49.26	195	13.76	57	27.00	3	10.457	358	30.36	194	27.327	318	23.38	98
Febr. 10	49.34	49	51.21	227	14.33	53	27.03	69	10.815	331	32.30	205	27.645	295	22.40	50
20	49.83	45	53.48	255	14.86	48	27.72	130	11.146	299	34.35	211	27.940	267	21.90	1 —
März 2	50.28	40	56.03	274	15.34	41	29.02	186	11.445	264	36.46	211	28.207	233	21.89	46
12	50.68	34	58.77	287	15.75	33	30.88	234	11.709	226	38.57	208	28.440	197	22.35	89
22	51.02	28	61.64	294	16.08	24	33.22	271	11.935	189	40.65	200	28.637	160	23.24	125
April 1	51.30	21	64.58	295	16.32	16	35.93	296	12.124	151	42.65	190	28.797	121	24.49	154
11	51.51	16	67.53	290	16.48	7 —	38.89	310	12.275	114	44.55	177	28.918	85	26.03	177
21	51.67	10	70.43	278	16.55	1	41.99	312	12.389	79	46.32	161	29.003	50	27.80	191
30	[22]51.77	3 —	73.21	263	[23]16.54	9	45.11	303	[23]12.468	44	47.93	145	[24]29.053	17 —	29.71	197
Mai 10	51.80	2	75.84	241	16.45	17	48.14	285	12.512	11 —	49.38	125	29.070	13	31.68	196
20	51.78	8	78.25	215	16.28	24	50.99	257	12.523	22	50.63	104	29.057	42	33.64	188
30	51.70	13	80.40	184	16.04	29	53.56	221	12.501	53	51.67	81	29.015	68	35.52	175
Juni 9	51.57	18	82.24	149	15.75	35	55.77	180	12.448	83	52.48	58	28.947	91	37.27	155
19	51.39	23	83.73	110	15.40	38	57.57	133	12.365	109	53.06	33	28.856	112	38.82	133
29	51.16	27	84.83	68	15.02	41	58.90	84	12.256	133	53.39	6 —	28.744	131	40.15	106
Juli 9	50.89	30	85.51	25 —	14.61	42	59.74	33 —	12.123	153	53.45	21	28.613	145	41.21	77
19	50.59	31	85.76	21	14.19	44	60.07	19	11.970	167	53.24	47	28.468	155	41.98	47
29	50.28	33	85.55	65	13.75	44	59.88	71	11.803	175	52.77	72	28.313	161	42.45	14 —
Aug. 8	49.95	32	84.90	108	13.31	42	59.17	122	11.628	177	52.05	96	28.152	162	42.59	18
18	49.63	30	83.82	149	12.89	40	57.95	170	11.451	169	51.09	116	27.990	155	42.41	51
28	49.33	27	82.33	184	12.49	37	56.25	216	11.282	153	49.93	132	27.835	143	41.90	84
Sept. 7	49.06	23	80.49	212	12.12	32	54.09	256	11.129	127	48.61	144	27.692	123	41.06	117
17	48.83	17	78.37	235	11.80	26	51.53	293	11.002	91	47.17	150	27.569	96	39.89	149
27	48.66	9	76.02	247	11.54	19	48.60	323	10.911	48 —	45.67	148	27.473	61	38.40	179
Okt. 7	48.57	1	73.55	251	11.35	12	45.37	349	10.863	3	44.19	140	27.412	21 —	36.61	207
17	48.56	8	71.04	243	11.23	4 —	41.88	367	10.866	60	42.79	125	27.391	26	34.54	232
27	48.64	18	68.61	225	11.19	6	38.21	375	10.926	119	41.54	102	27.417	77	32.22	254
Nov. 6	48.82	26	66.36	198	11.25	16	34.46	376	11.045	177	40.52	74	27.494	127	29.68	270
16	49.08	35	64.38	162	11.41	25	30.70	366	11.222	234	39.78	41	27.621	177	26.98	280
26	49.43	42	62.76	120	11.66	33	27.04	346	11.456	284	39.37	5 —	27.798	225	24.18	283
Dez. 6	49.85	49	61.56	72	11.99	42	23.58	316	11.740	326	39.32	33	28.023	265	21.35	277
16	50.34	53	60.84	20 —	12.41	49	20.42	275	12.066	356	39.65	70	28.288	297	18.58	262
26	50.87	56	60.64	31	12.90	54	17.67	226	12.422	377	40.35	104	28.585	321	15.96	240
36	51.43		60.95		13.44		15.41		12.799		41.39		28.906		13.56	
Mittl. Ort	46.20		59.37		13.33		51.05		8.606		33.51		26.219		40.49	
sec δ, tg δ	+2.010		− 1.744		+2.330		+ 2.104		+1.239		− 0.731		+1.106		+ 0.473	
a, *a′*	+4.2		−17.3		+1.6		−17.2		+3.6		−17.2		+2.7		−17.0	
b, *b′*	+0.10		+ 0.50		−0.12		+ 0.51		+0.04		+ 0.52		−0.03		+ 0.53	

Scheinbare Sternörter 1957

Obere Kulmination Greenwich

Tag	524) 4 Ursae min. AR.		524) 4 Ursae min. Dekl.		523) κ Virginis AR.		523) κ Virginis Dekl.		526) α Bootis AR.		526) α Bootis Dekl.		525) ι Virginis AR.		525) ι Virginis Dekl.	
1957	14h 8m		+77° 44′		14h 10m		−10° 4′		14h 13m		+19° 23′		14h 13m		−5° 47′	
	s		″		s		″		s		″		s		″	
Jan. 1	55.01	102	37.30	174	36.347	326	28.41	179	42.080	321	70.25	226	45.801	321	47.68	188
11	56.03	107	35.56	110	36.673	329	30.20	181	42.401	326	67.99	196	46.122	325	49.56	184
21	57.10	110	34.46	44 —	37.002	321	32.01	175	42.727	322	66.03	160	46.447	318	51.40	174
31	58.20	107	34.02	24	37.323	307	33.76	163	43.049	309	64.43	119	46.765	304	53.14	159
Febr. 10	59.27	101	34.26	91	37.630	284	35.39	149	43.358	287	63.24	74	47.069	283	54.73	139
20	60.28	91	35.17	153	37.914	257	36.88	129	43.645	260	62.50	30 —	47.352	256	56.12	116
März 2	61.19	79	36.70	207	38.171	227	38.17	107	43.905	229	62.20	13	47.608	227	57.28	90
12	61.98	63	38.77	253	38.398	196	39.24	85	44.134	195	62.33	54	47.835	196	58.18	64
22	62.61	47	41.30	288	38.594	163	40.09	62	44.329	159	62.87	90	48.031	164	58.82	40
April 1	63.08	28	44.18	311	38.757	132	40.71	42	44.488	124	63.77	120	48.195	132	59.22	18 —
11	63.36	10 —	47.29	322	38.889	102	41.13	22	44.612	90	64.97	142	48.327	102	59.40	3
21	63.46	9	50.51	321	38.991	72	41.35	4 —	44.702	57	66.39	158	48.429	73	59.37	21
30	[24] 63.37	26	53.72	309	[24] 39.063	44	41.39	10	[25] 44.759	27 —	67.97	166	[25] 48.502	45	59.16	34
Mai 10	63.11	42	56.81	286	39.107	17 —	41.29	23	44.786	3	69.63	168	48.547	18 —	58.82	45
20	62.69	56	59.67	256	39.124	9	41.06	33	44.783	31	71.31	164	48.565	7	58.37	54
30	62.13	69	62.23	217	39.115	33	40.73	41	44.752	57	72.95	154	48.558	32	57.83	59
Juni 9	61.44	79	64.40	171	39.082	57	40.32	48	44.695	79	74.49	140	48.526	56	57.24	63
19	60.65	88	66.11	123	39.025	78	39.84	54	44.616	101	75.89	121	48.470	76	56.61	65
29	59.77	93	67.34	71	38.947	97	39.30	57	44.515	119	77.10	99	48.394	96	55.96	65
Juli 9	58.84	97	68.05	17 —	38.850	113	38.73	60	44.396	135	78.09	76	48.298	112	55.31	63
19	57.87	99	68.22	37	38.737	127	38.13	62	44.261	146	78.85	50	48.186	126	54.68	61
29	56.88	98	67.85	91	38.610	135	37.51	62	44.115	153	79.35	22 —	48.060	134	54.07	57
Aug. 8	55.90	94	66.94	142	38.475	137	36.89	60	43.962	155	79.57	6	47.926	137	53.50	51
18	54.96	90	65.52	190	38.338	133	36.29	56	43.807	151	79.51	35	47.789	133	52.99	43
28	54.06	82	63.62	235	38.205	122	35.73	50	43.656	140	79.16	65	47.656	123	52.56	33
Sept. 7	53.24	72	61.27	275	38.083	103	35.23	41	43.516	121	78.51	95	47.533	105	52.23	20
17	52.52	61	58.52	310	37.980	76	34.82	28	43.395	95	77.56	124	47.428	79	52.03	5 —
27	51.91	48	55.42	339	37.904	43	34.54	13 —	43.300	61	76.32	153	47.349	46	51.98	12
Okt. 7	51.43	33	52.03	362	37.861	3 —	34.41	7	43.239	23 —	74.79	180	47.303	6 —	52.10	33
17	51.10	17 —	48.41	375	37.858	44	34.48	28	43.216	22	72.99	206	47.297	38	52.43	56
27	50.93	1	44.66	381	37.902	92	34.76	53	43.238	71	70.93	229	47.335	86	52.99	80
Nov. 6	50.94	19	40.85	378	37.994	142	35.29	78	43.309	121	68.64	248	47.421	136	53.79	105
16	51.13	38	37.07	364	38.136	189	36.07	103	43.430	170	66.16	261	47.557	183	54.84	128
26	51.51	54	33.43	341	38.325	232	37.10	127	43.600	216	63.55	267	47.740	226	56.12	149
Dez. 6	52.05	71	30.02	307	38.557	270	38.37	148	43.816	256	60.88	266	47.966	263	57.61	167
16	52.76	85	26.95	263	38.827	298	39.85	164	44.072	287	58.22	258	48.229	292	59.28	180
26	53.61	97	24.32	210	39.125	317	41.49	175	44.359	310	55.64	241	48.521	312	61.08	186
36	54.58		22.22		39.442		43.24		44.669		53.23		48.833		62.94	
Mittl. Ort	58.97		58.20		35.863		28.13		41.918		79.86		45.369		46.09	
sec δ, tg δ	+4.713		+ 4.606		+1.016		− 0.178		+1.060		+ 0.352		+1.005		− 0.102	
a, a′	−0.2		−17.0		+3.2		−16.9		+2.8		−16.7		+3.1		−16.7	
b, b′	−0.26		+ 0.53		+0.01		+ 0.54		−0.02		+ 0.55		+0.01		+ 0.55	

Scheinbare Sternörter 1957

Obere Kulmination Greenwich

Tag	527) λ Bootis				531) ϑ Bootis				534) ρ Bootis				535) γ Bootis			
	AR.		Dekl.		AR.		Dekl.		AR.		Dekl.		AR.		Dekl.	
1957	14h 14m		+46° 16′		14h 23m		+52° 2′		14h 29m		+30° 33′		14h 30m		+38° 29′	
	s		″		s		″		s		″		s		″	
Jan. 1	44.515	389	49.80	222	43.177	415	38.82	228	58.419	332	21.72	234	20.439	350	30.13	237
11	44.904	401	47.58	172	43.592	434	36.54	175	58.751	342	19.38	196	20.789	364	27.76	192
21	45.305	402	45.86	114	44.026	437	34.79	114	59.093	343	17.42	150	21.153	366	25.84	140
31	45.707	389	44.72	53	44.463	427	33.65	51	59.436	333	15.92	99	21.519	357	24.44	85
Febr. 10	46.096	364	44.19	8	44.890	404	33.14	13	59.769	315	14.93	46	21.876	337	23.59	26
20	46.460	330	44.27	68	45.294	370	33.27	75	60.084	289	14.47	6	22.213	310	23.33	32
März 2	46.790	288	44.95	124	45.664	325	34.02	134	60.373	257	14.53	58	22.523	276	23.65	86
12	47.078	242	46.19	172	45.989	275	35.36	184	60.630	221	15.11	104	22.799	237	24.51	135
22	47.320	192	47.91	213	46.264	219	37.20	226	60.851	184	16.15	145	23.036	194	25.86	178
April 1	47.512	140	50.04	244	46.483	162	39.46	259	61.035	146	17.60	178	23.230	152	27.64	211
11	47.652	89	52.48	265	46.645	103	42.05	281	61.181	107	19.38	203	23.382	108	29.75	236
21	47.741	40	55.13	275	46.748	46	44.86	291	61.288	70	21.41	219	23.490	66	32.11	252
30	[25] 47.781	7	57.88	276	[28] 46.794	8	47.77	292	[29] 61.358	34	23.60	227	[29] 23.556	25	34.63	257
Mai 10	47.774	51	60.64	266	46.786	60	50.69	281	61.392	0	25.87	226	23.581	14	37.20	253
20	47.723	91	63.30	249	46.726	107	53.50	263	61.392	33	28.13	217	23.567	50	39.73	241
30	47.632	127	65.79	223	46.619	149	56.13	236	61.359	63	30.30	203	23.517	84	42.14	222
Juni 9	47.505	159	68.02	192	46.470	188	58.49	202	61.296	91	32.33	181	23.433	114	44.36	196
19	47.346	187	69.94	155	46.282	220	60.51	164	61.205	115	34.14	156	23.319	141	46.32	166
29	47.159	209	71.49	114	46.062	247	62.15	121	61.090	138	35.70	126	23.178	165	47.98	131
Juli 9	46.950	227	72.63	72	45.815	268	63.36	75	60.952	156	36.96	94	23.013	185	49.29	93
19	46.723	238	73.35	27	45.547	281	64.11	27	60.796	171	37.90	59	22.828	199	50.22	53
29	46.485	243	73.62	19	45.266	289	64.38	21	60.625	180	38.49	23	22.629	208	50.75	11
Aug. 8	46.242	242	73.43	64	44.977	288	64.17	69	60.445	183	38.72	14	22.421	211	50.86	31
18	46.000	233	72.79	109	44.689	278	63.48	116	60.262	181	38.58	52	22.210	207	50.55	73
28	45.767	215	71.70	152	44.411	260	62.32	162	60.081	170	38.06	89	22.003	195	49.82	114
Sept. 7	45.552	189	70.18	193	44.151	232	60.70	205	59.911	152	37.17	125	21.808	175	48.68	154
17	45.363	156	68.25	230	43.919	196	58.65	244	59.759	126	35.92	160	21.633	146	47.14	191
27	45.207	113	65.95	264	43.723	149	56.21	279	59.633	92	34.32	194	21.487	110	45.23	226
Okt. 7	45.094	63	63.31	294	43.574	96	53.42	310	59.541	52	32.38	224	21.377	66	42.97	257
17	45.031	7	60.37	318	43.478	34	50.32	333	59.489	4	30.14	251	21.311	16	40.40	284
27	45.024	54	57.19	335	43.444	34	46.99	351	59.485	48	27.63	273	21.295	40	37.56	306
Nov. 6	45.078	118	53.84	345	43.478	103	43.48	360	59.533	101	24.90	290	21.335	98	34.50	320
16	45.196	181	50.39	345	43.581	174	39.88	360	59.634	154	22.00	300	21.433	155	31.30	327
26	45.377	240	46.94	337	43.755	241	36.28	350	59.788	205	19.00	302	21.588	210	28.03	325
Dez. 6	45.617	294	43.57	318	43.996	302	32.78	329	59.993	251	15.98	296	21.798	260	24.78	313
16	45.911	339	40.39	289	44.298	355	29.49	300	60.244	289	13.02	280	22.058	303	21.65	292
26	46.250	373	37.50	251	44.653	396	26.49	258	60.533	317	10.22	254	22.361	334	18.73	263
36	46.623		34.99		45.049		23.91		60.850		7.68		22.695		16.10	
Mittl. Ort	44.941		66.27		43.912		55.83		58.544		33.62		20.751		43.94	
sec δ, tg δ	+1.447		+ 1.046		+1.626		+ 1.282		+1.161		+ 0.590		+1.278		+ 0.795	
a, a′	+2.3		−16.7		+2.1		−16.2		+2.6		−15.9		+2.4		−15.9	
b, b′	−0.06		+ 0.55		−0.07		+ 0.59		−0.03		+ 0.61		−0.04		+ 0.61	

Scheinbare Sternörter 1957

Obere Kulmination Greenwich

Tag	537) η Centauri				538) α Centauri[1]				1382) 32 Bootis				545) μ Virginis			
	AR.		Dekl.		AR.		Dekl.		AR.		Dekl.		AR.		Dekl.	
1957	14h 32m		−41° 58′		14h 36m		−60° 39′		14h 39m		+11° 50′		14h 40m		−5° 28′	
	s		″		s		″		s		″		s		″	
Jan. 1	46.535	407	2.71	77	40.33	58	20.32	17	39.563	308	35.34	217	47.712	313	21.30	180
11	46.942	415	3.48	111	40.91	58	20.49	66	39.871	317	33.17	196	48.025	321	23.10	177
21	47.357	411	4.59	140	41.49	57	21.15	110	40.188	318	31.21	168	48.346	320	24.87	167
31	47.768	397	5.99	164	42.06	56	22.25	150	40.506	308	29.53	134	48.666	310	26.54	152
Febr. 10	48.165	375	7.63	182	42.62	52	23.75	186	40.814	292	28.19	96	48.976	293	28.06	132
20	48.540	347	9.45	196	43.14	49	25.61	215	41.106	270	27.23	57	49.269	271	29.38	108
März 2	48.887	313	11.41	205	43.63	44	27.76	238	41.376	243	26.66	18	49.540	245	30.46	83
12	49.200	277	13.46	208	44.07	38	30.14	255	41.619	213	26.48	21	49.785	217	31.29	58
22	49.477	240	15.54	207	44.45	32	32.69	266	41.832	182	26.69	55	50.002	188	31.87	33
April 1	49.717	200	17.61	203	44.77	27	35.35	272	42.014	151	27.24	85	50.190	158	32.20	9
11	49.917	162	19.64	195	45.04	21	38.07	272	42.165	120	28.09	109	50.348	129	32.29	11
21	[30] 50.079	124	21.59	186	45.25	14	40.79	266	42.285	89	29.18	128	50.477	99	32.18	28
30*	50.203	84	23.45	172	[1] 45.39	8	43.45	255	[2] 42.374	59	30.46	140	[2] 50.576	71	31.90	42
Mai 10	50.287	46	25.17	156	45.47	2	46.00	240	42.433	29	31.86	146	50.647	43	31.48	53
20	50.333	7	26.73	138	45.49	4	48.40	219	42.462	2	33.32	147	50.690	16	30.95	60
30	50.340	31	28.11	118	45.45	10	50.59	192	42.464	26	34.79	143	50.706	12	30.35	65
Juni 9	50.309	67	29.29	93	45.35	16	52.51	163	42.438	52	36.22	135	50.694	38	29.70	68
19	50.242	101	30.22	68	45.19	21	54.14	128	42.386	75	37.57	121	50.656	62	29.02	68
29	50.141	133	30.90	41	44.98	26	55.42	90	42.311	98	38.78	107	50.594	86	28.34	67
Juli 9	50.008	160	31.31	11	44.72	29	56.32	48	42.213	118	39.85	90	50.508	106	27.67	65
19	49.848	182	31.42	18	44.43	33	56.80	6	42.095	134	40.75	69	50.402	124	27.02	60
29	49.666	197	31.24	49	44.10	35	56.86	38	41.961	145	41.44	48	50.278	136	26.42	56
Aug. 8	49.469	204	30.75	77	43.75	35	56.48	81	41.816	152	41.92	26	50.142	143	25.86	49
18	49.265	202	29.98	104	43.40	34	55.67	123	41.664	151	42.18	2	49.999	144	25.37	41
28	49.063	189	28.94	127	43.06	32	54.44	161	41.513	145	42.20	23	49.855	138	24.96	31
Sept. 7	48.874	165	27.67	147	42.74	27	52.83	194	41.368	131	41.97	48	49.717	123	24.65	19
17	48.709	131	26.20	160	42.47	22	50.89	220	41.237	108	41.49	75	49.594	101	24.46	4
27	48.578	86	24.60	167	42.25	16	48.69	240	41.129	77	40.74	101	49.493	69	24.42	12
Okt. 7	48.492	34	22.93	167	42.09	7	46.29	249	41.052	41	39.73	128	49.424	32	24.54	32
17	48.458	26	21.26	159	42.02	1	43.80	248	41.011	2	38.45	153	49.392	11	24.86	54
27	48.484	91	19.67	143	42.03	11	41.32	238	41.013	50	36.92	178	49.403	59	25.40	76
Nov. 6	48.575	156	18.24	120	42.14	21	38.94	218	41.063	100	35.14	200	49.462	109	26.16	99
16	48.731	218	17.04	91	42.35	30	36.76	190	41.163	148	33.14	217	49.571	158	27.15	122
26	48.949	276	16.13	58	42.65	38	34.86	152	41.311	195	30.97	229	49.729	204	28.37	143
Dez. 6	49.225	326	15.55	21	43.03	45	33.34	108	41.506	236	28.68	236	49.933	244	29.80	160
16	49.551	365	15.34	18	43.48	51	32.26	62	41.742	270	26.32	235	50.177	277	31.40	172
26	49.916	393	15.52	55	43.99	55	31.64	13	42.012	295	23.97	226	50.454	300	33.12	180
36	50.309		16.07		44.54		31.51		42.307		21.71		50.754		34.92	
Mittl. Ort	45.993		12.28		39.73		34.05		39.447		41.51		47.424		20.45	
sec δ, tg δ	+1.345		− 0.899		+2.041		− 1.779		+1.022		+ 0.210		+1.005		− 0.096	
a, *a′*	+3.8		−15.7		+4.6		−15.5		+2.9		−15.4		+3.2		−15.3	
b, *b′*	+0.05		+ 0.62		+0.09		+ 0.63		−0.01		+ 0.64		0.00		+ 0.65	

[1] Ort des helleren Sterns. Die jährliche Parallaxe (0″.756) ist bereits berücksichtigt.

* Bei Stern 538), 1382) und 545) lies Mai 1.

Obere Kulmination Greenwich

Tag	542) α Apodis				547) 109 Virginis				548) α^2 Librae				549) Grb 2164 Draco			
	AR.		Dekl.		AR.		Dekl.		AR.		Dekl.		AR.		Dekl.	
1957	$14^h\ 42^m$		$-78°\ 51'$		$14^h\ 44^m$		$+2°\ 4'$		$14^h\ 48^m$		$-15°\ 51'$		$14^h\ 50^m$		$+59°\ 27'$	
	s		″		s		″		s		″		s		″	
Jan. 1	25.37	131	36.62	51	4.532	307	19.70	197	30.016	322	48.76	147	19.243	451	48.97	247
11	26.68	135	36.11	6	4.839	315	17.73	186	30.338	331	50.23	155	19.694	485	46.50	192
21	28.03	137	36.17	61	5.154	316	15.87	167	30.669	330	51.78	157	20.179	501	44.58	130
31	29.40	134	36.78	114	5.470	307	14.20	145	30.999	322	53.35	153	20.680	502	43.28	64
Febr. 10	30.74	130	37.92	162	5.777	291	12.75	117	31.321	306	54.88	144	21.182	485	42.64	2
20	32.04	121	39.54	206	6.068	270	11.58	86	31.627	285	56.32	132	21.667	454	42.66	68
März 2	33.25	110	41.60	243	6.338	244	10.72	54	31.912	259	57.64	116	22.121	411	43.34	130
12	34.35	99	44.03	274	6.582	216	10.18	23	32.171	231	58.80	99	22.532	356	44.64	186
22	35.34	85	46.77	299	6.798	188	9.95	7	32.402	203	59.79	81	22.888	294	46.50	232
April 1	36.19	70	49.76	316	6.986	157	10.02	33	32.605	173	60.60	63	23.182	227	48.82	270
11	36.89	55	52.92	327	7.143	127	10.35	56	32.778	144	61.23	46	23.409	156	51.52	296
21	37.44	38	56.19	331	7.270	98	10.91	74	32.922	114	61.69	31	23.565	86	54.48	311
Mai 1	37.82	21	59.50	327	7.368	69	11.65	88	33.036	84	62.00	18	23.651	16	57.59	314
10	[3]38.03	4	62.77	317	[3]7.437	41	12.53	96	[4]33.120	55	62.18	6	[4]23.667	50	60.73	307
20	38.07	13	65.94	299	7.478	14	13.49	101	33.175	27	62.24	5	23.617	113	63.80	291
30	37.94	30	68.93	275	7.492	14	14.50	103	33.202	3	62.19	14	23.504	172	66.71	265
Juni 9	37.64	45	71.68	244	7.478	40	15.53	100	33.199	31	62.05	23	23.332	224	69.36	232
19	37.19	60	74.12	206	7.438	65	16.53	94	33.168	58	61.82	31	23.108	270	71.68	193
29	36.59	72	76.18	163	7.373	87	17.47	88	33.110	84	61.51	37	22.838	309	73.61	150
Juli 9	35.87	83	77.81	116	7.286	108	18.35	78	33.026	107	61.14	43	22.529	340	75.11	102
19	35.04	91	78.97	65	7.178	125	19.13	67	32.919	126	60.71	50	22.189	364	76.13	52
29	34.13	96	79.62	11	7.053	138	19.80	55	32.793	141	60.21	54	21.825	377	76.65	2
Aug. 8	33.17	97	79.73	44	6.915	146	20.35	41	32.652	150	59.67	58	21.448	382	76.67	50
18	32.20	95	79.29	97	6.769	147	20.76	26	32.502	152	59.09	59	21.066	376	76.17	100
28	31.25	89	78.32	149	6.622	140	21.02	9	32.350	146	58.50	60	20 690	360	75.17	149
Sept. 7	30.36	79	76.83	196	6.482	127	21.11	9	32.204	132	57.90	57	20.330	332	73.68	195
17	29.57	66	74.87	236	6.355	105	21.02	29	32.072	109	57.33	50	19.998	293	71.73	238
27	28.91	49	72.51	268	6.250	75	20.73	51	31.963	78	56.83	41	19.705	242	69.35	276
Okt. 7	28.42	29	69.83	290	6.175	39	20.22	73	31.885	38	56.42	28	19.463	182	66.59	310
17	28.13	8	66.93	302	6.136	4	19.49	97	31.847	7	56.14	11	19.281	111	63.49	338
27	28.05	15	63.91	301	6.140	52	18.52	120	31.854	57	56.03	10	19.170	34	60.11	358
Nov. 6	28.20	38	60.90	288	6.192	101	17.32	142	31.911	108	56.13	33	19.136	49	56.53	369
16	28.58	60	58.02	265	6.293	149	15.90	164	32.019	160	56.46	57	19.185	134	52.84	372
26	29.18	81	55.37	232	6.442	195	14.26	181	32.179	207	57.03	81	19.319	217	49.12	364
Dez. 6	29.99	98	53.05	189	6.637	236	12.45	194	32.386	249	57.84	104	19.536	294	45.48	346
16	30.97	114	51.16	140	6.873	269	10.51	200	32.635	283	58.88	124	19.830	364	42.02	317
26	32.11	124	49.76	86	7.142	294	8.51	200	32.918	308	60.12	140	20.194	423	38.85	276
36	33.35		48.90		7.436		6.51		33.226		61.52		20.617		36.09	
Mittl. Ort	25.30		52.56		4.330		22.75		29.690		51.27		20.689		65.21	
sec δ, tg δ	+5.178		− 5.080		+1.001		+ 0.036		+1.040		− 0.284		+1.968		+ 1.696	
a, *a′*	+7.5		−15.2		+3.0		−15.1		+3.3		−14.9		+1.5		−14.8	
b, *b′*	+0.26		+ 0.65		0.00		+ 0.66		+0.01		+ 0.67		−0.08		+ 0.68	

Scheinbare Sternörter 1957

Obere Kulmination Greenwich

Tag	550) β Ursae min. AR.		550) β Ursae min. Dekl.	
1957	$14^h\ 50^m$		$+74°\ 19'$	
	s		″	
Jan. 1	44.72	74	34.91	229
11	45.46	81	32.62	170
21	46.27	86	30.92	106
31	47.13	87	29.86	39
Febr. 10	48.00	85	29.47	30
20	48.85	80	29.77	97
März 2	49.65	72	30.74	157
12	50.37	62	32.31	212
22	50.99	50	34.43	257
April 1	51.49	37	37.00	291
11	51.86	23	39.91	315
21	52.09	9	43.06	325
Mai 1	^{5}52.18	5	46.31	324
10	52.13	18	49.55	313
20	51.95	31	52.68	292
30	51.64	42	55.60	262
Juni 9	51.22	52	58.22	224
19	50.70	60	60.46	181
29	50.10	68	62.27	134
Juli 9	49.42	73	63.61	83
19	48.69	77	64.44	30
29	47.92	79	64.74	23
Aug. 8	47.13	79	64.51	76
18	46.34	76	63.75	127
28	45.58	73	62.48	177
Sept. 7	44.85	68	60.71	222
17	44.17	60	58.49	264
27	43.57	51	55.85	301
Okt. 7	43.06	40	52.84	331
17	42.66	28	49.53	355
27	42.38	14	45.98	372
Nov. 6	42.24	0	42.26	379
16	42.24	16	38.47	377
26	42.40	31	34.70	363
Dez. 6	42.71	45	31.07	340
16	43.16	57	27.67	306
26	43.73	69	24.61	261
36	44.42		22.00	
Mittl. Ort	48.47		52.49	
sec δ, tg δ	+3.703		+ 3.565	
a, *a′*	−0.2		−14.7	
b, *b′*	−0.17		+ 0.68	

Tag	551) Pi 14h 221 Boot AR.		551) Pi 14h 221 Boot Dekl.	
1957	$14^h\ 54^m$		$+14°\ 36'$	
	s		″	
Jan. 1	11.327	302	62.18	223
11	11.629	315	59.95	200
21	11.944	318	57.95	170
31	12.262	312	56.25	134
Febr. 10	12.574	298	54.91	94
20	12.872	278	53.97	52
März 2	13.150	253	53.45	10
12	13.403	226	53.35	31
22	13.629	195	53.66	67
April 1	13.824	165	54.33	100
11	13.989	133	55.33	125
21	14.122	102	56.58	145
Mai 1	^{5}14.224	71	58.03	159
10	14.295	41	59.62	165
20	14.336	12	61.27	165
30	14.348	17	62.92	160
Juni 9	14.331	45	64.52	151
19	14.286	71	66.03	136
29	14.215	96	67.39	119
Juli 9	14.119	117	68.58	100
19	14.002	136	69.58	77
29	13.866	149	70.35	53
Aug. 8	13.717	158	70.88	28
18	13.559	160	71.16	2
28	13.399	155	71.18	26
Sept. 7	13.244	142	70.92	53
17	13.102	122	70.39	81
27	12.980	93	69.58	110
Okt. 7	12.887	56	68.48	138
17	12.831	14	67.10	164
27	12.817	33	65.46	189
Nov. 6	12.850	83	63.57	211
16	12.933	133	61.46	228
26	13.066	180	59.18	241
Dez. 6	13.246	224	56.77	246
16	13.470	261	54.31	244
26	13.731	287	51.87	234
36	14.018		49.53	
Mittl. Ort	11.322		68.48	
sec δ, tg δ	+1.033		+ 0.261	
a, *a′*	+2.8		−14.5	
b, *b′*	−0.01		+ 0.69	

Tag	552) β Lupi AR.		552) β Lupi Dekl.	
1957	$14^h\ 55^m$		$-42°\ 57'$	
	s		″	
Jan. 1	42.676	403	33.40	50
11	43.079	417	33.90	83
21	43.496	418	34.73	112
31	43.914	410	35.85	138
Febr. 10	44.324	392	37.23	158
20	44.716	368	38.81	174
März 2	45.084	338	40.55	185
12	45.422	306	42.40	192
22	45.728	270	44.32	194
April 1	45.998	232	46.26	193
11	46.230	195	48.19	190
21	46.425	157	50.09	182
Mai 1	^{6}46.582	116	51.91	173
10	46.698	76	53.64	161
20	46.774	35	55.25	146
30	46.809	5	56.71	128
Juni 9	46.804	45	57.99	107
19	46.759	84	59.06	84
29	46.675	120	59.90	58
Juli 9	46.555	152	60.48	31
19	46.403	180	60.79	2
29	46.223	200	60.81	28
Aug. 8	46.023	212	60.53	58
18	45.811	214	59.95	85
28	45.597	206	59.10	111
Sept. 7	45.391	187	57.99	134
17	45.204	156	56.65	150
27	45.048	114	55.15	162
Okt. 7	44.934	63	53.53	166
17	44.871	3	51.87	162
27	44.868	61	50.25	151
Nov. 6	44.929	128	48.74	133
16	45.057	193	47.41	109
26	45.250	255	46.32	78
Dez. 6	45.505	309	45.54	45
16	45.814	352	45.09	8
26	46.166	385	45.01	28
36	46.551		45.29	
Mittl. Ort	42.283		43.32	
sec δ, tg δ	+1.366		− 0.931	
a, *a′*	+3.9		−14.4	
b, *b′*	+0.04		+ 0.69	

Tag	555) β Bootis AR.		555) β Bootis Dekl.	
1957	$15^h\ 0^m$		$+40°\ 33'$	
	s		″	
Jan. 1	18.914	337	21.07	258
11	19.251	359	18.49	214
21	19.610	368	16.35	163
31	19.978	366	14.72	107
Febr. 10	20.344	354	13.65	47
20	20.698	333	13.18	13
März 2	21.031	304	13.31	72
12	21.335	269	14.03	125
22	21.604	230	15.28	171
April 1	21.834	188	16.99	211
11	22.022	145	19.10	240
21	22.167	101	21.50	261
Mai 1	22.268	59	24.11	271
10	^{7}22.327	17	26.82	271
20	22.344	24	29.53	263
30	22.320	63	32.16	247
Juni 9	22.257	98	34.63	223
19	22.159	131	36.86	194
29	22.028	161	38.80	160
Juli 9	21.867	186	40.40	121
19	21.681	207	41.61	81
29	21.474	222	42.42	39
Aug. 8	21.252	231	42.81	6
18	21.021	232	42.75	49
28	20.789	225	42.26	93
Sept. 7	20.564	209	41.33	136
17	20.355	184	39.97	177
27	20.171	150	38.20	214
Okt. 7	20.021	108	36.06	249
17	19.913	58	33.57	280
27	19.855	3	30.77	305
Nov. 6	19.852	56	27.72	323
16	19.908	117	24.49	334
26	20.025	175	21.15	335
Dez. 6	20.200	230	17.80	328
16	20.430	278	14.52	309
26	20.708	317	11.43	280
36	21.025		8.63	
Mittl. Ort	19.488		33.39	
sec δ, tg δ	+1.316		+ 0.856	
a, *a′*	+2.3		−14.2	
b, *b′*	−0.04		+ 0.71	

Scheinbare Sternörter 1957

Obere Kulmination Greenwich

Tag	556) σ Librae AR.		556) σ Librae Dekl.		557) ψ Bootis AR.		557) ψ Bootis Dekl.		558) ζ Lupi AR.		558) ζ Lupi Dekl.		563) δ Bootis AR.		563) δ Bootis Dekl.	
1957	15h 1m		−25° 6′		15h 2m		+27° 6′		15h 9m		−51° 56′		15h 13m		+33° 28′	
	s		″		s		″		s		″		s		″	
Jan. 1	33.146	336	45.96	108	35.843	308	42.37	246	11.210	457	1.55	1	45.599	312	17.23	259
11	33.482	347	47.04	125	36.151	325	39.91	213	11.667	477	1.56	41	45.911	332	14.64	222
21	33.829	348	48.29	136	36.476	331	37.78	171	12.144	483	1.97	78	46.243	342	12.42	177
31	34.177	342	49.65	144	36.807	328	36.07	125	12.627	477	2.75	112	46.585	343	10.65	126
Febr. 10	34.519	327	51.09	145	37.135	316	34.82	75	13.104	462	3.87	141	46.928	333	9.39	71
20	34.846	308	52.54	142	37.451	297	34.07	22	13.566	438	5.28	167	47.261	316	8.68	14
März 2	35.154	283	53.96	137	37.748	272	33.85	29	14.004	407	6.95	186	47.577	291	8.54	41
12	35.437	256	55.33	128	38.020	242	34.14	77	14.411	371	8.81	202	47.868	262	8.95	94
22	35.693	228	56.61	117	38.262	210	34.91	121	14.782	332	10.83	213	48.130	229	9.89	141
April 1	35.921	197	57.78	106	38.472	176	36.12	157	15.114	290	12.96	219	48.359	193	11.30	180
11	36.118	167	58.84	94	38.648	141	37.69	186	15.404	246	15.15	223	48.552	156	13.10	211
21	36.285	137	59.78	82	38.789	106	39.55	207	15.650	199	17.38	221	48.708	118	15.21	234
Mai 1	[7] 36.422	105	60.60	70	[8] 38.895	71	41.62	219	[9] 15.849	151	19.59	215	[10] 48.826	79	17.55	248
10	36.527	73	61.30	58	38.966	37	43.81	224	16.000	102	21.74	206	48.905	42	20.03	252
20	36.600	42	61.88	46	39.003	4	46.05	221	16.102	52	23.80	193	48.947	5	22.55	248
30	36.642	10	62.34	34	39.007	29	48.26	211	16.154	1	25.73	175	48.952	31	25.03	236
Juni 9	36.652	23	62.68	22	38.978	60	50.37	194	16.155	49	27.48	154	48.921	65	27.39	218
19	36.629	54	62.90	10	38.918	88	52.31	173	16.106	98	29.02	129	48.856	97	29.57	193
29	36.575	82	63.00	3	38.830	116	54.04	147	16.008	143	30.31	100	48.759	127	31.50	165
Juli 9	36.493	110	62.97	17	38.714	139	55.51	118	15.865	184	31.31	68	48.632	154	33.15	131
19	36.383	133	62.80	30	38.575	159	56.69	85	15.681	220	31.99	33	48.478	175	34.46	95
29	36.250	151	62.50	43	38.416	174	57.54	51	15.461	246	32.32	3	48.303	193	35.41	57
Aug. 8	36.099	163	62.07	56	38.242	184	58.05	17	15.215	262	32.29	39	48.110	205	35.98	17
18	35.936	167	61.51	67	38.058	187	58.22	19	14.953	269	31.90	75	47.905	208	36.15	23
28	35.769	163	60.84	76	37.871	181	58.03	56	14.684	261	31.15	110	47.697	205	35.92	63
Sept. 7	35.606	149	60.08	82	37.690	169	57.47	92	14.423	240	30.05	140	47.492	193	35.29	104
17	35.457	126	59.26	85	37.521	148	56.55	127	14.183	206	28.65	167	47.299	173	34.25	142
27	35.331	93	58.41	83	37.373	119	55.28	162	13.977	159	26.98	186	47.126	142	32.83	180
Okt. 7	35.238	53	57.58	77	37.254	81	53.66	194	13.818	99	25.12	199	46.984	105	31.03	215
17	35.185	5	56.81	65	37.173	37	51.72	223	13.719	31	23.13	201	46.879	60	28.88	246
27	35.180	47	56.16	49	37.136	12	49.49	249	13.688	44	21.11	198	46.819	8	26.42	273
Nov. 6	35.227	102	55.67	28	37.148	65	47.00	270	13.732	122	19.13	185	46.811	47	23.69	294
16	35.329	157	55.39	5	37.213	119	44.30	285	13.854	199	17.28	164	46.858	103	20.75	309
26	35.486	208	55.34	21	37.332	170	41.45	293	14.053	272	15.64	135	46.961	158	17.66	315
Dez. 6	35.694	254	55.55	47	37.502	218	38.52	291	14.325	337	14.29	102	47.119	210	14.51	313
16	35.948	291	56.02	73	37.720	258	35.61	282	14.662	392	13.27	64	47.329	254	11.38	301
26	36.239	319	56.75	96	37.978	290	32.79	263	15.054	433	12.63	23	47.583	291	8.37	278
36	36.558		57.71		38.268		30.16		15.487		12.40		47.874		5.59	
Mittl. Ort	32.837		51.35		36.090		51.51		10.927		13.36		46.051		27.14	
sec δ, tg δ	+1.104		− 0.469		+1.123		+ 0.512		+1.622		− 1.277		+1.199		+ 0.661	
a, *a′*	+3.5		−14.1		+2.6		−14.0		+4.3		−13.6		+2.4		−13.3	
b, *b′*	+0.02		+ 0.71		−0.02		+ 0.72		+0.06		+ 0.73		−0.03		+ 0.75	

Scheinbare Sternörter 1957

Obere Kulmination Greenwich

Tag	565) ι H. Ursae min. AR.		Dekl.		564) β Librae AR.		Dekl.		560) γ Triang. austr. AR.		Dekl.		566) φ¹ Lupi AR.		Dekl.	
1957	15h 14m		+67° 30′		15h 14m		−9° 13′		15h 14m		−68° 31′		15h 19m		−36° 6′	
	s		″		s		″		s		″		s		″	
Jan. 1	5.45	53	20.02	262	41.488	302	30.58	157	51.87	71	7.07	66	4.388	360	16.13	52
11	5.98	58	17.40	209	41.790	315	32.15	156	52.58	74	6.41	16	4.748	377	16.65	78
21	6.56	62	15.31	148	42.105	319	33.71	152	53.32	76	6.25	33	5.125	383	17.43	100
31	7.18	64	13.83	82	42.424	316	35.23	141	54.08	76	6.58	79	5.508	379	18.43	119
Febr. 10	7.82	63	13.01	13	42.740	305	36.64	126	54.84	74	7.37	123	5.887	368	19.62	134
20	8.45	60	12.88	55	43.045	288	37.90	107	55.58	71	8.60	161	6.255	349	20.96	143
März 2	9.05	55	13.43	119	43.333	267	38.97	86	56.29	67	10.21	196	6.604	326	22.39	148
12	9.60	49	14.62	178	43.600	243	39.83	63	56.96	61	12.17	224	6.930	299	23.87	151
22	10.09	42	16.40	228	43.843	217	40.46	40	57.57	54	14.41	248	7.229	270	25.38	151
April 1	10.51	34	18.68	270	44.060	191	40.86	20	58.11	47	16.89	266	7.499	239	26.89	148
11	10.85	24	21.38	300	44.251	163	41.06	1	58.58	40	19.55	278	7.738	206	28.37	143
21	11.09	14	24.38	318	44.414	135	41.07	16	58.98	32	22.33	284	7.944	172	29.80	136
Mai 1	11.23	5	27.56	325	44.549	105	40.91	29	59.30	23	25.17	285	8.116	137	31.16	128
11	11.28	5	30.81	322	44.654	77	40.62	39	59.53	14	28.02	279	8.253	101	32.44	119
20	[11] 11.23	13	34.03	307	[11] 44.731	48	40.23	47	[11] 59.67	6	30.81	268	[12] 8.354	63	33.63	108
30	11.10	22	37.10	284	44.779	18	39.76	52	59.73	4	33.49	250	8.417	26	34.71	95
Juni 9	10.88	30	39.94	253	44.797	12	39.24	55	59.69	12	35.99	227	8.443	13	35.66	80
19	10.58	36	42.47	214	44.785	42	38.69	58	59.57	21	38.26	197	8.430	50	36.46	64
29	10.22	42	44.61	171	44.743	69	38.11	58	59.36	28	40.23	162	8.380	87	37.10	45
Juli 9	9.80	48	46.32	124	44.674	95	37.53	57	59.08	36	41.85	123	8.293	119	37.55	24
19	9.32	51	47.56	73	44.579	118	36.96	55	58.72	41	43.08	79	8.174	148	37.79	3
29	8.81	53	48.29	21	44.461	136	36.41	53	58.31	46	43.87	33	8.026	172	37.82	19
Aug. 8	8.28	55	48.50	32	44.325	149	35.88	50	57.85	49	44.20	15	7.854	189	37.63	42
18	7.73	54	48.18	84	44.176	155	35.38	45	57.36	49	44.05	64	7.665	196	37.21	64
28	7.19	53	47.34	135	44.021	154	34.93	39	56.87	47	43.41	112	7.469	193	36.57	84
Sept. 7	6.66	50	45.99	183	43.867	144	34.54	31	56.40	44	42.29	155	7.276	181	35.73	101
17	6.16	45	44.16	229	43.723	125	34.23	21	55.96	39	40.74	194	7.095	158	34.72	115
27	5.71	39	41.87	270	43.598	98	34.02	7	55.57	30	38.80	227	6.937	123	33.57	124
Okt. 7	5.32	32	39.17	306	43.500	62	33.95	8	55.27	21	36.53	250	6.814	79	32.33	126
17	5.00	24	36.11	336	43.438	20	34.03	26	55.06	10	34.03	265	6.735	28	31.07	124
27	4.76	13	32.75	359	43.418	27	34.29	46	54.96	3	31.38	268	6.707	30	29.83	115
Nov. 6	4.63	3	29.16	374	43.445	78	34.75	67	54.99	15	28.70	262	6.737	92	28.68	99
16	4.60	8	25.42	378	43.523	128	35.42	89	55.14	27	26.08	246	6.829	153	27.69	78
26	4.68	18	21.64	374	43.651	177	36.31	110	55.41	39	23.62	218	6.982	210	26.91	53
Dez. 6	4.86	30	17.90	358	43.828	220	37.41	128	55.80	50	21.44	183	7.192	263	26.38	24
16	5.16	40	14.32	330	44.048	257	38.69	142	56.30	60	19.61	142	7.455	307	26.14	5
26	5.56	48	11.02	292	44.305	285	40.11	153	56.90	66	18.19	92	7.762	340	26.19	35
36	6.04		8.10		44.590		41.64		57.56		17.27		8.102		26.54	
Mittl. Ort	8.07		35.16		41.336		31.82		51.89		21.49		4.143		24.47	
sec δ, tg δ	+2.614		+ 2.415		+1.013		− 0.162		+2.731		− 2.542		+1.238		− 0.729	
a, a′	+0.7		−13.3		+3.2		−13.2		+5.6		−13.2		+3.8		−12.9	
b, b′	−0.11		+ 0.75		+0.01		+ 0.75		+0.11		+ 0.75		+0.03		+ 0.76	

Scheinbare Sternörter 1957

Obere Kulmination Greenwich

Tag	569) γ Ursae min.				568) μ Bootis *pr*				571) ι Draconis				572) β Coronae bor.			
	AR.		Dekl.		AR.		Dekl.		AR.		Dekl.		AR.		Dekl.	
1957	15h 20m		+71° 58′		15h 22m		+37° 31′		15h 23m		+59° 6′		15h 26m		+29° 14′	
	s		″		s		″		s		″		s		″	
Jan. 1	43.12	61	58.47	263	51.253	312	27.05	268	56.371	408	44.44	277	2.850	296	62.21	258
11	43.73	68	55.84	209	51.565	336	24.37	229	56.779	453	41.67	226	3.146	317	59.63	225
21	44.41	73	53.75	148	51.901	350	22.08	182	57.232	480	39.41	169	3.463	328	57.38	184
31	45.14	77	52.27	82	52.251	353	20.26	128	57.712	493	37.72	105	3.791	331	55.54	136
Febr. 10	45.91	76	51.45	13	52.604	347	18.98	71	58.205	489	36.67	38	4.122	323	54.18	85
20	46.67	73	51.32	55	52.951	330	18.27	12	58.694	470	36.29	30	4.445	309	53.33	30
März 2	47.40	68	51.87	120	53.281	307	18.15	47	59.164	437	36.59	94	4.754	288	53.03	23
12	48.08	61	53.07	178	53.588	277	18.62	102	59.601	393	37.53	154	5.042	262	53.26	74
22	48.69	51	54.85	230	53.865	244	19.64	151	59.994	340	39.07	207	5.304	232	54.00	120
April 1	49.20	41	57.15	272	54.109	207	21.15	192	60.334	279	41.14	251	5.536	200	55.20	161
11	49.61	30	59.87	302	54.316	168	23.07	225	60.613	215	43.65	285	5.736	166	56.81	193
21	49.91	18	62.89	321	54.484	128	25.32	250	60.828	146	46.50	307	5.902	130	58.74	218
Mai 1	50.09	5	66.10	329	54.612	88	27.82	264	60.974	77	49.57	318	6.032	95	60.92	233
11	50.14	6	69.39	325	54.700	47	30.46	269	61.051	10	52.75	319	6.127	59	63.25	240
20	12 50.08	18	72.64	311	13 54.747	7	33.15	266	13 61.061	56	55.94	310	14 6.186	24	65.65	239
30	49.90	28	75.75	289	54.754	32	35.81	253	61.005	120	59.04	290	6.210	12	68.04	230
Juni 9	49.62	38	78.64	257	54.722	69	38.34	234	60.885	178	61.94	263	6.198	46	70.34	214
19	49.24	47	81.21	219	54.653	104	40.68	209	60.707	232	64.57	229	6.152	78	72.48	194
29	48.77	54	83.40	176	54.549	137	42.77	177	60.475	279	66.86	189	6.074	109	74.42	168
Juli 9	48.23	60	85.16	128	54.412	165	44.54	143	60.196	320	68.75	144	5.965	136	76.10	138
19	47.63	65	86.44	77	54.247	190	45.97	105	59.876	352	70.19	97	5.829	161	77.48	105
29	46.98	69	87.21	25	54.057	209	47.02	64	59.524	376	71.16	47	5.668	179	78.53	70
Aug. 8	46.29	69	87.46	28	53.848	221	47.66	21	59.148	390	71.63	5	5.489	193	79.23	33
18	45.60	70	87.18	80	53.627	228	47.87	21	58.758	394	71.58	55	5.296	199	79.56	5
28	44.90	69	86.38	131	53.399	225	47.66	64	58.364	387	71.03	106	5.097	199	79.51	43
Sept. 7	44.21	64	85.07	180	53.174	213	47.02	106	57.977	368	69.97	155	4.898	190	79.08	81
17	43.57	59	83.27	226	52.961	194	45.96	147	57.609	337	68.42	201	4.708	171	78.27	119
27	42.98	52	81.01	267	52.767	164	44.49	187	57.272	293	66.41	244	4.537	143	77.08	156
Okt. 7	42.46	43	78.34	304	52.603	125	42.62	224	56.979	238	63.97	283	4.394	109	75.52	190
17	42.03	33	75.30	333	52.478	79	40.38	256	56.741	173	61.14	316	4.285	66	73.62	222
27	41.70	21	71.97	357	52.399	27	37.82	284	56.568	99	57.98	342	4.219	17	71.40	249
Nov. 6	41.49	8	68.40	372	52.372	30	34.98	307	56.469	18	54.56	361	4.202	36	68.91	273
16	41.41	5	64.68	377	52.402	88	31.91	321	56.451	67	50.95	371	4.238	91	66.18	290
26	41.46	18	60.91	373	52.490	147	28.70	327	56.518	152	47.24	371	4.329	144	63.28	299
Dez. 6	41.64	32	57.18	357	52.637	201	25.43	325	56.670	233	43.53	359	4.473	195	60.29	301
16	41.96	44	53.61	329	52.838	250	22.18	311	56.903	309	39.94	337	4.668	239	57.28	292
26	42.40	55	50.32	292	53.088	290	19.07	289	57.212	374	36.57	304	4.907	275	54.36	275
36	42.95		47.40		53.378		16.18		57.586		33.53		5.182		51.61	
Mittl. Ort	46.72		73.33		51.867		37.17		58.100		57.89		3.265		70.39	
sec δ, tg δ	+3.234		+ 3.075		+1.261		+ 0.768		+1.948		+ 1.672		+1.146		+ 0.560	
a, *a′*	−0.1		−12.8		+2.3		−12.7		+1.3		−12.6		+2.5		−12.5	
b, *b′*	−0.13		+ 0.77		−0.03		+ 0.77		−0.07		+ 0.78		−0.02		+ 0.78	

Scheinbare Sternörter 1957

Obere Kulmination Greenwich

Tag	573) ν^1 Bootis AR.		573) ν^1 Bootis Dekl.		578) α Coronae bor. AR.		578) α Coronae bor. Dekl.		577) γ Librae AR.		577) γ Librae Dekl.		1410) 115 G. Lupi AR.		1410) 115 G. Lupi Dekl.	
1957	$15^h\ 29^m$		$+40°\ 58'$		$15^h\ 32^m$		$+26°\ 51'$		$15^h\ 33^m$		$-14°\ 38'$		$15^h\ 33^m$		$-44°\ 15'$	
	s		″		s		″		s		″		s		″	
Jan. 1	22.208	316	33.29	275	51.540	288	22.80	256	7.076	299	48.11	128	14.908	389	4.71	4
11	22.524	343	30.54	235	51.828	311	20.24	226	7.375	316	49.39	133	15.297	411	4.75	36
21	22.867	359	28.19	186	52.139	323	17.98	187	7.691	323	50.72	134	15.708	421	5.11	66
31	23.226	365	26.33	131	52.462	325	16.11	142	8.014	323	52.06	130	16.129	422	5.77	92
Febr. 10	23.591	360	25.02	71	52.787	320	14.69	92	8.337	314	53.36	120	16.551	413	6.69	115
20	23.951	345	24.31	10	53.107	307	13.77	39	8.651	301	54.56	108	16.964	396	7.84	134
März 2	24.296	323	24.21	50	53.414	287	13.38	12	8.952	282	55.64	92	17.360	373	9.18	148
12	24.619	293	24.71	107	53.701	263	13.50	63	9.234	261	56.56	75	17.733	346	10.66	159
22	24.912	258	25.78	157	53.964	235	14.13	109	9.495	237	57.31	56	18.079	316	12.25	166
April 1	25.170	221	27.35	201	54.199	204	15.22	149	9.732	212	57.87	40	18.395	283	13.91	170
11	25.391	179	29.36	236	54.403	172	16.71	182	9.944	185	58.27	24	18.678	247	15.61	172
21	25.570	137	31.72	261	54.575	138	18.53	207	10.129	157	58.51	10	18.925	209	17.33	171
Mai 1	25.707	94	34.33	276	54.713	103	20.60	223	10.286	129	58.61	2	19.134	169	19.04	167
11	25.801	51	37.09	282	54.816	69	22.83	232	10.415	99	58.59	12	19.303	128	20.71	161
20	^{14}25.852	8	39.91	278	^{15}54.885	34	25.15	231	^{15}10.514	68	58.47	19	^{15}19.431	85	22.32	151
30	25.860	33	42.69	265	54.919	0	27.46	225	10.582	37	58.28	26	19.516	41	23.83	140
Juni 9	25.827	73	45.34	246	54.919	35	29.71	211	10.619	4	58.02	30	19.557	5	25.23	124
19	25.754	111	47.80	219	54.884	67	31.82	192	10.623	27	57.72	34	19.552	50	26.47	106
29	25.643	146	49.99	187	54.817	98	33.74	168	10.596	58	57.38	38	19.502	92	27.53	84
Juli 9	25.497	177	51.86	151	54.719	127	35.42	139	10.538	87	57.00	41	19.410	132	28.37	61
19	25.320	203	53.37	111	54.592	152	36.81	109	10.451	114	56.59	42	19.278	168	28.98	34
29	25.117	224	54.48	69	54.440	171	37.90	75	10.337	135	56.17	45	19.110	196	29.32	5
Aug. 8	24.893	238	55.17	25	54.269	186	38.65	40	10.202	152	55.72	46	18.914	217	29.37	24
18	24.655	245	55.42	20	54.083	194	39.05	3	10.050	161	55.26	47	18.697	229	29.13	53
28	24.410	244	55.22	65	53.889	194	39.08	33	9.889	162	54.79	46	18.468	229	28.60	81
Sept. 7	24.166	232	54.57	110	53.695	187	38.75	70	9.727	155	54.33	43	18.239	217	27.79	107
17	23.934	212	53.47	152	53.508	170	38.05	107	9.572	138	53.90	38	18.022	192	26.72	129
27	23.722	183	51.95	193	53.338	144	36.98	143	9.434	113	53.52	31	17.830	157	25.43	146
Okt. 7	23.539	143	50.02	231	53.194	109	35.55	177	9.321	78	53.21	20	17.673	109	23.97	157
17	23.396	96	47.71	264	53.085	68	33.78	209	9.243	36	53.01	6	17.564	52	22.40	162
27	23.300	42	45.07	294	53.017	20	31.69	236	9.207	12	52.95	11	17.512	12	20.78	158
Nov. 6	23.258	17	42.13	316	52.997	31	29.33	261	9.219	63	53.06	30	17.524	80	19.20	148
16	23.275	77	38.97	332	53.028	85	26.72	279	9.282	114	53.36	50	17.604	148	17.72	131
26	23.352	138	35.65	337	53.113	138	23.93	290	9.396	165	53.86	71	17.752	214	16.41	107
Dez. 6	23.490	197	32.28	334	53.251	188	21.03	293	9.561	211	54.57	90	17.966	273	15.34	80
16	23.687	248	28.94	321	53.439	232	18.10	287	9.772	250	55.47	108	18.239	324	14.54	48
26	23.935	291	25.73	297	53.671	268	15.23	271	10.022	281	56.55	122	18.563	366	14.06	16
36	24.226		22.76		53.939		12.52		10.303		57.77		18.929		13.90	
Mittl. Ort	22.972		43.60		51.935		30.03		6.973		51.24		14.757		14.80	
sec δ, tg δ	+1.325		+ 0.869		+1.121		+ 0.506		+1.034		− 0.261		+1.396		− 0.974	
a, *a′*	+2.2		−12.2		+2.5		−12.0		+3.4		−12.0		+4.1		−12.0	
b, *b′*	−0.04		+ 0.79		−0.02		+ 0.80		+0.01		+ 0.80		+0.04		+ 0.80	

Scheinbare Sternörter 1957

Obere Kulmination Greenwich

Tag	582) α Serpentis				583) β Serpentis				590) ζ Ursae min.				584) κ Serpentis			
	AR.		Dekl.		AR.		Dekl.		AR.		Dekl.		AR.		Dekl.	
1957	15h 42m		+6° 33′		15h 44m		+15° 33′		15h 45m		+77° 55′		15h 46m		+18° 16′	
	s		″		s		″		s		″		s		″	
Jan. 1	8.733	276	32.80	202	11.822	274	14.60	231	26.60	77	26.68	276	47.838	272	19.02	239
11	9.009	295	30.78	189	12.096	295	12.29	210	27.37	88	23.92	227	48.110	295	16.63	216
21	9.304	305	28.89	169	12.391	306	10.19	182	28.25	100	21.65	169	48.405	307	14.47	185
31	9.609	307	27.20	143	12.697	310	8.37	146	29.25	107	19.96	105	48.712	312	12.62	148
Febr. 10	9.916	302	25.77	111	13.007	306	6.91	107	30.32	109	18.91	37	49.024	308	11.14	106
20	10.218	290	24.66	76	13.313	294	5.84	63	31.41	107	18.54	30	49.332	297	10.08	61
März 2	10.508	273	23.90	40	13.607	278	5.21	19	32.48	102	18.84	96	49.629	281	9.47	14
12	10.781	253	23.50	3	13.885	257	5.02	24	33.50	93	19.80	158	49.910	260	9.33	32
22	11.034	230	23.47	31	14.142	233	5.26	65	34.43	81	21.38	211	50.170	236	9.65	74
April 1	11.264	205	23.78	62	14.375	207	5.91	101	35.24	67	23.49	257	50.406	210	10.39	112
11	11.469	179	24.40	88	14.582	180	6.92	131	35.91	51	26.06	291	50.616	182	11.51	143
21	11.648	151	25.28	110	14.762	150	8.23	155	36.42	33	28.97	315	50.798	151	12.94	169
Mai 1	11.799	122	26.38	126	14.912	119	9.78	172	36.75	15	32.12	327	50.949	121	14.63	186
11	11.921	93	27.64	136	15.031	88	11.50	183	36.90	3	35.39	329	51.070	89	16.49	196
20	[18] 12.014	63	29.00	141	[18] 15.119	57	13.33	187	[19] 36.87	20	38.68	319	[19] 51.159	57	18.45	200
30	12.077	31	30.41	141	15.176	25	15.20	184	36.67	38	41.87	301	51.216	23	20.45	197
Juni 9	12.108	1	31.82	136	15.201	8	17.04	176	36.29	54	44.88	273	51.239	10	22.42	187
19	12.107	31	33.18	129	15.193	40	18.80	163	35.75	67	47.61	239	51.229	42	24.29	174
29	12.076	61	34.47	117	15.153	71	20.43	146	35.08	80	50.00	198	51.187	73	26.03	155
Juli 9	12.015	89	35.64	104	15.082	100	21.89	126	34.28	90	51.98	153	51.114	103	27.58	134
19	11.926	115	36.68	88	14.982	125	23.15	104	33.38	99	53.51	104	51.011	129	28.92	108
29	11.811	137	37.56	70	14.857	147	24.19	78	32.39	104	54.55	54	50.882	151	30.00	82
Aug. 8	11.674	153	38.26	52	14.710	163	24.97	52	31.35	108	55.09	1	50.731	168	30.82	53
18	11.521	163	38.78	31	14.547	174	25.49	24	30.27	110	55.10	51	50.563	179	31.35	23
28	11.358	166	39.09	10	14.373	176	25.73	5	29.17	108	54.59	103	50.384	181	31.58	8
Sept. 7	11.192	160	39.19	11	14.197	171	25.68	33	28.09	104	53.56	152	50.203	177	31.50	40
17	11.032	146	39.08	35	14.026	157	25.35	64	27.05	97	52.04	199	50.026	162	31.10	71
27	10.886	122	38.73	58	13.869	133	24.71	94	26.08	88	50.05	242	49.864	139	30.39	103
Okt. 7	10.764	92	38.15	83	13.736	102	23.77	123	25.20	77	47.63	281	49.725	109	29.36	133
17	10.672	53	37.32	107	13.634	63	22.54	152	24.43	63	44.82	314	49.616	69	28.03	164
27	10.619	8	36.25	132	13.571	19	21.02	178	23.80	47	41.68	341	49.547	24	26.39	191
Nov. 6	10.611	41	34.93	154	13.552	31	19.24	203	23.33	28	38.27	360	49.523	25	24.48	215
16	10.652	90	33.39	174	13.583	82	17.21	222	23.05	10	34.67	370	49.548	77	22.33	236
26	10.742	139	31.65	192	13.665	131	14.99	238	22.95	10	30.97	369	49.625	127	19.97	251
Dez. 6	10.881	185	29.73	203	13.796	179	12.61	246	23.05	30	27.28	359	49.752	175	17.46	257
16	11.066	225	27.70	208	13.975	220	10.15	247	23.35	50	23.69	337	49.927	217	14.89	258
26	11.291	257	25.62	208	14.195	254	7.68	240	23.85	66	20.32	303	50.144	253	12.31	250
36	11.548		23.54		14.449		5.28		24.51		17.29		50.397		9.81	
Mittl. Ort	8.848		34.78		12.064		18.62		32.92		39.45		48.133		23.51	
sec δ, tg δ	+1.007		+ 0.115		+1.038		+ 0.278		+4.781		+ 4.676		+1.053		+ 0.330	
a, *a′*	+2.9		−11.3		+2.8		−11.2		−2.1		−11.1		+2.7		−11.0	
b, *b′*	0.00		+ 0.82		−0.01		+ 0.83		−0.17		+ 0.83		−0.01		+ 0.84	

Scheinbare Sternörter 1957

Obere Kulmination Greenwich

Tag	585) μ Serpentis AR.		585) μ Serpentis Dekl.		588) ε Serpentis AR.		588) ε Serpentis Dekl.		589) β Triang. austr. AR.		589) β Triang. austr. Dekl.		593) ε Coronae bor. AR.		593) ε Coronae bor. Dekl.	
1957	15h 47m		−3° 17′		15h 48m		+4° 36′		15h 51m		−63° 17′		15h 55m		+26° 59′	
	s		″		s		″		s		″		s		″	
Jan. 1	22.341	277	59.41	166	40.069	272	19.97	195	19.75	55	47.07	93	47.810	271	58.68	262
11	22.618	297	61.07	162	40.341	292	18.02	184	20.30	59	46.14	51	48.081	297	56.06	235
21	22.915	306	62.69	151	40.633	303	16.18	165	20.89	63	45.63	8	48.378	313	53.71	198
31	23.221	309	64.20	135	40.936	307	14.53	141	21.52	63	45.55	34	48.691	321	51.73	154
Febr. 10	23.530	304	65.55	114	41.243	302	13.12	112	22.15	63	45.89	74	49.012	320	50.19	104
20	23.834	293	66.69	88	41.545	291	12.00	79	22.78	61	46.63	111	49.332	311	49.15	52
März 2	24.127	277	67.57	62	41.836	275	11.21	44	23.39	59	47.74	143	49.643	296	48.63	1
12	24.404	258	68.19	34	42.111	257	10.77	10	23.98	56	49.17	171	49.939	275	48.64	52
22	24.662	236	68.53	7	42.368	234	10.67	24	24.54	51	50.88	196	50.214	251	49.16	101
April 1	24.898	213	68.60	17	42.602	211	10.91	54	25.05	46	52.84	216	50.465	223	50.17	143
11	25.111	187	68.43	40	42.813	185	11.45	79	25.51	40	55.00	231	50.688	193	51.60	179
21	25.298	160	68.03	58	42.998	157	12.24	101	25.91	34	57.31	242	50.881	161	53.39	207
Mai 1	25.458	133	67.45	72	43.155	130	13.25	116	26.25	28	59.73	248	51.042	127	55.46	226
11	25.591	104	66.73	82	43.285	100	14.41	127	26.53	21	62.21	249	51.169	91	57.72	237
20*	(19) 25.695	74	65.91	89	(19) 43.385	70	15.68	133	(20) 26.74	14	64.70	245	(21) 51.260	57	60.09	240
30	25.769	43	65.02	91	43.455	38	17.01	133	26.88	6	67.15	235	51.317	21	62.49	236
Juni 9	25.812	11	64.11	91	43.493	7	18.34	130	26.94	2	69.50	219	51.338	15	64.85	224
19	25.823	20	63.20	87	43.500	25	19.64	123	26.92	9	71.69	198	51.323	51	67.09	206
29	25.803	52	62.33	83	43.475	55	20.87	113	26.83	16	73.67	173	51.272	85	69.15	184
Juli 9	25.751	81	61.50	76	43.420	85	22.00	100	26.67	23	75.40	140	51.187	116	70.99	157
19	25.670	108	60.74	69	43.335	111	23.00	86	26.44	29	76.80	103	51.071	144	72.56	126
29	25.562	130	60.05	60	43.224	134	23.86	71	26.15	34	77.83	64	50.927	169	73.82	94
Aug. 8	25.432	148	59.45	49	43.090	151	24.57	53	25.81	38	78.47	22	50.758	187	74.76	58
18	25.284	160	58.96	39	42.939	162	25.10	34	25.43	39	78.69	23	50.571	198	75.34	21
28	25.124	163	58.57	27	42.777	166	25.44	16	25.04	40	78.46	68	50.373	203	75.55	16
Sept. 7	24.961	159	58.30	13	42.611	162	25.60	5	24.64	39	77.78	110	50.170	199	75.39	53
17	24.802	145	58.17	1	42.449	148	25.55	27	24.25	35	76.68	150	49.971	185	74.86	92
27	24.657	122	58.18	17	42.301	126	25.28	48	23.90	29	75.18	184	49.786	162	73.94	128
Okt. 7	24.535	90	58.35	35	42.175	96	24.80	72	23.61	23	73.34	212	49.624	131	72.66	163
17	24.445	52	58.70	55	42.079	57	24.08	96	23.38	15	71.22	231	49.493	92	71.03	197
27	24.393	7	59.25	75	42.022	13	23.12	119	23.23	4	68.91	242	49.401	45	69.06	227
Nov. 6	24.386	42	60.00	96	42.009	36	21.93	141	23.19	6	66.49	243	49.356	6	66.79	253
16	24.428	91	60.96	116	42.045	85	20.52	161	23.25	16	64.06	234	49.362	59	64.26	273
26	24.519	141	62.12	134	42.130	134	18.91	179	23.41	26	61.72	215	49.421	112	61.53	287
Dez. 6	24.660	187	63.46	150	42.264	180	17.12	192	23.67	36	59.57	189	49.533	164	58.66	293
16	24.847	226	64.96	160	42.444	221	15.20	198	24.03	44	57.68	157	49.697	209	55.73	290
26	25.073	259	66.56	166	42.665	253	13.22	199	24.47	51	56.11	118	49.906	249	52.83	276
36	25.332		68.22		42.918		11.23		24.98		54.93		50.155		50.07	
Mittl. Ort	22.378		60.05		40.188		21.20		20.00		60.07		48.309		64.46	
sec δ, tg δ	+1.002		− 0.058		+1.003		+ 0.081		+2.226		− 1.988		+1.122		+ 0.510	
a, a′	+3.1		−11.0		+3.0		−10.9		+5.3		−10.7		+2.5		−10.3	
b, b′	0.00		+ 0.84		0.00		+ 0.84		+0.07		+ 0.85		−0.02		+ 0.86	

* Bei Stern 593) lies Mai 21.

Scheinbare Sternörter 1957

Obere Kulmination Greenwich

Tag	594) δ Scorpii AR.		594) δ Scorpii Dekl.		598) ϑ Draconis AR.		598) ϑ Draconis Dekl.		597) β Scorpii *pr* AR.		597) β Scorpii *pr* Dekl.		606) 19 Ursae min. AR.		606) 19 Ursae min. Dekl.	
1957	$15^h\ 57^m$		−22° 29′		$16^h\ 1^m$		+58° 40′		$16^h\ 2^m$		−19° 41′		$16^h\ 11^m$		+75° 58′	
	s		″		s		″		s		″		s		″	
Jan. 1	47.195	299	57.79	79	2.745	353	36.30	303	55.937	289	16.61	89	55.58	59	61.77	300
11	47.494	320	58.58	92	3.098	407	33.27	260	56.226	311	17.50	99	56.17	72	58.77	256
21	47.814	330	59.50	100	3.505	447	30.67	207	56.537	323	18.49	104	56.89	83	56.21	203
31	48.144	334	60.50	104	3.952	471	28.60	146	56.860	327	19.53	105	57.72	89	54.18	141
Febr. 10	48.478	331	61.54	103	4.423	480	27.14	81	57.187	325	20.58	101	58.61	94	52.77	76
20	48.809	321	62.57	100	4.903	474	26.33	14	57.512	316	21.59	95	59.55	94	52.01	8
März 2	49.130	306	63.57	92	5.377	455	26.19	54	57.828	302	22.54	86	60.49	92	51.93	60
12	49.436	288	64.49	84	5.832	423	26.73	117	58.130	285	23.40	73	61.41	86	52.53	124
22	49.724	266	65.33	74	6.255	381	27.90	176	58.415	265	24.13	60	62.27	78	53.77	183
April 1	49.990	243	66.07	63	6.636	329	29.66	226	58.680	242	24.73	48	63.05	66	55.60	233
11	50.233	218	66.70	52	6.965	271	31.92	267	58.922	217	25.21	37	63.71	53	57.93	274
21	50.451	190	67.22	44	7.236	208	34.59	298	59.139	191	25.58	26	64.24	39	60.67	304
Mai 1	50.641	161	67.66	36	7.444	142	37.57	317	59.330	163	25.84	17	64.63	25	63.71	324
11	50.802	130	68.02	28	7.586	74	40.74	327	59.493	133	26.01	10	64.88	8	66.95	333
21	50.932	98	68.30	21	7.660	7	44.01	325	59.626	101	26.11	4	64.96	7	70.28	330
30	[22] 51.030	64	68.51	16	[22] 7.667	59	47.26	313	[23] 59.727	67	26.15	2	[25] 64.89	22	73.58	318
Juni 9	51.094	28	68.67	10	7.608	124	50.39	293	59.794	32	26.13	6	64.67	36	76.76	296
19	51.122	8	68.77	4	7.484	183	53.32	266	59.826	4	26.07	10	64.31	49	79.72	268
29	51.114	44	68.81	2	7.301	238	55.98	230	59.822	39	25.97	14	63.82	62	82.40	232
Juli 9	51.070	78	68.79	9	7.063	288	58.28	190	59.783	72	25.83	19	63.20	72	84.72	190
19	50.992	108	68.70	16	6.775	330	60.18	146	59.711	104	25.64	24	62.48	80	86.62	144
29	50.884	136	68.54	24	6.445	365	61.64	98	59.607	132	25.40	28	61.68	88	88.06	96
Aug. 8	50.748	157	68.30	32	6.080	389	62.62	48	59.475	153	25.12	33	60.80	92	89.02	44
18	50.591	171	67.98	40	5.691	403	63.10	3	59.322	167	24.79	38	59.88	95	89.46	7
28	50.420	176	67.58	47	5.288	406	63.07	55	59.155	174	24.41	43	58.93	95	89.39	59
Sept. 7	50.244	173	67.11	52	4.882	397	62.52	106	58.981	172	23.98	46	57.98	94	88.80	111
17	50.071	159	66.59	56	4.485	375	61.46	155	58.809	159	23.52	46	57.04	89	87.69	160
27	49.912	135	66.03	57	4.110	341	59.91	201	58.650	136	23.06	45	56.15	82	86.09	207
Okt. 7	49.777	102	65.46	54	3.769	293	57.90	245	58.514	103	22.61	40	55.33	74	84.02	250
17	49.675	60	64.92	47	3.476	235	55.45	283	58.411	64	22.21	33	54.59	63	81.52	288
27	49.615	11	64.45	37	3.241	166	52.62	317	58.347	17	21.88	21	53.96	49	78.64	320
Nov. 6	49.604	41	64.08	23	3.075	89	49.45	343	58.330	35	21.67	6	53.47	35	75.44	345
16	49.645	96	63.85	5	2.986	6	46.02	360	58.365	89	21.61	11	53.12	18	71.99	362
26	49.741	149	63.80	13	2.980	79	42.42	368	58.454	141	21.72	29	52.94	0	68.37	369
Dez. 6	49.890	198	63.93	33	3.059	163	38.74	366	58.595	189	22.01	48	52.94	16	64.68	365
16	50.088	242	64.26	53	3.222	242	35.08	351	58.784	233	22.49	65	53.10	34	61.03	350
26	50.330	277	64.79	70	3.464	314	31.57	326	59.017	268	23.14	82	53.44	50	57.53	324
36	50.607		65.49		3.778		28.31		59.285		23.96		53.94		54.29	
Mittl. Ort	47.168		63.17		4.710		46.37		55.939		21.41		61.26		71.81	
sec δ, tg δ	+1.082		− 0.414		+1.924		+1.643		+1.062		−0.358		+4.130		+4.007	
a, a′	+3.6		−10.2		+1.2		−9.9		+3.5		−9.8		−1.7		−9.1	
b, b′	+0.01		+ 0.86		−0.05		+0.87		+0.01		+0.87		−0.12		+0.89	

Scheinbare Sternörter 1957

Obere Kulmination Greenwich

Tag	603) δ Ophiuchi				605) ε Ophiuchi				604) γ² Normae				608) τ Herculis			
	AR.		Dekl.		AR.		Dekl.		AR.		Dekl.		AR.		Dekl.	
1957	16h 12m		−3° 35′		16h 16m		−4° 35′		16h 16m		−50° 2′		16h 18m		+46° 24′	
	s		″		s		″		s		″		s		″	
Jan. 1	5.211	262	4.79	157	2.437	260	19.06	152	36.574	387	56.78	66	25.519	281	46.47	306
11	5.473	284	6.36	154	2.697	283	20.58	148	36.961	423	56.12	35	25.800	322	43.41	271
21	5.757	298	7.90	144	2.980	298	22.06	140	37.384	445	55.77	4	26.122	353	40.70	224
31	6.055	305	9.34	128	3.278	304	23.46	125	37.829	457	55.73	27	26.475	372	38.46	170
Febr. 10	6.360	303	10.62	108	3.582	304	24.71	105	38.286	459	56.00	55	26.847	380	36.76	111
20	6.663	297	11.70	84	3.886	298	25.76	83	38.745	452	56.55	79	27.227	379	35.65	47
März 2	6.960	285	12.54	57	4.184	287	26.59	57	39.197	437	57.34	101	27.606	367	35.18	17
12	7.245	270	13.11	29	4.471	273	27.16	31	39.634	416	58.35	120	27.973	346	35.35	80
22	7.515	251	13.40	3	4.744	254	27.47	4	40.050	391	59.55	137	28.319	318	36.15	137
April 1	7.766	230	13.43	22	4.998	234	27.51	19	40.441	361	60.92	150	28.637	285	37.52	189
11	7.996	208	13.21	44	5.232	211	27.32	41	40.802	327	62.42	160	28.922	246	39.41	232
21	8.204	182	12.77	63	5.443	187	26.91	59	41.129	289	64.02	168	29.168	202	41.73	267
Mai 1	8.386	156	12.14	76	5.630	161	26.32	73	41.418	246	65.70	173	29.370	157	44.40	291
11	8.542	128	11.38	87	5.791	132	25.59	83	41.664	201	67.43	175	29.527	109	47.31	304
21	8.670	97	10.51	93	5.923	102	24.76	89	41.865	153	69.18	173	29.636	59	50.35	308
30	[25] 8.767	65	9.58	96	[26] 6.025	70	23.87	91	[26] 42.018	100	70.91	169	[27] 29.695	10	53.43	303
Juni 9	8.832	32	8.62	95	6.095	36	22.96	91	42.118	46	72.60	159	29.705	39	56.46	288
19	8.864	1	7.67	91	6.131	2	22.05	88	42.164	8	74.19	147	29.666	87	59.34	267
29	8.863	35	6.76	86	6.133	31	21.17	83	42.156	63	75.66	130	29.579	132	62.01	238
Juli 9	8.828	68	5.90	79	6.102	65	20.34	77	42.093	114	76.96	108	29.447	174	64.39	204
19	8.760	97	5.11	70	6.037	95	19.57	68	41.979	163	78.04	84	29.273	212	66.43	164
29	8.663	124	4.41	61	5.942	122	18.89	59	41.816	204	78.88	55	29.061	244	68.07	122
Aug. 8	8.539	145	3.80	51	5.820	144	18.30	51	41.612	237	79.43	24	28.817	268	69.29	77
18	8.394	161	3.29	39	5.676	160	17.79	40	41.375	261	79.67	9	28.549	285	70.06	30
28	8.233	168	2.90	28	5.516	168	17.39	29	41.114	271	79.58	42	28.264	293	70.36	18
Sept. 7	8.065	167	2.62	15	5.348	168	17.10	17	40.843	269	79.16	75	27.971	291	70.18	66
17	7.898	157	2.47	1	5.180	158	16.93	4	40.574	252	78.41	106	27.680	278	69.52	114
27	7.741	137	2.46	15	5.022	140	16.89	10	40.322	221	77.35	132	27.402	254	68.38	160
Okt. 7	7.604	109	2.61	31	4.882	112	16.99	27	40.101	176	76.03	154	27.148	220	66.78	204
17	7.495	73	2.92	50	4.770	75	17.26	44	39.925	119	74.49	170	26.928	176	64.74	244
27	7.422	29	3.42	69	4.695	32	17.70	62	39.806	54	72.79	179	26.752	122	62.30	279
Nov. 6	7.393	18	4.11	89	4.663	16	18.32	81	39.752	19	71.00	180	26.630	63	59.51	309
16	7.411	68	5.00	108	4.679	65	19.13	101	39.771	94	69.20	173	26.567	1	56.42	331
26	7.479	118	6.08	126	4.744	115	20.14	118	39.865	169	67.47	159	26.568	67	53.11	346
Dez. 6	7.597	164	7.34	140	4.859	161	21.32	133	40.034	240	65.88	138	26.635	133	49.65	349
16	7.761	206	8.74	152	5.020	204	22.65	144	40.274	302	64.50	114	26.768	194	46.16	342
26	7.967	241	10.26	157	5.224	239	24.09	151	40.576	356	63.36	85	26.962	249	42.74	324
36	8.208		11.83		5.463		25.60		40.932		62.51		27.211		39.50	
Mittl. Ort	5.341		6.24		2.573		20.85		36.741		67.30		26.752		53.62	
sec δ, tg δ	+1.002		−0.063		+1.003		−0.080		+1.557		−1.194		+1.450		+1.051	
a, *a′*	+3.1		−9.1		+3.2		−8.8		+4.5		−8.7		+1.8		−8.6	
b, *b′*	0.00		+0.89		0.00		+0.90		+0.03		+0.90		−0.03		+0.90	

Scheinbare Sternörter 1957

Obere Kulmination Greenwich

Tag	609) γ Herculis AR.		609) γ Herculis Dekl.		616) α Scorpii AR.		616) α Scorpii Dekl.	
1957	16h 20m		+19° 14′		16h 26m		—26° 20′	
	s	Δ	″	Δ	s	Δ	″	Δ
Jan. 1	0.824	249	67.54	245	45.920	285	11.45	41
11	1.073	275	65.09	223	46.205	312	11.86	55
21	1.348	293	62.86	195	46.517	328	12.41	67
31	1.641	304	60.91	159	46.845	338	13.08	73
Febr. 10	1.945	306	59.32	116	47.183	339	13.81	76
20	2.251	302	58.16	71	47.522	334	14.57	78
März 2	2.553	292	57.45	23	47.856	324	15.35	75
12	2.845	277	57.22	25	48.180	310	16.10	71
22	3.122	257	57.47	69	48.490	293	16.81	66
April 1	3.379	234	58.16	109	48.783	272	17.47	59
11	3.613	210	59.25	145	49.055	249	18.06	54
21	3.823	182	60.70	174	49.304	224	18.60	49
Mai 1	4.005	152	62.44	194	49.528	196	19.09	43
11	4.157	121	64.38	208	49.724	164	19.52	40
21	4.278	88	66.46	214	49.888	131	19.92	36
30	[27] 4.366	53	68.60	213	[29] 50.019	95	20.28	33
Juni 9	4.419	18	70.73	207	50.114	57	20.61	29
19	4.437	18	72.80	194	50.171	18	20.90	25
29	4.419	53	74.74	177	50.189	22	21.15	19
Juli 9	4.366	86	76.51	155	50.167	61	21.34	13
19	4.280	118	78.06	130	50.106	96	21.47	5
29	4.162	144	79.36	103	50.010	129	21.52	3
Aug. 8	4.018	166	80.39	74	49.881	156	21.49	14
18	3.852	182	81.13	43	49.725	175	21.35	24
28	3.670	191	81.56	11	49.550	187	21.11	35
Sept. 7	3.479	190	81.67	22	49.363	187	20.76	45
17	3.289	181	81.45	55	49.176	178	20.31	53
27	3.108	163	80.90	88	48.998	159	19.78	59
Okt. 7	2.945	136	80.02	120	48.839	127	19.19	62
17	2.809	100	78.82	152	48.712	87	18.57	61
27	2.709	57	77.30	181	48.625	41	17.96	57
Nov. 6	2.652	9	75.49	207	48.584	12	17.39	48
16	2.643	41	73.42	230	48.596	68	16.91	35
26	2.684	92	71.12	247	48.664	123	16.56	21
Dez. 6	2.776	141	68.65	257	48.787	175	16.35	3
16	2.917	187	66.08	260	48.962	221	16.32	15
26	3.104	226	63.48	254	49.183	262	16.47	32
36	3.330		60.94		49.445		16.79	
Mittl. Ort	1.261		70.34		46.007		17.76	
sec δ, tg δ	+1.059		+0.349		+1.116		—0.495	
a, *a′*	+2.7		—8.5		+3.7		—7.9	
b, *b′*	—0.01		+0.91		+0.01		+0.92	

Tag	611) γ Apodis AR.		611) γ Apodis Dekl.		619) A Draconis AR.		619) A Draconis Dekl.	
1957	16h 26m		—78° 47′		16h 27m		+68° 51′	
	s	Δ	″	Δ	s	Δ	″	Δ
Jan. 1	44.99	106	63.17	193	59.80	40	32.20	318
11	46.05	118	61.24	150	60.20	49	29.02	278
21	47.23	129	59.74	103	60.69	56	26.24	227
31	48.52	135	58.71	54	61.25	61	23.97	169
Febr. 10	49.87	139	58.17	5	61.86	65	22.28	104
20	51.26	138	58.12	42	62.51	65	21.24	36
März 2	52.64	135	58.54	88	63.16	65	20.88	32
12	53.99	131	59.42	130	63.81	61	21.20	98
22	55.30	123	60.72	168	64.42	56	22.18	160
April 1	56.53	113	62.40	202	64.98	50	23.78	215
11	57.66	100	64.42	231	65.48	41	25.93	260
21	58.66	88	66.73	256	65.89	33	28.53	295
Mai 1	59.54	73	69.29	275	66.22	23	31.48	319
11	60.27	56	72.04	287	66.45	13	34.67	334
21	60.83	39	74.91	294	66.58	3	38.01	336
30	[29] 61.22	20	77.85	292	[29] 66.61	7	41.37	329
Juni 9	61.42	1	80.77	284	66.54	17	44.66	312
19	61.43	17	83.61	270	66.37	26	47.78	288
29	61.26	35	86.31	246	66.11	35	50.66	255
Juli 9	60.91	52	88.77	216	65.76	43	53.21	217
19	60.39	67	90.93	179	65.33	49	55.38	173
29	59.72	80	92.72	136	64.84	55	57.11	126
Aug. 8	58.92	91	94.08	89	64.29	59	58.37	77
18	58.01	97	94.97	37	63.70	61	59.14	25
28	57.04	101	95.34	17	63.09	63	59.39	28
Sept. 7	56.03	100	95.17	71	62.46	62	59.11	80
17	55.03	94	94.46	124	61.84	60	58.31	131
27	54.09	86	93.22	174	61.24	57	57.00	180
Okt. 7	53.23	72	91.48	217	60.67	50	55.20	226
17	52.51	54	89.31	252	60.17	43	52.94	260
27	51.97	35	86.79	279	59.74	34	50.26	305
Nov. 6	51.62	13	84.00	295	59.40	24	47.21	335
16	51.49	10	81.05	300	59.16	14	43.86	356
26	51.59	33	78.05	294	59.02	1	40.30	369
Dez. 6	51.92	56	75.11	278	59.01	11	36.61	370
16	52.48	76	72.33	251	59.12	22	32.91	360
26	53.24	94	69.82	217	59.34	34	29.31	339
36	54.18		67.65		59.68		25.92	
Mittl. Ort	47.32		76.54		63.38		40.33	
sec δ, tg δ	+5.151		—5.052		+2.773		+2.586	
a, *a′*	+9.3		—7.9		—0.1		—7.8	
b, *b′*	+0.13		+0.92		—0.07		+0.92	

Scheinbare Sternörter 1957

Obere Kulmination Greenwich

Tag	618) β Herculis				1432) Pi 16h 140 Draco				621) σ Herculis				622) ζ Ophiuchi			
	AR.		Dekl.		AR.		Dekl.		AR.		Dekl.		AR.		Dekl.	
1957	16h 28m		+21° 34′		16h 31m		+60° 54′		16h 32m		+42° 31′		16h 34m		—10° 28′	
	s		″		s		″		s		″		s		″	
Jan. 1	21.653	242	52.67	253	46.47	32	39.32	323	41.759	256	23.68	306	47.106	253	50.28	116
11	21.895	270	50.14	232	46.79	39	36.09	284	42.015	297	20.62	275	47.359	278	51.44	118
21	22.165	291	47.82	201	47.18	44	33.25	236	42.312	328	17.87	232	47.637	295	52.62	115
31	22.456	303	45.81	164	47.62	47	30.89	179	42.640	348	15.55	181	47.932	304	53.77	106
Febr. 10	22.759	307	44.17	120	48.09	50	29.10	116	42.988	358	13.74	125	48.236	308	54.83	93
20	23.066	305	42.97	73	48.59	51	27.94	48	43.346	359	12.49	64	48.544	304	55.76	77
März 2	23.371	296	42.24	23	49.10	49	27.46	20	43.705	351	11.85	1	48.848	296	56.53	57
12	23.667	282	42.01	26	49.59	47	27.66	86	44.056	335	11.84	61	49.144	284	57.10	36
22	23.949	264	42.27	73	50.06	44	28.52	148	44.391	313	12.45	119	49.428	269	57.46	17
April 1	24.213	242	43.00	115	50.50	39	30.00	203	44.704	283	13.64	171	49.697	251	57.63	3
11	24.455	217	44.15	152	50.89	33	32.03	250	44.987	250	15.35	216	49.948	231	57.60	21
21	24.672	190	45.67	183	51.22	27	34.53	286	45.237	212	17.51	252	50.179	207	57.39	35
Mai 1	24.862	160	47.50	205	51.49	21	37.39	313	45.449	172	20.03	278	50.386	182	57.04	47
11	25.022	127	49.55	219	51.70	13	40.52	329	45.621	127	22.81	295	50.568	155	56.57	55
21	25.149	94	51.74	226	51.83	6	43.81	333	45.748	82	25.76	302	50.723	123	56.02	60
30*	[29] 25.243	59	54.00	227	[30] 51.89	2	47.14	328	[30] 45.830	36	28.78	299	[31] 50.846	91	55.42	63
Juni 9	25.302	22	56.27	219	51.87	9	50.42	314	45.866	11	31.77	288	50.937	57	54.79	63
19	25.324	15	58.46	206	51.78	16	53.56	291	45.855	58	34.65	270	50.994	21	54.16	62
29	25.309	50	60.52	189	51.62	22	56.47	260	45.797	102	37.35	244	51.015	16	53.54	58
Juli 9	25.259	85	62.41	166	51.40	28	59.07	224	45.695	143	39.79	213	50.999	51	52.96	55
19	25.174	118	64.07	141	51.12	34	61.31	182	45.552	182	41.92	176	50.948	84	52.41	50
29	25.056	146	65.48	111	50.78	38	63.13	137	45.370	215	43.68	137	50.864	115	51.91	46
Aug. 8	24.910	170	66.59	81	50.40	41	64.50	88	45.155	242	45.05	94	50.749	141	51.45	41
18	24.740	186	67.40	48	49.99	44	65.38	36	44.913	260	45.99	48	50.608	159	51.04	35
28	24.554	196	67.88	14	49.55	45	65.74	15	44.653	272	46.47	2	50.449	171	50.69	31
Sept. 7	24.358	198	68.02	20	49.10	45	65.59	66	44.381	273	46.49	44	50.278	174	50.38	24
17	24.160	190	67.82	55	48.65	43	64.93	118	44.108	263	46.05	91	50.104	166	50.14	17
27	23.970	172	67.27	90	48.22	40	63.75	168	43.845	244	45.14	137	49.938	150	49.97	9
Okt. 7	23.798	145	66.37	124	47.82	36	62.07	214	43.601	213	43.77	181	49.788	124	49.88	2
17	23.653	111	65.13	156	47.46	31	59.93	258	43.388	173	41.96	221	49.664	88	49.90	14
27	23.542	68	63.57	188	47.15	24	57.35	295	43.215	124	39.75	259	49.576	47	50.04	28
Nov. 6	23.474	21	61.69	215	46.91	16	54.40	326	43.091	69	37.16	290	49.529	0	50.32	44
16	23.453	30	59.54	238	46.75	7	51.14	350	43.022	9	34.26	314	49.529	51	50.76	61
26	23.483	81	57.16	256	46.68	1	47.64	365	43.013	53	31.12	332	49.580	101	51.37	76
Dez. 6	23.564	131	54.60	266	46.69	10	43.99	369	43.066	114	27.80	339	49.681	149	52.13	92
16	23.695	178	51.94	269	46.79	20	40.30	361	43.180	173	24.41	336	49.830	192	53.05	105
26	23.873	218	49.25	262	46.99	27	36.69	342	43.353	226	21.05	322	50.022	230	54.10	114
36	24.091		46.63		47.26		33.27		43.579		17.83		50.252		55.24	
Mittl. Ort	22.158		55.38		48.84		46.61		42.870		29.14		47.268		53.68	
sec δ, tg δ	+1.075		+0.396		+2.057		+1.798		+1.357		+0.917		+1.017		—0.185	
a, *a′*	+2.6		—7.8		+0.8		—7.5		+1.9		—7.5		+3.3		—7.3	
b, *b′*	—0.01		+0.92		—0.04		+0.93		—0.02		+0.93		0.00		+0.93	

* Bei Stern 622) lies Mai 31.

Obere Kulmination Greenwich

Tag	626) η Herculis AR.		626) η Herculis Dekl.		625) α Triang. austr. AR.		625) α Triang. austr. Dekl.		627) Grb 2377 Draco AR.		627) Grb 2377 Draco Dekl.		628) ε Scorpii AR.		628) ε Scorpii Dekl.	
1957	16h 41m		+38° 59′		16h 44m		−68° 56′		16h 44m		+56° 51′		16h 47m		−34° 12′	
	s		″		s		″		s		″		s		″	
Jan. 1	24.182	242	66.68	303	4.49	58	54.04	178	26.601	280	23.63	327	22.235	287	53.52	14
11	24.424	281	63.65	274	5.07	66	52.26	140	26.881	340	20.36	293	22.522	318	53.38	4
21	24.705	311	60.91	234	5.73	71	50.86	100	27.221	388	17.43	247	22.840	341	53.42	20
31	25.016	331	58.57	187	6.44	75	49.86	59	27.609	424	14.96	193	23.181	354	53.62	34
Febr. 10	25.347	342	56.70	132	7.19	77	49.27	17	28.033	446	13.03	132	23.535	360	53.96	45
20	25.689	345	55.38	73	7.96	77	49.10	24	28.479	455	11.71	66	23.895	360	54.41	54
März 2	26.034	339	54.65	13	8.73	77	49.34	62	28.934	451	11.05	1	24.255	353	54.95	61
12	26.373	325	54.52	48	9.50	74	49.96	99	29.385	433	11.06	68	24.608	341	55.56	65
22	26.698	305	55.00	106	10.24	71	50.95	133	29.818	406	11.74	131	24.949	326	56.21	68
April 1	27.003	280	56.06	157	10.95	66	52.28	162	30.224	368	13.05	187	25.275	307	56.89	71
11	27.283	250	57.63	203	11.61	61	53.90	189	30.592	322	14.92	236	25.582	285	57.60	72
21	27.533	216	59.66	239	12.22	54	55.79	212	30.914	269	17.28	275	25.867	260	58.32	73
Mai 1	27.749	179	62.05	266	12.76	46	57.91	230	31.183	212	20.03	304	26.127	231	59.05	75
11	27.928	138	64.71	285	13.22	38	60.21	242	31.395	150	23.07	323	26.358	198	59.80	75
21	28.066	95	67.56	293	13.60	29	62.63	251	31.545	85	26.30	331	26.556	162	60.55	76
31	28.161	52	70.49	292	13.89	20	65.14	253	31.630	21	29.61	330	26.718	122	61.31	74
Juni 9	[2] 28.213	7	73.41	284	[2] 14.09	9	67.67	248	[2] 31.651	45	32.91	318	[3] 26.840	81	62.05	72
19	28.220	38	76.25	267	14.18	1	70.15	237	31.606	108	36.09	298	26.921	37	62.77	69
29	28.182	81	78.92	244	14.17	11	72.52	221	31.498	169	39.07	271	26.958	8	63.46	62
Juli 9	28.101	122	81.36	214	14.06	20	74.73	197	31.329	224	41.78	237	26.950	53	64.08	54
19	27.979	161	83.50	181	13.86	30	76.70	166	31.105	275	44.15	197	26.897	94	64.62	43
29	27.818	194	85.31	143	13.56	38	78.36	131	30.830	319	46.12	154	26.803	132	65.05	30
Aug. 8	27.624	222	86.74	101	13.18	44	79.67	90	30.511	353	47.66	107	26.671	165	65.35	15
18	27.402	242	87.75	59	12.74	50	80.57	45	30.158	379	48.73	57	26.506	190	65.50	2
28	27.160	254	88.34	14	12.24	52	81.02	2	29.779	393	49.30	7	26.316	205	65.48	20
Sept. 7	26.906	256	88.48	31	11.72	52	81.00	50	29.386	397	49.37	45	26.111	210	65.28	38
17	26.650	250	88.17	77	11.20	51	80.50	98	28.989	386	48.92	96	25.901	204	64.90	55
27	26.400	233	87.40	121	10.69	46	79.52	142	28.603	364	47.96	146	25.697	186	64.35	70
Okt. 7	26.167	204	86.19	165	10.23	39	78.10	182	28.239	328	46.50	194	25.511	156	63.65	81
17	25.963	167	84.54	205	9.84	31	76.28	216	27.911	280	44.56	238	25.355	116	62.84	89
27	25.796	121	82.49	242	9.53	20	74.12	241	27.631	220	42.18	278	25.239	67	61.95	93
Nov. 6	25.675	70	80.07	274	9.33	8	71.71	257	27.411	152	39.40	312	25.172	12	61.02	91
16	25.605	12	77.33	301	9.25	4	69.14	264	27.259	76	36.28	339	25.160	46	60.11	85
26	25.593	48	74.32	319	9.29	17	66.50	261	27.183	3	32.89	356	25.206	106	59.26	74
Dez. 6	25.641	106	71.13	328	9.46	30	63.89	247	27.186	85	29.33	363	25.312	163	58.52	59
16	25.747	161	67.85	328	9.76	41	61.42	226	27.271	163	25.70	360	25.475	214	57.93	43
26	25.908	213	64.57	316	10.17	52	59.16	198	27.434	237	22.10	345	25.689	260	57.50	24
36	26.121		61.41		10.69		57.18		27.671		18.65		25.949		57.26	
Mittl. Ort	25.185		70.99		5.58		65.97		28.621		29.39		22.420		61.05	
sec δ, tg δ	+1.287		+0.810		+2.784		−2.599		+1.829		+1.532		+1.209		−0.680	
a, *a′*	+2.1		−6.7		+6.4		−6.5		+1.1		−6.5		+3.9		−6.2	
b, *b′*	−0.02		+0.94		+0.06		+0.95		−0.03		+0.95		+0.01		+0.95	

Scheinbare Sternörter 1957

Obere Kulmination Greenwich

Tag	629) 49 Herculis AR.		629) 49 Herculis Dekl.		1444) 24 G. Arae AR.		1444) 24 G. Arae Dekl.		631) ζ Arae AR.		631) ζ Arae Dekl.		633) κ Ophiuchi AR.		633) κ Ophiuchi Dekl.	
1957	16h 50m		+15° 2′		16h 54m		−50° 34′		16h 55m		−55° 55′		16h 55m		+9° 26′	
	s		″		s		″		s		″		s		″	
Jan. 1	6.793	223	41.58	229	57.964	349	21.79	106	2.649	386	17.89	131	37.448	221	26.46	205
11	7.016	253	39.29	214	58.313	392	20.73	79	3.035	435	16.58	103	37.669	248	24.41	193
21	7.269	275	37.15	190	58.705	424	19.94	51	3.470	472	15.55	71	37.917	271	22.48	174
31	7.544	290	35.25	159	59.129	445	19.43	24	3.942	497	14.84	40	38.188	285	20.74	149
Febr. 10	7.834	296	33.66	123	59.574	456	19.19	$\overline{3}$	4.439	511	14.44	8	38.473	292	19.25	116
20	8.130	297	32.43	81	60.030	459	19.22	27	4.950	514	14.36	$\overline{22}$	38.765	294	18.09	80
März 2	8.427	293	31.62	36	60.489	453	19.49	51	5.464	508	14.58	49	39.059	289	17.29	41
12	8.720	283	31.26	$\overline{8}$	60.942	441	20.00	72	5.972	496	15.07	76	39.348	281	16.88	1
22	9.003	269	31.34	51	61.383	424	20.72	91	6.468	475	15.83	99	39.629	268	16.87	$\overline{37}$
April 1	9.272	251	31.85	90	61.807	400	21.63	109	6.943	449	16.82	121	39.897	252	17.24	74
11	9.523	231	32.75	126	62.207	372	22.72	123	7.392	417	18.03	140	40.149	234	17.98	105
21	9.754	207	34.01	155	62.579	339	23.95	137	7.809	378	19.43	157	40.383	211	19.03	132
Mai 1	9.961	180	35.56	177	62.918	301	25.32	147	8.187	334	21.00	170	40.594	186	20.35	153
11	10.141	151	37.33	193	63.219	257	26.79	156	8.521	285	22.70	181	40.780	158	21.88	167
21	10.292	120	39.26	201	63.476	210	28.35	160	8.806	229	24.51	188	40.938	127	23.55	175
31	10.412	85	41.27	204	63.686	157	29.95	163	9.035	170	26.39	190	41.065	95	25.30	178
Juni 9	4 10.497	50	43.31	200	5 63.843	101	31.58	162	5 9.205	106	28.29	188	5 41.160	59	27.08	175
19	10.547	13	45.31	190	63.944	44	33.20	155	9.311	40	30.17	182	41.219	23	28.83	167
29	10.560	$\overline{24}$	47.21	176	63.988	$\overline{16}$	34.75	145	9.351	$\overline{26}$	31.99	170	41.242	$\overline{13}$	30.50	155
Juli 9	10.536	60	48.97	158	63.972	73	36.20	130	9.325	92	33.69	153	41.229	50	32.05	140
19	10.476	94	50.55	137	63.899	128	37.50	110	9.233	154	35.22	130	41.179	85	33.45	123
29	10.382	126	51.92	113	63.771	179	38.60	87	9.079	209	36.52	104	41.094	116	34.68	102
Aug. 8	10.256	151	53.05	86	63.592	221	39.47	60	8.870	257	37.56	72	40.978	143	35.70	79
18	10.105	172	53.91	59	63.371	253	40.07	29	8.613	293	38.28	38	40.835	165	36.49	57
28	9.933	186	54.50	31	63.118	275	40.36	$\overline{4}$	8.320	317	38.66	1	40.670	178	37.06	33
Sept. 7	9.747	190	54.81	1	62.843	282	40.32	37	8.003	325	38.67	$\overline{37}$	40.492	184	37.39	8
17	9.557	186	54.82	$\overline{30}$	62.561	275	39.95	70	7.678	316	38.30	75	40.308	181	37.47	$\overline{18}$
27	9.371	172	54.52	60	62.286	253	39.25	100	7.362	292	37.55	110	40.127	168	37.29	43
Okt. 7	9.199	148	53.92	91	62.033	217	38.25	128	7.070	250	36.45	142	39.959	146	36.86	70
17	9.051	117	53.01	120	61.816	167	36.97	150	6.820	194	35.03	169	39.813	115	36.16	97
27	8.934	78	51.81	149	61.649	105	35.47	166	6.626	126	33.34	188	39.698	76	35.19	122
Nov. 6	8.856	33	50.32	175	61.544	37	33.81	175	6.500	49	31.46	200	39.622	32	33.97	146
16	8.823	$\overline{16}$	48.57	199	61.507	$\overline{38}$	32.06	177	6.451	$\overline{35}$	29.46	204	39.590	$\overline{15}$	32.51	169
26	8.839	65	46.58	217	61.545	113	30.29	172	6.486	119	27.42	201	39.605	65	30.82	186
Dez. 6	8.904	114	44.41	231	61.658	186	28.57	160	6.605	201	25.41	189	39.670	112	28.96	200
16	9.018	159	42.10	237	61.844	253	26.97	142	6.806	278	23.52	171	39.782	156	26.96	208
26	9.177	200	39.73	235	62.097	312	25.55	120	7.084	345	21.81	147	39.938	197	24.88	209
36	9.377		37.38		62.409		24.35		7.429		20.34		40.135		22.79	
Mittl. Ort	7.249		42.00		58.362		31.41		3.176		28.13		37.841		25.77	
sec δ, tg δ	+1.035		+0.269		+1.575		−1.216		+1.785		−1.478		+1.014		+0.166	
a, *a′*	+2.7		−6.0		+4.6		−5.6		+5.0		−5.6		+2.9		−5.6	
b, *b′*	−0.01		+0.95		+0.02		+0.96		+0.03		+0.96		0.00		+0.96	

Scheinbare Sternörter 1957

Obere Kulmination Greenwich

Tag	634) ε Herculis AR.	Δ	634) ε Herculis Dekl.	Δ	1449) 85 G. Ophiuchi AR.	Δ	1449) 85 G. Ophiuchi Dekl.	Δ	639) ζ Draconis AR.	Δ	639) ζ Draconis Dekl.	Δ	641) δ Herculis AR.	Δ	641) δ Herculis Dekl.	Δ
1957	16h 58m		+30° 59′		17h 5m		−17° 33′		17h 8m		+65° 45′		17h 13m		+24° 53′	
	s		″		s		″		s		″		s		″	
Jan. 1	37.734	218	16.96	285	44.610	237	8.68	64	36.22	28	59.25	340	15.121	202	18.75	267
11	37.952	253	14.11	263	44.847	266	9.32	70	36.50	37	55.85	309	15.323	237	16.08	248
21	38.205	282	11.48	230	45.113	288	10.02	73	36.87	44	52.76	267	15.560	265	13.60	221
31	38.487	303	9.18	188	45.401	303	10.75	70	37.31	50	50.09	214	15.825	285	11.39	185
Febr. 10	38.790	314	7.30	141	45.704	311	11.45	64	37.81	55	47.95	155	16.110	298	9.54	142
20	39.104	319	5.89	87	46.015	312	12.09	56	38.36	57	46.40	89	16.408	304	8.12	94
März 2	39.423	316	5.02	30	46.327	310	12.65	44	38.93	58	45.51	22	16.712	305	7.18	42
12	39.739	308	4.72	25	46.637	303	13.09	31	39.51	57	45.29	46	17.017	298	6.76	11
22	40.047	293	4.97	80	46.940	291	13.40	18	40.08	54	45.75	112	17.315	288	6.87	62
April 1	40.340	273	5.77	130	47.231	278	13.58	5	40.62	50	46.87	172	17.603	272	7.49	109
11	40.613	250	7.07	174	47.509	261	13.63	6	41.12	44	48.59	224	17.875	253	8.58	151
21	40.863	222	8.81	211	47.770	240	13.57	16	41.56	38	50.83	268	18.128	229	10.09	187
Mai 1	41.085	191	10.92	238	48.010	217	13.41	22	41.94	30	53.51	302	18.357	201	11.96	216
11	41.276	156	13.30	259	48.227	190	13.19	27	42.24	21	56.53	326	18.558	171	14.12	236
21	41.432	119	15.89	270	48.417	160	12.92	29	42.45	13	59.79	338	18.729	137	16.48	248
31	41.551	80	18.59	272	48.577	126	12.63	30	42.58	4	63.17	341	18.866	100	18.96	252
Juni 9*	[6] 41.631	39	21.31	267	[8] 48.703	90	12.33	29	[9] 42.62	5	66.58	334	[10] 18.966	61	21.48	250
19	41.670	3	23.98	255	48.793	51	12.04	28	42.57	13	69.92	318	19.027	21	23.98	239
29	41.667	44	26.53	235	48.844	12	11.76	25	42.44	22	73.10	294	19.048	19	26.37	224
Juli 9	41.623	84	28.88	211	48.856	28	11.51	23	42.22	30	76.04	262	19.029	59	28.61	203
19	41.539	123	30.99	182	48.828	67	11.28	22	41.92	38	78.66	225	18.970	97	30.64	177
29	41.416	156	32.81	149	48.761	102	11.06	21	41.54	43	80.91	183	18.873	133	32.41	148
Aug. 8	41.260	185	34.30	113	48.659	132	10.85	20	41.11	48	82.74	136	18.740	162	33.89	116
18	41.075	208	35.43	74	48.527	157	10.65	21	40.63	52	84.10	88	18.578	187	35.05	82
28	40.867	222	36.17	35	48.370	175	10.44	21	40.11	55	84.98	36	18.391	204	35.87	45
Sept. 7	40.645	229	36.52	7	48.195	182	10.23	23	39.56	56	85.34	17	18.187	212	36.32	9
17	40.416	225	36.45	48	48.013	180	10.00	23	39.00	55	85.17	69	17.975	211	36.41	28
27	40.191	212	35.97	89	47.833	168	9.77	21	38.45	53	84.48	121	17.764	201	36.13	67
Okt. 7	39.979	188	35.08	129	47.665	145	9.56	19	37.92	49	83.27	171	17.563	180	35.46	104
17	39.791	156	33.79	169	47.520	113	9.37	15	37.43	44	81.56	218	17.383	151	34.42	140
27	39.635	115	32.10	204	47.407	72	9.22	8	36.99	37	79.38	262	17.232	113	33.02	175
Nov. 6	39.520	67	30.06	237	47.335	27	9.14	2	36.62	29	76.76	299	17.119	69	31.27	206
16	39.453	16	27.69	264	47.308	24	9.16	12	36.33	19	73.77	330	17.050	21	29.21	234
26	39.437	38	25.05	285	47.332	76	9.28	25	36.14	9	70.47	352	17.029	31	26.87	255
Dez. 6	39.475	92	22.20	298	47.408	125	9.53	38	36.05	1	66.95	364	17.060	82	24.32	270
16	39.567	143	19.22	301	47.533	171	9.91	51	36.06	12	63.31	365	17.142	130	21.62	277
26	39.710	190	16.21	296	47.704	212	10.42	60	36.18	22	59.66	354	17.272	176	18.85	274
36	39.900		13.25		47.916		11.02		36.40		56.12		17.448		16.11	
Mittl. Ort	38.533		18.99		44.839		13.65		39.40		63.00		15.805		19.08	
sec δ, tg δ	+1.166		+0.601		+1.049		−0.316		+2.436		+2.222		+1.102		+0.464	
a, *a′*	+2.3		−5.3		+3.5		−4.7		+0.2		−4.5		+2.5		−4.1	
b, *b′*	−0.01		+0.96		0.00		+0.97		−0.03		+0.98		−0.01		+0.98	

* Bei Stern 641) lies Juni 10.

Scheinbare Sternörter 1957

Obere Kulmination Greenwich

Tag	643) π Herculis				1454) Pi 17^h 68 Herc				644) ϑ Ophiuchi				645) β Arae			
	AR.		Dekl.		AR.		Dekl.		AR.		Dekl.		AR.		Dekl.	
1957	$17^h\ 13^m$		+36° 51′		$17^h\ 18^m$		+18° 5′		$17^h\ 19^m$		−24° 57′		$17^h\ 21^m$		−55° 29′	
	s		″		s		″		s		″		s		″	
Jan. 1	31.838	206	22.16	304	24.464	198	60.70	239	21.684	237	24.27	15	42.493	345	20.59	154
11	32.044	246	19.12	280	24.662	231	58.31	226	21.921	270	24.42	25	42.838	400	19.05	128
21	32.290	280	16.32	248	24.893	258	56.05	202	22.191	294	24.67	32	43.238	441	17.77	102
31	32.570	306	13.84	205	25.151	277	54.03	171	22.485	311	24.99	36	43.679	472	16.75	73
Febr. 10	32.876	322	11.79	154	25.428	289	52.32	133	22.796	322	25.35	37	44.151	493	16.02	44
20	33.198	332	10.25	98	25.717	295	50.99	90	23.118	327	25.72	35	44.644	503	15.58	$\underline{16}$
März 2	33.530	333	9.27	$\underline{39}$	26.012	295	50.09	$\underline{44}$	23.445	326	26.07	32	45.147	505	15.42	12
12	33.863	326	8.88	21	26.307	291	49.65	3	23.771	320	26.39	28	45.652	498	15.54	38
22	34.189	314	9.09	79	26.598	281	49.68	49	24.091	312	26.67	22	46.150	486	15.92	63
April 1	34.503	296	9.88	133	26.879	268	50.17	93	24.403	299	26.89	17	46.636	466	16.55	86
11	34.799	271	11.21	181	27.147	250	51.10	131	24.702	284	27.06	12	47.102	439	17.41	108
21	35.070	243	13.02	222	27.397	229	52.41	164	24.986	264	27.18	9	47.541	406	18.49	127
Mai 1	35.313	211	15.24	253	27.626	205	54.05	191	25.250	240	27.27	8	47.947	367	19.76	144
11	35.524	173	17.77	277	27.831	176	55.96	209	25.490	213	27.35	7	48.314	321	21.20	159
21	35.697	133	20.54	290	28.007	144	58.05	220	25.703	182	27.42	7	48.635	270	22.79	170
31	35.830	91	23.44	295	28.151	111	60.25	225	25.885	147	27.49	9	48.905	211	24.49	178
Juni 10	$_{10}$35.921	47	26.39	291	$_{11}$28.262	73	62.50	223	$_{11}$26.032	109	27.58	11	$_{12}$49.116	148	26.27	182
19	35.968	$\underline{1}$	29.30	280	28.335	$\underline{34}$	64.73	215	26.141	68	27.69	13	49.264	82	28.09	180
29	35.969	44	32.10	261	28.369	4	66.88	201	26.209	$\underline{25}$	27.82	14	49.346	$\underline{15}$	29.89	174
Juli 9	35.925	89	34.71	235	28.365	44	68.89	182	26.234	18	27.96	14	49.361	53	31.63	162
19	35.836	130	37.06	206	28.321	81	70.71	160	26.216	59	28.10	12	49.308	119	33.25	145
29	35.706	167	39.12	171	28.240	116	72.31	136	26.157	99	28.22	9	49.189	180	34.70	123
Aug. 8	35.539	200	40.83	133	28.124	146	73.67	107	26.058	133	28.31	$\underline{5}$	49.009	232	35.93	95
18	35.339	226	42.16	91	27.978	171	74.74	78	25.925	161	28.36	2	48.777	276	36.88	64
28	35.113	243	43.07	49	27.807	189	75.52	47	25.764	181	28.34	9	48.501	307	37.52	$\underline{29}$
Sept. 7	34.870	252	43.56	$\underline{5}$	27.618	198	75.99	$\underline{15}$	25.583	192	28.25	18	48.194	322	37.81	8
17	34.618	252	43.61	40	27.420	197	76.14	18	25.391	192	28.07	26	47.872	322	37.73	46
27	34.366	240	43.21	85	27.223	189	75.96	51	25.199	181	27.81	32	47.550	306	37.27	83
Okt. 7	34.126	218	42.36	129	27.034	169	75.45	84	25.018	159	27.49	38	47.244	272	36.44	116
17	33.908	186	41.07	172	26.865	140	74.61	116	24.859	128	27.11	41	46.972	224	35.28	146
27	33.722	145	39.35	210	26.725	105	73.45	147	24.731	87	26.70	41	46.748	162	33.82	171
Nov. 6	33.577	98	37.25	246	26.620	62	71.98	176	24.644	$\underline{40}$	26.29	38	46.586	89	32.11	188
16	33.479	$\underline{45}$	34.79	276	26.558	$\underline{15}$	70.22	202	24.604	12	25.91	32	46.497	$\underline{9}$	30.23	198
26	33.434	12	32.03	299	26.543	33	68.20	222	24.616	66	25.59	24	46.488	73	28.25	201
Dez. 6	33.446	68	29.04	314	26.576	83	65.98	238	24.682	118	25.35	13	46.561	155	26.24	195
16	33.514	123	25.90	319	26.659	130	63.60	246	24.800	166	25.22	$\underline{1}$	46.716	232	24.29	184
26	33.637	175	22.71	315	26.789	172	61.14	245	24.966	211	25.21	10	46.948	302	22.45	165
36	33.812		19.56		26.961		58.69		25.177		25.31		47.250		20.80	
Mittl. Ort	32.843		23.66		25.029		59.99		21.950		30.24		43.162		29.80	
sec δ, tg δ	+1.250		+0.750		+1.052		+0.327		+1.103		−0.465		+1.765		−1.455	
a, a′	+2.1		−4.0		+2.6		−3.6		+3.7		−3.5		+5.0		−3.3	
b, b′	−0.01		+0.98		0.00		+0.98		+0.01		+0.98		+0.02		+0.99	

Obere Kulmination Greenwich

Tag	648) δ Arae AR.		648) δ Arae Dekl.		651) α Arae AR.		651) α Arae Dekl.		653) β Draconis AR.		653) β Draconis Dekl.		652) λ Scorpii AR.		652) λ Scorpii Dekl.	
1957	17h 27m		−60° 38′		17h 28m		−49° 50′		17h 29m		+52° 19′		17h 30m		−37° 4′	
	s		″		s		″		s		″		s		″	
Jan. 1	11.76	38	52.02	183	30.262	303	31.13	130	25.741	200	55.96	338	40.765	254	20.60	62
11	12.14	44	50.19	157	30.565	350	29.83	109	25.941	259	52.58	314	41.019	291	19.98	46
21	12.58	49	48.62	128	30.915	389	28.74	86	26.200	309	49.44	277	41.310	322	19.52	32
31	13.07	53	47.34	96	31.304	416	27.88	62	26.509	351	46.67	232	41.632	344	19.20	19
Febr. 10	13.60	56	46.38	64	31.720	434	27.26	39	26.860	382	44.35	177	41.976	357	19.01	6
20	14.16	57	45.74	32	32.154	445	26.87	15	27.242	401	42.58	116	42.333	365	18.95	4
März 2	14.73	58	45.42	1	32.599	448	26.72	7	27.643	410	41.42	50	42.698	368	18.99	14
12	15.31	57	45.43	31	33.047	443	26.79	27	28.053	407	40.92	15	43.066	364	19.13	22
22	15.88	56	45.74	60	33.490	433	27.06	47	28.460	395	41.07	80	43.430	356	19.35	29
April 1	16.44	53	46.34	89	33.923	418	27.53	67	28.855	373	41.87	141	43.786	344	19.64	37
11	16.97	51	47.23	114	34.341	396	28.20	84	29.228	343	43.28	196	44.130	327	20.01	43
21	17.48	47	48.37	138	34.737	368	29.04	99	29.571	305	45.24	242	44.457	307	20.44	50
Mai 1	17.95	42	49.75	159	35.105	336	30.03	115	29.876	261	47.66	279	44.764	281	20.94	56
11	18.37	37	51.34	176	35.441	297	31.18	129	30.137	211	50.45	307	45.045	251	21.50	64
21	18.74	31	53.10	191	35.738	253	32.47	138	30.348	156	53.52	325	45.296	216	22.14	70
31	19.05	25	55.01	201	35.991	203	33.85	146	30.504	99	56.77	333	45.512	176	22.84	75
Juni 10	19.30	17	57.02	205	36.194	148	35.31	151	30.603	39	60.10	331	45.688	132	23.59	79
19	^{13}19.47	9	59.07	206	^{14}36.342	90	36.82	152	^{14}30.642	21	63.41	320	^{14}45.820	86	24.38	81
29	19.56	1	61.13	199	36.432	30	38.34	147	30.621	80	66.61	301	45.906	37	25.19	81
Juli 9	19.57	6	63.12	187	36.462	31	39.81	139	30.541	138	69.62	275	45.943	12	26.00	77
19	19.51	14	64.99	168	36.431	90	41.20	126	30.403	192	72.37	242	45.931	61	26.77	70
29	19.37	21	66.67	144	36.341	144	42.46	107	30.211	241	74.79	205	45.870	107	27.47	60
Aug. 8	19.16	27	68.11	114	36.197	193	43.53	85	29.970	283	76.84	163	45.763	148	28.07	47
18	18.89	32	69.25	80	36.004	234	44.38	59	29.687	316	78.47	117	45.615	181	28.54	31
28	18.57	36	70.05	41	35.770	263	44.97	28	29.371	340	79.64	69	45.434	205	28.85	13
Sept. 7	18.21	38	70.46	0	35.507	278	45.25	3	29.031	354	80.33	18	45.229	220	28.98	7
17	17.83	38	70.46	41	35.229	281	45.22	35	28.677	356	80.51	32	45.009	222	28.91	27
27	17.45	36	70.05	83	34.948	268	44.87	68	28.321	345	80.19	83	44.787	212	28.64	47
Okt. 7	17.09	33	69.22	122	34.680	240	44.19	98	27.976	322	79.36	133	44.575	190	28.17	65
17	16.76	27	68.00	157	34.440	198	43.21	123	27.654	287	78.03	182	44.385	155	27.52	80
27	16.49	20	66.43	185	34.242	144	41.98	145	27.367	241	76.21	226	44.230	111	26.72	91
Nov. 6	16.29	13	64.58	207	34.098	81	40.53	160	27.126	186	73.95	267	44.119	60	25.81	98
16	16.16	3	62.51	221	34.017	11	38.93	169	26.940	122	71.28	301	44.059	2	24.83	101
26	16.13	6	60.30	226	34.006	62	37.24	170	26.818	53	68.27	328	44.057	57	23.82	98
Dez. 6	16.19	16	58.04	223	34.068	134	35.54	166	26.765	18	64.99	346	44.114	116	22.84	91
16	16.35	25	55.81	213	34.202	202	33.88	155	26.783	90	61.53	352	44.230	172	21.93	81
26	16.60	32	53.68	195	34.404	265	32.33	140	26.873	158	58.01	349	44.402	222	21.12	68
36	16.92		51.73		34.669		30.93		27.031		54.52		44.624		20.44	
Mittl. Ort	12.67		61.43		30.809		39.58		27.517		57.06		41.128		27.76	
sec δ, tg δ	+2.040		−1.778		+1.551		−1.185		+1.636		+1.295		+1.253		−0.756	
a, a′	+5.4		−2.9		+4.6		−2.7		+1.4		−2.7		+4.1		−2.6	
b, b′	+0.02		+0.99		+0.01		+0.99		−0.01		+0.99		+0.01		+0.99	

Scheinbare Sternörter 1957

Obere Kulmination Greenwich

Tag	656) α Ophiuchi AR.		656) α Ophiuchi Dekl.		654) ϑ Scorpii AR.		654) ϑ Scorpii Dekl.		658) ξ Serpentis AR.		658) ξ Serpentis Dekl.		664) ω Draconis AR.		664) ω Draconis Dekl.	
1957	17h 32m		+12° 35′		17h 34m		−42° 58′		17h 35m		−15° 22′		17h 37m		+68° 46′	
	s		″		s		″		s		″		s		″	
Jan. 1	55.689	187	25.74	214	13.094	268	13.25	97	7.010	208	18.75	64	8.08	23	40.14	347
11	55.876	220	23.60	204	13.362	309	12.28	80	7.218	240	19.39	66	8.31	34	36.67	323
21	56.096	246	21.56	184	13.671	344	11.48	62	7.458	265	20.05	65	8.65	43	33.44	287
31	56.342	267	19.72	159	14.015	369	10.86	44	7.723	284	20.70	61	9.08	51	30.57	241
Febr. 10	56.609	280	18.13	126	14.384	385	10.42	27	8.007	296	21.31	53	9.59	58	28.16	185
20	56.889	288	16.87	88	14.769	394	10.15	10	8.303	302	21.84	41	10.17	62	26.31	122
März 2	57.177	290	15.99	47	15.163	398	10.05	4	8.605	305	22.25	28	10.79	64	25.09	55
12	57.467	288	15.52	4	15.561	395	10.09	19	8.910	303	22.53	13	11.43	65	24.54	12
22	57.755	282	15.48	38	15.956	387	10.28	33	9.213	296	22.66	2	12.08	62	24.66	79
April 1	58.037	271	15.86	78	16.343	374	10.61	45	9.509	286	22.64	17	12.70	59	25.45	142
11	58.308	256	16.64	113	16.717	357	11.06	57	9.795	274	22.47	30	13.29	54	26.87	198
21	58.564	239	17.77	144	17.074	335	11.63	69	10.069	257	22.17	40	13.83	47	28.85	248
Mai 1	58.803	216	19.21	168	17.409	307	12.32	80	10.326	237	21.77	47	14.30	39	31.33	287
11	59.019	190	20.89	186	17.716	273	13.12	91	10.563	212	21.30	51	14.69	30	34.20	316
21	59.209	160	22.75	198	17.989	236	14.03	100	10.775	184	20.79	53	14.99	20	37.36	336
31	59.369	128	24.73	202	18.225	192	15.03	106	10.959	152	20.26	53	15.19	11	40.72	345
Juni 10	^{15}59.497	92	26.75	201	^{15}18.417	145	16.09	111	^{15}11.111	115	19.73	50	^{16}15.30	0	44.17	345
19	59.589	54	28.76	194	18.562	94	17.20	114	11.226	77	19.23	46	15.30	11	47.62	334
29	59.643	14	30.70	183	18.656	40	18.34	112	11.303	37	18.77	40	15.19	20	50.96	316
Juli 9	59.657	25	32.53	168	18.696	14	19.46	107	11.340	5	18.37	36	14.99	30	54.12	289
19	59.632	63	34.21	148	18.682	67	20.53	98	11.335	45	18.01	30	14.69	38	57.01	257
29	59.569	99	35.69	126	18.615	117	21.51	85	11.290	83	17.71	25	14.31	46	59.58	219
Aug. 8	59.470	131	36.95	103	18.498	161	22.36	68	11.207	118	17.46	22	13.85	53	61.77	175
18	59.339	158	37.98	77	18.337	198	23.04	47	11.089	147	17.24	19	13.32	58	63.52	128
28	59.181	177	38.75	50	18.139	226	23.51	24	10.942	168	17.05	16	12.74	62	64.80	79
Sept. 7	59.004	188	39.25	22	17.913	242	23.75	1	10.774	180	16.89	14	12.12	64	65.59	27
17	58.816	191	39.47	6	17.671	245	23.74	27	10.594	184	16.75	12	11.48	64	65.86	26
27	58.625	184	39.41	34	17.426	235	23.47	53	10.410	176	16.63	10	10.84	63	65.60	78
Okt. 7	58.441	167	39.07	64	17.191	211	22.94	77	10.234	158	16.53	6	10.21	61	64.82	131
17	58.274	142	38.43	92	16.980	175	22.17	98	10.076	131	16.47	2	9.60	55	63.51	181
27	58.132	107	37.51	120	16.805	128	21.19	114	9.945	94	16.45	4	9.05	48	61.70	228
Nov. 6	58.025	66	36.31	147	16.677	72	20.05	126	9.851	52	16.49	13	8.57	40	59.42	269
16	57.959	21	34.84	170	16.605	10	18.79	132	9.799	5	16.62	22	8.17	30	56.73	306
26	57.938	26	33.14	191	16.595	54	17.47	133	9.794	45	16.84	33	7.87	20	53.67	334
Dez. 6	57.964	73	31.23	206	16.649	118	16.14	127	9.839	93	17.17	43	7.67	7	50.33	354
16	58.037	119	29.17	216	16.767	178	14.87	118	9.932	140	17.60	53	7.60	4	46.79	361
26	58.156	161	27.01	218	16.945	233	13.69	105	10.072	182	18.13	61	7.64	15	43.18	357
36	58.317		24.83		17.178		12.64		10.254		18.74		7.79		39.61	
Mittl. Ort	56.195		23.71		13.538		20.89		7.316		23.65		11.90		40.89	
sec δ, tg δ	+1.025		+0.223		+1.367		−0.932		+1.037		−0.275		+2.763		+2.575	
a, *a′*	+2.8		−2.4		+4.3		−2.2		+3.4		−2.2		−0.4		−2.0	
b, *b′*	0.00		+0.99		+0.01		+0.99		0.00		+0.99		−0.02		+1.00	

Scheinbare Sternörter 1957

Obere Kulmination Greenwich

Tag	663) ι Herculis				665) β Ophiuchi				661) η Pavonis				670) ψ Draconis *pr*			
	AR.		Dekl.		AR.		Dekl.		AR.		Dekl.		AR.		Dekl.	
1957	17h 38m		+46° 1′		17h 41m		+4° 34′		17h 41m		—64° 42′		17h 42m		+72° 9′	
	s		″		s		″		s		″		s		″	
Jan. 1	13.513	181	41.97	328	20.361	184	64.52	171	29.26	39	12.65	213	37.13	23	73.64	349
11	13.694	233	38.69	308	20.545	216	62.81	165	29.65	47	10.52	189	37.36	37	70.15	325
21	13.927	278	35.61	275	20.761	241	61.16	152	30.12	54	8.63	160	37.73	48	66.90	291
31	14.205	314	32.86	232	21.002	262	59.64	131	30.66	58	7.03	128	38.21	57	63.99	246
Febr. 10	14.519	341	30.54	180	21.264	276	58.33	106	31.24	62	5.75	94	38.78	66	61.53	191
20	14.860	359	28.74	122	21.540	284	57.27	75	31.86	64	4.81	59	39.44	72	59.62	130
März 2	15.219	368	27.52	60	21.824	288	56.52	41	32.50	65	4.22	25	40.16	74	58.32	63
12	15.587	368	26.92	5	22.112	286	56.11	6	33.15	65	3.97	9	40.90	75	57.69	5
22	15.955	359	26.97	67	22.398	281	56.05	29	33.80	65	4.06	43	41.65	74	57.74	70
April 1	16.314	343	27.64	127	22.679	273	56.34	62	34.45	62	4.49	74	42.39	69	58.44	134
11	16.657	319	28.91	181	22.952	261	56.96	92	35.07	58	5.23	105	43.08	64	59.78	192
21	16.976	289	30.72	228	23.213	244	57.88	117	35.65	55	6.28	132	43.72	55	61.70	240
Mai 1	17.265	252	33.00	265	23.457	223	59.05	138	36.20	51	7.60	158	44.27	46	64.10	281
11	17.517	210	35.65	294	23.680	200	60.43	153	36.71	44	9.18	180	44.73	35	66.91	312
21	17.727	165	38.59	313	23.880	172	61.96	162	37.15	37	10.98	198	45.08	24	70.03	332
31	17.892	115	41.72	322	24.052	140	63.58	166	37.52	30	12.96	211	45.32	11	73.35	342
Juni 10	18.007	63	44.94	322	24.192	106	65.24	164	37.82	21	15.07	220	45.43	0	76.77	343
19	16 18.070	9	48.16	313	17 24.298	68	66.88	158	17 38.03	13	17.27	222	17 45.43	13	80.20	333
29	18.079	44	51.29	297	24.366	29	68.46	149	38.16	3	19.49	219	45.30	24	83.53	317
Juli 9	18.035	97	54.26	272	24.395	10	69.95	136	38.19	6	21.68	208	45.06	36	86.70	292
19	17.938	146	56.98	243	24.385	50	71.31	121	38.13	14	23.76	191	44.70	46	89.62	260
29	17.792	191	59.41	208	24.335	86	72.52	104	37.99	23	25.67	168	44.24	56	92.22	222
Aug. 8	17.601	232	61.49	167	24.249	119	73.56	85	37.76	30	27.35	138	43.68	63	94.44	179
18	17.369	264	63.16	125	24.130	146	74.41	65	37.46	36	28.73	103	43.05	69	96.23	133
28	17.105	288	64.41	79	23.984	167	75.06	45	37.10	41	29.76	62	42.36	74	97.56	85
Sept. 7	16.817	302	65.20	30	23.817	181	75.51	24	36.69	44	30.38	20	41.62	77	98.41	33
17	16.515	306	65.50	18	23.636	184	75.75	3	36.25	45	30.58	26	40.85	77	98.74	20
27	16.209	298	65.32	67	23.452	178	75.78	20	35.80	43	30.32	71	40.08	76	98.54	72
Okt. 7	15.911	280	64.65	116	23.274	163	75.58	41	35.37	39	29.61	114	39.32	73	97.82	124
17	15.631	249	63.49	164	23.111	137	75.17	63	34.98	34	28.47	154	38.59	67	96.58	174
27	15.382	208	61.85	207	22.974	105	74.54	86	34.64	27	26.93	188	37.92	60	94.84	222
Nov. 6	15.174	159	59.78	248	22.869	65	73.68	108	34.37	17	25.05	214	37.32	50	92.62	265
16	15.015	103	57.30	284	22.804	21	72.60	127	34.20	8	22.91	234	36.82	39	89.97	302
26	14.912	42	54.46	311	22.783	25	71.33	145	34.12	3	20.57	244	36.43	27	86.95	331
Dez. 6	14.870	21	51.35	330	22.808	72	69.88	160	34.15	13	18.13	245	36.16	13	83.64	350
16	14.891	84	48.05	339	22.880	117	68.28	170	34.28	24	15.68	238	36.03	1	80.14	360
26	14.975	144	44.66	337	22.997	158	66.58	174	34.52	33	13.30	225	36.04	15	76.54	358
36	15.119		41.29		23.155		64.84		34.85		11.05		36.19		72.96	
Mittl. Ort	14.926		41.97		20.788		61.41		30.50		21.67		41.85		73.81	
sec δ, tg δ	+1.440		+1.037		+1.003		+0.080		+2.340		—2.116		+3.266		+3.109	
a, a′	+1.7		—1.9		+3.0		—1.6		+5.9		—1.6		—1.1		—1.5	
b, b′	—0.01		+1.00		0.00		+1.00		+0.01		+1.00		—0.02		+1.00	

Scheinbare Sternörter 1957

Obere Kulmination Greenwich

Tag	667) μ Herculis[1] AR.		667) μ Herculis[1] Dekl.		675) 35 Draconis AR.		675) 35 Draconis Dekl.		671) ξ Draconis AR.		671) ξ Draconis Dekl.		672) ϑ Herculis AR.		672) ϑ Herculis Dekl.	
1957	17h 44m		+27° 44′		17h 51m		+76° 57′		17h 52m		+56° 52′		17h 54m		+37° 15′	
	s		″		s		″		s		″		s		″	
Jan. 1	45.627	172	42.44	278	15.40	24	72.42	345	44.833	169	44.74	346	45.525	158	20.26	307
11	45.799	210	39.66	262	15.64	41	68.97	324	45.002	238	41.28	327	45.683	204	17.19	292
21	46.009	242	37.04	237	16.05	59	65.73	292	45.240	301	38.01	295	45.887	243	14.27	264
31	46.251	269	34.67	203	16.64	73	62.81	249	45.541	354	35.06	252	46.130	276	11.63	227
Febr. 10	46.520	287	32.64	160	17.37	84	60.32	196	45.895	395	32.54	200	46.406	300	9.36	182
20	46.807	300	31.04	112	18.21	93	58.36	137	46.290	425	30.54	141	46.706	317	7.54	128
März 2	47.107	306	29.92	59	19.14	99	56.99	72	46.715	444	29.13	76	47.023	328	6.26	70
12	47.413	306	29.33	5	20.13	100	56.27	5	47.159	449	28.37	9	47.351	331	5.56	11
22	47.719	300	29.28	49	21.13	98	56.22	61	47.608	443	28.28	57	47.682	327	5.45	48
April 1	48.019	289	29.77	100	22.11	94	56.83	124	48.051	425	28.85	121	48.009	317	5.93	105
11	48.308	274	30.77	146	23.05	85	58.07	182	48.476	396	30.06	179	48.326	301	6.98	158
21	48.582	254	32.23	186	23.90	75	59.89	232	48.872	359	31.85	229	48.627	278	8.56	203
Mai 1	48.836	228	34.09	219	24.65	62	62.21	273	49.231	312	34.14	271	48.905	250	10.59	241
11	49.064	199	36.28	244	25.27	48	64.94	306	49.543	259	36.85	304	49.155	217	13.00	270
21	49.263	166	38.72	259	25.75	32	68.00	327	49.802	199	39.89	327	49.372	179	15.70	290
31	49.429	128	41.31	268	26.07	15	71.27	340	50.001	135	43.16	340	49.551	138	18.60	302
Juni 10	[18]49.557	88	43.99	268	26.22	1	74.67	342	50.136	67	46.56	342	49.689	93	21.62	304
19*	49.645	47	46.67	261	[19]26.21	18	78.09	335	[20]50.203	1	49.98	336	[20]49.782	46	24.66	298
29	49.692	3	49.28	248	26.03	34	81.44	320	50.202	69	53.34	321	49.828	2	27.64	285
Juli 9	49.695	40	51.76	228	25.69	49	84.64	296	50.133	135	56.55	299	49.826	50	30.49	264
19	49.655	82	54.04	203	25.20	63	87.60	267	49.998	198	59.54	269	49.776	96	33.13	239
29	49.573	121	56.07	175	24.57	76	90.27	231	49.800	256	62.23	233	49.680	139	35.52	208
Aug. 8	49.452	155	57.82	142	23.81	87	92.58	190	49.544	307	64.56	193	49.541	178	37.60	172
18	49.297	184	59.24	107	22.94	95	94.48	145	49.237	348	66.49	149	49.363	211	39.32	133
28	49.113	207	60.31	70	21.99	102	95.93	97	48.889	380	67.98	101	49.152	236	40.65	92
Sept. 7	48.906	220	61.01	31	20.97	106	96.90	47	48.509	400	68.99	50	48.916	252	41.57	48
17	48.686	224	61.32	8	19.91	107	97.37	5	48.109	408	69.49	1	48.664	258	42.05	3
27	48.462	218	61.24	48	18.84	107	97.32	57	47.701	403	69.48	53	48.406	254	42.08	43
Okt. 7	48.244	202	60.76	89	17.77	102	96.75	108	47.298	384	68.95	106	48.152	239	41.65	88
17	48.042	177	59.87	127	16.75	95	95.67	159	46.914	351	67.89	157	47.913	215	40.77	133
27	47.865	143	58.60	164	15.80	86	94.08	207	46.563	306	66.32	204	47.698	181	39.44	176
Nov. 6	47.722	102	56.96	199	14.94	74	92.01	251	46.257	251	64.28	249	47.517	138	37.68	214
16	47.620	56	54.97	230	14.20	60	89.50	288	46.006	185	61.79	287	47.379	90	35.54	250
26	47.564	5	52.67	254	13.60	44	86.62	319	45.821	112	58.92	319	47.289	36	33.04	279
Dez. 6	47.559	46	50.13	273	13.16	25	83.43	341	45.709	36	55.73	341	47.253	19	30.25	299
16	47.605	95	47.40	283	12.91	7	80.02	353	45.673	43	52.32	354	47.272	73	27.26	312
26	47.700	143	44.57	284	12.84	12	76.49	352	45.716	121	48.78	354	47.345	126	24.14	314
36	47.843		41.73		12.96		72.97		45.837		45.24		47.471		21.00	
Mittl. Ort	46.415		41.00		22.17		71.61		46.978		43.70		46.585		18.47	
sec δ, tg δ	+1.130		+0.526		+4.435		+4.321		+1.830		+1.533		+1.256		+0.761	
a, *a′*	+2.4		−1.3		−2.7		−0.8		+1.0		−0.6		+2.1		−0.5	
b, *b′*	0.00		+1.00		−0.01		+1.00		0.00		+1.00		0.00		+1.00	

[1] Die jährliche Parallaxe (0″.109) ist bereits berücksichtigt.

* Bei Stern 671) und 672) lies Juni 20.

Scheinbare Sternörter 1957

Obere Kulmination Greenwich

Tag	676) γ Draconis AR.		676) γ Draconis Dekl.		673) ν Ophiuchi AR.		673) ν Ophiuchi Dekl.		677) 67 Ophiuchi AR.		677) 67 Ophiuchi Dekl.		679) γ Sagittarii AR.		679) γ Sagittarii Dekl.	
1957	17h 55m		+51° 29′		17h 56m		−9° 46′		17h 58m		+2° 55′		18h 3m		−30° 25′	
	s		″		s		″		s		″		s		″	
Jan. 1	34.600	160	37.10	340	39.093	182	7.59	87	28.938	169	59.24	159	2.259	203	29.42	40
11	34.760	221	33.70	322	39.275	214	8.46	87	29.107	202	57.65	153	2.462	242	29.02	33
21	34.981	274	30.48	291	39.489	242	9.33	83	29.309	230	56.12	142	2.704	273	28.69	25
31	35.255	319	27.57	249	39.731	263	10.16	73	29.539	252	54.70	123	2.977	297	28.44	20
Febr. 10	35.574	356	25.08	200	39.994	278	10.89	60	29.791	267	53.47	100	3.274	316	28.24	15
20	35.930	381	23.08	142	40.272	288	11.49	43	30.058	279	52.47	71	3.590	328	28.09	12
März 2	36.311	397	21.66	78	40.560	293	11.92	23	30.337	285	51.76	39	3.918	335	27.97	11
12	36.708	402	20.88	12	40.853	295	12.15	2	30.622	286	51.37	6	4.253	338	27.86	9
22	37.110	397	20.76	53	41.148	293	12.17	19	30.908	284	51.31	28	4.591	336	27.77	9
April 1	37.507	383	21.29	115	41.441	286	11.98	38	31.192	279	51.59	60	4.927	330	27.68	7
11	37.890	360	22.44	172	41.727	276	11.60	55	31.471	268	52.19	89	5.257	320	27.61	5
21	38.250	328	24.16	222	42.003	263	11.05	70	31.739	255	53.08	114	5.577	306	27.56	2
Mai 1	38.578	290	26.38	265	42.266	245	10.35	82	31.994	236	54.22	133	5.883	287	27.54	3
11	38.868	244	29.03	297	42.511	223	9.53	88	32.230	214	55.55	148	6.170	262	27.57	9
21	39.112	193	32.00	319	42.734	196	8.65	92	32.444	188	57.03	158	6.432	233	27.66	15
31	39.305	138	35.19	332	42.930	165	7.73	92	32.632	157	58.61	161	6.665	198	27.81	23
Juni 10	39.443	80	38.51	336	43.095	131	6.81	89	32.789	122	60.22	160	6.863	158	28.04	30
20	[20] 39.523	19	41.87	330	[21] 43.226	93	5.92	83	[21] 32.911	85	61.82	154	[22] 7.021	116	28.34	37
29	39.542	42	45.17	316	43.319	53	5.09	76	32.996	45	63.36	146	7.137	69	28.71	42
Juli 9	39.500	100	48.33	294	43.372	11	4.33	68	33.041	5	64.82	133	7.206	22	29.13	44
19	39.400	157	51.27	266	43.383	30	3.65	58	33.046	35	66.15	118	7.228	26	29.57	46
29	39.243	209	53.93	231	43.353	68	3.07	48	33.011	73	67.33	102	7.202	71	30.03	44
Aug. 8	39.034	256	56.24	192	43.285	105	2.59	39	32.938	109	68.35	84	7.131	114	30.47	39
18	38.778	294	58.16	149	43.180	136	2.20	31	32.829	138	69.19	65	7.017	150	30.86	33
28	38.484	323	59.65	102	43.044	160	1.89	22	32.691	161	69.84	46	6.867	179	31.19	22
Sept. 7	38.161	342	60.67	53	42.884	175	1.67	14	32.530	177	70.30	27	6.688	198	31.41	10
17	37.819	351	61.20	3	42.709	182	1.53	6	32.353	184	70.57	7	6.490	206	31.51	2
27	37.468	346	61.23	48	42.527	178	1.47	1	32.169	180	70.64	14	6.284	203	31.49	16
Okt. 7	37.122	329	60.75	99	42.349	164	1.48	10	31.989	168	70.50	34	6.081	189	31.33	30
17	36.793	301	59.76	150	42.185	141	1.58	18	31.821	145	70.16	55	5.892	163	31.03	41
27	36.492	260	58.26	197	42.044	108	1.76	29	31.676	114	69.61	75	5.729	127	30.62	50
Nov. 6	36.232	210	56.29	240	41.936	70	2.05	40	31.562	76	68.86	95	5.602	82	30.12	56
16	36.022	152	53.89	279	41.866	25	2.45	51	31.486	34	67.91	115	5.520	33	29.56	60
26	35.870	87	51.10	310	41.841	22	2.96	62	31.452	11	66.76	132	5.487	20	28.96	59
Dez. 6	35.783	19	48.00	332	41.863	68	3.58	72	31.463	57	65.44	145	5.507	74	28.37	55
16	35.764	50	44.68	346	41.931	114	4.30	82	31.520	102	63.99	156	5.581	125	27.82	51
26	35.814	118	41.22	347	42.045	155	5.12	87	31.622	143	62.43	160	5.706	174	27.31	43
36	35.932		37.75		42.200		5.99		31.765		60.83		5.880		26.88	
Mittl. Ort	36.332		35.67		39.450		12.19		29.370		55.44		2.654		35.38	
sec δ, tg δ	+1.606		+1.257		+1.015		−0.172		+1.001		+0.051		+1.160		−0.587	
a, *a′*	+1.4		−0.4		+3.3		−0.3		+3.0		−0.1		+3.9		+0.3	
b, *b′*	0.00		+1.00		0.00		+1.00		0.00		+1.00		0.00		+1.00	

K

Scheinbare Sternörter 1957

Obere Kulmination Greenwich

Tag	680) 72 Ophiuchi AR.		680) Dekl.		681) o Herculis AR.		681) Dekl.		682) μ Sagittarii AR.		682) Dekl.		685) 36 Draconis AR.		685) Dekl.	
1957	18h 5m		+9° 33′		18h 5m		+28° 45′		18h 11m		−21° 4′		18h 13m		+64° 22′	
	s		″		s		″		s		″		s		″	
Jan. 1	18.066	158	26.36	192	50.975	149	22.24	278	11.061	181	13.56	13	35.86	13	60.10	352
11	18.224	193	24.44	184	51.124	189	19.46	266	11.242	216	13.69	16	35.99	23	56.58	338
21	18.417	222	22.60	170	51.313	224	16.80	243	11.458	246	13.85	17	36.22	31	53.20	311
31	18.639	245	20.90	148	51.537	253	14.37	211	11.704	270	14.02	16	36.53	39	50.09	272
Febr. 10	18.884	263	19.42	119	51.790	276	12.26	171	11.974	288	14.18	12	36.92	45	47.37	223
20	19.147	275	18.23	85	52.066	293	10.55	123	12.262	300	14.30	6	37.37	50	45.14	165
März 2	19.422	283	17.38	48	52.359	303	9.32	71	12.562	308	14.36	2	37.87	53	43.49	101
12	19.705	287	16.90	8	52.662	308	8.61	16	12.870	312	14.34	12	38.40	55	42.48	35
22	19.992	285	16.82	32	52.970	306	8.45	38	13.182	311	14.22	21	38.95	55	42.13	33
April 1	20.277	280	17.14	70	53.276	300	8.83	90	13.493	308	14.01	28	39.50	54	42.46	99
11	20.557	271	17.84	104	53.576	287	9.73	139	13.801	300	13.73	35	40.04	50	43.45	159
21	20.828	257	18.88	134	53.863	270	11.12	181	14.101	287	13.38	40	40.54	46	45.04	213
Mai 1	21.085	239	20.22	159	54.133	248	12.93	217	14.388	271	12.98	42	41.00	40	47.17	259
11	21.324	216	21.81	178	54.381	221	15.10	245	14.659	249	12.56	42	41.40	34	49.76	297
21	21.540	190	23.59	189	54.602	188	17.55	264	14.908	223	12.14	39	41.74	27	52.73	324
31	21.730	158	25.48	196	54.790	151	20.19	275	15.131	191	11.75	34	42.01	18	55.97	342
Juni 10	21.888	124	27.44	196	54.941	111	22.94	279	15.322	155	11.41	28	42.19	10	59.39	350
20	22.012	85	29.40	191	55.052	69	25.73	274	15.477	116	11.13	22	42.29	1	62.89	347
29	[23] 22.097	46	31.31	181	[23] 55.121	25	28.47	263	[24] 15.593	73	10.91	14	[25] 42.30	8	66.36	337
Juli 9	22.143	5	33.12	167	55.146	20	31.10	245	15.666	28	10.77	8	42.22	16	69.73	318
19	22.148	36	34.79	150	55.126	65	33.55	222	15.694	16	10.69	2	42.06	24	72.91	292
29	22.112	75	36.29	130	55.061	106	35.77	195	15.678	60	10.67	2	41.82	32	75.83	259
Aug. 8	22.037	110	37.59	108	54.955	143	37.72	164	15.618	99	10.69	5	41.50	38	78.42	221
18	21.927	141	38.67	85	54.812	176	39.36	129	15.519	134	10.74	6	41.12	44	80.63	178
28	21.786	165	39.52	61	54.636	202	40.65	92	15.385	162	10.80	5	40.68	48	82.41	132
Sept. 7	21.621	182	40.13	35	54.434	218	41.57	53	15.223	180	10.85	2	40.20	51	83.73	81
17	21.439	189	40.48	10	54.216	227	42.10	13	15.043	190	10.87	1	39.69	53	84.54	30
27	21.250	187	40.58	16	53.989	225	42.23	27	14.853	189	10.86	5	39.16	53	84.84	24
Okt. 7	21.063	175	40.42	43	53.764	212	41.96	68	14.664	176	10.81	9	38.63	52	84.60	78
17	20.888	154	39.99	69	53.552	190	41.28	109	14.488	154	10.72	11	38.11	48	83.82	130
27	20.734	124	39.30	95	53.362	160	40.19	148	14.334	122	10.61	13	37.63	43	82.52	181
Nov. 6	20.610	87	38.35	120	53.202	122	38.71	184	14.212	82	10.48	12	37.20	38	80.71	229
16	20.523	46	37.15	143	53.080	77	36.87	217	14.130	37	10.36	9	36.82	30	78.42	271
26	20.477	1	35.72	163	53.003	29	34.70	244	14.093	12	10.27	5	36.52	21	75.71	307
Dez. 6	20.476	45	34.09	178	52.974	21	32.26	266	14.105	61	10.22	0	36.31	12	72.64	334
16	20.521	90	32.31	190	52.995	71	29.60	278	14.166	109	10.22	5	36.19	3	69.30	352
26	20.611	131	30.41	195	53.066	118	26.82	283	14.275	152	10.27	12	36.16	8	65.78	357
36	20.742		28.46		53.184		23.99		14.427		10.39		36.24		62.21	
Mittl. Ort	18.568		22.69		51.798		19.33		11.431		18.89		38.85		56.96	
sec δ, tg δ	+1.014		+0.168		+1.141		+0.549		+1.072		−0.385		+2.313		+2.086	
a, *a′*	+2.8		+0.5		+2.3		+0.5		+3.6		+1.0		+0.3		+1.2	
b, *b′*	0.00		+1.00		0.00		+1.00		0.00		+1.00		+0.01		+1.00	

Obere Kulmination Greenwich

Tag	688) η Serpentis AR.		Dekl.		689) ε Sagittarii AR.		Dekl.		695) χ Draconis[1] AR.		Dekl.		690) 109 Herculis AR.		Dekl.	
1957	18h 19m		−2° 54′		18h 21m		−34° 24′		18h 21m		+72° 42′		18h 21m		+21° 44′	
	s		″		s		″		s		″		s		″	
Jan. 1	4.578	153	36.96	121	18.612	190	19.18	74	45.09	12	57.14	352	51.161	135	60.16	248
11	4.731	187	38.17	119	18.802	232	18.44	66	45.21	26	53.62	339	51.296	174	57.68	239
21	4.918	216	39.36	110	19.034	266	17.78	60	45.47	39	50.23	314	51.470	207	55.29	221
31	5.134	240	40.46	96	19.300	295	17.18	52	45.86	51	47.09	278	51.677	236	53.08	193
Febr. 10	5.374	258	41.42	78	19.595	317	16.66	46	46.37	61	44.31	230	51.913	258	51.15	159
20	5.632	272	42.20	55	19.912	332	16.20	40	46.98	68	42.01	174	52.171	275	49.56	117
März 2	5.904	281	42.75	28	20.244	344	15.80	35	47.66	74	40.27	112	52.446	288	48.39	70
12	6.185	286	43.03	1	20.588	350	15.45	30	48.40	77	39.15	45	52.734	294	47.69	21
22	6.471	287	43.04	27	20.938	351	15.15	25	49.17	77	38.70	22	53.028	296	47.48	28
April 1	6.758	284	42.77	53	21.289	348	14.90	19	49.94	76	38.92	87	53.324	294	47.76	77
11	7.042	278	42.24	78	21.637	341	14.71	12	50.70	71	39.79	148	53.618	285	48.53	121
21	7.320	266	41.46	98	21.978	329	14.59	5	51.41	65	41.27	204	53.903	272	49.74	161
Mai 1	7.586	252	40.48	114	22.307	311	14.54	4	52.06	56	43.31	251	54.175	253	51.35	194
11	7.838	232	39.34	126	22.618	287	14.58	14	52.62	47	45.82	289	54.428	230	53.29	220
21	8.070	207	38.08	132	22.905	259	14.72	24	53.09	35	48.71	319	54.658	202	55.49	239
31	8.277	178	36.76	135	23.164	224	14.96	35	53.44	24	51.90	338	54.860	169	57.88	250
Juni 10	8.455	144	35.41	133	23.388	184	15.31	46	53.68	11	55.28	347	55.029	132	60.38	254
20	[26] 8.599	107	34.08	126	[27] 23.572	138	15.77	54	[27] 53.79	2	58.75	347	[27] 55.161	92	62.92	251
29	8.706	67	32.82	118	23.710	91	16.31	62	53.77	14	62.22	338	55.253	50	65.43	241
Juli 9	8.773	26	31.64	107	23.801	41	16.93	67	53.63	26	65.60	321	55.303	6	67.84	226
19	8.799	16	30.57	94	23.842	11	17.60	68	53.37	38	68.81	297	55.309	38	70.10	206
29	8.783	56	29.63	80	23.831	60	18.28	67	52.99	49	71.78	265	55.271	79	72.16	182
Aug. 8	8.727	94	28.83	65	23.771	106	18.95	62	52.50	58	74.43	229	55.192	117	73.98	154
18	8.633	127	28.18	50	23.665	146	19.57	54	51.92	66	76.72	187	55.075	150	75.52	125
28	8.506	153	27.68	36	23.519	179	20.11	42	51.26	72	78.59	141	54.925	177	76.77	92
Sept. 7	8.353	171	27.32	20	23.340	203	20.53	27	50.54	77	80.00	91	54.748	197	77.69	57
17	8.182	182	27.12	6	23.137	215	20.80	10	49.77	79	80.91	40	54.551	207	78.26	23
27	8.000	181	27.06	8	22.922	216	20.90	7	48.98	80	81.31	12	54.344	207	78.49	13
Okt. 7	7.819	171	27.14	23	22.706	204	20.83	24	48.18	78	81.19	66	54.137	198	78.36	50
17	7.648	152	27.37	39	22.502	181	20.59	41	47.40	73	80.53	119	53.939	179	77.86	86
27	7.496	124	27.76	53	22.321	147	20.18	56	46.67	68	79.34	170	53.760	152	77.00	120
Nov. 6	7.372	88	28.29	68	22.174	103	19.62	68	45.99	60	77.64	219	53.608	117	75.80	154
16	7.284	47	28.97	83	22.071	54	18.94	76	45.39	50	75.45	263	53.491	76	74.26	184
26	7.237	4	29.80	97	22.017	0	18.18	81	44.89	38	72.82	299	53.415	31	72.42	210
Dez. 6	7.233	41	30.77	109	22.017	54	17.37	82	44.51	25	69.83	328	53.384	16	70.32	231
16	7.274	86	31.86	118	22.071	108	16.55	80	44.26	11	66.55	348	53.400	62	68.01	245
26	7.360	127	33.04	122	22.179	158	15.75	75	44.15	3	63.07	355	53.462	107	65.56	251
36	7.487		34.26		22.337		15.00		44.18		59.52		53.569		63.05	
Mittl. Ort	4.986		41.56		19.075		24.93		49.90		53.14		51.838		56.08	
sec δ, tg δ	+1.001		−0.051		+1.212		−0.685		+3.366		+3.214		+1.077		+0.399	
a, *a′*	+3.1		+1.7		+4.0		+1.9		−1.2		+1.9		+2.5		+1.9	
b, *b′*	0.00		+1.00		0.00		+1.00		+0.02		+1.00		0.00		+1.00	

[1] Die jährliche Parallaxe (0″.119) ist bereits berücksichtigt.

Scheinbare Sternörter 1957

Obere Kulmination Greenwich

Tag	691) α Telescopii				699) α Lyrae[1]				698) ζ Pavonis				703) 110 Herculis			
	AR.		Dekl.		AR.		Dekl.		AR.		Dekl.		AR.		Dekl.	
1957	18h 23m		−45° 59′		18h 35m		+38° 44′		18h 37m		−71° 27′		18h 43m		+20° 30′	
	s		″		s		″		s		″		s		″	
Jan. 1	46.433	213	32.68	144	27.788	112	38.01	308	59.03	33	60.38	278	47.925	113	19.17	238
11	46.646	263	31.24	134	27.900	160	34.93	298	59.36	45	57.60	265	48.038	152	16.79	232
21	46.909	306	29.90	120	28.060	204	31.95	277	59.81	55	54.95	245	48.190	186	14.47	217
31	47.215	340	28.70	107	28.264	242	29.18	246	60.36	65	52.50	218	48.376	217	12.30	192
Febr. 10	47.555	368	27.63	92	28.506	275	26.72	205	61.01	72	50.32	188	48.593	241	10.38	160
20	47.923	388	26.71	75	28.781	300	24.67	156	61.73	77	48.44	155	48.834	262	8.78	120
März 2	48.311	402	25.96	59	29.081	319	23.11	100	62.50	81	46.89	119	49.096	278	7.58	76
12	48.713	410	25.37	43	29.400	331	22.11	42	63.31	84	45.70	81	49.374	288	6.82	29
22	49.123	412	24.94	26	29.731	336	21.69	19	64.15	85	44.89	42	49.662	293	6.53	20
April 1	49.535	408	24.68	8	30.067	333	21.88	78	65.00	85	44.47	4	49.955	294	6.73	67
11	49.943	400	24.60	9	30.400	325	22.66	133	65.85	83	44.43	34	50.249	291	7.40	111
21	50.343	385	24.69	27	30.725	309	23.99	183	66.68	79	44.77	73	50.540	281	8.51	152
Mai 1	50.728	364	24.96	45	31.034	287	25.82	227	67.47	75	45.50	109	50.821	266	10.03	186
11	51.092	336	25.41	62	31.321	257	28.09	262	68.22	68	46.59	142	51.087	245	11.89	213
21	51.428	301	26.03	80	31.578	223	30.71	288	68.90	61	48.01	173	51.332	219	14.02	233
31	51.729	260	26.83	95	31.801	183	33.59	305	69.51	52	49.74	199	51.551	189	16.35	246
Juni 10	51.989	211	27.78	109	31.984	138	36.64	314	70.03	41	51.73	221	51.740	154	18.81	252
20	[28]52.200	158	28.87	119	32.122	90	39.78	315	70.44	30	53.94	236	51.894	114	21.33	251
29*	52.358	103	30.06	126	[1]32.212	40	42.93	307	[1]70.74	17	56.30	245	[3]52.008	72	23.84	243
Juli 9	52.461	43	31.32	129	32.252	10	46.00	292	70.91	5	58.75	247	52.080	28	26.27	229
19	52.504	17	32.61	127	32.242	61	48.92	270	70.96	7	61.22	240	52.108	17	28.56	211
29	52.487	76	33.88	120	32.181	109	51.62	243	70.89	20	63.62	225	52.091	59	30.67	189
Aug. 8	52.411	129	35.08	109	32.072	153	54.05	210	70.69	31	65.87	203	52.032	100	32.56	163
18	52.282	178	36.17	92	31.919	192	56.15	174	70.38	42	67.90	174	51.932	135	34.19	134
28	52.104	217	37.09	71	31.727	223	57.89	134	69.96	50	69.64	137	51.797	165	35.53	103
Sept. 7	51.887	244	37.80	46	31.504	247	59.23	90	69.46	57	71.01	94	51.632	187	36.56	70
17	51.643	260	38.26	18	31.257	260	60.13	46	68.89	61	71.95	47	51.445	200	37.26	36
27	51.383	261	38.44	11	30.997	263	60.59	0	68.28	62	72.42	4	51.245	205	37.62	1
Okt. 7	51.122	249	38.33	40	30.734	256	60.59	47	67.66	60	72.38	55	51.040	199	37.63	34
17	50.873	222	37.93	68	30.478	239	60.12	94	67.06	56	71.83	105	50.841	184	37.29	69
27	50.651	183	37.25	94	30.239	211	59.18	139	66.50	49	70.78	152	50.657	160	36.60	104
Nov. 6	50.468	134	36.31	115	30.028	174	57.79	182	66.01	40	69.26	194	50.497	129	35.56	136
16	50.334	75	35.16	132	29.854	131	55.97	222	65.61	28	67.32	228	50.368	90	34.20	167
26	50.259	13	33.84	143	29.723	81	53.75	255	65.33	15	65.04	255	50.278	48	32.53	194
Dez. 6	50.246	52	32.41	149	29.642	29	51.20	282	65.18	2	62.49	272	50.230	4	30.59	216
16	50.298	115	30.92	150	29.613	25	48.38	301	65.16	11	59.77	281	50.226	41	28.43	232
26	50.413	175	29.42	147	29.638	77	45.37	310	65.27	25	56.96	281	50.267	85	26.11	239
36	50.588		27.95		29.715		42.27		65.52		54.15		50.352		23.72	
Mittl. Ort	47.082		38.78		28.876		33.13		61.38		66.51		48.569		13.88	
sec δ, tg δ	+1.439		−1.035		+1.282		+0.802		+3.146		−2.983		+1.068		+0.374	
a, *a′*	+4.4		+2.1		+2.0		+3.1		+7.0		+3.3		+2.6		+3.8	
b, *b′*	−0.01		+0.99		+0.01		+0.99		−0.03		+0.99		0.00		+0.98	

[1] Die jährliche Parallaxe (0″.121) ist bereits berücksichtigt.

* Bei Stern 699), 698) und 703) lies Juni 30.

Scheinbare Sternörter 1957

Obere Kulmination Greenwich

Tag	704) λ Pavonis				705) β Lyrae				707) o Draconis				706) σ Sagittarii			
	AR.		Dekl.		AR.		Dekl.		AR.		Dekl.		AR.		Dekl.	
1957	18h 48m		—62° 14′		18h 48m		+33° 18′		18h 50m		+59° 19′		18h 52m		—26° 20′	
	s		″		s		″		s		″		s		″	
Jan. 1	12.87	23	17.11	242	28.532	99	47.77	289	31.720	64	73.91	346	35.519	143	62.13	36
11	13.10	31	14.69	232	28.631	143	44.88	282	31.784	143	70.45	341	35.662	183	61.77	35
21	13.41	38	12.37	218	28.774	184	42.06	264	31.927	219	67.04	323	35.845	217	61.42	35
31	13.79	45	10.19	198	28.958	221	39.42	237	32.146	287	63.81	293	36.062	246	61.07	36
Febr. 10	14.24	49	8.21	175	29.179	251	37.05	200	32.433	347	60.88	250	36.308	270	60.71	37
20	14.73	53	6.46	148	29.430	277	35.05	154	32.780	396	58.38	199	36.578	289	60.34	41
März 2	15.26	56	4.98	121	29.707	296	33.51	103	33.176	435	56.39	140	36.867	304	59.93	44
12	15.82	58	3.77	90	30.003	310	32.48	47	33.611	461	54.99	76	37.171	314	59.49	49
22	16.40	59	2.87	59	30.313	317	32.01	9	34.072	475	54.23	10	37.485	322	59.00	52
April 1	16.99	60	2.28	27	30.630	319	32.10	65	34.547	475	54.13	56	37.807	325	58.48	55
11	17.59	58	2.01	6	30.949	314	32.75	119	35.022	462	54.69	119	38.132	323	57.93	55
21	18.17	57	2.07	38	31.263	303	33.94	168	35.484	437	55.88	177	38.455	317	57.38	54
Mai 1	18.74	54	2.45	69	31.566	284	35.62	209	35.921	402	57.65	229	38.772	305	56.84	51
11	19.28	50	3.14	100	31.850	261	37.71	244	36.323	355	59.94	271	39.077	288	56.33	44
21	19.78	45	4.14	128	32.111	230	40.15	271	36.678	300	62.65	306	39.365	265	55.89	36
31	20.23	40	5.42	153	32.341	195	42.86	288	36.978	237	65.71	331	39.630	236	55.53	26
Juni 10	20.63	32	6.95	175	32.536	155	45.74	299	37.215	168	69.02	346	39.866	201	55.27	15
20	20.95	25	8.70	191	32.691	111	48.73	300	37.383	94	72.48	352	40.067	161	55.12	4
30	21.20	16	10.61	203	32.802	64	51.73	294	37.477	20	76.00	349	40.228	117	55.08	7
Juli 9	[4]21.36	8	12.64	208	[4]32.866	15	54.67	281	[4]37.497	56	79.49	338	[5]40.345	69	55.15	18
19	21.44	1	14.72	207	32.881	33	57.48	261	37.441	129	82.87	318	40.414	22	55.33	27
29	21.43	10	16.79	198	32.848	80	60.09	237	37.312	200	86.05	292	40.436	26	55.60	32
Aug. 8	21.33	18	18.77	182	32.768	124	62.46	207	37.112	264	88.97	258	40.410	72	55.92	36
18	21.15	25	20.59	159	32.644	162	64.53	174	36.848	320	91.55	221	40.338	113	56.28	38
28	20.90	32	22.18	129	32.482	195	66.27	136	36.528	368	93.76	178	40.225	148	56.66	35
Sept. 7	20.58	37	23.47	94	32.287	219	67.63	97	36.160	404	95.54	131	40.077	175	57.01	29
17	20.21	40	24.41	55	32.068	235	68.60	55	35.756	427	96.85	81	39.902	191	57.30	23
27	19.81	41	24.96	11	31.833	240	69.15	12	35.329	438	97.66	29	39.711	198	57.53	14
Okt. 7	19.40	40	25.07	34	31.593	235	69.27	32	34.891	435	97.95	24	39.513	193	57.67	3
17	19.00	37	24.73	77	31.358	221	68.95	76	34.456	417	97.71	78	39.320	177	57.70	6
27	18.63	33	23.96	119	31.137	197	68.19	119	34.039	385	96.93	132	39.143	150	57.64	15
Nov. 6	18.30	26	22.77	156	30.940	164	67.00	161	33.654	341	95.61	183	38.993	116	57.49	23
16	18.04	18	21.21	188	30.776	124	65.39	198	33.313	285	93.78	230	38.877	74	57.26	29
26	17.86	10	19.33	213	30.652	80	63.41	232	33.028	220	91.48	271	38.803	28	56.97	33
Dez. 6	17.76	1	17.20	230	30.572	31	61.09	259	32.808	146	88.77	306	38.775	20	56.64	35
16	17.75	8	14.90	239	30.541	18	58.50	278	32.662	68	85.71	331	38.795	68	56.29	36
26	17.83	18	12.51	242	30.559	66	55.72	289	32.594	12	82.40	346	38.863	113	55.93	34
36	18.01		10.09		30.625		52.83		32.606		78.94		38.976		55.59	
Mittl. Ort	14.26		22.42		29.438		41.93		33.982		67.13		35.952		67.03	
sec δ, tg δ	+2.147		—1.900		+1.197		+0.657		+1.961		+1.687		+1.116		—0.495	
a, *a′*	+5.6		+4.2		+2.2		+4.2		+0.9		+4.4		+3.7		+4.6	
b, *b′*	—0.03		+0.98		+0.01		+0.98		+0.02		+0.98		—0.01		+0.97	

Scheinbare Sternörter 1957

Obere Kulmination Greenwich

Tag	711) R Lyrae				709) ϑ Serpentis *pr*				708) λ Telescopii				713) γ Lyrae			
	AR.		Dekl.		AR.		Dekl.		AR.		Dekl.		AR.		Dekl.	
1957	18h 54m		+43° 53′		18h 54m		+4° 8′		18h 55m		−52° 59′		18h 57m		+32° 37′	
	s		″		s		″		s		″		s		″	
Jan. 1	0.262	81	25.31	319	4.396	115	51.86	150	0.668	185	44.28	197	19.128	89	52.33	284
11	0.343	135	22.12	314	4.511	151	50.36	146	0.853	246	42.31	190	19.217	133	49.49	279
21	0.478	185	18.98	296	4.662	182	48.90	136	1.099	299	40.41	181	19.350	174	46.70	263
31	0.663	230	16.02	267	4.844	210	47.54	119	1.398	345	38.60	167	19.524	212	44.07	237
Febr. 10	0.893	270	13.35	229	5.054	232	46.35	97	1.743	384	36.93	151	19.736	243	41.70	202
20	1.163	301	11.06	180	5.286	252	45.38	69	2.127	414	35.42	132	19.979	269	39.68	157
März 2	1.464	327	9.26	124	5.538	266	44.69	38	2.541	438	34.10	111	20.248	290	38.11	107
12	1.791	345	8.02	65	5.804	276	44.31	4	2.979	455	32.99	90	20.538	305	37.04	52
22	2.136	355	7.37	3	6.080	284	44.27	31	3.434	465	32.09	67	20.843	315	36.52	4
April 1	2.491	357	7.34	59	6.364	287	44.58	65	3.899	468	31.42	43	21.158	317	36.56	60
11	2.848	351	7.93	118	6.651	285	45.23	95	4.367	465	30.99	18	21.475	315	37.16	113
21	3.199	338	9.11	171	6.936	279	46.18	122	4.832	454	30.81	8	21.790	305	38.29	161
Mai 1	3.537	316	10.82	219	7.215	268	47.40	145	5.286	436	30.89	33	22.095	289	39.90	204
11	3.853	287	13.01	259	7.483	251	48.85	163	5.722	408	31.22	59	22.384	267	41.94	240
21	4.140	252	15.60	290	7.734	230	50.48	174	6.130	373	31.81	83	22.651	238	44.34	267
31	4.392	209	18.50	313	7.964	202	52.22	180	6.503	329	32.64	106	22.889	203	47.01	285
Juni 10	4.601	162	21.63	325	8.166	171	54.02	181	6.832	277	33.70	127	23.092	164	49.86	297
20	4.763	111	24.88	330	8.337	135	55.83	176	7.109	218	34.97	144	23.256	121	52.83	299
30	4.874	57	28.18	325	8.472	95	57.59	168	7.327	154	36.41	156	23.377	74	55.82	294
Juli 9	^{5}4.931	1	31.43	314	^{5}8.567	52	59.27	156	^{6}7.481	86	37.97	164	^{6}23.451	26	58.76	282
19	4.932	53	34.57	295	8.619	10	60.83	140	7.567	16	39.61	167	23.477	22	61.58	264
29	4.879	106	37.52	269	8.629	33	62.23	123	7.583	54	41.28	163	23.455	70	64.22	240
Aug. 8	4.773	155	40.21	238	8.596	72	63.46	104	7.529	120	42.91	152	23.385	114	66.62	211
18	4.618	199	42.59	202	8.524	109	64.50	83	7.409	180	44.43	136	23.271	154	68.73	179
28	4.419	236	44.61	162	8.415	139	65.33	63	7.229	231	45.79	114	23.117	187	70.52	143
Sept. 7	4.183	263	46.23	119	8.276	163	65.96	42	6.998	270	46.93	86	22.930	212	71.95	103
17	3.920	282	47.42	72	8.113	177	66.38	20	6.728	297	47.79	54	22.718	229	72.98	63
27	3.638	290	48.14	25	7.936	182	66.58	0	6.431	308	48.33	20	22.489	237	73.61	20
Okt. 7	3.348	287	48.39	25	7.754	179	66.58	22	6.123	303	48.53	17	22.252	234	73.81	24
17	3.061	272	48.14	74	7.575	165	66.36	43	5.820	281	48.36	53	22.018	220	73.57	67
27	2.789	247	47.40	123	7.410	142	65.93	64	5.539	245	47.83	88	21.798	198	72.90	110
Nov. 6	2.542	213	46.17	170	7.268	112	65.29	84	5.294	197	46.95	120	21.600	167	71.80	151
16	2.329	170	44.47	213	7.156	77	64.45	103	5.097	137	45.75	147	21.433	129	70.29	190
26	2.159	121	42.34	251	7.079	36	63.42	120	4.960	71	44.28	168	21.304	85	68.39	224
Dez. 6	2.038	68	39.83	282	7.043	6	62.22	135	4.889	0	42.60	183	21.219	39	66.15	251
16	1.970	12	37.01	306	7.049	47	60.87	145	4.889	72	40.77	192	21.180	10	63.64	272
26	1.958	45	33.95	319	7.096	89	59.42	151	4.961	141	38.85	196	21.190	57	60.92	284
36	2.003		30.76		7.185		57.91		5.102		36.89		21.247		58.08	
Mittl. Ort	1.511		18.73		4.850		46.49		1.591		49.11		20.001		45.90	
sec δ, tg δ	+1.388		+0.962		+1.003		+0.072		+1.662		−1.327		+1.187		+0.640	
a, *a′*	+1.8		+4.7		+3.0		+4.7		+4.8		+4.8		+2.2		+5.0	
b, *b′*	+0.01		+0.97		0.00		+0.97		−0.02		+0.97		+0.01		+0.97	

Scheinbare Sternörter 1957

Obere Kulmination Greenwich

Tag	716) ζ Aquilae AR.		716) ζ Aquilae Dekl.		717) λ Aquilae AR.		717) λ Aquilae Dekl.		718) α Coron. austr. AR.		718) α Coron. austr. Dekl.		720) π Sagittarii AR.		720) π Sagittarii Dekl.	
1957	19h 3m		+13° 47′		19h 3m		−4° 56′		19h 6m		−37° 58′		19h 7m		−21° 5′	
	s		″		s		″		s		″		s		″	
Jan. 1	25.407	99	59.44	199	57.556	112	49.53	94	32.345	141	19.79	112	12.002	123	32.74	8
11	25.506	136	57.45	196	57.668	148	50.47	91	32.486	187	18.67	112	12.125	160	32.66	8
21	25.642	169	55.49	184	57.816	180	51.38	84	32.673	227	17.55	109	12.285	194	32.58	12
31	25.811	199	53.65	164	57.996	207	52.22	72	32.900	262	16.46	105	12.479	223	32.46	16
Febr. 10	26.010	225	52.01	136	58.203	230	52.94	55	33.162	292	15.41	100	12.702	248	32.30	23
20	26.235	246	50.65	103	58.433	250	53.49	34	33.454	315	14.41	94	12.950	268	32.07	30
März 2	26.481	263	49.62	65	58.683	265	53.83	11	33.769	335	13.47	88	13.218	285	31.77	40
12	26.744	276	48.97	23	58.948	277	53.94	15	34.104	350	12.59	81	13.503	297	31.37	50
22	27.020	285	48.74	20	59.225	285	53.79	41	34.454	359	11.78	73	13.800	306	30.87	58
April 1	27.305	289	48.94	63	59.510	290	53.38	65	34.813	365	11.05	63	14.106	312	30.29	67
11	27.594	289	49.57	102	59.800	291	52.73	87	35.178	366	10.42	53	14.418	312	29.62	73
21	27.883	284	50.59	137	60.091	286	51.86	107	35.544	361	9.89	40	14.730	309	28.89	77
Mai 1	28.167	273	51.96	168	60.377	277	50.79	122	35.905	350	9.49	25	15.039	301	28.12	77
11	28.440	256	53.64	193	60.654	262	49.57	133	36.255	332	9.24	9	15.340	285	27.35	75
21	28.696	234	55.57	211	60.916	242	48.24	139	36.587	307	9.15	8	15.625	265	26.60	69
31	28.930	206	57.68	222	61.158	217	46.85	140	36.894	276	9.23	24	15.890	238	25.91	62
Juni 10	29.136	174	59.90	227	61.375	185	45.45	137	37.170	238	9.47	42	16.128	206	25.29	51
20	29.310	137	62.17	225	61.560	150	44.08	130	37.408	193	9.89	58	16.334	168	24.78	40
30	29.447	96	64.42	218	61.710	110	42.78	120	37.601	145	10.47	71	16.502	127	24.38	27
Juli 9	^{8}29.543	53	66.60	207	^{8}61.820	68	41.58	109	^{8}37.746	91	11.18	83	^{9}16.629	81	24.11	16
19	29.596	10	68.67	190	61.888	25	40.49	94	37.837	36	12.01	90	16.710	34	23.95	5
29	29.606	34	70.57	170	61.913	19	39.55	79	37.873	18	12.91	95	16.744	12	23.90	6
Aug. 8	29.572	75	72.27	148	61.894	61	38.76	64	37.855	71	13.86	94	16.732	58	23.96	14
18	29.497	112	73.75	122	61.833	98	38.12	50	37.784	119	14.80	88	16.674	98	24.10	19
28	29.385	144	74.97	95	61.735	130	37.62	34	37.665	161	15.68	79	16.576	134	24.29	22
Sept. 7	29.241	168	75.92	68	61.605	155	37.28	20	37.504	193	16.47	66	16.442	161	24.51	23
17	29.073	184	76.60	39	61.450	172	37.08	7	37.311	216	17.13	47	16.281	180	24.74	21
27	28.889	191	76.99	9	61.278	179	37.01	6	37.095	226	17.60	27	16.101	188	24.95	18
Okt. 7	28.698	189	77.08	21	61.099	176	37.07	18	36.869	224	17.87	6	15.913	187	25.13	14
17	28.509	177	76.87	50	60.923	164	37.25	30	36.645	209	17.93	17	15.726	173	25.27	9
27	28.332	156	76.37	80	60.759	142	37.55	43	36.436	183	17.76	39	15.553	150	25.36	4
Nov. 6	28.176	128	75.57	108	60.617	113	37.98	54	36.253	146	17.37	58	15.403	120	25.40	0
16	28.048	93	74.49	134	60.504	78	38.52	65	36.107	102	16.79	76	15.283	82	25.40	2
26	27.955	54	73.15	158	60.426	38	39.17	76	36.005	51	16.03	90	15.201	39	25.38	4
Dez. 6	27.901	12	71.57	177	60.388	3	39.93	84	35.954	1	15.13	100	15.162	6	25.34	5
16	27.889	29	69.80	192	60.391	45	40.77	92	35.955	56	14.13	107	15.168	51	25.29	5
26	27.918	72	67.88	200	60.436	86	41.69	96	36.011	107	13.06	109	15.219	93	25.24	5
36	27.990		65.88		60.522		42.65		36.118		11.97		15.312		25.19	
Mittl. Ort	25.942		53.44		57.960		54.81		32.911		24.17		12.413		37.49	
sec δ, tg δ	+1.030		+0.246		+1.004		−0.087		+1.269		−0.781		+1.072		−0.386	
a, *a′*	+2.8		+5.5		+3.2		+5.5		+4.1		+5.7		+3.6		+5.8	
b, *b′*	0.00		+0.96		0.00		+0.96		−0.01		+0.96		−0.01		+0.96	

Scheinbare Sternörter 1957

Obere Kulmination Greenwich

Tag	723) δ Draconis AR.		723) δ Draconis Dekl.		724) ϑ Lyrae AR.		724) ϑ Lyrae Dekl.		725) ω Aquilae AR.		725) ω Aquilae Dekl.		726) κ Cygni AR.		726) κ Cygni Dekl.	
1957	19h 12m		+67° 34′		19h 14m		+38° 3′		19h 15m		+11° 30′		19h 16m		+53° 17′	
	s		″		s		″		s		″		s		″	
Jan. 1	29.66	1	78.59	345	51.446	63	29.84	298	47.308	88	65.96	184	4.826	34	27.26	332
11	29.65	10	75.14	345	51.509	111	26.86	295	47.396	125	64.12	181	4.860	101	23.94	332
21	29.75	20	71.69	334	51.620	156	23.91	282	47.521	159	62.31	171	4.961	164	20.62	320
31	29.95	31	68.35	310	51.776	198	21.09	259	47.680	188	60.60	152	5.125	224	17.42	295
Febr. 10	30.26	39	65.25	272	51.974	236	18.50	224	47.868	215	59.08	127	5.349	277	14.47	259
20	30.65	47	62.53	225	52.210	267	16.26	180	48.083	237	57.81	95	5.626	324	11.88	213
März 2	31.12	54	60.28	170	52.477	293	14.46	129	48.320	256	56.86	60	5.950	361	9.75	158
12	31.66	58	58.58	108	52.770	314	13.17	74	48.576	271	56.26	20	6.311	390	8.17	97
22	32.24	60	57.50	42	53.084	327	12.43	15	48.847	281	56.06	21	6.701	408	7.20	33
April 1	32.84	62	57.08	25	53.411	334	12.28	44	49.128	288	56.27	61	7.109	417	6.87	31
11	33.46	61	57.33	89	53.745	334	12.72	101	49.416	290	56.88	99	7.526	416	7.18	94
21	34.07	58	58.22	149	54.079	327	13.73	153	49.706	286	57.87	133	7.942	402	8.12	153
Mai 1	34.65	53	59.71	205	54.406	312	15.26	200	49.992	277	59.20	163	8.344	379	9.65	206
11	35.18	48	61.76	253	54.718	290	17.26	240	50.269	263	60.83	186	8.723	346	11.71	252
21	35.66	41	64.29	292	55.008	261	19.66	272	50.532	243	62.69	203	9.069	306	14.23	289
31	36.07	33	67.21	322	55.269	225	22.38	296	50.775	217	64.72	215	9.375	256	17.12	318
Juni 10	36.40	23	70.43	344	55.494	184	25.34	310	50.992	185	66.87	219	9.631	200	20.30	337
20	36.63	14	73.87	355	55.678	139	28.44	317	51.177	149	69.06	217	9.831	140	23.67	347
30	36.77	5	77.42	357	55.817	89	31.61	315	51.326	110	71.23	211	9.971	76	27.14	349
Juli 10	36.82	6	80.99	351	55.906	38	34.76	306	51.436	67	73.34	200	10.047	10	30.63	341
19	(10) 36.76	16	84.50	337	(11) 55.944	14	37.82	290	(11) 51.503	23	75.34	183	(11) 10.057	56	34.04	326
29	36.60	25	87.87	315	55.930	65	40.72	267	51.526	21	77.17	165	10.001	119	37.30	304
Aug. 8	36.35	34	91.02	287	55.865	113	43.39	240	51.505	63	78.82	143	9.882	179	40.34	275
18	36.01	42	93.89	252	55.752	156	45.79	207	51.442	101	80.25	120	9.703	233	43.09	241
28	35.59	48	96.41	212	55.596	193	47.86	170	51.341	133	81.45	93	9.470	279	45.50	201
Sept. 7	35.11	54	98.53	167	55.403	223	49.56	130	51.208	160	82.38	67	9.191	316	47.51	157
17	34.57	57	100.20	119	55.180	244	50.86	88	51.048	177	83.05	40	8.875	341	49.08	110
27	34.00	60	101.39	67	54.936	254	51.74	42	50.871	186	83.45	13	8.534	357	50.18	60
Okt. 7	33.40	60	102.06	14	54.682	255	52.16	4	50.685	186	83.58	15	8.177	359	50.78	8
17	32.80	59	102.20	42	54.427	245	52.12	51	50.499	176	83.43	43	7.818	349	50.86	45
27	32.21	56	101.78	97	54.182	225	51.61	97	50.323	157	83.00	70	7.469	327	50.41	98
Nov. 6	31.65	51	100.81	150	53.957	197	50.64	142	50.166	130	82.30	96	7.142	294	49.43	149
16	31.14	45	99.31	202	53.760	160	49.22	185	50.036	97	81.34	121	6.848	251	47.94	198
26	30.69	37	97.29	248	53.600	117	47.37	223	49.939	61	80.13	143	6.597	198	45.96	243
Dez. 6	30.32	28	94.81	288	53.483	71	45.14	254	49.878	20	78.70	162	6.399	139	43.53	280
16	30.04	19	91.93	319	53.412	21	42.60	279	49.858	21	77.08	176	6.260	76	40.73	309
26	29.85	8	88.74	339	53.391	30	39.81	296	49.879	62	75.32	184	6.184	9	37.64	328
36	29.77		85.35		53.421		36.85		49.941		73.48		6.175		34.36	
Mittl. Ort	32.92		69.33		52.431		21.94		47.803		59.61		6.494		18.39	
sec δ, tg δ	+2.623		+2.424		+1.270		+0.783		+1.021		+0.204		+1.673		+1.341	
a, a′	0.0		+6.2		+2.1		+6.4		+2.8		+6.5		+1.4		+6.5	
b, b′	+0.05		+0.95		+0.02		+0.95		0.00		+0.95		+0.03		+0.95	

Scheinbare Sternörter 1957

Obere Kulmination Greenwich

Tag	729) τ Draconis				728) α Sagittarii				730) δ Aquilae				734) Grb 2900 Draco			
	AR.		Dekl.		AR.		Dekl.		AR.		Dekl.		AR.		Dekl.	
1957	19h 16m		+73° 16′		19h 20m		−40° 41′		19h 23m		+3° 1′		19h 24m		+79° 30′	
	s		″		s		″		s		″		s		″	
Jan. 1	18.74	7	44.49	341	53.947	126	51.60	133	19.339	88	45.43	135	11.59	21	77.17	333
11	18.67	8	41.08	344	54.073	173	50.27	134	19.427	124	44.08	132	11.38	2	73.84	340
21	18.75	23	37.64	335	54.246	217	48.93	132	19.551	156	42.76	123	11.40	26	70.44	332
31	18.98	36	34.29	311	54.463	254	47.61	129	19.707	186	41.53	109	11.66	48	67.12	313
Febr. 10	19.34	48	31.18	277	54.717	286	46.32	124	19.893	211	40.44	87	12.14	69	63.99	282
20	19.82	59	28.41	231	55.003	314	45.08	118	20.104	233	39.57	62	12.83	87	61.17	239
März 2	20.41	67	26.10	177	55.317	337	43.90	110	20.337	251	38.95	32	13.70	102	58.78	187
12	21.08	74	24.33	116	55.654	355	42.80	101	20.588	267	38.63	0	14.72	112	56.91	129
22	21.82	79	23.17	51	56.009	368	41.79	90	20.855	279	38.63	33	15.84	120	55.62	66
April 1	22.61	80	22.66	15	56.377	376	40.89	79	21.134	286	38.96	66	17.04	122	54.96	1
11	23.41	78	22.81	79	56.753	379	40.10	64	21.420	289	39.62	96	18.26	121	54.95	63
21	24.19	75	23.60	141	57.132	377	39.46	49	21.709	288	40.58	123	19.47	116	55.58	124
Mai 1	24.94	69	25.01	197	57.509	368	38.97	32	21.997	281	41.81	146	20.63	106	56.82	180
11	25.63	61	26.98	245	57.877	352	38.65	13	22.278	268	43.27	163	21.69	94	58.62	230
21	26.24	51	29.43	285	58.229	328	38.52	8	22.546	250	44.90	175	22.63	79	60.92	271
31	26.75	41	32.28	316	58.557	298	38.60	27	22.796	226	46.65	181	23.42	62	63.63	305
Juni 10	27.16	29	35.44	339	58.855	259	38.87	47	23.022	197	48.46	182	24.04	43	66.68	329
20	27.45	16	38.83	353	59.114	214	39.34	66	23.219	161	50.28	178	24.47	23	69.97	344
30	27.61	3	42.36	356	59.328	165	40.00	82	23.380	123	52.06	170	24.70	2	73.41	350
Juli 10	27.64	11	45.92	352	59.493	110	40.82	96	23.503	80	53.76	158	24.72	17	76.91	349
19	$_{11}$27.53	23	49.44	339	$_{12}$59.603	52	41.78	105	$_{13}$23.583	37	55.34	143	$_{13}$24.55	38	80.40	339
29	27.30	35	52.83	319	59.655	5	42.83	110	23.620	7	56.77	125	24.17	57	83.79	321
Aug. 8	26.95	47	56.02	291	59.650	60	43.93	111	23.613	49	58.02	106	23.60	75	87.00	297
18	26.48	56	58.93	258	59.590	112	45.04	106	23.564	87	59.08	87	22.85	90	89.97	266
28	25.92	65	61.51	219	59.478	157	46.10	97	23.477	121	59.95	66	21.95	104	92.63	230
Sept. 7	25.27	73	63.70	176	59.321	194	47.07	82	23.356	148	60.61	45	20.91	116	94.93	188
17	24.54	78	65.46	128	59.127	220	47.89	63	23.208	167	61.06	25	19.75	124	96.81	143
27	23.76	81	66.74	77	58.907	234	48.52	41	23.041	177	61.31	5	18.51	129	98.24	93
Okt. 7	22.95	81	67.51	24	58.673	235	48.93	16	22.864	178	61.36	16	17.22	132	99.17	42
17	22.14	81	67.75	31	58.438	222	49.09	9	22.686	169	61.20	35	15.90	132	99.59	13
27	21.33	77	67.44	86	58.216	199	49.00	35	22.517	150	60.85	54	14.58	127	99.46	67
Nov. 6	20.56	72	66.58	141	58.017	165	48.65	58	22.367	125	60.31	73	13.31	120	98.79	122
16	19.84	63	65.17	192	57.852	121	48.07	80	22.242	93	59.58	90	12.11	108	97.57	174
26	19.21	54	63.25	239	57.731	71	47.27	98	22.149	57	58.68	107	11.03	94	95.83	223
Dez. 6	18.67	43	60.86	281	57.660	17	46.29	112	22.092	18	57.61	120	10.09	77	93.60	265
16	18.24	29	58.05	313	57.643	37	45.17	122	22.074	22	56.41	130	9.32	56	90.95	300
26	17.95	16	54.92	335	57.680	91	43.95	128	22.096	62	55.11	136	8.76	35	87.95	326
36	17.79		51.57		57.771		42.67		22.158		53.75		8.41		84.69	
Mittl. Ort	23.35		34.62		54.568		55.37		19.760		39.43		19.31		66.23	
sec δ, tg δ	+3.475		+3.328		+1.319		−0.860		+1.001		+0.053		+5.497		+5.405	
a, *a′*	−1.1		+6.6		+4.2		+6.9		+3.0		+7.1		−3.7		+7.2	
b, *b′*	+0.07		+0.94		−0.02		+0.94		0.00		+0.93		+0.13		+0.93	

Scheinbare Sternörter 1957

Obere Kulmination Greenwich

Tag	733) ι Cygni AR.		733) ι Cygni Dekl.		732) β Cygni *pr* AR.		732) β Cygni *pr* Dekl.	
1957	19h 28m		+51° 38′		19h 28m		+27° 51′	
	s		″		s		″	
Jan. 1	35.759	20	24.62	325	58.446	59	73.44	256
11	35.779	82	21.37	328	58.505	101	70.88	256
21	35.861	144	18.09	318	58.606	141	68.32	245
31	36.005	202	14.91	297	58.747	177	65.87	225
Febr. 10	36.207	254	11.94	263	58.924	210	63.62	194
20	36.461	301	9.31	218	59.134	238	61.68	157
März 2	36.762	340	7.13	166	59.372	263	60.11	112
12	37.102	370	5.47	108	59.635	282	58.99	62
22	37.472	392	4.39	44	59.917	296	58.37	9
April 1	37.864	404	3.95	19	60.213	306	58.28	43
11	38.268	405	4.14	82	60.519	310	58.71	93
21	38.673	396	4.96	141	60.829	307	59.64	141
Mai 1	39.069	378	6.37	195	61.136	297	61.05	184
11	39.447	350	8.32	242	61.433	282	62.89	218
21	39.797	313	10.74	281	61.715	259	65.07	247
31	40.110	267	13.55	311	61.974	230	67.54	268
Juni 10	40.377	215	16.66	332	62.204	195	70.22	281
20	40.592	158	19.98	344	62.399	156	73.03	286
30	40.750	97	23.42	348	62.555	112	75.89	284
Juli 10	40.847	33	26.90	343	62.667	65	78.73	276
19	[14] 40.880	31	30.33	330	[14] 62.732	18	81.49	261
29	40.849	93	33.63	309	62.750	29	84.10	240
Aug. 8	40.756	152	36.72	282	62.721	74	86.50	215
18	40.604	206	39.54	250	62.647	116	88.65	186
28	40.398	253	42.04	212	62.531	152	90.51	154
Sept. 7	40.145	291	44.16	170	62.379	181	92.05	118
17	39.854	319	45.86	123	62.198	202	93.23	82
27	39.535	336	47.09	75	61.996	214	94.05	42
Okt. 7	39.199	341	47.84	23	61.782	216	94.47	3
17	38.858	334	48.07	29	61.566	209	94.50	38
27	38.524	316	47.78	82	61.357	192	94.12	79
Nov. 6	38.208	286	46.96	134	61.165	168	93.33	117
16	37.922	247	45.62	184	60.997	136	92.16	155
26	37.675	199	43.78	228	60.861	98	90.61	189
Dez. 6	37.476	144	41.50	267	60.763	57	88.72	217
16	37.332	84	38.83	298	60.706	13	86.55	239
26	37.248	23	35.85	320	60.693	30	84.16	256
36	37.225		32.65		60.723		81.60	
Mittl. Ort	37.268		14.78		59.144		65.35	
sec δ, tg δ	+1.611		+1.263		+1.131		+0.529	
a, *a′*	+1.5		+7.6		+2.4		+7.6	
b, *b′*	+0.03		+0.93		+0.01		+0.93	

Tag	736) 52 Sagittarii AR.		736) 52 Sagittarii Dekl.		738) ϑ Cygni AR.		738) ϑ Cygni Dekl.	
1957	19h 34m		−24° 58′		19h 35m		+50° 7′	
	s		″		s		″	
Jan. 1	5.079	97	44.58	39	15.816	14	24.66	319
11	5.176	136	44.19	42	15.830	74	21.47	324
21	5.312	172	43.77	47	15.904	133	18.23	315
31	5.484	203	43.30	51	16.037	190	15.08	295
Febr. 10	5.687	231	42.79	57	16.227	241	12.13	262
20	5.918	256	42.22	64	16.468	286	9.51	220
März 2	6.174	276	41.58	71	16.754	325	7.31	169
12	6.450	293	40.87	77	17.079	356	5.62	110
22	6.743	307	40.10	83	17.435	379	4.52	49
April 1	7.050	317	39.27	87	17.814	392	4.03	14
11	7.367	323	38.40	89	18.206	395	4.17	77
21	7.690	323	37.51	88	18.601	389	4.94	135
Mai 1	8.013	318	36.63	85	18.990	373	6.29	190
11	8.331	307	35.78	79	19.363	348	8.19	237
21	8.638	290	34.99	70	19.711	314	10.56	276
31	8.928	265	34.29	57	20.025	271	13.32	307
Juni 10	9.193	234	33.72	44	20.296	221	16.39	329
20	9.427	198	33.28	29	20.517	167	19.68	342
30	9.625	156	32.99	14	20.684	108	23.10	346
Juli 10	9.781	110	32.85	2	20.792	46	26.56	342
19	[15] 9.891	62	32.87	15	[16] 20.838	17	29.98	330
29	9.953	13	33.02	26	20.821	78	33.28	311
Aug. 8	9.966	35	33.28	36	20.743	135	36.39	285
18	9.931	80	33.64	42	20.608	189	39.24	253
28	9.851	119	34.06	45	20.419	236	41.77	216
Sept. 7	9.732	152	34.51	44	20.183	274	43.93	175
17	9.580	175	34.95	40	19.909	302	45.68	130
27	9.405	189	35.35	35	19.607	320	46.98	81
Okt. 7	9.216	191	35.70	26	19.287	326	47.79	31
17	9.025	183	35.96	16	18.961	321	48.10	21
27	8.842	165	36.12	7	18.640	305	47.89	74
Nov. 6	8.677	138	36.19	3	18.335	277	47.15	126
16	8.539	104	36.16	11	18.058	239	45.89	174
26	8.435	63	36.05	19	17.819	195	44.15	220
Dez. 6	8.372	19	35.86	26	17.624	143	41.95	260
16	8.353	24	35.60	30	17.481	86	39.35	291
26	8.377	67	35.30	34	17.395	26	36.44	313
36	8.444		34.96		17.369		33.31	
Mittl. Ort	5.505		48.67		17.210		14.38	
sec δ, tg δ	+1.103		−0.466		+1.560		+1.197	
a, *a′*	+3.6		+8.0		+1.6		+8.1	
b, *b′*	−0.01		+0.92		+0.03		+0.91	

Scheinbare Sternörter 1957

Obere Kulmination Greenwich

Tag	740) 15 Cygni AR.		Dekl.		741) γ Aquilae AR.		Dekl.	
1957	$19^h\ 42^m$		+37° 14′		$19^h\ 44^m$		+10° 30′	
	s		″		s		″	
Jan. 1	42.570	32	67.68	285	12.427	62	33.17	170
11	42.602	78	64.83	288	12.489	97	31.47	168
21	42.680	124	61.95	279	12.586	132	29.79	160
31	42.804	166	59.16	261	12.718	163	28.19	145
Febr. 10	42.970	206	56.55	231	12.881	191	26.74	122
20	43.176	242	54.24	192	13.072	217	25.52	92
März 2	43.418	271	52.32	145	13.289	239	24.60	59
12	43.689	297	50.87	92	13.528	257	24.01	21
22	43.986	316	49.95	35	13.785	273	23.80	$\overline{18}$
April 1	44.302	329	49.60	$\overline{23}$	14.058	284	23.98	57
11	44.631	335	49.83	79	14.342	290	24.55	95
21	44.966	334	50.62	133	14.632	292	25.50	128
Mai 1	45.300	324	51.95	182	14.924	288	26.78	158
11	45.624	308	53.77	223	15.212	277	28.36	183
21	45.932	283	56.00	259	15.489	261	30.19	200
31	46.215	252	58.59	286	15.750	238	32.19	212
Juni 10	46.467	213	61.45	304	15.988	209	34.31	219
20	46.680	171	64.49	315	16.197	175	36.50	218
30	46.851	123	67.64	317	16.372	136	38.68	212
Juli 10	46.974	72	70.81	311	16.508	94	40.80	202
19	(18) 47.046	20	73.92	299	(18) 16.602	51	42.82	187
29	47.066	$\overline{31}$	76.91	280	16.653	6	44.69	169
Aug. 8	47.035	81	79.71	256	16.659	$\overline{38}$	46.38	148
18	46.954	127	82.27	226	16.621	78	47.86	125
28	46.827	167	84.53	191	16.543	113	49.11	100
Sept. 7	46.660	201	86.44	154	16.430	143	50.11	75
17	46.459	225	87.98	113	16.287	164	50.86	49
27	46.234	241	89.11	70	16.123	178	51.35	22
Okt. 7	45.993	246	89.81	25	15.945	182	51.57	$\overline{4}$
17	45.747	242	90.06	$\overline{22}$	15.763	176	51.53	31
27	45.505	228	89.84	68	15.587	162	51.22	56
Nov. 6	45.277	204	89.16	114	15.425	140	50.66	82
16	45.073	174	88.02	157	15.285	112	49.84	106
26	44.899	136	86.45	198	15.173	78	48.78	128
Dez. 6	44.763	93	84.47	232	15.095	41	47.50	146
16	44.670	48	82.15	260	15.054	3	46.04	160
26	44.622	1	79.55	280	15.051	$\overline{35}$	44.44	170
36	44.621		76.75		15.086		42.74	
Mittl. Ort	43.441		57.94		12.864		26.02	
sec δ, tg δ	+1.256		+0.760		+1.017		+0.185	
a, a′	+2.2		+8.7		+2.9		+8.8	
b, b′	+0.02		+0.90		+0.01		+0.90	

Tag	743) δ Sagittae AR.		Dekl.		745) α Aquilae[1] AR.		Dekl.	
1957	$19^h\ 45^m$		+18° 25′		$19^h\ 48^m$		+8° 45′	
	s		″		s		″	
Jan. 1	27.632	53	45.08	209	40.650	62	19.43	158
11	27.685	91	42.99	209	40.712	98	17.85	157
21	27.776	126	40.90	201	40.810	131	16.28	148
31	27.902	160	38.89	184	40.941	163	14.80	132
Febr. 10	28.062	190	37.05	158	41.104	191	13.48	111
20	28.252	218	35.47	126	41.295	216	12.37	82
März 2	28.470	242	34.21	87	41.511	237	11.55	50
12	28.712	261	33.34	45	41.748	257	11.05	13
22	28.973	278	32.89	$\overline{1}$	42.005	273	10.92	$\overline{24}$
April 1	29.251	290	32.90	46	42.278	284	11.16	62
11	29.541	296	33.36	91	42.562	290	11.78	97
21	29.837	297	34.27	131	42.852	292	12.75	130
Mai 1	30.134	293	35.58	167	43.144	289	14.05	158
11	30.427	281	37.25	198	43.433	279	15.63	181
21	30.708	263	39.23	221	43.712	263	17.44	198
31	30.971	240	41.44	239	43.975	241	19.42	208
Juni 10	31.211	209	43.83	248	44.216	212	21.50	213
20	31.420	173	46.31	252	44.428	178	23.63	212
30	31.593	133	48.83	249	44.606	140	25.75	205
Juli 10	31.726	90	51.32	240	44.746	99	27.80	195
19	(18) 31.816	45	53.72	226	(19) 44.845	54	29.75	180
29	31.861	0	55.98	207	44.899	10	31.55	161
Aug. 8	31.861	45	58.05	185	44.909	$\overline{33}$	33.16	141
18	31.816	86	59.90	160	44.876	74	34.57	118
28	31.730	122	61.50	131	44.802	109	35.75	94
Sept. 7	31.608	152	62.81	102	44.693	139	36.69	70
17	31.456	174	63.83	70	44.554	161	37.39	45
27	31.282	188	64.53	38	44.393	174	37.84	19
Okt. 7	31.094	192	64.91	5	44.219	178	38.03	$\overline{5}$
17	30.902	188	64.96	$\overline{28}$	44.041	174	37.98	30
27	30.714	173	64.68	62	43.867	159	37.68	54
Nov. 6	30.541	152	64.06	93	43.708	137	37.14	78
16	30.389	124	63.13	124	43.571	110	36.36	99
26	30.265	90	61.89	152	43.461	76	35.37	120
Dez. 6	30.175	53	60.37	175	43.385	40	34.17	137
16	30.122	14	58.62	195	43.345	2	32.80	150
26	30.108	$\overline{26}$	56.67	208	43.343	$\overline{35}$	31.30	158
36	30.134		54.59		43.378		29.72	
Mittl. Ort	28.144		37.06		41.068		12.44	
sec δ, tg δ	+1.054		+0.333		+1.012		+0.154	
a, a′	+2.7		+8.9		+2.9		+9.2	
b, b′	+0.01		+0.90		0.00		+0.89	

[1] Die jährliche Parallaxe (0″.208) ist bereits berücksichtigt.

Scheinbare Sternörter 1957

Obere Kulmination Greenwich

Tag	749) β Aquilae AR.		Dekl.		748) ε Pavonis AR.		Dekl.		752) γ Sagittae AR.		Dekl.		751) ϑ^1 Sagittarii AR.		Dekl.	
1957	19h 53m		+6° 17′		19h 55m		−73° 1′		19h 56m		+19° 22′		19h 56m		−35° 23′	
	s		″		s		″		s		″		s		″	
Jan. 1	11.611	56	59.91	146	36.40	8	36.08	303	50.104	40	35.74	209	55.887	76	36.60	106
11	11.667	92	58.45	145	36.48	22	33.05	309	50.144	79	33.65	211	55.963	119	35.54	114
21	11.759	125	57.00	136	36.70	34	29.96	306	50.223	115	31.54	204	56.082	160	34.40	119
31	11.884	156	55.64	122	37.04	46	26.90	296	50.338	149	29.50	187	56.242	198	33.21	122
Febr. 10	12.040	184	54.42	102	37.50	57	23.94	279	50.487	180	27.63	163	56.440	231	31.99	125
20	12.224	210	53.40	75	38.07	65	21.15	257	50.667	209	26.00	132	56.671	260	30.74	126
März 2	12.434	233	52.65	44	38.72	74	18.58	230	50.876	235	24.68	93	56.931	286	29.48	125
12	12.667	252	52.21	10	39.46	80	16.28	198	51.111	256	23.75	51	57.217	309	28.23	123
22	12.919	268	52.11	25	40.26	84	14.30	162	51.367	274	23.24	6	57.526	328	27.00	120
April 1	13.187	281	52.36	61	41.10	87	12.68	123	51.641	289	23.18	41	57.854	342	25.80	114
11	13.468	289	52.97	94	41.97	90	11.45	84	51.930	297	23.59	86	58.196	352	24.66	105
21	13.757	292	53.91	124	42.87	90	10.61	41	52.227	300	24.45	127	58.548	357	23.61	95
Mai 1	14.049	290	55.15	151	43.77	88	10.20	3	52.527	297	25.72	165	58.905	355	22.66	81
11	14.339	281	56.66	172	44.65	85	10.23	45	52.824	288	27.37	196	59.260	347	21.85	64
21	14.620	266	58.38	187	45.50	79	10.68	86	53.112	270	29.33	222	59.607	330	21.21	46
31	14.886	245	60.25	197	46.29	72	11.54	126	53.382	248	31.55	240	59.937	307	20.75	25
Juni 10	15.131	217	62.22	201	47.01	63	12.80	163	53.630	219	33.95	252	60.244	276	20.50	4
20	15.348	185	64.23	199	47.64	53	14.43	194	53.849	183	36.47	256	60.520	238	20.46	16
30	15.533	147	66.22	192	48.17	41	16.37	221	54.032	144	39.03	255	60.758	194	20.62	37
Juli 10	15.680	105	68.14	181	48.58	28	18.58	240	54.176	101	41.58	247	60.952	144	20.99	55
20	15.785	62	69.95	167	48.86	14	20.98	253	54.277	56	44.05	233	61.096	91	21.54	72
29	[20] 15.847	17	71.62	148	[21] 49.00	0	23.51	256	[21] 54.333	10	46.38	216	[21] 61.187	36	22.26	84
Aug. 8	15.864	26	73.10	129	49.00	14	26.07	252	54.343	36	48.54	193	61.223	17	23.10	93
18	15.838	67	74.39	107	48.86	27	28.59	237	54.307	77	50.47	169	61.206	69	24.03	97
28	15.771	103	75.46	84	48.59	40	30.96	214	54.230	114	52.16	141	61.137	116	25.00	95
Sept. 7	15.668	134	76.30	62	48.19	50	33.10	182	54.116	146	53.57	111	61.021	154	25.95	89
17	15.534	156	76.92	39	47.69	59	34.92	143	53.970	170	54.68	79	60.867	185	26.84	78
27	15.378	171	77.31	15	47.10	64	36.35	96	53.800	185	55.47	46	60.682	205	27.62	63
Okt. 7	15.207	176	77.46	7	46.46	67	37.31	46	53.615	192	55.93	13	60.477	214	28.25	45
17	15.031	172	77.39	30	45.79	68	37.77	7	53.423	188	56.06	21	60.263	209	28.70	25
27	14.859	160	77.09	51	45.11	65	37.70	62	53.235	177	55.85	54	60.054	195	28.95	3
Nov. 6	14.699	139	76.58	73	44.46	58	37.08	115	53.058	157	55.31	88	59.859	169	28.98	19
16	14.560	111	75.85	93	43.88	50	35.93	164	52.901	130	54.43	119	59.690	135	28.79	40
26	14.449	79	74.92	111	43.38	40	34.29	207	52.771	99	53.24	148	59.555	95	28.39	58
Dez. 6	14.370	44	73.81	127	42.98	28	32.22	244	52.672	62	51.76	173	59.460	50	27.81	74
16	14.326	7	72.54	139	42.70	14	29.78	272	52.610	25	50.03	193	59.410	3	27.07	88
26	14.319	31	71.15	147	42.56	1	27.06	292	52.585	14	48.10	207	59.407	45	26.19	99
36	14.350		69.68		42.55		24.14		52.599		46.03		59.452		25.20	
Mittl. Ort	12.000		52.98		39.31		37.09		50.596		27.17		56.412		39.26	
sec δ, tg δ	+1.006		+0.110		+3.426		−3.276		+1.060		+0.352		+1.227		−0.711	
a, *a′*	+2.9		+9.5		+6.9		+9.7		+2.7		+9.8		+3.9		+9.8	
b, *b′*	0.00		+0.88		−0.11		+0.88		+0.01		+0.87		−0.02		+0.87	

Scheinbare Sternörter 1957

Obere Kulmination Greenwich

Tag	754) δ Pavonis[1]				756) ϑ Aquilae				759) κ Cephei				757) 31 o² Cygni			
	AR.		Dekl.		AR.		Dekl.		AR.		Dekl.		AR.		Dekl.	
1957	20h 4m		−66° 17′		20h 9m		−0° 56′		20h 10m		+77° 34′		20h 12m		+46° 36′	
	s		″		s		″		s		″		s		″	
Jan. 1	29.67	7	38.28	272	4.823	47	55.04	100	16.76	34	73.60	312	15.523	26	49.18	296
11	29.74	17	35.56	281	4.870	82	56.04	97	16.42	16	70.48	331	15.497	28	46.22	306
21	29.91	25	32.75	281	4.952	114	57.01	89	16.26	3	67.17	336	15.525	82	43.16	306
31	30.16	34	29.94	275	5.066	145	57.90	77	16.29	23	63.81	329	15.607	135	40.10	293
Febr. 10	30.50	42	27.19	263	5.211	173	58.67	59	16.52	42	60.52	310	15.742	185	37.17	269
20	30.92	48	24.56	245	5.384	199	59.26	37	16.94	59	57.42	277	15.927	232	34.48	233
März 2	31.40	53	22.11	223	5.583	223	59.63	12	17.53	73	54.65	234	16.159	274	32.15	188
12	31.93	59	19.88	196	5.806	244	59.75	17	18.26	86	52.31	182	16.433	311	30.27	136
22	32.52	62	17.92	166	6.050	263	59.58	46	19.12	96	50.49	123	16.744	340	28.91	79
April 1	33.14	65	16.26	132	6.313	277	59.12	74	20.08	102	49.26	61	17.084	361	28.12	18
11	33.79	67	14.94	97	6.590	288	58.38	101	21.10	105	48.65	3	17.445	374	27.94	43
21	34.46	67	13.97	59	6.878	294	57.37	125	22.15	104	48.68	67	17.819	379	28.37	102
Mai 1	35.13	66	13.38	19	7.172	294	56.12	145	23.19	99	49.35	128	18.198	373	29.39	157
11	35.79	64	13.19	20	7.466	289	54.67	160	24.18	93	50.63	183	18.571	358	30.96	206
21	36.43	61	13.39	59	7.755	277	53.07	169	25.11	83	52.46	232	18.929	334	33.02	249
31	37.04	56	13.98	98	8.032	257	51.38	175	25.94	70	54.78	275	19.263	301	35.51	285
Juni 10	37.60	50	14.96	133	8.289	233	49.63	174	26.64	57	57.53	308	19.564	260	38.36	311
20	38.10	42	16.29	165	8.522	202	47.89	170	27.21	41	60.61	334	19.824	213	41.47	329
30	38.52	34	17.94	192	8.724	165	46.19	160	27.62	24	63.95	352	20.037	160	44.76	339
Juli 10	38.86	25	19.86	214	8.889	125	44.59	147	27.86	7	67.47	359	20.197	104	48.15	341
20	39.11	14	22.00	229	9.014	81	43.12	132	27.93	9	71.06	359	20.301	44	51.56	334
29	[23] 39.25	4	24.29	236	[24] 9.095	36	41.80	114	[25] 27.84	27	74.65	352	[25] 20.345	14	54.90	320
Aug. 8	39.29	6	26.65	235	9.131	7	40.66	96	27.57	43	78.17	337	20.331	72	58.10	300
18	39.23	17	29.00	225	9.124	50	39.70	76	27.14	58	81.54	313	20.259	126	61.10	274
28	39.06	26	31.25	207	9.074	88	38.94	57	26.56	71	84.67	284	20.133	175	63.84	241
Sept. 7	38.80	34	33.32	180	8.986	120	38.37	38	25.85	84	87.51	248	19.958	215	66.25	204
17	38.46	40	35.12	146	8.866	145	37.99	21	25.01	93	89.99	208	19.743	249	68.29	164
27	38.06	44	36.58	106	8.721	161	37.78	3	24.08	100	92.07	162	19.494	272	69.93	118
Okt. 7	37.62	47	37.64	60	8.560	169	37.75	14	23.08	106	93.69	113	19.222	286	71.11	70
17	37.15	47	38.24	11	8.391	168	37.89	28	22.02	108	94.82	59	18.936	289	71.81	20
27	36.68	45	38.35	38	8.223	157	38.17	43	20.94	107	95.41	3	18.647	280	72.01	31
Nov. 6	36.23	41	37.97	88	8.066	139	38.60	57	19.87	104	95.44	55	18.367	263	71.70	82
16	35.82	35	37.09	134	7.927	114	39.17	70	18.83	98	94.89	111	18.104	236	70.88	132
26	35.47	27	35.75	176	7.813	84	39.87	81	17.85	89	93.78	166	17.868	200	69.56	179
Dez. 6	35.20	19	33.99	211	7.729	50	40.68	90	16.96	76	92.12	216	17.668	159	67.77	222
16	35.01	9	31.88	240	7.679	14	41.58	98	16.20	63	89.96	261	17.509	112	65.55	257
26	34.92	1	29.48	260	7.665	22	42.56	102	15.57	46	87.35	297	17.397	61	62.98	286
36	34.93		26.88		7.687		43.58		15.11		84.38		17.336		60.12	
Mittl. Ort	31.55		38.91		5.150		61.29		22.32		58.34		16.559		36.48	
sec δ, tg δ	+2.487		− 2.277		+1.000		− 0.017		+4.651		+ 4.542		+1.456		+ 1.058	
a, *a′*	+5.7		+10.4		+3.1		+10.7		−2.0		+10.8		+1.9		+10.9	
b, *b′*	−0.08		+ 0.86		0.00		+ 0.85		+0.16		+ 0.84		+0.04		+ 0.84	

[1] Die jährliche Parallaxe (0″.174) ist bereits berücksichtigt.

Scheinbare Sternörter 1957

Obere Kulmination Greenwich

Tag	758) 33 Cygni AR.		758) 33 Cygni Dekl.		760) 24 Vulpeculae AR.		760) 24 Vulpeculae Dekl.	
1957	20h 12m		+56° 25′		20h 14m		+24° 32′	
	s		″		s		″	
Jan. 1	22.359	64	81.83	311	56.090	17	25.23	225
11	22.295	— 4	78.72	325	56.107	55	22.98	229
21	22.299	73	75.47	326	56.162	93	20.69	225
31	22.372	142	72.21	315	56.255	130	18.44	212
Febr. 10	22.514	208	69.06	292	56.385	164	16.32	188
20	22.722	269	66.14	256	56.549	196	14.44	156
März 2	22.991	324	63.58	211	56.745	225	12.88	118
12	23.315	369	61.47	157	56.970	252	11.70	74
22	23.684	407	59.90	97	57.222	273	10.96	26
April 1	24.091	433	58.93	35	57.495	290	10.70	— 23
11	24.524	448	58.58	— 29	57.785	303	10.93	72
21	24.972	451	58.87	92	58.088	308	11.65	118
Mai 1	25.423	442	59.79	150	58.396	308	12.83	159
11	25.865	420	61.29	203	58.704	301	14.42	196
21	26.285	387	63.32	249	59.005	285	16.38	227
31	26.672	345	65.81	288	59.290	264	18.65	250
Juni 10	27.017	293	68.69	319	59.554	235	21.15	265
20	27.310	234	71.88	340	59.789	200	23.80	275
30	27.544	168	75.28	353	59.989	159	26.55	277
Juli 10	27.712	99	78.81	358	60.148	116	29.32	271
20	27.811	27	82.39	353	60.264	70	32.03	261
29	[25] 27.838	— 43	85.92	341	[26] 60.334	23	34.64	245
Aug. 8	27.795	112	89.33	322	60.357	— 24	37.09	223
18	27.683	176	92.55	296	60.333	68	39.32	199
28	27.507	234	95.51	264	60.265	107	41.31	170
Sept. 7	27.273	284	98.15	226	60.158	142	43.01	138
17	26.989	324	100.41	184	60.016	169	44.39	105
27	26.665	354	102.25	136	59.847	187	45.44	70
Okt. 7	26.311	371	103.61	87	59.660	196	46.14	33
17	25.940	376	104.48	34	59.464	197	46.47	— 4
27	25.564	369	104.82	— 21	59.267	188	46.43	43
Nov. 6	25.195	350	104.61	76	59.079	172	46.00	79
16	24.845	319	103.85	130	58.907	148	45.21	115
26	24.526	279	102.55	181	58.759	119	44.06	149
Dez. 6	24.247	229	100.74	228	58.640	85	42.57	178
16	24.018	171	98.46	267	58.555	49	40.79	202
26	23.847	109	95.79	299	58.506	10	38.77	220
36	23.738		92.80		58.496		36.57	
Mittl. Ort	23.898		68.06		56.589		15.25	
sec δ, tg δ	+1.809		+ 1.507		+1.099		+ 0.457	
a, *a′*	+1.4		+10.9		+2.6		+11.1	
b, *b′*	+0.05		+ 0.84		+0.02		+ 0.83	

Tag	761) α² Capricorni AR.		761) α² Capricorni Dekl.		765) γ Cygni AR.		765) γ Cygni Dekl.	
1957	20h 15m		−12° 40′		20h 20m		+40° 6′	
	s		″		s		″	
Jan. 1	39.849	47	41.63	30	40.227	18	77.72	275
11	39.896	83	41.93	24	40.209	— 29	74.97	286
21	39.979	116	42.17	16	40.238	76	72.11	286
31	40.095	146	42.33	5	40.314	122	69.25	273
Febr. 10	40.241	176	42.38	— 9	40.436	167	66.52	251
20	40.417	202	42.29	25	40.603	208	64.01	217
März 2	40.619	227	42.04	42	40.811	246	61.84	174
12	40.846	248	41.62	61	41.057	280	60.10	125
22	41.094	268	41.01	80	41.337	308	58.85	71
April 1	41.362	283	40.21	97	41.645	328	58.14	13
11	41.645	296	39.24	112	41.973	343	58.01	— 45
21	41.941	303	38.12	125	42.316	350	58.46	101
Mai 1	42.244	305	36.87	133	42.666	348	59.47	153
11	42.549	300	35.54	137	43.014	337	61.00	199
21	42.849	290	34.17	137	43.351	318	62.99	241
31	43.139	272	32.80	133	43.669	291	65.40	274
Juni 10	43.411	248	31.47	124	43.960	256	68.14	298
20	43.659	216	30.23	113	44.216	215	71.12	316
30	43.875	180	29.10	99	44.431	168	74.28	324
Juli 10	44.055	140	28.11	82	44.599	116	77.52	325
20	[26] 44.195	95	27.29	66	44.715	64	80.77	319
29	44.290	48	26.63	48	[27] 44.779	9	83.96	305
Aug. 8	44.338	3	26.15	32	44.788	— 44	87.01	285
18	44.341	— 42	25.83	16	44.744	94	89.86	260
28	44.299	81	25.67	2	44.650	139	92.46	229
Sept. 7	44.218	116	25.65	— 10	44.511	179	94.75	194
17	44.102	142	25.75	19	44.332	210	96.69	155
27	43.960	161	25.94	27	44.122	233	98.24	113
Okt. 7	43.799	171	26.21	31	43.889	245	99.37	68
17	43.628	170	26.52	35	43.644	249	100.05	20
27	43.458	159	26.87	37	43.395	243	100.25	— 27
Nov. 6	43.299	142	27.24	38	43.152	226	99.98	74
16	43.157	117	27.62	39	42.926	203	99.24	122
26	43.040	86	28.01	39	42.723	172	98.02	166
Dez. 6	42.954	51	28.40	39	42.551	135	96.36	206
16	42.903	15	28.79	37	42.416	94	94.30	240
26	42.888	— 21	29.16	36	42.322	49	91.90	266
36	42.909		29.52		42.273		89.24	
Mittl. Ort	40.166		46.29		41.005		65.29	
sec δ, tg δ	+1.025		— 0.225		+1.308		+ 0.843	
a, *a′*	+3.3		+11.2		+2.2		+11.5	
b, *b′*	−0.01		+ 0.83		+0.03		+ 0.82	

Scheinbare Sternörter 1957

Obere Kulmination Greenwich

Tag	764) α Pavonis				1535) 42 Cygni				767) ϑ Cephei				768) ε Delphini			
	AR.		Dekl.		AR.		Dekl.		AR.		Dekl.		AR.		Dekl.	
1957	20h 22m		−56° 52′		20h 27m		+36° 18′		20h 28m		+62° 50′		20h 31m		+11° 9′	
	s		″		s		″		s		″		s		″	
Jan. 1	14.307	34	29.15	227	41.232	17	49.29	261	49.81	14	72.75	306	9.137	16	30.05	158
11	14.341	101	26.88	240	41.215	27	46.68	271	49.67	5	69.69	325	9.153	51	28.47	160
21	14.442	165	24.48	246	41.242	71	43.97	271	49.62	3	66.44	332	9.204	85	26.87	154
31	14.607	225	22.02	248	41.313	114	41.26	260	49.65	12	63.12	326	9.289	117	25.33	141
Febr. 10	14.832	281	19.54	244	41.427	155	38.66	238	49.77	20	59.86	308	9.406	148	23.92	122
20	15.113	330	17.10	235	41.582	195	36.28	206	49.97	28	56.78	277	9.554	178	22.70	96
März 2	15.443	375	14.75	221	41.777	231	34.22	166	50.25	36	54.01	235	9.732	205	21.74	65
12	15.818	414	12.54	204	42.008	264	32.56	118	50.61	41	51.66	184	9.937	230	21.09	29
22	16.232	446	10.50	183	42.272	292	31.38	66	51.02	47	49.82	127	10.167	253	20.80	9
April 1	16.678	473	8.67	159	42.564	313	30.72	10	51.49	50	48.55	64	10.420	271	20.89	48
11	17.151	492	7.08	131	42.877	328	30.62	45	51.99	52	47.91	0	10.691	285	21.37	85
21	17.643	502	5.77	100	43.205	337	31.07	99	52.51	54	47.91	64	10.976	294	22.22	121
Mai 1	18.145	505	4.77	67	43.542	337	32.06	150	53.05	52	48.55	124	11.270	298	23.43	152
11	18.650	496	4.10	33	43.879	329	33.56	194	53.57	50	49.79	181	11.568	295	24.95	179
21	19.146	477	3.77	3	44.208	313	35.50	234	54.07	47	51.60	231	11.863	285	26.74	199
31	19.623	447	3.80	39	44.521	288	37.84	266	54.54	42	53.91	274	12.148	267	28.73	215
Juni 10	20.070	406	4.19	73	44.809	257	40.50	289	54.96	36	56.65	309	12.415	244	30.88	223
20	20.476	355	4.92	106	45.066	218	43.39	306	55.32	29	59.74	336	12.659	214	33.11	226
30	20.831	294	5.98	135	45.284	175	46.45	314	55.61	21	63.10	353	12.873	178	35.37	223
Juli 10	21.125	225	7.33	160	45.459	126	49.59	315	55.82	13	66.63	362	13.051	138	37.60	215
20	21.350	151	8.93	180	[29] 45.585	75	52.74	308	[29] 55.95	5	70.25	363	13.189	94	39.75	201
29*	[28] 21.501	73	10.73	194	45.660	24	55.82	295	56.00	4	73.88	356	[30] 13.283	50	41.76	185
Aug. 8	21.574	7	12.67	200	45.684	28	58.77	276	55.96	12	77.44	341	13.333	5	43.61	165
18	21.567	84	14.67	198	45.656	77	61.53	251	55.84	20	80.85	319	13.338	38	45.26	143
28	21.483	155	16.65	189	45.579	121	64.04	221	55.64	27	84.04	289	13.300	77	46.69	118
Sept. 7	21.328	218	18.54	172	45.458	159	66.25	187	55.37	33	86.93	255	13.223	111	47.87	93
17	21.110	270	20.26	148	45.299	190	68.12	150	55.04	38	89.48	214	13.112	139	48.80	68
27	20.840	307	21.74	116	45.109	213	69.62	110	54.66	42	91.62	168	12.973	159	49.48	41
Okt. 7	20.533	330	22.90	79	44.896	226	70.72	67	54.24	45	93.30	119	12.814	169	49.89	14
17	20.203	336	23.69	39	44.670	230	71.39	23	53.79	46	94.49	66	12.645	172	50.03	12
27	19.867	325	24.08	3	44.440	225	71.62	23	53.33	46	95.15	10	12.473	165	49.91	38
Nov. 6	19.542	298	24.05	47	44.215	210	71.39	69	52.87	45	95.25	47	12.308	151	49.53	64
16	19.244	258	23.58	88	44.005	189	70.70	114	52.42	42	94.78	104	12.157	131	48.89	88
26	18.986	206	22.70	127	43.816	160	69.56	156	52.00	38	93.74	158	12.026	105	48.01	110
Dez. 6	18.780	146	21.43	161	43.656	126	68.00	194	51.62	32	92.16	209	11.921	74	46.91	129
16	18.634	81	19.82	191	43.530	87	66.06	226	51.30	26	90.07	253	11.847	42	45.62	145
26	18.553	11	17.91	213	43.443	46	63.80	252	51.04	18	87.54	290	11.805	7	44.17	157
36	18.542		15.78		43.397		61.28		50.86		84.64		11.798		42.60	
Mittl. Ort	15.450		28.97		41.881		36.99		51.72		57.07		9.452		21.63	
sec δ, tg δ	+1.830		− 1.533		+1.241		+ 0.735		+2.191		+ 1.950		+1.019		+ 0.197	
a, *a′*	+4.7		+11.7		+2.3		+12.0		+1.0		+12.1		+2.9		+12.3	
b, *b′*	−0.06		+ 0.81		+0.03		+ 0.80		+0.08		+ 0.80		+0.01		+ 0.79	

* Bei Stern 768) lies Juli 30.

Scheinbare Sternörter 1957

Obere Kulmination Greenwich

Tag	770) 73 Draconis AR.	Δ	770) 73 Draconis Dekl.	Δ	769) α Indi AR.	Δ	769) α Indi Dekl.	Δ
1957	20h 32m		+74° 48′		20h 34m		−47° 26′	
	s		″		s		″	
Jan. 1	1.80	34	44.42	300	32.268	24	34.90	176
11	1.46	19	41.42	323	32.292	76	33.14	191
21	1.27	2	38.19	335	32.368	126	31.23	201
31	1.25	13	34.84	333	32.494	174	29.22	207
Febr. 10	1.38	28	31.51	318	32.668	218	27.15	208
20	1.66	42	28.33	291	32.886	258	25.07	207
März 2	2.08	56	25.42	252	33.144	295	23.00	202
12	2.64	67	22.90	203	33.439	329	20.98	193
22	3.31	76	20.87	147	33.768	359	19.05	181
April 1	4.07	82	19.40	85	34.127	382	17.24	165
11	4.89	87	18.55	22	34.509	401	15.59	147
21	5.76	87	18.33	41	34.910	414	14.12	124
Mai 1	6.63	86	18.74	104	35.324	420	12.88	99
11	7.49	81	19.78	162	35.744	417	11.89	71
21	8.30	74	21.40	214	36.161	405	11.18	41
31	9.04	66	23.54	260	36.566	384	10.77	11
Juni 10	9.70	55	26.14	297	36.950	353	10.66	21
20	10.25	43	29.11	327	37.303	313	10.87	52
30	10.68	30	32.38	349	37.616	265	11.39	81
Juli 10	10.98	16	35.87	361	37.881	210	12.20	107
20	11.14	1	39.48	366	38.091	149	13.27	129
30	[30] 11.15	12	43.14	361	[31] 38.240	85	14.56	146
Aug. 8	11.03	25	46.75	350	38.325	20	16.02	158
18	10.78	39	50.25	330	38.345	44	17.60	162
28	10.39	51	53.55	305	38.301	104	19.22	161
Sept. 7	9.88	61	56.60	273	38.197	156	20.83	152
17	9.27	70	59.33	233	38.041	201	22.35	136
27	8.57	77	61.66	190	37.840	233	23.71	114
Okt. 7	7.80	82	63.56	142	37.607	252	24.85	86
17	6.98	85	64.98	88	37.355	260	25.71	55
27	6.13	86	65.86	33	37.095	253	26.26	21
Nov. 6	5.27	84	66.19	25	36.842	233	26.47	15
16	4.43	81	65.94	84	36.609	202	26.32	50
26	3.62	74	65.10	140	36.407	163	25.82	83
Dez. 6	2.88	65	63.70	194	36.244	116	24.99	113
16	2.23	55	61.76	242	36.128	66	23.86	140
26	1.68	42	59.34	282	36.062	12	22.46	162
36	1.26		56.52		36.050		20.84	
Mittl. Ort	5.78		27.48		33.012		34.77	
sec δ, tg δ	+3.816		+ 3.683		+1.479		− 1.089	
a, *a*′	−0.8		+12.3		+4.2		+12.5	
b, *b*′	+0.15		+ 0.79		−0.05		+ 0.78	

Tag	1539) 29 Vulpeculae AR.	Δ	1539) 29 Vulpeculae Dekl.	Δ	773) υ Capricorni AR.	Δ	773) υ Capricorni Dekl.	Δ
1957	20h 36m		+21° 2′		20h 37m		−18° 17′	
	s		″		s		″	
Jan. 1	35.608	0	67.42	201	35.909	27	25.47	6
11	35.608	37	65.41	206	35.936	63	25.41	15
21	35.645	73	63.35	204	35.999	96	25.26	25
31	35.718	108	61.31	193	36.095	129	25.01	36
Febr. 10	35.826	142	59.38	173	36.224	159	24.65	49
20	35.968	175	57.65	144	36.383	188	24.16	62
März 2	36.143	205	56.21	109	36.571	215	23.54	78
12	36.348	232	55.12	69	36.786	240	22.76	92
22	36.580	257	54.43	24	37.026	262	21.84	106
April 1	36.837	278	54.19	21	37.288	281	20.78	118
11	37.115	294	54.40	67	37.569	297	19.60	128
21	37.409	304	55.07	110	37.866	309	18.32	134
Mai 1	37.713	307	56.17	150	38.175	314	16.98	138
11	38.020	303	57.67	186	38.489	313	15.60	136
21	38.323	293	59.53	214	38.802	306	14.24	132
31	38.616	275	61.67	237	39.108	291	12.92	122
Juni 10	38.891	250	64.04	253	39.399	269	11.70	109
20	39.141	219	66.57	262	39.668	240	10.61	94
30	39.360	181	69.19	264	39.908	204	9.67	76
Juli 10	39.541	139	71.83	260	40.112	164	8.91	58
20	39.680	95	74.43	250	40.276	119	8.33	38
30	[31] 39.775	48	76.93	235	[1] 40.395	72	7.95	18
Aug. 8	39.823	2	79.28	215	40.467	25	7.77	1
18	39.825	42	81.43	192	40.492	22	7.76	14
28	39.783	83	83.35	166	40.470	65	7.90	28
Sept. 7	39.700	118	85.01	137	40.405	102	8.18	37
17	39.582	148	86.38	106	40.303	133	8.55	44
27	39.434	168	87.44	73	40.170	155	8.99	47
Okt. 7	39.266	180	88.17	39	40.015	169	9.46	48
17	39.086	185	88.56	5	39.846	172	9.94	46
27	38.901	180	88.61	29	39.674	165	10.40	41
Nov. 6	38.721	167	88.32	63	39.509	151	10.81	36
16	38.554	147	87.69	97	39.358	129	11.17	29
26	38.407	122	86.72	128	39.229	101	11.46	23
Dez. 6	38.285	92	85.44	155	39.128	69	11.69	16
16	38.193	59	83.89	179	39.059	34	11.85	9
26	38.134	24	82.10	195	39.025	2	11.94	2
36	38.110		80.15		39.027		11.96	
Mittl. Ort	35.982		57.17		36.202		28.99	
sec δ, tg δ	+1.071		+ 0.385		+1.053		− 0.331	
a, *a*′	+2.7		+12.7		+3.4		+12.7	
b, *b*′	+0.02		+ 0.78		−0.01		+ 0.77	

Scheinbare Sternörter 1957

Obere Kulmination Greenwich

Tag	774) α Delphini				777) α Cygni				775) β Pavonis				783) η Cephei			
	AR.		Dekl.		AR.		Dekl.		AR.		Dekl.		AR.		Dekl.	
1957	$20^h\ 37^m$		+15° 45′		$20^h\ 39^m$		+45° 7′		$20^h\ 41^m$		—66° 21′		$20^h\ 44^m$		+61° 40′	
	s		″		s		″		s		″		s		″	
Jan. 1	38.045	7	42.72	177	57.049	55	47.49	276	4.62	3	36.53	268	23.39	15	33.59	291
11	38.052	41	40.95	182	56.994	4	44.73	292	4.59	6	33.85	286	23.24	7	30.68	314
21	38.093	75	39.13	177	56.990	46	41.81	296	4.65	15	30.99	295	23.17	0	27.54	326
31	38.168	109	37.36	165	57.036	97	38.85	289	4.80	24	28.04	298	23.17	9	24.28	323
Febr. 10	38.277	141	35.71	146	57.133	147	35.96	271	5.04	31	25.06	294	23.26	17	21.05	308
20	38.418	172	34.25	119	57.280	196	33.25	241	5.35	39	22.12	283	23.43	24	17.97	280
März 2	38.590	202	33.06	86	57.476	240	30.84	200	5.74	46	19.29	266	23.67	32	15.17	242
12	38.792	228	32.20	48	57.716	280	28.84	153	6.20	51	16.63	245	23.99	38	12.75	194
22	39.020	251	31.72	8	57.996	315	27.31	99	6.71	56	14.18	219	24.37	43	10.81	138
April 1	39.271	272	31.64	34	58.311	342	26.32	40	7.27	61	11.99	188	24.80	48	9.43	78
11	39.543	287	31.98	76	58.653	362	25.92	19	7.88	63	10.11	154	25.28	50	8.65	14
21	39.830	298	32.74	116	59.015	372	26.11	77	8.51	65	8.57	117	25.78	52	8.51	49
Mai 1	40.128	302	33.90	151	59.387	374	26.88	133	9.16	66	7.40	77	26.30	51	9.00	110
11	40.430	299	35.41	181	59.761	366	28.21	183	9.82	66	6.63	35	26.81	50	10.10	167
21	40.729	289	37.22	207	60.127	349	30.04	229	10.48	63	6.28	7	27.31	47	11.77	219
31	41.018	273	39.29	226	60.476	321	32.33	266	11.11	60	6.35	49	27.78	43	13.96	264
Juni 10	41.291	249	41.55	237	60.797	287	34.99	297	11.71	55	6.84	91	28.21	37	16.60	301
20	41.540	218	43.92	244	61.084	244	37.96	318	12.26	48	7.75	129	28.58	31	19.61	330
30	41.758	183	46.36	243	61.328	195	41.14	332	12.74	40	9.04	163	28.89	24	22.91	351
Juli 10	41.941	142	48.79	237	61.523	142	44.46	338	13.14	32	10.67	192	29.13	16	26.42	363
20	42.083	99	51.16	226	61.665	85	47.84	336	13.46	22	12.59	216	29.29	8	30.05	366
30	42.182	54	53.42	210	61.750	27	51.20	326	13.68	12	14.75	232	[2]29.37	1	33.71	362
Aug. 8	[1]42.236	7	55.52	190	[1]61.777	30	54.46	309	[1]13.80	1	17.07	240	29.38	8	37.33	349
18	42.243	36	57.42	167	61.747	85	57.55	287	13.81	9	19.47	239	29.30	16	40.82	330
28	42.207	76	59.09	143	61.662	134	60.42	259	13.72	19	21.86	229	29.14	23	44.12	303
Sept. 7	42.131	111	60.52	115	61.528	178	63.01	224	13.53	28	24.15	210	28.91	28	47.15	270
17	42.020	139	61.67	86	61.350	215	65.25	186	13.25	36	26.25	182	28.63	34	49.85	232
27	41.881	160	62.53	58	61.135	243	67.11	144	12.89	42	28.07	146	28.29	39	52.17	188
Okt. 7	41.721	172	63.11	28	60.892	261	68.55	98	12.47	45	29.53	105	27.90	41	54.05	139
17	41.549	176	63.39	3	60.631	268	69.53	50	12.02	48	30.58	57	27.49	43	55.44	88
27	41.373	171	63.36	33	60.363	267	70.03	0	11.54	47	31.15	7	27.06	44	56.32	32
Nov. 6	41.202	158	63.03	62	60.096	256	70.03	51	11.07	44	31.22	45	26.62	43	56.64	24
16	41.044	138	62.41	91	59.840	235	69.52	100	10.63	40	30.77	95	26.19	40	56.40	81
26	40.906	114	61.50	117	59.605	208	68.52	149	10.23	35	29.82	142	25.79	37	55.59	136
Dez. 6	40.792	84	60.33	141	59.397	172	67.03	194	9.88	26	28.40	185	25.42	32	54.23	189
16	40.708	51	58.92	160	59.225	132	65.09	232	9.62	18	26.55	221	25.10	26	52.34	235
26	40.657	18	57.32	174	59.093	86	62.77	264	9.44	10	24.34	251	24.84	20	49.99	275
36	40.639		55.58		59.007		60.13		9.34		21.83		24.64		47.24	
Mittl. Ort	38.369		33.35		57.861		33.22		6.47		34.64		25.03		16.89	
sec δ, tg δ	+1.039		+ 0.282		+1.417		+ 1.004		+2.494		— 2.285		+2.107		+ 1.855	
a, *a′*	+2.8		+12.7		+2.0		+12.9		+5.4		+13.0		+1.2		+13.2	
b, *b′*	+0.01		+ 0.77		+0.04		+ 0.77		—0.10		+ 0.76		+0.08		+ 0.75	

Scheinbare Sternörter 1957

Obere Kulmination Greenwich

Tag	780) ε Cygni AR.	Δ	780) ε Cygni Dekl.	Δ	781) ε Aquarii AR.	Δ	781) ε Aquarii Dekl.	Δ	785) β Indi AR.	Δ	785) β Indi Dekl.	Δ	786) 32 Vulpeculae AR.	Δ	786) 32 Vulpeculae Dekl.	Δ
1957	$20^h\ 44^m$		$+33°\ 48'$		$20^h\ 45^m$		$-9°\ 38'$		$20^h\ 51^m$		$-58°\ 36'$		$20^h\ 52^m$		$+27°\ 53'$	
	s		″		s		″		s		″		s		″	
Jan. 1	27.652	28	42.51	244	20.696	17	70.98	43	26.643	24	66.89	229	43.147	25	47.35	220
11	27.624	14	40.07	254	20.713	52	71.41	37	26.619	44	64.60	249	43.122	12	45.15	230
21	27.638	54	37.53	257	20.765	83	71.78	28	26.663	111	62.11	262	43.134	50	42.85	232
31	27.692	96	34.96	249	20.848	114	72.06	16	26.774	175	59.49	268	43.184	88	40.53	223
Febr. 10	27.788	136	32.47	229	20.962	144	72.22	0	26.949	235	56.81	269	43.272	126	38.30	205
20	27.924	175	30.18	200	21.106	173	72.22	18	27.184	292	54.12	265	43.398	162	36.25	178
März 2	28.099	212	28.18	163	21.279	199	72.04	37	27.476	343	51.47	254	43.560	196	34.47	142
12	28.311	246	26.55	119	21.478	225	71.67	59	27.819	390	48.93	239	43.756	228	33.05	101
22	28.557	275	25.36	68	21.703	248	71.08	80	28.209	430	46.54	220	43.984	257	32.04	55
April 1	28.832	300	24.68	15	21.951	268	70.28	101	28.639	466	44.34	196	44.241	282	31.49	5
11	29.132	318	24.53	38	22.219	285	69.27	120	29.105	493	42.38	169	44.523	300	31.44	45
21	29.450	329	24.91	91	22.504	297	68.07	135	29.598	513	40.69	137	44.823	314	31.89	93
Mai 1	29.779	334	25.82	140	22.801	303	66.72	146	30.111	522	39.32	103	45.137	320	32.82	138
11	30.113	329	27.22	185	23.104	304	65.26	154	30.633	522	38.29	67	45.457	318	34.20	180
21	30.442	317	29.07	223	23.408	297	63.72	157	31.155	510	37.62	28	45.775	309	36.00	215
31	30.759	297	31.30	255	23.705	284	62.15	156	31.665	486	37.34	12	46.084	292	38.15	243
Juni 10	31.056	268	33.85	280	23.989	263	60.59	148	32.151	451	37.46	50	46.376	267	40.58	265
20	31.324	234	36.65	297	24.252	235	59.11	138	32.602	403	37.96	88	46.643	234	43.23	280
30	31.558	192	39.62	306	24.487	202	57.73	125	33.005	345	38.84	122	46.877	197	46.03	287
Juli 10	31.750	146	42.68	309	24.689	163	56.48	109	33.350	278	40.06	153	47.074	155	48.90	287
20	31.896	98	45.77	303	24.852	120	55.39	90	33.628	203	41.59	178	47.229	108	51.77	281
30	[2]31.994	47	48.80	291	24.972	75	54.49	71	33.831	122	43.37	198	47.337	61	54.58	269
Aug. 8	32.041	3	51.71	274	[3]25.047	30	53.78	52	[4]33.953	40	45.35	211	[4]47.398	12	57.27	252
18	32.038	52	54.45	251	25.077	15	53.26	34	33.993	43	47.46	214	47.410	35	59.79	229
28	31.986	96	56.96	223	25.062	57	52.92	16	33.950	120	49.60	210	47.375	77	62.08	202
Sept. 7	31.890	136	59.19	192	25.005	94	52.76	1	33.830	192	51.70	198	47.298	116	64.10	173
17	31.754	168	61.11	156	24.911	123	52.75	12	33.638	252	53.68	177	47.182	147	65.83	140
27	31.586	192	62.67	117	24.788	145	52.87	23	33.386	301	55.45	149	47.035	172	67.23	104
Okt. 7	31.394	207	63.84	77	24.643	159	53.10	32	33.085	333	56.94	113	46.863	187	68.27	67
17	31.187	215	64.61	34	24.484	163	53.42	38	32.752	348	58.07	72	46.676	194	68.94	29
27	30.972	212	64.95	9	24.321	158	53.80	44	32.404	348	58.79	29	46.482	193	69.23	11
Nov. 6	30.760	201	64.86	53	24.163	146	54.24	47	32.056	331	59.08	17	46.289	183	69.12	50
16	30.559	182	64.33	96	24.017	127	54.71	50	31.725	299	58.91	63	46.106	167	68.62	89
26	30.377	158	63.37	137	23.890	101	55.21	51	31.426	253	58.28	107	45.939	144	67.73	126
Dez. 6	30.219	127	62.00	175	23.789	71	55.72	52	31.173	199	57.21	146	45.795	116	66.47	159
16	30.092	93	60.25	208	23.718	40	56.24	51	30.974	137	55.75	182	45.679	85	64.88	189
26	29.999	56	58.17	234	23.678	6	56.75	49	30.837	70	53.93	211	45.594	49	62.99	212
36	29.943		55.83		23.672		57.24		30.767		51.82		45.545		60.87	
Mittl. Ort	28.165		29.76		20.935		75.84		27.836		64.83		43.527		35.30	
sec δ, tg δ	+1.204		+ 0.670		+1.014		− 0.170		+1.920		− 1.639		+1.131		+ 0.529	
a, *a′*	+2.4		+13.2		+3.2		+13.2		+4.7		+13.6		+2.6		+13.7	
b, *b′*	+0.03		+ 0.75		−0.01		+ 0.75		−0.07		+ 0.73		+0.02		+ 0.73	

Obere Kulmination Greenwich

Tag	788) ν Cygni AR.		788) ν Cygni Dekl.		790) ζ Microscopii AR.		790) ζ Microscopii Dekl.		793) 61 Cygni pr[1] AR.		793) 61 Cygni pr[1] Dekl.		795) Br 2777 Ceph AR.		795) Br 2777 Ceph Dekl.	
1957	20h 55m		+40° 59′		21h 0m		−38° 47′		21h 4m		+38° 32′		21h 6m		+77° 57′	
	s		″		s		″		s		″		s		″	
Jan. 1	33.476	58	77.61	257	12.944	3	62.95	123	57.557	47	27.33	237	19.13	57	28.88	268
11	33.418	14	75.04	274	12.941	40	61.72	140	57.510	5	24.96	254	18.56	40	26.20	301
21	33.404	32	72.30	280	12.981	82	60.32	155	57.505	38	22.42	260	18.16	21	23.19	322
31	33.436	78	69.50	275	13.063	122	58.77	167	57.543	82	19.82	255	17.95	2	19.97	331
Febr. 10	33.514	125	66.75	259	13.185	160	57.10	176	57.625	126	17.27	239	17.93	18	16.66	327
20	33.639	170	64.16	231	13.345	197	55.34	182	57.751	170	14.88	214	18.11	38	13.39	309
März 2	33.809	213	61.85	195	13.542	232	53.52	185	57.921	212	12.74	178	18.49	56	10.30	279
12	34.022	252	59.90	150	13.774	265	51.67	185	58.133	250	10.96	134	19.05	72	7.51	238
22	34.274	288	58.40	99	14.039	294	49.82	183	58.383	284	9.62	85	19.77	85	5.13	189
April 1	34.562	316	57.41	43	14.333	320	47.99	177	58.667	314	8.77	31	20.62	96	3.24	132
11	34.878	338	56.98	13	14.653	342	46.22	167	58.981	337	8.46	24	21.58	104	1.92	71
21	35.216	352	57.11	69	14.995	359	44.55	154	59.318	352	8.70	79	22.62	108	1.21	9
Mai 1	35.568	359	57.80	124	15.354	370	43.01	137	59.670	359	9.49	132	23.70	108	1.12	54
11	35.927	355	59.04	173	15.724	372	41.64	116	60.029	358	10.81	180	24.78	105	1.66	115
21	36.282	342	60.77	217	16.096	368	40.48	92	60.387	347	12.61	223	25.83	98	2.81	170
31	36.624	320	62.94	254	16.464	354	39.56	66	60.734	328	14.84	259	26.81	90	4.51	221
Juni 10	36.944	292	65.48	284	16.818	332	38.90	38	61.062	300	17.43	288	27.71	79	6.72	265
20	37.236	254	68.32	306	17.150	301	38.52	8	61.362	265	20.31	310	28.50	65	9.37	302
30	37.490	209	71.38	321	17.451	262	38.44	21	61.627	223	23.41	323	29.15	49	12.39	330
Juli 10	37.699	160	74.59	327	17.713	216	38.65	48	61.850	177	26.64	330	29.64	34	15.69	352
20	37.859	108	77.86	326	17.929	164	39.13	74	62.027	126	29.94	328	29.98	16	19.21	364
30	5 37.967	53	81.12	318	6 18.093	109	39.87	97	8 62.153	73	33.22	319	8 30.14	1	22.85	369
Aug. 8	38.020	1	84.30	302	18.202	52	40.84	114	62.226	20	36.41	305	30.13	17	26.54	365
18	38.019	53	87.32	281	18.254	5	41.98	127	62.246	31	39.46	284	29.96	34	30.19	353
28	37.966	102	90.13	255	18.249	58	43.25	133	62.215	79	42.30	257	29.62	50	33.72	335
Sept. 7	37.864	145	92.68	223	18.191	107	44.58	133	62.136	121	44.87	226	29.12	64	37.07	310
17	37.719	181	94.91	188	18.084	149	45.91	128	62.015	156	47.13	191	28.48	77	40.17	277
27	37.538	210	96.79	147	17.935	181	47.19	116	61.859	185	49.04	153	27.71	88	42.94	238
Okt. 7	37.328	230	98.26	104	17.754	202	48.35	99	61.674	205	50.57	111	26.83	96	45.32	194
17	37.098	239	99.30	59	17.552	213	49.34	76	61.469	215	51.68	67	25.87	102	47.26	145
27	36.859	240	99.89	11	17.339	212	50.10	51	61.254	216	52.35	21	24.85	105	48.71	90
Nov. 6	36.619	232	100.00	38	17.127	200	50.61	24	61.038	210	52.56	25	23.80	107	49.61	33
16	36.387	216	99.62	85	16.927	179	50.85	5	60.828	195	52.31	72	22.73	105	49.94	26
26	36.171	192	98.77	132	16.748	150	50.80	34	60.633	172	51.59	116	21.68	99	49.68	86
Dez. 6	35.979	162	97.45	174	16.598	113	50.46	61	60.461	145	50.43	158	20.69	92	48.82	144
16	35.817	127	95.71	213	16.485	74	49.85	86	60.316	111	48.85	194	19.77	81	47.38	197
26	35.690	87	93.58	245	16.411	33	48.99	108	60.205	75	46.91	225	18.96	67	45.41	245
36	35.603		91.13		16.378		47.91		60.130		44.66		18.29		42.96	
Mittl. Ort	34.073		63.12		13.425		62.61		58.052		13.04		23.47		9.10	
sec δ, tg δ	+1.325		+ 0.869		+1.283		− 0.804		+1.278		+ 0.796		+4.791		+ 4.686	
a, a′	+2.2		+13.9		+3.8		+14.2		+2.3		+14.5		−1.2		+14.6	
b, b′	+0.04		+ 0.72		−0.04		+ 0.71		+0.04		+ 0.69		+0.23		+ 0.69	

[1] Ort des Hauptsterns; die jährliche Parallaxe (0″.299) ist bereits berücksichtigt.

Scheinbare Sternörter 1957

Obere Kulmination Greenwich

Tag	794) ν Aquarii				797) ζ Cygni				800) α Equulei				803) α Cephei			
	AR.		Dekl.		AR.		Dekl.		AR.		Dekl.		AR.		Dekl.	
1957	21h 7m		−11° 32′		21h 11m		+30° 2′		21h 13m		+5° 4′		21h 17m		+62° 24′	
	s		″		s		″		s		″		s		″	
Jan. 1	14.987	2	44.75	30	5.919	45	72.07	218	40.285	14	16.46	115	31.88	21	29.54	268
11	14.985	30	45.05	22	5.874	10	69.89	231	40.271	15	15.31	116	31.67	14	26.86	297
21	15.015	62	45.27	12	5.864	28	67.58	235	40.286	47	14.15	110	31.53	6	23.89	316
31	15.077	93	45.39	1	5.892	67	65.23	230	40.333	78	13.05	100	31.47	2	20.73	322
Febr. 10	15.170	124	45.38	16	5.959	105	62.93	215	40.411	108	12.05	83	31.49	10	17.51	316
20	15.294	153	45.22	34	6.064	144	60.78	190	40.519	139	11.22	61	31.59	19	14.35	297
März 2	15.447	182	44.88	54	6.208	181	58.88	157	40.658	169	10.61	35	31.78	27	11.38	266
12	15.629	209	44.34	73	6.389	216	57.31	117	40.827	198	10.26	5	32.05	33	8.72	224
22	15.838	235	43.61	94	6.605	248	56.14	72	41.025	225	10.21	28	32.38	40	6.48	174
April 1	16.073	258	42.67	113	6.853	276	55.42	23	41.250	249	10.49	60	32.78	46	4.74	118
11	16.331	279	41.54	130	7.129	299	55.19	28	41.499	270	11.09	92	33.24	50	3.56	57
21	16.610	294	40.24	144	7.428	316	55.47	78	41.769	286	12.01	122	33.74	52	2.99	6
Mai 1	16.904	304	38.80	154	7.744	325	56.25	125	42.055	297	13.23	149	34.26	53	3.05	67
11	17.208	308	37.26	160	8.069	327	57.50	168	42.352	301	14.72	171	34.79	53	3.72	127
21	17.516	306	35.66	161	8.396	320	59.18	206	42.653	298	16.43	188	35.32	51	4.99	182
31	17.822	295	34.05	158	8.716	305	61.24	237	42.951	288	18.31	199	35.83	48	6.81	230
Juni 10	18.117	277	32.47	149	9.021	283	63.61	263	43.239	271	20.30	206	36.31	43	9.11	273
20	18.394	252	30.98	138	9.304	253	66.24	280	43.510	246	22.36	206	36.74	37	11.84	308
30	18.646	221	29.60	122	9.557	215	69.04	290	43.756	215	24.42	201	37.11	30	14.92	335
Juli 10	18.867	183	28.38	105	9.772	174	71.94	294	43.971	178	26.43	191	37.41	24	18.27	353
20	19.050	141	27.33	85	9.946	128	74.88	291	44.149	137	28.34	177	37.65	15	21.80	364
30	19.191	97	26.48	64	10.074	80	77.79	281	44.286	94	30.11	161	37.80	7	25.44	366
Aug. 8*	8 19.288	51	25.84	44	9 10.154	31	80.60	265	10 44.380	50	31.72	141	11 37.87	1	29.10	360
18	19.339	5	25.40	24	10.185	17	83.25	245	44.430	6	33.13	120	37.86	9	32.70	346
28	19.344	37	25.16	7	10.168	62	85.70	220	44.436	36	34.33	98	37.77	17	36.16	326
Sept. 7	19.307	76	25.09	10	10.106	101	87.90	191	44.400	73	35.31	75	37.60	24	39.42	299
17	19.231	108	25.19	22	10.005	136	89.81	159	44.327	104	36.06	52	37.36	29	42.41	265
27	19.123	133	25.41	33	9.869	163	91.40	123	44.223	129	36.58	30	37.07	35	45.06	225
Okt. 7	18.990	150	25.74	41	9.706	181	92.63	87	44.094	146	36.88	8	36.72	38	47.31	180
17	18.840	158	26.15	46	9.525	192	93.50	47	43.948	154	36.96	12	36.34	41	49.11	131
27	18.682	158	26.61	49	9.333	194	93.97	7	43.794	155	36.84	32	35.93	43	50.42	77
Nov. 6	18.524	148	27.10	49	9.139	188	94.04	34	43.639	148	36.52	50	35.50	43	51.19	21
16	18.376	132	27.59	50	8.951	175	93.70	74	43.491	134	36.02	68	35.07	41	51.40	36
26	18.244	111	28.09	49	8.776	156	92.96	114	43.357	115	35.34	83	34.66	40	51.04	94
Dez. 6	18.133	84	28.58	46	8.620	132	91.82	149	43.242	92	34.51	97	34.26	36	50.10	149
16	18.049	55	29.04	42	8.488	102	90.33	180	43.150	65	33.54	108	33.90	31	48.61	201
26	17.994	24	29.46	37	8.386	69	88.53	208	43.085	36	32.46	116	33.59	25	46.60	245
36	17.970		29.83		8.317		86.45		43.049		31.30		33.34		44.15	
Mittl. Ort	15.168		49.00		6.231		58.94		40.425		8.67		33.19		10.57	
sec δ, tg δ	+1.021		− 0.204		+1.155		+ 0.579		+1.004		+ 0.089		+2.159		+ 1.913	
a, *a′*	+3.3		+14.6		+2.6		+14.8		+3.0		+15.0		+1.4		+15.2	
b, *b′*	−0.01		+ 0.68		+0.03		+ 0.67		0.00		+ 0.66		+0.10		+ 0.65	

* Bei Stern 797), 800) und 803) lies Aug. 9.

Scheinbare Sternörter 1957

Obere Kulmination Greenwich

Tag	804) ι Pegasi				805) γ Pavonis[1]				806) ζ Capricorni				809) β Cephei			
	AR.		Dekl.		AR.		Dekl.		AR.		Dekl.		AR.		Dekl.	
1957	21h 20m		+19° 37′		21h 22m		−65° 33′		21h 24m		−22° 35′		21h 28m		+70° 22′	
	s		″		s		″		s		″		s		″	
Jan. 1	5.600	35	21.89	175	53.23	13	49.06	251	12.705	19	53.57	30	4.79	36	39.09	255
11	5.565	3	20.14	185	53.10	4	46.55	277	12.686	15	53.27	44	4.43	26	36.54	290
21	5.562	30	18.29	185	53.06	5	43.78	297	12.701	48	52.83	59	4.17	15	33.64	315
31	5.592	64	16.44	178	53.11	12	40.81	309	12.749	80	52.24	74	4.02	4	30.49	327
Febr. 10	5.656	97	14.66	163	53.23	21	37.72	314	12.829	113	51.50	88	3.98	8	27.22	326
20	5.753	132	13.03	140	53.44	28	34.58	311	12.942	144	50.62	104	4.06	21	23.96	311
März 2	5.885	165	11.63	111	53.72	35	31.47	302	13.086	176	49.58	118	4.27	31	20.85	285
12	6.050	198	10.52	74	54.07	42	28.45	288	13.262	206	48.40	132	4.58	42	18.00	248
22	6.248	228	9.78	34	54.49	47	25.57	267	13.468	235	47.08	143	5.00	52	15.52	200
April 1	6.476	255	9.44	9	54.96	53	22.90	240	13.703	261	45.65	154	5.52	59	13.52	145
11	6.731	278	9.53	52	55.49	57	20.50	211	13.964	285	44.11	161	6.11	64	12.07	85
21	7.009	295	10.05	94	56.06	60	18.39	176	14.249	304	42.50	164	6.75	69	11.22	24
Mai 1	7.304	306	10.99	133	56.66	62	16.63	136	14.553	317	40.86	163	7.44	70	10.98	39
11	7.610	311	12.32	169	57.28	64	15.27	95	14.870	324	39.23	158	8.14	70	11.37	100
21	7.921	308	14.01	199	57.92	63	14.32	51	15.194	324	37.65	149	8.84	68	12.37	158
31	8.229	296	16.00	223	58.55	61	13.81	6	15.518	317	36.16	135	9.52	63	13.95	210
Juni 10	8.525	278	18.23	241	59.16	57	13.75	39	15.835	301	34.81	118	10.15	57	16.05	255
20	8.803	252	20.64	253	59.73	52	14.14	82	16.136	277	33.63	97	10.72	50	18.60	295
30	9.055	219	23.17	257	60.25	46	14.96	123	16.413	247	32.66	75	11.22	40	21.55	326
Juli 10	9.274	181	25.74	257	60.71	38	16.19	161	16.660	209	31.91	51	11.62	31	24.81	349
20	9.455	139	28.31	249	61.09	30	17.80	193	16.869	167	31.40	27	11.93	20	28.30	364
30	9.594	95	30.80	236	61.39	20	19.73	217	17.036	120	31.13	3	12.13	10	31.94	371
Aug. 9	^{11}9.689	48	33.16	220	^{12}61.59	10	21.90	235	^{12}17.156	72	31.10	19	^{13}12.23	2	35.65	370
18	9.737	3	35.36	199	61.69	0	24.25	244	17.228	23	31.29	39	12.21	12	39.35	361
28	9.740	39	37.35	175	61.69	10	26.69	244	17.251	23	31.68	55	12.09	22	42.96	344
Sept. 7	9.701	78	39.10	149	61.59	20	29.13	234	17.228	65	32.23	67	11.87	32	46.40	320
17	9.623	111	40.59	120	61.39	28	31.47	215	17.163	102	32.90	74	11.55	40	49.60	290
27	9.512	137	41.79	90	61.11	35	33.62	186	17.061	132	33.64	78	11.15	47	52.50	252
Okt. 7	9.375	155	42.69	58	60.76	40	35.48	149	16.929	152	34.42	77	10.68	53	55.02	209
17	9.220	166	43.27	27	60.36	44	36.97	106	16.777	165	35.19	72	10.15	58	57.11	161
27	9.054	168	43.54	6	59.92	45	38.03	58	16.612	167	35.91	64	9.57	61	58.72	108
Nov. 6	8.886	164	43.48	38	59.47	45	38.61	7	16.445	160	36.55	52	8.96	62	59.80	52
16	8.722	151	43.10	69	59.02	42	38.68	46	16.285	147	37.07	40	8.34	61	60.32	8
26	8.571	134	42.41	99	58.60	38	38.22	98	16.138	126	37.47	26	7.73	59	60.24	68
Dez. 6	8.437	112	41.42	127	58.22	32	37.24	146	16.012	101	37.73	11	7.14	55	59.56	126
16	8.325	85	40.15	150	57.90	26	35.78	190	15.911	73	37.84	3	6.59	49	58.30	181
26	8.240	57	38.65	169	57.64	17	33.88	228	15.838	40	37.81	18	6.10	41	56.49	231
36	8.183		36.96		57.47		31.60		15.798		37.63		5.69		54.18	
Mittl. Ort	5.768		10.74		54.87		44.57		12.900		55.19		6.75		18.57	
sec δ, tg δ	+1.062		+ 0.356		+2.417		− 2.201		+1.083		− 0.416		+2.977		+ 2.804	
a, *a′*	+2.8		+15.4		+4.9		+15.5		+3.4		+15.6		+0.8		+15.8	
b, *b′*	+0.02		+ 0.64		−0.11		+ 0.63		−0.02		+ 0.63		+0.15		+ 0.62	

Die jährliche Parallaxe (0″.113) ist bereits berücksichtigt.

Scheinbare Sternörter 1957

Obere Kulmination Greenwich

Tag	808) β Aquarii				811) 74 Cygni				810) ν Octantis				815) ε Pegasi			
	AR.		Dekl.		AR.		Dekl.		AR.		Dekl.		AR.		Dekl.	
1957	21h 29m		−5° 45′		21h 35m		+40° 13′		21h 36m		−77° 34′		21h 42m		+9° 40′	
	s		″		s		″		s		″		s		″	
Jan. 1	17.661	22	35.47	59	13.037	94	27.07	228	42.62	39	64.33	285	4.352	41	46.32	127
11	17.639	7	36.06	53	12.943	55	24.79	249	42.23	23	61.48	315	4.311	13	45.05	131
21	17.646	37	36.59	43	12.888	14	22.30	263	42.00	7	58.33	336	4.298	16	43.74	128
31	17.683	67	37.02	31	12.874	29	19.67	265	41.93	11	54.97	349	4.314	47	42.46	121
Febr. 10	17.750	98	37.33	15	12.903	75	17.02	256	42.04	26	51.48	354	4.361	79	41.25	106
20	17.848	127	37.48	5	12.978	122	14.46	236	42.30	41	47.94	350	4.440	110	40.19	85
März 2	17.975	158	37.43	26	13.100	167	12.10	207	42.71	56	44.44	337	4.550	142	39.34	59
12	18.133	187	37.17	50	13.267	211	10.03	168	43.27	69	41.07	319	4.692	175	38.75	29
22	18.320	216	36.67	75	13.478	251	8.35	122	43.96	81	37.88	293	4.867	205	38.46	4
April 1	18.536	241	35.92	99	13.729	288	7.13	72	44.77	92	34.95	262	5.072	233	38.50	40
11	18.777	265	34.93	122	14.017	318	6.41	18	45.69	100	32.33	225	5.305	259	38.90	76
21	19.042	283	33.71	142	14.335	341	6.23	37	46.69	106	30.08	184	5.564	280	39.66	109
Mai 1	19.325	297	32.29	158	14.676	355	6.60	90	47.75	112	28.24	138	5.844	295	40.75	140
11	19.622	304	30.71	169	15.031	361	7.50	141	48.87	113	26.86	91	6.139	303	42.15	168
21	19.926	304	29.02	177	15.392	357	8.91	187	50.00	112	25.95	41	6.442	305	43.83	189
31	20.230	297	27.25	179	15.749	344	10.78	226	51.12	110	25.54	11	6.747	299	45.72	206
Juni 10	20.527	283	25.46	176	16.093	321	13.04	261	52.22	104	25.65	60	7.046	284	47.78	217
20	20.810	261	23.70	169	16.414	290	15.65	288	53.26	95	26.25	108	7.330	263	49.95	222
30	21.071	231	22.01	156	16.704	252	18.53	307	54.21	85	27.33	154	7.593	235	52.17	221
Juli 10	21.302	197	20.45	141	16.956	207	21.60	318	55.06	71	28.87	195	7.828	201	54.38	216
20	21.499	157	19.04	123	17.163	157	24.78	322	55.77	55	30.82	229	8.029	161	56.54	204
30	21.656	114	17.81	103	17.320	106	28.00	320	56.32	38	33.11	256	8.190	120	58.58	190
Aug. 9	21.770	70	16.78	81	17.426	53	31.20	309	56.70	20	35.67	275	8.310	75	60.48	172
18	[14] 21.840	25	15.97	60	[15] 17.479	0	34.29	294	[16] 56.90	0	38.42	283	[17] 8.385	31	62.20	150
28	21.865	18	15.37	40	17.479	50	37.23	272	56.90	18	41.25	282	8.416	11	63.70	128
Sept. 7	21.847	57	14.97	20	17.429	96	39.95	244	56.72	36	44.07	271	8.405	50	64.98	105
17	21.790	90	14.77	3	17.333	137	42.39	213	56.36	53	46.78	247	8.355	83	66.03	79
27	21.700	117	14.74	13	17.196	169	44.52	177	55.83	68	49.25	215	8.272	111	66.82	55
Okt. 7	21.583	136	14.87	26	17.027	195	46.29	137	55.15	79	51.40	174	8.161	132	67.37	31
17	21.447	148	15.13	38	16.832	212	47.66	95	54.36	88	53.14	124	8.029	144	67.68	6
27	21.299	150	15.51	46	16.620	220	48.61	49	53.48	93	54.38	69	7.885	150	67.74	17
Nov. 6	21.149	145	15.97	53	16.400	221	49.10	3	52.55	93	55.07	10	7.735	148	67.57	39
16	21.004	134	16.50	59	16.179	214	49.13	44	51.62	91	55.17	50	7.587	139	67.18	61
26	20.870	117	17.09	63	15.965	198	48.69	91	50.71	84	54.67	108	7.448	126	66.57	81
Dez. 6	20.753	95	17.72	65	15.767	178	47.78	136	49.87	75	53.59	165	7.322	107	65.76	98
16	20.658	70	18.37	66	15.589	151	46.42	176	49.12	63	51.94	215	7.215	85	64.78	114
26	20.588	42	19.03	63	15.438	119	44.66	212	48.49	48	49.79	258	7.130	60	63.64	125
36	20.546		19.66		15.319		42.54		48.01		47.21		7.070		62.39	
Mittl. Ort	17.747		40.73		13.343		10.97		46.52		58.27		4.377		37.27	
sec δ, tg δ	+1.005		− 0.101		+1.310		+ 0.846		+4.651		− 4.542		+1.014		+ 0.171	
a, *a′*	+3.2		+15.9		+2.4		+16.2		+6.6		+16.3		+2.9		+16.5	
b, *b′*	−0.01		+ 0.61		+0.05		+ 0.59		−0.25		+ 0.58		+0.01		+ 0.57	

Scheinbare Sternörter 1957

Obere Kulmination Greenwich

Tag	819) δ Capricorni AR.		Dekl.		821) π^2 Cygni AR.		Dekl.		823) 16 Pegasi AR.		Dekl.		822) γ Gruis AR.		Dekl.	
1957	21h 44m		−16° 18′		21h 45m		+49° 6′		21h 51m		+25° 43′		21h 51m		−37° 33′	
	s		″		s		″		s		″		s		″	
Jan. 1	40.081	34	81.54	6 —	11.682	142	54.23	234	6.147	70	32.80	180	19.544	59	67.07	101
11	40.047	5 —	81.60	7	11.540	98	51.89	263	6.077	40	31.00	195	19.485	23 —	66.06	126
21	40.042	25	81.53	21	11.442	49 —	49.26	281	6.037	7 —	29.05	203	19.462	15	64.80	148
31	40.067	56	81.32	37	11.393	3	46.45	290	6.030	26	27.02	202	19.477	52	63.32	167
Febr. 10	40.123	87	80.95	53	11.396	58	43.55	285	6.056	63	25.00	191	19.529	91	61.65	183
20	40.210	118	80.42	70	11.454	114	40.70	269	6.119	100	23.09	172	19.620	129	59.82	196
März 2	40.328	150	79.72	89	11.568	169	38.01	243	6.219	137	21.37	145	19.749	166	57.86	207
12	40.478	181	78.83	107	11.737	224	35.58	205	6.356	174	19.92	111	19.915	203	55.79	213
22	40.659	210	77.76	125	11.961	273	33.53	160	6.530	210	18.81	71	20.118	240	53.66	216
April 1	40.869	239	76.51	141	12.234	317	31.93	108	6.740	243	18.10	28 —	20.358	273	51.50	214
11	41.108	265	75.10	153	12.551	354	30.85	53 —	6.983	271	17.82	18	20.631	303	49.36	210
21	41.373	286	73.57	164	12.905	382	30.32	5	7.254	295	18.00	64	20.934	329	47.26	200
Mai 1	41.659	303	71.93	170	13.287	399	30.37	63	7.549	313	18.64	108	21.263	349	45.26	185
11	41.962	313	70.23	172	13.686	406	31.00	117	7.862	321	19.72	148	21.612	363	43.41	166
21	42.275	317	68.51	169	14.092	403	32.17	169	8.183	323	21.20	185	21.975	368	41.75	142
31	42.592	312	66.82	161	14.495	388	33.86	216	8.506	316	23.05	216	22.343	364	40.33	116
Juni 10	42.904	300	65.21	148	14.883	363	36.02	256	8.822	302	25.21	240	22.707	352	39.17	87
20	43.204	280	63.73	133	15.246	328	38.58	288	9.124	278	27.61	259	23.059	330	38.30	54
30	43.484	252	62.40	113	15.574	285	41.46	313	9.402	247	30.20	270	23.389	299	37.76	20 —
Juli 10	43.736	219	61.27	91	15.859	235	44.59	332	9.649	211	32.90	275	23.688	261	37.56	12
20	43.955	179	60.36	68	16.094	179	47.91	341	9.860	170	35.65	274	23.949	216	37.68	45
30	44.134	135	59.68	44	16.273	122	51.32	343	10.030	125	38.39	266	24.165	165	38.13	74
Aug. 9	44.269	89	59.24	21 —	16.395	61	54.75	338	10.155	79	41.05	253	24.330	110	38.87	101
18*	[18] 44.358	43 —	59.03	2	[18] 16.456	1 —	58.13	325	[19] 10.234	32 —	43.58	236	[19] 24.440	55	39.88	121
28	44.401	1	59.05	21	16.457	55	61.38	307	10.266	13	45.94	214	24.495	0	41.09	137
Sept. 7	44.400	44	59.26	38	16.402	108	64.45	282	10.253	53	48.08	188	24.495	51	42.46	147
17	44.356	80	59.64	51	16.294	156	67.27	251	10.200	90	49.96	160	24.444	98	43.93	149
27	44.276	110	60.15	61	16.138	195	69.78	215	10.110	120	51.56	129	24.346	137	45.42	145
Okt. 7	44.166	133	60.76	66	15.943	226	71.93	174	9.990	144	52.85	96	24.209	166	46.87	133
17	44.033	147	61.42	67	15.717	250	73.67	130	9.846	159	53.81	62	24.043	187	48.20	117
27	43.886	152	62.09	67	15.467	263	74.97	81	9.687	168	54.43	26 —	23.856	196	49.37	94
Nov. 6	43.734	151	62.76	62	15.204	269	75.78	31 —	9.519	169	54.69	10	23.660	197	50.31	67
16	43.583	141	63.38	56	14.935	264	76.09	21	9.350	163	54.59	47	23.463	187	50.98	39
26	43.442	125	63.94	47	14.671	251	75.88	74	9.187	152	54.12	81	23.276	170	51.37	8 —
Dez. 6	43.317	105	64.41	38	14.420	232	75.14	125	9.035	135	53.31	115	23.106	145	51.45	23
16	43.212	81	64.79	28	14.188	204	73.89	172	8.900	115	52.16	145	22.961	116	51.22	54
26	43.131	53	65.07	17	13.984	169	72.17	213	8.785	89	50.71	170	22.845	84	50.68	81
36	43.078		65.24		13.815		70.04		8.696		49.01		22.761		49.87	
Mittl. Ort	40.157		84.03		12.092		35.98		6.185		19.56		19.843		64.71	
sec δ, tg δ	+1.042		− 0.293		+1.528		+ 1.155		+1.110		+ 0.482		+1.262		− 0.769	
a, *a*′	+3.3		+16.6		+2.2		+16.7		+2.7		+17.0		+3.6		+17.0	
b, *b*′	−0.02		+ 0.56		+0.06		+ 0.55		+0.03		+ 0.53		−0.04		+ 0.53	

* Bei Stern 823) und 822) lies Aug. 19.

Scheinbare Sternörter 1957

Obere Kulmination Greenwich

Tag	827) α Aquarii AR.		827) α Aquarii Dekl.		830) 20 Cephei AR.		830) 20 Cephei Dekl.		828) ι Aquarii AR.		828) ι Aquarii Dekl.		829) α Gruis AR.		829) α Gruis Dekl.	
1957	22h 3m		−0° 31′		22h 3m		+62° 34′		22h 4m		−14° 4′		22h 5m		−47° 9′	
	s		″		s		″		s		″		s		″	
Jan. 1	34.579	50	39.80	79	41.24	28	53.08	222	6.987	49	42.10	17	31.432	99	77.14	140
11	34.529	$\underline{25}$	40.59	76	40.96	21	50.86	261	6.938	$\underline{23}$	42.27	$\underline{6}$	31.333	57	75.74	171
21	34.504	2	41.35	68	40.75	15	48.25	291	6.915	5	42.33	9	31.276	$\underline{14}$	74.03	197
31	34.506	31	42.03	58	40.60	$\underline{8}$	45.34	308	6.920	34	42.24	26	31.262	31	72.06	220
Febr. 10	34.537	60	42.61	42	40.52	1	42.26	313	6.954	65	41.98	42	31.293	75	69.86	237
20	34.597	91	43.03	$\underline{22}$	40.53	10	39.13	306	7.019	95	41.56	61	31.368	121	67.49	249
März 2	34.688	123	43.25	1	40.63	18	36.07	286	7.114	128	40.95	81	31.489	166	65.00	257
12	34.811	155	43.24	26	40.81	26	33.21	254	7.242	160	40.14	101	31.655	210	62.43	260
22	34.966	187	42.98	54	41.07	33	30.67	213	7.402	191	39.13	120	31.865	253	59.83	258
April 1	35.153	217	42.44	81	41.40	40	28.54	164	7.593	222	37.93	139	32.118	293	57.25	251
11	35.370	244	41.63	108	41.80	46	26.90	108	7.815	251	36.54	154	32.411	329	54.74	238
21	35.614	269	40.55	134	42.26	50	25.82	$\underline{49}$	8.066	274	35.00	167	32.740	362	52.36	221
Mai 1	35.883	287	39.21	155	42.76	53	25.33	11	8.340	294	33.33	176	33.102	387	50.15	199
11	36.170	300	37.66	172	43.29	54	25.44	71	8.634	307	31.57	181	33.489	405	48.16	172
21	36.470	305	35.94	185	43.83	54	26.15	129	8.941	314	29.76	179	33.894	413	46.44	140
31	36.775	304	34.09	194	44.37	52	27.44	181	9.255	313	27.97	174	34.307	413	45.04	106
Juni 10	37.079	293	32.15	196	44.89	49	29.25	230	9.568	304	26.23	165	34.720	401	43.98	68
20	37.372	276	30.19	193	45.38	45	31.55	272	9.872	286	24.58	149	35.121	380	43.30	$\underline{30}$
30	37.648	251	28.26	185	45.83	39	34.27	305	10.158	261	23.09	131	35.501	348	43.00	10
Juli 10	37.899	220	26.41	173	46.22	32	37.32	333	10.419	230	21.78	111	35.849	306	43.10	49
20	38.119	184	24.68	157	46.54	25	40.65	352	10.649	193	20.67	87	36.155	257	43.59	86
30	38.303	143	23.11	139	46.79	17	44.17	362	10.842	151	19.80	62	36.412	201	44.45	119
Aug. 9	38.446	100	21.72	117	46.96	9	47.79	366	10.993	107	19.18	38	36.613	140	45.64	147
19	38.546	56	20.55	95	[22]47.05	$\underline{2}$	51.45	361	11.100	61	18.80	$\underline{14}$	36.753	76	47.11	170
28	[22]38.602	$\underline{14}$	19.60	73	47.07	7	55.06	348	[23]11.161	$\underline{17}$	18.66	7	[23]36.829	$\underline{13}$	48.81	186
Sept. 7	38.616	26	18.87	50	47.00	14	58.54	329	11.178	25	18.73	26	36.842	48	50.67	193
17	38.590	62	18.37	30	46.86	20	61.83	304	11.153	63	18.99	43	36.794	104	52.60	194
27	38.528	91	18.07	$\underline{10}$	46.66	27	64.87	270	11.090	94	19.42	54	36.690	152	54.54	185
Okt. 7	38.437	114	17.97	8	46.39	32	67.57	231	10.996	119	19.96	63	36.538	190	56.39	168
17	38.323	129	18.05	24	46.07	35	69.88	187	10.877	135	20.59	67	36.348	218	58.07	144
27	38.194	138	18.29	38	45.72	39	71.75	138	10.742	144	21.26	69	36.130	235	59.51	114
Nov. 6	38.056	140	18.67	50	45.33	40	73.13	83	10.598	145	21.95	67	35.895	239	60.65	78
16	37.916	134	19.17	61	44.93	41	73.96	$\underline{27}$	10.453	140	22.62	62	35.656	234	61.43	41
26	37.782	123	19.78	69	44.52	40	74.23	31	10.313	128	23.24	56	35.422	217	61.84	0
Dez. 6	37.659	108	20.47	75	44.12	39	73.92	89	10.185	111	23.80	48	35.205	193	61.84	41
16	37.551	89	21.22	80	43.73	35	73.03	145	10.074	91	24.28	39	35.012	162	61.43	79
26	37.462	68	22.02	82	43.38	31	71.58	196	9.983	67	24.67	28	34.850	126	60.64	116
36	37.394		22.84		43.07		69.62		9.916		24.95		34.724		59.48	
Mittl. Ort	34.509		46.10		41.93		31.75		6.972		44.72		31.894		72.38	
sec δ, tg δ	+1.000		− 0.009		+2.171		+ 1.927		+1.031		− 0.251		+1.471		− 1.079	
a, *a′*	+3.1		+17.5		+1.8		+17.5		+3.2		+17.5		+3.8		+17.6	
b, *b′*	0.00		+ 0.49		+0.11		+ 0.49		−0.01		+ 0.48		−0.06		+ 0.48	

Obere Kulmination Greenwich

Tag	834) ϑ Pegasi AR.		834) ϑ Pegasi Dekl.		835) π Pegasi AR.		835) π Pegasi Dekl.		837) 24 Cephei AR.		837) 24 Cephei Dekl.		836) ζ Cephei AR.		836) ζ Cephei Dekl.	
1957	22h 8m		+5° 59′		22h 8m		+32° 57′		22h 8m		+72° 7′		22h 9m		+57° 59′	
	s		″		s		″		s		″		s		″	
Jan. 1	1.876	56	16.59	105	4.476	98	75.15	188	57.69	48	68.28	211	21.090	230	40.60	216
11	1.820	31	15.54	106	4.378	69	73.27	210	57.21	39	66.17	255	20.860	181	38.44	255
21	1.789	5	14.48	103	4.309	36	71.17	223	56.82	29	63.62	289	20.679	124	35.89	282
31	1.784	23	13.45	94	4.273	1	68.94	228	56.53	16	60.73	312	20.555	60	33.07	299
Febr. 10	1.807	54	12.51	80	4.274	39	66.66	222	56.37	4	57.61	323	20.495	9	30.08	304
20	1.861	86	11.71	62	4.313	81	64.44	207	56.33	9	54.38	320	20.504	81	27.04	296
März 2	1.947	118	11.09	37	4.394	123	62.37	183	56.42	22	51.18	304	20.585	153	24.08	276
12	2.065	151	10.72	10	4.517	165	60.54	150	56.64	35	48.14	277	20.738	224	21.32	246
22	2.216	183	10.62	21	4.682	205	59.04	110	56.99	46	45.37	239	20.962	290	18.86	205
April 1	2.399	215	10.83	52	4.887	243	57.94	66	57.45	57	42.98	191	21.252	351	16.81	156
11	2.614	244	11.35	84	5.130	277	57.28	18	58.02	65	41.07	136	21.603	401	15.25	101
21	2.858	268	12.19	115	5.407	304	57.10	32	58.67	71	39.71	78	22.004	441	14.24	44
Mai 1	3.126	287	13.34	143	5.711	324	57.42	79	59.38	75	38.93	18	22.445	468	13.80	16
11	3.413	300	14.77	166	6.035	338	58.21	126	60.13	77	38.75	44	22.913	482	13.96	74
21	3.713	307	16.43	186	6.373	342	59.47	169	60.90	77	39.19	104	23.395	483	14.70	130
31	4.020	304	18.29	200	6.715	337	61.16	206	61.67	73	40.23	160	23.878	471	16.00	182
Juni 10	4.324	295	20.29	208	7.052	322	63.22	237	62.40	69	41.83	211	24.349	445	17.82	229
20	4.619	278	22.37	212	7.374	300	65.59	262	63.09	63	43.94	256	24.794	407	20.11	269
30	4.897	252	24.49	209	7.674	270	68.21	280	63.72	54	46.50	294	25.201	360	22.80	302
Juli 10	5.149	222	26.58	201	7.944	233	71.01	291	64.26	45	49.44	326	25.561	303	25.82	328
20	5.371	186	28.59	189	8.177	191	73.92	296	64.71	34	52.70	350	25.864	240	29.10	346
30	5.557	145	30.48	174	8.368	145	76.88	294	65.05	23	56.20	365	26.104	172	32.56	356
Aug. 9	5.702	102	32.22	155	8.513	96	79.82	285	65.28	12	59.85	373	26.276	102	36.12	358
19	5.804	59	33.77	134	8.609	48	82.67	271	65.40	0	63.58	373	26.378	32	39.70	353
28	24 5.863	17	35.11	111	24 8.657	1	85.38	252	24 65.40	11	67.31	365	24 26.410	38	43.23	340
Sept. 7	5.880	23	36.22	88	8.658	43	87.90	228	65.29	22	70.96	349	26.372	102	46.63	321
17	5.857	59	37.10	65	8.615	83	90.18	200	65.07	32	74.45	326	26.270	162	49.84	294
27	5.798	88	37.75	42	8.532	116	92.18	169	64.75	41	77.71	296	26.108	214	52.78	262
Okt. 7	5.710	111	38.17	20	8.416	144	93.87	135	64.34	49	80.67	259	25.894	258	55.40	224
17	5.599	128	38.37	1	8.272	164	95.22	97	63.85	56	83.26	216	25.636	294	57.64	180
27	5.471	137	38.36	21	8.108	176	96.19	57	63.29	60	85.42	167	25.342	319	59.44	132
Nov. 6	5.334	139	38.15	39	7.932	181	96.76	17	62.69	64	87.09	113	25.023	335	60.76	80
16	5.195	135	37.76	56	7.751	180	96.93	23	62.05	65	88.22	55	24.688	340	61.56	25
26	5.060	126	37.20	72	7.571	173	96.70	65	61.40	66	88.77	6	24.348	336	61.81	32
Dez. 6	4.934	111	36.48	85	7.398	159	96.05	105	60.74	63	88.71	66	24.012	320	61.49	88
16	4.823	94	35.63	96	7.239	141	95.00	141	60.11	59	88.05	126	23.692	295	60.61	142
26	4.729	73	34.67	104	7.098	118	93.59	173	59.52	54	86.79	181	23.397	261	59.19	191
36	4.656		33.63		6.980		91.86		58.98		84.98		23.136		57.28	
Mittl. Ort	1.775		8.50		4.456		59.76		59.05		45.47		21.507		19.80	
sec δ, tg δ	+1.005		+ 0.105		+1.192		+ 0.649		+3.259		+ 3.101		+1.886		+ 1.600	
a, *a′*	+3.0		+17.7		+2.7		+17.7		+1.1		+17.7		+2.1		+17.8	
b, *b′*	+0.01		+ 0.47		+0.04		+ 0.47		+0.18		+ 0.47		+0.09		+ 0.46	

Scheinbare Sternörter 1957

Obere Kulmination Greenwich

Tag	840) ϑ Aquarii AR.		840) ϑ Aquarii Dekl.		841) α Tucanae AR.		841) α Tucanae Dekl.	
1957	$22^h\ 14^m$		$-7°\ 59'$		$22^h\ 15^m$		$-60°\ 27'$	
	s		″		s		″	
Jan. 1	34.011	56	49.18	46	33.46	18	96.31	192
11	33.955	32	49.64	37	33.28	13	94.39	228
21	33.923	5	50.01	26	33.15	7	92.11	259
31	33.918	22	50.27	11	33.08	0	89.52	283
Febr. 10	33.940	52	50.38	6	33.08	6	86.69	300
20	33.992	82	50.32	25	33.14	12	83.69	311
März 2	34.074	114	50.07	46	33.26	19	80.58	315
12	34.188	147	49.61	70	33.45	25	77.43	311
22	34.335	180	48.91	92	33.70	31	74.32	303
April 1	34.515	210	47.99	115	34.01	37	71.29	287
11	34.725	240	46.84	136	34.38	41	68.42	266
21	34.965	265	45.48	155	34.79	46	65.76	239
Mai 1	35.230	286	43.93	169	35.25	50	63.37	207
11	35.516	301	42.24	180	35.75	52	61.30	170
21	35.817	308	40.44	186	36.27	53	59.60	129
31	36.125	309	38.58	186	36.80	54	58.31	86
Juni 10	36.434	301	36.72	182	37.34	52	57.45	40
20	36.735	285	34.90	173	37.86	50	57.05	8
30	37.020	262	33.17	159	38.36	45	57.13	53
Juli 10	37.282	233	31.58	142	38.81	41	57.66	97
20	37.515	197	30.16	122	39.22	34	58.63	139
30	37.712	156	28.94	99	39.56	27	60.02	174
Aug. 9	37.868	113	27.95	75	39.83	19	61.76	205
19	37.981	70	27.20	52	40.02	10	63.81	227
28	^{25}38.051	26	26.68	30	^{25}40.12	2	66.08	241
Sept. 7	38.077	14	26.38	8	40.14	7	68.49	246
17	38.063	52	26.30	11	40.07	14	70.95	241
27	38.011	83	26.41	27	39.93	22	73.36	226
Okt. 7	37.928	108	26.68	40	39.71	27	75.62	201
17	37.820	125	27.08	51	39.44	31	77.63	169
27	37.695	135	27.59	57	39.13	35	79.32	128
Nov. 6	37.560	138	28.16	62	38.78	36	80.60	83
16	37.422	135	28.78	64	38.42	35	81.43	33
26	37.287	125	29.42	65	38.07	34	81.76	18
Dez. 6	37.162	111	30.07	62	37.73	32	81.58	70
16	37.051	94	30.69	58	37.41	27	80.88	118
26	36.957	73	31.27	54	37.14	22	79.70	163
36	36.884		31.81		36.92		78.07	
Mittl. Ort	33.918		53.25		34.44		89.09	
sec δ, tg δ	+1.010		− 0.141		+2.029		− 1.766	
a, *a′*	+3.2		+18.0		+4.1		+18.0	
b, *b′*	−0.01		+ 0.44		−0.11		+ 0.44	

Tag	842) γ Aquarii AR.		842) γ Aquarii Dekl.		844) β Lacertae AR.		844) β Lacertae Dekl.	
1957	$22^h\ 19^m$		$-1°\ 35'$		$22^h\ 21^m$		$+52°\ 0'$	
	s		″		s		″	
Jan. 1	26.248	60	70.93	73	51.733	193	67.26	202
11	26.188	37	71.66	68	51.540	154	65.24	239
21	26.151	12	72.34	60	51.386	108	62.85	266
31	26.139	16	72.94	48	51.278	57	60.19	282
Febr. 10	26.155	44	73.42	33	51.221	0	57.37	287
20	26.199	76	73.75	14	51.221	60	54.50	280
März 2	26.275	108	73.89	8	51.281	122	51.70	262
12	26.383	140	73.81	33	51.403	183	49.08	233
22	26.523	173	73.48	60	51.586	242	46.75	194
April 1	26.696	206	72.88	87	51.828	296	44.81	148
11	26.902	235	72.01	113	52.124	343	43.33	96
21	27.137	261	70.88	136	52.467	381	42.37	40
Mai 1	27.398	282	69.52	158	52.848	410	41.97	16
11	27.680	297	67.94	174	53.258	427	42.13	73
21	27.977	306	66.20	186	53.685	432	42.86	127
31	28.283	307	64.34	195	54.117	426	44.13	177
Juni 10	28.590	299	62.39	196	54.543	407	45.90	221
20	28.889	283	60.43	192	54.950	378	48.11	261
30	29.172	262	58.51	183	55.328	340	50.72	292
Juli 10	29.434	232	56.68	171	55.668	293	53.64	316
20	29.666	197	54.97	155	55.961	240	56.80	333
30	29.863	157	53.42	135	56.201	181	60.13	343
Aug. 9	30.020	116	52.07	113	56.382	121	63.56	344
19	30.136	72	50.94	91	56.503	59	67.00	339
28	^{26}30.208	30	50.03	68	^{27}56.562	2	70.39	327
Sept. 7	30.238	11	49.35	45	56.560	59	73.66	308
17	30.227	47	48.90	24	56.501	112	76.74	283
27	30.180	78	48.66	5	56.389	159	79.57	251
Okt. 7	30.102	102	48.61	13	56.230	197	82.08	215
17	30.000	120	48.74	28	56.033	230	84.23	174
27	29.880	131	49.02	41	55.803	254	85.97	128
Nov. 6	29.749	135	49.43	52	55.549	268	87.25	78
16	29.614	132	49.95	61	55.281	275	88.03	27
26	29.482	125	50.56	68	55.006	272	88.30	27
Dez. 6	29.357	112	51.24	73	54.734	262	88.03	80
16	29.245	95	51.97	76	54.472	244	87.23	132
26	29.150	76	52.73	76	54.228	217	85.91	178
36	29.074		53.49		54.011		84.13	
Mittl. Ort	26.107		76.75		51.842		47.17	
sec δ, tg δ	+1.000		− 0.028		+1.625		+ 1.281	
a, *a′*	+3.1		+18.1		+2.4		+18.2	
b, *b′*	0.00		+ 0.42		+0.08		+ 0.42	

Scheinbare Sternörter 1957

Obere Kulmination Greenwich

Tag	848) α Lacertae AR.		848) α Lacertae Dekl.		850) η Aquarii AR.		850) η Aquarii Dekl.		851) 31 Cephei AR.		851) 31 Cephei Dekl.		852) 10 Lacertae AR.		852) 10 Lacertae Dekl.	
1957	22h 29m		+50° 3′		22h 33m		—0° 19′		22h 34m		+73° 25′		22h 37m		+38° 49′	
	s		″		s		″		s		″		s		″	
Jan. 1	30.880	186	59.47	193	8.999	69	76.78	76	41.44	57	35.20	178	19.836	137	50.94	176
11	30.694	150	57.54	229	8.930	48	77.54	72	40.87	48	33.42	228	19.699	109	49.18	205
21	30.544	108	55.25	256	8.882	25	78.26	65	40.39	38	31.14	268	19.590	78	47.13	225
31	30.436	61	52.69	274	8.857	2	78.91	54	40.01	26	28.46	299	19.512	42	44.88	238
Febr. 10	30.375	7	49.95	279	8.859	30	79.45	39	39.75	13	25.47	316	19.470	0	42.50	239
20	30.368	50	47.16	274	8.889	61	79.84	21	39.62	1	22.31	320	19.470	44	40.11	231
März 2	30.418	109	44.42	256	8.950	94	80.05	1	39.63	15	19.11	312	19.514	91	37.80	213
12	30.527	168	41.86	228	9.044	127	80.04	27	39.78	29	15.99	292	19.605	139	35.67	185
22	30.695	224	39.58	191	9.171	161	79.77	53	40.07	43	13.07	259	19.744	186	33.82	149
April 1	30.919	278	37.67	146	9.332	194	79.24	81	40.50	54	10.48	217	19.930	231	32.33	107
11	31.197	325	36.21	95	9.526	226	78.43	107	41.04	65	8.31	168	20.161	272	31.26	60
21	31.522	364	35.26	41	9.752	254	77.36	133	41.69	73	6.63	112	20.433	307	30.66	10
Mai 1	31.886	394	34.85	14	10.006	277	76.03	155	42.42	78	5.51	53	20.740	334	30.56	41
11	32.280	412	34.99	70	10.283	294	74.48	172	43.20	82	4.98	8	21.074	353	30.97	90
21	32.692	420	35.69	124	10.577	304	72.76	187	44.02	83	5.06	68	21.427	362	31.87	137
31	33.112	415	36.93	172	10.881	308	70.89	196	44.85	81	5.74	125	21.789	363	33.24	179
Juni 10	33.527	401	38.65	216	11.189	302	68.93	198	45.66	78	6.99	179	22.152	353	35.03	217
20	33.928	375	40.81	255	11.491	289	66.95	197	46.44	72	8.78	227	22.505	333	37.20	249
30	34.303	339	43.36	287	11.780	268	64.98	190	47.16	64	11.05	270	22.838	306	39.69	274
Juli 10	34.642	295	46.23	310	12.048	241	63.08	178	47.80	54	13.75	306	23.144	271	42.43	292
20	34.937	245	49.33	328	12.289	207	61.30	162	48.34	45	16.81	335	23.415	229	45.35	303
30	35.182	190	52.61	337	12.496	169	59.68	143	48.79	33	20.16	357	23.644	183	48.38	307
Aug. 9	35.372	132	55.98	340	12.665	128	58.25	122	49.12	22	23.73	369	23.827	134	51.45	306
19	35.504	72	59.38	334	12.793	85	57.03	100	49.34	9	27.42	374	23.961	84	54.51	297
29	35.576	15	62.72	323	12.878	43	56.03	77	49.43	3	31.16	373	24.045	34	57.48	282
Sept. 7	29 35.591	41	65.95	304	30 12.921	2	55.26	53	30 49.40	14	34.89	362	31 24.079	13	60.30	263
17	35.550	93	68.99	281	12.923	34	54.73	31	49.26	25	38.51	345	24.066	57	62.93	238
27	35.457	138	71.80	250	12.889	66	54.42	11	49.01	36	41.96	319	24.009	95	65.31	209
Okt. 7	35.319	177	74.30	214	12.823	92	54.31	8	48.65	46	45.15	287	23.914	128	67.40	176
17	35.142	209	76.44	175	12.731	112	54.39	24	48.19	53	48.02	248	23.786	154	69.16	139
27	34.933	232	78.19	130	12.619	124	54.63	38	47.66	59	50.50	202	23.632	174	70.55	99
Nov. 6	34.701	248	79.49	82	12.495	130	55.01	50	47.07	65	52.52	150	23.458	186	71.54	57
16	34.453	256	80.31	31	12.365	130	55.51	60	46.42	69	54.02	94	23.272	191	72.11	13
26	34.197	255	80.62	21	12.235	125	56.11	68	45.73	69	54.96	34	23.081	191	72.24	32
Dez. 6	33.942	247	80.41	73	12.110	115	56.79	74	45.04	69	55.30	27	22.890	185	71.92	76
16	33.695	231	79.68	123	11.995	101	57.53	78	44.35	67	55.03	89	22.705	172	71.16	118
26	33.464	207	78.45	169	11.894	84	58.31	79	43.68	61	54.14	147	22.533	154	69.98	157
36	33.257		76.76		11.810		59.10		43.07		52.67		22.379		68.41	
Mittl. Ort	30.872		39.58		8.786		82.80		42.33		11.29		19.634		33.53	
sec δ, tg δ	+1.558		+ 1.194		+1.000		— 0.006		+3.504		+ 3.359		+1.284		+ 0.805	
a, *a′*	+2.5		+18.5		+3.1		+18.6		+1.4		+18.7		+2.7		+18.8	
b, *b′*	+0.07		+ 0.38		0.00		+ 0.37		+0.21		+ 0.36		+0.05		+ 0.35	

Scheinbare Sternörter 1957

Obere Kulmination Greenwich

Tag	855) ζ Pegasi				856) β Gruis				857) η Pegasi				859) λ Pegasi			
	AR.		Dekl.		AR.		Dekl.		AR.		Dekl.		AR.		Dekl.	
1957	22h 39m		+10° 36′		22h 40m		−47° 6′		22h 40m		+29° 59′		22h 44m		+23° 20′	
	s		″		s		″		s		″		s		″	
Jan. 1	19.219	80	32.35	112	6.188	138	42.63	117	59.232	112	60.31	159	27.707	100	33.24	143
11	19.139	59	31.23	117	6.050	103	41.46	153	59.120	89	58.72	181	27.607	78	31.81	160
21	19.080	36	30.06	118	5.947	64	39.93	186	59.031	61	56.91	196	27.529	53	30.21	171
31	19.044	9	28.88	113	5.883	23	38.07	214	58.970	30	54.95	204	27.476	25	28.50	174
Febr. 10	19.035	20	27.75	103	5.860	21	35.93	236	58.940	5	52.91	202	27.451	7	26.76	169
20	19.055	52	26.72	86	5.881	65	33.57	255	58.945	44	50.89	191	27.458	43	25.07	157
März 2	19.107	86	25.86	64	5.946	111	31.02	268	58.989	85	48.98	171	27.501	80	23.50	136
12	19.193	121	25.22	37	6.057	158	28.34	276	59.074	126	47.27	143	27.581	120	22.14	109
22	19.314	157	24.85	7	6.215	204	25.58	278	59.200	169	45.84	109	27.701	160	21.05	76
April 1	19.471	192	24.78	26	6.419	249	22.80	275	59.369	211	44.75	69	27.861	197	20.29	39
11	19.663	225	25.04	60	6.668	291	20.05	267	59.580	247	44.06	26	28.058	234	19.90	2
21	19.888	255	25.64	93	6.959	329	17.38	252	59.827	280	43.80	20	28.292	266	19.92	43
Mai 1	20.143	278	26.57	125	7.288	362	14.86	232	60.107	306	44.00	65	28.558	291	20.35	84
11	20.421	297	27.82	153	7.650	387	12.54	207	60.413	325	44.65	109	28.849	310	21.19	123
21	20.718	307	29.35	177	8.037	404	10.47	178	60.738	336	45.74	150	29.159	322	22.42	159
31	21.025	310	31.12	197	8.441	411	8.69	142	61.074	337	47.24	186	29.481	325	24.01	189
Juni 10	21.335	305	33.09	211	8.852	408	7.27	104	61.411	330	49.10	217	29.806	319	25.90	215
20	21.640	293	35.20	219	9.260	395	6.23	64	61.741	314	51.27	242	30.125	305	28.05	235
30	21.933	271	37.39	222	9.655	370	5.59	22	62.055	290	53.69	261	30.430	283	30.40	248
Juli 10	22.204	244	39.61	218	10.025	335	5.37	21	62.345	259	56.30	272	30.713	254	32.88	256
20	22.448	210	41.79	211	10.360	291	5.58	62	62.604	222	59.02	279	30.967	219	35.44	258
30	22.658	172	43.90	198	10.651	241	6.20	100	62.826	179	61.81	279	31.186	180	38.02	253
Aug. 9	22.830	131	45.88	182	10.892	183	7.20	134	63.005	134	64.60	272	31.366	137	40.55	243
19	22.961	89	47.70	163	11.075	122	8.54	164	63.139	89	67.32	260	31.503	92	42.98	229
29	23.050	47	49.33	141	11.197	59	10.18	186	63.228	43	69.92	243	31.595	49	45.27	211
Sept. 7	[31] 23.097	6	50.74	117	[1] 11.256	2	12.04	200	[1] 63.271	2	72.35	223	[2] 31.644	6	47.38	189
17	23.103	31	51.91	94	11.254	60	14.04	207	63.269	41	74.58	197	31.650	32	49.27	164
27	23.072	63	52.85	70	11.194	112	16.11	205	63.228	77	76.55	170	31.618	65	50.91	138
Okt. 7	23.009	89	53.55	45	11.082	156	18.16	194	63.151	106	78.25	139	31.553	94	52.29	108
17	22.920	109	54.00	22	10.926	191	20.10	174	63.045	130	79.64	105	31.459	117	53.37	79
27	22.811	123	54.22	1	10.735	215	21.84	147	62.915	146	80.69	70	31.342	132	54.16	47
Nov. 6	22.688	131	54.21	23	10.520	229	23.31	114	62.769	158	81.39	33	31.210	142	54.63	15
16	22.557	133	53.98	43	10.291	233	24.45	76	62.611	162	81.72	5	31.068	147	54.78	17
26	22.424	129	53.55	63	10.058	226	25.21	35	62.449	160	81.67	42	30.921	146	54.61	48
Dez. 6	22.295	121	52.92	81	9.832	210	25.56	7	62.289	155	81.25	79	30.775	139	54.13	79
16	22.174	109	52.11	96	9.622	189	25.49	49	62.134	143	80.46	113	30.636	128	53.34	108
26	22.065	94	51.15	108	9.433	160	25.00	91	61.991	127	79.33	144	30.508	114	52.26	132
36	21.971		50.07		9.273		24.09		61.864		77.89		30.394		50.94	
Mittl. Ort	18.946		23.03		6.484		36.22		58.961		45.23		27.400		20.07	
sec δ, tg δ	+1.017		+ 0.187		+1.469		− 1.077		+1.155		+ 0.577		+1.089		+ 0.431	
a, *a′*	+3.0		+18.8		+3.6		+18.8		+2.8		+18.9		+2.9		+19.0	
b, *b′*	+0.01		+ 0.34		−0.07		+ 0.34		+0.04		+ 0.34		+0.03		+ 0.32	

Scheinbare Sternörter 1957

Obere Kulmination Greenwich

Tag	860) ε Gruis AR.		860) ε Gruis Dekl.		863) ι Cephei AR.		863) ι Cephei Dekl.		1599) 69 G. Gruis AR.		1599) 69 G. Gruis Dekl.		864) λ Aquarii AR.		864) λ Aquarii Dekl.	
1957	22h 45m		−51° 32′		22h 48m		+65° 58′		22h 48m		−39° 22′		22h 50m		−7° 48′	
	s		″		s		″		s		″		s		″	
Jan. 1	57.621	166	43.88	131	8.42	38	49.75	171	35.569	119	71.47	79	22.547	79	28.63	47
11	57.455	128	42.57	169	8.04	33	48.04	219	35.450	91	70.68	112	22.468	60	29.10	38
21	57.327	86	40.88	205	7.71	27	45.85	258	35.359	59	69.56	143	22.408	38	29.48	25
31	57.241	40	38.83	234	7.44	18	43.27	287	35.300	24	68.13	171	22.370	13	29.73	9
Febr. 10	57.201	7	36.49	257	7.26	10	40.40	305	35.276	12	66.42	195	22.357	15	29.82	8
20	57.208	56	33.92	276	7.16	1	37.35	310	35.288	51	64.47	215	22.372	44	29.74	27
März 2	57.264	107	31.16	289	7.15	10	34.25	303	35.339	91	62.32	232	22.416	77	29.47	49
12	57.371	158	28.27	295	7.25	19	31.22	282	35.430	132	60.00	244	22.493	111	28.98	72
22	57.529	209	25.32	296	7.44	28	28.40	252	35.562	175	57.56	252	22.604	146	28.26	95
April 1	57.738	258	22.36	291	7.72	38	25.88	211	35.737	216	55.04	255	22.750	181	27.31	119
11	57.996	304	19.45	280	8.10	45	23.77	163	35.953	255	52.49	254	22.931	214	26.12	140
21	58.300	347	16.65	263	8.55	51	22.14	108	36.208	291	49.95	246	23.145	244	24.72	159
Mai 1	58.647	383	14.02	239	9.06	56	21.06	51	36.499	322	47.49	233	23.389	270	23.13	175
11	59.030	411	11.63	212	9.62	60	20.55	8	36.821	346	45.16	215	23.659	290	21.38	186
21	59.441	431	9.51	178	10.22	61	20.63	67	37.167	364	43.01	192	23.949	305	19.52	193
31	59.872	439	7.73	140	10.83	60	21.30	123	37.531	372	41.09	164	24.254	310	17.59	195
Juni 10	60.311	438	6.33	99	11.43	59	22.53	176	37.903	371	39.45	131	24.564	308	15.64	192
20	60.749	425	5.34	56	12.02	55	24.29	223	38.274	360	38.14	96	24.872	298	13.72	183
30	61.174	400	4.78	11	12.57	50	26.52	265	38.634	339	37.18	58	25.170	280	11.89	169
Juli 10	61.574	364	4.67	35	13.07	44	29.17	300	38.973	310	36.60	19	25.450	255	10.20	152
20	61.938	319	5.02	77	13.51	37	32.17	329	39.283	272	36.41	21	25.705	224	8.68	131
30	62.257	264	5.79	117	13.88	29	35.46	348	39.555	226	36.62	57	25.929	186	7.37	108
Aug. 9	62.521	203	6.96	153	14.17	21	38.94	361	39.781	176	37.19	92	26.115	146	6.29	83
19	62.724	137	8.49	183	14.38	12	42.55	367	39.957	123	38.11	123	26.261	104	5.46	58
29	62.861	69	10.32	206	14.50	3	46.22	364	40.080	68	39.34	148	26.365	62	4.88	33
Sept. 7	[2] 62.930	2	12.38	220	[3] 14.53	5	49.86	353	[3] 40.148	13	40.82	166	[3] 26.427	20	4.55	9
17	62.932	62	14.58	226	14.48	13	53.39	336	40.161	38	42.48	177	26.447	19	4.46	11
27	62.870	120	16.84	222	14.35	21	56.75	312	40.123	83	44.25	180	26.428	52	4.57	30
Okt. 7	62.750	170	19.06	210	14.14	27	59.87	280	40.040	123	46.05	176	26.376	80	4.87	44
17	62.580	209	21.16	187	13.87	33	62.67	241	39.917	154	47.81	164	26.296	102	5.31	56
27	62.371	239	23.03	157	13.54	37	65.08	197	39.763	176	49.45	144	26.194	117	5.87	64
Nov. 6	62.132	256	24.60	121	13.17	41	67.05	147	39.587	188	50.89	118	26.077	126	6.51	69
16	61.876	262	25.81	80	12.76	44	68.52	93	39.399	193	52.07	87	25.951	129	7.20	71
26	61.614	258	26.61	35	12.32	46	69.45	36	39.206	188	52.94	54	25.822	126	7.91	70
Dez. 6	61.356	242	26.96	12	11.86	45	69.81	24	39.018	177	53.48	19	25.696	118	8.61	67
16	61.114	219	26.84	57	11.41	43	69.57	84	38.841	160	53.67	19	25.578	107	9.28	62
26	60.895	190	26.27	102	10.98	41	68.73	139	38.681	137	53.48	55	25.471	93	9.90	56
36	60.705		25.25		10.57		67.34		38.544		52.93		25.378		10.46	
Mittl. Ort	58.018		36.39		8.55		26.46		35.651		66.30		22.282		32.07	
sec δ, tg δ	+1.608		− 1.259		+2.456		+ 2.243		+1.294		− 0.821		+1.009		− 0.137	
a, a′	+3.6		+19.0		+2.1		+19.1		+3.4		+19.1		+3.1		+19.1	
b, b′	−0.08		+ 0.32		+0.14		+ 0.31		−0.05		+ 0.31		−0.01		+ 0.30	

Scheinbare Sternörter 1957

Obere Kulmination Greenwich

Tag	865) ρ Indi AR.	Δ	865) ρ Indi Dekl.	Δ	866) δ Aquarii AR.	Δ	866) δ Aquarii Dekl.	Δ	867) α Piscis austr.[1] AR.	Δ	867) α Piscis austr.[1] Dekl.	Δ	869) o Andromedae AR.	Δ	869) o Andromedae Dekl.	Δ
1957	22h 51m		−70° 17′		22h 52m		−16° 2′		22h 55m		−29° 50′		22h 59m		+42° 5′	
	s		″		s		″		s		″		s		″	
Jan. 1	40.26	40	84.62	195	22.403	85	58.95	18	16.814	101	65.20	37	56.596	163	59.28	159
11	39.86	33	82.67	242	22.318	63	59.13	0	16.713	77	64.83	65	56.433	140	57.69	193
21	39.53	24	80.25	279	22.255	41	59.13	19	16.636	51	64.18	91	56.293	109	55.76	218
31	39.29	15	77.46	310	22.214	15	58.94	37	16.585	22	63.27	117	56.184	74	53.58	236
Febr. 10	39.14	5	74.36	334	22.199	13	58.57	58	16.563	10	62.10	141	56.110	32	51.22	244
20	39.09	4	71.02	348	22.212	43	57.99	79	16.573	44	60.69	163	56.078	13	48.78	241
März 2	39.13	13	67.54	355	22.255	77	57.20	100	16.617	80	59.06	181	56.091	63	46.37	228
12	39.26	23	63.99	354	22.332	111	56.20	121	16.697	117	57.25	198	56.154	115	44.09	204
22	39.49	32	60.45	346	22.443	147	54.99	140	16.814	156	55.27	212	56.269	166	42.05	173
April 1	39.81	41	56.99	331	22.590	182	53.59	158	16.970	194	53.15	221	56.435	217	40.32	134
11	40.22	50	53.68	308	22.772	216	52.01	175	17.164	230	50.94	227	56.652	263	38.98	88
21	40.72	56	50.60	278	22.988	247	50.26	187	17.394	264	48.67	228	56.915	303	38.10	40
Mai 1	41.28	63	47.82	244	23.235	275	48.39	195	17.658	294	46.39	224	57.218	336	37.70	11
11	41.91	67	45.38	204	23.510	295	46.44	199	17.952	317	44.15	214	57.554	360	37.81	61
21	42.58	71	43.34	158	23.805	310	44.45	198	18.269	333	42.01	199	57.914	376	38.42	110
31	43.29	73	41.76	110	24.115	317	42.47	191	18.602	341	40.02	180	58.290	380	39.52	156
Juni 10	44.02	73	40.66	58	24.432	315	40.56	180	18.943	342	38.22	156	58.670	374	41.08	196
20	44.75	70	40.08	6	24.747	306	38.76	164	19.285	332	36.66	127	59.044	358	43.04	231
30	45.45	67	40.02	46	25.053	289	37.12	143	19.617	313	35.39	96	59.402	333	45.35	261
Juli 10	46.12	61	40.48	97	25.342	264	35.69	119	19.930	287	34.43	62	59.735	301	47.96	284
20	46.73	53	41.45	144	25.606	231	34.50	93	20.217	253	33.81	27	60.036	261	50.80	300
30	47.26	44	42.89	187	25.837	194	33.57	65	20.470	213	33.54	7	60.297	215	53.80	309
Aug. 9	47.70	33	44.76	224	26.031	153	32.92	37	20.683	168	33.61	40	60.512	166	56.89	312
19	48.03	22	47.00	252	26.184	109	32.55	9	20.851	120	34.01	71	60.678	116	60.01	307
29	48.25	10	49.52	273	26.293	65	32.46	16	20.971	71	34.72	97	60.794	65	63.08	297
Sept. 7	4 48.35	2	52.25	282	4 26.358	21	32.62	39	5 21.042	23	35.69	119	6 60.859	15	66.05	281
17	48.33	14	55.07	280	26.379	18	33.01	59	21.065	23	36.88	134	60.874	31	68.86	260
27	48.19	25	57.87	269	26.361	53	33.60	73	21.042	63	38.22	143	60.843	73	71.46	233
Okt. 7	47.94	35	60.56	245	26.308	83	34.33	84	20.979	97	39.65	145	60.770	110	73.79	202
17	47.59	43	63.01	211	26.225	107	35.17	90	20.882	125	41.10	140	60.660	140	75.81	167
27	47.16	50	65.12	170	26.118	123	36.07	91	20.757	144	42.50	129	60.520	165	77.48	128
Nov. 6	46.66	54	66.82	120	25.995	133	36.98	87	20.613	155	43.79	113	60.355	182	78.76	86
16	46.12	56	68.02	65	25.862	135	37.85	81	20.458	160	44.92	92	60.173	194	79.62	42
26	45.56	56	68.67	8	25.727	133	38.66	71	20.298	157	45.84	68	59.979	199	80.04	4
Dez. 6	45.00	54	68.75	51	25.594	125	39.37	59	20.141	148	46.52	40	59.780	199	80.00	50
16	44.46	50	68.24	108	25.469	113	39.96	45	19.993	134	46.92	12	59.581	191	79.50	96
26	43.96	44	67.16	162	25.356	98	40.41	31	19.859	116	47.04	17	59.390	178	78.54	137
36	43.52		65.54		25.258		40.72		19.743		46.87		59.212		77.17	
Mittl. Ort	41.83		74.43		22.183		59.85		16.725		62.10		56.215		40.76	
sec δ, tg δ	+2.967		− 2.794		+1.041		− 0.288		+1.153		− 0.574		+1.348		+ 0.903	
a, *a*′	+4.2		+19.2		+3.2		+19.2		+3.3		+19.2		+2.8		+19.4	
b, *b*′	−0.18		+ 0.29		−0.02		+ 0.29		−0.04		+ 0.28		+0.06		+ 0.26	

[1] Die jährliche Parallaxe (0.″135) ist bereits berücksichtigt.

Scheinbare Sternörter 1957

Obere Kulmination Greenwich

Tag	870) β Pegasi AR.		870) β Pegasi Dekl.		871) α Pegasi AR.		871) α Pegasi Dekl.		873) 88 Aquarii AR.		873) 88 Aquarii Dekl.		875) Br 3077 Cass[1] AR.		875) Br 3077 Cass[1] Dekl.	
1957	$23^h\ 1^m$		$+27°\ 50'$		$23^h\ 2^m$		$+14°\ 58'$		$23^h\ 7^m$		$-21°\ 23'$		$23^h\ 11^m$		$+56°\ 55'$	
	s		″		s		″		s		″		s		″	
Jan. 1	41.565	117	71.84	140	37.402	96	35.34	115	9.609	98	83.08	2	12.492	262	72.64	150
11	41.448	98	70.44	163	37.306	80	34.19	125	9.511	79	83.10	21	12.230	231	71.14	195
21	41.350	75	68.81	178	37.226	58	32.94	130	9.432	57	82.89	44	11.999	191	69.19	233
31	41.275	47	67.03	186	37.168	34	31.64	130	9.375	31	82.45	67	11.808	140	66.86	262
Febr. 10	41.228	14	65.17	185	37.134	5	30.34	122	9.344	4	81.78	90	11.668	82	64.24	279
20	41.214	22	63.32	177	37.129	27	29.12	109	9.340	28	80.88	112	11.586	16	61.45	285
März 2	41.236	61	61.55	160	37.156	61	28.03	89	9.368	61	79.76	133	11.570	54	58.60	279
12	41.297	104	59.95	136	37.217	99	27.14	64	9.429	97	78.43	153	11.624	127	55.81	262
22	41.401	147	58.59	103	37.316	137	26.50	34	9.526	135	76.90	172	11.751	200	53.19	234
April 1	41.548	188	57.56	67	37.453	175	26.16	1	9.661	171	75.18	188	11.951	269	50.85	196
11	41.736	227	56.89	26	37.628	211	26.15	33	9.832	208	73.30	200	12.220	332	48.89	152
21	41.963	263	56.63	16	37.839	244	26.48	69	10.040	241	71.30	209	12.552	387	47.37	101
Mai 1	42.226	293	56.79	60	38.083	271	27.17	104	10.281	271	69.21	213	12.939	431	46.36	46
11	42.519	315	57.39	101	38.354	294	28.21	136	10.552	296	67.08	212	13.370	465	45.90	9
21	42.834	329	58.40	140	38.648	309	29.57	164	10.848	312	64.96	206	13.835	484	45.99	64
31	43.163	335	59.80	175	38.957	315	31.21	188	11.160	323	62.90	196	14.319	490	46.63	118
Juni 10	43.498	332	61.55	206	39.272	313	33.09	207	11.483	325	60.94	179	14.809	483	47.81	168
20	43.830	321	63.61	230	39.585	304	35.16	220	11.808	317	59.15	157	15.292	464	49.49	213
30	44.151	300	65.91	248	39.889	285	37.36	227	12.125	302	57.58	133	15.756	432	51.62	253
Juli 10	44.451	272	68.39	261	40.174	261	39.63	229	12.427	279	56.25	104	16.188	390	54.15	286
20	44.723	238	71.00	267	40.435	229	41.92	225	12.706	248	55.21	75	16.578	340	57.01	312
30	44.961	199	73.67	267	40.664	193	44.17	217	12.954	212	54.46	43	16.918	282	60.13	332
Aug. 9	45.160	157	76.34	261	40.857	153	46.34	204	13.166	171	54.03	11	17.200	221	63.45	343
19	45.317	112	78.95	250	41.010	112	48.38	187	13.337	126	53.92	19	17.421	156	66.88	348
29	45.429	68	81.45	235	41.122	70	50.25	166	13.463	81	54.11	46	17.577	90	70.36	345
Sept. 7*	[6] 45.497	25	83.80	215	[6] 41.192	29	51.91	145	[8] 13.544	37	54.57	71	17.667	27	73.81	335
17	45.522	15	85.95	192	41.221	8	53.36	121	13.581	5	55.28	90	[9] 17.694	35	77.16	319
27	45.507	51	87.87	166	41.213	43	54.57	97	13.576	42	56.18	104	17.659	92	80.35	297
Okt. 7	45.456	82	89.53	137	41.170	71	55.54	71	13.534	75	57.22	113	17.567	143	83.32	267
17	45.374	107	90.90	106	41.099	94	56.25	46	13.459	101	58.35	115	17.424	188	85.99	231
27	45.267	127	91.96	73	41.005	111	56.71	21	13.358	121	59.50	113	17.236	227	88.30	190
Nov. 6	45.140	140	92.69	39	40.894	122	56.92	4	13.237	134	60.63	106	17.009	256	90.20	145
16	45.000	148	93.08	5	40.772	129	56.88	28	13.103	139	61.69	93	16.753	279	91.65	95
26	44.852	151	93.13	30	40.643	130	56.60	51	12.964	139	62.62	78	16.474	294	92.60	41
Dez. 6	44.701	149	92.83	65	40.513	127	56.09	73	12.825	134	63.40	60	16.180	298	93.01	14
16	44.552	141	92.18	97	40.386	119	55.36	92	12.691	124	64.00	39	15.882	294	92.87	68
26	44.411	130	91.21	126	40.267	109	54.44	109	12.567	110	64.39	17	15.588	280	92.19	121
36	44.281		89.95		40.158		53.35		12.457		64.56		15.308		90.98	
Mittl. Ort	41.142		57.29		36.985		24.80		9.361		81.96		12.098		50.65	
sec δ, tg δ	+1.131		+ 0.528		+1.035		+ 0.267		+1.074		− 0.392		+1.833		+ 1.536	
a, *a′*	+2.9		+19.4		+3.0		+19.4		+3.2		+19.5		+2.6		+19.6	
b, *b′*	+0.03		+ 0.25		+0.02		+ 0.25		−0.03		+ 0.23		+0.10		+ 0.21	

[1] Die jährliche Parallaxe (0″.146) ist bereits berücksichtigt.

* Bei Stern 873) und 875) lies Sept. 8.

Scheinbare Sternörter 1957

Obere Kulmination Greenwich

Tag	877) γ Tucanae AR.		877) γ Tucanae Dekl.		878) γ Piscium AR.		878) γ Piscium Dekl.	
1957	$23^h\ 14^m$		$-58°\ 27'$		$23^h\ 14^m$		$+3°\ 2'$	
	s		″		s		″	
Jan. 1	55.445	253	87.95	130	56.551	92	56.01	81
11	55.192	214	86.65	178	56.459	77	55.20	81
21	54.978	168	84.87	217	56.382	59	54.39	75
31	54.810	117	82.70	252	56.323	36	53.64	67
Febr. 10	54.693	63	80.18	282	56.287	10	52.97	54
20	54.630	4	77.36	304	56.277	19	52.43	38
März 2	54.626	56	74.32	320	56.296	51	52.05	17
12	54.682	118	71.12	329	56.347	87	51.88	7
22	54.800	180	67.83	330	56.434	123	51.95	34
April 1	54.980	242	64.53	325	56.557	161	52.29	61
11	55.222	300	61.28	314	56.718	196	52.90	90
21	55.522	355	58.14	295	56.914	229	53.80	117
Mai 1	55.877	404	55.19	270	57.143	259	54.97	142
11	56.281	444	52.49	239	57.402	282	56.39	164
21	56.725	475	50.10	203	57.684	299	58.03	181
31	57.200	493	48.07	161	57.983	309	59.84	195
Juni 10	57.693	501	46.46	116	58.292	310	61.79	202
20	58.194	494	45.30	68	58.602	303	63.81	204
30	58.688	474	44.62	18	58.905	288	65.85	202
Juli 10	59.162	441	44.44	32	59.193	266	67.87	193
20	59.603	396	44.76	80	59.459	238	69.80	181
30	59.999	339	45.56	126	59.697	204	71.61	164
Aug. 9	60.338	273	46.82	167	59.901	166	73.25	144
19	60.611	200	48.49	202	60.067	125	74.69	122
29	60.811	123	50.51	230	60.192	85	75.91	99
Sept. 8	60.934	44	52.81	248	60.277	45	76.90	76
17	[9] 60.978	33	55.29	258	[9] 60.322	7	77.66	53
27	60.945	106	57.87	256	60.329	27	78.19	30
Okt. 7	60.839	172	60.43	245	60.302	55	78.49	9
17	60.667	227	62.88	224	60.247	79	78.58	9
27	60.440	272	65.12	192	60.168	98	78.49	27
Nov. 6	60.168	303	67.04	154	60.070	110	78.22	41
16	59.865	321	68.58	108	59.960	117	77.81	53
26	59.544	327	69.66	58	59.843	120	77.28	64
Dez. 6	59.217	320	70.24	6	59.723	117	76.64	73
16	58.897	303	70.30	46	59.606	112	75.91	79
26	58.594	275	69.84	98	59.494	102	75.12	82
36	58.319		68.86		59.392		74.30	
Mittl. Ort	55.925		77.97		56.101		49.53	
sec δ, tg δ	+1.912		− 1.630		+1.001		+ 0.053	
a, *a′*	+3.5		+19.7		+3.1		+19.7	
b, *b′*	−0.11		+ 0.20		0.00		+ 0.20	

Tag	879) γ Sculptoris AR.		879) γ Sculptoris Dekl.		880) τ Pegasi AR.		880) τ Pegasi Dekl.	
1957	$23^h\ 16^m$		$-32°\ 45'$		$23^h\ 18^m$		$+23°\ 30'$	
	s		″		s		″	
Jan. 1	30.538	123	63.92	35	30.835	116	30.30	124
11	30.415	103	63.57	67	30.719	101	29.06	142
21	30.312	78	62.90	98	30.618	81	27.64	155
31	30.234	50	61.92	127	30.537	57	26.09	162
Febr. 10	30.184	20	60.65	154	30.480	27	24.47	161
20	30.164	14	59.11	177	30.453	6	22.86	152
März 2	30.178	52	57.34	199	30.459	44	21.34	137
12	30.230	90	55.35	217	30.503	84	19.97	114
22	30.320	131	53.18	230	30.587	125	18.83	84
April 1	30.451	172	50.88	241	30.712	167	17.99	51
11	30.623	212	48.47	247	30.879	208	17.48	13
21	30.835	249	46.00	246	31.087	243	17.35	26
Mai 1	31.084	283	43.54	242	31.330	275	17.61	66
11	31.367	311	41.12	231	31.605	300	18.27	103
21	31.678	332	38.81	215	31.905	318	19.30	139
31	32.010	345	36.66	194	32.223	326	20.69	171
Juni 10	32.355	348	34.72	167	32.549	327	22.40	198
20	32.703	344	33.05	136	32.876	319	24.38	220
30	33.047	329	31.69	103	33.195	302	26.58	235
Juli 10	33.376	307	30.66	65	33.497	278	28.93	245
20	33.683	275	30.01	28	33.775	247	31.38	249
30	33.958	237	29.73	10	34.022	211	33.87	247
Aug. 9	34.195	193	29.83	46	34.233	172	36.34	240
19	34.388	146	30.29	80	34.405	129	38.74	228
29	34.534	96	31.09	110	34.534	87	41.02	213
Sept. 8	[10] 34.630	47	32.19	134	[10] 34.621	45	43.15	193
17	34.677	0	33.53	152	34.666	5	45.08	171
27	34.677	43	35.05	162	34.671	29	46.79	146
Okt. 7	34.634	82	36.67	166	34.642	61	48.25	119
17	34.552	113	38.33	161	34.581	87	49.44	91
27	34.439	137	39.94	151	34.494	108	50.35	62
Nov. 6	34.302	153	41.45	133	34.386	122	50.97	32
16	34.149	162	42.78	110	34.264	133	51.29	1
26	33.987	165	43.88	83	34.131	138	51.30	29
Dez. 6	33.822	160	44.71	52	33.993	138	51.01	58
16	33.662	151	45.23	21	33.855	135	50.43	87
26	33.511	136	45.44	13	33.720	126	49.56	112
36	33.375		45.31		33.594		48.44	
Mittl. Ort	30.371		59.30		30.297		17.14	
sec δ, tg δ	+1.189		− 0.644		+1.090		+ 0.435	
a, *a′*	+3.2		+19.7		+3.0		+19.7	
b, *b′*	−0.04		+ 0.19		+0.03		+ 0.18	

Scheinbare Sternörter 1957

Obere Kulmination Greenwich

Tag	882) 4 Cassiopeiae				884) ϰ Piscium				885) 70 Pegasi				888) 248 G. Aquarii			
	AR.		Dekl.		AR.		Dekl.		AR.		Dekl.		AR.		Dekl.	
1957	23h 22m		+62° 2′		23h 24m		+1° 1′		23h 26m		+12° 31′		23h 33m		−7° 41′	
	s		″		s		″		s		″		s		″	
Jan. 1	55.52		70.94		44.104		17.64		59.210		33.21		19.446		66.56	
11	55.18	34	69.62	132	44.007	97	16.89	75	59.105	105	32.21	100	19.345	101	67.08	52
21	54.87	31	67.81	181	43.924	83	16.17	72	59.014	91	31.13	108	19.256	89	67.49	41
31	54.60	27	65.56	225	43.857	67	15.51	66	58.940	74	30.00	113	19.184	72	67.75	26
Febr. 10	54.40	20	62.97	259	43.812	45	14.95	56	58.887	53	28.89	111	19.132	52	67.85	10
20	54.26	14	60.16	281	43.792	20	14.53	42	58.860	27	27.85	104	19.104	28	67.77	8
März 2	54.19	7	57.22	294	43.800	8	14.28	25	58.863	3	26.94	91	19.105	1	67.49	28
12	54.21	2	54.29	293	43.841	41	14.24	4	58.899	36	26.20	74	19.137	32	66.99	50
22	54.32	11	51.48	281	43.916	75	14.43	19	58.973	74	25.70	50	19.203	66	66.26	73
April 1	54.51	19	48.91	257	44.028	112	14.88	45	59.085	112	25.47	23	19.307	104	65.29	97
11	54.78	27	46.68	223	44.178	150	15.60	72	59.236	151	25.54	7	19.448	141	64.08	121
21	55.13	35	44.88	180	44.364	186	16.60	100	59.426	190	25.94	40	19.626	178	62.66	142
Mai 1	55.55	42	43.56	132	44.585	221	17.84	124	59.651	225	26.67	73	19.840	214	61.04	162
11	56.02	47	42.77	79	44.836	251	19.31	147	59.907	256	27.71	104	20.085	245	59.25	179
21	56.53	51	42.54	23	45.113	277	20.99	168	60.189	282	29.05	134	20.357	272	57.34	191
31	57.07	54	42.88	34	45.408	295	22.83	184	60.490	301	30.66	161	20.650	293	55.34	200
Juni 10	57.62	55	43.78	90	45.714	306	24.78	195	60.802	312	32.49	183	20.955	305	53.32	202
20	58.16	54	45.20	142	46.023	309	26.79	201	61.116	314	34.48	199	21.266	311	51.32	200
30	58.68	52	47.10	190	46.326	303	28.81	202	61.424	308	36.60	212	21.574	308	49.40	192
Juli 10	59.17	49	49.44	234	46.617	291	30.78	197	61.719	295	38.78	218	21.870	296	47.60	180
20	59.62	45	52.16	272	46.888	271	32.64	186	61.993	274	40.96	218	22.147	277	45.98	162
30	60.02	40	55.19	303	47.131	243	34.37	173	62.239	246	43.10	214	22.398	251	44.57	141
Aug. 9	60.35	33	58.45	326	47.341	210	35.92	155	62.451	212	45.14	204	22.618	220	43.40	117
19	60.61	26	61.88	343	47.515	174	37.27	135	62.627	176	47.05	191	22.801	183	42.49	91
29	60.80	19	65.41	353	47.649	134	38.38	111	62.763	136	48.79	174	22.945	144	41.86	63
Sept. 8	[12]60.92	12	68.97	356	[12]47.742	93	39.25	87	[13]62.858	95	50.33	154	[14]23.048	103	41.49	37
17	60.97	5	72.47	350	47.796	54	39.89	64	62.913	55	51.64	131	23.111	63	41.37	12
27	60.94	3	75.84	337	47.812	16	40.29	40	62.930	17	52.73	109	23.135	24	41.50	13
Okt. 7	60.84	10	79.02	318	47.793	19	40.46	17	62.913	17	53.59	86	23.123	12	41.83	33
17	60.69	15	81.94	292	47.745	48	40.44	2	62.866	47	54.20	61	23.081	42	42.33	50
27	60.48	21	84.53	259	47.672	73	40.24	20	62.794	72	54.58	38	23.012	69	42.97	64
Nov. 6	60.22	26	86.73	220	47.580	92	39.89	35	62.702	92	54.74	16	22.922	90	43.70	73
16	59.92	30	88.47	174	47.474	106	39.41	48	62.595	107	54.67	7	22.817	105	44.48	78
26	59.58	34	89.71	124	47.359	115	38.82	59	62.478	117	54.40	27	22.703	114	45.28	80
Dez. 6	59.23	35	90.41	70	47.241	118	38.15	67	62.356	122	53.93	47	22.583	120	46.08	80
16	58.86	37	90.55	14	47.123	118	37.42	73	62.233	123	53.27	66	22.463	120	46.83	75
26	58.49	37	90.11	44	47.009	114	36.65	77	62.113	120	52.45	82	22.346	117	47.52	69
36	58.13	36	89.11	100	46.903	106	35.87	78	62.000	113	51.50	95	22.237	109	48.13	61
Mittl. Ort	54.98		47.80		43.609		12.02		58.649		23.74		18.955		69.06	
sec δ, tg δ	+2.133		+ 1.884		+1.000		+ 0.018		+1.024		+ 0.222		+1.009		− 0.135	
a, *a′*	+2.7		+19.8		+3.1		+19.8		+3.0		+19.8		+3.1		+19.9	
b, *b′*	+0.12		+ 0.16		0.00		+ 0.15		+0.01		+ 0.14		−0.01		+ 0.12	

Scheinbare Sternörter 1957

Obere Kulmination Greenwich

Tag	890) λ Andromedae AR.	Δ	890) λ Andromedae Dekl.	Δ	891) ι Andromedae AR.	Δ	891) ι Andromedae Dekl.	Δ	893) γ Cephei AR.	Δ	893) γ Cephei Dekl.	Δ	892) ι Piscium AR.	Δ	892) ι Piscium Dekl.	Δ
1957	23h 35m		+46° 13′		23h 36m		+43° 1′		23h 37m		+77° 23′		23h 37m		+5° 23′	
	s		″		s		″		s		″		s		″	
Jan. 1	27.802	199	50.10	127	1.933	183	66.54	125	34.42	87	57.99	91	44.794	103	42.07	85
11	27.603	183	48.83	167	1.750	168	65.29	163	33.55	81	57.08	150	44.691	92	41.22	86
21	27.420	157	47.16	200	1.582	145	63.66	194	32.74	71	55.58	203	44.599	76	40.36	83
31	27.263	125	45.16	226	1.437	114	61.72	216	32.03	58	53.55	248	44.523	57	39.53	76
Febr. 10	27.138	85	42.90	241	1.323	77	59.56	231	31.45	44	51.07	282	44.466	33	38.77	66
20	27.053	38	40.49	248	1.246	33	57.25	235	31.01	27	48.25	305	44.433	5	38.11	51
März 2	27.015	15	38.01	243	1.213	16	54.90	229	30.74	9	45.20	315	44.428	27	37.60	32
12	27.030	71	35.58	228	1.229	69	52.61	213	30.65	10	42.05	312	44.455	63	37.28	8
22	27.101	129	33.30	203	1.298	123	50.48	188	30.75	29	38.93	297	44.518	100	37.20	17
April 1	27.230	186	31.27	171	1.421	177	48.60	155	31.04	47	35.96	271	44.618	139	37.37	45
11	27.416	241	29.56	130	1.598	230	47.05	116	31.51	64	33.25	235	44.757	178	37.82	74
21	27.657	290	28.26	85	1.828	277	45.89	70	32.15	78	30.90	189	44.935	213	38.56	102
Mai 1	27.947	333	27.41	36	2.105	317	45.19	23	32.93	89	29.01	138	45.148	246	39.58	128
11	28.280	366	27.05	14	2.422	350	44.96	25	33.82	98	27.63	83	45.394	272	40.86	153
21	28.646	390	27.19	63	2.772	373	45.21	74	34.80	104	26.80	25	45.666	293	42.39	172
31	29.036	402	27.82	112	3.145	386	45.95	120	35.84	107	26.55	34	45.959	306	44.11	188
Juni 10	29.438	404	28.94	156	3.531	387	47.15	162	36.91	107	26.89	90	46.265	311	45.99	199
20	29.842	396	30.50	197	3.918	380	48.77	200	37.98	103	27.79	145	46.576	307	47.98	203
30	30.238	376	32.47	231	4.298	362	50.77	233	39.01	97	29.24	196	46.883	296	50.01	204
Juli 10	30.614	348	34.78	261	4.660	334	53.10	260	39.98	90	31.20	241	47.179	278	52.05	198
20	30.962	311	37.39	283	4.994	301	55.70	280	40.88	79	33.61	281	47.457	251	54.03	188
30	31.273	269	40.22	299	5.295	260	58.50	294	41.67	67	36.42	314	47.708	220	55.91	174
Aug. 9	31.542	221	43.21	309	5.555	214	61.44	302	42.34	54	39.56	341	47.928	185	57.65	155
19	31.763	171	46.30	312	5.769	166	64.46	303	42.88	41	42.97	360	48.113	146	59.20	135
29	31.934	119	49.42	308	5.935	116	67.49	297	43.29	25	46.57	372	48.259	107	60.55	112
Sept. 8	$_{15}$32.053	68	52.50	298	$_{15}$6.051	68	70.46	287	$_{15}$43.54	11	50.29	376	$_{15}$48.366	67	61.67	89
17	32.121	18	55.48	283	6.119	20	73.33	270	43.65	4	54.05	372	48.433	29	62.56	66
27	32.139	29	58.31	261	6.139	24	76.03	249	43.61	19	57.77	361	48.462	5	63.22	42
Okt. 7	32.110	71	60.92	236	6.115	65	78.52	222	43.42	33	61.38	341	48.457	35	63.64	21
17	32.039	108	63.28	204	6.050	99	80.74	191	43.09	46	64.79	314	48.422	61	63.85	1
27	31.931	141	65.32	168	5.951	130	82.65	157	42.63	57	67.93	278	48.361	82	63.86	18
Nov. 6	31.790	167	67.00	129	5.821	154	84.22	117	42.06	69	70.71	235	48.279	98	63.68	34
16	31.623	188	68.29	85	5.667	174	85.39	76	41.37	78	73.06	186	48.181	108	63.34	48
26	31.435	203	69.14	39	5.493	187	86.15	32	40.59	84	74.92	131	48.073	115	62.86	60
Dez. 6	31.232	212	69.53	8	5.306	195	86.47	13	39.75	89	76.23	71	47.958	117	62.26	70
16	31.020	215	69.45	56	5.111	198	86.34	59	38.86	91	76.94	9	47.841	116	61.56	79
26	30.805	209	68.89	102	4.913	193	85.75	102	37.95	90	77.03	55	47.725	111	60.77	84
36	30.596		67.87		4.720		84.73		37.05		76.48		47.614		59.93	
Mittl. Ort	27.083		30.42		1.215		47.70		33.71		32.59		44.201		35.20	
sec δ, tg δ	+1.445		+ 1.044		+1.368		+ 0.933		+4.581		+ 4.471		+1.004		+ 0.094	
a, *a′*	+2.9		+19.9		+2.9		+19.9		+2.5		+19.9		+3.1		+19.9	
b, *b′*	+0.07		+ 0.11		+0.06		+ 0.10		+0.30		+ 0.10		+0.01		+ 0.10	

Scheinbare Sternörter 1957

Obere Kulmination Greenwich

Tag	894) ω² Aquarii AR.		894) Dekl.		895) 41 H. Cephei AR.		895) Dekl.		896) δ Sculptoris AR.		896) Dekl.		898) φ Pegasi AR.		898) Dekl.	
1957	23h 40m		—14° 46′		23h 45m		+67° 33′		23h 46m		—28° 21′		23h 50m		+18° 52′	
	s		″		s		″		s		″		s		″	
Jan. 1	30.054	109	58.22	34	51.27	46	88.48	97	41.723	131	69.68	2	18.538	120	64.55	101
11	29.945	96	58.56	16	50.81	42	87.51	151	41.592	117	69.66	33	18.418	111	63.54	115
21	29.849	79	58.72	4	50.39	38	86.00	201	41.475	99	69.33	63	18.307	97	62.39	126
31	29.770	60	58.68	26	50.01	32	83.99	243	41.376	77	68.70	94	18.210	77	61.13	131
Febr. 10	29.710	36	58.42	48	49.69	23	81.56	273	41.299	50	67.76	122	18.133	53	59.82	130
20	29.674	8	57.94	70	49.46	15	78.83	293	41.249	20	66.54	148	18.080	24	58.52	122
März 2	29.666	25	57.24	93	49.31	4	75.90	301	41.229	14	65.06	173	18.056	11	57.30	109
12	29.691	59	56.31	116	49.27	6	72.89	296	41.243	52	63.33	194	18.067	50	56.21	89
22	29.750	96	55.15	139	49.33	17	69.93	280	41.295	92	61.39	214	18.117	91	55.32	63
April 1	29.846	135	53.76	158	49.50	27	67.13	252	41.387	134	59.25	228	18.208	132	54.69	33
11	29.981	174	52.18	177	49.77	37	64.61	216	41.521	175	56.97	239	18.340	175	54.36	0
21	30.155	210	50.41	193	50.14	46	62.45	171	41.696	215	54.58	245	18.515	214	54.36	34
Mai 1	30.365	243	48.48	203	50.60	53	60.74	120	41.911	251	52.13	246	18.729	249	54.70	69
11	30.608	272	46.45	210	51.13	59	59.54	66	42.162	283	49.67	241	18.978	278	55.39	103
21	30.880	293	44.35	212	51.72	63	58.88	9	42.445	308	47.26	231	19.256	301	56.42	135
31	31.173	309	42.23	208	52.35	65	58.79	47	42.753	325	44.95	215	19.557	315	57.77	162
Juni 10	31.482	316	40.15	198	53.00	66	59.26	102	43.078	335	42.80	193	19.872	322	59.39	186
20	31.798	313	38.17	185	53.66	64	60.28	153	43.413	336	40.87	166	20.194	320	61.25	204
30	32.111	304	36.32	165	54.30	61	61.81	202	43.749	327	39.21	136	20.514	309	63.29	217
Juli 10	32.415	286	34.67	142	54.91	57	63.83	244	44.076	309	37.85	101	20.823	291	65.46	225
20	32.701	261	33.25	115	55.48	50	66.27	281	44.385	284	36.84	64	21.114	265	67.71	227
30	32.962	230	32.10	86	55.98	44	69.08	311	44.669	252	36.20	26	21.379	234	69.98	223
Aug. 9	33.192	194	31.24	56	56.42	37	72.19	334	44.921	214	35.94	11	21.613	198	72.21	215
19	33.386	154	30.68	25	56.79	28	75.53	351	45.135	171	36.05	46	21.811	160	74.36	203
29	33.540	112	30.43	4	57.07	19	79.04	359	45.306	126	36.51	80	21.971	120	76.39	186
Sept. 8	33.652	71	30.47	31	57.26	11	82.63	361	45.432	79	37.31	109	22.091	80	78.25	168
17*	[16] 33.723	31	30.78	55	[17] 57.37	2	86.24	355	[18] 45.511	35	38.40	132	[18] 22.171	43	79.93	146
27	33.754	7	31.33	75	57.39	6	89.79	341	45.546	7	39.72	149	22.214	6	81.39	123
Okt. 7	33.747	39	32.08	89	57.33	14	93.20	321	45.539	45	41.21	158	22.220	26	82.62	99
17	33.708	68	32.97	99	57.19	22	96.41	292	45.494	78	42.79	161	22.194	53	83.61	75
27	33.640	90	33.96	104	56.97	28	99.33	257	45.416	104	44.40	156	22.141	77	84.36	50
Nov. 6	33.550	106	35.00	104	56.69	34	101.90	215	45.312	124	45.96	145	22.064	95	84.86	24
16	33.444	118	36.04	99	56.35	40	104.05	167	45.188	139	47.41	128	21.969	110	85.10	1
26	33.326	124	37.03	90	55.95	43	105.72	114	45.049	147	48.69	105	21.859	120	85.09	26
Dez. 6	33.202	125	37.93	78	55.52	46	106.86	56	44.902	149	49.74	79	21.739	126	84.83	49
16	33.077	123	38.71	64	55.06	47	107.42	3	44.753	146	50.53	51	21.613	128	84.34	71
26	32.954	117	39.35	48	54.59	47	107.39	62	44.607	140	51.04	19	21.485	127	83.63	91
36	32.837		39.83		54.12		106.77		44.467		51.23		21.358		82.72	
Mittl. Ort	29.575		58.19		50.35		64.36		41.338		65.25		17.799		53.29	
sec δ, tg δ	+1.034		— 0.264		+2.621		+ 2.422		+1.136		— 0.540		+1.057		+ 0.342	
a, *a*′	+3.1		+20.0		+2.9		+20.0		+3.1		+20.0		+3.1		+20.0	
b, *b*′	—0.02		+ 0.08		+0.16		+ 0.06		—0.04		+ 0.06		+0.02		+ 0.04	

* Bei Stern 896) und 898) lies Sept. 18.

Scheinbare Sternörter 1957

Obere Kulmination Greenwich

Tag	899) ρ Cassiopeiae				900) 27 Piscium				902) ω Piscium				903) ε Tucanae			
	AR.		Dekl.		AR.		Dekl.		AR.		Dekl.		AR.		Dekl.	
1957	23h 52m		+57° 15′		23h 56m		−3° 47′		23h 57m		+6° 37′		23h 57m		−65° 48′	
	s		″		s		″		s		″		s		″	
Jan. 1	14.375	292	59.03	102	28.915	109	37.04	64	6.781	110	37.87	83	41.28	41	71.62	105
11	14.083	275	58.01	150	28.806	100	37.68	55	6.671	102	37.04	85	40.87	38	70.57	159
21	13.808	247	56.51	194	28.706	88	38.23	44	6.569	91	36.19	83	40.49	32	68.98	209
31	13.561	206	54.57	229	28.618	71	38.67	31	6.478	73	35.36	78	40.17	27	66.89	251
Febr. 10	13.355	155	52.28	256	28.547	49	38.98	14	6.405	51	34.58	69	39.90	20	64.38	288
20	13.200	94	49.72	271	28.498	23	39.12	5	6.354	25	33.89	55	39.70	14	61.50	316
März 2	13.106	27	47.01	276	28.475	8	39.07	25	6.329	7	33.34	37	39.56	6	58.34	339
12	13.079	47	44.25	268	28.483	42	38.82	49	6.336	43	32.97	16	39.50	2	54.95	353
22	13.126	122	41.57	250	28.525	80	38.33	73	6.379	81	32.81	10	39.52	11	51.42	360
April 1	13.248	197	39.07	222	28.605	119	37.60	98	6.460	120	32.91	36	39.63	18	47.82	357
11	13.445	269	36.85	185	28.724	158	36.62	122	6.580	161	33.27	65	39.81	26	44.25	349
21	13.714	334	35.00	141	28.882	195	35.40	144	6.741	199	33.92	93	40.07	35	40.76	333
Mai 1	14.048	390	33.59	92	29.077	230	33.96	164	6.940	233	34.85	121	40.42	41	37.43	309
11	14.438	435	32.67	40	29.307	259	32.32	181	7.173	263	36.06	145	40.83	47	34.34	278
21	14.873	467	32.27	14	29.566	283	30.51	193	7.436	286	37.51	166	41.30	53	31.56	242
31	15.340	487	32.41	66	29.849	299	28.58	200	7.722	302	39.17	184	41.83	57	29.14	198
Juni 10	15.827	493	33.07	117	30.148	308	26.58	202	8.024	311	41.01	195	42.40	59	27.16	151
20	16.320	485	34.24	165	30.456	308	24.56	198	8.335	310	42.96	202	42.99	60	25.65	100
30	16.805	466	35.89	208	30.764	301	22.58	190	8.645	301	44.98	204	43.59	60	24.65	46
Juli 10	17.271	434	37.97	245	31.065	285	20.68	177	8.946	286	47.02	200	44.19	57	24.19	8
20	17.705	394	40.42	277	31.350	262	18.91	159	9.232	263	49.02	192	44.76	53	24.27	63
30	18.099	344	43.19	303	31.612	234	17.32	137	9.495	233	50.94	179	45.29	47	24.90	115
Aug. 9	18.443	289	46.22	321	31.846	200	15.95	114	9.728	200	52.73	161	45.76	41	26.05	163
19	18.732	229	49.43	333	32.046	164	14.81	87	9.928	164	54.34	142	46.17	32	27.68	206
29	18.961	167	52.76	337	32.210	124	13.94	61	10.092	125	55.76	120	46.49	23	29.74	241
Sept. 8	19.128	104	56.13	336	32.334	85	13.33	35	10.217	86	56.96	97	46.72	14	32.15	268
18	[19] 19.232	43	59.49	326	[20] 32.419	48	12.98	11	[20] 10.303	49	57.93	73	[20] 46.86	4	34.83	285
27	19.275	17	62.75	310	32.467	12	12.87	12	10.352	14	58.66	51	46.90	6	37.68	290
Okt. 7	19.258	73	65.85	289	32.479	20	12.99	32	10.366	17	59.17	28	46.84	14	40.58	285
17	19.185	124	68.74	260	32.459	48	13.31	48	10.349	44	59.45	8	46.70	23	43.43	268
27	19.061	171	71.34	225	32.411	70	13.79	60	10.305	67	59.53	10	46.47	31	46.11	240
Nov. 6	18.890	210	73.59	185	32.341	88	14.39	70	10.238	85	59.43	28	46.16	37	48.51	202
16	18.680	245	75.44	140	32.253	102	15.09	75	10.153	100	59.15	42	45.79	40	50.53	156
26	18.435	272	76.84	90	32.151	110	15.84	78	10.053	109	58.73	55	45.39	43	52.09	104
Dez. 6	18.163	291	77.74	38	32.041	116	16.62	78	9.944	114	58.18	66	44.96	45	53.13	48
16	17.872	301	78.12	17	31.925	118	17.40	75	9.830	117	57.52	75	44.51	44	53.61	11
26	17.571	301	77.95	70	31.807	114	18.15	70	9.713	116	56.77	82	44.07	43	53.50	68
36	17.270		77.25		31.693		18.85		9.597		55.95		43.64		52.82	
Mittl. Ort	13.417		36.84		28.268		40.30		6.065		30.97		41.78		58.81	
sec δ, tg δ	+1.849		+ 1.555		+1.002		− 0.066		+1.007		+ 0.116		+2.441		− 2.227	
a, *a′*	+3.0		+20.0		+3.1		+20.0		+3.1		+20.0		+3.1		+20.0	
b, *b′*	+0.10		+ 0.03		0.00		+ 0.02		+0.01		+ 0.01		−0.15		+ 0.01	

Scheinbare Sternörter 1957

Obere Kulmination Greenwich

Na) 43 Hev. Cephei $4^{m}_{.}52$

Tag	Januar AR.	Januar Dekl.	Januar ☾ Glieder	Februar AR.	Februar Dekl.	Februar ☾ Glieder	März AR.	März Dekl.	März ☾ Glieder	April AR.	April Dekl.	April ☾ Glieder
	$1^{h}\ 2^{m}$	$+86°\ 2'$	in s 0.01 | ″ 0.01	$1^{h}\ 2^{m}$	$+86°\ 1'$	in s 0.01 | ″ 0.01	$1^{h}\ 2^{m}$	$+86°\ 1'$	in s 0.01 | ″ 0.01	$1^{h}\ 2^{m}$	$+86°\ 1'$	in s 0.01 | ″ 0.01
	s	″		s	″		s	″		s	″	
1	38.22	3.90	+7 + 4	29.04	63.19	−3 + 6	22.48	57.69	−5 + 5	19.62	48.43	−7 − 6
2	37.92	3.98	+5 + 6	28.76	63.07	−6 + 3	22.30	57.42	−7 + 2	19.62	48.11	−5 − 9
3	37.63	4.05	+2 + 7	28.49	62.94	−8 0	22.13	57.16	−9 − 1	19.62	47.80	−2 −10
4	37.33	4.11	−1 + 6	28.22	62.80	−9 − 3	21.97	56.89	−9 − 5	19.64	47.48	+2 − 9
5	37.03	4.16	−4 + 5	27.95	62.66	−8 − 7	21.81	56.62	−7 − 8	19.65	47.16	+5 − 6
6	36.73	4.21	−7 + 2	27.68	62.51	−6 − 9	21.65	56.34	−4 −10	19.68	46.85	+7 − 2
7	36.43	4.25	−9 − 1	27.41	62.36	−3 −11	21.50	56.06	0 −10	*19.71	46.53	+7 + 1
8	36.13	4.29	−9 − 5	27.15	62.20	+1 −10	21.36	55.78	+3 − 9	19.75	46.21	+5 + 5
9	35.83	4.32	−8 − 8	26.89	62.04	+4 − 8	21.22	55.50	+6 − 6	19.79	45.90	+2 + 7
10	35.53	4.34	−5 −10	26.63	61.87	+7 − 4	21.08	55.21	+7 − 1	19.84	45.59	−2 + 7
11	35.23	4.36	−1 −11	26.38	61.69	+7 + 1	20.96	54.92	+6 + 3	19.89	45.28	−5 + 5
12	34.93	4.37	+3 − 9	26.13	61.51	+6 + 5	20.83	54.63	+4 + 6	19.95	44.97	−7 + 3
13	34.63	4.37	+6 − 6	25.88	61.33	+3 + 8	20.72	54.33	0 + 8	20.02	44.67	−8 − 1
14	34.33	4.37	+8 − 1	25.64	61.13	−1 + 8	20.61	54.04	−4 + 7	20.09	44.36	−6 − 4
15	34.02	4.36	+7 + 4	25.40	60.93	−5 + 7	20.50	53.74	−6 + 5	20.17	44.06	−3 − 6
16	33.72	4.34	+5 + 7	25.16	60.73	−7 + 4	20.40	53.43	−8 + 2	20.25	43.76	+1 − 6
17	33.42	4.32	+1 + 9	24.93	60.52	−8 + 1	20.31	53.13	−7 − 2	20.34	43.46	+5 − 5
18	33.12	4.29	−3 + 9	24.70	60.31	−6 − 2	20.22	52.82	−4 − 4	20.43	43.16	+8 − 2
19	32.82	4.26	−6 + 7	24.48	60.10	−3 − 5	20.14	52.51	−1 − 6	20.53	42.86	+9 + 1
20	32.52	4.21	−7 + 3	24.26	59.88	+1 − 5	20.06	52.20	+3 − 5	20.64	42.57	+9 + 4
21	32.23	4.16	−7 0	24.04	59.65	+5 − 4	19.99	51.89	+7 − 3	20.75	42.28	+7 + 6
22	31.93	4.11	−4 − 3	23.83	59.42	+8 − 2	19.93	51.58	+9 0	20.87	41.99	+4 + 8
23	31.64	4.05	−1 − 5	23.62	59.19	+9 + 1	19.87	51.27	+9 + 3	20.99	41.70	+1 + 8
24	31.34	3.98	+3 − 5	23.42	58.95	+9 + 4	19.82	50.96	+8 + 5	21.12	41.42	−3 + 7
25	31.05	3.90	+6 − 4	23.22	58.70	+7 + 6	19.77	50.64	+6 + 7	21.25	41.13	−6 + 4
26	30.76	3.82	+8 − 1	23.03	58.45	+5 + 7	19.73	50.32	+3 + 8	21.39	40.86	−8 + 1
27	30.47	3.73	+9 + 2	22.84	58.20	+1 + 7	19.70	50.01	−1 + 7	21.54	40.58	−9 − 2
28	30.18	3.63	+8 + 4	22.66	57.94	−2 + 6	19.67	49.69	−4 + 6	21.69	40.31	−8 − 5
29	29.89	3.53	+6 + 6	22.48	57.69	−5 + 5	19.65	49.38	−6 + 3	21.84	40.04	−6 − 8
30	29.60	3.43	+3 + 7				19.63	49.06	−8 0	22.00	39.77	−3 − 9
31	29.32	3.31	0 + 7				19.62	48.75	−8 − 3	22.17	39.51	+1 − 9
32	29.04	3.19	−3 + 6				19.62	48.43	−7 − 6			

δ	sec δ	tg δ	δ	sec δ	tg δ	δ	sec δ	tg δ
+86° 1′ 30″	+14.426	+14.391	+86° 1′ 50″	+14.446	+14.411	+86° 2′ 0″	+14.456	+14.421
40	+14.436	+14.401	60	+14.456	+14.421	10	+14.466	+14.431

$\alpha_{1957.0} = 1^{h}\ 2^{m}\ 28^{s}.70$ $\delta_{1957.0} = +86°\ 1'\ 39''.40$

* Tag der doppelten unteren Kulmination: April 7.

Scheinbare Sternörter 1957

Obere Kulmination Greenwich

Na) 43 Hev. Cephei $4^m_.52$

Tag	Mai				Juni				Juli				August			
	AR.	Dekl.	☾ Glieder		AR.	Dekl.	☾ Glieder		AR.	Dekl.	☾ Glieder		AR.	Dekl.	☾ Glieder	
	$1^h\ 2^m$	+86° 1′	in s 0.01	in ″ 0.01	$1^h\ 2^m$	+86° 1′	in s 0.01	in ″ 0.01	$1^h\ 2^m$	+86° 1′	in s 0.01	in ″ 0.01	$1^h\ 2^m$	+86° 1′	in s 0.01	in ″ 0.01
	s	″			s	″			s	″			s	″		
1	22.17	39.51	+1	−9	29.41	33.37	+7	+3	38.81	32.10	−1	+8	48.60	35.92	−7	−1
2	22.34	39.25	+4	−7	29.69	33.25	+4	+6	39.13	32.15	−4	+7	48.89	36.12	−4	−4
3	22.51	38.99	+6	−4	29.98	33.13	+1	+8	39.46	32.20	−7	+4	49.18	36.33	−1	−5
4	22.69	38.74	+7	0	30.28	33.02	−3	+8	39.79	32.25	−7	0	49.47	36.54	+3	−5
5	22.88	38.49	+6	+4	30.57	32.92	−6	+5	40.11	32.31	−6	−3	49.75	36.76	+6	−3
6	23.07	38.24	+3	+7	30.87	32.82	−7	+2	40.44	32.38	−3	−5	50.03	36.98	+8	0
7	23.26	38.00	−1	+7	31.17	32.72	−7	−1	40.77	32.45	+1	−6	50.32	37.21	+9	+3
8	23.46	37.76	−4	+6	31.47	32.63	−5	−4	41.09	32.52	+4	−5	50.59	37.43	+8	+5
9	23.66	37.53	−7	+4	31.78	32.55	−2	−6	41.42	32.61	+7	−3	50.87	37.67	+6	+7
10	23.87	37.29	−8	0	32.08	32.47	+2	−6	41.75	32.69	+8	0	51.14	37.91	+3	+8
11	24.08	37.07	−7	−3	32.39	32.40	+5	−5	42.07	32.79	+8	+3	51.41	38.15	−1	+7
12	24.30	36.85	−4	−5	32.70	32.33	+8	−2	42.39	32.89	+7	+5	51.68	38.39	−4	+5
13	24.52	36.63	−1	−6	33.01	32.27	+9	+1	42.71	32.99	+5	+7	51.95	38.65	−6	+3
14	24.75	36.41	+3	−5	33.33	32.21	+8	+4	43.03	33.10	+1	+7	52.21	38.90	−8	0
15	24.98	36.21	+7	−4	33.64	32.16	+6	+6	43.35	33.22	−2	+6	52.47	39.16	−8	−3
16	25.21	36.00	+8	−1	33.96	32.12	+4	+7	43.67	33.34	−5	+5	52.73	39.42	−7	−7
17	25.45	35.80	+9	+2	34.28	32.08	0	+7	43.99	33.46	−7	+2	52.98	39.69	−5	−9
18	25.69	35.60	+8	+5	34.60	32.04	−3	+6	44.31	33.59	−8	−2	53.23	39.96	−2	−10
19	25.93	35.41	+5	+7	34.91	32.01	−6	+4	44.63	33.73	−8	−5	53.48	40.23	+1	−10
20	26.18	35.22	+2	+8	35.23	31.99	−8	0	44.94	33.87	−7	−8	53.72	40.51	+4	−7
21	26.43	35.04	−1	+7	35.56	31.97	−9	−3	45.26	34.01	−4	−10	53.96	40.79	+7	−4
22	26.69	34.87	−5	+5	35.88	31.96	−8	−6	45.57	34.16	−1	−10	54.20	41.08	+7	0
23	26.94	34.69	−7	+3	36.20	31.95	−6	−9	45.88	34.32	+3	−9	54.43	41.36	+5	+4
24	27.21	34.53	−8	−1	36.53	31.95	−2	−10	46.19	34.48	+6	−5	54.66	41.66	+2	+7
25	27.47	34.37	−8	−4	36.85	31.96	+1	−9	46.50	34.64	+7	−1	54.89	41.95	−2	+7
26	27.74	34.21	−7	−7	37.18	31.97	+5	−7	46.80	34.81	+7	+3	55.12	42.25	−5	+6
27	28.01	34.06	−4	−9	37.50	31.98	+7	−3	47.11	34.98	+4	+6	55.34	42.54	−7	+3
28	28.28	33.91	−1	−9	37.83	32.00	+7	+1	47.41	35.16	+1	+8	55.56	42.85	−8	0
29	28.56	33.76	+3	−8	38.15	32.03	+6	+5	47.71	35.34	−3	+8	55.77	43.15	−6	−3
30	28.84	33.63	+6	−5	38.48	32.06	+3	+8	48.01	35.53	−6	+5	55.98	43.46	−2	−5
31	29.12	33.49	+7	−1	38.81	32.10	−1	+8	48.31	35.72	−8	+2	56.19	43.77	+2	−5
32	29.41	33.37	+7	+3					48.60	35.92	−7	−1	56.39	44.09	+5	−4

δ	sec δ	tg δ	δ	sec δ	tg δ
+86° 1′ 30″	+14.426	+14.391	+86° 1′ 40″	+14.436	+14.401
40	+14.436	+14.401	50	+14.446	+14.411

$\alpha_{1957.0} = 1^h\ 2^m\ 28^s_.70$ $\delta_{1957.0} = +86°\ 1'\ 39''_.40$

Scheinbare Sternörter 1957

Obere Kulmination Greenwich

Na) 43 Hev. Cephei $4^m.52$

Tag	September AR.	September Dekl.	September ☾ Glieder		Oktober AR.	Oktober Dekl.	Oktober ☾ Glieder		November AR.	November Dekl.	November ☾ Glieder		Dezember AR.	Dezember Dekl.	Dezember ☾ Glieder	
	$1^h 2^m$	+ 86° 1′	in s 0.01	in ″ 0.01	$1^h 3^m$	+ 86° 1′	in s 0.01	in ″ 0.01	$1^h 2^m$	+ 86° 2′	in s 0.01	in ″ 0.01	$1^h 2^m$	+ 86° 2′	in s 0.01	in ″ 0.01
	s	″			s	″			s	″			s	″		
1	56.39	44.09	+5	− 4	0.60	54.61	+9	+4	60.59	6.46	−3	+7	56.20	15.75	−8	−1
2	56.59	44.41	+8	− 1	0.67	54.98	+8	+7	60.51	6.81	−6	+4	55.99	16.00	−7	−4
3	56.78	44.73	+9	+ 2	0.74	55.35	+5	+8	60.43	7.16	−7	+1	55.77	16.25	−6	−7
4	56.97	45.06	+9	+ 5	0.80	55.73	+2	+9	60.34	7.51	−8	−2	55.55	16.49	−3	−8
5	57.16	45.39	+7	+ 7	0.86	56.10	−1	+8	60.25	7.86	−7	−5	55.33	16.73	0	−9
6	57.34	45.71	+4	+ 8	0.92	56.48	−4	+6	60.15	8.20	−5	−7	55.10	16.96	+3	−7
7	57.53	46.05	+1	+ 8	{ 0.97 { 1.01	56.85 57.23	−6 −7	+3 } 0 }	60.04	8.54	−2	−8	54.87	17.18	+6	−4
8	57.70	46.38	−2	+ 7	1.05	57.61	−7	−3	59.94	8.88	+1	−8	54.63	17.41	+7	−1
9	57.87	46.72	−5	+ 4	1.09	57.98	−6	−6	59.82	9.21	+4	−6	54.40	17.62	+6	+3
10	58.04	47.06	−7	+ 1	1.12	58.36	−4	−8	59.70	9.54	+6	−3	54.15	17.83	+4	+6
11	58.21	47.40	−8	− 2	1.14	58.74	−1	−9	59.58	9.87	+7	0	53.91	18.04	+1	+7
12	58.36	47.74	−7	− 5	1.16	59.11	+2	−8	59.45	10.20	+5	+3	53.66	18.24	−3	+6
13	58.52	48.09	−6	− 8	1.18	59.49	+5	−6	59.32	10.53	+3	+6	53.41	18.44	−6	+4
14	58.67	48.44	−3	− 9	1.19	59.87	+6	−3	59.19	10.85	−1	+7	53.15	18.63	−8	+1
15	58.82	48.79	0	−10	1.20	60.24	+6	+1	59.05	11.17	−5	+6	52.90	18.81	−7	−2
16	58.96	49.14	+3	− 8	1.21	60.62	+4	+4	58.90	11.48	−7	+3	52.64	18.99	−5	−5
17	59.10	49.49	+6	− 5	1.21	60.99	+1	+6	58.75	11.79	−8	0	52.37	19.16	−2	−6
18	59.24	49.85	+7	− 2	1.20	61.36	−2	+6	58.60	12.10	−7	−4	52.11	19.33	+2	−6
19	59.37	50.21	+6	+ 2	1.19	61.74	−6	+5	58.44	12.41	−4	−6	51.84	19.49	+5	−4
20	59.50	50.57	+3	+ 5	1.17	62.11	−8	+2	58.27	12.71	0	−7	51.57	19.65	+8	−1
21	59.62	50.93	0	+ 6	1.15	62.47	−8	−2	58.10	13.01	+4	−6	51.30	19.80	+9	+2
22	59.74	51.29	−4	+ 6	1.12	62.84	−6	−5	57.93	13.30	+7	−3	51.02	19.94	+8	+5
23	59.85	51.65	−7	+ 4	1.09	63.21	−3	−6	57.76	13.59	+9	0	50.74	20.08	+6	+7
24	59.96	52.02	−8	+ 1	1.05	63.58	+2	−6	57.58	13.87	+9	+4	50.46	20.21	+3	+8
25	60.07	52.39	−7	− 3	1.01	63.95	+5	−4	57.39	14.16	+8	+7	50.18	20.34	0	+8
26	60.17	52.75	−4	− 5	0.97	64.31	+8	−1	57.21	14.43	+5	+8	49.89	20.46	−3	+6
27	60.27	53.12	0	− 6	0.92	64.67	+9	+2	57.01	14.70	+2	+8	49.61	20.57	−6	+3
28	60.36	53.49	+4	− 5	0.86	65.03	+9	+5	56.82	14.97	−2	+7	49.32	20.68	−8	0
29	60.44	53.86	+7	− 3	0.80	65.39	+7	+8	56.62	15.24	−5	+5	49.03	20.78	−8	−3
30	60.53	54.23	+9	+ 1	0.74	65.75	+4	+9	56.41	15.49	−7	+2	48.74	20.87	−7	−6
31	60.60	54.61	+9	+ 4	0.67	66.11	0	+8	56.20	15.75	−8	−1	48.45	20.96	−5	−8
32					0.59	66.46	−3	+7					48.15	21.04	−2	−9

δ	sec δ	tg δ	δ	sec δ	tg δ	δ	sec δ	tg δ
+86° 1′ 40″	+14.436	+14.401	+86° 2′ 0″	+14.456	+14.421	+86° 2′ 20″	+14.476	+14.442
50	+14.446	+14.411	10	+14.466	+14.431	30	+14.486	+14.452

$\alpha_{1957.0} = 1^h\ 2^m\ 28^s.70$ $\delta_{1957.0} = +86°\ 1'\ 39''.40$

Scheinbare Sternörter 1957

Obere Kulmination Greenwich

Nb) α Ursae minoris $2^m_{.}12$ var.

Tag	Januar AR.	Januar Dekl.	Januar ☾ Glieder	Februar AR.	Februar Dekl.	Februar ☾ Glieder	März AR.	März Dekl.	März ☾ Glieder	April AR.	April Dekl.	April ☾ Glieder
	$1^h 53^m$ s	+ 89° 4′ ″	in s 0.01 | ″ 0.01	$1^h 53^m$ s	+ 89° 4′ ″	in s 0.01 | ″ 0.01	$1^h 52^m$ s	+ 89° 3′ ″	in s 0.01 | ″ 0.01	$1^h 52^m$ s	+ 89° 3′ ″	in s 0.01 | ″ 0.01
1	92.27	9.82	+30 + 3	52.87	11.51	−11 + 6	80.08	67.78	−18 + 6	59.38	59.43	−32 −5
2	91.09	9.97	+23 + 5	51.58	11.46	−23 + 5	79.10	67.57	−28 + 3	59.08	59.12	−23 −8
3	89.90	10.11	+11 + 6	50.29	11.40	−33 + 2	78.14	67.35	−35 0	58.81	58.81	−10 −9
4	88.70	10.25	− 2 + 6	49.01	11.34	−37 − 1	77.20	67.13	−36 − 3	58.56	58.49	+ 4 −9
5	87.49	10.38	−16 + 6	47.74	11.27	−36 − 5	76.28	66.90	−31 − 6	58.34	58.18	+17 −7
6	86.28	10.51	−28 + 4	46.47	11.19	−29 − 8	75.37	66.67	−20 − 9	58.14	57.86	+27 −4
7	85.06	10.63	−37 0	45.21	11.11	−16 −10	74.49	66.43	− 6 −10	57.96	57.55	+27 0
8	83.83	10.74	−40 − 3	43.95	11.02	− 1 −10	73.62	66.19	+ 9 − 9	57.81	57.23	+21 +4
9	82.58	10.85	−36 − 6	42.70	10.93	+14 − 9	72.77	65.95	+21 − 7	57.69	56.92	+ 9 +7
10	81.33	10.95	−25 − 9	41.46	10.83	+26 − 5	71.95	65.70	+28 − 3	57.59	56.60	− 6 +8
11	80.08	11.04	− 9 −10	40.23	10.72	+30 − 1	71.14	65.45	+26 + 1	57.52	56.29	−20 +7
12	78.81	11.13	+ 8 −10	39.01	10.61	+25 + 4	70.36	65.19	+17 + 5	57.47	55.97	−29 +4
13	77.54	11.21	+22 − 7	37.79	10.49	+13 + 7	69.59	64.93	+ 3 + 7	57.45	55.65	−32 +1
14	76.27	11.29	+31 − 3	36.59	10.36	− 1 + 9	68.85	64.67	−12 + 8	57.45	55.34	−26 −3
15	74.99	11.36	+31 + 2	35.39	10.23	−16 + 8	68.12	64.40	−24 + 6	57.48	55.02	−13 −5
16	73.70	11.42	+22 + 6	34.21	10.09	−26 + 6	67.42	64.13	−31 + 3	57.53	54.71	+ 3 −6
17	72.41	11.48	+ 9 + 9	33.04	9.95	−30 + 2	66.75	63.86	−29 0	57.61	54.39	+19 −6
18	71.11	11.53	− 8 +10	31.89	9.80	−24 − 1	66.09	63.58	−19 − 4	57.72	54.08	+31 −4
19	69.82	11.57	−20 + 8	30.74	9.64	−12 − 4	65.45	63.30	− 5 − 6	57.85	53.76	+38 −1
20	68.52	11.61	−28 + 5	29.61	9.48	+ 3 − 5	64.84	63.01	+12 − 6	*58.00	53.45	+38 +2
21	67.21	11.64	−28 + 1	28.49	9.31	+19 − 5	64.25	62.73	+26 − 5	58.18	53.13	+31 +5
22	65.91	11.66	−19 − 3	27.39	9.14	+30 − 4	63.69	62.44	+35 − 2	58.38	52.82	+20 +7
23	64.60	11.67	− 6 − 5	26.30	8.96	+36 − 1	63.15	62.15	+39 + 1	58.61	52.51	+ 6 +8
24	63.29	11.68	+10 − 6	25.23	8.78	+37 + 2	62.63	61.86	+35 + 4	58.86	52.20	− 9 +7
25	61.99	11.68	+23 − 5	24.17	8.59	+31 + 4	62.14	61.56	+26 + 6	59.14	51.89	−21 +6
26	60.68	11.68	+32 − 3	23.12	8.39	+21 + 6	61.67	61.26	+14 + 7	59.44	51.58	−30 +3
27	59.37	11.67	+36 0	22.09	8.19	+ 8 + 7	61.23	60.96	0 + 7	59.76	51.28	−35 0
28	58.07	11.65	+34 + 2	21.08	7.99	− 5 + 7	60.81	60.66	−13 + 6	60.11	50.98	−34 −4
29	56.76	11.62	+26 + 4	20.08	7.78	−18 + 6	60.42	60.36	−25 + 5	60.48	50.67	−26 −7
30	55.46	11.59	+16 + 6				60.05	60.05	−32 + 2	60.87	50.37	−14 −9
31	54.17	11.55	+ 2 + 7				59.70	59.74	−34 − 2	61.29	50.08	0 −9
32	52.87	11.51	−11 + 6				59.38	59.43	−32 − 5			

δ	sec δ	tg δ	δ	sec δ	tg δ	δ	sec δ	tg δ
+89° 3′ 50″	+61.209	+61.201	+89° 4′ 0″	+61.391	+61.383	+89° 4′ 10″	+61.574	+61.566
60	+61.391	+61.383	10	+61.574	+61.566	20	+61.759	+61.751

$\alpha_{1957.0} = 1^h\ 53^m\ 33^s_{.}33$ $\delta_{1957.0} = +89°\ 3'\ 47''_{.}79$

* Tag der doppelten unteren Kulmination: April 20.

Scheinbare Sternörter 1957

Obere Kulmination Greenwich

Nb) α Ursae minoris $2^{m}.12$ var.

Tag	Mai			Juni			Juli			August		
	AR.	Dekl.	☾ Glieder	AR.	Dekl.	☾ Glieder	AR.	Dekl.	☾ Glieder	AR.	Dekl.	☾ Glieder
	$1^h 53^m$	+89° 3′	in s 0.01 | ″ 0.01	$1^h 53^m$	+89° 3′	in s 0.01 | ″ 0.01	$1^h 54^m$	+89° 3′	in s 0.01 | ″ 0.01	$1^h 54^m$	+89° 3′	in s 0.01 | ″ 0.01
	s	″		s	″		s	″		s	″	
1	1.29	50.08	0 −9	24.65	42.32	+28 + 2	1.11	38.78	− 1 + 9	43.80	40.11	−27 0
2	1.73	49.78	+15 −8	25.69	42.13	+21 + 6	2.46	38.74	−15 + 8	45.16	40.23	−19 − 3
3	2.20	49.49	+25 −5	26.75	41.95	+ 8 + 8	3.81	38.71	−25 + 5	46.51	40.36	− 4 − 5
4	2.68	49.19	+29 −1	27.82	41.77	− 8 + 8	5.17	38.68	−29 + 2	47.86	40.50	+11 − 6
5	3.19	48.90	+26 +3	28.91	41.59	−21 + 7	6.53	38.66	−25 − 2	49.20	40.64	+25 − 5
6	3.73	48.62	+14 +6	30.01	41.42	−29 + 4	7.89	38.65	−14 − 4	50.54	40.78	+33 − 2
7	4.28	48.33	0 +8	31.13	41.26	−30 0	9.26	38.64	+ 1 − 6	51.87	40.93	+37 + 1
8	4.86	48.05	−14 +7	32.26	41.10	−23 − 3	10.64	38.63	+15 − 6	53.20	41.09	+33 + 4
9	5.45	47.77	−26 +5	33.40	40.94	−10 − 6	12.01	38.63	+28 − 4	54.52	41.25	+25 + 6
10	6.07	47.49	−31 +2	34.55	40.79	+ 5 − 6	13.39	38.64	+34 − 2	55.83	41.42	+14 + 7
11	6.72	47.22	−28 −2	35.72	40.64	+19 − 6	14.77	38.65	+35 + 1	57.14	41.59	0 + 7
12	7.38	46.95	−20 −4	36.90	40.50	+30 − 4	16.15	38.67	+30 + 4	58.43	41.77	−12 + 6
13	8.06	46.68	− 4 −6	38.08	40.36	+36 − 1	17.54	38.69	+21 + 6	59.72	41.95	−24 + 4
14	8.77	46.42	+11 −6	39.28	40.23	+34 + 2	18.92	38.72	+ 9 + 7	61.01	42.13	−32 + 2
15	9.49	46.16	+26 −5	40.50	40.10	+28 + 5	20.31	38.75	− 5 + 7	62.28	42.32	−34 − 2
16	10.24	45.90	+34 −2	41.72	39.98	+17 + 7	21.70	38.79	−17 + 6	63.55	42.51	−32 − 5
17	11.00	45.65	+37 +1	42.95	39.86	+ 4 + 7	23.09	38.83	−28 + 3	64.81	42.71	−25 − 8
18	11.79	45.40	+34 +4	44.19	39.75	−10 + 7	24.48	38.88	−35 0	66.06	42.91	−12 −10
19	12.59	45.15	+25 +6	45.45	39.64	−22 + 5	25.87	38.93	−36 − 3	67.30	43.12	+ 2 −10
20	13.41	44.91	+12 +7	46.71	39.54	−32 + 2	27.26	38.99	−31 − 7	68.54	43.33	+15 − 8
21	14.25	44.67	− 2 +7	47.98	39.45	−36 − 1	28.65	39.06	−20 − 9	69.77	43.55	+25 − 5
22	15.11	44.44	−16 +6	49.26	39.36	−35 − 5	30.04	39.13	− 6 −10	70.98	43.77	+27 − 1
23	15.99	44.21	−27 +4	50.55	39.27	−27 − 8	31.42	39.20	+ 8 − 9	72.19	43.99	+21 + 3
24	16.88	43.98	−34 +1	51.84	39.19	−13 −10	32.81	39.28	+21 − 7	73.38	44.22	+10 + 6
25	17.79	43.76	−35 −3	53.15	39.12	+ 2 −10	34.19	39.37	+28 − 3	74.57	44.45	− 5 + 8
26	18.72	43.54	−31 −6	54.46	39.05	+16 − 8	35.57	39.46	+27 + 2	75.75	44.69	−19 + 7
27	19.67	43.33	−21 −8	55.78	38.98	+27 − 4	36.95	39.55	+19 + 6	76.91	44.93	−28 + 5
28	20.63	43.12	− 6 −9	57.10	38.92	+30 0	38.33	39.65	+ 6 + 8	78.07	45.17	−31 + 2
29	21.61	42.91	+ 9 −8	58.43	38.87	+25 + 4	39.70	39.76	−10 + 8	79.21	45.42	−25 − 2
30	22.61	42.71	+22 −6	59.77	38.82	+14 + 7	41.07	39.87	−20 + 7	80.34	45.67	−11 − 5
31	23.62	42.51	+29 −2	61.11	38.78	− 1 + 9	42.44	39.99	−29 + 4	81.46	45.93	+ 5 − 6
32	24.65	42.32	+28 +2				43.80	40.11	−27 0	82.57	46.19	+20 − 5

δ	sec δ	tg δ	δ	sec δ	tg δ
+89° 3′ 30″	+60.848	+60.840	+89° 3′ 50″	+61.209	+61.201
40	+61.028	+61.020	60	+61.391	+61.383

$\alpha_{1957.0} = 1^h\ 53^m\ 33^s.33$ $\delta_{1957.0} = +89°\ 3'\ 47''.79$

Scheinbare Sternörter 1957

Obere Kulmination Greenwich

Nb) α Ursae minoris $2^m\!.12$ var.

Tag	September AR.	September Dekl.	September ☾ Glieder	Oktober AR.	Oktober Dekl.	Oktober ☾ Glieder	November AR.	November Dekl.	November ☾ Glieder	Dezember AR.	Dezember Dekl.	Dezember ☾ Glieder
	$1^h\,55^m$ s	+ 89° 3′ ″	in s 0.01 | ″ 0.01	$1^h\,55^m$ s	+ 89° 3′ ″	in s 0.01 | ″ 0.01	$1^h\,55^m$ s	+ 89° 4′ ″	in s 0.01 | ″ 0.01	$1^h\,55^m$ s	+ 89° 4′ ″	in s 0.01 | ″ 0.01
1	22.57	46.19	+20 − 5	49.20	55.46	+40 +2	59.77	7.16	− 9 +7	49.73	17.51	−32 +1
2	23.66	46.45	+32 − 3	49.84	55.81	+35 +5	59.75	7.53	−20 +5	49.06	17.81	−31 −3
3	24.75	46.72	+38 0	50.45	56.17	+25 +7	59.71	7.90	−29 +2	48.37	18.11	−25 −6
4	25.82	46.99	+37 + 3	51.05	56.52	+12 +8	59.66	8.26	−31 −1	47.66	18.41	−16 −8
5	26.88	47.26	+30 + 6	51.63	56.87	− 2 +8	59.58	8.63	−30 −4	46.93	18.70	− 3 −9
6	27.92	47.54	+19 + 7	52.19	57.23	−14 +6	59.47	8.99	−22 −7	46.18	18.99	+10 −8
7	28.95	47.82	+ 6 + 8	52.74	57.58	−24 +4	59.35	9.36	−10 −8	45.41	19.28	+22 −6
8	29.97	48.10	− 7 + 7	53.26	57.94	−30 +1	59.20	9.72	+ 2 −8	44.62	19.56	+27 −2
9	30.97	48.39	−18 + 5	53.77	58.30	−31 −2	59.03	10.09	+14 −7	43.81	19.84	+26 +2
10	31.96	48.68	−27 + 3	54.26	58.66	−27 −5	58.84	10.45	+24 −5	42.99	20.11	+18 +5
11	32.94	48.97	−32 0	54.72	59.02	−19 −8	58.63	10.80	+27 −1	42.14	20.38	+ 6 +7
12	33.90	49.27	−32 − 3	55.17	59.39	− 7 −9	58.39	11.16	+23 +2	41.27	20.64	− 9 +7
13	34.85	49.57	−27 − 7	55.59	59.75	+ 6 −9	58.13	11.52	+13 +5	40.39	20.90	−23 +6
14	35.78	49.88	−16 − 9	56.00	60.12	+18 −7	57.85	11.87	− 1 +7	39.48	21.15	−30 +3
15	36.70	50.19	− 4 −10	56.39	60.49	+24 −4	57.54	12.22	−17 +6	38.56	21.40	−30 −1
16	37.60	50.50	+ 9 − 9	56.75	60.86	+25 0	57.22	12.57	−27 +4	37.63	21.65	−23 −4
17	38.49	50.82	+20 − 7	57.10	61.23	+19 +3	56.87	12.92	−32 +1	36.67	21.89	−10 −6
18	39.36	51.13	+25 − 3	57.42	61.60	+ 7 +6	56.50	13.26	−29 −2	35.70	22.13	+ 6 −7
19	40.22	51.45	+24 + 1	57.73	61.97	− 8 +7	56.11	13.61	−19 −5	34.71	22.36	+20 −6
20	41.06	51.77	+14 + 5	{58.02 {58.28	62.34 62.71	−22 +6} −31 +3}	55.69	13.95	− 4 −7	33.71	22.59	+31 −3
21	41.88	52.10	+ 1 + 7	58.52	63.08	−32 0	55.26	14.28	+12 −7	32.69	22.81	+36 0
22	42.69	52.42	−14 + 7	58.74	63.45	−26 −3	54.80	14.62	+26 −5	31.65	23.02	+35 +3
23	43.48	52.75	−26 + 5	58.94	63.82	−13 −6	54.32	14.95	+35 −2	30.60	23.23	+27 +6
24	44.26	53.08	−32 + 2	59.12	64.19	+ 5 −7	53.82	15.28	+38 +2	29.53	23.43	+15 +8
25	45.02	53.41	−29 − 1	59.27	64.56	+20 −6	53.30	15.60	+32 +5	28.45	23.63	+ 1 +8
26	45.76	53.75	−19 − 4	59.41	64.94	+32 −3	52.76	15.93	+23 +7	27.35	23.82	−12 +7
27	46.49	54.09	− 4 − 6	59.52	65.31	+39 0	52.19	16.25	+11 +8	26.24	24.01	−23 +5
28	47.19	54.43	+13 − 6	59.61	65.68	+38 +3	51.60	16.57	− 4 +8	25.11	24.19	−30 +2
29	47.88	54.77	+28 − 4	59.68	66.05	+30 +6	51.00	16.89	−17 +6	23.98	24.37	−32 −2
30	48.55	55.12	+37 − 1	59.73	66.42	+18 +8	50.37	17.20	−26 +4	22.83	24.54	−29 −5
31	49.20	55.46	+40 + 2	59.76	66.79	+ 4 +8	49.73	17.51	−32 +1	21.66	24.70	−21 −7
32				59.77	67.16	− 9 +7				20.49	24.86	− 9 −9

δ	sec δ	tg δ	δ	sec δ	tg δ	δ	sec δ	tg δ
+89° 3′ 40″	+61.028	+61.020	+89° 4′ 0″	+61.391	+61.383	+89° 4′ 20″	+61.759	+61.751
50	+61.209	+61.201	10	+61.574	+61.566	30	+61.944	+61.936

$\alpha_{1957.0} = 1^h\ 53^m\ 33^s\!.33$ $\delta_{1957.0} = +89°\ 3'\ 47''\!.79$

Scheinbare Sternörter 1957

Obere Kulmination Greenwich

Nc) Grb 750 Cepheus $6^{m}_{.}70$

Tag	Januar AR.	Januar Dekl.	Januar ☾ Glieder	Februar AR.	Februar Dekl.	Februar ☾ Glieder	März AR.	März Dekl.	März ☾ Glieder	April AR.	April Dekl.	April ☾ Glieder
	$4^h 22^m$	$+85° 26'$	in s 0.01 | ″ 0.01	$4^h 22^m$	$+85° 26'$	in s 0.01 | ″ 0.01	$4^h 22^m$	$+85° 26'$	in s 0.01 | ″ 0.01	$4^h 21^m$	$+85° 26'$	in s 0.01 | ″ 0.01
	s	″		s	″		s	″		s	″	
1	23.02	11.20	+ 7 −2	17.72	18.08	+ 2 +7	10.66	19.81	0 +7	63.19	16.22	−9 0
2	22.91	11.48	+ 7 +1	17.49	18.22	− 2 +7	10.39	19.78	−3 +7	62.99	16.02	−9 −3
3	22.80	11.76	+ 6 +4	17.26	18.36	− 5 +6	10.13	19.74	−6 +5	62.79	15.82	−7 −6
4	22.69	12.03	+ 3 +6	17.03	18.49	− 8 +4	9.87	19.70	−8 +2	62.60	15.61	−4 −8
5	22.57	12.31	0 +7	16.79	18.61	−10 +1	9.61	19.65	−9 −1	62.41	15.39	−1 −8
6	22.44	12.57	− 3 +7	16.55	18.73	−10 −3	9.35	19.60	−9 −5	62.22	15.17	+3 −7
7	22.31	12.84	− 6 +6	16.31	18.85	− 9 −6	9.10	19.54	−7 −8	62.04	14.95	+5 −4
8	22.17	13.10	− 9 +3	16.07	18.96	− 6 −8	8.84	19.47	−4 −9	61.86	14.73	+6 0
9	22.03	13.36	−10 −1	15.82	19.06	− 2 −9	8.58	19.40	0 −9	61.68	14.50	+5 +4
10	21.89	13.62	−10 −4	15.58	19.16	+ 2 −8	8.32	19.32	+3 −6	61.51	14.27	+3 +7
11	21.74	13.87	− 8 −7	15.33	19.25	+ 5 −5	8.07	19.24	+6 −2	61.34	14.03	0 +8
12	21.59	14.12	− 4 −9	15.08	19.33	+ 7 0	7.81	19.15	+6 +2	61.18	13.79	−3 +7
13	21.43	14.36	0 −9	14.83	19.41	+ 7 +4	7.56	19.05	+5 +6	61.02	13.55	−5 +5
14	21.27	14.60	+ 4 −6	14.57	19.48	+ 5 +7	7.31	18.95	+2 +8	60.87	13.30	−6 +1
15	21.10	14.83	+ 7 −2	14.32	19.54	+ 2 +9	7.06	18.85	−1 +8	60.72	13.05	−5 −3
16	20.93	15.06	+ 8 +2	14.06	19.60	− 1 +8	6.82	18.73	−4 +7	60.57	12.79	−3 −6
17	20.76	15.29	+ 7 +6	13.80	19.66	− 4 +6	6.57	18.61	−5 +4	60.43	12.53	0 −8
18	20.59	15.51	+ 4 +9	13.55	19.70	− 5 +2	6.33	18.49	−5 0	60.29	12.27	+4 −8
19	20.41	15.73	+ 1 +9	13.29	19.75	− 4 −2	6.09	18.36	−4 −4	60.15	12.01	+6 −6
20	20.22	15.94	− 2 +7	13.03	19.78	− 2 −5	5.85	18.22	−1 −7	60.02	11.74	+8 −3
21	20.04	16.15	− 4 +4	12.77	19.81	0 −7	5.61	18.08	+2 −8	59.90	11.47	+9 0
22	19.84	16.35	− 5 0	12.51	19.83	+ 3 −7	5.38	17.94	+5 −7	59.78	11.20	+8 +3
23	19.65	16.55	− 4 −3	12.24	19.85	+ 6 −6	5.15	17.79	+7 −5	59.66	10.92	+6 +6
24	19.45	16.74	− 2 −6	11.98	19.85	+ 8 −4	4.92	17.63	+8 −2	59.55	10.65	+3 +7
25	19.24	16.92	+ 1 −7	11.72	19.86	+ 8 −1	4.69	17.47	+8 +1	59.45	10.37	−1 +7
26	19.03	17.10	+ 4 −7	11.45	19.85	+ 7 +2	4.47	17.31	+7 +4	59.35	10.09	−4 +7
27	18.82	17.28	+ 6 −5	11.18	19.84	+ 6 +5	4.25	17.14	+4 +6	59.25	9.80	−6 +5
28	18.61	17.45	+ 7 −3	10.92	19.83	+ 3 +6	4.03	16.96	+1 +7	59.16	9.51	−8 +2
29	18.39	17.62	+ 7 0	10.66	19.81	0 +7	3.82	16.78	−2 +7	59.07	9.23	−9 −2
30	18.17	17.78	+ 6 +3				3.60	16.60	−5 +6	58.99	8.94	−8 −5
31	17.94	17.93	+ 4 +5				3.40	16.41	−7 +3	58.91	8.65	−5 −8
32	17.72	18.08	+ 2 +7				3.19	16.22	−9 0			

δ	sec δ	tg δ	δ	sec δ	tg δ
+85° 26′ 0″	+12.560	+12.520	+85° 26′ 10″	+12.567	+12.528
10	+12.567	+12.528	20	+12.575	+12.535

$\alpha_{1957.0} = 4^h\,22^m\,1^s_{.}51$ $\delta_{1957.0} = +85°\,26'\,2''_{.}26$

Scheinbare Sternörter 1957

Obere Kulmination Greenwich

Nc) Grb 750 Cepheus $6^{m}.70$

Tag	Mai AR.	Mai Dekl.	Mai ☾ Glieder		Juni AR.	Juni Dekl.	Juni ☾ Glieder		Juli AR.	Juli Dekl.	Juli ☾ Glieder		August AR.	August Dekl.	August ☾ Glieder	
	$4^h 21^m$	+ 85° 25′	in s 0.01	in ″ 0.01	$4^h 21^m$	+ 85° 25′	in s 0.01	in ″ 0.01	$4^h 22^m$	+ 85° 25′	in s 0.01	in ″ 0.01	$4^h 22^m$	+ 85° 25′	in s 0.01	in ″ 0.01
	s	″			s	″			s	″			s	″		
1	58.91	68.65	−5	−8	59.01	59.30	+6	−2	3.43	51.43	+5	+7	11.33	46.51	−5	+4
2	58.84	68.35	−2	−8	59.09	59.00	+7	+2	3.64	51.21	+2	+9	11.62	46.42	−5	0
3	58.77	68.06	+2	−7	59.18	58.71	+6	+6	3.85	51.00	−1	+8	11.92	46.34	−4	−4
4	58.71	67.76	+5	−5	59.27	58.42	+3	+8	4.07	50.79	−4	+6	12.21	46.26	−1	−6
5	58.65	67.46	+6	−1	59.37	58.14	0	+8	4.29	50.58	−5	+2	12.51	46.19	+2	−7
6	58.60	67.16	+6	+3	59.47	57.85	−3	+7	4.52	50.38	−5	−2	12.81	46.12	+5	−6
7	58.55	66.86	+5	+6	59.57	57.56	−5	+4	4.75	50.18	−3	−5	13.10	46.05	+7	−5
8	58.51	66.56	+2	+8	59.68	57.27	−6	0	4.97	49.98	0	−7	13.41	45.99	+8	−2
9	58.47	66.26	−2	+8	59.80	56.99	−5	−3	5.21	49.79	+3	−7	13.71	45.93	+8	+1
10	58.44	65.96	−4	+6	59.92	56.71	−3	−6	5.44	49.60	+5	−6	14.01	45.88	+7	+4
11	58.41	65.66	−6	+2	60.04	56.43	0	−7	5.68	49.42	+7	−4	14.32	45.83	+4	+6
12	58.39	65.36	−6	−1	60.17	56.16	+3	−7	5.92	49.24	+8	−1	14.63	45.79	+1	+7
13	58.37	65.06	−4	−5	60.31	55.88	+6	−6	6.17	49.06	+7	+2	14.93	45.75	−2	+7
14	58.36	64.75	−2	−7	60.45	55.61	+8	−3	6.42	48.89	+6	+5	15.25	45.72	−5	+6
15	58.36	64.44	+2	−8	60.59	55.34	+8	0	6.67	48.72	+3	+6	15.56	45.69	−7	+3
16	58.36	64.14	+5	−7	60.74	55.08	+7	+3	6.93	48.56	0	+7	15.87	45.66	−9	0
17	58.36	63.83	+7	−5	60.89	54.81	+5	+5	7.19	48.40	−3	+7	16.18	45.64	−9	−3
18	58.37	63.52	+8	−2	61.05	54.55	+2	+7	7.45	48.24	−6	+5	16.49	45.62	−8	−6
19	58.38	63.21	+8	+2	61.20	54.29	−1	+7	7.71	48.09	−8	+2	16.80	45.61	−5	−8
20	58.40	62.91	+6	+5	61.37	54.03	−5	+6	7.97	47.94	−10	−1	17.12	45.61	−2	−9
21	58.42	62.60	+4	+7	61.54	53.78	−7	+4	8.24	47.80	−9	−5	17.43	45.60	+2	−7
22	58.45	62.30	+1	+8	61.71	53.53	−9	+1	8.51	47.66	−7	−7	17.75	45.61	+4	−4
23	58.48	61.99	−3	+7	61.88	53.29	−9	−3	8.78	47.53	−4	−9	18.06	45.62	+6	0
24	58.52	61.69	−6	+6	62.07	53.04	−8	−6	9.06	47.40	0	−8	18.38	45.63	+6	+4
25	58.57	61.39	−8	+3	62.25	52.81	−5	−8	9.34	47.27	+4	−6	18.70	45.65	+4	+7
26	58.62	61.09	−9	−1	62.44	52.57	−2	−8	9.62	47.15	+6	−2	19.01	45.67	+1	+9
27	58.67	60.79	−8	−4	62.63	52.34	+2	−7	9.90	47.03	+7	+2	19.33	45.70	−2	+8
28	*58.73	60.49	−6	−7	62.82	52.10	+5	−4	10.18	46.92	+6	+6	19.64	45.73	−5	+5
29	58.79	60.19	−3	−8	63.02	51.88	+7	0	10.47	46.81	+3	+8	19.96	45.76	−5	+2
30	58.86	59.89	0	−8	63.22	51.65	+7	+4	10.75	46.70	0	+9	20.28	45.80	−4	−3
31	58.93	59.59	+4	−6	63.43	51.43	+5	+7	11.04	46.61	−3	+7	20.59	45.85	−2	−6
32	59.01	59.30	+6	−2					11.33	46.51	−5	+4	20.91	45.90	+1	−7

δ	sec δ	tg δ	δ	sec δ	tg δ	δ	sec δ	tg δ
+85° 25′ 40″	+12.545	+12.505	+85° 25′ 50″	+12.552	+12.512	+85° 26′ 0″	+12.560	+12.520
50	+12.552	+12.512	60	+12.560	+12.520	10	+12.567	+12.528

$\alpha_{1957.0} = 4^h\ 22^m\ 1^s.51$ $\delta_{1957.0} = +85°\ 26'\ 2''.26$

* Tag der doppelten unteren Kulmination: Mai 28.

Scheinbare Sternörter 1957

Obere Kulmination Greenwich

Nc) Grb 750 Cepheus $6^{m}\!.70$

Tag	September AR.	September Dekl.	September ☾ Glieder		Oktober AR.	Oktober Dekl.	Oktober ☾ Glieder		November AR.	November Dekl.	November ☾ Glieder		Dezember AR.	Dezember Dekl.	Dezember ☾ Glieder	
	$4^h 22^m$	+ 85° 25′	in s 0.01	in ″ 0.01	$4^h 22^m$	+ 85° 25′	in s 0.01	in ″ 0.01	$4^h 22^m$	+ 85° 25′	in s 0.01	in ″ 0.01	$4^h 22^m$	+ 85° 26′	in s 0.01	in ″ 0.01
	s	″			s	″			s	″			s	″		
1	20.91	45.90	+1	-7	30.05	49.51	+8	-4	37.60	56.96	+6	+6	41.55	6.79	-6	+5
2	21.23	45.95	+4	-7	30.33	49.69	+9	-1	37.79	57.25	+3	+7	41.60	7.13	-7	+2
3	21.54	46.01	+7	-5	30.61	49.88	+9	+3	37.98	57.54	-1	+7	41.65	7.47	-8	-1
4	21.86	46.08	+8	-3	30.89	50.08	+7	+5	38.17	57.83	-4	+6	41.69	7.80	-8	-4
5	22.18	46.15	+9	+1	31.17	50.28	+4	+7	38.35	58.13	-6	+4	41.73	8.13	-6	-7
6	22.49	46.22	+8	+3	31.44	50.48	+1	+7	38.52	58.43	-8	+1	41.76	8.47	-3	-8
7	22.81	46.30	+6	+6	31.72	50.68	-2	+7	38.70	58.73	-8	-2	41.78	8.80	+1	-8
8	23.13	46.38	+3	+7	31.99	50.89	-5	+5	38.87	59.03	-7	-5	41.81	9.13	+4	-6
9	23.44	46.47	0	+7	32.25	51.10	-7	+3	39.03	59.34	-5	-7	41.82	9.46	+6	-2
10	23.75	46.56	-3	+6	32.52	51.32	-8	0	39.19	59.65	-2	-8	41.83	9.79	+6	+2
11	24.06	46.66	-6	+4	32.78	51.54	-8	-4	39.34	59.96	+1	-7	41.84	10.11	+5	+5
12	24.37	46.76	-8	+1	33.04	51.77	-6	-6	39.49	60.27	+4	-5	41.84	10.44	+3	+7
13	24.68	46.87	-9	-2	33.30	52.00	-4	-8	39.64	60.59	+6	-1	41.84	10.77	-1	+8
14	24.99	46.98	-8	-5	33.55	52.23	-1	-8	39.78	60.90	+5	+3	41.83	11.10	-4	+6
15	25.30	47.09	-6	-7	33.80	52.47	+2	-7	39.92	61.22	+4	+6	41.82	11.42	-6	+3
16	25.61	47.21	-3	-9	34.05	52.70	+4	-4	40.06	61.54	+1	+8	41.80	11.75	-6	0
17	25.92	47.34	0	-8	34.30	52.95	+5	0	40.19	61.86	-2	+7	41.77	12.07	-5	-4
18	26.22	47.46	+3	-6	34.54	53.19	+5	+4	40.31	62.18	-5	+5	41.74	12.39	-3	-6
19	26.53	47.60	+5	-2	34.78	53.44	+2	+7	40.43	62.51	-7	+2	41.71	12.71	0	-7
20	26.83	47.73	+5	+2	35.02	53.69	-1	+8	40.55	62.83	-7	-2	41.66	13.02	+4	-7
21	27.13	47.87	+4	+6	35.25	53.95	-4	+7	40.66	63.16	-5	-5	41.61	13.34	+7	-5
22	27.43	48.02	+1	+8	35.48	54.21	-6	+4	40.76	63.49	-2	-7	41.56	13.65	+8	-2
23	27.73	48.17	-2	+8	35.71	54.47	-7	+1	40.86	63.82	+2	-8	41.50	13.96	+8	+1
24	28.02	48.32	-4	+6	35.93	54.74	-5	-3	40.96	64.15	+5	-6	41.44	14.27	+7	+4
25	28.32	48.48	-6	+3	36.15	55.01	-3	-6	41.05	64.47	+8	-4	41.37	14.58	+5	+6
26	28.61	48.64	-6	-1	36.37	55.28	+1	-7	41.14	64.80	+9	0	41.30	14.89	+2	+7
27	28.90	48.80	-4	-5	36.59	55.55	+4	-7	{41.22 / 41.29	65.13 / 65.46	+8 / +7	+3 / +5}	41.22	15.19	-1	+7
28	29.19	48.97	-1	-7	36.80	55.83	+7	-5	41.37	65.79	+4	+7	41.14	15.49	-4	+6
29	29.48	49.14	+3	-7	37.01	56.11	+9	-2	41.43	66.13	0	+8	41.05	15.79	-7	+3
30	29.76	49.32	+6	-6	37.21	56.39	+9	+1	41.49	66.46	-3	+7	40.96	16.08	-8	0
31	30.05	49.51	+8	-4	37.41	56.67	+8	+4	41.55	66.79	-6	+5	40.86	16.37	-8	-3
32					37.60	56.96	+6	+6					40.76	16.66	-7	-6

δ	sec δ	tg δ	δ	sec δ	tg δ	δ	sec δ	tg δ
+85° 25′ 40″	+12.545	+12.505	+85° 26′ 0″	+12.560	+12.520	+85° 26′ 10″	+12.567	+12.528
50	+12.552	+12.512	10	+12.567	+12.528	20	+12.575	+12.535

$\alpha_{1957.0} = 4^h\ 22^m\ 1^s\!.51$ $\delta_{1957.0} = +85°\ 26'\ 2''\!.26$

Scheinbare Sternörter 1957

Obere Kulmination Greenwich

Nd) 51 Hev. Cephei $5^m.26$

Tag	Januar AR.	Januar Dekl.	Januar ☾ Glieder	Februar AR.	Februar Dekl.	Februar ☾ Glieder	März AR.	März Dekl.	März ☾ Glieder	April AR.	April Dekl.	April ☾ Glieder
	$7^h 21^m$ s	+87° 6′ ″	in s 0.01 | ″ 0.01	$7^h 21^m$ s	+87° 6′ ″	in s 0.01 | ″ 0.01	$7^h 21^m$ s	+87° 6′ ″	in s 0.01 | ″ 0.01	$7^h 21^m$ s	+87° 6′ ″	in s 0.01 | ″ 0.01
1	39.02	35.39	+ 3 −8	39.89	45.30	+ 8 +4	33.72	52.61	+ 6 +6	21.98	56.45	−10 +6
2	39.18	35.69	+ 6 −6	39.78	45.60	+ 4 +7	33.41	52.82	+ 2 +8	21.56	56.48	−13 +4
3	39.33	35.99	+ 9 −4	39.65	45.90	0 +8	33.08	53.01	− 3 +8	21.15	56.50	−14 0
4	39.48	36.29	+10 −1	39.52	46.20	− 5 +8	32.75	53.21	− 8 +8	20.73	56.52	−12 −3
5	39.62	36.60	+ 9 +2	39.38	46.49	−10 +7	32.42	53.40	−12 +6	20.31	56.53	− 8 −6
6	39.75	36.90	+ 6 +5	39.23	46.78	−14 +5	32.08	53.58	−14 +2	19.89	56.53	− 3 −7
7	39.87	37.21	+ 2 +8	39.07	47.07	−16 +1	31.73	53.76	−14 −1	19.47	56.53	+ 3 −6
8	39.98	37.52	− 3 +9	38.91	47.36	−14 −2	31.38	53.93	−12 −4	19.05	56.52	+ 8 −4
9	40.08	37.83	− 8 +9	38.74	47.65	−10 −5	31.03	54.10	− 7 −6	18.64	56.51	+10 0
10	40.18	38.14	−12 +7	38.56	47.93	− 5 −7	30.67	54.27	− 1 −7	18.22	56.50	+10 +4
11	{40.26 40.34	38.45 38.76	−15 +4 −15 0}	38.37	48.21	+ 2 −7	30.31	54.43	+ 5 −5	17.81	56.47	+ 7 +6
12	40.41	39.07	−12 −4	38.17	48.48	+ 8 −5	29.94	54.58	+ 9 −2	17.40	56.44	+ 3 +8
13	40.47	39.38	− 7 −7	37.97	48.76	+11 −1	29.57	54.73	+11 +1	16.98	56.41	− 2 +7
14	40.52	39.70	− 1 −8	37.75	49.02	+12 +3	29.19	54.87	+10 +5	16.57	56.37	− 6 +5
15	40.56	40.02	+ 6 −6	37.53	49.29	+10 +6	28.81	55.01	+ 7 +7	16.17	56.32	− 9 +1
16	40.59	40.33	+11 −3	37.30	49.55	+ 6 +7	28.43	55.14	+ 2 +8	15.76	56.27	− 8 −3
17	40.61	40.65	+13 0	37.06	49.81	+ 1 +7	28.04	55.26	− 3 +6	15.35	56.21	− 6 −6
18	40.62	40.97	+12 +4	36.82	50.07	− 4 +5	27.65	55.38	− 7 +3	14.94	56.15	− 2 −8
19	40.63	41.28	+ 9 +6	36.57	50.32	− 7 +1	27.26	55.49	− 8 −1	14.54	56.08	+ 2 −9
20	40.63	41.60	+ 4 +7	36.32	50.57	− 7 −3	26.87	55.60	− 7 −5	14.14	56.00	+ 6 −8
21	40.62	41.92	− 1 +6	36.05	50.81	− 6 −6	26.47	55.71	− 4 −8	13.74	55.92	+10 −6
22	40.59	42.23	− 6 +3	35.78	51.05	− 2 −8	26.07	55.80	0 −9	13.35	55.83	+11 −3
23	40.56	42.54	− 8 0	35.51	51.29	+ 2 −9	25.67	55.89	+ 4 −9	12.95	55.73	+11 +1
24	40.52	42.85	− 7 −4	35.23	51.52	+ 6 −8	25.27	55.98	+ 8 −7	12.56	55.63	+ 9 +4
25	40.47	43.16	− 5 −7	34.94	51.75	+ 9 −6	24.86	56.06	+10 −5	12.18	55.53	+ 6 +6
26	40.42	43.47	− 2 −8	34.64	51.97	+10 −3	24.46	56.13	+11 −1	11.79	55.42	+ 1 +8
27	40.35	43.78	+ 2 −8	34.34	52.19	+11 0	24.04	56.20	+10 +2	11.41	55.30	− 4 +8
28	40.28	44.09	+ 6 −7	34.04	52.40	+ 9 +3	23.63	56.26	+ 8 +5	11.03	55.18	− 8 +7
29	40.19	44.40	+ 9 −5	33.72	52.61	+ 6 +6	23.22	56.32	+ 4 +7	10.66	55.05	−12 +5
30	40.10	44.70	+10 −2				22.81	56.37	− 1 +8	10.28	54.92	−13 +1
31	40.00	45.00	+10 +1				22.39	56.41	− 5 +8	9.92	54.78	−12 −2
32	39.89	45.30	+ 8 +4				21.98	56.45	−10 +6			

δ	sec δ	tg δ	δ	sec δ	tg δ	δ	sec δ	tg δ
+87° 6′ 30″	+19.823	+19.797	+87° 6′ 40″	+19.842	+19.816	+87° 6′ 50″	+19.861	+19.835
40	+19.842	+19.816	50	+19.861	+19.835	60	+19.880	+19.855

$\alpha_{1957.0} = 7^h\ 21^m\ 6^s.67$ $\delta_{1957.0} = +87°\ 6'\ 46''.60$

Scheinbare Sternörter 1957

Obere Kulmination Greenwich

Nd) 51 Hev. Cephei $5^m_.26$

Tag	Mai AR.	Mai Dekl.	Mai ☾ Glieder	Juni AR.	Juni Dekl.	Juni ☾ Glieder	Juli AR.	Juli Dekl.	Juli ☾ Glieder	August AR.	August Dekl.	August ☾ Glieder
	$7^h\ 21^m$	+ 87° 6′	in s 0.01 | ″ 0.01	$7^h\ 20^m$	+ 87° 6′	in s 0.01 | ″ 0.01	$7^h\ 20^m$	+ 87° 6′	in s 0.01 | ″ 0.01	$7^h\ 21^m$	+ 87° 6′	in s 0.01 | ″ 0.01
	s	″		s	″		s	″		s	″	
1	9.92	54.78	−12 −2	61.02	48.23	+ 6 −6	58.31	39.13	+12 +2	2.30	29.20	− 3 +6
2	9.56	54.63	− 9 −5	60.82	47.96	+10 −3	58.33	38.81	+10 +5	2.54	28.90	− 6 +3
3	9.20	54.49	− 4 −7	60.64	47.69	+12 0	58.36	38.48	+ 5 +7	2.78	28.60	− 8 −1
4	8.84	54.33	+ 1 −7	60.46	47.41	+11 +4	58.40	38.15	0 +7	3.03	28.30	− 7 −4
5	8.50	54.17	+ 6 −5	60.29	47.13	+ 7 +6	58.45	37.83	− 5 +5	3.29	28.00	− 4 −7
6	8.15	54.01	+10 −2	60.12	46.84	+ 2 +8	58.50	37.50	− 8 +2	3.55	27.70	0 −8
7	7.81	53.84	+11 +2	59.96	46.56	− 3 +7	58.56	37.18	− 8 −2	3.82	27.41	+ 4 −9
8	7.47	53.67	+ 9 +5	59.81	46.27	− 7 +4	58.62	36.85	− 7 −5	4.09	27.11	+ 8 −7
9	7.14	53.49	+ 5 +7	59.66	45.98	− 9 +1	58.69	36.53	− 3 −8	4.37	26.82	+10 −4
10	6.81	53.31	0 +8	59.53	45.69	− 8 −3	58.77	36.20	+ 1 −9	4.66	26.54	+11 −1
11	6.49	53.13	− 5 +6	59.40	45.39	− 6 −6	58.86	35.88	+ 5 −8	4.95	26.25	+10 +2
12	6.18	52.93	− 8 +3	59.27	45.10	− 2 −8	*58.96	35.55	+ 8 −6	5.24	25.97	+ 7 +5
13	5.86	52.74	− 9 −1	59.16	44.80	+ 2 −8	59.06	35.23	+10 −3	5.55	25.69	+ 4 +7
14	5.56	52.54	− 8 −4	59.05	44.49	+ 6 −7	59.17	34.90	+10 0	5.86	25.41	− 1 +8
15	5.26	52.33	− 5 −7	58.95	44.19	+ 9 −5	59.29	34.58	+ 9 +3	6.17	25.14	− 6 +8
16	4.96	52.12	0 −9	58.86	43.88	+10 −2	59.41	34.25	+ 6 +6	6.49	24.86	−10 +6
17	4.67	51.90	+ 4 −9	58.77	43.57	+10 +1	59.54	33.93	+ 2 +7	6.81	24.59	−13 +4
18	4.38	51.68	+ 8 −7	58.69	43.27	+ 8 +4	59.67	33.60	− 3 +8	7.14	24.32	−15 0
19	4.10	51.46	+10 −4	58.62	42.95	+ 5 +6	59.81	33.28	− 8 +8	7.48	24.05	−14 −3
20	3.83	51.24	+11 −1	58.55	42.64	0 +8	59.96	32.96	−12 +6	7.82	23.79	−10 −5
21	3.56	51.01	+10 +3	58.49	42.33	− 5 +8	60.12	32.64	−14 +3	8.16	23.53	− 4 −7
22	3.30	50.78	+ 7 +6	58.44	42.01	−10 +7	60.29	32.32	−14 −1	8.51	23.28	+ 2 −6
23	3.05	50.54	+ 3 +7	58.40	41.69	−13 +5	60.46	32.01	−12 −4	8.87	23.02	+ 7 −4
24	2.80	50.29	− 2 +8	58.36	41.38	−14 +1	60.64	31.69	− 7 −6	9.23	22.78	+10 −1
25	2.55	50.05	− 7 +8	58.33	41.05	−13 −3	60.83	31.37	− 1 −7	9.59	22.53	+11 +3
26	2.31	49.80	−11 +6	58.31	40.73	− 9 −5	61.02	31.06	+ 5 −6	9.96	22.28	+ 8 +6
27	2.08	49.54	−13 +3	58.30	40.41	− 3 −7	61.22	30.75	+10 −3	10.33	22.04	+ 1 +7
28	1.85	49.29	−13 −1	58.29	40.09	+ 3 −7	61.42	30.43	+12 +1	10.71	21.80	− 1 +7
29	1.63	49.03	−11 −4	58.29	39.77	+ 8 −5	61.63	30.12	+11 +4	11.09	21.57	− 5 +5
30	1.42	48.77	− 6 −6	58.30	39.45	+12 −1	61.85	29.81	+ 7 +7	11.48	21.34	− 7 +1
31	1.22	48.50	0 −7	58.31	39.13	+12 +2	62.07	29.51	+ 2 +7	11.87	21.11	− 7 −3
32	1.02	48.23	+ 6 −6				62.30	29.20	− 3 +6	12.27	20.88	− 5 −6

δ	sec δ	tg δ	δ	sec δ	tg δ	δ	sec δ	tg δ
+87° 6′ 20″	+19.804	+19.778	+87° 6′ 40″	+19.842	+19.816	+87° 6′ 50″	+19.861	+19.835
30	+19.823	+19.797	50	+19.861	+19.835	60	+19.880	+19.855

$\alpha_{1957.0} = 7^h\ 21^m\ 6^s.67$ $\delta_{1957.0} = +87°\ 6'\ 46''.60$

* Tag der doppelten unteren Kulmination: Juli 12.

Scheinbare Sternörter 1957

Obere Kulmination Greenwich

Nd) 51 Hev. Cephei $5^{m}\!.26$

Tag	September AR.	September Dekl.	September ☾ Glieder	Oktober AR.	Oktober Dekl.	Oktober ☾ Glieder	November AR.	November Dekl.	November ☾ Glieder	Dezember AR.	Dezember Dekl.	Dezember ☾ Glieder
	$7^h\,21^m$	+87° 6′	in s 0.01 | ″ 0.01	$7^h\,21^m$	+87° 6′	in s 0.01 | ″ 0.01	$7^h\,21^m$	+87° 6′	in s 0.01 | ″ 0.01	$7^h\,21^m$	+87° 6′	in s 0.01 | ″ 0.01
	s	″		s	″		s	″		s	″	
1	12.27	20.88	−5 −6	25.83	15.91	+6 −9	41.32	15.05	+12 +1	54.74	18.78	+3 +7
2	12.68	20.66	−1 −9	26.32	15.81	+10 −7	41.81	15.10	+9 +4	55.12	18.98	−2 +7
3	13.09	20.44	+3 −9	26.81	15.72	+12 −4	42.30	15.16	+5 +6	55.50	19.18	−7 +6
4	13.50	20.23	+7 −8	27.31	15.63	+12 −1	42.79	15.22	+1 +7	55.87	19.39	−10 +4
5	13.91	20.02	+10 −6	27.81	15.54	+11 +3	43.27	15.29	−4 +7	56.24	19.60	−12 +2
6	14.33	19.81	+12 −3	28.30	15.46	+7 +5	43.76	15.36	−8 +6	56.60	19.81	−12 −1
7	14.75	19.60	+11 +1	28.80	15.38	+3 +7	44.24	15.44	−11 +3	56.96	20.03	−10 −4
8	15.17	19.40	+9 +4	29.30	15.31	−1 +7	44.71	15.52	−12 0	57.30	20.25	−6 −6
9	15.60	19.21	+6 +6	29.80	15.24	−6 +7	45.19	15.61	−12 −3	57.64	20.48	0 −7
10	16.03	19.01	+1 +7	30.30	15.18	−10 +5	45.66	15.70	−9 −5	57.98	20.71	+5 −5
11	16.47	18.83	−4 +7	30.80	15.12	−12 +3	46.13	15.80	−4 −6	58.31	20.95	+8 −3
12	16.91	18.64	−8 +7	31.30	15.07	−13 0	46.60	15.90	+1 −6	58.63	21.19	+10 +1
13	17.36	18.46	−12 +5	31.81	15.02	−12 −3	47.06	16.01	+6 −4	58.94	21.43	+9 +4
14	17.81	18.29	−14 +2	32.31	14.98	−8 −6	47.52	16.12	+9 −1	59.25	21.68	+6 +7
15	18.26	18.12	−14 −1	32.81	14.94	−3 −6	47.98	16.24	+9 +2	59.55	21.93	+1 +8
16	18.71	17.95	−11 −4	33.31	14.91	+2 −5	48.44	16.36	+8 +6	59.85	22.18	−4 +7
17	19.16	17.78	−7 −6	33.82	14.88	+6 −3	48.89	16.49	+4 +7	60.13	22.44	−8 +4
18	19.62	17.62	−1 −6	34.32	14.85	+9 0	49.33	16.62	−1 +8	60.41	22.70	−9 +1
19	20.08	17.46	+4 −5	34.82	14.84	+9 +4	49.78	16.76	−6 +6	60.69	22.96	−9 −3
20	20.55	17.31	+8 −2	35.32	14.82	+6 +7	50.21	16.90	−9 +3	60.95	23.23	−6 −6
21	21.01	17.16	+10 +2	35.83	14.81	+2 +8	50.65	17.05	−10 −1	61.21	23.50	−2 −8
22	21.49	17.02	+9 +5	36.33	14.81	−3 +7	51.08	17.20	−8 −5	61.46	23.77	+3 −8
23	21.96	16.88	+5 +7	36.84	14.81	−7 +5	51.50	17.36	−4 −8	61.70	24.05	+8 −7
24	22.44	16.74	0 +8	37.34	14.82	−9 +1	51.92	17.52	+1 −9	61.94	24.33	+11 −5
25	22.92	16.61	−4 +6	37.84	14.83	−9 −3	52.34	17.68	+6 −8	62.17	24.61	+12 −2
26	23.40	16.48	−7 +3	38.35	14.85	−6 −6	52.75	17.85	+10 −6	62.39	24.89	+11 +2
27	23.88	16.35	−8 −1	38.85	14.87	−1 −9	53.16	18.03	+12 −4	62.60	25.18	+8 +5
28	24.37	16.23	−7 −5	39.35	14.89	+4 −9	53.56	18.21	+12 0	62.80	25.47	+4 +7
29	24.85	16.12	−3 −8	39.84	14.93	+8 −8	53.96	18.39	+10 +3	63.00	25.76	0 +8
30	25.34	16.01	+2 −9	40.34	14.96	+11 −5	54.35	18.58	+7 +5	63.19	26.05	−5 +7
31	25.83	15.91	+6 −9	40.83	15.00	+13 −2	54.74	18.78	+3 +7	63.37	26.35	−10 +5
32				41.32	15.05	+12 +1				63.54	26.65	−12 +3

δ	sec δ	tg δ	δ	sec δ	tg δ
+87° 6′ 10″	+19.785	+19.759	+87° 6′ 20″	+19.804	+19.778
20	+19.804	+19.778	30	+19.823	+19.797

$\alpha_{1957.0} = 7^h\,21^m\;6^s\!.67$ $\delta_{1957.0} = +87°\;6'\;46''\!.60$

Scheinbare Sternörter 1957

Obere Kulmination Greenwich

Ne) 1 Hev. Draconis $4^{m}.58$

Tag	Januar AR.	Januar Dekl.	Januar ☾ Glieder		Februar AR.	Februar Dekl.	Februar ☾ Glieder		März AR.	März Dekl.	März ☾ Glieder		April AR.	April Dekl.	April ☾ Glieder	
	$9^h 31^m$	+ 81° 30′	in 0.01 s	in 0.01 ″	$9^h 31^m$	+ 81° 30′	in 0.01 s	in 0.01 ″	$9^h 31^m$	+ 81° 31′	in 0.01 s	in 0.01 ″	$9^h 31^m$	+ 81° 31′	in 0.01 s	in 0.01 ″
	s	″			s	″			s	″			s	″		
1	14.33	46.42	0	−8	17.20	53.75	+4	−2	17.39	2.47	+3	+3	15.05	10.40	−2	+9
2	14.46	46.59	+1	−8	17.25	54.04	+4	+1	17.35	2.76	+2	+6	14.94	10.59	−4	+7
3	14.59	46.77	+2	−6	17.29	54.33	+3	+4	17.31	3.05	+1	+8	14.83	10.79	−5	+5
4	14.71	46.95	+3	−4	17.34	54.62	+2	+7	17.27	3.34	−1	+9	14.72	10.97	−5	+2
5	14.83	47.14	+4	−1	17.37	54.91	0	+9	17.22	3.63	−3	+9	14.61	11.15	−4	−2
6	14.95	47.34	+3	+2	17.41	55.21	−2	+10	17.17	3.92	−5	+7	14.49	11.33	−2	−5
7	15.07	47.54	+2	+6	17.44	55.51	−4	+9	17.12	4.21	−5	+4	14.37	11.50	0	−6
8	15.18	47.74	+1	+9	17.47	55.81	−5	+6	17.06	4.49	−5	0	14.25	11.67	+2	−6
9	15.30	47.95	−1	+10	17.50	56.11	−5	+3	17.00	4.77	−4	−3	14.13	11.84	+4	−4
10	15.41	48.16	−3	+10	17.53	56.40	−5	−1	16.95	5.05	−2	−5	14.01	12.00	+4	0
11	15.52	48.37	−5	+8	17.55	56.70	−3	−4	16.88	5.33	+1	−6	13.89	12.15	+4	+3
12	15.62	48.59	−6	+5	17.57	57.01	−1	−6	16.82	5.60	+3	−5	13.77	12.30	+3	+5
13	15.73	48.81	−5	+1	{17.58 17.60	57.31 57.61	+2 +4	−7 −5}	16.75	5.87	+4	−3	13.65	12.44	+1	+7
14	15.83	49.04	−4	−3	17.60	57.92	+5	−2	16.68	6.14	+5	+1	13.52	12.58	−1	+6
15	15.93	49.28	−2	−6	17.61	58.22	+5	+1	16.61	6.41	+4	+4	13.39	12.71	−3	+4
16	16.03	49.51	+1	−8	17.61	58.53	+3	+4	16.54	6.67	+2	+6	13.27	12.83	−4	+1
17	16.12	49.75	+3	−7	17.61	58.84	+1	+6	16.46	6.93	0	+6	13.14	12.95	−4	−3
18	16.21	50.00	+5	−4	17.61	59.15	−1	+5	16.38	7.19	−2	+5	13.01	13.07	−3	−6
19	16.30	50.25	+5	−1	17.61	59.45	−2	+3	16.30	7.45	−3	+2	12.89	13.18	−1	−8
20	16.39	50.50	+4	+2	17.60	59.76	−3	0	16.22	7.70	−3	−1	12.76	13.28	+1	−9
21	16.47	50.75	+3	+5	17.59	60.06	−3	−3	16.14	7.95	−3	−5	12.63	13.38	+2	−8
22	16.56	51.01	+1	+6	17.57	60.37	−2	−6	16.05	8.19	−2	−8	12.50	13.48	+3	−6
23	16.63	51.27	−1	+5	17.56	60.67	−1	−8	15.96	8.43	0	−9	12.37	13.57	+4	−3
24	16.71	51.54	−3	+2	17.53	60.97	0	−9	15.87	8.66	+1	−9	12.23	13.65	+4	0
25	16.78	51.80	−3	−1	17.51	61.27	+2	−8	15.77	8.89	+3	−8	12.10	13.73	+3	+3
26	16.85	52.08	−3	−4	17.48	61.57	+3	−6	15.67	9.12	+4	−5	11.97	13.80	+2	+6
27	16.91	52.35	−2	−7	17.45	61.87	+4	−4	15.57	9.34	+4	−2	11.83	13.86	0	+8
28	16.97	52.63	−1	−8	17.42	62.17	+4	−1	15.47	9.56	+4	+2	11.70	13.92	−2	+9
29	17.03	52.91	+1	−8	17.39	62.47	+3	+3	15.37	9.78	+3	+5	11.56	13.98	−3	+8
30	17.09	53.18	+2	−7					15.27	9.99	+1	+7	11.43	14.03	−5	+5
31	17.15	53.47	+3	−5					15.16	10.20	0	+8	11.29	14.07	−5	+2
32	17.20	53.75	+4	−2					15.05	10.40	−2	+9				

δ	sec δ	tg δ	δ	sec δ	tg δ	δ	sec δ	tg δ
+81° 30′ 40″	+6.774	+6.700	+81° 31′ 0″	+6.779	+6.704	+81° 31′ 10″	+6.781	+6.707
50	+6.776	+6.702	10	+6.781	+6.707	20	+6.783	+6.709

$\alpha_{1957.0} = 9^h\ 31^m\ 7^s.03$ $\delta_{1957.0} = +81°\ 31'\ 8''.62$

Scheinbare Sternörter 1957

Obere Kulmination Greenwich

Ne) 1 Hev. Draconis $4^{m}.58$

Tag	Mai AR.	Mai Dekl.	Mai ☾ Glieder		Juni AR.	Juni Dekl.	Juni ☾ Glieder	
	$9^h 31^m$	+ 81° 31′	in s 0.01	in ″ 0.01	$9^h 31^m$	+ 81° 31′	in s 0.01	in ″ 0.01
	s	″			s	″		
1	11.29	14.07	−5	+2	7.27	12.62	+1	−7
2	11.16	14.11	−4	−1	7.15	12.49	+3	−6
3	11.02	14.14	−3	−4	7.04	12.35	+4	−4
4	10.89	14.17	−1	−6	6.93	12.20	+5	0
5	10.75	14.19	+1	−6	6.82	12.05	+4	+3
6	10.62	14.20	+3	−5	6.71	11.90	+2	+5
7	10.48	14.21	+4	−2	6.60	11.74	0	+6
8	10.34	14.21	+4	+1	6.49	11.58	−2	+6
9	10.20	14.21	+3	+4	6.38	11.41	−3	+3
10	10.07	14.21	+1	+6	6.28	11.24	−4	0
11	9.93	14.19	−1	+7	6.17	11.06	−3	−3
12	9.80	14.17	−2	+5	6.07	10.88	−2	−6
13	9.66	14.15	−3	+2	5.97	10.69	−1	−8
14	9.53	14.12	−4	−1	5.87	10.50	+1	−8
15	9.40	14.08	−3	−5	5.77	10.30	+2	−7
16	9.27	14.04	−2	−7	5.68	10.10	+3	−6
17	9.14	13.99	0	−9	5.58	9.90	+4	−3
18	9.01	13.94	+1	−9	5.49	9.69	+4	+1
19	8.88	13.88	+3	−7	5.40	9.48	+3	+4
20	8.75	13.82	+4	−4	5.31	9.26	+2	+7
21	8.62	13.75	+4	−1	5.22	9.04	0	+9
22	8.49	13.67	+4	+2	5.14	8.81	−2	+9
23	8.36	13.59	+3	+5	5.05	8.58	−4	+8
24	8.24	13.51	+1	+8	4.97	8.35	−5	+5
25	8.12	13.41	−1	+9	4.89	8.11	−5	+2
26	7.99	13.31	−3	+9	4.81	7.87	−4	−2
27	7.87	13.21	−4	+7	4.73	7.62	−2	−5
28	7.75	13.10	−5	+4	4.65	7.38	0	−7
29	7.62	12.99	−5	0	4.58	7.12	+2	−7
30	7.50	12.87	−3	−3	4.51	6.87	+4	−5
31	7.38	12.75	−1	−6	4.44	6.61	+5	−2
32	7.27	12.62	+1	−7				

Tag	Juli AR.	Juli Dekl.	Juli ☾ Glieder		August AR.	August Dekl.	August ☾ Glieder	
	$9^h 31^m$	+ 81° 30′	in s 0.01	in ″ 0.01	$9^h 31^m$	+ 81° 30′	in s 0.01	in ″ 0.01
	s	″			s	″		
1	4.44	66.61	+5	−2	3.34	57.22	0	+6
2	4.37	66.35	+4	+1	3.34	56.89	−2	+5
3	4.31	66.08	+3	+4	3.34	56.55	−3	+2
4	4.24	65.81	+1	+6	3.34	56.21	−3	−1
5	4.19	65.54	−1	+6	3.35	55.87	−3	−5
6	4.13	65.26	−3	+4	3.36	55.53	−1	−7
7	4.07	64.98	−4	+1	3.36	55.19	0	−9
8	4.01	64.70	−4	−2	3.38	54.85	+1	−8
9	3.96	64.42	−3	−5	3.39	54.51	+3	−7
10	3.91	64.13	−1	−7	3.41	54.17	+4	−5
11	3.86	63.84	0	−8	3.43	53.83	+4	−2
12	3.82	63.55	+2	−8	3.45	53.48	+4	+1
13	3.77	63.25	+3	−6	3.47	53.13	+3	+4
14	3.73	62.95	+4	−4	*3.50	52.79	+1	+7
15	3.69	62.65	+4	−1	3.53	52.44	−1	+8
16	3.66	62.35	+3	+3	3.56	52.10	−2	+9
17	3.62	62.05	+2	+6	3.59	51.75	−4	+8
18	3.59	61.74	0	+8	3.62	51.41	−5	+6
19	3.55	61.43	−2	+9	3.65	51.06	−5	+2
20	3.52	61.12	−3	+9	3.69	50.71	−4	−1
21	3.50	60.80	−5	+7	3.73	50.37	−3	−4
22	3.47	60.49	−5	+4	3.77	50.02	0	−6
23	3.45	60.17	−5	+1	3.82	49.67	+2	−6
24	3.43	59.84	−4	−3	3.87	49.33	+4	−4
25	3.41	59.52	−2	−6	3.92	48.98	+5	−1
26	3.40	59.19	+1	−7	3.97	48.63	+4	+2
27	3.38	58.87	+3	−6	4.02	48.29	+3	+5
28	3.37	58.54	+4	−3	4.07	47.95	+1	+6
29	3.36	58.21	+5	0	4.13	47.60	−1	+6
30	3.35	57.88	+4	+3	4.19	47.26	−3	+3
31	3.34	57.55	+2	+5	4.25	46.92	−3	0
32	3.34	57.22	0	+6	4.32	46.58	−3	−4

δ	sec δ	tg δ	δ	sec δ	tg δ	δ	sec δ	tg δ
+81° 30′ 40″	+6.774	+6.700	+81° 31′ 0″	+6.779	+6.704	+81° 31′ 10″	+6.781	+6.707
50	+6.776	+6.702	10	+6.781	+6.707	20	+6.783	+6.709

$\alpha_{1957.0} = 9^h\ 31^m\ 7^s.03$ $\delta_{1957.0} = +81°\ 31'\ 8''.62$

* Tag der doppelten unteren Kulmination: Aug. 14.

Scheinbare Sternörter 1957

Obere Kulmination Greenwich

Ne) 1 Hev. Draconis $4^m.58$

Tag	September AR.	September Dekl.	September ☾ Glieder	Oktober AR.	Oktober Dekl.	Oktober ☾ Glieder	November AR.	November Dekl.	November ☾ Glieder	Dezember AR.	Dezember Dekl.	Dezember ☾ Glieder
	$9^h 31^m$ s	$+81° 30'$ ″	in s 0.01 | ″ 0.01	$9^h 31^m$ s	$+81° 30'$ ″	in s 0.01 | ″ 0.01	$9^h 31^m$ s	$+81° 30'$ ″	in s 0.01 | ″ 0.01	$9^h 31^m$ s	$+81° 30'$ ″	in s 0.01 | ″ 0.01
1	4.32	46.58	−3 −4	7.14	37.10	0 −10	11.56	30.04	+4 −3	16.57	27.51	+2 +5
2	4.39	46.24	−2 −7	7.26	36.81	+2 −9	11.72	29.88	+4 0	16.73	27.51	+1 +7
3	4.46	45.91	0 −9	7.38	36.54	+4 −7	11.88	29.73	+3 +3	16.90	27.52	−1 +8
4	4.53	45.57	+1 −9	7.51	36.26	+4 −5	12.04	29.58	+2 +6	17.07	27.53	−3 +7
5	4.60	45.23	+3 −8	7.63	35.99	+4 −1	12.20	29.43	0 +7	17.23	27.55	−4 +6
6	4.68	44.89	+4 −6	7.76	35.72	+4 +2	12.36	29.29	−2 +8	17.40	27.58	−5 +3
7	4.75	44.56	+4 −3	7.89	35.45	+3 +5	12.53	29.16	−3 +7	17.56	27.61	−4 0
8	4.83	44.22	+4 0	8.02	35.19	+1 +7	12.69	29.03	−4 +5	17.72	27.65	−3 −3
9	4.91	43.89	+3 +3	8.15	34.93	−1 +8	12.86	28.90	−4 +2	17.89	27.69	−1 −5
10	4.99	43.56	+2 +6	8.29	34.68	−2 +8	13.02	28.78	−4 −1	18.05	27.74	+1 −6
11	5.08	43.23	0 +7	8.42	34.42	−4 +6	13.19	28.67	−3 −4	18.20	27.79	+3 −5
12	5.16	42.91	−2 +8	8.56	34.18	−5 +4	13.36	28.56	−1 −6	18.36	27.85	+4 −3
13	5.25	42.58	−3 +8	8.70	33.93	−5 +1	13.53	28.45	+1 −6	18.52	27.92	+4 0
14	5.34	42.26	−5 +6	8.84	33.69	−4 −2	13.70	28.35	+3 −4	18.68	27.99	+3 +4
15	5.43	41.94	−5 +4	8.98	33.45	−2 −4	13.87	28.25	+4 −1	18.84	28.07	+2 +6
16	5.52	41.61	−5 0	9.12	33.22	0 −5	14.03	28.16	+4 +2	19.00	28.15	0 +7
17	5.62	41.30	−4 −3	9.26	32.98	+2 −5	14.20	28.08	+3 +5	19.15	28.24	−2 +6
18	5.71	40.98	−2 −5	9.41	32.76	+3 −3	14.37	28.00	+1 +7	19.30	28.33	−3 +4
19	5.81	40.67	+1 −6	9.55	32.54	+4 0	14.54	27.93	−1 +7	19.45	28.43	−4 0
20	5.91	40.36	+3 −4	9.70	32.32	+3 +3	14.71	27.86	−3 +5	19.60	28.54	−3 −3
21	6.01	40.05	+4 −2	9.85	32.10	+2 +6	14.88	27.80	−4 +2	19.75	28.65	−2 −6
22	6.12	39.74	+4 +1	10.00	31.90	0 +7	15.05	27.75	−4 −1	19.90	28.77	0 −8
23	6.22	39.44	+3 +4	10.15	31.69	−2 +6	15.22	27.70	−3 −5	20.04	28.89	+1 −9
24	6.33	39.14	+2 +6	10.31	31.49	−3 +4	15.39	27.66	−1 −8	20.19	29.02	+3 −8
25	6.44	38.84	0 +7	10.46	31.29	−4 0	15.56	27.62	0 −9	20.33	29.15	+4 −5
26	6.55	38.54	−2 +5	10.62	31.10	−3 −4	15.73	27.58	+2 −9	20.47	29.29	+4 −2
27	6.66	38.25	−3 +2	10.77	30.91	−2 −7	15.90	27.56	+4 −7	20.61	29.44	+1 +1
28	6.78	37.96	−3 −2	10.92	30.72	0 −9	16.06	27.54	+4 −5	20.75	29.59	+3 +4
29	6.90	37.67	−3 −6	11.08	30.55	+1 −10	16.23	27.52	+4 −1	20.88	29.74	+1 +7
30	7.02	37.38	−1 −8	11.24	30.37	+3 −8	16.40	27.51	+3 +2	21.02	29.90	−1 +8
31	7.14	37.10	0 −10	11.40	30.20	+4 −6	16.57	27.51	+2 +5	21.15	30.07	−2 +8
32				11.56	30.04	+4 −3				21.28	30.24	−4 +7

δ	sec δ	tg δ	δ	sec δ	tg δ	δ	sec δ	tg δ
+81° 30′ 20″	+6.770	+6.696	+81° 30′ 30″	+6.772	+6.698	+81° 30′ 40″	+6.774	+6.700
30	+6.772	+6.698	40	+6.774	+6.700	50	+6.776	+6.702

$\alpha_{1957.0} = 9^h\ 21^m\ 7^s.03$ $\delta_{1957.0} = +81°\ 31'\ 8''.62$

Scheinbare Sternörter 1957

Obere Kulmination Greenwich

Nf) 30 Hev. Camelopardalis $5^m_.34$

Tag	Januar			Februar			März			April		
	AR.	Dekl.	☾ Glieder	AR.	Dekl.	☾ Glieder	AR.	Dekl.	☾ Glieder	AR.	Dekl.	☾ Glieder
	$10^h\ 26^m$	+ 82° 46′	in s 0.01 | ″ 0.01	$10^h\ 26^m$	+ 82° 46′	in s 0.01 | ″ 0.01	$10^h\ 26^m$	+ 82° 46′	in s 0.01 | ″ 0.01	$10^h\ 26^m$	+ 82° 46′	in s 0.01 | ″ 0.01
	s	″		s	″		s	″		s	″	
1	6.15	18.75	−1 −7	10.39	24.64	+4 −4	11.72	33.17	+4 +1	10.04	42.22	−1 +9
2	6.32	18.86	0 −7	10.48	24.90	+4 −1	11.71	33.48	+3 +4	9.94	42.47	−3 +8
3	6.49	18.98	+2 −7	10.57	25.16	+4 +3	11.70	33.79	+2 +7	9.84	42.72	−5 +6
4	6.65	19.10	+3 −5	10.65	25.43	+3 +6	11.69	34.10	0 +9	9.73	42.96	−5 +3
5	6.82	19.23	+4 −2	10.74	25.70	+1 +9	11.68	34.41	−2 +9	9.63	43.20	−5 0
6	6.98	19.36	+4 +1	10.81	25.97	−1 +10	11.66	34.72	−4 +8	9.51	43.43	−3 −4
7	7.14	19.50	+3 +4	10.89	26.25	−3 +10	11.64	35.03	−6 +6	9.40	43.66	−1 −6
8	7.30	19.65	+2 +7	10.96	26.53	−5 +8	11.61	35.34	−6 +2	9.28	43.89	+2 −6
9	7.46	19.80	0 +10	11.03	26.81	−6 +5	11.58	35.65	−5 −1	9.17	44.11	+4 −5
10	7.62	19.95	−2 +10	11.10	27.09	−5 +1	11.55	35.96	−3 −4	9.05	44.33	+5 −2
11	7.77	20.11	−4 +9	11.16	27.38	−4 −3	11.51	36.27	0 −6	8.93	44.55	+5 +1
12	7.92	20.28	−6 +7	11.22	27.67	−1 −6	11.48	36.57	+3 −6	8.80	44.76	+4 +4
13	8.07	20.45	−6 +3	11.28	27.96	+1 −7	11.43	36.87	+4 −4	8.68	44.96	+2 +6
14	8.21	20.63	−5 −1	11.33	28.26	+4 −6	11.39	37.17	+5 −1	8.55	45.16	−1 +6
15	8.36	20.81	−3 −5	11.38	28.56	+5 −4	11.34	37.47	+5 +2	8.42	45.36	−3 +5
16	8.50	21.00	0 −7	11.43	28.86	+5 −1	11.29	37.77	+3 +5	8.29	45.55	−4 +2
17	8.64	21.20	+3 −8	11.47	29.16	+4 +2	11.23	38.07	+1 +6	8.16	45.73	−4 −1
18	8.77	21.40	+5 −6	11.51	29.46	+2 +5	11.17	38.36	−1 +5	8.03	45.91	−4 −5
19	8.91	21.60	+6 −3	11.55	29.76	0 +5	11.11	38.65	−3 +3	7.89	46.09	−2 −7
20	9.04	21.81	+5 0	11.58	30.06	−2 +4	11.05	38.94	−4 0	7.76	46.26	0 −9
21	9.17	22.02	+3 +3	11.61	30.37	−3 +2	10.98	39.23	−4 −3	7.62	46.43	+2 −9
22	9.30	22.23	+1 +5	11.63	30.67	−4 −2	10.91	39.52	−3 −6	7.48	46.59	+3 −7
23	9.42	22.45	−1 +5	11.66	30.98	−4 −5	10.84	39.80	−1 −8	7.34	46.75	+4 −5
24	9.54	22.68	−3 +3	11.67	31.29	−2 −7	10.76	40.08	+1 −9	7.19	46.90	+4 −2
25	9.65	22.91	−4 +1	11.69	31.60	−1 −8	10.68	40.36	+2 −8	7.05	47.05	+4 +2
26	9.77	23.14	−4 −2	{ 11.70 { 11.71	31.91 32.23	+1 −8 } +3 −7 }	10.60	40.63	+4 −6	6.90	47.19	+3 +5
27	9.87	23.38	−3 −5	11.72	32.54	+4 −5	10.51	40.90	+4 −3	6.75	47.33	+1 +7
28	9.98	23.63	−2 −7	11.72	32.85	+4 −2	10.42	41.17	+4 0	6.60	47.46	−1 +9
29	10.09	23.88	0 −8	11.72	33.17	+4 +1	10.33	41.44	+4 +3	6.45	47.59	−3 +9
30	10.19	24.13	+2 −7				10.24	41.70	+2 +6	6.31	47.71	−4 +7
31	10.29	24.38	+3 −6				10.14	41.96	0 +8	6.16	47.82	−5 +4
32	10.39	24.64	+4 −4				10.04	42.22	−1 +9			

δ	sec δ	tg δ	δ	sec δ	tg δ	δ	sec δ	tg δ
+82° 46′ 10″	+7.945	+7.882	+82° 46′ 30″	+7.951	+7.888	+82° 46′ 40″	+7.954	+7.891
20	+7.948	+7.885	40	+7.954	+7.891	50	+7.957	+7.894

$\alpha_{1957.0} = 10^h\ 26^m\ 0^s.73$ $\delta_{1957.0} = +82°\ 46'\ 43''.64$

Scheinbare Sternörter 1957

Obere Kulmination Greenwich

Nf) 30 Hev. Camelopardalis $5^m.34$

Tag	Mai AR.	Mai Dekl.	Mai ☾ Glieder	Juni AR.	Juni Dekl.	Juni ☾ Glieder	Juli AR.	Juli Dekl.	Juli ☾ Glieder	August AR.	August Dekl.	August ☾ Glieder
	$10^h 26^m$	+ 82° 46′	in s 0.01 | ″ 0.01	$10^h 25^m$	+ 82° 46′	in s 0.01 | ″ 0.01	$10^h 25^m$	+ 82° 46′	in s 0.01 | ″ 0.01	$10^h 25^m$	+ 82° 46′	in s 0.01 | ″ 0.01
	s	″		s	″		s	″		s	″	
1	6.16	47.82	−5 +4	61.30	48.56	0 −7	57.20	44.27	+5 −4	54.64	35.76	+1 +5
2	6.00	47.93	−5 0	61.14	48.50	+3 −7	57.08	44.06	+5 −1	54.59	35.44	−1 +5
3	5.85	48.04	−4 −3	60.99	48.42	+4 −5	56.97	43.83	+4 +2	54.55	35.11	−3 +3
4	5.70	48.13	−2 −6	60.84	48.35	+5 −2	56.86	43.60	+2 +5	54.51	34.78	−4 0
5	5.54	48.23	+1 −7	60.69	48.26	+5 +1	56.76	43.37	0 +6	54.47	34.45	−4 −3
6	5.39	48.31	+3 −6	60.54	48.17	+3 +4	56.65	43.13	−2 +5	54.43	34.12	−3 −6
7	5.23	48.39	+4 −4	60.39	48.08	+1 +6	56.54	42.89	−4 +2	54.40	33.78	−1 −8
8	5.07	48.47	+5 −1	60.24	47.98	−1 +6	56.44	42.65	−4 −1	54.36	33.45	+1 −8
9	4.92	48.54	+4 +3	60.10	47.87	−3 +4	56.34	42.40	−4 −4	54.33	33.11	+2 −8
10	4.76	48.60	+2 +5	59.95	47.76	−4 +2	56.24	42.15	−3 −6	54.31	32.77	+3 −6
11	4.61	48.66	0 +6	59.81	47.65	−4 −1	56.14	41.90	−1 −8	54.28	32.43	+4 −3
12	4.45	48.71	−2 +6	59.66	47.53	−3 −5	56.05	41.64	+1 −8	54.26	32.08	+4 0
13	4.29	48.76	−4 +4	59.52	47.40	−2 −7	55.96	41.38	+2 −7	54.24	31.74	+4 +3
14	4.13	48.80	−4 0	59.38	47.27	0 −8	55.87	41.11	+3 −5	54.22	31.39	+2 +6
15	3.98	48.84	−4 −3	59.24	47.13	+2 −8	55.78	40.84	+4 −2	54.21	31.04	0 +8
16	3.82	48.87	−3 −6	59.10	46.98	+3 −6	55.70	40.56	+4 +1	54.20	30.69	−2 +9
17	3.66	48.89	−1 −8	58.96	46.83	+4 −4	55.61	40.28	+3 +4	54.19	30.34	−4 +9
18	3.50	48.91	+1 −8	58.82	46.68	+4 −1	55.53	40.01	+2 +7	54.18	29.99	−5 +7
19	3.35	48.92	+2 −8	58.69	46.53	+4 +3	55.45	39.72	0 +9	54.17	29.63	−6 +4
20	3.19	48.93	+4 −6	58.55	46.37	+3 +6	55.38	39.44	−2 +10	54.17	29.28	−5 +1
21	3.03	48.93	+4 −3	58.42	46.20	+1 +8	55.30	39.15	−4 +9	54.17	28.92	−4 −3
22	2.87	48.92	+4 0	58.29	46.03	−1 +9	55.23	38.86	−5 +6	54.17	28.57	−1 −5
23	2.72	48.91	+3 +4	58.16	45.85	−3 +9	55.16	38.56	−5 +3	54.18	28.21	+1 −6
24	2.56	48.90	+2 +7	58.04	45.67	−5 +7	55.09	38.26	−4 −1	54.19	27.85	+4 −5
25	2.40	48.87	0 +9	57.91	45.48	−5 +4	55.03	37.96	−2 −5	54.20	27.49	+5 −3
26	2.24	48.84	−2 +9	57.79	45.29	−5 0	54.97	37.65	0 −7	54.21	27.13	+5 0
27	2.08	48.81	−4 +8	57.67	45.10	−3 −4	54.91	37.34	+3 −7	54.23	26.77	+4 +3
28	1.92	48.77	−5 +5	57.55	44.90	−1 −6	54.85	37.03	+4 −5	*54.24	26.41	+2 +5
29	1.76	48.73	−5 +2	57.43	44.70	+2 −7	54.79	36.72	+5 −2	54.26	26.05	0 +6
30	1.61	48.68	−4 −2	57.31	44.49	+4 −6	54.74	36.40	+5 +1	54.29	25.68	−2 +4
31	1.45	48.62	−2 −5	57.20	44.27	+5 −4	54.69	36.08	+3 +4	54.31	25.32	−4 +1
32	1.30	48.56	0 −7				54.64	35.76	+1 +5	54.34	24.96	−4 −2

δ	sec δ	tg δ	δ	sec δ	tg δ	δ	sec δ	tg δ
+82° 46′ 20″	+7.948	+7.885	+82° 46′ 30″	+7.951	+7.888	+82° 46′ 40″	+7.954	+7.891
30	+7.951	+7.888	40	+7.954	+7.891	50	+7.957	+7.894

$\alpha_{1957.0} = 10^h\ 26^m\ 0^s.73$ $\delta_{1957.0} = +82°\ 46'\ 43''.64$

* Tag der doppelten unteren Kulmination: Aug. 28.

Scheinbare Sternörter 1957

Obere Kulmination Greenwich

Nf) 30 Hev. Camelopardalis $5^{m}_{.}34$

Tag	September AR.	September Dekl.	September ☾ Glieder	Oktober AR.	Oktober Dekl.	Oktober ☾ Glieder	November AR.	November Dekl.	November ☾ Glieder	Dezember AR.	Dezember Dekl.	Dezember ☾ Glieder
	$10^h 25^m$	+ 82° 46′	in 0.01 s, 0.01 ″	$10^h 25^m$	+ 82° 46′	in 0.01 s, 0.01 ″	$10^h 26^m$	+ 82° 46′	in 0.01 s, 0.01 ″	$10^h 26^m$	+ 82° 45′	in 0.01 s, 0.01 ″
	s	″		s	″		s	″		s	″	
1	54.34	24.96	−4 −2	56.31	14.32	−1 −9	0.47	5.28	+5 −5	5.87	60.43	+3 +4
2	54.37	24.60	−3 −5	56.41	13.98	+1 −9	0.63	5.05	+5 −1	6.07	60.35	+2 +6
3	54.40	24.23	−2 −8	56.52	13.65	+3 −8	0.80	4.82	+4 +2	6.26	60.28	0 +8
4	54.44	23.87	0 −9	56.63	13.32	+4 −6	0.96	4.59	+3 +5	6.45	60.21	−2 +8
5	54.48	23.50	+2 −9	56.74	12.99	+5 −3	1.13	4.37	+1 +7	6.64	60.15	−4 +7
6	54.51	23.14	+3 −7	56.85	12.67	+4 0	1.30	4.15	−1 +8	6.83	60.10	−5 +5
7	54.56	22.77	+4 −5	56.96	12.34	+3 +3	1.47	3.94	−3 +8	7.02	60.05	−5 +2
8	54.60	22.41	+4 −2	57.07	12.02	+2 +6	1.64	3.74	−4 +6	7.22	60.01	−4 −2
9	54.65	22.05	+4 +1	57.19	11.71	0 +8	1.81	3.53	−5 +4	7.41	59.97	−2 −5
10	54.70	21.68	+3 +4	57.31	11.39	−2 +8	1.98	3.34	−5 +1	7.60	59.94	0 −6
11	54.75	21.32	+1 +7	57.43	11.08	−4 +8	2.16	3.15	−4 −2	7.79	59.92	+2 −6
12	54.80	20.97	−1 +8	57.56	10.77	−5 +6	2.34	2.96	−2 −5	7.99	59.91	+4 −4
13	54.86	20.61	−3 +9	57.69	10.46	−5 +3	2.52	2.78	+1 −6	8.18	59.90	+5 −1
14	54.92	20.25	−4 +8	57.82	10.16	−5 0	2.70	2.60	+3 −5	8.37	59.90	+4 +2
15	54.98	19.89	−5 +5	57.95	9.86	−3 −3	2.88	2.43	+4 −3	8.56	59.90	+3 +5
16	55.05	19.53	−5 +2	58.08	9.56	−1 −5	3.06	2.26	+5 0	8.75	59.91	+1 +6
17	55.11	19.18	−4 −1	58.22	9.27	+1 −5	3.24	2.10	+4 +3	8.94	59.93	−1 +6
18	55.18	18.82	−2 −4	58.36	8.97	+3 −4	3.43	1.94	+2 +6	9.13	59.95	−3 +5
19	55.26	18.47	0 −5	58.50	8.69	+4 −1	3.61	1.79	0 +7	9.32	59.97	−4 +2
20	55.33	18.11	+2 −5	58.64	8.40	+4 +2	3.80	1.65	−2 +6	9.50	60.01	−4 −2
21	55.41	17.76	+4 −3	58.78	8.12	+3 +5	3.98	1.51	−4 +4	9.68	60.04	−3 −5
22	55.49	17.41	+5 0	58.92	7.84	+1 +6	4.17	1.38	−4 0	9.87	60.09	−2 −8
23	55.57	17.06	+4 +3	59.07	7.57	−1 +7	4.36	1.25	−4 −3	10.05	60.14	0 −9
24	55.66	16.71	+3 +5	59.22	7.30	−3 +5	4.55	1.13	−3 −6	10.24	60.20	+2 −8
25	55.74	16.36	0 +6	59.37	7.03	−4 +2	4.73	1.01	−1 −8	10.42	60.26	+4 −6
26	55.83	16.02	−2 +5	59.52	6.77	−4 −2	4.92	0.90	+1 −9	10.60	60.33	+5 −4
27	55.92	15.67	−3 +3	59.67	6.51	−3 −5	5.11	0.79	+3 −8	10.78	60.41	+4 −1
28	56.02	15.33	−4 0	59.83	6.26	−2 −8	5.30	0.69	+4 −6	10.96	60.49	+3 +3
29	56.11	14.99	−4 −4	59.99	6.01	0 −9	5.49	0.60	+5 −3	11.13	60.58	+2 +5
30	56.21	14.65	−2 −7	60.15	5.76	+2 −9	5.68	0.51	+4 +1	11.31	60.67	0 +7
31	56.31	14.32	−1 −9	60.31	5.52	+4 −7	5.87	0.43	+3 +4	11.48	60.77	−2 +8
32				60.47	5.28	+5 −5				11.65	60.88	−3 +8

δ	sec δ	tg δ	δ	sec δ	tg δ	δ	sec δ	tg δ
+82° 45′ 50″	+7.939	+7.876	+82° 46′ 0″	+7.942	+7.879	+82° 46′ 20″	+7.948	+7.885
60	+7.942	+7.879	10	+7.945	+7.882	30	+7.951	+7.888

$\alpha_{1957.0} = 10^h\ 26^m\ 0^s.73$ $\delta_{1957.0} = +82°\ 46'\ 43''.64$

Scheinbare Sternörter 1957

Obere Kulmination Greenwich

Ng) ε Ursae minoris $4^{m}.40$

Tag	Januar AR.	Januar Dekl.	Januar ☾ Glieder in s 0.01	Januar ☾ Glieder in ″ 0.01	Februar AR.	Februar Dekl.	Februar ☾ Glieder in s 0.01	Februar ☾ Glieder in ″ 0.01
	$16^h 50^m$ s	+82° 6′ ″			$16^h 50^m$ s	+82° 6′ ″		
1	6.51	33.80	−2	+4	9.57	25.29	−1	−6
2	6.56	33.47	−2	+1	9.71	25.09	0	−7
3	6.63	33.15	−2	−2	9.84	24.90	+1	−7
4	6.69	32.82	−1	−4	9.98	24.71	+2	−6
5	6.76	32.50	0	−6	10.12	24.53	+3	−4
6	6.83	32.19	+1	−7	10.27	24.35	+3	0
7	6.91	31.87	+2	−7	10.41	24.18	+3	+3
8	6.99	31.56	+3	−5	10.56	24.01	+2	+7
9	7.07	31.25	+3	−3	10.70	23.85	+1	+8
10	7.15	30.94	+3	+1	10.85	23.70	0	+8
11	7.23	30.64	+3	+5	11.00	23.56	−1	+7
12	7.32	30.34	+2	+8	11.15	23.41	−2	+3
13	7.41	30.05	0	+9	11.30	23.27	−2	−1
14	7.50	29.76	−1	+8	11.45	23.14	−2	−5
15	7.60	29.47	−2	+5	11.60	23.02	−1	−8
16	7.70	29.19	−3	+1	11.76	22.91	0	−9
17	7.80	28.91	−2	−3	11.91	22.80	+1	−8
18	7.90	28.64	−2	−7	12.06	22.70	+2	−5
19	8.00	28.37	−1	−9	12.22	22.60	+2	−1
20	8.11	28.10	0	−9	12.37	22.51	+1	+3
21	8.22	27.84	+1	−7	12.53	22.43	0	+6
22	8.33	27.58	+2	−3	12.69	22.35	−1	+8
23	8.44	27.33	+2	+1	12.84	22.28	−2	+7
24	8.56	27.08	+1	+5	13.00	22.22	−3	+6
25	8.68	26.84	0	+7	13.17	22.16	−3	+3
26	8.80	26.61	−1	+8	13.33	22.11	−3	0
27	8.92	26.38	−2	+7	13.49	22.07	−2	−3
28	9.05	26.15	−3	+5	13.65	22.03	−1	−5
29	9.18	25.93	−3	+2	13.81	22.00	0	−7
30	9.31	25.71	−2	−1				
31	9.44	25.50	−2	−4				
32	9.57	25.29	−1	−6				

Tag	März AR.	März Dekl.	März ☾ Glieder in s 0.01	März ☾ Glieder in ″ 0.01	April AR.	April Dekl.	April ☾ Glieder in s 0.01	April ☾ Glieder in ″ 0.01
	$16^h 50^m$ s	+82° 6′ ″			$16^h 50^m$ s	+82° 6′ ″		
1	13.81	22.00	0	−7	18.59	24.28	+3	−3
2	13.97	21.98	+1	−7	18.73	24.45	+3	0
3	14.13	21.96	+2	−7	18.87	24.62	+3	+4
4	14.29	21.95	+3	−5	19.00	24.80	+2	+7
5	14.45	21.95	+3	−2	19.13	24.99	+1	+8
6	14.61	21.95	+3	+2	19.27	25.18	0	+8
7	14.78	21.96	+3	+5	19.39	25.38	−2	+6
8	14.94	21.98	+2	+8	19.52	25.59	−2	+2
9	15.10	22.00	0	+9	19.65	25.80	−2	−2
10	15.26	22.03	−1	+8	19.77	26.01	−1	−5
11	15.42	22.06	−2	+5	19.90	26.22	0	−8
12	15.59	22.11	−2	+1	20.02	26.44	+1	−8
13	15.75	22.16	−2	−3	20.13	26.67	+2	−7
14	15.90	22.21	−1	−7	20.25	26.90	+2	−4
15	16.06	22.27	0	−9	20.36	27.13	+2	0
16	16.22	22.34	+1	−8	20.47	27.37	+1	+4
17	16.37	22.42	+2	−6	20.58	27.62	0	+7
18	16.53	22.50	+2	−2	20.68	27.87	−1	+8
19	16.68	22.59	+2	+2	20.79	28.12	−2	+7
20	16.83	22.68	+1	+5	20.89	28.37	−3	+6
21	16.99	22.78	0	+7	20.99	28.63	−3	+3
22	17.14	22.88	−1	+8	21.08	28.89	−3	0
23	17.29	22.99	−2	+7	21.18	29.16	−2	−4
24	17.44	23.11	−3	+5	21.27	29.43	−1	−6
25	17.59	23.24	−3	+1	21.36	29.70	0	−7
26	17.73	23.37	−3	−2	21.45	29.98	+1	−7
27	17.88	23.50	−2	−5	21.53	30.26	+2	−6
28	18.03	23.65	−1	−7	21.61	30.55	+3	−4
29	18.17	23.80	0	−8	21.69	30.84	+3	−1
30	18.31	23.95	+1	−7	21.77	31.13	+3	+3
31	18.46	24.11	+2	−5	21.85	31.42	+2	+6
32	18.59	24.28	+3	−3				

δ	sec δ	tg δ	δ	sec δ	tg δ
+82° 6′ 20″	+7.281	+7.212	+82° 6′ 30″	+7.283	+7.214
30	+7.283	+7.214	40	+7.286	+7.217

$\alpha_{1957.0} = 16^h\ 50^m\ 17^s.96$ $\delta_{1957.0} = +82°\ 6'\ 39''.80$

Scheinbare Sternörter 1957

Obere Kulmination Greenwich

Ng) ε Ursae minoris $4^{m}.40$

Tag	Mai AR.	Mai Dekl.	Mai ☾ Glieder	Juni AR.	Juni Dekl.	Juni ☾ Glieder	Juli AR.	Juli Dekl.	Juli ☾ Glieder	August AR.	August Dekl.	August ☾ Glieder
	$16^h 50^m$ s	+ 82° 6′ ″	in s 0.01 | ″ 0.01	$16^h 50^m$ s	+ 82° 6′ ″	in s 0.01 | ″ 0.01	$16^h 50^m$ s	+ 82° 6′ ″	in s 0.01 | ″ 0.01	$16^h 50^m$ s	+ 82° 6′ ″	in s 0.01 | ″ 0.01
1	21.85	31.42	+2 +6	22.84	41.36	−2 +5	21.21	50.88	−1 −8	17.40	57.59	+2 −2
2	21.92	31.72	+1 +8	22.82	41.68	−2 +1	21.12	51.15	0 −9	17.25	57.74	+2 +2
3	21.99	32.02	0 +8	22.81	42.01	−2 −3	21.02	51.42	+1 −7	17.09	57.88	+1 +5
4	22.06	32.32	−1 +7	{22.79 / 22.77	42.34 / 42.66	−1 −6 / 0 −8}	20.92	51.68	+2 −4	16.94	58.02	0 +7
5	22.12	32.62	−2 +4	22.75	42.99	+1 −8	20.82	51.94	+2 −1	16.78	58.15	−1 +7
6	22.18	32.93	−2 0	22.72	43.31	+2 −6	20.72	52.20	+1 +3	16.62	58.28	−2 +6
7	22.24	33.24	−2 −4	22.69	43.64	+2 −3	20.62	52.46	0 +6	16.47	58.41	−3 +4
8	22.30	33.55	−1 −7	22.66	43.96	+2 +1	20.52	52.71	−1 +7	16.31	58.53	−3 +1
9	22.35	33.86	0 −8	22.63	44.28	+1 +4	20.41	52.96	−2 +7	16.15	58.65	−3 −2
10	22.41	34.17	+1 −7	22.59	44.60	0 +7	20.30	53.21	−2 +6	15.99	58.76	−2 −4
11	22.45	34.49	+2 −5	22.55	44.92	−1 +8	20.19	53.45	−3 +3	15.83	58.87	−1 −6
12	22.50	34.80	+2 −1	22.51	45.24	−2 +7	20.07	53.69	−3 0	15.66	58.97	0 −7
13	22.54	35.12	+2 +2	22.46	45.56	−3 +5	19.96	53.92	−2 −3	15.50	59.07	+1 −7
14	22.58	35.44	+1 +6	22.41	45.87	−3 +2	19.84	54.15	−1 −5	15.34	59.16	+2 −5
15	22.62	35.76	0 +7	22.36	46.18	−3 −1	19.72	54.37	0 −7	15.17	59.25	+3 −3
16	22.66	36.09	−1 +8	22.31	46.49	−2 −4	19.59	54.59	+1 −7	15.00	59.33	+3 0
17	22.69	36.41	−2 +7	22.25	46.80	−1 −6	19.47	54.81	+2 −7	14.84	59.41	+3 +4
18	22.72	36.74	−3 +4	22.20	47.11	0 −7	19.34	55.02	+3 −5	14.67	59.49	+2 +7
19	22.75	37.06	−3 +1	22.13	47.42	+1 −7	19.21	55.24	+3 −2	14.50	59.56	+1 +8
20	22.78	37.39	−2 −2	22.07	47.72	+2 −6	19.08	55.44	+3 +2	14.33	59.62	0 +8
21	22.80	37.72	−2 −5	22.00	48.02	+3 −3	18.95	55.64	+3 +5	14.16	59.68	−1 +6
22	22.82	38.04	−1 −7	21.93	48.32	+3 0	18.82	55.84	+2 +8	13.99	59.73	−2 +3
23	22.83	38.37	+1 −8	21.86	48.61	+3 +3	18.69	56.04	0 +9	13.82	59.78	−2 −1
24	22.85	38.70	+2 −7	21.79	48.90	+2 +6	18.55	56.22	−1 +8	13.64	59.82	−2 −5
25	22.85	39.03	+3 −5	21.71	49.19	+1 +8	18.41	56.41	−2 +5	13.47	59.86	−1 −8
26	22.86	39.36	+3 −2	21.63	49.48	0 +8	18.27	56.59	−2 +1	13.30	59.89	0 −9
27	22.86	39.70	+3 +1	21.55	49.77	−1 +6	18.13	56.77	−2 −3	13.12	59.92	+1 −7
28	22.86	40.03	+3 +4	21.47	50.05	−2 +3	17.99	56.94	−1 −7	12.95	59.95	+2 −4
29	22.86	40.36	+2 +7	21.39	50.33	−2 −1	17.84	57.11	0 −8	12.77	59.97	+2 0
30	22.85	40.69	0 +8	21.30	50.61	−2 −5	17.70	57.28	+1 −8	12.60	59.98	+1 +4
31	22.85	41.03	−1 +7	21.21	50.88	−1 −8	17.55	57.43	+2 −6	12.42	59.99	0 +6
32	22.84	41.36	−2 +5				17.40	57.59	+2 −2	12.25	59.99	−1 +7

δ	sec δ	tg δ	δ	sec δ	tg δ	δ	sec δ	tg δ
+82° 6′ 30″	+7.283	+7.214	+82° 6′ 40″	+7.286	+7.217	+82° 6′ 50″	+7.288	+7.219
40	+7.286	+7.217	50	+7.288	+7.219	60	+7.291	+7.222

$\alpha_{1957.0} = 16^h\ 50^m\ 17^s.96$ $\delta_{1957.0} = +82°\ 6'\ 39''.80$

Scheinbare Sternörter 1957

Obere Kulmination Greenwich

Ng) ε Ursae minoris $4^{m}.40$

Tag	September AR.	September Dekl.	September ☾ Glieder	Oktober AR.	Oktober Dekl.	Oktober ☾ Glieder	November AR.	November Dekl.	November ☾ Glieder	Dezember AR.	Dezember Dekl.	Dezember ☾ Glieder
	$16^h 50^m$	+82° 6′	in s 0.01 | ″ 0.01	$16^h 50^m$	+82° 6′	in s 0.01 | ″ 0.01	$16^h 50^m$	+82° 6′	in s 0.01 | ″ 0.01	$16^h 49^m$	+82° 6′	in s 0.01 | ″ 0.01
	s	″		s	″		s	″		s	″	
1	12.25	59.99	−1 +7	7.02	57.75	−3 +3	2.54	51.02	−1 −6	60.18	41.40	+2 −6
2	12.07	59.99	−2 +7	6.86	57.60	−3 0	2.43	50.74	0 −7	60.15	41.04	+2 −4
3	11.90	59.98	−3 +5	6.69	57.44	−3 −3	2.32	50.45	+1 −7	*60.12	40.69	+3 −1
4	11.72	59.97	−3 +2	6.53	57.28	−2 −5	2.21	50.16	+2 −6	60.09	40.34	+3 +2
5	11.54	59.95	−3 −1	6.36	57.12	−1 −7	2.10	49.87	+3 −3	60.06	39.99	+2 +5
6	11.37	59.93	−2 −4	6.20	56.95	0 −7	1.99	49.58	+3 0	60.04	39.64	+1 +7
7	11.19	59.90	−1 −6	6.04	56.78	+1 −7	1.89	49.28	+2 +3	60.02	39.28	0 +8
8	11.02	59.87	0 −7	5.88	56.60	+2 −5	1.79	48.98	+2 +6	60.00	38.93	−1 +7
9	10.84	59.83	+1 −7	5.72	56.42	+3 −2	1.69	48.68	+1 +7	59.99	38.57	−2 +4
10	10.66	59.79	+2 −6	5.57	56.23	+3 +1	1.59	48.37	0 +8	59.98	38.22	−2 +1
11	10.48	59.74	+3 −4	5.41	56.04	+2 +4	1.50	48.06	−1 +6	59.97	37.86	−2 −3
12	10.31	59.69	+3 −1	5.26	55.84	+2 +7	1.41	47.75	−2 +4	59.97	37.50	−1 −6
13	10.13	59.63	+3 +2	5.11	55.64	+1 +8	1.32	47.43	−2 0	59.97	37.14	0 −8
14	9.95	59.57	+2 +6	4.96	55.43	0 +8	1.23	47.11	−2 −4	59.97	36.78	+1 −8
15	9.77	59.50	+1 +8	4.81	55.22	−1 +5	1.15	46.80	−1 −7	59.97	36.43	+2 −6
16	9.59	59.43	0 +8	4.66	55.01	−2 +2	1.07	46.47	0 −8	59.98	36.07	+2 −2
17	9.42	59.35	−1 +7	4.52	54.79	−2 −2	0.99	46.15	+1 −7	59.99	35.71	+2 +1
18	9.24	59.27	−2 +5	4.37	54.57	−1 −5	0.92	45.82	+2 −5	60.00	35.36	+1 +5
19	9.07	59.18	−2 +1	4.23	54.34	0 −7	0.84	45.49	+2 −1	60.02	35.01	0 +7
20	8.89	59.09	−2 −3	4.09	54.11	+1 −8	0.77	45.16	+2 +3	60.04	34.66	−1 +8
21	8.72	58.99	−1 −6	3.95	53.87	+2 −6	0.71	44.83	+1 +6	60.06	34.31	−2 +7
22	8.55	58.89	0 −8	3.82	53.63	+2 −3	0.64	44.49	0 +8	60.09	33.96	−3 +5
23	8.38	58.78	+1 −8	3.68	53.39	+2 0	0.58	44.15	−2 +8	60.12	33.61	−3 +2
24	8.21	58.67	+2 −6	3.55	53.14	+1 +4	0.52	43.81	−3 +6	60.15	33.26	−3 −2
25	8.04	58.55	+2 −2	3.41	52.89	0 +7	0.46	43.47	−3 +3	60.18	32.92	−2 −5
26	7.87	58.43	+2 +2	3.28	52.64	−1 +8	0.41	43.13	−3 0	60.22	32.57	−1 −7
27	7.69	58.31	+1 +5	3.15	52.38	−2 +7	0.35	42.79	−3 −3	60.26	32.23	0 −7
28	7.52	58.18	0 +7	3.03	52.12	−3 +5	0.31	42.44	−2 −6	60.31	31.89	+1 −7
29	7.36	58.04	−2 +8	2.90	51.85	−3 +2	0.26	42.10	−1 −7	60.35	31.55	+2 −5
30	7.19	57.90	−3 +6	2.78	51.58	−3 −2	0.22	41.75	0 −7	60.41	31.22	+3 −2
31	7.02	57.75	−3 +3	2.66	51.30	−2 −4	0.18	41.40	+2 −6	60.46	30.88	+3 +1
32				2.54	51.02	−1 −6				60.52	30.55	+2 +4

δ	sec δ	tg δ	δ	sec δ	tg δ	δ	sec δ	tg δ
+82° 6′ 30″	+7.283	+7.214	+82° 6′ 40″	+7.286	+7.217	+82° 6′ 50″	+7.288	+7.219
40	+7.286	+7.217	50	+7.288	+7.219	60	+7.291	+7.222

$\alpha_{1957.0} = 16^h\ 50^m\ 17^s.96$ $\delta_{1957.0} = +82°\ 6'\ 39''.80$

* Tag der doppelten unteren Kulmination: Dez. 3.

Scheinbare Sternörter 1957

Obere Kulmination Greenwich

Nh) δ Ursae minoris $4^{m}.44$

Tag	Januar AR.	Januar Dekl.	Januar ☾ Glieder		Februar AR.	Februar Dekl.	Februar ☾ Glieder	
	$17^h 45^m$	+ 86° 36′	in		$17^h 45^m$	+ 86° 36′	in	
	s	″	s 0.01	″ 0.01	s	″	s 0.01	″ 0.01
1	33.69	27.69	−6	+6	38.04	18.32	−4	−5
2	33.73	27.36	−7	+3	38.28	18.07	−2	−7
3	33.77	27.03	−7	0	38.52	17.83	+1	−8
4	33.82	26.69	−6	−3	38.78	17.59	+5	−7
5	33.88	26.36	−3	−6	39.03	17.35	+8	−6
6	33.95	26.04	0	−7	39.30	17.12	+10	−3
7	34.02	25.71	+3	−8	39.57	16.90	+10	+1
8	34.10	25.38	+6	−7	39.84	16.68	+9	+5
9	34.18	25.05	+9	−5	40.12	16.46	+7	+7
10	34.28	24.73	+10	−1	40.41	16.24	+3	+8
11	34.38	24.41	+10	+3	40.69	16.04	−1	+7
12	34.48	24.09	+8	+6	40.99	15.84	−5	+4
13	34.60	23.77	+4	+8	41.28	15.64	−7	0
14	34.72	23.46	0	+8	41.58	15.45	−7	−4
15	34.85	23.15	−4	+6	41.89	15.27	−5	−7
16	34.98	22.84	−7	+3	42.20	15.09	−3	−8
17	35.13	22.53	−8	−2	42.51	14.92	+1	−8
18	35.28	22.23	−7	−6	42.83	14.75	+3	−6
19	35.43	21.93	−5	−8	43.14	14.59	+5	−2
20	35.60	21.63	−2	−8	43.47	14.44	+5	+2
21	35.76	21.34	+2	−7	43.79	14.29	+3	+6
22	35.94	21.04	+4	−4	44.12	14.14	0	+8
23	36.12	20.76	+5	0	44.45	14.00	−3	+8
24	36.31	20.47	+4	+4	44.79	13.87	−5	+7
25	36.50	20.19	+2	+7	45.13	13.74	−7	+5
26	36.71	19.91	−1	+8	45.47	13.62	−8	+2
27	36.91	19.64	−3	+8	45.82	13.51	−7	−1
28	37.13	19.37	−5	+6	46.17	13.40	−6	−4
29	37.35	19.10	−7	+4	46.51	13.30	−3	−6
30	37.57	18.84	−7	+1				
31	37.80	18.58	−6	−2				
32	38.04	18.32	−4	−5				

Tag	März AR.	März Dekl.	März ☾ Glieder		April AR.	April Dekl.	April ☾ Glieder	
	$17^h 45^m$	+ 86° 36′	in		$17^h 45^m$	+ 86° 36′	in	
	s	″	s 0.01	″ 0.01	s	″	s 0.01	″ 0.01
1	46.51	13.30	−3	−6	57.70	13.29	+7	−5
2	46.87	13.20	0	−7	58.04	13.39	+9	−2
3	47.22	13.11	+3	−8	58.39	13.49	+9	+2
4	47.57	13.03	+6	−6	58.73	13.60	+8	+5
5	47.93	12.95	+8	−4	59.07	13.72	+5	+7
6	48.29	12.88	+9	0	59.41	13.84	+1	+8
7	48.64	12.82	+9	+3	59.74	13.97	−3	+7
8	49.01	12.76	+7	+6	60.07	14.11	−5	+3
9	49.37	12.71	+4	+8	60.40	14.25	−6	0
10	49.73	12.66	0	+8	60.72	14.39	−6	−4
11	50.10	12.62	−3	+6	61.05	14.54	−4	−7
12	50.46	12.59	−6	+2	61.36	14.70	−1	−8
13	50.83	12.56	−7	−2	61.68	14.86	+2	−7
14	51.20	12.54	−6	−6	61.99	15.03	+5	−5
15	51.56	12.53	−3	−8	62.30	15.20	+6	−1
16	51.93	12.52	0	−8	62.60	15.38	+5	+3
17	52.30	12.52	+3	−7	62.90	15.57	+3	+6
18	52.66	12.53	+5	−3	63.20	15.76	0	+8
19	53.03	12.54	+5	+1	63.50	15.95	−3	+8
20	53.40	12.56	+4	+4	63.79	16.15	−6	+7
21	53.76	12.58	+2	+7	64.07	16.35	−8	+5
22	54.12	12.61	−1	+8	64.35	16.56	−8	+1
23	54.49	12.65	−4	+8	64.63	16.77	−7	−2
24	54.85	12.70	−7	+6	64.90	16.99	−6	−5
25	55.21	12.75	−8	+3	65.16	17.21	−3	−7
26	55.57	12.81	−8	0	65.42	17.44	0	−8
27	55.93	12.87	−7	−3	65.68	17.67	+3	−7
28	56.28	12.94	−5	−5	65.93	17.91	+6	−6
29	56.64	13.02	−2	−7	66.18	18.15	+8	−3
30	57.00	13.10	+1	−8	66.42	18.39	+9	+1
31	57.35	13.19	+4	−7	66.66	18.63	+8	+4
32	57.70	13.29	+7	−5				

δ	sec δ	tg δ	δ	sec δ	tg δ
+86° 36′ 10″	+16.875	+16.846	+86° 36′ 20″	+16.889	+16.860
20	+16.889	+16.860	30	+16.903	+16.873

$\alpha_{1957.0} = 17^h\ 46^m\ 2^s.30$ $\delta_{1957.0} = +86°\ 36'\ 27''.36$

Scheinbare Sternörter 1957

Obere Kulmination Greenwich

Nh) δ Ursae minoris $4^m.44$

Tag	Mai AR.	Mai Dekl.	Mai ☾ Glieder	Juni AR.	Juni Dekl.	Juni ☾ Glieder	Juli AR.	Juli Dekl.	Juli ☾ Glieder	August AR.	August Dekl.	August ☾ Glieder
	$17^h 46^m$	+ 86° 36′	in s 0.01 | ″ 0.01	$17^h 46^m$	+ 86° 36′	in s 0.01 | ″ 0.01	$17^h 46^m$	+ 86° 36′	in s 0.01 | ″ 0.01	$17^h 45^m$	+ 86° 36′	in s 0.01 | ″ 0.01
	s	″		s	″		s	″		s	″	
1	6.66	18.63	+8 +4	11.12	27.73	−4 +6	9.50	37.72	−5 −7	62.24	46.04	+4 −3
2	6.89	18.88	+5 +7	11.17	28.05	−6 +3	9.35	38.02	−2 −8	61.92	46.26	+5 0
3	7.12	19.13	+2 +8	11.21	28.37	−7 −1	9.19	38.33	+1 −8	61.61	46.47	+4 +4
4	7.34	19.39	−1 +7	11.24	28.70	−6 −5	9.03	38.63	+4 −5	61.29	46.68	+2 +7
5	7.55	19.66	−4 +5	11.26	29.03	−4 −8	8.86	38.93	+5 −2	60.96	46.88	−1 +8
6	7.76	19.92	−6 +1	11.28	29.35	−1 −8	8.68	39.23	+5 +2	60.63	47.08	−4 +8
7	7.96	20.19	−6 −3	11.29	29.68	+2 −7	8.50	39.53	+3 +5	60.30	47.28	−7 +6
8	8.16	20.47	−5 −6	11.30	30.01	+5 −4	8.31	39.82	+1 +7	59.97	47.48	−8 +3
9	8.35	20.75	−2 −8	11.30	30.33	+6 0	8.12	40.11	−2 +8	59.63	47.67	−8 0
10	8.54	21.02	+1 −8	11.29	30.66	+5 +3	7.92	40.40	−5 +7	59.29	47.85	−7 −3
11	8.72	21.31	+4 −6	11.27	30.98	+3 +6	7.72	40.69	−7 +5	58.94	48.04	−4 −5
12	8.90	21.59	+6 −3	11.25	31.31	0 +8	7.51	40.97	−7 +2	58.58	48.21	−2 −7
13	9.07	21.88	+6 +1	11.23	31.64	−3 +8	7.29	41.25	−7 −1	58.23	48.39	+1 −7
14	9.23	22.17	+4 +5	11.19	31.97	−5 +7	7.07	41.53	−6 −4	57.87	48.56	+5 −7
15	9.39	22.46	+2 +7	11.15	32.29	−7 +4	6.84	41.81	−3 −6	57.50	48.72	+7 −5
16	9.54	22.75	−1 +8	11.10	32.62	−8 +1	6.61	42.08	0 −7	57.14	48.88	+9 −2
17	9.69	23.05	−4 +8	11.05	32.95	−7 −2	6.37	42.35	+3 −7	56.77	49.04	+10 +2
18	9.83	23.35	−7 +6	{ 10.99 { 10.93	33.28 33.60	−5 −5 } −2 −7 }	6.13	42.62	+6 −6	56.40	49.20	+9 +5
19	9.97	23.65	−8 +3	10.86	33.92	+1 −8	5.89	42.89	+8 −4	56.03	49.35	+6 +7
20	10.09	23.95	−8 0	10.78	34.25	+4 −7	5.64	43.15	+10 −1	55.65	49.49	+2 +8
21	10.22	24.26	−6 −3	10.69	34.57	+7 −5	5.38	43.41	+9 +3	55.27	49.63	−1 +7
22	10.33	24.57	−4 −6	10.60	34.89	+9 −3	5.12	43.66	+7 +6	54.89	49.77	−4 +4
23	10.44	24.88	−1 −8	10.50	35.21	+9 +1	4.85	43.92	+4 +8	54.50	49.90	−6 0
24	10.54	25.19	+2 −8	10.40	35.53	+8 +5	4.58	44.16	0 +8	54.11	50.02	−6 −4
25	10.64	25.50	+6 −7	10.29	35.84	+5 +7	4.30	44.41	−4 +6	53.72	50.14	−4 −7
26	10.72	25.81	+8 −4	10.17	36.16	+2 +8	4.02	44.65	−6 +2	53.33	50.26	−1 −9
27	10.81	26.13	+9 −1	10.05	36.48	−2 +7	3.73	44.89	−7 −2	52.94	50.37	+2 −8
28	10.88	26.45	+9 +3	9.92	36.79	−5 +4	3.44	45.13	−6 −5	52.54	50.48	+4 −5
29	10.95	26.77	+7 +6	9.78	37.10	−7 0	3.15	45.36	−4 −8	52.14	50.59	+5 −1
30	11.02	27.09	+3 +8	9.64	37.41	−7 −4	2.85	45.59	−1 −8	51.74	50.68	+5 +3
31	11.07	27.41	0 +8	9.50	37.72	−5 −7	2.55	45.82	+2 −7	51.34	50.78	+2 +6
32	11.12	27.73	−4 +6				2.24	46.04	+4 −3	50.93	50.87	−1 +8

δ	sec δ	tg δ	δ	sec δ	tg δ	δ	sec δ	tg δ
+86° 36′ 10″	+16.875	+16.846	+86° 36′ 30″	+16.903	+16.873	+86° 36′ 50″	+16.931	+16.901
20	+16.889	+16.860	40	+16.917	+16.887	60	+16.945	+16.915

$\alpha_{1957.0} = 17^h\ 46^m\ 2^s.30$ $\delta_{1957.0} = +86°\ 36'\ 27''.36$

Scheinbare Sternörter 1957

Obere Kulmination Greenwich

Nh) δ Ursae minoris $4^{m}.44$

Tag	September AR.	September Dekl.	September ☾ Glieder	Oktober AR.	Oktober Dekl.	Oktober ☾ Glieder	November AR.	November Dekl.	November ☾ Glieder	Dezember AR.	Dezember Dekl.	Dezember ☾ Glieder
	$17^h 45^m$ s	+86° 36′ ″	in s 0.01 / ″ 0.01	$17^h 45^m$ s	+86° 36′ ″	in s 0.01 / ″ 0.01	$17^h 45^m$ s	+86° 36′ ″	in s 0.01 / ″ 0.01	$17^h 45^m$ s	+86° 36′ ″	in s 0.01 / ″ 0.01
1	50.93	50.87	−1 +8	38.30	51.29	−8 +5	26.21	47.13	−6 −5	18.06	39.26	+2 −7
2	50.53	50.95	−4 +8	37.89	51.23	−9 +2	25.87	46.92	−3 −7	17.87	38.94	+5 −6
3	50.11	51.03	−6 +7	37.47	51.16	−8 −1	25.53	46.70	0 −7	17.70	38.63	+7 −3
4	49.70	51.10	−8 +4	37.05	51.09	−7 −4	25.19	46.49	+3 −7	17.53	38.31	+8 0
5	49.29	51.17	−8 +1	36.63	51.01	−4 −6	24.86	46.27	+6 −5	17.36	38.00	+8 +3
6	48.88	51.24	−7 −2	36.22	50.93	−1 −7	24.53	46.04	+8 −2	17.20	37.68	+6 +5
7	48.47	51.30	−5 −5	35.80	50.85	+2 −7	24.21	45.82	+8 +1	17.05	37.36	+3 +7
8	48.05	51.36	−3 −6	35.39	50.76	+5 −6	23.90	45.58	+7 +4	16.91	37.03	0 +7
9	47.63	51.41	0 −7	34.98	50.66	+7 −4	23.58	45.35	+5 +6	16.78	36.71	−3 +5
10	47.21	51.46	+3 −7	34.57	50.56	+8 −1	23.28	45.11	+2 +7	16.65	36.38	−5 +2
11	46.79	51.50	+6 −5	34.17	50.45	+8 +2	22.98	44.86	−1 +7	16.53	36.05	−6 −1
12	46.37	51.53	+8 −3	33.76	50.34	+7 +5	22.68	44.61	−4 +5	16.42	35.72	−5 −5
13	45.95	51.56	+9 0	33.36	50.22	+5 +7	22.39	44.36	−6 +1	16.31	35.39	−3 −7
14	45.52	51.59	+8 +4	32.96	50.10	+2 +8	22.10	44.10	−6 −3	16.21	35.06	0 −8
15	45.10	51.61	+7 +6	32.56	49.98	−2 +6	21.81	43.85	−4 −6	16.11	34.72	+3 −6
16	44.67	51.63	+4 +7	32.16	49.85	−4 +3	21.54	43.58	−1 −8	16.02	34.39	+5 −4
17	44.25	51.64	0 +7	31.77	49.71	−5 0	21.26	43.32	+2 −8	*15.94	34.06	+6 0
18	43.82	51.65	−3 +5	31.38	49.57	−5 −4	21.00	43.05	+5 −6	15.87	33.72	+5 +3
19	43.40	51.65	−5 +2	30.99	49.43	−3 −7	20.74	42.78	+6 −2	15.81	33.38	+3 +6
20	42.97	51.65	−6 −2	30.61	49.28	0 −8	20.48	42.50	+6 +1	15.75	33.04	0 +8
21	42.55	51.64	−5 −5	30.22	49.12	+3 −7	20.23	42.22	+5 +5	15.70	32.70	−3 +8
22	42.12	51.63	−2 −8	29.84	48.96	+5 −5	19.99	41.94	+2 +7	15.66	32.36	−6 +6
23	41.70	51.61	+1 −8	29.46	48.80	+6 −1	19.75	41.65	−2 +8	15.62	32.02	−8 +3
24	41.27	51.59	+4 −6	29.09	48.63	+5 +3	19.51	41.36	−5 +7	15.59	31.68	−8 0
25	40.84	51.56	+5 −3	28.71	48.46	+3 +6	19.29	41.07	−7 +5	15.57	31.34	−7 −3
26	40.42	51.53	+5 +1	28.34	48.28	0 +8	19.06	40.77	−9 +2	15.55	30.99	−5 −5
27	39.99	51.49	+4 +5	27.98	48.10	−4 +8	18.85	40.47	−8 −1	15.55	30.65	−2 −7
28	39.57	51.45	+1 +7	27.61	47.92	−7 +7	18.64	40.17	−7 −4	15.55	30.32	+1 −7
29	39.15	51.40	−2 +8	27.25	47.73	−8 +4	18.44	39.87	−4 −6	15.55	29.98	+4 −6
30	38.72	51.35	−5 +7	26.90	47.53	−9 0	18.24	39.56	−1 −7	15.57	29.64	+7 −4
31	38.30	51.29	−8 +5	26.55	47.33	−8 −3	18.06	39.26	+2 −7	15.59	29.31	+8 −1
32				26.21	47.13	−6 −5				15.62	28.97	+8 +2

δ	sec δ	tg δ	δ	sec δ	tg δ	δ	sec δ	tg δ
+86° 36′ 20″	+16.889	+16.860	+86° 36′ 40″	+16.917	+16.887	+86° 36′ 50″	+16.931	+16.901
30	+16.903	+16.873	50	+16.931	+16.901	60	+16.945	+16.915

$\alpha_{1957.0} = 17^h\,46^m\;2^s.30$ $\delta_{1957.0} = +86°\,36'\,27''.36$

* Tag der doppelten unteren Kulmination: Dez. 17.

Scheinbare Sternörter 1957

Obere Kulmination Greenwich

Ni) λ Ursae minoris $6^m\!.55$

Tag	Januar				Februar				März				April			
	AR.	Dekl.	☾ Glieder		AR.	Dekl.	☾ Glieder		AR.	Dekl.	☾ Glieder		AR.	Dekl.	☾ Glieder	
	$18^h\,10^m$	$+89°\,3'$	in s 0.01	in ″ 0.01	$18^h\,10^m$	$+89°\,3'$	in s 0.01	in ″ 0.01	$18^h\,11^m$	$+89°\,3'$	in s 0.01	in ″ 0.01	$18^h\,11^m$	$+89°\,3'$	in s 0.01	in ″ 0.01
	s	″			s	″			s	″			s	″		
1	33.96	17.11	−19	+6	44.66	7.57	−20	−4	12.12	1.84	−16	−6	51.37	0.75	+26	−5
2	33.92	16.78	−24	+4	45.39	7.30	−11	−6	13.31	1.71	− 5	−7	52.63	0.81	+34	−3
3	33.90	16.45	−26	+1	46.15	7.04	+ 1	−8	14.51	1.59	+ 8	−8	53.89	0.88	+36	+1
4	33.91	16.12	−23	−3	46.92	6.78	+15	−8	15.71	1.47	+21	−7	55.15	0.96	+32	+4
5	33.95	15.80	−16	−5	47.72	6.52	+27	−6	16.93	1.36	+31	−5	56.39	1.04	+23	+6
6	34.01	15.47	− 5	−7	48.53	6.27	+37	−4	18.16	1.26	+38	−1	57.63	1.13	+ 9	+8
7	34.10	15.15	+ 8	−8	49.37	6.02	+41	0	19.39	1.16	+38	+2	58.87	1.22	− 7	+7
8	34.22	14.82	+22	−8	50.23	5.78	+38	+4	20.64	1.07	+32	+5	60.09	1.32	−18	+4
9	34.36	14.49	+33	−6	51.11	5.54	+29	+6	21.89	0.98	+20	+7	61.31	1.43	−25	0
10	34.53	14.17	+40	−2	52.00	5.31	+14	+8	23.15	0.90	+ 5	+8	62.51	1.54	−25	−3
11	34.73	13.85	+41	+1	52.92	5.08	− 3	+8	24.41	0.83	−10	+6	63.71	1.66	−19	−7
12	34.95	13.53	+34	+5	53.85	4.86	−18	+5	25.68	0.76	−22	+3	64.89	1.78	− 7	−8
13	35.20	13.21	+21	+8	54.80	4.64	−28	+1	26.95	0.70	−27	−1	66.07	1.91	+ 5	−8
14	35.47	12.89	+ 4	+8	55.77	4.43	−30	−3	28.22	0.65	−25	−5	67.24	2.04	+16	−6
15	35.77	12.58	−14	+7	56.76	4.22	−25	−6	29.50	0.60	−16	−8	68.40	2.18	+22	−2
16	36.10	12.26	−27	+3	57.76	4.01	−14	−8	30.79	0.56	− 4	−8	69.54	2.32	+22	+2
17	36.45	11.95	−33	−1	58.78	3.81	− 1	−8	32.07	0.52	+ 8	−7	70.68	2.47	+16	+6
18	36.83	11.64	−32	−5	59.82	3.61	+11	−6	33.36	0.49	+17	−4	71.80	2.63	+ 5	+8
19	37.23	11.33	−23	−8	60.87	3.42	+18	−2	34.65	0.47	+21	0	72.91	2.79	− 7	+9
20	37.66	11.03	−10	−8	61.93	3.24	+19	+2	35.94	0.45	+18	+4	74.01	2.95	−19	+8
21	38.11	10.72	+ 4	−7	63.01	3.06	+14	+5	37.24	0.44	+10	+7	75.09	3.12	−28	+6
22	38.58	10.42	+14	−4	64.10	2.89	+ 5	+8	38.53	0.44	− 2	+9	76.16	3.30	−32	+2
23	39.08	10.12	+19	0	65.21	2.72	− 7	+8	39.83	0.44	−14	+9	77.21	3.48	−30	−1
24	39.61	9.82	+18	+3	66.33	2.56	−17	+8	41.12	0.45	−24	+7	78.25	3.67	−24	−4
25	40.16	9.53	+11	+6	67.47	2.40	−25	+6	42.41	0.47	−30	+4	79.28	3.86	−15	−7
26	40.73	9.24	+ 1	+8	68.61	2.25	−29	+3	43.70	0.49	−31	+1	80.29	4.06	− 3	−8
27	41.33	8.95	− 9	+8	69.77	2.11	−29	0	44.98	0.52	−28	−2	81.29	4.26	+10	−8
28	41.95	8.67	−19	+7	70.94	1.97	−24	−3	46.27	0.55	−21	−5	82.27	4.46	+22	−7
29	42.59	8.39	−25	+5	72.12	1.84	−16	−6	47.55	0.59	−10	−7	83.23	4.67	+31	−4
30	43.26	8.11	−27	+2					48.83	0.64	+ 2	−8	84.18	4.88	+35	0
31	43.95	7.84	−26	−1					50.10	0.69	+15	−7	85.11	5.10	+33	+3
32	44.66	7.57	−20	−4					51.37	0.75	+26	−5				

δ	sec δ	tg δ	δ	sec δ	tg δ
+89° 3′ 0″	+60.314	+60.306	+89° 3′ 10″	+60.491	+60.483
10	+60.491	+60.483	20	+60.669	+60.661

$\alpha_{1957.0} = 18^h\ 12^m\ 18^s\!.11$ $\delta_{1957.0} = +89°\ 3'\ 13''\!.80$

Scheinbare Sternörter 1957

Obere Kulmination Greenwich

Ni) λ Ursae minoris $6^m.55$

Tag	Mai AR.	Mai Dekl.	Mai ☾ Glieder	Juni AR.	Juni Dekl.	Juni ☾ Glieder	Juli AR.	Juli Dekl.	Juli ☾ Glieder	August AR.	August Dekl.	August ☾ Glieder
	18h 12m	+89° 3′	in s 0.01 | ″ 0.01	18h 12m	+89° 3′	in s 0.01 | ″ 0.01	18h 12m	+89° 3′	in s 0.01 | ″ 0.01	18h 11m	+89° 3′	in s 0.01 | ″ 0.01
	s	″		s	″		s	″		s	″	
1	25.11	5.10	+33 +3	44.40	13.58	−13 +6	42.35	23.53	−25 −6	79.42	32.41	+16 −4
2	26.03	5.32	+25 +6	44.68	13.89	−24 +3	41.92	23.85	−14 −8	78.38	32.65	+20 0
3	26.93	5.55	+12 +7	44.94	14.20	−29 0	41.47	24.16	0 −8	77.32	32.89	+17 +4
4	27.81	5.78	− 2 +7	45.17	14.52	−27 −4	40.99	24.47	+12 −6	76.25	33.13	+ 9 +7
5	28.67	6.02	−16 +5	45.38	14.83	−19 −7	40.50	24.78	+20 −3	75.16	33.36	− 2 +8
6	29.52	6.26	−25 +2	45.57	15.15	− 6 −8	39.98	25.09	+21 +1	74.05	33.59	−13 +8
7	30.34	6.50	−27 −2	45.73	15.47	+ 7 −7	39.44	25.40	+17 +5	72.93	33.82	−23 +7
8	31.15	6.75	−23 −6	45.87	15.79	+18 −5	38.88	25.71	+ 7 +7	71.79	34.05	−29 +4
9	31.94	7.00	−12 −8	45.99	16.11	+23 −1	38.29	26.01	− 4 +8	70.64	34.27	−30 +1
10	32.71	7.25	+ 1 −8	46.09	16.44	+22 +3	37.69	26.32	−15 +7	69.47	34.49	−27 −2
11	33.46	7.51	+13 −6	46.16	16.76	+15 +6	37.07	26.62	−23 +6	68.29	34.70	−20 −5
12	34.19	7.77	+21 −3	46.21	17.08	+ 5 +8	36.43	26.92	−27 +3	67.09	34.91	−10 −7
13	34.90	8.04	+24 0	46.24	17.40	− 7 +8	35.76	27.22	−28 0	65.88	35.12	+ 2 −8
14	35.59	8.31	+20 +4	46.24	17.73	−18 +7	35.08	27.51	−24 −3	64.66	35.32	+15 −7
15	36.26	8.58	+11 +7	46.22	18.05	−26 +5	34.37	27.81	−16 −6	63.42	35.52	+27 −5
16	36.91	8.85	− 1 +9	46.18	18.38	−29 +2	33.65	28.10	− 5 −7	62.17	35.71	+35 −3
17	37.54	9.13	−13 +8	46.11	18.70	−28 −1	32.90	28.39	+ 9 −8	60.90	35.90	+39 +1
18	38.15	9.41	−23 +7	46.02	19.02	−22 −4	32.13	28.67	+22 −7	59.63	36.09	+36 +4
19	38.74	9.69	−29 +4	45.91	19.35	−12 −6	31.35	28.96	+32 −5	58.34	36.27	+27 +6
20	39.30	9.98	−30 0	45.77	19.67	+ 1 −8	30.54	29.24	+39 −2	57.04	36.45	+13 +7
21	39.85	10.27	−27 −3	45.61	20.00	+14 −8	29.71	29.52	+39 +2	55.73	36.62	− 2 +7
22	40.37	10.56	−19 −6	45.43	20.32	+26 −6	28.86	29.80	+32 +5	54.40	36.79	−16 +4
23	40.87	10.85	− 8 −8	45.23	20.64	+35 −4	28.00	30.07	+20 +7	53.06	36.96	−25 +1
24	41.35	11.15	+ 6 −8	45.00	20.97	+38 0	27.12	30.34	+ 3 +8	51.71	37.12	−27 −3
25	41.81	11.44	+19 −7	{44.75 / 44.48	21.29 / 21.62	+34 +4 / +25 +6}	26.22	30.61	−12 +6	50.35	37.28	−21 −7
26	42.24	11.74	+29 −5	44.18	21.94	+10 +7	25.30	30.88	−24 +3	48.98	37.43	−10 −8
27	42.66	12.05	+35 −2	43.86	22.26	− 6 +7	24.36	31.14	−29 −1	47.60	37.58	+ 3 −8
28	43.05	12.35	+35 +2	43.51	22.58	−20 +5	23.41	31.40	−27 −5	46.21	37.72	+14 −6
29	43.42	12.65	+29 +5	43.15	22.90	−29 +1	22.44	31.66	−19 −7	44.81	37.86	+20 −2
30	43.77	12.96	+17 +7	42.76	23.22	−31 −3	21.45	31.91	− 6 −8	43.40	38.00	+19 +2
31	44.09	13.27	+ 2 +8	42.35	23.53	−29 −6	20.44	32.16	+ 6 −7	41.98	38.13	+12 +6
32	44.40	13.58	−13 +6				19.42	32.41	+16 −4	40.55	38.26	+ 1 +8

δ	sec δ	tg δ	δ	sec δ	tg δ	δ	sec δ	tg δ
+89° 3′ 0″	+60.314	+60.306	+89° 3′ 20″	+60.669	+60.661	+89° 3′ 30″	+60.848	+60.840
10	+60.491	+60.483	30	+60.848	+60.840	40	+61.028	+61.020

$\alpha_{1957.0} = 18^h\ 12^m\ 18^s.11$ $\delta_{1957.0} = +89°\ 3'\ 13''.80$

Obere Kulmination Greenwich

Ni) λ Ursae minoris 6ᵐ.55

Tag	September AR.	September Dekl.	September ☾ Glieder	Oktober AR.	Oktober Dekl.	Oktober ☾ Glieder	November AR.	November Dekl.	November ☾ Glieder	Dezember AR.	Dezember Dekl.	Dezember ☾ Glieder
	$18^h 10^m$	+ 89° 3′	in s 0.01 | ″ 0.01	$18^h 10^m$	+ 89° 3′	in s 0.01 | ″ 0.01	$18^h 9^m$	+ 89° 3′	in s 0.01 | ″ 0.01	$18^h 9^m$	+ 89° 3′	in s 0.01 | ″ 0.01
	s	″		s	″		s	″		s	″	
1	100.55	38.26	+ 1 +8	55.16	39.92	−29 +6	69.52	37.02	−25 −5	36.34	30.13	+ 6 −7
2	99.12	38.38	−11 +8	53.61	39.90	−34 +3	68.18	36.85	−14 −6	35.53	29.84	+18 −6
3	97.67	38.50	−22 +7	52.07	39.88	−34 0	66.86	36.68	− 2 −7	34.74	29.55	+28 −4
4	96.22	38.61	−30 +5	50.53	39.85	−29 −3	65.55	36.50	+11 −7	33.97	29.26	+33 −1
5	94.76	38.72	−33 +2	48.99	39.81	−20 −6	64.25	36.32	+22 −5	33.23	28.96	+32 +2
6	93.30	38.83	−31 −1	47.45	39.77	− 9 −7	62.97	36.13	+29 −3	32.51	28.66	+26 +5
7	91.83	38.93	−24 −4	45.92	39.73	+ 4 −7	61.70	35.94	+33 0	31.81	28.36	+16 +7
8	90.35	39.03	−15 −6	44.38	39.68	+16 −6	60.45	35.74	+30 +3	31.14	28.06	+ 2 +7
9	88.86	39.12	− 3 −7	42.85	39.63	+26 −4	59.21	35.54	+23 +6	30.49	27.76	−11 +6
10	87.37	39.21	+ 9 −7	41.33	39.57	+32 −2	57.99	35.33	+12 +7	29.86	27.45	−21 +3
11	85.87	39.29	+21 −6	39.81	39.51	+34 +1	56.78	35.12	− 2 +7	29.26	27.14	−26 −1
12	84.36	39.37	+30 −4	38.30	39.44	+30 +4	55.59	34.91	−13 +5	28.68	26.83	−23 −4
13	82.85	39.44	+36 −1	36.79	39.36	+21 +7	54.41	34.69	−21 +2	28.13	26.52	−15 −7
14	81.33	39.51	+36 +3	35.28	39.28	+ 9 +7	53.25	34.47	−23 −2	27.61	26.20	− 3 −8
15	79.81	39.57	+30 +5	33.78	39.19	− 4 +6	52.10	34.24	−19 −5	27.11	25.89	+10 −7
16	78.29	39.63	+19 +7	32.29	39.10	−16 +4	50.97	34.01	− 8 −8	26.63	25.57	+20 −4
17	76.76	39.68	+ 5 +7	30.80	39.01	−22 0	49.86	33.78	+ 4 −8	26.18	25.24	+25 −1
18	75.23	39.73	− 9 +6	29.32	38.91	−22 −4	48.77	33.54	+16 −6	25.75	24.92	+23 +3
19	73.70	39.78	−19 +2	27.84	38.81	−15 −7	47.69	33.30	+24 −3	25.35	24.60	+15 +6
20	72.16	39.82	−23 −2	26.38	38.70	− 3 −8	46.64	33.05	+25 +1	24.97	24.27	+ 3 +8
21	70.62	39.85	−21 −5	24.92	38.59	+ 9 −8	45.60	32.80	+20 +5	24.62	23.95	−10 +8
22	69.08	39.88	−12 −8	23.47	38.47	+19 −5	44.59	32.55	+10 +7	24.29	23.62	−22 +7
23	67.54	39.90	0 −8	22.03	38.35	+24 −1	43.59	32.29	− 3 +8	23.99	23.30	−30 +4
24	65.99	39.92	+12 −7	20.60	38.22	+23 +3	42.61	32.03	−17 +8	*23.72	22.97	−32 +1
25	64.44	39.93	+20 −4	19.18	38.09	+15 +6	41.66	31.77	−27 +6	23.47	22.64	−29 −2
26	62.89	39.94	+22 0	17.77	37.95	+ 2 +8	40.72	31.50	−33 +3	23.25	22.31	−22 −5
27	61.35	39.95	+17 +4	16.36	37.81	−12 +8	39.81	31.23	−33 0	23.05	21.98	−11 7
28	59.80	39.95	+ 7 +7	14.97	37.66	−24 +7	38.91	30.96	−28 −3	22.88	21.65	+ 1 −7
29	58.25	39.95	− 6 +9	13.59	37.51	−32 +5	38.03	30.69	−19 −6	22.74	21.32	+14 −7
30	56.70	39.94	−19 +8	12.22	37.35	−35 +1	37.18	30.41	− 7 −7	22.63	20.99	+25 −5
31	55.16	39.92	−29 +6	10.86	37.19	−32 −2	36.34	30.13	+ 6 −7	22.54	20.65	+33 −2
32				9.52	37.02	−25 −5				22.48	20.32	+35 +1

δ	sec δ	tg δ	δ	sec δ	tg δ
+89° 3′ 20″	+60.669	+60.661	+89° 3′ 30″	+60.848	+60.840
30	+60.848	+60.840	40	+61.028	+61.020

$\alpha_{1957.0} = 18^h\ 12^m\ 18\overset{s}{.}11$ $\delta_{1957.0} = +89°\ 3'\ 13\overset{''}{.}80$

* Tag der doppelten unteren Kulmination: Dez. 24.

Scheinbare Sternörter 1957

Obere Kulmination Greenwich

Nh) 76 Draconis $5^m.69$

Tag	Januar AR.	Januar Dekl.	Januar ☾ Glieder in s 0.01	Januar ☾ Glieder in ″ 0.01	Februar AR.	Februar Dekl.	Februar ☾ Glieder in s 0.01	Februar ☾ Glieder in ″ 0.01	März AR.	März Dekl.	März ☾ Glieder in s 0.01	März ☾ Glieder in ″ 0.01	April AR.	April Dekl.	April ☾ Glieder in s 0.01	April ☾ Glieder in ″ 0.01
	$20^h 45^m$ s	+ 82° 22′ ″			$20^h 45^m$ s	+ 82° 22′ ″			$20^h 45^m$ s	+ 82° 22′ ″			$20^h 45^m$ s	+ 82° 22′ ″		
1	40.98	44.07	+1	+8	*39.33	34.62	−3	0	40.41	25.74	−3	−2	44.05	18.88	0	−8
2	40.89	43.81	0	+7	39.32	34.29	−3	−4	40.49	25.46	−3	−5	44.20	18.74	+1	−7
3	40.79	43.54	−1	+4	39.32	33.96	−2	−7	40.57	25.17	−2	−8	44.35	18.61	+2	−5
4	40.70	43.27	−2	+1	39.32	33.63	−1	−9	40.66	24.90	−1	−9	44.50	18.48	+3	−2
5	40.61	43.00	−3	−2	39.33	33.30	0	−10	40.75	24.62	+1	−9	44.66	18.36	+3	+2
6	40.52	42.72	−3	−5	39.34	32.97	+1	−9	40.84	24.35	+2	−7	44.81	18.24	+3	+5
7	40.44	42.44	−2	−8	39.35	32.64	+3	−6	40.94	24.08	+3	−4	44.97	18.13	+1	+6
8	40.36	42.16	−1	−10	39.36	32.31	+4	−3	41.04	23.82	+4	−1	45.13	18.03	0	+6
9	40.28	41.87	0	−10	39.38	31.98	+4	+1	41.14	23.56	+4	+3	45.29	17.93	−2	+4
10	40.20	41.58	+2	−8	39.40	31.65	+3	+4	41.24	23.30	+3	+5	45.44	17.84	−3	+1
11	40.13	41.29	+3	−5	39.43	31.33	+2	+7	41.35	23.05	+1	+6	45.60	17.75	−3	−3
12	40.06	40.99	+4	−1	39.46	31.00	0	+7	41.45	22.80	−1	+5	45.76	17.67	−3	−5
13	40.00	40.69	+4	+3	39.49	30.68	−2	+5	41.56	22.55	−2	+3	45.92	17.60	−2	−7
14	39.93	40.39	+3	+6	39.52	30.35	−3	+2	41.68	22.32	−3	0	46.08	17.54	−1	−7
15	39.88	40.08	+1	+8	39.56	30.03	−4	−1	41.79	22.08	−3	−4	46.24	17.48	+1	−5
16	39.82	39.77	−1	+7	39.60	29.71	−4	−4	41.91	21.85	−3	−6	46.40	17.42	+2	−1
17	39.77	39.46	−2	+4	39.65	29.39	−2	−6	42.03	21.63	−2	−7	46.57	17.38	+3	+2
18	39.72	39.15	−4	+1	39.69	29.07	−1	−6	42.15	21.41	0	−6	46.73	17.34	+3	+6
19	39.67	38.84	−4	−3	39.74	28.75	+1	−4	42.28	21.20	+1	−3	46.89	17.30	+2	+8
20	39.62	38.52	−3	−5	39.79	28.44	+2	−1	42.41	20.99	+2	+1	47.06	17.27	+1	+9
21	39.58	38.21	−2	−6	39.85	28.13	+3	+3	42.53	20.78	+3	+4	47.22	17.25	0	+9
22	39.54	37.89	0	−5	39.91	27.82	+3	+6	42.66	20.58	+3	+7	47.39	17.24	−1	+7
23	39.51	37.57	+1	−3	39.97	27.52	+2	+8	42.79	20.38	+2	+9	47.55	17.23	−2	+4
24	39.47	37.25	+2	0	40.03	27.21	+1	+9	42.93	20.19	+1	+9	47.72	17.22	−3	0
25	39.45	36.92	+3	+4	40.10	26.91	0	+9	43.06	20.01	−1	+8	47.88	17.23	−3	−3
26	39.42	36.60	+3	+6	40.17	26.61	−1	+7	43.20	19.83	−2	+5	48.05	17.24	−3	−6
27	39.40	36.27	+2	+8	40.25	26.32	−2	+4	43.34	19.66	−3	+2	48.21	17.26	−2	−8
28	39.38	35.94	+1	+8	40.33	26.03	−3	+1	43.48	19.49	−3	−1	48.38	17.28	−1	−9
29	39.36	35.61	0	+7	40.41	25.74	−3	−2	43.62	19.33	−3	−4	48.55	17.30	+1	−8
30	39.35	35.28	−1	+5					43.76	19.17	−2	−7	48.71	17.34	+2	−6
31	39.33	34.95	−2	+3					43.91	19.02	−1	−8	48.88	17.37	+3	−3
32	39.33	34.62	−3	0					44.05	18.88	0	−8				

δ	sec δ	tg δ	δ	sec δ	tg δ	δ	sec δ	tg δ
+82° 22′ 10″	+7.531	+7.464	+82° 22′ 30″	+7.536	+7.470	+82° 22′ 40″	+7.539	+7.473
20	+7.534	+7.467	40	+7.539	+7.473	50	+7.542	+7.475

$\alpha_{1957.0} = 20^h\ 45^m\ 49^s.24$ $\qquad \delta_{1957.0} = +82°\ 22'\ 25''.57$

* Tag der doppelten unteren Kulmination: Febr. 1.

Scheinbare Sternörter 1957

Obere Kulmination Greenwich

Nk) 76 Draconis $5^{m}\!.69$

Tag	Mai AR.	Mai Dekl.	Mai ☾ Glieder		Juni AR.	Juni Dekl.	Juni ☾ Glieder		Juli AR.	Juli Dekl.	Juli ☾ Glieder		August AR.	August Dekl.	August ☾ Glieder	
	$20^h\,45^m$	+82° 22′	in s 0.01	in ″ 0.01	$20^h\,45^m$	+82° 22′	in s 0.01	in ″ 0.01	$20^h\,45^m$	+82° 22′	in s 0.01	in ″ 0.01	$20^h\,45^m$	+82° 22′	in s 0.01	in ″ 0.01
	s	″			s	″			s	″			s	″		
1	48.88	17.37	+3	−3	53.63	21.51	+1	+7	56.73	29.81	−3	+2	57.58	40.66	−2	−7
2	49.04	17.42	+3	+1	53.76	21.73	−1	+6	56.79	30.13	−3	−1	57.57	41.02	0	−5
3	49.21	17.47	+3	+4	53.89	21.95	−2	+4	56.86	30.46	−3	−4	{57.55 57.53	41.38 41.74	+1 +2	−3 0
4	49.37	17.53	+2	+6	54.02	22.18	−3	+1	56.92	30.79	−2	−6	57.51	42.11	+3	+4
5	49.54	17.59	+1	+7	54.15	22.42	−3	−3	56.98	31.12	−1	−6	57.48	42.47	+3	+7
6	49.70	17.67	−1	+5	54.28	22.66	−3	−6	57.04	31.46	+1	−5	57.45	42.83	+2	+9
7	49.87	17.74	−2	+2	54.40	22.90	−2	−7	57.09	31.80	+2	−2	57.42	43.19	+1	+9
8	50.03	17.83	−3	−1	54.52	23.14	0	−6	57.14	32.14	+3	+2	57.39	43.55	−1	+7
9	50.19	17.92	−3	−4	54.65	23.39	+1	−4	57.19	32.48	+3	+5	57.35	43.91	−2	+5
10	50.35	18.01	−2	−6	54.76	23.65	+2	−1	57.24	32.82	+2	+7	57.31	44.27	−3	+2
11	50.52	18.11	−1	−7	54.88	23.90	+3	+3	57.28	33.17	+1	+8	57.27	44.63	−3	−1
12	50.68	18.22	0	−6	54.99	24.17	+3	+6	57.32	33.51	0	+8	57.23	44.98	−3	−4
13	50.83	18.33	+2	−3	55.10	24.43	+2	+8	57.36	33.86	−1	+6	57.18	45.33	−2	−6
14	50.99	18.45	+3	+1	55.21	24.70	+1	+9	57.40	34.21	−2	+4	57.13	45.69	−1	−8
15	51.15	18.57	+3	+4	55.32	24.98	0	+8	57.43	34.56	−3	+1	57.08	46.04	0	−8
16	51.30	18.70	+3	+7	55.42	25.26	−1	+6	57.46	34.91	−3	−2	57.03	46.39	+1	−8
17	51.46	18.84	+2	+9	55.52	25.54	−2	+3	57.49	35.27	−3	−5	56.97	46.75	+3	−6
18	51.61	18.98	0	+9	55.62	25.82	−3	0	57.52	35.62	−2	−8	56.91	47.09	+4	−2
19	51.77	19.12	−1	+7	55.72	26.11	−3	−3	57.54	35.98	−1	−9	56.85	47.44	+4	+1
20	51.92	19.27	−2	+5	55.82	26.40	−2	−6	57.56	36.33	+1	−9	56.78	47.79	+3	+4
21	52.07	19.43	−3	+2	55.92	26.69	−1	−8	57.57	36.69	+2	−7	56.72	48.13	+2	+6
22	52.22	19.59	−3	−2	56.01	26.99	0	−9	57.59	37.05	+3	−4	56.65	48.47	0	+6
23	52.37	19.76	−3	−5	56.10	27.29	+1	−8	57.60	37.40	+4	−1	56.57	48.82	−2	+4
24	52.51	19.94	−2	−7	56.19	27.60	+2	−6	57.61	37.76	+4	+3	56.50	49.15	−3	+1
25	52.66	20.12	−1	−9	56.27	27.90	+3	−2	57.62	38.13	+3	+6	56.42	49.49	−3	−2
26	52.80	20.30	0	−9	56.35	28.22	+3	+1	57.62	38.49	+1	+7	56.34	49.83	−3	−5
27	52.94	20.49	+2	−7	56.43	28.53	+3	+5	57.62	38.85	+1	+6	56.26	50.16	−2	−7
28	53.08	20.69	+3	−4	56.51	28.84	+2	+7	57.62	39.21	−2	+4	56.18	50.50	−1	−7
29	53.22	20.89	+3	0	56.58	29.16	0	+7	57.61	39.57	−3	0	56.09	50.83	+1	−4
30	53.36	21.09	+3	+3	56.66	29.48	−2	+5	57.61	39.93	−3	−3	56.00	51.15	+2	−1
31	53.50	21.30	+2	+6	56.73	29.81	−3	+2	57.60	40.29	−3	−6	55.91	51.48	+3	+3
32	53.63	21.51	+1	+7					57.58	40.66	−2	−7	55.82	51.80	+3	+6

δ	sec δ	tg δ	δ	sec δ	tg δ	δ	sec δ	tg δ
+82° 22′ 10″	+7.531	+7.464	+82° 22′ 30″	+7.536	+7.470	+82° 22′ 50″	+7.542	+7.475
20	+7.534	+7.467	40	+7.539	+7.473	60	+7.545	+7.478

$\alpha_{1957.0} = 20^h\,45^m\,49^s\!.24$ $\delta_{1957.0} = +82°\,22'\,25''\!.57$

Scheinbare Sternörter 1957

Obere Kulmination Greenwich

Nk) 76 Draconis $5^{m}_{.}69$

Tag	September AR.	September Dekl.	September ☾ Glieder	Oktober AR.	Oktober Dekl.	Oktober ☾ Glieder	November AR.	November Dekl.	November ☾ Glieder	Dezember AR.	Dezember Dekl.	Dezember ☾ Glieder
	$20^{h}\,45^{m}$	$+82°\,22'$	in s 0.01 | ″ 0.01	$20^{h}\,45^{m}$	$+82°\,23'$	in s 0.01 | ″ 0.01	$20^{h}\,45^{m}$	$+82°\,23'$	in s 0.01 | ″ 0.01	$20^{h}\,45^{m}$	$+82°\,22'$	in s 0.01 | ″ 0.01
	s	″		s	″		s	″		s	″	
1	55.82	51.80	+3 +6	52.09	0.07	0 +10	46.95	4.63	−3 0	41.83	64.02	−2 −7
2	55.72	52.12	+2 +9	51.94	0.29	−1 +8	46.78	4.69	−3 −3	41.67	63.91	−1 −8
3	55.62	52.44	+1 +9	51.79	0.50	−2 +5	46.60	4.75	−2 −6	41.51	63.79	+1 −7
4	55.52	52.75	0 +9	51.63	0.71	−3 +2	46.43	4.80	−1 −7	41.35	63.67	+2 −6
5	55.42	53.07	−1 +6	51.47	0.92	−3 −2	46.25	4.85	0 −8	41.20	63.54	+3 −3
6	55.32	53.38	−2 +4	51.32	1.12	−3 −4	46.08	4.89	+1 −7	41.04	63.41	+3 0
7	55.22	53.69	−3 +1	51.16	1.32	−2 −6	45.90	4.92	+2 −5	40.89	63.27	+3 +3
8	55.11	53.99	−3 −3	51.00	1.51	−1 −8	45.73	4.95	+3 −2	40.74	63.13	+2 +5
9	55.00	54.29	−2 −5	50.84	1.70	0 −8	45.55	4.98	+3 +1	40.59	62.98	+1 +6
10	54.89	54.59	−1 −7	50.68	1.88	+2 −6	45.38	4.99	+3 +4	40.45	62.82	−1 +5
11	54.77	54.89	0 −8	50.52	2.06	+3 −4	45.20	5.01	+2 +6	40.30	62.66	−2 +3
12	54.65	55.18	+1 −8	50.36	2.23	+3 −1	45.03	5.01	0 +6	40.16	62.49	−3 0
13	54.53	55.47	+2 −6	50.19	2.40	+3 +2	44.85	5.01	−1 +5	40.02	62.32	−3 −3
14	54.41	55.75	+3 −3	50.03	2.56	+3 +4	44.67	5.00	−2 +2	39.88	62.14	−3 −6
15	54.29	56.03	+3 0	49.87	2.72	+2 +6	44.50	4.99	−3 −2	39.74	61.96	−1 −7
16	54.16	56.31	+3 +3	49.70	2.87	0 +5	44.33	4.98	−3 −5	39.60	61.78	0 −7
17	54.04	56.59	+2 +5	49.53	3.02	−1 +3	44.15	4.95	−2 −7	39.46	61.59	+1 −4
18	53.91	56.86	+1 +6	49.37	3.17	−3 0	43.98	4.92	−1 −7	39.33	61.39	+2 −1
19	53.78	57.13	−1 +5	49.20	3.30	−3 −3	43.81	4.89	+1 −6	39.20	61.19	+3 +3
20	53.65	57.39	−2 +2	49.03	3.44	−3 −6	43.64	4.85	+2 −3	39.07	60.98	+3 +6
21	53.51	57.66	−3 −1	48.86	3.57	−2 −8	43.47	4.80	+3 +1	38.95	60.77	+2 +8
22	53.38	57.91	−3 −4	48.69	3.69	0 −7	43.31	4.75	+3 +4	38.83	60.55	+1 +9
23	53.24	58.17	−3 −7	48.51	3.81	+1 −5	43.14	4.69	+2 +7	38.71	60.33	−1 +8
24	53.10	58.42	−1 −7	48.34	3.92	+2 −1	42.97	4.63	+1 +9	38.59	60.10	−2 +6
25	52.96	58.67	0 −6	48.17	4.03	+3 +3	42.81	4.56	0 +9	38.47	59.87	−3 +3
26	52.82	58.91	+2 −3	47.99	4.13	+3 +6	42.64	4.48	−1 +7	38.35	59.64	−3 0
27	52.68	59.15	+3 +1	47.82	4.23	+2 +9	42.47	4.40	−2 +5	38.24	59.40	−3 −3
28	52.53	59.39	+3 +5	47.65	4.32	+1 +10	42.31	4.31	−3 +2	38.13	59.16	−2 −6
29	52.39	59.62	+2 +8	47.47	4.41	−1 +9	42.15	4.22	−3 −2	38.02	58.91	−1 −7
30	52.24	59.85	+1 +9	47.30	4.49	−2 +6	41.99	4.12	−3 −5	37.92	58.65	0 −8
31	52.09	60.07	0 +10	47.13	4.56	−3 +3	41.83	4.02	−2 −7	37.82	58.40	+2 −7
32				46.95	4.63	−3 0				37.72	58.14	+3 −5

δ	sec δ	tg δ	δ	sec δ	tg δ
+82° 22′ 50″	+7.542	+7.475	+82° 23′ 0″	+7.545	+7.478
60	+7.545	+7.478	10	+7.547	+7.481

$\alpha_{1957.0} = 20^{h}\,45^{m}\,49^{s}_{.}24$ $\delta_{1957.0} = +82°\,22'\,25''_{.}57$

Scheinbare Sternörter 1957

Obere Kulmination Greenwich

Sa) 4 G. Octantis $5^{m}.63$

Tag	Januar AR.	Januar Dekl.	Januar ☾ Glieder	Februar AR.	Februar Dekl.	Februar ☾ Glieder	März AR.	März Dekl.	März ☾ Glieder	April AR.	April Dekl.	April ☾ Glieder
	$1^h 39^m$ s	−84° 59′ ″	in s 0.01 ″ 0.01	$1^h 39^m$ s	−84° 59′ ″	in s 0.01 ″ 0.01	$1^h 39^m$ s	−84° 59′ ″	in s 0.01 ″ 0.01	$1^h 39^m$ s	−84° 59′ ″	in s 0.01 ″ 0.01
1	40.89	31.97	−5 + 3	32.85	29.72	+3 + 6	26.68	23.22	+4 + 5	22.48	12.82	+4 −5
2	40.64	31.99	−3 + 5	32.60	29.55	+5 + 4	26.50	22.93	+5 + 3	22.40	12.45	+2 −8
3	40.38	32.00	−1 + 6	32.35	29.38	+6 + 1	26.32	22.63	+6 0	22.32	12.08	0 −9
4	40.12	32.01	+2 + 6	32.11	29.21	+6 − 2	26.14	22.33	+5 − 3	22.25	11.71	−3 −9
5	39.85	32.01	+4 + 5	31.86	29.03	+5 − 5	25.96	22.02	+4 − 7	22.18	11.34	−4 −7
6	39.59	32.00	+5 + 3	31.62	28.84	+3 − 8	25.79	21.72	+1 − 9	22.11	10.97	−5 −3
7	39.33	31.99	+6 0	31.38	28.65	+1 −10	25.62	21.40	−1 −10	22.05	10.60	−5 0
8	39.06	31.97	+6 − 3	31.14	28.45	−2 −10	25.45	21.09	−3 − 9	21.99	10.23	−3 +4
9	38.80	31.95	+5 − 7	30.91	28.25	−4 − 8	25.29	20.77	−5 − 7	21.94	9.85	0 +7
10	38.53	31.91	+2 −10	30.68	28.04	−5 − 5	25.13	20.45	−5 − 3	21.89	9.48	+3 +8
11	38.27	31.88	−1 −11	30.45	27.83	−5 0	24.97	20.13	−4 + 2	21.84	9.11	+5 +6
12	38.01	31.83	−3 −10	30.22	27.61	−3 + 4	24.82	19.80	−2 + 6	21.80	8.73	+6 +4
13	37.74	31.78	−5 − 7	29.99	27.39	−1 + 7	24.67	19.47	+1 + 8	21.76	8.36	+5 0
14	37.48	31.73	−6 − 2	29.76	27.16	+2 + 9	24.52	19.14	+4 + 8	21.73	7.99	+4 −3
15	37.22	31.67	−5 + 2	29.54	26.93	+4 + 8	24.38	18.81	+5 + 6	21.70	7.61	+1 −5
16	36.95	31.60	−2 + 6	29.32	26.69	+5 + 5	24.24	18.47	+6 + 3	*21.68	7.24	−2 −6
17	36.69	31.53	0 + 9	29.10	26.45	+5 + 2	24.10	18.13	+5 − 1	21.66	6.86	−4 −5
18	36.43	31.45	+3 + 9	28.88	26.20	+4 − 2	23.97	17.79	+3 − 4	21.64	6.49	−6 −3
19	36.16	31.37	+5 + 7	28.67	25.95	+1 − 4	23.84	17.45	0 − 5	21.63	6.11	−6 0
20	35.90	31.27	+6 + 4	28.46	25.70	−2 − 5	23.71	17.10	−3 − 6	21.62	5.74	−6 +3
21	35.64	31.18	+5 + 1	28.25	25.44	−4 − 5	23.59	16.75	−5 − 4	21.62	5.37	−4 +6
22	35.38	31.07	+3 − 3	28.05	25.18	−6 − 3	23.47	16.40	−6 − 2	21.62	5.00	−2 +7
23	35.12	30.96	0 − 5	27.84	24.91	−6 − 1	23.36	16.05	−6 + 1	21.62	4.62	+1 +8
24	34.87	30.85	−2 − 6	27.64	24.64	−6 + 2	23.24	15.70	−5 + 4	21.62	4.25	+3 +7
25	34.61	30.73	−5 − 5	27.44	24.36	−4 + 5	23.14	15.35	−3 + 6	21.63	3.88	+5 +5
26	34.35	30.60	−6 − 3	27.25	24.08	−2 + 6	23.03	14.99	−1 + 7	21.64	3.51	+6 +3
27	34.10	30.47	−6 0	27.06	23.80	0 + 7	22.93	14.63	+1 + 7	21.66	3.14	+6 −1
28	33.85	30.33	−5 + 3	26.87	23.51	+2 + 7	22.83	14.27	+3 + 6	21.68	2.77	+5 −4
29	33.60	30.18	−3 + 5	26.68	23.22	+4 + 5	22.74	13.91	+5 + 4	21.71	2.41	+3 −7
30	33.34	30.03	−1 + 6				22.65	13.54	+6 + 1	21.74	2.04	+1 −9
31	33.09	29.88	+1 + 7				22.56	13.18	+6 − 2	21.77	1.68	−2 −9
32	32.85	29.72	+3 + 6				22.48	12.82	+4 − 5			

δ	sec δ	tg δ	δ	sec δ	tg δ	δ	sec δ	tg δ
−84° 59′ 0″	+11.436	−11.392	−84° 59′ 10″	+11.442	−11.398	−84° 59′ 30″	+11.455	−11.411
10	+11.442	−11.398	20	+11.448	−11.405	40	+11.461	−11.417

$\alpha_{1957.0} = 1^h\ 39^m\ 41^s.79$ $\delta_{1957.0} = -84°\ 59'\ 15''.32$

* Tag der doppelten unteren Kulmination: April 16.

Scheinbare Sternörter 1957

Obere Kulmination Greenwich

Sa) 4 G. Octantis $5^{m}.63$

Tag	Mai AR.	Mai Dekl.	Mai ☾ Glieder	Juni AR.	Juni Dekl.	Juni ☾ Glieder	Juli AR.	Juli Dekl.	Juli ☾ Glieder	August AR.	August Dekl.	August ☾ Glieder
	$1^h 39^m$ s	−84° 58′ ″	in 0.01 s | 0.01 ″	$1^h 39^m$ s	−84° 58′ ″	in 0.01 s | 0.01 ″	$1^h 39^m$ s	−84° 58′ ″	in 0.01 s | 0.01 ″	$1^h 39^m$ s	−84° 58′ ″	in 0.01 s | 0.01 ″
1	21.77	61.68	−2 −9	24.60	51.40	−4 +2	30.18	44.71	+2 +9	37.40	42.75	+4 0
2	21.81	61.32	−4 −8	24.75	51.12	−2 +6	30.40	44.56	+4 +8	37.64	42.78	+2 −3
3	21.85	60.95	−5 −5	24.90	50.83	0 +8	30.62	44.42	+5 +5	37.87	42.82	0 −5
4	21.89	60.59	−5 −1	25.05	50.56	+3 +8	30.84	44.28	+5 +2	38.11	42.86	−3 −5
5	21.94	60.24	−4 +3	25.21	50.28	+5 +6	31.06	44.15	+4 −2	38.34	42.91	−5 −4
6	21.99	59.88	−1 +6	25.37	50.01	+6 +4	31.29	44.02	+1 −5	38.57	42.96	−6 −1
7	22.04	59.52	+1 +8	25.53	49.74	+5 0	31.52	43.90	−1 −6	38.80	43.02	−6 +1
8	22.10	59.17	+4 +7	25.70	49.48	+3 −4	31.75	43.78	−4 −6	39.04	43.09	−5 +4
9	22.16	58.81	+5 +5	25.87	49.22	+1 −6	31.97	43.67	−5 −4	39.27	43.16	−3 +6
10	22.23	58.47	+6 +2	26.04	48.97	−2 −6	32.20	43.57	−6 −1	39.49	43.24	−1 +7
11	22.30	58.12	+4 −2	26.21	48.72	−4 −5	32.44	43.47	−6 +2	39.72	43.33	+1 +7
12	22.38	57.77	+2 −5	26.39	48.48	−6 −3	32.67	43.38	−4 +4	39.95	43.42	+3 +6
13	22.45	57.43	−1 −6	26.57	48.24	−6 0	32.90	43.29	−2 +6	40.17	43.51	+5 +4
14	22.54	57.09	−3 −6	26.75	48.00	−5 +3	33.14	43.21	0 +7	40.40	43.61	+6 +1
15	22.62	56.74	−5 −5	26.93	47.77	−4 +5	33.37	43.14	+2 +7	40.62	43.72	+5 −2
16	22.71	56.41	−6 −2	27.12	47.54	−2 +7	33.61	43.07	+4 +5	40.84	43.83	+4 −6
17	22.80	56.07	−6 +1	27.31	47.32	+1 +7	33.85	43.01	+5 +3	41.06	43.95	+3 −9
18	22.90	55.74	−5 +4	27.50	47.10	+3 +6	34.08	42.95	+6 0	41.27	44.08	0 −10
19	23.00	55.41	−3 +6	27.70	46.88	+5 +4	34.32	42.89	+5 −4	41.49	44.21	−2 −10
20	23.10	55.08	−1 +7	27.89	46.67	+6 +2	34.55	42.85	+4 −7	41.70	44.34	−4 −8
21	23.21	54.76	+2 +7	28.09	46.47	+6 −2	34.79	42.81	+2 −9	41.91	44.48	−5 −5
22	23.32	54.44	+4 +6	28.29	46.27	+5 −5	35.03	42.77	−1 −10	42.12	44.63	−5 −1
23	23.43	54.12	+5 +4	28.49	46.08	+3 −8	35.27	42.74	−3 −9	42.32	44.78	−3 +4
24	23.55	53.81	+6 0	28.70	45.89	0 −10	35.50	42.72	−5 −6	42.53	44.93	0 +7
25	23.67	53.50	+5 −3	28.90	45.71	−2 −9	35.74	42.70	−5 −2	42.73	45.09	+3 +8
26	23.79	53.19	+4 −6	29.11	45.53	−4 −8	35.98	42.69	−4 +2	42.93	45.26	+5 +7
27	23.92	52.88	+2 −8	29.32	45.36	−5 −4	36.22	42.69	−2 +6	43.13	45.43	+6 +4
28	24.05	52.58	−1 −9	29.53	45.19	−5 0	36.45	42.69	+1 +8	43.32	45.60	+5 +1
29	24.18	52.28	−3 −8	29.74	45.02	−3 +4	36.69	42.69	+3 +8	43.51	45.78	+4 −2
30	24.32	51.98	−5 −6	29.96	44.86	−1 +7	36.93	42.71	+5 +6	43.70	45.97	+1 −5
31	24.46	51.69	−5 −2	30.18	44.71	+2 +9	37.16	42.73	+6 +3	43.88	46.16	−2 −6
32	24.60	51.40	−4 +2				37.40	42.75	+4 0	44.07	46.36	−4 −5

δ	sec δ	tg δ	δ	sec δ	tg δ	δ	sec δ	tg δ
−84° 58′ 40″	+11.423	−11.379	−84° 58′ 50″	+11.429	−11.386	−84° 59′ 0″	+11.436	−11.392
50	+11.429	−11.386	60	+11.436	−11.392	10	+11.442	−11.398

$\alpha_{1957.0} = 1^h\ 39^m\ 41^s.79$ $\delta_{1957.0} = -84°\ 59'\ 15''.32$

Scheinbare Sternörter 1957

Obere Kulmination Greenwich

Sa) 4 G. Octantis $5^{m}.63$

Tag	September AR.	September Dekl.	September ☾ Glieder	Oktober AR.	Oktober Dekl.	Oktober ☾ Glieder	November AR.	November Dekl.	November ☾ Glieder	Dezember AR.	Dezember Dekl.	Dezember ☾ Glieder
	$1^h 39^m$ s	$-84° 58'$ ″	in s 0.01 | ″ 0.01	$1^h 39^m$ s	$-84° 58'$ ″	in s 0.01 | ″ 0.01	$1^h 39^m$ s	$-84° 59'$ ″	in s 0.01 | ″ 0.01	$1^h 39^m$ s	$-84° 59'$ ″	in s 0.01 | ″ 0.01
1	44.07	46.36	−4 −5	47.96	54.17	−6 +3	47.81	4.43	+3 +7	43.56	12.45	+5 0
2	44.25	46.56	−6 −2	48.03	54.48	−5 +6	47.73	4.74	+4 +5	43.36	12.66	+5 −3
3	44.43	46.77	−6 +1	48.09	54.79	−3 +7	47.64	5.05	+5 +2	43.16	12.86	+3 −6
4	44.60	46.98	−6 +4	48.15	55.10	0 +8	47.55	5.36	+5 −1	42.95	13.05	+1 −8
5	44.77	47.20	−4 +6	48.20	55.42	+2 +8	47.46	5.67	+4 −4	42.74	13.24	−1 −9
6	44.94	47.42	−2 +7	48.25	55.73	+4 +6	47.36	5.97	+2 −7	42.53	13.42	−4 −8
7	45.11	47.64	0 +8	48.29	56.05	+5 +4	47.26	6.27	0 −8	42.32	13.60	−5 −5
8	45.27	47.87	+3 +7	48.33	56.37	+5 +1	47.15	6.57	−2 −8	42.10	13.77	−5 −2
9	45.43	48.10	+4 +5	48.37	56.69	+5 −2	47.03	6.86	−4 −7	41.88	13.94	−4 +2
10	45.58	48.34	+5 +2	48.40	57.01	+3 −5	46.92	7.15	−5 −4	41.66	14.10	−2 +5
11	45.74	48.59	+5 −1	48.43	57.33	+2 −8	46.80	7.44	−5 −1	41.44	14.26	0 +7
12	45.88	48.83	+4 −4	48.45	57.65	−1 −9	46.67	7.73	−3 +3	41.21	14.41	+3 +7
13	46.03	49.08	+3 −7	48.47	57.98	−3 −9	46.54	8.01	−1 +5	40.98	14.55	+5 +5
14	46.17	49.34	+1 −9	48.48	58.30	−4 −7	46.40	8.29	+2 +7	40.75	14.69	+6 +2
15	46.31	49.60	−1 −10	48.49	58.63	−5 −4	46.27	8.57	+4 +6	40.52	14.83	+5 −1
16	46.44	49.86	−3 −9	48.49 48.48	58.95 59.28	−4 0 −2 +4	46.12	8.84	+5 +4	40.28	14.95	+3 −4
17	46.58	50.13	−5 −6	48.48	59.61	0 +6	45.98	9.11	+6 +1	40.04	15.07	0 −6
18	46.70	50.39	−5 −2	48.46	59.93	+3 +7	45.83	9.37	+4 −3	39.80	15.19	−2 −7
19	46.82	50.67	−4 +2	48.45	60.26	+5 +6	45.68	9.64	+2 −5	39.56	15.30	−4 −5
20	46.94	50.94	−2 +5	48.43	60.59	+6 +3	45.52	9.89	−1 −7	39.32	15.40	−6 −3
21	47.06	51.22	+1 +7	48.40	60.91	+5 −1	45.36	10.15	−3 −6	39.08	15.50	−6 +1
22	47.16	51.50	+4 +7	48.37	61.24	+4 −4	45.20	10.40	−5 −4	38.83	15.59	−5 +4
23	47.27	51.79	+5 +5	48.34	61.56	+1 −6	45.03	10.65	−6 −1	38.58	15.67	−3 +6
24	47.37	52.08	+6 +2	48.30	61.88	−2 −6	44.86	10.89	−6 +2	38.33	15.75	−1 +8
25	47.47	52.37	+5 −1	48.25	62.20	−4 −5	44.68	11.12	−4 +5	38.08	15.82	+1 +8
26	47.56	52.67	+2 −4	48.20	62.53	−6 −2	44.51	11.36	−2 +7	37.83	15.88	+3 +7
27	47.65	52.97	0 −6	48.15	62.85	−6 +1	44.32	11.59	0 +8	37.58	15.94	+5 +4
28	47.73	53.27	−3 −5	48.09	63.16	−6 +4	44.14	11.81	+2 +8	37.33	16.00	+5 +1
29	47.81	53.57	−5 −4	48.03	63.48	−4 +7	43.95	12.03	+4 +6	37.07	16.04	+5 −2
30	47.89	53.87	−6 −1	47.96	63.80	−1 +8	43.76	12.24	+5 +3	36.81	16.09	+4 −5
31	47.96	54.17	−6 +3	47.89	64.11	+1 +8	43.56	12.45	+5 0	36.56	16.12	+2 −8
32				47.81	64.43	+3 +7				36.30	16.15	0 −9

δ	sec δ	tg δ	δ	sec δ	tg δ	δ	sec δ	tg δ
−84° 58′ 40″	+11.423	−11.379	−84° 59′ 0″	+11.436	−11.392	−84° 59′ 10″	+11.442	−11.398
50	+11.429	−11.386	10	+11.442	−11.398	20	+11.448	−11.405

$\alpha_{1957.0} = 1^h\ 39^m\ 41^s.79$ $\delta_{1957.0} = -84°\ 59'\ 15''.32$

Scheinbare Sternörter 1957

Obere Kulmination Greenwich

Sb) ξ Mensae $5^m\!.85$

Tag	Januar				Februar				März				April			
	AR.	Dekl.	☾ Glieder		AR.	Dekl.	☾ Glieder		AR.	Dekl.	☾ Glieder		AR.	Dekl.	☾ Glieder	
	$5^h\ 3^m$	$-82°\ 32'$	in s 0.01	in ″ 0.01	$5^h\ 3^m$	$-82°\ 32'$	in s 0.01	in ″ 0.01	$5^h\ 3^m$	$-82°\ 32'$	in s 0.01	in ″ 0.01	$5^h\ 3^m$	$-82°\ 32'$	in s 0.01	in ″ 0.01
	s	″			s	″			s	″			s	″		
1	48.14	4.81	-3	-3	43.88	12.12	-1	+6	38.71	14.61	0	+7	32.85	12.52	+3	+2
2	48.04	5.11	-3	0	43.71	12.28	+1	+7	38.52	14.62	+1	+7	32.67	12.37	+3	-1
3	47.94	5.40	-2	+3	43.54	12.43	+2	+7	38.32	14.62	+2	+6	32.50	12.22	+3	-5
4	47.83	5.69	-1	+5	43.36	12.58	+3	+5	38.13	14.62	+3	+4	32.32	12.06	+2	-7
5	47.73	5.98	0	+7	43.19	12.73	+4	+3	37.94	14.62	+3	0	32.15	11.90	+1	-8
6	47.61	6.26	+1	+8	43.01	12.87	+4	-1	37.74	14.61	+3	-3	31.98	11.74	-1	-7
7	47.50	6.54	+2	+7	42.83	13.00	+3	-5	37.55	14.59	+3	-6	31.81	11.57	-2	-4
8	47.38	6.82	+3	+5	42.65	13.13	+2	-7	37.35	14.57	+1	-8	31.64	11.40	-2	-1
9	47.26	7.09	+4	+1	42.48	13.26	+1	-9	37.16	14.54	0	-8	31.47	11.22	-2	+3
10	47.14	7.36	+4	-3	42.30	13.38	-1	-8	36.96	14.51	-1	-7	31.31	11.04	-1	+7
11	47.02	7.62	+3	-6	42.11	13.49	-2	-5	36.77	14.47	-2	-3	31.14	10.85	0	+8
12	46.89	7.88	+1	-8	41.93	13.60	-2	-1	36.57	14.43	-2	+1	30.98	10.66	+1	+8
13	46.76	8.13	0	-9	41.75	13.70	-2	+3	36.38	14.38	-2	+5	30.82	10.46	+2	+6
14	46.63	8.38	-2	-7	41.56	13.80	-2	+7	36.19	14.33	-1	+8	30.66	10.26	+2	+2
15	46.49	8.63	-3	-3	41.38	13.89	-1	+9	36.00	14.27	0	+8	30.51	10.06	+2	-2
16	46.35	8.87	-3	+1	41.19	13.98	0	+9	35.80	14.21	+1	+7	30.35	9.85	+1	-5
17	46.21	9.11	-3	+5	41.00	14.06	+1	+7	35.61	14.14	+2	+4	30.20	9.64	0	-8
18	46.07	9.34	-2	+8	40.81	14.13	+2	+3	35.42	14.07	+2	+1	30.05	9.42	-1	-8
19	45.92	9.57	0	+9	40.62	14.20	+2	-1	35.23	13.99	+2	-3	29.90	9.21	-2	-7
20	45.78	9.79	+1	+8	40.43	14.27	+1	-5	35.04	13.91	0	-6	29.75	8.98	-3	-5
21	45.63	10.01	+2	+5	40.24	14.33	0	-7	34.85	13.82	-1	-8	29.61	8.76	-3	-1
22	45.48	10.23	+2	+1	40.05	14.38	-1	-8	34.66	13.73	-2	-8	29.47	8.53	-3	+2
23	45.33	10.44	+2	-3	39.86	14.43	-2	-7	34.48	13.63	-3	-6	29.33	8.30	-2	+5
24	45.17	10.65	+1	-6	39.67	14.48	-3	-5	34.29	13.53	-3	-3	29.19	8.06	-1	+7
25	45.02	10.85	0	-8	39.48	14.52	-3	-2	34.11	13.42	-3	0	29.05	7.82	0	+8
26	44.86	11.05	-1	-8	39.29	14.55	-3	+1	33.92	13.30	-3	+3	28.91	7.58	+1	+7
27	44.70	11.24	-2	-6	39.10	14.57	-2	+4	33.74	13.18	-2	+6	28.78	7.33	+2	+6
28	44.54	11.43	-3	-4	38.90	14.59	-1	+6	33.56	13.06	-1	+7	28.65	7.08	+3	+3
29	44.38	11.61	-3	-1	38.71	14.61	0	+7	33.38	12.93	+1	+8	28.52	6.82	+3	0
30	44.21	11.78	-2	+2					33.20	12.80	+2	+7	28.40	6.56	+3	-4
31	44.05	11.95	-2	+5					33.02	12.66	+3	+5	28.27	6.30	+2	-7
32	43.88	12.12	-1	+6					32.85	12.52	+3	+2				

δ	sec δ	tg δ	δ	sec δ	tg δ
−82° 32′ 0″	+7.695	−7.630	−82° 32′ 10″	+7.698	−7.633
10	+7.698	−7.633	20	+7.701	−7.636

$\alpha_{1957.0} = 5^h\ 3^m\ 41^s\!.36$ $\delta_{1957.0} = -82°\ 31'\ 52''\!.32$

Scheinbare Sternörter 1957

Obere Kulmination Greenwich

Sb) ξ Mensae $5^m\!.85$

Tag	Mai AR.	Mai Dekl.	Mai ☾ Glieder		Juni AR.	Juni Dekl.	Juni ☾ Glieder		Juli AR.	Juli Dekl.	Juli ☾ Glieder		August AR.	August Dekl.	August ☾ Glieder	
	$5^h\ 3^m$	$-82°\ 31'$	in s 0.01	in ″ 0.01	$5^h\ 3^m$	$-82°\ 31'$	in s 0.01	in ″ 0.01	$5^h\ 3^m$	$-82°\ 31'$	in s 0.01	in ″ 0.01	$5^h\ 3^m$	$-82°\ 31'$	in s 0.01	in ″ 0.01
	s	″			s	″			s	″			s	″		
1	28.27	66.30	+2	−7	25.66	57.01	−2	−3	25.68	47.20	−2	+7	28.28	38.69	+2	+4
2	28.15	66.04	+1	−8	25.62	56.69	−3	+1	25.72	46.88	−1	+8	28.40	38.47	+2	+1
3	28.03	65.77	−1	−8	25.58	56.36	−2	+4	25.77	46.57	+1	+8	28.52	38.26	+1	−3
4	27.91	65.50	−2	−6	25.54	56.03	−1	+7	25.82	46.26	+2	+6	28.64	38.05	0	−6
5	27.80	65.23	−2	−2	25.51	55.70	0	+8	25.87	45.96	+2	+3	28.77	37.84	−1	−8
6	27.68	64.96	−2	+2	25.48	55.37	+1	+8	25.93	45.65	+2	−1	28.90	37.64	−2	−7
7	27.57	64.68	−2	+6	*25.45	55.04	+2	+5	25.99	45.34	+1	−5	29.03	37.44	−3	−6
8	27.46	64.40	−1	+8	25.43	54.71	+2	+1	26.05	45.04	0	−7	29.16	37.25	−3	−3
9	27.35	64.12	+1	+8	25.41	54.38	+2	−3	26.11	44.74	−1	−8	29.29	37.07	−3	0
10	27.25	63.83	+2	+7	25.39	54.05	+1	−6	26.18	44.45	−2	−7	29.43	36.89	−2	+3
11	27.15	63.54	+2	+3	25.38	53.72	0	−8	26.25	44.15	−3	−5	29.56	36.71	−1	+5
12	27.05	63.25	+2	0	25.36	53.39	−1	−8	26.32	43.86	−3	−2	29.70	36.54	0	+7
13	26.96	62.96	+2	−4	25.35	53.06	−2	−7	26.39	43.57	−3	+1	29.84	36.38	+1	+7
14	26.86	62.66	+1	−7	25.35	52.72	−3	−4	26.47	43.28	−2	+4	29.99	36.22	+2	+6
15	26.77	62.37	−1	−8	25.34	52.39	−3	−1	26.55	43.00	−1	+6	30.13	36.06	+3	+4
16	26.68	62.06	−2	−8	25.34	52.06	−3	+2	26.63	42.72	0	+7	30.28	35.91	+3	+2
17	26.60	61.76	−3	−6	25.34	51.73	−2	+5	26.71	42.44	+1	+7	30.42	35.77	+3	−2
18	26.52	61.46	−3	−3	25.35	51.40	−1	+6	26.80	42.17	+2	+6	30.57	35.63	+3	−5
19	26.44	61.15	−3	0	25.36	51.07	0	+7	26.89	41.89	+3	+4	30.72	35.49	+2	−7
20	26.36	60.84	−2	+3	25.37	50.74	+2	+7	26.98	41.63	+3	0	30.87	35.37	+1	−8
21	26.29	60.53	−1	+6	25.38	50.41	+3	+5	27.08	41.36	+3	−3	31.02	35.24	−1	−8
22	26.22	60.22	0	+7	25.40	50.08	+3	+2	27.17	41.10	+3	−6	31.18	35.12	−2	−5
23	26.15	59.90	+1	+8	25.42	49.76	+3	−1	27.27	40.84	+1	−8	31.33	35.01	−2	−1
24	26.08	59.59	+2	+6	25.44	49.44	+3	−5	27.38	40.59	0	−8	31.48	34.90	−2	+3
25	26.02	59.27	+3	+4	25.46	49.11	+2	−7	27.48	40.34	−1	−7	31.64	34.80	−1	+7
26	25.96	58.95	+3	+1	25.49	48.79	+1	−8	27.59	40.09	−2	−3	31.80	34.71	0	+9
27	25.90	58.63	+3	−2	25.52	48.47	−1	−8	27.70	39.85	−3	+1	31.95	34.62	+1	+8
28	25.85	58.31	+2	−6	25.56	48.15	−2	−5	27.81	39.61	−2	+5	32.11	34.53	+2	+6
29	25.79	57.99	+1	−8	25.59	47.83	−3	−1	27.92	39.37	−1	+8	32.27	34.46	+2	+2
30	25.75	57.66	0	−8	25.63	47.51	−3	+3	28.04	39.14	0	+9	32.43	34.39	+2	−2
31	25.70	57.34	−1	−7	25.68	47.20	−2	+7	28.16	38.91	+1	+8	32.59	34.32	+1	−5
32	25.66	57.01	−2	−3					28.28	38.69	+2	+4	32.76	34.26	0	−7

δ	sec δ	tg δ	δ	sec δ	tg δ	δ	sec δ	tg δ
−82° 31′ 30″	+7.687	−7.621	−82° 31′ 40″	+7.690	−7.624	−82° 32′ 0″	+7.695	−7.630
40	+7.690	−7.624	50	+7.692	−7.627	10	+7.698	−7.633

$\alpha_{1957.0} = 5^h\ 3^m\ 41^s\!.36$ $\delta_{1957.0} = -82°\ 31'\ 52''\!.32$

* Tag der doppelten unteren Kulmination: Juni 7.

Scheinbare Sternörter 1957

Obere Kulmination Greenwich

5b) ξ Mensae $5^{m}.85$

Tag	September AR.	September Dekl.	September ☾ Glieder		Oktober AR.	Oktober Dekl.	Oktober ☾ Glieder		November AR.	November Dekl.	November ☾ Glieder		Dezember AR.	Dezember Dekl.	Dezember ☾ Glieder	
	$5^h\ 3^m$	$-82°\ 31'$	in s 0.01	in ″ 0.01	$5^h\ 3^m$	$-82°\ 31'$	in s 0.01	in ″ 0.01	$5^h\ 3^m$	$-82°\ 31'$	in s 0.01	in ″ 0.01	$5^h\ 3^m$	$-82°\ 31'$	in s 0.01	in ″ 0.01
	s	″			s	″			s	″			s	″		
1	32.76	34.26	0	−7	37.64	35.38	−3	−5	41.64	42.03	−2	+5	43.15	51.83	+1	+7
2	32.92	34.21	−2	−8	37.80	35.52	−3	−2	41.73	42.32	−1	+7	43.15	52.18	+2	+6
3	33.08	34.16	−3	−6	37.95	35.66	−3	+1	41.82	42.61	0	+7	43.15	52.53	+3	+3
4	33.25	34.12	−3	−4	38.10	35.80	−3	+4	41.91	42.91	+1	+7	43.15	52.88	+3	0
5	33.41	34.09	−3	−1	38.25	35.95	−1	+6	41.99	43.21	+2	+5	43.14	53.23	+3	−3
6	33.58	34.06	−3	+2	38.40	36.11	0	+7	42.07	43.51	+3	+2	43.13	53.59	+2	−6
7	33.74	34.04	−2	+5	38.55	36.27	+1	+7	42.15	43.82	+3	−1	{43.11 43.09	53.94 54.28	+1 0	−7 −8
8	33.91	34.03	−1	+6	38.69	36.44	+2	+6	42.23	44.13	+3	−4	43.07	54.63	−1	−6
9	34.07	34.02	0	+7	38.84	36.61	+3	+4	42.30	44.44	+2	−6	43.05	54.98	−2	−3
10	34.24	34.01	+1	+7	38.98	36.79	+3	+1	42.37	44.75	+1	−7	43.02	55.32	−2	+1
11	34.40	34.02	+2	+5	39.12	36.98	+3	−2	42.44	45.07	−1	−7	42.99	55.67	−2	+4
12	34.57	34.02	+3	+3	39.26	37.17	+2	−5	42.51	45.39	−2	−5	42.95	56.01	−1	+7
13	34.73	34.04	+3	0	39.40	37.37	+1	−7	42.57	45.71	−2	−2	42.91	56.35	0	+8
14	34.90	34.06	+3	−4	39.53	37.57	0	−8	42.63	46.04	−2	+2	42.87	56.70	+1	+7
15	35.07	34.09	+2	−6	39.66	37.78	−1	−7	42.69	46.36	−1	+5	42.83	57.03	+2	+4
16	35.23	34.12	+1	−8	39.80	37.99	−2	−4	42.74	46.70	0	+8	42.78	57.37	+2	+1
17	35.40	34.17	0	−8	39.93	38.21	−2	−1	42.79	47.03	+1	+8	42.73	57.71	+2	−3
18	35.56	34.21	−1	−6	40.06	38.43	−2	+3	42.84	47.36	+2	+6	42.68	58.04	+1	−6
19	35.72	34.27	−2	−3	40.18	38.66	−1	+6	42.88	47.70	+2	+3	42.62	58.37	0	−8
20	35.89	34.33	−2	+1	40.31	38.89	0	+8	42.92	48.04	+2	−1	42.56	58.71	−2	−8
21	36.05	34.39	−1	+5	40.43	39.13	+1	+8	42.96	48.37	+2	−4	42.50	59.03	−3	−6
22	36.21	34.46	0	+8	40.55	39.37	+2	+5	42.99	48.72	+1	−7	42.43	59.36	−3	−4
23	36.38	34.54	+1	+8	40.67	39.62	+2	+2	43.02	49.06	−1	−8	42.36	59.68	−3	0
24	36.54	34.62	+2	+7	40.79	39.87	+2	−2	43.05	49.41	−2	−7	42.29	60.01	−3	+3
25	36.70	34.71	+2	+4	40.91	40.12	+1	−6	43.07	49.75	−3	−5	42.21	60.32	−2	+6
26	36.86	34.81	+2	0	41.02	40.38	0	−8	43.10	50.10	−3	−2	42.13	60.64	−1	+7
27	37.02	34.91	+1	−4	41.13	40.65	−2	−8	43.11	50.44	−3	+1	42.05	60.95	+1	+7
28	37.18	35.02	0	−6	41.23	40.91	−3	−6	43.13	50.79	−3	+4	41.96	61.26	+2	+6
29	37.33	35.14	−1	−8	41.34	41.19	−3	−4	43.14	51.14	−1	+6	41.88	61.57	+3	+4
30	37.49	35.26	−2	−7	41.44	41.46	−3	0	43.15	51.49	0	+7	41.79	61.88	+3	+1
31	37.64	35.38	−3	−5	41.54	41.74	−3	+3	43.15	51.83	+1	+7	41.70	62.18	+3	−2
32					41.64	42.03	−2	+5					41.60	62.48	+3	−5

δ	sec δ	tg δ	δ	sec δ	tg δ	δ	sec δ	tg δ
−82° 31′ 30″	+7.687	−7.621	−82° 31′ 50″	+7.692	−7.627	−82° 32′ 0″	+7.695	−7.630
40	+7.690	−7.624	60	+7.695	−7.630	10	+7.698	−7.633

$\alpha_{1957.0} = 5^h\ 3^m\ 41^s.36$ $\delta_{1957.0} = -82°\ 31'\ 52''.32$

Scheinbare Sternörter 1957

Obere Kulmination Greenwich

Sc) ζ Octantis $5^{m}.38$

Tag	Januar AR.	Januar Dekl.	Januar ☾ Glieder	Februar AR.	Februar Dekl.	Februar ☾ Glieder	März AR.	März Dekl.	März ☾ Glieder	April AR.	April Dekl.	April ☾ Glieder
	$9^h\ 3^m$	−85° 29′	in s 0.01 | ″ 0.01	$9^h\ 3^m$	−85° 29′	in s 0.01 | ″ 0.01	$9^h\ 3^m$	−85° 29′	in s 0.01 | ″ 0.01	$9^h\ 3^m$	−85° 30′	in s 0.01 | ″ 0.01
	s	″		s	″		s	″		s	″	
1	34.34	34.77	+2 −8	36.03	46.16	−5 −1	33.36	56.85	−5 +3	26.93	5.90	+1 +8
2	34.48	35.11	0 −7	36.00	46.54	−5 +2	33.20	57.19	−4 +6	26.68	6.13	+4 +7
3	34.60	35.45	−2 −6	35.97	46.92	−5 +5	33.04	57.53	−2 +8	26.42	6.36	+6 +4
4	34.72	35.79	−4 −3	35.93	47.30	−3 +8	32.87	57.86	0 +9	26.17	6.58	+6 0
5	34.83	36.14	−5 0	35.89	47.69	−1 +9	32.71	58.20	+3 +8	25.91	6.80	+6 −3
6	34.94	36.49	−5 +3	{35.84 / 35.79}	48.07 / 48.45	{+1 +9 / +4 +8}	32.53	58.53	+5 +6	25.65	7.01	+4 −6
7	35.04	36.84	−4 +6	35.73	48.83	+6 +5	32.36	58.86	+7 +3	25.39	7.22	+1 −6
8	35.14	37.19	−3 +9	35.67	49.21	+7 +2	32.18	59.18	+7 −1	25.12	7.42	−2 −5
9	35.23	37.55	0 +10	35.60	49.59	+7 −2	32.00	59.50	+6 −4	24.86	7.62	−4 −3
10	35.32	37.90	+2 +9	35.53	49.96	+5 −5	31.81	59.82	+3 −6	24.59	7.82	−6 0
11	35.41	38.27	+5 +7	35.46	50.34	+2 −7	31.62	60.13	0 −6	24.32	8.01	−6 +4
12	35.49	38.63	+7 +4	35.38	50.71	−2 −6	31.43	60.45	−3 −5	24.05	8.19	−4 +6
13	35.56	38.99	+7 0	35.30	51.09	−5 −4	31.23	60.75	−5 −2	23.78	8.37	−2 +7
14	35.63	39.36	+6 −4	35.21	51.46	−6 −1	31.03	61.06	−6 +1	23.51	8.55	+1 +6
15	35.70	39.73	+3 −7	35.12	51.83	−7 +2	30.83	61.36	−6 +4	23.24	8.72	+3 +3
16	35.76	40.10	0 −7	35.02	52.20	−5 +5	30.62	61.66	−4 +6	22.96	8.88	+5 0
17	35.81	40.48	−3 −6	34.92	52.57	−3 +6	30.41	61.95	−1 +6	22.69	9.04	+5 −4
18	35.86	40.84	−6 −3	34.81	52.94	0 +5	30.20	62.24	+2 +5	22.41	9.20	+5 −7
19	35.90	41.21	−7 0	34.70	53.30	+2 +3	29.98	62.53	+4 +2	22.13	9.35	+3 −9
20	35.94	41.59	−6 +3	34.59	53.67	+4 0	29.77	62.81	+5 −2	21.86	9.49	+1 −9
21	35.98	41.96	−5 +5	34.47	54.03	+5 −4	29.54	63.09	+5 −5	21.58	9.63	−2 −8
22	36.01	42.34	−2 +6	34.35	54.39	+4 −6	29.32	63.36	+4 −8	21.29	9.77	−4 −6
23	36.03	42.72	+1 +5	34.22	54.75	+3 −8	29.09	63.63	+2 −9	21.01	9.90	−5 −2
24	36.05	43.09	+3 +2	34.09	55.10	+1 −9	28.86	63.90	0 −8	20.73	10.02	−6 +1
25	36.07	43.47	+5 −2	33.95	55.46	−1 −8	28.63	64.17	−3 −7	20.44	10.14	−5 +4
26	36.08	43.86	+5 −5	33.81	55.81	−3 −6	28.40	64.43	−4 −4	20.16	10.26	−4 +7
27	36.08	44.24	+4 −7	33.66	56.16	−4 −3	28.16	64.69	−5 −1	19.87	10.37	[illegible] [illegible]
28	36.08	44.62	+2 −8	33.51	56.51	−5 0	27.92	64.94	−5 +2	19.58	10.47	+1 +8
29	36.07	45.00	0 −8	33.36	56.85	−5 +3	27.68	65.19	−5 +5	19.30	10.57	+3 +7
30	36.06	45.39	−2 −7				27.43	65.43	−3 +7	19.01	10.67	+5 +4
31	36.05	45.77	−3 −4				27.18	65.67	−1 +8	18.72	10.76	+6 +1
32	36.03	46.16	−5 −1				26.93	65.90	+1 +8			

δ	sec δ	tg δ	δ	sec δ	tg δ	δ	sec δ	tg δ
−85° 29′ 30″	+12.722	−12.683	−85° 29′ 50″	+12.738	−12.698	−85° 30′ 10″	+12.753	−12.714
40	+12.730	−12.690	60	+12.745	−12.706	20	+12.761	−12.722

$\alpha_{1957.0} = 9^h\ 3^m\ 19^s.62$ $\delta_{1957.0} = -85°\ 29'\ 38''.51$

Scheinbare Sternörter 1957

Obere Kulmination Greenwich

Sc) ζ Octantis $5^m\!.38$

Tag	Mai AR.	Mai Dekl.	Mai ☾ Glieder	Juni AR.	Juni Dekl.	Juni ☾ Glieder	Juli AR.	Juli Dekl.	Juli ☾ Glieder	August AR.	August Dekl.	August ☾ Glieder
	$9^h\ 3^m$	−85° 30′	in s 0.01 | ″ 0.01	$9^h\ 3^m$	−85° 30′	in s 0.01 | ″ 0.01	$9^h\ 2^m$	−85° 29′	in s 0.01 | ″ 0.01	$9^h\ 2^m$	−85° 29′	in s 0.01 | ″ 0.01
	s	″		s	″		s	″		s	″	
1	18.72	10.76	+6 +1	10.01	10.86	0 −7	63.20	66.33	−6 −1	59.46	58.11	−1 +6
2	18.43	10.84	+6 −2	9.75	10.78	−3 −6	63.02	66.11	−6 +2	59.41	57.81	+1 +4
3	18.15	10.92	+5 −5	9.49	10.70	−5 −3	62.84	65.89	−5 +5	59.37	57.50	+4 +1
4	17.86	10.99	+2 −6	9.23	10.61	−6 +1	62.67	65.66	−3 +6	59.33	57.20	+5 −2
5	17.57	11.06	−1 −6	8.97	10.51	−6 +4	62.50	65.43	0 +6	59.30	56.90	+5 −5
6	17.28	11.12	−4 −4	8.72	10.41	−4 +6	62.33	65.20	+2 +4	59.27	56.59	+4 −8
7	16.99	11.18	−5 −1	8.47	10.30	−2 +7	62.17	64.96	+4 0	*59.25	56.29	+2 −9
8	16.70	11.23	−6 +2	8.21	10.19	+1 +5	62.01	64.72	+5 −3	59.23	55.98	0 −8
9	16.42	11.27	−5 +5	7.97	10.08	+4 +3	61.85	64.48	+5 −6	59.21	55.67	−2 −7
10	16.13	11.31	−3 +7	7.72	9.96	+5 0	61.70	64.23	+3 −8	59.20	55.36	−4 −4
11	15.84	11.35	0 +6	7.48	9.83	+5 −4	61.55	63.98	+1 −8	59.20	55.06	−5 −1
12	15.56	11.38	+2 +5	7.24	9.70	+5 −7	61.41	63.73	−1 −7	59.20	54.75	−5 +2
13	15.27	11.40	+4 +2	7.00	9.56	+3 −8	61.27	63.47	−3 −6	59.20	54.44	−4 +5
14	14.98	11.42	+5 −2	6.76	9.42	0 −8	61.14	63.21	−4 −3	59.21	54.13	−3 +7
15	14.70	11.44	+5 −5	6.53	9.27	−2 −7	61.01	62.95	−5 0	59.23	53.82	−1 +8
16	14.41	11.45	+4 −8	6.30	9.12	−4 −5	60.88	62.68	−5 +3	59.25	53.51	+2 +9
17	14.13	11.45	+2 −9	6.07	8.96	−5 −2	60.76	62.41	−4 +6	59.27	53.20	+4 +7
18	13.85	11.45	0 −8	5.85	8.80	−5 +1	60.64	62.14	−2 +8	59.30	52.90	+6 +5
19	13.57	11.44	−3 −7	5.63	8.64	−5 +5	60.53	61.87	0 +9	59.33	52.59	+7 +1
20	13.28	11.43	−4 −4	5.41	8.47	−4 +8	60.42	61.59	+3 +8	59.37	52.28	+6 −2
21	13.00	11.41	−5 0	5.19	8.30	−1 +9	60.32	61.31	+5 +6	59.41	51.97	+5 −5
22	12.73	11.38	−5 +3	4.98	8.12	+1 +9	60.22	61.03	+7 +3	59.46	51.67	+2 −6
23	12.45	11.36	−5 +6	4.77	7.94	+4 +8	60.12	60.75	+7 −1	59.52	51.36	−1 −5
24	12.17	11.32	−3 +8	4.56	7.75	+6 +5	60.03	60.46	+6 −4	59.58	51.06	−4 −3
25	11.90	11.28	0 +9	4.35	7.56	+7 +1	59.94	60.17	+3 −6	59.64	50.75	−6 0
26	11.62	11.24	+2 +8	4.15	7.37	+6 −2	59.86	59.88	0 −6	59.71	50.45	−6 +3
27	11.35	11.19	+4 +6	3.95	7.17	+4 −5	59.78	59.59	−3 −5	59.78	50.14	−5 +6
28	11.08	11.13	+6 +3	3.76	6.96	+2 −7	59.71	59.29	−5 −3	59.86	49.85	−3 +7
29	10.81	11.07	+6 −1	3.57	6.76	−2 −6	59.64	59.00	−6 +1	59.94	49.55	0 +6
30	10.54	11.01	+5 −4	3.38	6.54	−5 −4	59.57	58.70	−6 +4	60.03	49.25	+3 +3
31	10.28	10.94	+3 −6	3.20	6.33	−6 −1	59.52	58.40	−4 +6	60.12	48.96	+5 −1
32	10.01	10.86	0 −7				59.46	58.11	−1 +6	60.22	48.67	+5 −4

δ	sec δ	tg δ	δ	sec δ	tg δ	δ	sec δ	tg δ
−85° 29′ 40″	+12.730	−12.690	−85° 30′ 0″	+12.745	−12.706	−85° 30′ 10″	+12.753	−12.714
50	+12.738	−12.698	10	+12.753	−12.714	20	+12.761	−12.722

$\alpha_{1957.0} = 9^h\ 3^m\ 19^s\!.62$ $\delta_{1957.0} = -85°\ 29'\ 38''\!.51$

* Tag der doppelten unteren Kulmination: Aug. 7.

Scheinbare Sternörter 1957

Obere Kulmination Greenwich

Sc) ζ Octantis $5^{m}.38$

Tag	September AR.	September Dekl.	September ☾ Glieder in s 0.01	September ☾ Glieder in ″ 0.01	Oktober AR.	Oktober Dekl.	Oktober ☾ Glieder in s 0.01	Oktober ☾ Glieder in ″ 0.01
	$9^h\ 3^m$ s	$-85°\ 29'$ ″			$9^h\ 3^m$ s	$-85°\ 29'$ ″		
1	0.22	48.67	+5	−4	5.19	41.30	+1	−10
2	0.32	48.37	+4	−7	5.42	41.12	−1	−9
3	0.43	48.09	+2	−9	5.65	40.94	−3	−7
4	0.54	47.80	0	−9	5.88	40.77	−5	−4
5	0.66	47.52	−2	−8	6.12	40.60	−6	−1
6	0.78	47.24	−4	−6	6.35	40.44	−5	+2
7	0.91	46.96	−5	−3	6.60	40.28	−4	+5
8	1.04	46.68	−5	+1	6.84	40.13	−2	+7
9	1.17	46.41	−5	+3	7.09	39.99	0	+8
10	1.31	46.14	−4	+6	7.34	39.85	+2	+7
11	1.45	45.87	−2	+8	7.59	39.71	+4	+6
12	1.60	45.61	+1	+8	7.84	39.59	+6	+3
13	1.75	45.35	+3	+7	8.10	39.47	+6	0
14	1.91	45.09	+5	+5	8.36	39.35	+6	−3
15	2.07	44.84	+6	+3	8.62	39.24	+4	−5
16	2.24	44.59	+7	−1	8.88	39.14	+1	−6
17	2.40	44.34	+5	−4	9.15	39.04	−1	−5
18	2.58	44.10	+3	−5	9.41	38.95	−4	−2
19	2.76	43.86	0	−5	9.68	38.86	−5	+1
20	2.94	43.62	−3	−4	9.95	38.78	−5	+4
21	3.12	43.39	−5	−1	10.22	38.71	−4	+7
22	3.32	43.16	−6	+2	10.50	38.64	−2	+7
23	3.51	42.93	−5	+5	10.77	38.58	+1	+6
24	3.71	42.71	−3	+7	11.05	38.52	+3	+3
25	3.91	42.49	−1	+7	11.33	38.47	+5	0
26	4.12	42.28	+2	+5	11.60	38.43	+5	−4
27	4.32	42.07	+4	+1	11.88	38.39	+4	−7
28	4.54	41.87	+5	−2	12.16	38.36	+2	−9
29	4.75	41.68	+5	−6	12.44	38.34	0	−9
30	4.97	41.48	+3	−9	12.72	38.32	−3	−8
31	5.19	41.30	+1	−10	13.01	38.31	−4	−6
32					13.29	38.31	−5	−2

Tag	November AR.	November Dekl.	November ☾ Glieder in s 0.01	November ☾ Glieder in ″ 0.01	Dezember AR.	Dezember Dekl.	Dezember ☾ Glieder in s 0.01	Dezember ☾ Glieder in ″ 0.01
	$9^h\ 3^m$ s	$-85°\ 29'$ ″			$9^h\ 3^m$ s	$-85°\ 29'$ ″		
1	13.29	38.31	−5	−2	21.52	41.22	−4	+6
2	13.57	38.31	−6	+1	21.77	41.41	−2	+7
3	13.86	38.32	−5	+4	22.01	41.61	0	+8
4	14.15	38.34	−3	+6	22.25	41.82	+3	+7
5	14.43	38.36	−1	+8	22.49	42.03	+5	+5
6	14.72	38.39	+1	+7	22.73	42.24	+6	+2
7	15.00	38.42	+3	+6	22.96	42.46	+6	−1
8	15.28	38.47	+5	+4	23.19	42.69	+5	−4
9	15.57	38.52	+6	+1	23.42	42.92	+3	−6
10	15.85	38.57	+6	−2	23.64	43.16	0	−6
11	16.13	38.63	+4	−5	23.86	43.40	−2	−5
12	16.42	38.70	+2	−6	24.08	43.65	−5	−2
13	16.70	38.78	−1	−5	24.29	43.90	−6	+1
14	16.98	38.86	−3	−3	24.50	44.16	−5	+4
15	17.26	38.95	−5	−1	24.70	44.42	−4	+6
16	17.54	39.04	−6	+3	24.90	44.69	−1	+7
17	17.81	39.14	−5	+6	25.10	44.96	+2	+6
18	18.09	39.25	−2	+7	25.29	45.24	+4	+3
19	18.36	39.37	0	+7	25.48	45.52	+5	−1
20	18.64	39.49	+3	+5	25.67	45.80	+5	−4
21	18.91	39.61	+5	+2	25.85	46.09	+4	−7
22	19.18	39.75	+5	−2	26.03	46.38	+2	−8
23	19.45	39.89	+5	−6	26.21	46.68	0	−8
24	19.72	40.04	+3	−8	26.38	46.98	−3	−7
25	19.98	40.19	+1	−9	26.54	47.29	−4	−5
26	20.25	40.34	−1	−8	26.71	47.60	−5	−1
27	20.51	40.51	−4	−6	26.86	47.91	−5	[illegible]
28	20.76	40.68	−5	−4	27.01	48.23	−5	+5
29	21.02	40.85	−6	0	27.16	48.55	−3	+7
30	21.27	41.03	−5	+3	27.31	48.87	−1	+8
31	21.52	41.22	−4	+6	27.44	49.20	+2	+8
32					27.58	49.53	+4	+6

δ	sec δ	tg δ	δ	sec δ	tg δ
−85° 29′ 30″	+12.722	−12.683	−85° 29′ 40″	+12.730	−12.690
40	+12.730	−12.690	50	+12.738	−12.698

$\alpha_{1957.0} = 9^h\ 3^m\ 19^s.62$ $\qquad$ $\delta_{1957.0} = -85°\ 29'\ 38''.51$

Scheinbare Sternörter 1957

Obere Kulmination Greenwich

Sd) ι Octantis $5^{m}.38$

Tag	Januar				Februar				März				April			
	AR.	Dekl.	☾ Glieder		AR.	Dekl.	☾ Glieder		AR.	Dekl.	☾ Glieder		AR.	Dekl.	☾ Glieder	
	$12^h 50^m$	−84° 53′	in s 0.01	in ″ 0.01	$12^h 50^m$	−84° 53′	in s 0.01	in ″ 0.01	$12^h 50^m$	−84° 53′	in s 0.01	in ″ 0.01	$12^h 50^m$	−84° 53′	in s 0.01	in ″ 0.01
	s	″			s	″			s	″			s	″		
1	19.68	9.99	+6	−3	27.58	15.09	−1	−6	32.85	23.53	−3	−5	35.60	34.93	−6	+5
2	19.94	10.06	+5	−5	27.81	15.34	−4	−4	32.99	23.87	−5	−3	35.64	35.31	−5	+8
3	20.21	10.15	+3	−6	28.03	15.59	−6	−1	33.13	24.22	−6	0	35.66	35.68	−3	+9
4	20.48	10.24	0	−7	28.25	15.85	−7	+2	33.26	24.57	−7	+3	{35.69 35.71	36.05 36.44	0 +3	+9 +7
5	20.75	10.33	−2	−5	28.47	16.11	−7	+5	33.40	24.92	−6	+7	35.73	36.81	+5	+4
6	21.02	10.43	−5	−3	28.69	16.38	−6	+8	33.52	25.28	−4	+9	35.74	37.19	+6	0
7	21.29	10.54	−6	0	28.90	16.65	−4	+10	33.65	25.63	−2	+10	35.75	37.56	+4	−3
8	21.56	10.65	−7	+3	29.11	16.93	−1	+10	33.77	25.99	+1	+9	35.75	37.93	+2	−6
9	21.83	10.77	−7	+7	29.32	17.21	+2	+9	33.89	26.35	+4	+7	35.76	38.30	0	−7
10	22.09	10.90	−5	+9	29.52	17.49	+5	+6	34.00	26.71	+5	+3	35.75	38.68	−3	−6
11	22.36	11.03	−3	+10	29.72	17.78	+6	+2	34.11	27.08	+5	−1	35.75	39.05	−5	−4
12	22.63	11.17	+1	+10	29.92	18.07	+5	−3	34.22	27.44	+4	−4	35.74	39.41	−6	−1
13	22.89	11.31	+4	+7	30.12	18.37	+3	−6	34.32	27.81	+2	−7	35.73	39.78	−6	+3
14	23.15	11.46	+5	+3	30.31	18.66	+1	−8	34.42	28.18	−1	−7	35.71	40.15	−3	+5
15	23.41	11.62	+6	−1	30.51	18.97	−2	−8	34.52	28.54	−4	−6	35.69	40.51	0	+6
16	23.67	11.78	+5	−5	30.69	19.27	−5	−6	34.61	28.91	−6	−3	35.67	40.88	+2	+5
17	23.93	11.95	+2	−8	30.88	19.58	−6	−2	34.70	29.29	−6	0	35.64	41.24	+5	+3
18	24.19	12.12	0	−9	31.06	19.89	−5	+1	34.79	29.66	−5	+3	35.61	41.60	+7	0
19	24.44	12.30	−3	−8	31.24	20.21	−3	+4	34.87	30.03	−2	+5	35.58	41.96	+7	−3
20	24.70	12.48	−5	−5	31.42	20.53	0	+5	34.95	30.41	+1	+5	35.54	42.31	+6	−6
21	24.95	12.67	−6	−1	31.59	20.85	+2	+5	35.02	30.78	+4	+4	35.50	42.67	+5	−7
22	25.20	12.87	−5	+2	31.76	21.18	+5	+3	35.09	31.16	+6	+2	35.45	43.02	+2	−8
23	25.44	13.07	−2	+4	31.92	21.50	+6	0	35.16	31.53	+7	−1	35.41	43.37	−1	−7
24	25.69	13.27	+1	+5	32.09	21.83	+7	−3	35.22	31.91	+7	−4	35.35	43.72	−3	−5
25	25.93	13.48	+4	+4	32.24	22.17	+6	−5	35.28	32.29	+5	−7	35.30	44.06	−5	−3
26	26.17	13.70	+6	+2	32.40	22.50	+5	−7	35.34	32.67	+3	−8	35.24	44.41	−6	+1
27	26.41	13.92	+7	0	32.55	22.84	+2	−7	35.39	33.04	+1	−8	35.18	44.75	−7	+4
28	26.65	14.14	+7	−3	32.70	23.18	0	−7	35.44	33.42	−2	−6	35.12	45.09	−5	+7
29	26.89	14.37	+6	−5	32.85	23.53	−3	−5	35.49	33.80	−4	−4	35.05	45.43	−3	+8
30	27.12	14.61	+4	−7					35.53	34.18	−6	−1	34.98	45.77	−1	+9
31	27.35	14.85	+1	−7					35.57	34.55	−6	+2	34.90	46.10	+2	+8
32	27.58	15.09	−1	−6					35.60	34.93	−6	+5				

δ	sec δ	tg δ	δ	sec δ	tg δ	δ	sec δ	tg δ
−84° 53′ 10″	+11.219	−11.174	−84° 53′ 20″	+11.225	−11.180	−84° 53′ 40″	+11.237	−11.193
20	+11.225	−11.180	30	+11.231	−11.186	50	+11.243	−11.199

$\alpha_{1957.0} = 12^h\ 50^m\ 14^s.49$ $\delta_{1957.0} = -84°\ 53'\ 25''.49$

Obere Kulmination Greenwich

Sd) ι Octantis $5^m.38$

Tag	Mai AR.	Mai Dekl.	Mai ☾ Glieder	Juni AR.	Juni Dekl.	Juni ☾ Glieder	Juli AR.	Juli Dekl.	Juli ☾ Glieder	August AR.	August Dekl.	August ☾ Glieder
	$12^h 50^m$ s	−84° 53′ ″	in s 0.01 | ″ 0.01	$12^h 50^m$ s	−84° 53′ ″	in s 0.01 | ″ 0.01	$12^h 50^m$ s	−84° 53′ ″	in s 0.01 | ″ 0.01	$12^h 50^m$ s	−84° 53′ ″	in s 0.01 | ″ 0.01
1	34.90	46.10	+2 +8	31.06	54.76	+4 − 5	25.28	59.08	−2 − 8	18.64	58.31	−4 + 3
2	34.82	46.43	+4 +5	30.90	54.98	+2 − 7	25.07	59.14	−4 − 5	18.44	58.19	−2 + 5
3	34.74	46.76	+5 +1	30.73	55.19	0 − 8	24.85	59.19	−6 − 2	18.23	58.07	+1 + 5
4	34.66	47.08	+5 −2	30.56	55.40	−3 − 6	24.63	59.24	−5 + 1	18.03	57.95	+4 + 4
5	34.57	47.40	+4 −5	30.38	55.60	−5 − 4	24.42	59.28	−4 + 4	17.83	57.82	+6 + 1
6	34.48	47.72	+1 −7	30.21	55.80	−6 0	24.20	59.32	−1 + 5	17.63	57.68	+7 − 2
7	34.38	48.04	−2 −7	30.03	55.99	−5 + 3	23.98	59.35	+2 + 5	17.44	57.54	+7 − 4
8	34.28	48.35	−4 −5	29.85	56.18	−3 + 5	23.77	59.38	+4 + 3	17.24	57.40	+5 − 6
9	34.18	48.66	−6 −2	29.67	56.37	0 + 6	23.55	59.40	+6 + 1	17.05	57.25	+3 − 7
10	34.08	48.97	−6 +1	29.49	56.55	+3 + 5	23.34	59.41	+7 − 2	16.86	57.09	+1 − 7
11	33.97	49.27	−4 +4	29.30	56.72	+5 + 3	23.12	59.42	+6 − 4	16.67	56.93	−2 − 6
12	33.86	49.57	−2 +6	29.12	56.89	+6 0	22.90	59.43	+4 − 6	16.49	56.76	−4 − 4
13	33.75	49.87	+1 +6	28.93	57.05	+7 − 3	22.68	59.42	+2 − 7	16.30	56.59	−5 − 1
14	33.63	50.16	+4 +4	28.74	57.21	+6 − 5	22.47	59.42	0 − 7	16.12	56.41	−6 + 2
15	33.51	50.45	+6 +2	28.54	57.36	+4 − 7	22.25	59.40	−3 − 5	15.94	56.23	−6 + 5
16	33.39	50.74	+7 −1	28.35	57.51	+2 − 7	22.03	59.38	−5 − 3	15.76	56.04	−5 + 8
17	33.27	51.02	+7 −4	28.15	57.65	−1 − 7	21.81	59.36	−6 0	15.59	55.85	−3 +10
18	33.14	51.30	+5 −6	27.95	57.79	−3 − 5	21.60	59.33	−7 + 4	15.42	55.66	0 +10
19	33.01	51.57	+3 −7	27.76	57.92	−5 − 2	21.38	59.29	−6 + 7	15.25	55.46	+2 + 8
20	32.88	51.85	+1 −7	27.56	58.04	−7 + 2	21.17	59.25	−4 + 9	15.08	55.26	+4 + 5
21	32.74	52.11	−2 −6	27.35	58.16	−7 + 5	20.96	59.20	−2 +10	14.92	55.05	+5 + 1
22	32.60	52.37	−5 −4	27.15	58.28	−5 + 8	20.74	59.15	+1 + 9	14.76	54.83	+5 − 3
23	32.46	52.63	−6 −1	26.95	58.39	−3 + 9	20.53	59.09	+3 + 7	14.60	54.62	+3 − 6
24	32.32	52.89	−7 +3	26.74	58.49	0 +10	20.32	59.03	+5 + 3	14.44	54.40	0 − 7
25	32.17	53.13	−6 +6	26.54	58.59	+2 + 8	20.10	58.96	+5 − 1	14.29	54.17	−3 − 7
26	32.02	53.38	−4 +8	26.33	58.69	+5 + 5	19.89	58.88	+4 − 5	14.14	53.94	−5 − 4
27	31.87	53.62	−2 +9	26.12	58.78	+6 + 1	19.68	58.80	+2 − 7	13.99	53.70	−6 [illegible] 1
28	31.71	53.86	+1 +9	25.91	58.86	+5 − 3	19.47	58.71	−1 − 8	13.85	53.47	−5 + 2
29	31.55	54.09	+4 +6	25.70	58.94	+3 − 7	19.26	58.62	−4 − 6	13.71	53.22	−3 + 4
30	31.39	54.32	+5 +3	25.49	59.01	+1 − 8	19.05	58.52	−5 − 4	13.57	52.98	0 + 5
31	31.23	54.54	+6 −1	25.28	59.08	−2 − 8	18.85	58.41	−6 0	13.44	52.73	+3 + 4
32	31.06	54.76	+4 −5				18.64	58.31	−4 + 3	13.31	52.48	+5 + 2

δ	sec δ	tg δ	δ	sec δ	tg δ
−84° 53′ 40″	+11.237	−11.193	−84° 53′ 50″	+11.243	−11.199
50	+11.243	−11.199	60	+11.249	−11.205

$\alpha_{1957.0} = 12^h\ 50^m\ 14^s.49$ $\delta_{1957.0} = -84°\ 53'\ 25''.49$

Scheinbare Sternörter 1957

Obere Kulmination Greenwich

Sd) ι Octantis $5^m_.38$

Tag	September			Oktober			November			Dezember		
	AR.	Dekl.	☾ Glieder	AR.	Dekl.	☾ Glieder	AR.	Dekl.	☾ Glieder	AR.	Dekl.	☾ Glieder
	12h 50m s	— 84° 53′ ″	in s 0.01 ″ 0.01	12h 50m s	— 84° 53′ ″	in s 0.01 ″ 0.01	12h 50m s	— 84° 53′ ″	in s 0.01 ″ 0.01	12h 50m s	— 84° 53′ ″	in s 0.01 ″ 0.01
1	13.31	52.48	+5 + 2	11.22	43.69	+7 −6	13.29	34.36	−1 −7	19.07	28.30	−6 0
2	13.18	52.22	+7 − 1	11.21	43.37	+5 −8	13.43	34.09	−3 −5	19.31	28.18	−6 +3
3	13.06	51.96	+7 − 4	11.21	43.06	+3 −8	13.57	33.83	−5 −2	19.55	28.07	−5 +6
4	12.94	51.70	+6 − 6	*11.22	42.74	0 −8	13.72	33.57	−6 +1	19.79	27.96	−3 +8
5	12.82	51.43	+4 − 8	11.23	42.42	−2 −6	13.87	33.32	−6 +4	20.04	27.86	−1 +9
6	12.71	51.16	+2 − 8	11.25	42.11	−4 −4	14.03	33.06	−4 +7	20.29	27.77	+1 +8
7	12.60	50.89	−1 − 7	11.27	41.79	−5 −1	14.19	32.82	−2 +8	20.54	27.68	+3 +6
8	12.50	50.61	−3 − 5	11.30	41.48	−6 +2	14.35	32.58	0 +8	20.79	27.59	+5 +2
9	12.40	50.33	−5 − 3	11.33	41.17	−5 +5	14.52	32.34	+2 +7	21.05	27.51	+5 −1
10	12.30	50.05	−6 0	11.36	40.85	−4 +8	14.69	32.10	+4 +5	21.30	27.44	+4 −4
11	12.20	49.77	−6 + 4	11.40	40.54	−2 +9	14.86	31.88	+5 +2	21.56	27.37	+2 −6
12	12.11	49.48	−5 + 7	11.44	40.23	+1 +9	15.04	31.65	+5 −2	21.82	27.31	−1 −7
13	12.02	49.19	−3 + 9	11.49	39.91	+3 +7	15.22	31.43	+3 −5	22.08	27.26	−3 −5
14	11.94	48.90	−1 +10	11.54	39.60	+4 +4	15.41	31.21	+1 −6	22.34	27.21	−5 −3
15	11.86	48.61	+1 + 9	11.60	39.29	+5 +1	15.60	31.00	−2 −6	22.60	27.17	−6 +1
16	11.79	48.31	+3 + 7	11.66	38.98	+4 −3	15.79	30.79	−5 −4	22.87	27.14	−5 +4
17	11.72	48.01	+5 + 3	11.73	38.68	+2 −5	15.99	30.59	−6 −1	23.13	27.11	−3 +6
18	11.66	47.71	+5 − 1	11.80	38.37	−1 −6	16.19	30.39	−6 +2	23.40	27.09	0 +6
19	11.60	47.41	+3 − 4	11.88	38.07	−3 −5	16.39	30.20	−4 +5	23.66	27.07	+3 +5
20	11.54	47.11	+1 − 6	11.96	37.77	−5 −3	16.60	30.01	−2 +6	23.93	27.06	+5 +3
21	11.49	46.81	−2 − 6	12.05	37.47	−6 0	16.81	29.83	+1 +6	24.20	27.06	+7 −1
22	11.44	46.50	−4 − 5	12.14	37.18	−6 +3	17.02	29.65	+4 +4	24.47	27.07	+7 −4
23	11.40	46.19	−6 − 2	12.23	36.88	−3 +5	17.24	29.48	+6 +1	24.74	27.08	+6 −6
24	11.36	45.88	−6 + 1	12.33	36.59	0 +6	17.46	29.31	+7 −2	25.01	27.10	+3 −8
25	11.33	45.57	−5 + 4	12.43	36.30	+3 +5	17.68	29.15	+7 −5	25.28	27.12	+1 −8
26	11.30	45.25	−2 + 5	12.54	36.02	+5 +3	17.90	29.00	+5 −8	25.55	27.15	−2 −7
27	11.27	44.94	+1 + 5	12.66	35.73	+7 −1	18.13	28.85	+3 −8	25.82	27.18	−4 −5
28	11.25	44.63	+4 + 4	12.77	35.45	+7 −4	18.36	28.70	0 −8	26.09	27.23	−5 −2
29	11.24	44.31	+6 + 1	12.90	35.18	+6 −7	18.59	28.56	−3 −6	26.36	27.28	−6 +2
30	11.22	44.00	+7 − 3	13.02	34.90	+4 −8	18.83	28.43	−5 −4	26.63	27.33	−6 +5
31	11.22	43.69	+7 − 6	13.15	34.63	+2 −9	19.07	28.30	−6 0	26.90	27.39	−4 +8
32				13.29	34.36	−1 −7				27.17	27.46	−2 +9

δ	sec δ	tg δ	δ	sec δ	tg δ	δ	sec δ	tg δ
−84° 53′ 20″	+11.225	−11.180	−84° 53′ 30″	+11.231	−11.186	−84° 53′ 50″	+11.243	−11.199
30	+11.231	−11.186	40	+11.237	−11.193	60	+11.249	−11.205

$\alpha_{1957.0} = 12^h\ 50^m\ 14^s_.49$ $\delta_{1957.0} = -84°\ 53'\ 25''_.49$

* Tag der doppelten unteren Kulmination: Okt. 4

Scheinbare Sternörter 1957

Obere Kulmination Greenwich

Se) 20 G. Octantis $6^m.52$

Tag	Januar			Februar			März			April		
	AR.	Dekl.	☾ Glieder	AR.	Dekl.	☾ Glieder	AR.	Dekl.	☾ Glieder	AR.	Dekl.	☾ Glieder
	$15^h 4^m$	$-87° 58'$	in $\overset{s}{0.01}$ | $\overset{''}{0.01}$	$15^h 5^m$	$-87° 58'$	in $\overset{s}{0.01}$ | $\overset{''}{0.01}$	$15^h 5^m$	$-87° 58'$	in $\overset{s}{0.01}$ | $\overset{''}{0.01}$	$15^h 5^m$	$-87° 58'$	in $\overset{s}{0.01}$ | $\overset{''}{0.01}$
	s	"		s	"		s	"		s	"	
1	48.05	14.86	+16 + 1	9.25	13.36	+ 2 − 7	28.67	16.58	− 1 − 7	46.17	24.17	−17 +1
2	48.67	14.73	+14 − 2	9.96	13.41	− 4 − 6	29.32	16.77	− 8 − 6	46.63	24.47	−16 +4
3	49.30	14.61	+11 − 4	10.68	13.46	−11 − 5	29.96	16.96	−13 − 4	47.08	24.77	−13 +7
4	49.93	14.48	+ 6 − 6	11.39	13.51	−16 − 3	30.60	17.16	−17 − 1	47.52	25.07	− 7 +9
5	50.57	14.37	0 − 6	12.10	13.57	−19 0	31.24	17.36	−18 + 2	47.95	25.38	0 +9
6	51.22	14.25	− 7 − 6	12.82	13.64	−19 + 4	31.87	17.56	−16 + 6	48.38	25.69	+ 6 +7
7	51.87	14.15	−13 − 4	13.53	13.71	−16 + 7	32.49	17.77	−12 + 8	48.80	26.00	+12 +4
8	52.53	14.05	−18 − 2	14.24	13.79	−10 + 9	33.11	17.98	− 5 +10	49.21	26.31	+12 0
9	53.19	13.95	−20 + 2	14.95	13.87	− 3 +10	33.73	18.20	+ 2 + 9	49.61	26.62	+10 −4
10	53.86	13.86	−19 + 6	15.66	13.96	+ 5 + 8	34.34	18.42	+ 8 + 7	50.00	26.94	+ 5 −7
11	54.53	13.78	−14 + 8	16.37	14.05	+11 + 5	34.95	18.65	+12 + 3	50.38	27.25	− 1 −8
12	55.21	13.70	− 7 +10	17.07	14.15	+13 + 1	35.54	18.88	+12 − 2	50.76	27.57	− 8 −7
13	55.89	13.63	+ 2 + 9	17.78	14.25	+12 − 4	36.14	19.11	+ 9 − 6	51.12	27.89	−12 −4
14	56.57	13.57	+ 9 + 7	18.48	14.36	+ 8 − 7	36.72	19.35	+ 3 − 8	51.48	28.21	−14 −1
15	57.25	13.51	+14 + 3	19.18	14.47	+ 2 − 9	37.30	19.59	− 4 − 8	51.83	28.54	−11 +3
16	57.94	13.45	+15 − 2	19.87	14.59	− 5 − 8	37.88	19.83	− 9 − 7	52.17	28.86	− 6 +6
17	58.63	13.40	+12 − 6	20.57	14.71	−10 − 6	38.45	20.08	−12 − 4	52.51	29.19	+ 1 +7
18	59.33	13.36	+ 6 − 9	21.26	14.84	−12 − 2	39.01	20.33	−12 0	52.83	29.52	+ 8 +7
19	60.03	13.32	− 1 −10	21.95	14.97	−10 + 2	39.57	20.58	− 8 + 4	53.14	29.85	+14 +5
20	60.73	13.29	− 7 − 8	22.64	15.11	− 5 + 5	40.12	20.84	− 2 + 6	53.45	30.18	+18 +2
21	61.43	13.27	−11 − 5	23.32	15.25	+ 2 + 6	40.66	21.10	+ 5 + 7	53.74	30.52	+18 −1
22	62.13	13.25	−11 − 1	24.00	15.40	+ 9 + 6	41.20	21.36	+12 + 6	54.03	30.85	+15 −4
23	62.84	13.23	− 8 + 3	24.68	15.55	+14 + 5	41.73	21.63	+16 + 4	54.31	31.19	+10 −6
24	63.54	13.22	− 2 + 5	25.35	15.71	+17 + 2	42.25	21.90	+18 + 1	54.58	31.52	+ 4 −7
25	64.25	13.22	+ 4 + 6	26.02	15.88	+17 − 1	42.76	22.17	+17 − 3	54.84	31.86	− 3 −7
26	64.96	13.22	+10 + 6	26.69	16.05	+15 − 3	43.27	22.45	+13 − 5	55.09	32.20	− 9 −6
27	65.68	13.23	+14 + 4	27.35	16.22	+11 − 5	43.78	22.73	+ 8 − 7	55.33	32.54	14 4
28	66.39	13.25	+16 + 2	28.01	16.40	+ 5 − 7	44.27	23.01	+ 2 − 7	55.56	32.88	−17 −1
29	67.11	13.27	+16 − 1	28.67	16.58	− 1 − 7	44.76	23.30	− 5 − 7	55.78	33.22	−17 +3
30	67.82	13.29	+13 − 4				45.24	23.59	−11 − 5	56.00	33.56	−14 +6
31	68.54	13.33	+ 8 − 6				45.71	23.88	−15 − 2	56.20	33.90	− 9 +8
32	69.25	13.36	+ 2 − 7				46.17	24.17	−17 + 1			

δ	sec δ	tg δ	δ	sec δ	tg δ	δ	sec δ	tg δ
−87° 58′ 10″	+28.223	−28.205	−87° 58′ 20″	+28.261	−28.244	−87° 58′ 30″	+28.300	−28.282
20	+28.261	−28.244	30	+28.300	−28.282	40	+28.339	−28.321

$\alpha_{1957.0} = 15^h\ 4^m\ 54^s.50$ $\delta_{1957.0} = -87°\ 58'\ 31''.08$

Scheinbare Sternörter 1957

Obere Kulmination Greenwich

Se) 20 G. Octantis $6^m.52$

Tag	Mai AR.	Mai Dekl.	Mai ☾ Glieder	Juni AR.	Juni Dekl.	Juni ☾ Glieder	Juli AR.	Juli Dekl.	Juli ☾ Glieder	August AR.	August Dekl.	August ☾ Glieder
	$15^h\ 5^m$ s	−87° 58′ ″	in 0.01 s | 0.01 ″	$15^h\ 5^m$ s	−87° 58′ ″	in 0.01 s | 0.01 ″	$15^h\ 5^m$ s	−87° 58′ ″	in 0.01 s | 0.01 ″	$15^h\ 5^m$ s	−87° 58′ ″	in 0.01 s | 0.01 ″
1	56.20	33.90	−9 +8	57.51	44.65	+14 −2	49.92	52.91	+2 −9	35.18	57.54	−11 0
2	56.39	34.24	−2 +9	57.39	44.96	+11 −5	49.54	53.13	−5 −8	34.64	57.61	−8 +3
3	56.57	34.59	+5 +8	57.26	45.28	+5 −8	49.15	53.35	−10 −6	34.09	57.67	−2 +6
4	56.75	34.93	+10 +5	57.12	45.59	−2 −8	48.75	53.56	−12 −2	33.54	57.72	+5 +6
5	56.91	35.27	+13 +1	56.97	45.90	−8 −7	48.34	53.77	−11 +1	32.98	57.77	+11 +5
6	57.06	35.61	+12 −3	56.81	46.21	−12 −4	47.93	53.97	−6 +4	32.42	57.81	+16 +3
7	57.21	35.96	+8 −6	56.64	46.51	−13 0	47.51	54.17	0 +6	31.86	57.85	+18 0
8	{57.34 / 57.47	36.30 / 36.64	+2 −8 / −5 −8}	56.46	46.82	−10 +3	47.08	54.37	+6 +6	31.30	57.88	+16 −2
9	57.58	36.98	−11 −6	56.28	47.11	−5 +6	46.65	54.56	+12 +5	30.74	57.91	+13 −5
10	57.69	37.33	−13 −2	56.08	47.41	+2 +7	46.21	54.74	+16 +3	30.17	57.93	+8 −6
11	57.78	37.67	−13 +1	55.87	47.70	+8 +6	45.76	54.92	+16 0	29.61	57.94	+1 −7
12	57.87	38.01	−9 +4	55.66	47.99	+14 +4	45.31	55.10	+15 −3	29.04	57.95	−5 −6
13	57.94	38.35	−2 +7	55.44	48.28	+16 +2	44.86	55.27	+11 −5	28.48	57.95	−11 −5
14	58.01	38.69	+5 +7	55.20	48.57	+16 −1	44.39	55.43	+5 −7	27.91	57.95	−15 −2
15	58.07	39.03	+11 +6	54.96	48.85	+14 −4	43.92	55.59	−1 −7	27.34	57.94	−17 +1
16	58.11	39.37	+16 +3	54.71	49.13	+9 −6	43.45	55.75	−7 −6	26.77	57.92	−17 +4
17	58.15	39.71	+17 0	54.45	49.41	+3 −7	42.97	55.90	−13 −4	26.20	57.90	−14 +7
18	58.18	40.05	+16 −3	54.18	49.68	−4 −7	42.48	56.05	−17 −1	25.63	57.88	−9 +9
19	58.19	40.38	+12 −5	53.90	49.95	−10 −5	41.99	56.19	−18 +2	25.06	57.84	−2 +9
20	58.20	40.72	+7 −7	53.61	50.22	−15 −3	41.50	56.32	−17 +6	24.50	57.80	+5 +8
21	58.20	41.06	0 −7	53.32	50.48	−18 0	40.99	56.45	−12 +8	23.93	57.76	+10 +5
22	58.18	41.39	−7 −7	53.02	50.74	−18 +4	40.49	56.58	−6 +10	23.37	57.71	+12 0
23	58.16	41.72	−12 −5	52.70	50.99	−15 +7	39.98	56.70	+2 +9	22.80	57.65	+10 −4
24	58.13	42.05	−16 −2	52.38	51.25	−9 +9	39.46	56.81	+8 +6	22.24	57.59	+6 −7
25	58.09	42.38	−18 +2	52.06	51.49	−1 +9	38.94	56.92	+13 +2	21.68	57.52	0 −8
26	58.03	42.71	−16 +5	51.72	51.74	+6 +7	38.41	57.03	+13 −2	21.12	57.45	−7 −8
27	57.97	43.04	−12 +7	51.37	51.98	+12 +4	37.88	57.13	+10 −6	20.56	57.37	−11 −5
28	57.90	43.37	−5 +9	51.02	52.22	+14 0	37.35	57.23	+4 −8	20.01	57.28	−13 −2
29	57.82	43.69	+3 +8	50.66	52.45	+13 −4	36.81	57.31	−2 −9	19.46	57.19	−10 +2
30	57.73	44.01	+9 +6	50.29	52.68	+8 −7	36.27	57.40	−8 −7	18.91	57.09	−5 +5
31	57.62	44.33	+13 +2	49.92	52.91	+2 −9	35.73	57.47	−12 −4	18.36	56.99	+2 +6
32	57.51	44.65	+14 −2				35.18	57.54	−11 0	17.82	56.88	+9 +6

δ	sec δ	tg δ	δ	sec δ	tg δ	δ	sec δ	tg δ
−87° 58′ 30″	+28.300	−28.282	−87° 58′ 40″	+28.339	−28.321	−87° 58′ 50″	+28.378	−28.360
40	+28.339	−28.321	50	+28.378	−28.360	60	+28.417	−28.399

$\alpha_{1957.0} = 15^h\ 4^m\ 54^s.50$ $\delta_{1957.0} = -87°\ 58'\ 31''.08$

Obere Kulmination Greenwich

Se) 20 G. Octantis $6^{m}.52$

Tag	September AR.	September Dekl.	September ☾ Glieder	Oktober AR.	Oktober Dekl.	Oktober ☾ Glieder	November AR.	November Dekl.	November ☾ Glieder	Dezember AR.	Dezember Dekl.	Dezember ☾ Glieder
	$15^h 5^m$	— 87° 58′	in s 0.01 / ″ 0.01	$15^h 4^m$	— 87° 58′	in s 0.01 / ″ 0.01	$15^h 4^m$	— 87° 58′	in s 0.01 / ″ 0.01	$15^h 5^m$	— 87° 58′	in s 0.01 / ″ 0.01
	s	″		s	″		s	″		s	″	
1	17.82	56.88	+ 9 +6	64.00	51.23	+19 −1	58.17	41.96	+ 4 −8	3.36	32.70	−12 −4
2	17.27	56.77	+15 +4	63.65	50.97	+17 −4	58.17	41.64	− 3 −7	3.71	32.42	−15 −1
3	16.74	56.65	+18 +1	63.31	50.71	+13 −6	58.18	41.32	− 9 −5	4.08	32.15	−16 +2
4	16.20	56.52	+18 −2	62.98	50.44	+ 7 −7	58.20	41.00	−13 −3	4.46	31.88	−14 +5
5	15.67	56.39	+15 −5	62.66	50.17	+ 1 −8	58.24	40.68	−15 0	4.84	31.62	−10 +7
6	15.14	56.25	+10 −6	62.36	49.89	− 5 −6	58.28	40.35	−15 +3	5.24	31.36	− 4 +8
7	14.62	56.11	+ 4 −7	62.06	49.62	−11 −5	*58.34	40.03	−12 +6	5.65	31.10	+ 3 +8
8	14.11	55.96	− 2 −7	61.77	49.34	−14 −2	58.41	39.71	− 7 +8	6.06	30.85	+ 9 +6
9	13.60	55.81	− 8 −5	61.50	49.05	−16 +1	58.49	39.39	− 2 +8	6.49	30.60	+12 +2
10	13.09	55.65	−13 −3	61.23	48.77	−15 +5	58.59	39.07	+ 5 +7	6.92	30.35	+12 −2
11	12.59	55.49	−16 0	60.97	48.48	−11 +7	58.70	38.75	+ 9 +5	7.37	30.11	+ 9 −5
12	12.10	55.32	−16 +3	60.72	48.19	− 6 +8	58.82	38.43	+12 +1	7.82	29.87	+ 4 −7
13	11.61	55.15	−15 +6	60.49	47.90	0 +8	58.95	38.11	+11 −2	8.29	29.63	− 3 −7
14	11.12	54.97	−10 +8	60.26	47.60	+ 6 +7	59.09	37.79	+ 6 −5	8.77	29.40	− 9 −6
15	10.64	54.78	− 5 +9	60.05	47.30	+10 +4	59.25	37.47	0 −7	9.25	29.18	−13 −3
16	10.17	54.59	+ 2 +8	59.84	47.00	+11 0	59.41	37.16	− 7 −7	9.74	28.96	−14 0
17	9.71	54.40	+ 7 +6	59.65	46.70	+ 9 −3	59.59	36.85	−12 −5	10.24	28.74	−11 +4
18	9.26	54.20	+11 +3	59.47	46.39	+ 4 −6	59.79	36.54	−15 −2	10.75	28.53	− 5 +6
19	8.81	54.00	+11 −1	59.30	46.08	− 3 −7	59.99	36.23	−14 +2	11.27	28.32	+ 2 +7
20	8.36	53.79	+ 7 −5	59.14	45.77	− 9 −6	60.21	35.92	− 9 +5	11.79	28.12	+ 9 +6
21	7.93	53.58	+ 1 −7	59.00	45.46	−14 −4	60.44	35.61	− 2 +7	12.33	27.92	+14 +4
22	7.50	53.36	− 5 −8	58.86	45.15	−14 0	60.68	35.31	+ 5 +7	12.87	27.73	+17 +1
23	7.08	53.14	−11 −6	58.74	44.84	−12 +3	60.93	35.01	+12 +5	13.42	27.54	+17 −2
24	6.66	52.92	−14 −3	58.63	44.52	− 6 +6	61.19	34.71	+17 +2	13.98	27.36	+14 −5
25	6.25	52.69	−13 +1	58.53	44.20	+ 2 +7	61.47	34.42	+18 −1	14.55	27.18	+ 9 −7
26	5.86	52.46	− 8 +4	58.44	43.88	+ 9 +6	61.75	34.12	+16 −4	15.12	27.01	+ 2 −8
27	5.47	52.22	− 1 +6	58.37	43.56	+15 +4	62.05	33.83	+12 +6	15.70	26.84	− 1 −7
28	5.09	51.98	+ 6 +6	58.30	43.24	+19 +1	62.36	33.55	+ 7 −7	16.29	26.68	−10 −5
29	4.72	51.73	+13 +5	58.25	42.92	+19 −2	62.68	33.26	0 −8	16.88	26.52	−14 −2
30	4.35	51.48	+17 +2	58.21	42.60	+15 −5	63.01	32.98	− 7 −6	17.48	26.37	−16 +1
31	4.00	51.23	+19 −1	58.19	42.28	+10 −7	63.36	32.70	−12 −4	18.09	26.22	−15 +4
32				58.17	41.96	+ 4 −8				18.70	26.08	−12 +7

δ	sec δ	tg δ	δ	sec δ	tg δ	δ	sec δ	tg δ
−87° 58′ 20″	+28.261	−28.244	−87° 58′ 30″	+28.300	−28.282	−87° 58′ 50″	+28.378	−28.360
30	+28.300	−28.282	40	+28.339	−28.321	60	+28.417	−28.399

$\alpha_{1957.0} = 15^h\ 4^m\ 54^s.50$ $\delta_{1957.0} = -87°\ 58'\ 31''.08$

* Tag der doppelten unteren Kulmination: Nov. 7.

Scheinbare Sternörter 1957

Obere Kulmination Greenwich

Sj) 26 G. Octantis $6^m\!.13$

Tag	Januar AR.	Januar Dekl.	Januar ☾ Glieder	Februar AR.	Februar Dekl.	Februar ☾ Glieder	März AR.	März Dekl.	März ☾ Glieder	April AR.	April Dekl.	April ☾ Glieder
	$16^h 44^m$	−86° 17′	in 0.01 s | 0.01 ″	$16^h 44^m$	−86° 17′	in 0.01 s | 0.01 ″	$16^h 44^m$	−86° 17′	in 0.01 s | 0.01 ″	$16^h 44^m$	−86° 17′	in 0.01 s | 0.01 ″
	s	″		s	″		s	″		s	″	
1	18.34	28.80	+ 8 +4	28.31	22.91	+ 4 −6	39.41	21.62	+ 2 −7	51.47	24.66	− 9 −3
2	18.59	28.55	+ 8 +1	28.68	22.80	+ 1 −7	39.82	21.65	− 1 −7	51.82	24.82	−11 0
3	18.85	28.30	+ 8 −2	29.06	22.69	− 3 −7	40.22	21.68	− 5 −7	52.18	25.00	−10 +4
4	19.12	28.05	+ 6 −4	29.44	22.58	− 7 −6	40.62	21.72	− 9 −5	52.53	25.17	− 8 +7
5	19.39	27.81	+ 3 −6	29.82	22.48	−10 −3	41.03	21.76	−11 −2	52.88	25.35	− 4 +8
6	19.66	27.57	− 1 −7	30.21	22.39	−12 0	41.43	21.81	−11 +2	53.23	25.54	0 +8
7	19.94	27.33	− 5 −7	30.60	22.30	−12 +4	41.83	21.86	−10 +5	53.57	25.73	+ 4 +6
8	20.23	27.10	− 9 −5	30.99	22.22	−10 +7	42.24	21.92	− 7 +8	53.91	25.92	+ 6 +2
9	20.52	26.87	−12 −2	31.38	22.14	− 6 +8	42.64	21.98	− 3 +9	54.25	26.12	+ 7 −2
10	20.82	26.65	−12 +1	31.78	22.06	− 1 +9	43.04	22.05	+ 1 +8	54.58	26.31	+ 6 −5
11	21.12	26.43	−11 +5	32.17	21.99	+ 4 +7	43.44	22.12	+ 5 +5	54.91	26.52	+ 3 −8
12	21.42	26.22	− 8 +8	32.57	21.93	+ 7 +3	43.84	22.20	+ 7 +1	55.24	26.72	− 1 −8
13	21.73	26.01	− 3 +9	32.96	21.87	+ 8 −1	44.24	22.28	+ 7 −4	55.56	26.93	− 4 −7
14	22.04	25.81	+ 2 +8	33.36	21.81	+ 8 −5	44.63	22.37	+ 5 −7	55.88	27.14	− 7 −4
15	22.36	25.61	+ 6 +5	33.76	21.76	+ 5 −8	45.03	22.46	+ 2 −8	56.20	27.36	− 7 0
16	22.68	25.41	+ 9 +1	34.16	21.72	+ 1 −9	45.42	22.55	− 2 −8	56.51	27.58	− 6 +4
17	23.01	25.22	+ 9 −4	34.56	21.68	− 3 −8	45.82	22.65	− 5 −6	56.82	27.80	− 2 +7
18	23.34	25.03	+ 7 −7	34.96	21.65	− 5 −4	46.21	22.75	− 6 −2	57.13	28.03	+ 2 +8
19	23.67	24.85	+ 4 −9	35.37	21.62	− 6 0	46.60	22.86	− 6 +2	57.43	28.26	+ 5 +7
20	24.01	24.67	0 −9	35.77	21.60	− 5 +3	46.99	22.97	− 4 +5	57.73	28.49	+ 8 +6
21	24.35	24.49	− 4 −7	36.17	21.58	− 2 +6	47.37	23.09	0 +7	58.03	28.73	+10 +3
22	24.69	24.32	− 6 −3	36.58	21.57	+ 2 +8	47.75	23.21	+ 4 +8	58.32	28.97	+10 −1
23	25.04	24.16	− 6 +1	36.98	21.56	+ 5 +7	48.13	23.34	+ 7 +7	58.61	29.21	+ 8 −4
24	25.39	24.00	− 4 +5	37.38	21.56	+ 8 +6	48.51	23.47	+ 9 +4	58.89	29.46	+ 6 −6
25	25.75	23.85	− 1 +7	37.79	21.56	+ 9 +3	48.89	23.60	+10 +1	59.17	29.70	+ 2 −8
26	26.10	23.70	+ 3 +8	38.19	21.57	+ 9 0	49.27	23.74	+ 9 −2	59.44	29.95	− 2 −7
27	26.47	23.56	+ 6 +7	38.60	21.58	+ 8 −3	49.64	23.88	+ 7 −5	59.71	30.20	− 6 −6
28	26.83	23.42	+ 8 +5	39.01	21.60	+ 6 −5	50.01	24.03	+ 4 −6	59.98	30.46	− 9 −4
29	27.19	23.29	+ 9 +2	39.41	21.62	+ 2 −7	50.38	24.18	0 −7	60.24	30.72	−10 −1
30	27.56	23.16	+ 8 −1				50.75	24.33	− 4 −7	60.50	30.98	−10 +3
31	27.93	23.03	+ 7 −4				51.11	24.49	− 7 −5	60.75	31.24	− 8 +6
32	28.31	22.91	+ 4 −6				51.47	24.66	− 9 −3			

δ	sec δ	tg δ	δ	sec δ	tg δ
−86° 17′ 20″	+15.450	−15.417	−86° 17′ 30″	+15.461	−15.429
30	+15.461	−15.429	40	+15.473	−15.441

$\alpha_{1957.0} = 16^h\, 44^m\, 28^s\!.12$ $\delta_{1957.0} = -86°\, 17'\, 41''\!.81$

Scheinbare Sternörter 1957

Obere Kulmination Greenwich

Sf) 26 G. Octantis $6^{m}_{.}13$

Tag	Mai AR.	Mai Dekl.	Mai ☾ Glieder	Juni AR.	Juni Dekl.	Juni ☾ Glieder	Juli AR.	Juli Dekl.	Juli ☾ Glieder	August AR.	August Dekl.	August ☾ Glieder
	$16^h 45^m$	−86° 17′	in s 0.01 | ″ 0.01	$16^h 45^m$	−86° 17′	in s 0.01 | ″ 0.01	$16^h 45^m$	−86° 17′	in s 0.01 | ″ 0.01	$16^h 44^m$	−86° 17′	in s 0.01 | ″ 0.01
	s	″		s	″		s	″		s	″	
1	0.75	31.24	− 8 +6	6.15	40.32	+ 6 +5	6.25	49.72	+ 5 −8	61.18	57.11	− 6 −2
2	1.00	31.50	− 5 +8	6.24	40.63	+ 8 +1	6.17	50.00	+ 1 −9	60.94	57.29	− 6 +2
3	1.24	31.77	− 1 +8	{ 6.33 / 6.40	40.94 / 41.25	+ 8 −3 / + 6 −6 }	6.08	50.28	− 3 −7	60.70	57.46	− 4 +5
4	1.48	32.04	+ 3 +7	6.48	41.56	+ 3 −8	5.98	50.56	− 5 −4	60.45	57.63	0 +7
5	1.71	32.31	+ 6 +4	6.54	41.87	− 1 −8	5.88	50.84	− 6 −1	60.20	57.80	+ 4 +7
6	1.94	32.59	+ 8 0	6.60	42.18	− 5 −6	5.77	51.11	− 6 +3	59.95	57.96	+ 7 +6
7	2.17	32.87	+ 7 −4	6.66	42.49	− 7 −3	5.66	51.38	− 3 +6	59.69	58.12	+ 9 +4
8	2.39	33.15	+ 4 −7	6.71	42.80	− 7 +1	5.54	51.65	+ 1 +7	59.44	58.27	+10 +1
9	2.61	33.43	+ 1 −8	6.75	43.11	− 5 +4	5.42	51.92	+ 4 +7	59.17	58.41	+ 9 −2
10	2.82	33.71	− 3 −7	6.79	43.42	− 2 +7	5.29	52.18	+ 7 +6	58.91	58.55	+ 7 −4
11	3.03	34.00	− 6 −5	6.82	43.73	+ 2 +8	5.15	52.44	+ 9 +3	58.64	58.69	+ 4 −6
12	3.23	34.29	− 7 −1	6.84	44.04	+ 5 +7	5.01	52.70	+ 9 0	58.37	58.82	0 −7
13	3.42	34.58	− 7 +2	6.86	44.35	+ 8 +5	4.86	52.95	+ 8 −3	58.09	58.94	− 3 −7
14	3.62	34.87	− 4 +6	6.88	44.66	+ 9 +2	4.71	53.20	+ 6 −5	57.81	59.06	− 7 −5
15	3.80	35.16	− 1 +7	6.89	44.97	+ 9 −1	4.55	53.45	+ 2 −7	57.53	59.18	−10 −3
16	3.98	35.45	+ 3 +8	6.89	45.28	+ 7 −4	4.39	53.70	− 1 −7	57.24	59.29	−11 0
17	4.16	35.75	+ 7 +6	6.89	45.58	+ 5 −6	4.22	53.94	− 5 −6	56.96	59.39	−11 +4
18	4.33	36.05	+ 9 +4	6.88	45.89	+ 1 −7	4.05	54.18	− 9 −4	56.67	59.49	− 9 +7
19	4.49	36.35	+10 +1	6.87	46.19	− 3 −7	3.87	54.41	−11 −1	56.38	59.59	− 5 +8
20	4.65	36.65	+ 9 −2	6.85	46.49	− 7 −6	3.69	54.64	−12 +2	56.08	59.67	− 1 +8
21	4.81	36.95	+ 7 −5	6.82	46.79	−10 −3	3.50	54.87	−10 +5	55.79	59.76	+ 3 +6
22	4.96	37.25	+ 3 −7	6.79	47.09	−11 0	3.31	55.09	− 7 +8	55.49	59.84	+ 6 +3
23	5.10	37.55	− 1 −8	6.76	47.39	−11 +3	3.12	55.31	− 3 +8	55.19	59.91	+ 7 −1
24	5.24	37.85	− 5 −7	6.71	47.69	− 9 +7	2.92	55.53	+ 2 +7	54.89	59.98	+ 6 −5
25	5.37	38.16	− 8 −5	6.66	47.98	− 5 +8	2.72	55.74	+ 6 +5	54.59	60.04	+ 3 −8
26	5.50	38.47	−10 −2	6.61	48.28	0 +8	2.51	55.95	+ 8 +1	54.28	60.10	0 −9
27	5.62	38.77	−11 +1	6.55	48.57	+ 4 +6	2.30	56.15	+ 8 −4	53.98	60.15	4 −7
28	5.74	39.08	− 9 +5	6.48	48.86	+ 7 +3	2.08	56.35	+ 6 −7	53.67	60.19	− 6 −4
29	5.85	39.39	− 6 +7	6.41	49.15	+ 9 −1	1.86	56.55	+ 3 −9	53.36	60.23	− 6 0
30	5.96	39.70	− 2 +8	6.34	49.43	+ 8 −5	1.64	56.74	− 1 −8	53.05	60.26	− 5 +4
31	6.06	40.01	+ 2 +7	6.25	49.72	+ 5 −8	1.41	56.93	− 4 −6	52.74	60.29	− 1 +6
32	6.15	40.32	+ 6 +5				1.18	57.11	− 6 −2	52.43	60.31	+ 3 +7

δ	sec δ	tg δ	δ	sec δ	tg δ	δ	sec δ	tg δ
−86° 17′ 30″	+15.461	−15.429	−86° 17′ 40″	+15.473	−15.441	−86° 18′ 0″	+15.496	−15.464
40	+15.473	−15.441	50	+15.485	−15.452	10	+15.508	−15.475

$\alpha_{1957.0} = 16^h\ 44^m\ 28^s.12$ $\delta_{1957.0} = -86°\ 17'\ 41''.81$

Scheinbare Sternörter 1957

Obere Kulmination Greenwich

Sf) 26 G. Octantis 6ᵐ.13

Tag	September				Oktober				November				Dezember			
	AR.	Dekl.	☾ Glieder		AR.	Dekl.	☾ Glieder		AR.	Dekl.	☾ Glieder		AR.	Dekl.	☾ Glieder	
	16ʰ 44ᵐ	−86° 17′	in s 0.01	in ″ 0.01	16ʰ 44ᵐ	−86° 17′	in s 0.01	in ″ 0.01	16ʰ 44ᵐ	−86° 17′	in s 0.01	in ″ 0.01	16ʰ 44ᵐ	−86° 17′	in s 0.01	in ″ 0.01
	s	″			s	″			s	″			s	″		
1	52.43	60.31	+ 3	+7	43.22	58.25	+11	+3	36.39	51.24	+ 5	−7	35.03	41.85	− 4	−6
2	52.12	60.33	+ 6	+7	42.93	58.09	+11	0	36.25	50.95	+ 2	−7	*35.08	41.53	− 7	−4
3	51.80	60.34	+ 9	+5	42.66	57.93	+10	−3	36.12	50.66	− 2	−7	35.15	41.21	− 9	−1
4	51.49	60.34	+10	+2	42.38	57.77	+ 7	−5	35.99	50.37	− 6	−5	35.22	40.89	−10	+2
5	51.17	60.34	+10	−1	42.11	57.60	+ 4	−7	35.87	50.07	− 8	−3	35.30	40.57	− 8	+5
6	50.86	60.33	+ 8	−4	41.84	57.42	0	−7	35.76	49.77	− 9	0	35.39	40.25	− 6	+7
7	50.54	60.32	+ 5	−6	41.58	57.24	− 4	−6	35.65	49.47	− 9	+3	35.48	39.93	− 2	+8
8	50.23	60.30	+ 2	−7	41.32	57.05	− 7	−4	35.55	49.17	− 7	+6	35.58	39.62	+ 2	+7
9	49.91	60.27	− 1	−7	41.06	56.86	− 9	−2	35.46	48.86	− 5	+7	35.68	39.30	+ 5	+4
10	49.60	60.24	− 5	−6	40.81	56.66	−10	+1	35.37	48.56	− 1	+8	35.79	38.99	+ 7	+1
11	49.28	60.21	− 8	−4	40.56	56.46	− 9	+4	35.28	48.25	+ 3	+6	35.91	38.67	+ 7	−3
12	48.97	60.16	−10	−1	40.31	56.25	− 7	+7	35.20	47.94	+ 6	+3	36.04	38.36	+ 5	−6
13	48.65	60.11	−11	+2	40.07	56.04	− 4	+8	35.13	47.63	+ 7	0	36.17	38.05	+ 2	−8
14	48.34	60.06	− 9	+6	39.83	55.82	0	+8	35.07	47.32	+ 6	−4	36.31	37.74	− 2	−8
15	48.03	60.00	− 7	+8	39.60	55.60	+ 4	+5	35.01	47.00	+ 3	−7	36.46	37.43	− 6	−5
16	47.72	59.93	− 3	+8	39.37	55.37	+ 6	+2	34.96	46.68	0	−8	36.61	37.13	− 7	−2
17	47.40	59.86	+ 1	+7	39.14	55.15	+ 6	−2	34.92	46.37	− 4	−7	36.77	36.83	− 7	+1
18	47.09	59.78	+ 4	+4	38.92	54.91	+ 5	−5	34.88	46.05	− 7	−4	36.94	36.53	− 5	+5
19	46.79	59.70	+ 6	0	38.71	54.67	+ 2	−7	34.85	45.73	− 8	−1	37.11	36.24	− 2	+7
20	46.48	59.61	+ 6	−4	38.50	54.43	− 2	−8	34.83	45.41	− 7	+3	37.28	35.94	+ 2	+8
21	46.17	59.51	+ 4	−7	38.29	54.19	− 5	−6	34.81	45.09	− 4	+6	37.47	35.65	+ 6	+7
22	45.87	59.41	+ 1	−8	38.09	53.93	− 7	−3	34.80	44.76	0	+7	37.66	35.36	+ 9	+4
23	45.56	59.30	− 3	−8	37.90	53.68	− 7	+1	34.80	44.44	+ 4	+8	37.85	35.08	+10	+1
24	45.26	59.19	− 6	−5	37.71	53.42	− 6	+4	34.80	44.12	+ 8	+6	38.05	34.80	+10	−2
25	44.96	59.07	− 7	−2	37.52	53.16	− 2	+7	34.82	43.79	+10	+3	38.26	34.51	+ 8	−5
26	44.66	58.95	− 6	+2	37.34	52.90	+ 2	+8	34.83	43.47	+10	0	38.47	34.24	+ 4	−7
27	44.37	58.82	− 4	+5	37.17	52.63	+ 6	+7	34.86	43.14	+ 9	−3	38.69	33.96	+ 1	−7
28	44.08	58.68	0	+7	37.00	52.36	+10	+5	34.89	42.82	+ 7	−6	38.91	33.69	− 3	−7
29	43.79	58.54	+ 5	+7	36.84	52.08	+11	+2	34.93	42.50	+ 3	−7	39.14	33.42	− 7	−5
30	43.50	58.40	+ 8	+6	36.69	51.81	+11	−2	34.97	42.18	− 1	−7	39.38	33.16	− 9	−2
31	43.22	58.25	+11	+3	36.54	51.52	+ 9	−5	35.03	41.85	− 4	−6	39.62	32.90	−10	+1
32					36.39	51.24	+ 5	−7					39.87	32.64	−10	+4

δ	sec δ	tg δ	δ	sec δ	tg δ	δ	sec δ	tg δ
−86° 17′ 30″	+15.461	−15.429	−86° 17′ 50″	+15.485	−15.452	−86° 18′ 0″	+15.496	−15.464
40	+15.473	−15.441	60	+15.496	−15.464	10	+15.508	−15.475

$\alpha_{1957.0} = 16^h\ 44^m\ 28^s.12$ $\delta_{1957.0} = -86°\ 17'\ 41''.81$

* Tag der doppelten unteren Kulmination: Dez. 2.

Sg) χ Octantis $5^{m}_{.}22$

Tag	Januar AR.	Januar Dekl.	Januar ☾ Glieder	Februar AR.	Februar Dekl.	Februar ☾ Glieder	März AR.	März Dekl.	März ☾ Glieder	April AR.	April Dekl.	April ☾ Glieder
	18h 29m	−87° 38′	in s 0.01, ″ 0.01	18h 29m	−87° 38′	in s 0.01, ″ 0.01	18h 29m	−87° 38′	in s 0.01, ″ 0.01	18h 30m	−87° 38′	in s 0.01, ″ 0.01
	s	″		s	″		s	″		s	″	
1	30.91	46.74	+ 8 +7	40.46	37.25	+10 −4	55.02	31.38	+ 8 −5	14.11	29.01	−11 −6
2	31.07	46.41	+11 +4	40.90	36.99	+ 6 −6	55.61	31.24	+ 3 −7	14.74	29.01	−15 −3
3	31.25	46.08	+12 +1	41.34	36.73	0 −8	56.20	31.09	− 3 −8	15.36	29.01	−16 0
4	31.44	45.74	+11 −2	41.80	36.47	− 6 −8	56.79	30.95	− 9 −7	15.98	29.02	−15 +4
5	31.64	45.41	+ 8 −5	42.26	36.22	−12 −7	57.39	30.82	−14 −5	16.60	29.04	−11 +6
6	31.84	45.08	+ 3 −7	42.73	35.97	−17 −4	57.99	30.69	−17 −2	17.22	29.06	− 5 +7
7	32.06	44.75	− 3 −8	43.20	35.73	−19 −1	58.59	30.57	−18 +2	17.84	29.08	+ 3 +7
8	32.29	44.42	− 9 −8	43.68	35.49	−18 +3	59.19	30.45	−15 +5	18.46	29.11	+ 8 +4
9	32.53	44.09	−15 −6	44.17	35.25	−14 +6	59.80	30.33	−10 +7	19.08	29.15	+12 +1
10	32.78	43.77	−18 −3	44.66	35.02	− 7 +8	60.41	30.22	− 3 +7	19.69	29.19	+12 −3
11	33.03	43.45	−19 +1	45.16	34.79	+ 1 +8	61.02	30.11	+ 4 +6	20.30	29.23	+ 9 −6
12	33.30	43.13	−16 +4	45.67	34.56	+ 8 +5	61.63	30.01	+10 +3	20.91	29.28	+ 4 −8
13	33.58	42.81	−10 +7	46.18	34.34	+13 +2	62.25	29.92	+13 −1	21.52	29.33	− 2 −8
14	33.86	42.50	− 3 +8	46.69	34.12	+14 −2	62.86	29.83	+12 −5	22.12	29.39	− 7 −6
15	34.15	42.18	+ 5 +7	47.22	33.91	+12 −6	63.48	29.74	+ 8 −7	22.72	29.45	−10 −2
16	34.46	41.87	+12 +4	47.75	33.70	+ 7 −8	64.10	29.66	+ 3 −8	23.32	29.52	−10 +2
17	34.77	41.56	+15 0	48.28	33.50	+ 1 −8	64.72	29.59	− 3 −7	23.92	29.59	− 8 +5
18	35.09	41.25	+15 −4	48.82	33.30	− 4 −6	65.34	29.52	− 8 −4	24.51	29.66	− 3 +8
19	35.42	40.95	+11 −7	49.36	33.10	− 8 −2	65.97	29.45	−10 0	25.10	29.74	+ 3 +9
20	35.76	40.64	+ 6 −8	49.91	32.91	− 9 +2	66.60	29.39	− 9 +4	25.69	29.83	+ 8 +8
21	36.10	40.35	− 1 −7	50.46	32.72	− 7 +5	67.22	29.33	− 5 +7	26.27	29.91	+12 +6
22	36.46	40.05	− 6 −5	51.01	32.54	− 3 +8	67.85	29.27	0 +9	26.86	30.01	+14 +3
23	36.82	39.76	− 9 −1	51.57	32.36	+ 2 +8	68.48	29.22	+ 5 +9	27.43	30.11	+14 −1
24	37.19	39.47	− 8 +3	52.13	32.19	+ 7 +8	69.10	29.18	+10 +7	28.01	30.21	+12 −4
25	37.57	39.18	− 6 +6	52.70	32.02	+11 +6	69.73	29.14	+13 +5	28.58	30.31	+ 8 −6
26	37.96	38.89	− 1 +8	53.27	31.85	+13 +3	70.36	29.11	+14 +2	29.15	30.43	+ 2 −8
27	38.36	38.61	+ 4 +8	53.85	31.69	+13 0	70.98	29.08	+13 −2	29.71	30.54	− 4 −8
28	38.76	38.33	+ 8 +7	54.43	31.53	+11 −3	71.61	29.06	+10 −5	30.27	30.66	− 9 −7
29	39.17	38.05	+11 +5	55.02	31.38	+ 8 −5	72.23	29.04	+ 5 −7	30.82	30.78	−14 −4
30	39.59	37.78	+12 +2				72.86	29.02	0 −8	31.37	30.91	−16 −1
31	40.02	37.51	+12 −1				73.48	29.01	− 6 −7	31.92	31.04	−15 +3
32	40.46	37.25	+10 −4				74.11	29.01	−11 −6			

δ	sec δ	tg δ	δ	sec δ	tg δ	δ	sec δ	tg δ
−87° 38′ 20″	+24.273	−24.253	−87° 38′ 30″	+24.302	−24.281	−87° 38′ 40″	+24.331	−24.310
30	+24.302	−24.281	40	+24.331	−24.310	50	+24.359	−24.339

$\alpha_{1957.0} = 18^{h}\,29^{m}\,54^{s}_{.}54$ $\delta_{1957.0} = -87°\,38'\,53''_{.}87$

Scheinbare Sternörter 1957

Obere Kulmination Greenwich

Sg) χ Octantis $5^m_{\cdot}22$

Tag	Mai AR.	Mai Dekl.	Mai ☾ Glieder		Juni AR.	Juni Dekl.	Juni ☾ Glieder	
	18h 30m	−87° 38′	in 0.01 s	in 0.01 ″	18h 30m	−87° 38′	in 0.01 s	in 0.01 ″
	s	″			s	″		
1	31.92	31.04	−15	+3	46.12	37.05	+5	+6
2	32.46	31.18	−12	+5	46.47	37.30	+11	+4
3	33.00	31.32	−6	+7	46.81	37.55	+14	0
4	33.53	31.47	0	+7	47.15	37.80	+13	−4
5	34.06	31.62	+7	+6	47.48	38.05	+9	−7
6	34.58	31.77	+11	+2	47.80	38.31	+4	−8
7	35.10	31.93	+13	−2	48.11	38.57	−2	−7
8	35.62	32.09	+11	−5	48.41	38.83	−7	−5
9	36.13	32.26	+6	−7	48.71	39.10	−10	−1
10	36.63	32.43	+1	−8	49.00	39.36	−10	+3
11	37.13	32.60	−5	−7	49.27	39.63	−8	+6
12	37.62	32.78	−9	−4	49.54	39.90	−3	+8
13	38.11	32.96	−11	0	49.81	40.17	+3	+8
14	38.59	33.14	−10	+4	50.06	40.45	+8	+7
15	39.06	33.33	−6	+7	50.30	40.72	+11	+5
16	39.53	33.52	−1	+9	50.54	41.00	+13	+2
17	39.99	33.71	+5	+8	50.77	41.28	+13	−1
18	40.45	33.91	+10	+7	50.99	41.56	+10	−4
19	40.90	34.11	+13	+4	51.20	41.85	+6	−6
20	41.34	34.32	+14	+1	51.41	42.14	+1	−8
21	41.78	34.53	+13	−2	51.60	42.42	−6	−8
22	42.21	34.74	+9	−5	51.78	42.71	−11	−7
23	42.63	34.96	+4	−7	51.96	43.00	−15	−4
24	43.04	35.18	−2	−8	52.13	43.29	−17	−1
25	43.45	35.40	−8	−7	52.28	43.58	−16	+3
26	43.86	35.63	−13	−6	52.43	43.88	−12	+6
27	44.25	35.86	−16	−3	52.57	44.17	−5	+7
28	44.64	36.09	−16	+1	52.70	44.47	+2	+7
29	45.02	36.33	−14	+5	{52.82 52.93	44.76 45.06	+9 +13	+5} +2}
30	45.39	36.56	−9	+7	53.03	45.35	+14	−2
31	45.76	36.81	−2	+7	53.12	45.65	+12	−6
32	46.12	37.05	+5	+6				

Tag	Juli AR.	Juli Dekl.	Juli ☾ Glieder		August AR.	August Dekl.	August ☾ Glieder	
	18h 30m	−87° 38′	in 0.01 s	in 0.01 ″	18h 30m	−87° 38′	in 0.01 s	in 0.01 ″
	s	″			s	″		
1	53.12	45.65	+12	−6	51.36	54.66	−7	−4
2	53.21	45.95	+7	−8	51.16	54.93	−9	0
3	53.28	46.25	+1	−8	50.94	55.19	−8	+4
4	53.35	46.54	−5	−6	50.72	55.45	−5	+7
5	53.40	46.84	−9	−3	50.49	55.71	0	+8
6	53.45	47.14	−10	+1	50.25	55.97	+5	+8
7	53.48	47.44	−8	+5	50.00	56.22	+10	+7
8	53.51	47.74	−4	+7	49.75	56.48	+13	+4
9	53.53	48.03	+1	+8	49.49	56.72	+14	+1
10	53.54	48.33	+6	+8	49.21	56.97	+13	−2
11	53.53	48.63	+10	+6	48.93	57.21	+9	−4
12	53.52	48.93	+12	+3	48.65	57.45	+5	−6
13	53.50	49.22	+13	0	48.35	57.68	0	−7
14	53.47	49.52	+11	−3	48.04	57.91	−6	−7
15	53.44	49.81	+8	−5	47.73	58.14	−12	−6
16	53.39	50.11	+3	−7	47.41	58.37	−16	−3
17	53.33	50.40	−3	−8	47.08	58.59	−18	0
18	53.26	50.70	−9	−7	46.74	58.81	−17	+3
19	53.19	50.99	−14	−5	46.40	59.02	−13	+6
20	53.10	51.28	−17	−2	46.05	59.23	−7	+7
21	53.00	51.57	−18	+1	45.70	59.44	0	+7
22	52.90	51.86	−15	+5	45.34	59.64	+8	+5
23	52.79	52.14	−10	+7	44.97	59.84	+11	+1
24	52.66	52.43	−3	+7	44.59	60.03	+12	−3
25	52.53	52.72	+5	+6	44.21	60.22	+10	−6
26	52.39	53.00	+11	+3	43.82	60.41	+5	−8
27	52.24	53.28	+14	0	43.43	60.59	0	−8
28	52.08	53.56	+13	−4	43.02	60.77	−5	−6
29	51.92	53.84	+9	−7	42.62	60.94	−9	−2
30	51.74	54.12	+4	−8	42.20	61.10	−9	+2
31	51.55	54.39	−2	−7	41.78	61.27	−6	+6
32	51.36	54.66	−7	−4	41.36	61.42	−1	+8

δ	sec δ	tg δ	δ	sec δ	tg δ	δ	sec δ	tg δ
−87° 38′ 30″	+24.302	−24.281	−87° 38′ 40″	+24.331	−24.310	−87° 39′ 0″	+24.388	−24.368
40	+24.331	−24.310	50	+24.359	−24.339	10	+24.417	−24.396

$\alpha_{1957.0} = 18^h\ 29^m\ 54^s_{\cdot}54$ $\delta_{1957.0} = -87°\ 38'\ 53''_{\cdot}87$

Scheinbare Sternörter 1957

Obere Kulmination Greenwich

Sg) χ Octantis $5^{m}.22$

Tag	September				Oktober				November				Dezember			
	AR.	Dekl.	☾ Glieder		AR.	Dekl.	☾ Glieder		AR.	Dekl.	☾ Glieder		AR.	Dekl.	☾ Glieder	
	$18^h\,30^m$	−87° 39′	in		$18^h\,30^m$	−87° 39′	in		$18^h\,30^m$	−87° 38′	in		$18^h\,30^m$	−87° 38′	in	
	s	″	0.01 s	0.01 ″	s	″	0.01 s	0.01 ″	s	″	0.01 s	0.01 ″	s	″	0.01 s	0.01 ″
1	41.36	1.42	−1	+8	26.83	3.62	+12	+7	11.95	60.32	+12	−4	2.98	52.54	−2	−7
2	40.93	1.57	+4	+9	26.32	3.60	+15	+4	11.54	60.12	+7	−6	2.82	52.23	−8	−6
3	40.49	1.72	+9	+8	25.80	3.58	+15	+1	11.14	59.92	+1	−7	2.67	51.91	−12	−4
4	40.05	1.86	+13	+6	25.29	3.55	+14	−2	10.74	59.71	−4	−7	2.53	51.59	−15	−1
5	39.60	2.00	+15	+2	24.78	3.51	+10	−5	10.35	59.50	−9	−6	2.40	51.28	−15	+2
6	39.15	2.13	+14	−1	24.26	3.47	+5	−7	9.96	59.28	−13	−3	2.29	50.95	−13	+5
7	38.70	2.26	+11	−4	23.75	3.42	−1	−7	9.58	59.06	−15	0	2.18	50.63	−8	+6
8	38.24	2.38	+7	−6	23.24	3.37	−6	−7	9.21	58.83	−14	+3	2.08	50.31	−2	+7
9	37.78	2.49	+2	−7	22.74	3.31	−11	−5	8.85	58.60	−11	+5	1.99	49.98	+4	+6
10	37.31	2.61	−3	−7	22.23	3.24	−14	−2	8.49	58.37	−6	+7	1.92	49.65	+9	+3
11	36.83	2.71	−9	−6	21.73	3.17	−15	+1	8.14	58.13	0	+7	1.85	49.33	+12	0
12	36.36	2.81	−13	−4	21.23	3.09	−14	+4	7.80	57.89	+6	+5	1.79	48.99	+11	−4
13	35.88	2.91	−16	−1	20.73	3.01	−10	+6	7.47	57.64	+10	+2	1.74	48.66	+7	−6
14	35.39	3.00	−17	+2	20.23	2.92	−5	+7	7.15	57.39	+11	−2	1.70	48.33	+2	−8
15	34.90	3.08	−14	+5	19.74	2.82	+1	+6	6.83	57.13	+9	−5	1.68	47.99	−4	−7
16	34.41	3.16	−9	+7	19.25	2.72	+7	+4	6.52	56.87	+5	−7	1.66	47.66	−9	−5
17	33.92	3.23	−3	+7	18.76	2.62	+10	+1	6.23	56.60	−1	−8	1.66	47.32	−11	−1
18	33.42	3.30	+3	+6	18.28	2.50	+10	−3	5.94	56.33	−7	−6	1.67	46.98	−11	+3
19	32.92	3.36	+9	+3	17.80	2.38	+7	−6	5.65	56.06	−11	−4	1.68	46.65	−7	+6
20	32.42	3.41	+11	−1	17.32	2.26	+2	−8	5.38	55.79	−12	0	1.71	46.31	−2	+8
21	31.92	3.46	+10	−5	16.85	2.13	−3	−8	5.12	55.51	−10	+4	1.75	45.97	+4	+8
22	31.42	3.50	+6	−7	16.38	1.99	−8	−6	4.86	55.23	−5	+7	1.80	45.64	+9	+7
23	30.92	3.54	+1	−8	15.91	1.85	−11	−2	4.61	54.94	+1	+9	1.86	45.30	+13	+5
24	30.41	3.57	−5	−7	15.45	1.70	−11	+2	4.37	54.65	+7	+8	1.93	44.96	+14	+1
25	29.90	3.59	−9	−4	14.99	1.54	−7	+6	4.14	54.36	+12	+6	2.01	44.62	+14	−2
26	29.39	3.61	−10	0	14.54	1.38	−2	+8	3.92	54.06	+15	+3	2.10	44.29	+11	−5
27	28.88	3.63	−8	+4	14.10	1.22	+4	+9	3.72	53.76	+15	0	2.21	43.95	+6	−6
28	28.37	3.63	−4	+7	13.66	1.05	+10	+8	3.52	53.46	+13	−3	2.32	43.61	0	−7
29	27.85	3.63	+2	+9	13.22	0.87	+14	+6	3.33	53.15	+9	−6	*2.44	43.27	−6	−7
30	27.34	3.63	+8	+8	12.79	0.69	+16	+2	3.15	52.85	+4	−7	2.57	42.94	−11	−5
31	26.83	3.62	+12	+7	12.37	0.51	+15	−1	2.98	52.54	−2	−7	2.71	42.60	−15	−3
32					11.95	0.32	+12	−4					2.86	42.27	−16	0

δ	sec δ	tg δ	δ	sec δ	tg δ	δ	sec δ	tg δ
−87° 38′ 40″	+24.331	−24.310	−87° 38′ 50″	+24.359	−24.339	−87° 39′ 0″	+24.388	−24.368
50	+24.359	−24.339	60	+24.388	−24.368	10	+24.417	−24.396

$\alpha_{1957.0} = 18^h\,29^m\,54^s.54$ $\delta_{1957.0} = -87°\,38'\,53''.87$

* Tag der doppelten unteren Kulmination: Dez. 29.

Scheinbare Sternörter 1957

Obere Kulmination Greenwich

Sh) σ Octantis $5^m.48$

Tag	Januar AR.	Januar Dekl.	Januar ☾ Glieder		Februar AR.	Februar Dekl.	Februar ☾ Glieder		März AR.	März Dekl.	März ☾ Glieder		April AR.	April Dekl.	April ☾ Glieder	
	$20^h 22^m$ s	−89° 6′ ″	in 0.01 s	in 0.01 ″	$20^h 22^m$ s	−89° 6′ ″	in 0.01 s	in 0.01 ″	$20^h 23^m$ s	−89° 6′ ″	in 0.01 s	in 0.01 ″	$20^h 23^m$ s	−89° 6′ ″	in 0.01 s	in 0.01 ″
1	38.68	59.22	+ 5	+ 8	40.96	48.06	+30	−1	2.65	38.64	+28	−3	42.13	31.00	−12	−8
2	38.36	58.87	+16	+ 6	41.44	47.70	+25	−4	3.71	38.34	+21	−6	43.57	30.82	−27	−7
3	38.07	58.53	+25	+ 4	41.94	47.34	+16	−7	4.79	38.04	+ 9	−8	45.03	30.64	−38	−4
4	37.81	58.18	+29	+ 1	42.47	46.98	+ 3	−9	5.89	37.75	− 5	−9	46.50	30.47	−42	−1
5	37.57	57.83	+28	− 2	43.02	46.63	−13	−9	7.00	37.46	−21	−8	47.97	30.30	−37	+3
6	37.36	57.47	+22	− 6	43.59	46.27	−29	−8	8.13	37.17	−35	−6	49.45	30.14	−25	+5
7	37.18	57.12	+11	− 8	44.18	45.92	−41	−6	9.27	36.89	−43	−3	50.93	29.98	− 7	+7
8	37.02	56.77	− 4	−10	44.80	45.57	−46	−2	10.43	36.61	−43	0	52.42	29.83	+10	+6
9	36.89	56.42	−20	− 9	45.44	45.21	−42	+2	11.60	36.33	−36	+4	53.92	29.68	+25	+4
10	36.78	56.06	−35	− 8	46.10	44.86	−31	+5	12.79	36.05	−21	+6	55.42	29.54	+33	0
11	36.70	55.70	−44	− 4	46.78	44.52	−13	+7	13.99	35.78	− 2	+7	56.93	29.40	+34	−3
12	36.65	55.34	−45	0	47.49	44.17	+ 8	+7	15.21	35.51	+17	+5	58.44	29.27	+25	−6
13	36.62	54.98	−37	+ 4	48.22	43.83	+26	+5	16.44	35.25	+31	+2	59.95	29.14	+11	−7
14	36.62	54.62	−21	+ 6	48.98	43.48	+37	+2	17.69	34.99	+37	−1	61.47	29.02	− 4	−7
15	36.64	54.25	0	+ 8	49.75	43.14	+39	−2	18.95	34.73	+33	−4	62.99	28.90	−19	−4
16	36.69	53.89	+20	+ 7	50.55	42.81	+32	−5	20.23	34.48	+22	−7	64.52	28.78	−28	−1
17	36.77	53.52	+35	+ 4	51.36	42.47	+18	−7	21.51	34.23	+ 7	−7	66.05	28.67	−29	+3
18	36.87	53.16	+42	0	52.19	42.14	+ 2	−6	22.81	33.99	− 9	−6	67.59	28.56	−23	+6
19	37.00	52.79	+40	− 3	53.05	41.81	−15	−4	24.12	33.75	−22	−3	69.12	28.46	−12	+9
20	37.15	52.43	+28	− 6	53.92	41.48	−24	−1	25.44	33.51	−27	+1	70.66	28.37	+ 1	+9
21	37.33	52.06	+12	− 7	54.82	41.15	−26	+3	26.78	33.28	−26	+5	72.20	28.28	+15	+8
22	37.53	51.70	− 5	− 5	55.73	40.83	−22	+6	28.12	33.05	−17	+8	73.74	28.19	+26	+6
23	37.76	51.33	−19	− 3	56.66	40.51	−12	+8	29.48	32.83	− 5	+9	75.28	28.11	+33	+3
24	38.01	50.97	−26	+ 1	57.62	40.19	0	+9	30.85	32.61	+ 8	+9	76.82	28.04	+34	0
25	38.29	50.60	−26	+ 4	58.59	39.88	+12	+8	32.23	32.39	+21	+7	78.36	27.97	+29	−4
26	*38.60	50.24	−20	+ 7	59.57	39.56	+23	+6	33.61	32.18	+29	+5	79.91	27.90	+20	−6
27	38.93	49.87	− 9	+ 8	60.58	39.25	+29	+3	35.01	31.97	+33	+2	81.45	27.84	+ 7	−8
28	39.29	49.51	+ 3	+ 8	61.61	38.94	+31	0	36.41	31.77	+31	−2	82.99	27.78	− 8	−8
29	39.67	49.15	+14	+ 7	62.65	38.64	+28	−3	37.83	31.57	+25	−5	84.53	27.73	−23	−7
30	40.08	48.79	+23	+ 5					39.25	31.38	+15	−7	86.07	27.68	−34	−5
31	40.51	48.42	+29	+ 2					40.69	31.19	+ 1	−8	87.61	27.64	−40	−2
32	40.96	48.06	+30	− 1					42.13	31.00	−12	−8				

δ	sec δ	tg δ	δ	sec δ	tg δ	δ	sec δ	tg δ
−89° 6′ 20″	+64.060	−64.052	−89° 6′ 30″	+64.260	−64.252	−89° 6′ 50″	+64.662	−64.655
30	+64.260	−64.252	40	+64.460	−64.453	60	+64.866	−64.858

$\alpha_{1957.0} = 20^h\ 23^m\ 50^s.05$ $\delta_{1957.0} = -89°\ 6'\ 58''.37$

* Tag der doppelten unteren Kulmination: Jan. 26.

Scheinbare Sternörter 1957

Obere Kulmination Greenwich

Sh) σ Octantis $5^m\!.48$

Tag	Mai AR.	Mai Dekl.	Mai ☾ Glieder	Juni AR.	Juni Dekl.	Juni ☾ Glieder	Juli AR.	Juli Dekl.	Juli ☾ Glieder	August AR.	August Dekl.	August ☾ Glieder
	$20^h\,24^m$	−89° 6′	in s 0.01 | ″ 0.01	$20^h\,25^m$	−89° 6′	in s 0.01 | ″ 0.01	$20^h\,25^m$	−89° 6′	in s 0.01 | ″ 0.01	$20^h\,25^m$	−89° 6′	in s 0.01 | ″ 0.01
	s	″		s	″		s	″		s	″	
1	27.61	27.64	−40 −2	12.76	28.89	− 1 +7	45.79	34.31	+37 +2	61.04	43.13	− 8 −5
2	29.15	27.61	−38 +2	14.08	29.01	+17 +6	46.61	34.55	+38 −2	61.12	43.43	−20 −3
3	30.68	27.58	−29 +5	15.39	29.14	+31 +4	47.41	34.79	+31 −5	61.17	43.73	−26 +1
4	32.21	27.56	−13 +6	16.69	29.27	+37 0	48.19	35.04	+17 −6	61.20	44.03	−24 +5
5	33.74	27.54	+ 4 +7	17.97	29.40	+35 −3	48.96	35.29	0 −6	61.20	44.33	−16 +7
6	35.27	27.53	+21 +5	19.24	29.54	+24 −6	49.70	35.54	−15 −5	61.18	44.63	− 4 +9
7	36.79	27.52	+33 +2	20.49	29.68	+ 9 −7	50.42	35.79	−25 −2	61.13	44.93	+ 8 +9
8	38.31	27.51	+35 −2	21.73	29.83	− 8 −6	51.12	36.05	−28 +2	61.05	45.23	+20 +7
9	39.82	27.51	+29 −5	22.95	29.98	−21 −4	51.79	36.31	−24 +5	60.95	45.53	+28 +5
10	41.33	27.52	+17 −7	24.16	30.13	−28 0	52.45	36.57	−15 +8	60.82	45.83	+32 +2
11	42.84	27.53	+ 1 −7	25.36	30.29	−28 +3	53.08	36.83	− 2 +9	60.67	46.13	+30 −2
12	44.34	27.54	−14 −6	26.54	30.45	−22 +6	53.69	37.10	+11 +8	60.50	46.43	+24 −5
13	45.81	27.56	−25 −3	27.71	30.62	−11 +8	54.28	37.37	+21 +6	60.30	46.72	+14 −7
14	47.33	27.59	−30 +1	28.86	30.79	+ 2 +9	54.85	37.64	+29 +4	60.07	47.02	0 −8
15	48.81	27.62	−27 +5	30.00	30.97	+15 +7	55.39	37.92	+31 0	59.82	47.32	−15 −8
16	50.29	27.66	−19 +8	31.12	31.15	+25 +5	55.91	38.19	+28 −3	59.54	47.62	−29 −7
17	51.76	27.70	− 5 +9	32.22	31.33	+31 +3	56.40	38.47	+20 −6	59.24	47.91	−40 −5
18	53.22	27.74	+ 8 +9	33.31	31.52	+31 −1	56.87	38.75	+ 9 −8	58.91	48.21	−44 −1
19	54.67	27.79	+21 +7	34.37	31.71	+26 −4	57.32	39.03	− 6 −9	58.56	48.50	−41 +2
20	56.12	27.85	+29 +4	35.42	31.91	+16 −7	57.74	39.32	−22 −8	58.18	48.79	−29 +5
21	57.56	27.91	+33 +1	36.46	32.11	+ 3 −9	58.14	39.60	−35 −6	57.78	49.08	−13 +6
22	58.99	27.97	+31 −2	37.47	32.31	−13 −9	58.52	39.89	−43 −3	57.35	49.37	+ 7 +6
23	60.41	28.04	+24 −5	38.47	32.52	−27 −8	58.87	40.18	−43 0	56.90	49.65	+24 +4
24	61.82	28.12	+12 −8	39.45	32.73	−38 −5	59.20	40.47	−35 +3	56.42	49.94	+34 +1
25	63.22	28.20	− 3 −9	40.42	32.95	−43 −1	59.50	40.76	−20 +6	55.92	50.22	+36 −3
26	64.62	28.29	−18 −8	41.36	33.17	−38 +2	59.78	41.05	− 1 +7	55.39	50.50	+28 −6
27	66.00	28.38	−31 −6	42.29	33.39	−26 +5	60.03	41.35	+18 +6	54.84	50.78	+14 −7
28	67.37	28.47	−39 −3	43.19	33.61	− 9 +7	60.26	41.65	+32 +3	54.27	51.05	− 1 −6
29	68.73	28.57	−40 +1	44.08	33.84	+ 9 +7	{60.46 {60.64	41.94 42.24	+38 −1} +35 −4}	53.67	51.33	−16 −4
30	70.08	28.67	−33 +4	44.94	34.07	+26 +5	60.80	42.53	+24 −6	53.05	51.60	−25 0
31	71.43	28.78	−19 +6	45.79	34.31	+37 +2	60.93	42.83	+ 8 −7	52.41	51.87	−26 +4
32	72.76	28.89	− 1 +7				61.04	43.13	− 8 −5	51.74	52.13	−19 +7

δ	sec δ	tg δ	δ	sec δ	tg δ	δ	sec δ	tg δ
−89° 6′ 20″	+64.060	−64.052	−89° 6′ 40″	+64.460	−64.453	−89° 6′ 50″	+64.662	−64.655
30	+64.260	−64.252	50	+64.662	−64.655	60	+64.866	−64.858

$\alpha_{1957.0} = 20^h\,23^m\,50^s\!.05$ $\delta_{1957.0} = -89°\,6'\,58''\!.37$

Scheinbare Sternörter 1957

Obere Kulmination Greenwich

Sh) σ Octantis $5^{m}\!.48$

Tag	September AR.	September Dekl.	September ☾ Glieder		Oktober AR.	Oktober Dekl.	Oktober ☾ Glieder		November AR.	November Dekl.	November ☾ Glieder		Dezember AR.	Dezember Dekl.	Dezember ☾ Glieder	
	$20^h 25^m$ s	−89° 6′ ″	in s 0.01	″ 0.01	$20^h 24^m$ s	−89° 6′ ″	in s 0.01	″ 0.01	$20^h 24^m$ s	−89° 6′ ″	in s 0.01	″ 0.01	$20^h 23^m$ s	−89° 6′ ″	in s 0.01	″ 0.01
1	51.74	52.13	−19	+7	82.28	58.39	+14	+9	40.34	59.87	+35	−1	62.69	55.65	+10	−7
2	51.05	52.39	−8	+9	81.04	58.53	+27	+7	38.95	59.82	+28	−4	61.65	55.42	−5	−8
3	50.34	52.65	+5	+9	79.79	58.66	+34	+4	37.57	59.76	+17	−6	60.63	55.18	−19	−7
4	49.61	52.91	+18	+8	78.52	58.78	+35	+1	36.19	59.69	+4	−8	59.63	54.94	−31	−5
5	48.85	53.17	+28	+6	77.24	58.90	+32	−2	34.82	59.62	−10	−8	58.64	54.70	−37	−2
6	48.08	53.42	+33	+3	75.95	59.02	+24	−5	33.45	59.54	−23	−6	57.68	54.45	−37	+1
7	47.28	53.67	+32	0	74.66	59.13	+12	−7	32.09	59.46	−33	−4	56.73	54.20	−30	+4
8	46.45	53.91	+28	−3	73.35	59.23	−2	−8	30.74	59.37	−38	−1	55.81	53.94	−18	+6
9	45.61	54.15	+18	−5	72.03	59.33	−16	−7	29.40	59.27	−35	+2	54.91	53.68	−1	+6
10	44.74	54.39	+6	−7	70.70	59.42	−28	−6	28.06	59.17	−27	+4	54.03	53.41	+15	+5
11	43.85	54.62	−8	−8	69.37	59.50	−37	−3	26.73	59.06	−13	+6	53.17	53.14	+27	+3
12	42.95	54.85	−22	−7	68.03	59.58	−40	0	25.41	58.95	+3	+6	52.33	52.87	+33	0
13	42.02	55.08	−34	−5	66.68	59.65	−36	+3	24.10	58.83	+18	+4	51.52	52.59	+30	−4
14	41.07	55.30	−41	−2	65.32	59.72	−25	+5	22.80	58.70	+28	+1	50.73	52.31	+20	−6
15	40.10	55.52	−41	0	63.96	59.78	−9	+6	21.51	58.57	+31	−2	49.96	52.02	+4	−7
16	39.12	55.73	−34	+3	62.59	59.84	+8	+5	20.23	58.43	+26	−5	49.22	51.73	−11	−6
17	38.11	55.94	−20	+5	61.22	59.89	+22	+3	18.96	58.28	+13	−7	48.49	51.43	−23	−4
18	37.09	56.15	−3	+6	59.84	59.93	+30	0	17.71	58.13	−2	−7	47.79	51.13	−30	0
19	36.05	56.35	+15	+5	58.45	59.97	+30	−4	16.47	57.97	−17	−6	47.11	50.83	−29	+3
20	34.99	56.54	+27	+2	57.06	60.00	+22	−7	15.24	57.81	−27	−3	46.46	50.53	−21	+6
21	33.92	56.73	+32	−2	55.67	60.02	+8	−8	14.02	57.64	−30	+1	45.83	50.22	−8	+8
22	32.83	56.92	+29	−5	54.28	60.04	−8	−7	12.82	57.47	−26	+5	45.22	49.91	+7	+9
23	31.72	57.10	+18	−7	52.89	60.05	−21	−5	11.63	57.29	−15	+8	44.64	49.59	+20	+7
24	30.59	57.28	+3	−7	51.49	60.06	−28	−1	10.46	57.10	0	+9	44.08	49.27	+30	+5
25	29.45	57.45	−12	−6	50.09	60.06	−28	+3	9.30	56.91	+14	+9	43.55	48.95	+34	+2
26	28.29	57.62	−23	−3	48.70	60.05	−20	+7	8.16	56.71	+27	+7	43.04	48.62	+33	−1
27	27.12	57.78	−27	+1	47.30	60.04	−7	+9	7.03	56.51	+34	+4	42.56	48.30	+25	−4
28	25.93	57.94	−23	+5	45.91	60.02	+7	+9	5.92	56.30	+35	+1	42.10	47.97	+14	−6
29	24.73	58.10	−14	+8	44.51	59.99	+21	+8	4.83	56.09	+32	−3	41.67	47.64	+1	−8
30	23.51	58.25	+1	+9	43.12	59.96	+32	+6	3.75	55.87	+23	−5	41.27	47.30	−15	−8
31	22.28	58.39	+14	+9	41.73	59.92	+36	+3	2.69	55.65	+10	−7	40.89	46.97	−28	−6
32					40.34	59.87	+35	−1					40.54	46.63	−36	−4

δ	sec δ	tg δ	δ	sec δ	tg δ	δ	sec δ	tg δ
−89° 6′ 40″	+64.460	−64.453	−89° 6′ 50″	+64.662	−64.655	−89° 7′ 0″	+64.866	−64.858
50	+64.662	−64.655	60	+64.866	−64.858	10	+65.070	−65.063

$\alpha_{1957.0} = 20^h\ 23^m\ 50^s\!.05$ $\delta_{1957.0} = -89°\ 6'\ 58''\!.37$

Scheinbare Sternörter 1957

Obere Kulmination Greenwich

Si) β Octantis $4^{m}.34$

Tag	Januar AR.	Januar Dekl.	Januar ☾ Glieder	Februar AR.	Februar Dekl.	Februar ☾ Glieder	März AR.	März Dekl.	März ☾ Glieder	April AR.	April Dekl.	April ☾ Glieder
	$22^h 41^m$	−81° 36′	in s 0.01 | ″ 0.01	$22^h 41^m$	−81° 36′	in s 0.01 | ″ 0.01	$22^h 41^m$	−81° 36′	in s 0.01 | ″ 0.01	$22^h 41^m$	−81° 35′	in s 0.01 | ″ 0.01
	s	″		s	″		s	″		s	″	
1	42.13	38.91	−1 + 7	39.68	30.08	+4 + 3	39.29	19.87	+4 +1	40.92	68.54	0 −9
2	42.02	38.69	+1 + 7	39.64	29.74	+4 − 1	*39.31	19.50	+3 −2	41.00	68.20	−2 −9
3	41.91	38.47	+2 + 6	39.59	29.40	+3 − 4	39.33	19.12	+2 −6	41.09	67.87	−4 −8
4	41.81	38.24	+3 + 4	39.55	29.05	+2 − 7	39.36	18.74	+1 −8	41.18	67.53	−5 −6
5	41.71	38.00	+4 + 1	39.51	28.70	0 − 9	39.38	18.36	−1 −9	41.27	67.20	−5 −2
6	41.60	37.76	+3 − 2	39.48	28.35	−2 −10	39.41	17.99	−3 −9	41.37	66.87	−4 +1
7	41.51	37.52	+2 − 6	39.44	28.00	−4 −10	39.44	17.61	−4 −8	41.46	66.54	−2 +5
8	41.41	37.27	+1 − 9	39.41	27.65	−5 − 8	39.48	17.24	−5 −5	41.56	66.22	0 +6
9	41.31	37.02	−1 −10	39.38	27.29	−5 − 4	39.51	16.86	−5 −1	41.66	65.90	+2 +6
10	41.22	36.76	−3 −10	39.36	26.93	−4 0	39.55	16.48	−3 +2	41.76	65.58	+4 +4
11	41.13	36.49	−4 − 9	39.33	26.57	−2 + 4	39.59	16.11	−1 +5	41.86	65.26	+4 +1
12	41.04	36.23	−5 − 6	39.31	26.21	0 + 7	39.63	15.74	+1 +7	41.96	64.95	+4 −2
13	40.95	35.95	−5 − 1	39.29	25.84	+2 + 7	39.68	15.36	+3 +6	42.07	64.64	+2 −5
14	40.87	35.68	−3 + 3	39.27	25.48	+4 + 6	39.72	14.99	+4 +4	42.17	64.33	+1 −6
15	40.78	35.40	−1 + 6	39.26	25.11	+5 + 3	39.77	14.62	+4 0	42.28	64.03	−1 −6
16	40.70	35.11	+1 + 8	39.24	24.74	+5 0	39.82	14.25	+3 −3	42.39	63.73	−3 −4
17	40.62	34.82	+3 + 8	39.23	24.37	+3 − 3	39.87	13.88	+2 −5	42.51	63.43	−4 −1
18	40.54	34.53	+5 + 5	39.22	24.00	+1 − 5	39.92	13.52	0 −6	42.62	63.14	−4 +3
19	40.47	34.23	+5 + 2	39.22	23.63	−1 − 5	39.98	13.15	−2 −5	42.74	62.85	−3 +6
20	40.39	33.93	+4 − 1	39.22	23.26	−3 − 3	40.04	12.78	−3 −2	42.86	62.56	−1 +8
21	40.32	33.63	+2 − 4	39.22	22.89	−3 − 1	40.10	12.42	−4 +1	42.97	62.28	0 +9
22	40.25	33.32	0 − 5	39.22	22.51	−4 + 2	40.17	12.06	−3 +4	43.09	62.00	+2 +8
23	40.19	33.01	−2 − 5	39.22	22.14	−3 + 5	40.23	11.70	−2 +7	43.22	61.73	+3 +6
24	40.12	32.70	−3 − 3	39.22	21.76	−1 + 7	40.30	11.34	0 +8	43.34	61.45	+4 +4
25	40.06	32.38	−4 0	39.23	21.39	0 + 8	40.37	10.99	+1 +9	43.46	61.19	+4 +1
26	40.00	32.06	−3 + 3	39.24	21.01	+2 + 8	40.44	10.63	+2 +7	43.59	60.92	+3 −3
27	39.94	31.74	−2 + 6	39.25	20.63	+3 + 6	40.52	10.28	+3 +5	43.71	60.66	[illegible] 6
28	39.88	31.41	−1 + 7	39.27	20.25	+4 + 4	40.59	9.93	+4 +3	43.84	60.40	+1 −8
29	39.83	31.08	0 + 8	39.29	19.87	+4 + 1	40.67	9.58	+4 −1	43.97	60.15	−1 −9
30	39.78	30.75	+2 + 7				40.75	9.23	+3 −4	44.10	59.90	−3 −8
31	39.73	30.42	+3 + 5				40.83	8.89	+1 −7	44.23	59.65	−4 −6
32	39.68	30.08	+4 + 3				40.92	8.54	0 −9			

δ	sec δ	tg δ	δ	sec δ	tg δ	δ	sec δ	tg δ
−81° 35′ 50″	+6.843	−6.770	−81° 36′ 10″	+6.848	−6.774	−81° 36′ 30″	+6.852	−6.779
60	+6.845	−6.772	20	+6.850	−6.777	40	+6.854	−6.781

$\alpha_{1957.0} = 22^h\ 41^m\ 47^s.27$ $\delta_{1957.0} = -81°\ 36'\ 28''.71$

* Tag der doppelten unteren Kulmination: März 2.

Scheinbare Sternörter 1957

Obere Kulmination Greenwich

Si) β Octantis $4^{m}.34$

Tag	Mai AR.	Mai Dekl.	Mai ☾ Glieder in s 0.01	Mai ☾ Glieder in " 0.01	Juni AR.	Juni Dekl.	Juni ☾ Glieder in s 0.01	Juni ☾ Glieder in " 0.01	Juli AR.	Juli Dekl.	Juli ☾ Glieder in s 0.01	Juli ☾ Glieder in " 0.01	August AR.	August Dekl.	August ☾ Glieder in s 0.01	August ☾ Glieder in " 0.01
	$22^h 41^m$ s	−81° 35′ "			$22^h 41^m$ s	−81° 35′ "			$22^h 41^m$ s	−81° 35′ "			$22^h 41^m$ s	−81° 35′ "		
1	44.23	59.65	−4	−6	48.79	54.37	−1	+6	53.37	54.04	+4	+6	57.13	58.59	+2	−5
2	44.37	59.41	−5	−3	48.94	54.28	+1	+7	53.51	54.11	+5	+3	57.23	58.81	0	−5
3	44.50	59.18	−4	+1	49.10	54.20	+3	+7	53.65	54.19	+4	0	57.32	59.03	−2	−5
4	44.64	58.94	−3	+4	49.26	54.12	+4	+4	53.79	54.27	+3	−3	57.41	59.26	−3	−2
5	44.77	58.72	0	+6	49.41	54.04	+5	+1	53.93	54.36	+1	−5	57.49	59.49	−3	+1
6	44.91	58.49	+2	+7	49.57	53.97	+4	−2	54.07	54.45	−1	−6	57.58	59.73	−3	+4
7	45.05	58.27	+4	+5	49.72	53.91	+2	−5	54.21	54.55	−3	−4	57.66	59.97	−2	+7
8	45.19	58.06	+4	+3	49.88	53.85	0	−6	54.34	54.65	−4	−1	57.74	60.21	−1	+8
9	45.33	57.85	+4	−1	50.03	53.80	−2	−6	54.48	54.76	−4	+2	57.82	60.46	+1	+8
10	45.47	57.64	+3	−4	50.19	53.76	−3	−4	54.61	54.88	−3	+5	57.90	60.71	+2	+7
11	45.61	57.44	+1	−6	50.34	53.72	−4	−1	54.74	55.00	−2	+7	57.97	60.96	+3	+5
12	45.76	57.24	−1	−6	50.50	53.68	−4	+3	54.87	55.12	0	+8	58.04	61.21	+4	+2
13	45.90	57.05	−3	−5	50.65	53.65	−3	+5	55.00	55.25	+1	+8	58.11	61.47	+4	−1
14	46.05	56.86	−4	−3	50.81	53.63	−1	+7	55.13	55.39	+3	+6	58.17	61.72	+3	−4
15	46.19	56.68	−4	+1	50.96	53.61	+1	+8	55.26	55.53	+4	+4	58.23	61.99	+1	−7
16	46.34	56.51	−3	+4	51.12	53.59	+2	+7	55.38	55.67	+4	+1	58.29	62.25	0	−9
17	46.49	56.34	−2	+7	51.27	53.58	+3	+6	55.51	55.82	+3	−2	58.35	62.52	−2	−10
18	46.64	56.17	0	+8	51.42	53.58	+4	+3	55.63	55.97	+2	−6	58.40	62.79	−4	−9
19	46.79	56.01	+1	+8	51.57	53.58	+4	0	55.75	56.13	+1	−8	58.45	63.06	−5	−7
20	46.94	55.85	+3	+7	51.73	53.59	+3	−4	55.87	56.30	−1	−10	58.50	63.34	−5	−3
21	47.09	55.70	+4	+5	51.88	53.61	+2	−7	55.98	56.46	−3	−10	58.55	63.62	−4	0
22	47.24	55.55	+4	+2	52.03	53.63	0	−9	56.10	56.64	−4	−8	58.59	63.90	−2	+4
23	47.40	55.41	+4	−2	52.18	53.65	−2	−10	56.21	56.81	−5	−5	58.63	64.18	0	+6
24	47.55	55.27	+3	−5	52.33	53.68	−4	−9	56.32	56.99	−4	−1	58.67	64.46	+2	+6
25	47.70	55.14	+1	−8	52.48	53.72	−5	−6	56.43	57.18	−3	+3	58.71	64.74	+4	+5
26	47.85	55.02	−1	−9	52.63	53.76	−5	−3	56.54	57.37	−1	+6	58.74	65.03	+5	+2
27	48.01	54.90	−2	−9	52.78	53.80	−4	+1	56.64	57.56	+1	+7	58.77	65.32	+4	−1
28	48.16	54.78	−4	−7	52.93	53.85	−2	+5	56.74	57.76	+3	+7	58.80	65.61	+3	−4
29	48.32	54.67	−5	−4	53.07	53.91	0	+7	56.84	57.96	+4	+4	58.83	65.90	+1	−6
30	48.47	54.57	−4	−1	53.22	53.97	+2	+7	56.94	58.17	+5	+1	58.85	66.20	−1	−5
31	48.63	54.47	−3	+3	53.37	54.04	+4	+6	57.04	58.38	+4	−2	58.87	66.49	−3	−3
32	48.79	54.37	−1	+6					57.13	58.59	+2	−5	{58.89 58.90	66.79 67.08	−3 −3	0 +3

δ	sec δ	tg δ	δ	sec δ	tg δ
−81° 35′ 50″	+6.843	−6.770	−81° 36′ 0″	+6.845	−6.772
60	+6.845	−6.772	10	+6.848	−6.774

$\alpha_{1957.0} = 22^h\,41^m\,47^s.27$ $\delta_{1957.0} = -81°\,36'\,28''.71$

Scheinbare Sternörter 1957

Obere Kulmination Greenwich

Si) β Octantis $4^m_{\cdot}34$

Tag	September AR.	September Dekl.	September ☾ Glieder		Oktober AR.	Oktober Dekl.	Oktober ☾ Glieder		November AR.	November Dekl.	November ☾ Glieder		Dezember AR.	Dezember Dekl.	Dezember ☾ Glieder	
	$22^h 41^m$	$-81° 36'$	in 0.01^s	in $0.01''$	$22^h 41^m$	$-81° 36'$	in 0.01^s	in $0.01''$	$22^h 41^m$	$-81° 36'$	in 0.01^s	in $0.01''$	$22^h 41^m$	$-81° 36'$	in 0.01^s	in $0.01''$
	s	″			s	″			s	″			s	″		
1	{ 58.89 58.90	6.79 7.08	−3 −3	0 +3 }	58.06	15.94	0	+ 9	54.92	22.79	+4	+3	50.77	24.66	+2	−5
2	58.91	7.38	−2	+6	57.99	16.22	+2	+ 9	54.80	22.94	+4	0	50.63	24.63	+1	−7
3	58.92	7.68	−1	+8	57.92	16.49	+3	+ 8	54.67	23.08	+3	−3	50.49	24.59	−1	−8
4	58.93	7.98	+1	+9	57.84	16.76	+4	+ 5	54.54	23.22	+2	−6	50.35	24.54	−3	−8
5	58.93	8.28	+2	+8	57.76	17.03	+4	+ 2	54.41	23.35	0	−8	50.21	24.49	−4	−7
6	58.93	8.58	+3	+6	57.68	17.29	+4	− 1	54.28	23.47	−1	−8	50.07	24.43	−4	−4
7	58.93	8.88	+4	+4	57.60	17.55	+3	− 4	54.14	23.59	−3	−7	49.93	24.36	−4	−1
8	58.93	9.18	+4	+1	57.51	17.81	+1	− 7	54.01	23.71	−4	−6	49.80	24.29	−3	+3
9	58.92	9.49	+3	−2	57.43	18.06	−1	− 8	53.87	23.82	−4	−3	49.66	24.21	−1	+5
10	58.91	9.79	+2	−5	57.34	18.31	−2	− 8	53.74	23.92	−4	0	49.52	24.13	+1	+6
11	58.90	10.09	0	−8	57.25	18.56	−4	− 7	53.60	24.02	−2	+3	49.38	24.04	+3	+6
12	58.88	10.39	−1	−9	57.16	18.80	−5	− 5	53.46	24.11	−1	+6	49.25	23.94	+4	+3
13	58.86	10.70	−3	−9	57.07	19.04	−5	− 2	53.32	24.19	+1	+6	49.11	23.84	+4	0
14	58.84	11.00	−4	−7	56.97	19.28	−4	+ 1	53.18	24.27	+3	+4	48.98	23.73	+3	−3
15	58.82	11.30	−5	−5	56.87	19.51	−2	+ 4	53.04	24.34	+4	+2	48.84	23.62	+2	−6
16	58.79	11.60	−4	−1	56.77	19.74	0	+ 5	52.90	24.40	+4	−2	48.71	23.49	0	−7
17	58.76	11.90	−3	+2	56.67	19.97	+2	+ 5	52.76	24.46	+3	−5	48.58	23.37	−2	−6
18	58.72	12.20	−1	+5	56.56	20.19	+4	+ 3	52.62	24.52	+1	−7	48.45	23.23	−3	−4
19	58.69	12.49	+1	+6	56.46	20.40	+4	0	52.48	24.57	−1	−7	48.32	23.09	−4	−1
20	58.65	12.79	+3	+5	56.35	20.62	+4	− 3	52.34	24.61	−3	−6	48.20	22.95	−3	+3
21	58.61	13.08	+4	+3	56.24	20.82	+2	− 6	52.19	24.65	−4	−3	48.07	22.80	−2	+6
22	58.57	13.38	+4	0	56.13	21.03	0	− 7	52.05	24.68	−4	+1	47.94	22.64	−1	+8
23	58.52	13.67	+3	−4	56.02	21.23	−2	− 6	51.91	24.70	−3	+5	47.82	22.48	+1	+9
24	58.47	13.96	+2	−6	55.90	21.42	−3	− 4	51.77	24.72	−1	+8	47.70	22.31	+3	+8
25	58.42	14.25	0	−6	55.78	21.61	−4	− 1	51.62	24.73	0	+9	47.58	22.14	+4	+6
26	58.37	14.54	−2	−5	55.66	21.79	−3	+ 3	51.48	24.73	+2	+9	47.46	21.96	+4	+3
27	58.31	14.82	−3	−2	55.54	21.97	−2	+ 7	51.34	24.73	+3	+0	47.35	21.77	+4	0
28	58.25	15.10	−4	+2	55.42	22.15	−1	+ 9	51.20	24.72	+4	+5	47.23	21.58	+3	−4
29	58.19	15.38	−3	+5	55.30	22.31	+1	+10	51.05	24.70	+4	+2	47.12	21.39	+1	−7
30	58.12	15.66	−1	+8	55.18	22.48	+3	+ 9	50.91	24.68	+3	−2	47.00	21.19	−1	−8
31	58.06	15.94	0	+9	55.05	22.64	+4	+ 6	50.77	24.66	+2	−5	46.89	20.98	−2	−9
32					54.92	22.79	+4	+ 3					46.78	20.77	−3	−8

δ	sec δ	tg δ	δ	sec δ	tg δ	δ	sec δ	tg δ
−81° 36′ 0″	+6.845	−6.772	−81° 36′ 10″	+6.848	−6.774	−81° 36′ 20″	+6.850	−6.777
10	+6.848	−6.774	20	+6.850	−6.777	30	+6.852	−6.779

$\alpha_{1957.0} = 22^h\ 41^m\ 47^s_{\cdot}27$ $\qquad$ $\delta_{1957.0} = -81°\ 36'\ 28''_{\cdot}71$

Scheinbare Sternörter 1957

Obere Kulmination Greenwich

Sk) τ Octantis $5^m\!.56$

Tag	Januar AR.	Januar Dekl.	Januar ☾ Glieder in s 0.01	Januar ☾ Glieder in ″ 0.01	Februar AR.	Februar Dekl.	Februar ☾ Glieder in s 0.01	Februar ☾ Glieder in ″ 0.01	März AR.	März Dekl.	März ☾ Glieder in s 0.01	März ☾ Glieder in ″ 0.01	April AR.	April Dekl.	April ☾ Glieder in s 0.01	April ☾ Glieder in ″ 0.01
	23h 21m s	−87° 43′ ″			23h 21m s	−87° 43′ ″			23h 21m s	−87° 42′ ″			23h 21m s	−87° 42′ ″		
1	64.69	21.38	−7	+7	52.29	13.25	+11	+4	47.31	63.09	+12	+2	49.43	51.24	+4	−8
2	64.20	21.19	−2	+7	52.01	12.92	+12	+1	47.25	62.71	+13	−1	49.63	50.88	−1	−9
3	63.72	20.99	+3	+7	51.73	12.59	+12	−3	47.20	62.32	+11	−4	49.83	50.52	−7	−9
4	63.24	20.80	+8	+5	51.45	12.25	+10	−6	47.17	61.93	+8	−7	50.04	50.16	−12	−7
5	62.77	20.59	+11	+2	51.19	11.91	+6	−9	47.14	61.55	+2	−9	50.26	49.80	−14	−4
6	62.30	20.38	+13	−1	50.93	11.57	0	−10	47.11	61.16	−4	−10	50.49	49.44	−13	0
7	61.84	20.17	+12	−4	50.68	11.22	−7	−10	47.10	60.77	−10	−9	50.72	49.08	−9	+4
8	61.38	19.95	+9	−8	50.44	10.87	−12	−8	47.10	60.39	−14	−6	50.96	48.73	−3	+6
9	60.93	19.72	+4	−10	50.21	10.52	−15	−5	47.10	60.00	−15	−3	51.21	48.38	+4	+7
10	60.48	19.49	−3	−11	49.98	10.17	−15	−1	47.11	59.61	−13	+1	51.47	48.03	+10	+5
11	60.04	19.26	−9	−10	49.76	9.82	−11	+3	47.13	59.23	−7	+5	51.73	47.68	+14	+3
12	59.61	19.02	−14	−7	49.56	9.46	−4	+6	47.16	58.84	0	+7	52.00	47.34	+14	−1
13	59.18	18.77	−15	−2	49.36	9.10	+3	+8	*47.20	58.45	+7	+7	52.28	47.00	+11	−4
14	58.75	18.52	−13	+2	49.16	8.74	+10	+7	47.24	58.07	+13	+5	52.56	46.66	+6	−6
15	58.34	18.27	−8	+6	48.98	8.37	+14	+4	47.29	57.68	+15	+2	52.85	46.33	−1	−6
16	57.92	18.01	0	+8	48.81	8.00	+15	+1	47.36	57.29	+13	−1	53.15	46.00	−8	−5
17	57.52	17.74	+7	+8	48.64	7.63	+12	−2	47.43	56.91	+9	−4	53.45	45.67	−12	−2
18	57.12	17.47	+13	+7	48.48	7.26	+7	−4	47.50	56.52	+3	−5	53.76	45.34	−14	+1
19	56.73	17.20	+16	+4	48.33	6.88	0	−5	47.59	56.14	−4	−5	54.08	45.02	−13	+4
20	56.35	16.92	+14	0	48.19	6.51	−7	−4	47.69	55.76	−10	−3	54.40	44.70	−9	+7
21	55.97	16.63	+10	−3	48.06	6.14	−12	−2	47.79	55.37	−13	0	54.73	44.38	−4	+8
22	55.60	16.35	+4	−5	47.94	5.76	−14	+1	47.90	54.99	−14	+3	55.07	44.07	+2	+8
23	55.24	16.05	−3	−5	47.82	5.38	−12	+4	48.02	54.61	−12	+6	55.41	43.76	+7	+7
24	54.88	15.76	−9	−3	47.71	5.00	−10	+7	48.15	54.23	−7	+8	55.76	43.45	+11	+5
25	54.53	15.46	−13	−1	47.61	4.62	−5	+8	48.28	53.85	−1	+8	56.11	43.15	+13	+2
26	54.19	15.15	−13	+2	47.52	4.24	0	+8	48.42	53.48	+4	+8	56.47	42.85	+13	−2
27	53.85	14.84	−12	+5	47.44	3.86	+5	+7	48.57	53.10	+8	+6	56.84	42.55	+11	−5
28	53.52	14.53	−8	+7	47.37	3.48	+9	+5	48.73	52.72	+12	+3	57.21	42.26	+7	−7
29	53.20	14.21	−3	+7	47.31	3.09	+12	+2	48.89	52.35	+13	0	57.59	41.97	+1	−9
30	52.89	13.90	+2	+7					49.06	51.98	+12	−3	57.98	41.68	−5	−9
31	52.59	13.57	+7	+6					49.24	51.61	+9	−6	58.37	41.40	−11	−7
32	52.29	13.25	+11	+4					49.43	51.24	+4	−8				

δ	sec δ	tg δ	δ	sec δ	tg δ	δ	sec δ	tg δ
−87° 42′ 40″	+25.039	−25.019	−87° 43′ 0″	+25.100	−25.080	−87° 43′ 20″	+25.161	−25.141
50	+25.069	−25.049	10	+25.130	−25.110	30	+25.192	−25.172

$\alpha_{1957.0} = 23^h\ 22^m\ 22^s\!.75$ $\delta_{1957.0} = -87°\ 43'\ 8''\!.99$

* Tag der doppelten unteren Kulmination: März 13.

Scheinbare Sternörter 1957

Obere Kulmination Greenwich

Sk) τ Octantis $5^m_.56$

Tag	Mai AR.	Mai Dekl.	Mai ☾ Glieder	Juni AR.	Juni Dekl.	Juni ☾ Glieder	Juli AR.	Juli Dekl.	Juli ☾ Glieder	August AR.	August Dekl.	August ☾ Glieder
	$23^h\ 21^m$	−87° 42′	in s 0.01 | ″ 0.01	$23^h\ 22^m$	−87° 42′	in s 0.01 | ″ 0.01	$23^h\ 22^m$	−87° 42′	in s 0.01 | ″ 0.01	$23^h\ 22^m$	−87° 42′	in s 0.01 | ″ 0.01
	s	″		s	″		s	″		s	″	
1	58.37	41.40	−11 −7	12.68	34.90	− 8 + 5	28.48	33.36	+10 + 7	42.86	36.97	+ 9 − 4
2	58.76	41.12	−13 −4	13.20	34.77	− 1 + 7	28.99	33.39	+14 + 5	43.25	37.17	+ 3 − 5
3	59.16	40.85	−14 −1	13.71	34.64	+ 6 + 7	29.51	33.43	+15 + 1	43.62	37.37	− 4 − 5
4	59.57	40.58	−11 +3	14.23	34.52	+11 + 6	30.02	33.48	+12 − 2	43.99	37.57	−10 − 3
5	59.98	40.32	− 6 +6	14.75	34.41	+14 + 3	30.53	33.53	+ 7 − 5	44.35	37.78	−13 0
6	60.39	40.06	+ 2 +7	15.28	34.30	+13 − 1	31.04	33.59	0 − 6	44.71	37.99	−13 + 3
7	60.81	39.80	+ 8 +6	15.80	34.19	+10 − 4	31.55	33.66	− 6 − 5	45.06	38.21	−11 + 6
8	61.24	39.55	+13 +4	16.33	34.09	+ 4 − 6	32.05	33.73	−11 − 3	45.40	38.43	− 7 + 8
9	61.67	39.30	+14 +1	16.85	33.99	− 3 − 6	32.55	33.81	−13 0	45.74	38.66	− 1 + 8
10	62.11	39.06	+12 −2	17.38	33.91	− 9 − 5	33.05	33.89	−13 + 3	46.06	38.89	+ 4 + 7
11	62.55	38.82	+ 8 −5	17.91	33.82	−12 − 2	33.54	33.97	−10 + 6	46.38	39.13	+ 8 + 6
12	62.99	38.59	+ 1 −6	18.44	33.75	−13 + 1	34.03	34.07	− 5 + 7	46.70	39.36	+11 + 3
13	63.44	38.36	− 5 −6	18.97	33.68	−12 + 4	34.51	34.16	0 + 7	47.00	39.61	+12 0
14	63.89	38.14	−11 −4	19.50	33.61	− 8 + 7	35.00	34.26	+ 5 + 7	47.30	39.85	+12 − 3
15	64.35	37.92	−13 −1	20.03	33.55	− 3 + 8	35.47	34.37	+ 9 + 5	47.59	40.10	+ 9 − 6
16	64.81	37.70	−14 +3	20.57	33.50	+ 2 + 8	35.95	34.48	+12 + 2	47.87	40.35	+ 4 − 8
17	65.28	37.49	−11 +6	21.10	33.45	+ 7 + 7	36.42	34.60	+12 − 1	48.14	40.61	− 1 −10
18	65.75	37.28	− 7 +8	21.63	33.41	+11 + 4	36.89	34.72	+11 − 5	48.40	40.87	− 7 −10
19	66.22	37.08	− 1 +8	22.17	33.37	+12 + 1	37.35	34.85	+ 7 − 8	48.66	41.13	−12 − 8
20	66.70	36.88	+ 4 +8	22.70	33.33	+12 − 3	37.80	34.98	+ 2 −10	48.91	41.40	−14 − 5
21	67.18	36.69	+ 9 +6	23.23	33.31	+10 − 6	38.25	35.12	− 4 −10	49.14	41.67	−14 − 1
22	67.66	36.50	+12 +3	23.76	33.29	+ 5 − 8	38.70	35.27	−10 − 9	49.37	41.94	−10 + 3
23	68.15	36.32	+13 0	24.29	33.27	0 −10	39.14	35.41	−13 − 6	49.60	42.21	− 4 + 6
24	68.64	36.14	+12 −4	24.81	33.26	− 6 −10	39.57	35.57	−14 − 3	49.81	42.49	+ 4 + 7
25	69.14	35.97	+ 8 −7	25.34	33.26	−12 − 7	40.00	35.73	−12 + 2	50.01	42.77	+10 + 6
26	69.63	35.80	+ 3 −9	25.87	33.26	−14 − 4	40.43	35.89	− 7 + 5	50.21	43.05	+14 + 3
27	70.14	35.64	− 3 −9	26.39	33.27	−14 0	40.85	36.06	0 + 7	50.39	43.34	+15 0
28	70.64	35.48	− 8 −8	26.91	33.28	−10 + 4	41.27	36.23	+ 7 + 7	50.57	43.62	+11 − 3
29	71.15	35.33	−13 −6	27.44	33.30	− 4 + 7	41.68	36.41	+12 + 6	50.73	43.91	+ 6 − 5
30	71.66	35.18	−14 −2	27.96	33.33	+ 3 + 8	42.08	36.59	+15 + 3	50.89	44.20	− 1 − 5
31	72.17	35.04	−12 +2	28.48	33.36	+10 + 7	42.47	36.78	+14 − 1	51.04	44.50	− 8 − 4
32	72.68	34.90	− 8 +5				42.86	36.97	+ 9 − 4	51.18	44.79	−12 − 1

δ	sec δ	tg δ	δ	sec δ	tg δ
−87° 42′ 30″	+25.008	−24.988	−87° 42′ 40″	+25.039	−25.019
40	+25.039	−25.019	50	+25.069	−25.049

$\alpha_{1957.0} = 23^h\ 22^m\ 22^s.75$ $\delta_{1957.0} = -87°\ 43'\ 8''.99$

Scheinbare Sternörter 1957

Obere Kulmination Greenwich

Sk) τ Octantis $5^m.56$

Tag	September			Oktober			November			Dezember		
	AR.	Dekl.	☾ Glieder	AR.	Dekl.	☾ Glieder	AR.	Dekl.	☾ Glieder	AR.	Dekl.	☾ Glieder
	$23^h\ 22^m$ s	−87° 42′ ″	in 0.01 s | 0.01 ″	$23^h\ 22^m$ s	−87° 42′ ″	in 0.01 s | 0.01 ″	$23^h\ 22^m$ s	−87° 43′ ″	in 0.01 s | 0.01 ″	$23^h\ 22^m$ s	−87° 43′ ″	in 0.01 s | 0.01 ″
1	51.18	44.79	−12 −1	50.54	54.33	−5 +9	40.76	2.26	+12 +5	25.50	5.48	+11 −4
2	51.31	45.09	−13 +2	50.36	54.63	+1 +9	40.32	2.45	+12 +2	24.95	5.49	+7 −6
3	51.43	45.39	−12 +5	50.17	54.93	+6 +8	39.87	2.63	+12 −2	24.40	5.49	+2 −8
4	51.54	45.69	−8 +8	49.97	55.23	+10 +6	39.41	2.81	+9 −5	23.85	5.49	−4 −8
5	51.64	45.99	−3 +9	49.76	55.53	+12 +3	38.95	2.98	+5 −7	23.30	5.48	−9 −7
6	51.73	46.29	+2 +9	49.54	55.82	+12 0	38.49	3.15	0 −8	22.74	5.47	−12 −5
7	51.81	46.60	+7 +7	49.31	56.11	+11 −3	38.02	3.31	−6 −8	22.19	5.45	−13 −2
8	51.88	46.91	+10 +5	49.07	56.39	+8 −6	37.54	3.47	−10 −7	21.64	5.42	−12 +2
9	51.94	47.21	+12 +2	48.82	56.68	+3 −8	37.06	3.62	−13 −4	21.09	5.38	−7 +5
10	51.99	47.52	+12 −1	48.56	56.96	−3 −9	36.58	3.77	−13 −1	20.54	5.34	−1 +6
11	{ 52.03 / 52.06	47.83 / 48.14	+10 −4 / +6 −7 }	48.29	57.24	−8 −8	36.09	3.91	−10 +2	19.99	5.29	+5 +6
12	52.08	48.45	+1 −9	48.02	57.52	−12 −6	35.59	4.05	−5 +5	19.44	5.23	+11 +5
13	52.09	48.77	−5 −9	47.73	57.79	−14 −3	35.09	4.18	+1 +6	18.89	5.17	+14 +2
14	52.09	49.08	−10 −8	47.44	58.06	−13 0	34.58	4.30	+7 +5	18.34	5.10	+13 −2
15	52.08	49.39	−13 −6	47.14	58.33	−9 +3	34.07	4.42	+12 +3	17.80	5.03	+9 −5
16	52.06	49.71	−14 −3	46.82	58.59	−3 +5	33.56	4.53	+14 0	17.26	4.95	+3 −6
17	52.03	50.02	−12 +1	46.50	58.85	+4 +6	33.04	4.64	+12 −3	16.72	4.87	−3 −6
18	51.98	50.33	−7 +4	46.18	59.10	+10 +4	32.52	4.74	+7 −6	16.18	4.77	−9 −5
19	51.93	50.64	0 +6	45.84	59.35	+13 +2	32.00	4.83	0 −7	15.65	4.67	−13 −2
20	51.87	50.96	+7 +6	45.49	59.60	+14 −2	31.47	4.92	−6 −6	15.11	4.57	−13 +2
21	51.80	51.27	+12 +4	45.14	59.85	+10 −5	30.94	5.00	−11 −4	14.58	4.46	−11 +5
22	51.72	51.58	+14 +1	44.78	60.09	+5 −6	30.41	5.08	−13 0	14.05	4.34	−7 +7
23	51.63	51.89	+13 −2	44.41	60.33	−2 −6	29.87	5.15	−13 +3	13.52	4.21	−2 +9
24	51.53	52.20	+9 −5	44.03	60.56	−8 −5	29.33	5.21	−10 +7	13.00	4.08	+4 +8
25	51.42	52.51	+2 −6	43.64	60.79	−13 −2	28.78	5.27	−5 +9	12.48	3.94	+8 +7
26	51.30	52.81	−5 −5	43.25	61.01	−13 +2	28.24	5.32	+1 +9	11.97	3.80	+12 +4
27	51.17	53.12	−10 −3	42.85	61.23	−12 +6	27.70	5.37	+5 +8	11.45	3.65	+12 +1
28	51.02	53.43	−13 0	42.45	61.45	−8 +8	27.15	5.40	+10 +6	10.95	3.49	+11 −3
29	50.87	53.73	−13 +4	42.03	61.66	−2 +9	26.60	5.43	+13 +3	10.44	3.33	+8 −6
30	50.71	54.03	−10 +7	41.61	61.86	+4 +9	26.05	5.46	+13 −1	9.94	3.17	+4 −8
31	50.54	54.33	−5 +9	41.19	62.06	+8 +7	25.50	5.48	+11 −4	9.44	2.99	−2 −9
32				40.76	62.26	+12 +5				8.95	2.81	−7 −8

δ	sec δ	tg δ	δ	sec δ	tg δ	δ	sec δ	tg δ
−87° 42′ 40″	+25.039	−25.019	−87° 42′ 50″	+25.069	−25.049	−87° 43′ 0″	+25.100	−25.080
50	+25.069	−25.049	60	+25.100	−25.080	10	+25.130	−25.110

$\alpha_{1957.0} = 23^h\ 22^m\ 22^s.75$ $\delta_{1957.0} = -87°\ 43'\ 8''.99$

Koordinaten der scheinbaren Örter für 12^h Sternzeit Greenwich

Tag	BD +89° 1 Gr. $10^m.56$		BD +89° 3 Gr. $9^m.06$		BD +89° 37 Gr. $10^m.06$		CPD −89° 38 Gr. $9^m.5$		Kurzperiod. Nutations-glieder*	
1957	x	y	x	y	x	y	x	y	in x Einh. 0ʺ.01	in y
	ʺ	ʺ	ʺ	ʺ	ʺ	ʺ	ʺ	ʺ		
Jan. 0	−646.87	+79.40	−450.63	+864.92	−1427.29	−347.31	+301.92	−315.00	− 3	+ 8
1	646.88	79.07	450.64	864.59	1427.30	347.64	302.05	315.33	− 5	+ 7
2	646.88	78.76	450.64	864.26	1427.30	347.98	302.19	315.66	− 6	+ 4
3	646.87	78.44	450.63	863.94	1427.29	348.31	302.34	315.99	− 7	+ 1
4	646.86	78.12	450.62	863.61	1427.28	348.64	302.49	316.31	− 6	− 2
5	−646.84	+77.79	−450.60	+863.29	−1427.26	−348.96	+302.65	−316.63	− 4	− 5
6	646.81	77.47	450.58	862.96	1427.23	349.29	302.81	316.95	− 2	− 7
7	646.78	77.14	450.55	862.64	1427.20	349.61	302.98	317.26	+ 2	− 8
8	646.74	76.81	450.51	862.32	1427.16	349.93	303.15	317.57	+ 5	− 8
9	646.69	76.48	450.46	862.00	1427.11	350.25	303.33	317.88	+ 8	− 6
10	−646.64	+76.15	−450.41	+861.68	−1427.06	−350.57	+303.52	−318.19	+10	− 3
11	646.58	75.83	450.35	861.36	1427.00	350.89	303.71	318.50	+11	+ 1
12	646.52	75.51	450.29	861.04	1426.94	351.21	303.90	318.80	+ 9	+ 5
13	646.45	75.19	450.22	860.72	1426.87	351.53	304.10	319.11	+ 6	+ 7
14	646.37	74.87	450.14	860.41	1426.79	351.85	304.31	319.40	+ 2	+ 8
15	−646.29	+74.56	−450.06	+860.10	−1426.71	−352.16	+304.52	−319.70	− 3	+ 7
16	646.20	74.25	449.97	859.79	1426.62	352.47	304.74	319.99	− 6	+ 4
17	646.10	73.94	449.87	859.48	1426.52	352.78	304.96	320.28	− 8	0
18	646.00	73.64	449.77	859.18	1426.42	353.08	305.19	320.56	− 8	− 4
19	645.89	73.34	449.66	858.88	1426.31	353.38	305.43	320.84	− 6	− 7
20	−645.77	+73.04	−449.54	+858.58	−1426.19	−353.68	+305.67	−321.12	− 3	− 8
21	645.65	72.74	449.42	858.28	1426.07	353.98	305.91	321.40	0	− 7
22	645.52	72.44	449.29	857.99	1425.94	354.28	306.16	321.67	+ 3	− 5
23	645.39	72.15	449.16	857.69	1425.81	354.57	306.41	321.95	+ 5	− 1
24	645.25	71.86	449.02	857.41	1425.67	354.86	306.67	322.21	+ 5	+ 3
25	−645.10	+71.58	−448.87	+857.12	−1425.52	−355.15	+306.94	−322.47	+ 3	+ 6
26	644.95	71.29	448.72	856.84	1425.37	355.43	307.20	322.73	+ 1	+ 8
27	644.80	71.02	448.57	856.56	1425.22	355.71	307.48	322.99	− 2	+ 8
28	644.63	70.74	448.40	856.29	1425.05	355.99	307.76	323.23	− 5	+ 7
29	644.46	70.47	448.23	856.02	1424.88	356.26	308.04	323.48	− 6	+ 5
30	−644.29	+70.20	−448.06	+855.75	−1424.71	−356.53	+308.33	−323.72	− 7	+ 2
31	644.11	69.93	447.88	855.48	1424.53	356.80	308.62	323.96	− 7	− 1
Febr. 1	643.92	69.67	447.70	855.22	1424.34	357.06	308.91	324.20	− 5	− 4
2	643.73	69.42	447.51	854.97	1424.15	357.32	309.21	324.43	− 3	− 6
3	643.54	69.16	447.31	854.71	1423.96	357.57	309.51	324.66	0	− 8
4	−643.34	+68.92	−447.11	+854.47	−1423.75	−357.82	+309.82	−324.88	+ 3	− 8
5	643.13	68.67	446.91	854.22	1423.55	358.06	310.13	325.10	+ 7	− 7
6	−642.92	+68.43	−446.70	+853.98	−1423.34	−358.30	+310.44	−325.31	+ 9	− 4
Mittl. Ort	−620ʺ.72	+76ʺ.99	−424ʺ.43	+862ʺ.50	−1401ʺ.16	−349ʺ.67	+316ʺ.13	−306ʺ.36		

* Die Vorzeichen gelten für die drei nördlichen Sterne; für den südlichen sind sie umzukehren.

Koordinaten der scheinbaren Örter für 12h Sternzeit Greenwich

Tag	BD +89° 1 Gr. 10m.56		BD +89° 3 Gr. 9m.06		BD +89° 37 Gr. 10m.06		CPD −89° 38 Gr. 9m.5		Kurzperiod. Nutationsglieder*	
1957	*x*	*y*	*x*	*y*	*x*	*y*	*x*	*y*	in *x*	in *y*
	″	″	″	″	″	″	″	″	Einh. 0″.01	
Febr. 6	−642.92	+68.43	−446.70	+853.98	−1423.34	−358.30	+310.44	−325.31	+ 9	− 4
7	642.71	68.20	446.48	853.75	1423.12	358.54	310.76	325.52	+10	− 1
8	642.49	67.97	446.26	853.52	1422.90	358.77	311.08	325.73	+10	+ 3
9	642.26	67.74	446.04	853.29	1422.67	359.00	311.41	325.93	+ 8	+ 6
10	642.03	67.52	445.81	853.07	1422.44	359.22	311.73	326.13	+ 4	+ 8
11	−641.80	+67.30	−445.58	+852.85	−1422.21	−359.44	+312.06	−326.32	0	+ 8
12	641.56	67.09	445.34	852.64	1421.97	359.66	312.39	326.51	− 4	+ 6
13	641.32	66.88	445.10	852.43	1421.73	359.87	312.73	326.70	− 7	+ 2
14	641.07	66.68	444.85	852.23	1421.49	360.07	313.07	326.88	− 8	− 2
15	640.82	66.48	444.60	852.03	1421.24	360.27	313.41	327.05	− 7	− 6
16	−640.56	+66.29	−444.34	+851.84	−1420.99	−360.46	+313.75	−327.22	− 4	− 8
17	640.30	66.10	444.08	851.65	1420.73	360.65	314.10	327.39	− 1	− 8
18	640.04	65.92	443.82	851.47	1420.47	360.83	314.45	327.55	+ 2	− 6
19	639.77	65.74	443.55	851.29	1420.20	361.01	314.81	327.70	+ 4	− 3
20	639.50	65.57	443.28	851.12	1419.93	361.18	315.16	327.85	+ 5	+ 1
21	−639.23	+65.40	−443.01	+850.95	−1419.66	−361.35	+315.52	−328.00	+ 4	+ 5
22	638.95	65.24	442.73	850.79	1419.38	361.51	315.88	328.14	+ 1	+ 8
23	638.68	65.08	442.46	850.64	1419.10	361.67	316.24	328.28	− 2	+ 8
24	638.39	64.93	442.17	850.49	1418.82	361.82	316.61	328.41	− 4	+ 8
25	638.11	64.79	441.89	850.34	1418.53	361.96	316.97	328.54	− 6	+ 6
26	−637.82	+64.65	−441.60	+850.21	−1418.24	−362.10	+317.34	−328.66	− 8	+ 3
27	637.53	64.52	441.31	850.07	1417.95	362.23	317.72	328.77	− 8	0
28	637.23	64.39	441.01	849.95	1417.65	362.36	318.09	328.88	− 6	− 3
März 1	636.93	64.27	440.71	849.83	1417.35	362.48	318.47	328.99	− 4	− 5
2	636.63	64.15	440.41	849.71	1417.05	362.60	318.85	329.09	− 2	− 7
3	−636.33	+64.04	−440.11	+849.60	−1416.75	−362.71	+319.22	−329.19	+ 2	− 8
4	636.02	63.94	439.81	849.50	1416.45	362.81	319.60	329.29	+ 5	− 7
5	635.72	63.85	439.50	849.41	1416.14	362.90	319.98	329.38	+ 8	− 5
6	635.41	63.76	439.19	849.32	1415.83	362.99	320.36	329.46	+10	− 2
7	635.10	63.67	438.88	849.23	1415.52	363.08	320.74	329.54	+10	+ 2
8	−634.79	+63.60	−438.57	+849.16	−1415.21	−363.15	+321.12	−329.61	+ 8	+ 5
9	634.47	63.53	438.26	849.09	1414.90	363.22	321.50	329.68	+ 6	+ 7
10	634.16	63.47	437.95	849.03	1414.59	363.28	321.89	329.74	+ 2	+ 8
11	633.84	63.41	437.63	848.97	1414.27	363.34	322.27	329.80	− 2	+ 7
12	633.53	63.36	437.32	848.92	1413.96	363.40	322.66	329.85	− 5	+ 4
13	−633.21	+63.31	−437.00	+848.87	−1413.64	−363.44	+323.04	−329.90	− 7	− 1
14	632.89	63.27	436.68	848.83	1413.32	363.49	323.43	329.95	− 6	− 5
15	−632.58	+63.23	−436.37	+848.79	−1413.01	−363.52	+323.82	−329.99	− 4	− 7
Mittl. Ort	−620″.72	+76″.99	−424″.43	+862″.50	−1401″.16	−349″.67	+316″.13	−306″.36		

* Die Vorzeichen gelten für die drei nördlichen Sterne; für den südlichen sind sie umzukehren.

Koordinaten der scheinbaren Örter für 12h Sternzeit Greenwich

Tag	BD +89° 1 Gr. 10m.56		BD +89° 3 Gr. 9m.06		BD +89° 37 Gr. 10m.06		CPD −89° 38 Gr. 9m.5		Kurzperiod. Nutationsglieder*	
1957	*x*	*y*	*x*	*y*	*x*	*y*	*x*	*y*	in *x* Einh. 0".01	in *y*
	"	"	"	"	"	"	"	"		
März 15	−632.58	+63.23	−436.37	+848.79	−1413.01	−363.52	+323.82	−329.99	− 4	− 7
16	632.26	63.21	436.05	848.77	1412.69	363.55	324.21	330.02	− 1	− 8
17	631.94	63.19	435.73	848.75	1412.37	363.57	324.59	330.05	+ 2	− 8
18	631.62	63.17	435.41	848.73	1412.05	363.59	324.98	330.07	+ 4	− 5
19	631.30	63.16	435.09	848.72	1411.73	363.59	325.37	330.09	+ 5	− 1
20	−630.97	+63.16	−434.76	+848.72	−1411.40	−363.60	+325.76	−330.10	+ 5	+ 3
21	630.65	63.17	434.44	848.73	1411.08	363.59	326.14	330.11	+ 3	+ 7
22	630.33	63.18	434.12	848.74	1410.76	363.58	326.53	330.11	0	+ 8
22	630.01	63.19	433.80	848.75	1410.44	363.57	326.92	330.11	− 3	+ 8
23	629.69	63.21	433.48	848.77	1410.11	363.55	327.31	330.11	− 6	+ 7
24	−629.37	+63.24	−433.16	+848.80	−1409.79	−363.52	+327.69	−330.10	− 8	+ 4
25	629.05	63.28	432.84	848.84	1409.48	363.48	328.08	330.08	− 8	+ 1
26	628.73	63.32	432.52	848.88	1409.16	363.44	328.46	330.06	− 7	− 2
27	628.42	63.37	432.21	848.93	1408.84	363.39	328.85	330.03	− 6	− 5
28	628.11	63.42	431.90	848.98	1408.53	363.34	329.23	330.00	− 3	− 7
29	−627.79	+63.48	−431.58	+849.04	−1408.21	−363.28	+329.61	−329.96	0	− 8
30	627.48	63.55	431.27	849.11	1407.90	363.21	329.99	329.92	+ 3	− 7
31	627.16	63.62	430.96	849.18	1407.58	363.14	330.37	329.88	+ 6	− 6
April 1	626.85	63.70	430.64	849.26	1407.27	363.06	330.75	329.83	+ 8	− 3
2	626.54	63.78	430.34	849.34	1406.96	362.98	331.13	329.77	+ 9	0
3	−626.24	+63.87	−430.03	+849.43	−1406.66	−362.89	+331.51	−329.71	+ 8	+ 4
4	625.93	63.97	429.73	849.53	1406.35	362.79	331.88	329.65	+ 6	+ 6
5	625.63	64.07	429.43	849.63	1406.05	362.69	332.26	329.58	+ 3	+ 8
6	625.33	64.17	429.13	849.73	1405.75	362.59	332.63	329.50	− 1	+ 7
7	625.03	64.29	428.83	849.85	1405.45	362.47	333.00	329.42	− 4	+ 5
8	−624.74	+64.41	−428.54	+849.97	−1405.16	−362.35	+333.36	−329.34	− 6	+ 1
9	624.45	64.53	428.25	850.09	1404.87	362.23	333.73	329.25	− 6	− 3
10	624.16	64.66	427.96	850.22	1404.58	362.10	334.10	329.16	− 5	− 6
11	623.87	64.79	427.67	850.35	1404.29	361.97	334.47	329.06	− 2	− 8
12	623.58	64.93	427.38	850.49	1404.00	361.83	334.83	328.96	+ 1	− 8
13	−623.30	+65.08	−427.10	+850.64	−1403.72	−361.68	+335.19	−328.86	+ 4	− 6
14	623.02	65.23	426.82	850.79	1403.44	361.53	335.55	328.75	+ 6	− 3
15	622.75	65.38	426.55	850.94	1403.16	361.38	335.90	328.63	+ 6	+ 2
16	622.47	65.55	426.27	851.11	1402.89	361.21	336.26	328.51	+ 4	+ 5
17	622.21	65.71	426.01	851.27	1402.62	361.05	336.61	328.39	+ 2	+ 8
18	−621.94	+65.89	−425.74	+851.45	−1402.35	−360.87	+336.96	−328.26	− 2	+ 9
19	621.68	66.07	425.48	851.63	1402.09	360.69	337.30	328.12	− 5	+ 8
20	−621.42	+66.25	−425.22	+851.81	−1401.83	−360.51	+337.65	−327.98	− 7	+ 6
Mittl. Ort	−620.72"	+76.99"	−424.43"	+862.50"	−1401.16"	−349.67"	+316.13"	−306.36"		

* Die Vorzeichen gelten für die drei nördlichen Sterne; für den südlichen sind sie umzukehren.

Polnahe Sterne 1957

Koordinaten der scheinbaren Örter für 12h Sternzeit Greenwich

Tag	BD +89° 1 Gr. 10m.56		BD +89° 3 Gr. 9m.06		BD +89° 37 Gr. 10m.06		CPD −89° 38 Gr. 9m.5		Kurzperiod. Nutationsglieder*	
1957	x	y	x	y	x	y	x	y	in x	in y
	″	″	″	″	″	″	″	″	Einh. 0″.01	
April 20	−621.42	+66.25	−425.22	+851.81	−1401.83	−360.51	+337.65	−327.98	− 7	+ 6
21	621.16	66.44	424.96	852.00	1401.57	360.32	337.99	327.84	− 8	+ 3
22	620.91	66.63	424.71	852.19	1401.32	360.13	338.33	327.70	− 8	− 1
23	620.66	66.82	424.46	852.38	1401.07	359.94	338.66	327.55	− 7	− 4
24	620.42	67.03	424.22	852.58	1400.83	359.74	338.99	327.40	− 4	− 6
25	−620.18	+67.23	−423.98	+852.79	−1400.59	−359.53	+339.32	−327.24	− 1	− 8
26	619.94	67.44	423.74	853.00	1400.35	359.32	339.65	327.08	+ 2	− 8
27	619.71	67.66	423.51	853.21	1400.12	359.11	339.97	326.91	+ 5	− 7
28	619.48	67.88	423.28	853.43	1399.89	358.89	340.29	326.74	+ 8	− 4
29	619.26	68.11	423.06	853.66	1399.67	358.66	340.60	326.57	+ 9	− 1
30	−619.04	+68.34	−422.84	+853.89	−1399.45	−358.43	+340.92	−326.39	+ 9	+ 3
Mai 1	618.82	68.57	422.63	854.12	1399.23	358.20	341.23	326.21	+ 7	+ 6
2	618.61	68.80	422.42	854.35	1399.02	357.97	341.54	326.03	+ 4	+ 7
3	618.41	69.04	422.21	854.59	1398.81	357.73	341.84	325.84	0	+ 7
4	618.21	69.28	422.01	854.83	1398.61	357.49	342.14	325.64	− 4	+ 6
5	−618.01	+69.53	−421.82	+855.08	−1398.41	−357.24	+342.43	−325.45	− 6	+ 3
6	617.82	69.78	421.63	855.33	1398.22	356.99	342.72	325.24	− 7	− 2
7	617.64	70.04	421.44	855.59	1398.04	356.73	343.01	325.04	− 6	− 5
8	617.46	70.30	421.26	855.85	1397.86	356.47	343.29	324.83	− 4	− 7
9	617.28	70.56	421.09	856.11	1397.68	356.21	343.57	324.61	0	− 8
10	−617.11	+70.82	−420.92	+856.37	−1397.51	−355.95	+343.85	−324.40	+ 3	− 7
11	616.94	71.09	420.75	856.64	1397.34	355.68	344.12	324.18	+ 5	− 4
12	616.77	71.35	420.58	856.90	1397.17	355.41	344.39	323.96	+ 6	0
13	616.62	71.63	420.43	857.18	1397.02	355.14	344.65	323.74	+ 5	+ 4
14	616.47	71.90	420.28	857.45	1396.87	354.86	344.91	323.51	+ 3	+ 7
15	−616.32	+72.18	−420.13	+857.73	−1396.72	−354.58	+345.17	−323.28	0	+ 8
16	616.18	72.46	419.99	858.01	1396.58	354.30	345.42	323.04	− 3	+ 8
17	616.05	72.75	419.86	858.30	1396.45	354.01	345.67	322.81	− 6	+ 7
18	615.92	73.04	419.73	858.59	1396.32	353.72	345.91	322.56	− 7	+ 4
19	615.80	73.33	419.61	858.88	1396.20	353.43	346.15	322.32	− 8	+ 1
20	−615.68	+73.62	−419.49	+859.17	−1396.08	−353.14	+346.39	−322.07	− 7	− 3
21	615.56	73.92	419.38	859.47	1395.96	352.84	346.62	321.82	− 5	− 5
22	615.46	74.21	419.27	859.76	1395.85	352.55	346.85	321.57	− 2	− 7
23	615.35	74.51	419.17	860.06	1395.75	352.25	347.07	321.31	+ 1	− 8
24	615.26	74.81	419.07	860.36	1395.65	351.95	347.28	321.05	+ 4	− 7
25	−615.17	+75.11	−418.98	+860.66	−1395.56	−351.65	+347.50	−320.79	+ 7	− 5
26	615.08	75.42	418.90	860.97	1395.47	351.34	347.70	320.53	+ 9	− 2
27	−615.00	+75.72	−418.82	+861.27	−1395.39	−351.04	+347.90	−320.26	+ 9	+ 1
Mittl. Ort	−620″.72	+76″.99	−424″.43	+862″.50	−1401″.16	−349″.67	+316″.13	−306″.36		

* Die Vorzeichen gelten für die drei nördlichen Sterne: für den südlichen sind sie umzukehren.

Polnahe Sterne 1957

Koordinaten der scheinbaren Örter für 12^{h} Sternzeit Greenwich

Tag	BD +89° 1 Gr. $10^{m}56$		BD +89° 3 Gr. $9^{m}06$		BD +89° 37 Gr. $10^{m}06$		CPD −89° 38 Gr. $9^{m}5$		Kurzperiod. Nutationsglieder*	
1957	*x*	*y*	*x*	*y*	*x*	*y*	*x*	*y*	in *x*	in *y*
	″	″	″	″	″	″	″	″	Einh. 0″01	
Mai 27	−615.00	+75.72	−418.82	+861.27	−1395.39	−351.04	+347.90	−320.26	+ 9	+ 1
28	614.93	76.03	418.75	861.58	1395.32	350.73	348.10	319.99	+ 8	+ 5
29	614.86	76.34	418.68	861.89	1395.25	350.42	348.29	319.72	+ 5	+ 7
30	614.80	76.65	418.62	862.20	1395.19	350.11	348.48	319.45	+ 1	+ 8
31	614.74	76.96	418.56	862.51	1395.13	349.80	348.66	319.17	− 3	+ 7
Juni 1	−614.69	+77.27	−418.51	+862.82	−1395.07	−349.49	+348.84	−318.89	− 6	+ 4
2	614.64	77.59	418.47	863.14	1395.03	349.17	349.01	318.61	− 7	0
3	614.60	77.90	418.43	863.45	1394.99	348.86	349.17	318.33	− 7	− 4
4	614.57	78.22	418.39	863.77	1394.95	348.54	349.34	318.05	− 5	− 7
5	614.54	78.53	418.37	864.08	1394.92	348.23	349.49	317.77	− 2	− 8
6	−614.52	+78.85	−418.34	+864.40	−1394.90	−347.91	+349.64	−317.48	+ 1	− 8
7	614.50	79.17	418.33	864.72	1394.88	347.59	349.79	317.19	+ 4	− 5
8	614.49	79.49	418.32	865.04	1394.87	347.27	349.93	316.90	+ 6	− 2
9	614.48	79.81	418.31	865.36	1394.86	346.95	350.07	316.61	+ 6	+ 2
10	614.48	80.12	418.31	865.67	1394.86	346.63	350.20	316.32	+ 4	+ 5
11	−614.49	+80.44	−418.32	+865.99	−1394.87	−346.32	+350.32	−316.03	+ 2	+ 8
12	614.50	80.76	418.33	866.31	1394.88	346.00	350.44	315.73	− 2	+ 8
13	614.52	81.08	418.35	866.63	1394.90	345.68	350.56	315.43	− 4	+ 7
14	614.55	81.40	418.38	866.95	1394.92	345.36	350.67	315.13	− 7	+ 5
15	614.58	81.72	418.41	867.27	1394.95	345.04	350.77	314.83	− 8	+ 2
16	−614.61	+82.04	−418.44	+867.59	−1394.98	−344.72	+350.87	−314.53	− 7	− 1
17	614.65	82.37	418.48	867.92	1395.02	344.40	350.96	314.23	− 6	− 4
18	614.70	82.69	418.53	868.24	1395.07	344.08	351.04	313.92	− 3	− 6
19	614.75	83.01	418.58	868.56	1395.12	343.76	351.12	313.62	0	− 8
20	614.81	83.33	418.64	868.88	1395.18	343.44	351.20	313.32	+ 3	− 8
21	−614.87	+83.65	−418.70	+869.20	−1395.24	−343.12	+351.27	−313.01	+ 6	− 6
22	614.94	83.97	418.77	869.51	1395.31	342.80	351.33	312.71	+ 9	− 4
23	615.01	84.29	418.85	869.83	1395.38	342.49	351.39	312.40	+10	0
24	615.09	84.61	418.93	870.14	1395.46	342.17	351.44	312.10	+ 9	+ 3
25	615.18	84.92	419.01	870.46	1395.55	341.86	351.49	311.79	+ 7	+ 6
26	−615.27	+85.23	−419.11	+870.77	−1395.64	−341.54	+351.53	−311.48	+ 3	+ 8
27	615.37	85.55	419.21	871.08	1395.74	341.23	351.56	311.17	− 1	+ 7
28	615.47	85.86	419.31	871.39	1395.84	340.92	351.59	310.86	− 5	+ 5
29	615.58	86.17	419.42	871.70	1395.94	340.61	351.61	310.55	− 7	+ 2
30	615.69	86.48	419.53	872.01	1396.05	340.30	351.63	310.24	− 8	− 2
Juli 1	−615.80	+86.79	−419.65	+872.32	−1396.17	−339.99	+351.65	−309.93	− 7	− 6
2	615.93	87.09	419.77	872.63	1396.29	339.68	351.65	309.62	− 4	− 8
3	−616.06	+87.40	−419.90	+872.93	−1396.42	−339.38	+351.65	−309.32	0	− 8
Mittl. Ort	−620.″72	+76.″99	−424.″43	+862.″50	−1401.″16	−349.″67	+316.″13	−306.″36		

* Die Vorzeichen gelten für die drei nördlichen Sterne; für den südlichen sind sie umzukehren.

Polnahe Sterne 1957

Koordinaten der scheinbaren Örter für 12h Sternzeit Greenwich

Tag	BD +89° 1 Gr. 10m.56		BD +89° 3 Gr. 9m.06		BD +89° 37 Gr. 10m.06		CPD −89° 38 Gr. 9m.5		Kurzperiod. Nutations-glieder*	
1957	x	y	x	y	x	y	x	y	in x	in y
	"	"	"	"	"	"	"	"	Einh. 0.″01	
Juli 3	−616.06	+87.40	−419.90	+872.93	−1396.42	−339.38	+351.65	−309.32	0	− 8
4	616.19	87.70	420.04	873.24	1396.56	339.07	351.65	309.01	+ 3	− 6
5	616.33	88.00	420.18	873.54	1396.70	338.77	351.64	308.71	+ 5	− 3
6	616.48	88.30	420.33	873.84	1396.84	338.47	351.62	308.40	+ 5	+ 1
7	616.63	88.60	420.48	874.13	1396.99	338.18	351.60	308.10	+ 4	+ 5
8	−616.79	+88.89	−420.64	+874.43	−1397.15	−337.88	+351.57	−307.80	+ 2	+ 7
9	616.95	89.19	420.80	874.73	1397.31	337.58	351.54	307.50	− 1	+ 8
10	617.12	89.48	420.97	875.02	1397.48	337.29	351.50	307.19	− 4	+ 8
11	617.29	89.77	421.14	875.31	1397.65	337.00	351.45	306.89	− 6	+ 6
12	617.46	90.06	421.31	875.60	1397.82	336.71	351.40	306.59	− 7	+ 3
13	−617.65	+90.35	−421.50	+875.88	−1398.00	−336.43	+351.35	−306.30	− 7	0
14	617.83	90.63	421.68	876.17	1398.19	336.14	351.29	306.00	− 6	− 3
15	618.02	90.91	421.87	876.45	1398.38	335.86	351.22	305.71	− 4	− 5
16	618.22	91.19	422.07	876.72	1398.57	335.59	351.15	305.42	− 2	− 7
17	618.42	91.47	422.27	877.00	1398.77	335.31	351.07	305.13	+ 2	− 8
18	−618.63	+91.74	−422.48	+877.27	−1398.98	−335.04	+350.98	−304.84	+ 5	− 7
19	618.84	92.01	422.69	877.54	1399.19	334.77	350.89	304.55	+ 8	− 5
20	619.06	92.29	422.90	877.81	1399.40	334.49	350.80	304.26	+10	− 2
21	619.27	92.55	423.12	878.07	1399.61	334.23	350.70	303.98	+10	+ 2
22	619.50	92.82	423.34	878.33	1399.83	333.96	350.59	303.70	+ 9	+ 5
23	−619.73	+93.08	−423.57	+878.59	−1400.06	−333.70	+350.48	−303.42	+ 6	+ 7
24	619.96	93.34	423.80	878.85	1400.29	333.44	350.36	303.14	+ 2	+ 8
25	620.19	93.59	424.04	879.10	1400.53	333.19	350.24	302.87	− 2	+ 7
26	620.44	93.84	424.29	879.36	1400.77	332.94	350.11	302.59	− 6	+ 4
27	620.68	94.09	424.54	879.60	1401.02	332.69	349.97	302.33	− 7	0
28	−620.93	+94.33	−424.79	+879.85	−1401.27	−332.45	+349.83	−302.06	− 7	− 4
29	621.18	94.57	425.04	880.09	1401.52	332.21	349.69	301.79	− 5	− 7
30	621.44	94.81	425.30	880.33	1401.78	331.97	349.54	301.53	− 2	− 8
31	621.70	95.05	425.56	880.57	1402.04	331.73	349.39	301.27	+ 1	− 7
Aug. 1	621.96	95.28	425.83	880.80	1402.30	331.50	349.23	301.01	+ 4	− 4
2	−622.23	+95.51	−426.10	+881.03	−1402.57	−331.27	+349.06	−300.76	+ 5	− 1
3	622.50	95.73	426.37	881.25	1402.84	331.05	348.90	300.51	+ 5	+ 3
4	622.78	95.96	426.65	881.48	1403.12	330.82	348.72	300.27	+ 3	+ 6
5	623.06	96.17	426.93	881.69	1403.40	330.61	348.54	300.02	0	+ 8
6	623.35	96.39	427.22	881.91	1403.69	330.39	348.36	299.79	− 3	+ 8
7	−623.64	+96.60	−427.51	+882.12	−1403.98	−330.18	+348.17	−299.55	− 6	+ 7
8	623.93	96.81	427.80	882.33	1404.27	329.97	347.98	299.32	− 7	+ 4
9	−624.23	+97.02	−428.10	+882.54	−1404.56	−329.77	+347.78	−299.09	− 8	+ 1
Mittl. Ort	−620.″72	+76.″99	−424.″43	+862.″50	−1401.″16	−349.″67	+316.″13	−306.″36		

* Die Vorzeichen gelten für die drei nördlichen Sterne; für den südlichen sind sie umzukehren.

Koordinaten der scheinbaren Örter für 12^h Sternzeit Greenwich

Tag	BD +89° 1 Gr. 10ᵐ.56		BD +89° 3 Gr. 9ᵐ.06		BD +89° 37 Gr. 10ᵐ.06		CPD −89° 38 Gr. 9ᵐ.5		Kurzperiod. Nutations-glieder*	
1957	x	y	x	y	x	y	x	y	in x Einh. 0″.01	in y
	″	″	″	″	″	″	″	″		
Aug. 9	−624.23	+ 97.02	−428.10	+882.54	−1404.56	−329.77	+347.78	−299.09	− 8	+ 1
10	624.52	97.22	428.39	882.74	1404.86	329.56	347.58	298.86	− 7	− 2
11	624.83	97.42	428.70	882.94	1405.16	329.37	347.37	298.64	− 5	− 4
12	625.13	97.61	429.00	883.13	1405.47	329.18	347.16	298.42	− 3	− 6
13	625.44	97.80	429.31	883.32	1405.77	328.99	346.94	298.21	0	− 7
14	−625.75	+ 97.98	−429.62	+883.50	−1406.09	−328.80	+346.72	−298.00	+ 4	− 7
15	626.07	98.16	429.94	883.68	1406.40	328.63	346.50	297.80	+ 7	− 6
16	626.39	98.34	430.26	883.86	1406.72	328.45	346.27	297.60	+ 9	− 3
17	626.71	98.51	430.58	884.03	1407.04	328.28	346.04	297.40	+10	0
18	627.03	98.68	430.90	884.20	1407.36	328.11	345.80	297.21	+ 9	+ 4
19	−627.36	+ 98.84	−431.23	+884.36	−1407.69	−327.94	+345.56	−297.02	+ 7	+ 6
20	627.69	99.01	431.56	884.53	1408.02	327.78	345.32	296.83	+ 4	+ 8
21	628.03	99.16	431.90	884.68	1408.35	327.62	345.07	296.65	0	+ 7
22	628.36	99.31	432.23	884.83	1408.69	327.47	344.82	296.48	− 4	+ 5
23	628.70	99.46	432.57	884.98	1409.02	327.32	344.57	296.31	− 6	+ 1
24	−629.04	+ 99.61	−432.91	+885.13	−1409.36	−327.18	+344.31	−296.14	− 7	− 3
25	629.38	99.74	433.25	885.26	1409.71	327.04	344.05	295.98	− 6	− 6
26	629.73	99.88	433.60	885.40	1410.05	326.90	343.79	295.83	− 3	− 8
27	630.08	100.01	433.95	885.53	1410.40	326.77	343.52	295.68	0	− 8
28	630.43	100.14	434.30	885.66	1410.75	326.64	343.25	295.53	+ 3	− 6
29	−630.78	+100.27	−434.65	+885.79	−1411.10	−326.52	+342.97	−295.39	+ 5	− 3
30	631.13	100.39	435.01	885.91	1411.45	326.40	342.70	295.26	+ 5	+ 2
31	631.49	100.50	435.36	886.02	1411.81	326.28	342.42	295.13	+ 3	+ 5
Sept. 1	631.85	100.61	435.72	886.13	1412.17	326.17	342.13	295.00	+ 1	+ 8
2	632.21	100.72	436.08	886.24	1412.53	326.07	341.85	294.88	− 2	+ 8
3	−632.57	+100.82	−436.44	+886.34	−1412.89	−325.97	+341.56	−294.77	− 5	+ 7
4	632.93	100.91	436.81	886.43	1413.25	325.87	341.27	294.66	− 8	+ 5
5	633.29	101.00	437.17	886.52	1413.61	325.78	340.98	294.56	− 8	+ 2
6	633.66	101.09	437.54	886.61	1413.98	325.70	340.68	294.47	− 8	− 1
7	634.03	101.17	437.91	886.69	1414.35	325.62	340.38	294.38	− 7	− 4
8	−634.40	+101.25	−438.28	+886.77	−1414.72	−325.54	+340.09	−294.29	− 4	− 6
9	634.77	101.33	438.65	886.85	1415.09	325.46	339.78	294.21	− 1	− 7
10	635.14	101.40	439.02	886.92	1415.46	325.39	339.48	294.14	+ 2	− 7
11	635.51	101.46	439.39	886.98	1415.83	325.33	339.18	294.07	+ 5	− 6
12	635.88	101.52	439.76	887.04	1416.20	325.27	338.87	294.01	+ 8	− 4
13	−636.26	+101.57	−440.14	+887.09	−1416.58	−325.22	+338.56	−293.95	+ 9	− 1
14	636.64	101.62	440.52	887.14	1416.96	325.17	338.26	293.90	+ 9	+ 2
15	−637.01	+101.66	−440.89	+887.18	−1417.33	−325.13	+337.94	−293.86	+ 8	+ 5
Mittl. Ort	−620″.72	+ 76″.99	−424″.43	+862″.50	−1401″.16	−349″.67	+316″.13	−306″.36		

* Die Vorzeichen gelten für die drei nördlichen Sterne; für den südlichen sind sie umzukehren.

Polnahe Sterne 1957

Koordinaten der scheinbaren Örter für 12h Sternzeit Greenwich

Tag	BD +89° 1 Gr. 10m.56		BD +89° 3 Gr. 9m.06		BD +89° 37 Gr. 10m.06		CPD −89° 38 Gr. 9m.5		Kurzperiod. Nutations-glieder*	
1957	x	y	x	y	x	y	x	y	in x	in y
	"	"	"	"	"	"	"	"	Einh. 0.01	
Sept. 15	−637.01	+101.66	−440.89	+887.18	−1417.33	−325.13	+337.94	−293.86	+ 8	+ 5
16	637.39	101.70	441.27	887.22	1417.71	325.09	337.63	293.82	+ 5	+ 7
17	637.77	101.74	441.65	887.26	1418.09	325.05	337.32	293.78	+ 2	+ 7
18	638.14	101.77	442.02	887.29	1418.46	325.02	337.01	293.76	− 2	+ 6
19	638.52	101.80	442.40	887.32	1418.84	324.99	336.70	293.73	− 5	+ 3
20	−638.90	+101.82	−442.78	+887.34	−1419.22	−324.97	+336.38	−293.72	− 6	− 1
21	639.28	101.83	443.16	887.35	1419.60	324.96	336.07	293.71	− 5	− 5
22	639.66	101.85	443.54	887.37	1419.98	324.94	335.75	293.71	− 3	− 7
23	640.05	101.85	443.93	887.37	1420.37	324.94	335.44	293.71	0	− 8
24	640.43	101.85	444.31	887.37	1420.75	324.94	335.12	293.73	+ 3	− 7
25	−640.81	+101.85	−444.69	+887.37	−1421.13	−324.94	+334.80	−293.74	+ 5	− 4
26	641.20	101.84	445.08	887.36	1421.52	324.95	334.48	293.77	+ 6	− 1
27	641.58	101.83	445.47	887.35	1421.90	324.96	334.16	293.80	+ 5	+ 4
28	641.97	101.81	445.85	887.33	1422.29	324.98	333.85	293.83	+ 2	+ 7
29	642.35	101.79	446.23	887.31	1422.67	325.00	333.53	293.87	− 1	+ 8
30	−642.73	+101.77	−446.62	+887.29	−1423.05	−325.02	+333.21	−293.91	− 4	+ 8
Okt. 1	643.11	101.73	447.00	887.25	1423.43	325.06	332.90	293.97	− 7	+ 6
2	643.49	101.70	447.38	887.22	1423.81	325.09	332.59	294.03	− 9	+ 4
3	643.87	101.66	447.76	887.18	1424.19	325.13	332.28	294.09	− 9	0
4	644.25	101.61	448.14	887.13	1424.57	325.18	331.97	294.16	− 8	− 3
5	−644.62	+101.56	−448.51	+887.08	−1424.94	−325.23	+331.66	−294.24	− 6	− 5
6	645.00	101.50	448.89	887.02	1425.32	325.29	331.35	294.33	− 3	− 7
7	645.38	101.44	449.27	886.96	1425.70	325.35	331.04	294.42	+ 1	− 7
8	645.76	101.37	449.65	886.90	1426.08	325.42	330.73	294.51	+ 4	− 7
9	646.13	101.30	450.02	886.83	1426.45	325.49	330.42	294.61	+ 6	− 5
10	−646.51	+101.23	−450.40	+886.75	−1426.83	−325.56	+330.12	−294.72	+ 8	− 2
11	646.88	101.15	450.77	886.67	1427.20	325.64	329.82	294.83	+ 9	+ 1
12	647.25	101.06	451.14	886.59	1427.57	325.73	329.52	294.95	+ 8	+ 4
13	647.62	100.97	451.51	886.50	1427.94	325.82	329.23	295.07	+ 6	+ 6
14	647.98	100.88	451.87	886.40	1428.30	325.91	328.94	295.20	+ 3	+ 7
15	−648.35	+100.78	−452.24	+886.30	−1428.67	−326.01	+328.65	−295.34	− 1	+ 7
16	648.71	100.67	452.60	886.20	1429.03	326.12	328.36	295.48	− 4	+ 4
17	649.08	100.56	452.97	886.09	1429.40	326.23	328.07	295.63	− 5	+ 1
18	649.44	100.45	453.33	885.98	1429.76	326.34	327.79	295.78	− 5	− 3
19	649.80	100.34	453.69	885.86	1430.12	326.46	327.50	295.94	− 4	− 6
20	−650.16	+100.22	−454.05	+885.74	−1430.48	−326.58	+327.23	−296.10	− 1	− 8
21	650.51	100.09	454.40	885.61	1430.83	326.71	326.95	296.27	+ 2	− 8
22	−650.87	+ 99.96	−454.76	+885.48	−1431.19	−326.84	+326.68	−296.45	+ 5	− 6
Mittl. Ort	−620.72	+ 76.99	−424.43	+862.50	−1401.16	−349.67	+316.13	−306.36		

* Die Vorzeichen gelten für die drei nördlichen Sterne; für den südlichen sind sie umzukehren.

Polnahe Sterne 1957

Koordinaten der scheinbaren Örter für 12ʰ Sternzeit Greenwich

Tag	BD +89° 1 Gr. 10ᵐ.56		BD +89° 3 Gr. 9ᵐ.06		BD +89° 37 Gr. 10ᵐ.06		CPD −89° 38 Gr. 9ᵐ.5		Kurzperiod. Nutationsglieder*	
1957	*x*	*y*	*x*	*y*	*x*	*y*	*x*	*y*	in *x* Einh. 0.01	in *y*
Okt. 22	−650.87″	+99.96″	−454.76″	+885.48″	−1431.19″	−326.84″	+326.68″	−296.45″	+ 5	− 6
23	651.22	99.82	455.11	885.34	1431.54	326.98	326.41	296.63	+ 6	− 2
24	651.56	99.68	455.45	885.20	1431.88	327.12	326.15	296.82	+ 6	+ 2
25	651.91	99.53	455.80	885.05	1432.23	327.27	325.89	297.01	+ 4	+ 6
26	652.25	99.38	456.14	884.90	1432.57	327.42	325.63	297.21	+ 1	+ 8
27	−652.59	+99.23	−456.48	+884.75	−1432.91	−327.57	+325.37	−297.41	− 3	+ 8
28	652.93	99.07	456.82	884.59	1433.25	327.73	325.12	297.62	− 6	+ 8
29	653.27	98.91	457.16	884.43	1433.59	327.89	324.88	297.83	− 8	+ 5
30	653.60	98.74	457.49	884.26	1433.92	328.06	324.63	298.04	− 9	+ 2
31	653.93	98.56	457.82	884.09	1434.25	328.24	324.40	298.26	− 9	− 2
Nov. 1	−654.26	+98.39	−458.15	+883.91	−1434.57	−328.41	+324.16	−298.49	− 7	− 4
2	654.58	98.20	458.47	883.73	1434.90	328.60	323.93	298.72	− 4	− 6
3	654.90	98.01	458.79	883.54	1435.21	328.79	323.71	298.95	− 1	− 7
4	655.22	97.82	459.11	883.35	1435.53	328.98	323.49	299.19	+ 2	− 7
5	655.53	97.62	459.42	883.15	1435.84	329.18	323.27	299.44	+ 5	− 6
6	−655.84	+97.42	−459.73	+882.95	−1436.15	−329.38	+323.06	−299.69	+ 7	− 3
7	656.15	97.22	460.04	882.75	1436.46	329.58	322.85	299.94	+ 8	0
8	656.45	97.01	460.34	882.54	1436.77	329.79	322.65	300.20	+ 8	+ 3
9	656.75	96.80	460.64	882.33	1437.07	330.00	322.45	300.46	+ 6	+ 6
10	657.04	96.58	460.94	882.12	1437.36	330.22	322.26	300.73	+ 3	+ 7
11	−657.33	+96.36	−461.23	+881.90	−1437.66	−330.44	+322.07	−301.00	0	+ 7
12	657.62	96.14	461.52	881.68	1437.94	330.67	321.89	301.27	− 3	+ 5
13	657.90	95.91	461.80	881.45	1438.23	330.90	321.72	301.55	− 5	+ 2
14	658.18	95.68	462.08	881.22	1438.51	331.13	321.55	301.83	− 6	− 1
15	658.45	95.44	462.35	880.98	1438.78	331.37	321.38	302.12	− 5	− 5
16	−658.72	+95.20	−462.62	+880.74	−1439.05	−331.61	+321.22	−302.41	− 2	− 7
17	658.99	94.96	462.89	880.50	1439.32	331.86	321.07	302.70	+ 1	− 8
18	659.26	94.71	463.16	880.25	1439.58	332.10	320.92	302.99	+ 4	− 7
19	659.52	94.46	463.42	880.00	1439.84	332.36	320.78	303.29	+ 6	− 4
20	659.77	94.20	463.67	879.75	1440.09	332.61	320.64	303.59	+ 7	0
21	−660.02	+93.95	−463.92	+879.49	−1440.34	−332.87	+320.51	−303.89	+ 6	+ 4
22	660.26	93.68	464.16	879.23	1440.58	333.13	320.39	304.20	+ 3	+ 7
23	660.50	93.42	464.40	878.97	1440.82	333.40	320.27	304.51	0	+ 8
24	660.73	93.15	464.63	878.70	1441.05	333.67	320.16	304.82	− 4	+ 8
25	660.96	92.88	464.86	878.43	1441.28	333.94	320.05	305.14	− 7	+ 6
26	−661.19	+92.61	−465.09	+878.16	−1441.51	−334.21	+319.95	−305.46	− 8	+ 3
27	661.41	92.33	465.31	877.88	1441.73	334.49	319.85	305.77	− 9	0
28	−661.62	+92.05	−465.52	+877.60	−1441.94	−334.77	+319.76	−306.10	− 8	− 3
Mittl. Ort	−620.72″	+76.99″	−424.43″	+862.50″	−1401.16″	−349.67″	+316.13″	−306.36″		

* Die Vorzeichen gelten für die drei nördlichen Sterne; für den südlichen sind sie umzukehren.

Polnahe Sterne 1957

Koordinaten der scheinbaren Örter für 12^h Sternzeit Greenwich

Tag	BD +89° 1 Gr. $10^m.56$		BD +89° 3 Gr. $9^m.06$		BD +89° 37 Gr. $10^m.06$		CPD −89° 38 Gr. $9^m.5$		Kurzperiod. Nutations-glieder*	
1957	x	y	x	y	x	y	x	y	in x	in y Einh. 0".01
Nov. 28	−661.62″	+92.05″	−465.52″	+877.60″	−1441.94″	−334.77″	+319.76″	−306.10″	− 8	− 3
29	661.83	91.76	465.73	877.31	1442.15	335.06	319.68	306.42	− 5	− 6
30	662.03	91.48	465.93	877.03	1442.35	335.34	319.60	306.74	− 2	− 7
Dez. 1	662.23	91.19	466.13	876.74	1442.55	335.63	319.53	307.07	+ 1	− 7
2	662.42	90.90	466.32	876.45	1442.74	335.92	319.47	307.40	+ 4	− 6
3	−662.61	+90.61	−466.51	+876.16	−1442.93	−336.21	+319.41	−307.72	+ 7	− 4
4	662.79	90.31	466.69	875.86	1443.11	336.51	319.36	308.06	+ 8	− 1
5	662.96	90.01	466.86	875.56	1443.28	336.81	319.32	308.39	+ 8	+ 2
6	663.13	89.71	467.03	875.26	1443.45	337.11	319.28	308.72	+ 7	+ 5
7	663.29	89.41	467.20	874.96	1443.61	337.42	319.25	309.06	+ 5	+ 7
8	−663.45	+89.11	−467.35	+874.66	−1443.77	−337.73	+319.23	−309.39	+ 1	+ 7
9	663.60	88.80	467.51	874.35	1443.92	338.04	319.21	309.73	− 2	+ 6
10	663.75	88.49	467.65	874.04	1444.07	338.35	319.20	310.07	− 5	+ 3
11	663.89	88.18	467.79	873.73	1444.21	338.67	319.19	310.40	− 6	0
12	664.02	87.86	467.93	873.42	1444.34	338.98	319.19	310.74	− 6	− 4
13	−664.15	+87.54	−468.06	+873.10	−1444.47	−339.30	+319.20	−311.09	− 4	− 7
14	664.27	87.22	468.18	872.78	1444.59	339.62	319.22	311.43	− 1	− 8
15	664.39	86.90	468.30	872.46	1444.71	339.94	319.24	311.77	+ 2	− 7
16	664.50	86.58	468.41	872.14	1444.82	340.26	319.27	312.11	+ 5	− 5
17	664.61	86.26	468.52	871.82	1444.92	340.58	319.30	312.45	+ 6	− 1
18	−664.70	+85.94	−468.61	+871.50	−1445.02	−340.91	+319.34	−312.80	+ 6	+ 2
19	664.79	85.62	468.70	871.18	1445.11	341.23	319.39	313.14	+ 4	+ 6
20	664.88	85.29	468.79	870.85	1445.19	341.56	319.44	313.47	+ 1	+ 8
21	664.96	84.97	468.87	870.53	1445.27	341.88	319.50	313.81	− 2	+ 8
22	665.03	84.64	468.94	870.20	1445.35	342.21	319.57	314.15	− 5	+ 7
23	−665.09	+84.31	−469.00	+869.87	−1445.41	−342.54	+319.64	−314.48	− 7	+ 5
24	665.15	83.97	469.06	869.53	1445.47	342.87	319.72	314.82	− 9	+ 1
25	665.20	83.64	469.11	869.20	1445.53	343.20	319.81	315.15	− 8	− 2
26	665.25	83.30	469.16	868.86	1445.58	343.53	319.90	315.49	− 6	− 5
27	665.29	82.97	469.20	868.53	1445.62	343.86	320.00	315.82	− 3	− 7
28	−665.32	+82.64	−469.23	+868.20	−1445.65	−344.20	+320.10	−316.16	0	− 7
29	665.34	82.31	469.26	867.87	1445.67	344.53	320.21	316.49	+ 3	− 7
30	665.36	81.98	469.28	867.55	1445.69	344.86	320.33	316.81	+ 6	− 5
31	665.38	81.65	469.29	867.22	1445.71	345.19	320.45	317.14	+ 8	− 2
32	−665.38	+81.33	−469.30	+866.90	−1445.71	−345.52	+320.58	−317.47	+ 9	+ 1
Mittl. Ort	−620.72″	+76.99″	−424.43″	+862.50″	−1401.16″	−349.67″	+316.13″	−306.36″		

* Die Vorzeichen gelten für die drei nördlichen Sterne; für den südlichen sind sie umzukehren.

Formeln

zur Reduktion auf den scheinbaren Ort

$$A = t - (0.34213 + 0.00034\,T)\sin☊ + 0.00415\sin 2☊ - 0.02525\sin 2L_\odot$$
$$+ 0.00250\sin M_\odot - 0.00099\sin(2L_\odot + M_\odot) + 0.00042\sin(2L_\odot - M_\odot)$$
$$+ 0.00024\sin(2L_\odot - ☊) + 0.00010\sin(2L_☾ - 2M_☾ - ☊)$$
$$+ 0.00008\sin(2L_\odot - 2L_☾ + 2M_☾)$$

$$A' = -0.00405\sin 2L_☾ + 0.00135\sin M_☾ - 0.00067\sin(2L_☾ - ☊)$$
$$- 0.00052\sin(2L_☾ + M_☾) + 0.00030\sin(2L_☾ - 2L_\odot - M_☾)$$
$$+ 0.00022\sin(2L_☾ - M_☾) + 0.00012\sin(2L_☾ - 2L_\odot)$$
$$+ 0.00012\sin(M_☾ + ☊) + 0.00012\sin(M_☾ - ☊)$$
$$- 0.00010\sin(4L_☾ - 2L_\odot - M_☾) - 0.00008\sin(2L_☾ + M_☾ - ☊)$$

$$B = -(9''\!.210 + 0''\!.001\,T)\cos☊ + 0''\!.090\cos 2☊ - 0''\!.551\cos 2L_\odot$$
$$- 0''\!.022\cos(2L_\odot + M_\odot) + 0''\!.009\cos(2L_\odot - M_\odot)$$
$$+ 0''\!.007\cos(2L_\odot - ☊) + 0''\!.003\cos(2L_☾ - 2M_☾ - ☊)$$

$$B' = -0''\!.089\cos 2L_☾ - 0''\!.018\cos(2L_☾ - ☊) - 0''\!.011\cos(2L_☾ + M_☾)$$
$$+ 0''\!.005\cos(2L_☾ - M_☾) + 0''\!.003\cos(M_☾ + ☊) - 0''\!.003\cos(M_☾ - ☊)$$
$$- 0''\!.002\cos(4L_☾ - 2L_\odot - M_☾) - 0''\!.002\cos(2L_☾ + M_☾ - ☊)$$

$$C = -20''\!.47\cos\odot\cos\varepsilon$$
$$D = -20''\!.47\sin\odot$$
$$E = -(0^s\!.0029 - 0^s\!.0004\,T)\sin☊$$

T Zeit seit 1900.0 in Einheiten von 100 tropischen Jahren,
t Zeit seit Beginn des annus fictus in Bruchteilen des tropischen Jahres;
$t = 0$ für 1957 Januar $0^d\!.6187$ Weltzeit.

$a = m + {}^1/_{15}\,n\sin\alpha\,\mathrm{tg}\,\delta$	$a' = n\cos\alpha$
$b = {}^1/_{15}\cos\alpha\,\mathrm{tg}\,\delta$	$b' = -\sin\alpha$
$c = {}^1/_{15}\cos\alpha\sec\delta$	$c' = \mathrm{tg}\,\varepsilon\cos\delta - \sin\alpha\sin\delta$
$d = {}^1/_{15}\sin\alpha\sec\delta$	$d' = \cos\alpha\sin\delta$

Für 1957.0 gilt: $m = +3^s\!.0734$, $n = +20''\!.042$, $\varepsilon = 23°\,26'\,41''\!.56$

$$\alpha_{app.} = \alpha_{1957.0} + t\,\mu_\alpha + Aa + Bb + Cc + Dd + E + [A'a + B'b]$$
$$\delta_{app.} = \delta_{1957.0} + t\,\mu_\delta + Aa' + Bb' + Cc' + Dd' + [A'a' + B'b']$$

μ_α, μ_δ jährliche Eigenbewegung in Rektaszension, bez. Deklination.

Setzt man

$f = mA + E$	$f' = mA'$	$i = C\,\mathrm{tg}\,\varepsilon$
$g\sin G = B$	$g'\sin G' = B'$	$h\sin H = C$
$g\cos G = nA$	$g'\cos G' = nA'$	$h\cos H = D,$

so wird:

$$\alpha_{app.} = \alpha_{1957.0} + t\,\mu_\alpha + f + {}^1/_{15}\,g\sin(G+\alpha)\,\mathrm{tg}\,\delta + {}^1/_{15}\,h\sin(H+\alpha)\sec\delta$$
$$+ [f' + {}^1/_{15}\,g'\sin(G'+\alpha)\,\mathrm{tg}\,\delta]$$
$$\delta_{app.} = \delta_{1957.0} + t\,\mu_\delta + g\cos(G+\alpha) + h\cos(H+\alpha)\sin\delta + i\cos\delta$$
$$+ [g'\cos(G'+\alpha)]$$

Reduktionsgrößen 1957

Tag	0h Weltzeit								
	Sternzeit Greenwich	t	f	log g	G	log h	H	log i	i
1957	h	a	s		h m		h m		"
Jan. 0	6.6	−0.0017	+0.913	0.9102	2 52.3	1.3102	23 25.8	0.1196n	−1.317
1	6.7	+0.0010	0.924	0.9130	2 51.0	1.3101	23 22.1	0.1641n	1.459
2	6.8	0.0038	0.934	0.9157	2 49.7	1.3098	23 18.3	0.2047n	1.602
3	6.8	0.0065	0.945	0.9184	2 48.4	1.3095	23 14.5	0.2415n	1.744
4	6.9	0.0093	0.956	0.9210	2 47.1	1.3093	23 10.7	0.2753n	1.885
5	7.0	0.0120	0.966	0.9236	2 45.8	1.3090	23 7.0	0.3064n	2.025
6	7.0	0.0147	+0.977	0.9262	2 44.5	1.3087	23 3.2	0.3355n	−2.165
7	7.1	0.0175	0.987	0.9287	2 43.2	1.3084	22 59.4	0.3627n	2.305
8	7.2	0.0202	0.997	0.9312	2 42.0	1.3080	22 55.6	0.3879n	2.443
9	7.2	0.0229	1.008	0.9337	2 40.7	1.3077	22 51.8	0.4118n	2.581
10	7.3	0.0257	1.018	0.9361	2 39.5	1.3073	22 48.0	0.4342n	2.718
11	7.3	0.0284	1.028	0.9385	2 38.3	1.3069	22 44.2	0.4555n	2.854
12	7.4	0.0312	+1.038	0.9408	2 37.0	1.3064	22 40.4	0.4755n	−2.989
13	7.5	0.0339	1.048	0.9431	2 35.8	1.3060	22 36.6	0.4947n	3.124
14	7.5	0.0366	1.058	0.9454	2 34.6	1.3056	22 32.7	0.5128n	3.257
15	7.6	0.0394	1.068	0.9476	2 33.4	1.3051	22 28.9	0.5301n	3.389
16	7.7	0.0421	1.078	0.9498	2 32.2	1.3046	22 25.1	0.5467n	3.521
17	7.7	0.0448	1.088	0.9521	2 31.0	1.3041	22 21.2	0.5623n	3.650
18	7.8	0.0476	+1.098	0.9542	2 29.9	1.3036	22 17.3	0.5774n	−3.779
19	7.9	0.0503	1.107	0.9563	2 28.7	1.3031	22 13.5	0.5917n	3.906
20	7.9	0.0531	1.117	0.9584	2 27.6	1.3025	22 9.6	0.6056n	4.033
21	8.0	0.0558	1.126	0.9605	2 26.5	1.3020	22 5.7	0.6189n	4.158
22	8.1	0.0585	1.135	0.9625	2 25.3	1.3014	22 1.8	0.6316n	4.282
23	8.1	0.0613	1.145	0.9645	2 24.2	1.3008	21 57.9	0.6438n	4.404
24	8.2	0.0641	+1.154	0.9665	2 23.1	1.3002	21 53.9	0.6556n	−4.525
25	8.3	0.0668	1.163	0.9684	2 22.1	1.2996	21 50.0	0.6669n	4.644
26	8.3	0.0695	1.172	0.9703	2 21.0	1.2990	21 46.1	0.6778n	4.762
27	8.4	0.0722	1.181	0.9722	2 19.9	1.2984	21 42.1	0.6883n	4.879
28	8.5	0.0750	1.189	0.9740	2 18.9	1.2978	21 38.2	0.6984n	4.994
29	8.5	0.0777	1.198	0.9759	2 17.9	1.2972	21 34.2	0.7082n	5.107
30	8.6	0.0804	+1.207	0.9777	2 16.9	1.2965	21 30.2	0.7175n	−5.218
31	8.7	0.0832	1.215	0.9794	2 15.9	1.2959	21 26.3	0.7266n	5.329
Febr. 1	8.7	0.0859	1.223	0.9812	2 14.9	1.2952	21 22.3	0.7354n	5.437
2	8.8	0.0887	1.232	0.9829	2 13.9	1.2946	21 18.2	0.7437n	5.543
3	8.9	0.0914	1.240	0.9846	2 13.0	1.2939	21 14.2	0.7519n	5.648
4	8.9	0.0941	1.248	0.9862	2 12.0	1.2933	21 10.2	0.7597n	5.751
5	9.0	0.0969	+1.256	0.9879	2 11.1	1.2926	21 6.1	0.7673n	−5.852
6	9.1	0.0996	1.264	0.9895	2 10.2	1.2919	21 2.1	0.7746n	5.951
7	9.1	0.1023	1.272	0.9911	2 9.3	1.2913	20 58.0	0.7817n	6.049
8	9.2	0.1051	1.279	0.9927	2 8.5	1.2906	20 53.9	0.7885n	6.144
9	9.3	0.1078	1.287	0.9942	2 7.6	1.2900	20 49.8	0.7950n	6.237
10	9.3	0.1106	+1.294	0.9957	2 6.7	1.2893	20 45.7	0.8013n	−6.329

Tag	0h Weltzeit										
	f′	g′	G′	Allgemeine Präzession seit 1957.0	Nutation in Länge Δψ	Nutation in Länge Δψ′	Mittlere Schiefe	Nutation in Schiefe Δε	Nutation in Schiefe Δε′	j	k
1957	s in 0.001	in 0.01	h	″	″	in 0.01	23° 26′ ″	″	in 0.01	in 0.001	
Jan. 0	+ 3	+ 8	5.1	−0.09	+15.01	+ 5	41.56	−5.56	− 8	36	89
1	+ 7	8	3.8	+0.05	15.05	+11	41.56	5.56	− 7	36	89
2	+ 9	8	2.5	0.19	15.09	+15	41.55	5.56	− 5	36	89
3	+10	7	1.0	0.33	15.12	+17	41.55	5.56	− 2	36	89
4	+10	6	23.2	0.47	15.16	+16	41.55	5.55	+ 1	36	89
5	+ 8	7	21.2	0.60	15.20	+12	41.55	5.55	+ 4	37	89
6	+ 4	+ 7	19.2	+0.74	+15.23	+ 6	41.55	−5.55	+ 7	37	89
7	− 1	8	17.6	0.88	15.26	− 2	41.55	5.55	+ 8	37	89
8	− 7	9	16.1	1.02	15.29	−11	41.55	5.54	+ 8	37	89
9	−12	10	14.6	1.15	15.33	−20	41.55	5.54	+ 6	38	89
10	−15	11	13.3	1.29	15.36	−25	41.54	5.53	+ 3	38	89
11	−16	11	11.9	1.43	15.39	−27	41.54	5.53	0	38	88
12	−15	+10	10.5	+1.57	+15.41	−24	41.54	−5.52	− 4	38	88
13	−10	10	8.9	1.70	15.44	−17	41.54	5.52	− 7	38	88
14	− 4	9	7.1	1.84	15.47	− 6	41.54	5.51	− 8	39	88
15	+ 3	8	4.9	1.98	15.49	+ 5	41.54	5.50	− 7	39	88
16	+ 9	8	2.6	2.12	15.51	+15	41.54	5.49	− 5	39	88
17	+12	8	0.3	2.25	15.54	+20	41.54	5.48	− 1	39	88
18	+13	+ 9	22.5	+2.39	+15.56	+21	41.53	−5.47	+ 3	39	88
19	+10	10	20.9	2.53	15.58	+17	41.53	5.46	+ 7	39	88
20	+ 6	9	19.6	2.67	15.59	+ 9	41.53	5.45	+ 8	40	88
21	0	8	18.0	2.81	15.61	0	41.53	5.44	+ 8	40	88
22	− 4	6	16.1	2.94	15.62	− 7	41.53	5.43	+ 5	40	87
23	− 7	5	13.4	3.08	15.64	−11	41.53	5.42	+ 2	40	87
24	− 7	+ 5	10.4	+3.22	+15.65	−12	41.53	−5.41	− 2	40	87
25	− 5	6	8.1	3.36	15.66	− 8	41.53	5.40	− 5	41	87
26	− 1	8	6.5	3.49	15.67	− 2	41.52	5.39	− 8	41	87
27	+ 3	9	5.2	3.63	15.68	+ 4	41.52	5.38	− 8	41	87
28	+ 7	9	4.0	3.77	15.68	+11	41.52	5.37	− 7	41	87
29	+ 9	8	2.8	3.91	15.69	+15	41.52	5.35	− 5	41	87
30	+11	+ 8	1.2	+4.04	+15.69	+18	41.52	−5.34	− 2	41	86
31	+11	7	23.7	4.18	15.69	+17	41.52	5.33	+ 1	42	86
Febr. 1	+ 9	7	21.9	4.32	15.69	+14	41.52	5.32	+ 4	42	86
2	+ 5	7	20.0	4.46	15.69	+ 9	41.51	5.30	+ 6	42	86
3	+ 1	7	18.3	4.59	15.68	+ 1	41.51	5.29	+ 7	42	86
4	− 4	8	16.6	4.73	15.68	− 7	41.51	5.28	+ 8	42	86
5	−10	+ 9	15.1	+4.87	+15.67	−16	41.51	−5.26	+ 7	43	86
6	−14	10	13.7	5.01	15.66	−23	41.51	5.25	+ 4	43	86
7	−16	10	12.4	5.14	15.65	−26	41.51	5.24	+ 1	43	85
8	−15	10	11.0	5.28	15.64	−25	41.51	5.23	− 3	43	85
9	−12	10	9.6	5.42	15.62	−20	41.51	5.21	− 6	43	85
10	− 7	+ 9	8.1	+5.56	+15.61	−12	41.50	−5.20	− 8	43	85

Reduktionsgrößen 1957

Tag	0h Weltzeit								
	Sternzeit Greenwich	*t*	*f*	log *g*	*G*	log *h*	*H*	log *i*	*i*
1957	h	a	s		h m		h m		″
Febr. 10	9.3	0.1106	+1.294	0.9957	2 6.7	1.2893	20 45.7	0.8013*n*	−6.329
11	9.4	0.1133	1.302	0.9972	2 5.9	1.2886	20 41.6	0.8075*n*	6.419
12	9.5	0.1160	1.309	0.9987	2 5.1	1.2880	20 37.5	0.8134*n*	6.507
13	9.5	0.1188	1.316	1.0002	2 4.3	1.2874	20 33.4	0.8190*n*	6.592
14	9.6	0.1215	1.323	1.0016	2 3.5	1.2867	20 29.2	0.8245*n*	6.675
15	9.6	0.1242	1.330	1.0030	2 2.8	1.2861	20 25.1	0.8297*n*	6.756
16	9.7	0.1270	+1.337	1.0045	2 2.1	1.2854	20 20.9	0.8347*n*	−6.835
17	9.8	0.1297	1.344	1.0059	2 1.3	1.2848	20 16.7	0.8396*n*	6.912
18	9.8	0.1325	1.351	1.0072	2 0.6	1.2842	20 12.6	0.8443*n*	6.987
19	9.9	0.1352	1.357	1.0086	1 59.9	1.2836	20 8.4	0.8487*n*	7.059
20	10.0	0.1379	1.364	1.0100	1 59.3	1.2830	20 4.2	0.8531*n*	7.130
21	10.0	0.1407	1.370	1.0114	1 58.6	1.2825	19 59.9	0.8572*n*	7.198
22	10.1	0.1434	+1.377	1.0127	1 58.0	1.2819	19 55.7	0.8612*n*	−7.264
23	10.2	0.1462	1.383	1.0141	1 57.4	1.2813	19 51.5	0.8650*n*	7.328
24	10.2	0.1489	1.389	1.0154	1 56.8	1.2808	19 47.2	0.8686*n*	7.389
25	10.3	0.1516	1.395	1.0167	1 56.2	1.2803	19 43.0	0.8720*n*	7.448
26	10.4	0.1544	1.401	1.0180	1 55.6	1.2798	19 38.7	0.8754*n*	7.505
27	10.4	0.1571	1.407	1.0192	1 55.1	1.2793	19 34.5	0.8785*n*	7.559
28	10.5	0.1598	+1.413	1.0205	1 54.5	1.2788	19 30.2	0.8814*n*	−7.611
März 1	10.6	0.1626	1.419	1.0218	1 54.0	1.2784	19 25.9	0.8843*n*	7.661
2	10.6	0.1653	1.425	1.0230	1 53.5	1.2779	19 21.6	0.8869*n*	7.708
3	10.7	0.1681	1.430	1.0243	1 53.0	1.2775	19 17.3	0.8894*n*	7.752
4	10.8	0.1708	1.436	1.0256	1 52.6	1.2771	19 13.0	0.8918*n*	7.795
5	10.8	0.1735	1.442	1.0268	1 52.1	1.2767	19 8.7	0.8940*n*	7.835
6	10.9	0.1763	+1.447	1.0280	1 51.7	1.2764	19 4.4	0.8961*n*	−7.873
7	11.0	0.1790	1.453	1.0293	1 51.3	1.2760	19 0.1	0.8981*n*	7.908
8	11.0	0.1817	1.458	1.0305	1 50.9	1.2757	18 55.8	0.8999*n*	7.941
9	11.1	0.1845	1.464	1.0317	1 50.5	1.2754	18 51.5	0.9015*n*	7.971
10	11.2	0.1872	1.469	1.0329	1 50.2	1.2751	18 47.1	0.9030*n*	7.999
11	11.2	0.1900	1.474	1.0342	1 49.8	1.2749	18 42.8	0.9044*n*	8.024
12	11.3	0.1927	+1.480	1.0355	1 49.5	1.2747	18 38.5	0.9056*n*	−8.047
13	11.4	0.1954	1.485	1.0367	1 49.2	1.2745	18 34.2	0.9068*n*	8.068
14	11.4	0.1982	1.490	1.0379	1 48.9	1.2743	18 29.8	0.9077*n*	8.086
15	11.5	0.2009	1.495	1.0392	1 48.6	1.2741	18 25.5	0.9086*n*	8.102
16	11.6	0.2036	1.501	1.0404	1 48.3	1.2740	18 21.2	0.9093*n*	8.116
17	11.6	0.2064	1.506	1.0417	1 48.1	1.2739	18 16.8	0.9099*n*	8.126
18	11.7	0.2091	+1.511	1.0429	1 47.9	1.2738	18 12.5	0.9104*n*	−8.135
19	11.8	0.2119	1.516	1.0442	1 47.6	1.2737	18 8.1	0.9106*n*	8.140
20	11.8	0.2146	1.521	1.0455	1 47.4	1.2737	18 3.8	0.9108*n*	8.143
21	11.9	0.2173	1.526	1.0468	1 47.2	1.2737	17 59.5	0.9108*n*	8.144
22	11.9	0.2201	1.531	1.0481	1 47.1	1.2737	17 55.2	0.9108*n*	8.143
23	12.0	0.2228	+1.536	1.0494	1 46.9	1.2737	17 50.8	0.9106*n*	−8.139

Tag	0ʰ Weltzeit										
	f'	g'	G'	Allgemeine Präzession seit 1957.0	Nutation in Länge $\Delta\psi$	Nutation in Länge $\Delta\psi'$	Mittlere Schiefe	Nutation in Schiefe $\Delta\varepsilon$	Nutation in Schiefe $\Delta\varepsilon'$	j	k
1957	s in 0.001	s in 0.01	h	"	"	s in 0.01	23° 26' "	"	s in 0.01	in 0.001	
Febr. 10	− 7	+ 9	8.1	+ 5.56	+15.61	−12	41.50	−5.20	− 8	43	85
11	0	8	6.1	5.70	15.59	− 1	41.50	5.19	− 8	43	85
12	+ 6	7	3.9	5.83	15.57	+ 9	41.50	5.18	− 6	44	85
13	+10	7	1.2	5.97	15.55	+17	41.50	5.16	− 2	44	85
14	+12	8	23.0	6.11	15.53	+19	41.50	5.15	+ 2	44	84
15	+10	9	21.3	6.25	15.51	+17	41.50	5.14	+ 6	44	84
16	+ 6	+ 9	19.9	+ 6.38	+15.48	+11	41.50	−5.13	+ 8	44	84
17	+ 2	8	18.5	6.52	15.46	+ 3	41.50	5.12	+ 8	44	84
18	− 3	7	16.8	6.66	15.43	− 5	41.49	5.11	+ 7	44	84
19	− 7	5	14.5	6.80	15.40	−11	41.49	5.10	+ 3	45	84
20	− 7	5	11.5	6.93	15.37	−12	41.49	5.09	− 1	45	84
21	− 6	6	8.7	7.07	15.34	−10	41.49	5.08	− 5	45	84
22	− 2	+ 7	6.8	+ 7.21	+15.30	− 4	41.49	−5.07	− 7	45	84
23	+ 2	8	5.4	7.35	15.27	+ 3	41.49	5.06	− 8	45	83
24	+ 6	9	4.2	7.48	15.23	+10	41.49	5.05	− 8	45	83
25	+10	9	3.0	7.62	15.19	+16	41.49	5.04	− 6	45	83
26	+11	8	1.6	7.76	15.16	+19	41.48	5.04	− 3	46	83
27	+12	8	0.1	7.90	15.12	+19	41.48	5.03	0	46	83
28	+10	+ 7	22.4	+ 8.04	+15.07	+16	41.48	−5.02	+ 3	46	83
März 1	+ 7	7	20.7	8.17	15.03	+11	41.48	5.02	+ 5	46	83
2	+ 3	7	18.9	8.31	14.99	+ 4	41.48	5.01	+ 7	46	83
3	− 2	8	17.3	8.45	14.95	− 4	41.48	5.01	+ 8	46	83
4	− 7	8	15.7	8.59	14.90	−12	41.48	5.00	+ 7	46	83
5	−12	9	14.3	8.72	14.85	−19	41.48	5.00	+ 5	47	83
6	−15	+10	12.8	+ 8.86	+14.81	−24	41.47	−5.00	+ 2	47	83
7	−15	10	11.3	9.00	14.76	−25	41.47	4.99	− 2	47	82
8	−13	10	10.1	9.14	14.71	−22	41.47	4.99	− 5	47	82
9	− 9	9	8.6	9.27	14.66	−15	41.47	4.99	− 7	47	82
10	− 3	8	6.9	9.41	14.61	− 5	41.47	4.99	− 8	47	82
11	+ 3	7	4.9	9.55	14.56	+ 5	41.47	4.99	− 7	47	82
12	+ 8	+ 6	2.3	+ 9.69	+14.51	+13	41.47	−4.99	− 4	47	82
13	+10	7	23.8	9.82	14.46	+17	41.46	4.99	0	48	82
14	+10	8	21.6	9.96	14.41	+16	41.46	4.99	+ 5	48	82
15	+ 7	8	20.1	10.10	14.36	+11	41.46	4.99	+ 7	48	82
16	+ 2	8	18.7	10.24	14.30	+ 4	41.46	5.00	+ 8	48	82
17	− 3	8	17.2	10.37	14.25	− 4	41.46	5.00	+ 7	48	82
18	− 7	+ 6	15.2	+10.51	+14.20	−11	41.46	−5.01	+ 5	48	82
19	− 8	5	12.6	10.65	14.14	−13	41.46	5.01	+ 1	48	82
20	− 7	6	9.7	10.79	14.09	−12	41.46	5.02	− 3	48	82
21	− 4	7	7.5	10.93	14.04	− 7	41.45	5.02	− 7	49	82
22	0	8	5.9	11.06	13.98	0	41.45	5.03	− 8	49	82
23	+ 5	+ 9	4.6	+11.20	+13.93	+ 8	41.45	−5.04	− 8	49	82

Tag	0h Weltzeit								
	Sternzeit Greenwich	*t*	*f*	log *g*	*G*	log *h*	*H*	log *i*	*i*
1957	h	a	s		h m		h m		"
März 23	12.0	0.2228	+1.536	1.0494	1 46.9	1.2737	17 50.8	0.9106*n*	−8.139
24	12.1	0.2256	1.542	1.0508	1 46.7	1.2738	17 46.5	0.9103*n*	8.133
25	12.1	0.2283	1.547	1.0521	1 46.6	1.2739	17 42.2	0.9098*n*	8.124
26	12.2	0.2310	1.552	1.0534	1 46.5	1.2740	17 37.9	0.9091*n*	8.112
27	12.3	0.2338	1.557	1.0547	1 46.3	1.2742	17 33.6	0.9084*n*	8.098
28	12.3	0.2365	1.562	1.0561	1 46.2	1.2743	17 29.3	0.9076*n*	8.083
29	12.4	0.2392	+1.568	1.0574	1 46.1	1.2745	17 25.0	0.9065*n*	−8.064
30	12.5	0.2420	1.573	1.0588	1 46.1	1.2747	17 20.7	0.9055*n*	8.044
31	12.5	0.2447	1.578	1.0602	1 46.0	1.2750	17 16.4	0.9042*n*	8.020
April 1	12.6	0.2475	1.584	1.0616	1 45.9	1.2752	17 12.1	0.9028*n*	7.995
2	12.7	0.2502	1.589	1.0630	1 45.9	1.2755	17 7.9	0.9013*n*	7.967
3	12.7	0.2529	1.594	1.0644	1 45.8	1.2757	17 3.6	0.8996*n*	7.936
4	12.8	0.2557	+1.600	1.0658	1 45.8	1.2761	16 59.3	0.8978*n*	−7.904
5	12.9	0.2584	1.605	1.0673	1 45.8	1.2764	16 55.1	0.8959*n*	7.868
6	12.9	0.2611	1.611	1.0687	1 45.7	1.2767	16 50.9	0.8938*n*	7.831
7	13.0	0.2639	1.616	1.0702	1 45.7	1.2771	16 46.6	0.8916*n*	7.791
8	13.1	0.2666	1.622	1.0717	1 45.7	1.2775	16 42.4	0.8893*n*	7.750
9	13.1	0.2694	1.627	1.0732	1 45.7	1.2779	16 38.2	0.8869*n*	7.707
10	13.2	0.2721	+1.633	1.0748	1 45.7	1.2784	16 34.0	0.8842*n*	−7.660
11	13.3	0.2748	1.639	1.0763	1 45.7	1.2788	16 29.8	0.8814*n*	7.611
12	13.3	0.2776	1.645	1.0778	1 45.7	1.2793	16 25.7	0.8785*n*	7.560
13	13.4	0.2803	1.651	1.0794	1 45.7	1.2798	16 21.5	0.8755*n*	7.507
14	13.5	0.2830	1.657	1.0810	1 45.8	1.2803	16 17.4	0.8723*n*	7.453
15	13.5	0.2858	1.663	1.0826	1 45.8	1.2808	16 13.2	0.8690*n*	7.396
16	13.6	0.2885	+1.669	1.0842	1 45.8	1.2813	16 9.1	0.8655*n*	−7.336
17	13.7	0.2913	1.675	1.0858	1 45.8	1.2818	16 5.0	0.8618*n*	7.275
18	13.7	0.2940	1.681	1.0874	1 45.9	1.2824	16 0.9	0.8580*n*	7.211
19	13.8	0.2967	1.687	1.0891	1 45.9	1.2829	15 56.8	0.8540*n*	7.145
20	13.9	0.2995	1.694	1.0908	1 45.9	1.2835	15 52.7	0.8499*n*	7.078
21	13.9	0.3022	1.700	1.0924	1 46.0	1.2841	15 48.7	0.8456*n*	7.008
22	14.0	0.3050	+1.707	1.0941	1 46.0	1.2846	15 44.6	0.8411*n*	−6.936
23	14.1	0.3077	1.713	1.0958	1 46.0	1.2852	15 40.6	0.8365*n*	6.862
24	14.1	0.3104	1.720	1.0975	1 46.1	1.2858	15 36.6	0.8317*n*	6.787
25	14.2	0.3132	1.727	1.0993	1 46.1	1.2864	15 32.5	0.8267*n*	6.710
26	14.2	0.3159	1.733	1.1011	1 46.1	1.2871	15 28.5	0.8216*n*	6.631
27	14.3	0.3186	1.740	1.1028	1 46.2	1.2877	15 24.6	0.8162*n*	6.550
28	14.4	0.3214	+1.747	1.1046	1 46.2	1.2883	15 20.6	0.8106*n*	−6.466
29	14.4	0.3241	1.754	1.1064	1 46.2	1.2889	15 16.7	0.8049*n*	6.381
30	14.5	0.3269	1.762	1.1082	1 46.3	1.2896	15 12.7	0.7990*n*	6.295
Mai 1	14.6	0.3296	1.769	1.1100	1 46.3	1.2902	15 8.8	0.7929*n*	6.207
2	14.6	0.3323	1.776	1.1118	1 46.3	1.2908	15 4.9	0.7865*n*	6.116
3	14.7	0.3351	+1.784	1.1136	1 46.3	1.2915	15 1.0	0.7800*n*	−6.025

Tag	0h Weltzeit										
	f′	g′	G′	Allgemeine Präzession seit 1957.0	Nutation in Länge Δψ	Nutation in Länge Δψ′	Mittlere Schiefe	Nutation in Schiefe Δε	Nutation in Schiefe Δε′	j	k
1957	s in 0.001	″ in 0.01	h	″	″	″ in 0.01	23° 26′ ″	″	″ in 0.01	in 0.001	
März 23	+ 5	+9	4.6	+11.20	+13.93	+ 8	41.45	−5.04	− 8	49	82
24	+ 9	9	3.3	11.34	13.87	+15	41.45	5.05	− 7	49	82
25	+12	9	2.0	11.48	13.82	+19	41.45	5.06	− 4	49	82
26	+13	8	0.6	11.61	13.77	+21	41.45	5.07	− 1	49	82
27	+11	8	22.9	11.75	13.71	+19	41.45	5.08	+ 2	50	82
28	+ 9	7	21.3	11.89	13.66	+14	41.45	5.09	+ 5	50	82
29	+ 4	+7	19.6	+12.03	+13.61	+ 7	41.44	−5.10	+ 7	50	82
30	0	8	17.9	12.16	13.56	− 1	41.44	5.11	+ 8	50	82
31	− 5	8	16.2	12.30	13.51	− 9	41.44	5.12	+ 7	50	82
April 1	−10	9	14.7	12.44	13.46	−16	41.44	5.14	+ 6	50	82
2	−13	9	13.3	12.58	13.40	−21	41.44	5.15	+ 3	50	82
3	−14	9	11.8	12.71	13.35	−23	41.44	5.17	− 1	51	82
4	−13	+9	10.4	+12.85	+13.31	−21	41.44	−5.18	− 4	51	82
5	− 9	9	8.9	12.99	13.26	−15	41.44	5.20	− 6	51	83
6	− 4	8	7.3	13.13	13.21	− 7	41.43	5.22	− 8	51	83
7	+ 2	7	5.5	13.27	13.16	+ 3	41.43	5.23	− 7	51	83
8	+ 7	6	3.0	13.40	13.12	+11	41.43	5.25	− 4	51	83
9	+10	6	0.6	13.54	13.07	+16	41.43	5.27	− 1	52	83
10	+10	+7	22.3	+13.68	+13.03	+16	41.43	−5.29	+ 3	52	83
11	+ 7	8	20.6	13.82	12.98	+12	41.43	5.30	+ 6	52	83
12	+ 3	8	19.0	13.95	12.94	+ 5	41.43	5.32	+ 8	52	83
13	− 2	8	17.4	14.09	12.90	− 3	41.43	5.34	+ 8	52	83
14	− 6	7	15.6	14.23	12.86	−10	41.42	5.36	+ 6	53	83
15	− 9	6	13.4	14.37	12.82	−14	41.42	5.39	+ 2	53	83
16	− 9	+6	10.9	+14.50	+12.78	−14	41.42	−5.41	− 2	53	83
17	− 6	7	8.5	14.64	12.74	−10	41.42	5.43	− 5	53	84
18	− 2	8	6.7	14.78	12.71	− 3	41.42	5.45	− 8	53	84
19	+ 3	9	5.2	14.92	12.67	+ 5	41.42	5.47	− 9	54	84
20	+ 7	9	3.9	15.05	12.64	+12	41.42	5.50	− 8	54	84
21	+11	9	2.5	15.19	12.60	+18	41.41	5.52	− 6	54	84
22	+13	+9	1.1	+15.33	+12.57	+21	41.41	−5.54	− 2	54	84
23	+12	8	23.6	15.47	12.54	+20	41.41	5.57	+ 1	54	84
24	+10	8	21.9	15.60	12.52	+16	41.41	5.59	+ 4	55	84
25	+ 6	7	20.1	15.74	12.49	+10	41.41	5.61	+ 6	55	84
26	+ 1	8	18.4	15.88	12.46	+ 2	41.41	5.64	+ 8	55	85
27	− 4	8	16.8	16.02	12.44	− 6	41.41	5.66	+ 8	55	85
28	− 9	+9	15.2	+16.16	+12.42	−14	41.41	−5.69	+ 7	56	85
29	−12	9	13.7	16.29	12.39	−20	41.40	5.71	+ 4	56	85
30	−14	9	12.3	16.43	12.37	−22	41.40	5.74	+ 1	56	85
Mai 1	−13	9	10.7	16.57	12.36	−21	41.40	5.76	− 3	56	85
2	−10	9	9.2	16.71	12.34	−16	41.40	5.79	− 6	57	85
3	− 5	+8	7.6	+16.84	+12.32	− 8	41.40	−5.81	− 7	57	85

Tag	0h Weltzeit								
	Sternzeit Greenwich	*t*	*f*	log *g*	*G*	log *h*	*H*	log *i*	*i*
1957	h	a	s		h m		h m		"
Mai 3	14.7	0.3351	+1.784	1.1136	1 46.3	1.2915	15 1.0	0.7800*n*	−6.025
4	14.8	0.3378	1.791	1.1154	1 46.3	1.2921	14 57.1	0.7731*n*	5.931
5	14.8	0.3405	1.799	1.1173	1 46.3	1.2927	14 53.2	0.7660*n*	5.835
6	14.9	0.3433	1.806	1.1192	1 46.3	1.2934	14 49.3	0.7588*n*	5.739
7	15.0	0.3460	1.814	1.1210	1 46.3	1.2940	14 45.5	0.7513*n*	5.640
8	15.0	0.3488	1.822	1.1229	1 46.3	1.2946	14 41.6	0.7435*n*	5.540
9	15.1	0.3515	+1.830	1.1248	1 46.3	1.2952	14 37.8	0.7354*n*	−5.438
10	15.2	0.3542	1.838	1.1267	1 46.3	1.2958	14 34.0	0.7271*n*	5.335
11	15.2	0.3570	1.846	1.1286	1 46.3	1.2965	14 30.2	0.7186*n*	5.231
12	15.3	0.3597	1.854	1.1305	1 46.3	1.2971	14 26.4	0.7097*n*	5.125
13	15.4	0.3624	1.863	1.1324	1 46.2	1.2977	14 22.7	0.7005*n*	5.018
14	15.4	0.3652	1.871	1.1343	1 46.2	1.2982	14 18.9	0.6910*n*	4.909
15	15.5	0.3679	+1.879	1.1362	1 46.1	1.2988	14 15.1	0.6812*n*	−4.799
16	15.6	0.3707	1.888	1.1381	1 46.1	1.2994	14 11.4	0.6709*n*	4.687
17	15.6	0.3734	1.896	1.1400	1 46.0	1.3000	14 7.7	0.6604*n*	4.575
18	15.7	0.3761	1.905	1.1419	1 46.0	1.3006	14 4.0	0.6494*n*	4.461
19	15.8	0.3789	1.914	1.1439	1 45.9	1.3011	14 0.3	0.6381*n*	4.346
20	15.8	0.3816	1.923	1.1458	1 45.8	1.3017	13 56.6	0.6262*n*	4.229
21	15.9	0.3844	+1.931	1.1477	1 45.7	1.3022	13 52.9	0.6141*n*	−4.112
22	16.0	0.3871	1.940	1.1497	1 45.6	1.3027	13 49.2	0.6014*n*	3.994
23	16.0	0.3898	1.950	1.1516	1 45.5	1.3032	13 45.5	0.5882*n*	3.874
24	16.1	0.3926	1.959	1.1535	1 45.4	1.3037	13 41.9	0.5745*n*	3.754
25	16.2	0.3953	1.968	1.1554	1 45.3	1.3042	13 38.2	0.5601*n*	3.632
26	16.2	0.3980	1.977	1.1574	1 45.2	1.3047	13 34.6	0.5452*n*	3.509
27	16.3	0.4008	+1.986	1.1593	1 45.0	1.3051	13 31.0	0.5296*n*	−3.385
28	16.4	0.4035	1.996	1.1612	1 44.9	1.3055	13 27.4	0.5132*n*	3.260
29	16.4	0.4063	2.005	1.1631	1 44.7	1.3060	13 23.8	0.4962*n*	3.135
30	16.5	0.4090	2.015	1.1650	1 44.6	1.3064	13 20.2	0.4784*n*	3.009
31	16.5	0.4117	2.024	1.1669	1 44.4	1.3068	13 16.6	0.4597*n*	2.882
Juni 1	16.6	0.4145	2.034	1.1688	1 44.3	1.3072	13 13.0	0.4400*n*	2.754
2	16.7	0.4172	+2.044	1.1707	1 44.1	1.3075	13 9.4	0.4191*n*	−2.625
3	16.7	0.4199	2.053	1.1726	1 43.9	1.3079	13 5.8	0.3972*n*	2.496
4	16.8	0.4227	2.063	1.1745	1 43.7	1.3082	13 2.3	0.3740*n*	2.366
5	16.9	0.4254	2.073	1.1763	1 43.5	1.3085	12 58.7	0.3495*n*	2.236
6	16.9	0.4282	2.083	1.1782	1 43.3	1.3088	12 55.2	0.3233*n*	2.105
7	17.0	0.4309	2.092	1.1801	1 43.1	1.3091	12 51.6	0.2951*n*	1.973
8	17.1	0.4336	+2.102	1.1819	1 42.9	1.3094	12 48.1	0.2651*n*	−1.841
9	17.1	0.4364	2.112	1.1838	1 42.6	1.3096	12 44.5	0.2325*n*	1.708
10	17.2	0.4391	2.122	1.1856	1 42.4	1.3098	12 41.0	0.1973*n*	1.575
11	17.3	0.4418	2.132	1.1874	1 42.2	1.3100	12 37.5	0.1590*n*	1.442
12	17.3	0.4446	2.142	1.1893	1 41.9	1.3102	12 34.0	0.1166*n*	1.308
13	17.4	0.4473	+2.153	1.1911	1 41.7	1.3104	12 30.4	0.0693*n*	−1.173

Tag	0ʰ Weltzeit											
	f'	g'	G'	Allgemeine Präzession seit 1957.0	Nutation in Länge		Mittlere Schiefe	Nutation in Schiefe		j	k
					$\Delta\psi$	$\Delta\psi'$		$\Delta\varepsilon$	$\Delta\varepsilon'$		
1957	s in 0.001	s in 0.01	h	″	″	s in 0.01	23° 26′ ″	″	s in 0.01	in 0.001	
Mai 3	− 5	+8	7.6	+16.84	+12.32	− 8	41.40	−5.81	− 7	57	85
4	+ 1	7	5.7	16.98	12.31	+ 1	41.40	5.84	− 7	57	85
5	+ 6	7	3.6	17.12	12.29	+10	41.40	5.86	− 5	57	86
6	+10	7	1.2	17.26	12.28	+16	41.40	5.89	− 2	57	86
7	+10	7	23.0	17.39	12.27	+17	41.39	5.91	+ 2	58	86
8	+ 9	8	21.1	17.53	12.26	+14	41.39	5.94	+ 5	58	86
9	+ 5	+8	19.5	+17.67	+12.25	+ 8	41.39	−5.96	+ 8	58	86
10	0	8	17.9	17.81	12.25	0	41.39	5.99	+ 8	58	86
11	− 5	7	16.2	17.94	12.24	− 8	41.39	6.01	+ 6	59	86
12	− 8	7	14.1	18.08	12.24	−14	41.39	6.04	+ 3	59	87
13	− 9	6	11.8	18.22	12.23	−15	41.39	6.06	0	59	87
14	− 8	7	9.4	18.36	12.23	−13	41.39	6.09	− 4	59	87
15	− 4	+7	7.5	+18.50	+12.24	− 7	41.38	−6.11	− 7	60	87
16	0	8	5.9	18.63	12.24	+ 1	41.38	6.14	− 8	60	87
17	+ 5	9	4.5	18.77	12.24	+ 8	41.38	6.16	− 8	60	87
18	+ 9	9	3.1	18.91	12.24	+15	41.38	6.18	− 6	61	87
19	+12	8	1.7	19.05	12.25	+19	41.38	6.21	− 4	61	87
20	+12	8	0.2	19.18	12.26	+20	41.38	6.23	0	61	87
21	+10	+8	22.4	+19.32	+12.26	+17	41.38	−6.25	+ 3	61	88
22	+ 7	7	20.8	19.46	12.27	+12	41.38	6.28	+ 5	62	88
23	+ 3	8	18.9	19.60	12.28	+ 4	41.37	6.30	+ 7	62	88
24	− 3	8	17.2	19.73	12.29	− 4	41.37	6.32	+ 8	62	88
25	− 8	9	15.6	19.87	12.31	−12	41.37	6.34	+ 7	62	88
26	−12	9	14.1	20.01	12.32	−19	41.37	6.36	+ 5	63	88
27	−14	+9	12.7	+20.15	+12.34	−23	41.37	−6.38	+ 2	63	88
28	−14	9	11.2	20.28	12.35	−23	41.37	6.40	− 2	63	88
29	−11	9	9.7	20.42	12.37	−18	41.37	6.42	− 5	64	88
30	− 6	8	8.0	20.56	12.39	−11	41.36	6.44	− 7	64	88
31	− 1	8	6.2	20.70	12.41	− 1	41.36	6.46	− 8	64	88
Juni 1	+ 5	7	4 T	20.83	12.42	+ 8	41.36	6.48	− 6	64	89
2	+ 9	+7	1.9	+20.97	+12.44	+15	41.36	−6.50	− 3	65	89
3	+11	7	23.6	21.11	12.47	+19	41.36	6.52	+ 1	65	89
4	+10	8	21.9	21.25	12.49	+17	41.36	6.53	+ 4	65	89
5	+ 7	8	20.2	21.39	12.51	+11	41.36	6.55	+ 7	65	89
6	+ 2	8	18.7	21.52	12.53	+ 3	41.36	6.57	+ 8	66	89
7	− 3	7	17.0	21.66	12.56	− 5	41.35	6.58	+ 7	66	89
8	− 7	+6	14.9	+21.80	+12.58	−12	41.35	−6.60	+ 4	66	89
9	− 9	6	12.6	21.94	12.61	−14	41.35	6.61	+ 1	67	89
10	− 8	6	10.0	22.07	12.63	−14	41.35	6.63	− 3	67	89
11	− 5	7	8.0	22.21	12.66	− 9	41.35	6.64	− 6	67	89
12	− 1	8	6.4	22.35	12.69	− 2	41.35	6.65	− 8	68	89
13	+ 3	+8	5.0	+22.49	+12.72	+ 6	41.35	−6.66	− 8	68	89

Reduktionsgrößen 1957

Tag	0h Weltzeit								
	Sternzeit Greenwich	*t*	*f*	log *g*	*G*	log *h*	*H*	log *i*	*i*
1957	h	a	s		h m		h m		″
Juni 13	17.4	0.4473	+2.153	1.1911	1 41.7	1.3104	12 30.4	0.0693*n*	−1.173
14	17.5	0.4501	2.163	1.1929	1 41.4	1.3106	12 26.9	0.0166*n*	1.039
15	17.5	0.4528	2.173	1.1947	1 41.1	1.3107	12 23.4	9.9562*n*	0.904
16	17.6	0.4555	2.183	1.1965	1 40.9	1.3108	12 19.9	9.8859*n*	0.769
17	17.7	0.4583	2.193	1.1982	1 40.6	1.3109	12 16.4	9.8021*n*	0.634
18	17.7	0.4610	2.203	1.2000	1 40.3	1.3110	12 12.9	9.6981*n*	0.499
19	17.8	0.4637	+2.213	1.2017	1 40.0	1.3111	12 9.4	9.5599*n*	−0.363
20	17.9	0.4665	2.223	1.2035	1 39.7	1.3111	12 5.9	9.3579*n*	0.228
21	17.9	0.4692	2.234	1.2052	1 39.4	1.3111	12 2.4	8.9638*n*	−0.092
22	18.0	0.4720	2.244	1.2069	1 39.1	1.3111	11 58.9	8.6435	+0.044
23	18.1	0.4747	2.254	1.2086	1 38.8	1.3111	11 55.4	9.2529	0.179
24	18.1	0.4774	2.264	1.2103	1 38.4	1.3111	11 51.9	9.4983	0.315
25	18.2	0.4802	+2.274	1.2119	1 38.1	1.3110	11 48.4	9.6532	+0.450
26	18.3	0.4829	2.285	1.2136	1 37.8	1.3109	11 44.9	9.7679	0.586
27	18.3	0.4857	2.295	1.2152	1 37.5	1.3108	11 41.4	9.8579	0.721
28	18.4	0.4884	2.305	1.2168	1 37.1	1.3107	11 37.9	9.9320	0.855
29	18.5	0.4911	2.315	1.2184	1 36.8	1.3106	11 34.3	9.9956	0.990
30	18.5	0.4939	2.325	1.2200	1 36.4	1.3105	11 30.8	0.0512	1.125
Juli 1	18.6	0.4966	+2.335	1.2216	1 36.0	1.3103	11 27.3	0.1000	+1.259
2	18.7	0.4993	2.345	1.2232	1 35.7	1.3101	11 23.8	0.1440	1.393
3	18.7	0.5021	2.355	1.2247	1 35.3	1.3099	11 20.3	0.1836	1.526
4	18.8	0.5048	2.365	1.2262	1 35.0	1.3097	11 16.8	0.2198	1.659
5	18.8	0.5076	2.375	1.2278	1 34.6	1.3094	11 13.3	0.2531	1.791
6	18.9	0.5103	2.385	1.2293	1 34.3	1.3092	11 9.7	0.2840	1.923
7	19.0	0.5130	+2.395	1.2308	1 33.9	1.3089	11 6.2	0.3128	+2.055
8	19.0	0.5158	2.405	1.2322	1 33.5	1.3086	11 2.7	0.3397	2.186
9	19.1	0.5185	2.414	1.2337	1 33.1	1.3083	10 59.1	0.3647	2.316
10	19.2	0.5212	2.424	1.2351	1 32.7	1.3080	10 55.6	0.3883	2.445
11	19.2	0.5240	2.434	1.2366	1 32.4	1.3077	10 52.0	0.4106	2.574
12	19.3	0.5267	2.444	1.2380	1 32.0	1.3073	10 48.5	0.4317	2.702
13	19.4	0.5295	+2.453	1.2394	1 31.6	1.3069	10 44.9	0.4516	+2.829
14	19.4	0.5322	2.463	1.2407	1 31.2	1.3065	10 41.3	0.4707	2.956
15	19.5	0.5349	2.472	1.2421	1 30.8	1.3061	10 37.8	0.4890	3.083
16	19.6	0.5377	2.482	1.2435	1 30.4	1.3057	10 34.2	0.5062	3.208
17	19.6	0.5404	2.491	1.2448	1 30.0	1.3053	10 30.6	0.5227	3.332
18	19.7	0.5431	2.500	1.2461	1 29.7	1.3048	10 27.0	0.5384	3.455
19	19.8	0.5459	+2.509	1.2474	1 29.3	1.3044	10 23.4	0.5535	+3.577
20	19.8	0.5486	2.519	1.2487	1 28.9	1.3039	10 19.7	0.5681	3.699
21	19.9	0.5514	2.528	1.2499	1 28.5	1.3034	10 16.1	0.5819	3.819
22	20.0	0.5541	2.537	1.2512	1 28.1	1.3029	10 12.5	0.5953	3.938
23	20.0	0.5568	2.546	1.2524	1 27.7	1.3024	10 8.8	0.6082	4.057
24	20.1	0.5596	+2.554	1.2536	1 27.3	1.3019	10 5.2	0.6206	+4.174

Tag	0h Weltzeit										
	f′	g′	G′	Allgemeine Präzession seit 1957.0	Nutation in Länge Δψ	Nutation in Länge Δψ′	Mittlere Schiefe	Nutation in Schiefe Δε	Nutation in Schiefe Δε′	j	k
1957	s in 0.001	s in 0.01	h	″	″	s in 0.01	23° 26′ ″	″	s in 0.01	in 0.001	
Juni 13	+ 3	+ 8	5.0	+22.49	+12.72	+ 6	41.35	−6.66	− 8	68	89
14	+ 8	8	3.6	22.62	12.74	+13	41.35	6.68	− 7	68	89
15	+11	8	2.2	22.76	12.77	+17	41.34	6.69	− 5	68	89
16	+12	8	0.7	22.90	12.80	+19	41.34	6.70	− 1	69	89
17	+11	7	23.1	23.04	12.83	+18	41.34	6.71	+ 2	69	89
18	+ 8	7	21.2	23.17	12.86	+13	41.34	6.72	+ 5	69	89
19	+ 4	+ 7	19.4	+23.31	+12.88	+ 7	41.34	−6.72	+ 7	69	89
20	− 1	8	17.7	23.45	12.91	− 1	41.34	6.73	+ 8	70	89
21	− 6	8	16.1	23.59	12.94	−10	41.34	6.74	+ 7	70	89
22	−11	9	14.5	23.73	12.97	−18	41.34	6.75	+ 6	70	89
23	−14	10	13.1	23.86	13.00	−23	41.33	6.75	+ 3	71	89
24	−15	10	11.8	24.00	13.03	−24	41.33	6.76	− 1	71	89
25	−13	+10	10.3	+24.14	+13.06	−22	41.33	−6.76	− 4	71	89
26	− 9	9	8.8	24.28	13.09	−15	41.33	6.77	− 7	71	89
27	− 3	8	7.0	24.41	13.12	− 5	41.33	6.77	− 8	72	89
28	+ 3	7	5.0	24.55	13.14	+ 5	41.33	6.77	− 7	72	89
29	+ 8	7	2.6	24.69	13.17	+13	41.33	6.78	− 4	72	89
30	+11	7	0.4	24.83	13.20	+19	41.33	6.78	− 1	72	89
Juli 1	+12	+ 8	22.5	+24.96	+13.23	+19	41.32	−6.78	+ 3	73	89
2	+ 9	9	20.9	25.10	13.25	+15	41.32	6.78	+ 6	73	89
3	+ 5	8	19.3	25.24	13.28	+ 7	41.32	6.78	+ 8	73	89
4	− 1	8	17.7	25.38	13.30	− 1	41.32	6.78	+ 8	73	89
5	− 5	6	15.8	25.51	13.33	− 9	41.32	6.78	+ 5	74	89
6	− 8	5	13.4	25.65	13.35	−13	41.32	6.78	+ 2	74	89
7	− 8	+ 6	10.7	+25.79	+13.38	−13	41.32	−6.78	− 2	74	89
8	− 6	6	8.4	25.93	13.40	−10	41.31	6.77	− 5	75	89
9	− 2	7	6.7	26.06	13.42	− 3	41.31	6.77	− 7	75	89
10	+ 3	8	5.2	26.20	13.45	+ 4	41.31	6.77	− 8	75	89
11	+ 7	8	4.0	26.34	13.47	+11	41.31	6.76	− 7	75	89
12	+10	8	2.6	26.48	13.49	+16	41.31	6.76	− 5	76	89
13	+11	+ 8	1.2	+26.62	+13.51	+19	41.31	−6.75	− 2	76	88
14	+11	7	23.6	26.75	13.53	+18	41.31	6.75	+ 1	76	88
15	+ 9	7	21.9	26.89	13.54	+15	41.31	6.74	+ 4	76	88
16	+ 5	7	20.1	27.03	13.56	+ 9	41.30	6.73	+ 6	76	88
17	+ 1	7	18.3	27.17	13.58	+ 1	41.30	6.73	+ 7	77	88
18	− 4	8	16.6	27.30	13.59	− 7	41.30	6.72	+ 8	77	88
19	− 9	+ 9	15.1	+27.44	+13.60	−15	41.30	−6.71	+ 6	77	88
20	−13	10	13.6	27.58	13.61	−22	41.30	6.70	+ 4	77	88
21	−15	10	12.2	27.72	13.63	−25	41.30	6.69	+ 1	78	88
22	−15	10	10.9	27.85	13.64	−24	41.30	6.69	− 3	78	88
23	−12	10	9.5	27.99	13.65	−19	41.30	6.68	− 6	78	88
24	− 7	+ 9	8.0	+28.13	+13.65	−11	41.29	−6.67	− 8	78	87

Reduktionsgrößen 1957

Tag	0h Weltzeit								
	Sternzeit Greenwich	*t*	*f*	log *g*	*G*	log *h*	*H*	log *i*	*i*
1957	h	a	s		h m		h m		″
Juli 24	20.1	0.5596	+2.554	1.2536	1 27.3	1.3019	10 5.2	0.6206	+4.174
25	20.2	0.5623	2.563	1.2549	1 26.9	1.3014	10 1.5	0.6325	4.290
26	20.2	0.5651	2.572	1.2560	1 26.5	1.3008	9 57.9	0.6438	4.404
27	20.3	0.5678	2.581	1.2572	1 26.1	1.3003	9 54.2	0.6549	4.518
28	20.4	0.5705	2.589	1.2584	1 25.7	1.2997	9 50.5	0.6656	4.630
29	20.4	0.5733	2.598	1.2595	1 25.4	1.2991	9 46.8	0.6759	4.741
30	20.5	0.5760	+2.606	1.2606	1 25.0	1.2986	9 43.1	0.6858	+4.851
31	20.6	0.5787	2.615	1.2617	1 24.6	1.2980	9 39.3	0.6955	4.960
Aug. 1	20.6	0.5815	2.623	1.2628	1 24.2	1.2974	9 35.6	0.7048	5.067
2	20.7	0.5842	2.631	1.2639	1 23.9	1.2968	9 31.9	0.7137	5.173
3	20.8	0.5870	2.639	1.2650	1 23.5	1.2962	9 28.1	0.7225	5.278
4	20.8	0.5897	2.647	1.2660	1 23.1	1.2956	9 24.3	0.7309	5.381
5	20.9	0.5924	+2.655	1.2671	1 22.7	1.2950	9 20.6	0.7389	+5.482
6	21.0	0.5952	2.663	1.2681	1 22.4	1.2944	9 16.8	0.7468	5.582
7	21.0	0.5979	2.671	1.2691	1 22.0	1.2937	9 13.0	0.7543	5.680
8	21.1	0.6006	2.679	1.2701	1 21.7	1.2931	9 9.2	0.7617	5.777
9	21.1	0.6034	2.686	1.2711	1 21.3	1.2925	9 5.3	0.7687	5.871
10	21.2	0.6061	2.694	1.2720	1 21.0	1.2919	9 1.5	0.7757	5.966
11	21.3	0.6089	+2.701	1.2730	1 20.6	1.2912	8 57.6	0.7824	+6.059
12	21.3	0.6116	2.708	1.2739	1 20.3	1.2906	8 53.8	0.7889	6.150
13	21.4	0.6143	2.716	1.2749	1 20.0	1.2900	8 49.9	0.7950	6.237
14	21.5	0.6171	2.723	1.2758	1 19.6	1.2893	8 46.0	0.8010	6.324
15	21.5	0.6198	2.730	1.2767	1 19.3	1.2887	8 42.1	0.8069	6.410
16	21.6	0.6225	2.737	1.2776	1 19.0	1.2881	8 38.2	0.8124	6.492
17	21.7	0.6253	+2.744	1.2784	1 18.7	1.2875	8 34.2	0.8178	+6.574
18	21.7	0.6280	2.751	1.2793	1 18.4	1.2869	8 30.3	0.8231	6.654
19	21.8	0.6308	2.757	1.2802	1 18.1	1.2863	8 26.4	0.8281	6.731
20	21.9	0.6335	2.764	1.2811	1 17.8	1.2857	8 22.4	0.8330	6.808
21	21.9	0.6362	2.770	1.2819	1 17.5	1.2851	8 18.4	0.8377	6.882
22	22.0	0.6390	2.777	1.2827	1 17.2	1.2845	8 14.4	0.8422	6.954
23	22.1	0.6417	+2.783	1.2835	1 16.9	1.2839	8 10.4	0.8466	+7.024
24	22.1	0.6445	2.790	1.2844	1 16.6	1.2833	8 6.4	0.8508	7.093
25	22.2	0.6472	2.796	1.2852	1 16.3	1.2828	8 2.3	0.8549	7.160
26	22.3	0.6499	2.802	1.2860	1 16.1	1.2822	7 58.3	0.8588	7.224
27	22.3	0.6527	2.808	1.2867	1 15.8	1.2817	7 54.3	0.8625	7.286
28	22.4	0.6554	2.814	1.2875	1 15.6	1.2812	7 50.2	0.8661	7.346
29	22.5	0.6581	+2.820	1.2883	1 15.3	1.2807	7 46.1	0.8695	+7.405
30	22.5	0.6609	2.826	1.2890	1 15.1	1.2802	7 42.0	0.8728	7.461
31	22.6	0.6636	2.832	1.2898	1 14.9	1.2797	7 37.9	0.8759	7.515
Sept. 1	22.7	0.6664	2.838	1.2905	1 14.6	1.2792	7 33.8	0.8789	7.566
2	22.7	0.6691	2.844	1.2913	1 14.4	1.2788	7 29.7	0.8817	7.616
3	22.8	0.6718	+2.849	1.2920	1 14.2	1.2783	7 25.6	0.8845	+7.664

Tag	0^h Weltzeit										
	f'	g'	G'	Allgemeine Präzession seit 1957.0	Nutation in Länge Δψ	Nutation in Länge Δψ'	Mittlere Schiefe	Nutation in Schiefe Δε	Nutation in Schiefe Δε'	j	k
1957	s in 0.001	° in 0.01	h	″	″	° in 0.01	23° 26′ ″	″	° in 0.01	in 0.001	
Juli 24	− 7	+ 9	8.0	+28.13	+13.65	−11	41.29	−6.67	− 8	78	87
25	0	8	6.1	28.27	13.66	0	41.29	6.66	− 8	79	87
26	+ 6	7	3.8	28.40	13.67	+ 9	41.29	6.65	− 6	79	87
27	+10	7	1.3	28.54	13.67	+16	41.29	6.64	− 2	79	87
28	+11	8	23.0	28.68	13.67	+19	41.29	6.63	+ 2	79	87
29	+10	8	21.3	28.82	13.67	+16	41.29	6.61	+ 5	79	87
30	+ 6	+ 9	19.9	+28.96	+13.67	+10	41.29	−6.60	+ 8	80	87
31	+ 1	8	18.4	29.09	13.67	+ 2	41.29	6.59	+ 8	80	87
Aug. 1	− 4	7	16.7	29.23	13.67	− 6	41.28	6.58	+ 7	80	87
2	− 7	6	14.4	29.37	13.67	−11	41.28	6.57	+ 3	80	87
3	− 8	5	11.5	29.51	13.66	−13	41.28	6.56	− 1	80	86
4	− 6	6	8.8	29.64	13.65	−10	41.28	6.55	− 4	81	86
5	− 3	+ 7	6.9	+29.78	+13.65	− 4	41.28	−6.53	− 7	81	86
6	+ 2	8	5.4	29.92	13.64	+ 3	41.28	6.52	− 8	81	86
7	+ 6	9	4.1	30.06	13.63	+10	41.28	6.51	− 8	81	86
8	+10	9	2.9	30.19	13.61	+16	41.28	6.50	− 6	81	86
9	+12	8	1.5	30.33	13.60	+19	41.27	6.49	− 3	82	86
10	+12	8	0.0	30.47	13.58	+19	41.27	6.47	0	82	85
11	+10	+ 7	22.3	+30.61	+13.57	+17	41.27	−6.46	+ 3	82	85
12	+ 7	7	20.7	30.74	13.55	+11	41.27	6.45	+ 5	82	85
13	+ 3	7	18.9	30.88	13.53	+ 4	41.27	6.44	+ 7	82	85
14	− 2	8	17.2	31.02	13.51	− 4	41.27	6.43	+ 7	82	85
15	− 7	8	15.6	31.16	13.49	−12	41.27	6.41	+ 7	83	85
16	−12	9	14.1	31.30	13.47	−19	41.26	6.40	+ 5	83	85
17	−14	+10	12.8	+31.43	+13.44	−24	41.26	−6.39	+ 2	83	85
18	−15	10	11.4	31.57	13.42	−25	41.26	6.38	− 2	83	85
19	−13	10	10.1	31.71	13.39	−22	41.26	6.37	− 5	83	84
20	− 9	9	8.7	31.85	13.36	−15	41.26	6.36	− 7	83	84
21	− 4	8	7.1	31.98	13.33	− 6	41.26	6.35	− 8	84	84
22	+ 2	7	5.1	32.12	13.30	+ 4	41.26	6.34	− 7	84	84
23	+ 7	+ 6	2.5	+32.26	+13.27	+12	41.26	−6.33	− 4	84	84
24	+10	7	23.8	32.40	13.23	+16	41.25	6.32	0	84	84
25	+10	8	21.7	32.53	13.20	+16	41.25	6.31	+ 4	84	84
26	+ 7	8	20.1	32.67	13.16	+11	41.25	6.30	+ 7	84	84
27	+ 2	8	18.7	32.81	13.12	+ 4	41.25	6.29	+ 8	85	84
28	− 3	7	17.2	32.95	13.08	− 4	41.25	6.28	+ 7	85	83
29	− 6	+ 6	15.2	+33.08	+13.04	−10	41.25	−6.27	+ 5	85	83
30	− 8	5	12.5	33.22	13.00	−13	41.25	6.26	+ 1	85	83
31	− 7	6	9.6	33.36	12.96	−11	41.25	6.25	− 3	85	83
Sept. 1	− 4	7	7.3	33.50	12.92	− 6	41.24	6.25	− 7	85	83
2	+ 1	8	5.7	33.63	12.88	+ 2	41.24	6.24	− 8	85	83
3	+ 6	+ 9	4.3	+33.77	+12.83	+10	41.24	−6.23	− 8	86	83

Tag	0h Weltzeit								
	Sternzeit Greenwich	*t*	*f*	log *g*	*G*	log *h*	*H*	log *i*	*i*
1957	h	a	s		h m		h m		″
Sept. 3	22.8	0.6718	+2.849	1.2920	1 14.2	1.2783	7 25.6	0.8845	+7.664
4	22.9	0.6746	2.855	1.2928	1 14.0	1.2779	7 21.5	0.8871	7.710
5	22.9	0.6773	2.861	1.2935	1 13.8	1.2775	7 17.3	0.8895	7.753
6	23.0	0.6800	2.866	1.2942	1 13.6	1.2771	7 13.2	0.8918	7.794
7	23.1	0.6828	2.871	1.2949	1 13.5	1.2768	7 9.0	0.8939	7.833
8	23.1	0.6855	2.877	1.2956	1 13.3	1.2764	7 4.8	0.8960	7.870
9	23.2	0.6883	+2.882	1.2963	1 13.1	1.2761	7 0.6	0.8979	+7.905
10	23.3	0.6910	2.888	1.2970	1 13.0	1.2758	6 56.4	0.8997	7.937
11	23.3	0.6937	2.893	1.2977	1 12.8	1.2755	6 52.2	0.9013	7.967
12	23.4	0.6965	2.898	1.2984	1 12.7	1.2752	6 48.0	0.9028	7.994
13	23.4	0.6992	2.903	1.2991	1 12.6	1.2750	6 43.8	0.9041	8.019
14	23.5	0.7019	2.908	1.2998	1 12.4	1.2747	6 39.6	0.9054	8.042
15	23.6	0.7047	+2.914	1.3005	1 12.3	1.2745	6 35.3	0.9065	+8.063
16	23.6	0.7074	2.919	1.3012	1 12.2	1.2743	6 31.1	0.9075	8.081
17	23.7	0.7102	2.924	1.3019	1 12.1	1.2742	6 26.9	0.9083	8.097
18	23.8	0.7129	2.929	1.3026	1 12.0	1.2740	6 22.6	0.9091	8.111
19	23.8	0.7156	2.934	1.3033	1 11.9	1.2739	6 18.4	0.9097	8.123
20	23.9	0.7184	2.939	1.3040	1 11.8	1.2738	6 14.1	0.9102	8.132
21	0.0	0.7211	+2.944	1.3047	1 11.8	1.2738	6 9.8	0.9105	+8.138
22	0.0	0.7239	2.949	1.3054	1 11.7	1.2737	6 5.6	0.9107	8.142
23	0.1	0.7266	2.954	1.3061	1 11.7	1.2737	6 1.3	0.9108	8.144
24	0.2	0.7293	2.959	1.3068	1 11.6	1.2737	5 57.0	0.9108	8.143
25	0.2	0.7321	2.964	1.3075	1 11.6	1.2737	5 52.8	0.9106	8.140
26	0.3	0.7348	2.969	1.3082	1 11.5	1.2738	5 48.5	0.9104	8.136
27	0.4	0.7375	+2.974	1.3089	1 11.5	1.2739	5 44.2	0.9100	+8.129
28	0.4	0.7403	2.979	1.3096	1 11.5	1.2740	5 39.9	0.9094	8.118
29	0.5	0.7430	2.984	1.3104	1 11.4	1.2741	5 35.7	0.9088	8.106
30	0.6	0.7458	2.989	1.3111	1 11.4	1.2743	5 31.4	0.9080	8.091
Okt. 1	0.6	0.7485	2.994	1.3118	1 11.4	1.2744	5 27.1	0.9071	8.074
2	0.7	0.7512	2.999	1.3126	1 11.4	1.2746	5 22.9	0.9061	8.055
3	0.8	0.7540	+3.004	1.3133	1 11.4	1.2748	5 18.6	0.9048	+8.032
4	0.8	0.7567	3.010	1.3141	1 11.5	1.2751	5 14.3	0.9035	8.008
5	0.9	0.7594	3.015	1.3148	1 11.5	1.2753	5 10.0	0.9021	7.981
6	1.0	0.7622	3.020	1.3156	1 11.5	1.2756	5 5.8	0.9005	7.952
7	1.0	0.7649	3.025	1.3164	1 11.5	1.2759	5 1.5	0.8987	7.920
8	1.1	0.7677	3.031	1.3172	1 11.6	1.2762	4 57.3	0.8969	7.887
9	1.2	0.7704	+3.036	1.3179	1 11.6	1.2766	4 53.0	0.8949	+7.851
10	1.2	0.7731	3.041	1.3187	1 11.7	1.2770	4 48.8	0.8928	7.813
11	1.3	0.7759	3.047	1.3195	1 11.7	1.2773	4 44.5	0.8905	7.772
12	1.4	0.7786	3.052	1.3204	1 11.8	1.2778	4 40.3	0.8881	7.728
13	1.4	0.7813	3.058	1.3212	1 11.8	1.2782	4 36.0	0.8855	7.683
14	1.5	0.7841	+3.063	1.3220	1 11.9	1.2786	4 31.8	0.8828	+7.634

Tag		0h Weltzeit									
	f′	g′	G′	Allgemeine Präzession seit 1957.0	Nutation in Länge Δψ	Nutation in Länge Δψ′	Mittlere Schiefe	Nutation in Schiefe Δε	Nutation in Schiefe Δε′	j	k
1957	s in 0.001	in 0.01	h	″	″	in 0.01	23° 26′ ″	″	in 0.01	in 0.001	
Sept. 3	+ 6	+ 9	4.3	+33.77	+12.83	+10	41.24	−6.23	− 8	86	83
4	+10	9	3.0	33.91	12.78	+16	41.24	6.23	− 7	86	83
5	+12	9	1.7	34.05	12.74	+20	41.24	6.22	− 4	86	83
6	+13	8	0.4	34.19	12.69	+21	41.24	6.22	− 1	86	83
7	+11	8	22.9	34.32	12.64	+19	41.24	6.21	+ 2	86	83
8	+ 8	7	21.3	34.46	12.59	+14	41.24	6.21	+ 5	86	82
9	+ 4	+ 7	19.5	+34.60	+12.54	+ 7	41.23	−6.21	+ 7	86	82
10	0	7	17.8	34.74	12.49	− 1	41.23	6.20	+ 7	86	82
11	− 5	8	16.2	34.87	12.44	− 9	41.23	6.20	+ 7	87	82
12	−10	8	14.6	35.01	12.39	−16	41.23	6.20	+ 5	87	82
13	−13	9	13.1	35.15	12.33	−21	41.23	6.20	+ 3	87	82
14	−14	9	11.8	35.29	12.28	−23	41.23	6.20	− 1	87	82
15	−13	+ 9	10.4	+35.42	+12.23	−22	41.23	−6.20	− 4	87	82
16	−10	9	9.2	35.56	12.17	−17	41.23	6.20	− 6	87	82
17	− 6	8	7.8	35.70	12.12	− 9	41.22	6.20	− 8	87	82
18	0	7	6.0	35.84	12.07	0	41.22	6.20	− 7	88	82
19	+ 5	6	3.7	35.97	12.01	+ 8	41.22	6.20	− 5	88	82
20	+ 8	6	0.8	36.11	11.95	+14	41.22	6.21	− 1	88	82
21	+ 9	+ 7	22.3	+36.25	+11.90	+15	41.22	−6.21	+ 3	88	82
22	+ 7	8	20.5	36.39	11.84	+11	41.22	6.22	+ 6	88	82
23	+ 3	8	18.9	36.53	11.79	+ 5	41.22	6.22	+ 8	88	82
24	− 2	8	17.4	36.66	11.73	− 3	41.21	6.23	+ 8	88	82
25	− 6	7	15.7	36.80	11.68	−10	41.21	6.24	+ 6	89	82
26	− 8	6	13.6	36.94	11.62	−14	41.21	6.24	+ 2	89	82
27	− 8	+ 6	10.7	+37.08	+11.56	−13	41.21	−6.25	− 2	89	82
28	− 5	7	8.2	37.21	11.51	− 9	41.21	6.26	− 5	89	82
29	− 1	8	6.3	37.35	11.45	− 2	41.21	6.27	− 8	89	82
30	+ 4	9	4.8	37.49	11.40	+ 7	41.21	6.28	− 8	89	82
Okt. 1	+ 9	10	3.4	37.63	11.34	+15	41.21	6.29	− 7	90	82
2	+12	10	2.2	37.76	11.29	+20	41.20	6.30	− 5	90	82
3	+14	+ 9	0.8	+37.90	+11.24	+22	41.20	−6.31	− 2	90	82
4	+13	9	23.4	38.04	11.18	+21	41.20	6.32	+ 1	90	82
5	+10	8	21.9	38.18	11.13	+17	41.20	6.33	+ 4	90	82
6	+ 6	7	20.2	38.31	11.08	+10	41.20	6.35	+ 6	90	82
7	+ 1	7	18.5	38.45	11.03	+ 2	41.20	6.36	+ 7	90	82
8	− 4	7	16.8	38.59	10.98	− 6	41.20	6.38	+ 7	91	83
9	− 8	+ 8	15.1	+38.73	+10.93	−13	41.20	−6.39	+ 6	91	83
10	−11	8	13.6	38.86	10.88	−19	41.19	6.41	+ 3	91	83
11	−13	9	12.1	39.00	10.83	−21	41.19	6.42	0	91	83
12	−13	9	10.8	39.14	10.78	−21	41.19	6.44	− 3	91	83
13	−10	9	9.5	39.28	10.73	−17	41.19	6.46	− 5	91	83
14	− 6	+ 8	8.1	+39.42	+10.69	−11	41.19	−6.48	− 7	92	83

Tag	0h Weltzeit								
	Sternzeit Greenwich	*t*	*f*	log *g*	*G*	log *h*	*H*	log *i*	*i*
1957	h	a	s		h m		h m		"
Okt. 14	1.5	0.7841	+3.063	1.3220	1 11.9	1.2786	4 31.8	0.8828	+7.634
15	1.6	0.7868	3.069	1.3229	1 12.0	1.2791	4 27.6	0.8799	7.584
16	1.6	0.7896	3.075	1.3237	1 12.0	1.2795	4 23.4	0.8769	7.531
17	1.7	0.7923	3.081	1.3246	1 12.1	1.2800	4 19.2	0.8737	7.477
18	1.7	0.7950	3.087	1.3255	1 12.2	1.2805	4 15.0	0.8704	7.420
19	1.8	0.7978	3.092	1.3264	1 12.3	1.2811	4 10.8	0.8669	7.361
20	1.9	0.8005	+3.098	1.3273	1 12.4	1.2816	4 6.6	0.8633	+7.299
21	1.9	0.8033	3.105	1.3282	1 12.4	1.2821	4 2.4	0.8594	7.235
22	2.0	0.8060	3.111	1.3291	1 12.5	1.2827	3 58.3	0.8555	7.169
23	2.1	0.8087	3.117	1.3300	1 12.6	1.2833	3 54.1	0.8513	7.101
24	2.1	0.8115	3.123	1.3310	1 12.7	1.2839	3 49.9	0.8470	7.031
25	2.2	0.8142	3.130	1.3319	1 12.8	1.2845	3 45.8	0.8425	6.958
26	2.3	0.8169	+3.136	1.3329	1 12.9	1.2851	3 41.7	0.8378	+6.883
27	2.3	0.8197	3.143	1.3339	1 13.0	1.2857	3 37.6	0.8329	6.806
28	2.4	0.8224	3.149	1.3349	1 13.1	1.2863	3 33.4	0.8279	6.728
29	2.5	0.8252	3.156	1.3358	1 13.2	1.2869	3 29.3	0.8226	6.647
30	2.5	0.8279	3.163	1.3368	1 13.3	1.2876	3 25.3	0.8172	6.564
31	2.6	0.8306	3.170	1.3378	1 13.4	1.2882	3 21.2	0.8114	6.478
Nov. 1	2.7	0.8334	+3.177	1.3389	1 13.5	1.2888	3 17.1	0.8055	+6.390
2	2.7	0.8361	3.184	1.3399	1 13.6	1.2895	3 13.0	0.7995	6.302
3	2.8	0.8388	3.191	1.3409	1 13.7	1.2901	3 9.0	0.7932	6.211
4	2.9	0.8416	3.199	1.3420	1 13.8	1.2908	3 4.9	0.7865	6.117
5	2.9	0.8443	3.206	1.3430	1 13.8	1.2914	3 0.9	0.7797	6.022
6	3.0	0.8471	3.214	1.3441	1 13.9	1.2921	2 56.9	0.7728	5.926
7	3.1	0.8498	+3.221	1.3452	1 14.0	1.2928	2 52.8	0.7654	+5.827
8	3.1	0.8525	3.229	1.3463	1 14.1	1.2934	2 48.8	0.7579	5.726
9	3.2	0.8553	3.237	1.3474	1 14.2	1.2941	2 44.9	0.7500	5.623
10	3.3	0.8580	3.245	1.3485	1 14.3	1.2947	2 40.9	0.7419	5.519
11	3.3	0.8607	3.253	1.3496	1 14.3	1.2954	2 36.9	0.7334	5.413
12	3.4	0.8635	3.261	1.3507	1 14.4	1.2960	2 32.9	0.7248	5.306
13	3.5	0.8662	+3.269	1.3519	1 14.5	1.2966	2 29.0	0.7158	+5.197
14	3.5	0.8690	3.277	1.3530	1 14.5	1.2973	2 25.0	0.7063	5.085
15	3.6	0.8717	3.286	1.3541	1 14.6	1.2979	2 21.1	0.6966	4.973
16	3.7	0.8744	3.294	1.3553	1 14.7	1.2985	2 17.2	0.6865	4.858
17	3.7	0.8772	3.303	1.3565	1 14.7	1.2991	2 13.3	0.6761	4.743
18	3.8	0.8799	3.311	1.3577	1 14.8	1.2997	2 9.4	0.6652	4.626
19	3.9	0.8826	+3.320	1.3588	1 14.8	1.3003	2 5.5	0.6539	+4.507
20	3.9	0.8854	3.329	1.3600	1 14.9	1.3009	2 1.6	0.6422	4.387
21	4.0	0.8881	3.338	1.3612	1 14.9	1.3015	1 57.7	0.6299	4.265
22	4.0	0.8909	3.347	1.3624	1 14.9	1.3020	1 53.8	0.6172	4.142
23	4.1	0.8936	3.356	1.3636	1 14.9	1.3026	1 50.0	0.6039	4.017
24	4.2	0.8963	+3.365	1.3648	1 15.0	1.3031	1 46.1	0.5902	+3.892

Tag	0ʰ Weltzeit										
	f'	g'	G'	Allgemeine Präzession seit 1957.0	Nutation in Länge $\Delta\psi$	Nutation in Länge $\Delta\psi'$	Mittlere Schiefe	Nutation in Schiefe $\Delta\varepsilon$	Nutation in Schiefe $\Delta\varepsilon'$	j	k
1957	s in 0.001	s in 0.01	h	"	"	s in 0.01	23° 26' "	"	s in 0.01	in 0.001	
Okt. 14	−6	+8	8.1	+39.42	+10.69	−11	41.19	−6.48	−7	92	83
15	−1	7	6.4	39.55	10.64	−2	41.19	6.50	−7	92	83
16	+4	6	4.5	39.69	10.60	+6	41.19	6.52	−6	92	83
17	+7	5	1.8	39.83	10.55	+12	41.19	6.54	−2	92	83
18	+9	6	23.1	39.97	10.51	+14	41.18	6.56	+1	92	83
19	+7	7	20.9	40.10	10.47	+12	41.18	6.58	+5	93	83
20	+4	+8	19.2	+40.24	+10.43	+6	41.18	−6.60	+7	93	83
21	−1	8	17.7	40.38	10.39	−1	41.18	6.62	+8	93	84
22	−6	8	16.1	40.52	10.36	−9	41.18	6.64	+7	93	84
23	−9	7	14.2	40.65	10.32	−14	41.18	6.66	+4	93	84
24	−10	6	11.9	40.79	10.29	−16	41.18	6.69	0	94	84
25	−8	7	9.4	40.93	10.25	−13	41.18	6.71	−4	94	84
26	−4	+7	7.2	+41.07	+10.22	−6	41.17	−6.73	−7	94	84
27	+2	8	5.5	41.20	10.19	+3	41.17	6.76	−8	94	84
28	+7	9	4.0	41.34	10.16	+12	41.17	6.78	−8	94	84
29	+11	10	2.7	41.48	10.14	+18	41.17	6.80	−6	95	84
30	+14	9	1.3	41.62	10.11	+22	41.17	6.83	−3	95	85
31	+14	9	23.8	41.76	10.09	+22	41.17	6.85	0	95	85
Nov. 1	+12	+8	22.4	+41.89	+10.07	+19	41.17	−6.88	+3	95	85
2	+8	8	20.8	42.03	10.04	+13	41.16	6.90	+6	95	85
3	+3	7	19.1	42.17	10.02	+5	41.16	6.93	+7	96	85
4	−2	7	17.4	42.31	10.01	−3	41.16	6.95	+7	96	85
5	−6	7	15.7	42.44	9.99	−11	41.16	6.98	+6	96	85
6	−10	8	14.1	42.58	9.98	−17	41.16	7.00	+4	96	86
7	−12	+8	12.6	+42.72	+9.96	−20	41.16	−7.03	+1	97	86
8	−13	8	11.1	42.86	9.95	−20	41.16	7.05	−2	97	86
9	−11	8	9.7	42.99	9.94	−17	41.16	7.08	−5	97	86
10	−7	8	8.3	43.13	9.93	−11	41.15	7.10	−7	97	86
11	−2	7	6.7	43.27	9.93	−3	41.15	7.13	−7	98	86
12	+3	6	4.7	43.41	9.92	+5	41.15	7.15	−6	98	86
13	+7	+6	2.4	+43.54	+9.92	+12	41.15	−7.18	−3	98	86
14	+9	6	0.0	43.68	9.92	+15	41.15	7.20	0	98	87
15	+8	7	21.7	43.82	9.92	+14	41.15	7.23	+4	99	87
16	+5	8	19.9	43.96	9.92	+9	41.15	7.25	+7	99	87
17	+1	8	18.2	44.09	9.92	+1	41.15	7.28	+8	99	87
18	−4	8	16.6	44.23	9.92	−7	41.14	7.30	+7	99	87
19	−8	+7	14.7	+44.37	+9.93	−14	41.14	−7.33	+5	100	87
20	−10	7	12.7	44.51	9.94	−16	41.14	7.35	+1	100	87
21	−9	7	10.5	44.65	9.95	−15	41.14	7.37	−3	100	87
22	−6	7	8.2	44.78	9.96	−10	41.14	7.40	−6	101	88
23	−1	8	6.3	44.92	9.97	−2	41.14	7.42	−8	101	88
24	+4	+9	4.7	+45.06	+9.98	+7	41.14	−7.44	−8	101	88

Reduktionsgrößen 1957

Tag	0h Weltzeit								
	Sternzeit Greenwich	t	f	log g	G	log h	H	log i	i
1957	h	a	s		h m		h m		″
Nov. 24	4.2	0.8963	+3.365	1.3648	1 15.0	1.3031	1 46.1	0.5902	+3.892
25	4.2	0.8991	3.375	1.3660	1 15.0	1.3036	1 42.3	0.5758	3.765
26	4.3	0.9018	3.384	1.3673	1 15.0	1.3041	1 38.4	0.5607	3.637
27	4.4	0.9046	3.394	1.3685	1 15.0	1.3046	1 34.6	0.5451	3.508
28	4.4	0.9073	3.403	1.3697	1 15.0	1.3051	1 30.8	0.5285	3.377
29	4.5	0.9100	3.413	1.3709	1 15.0	1.3056	1 27.0	0.5113	3.246
30	4.6	0.9128	+3.422	1.3721	1 15.0	1.3060	1 23.1	0.4932	+3.113
Dez. 1	4.6	0.9155	3.432	1.3734	1 14.9	1.3065	1 19.3	0.4742	2.980
2	4.7	0.9182	3.442	1.3746	1 14.9	1.3069	1 15.5	0.4542	2.846
3	4.8	0.9210	3.452	1.3758	1 14.9	1.3073	1 11.8	0.4330	2.710
4	4.8	0.9237	3.462	1.3771	1 14.9	1.3077	1 8.0	0.4106	2.574
5	4.9	0.9265	3.472	1.3783	1 14.8	1.3080	1 4.2	0.3867	2.436
6	5.0	0.9292	+3.482	1.3795	1 14.8	1.3084	1 0.4	0.3614	+2.298
7	5.0	0.9319	3.492	1.3807	1 14.7	1.3087	0 56.6	0.3343	2.159
8	5.1	0.9347	3.502	1.3820	1 14.6	1.3090	0 52.9	0.3054	2.020
9	5.2	0.9374	3.513	1.3832	1 14.6	1.3093	0 49.1	0.2739	1.879
10	5.2	0.9401	3.523	1.3844	1 14.5	1.3095	0 45.3	0.2400	1.738
11	5.3	0.9429	3.533	1.3856	1 14.4	1.3098	0 41.6	0.2033	1.597
12	5.4	0.9456	+3.544	1.3868	1 14.3	1.3100	0 37.8	0.1629	+1.455
13	5.4	0.9484	3.554	1.3881	1 14.2	1.3102	0 34.1	0.1183	1.313
14	5.5	0.9511	3.564	1.3893	1 14.1	1.3104	0 30.3	0.0682	1.170
15	5.6	0.9538	3.575	1.3905	1 14.0	1.3106	0 26.6	0.0116	1.027
16	5.6	0.9566	3.585	1.3917	1 13.9	1.3107	0 22.9	9.9460	0.883
17	5.7	0.9593	3.596	1.3929	1 13.8	1.3108	0 19.1	9.8686	0.739
18	5.8	0.9620	+3.606	1.3941	1 13.7	1.3109	0 15.4	9.7745	+0.595
19	5.8	0.9648	3.617	1.3953	1 13.5	1.3110	0 11.6	9.6532	0.450
20	5.9	0.9675	3.627	1.3964	1 13.4	1.3111	0 7.9	9.4857	0.306
21	6.0	0.9703	3.638	1.3976	1 13.3	1.3111	0 4.2	9.2068	0.161
22	6.0	0.9730	3.649	1.3988	1 13.1	1.3111	0 0.4	8.2041	+0.016
23	6.1	0.9757	3.659	1.3999	1 13.0	1.3111	23 56.7	9.1106n	—0.129
24	6.2	0.9785	+3.670	1.4011	1 12.8	1.3111	23 53.0	9.4362n	—0.273
25	6.2	0.9812	3.680	1.4023	1 12.6	1.3110	23 49.2	9.6212n	0.418
26	6.3	0.9840	3.691	1.4034	1 12.5	1.3109	23 45.5	9.7497n	0.562
27	6.3	0.9867	3.702	1.4045	1 12.3	1.3108	23 41.7	9.8494n	0.707
28	6.4	0.9894	3.712	1.4057	1 12.1	1.3107	23 38.0	9.9299n	0.851
29	6.5	0.9922	3.723	1.4068	1 11.9	1.3106	23 34.2	9.9978n	0.995
30	6.5	0.9949	+3.733	1.4079	1 11.8	1.3104	23 30.5	0.0565n	—1.139
31	6.6	0.9976	3.744	1.4090	1 11.6	1.3103	23 26.7	0.1079n	1.282
32	6.7	1.0004	+3.754	1.4101	1 11.4	1.3101	23 23.0	0.1538n	—1.425

Tag	f'	g'	G'	Allgemeine Präzession seit 1957.0	Nutation in Länge $\Delta\psi$	Nutation in Länge $\Delta\psi'$	Mittlere Schiefe	Nutation in Schiefe $\Delta\varepsilon$	Nutation in Schiefe $\Delta\varepsilon'$	j	k
	0h Weltzeit										
1957	s in 0.001	s in 0.01	h	"	"	s in 0.01	23° 26' "	"	s in 0.01	in 0.001	
Nov. 24	+ 4	+9	4.7	+45.06	+ 9.98	+ 7	41.14	−7.44	− 8	101	88
25	+ 9	9	3.3	45.20	10.00	+15	41.14	7.46	− 7	101	88
26	+12	9	1.8	45.33	10.01	+20	41.13	7.49	− 4	102	88
27	+13	9	0.4	45.47	10.03	+22	41.13	7.51	− 1	102	88
28	+12	8	22.9	45.61	10.05	+20	41.13	7.53	+ 2	102	88
29	+ 9	8	21.3	45.75	10.07	+15	41.13	7.55	+ 5	102	88
30	+ 5	+7	19.7	+45.88	+10.09	+ 8	41.13	−7.57	+ 7	103	88
Dez. 1	0	8	17.9	46.02	10.11	− 1	41.13	7.59	+ 8	103	88
2	− 5	8	16.2	46.16	10.13	− 9	41.13	7.61	+ 7	103	89
3	− 9	8	14.6	46.30	10.16	−16	41.13	7.63	+ 5	104	89
4	−12	8	13.0	46.43	10.18	−20	41.12	7.64	+ 2	104	89
5	−13	8	11.5	46.57	10.21	−21	41.12	7.66	− 1	104	89
6	−11	+8	10.1	+46.71	+10.24	−19	41.12	−7.68	− 4	105	89
7	− 8	8	8.6	46.85	10.27	−13	41.12	7.69	− 6	105	89
8	− 3	7	7.0	46.99	10.30	− 5	41.12	7.71	− 7	105	89
9	+ 2	7	5.1	47.12	10.33	+ 4	41.12	7.72	− 7	105	89
10	+ 7	6	3.0	47.26	10.36	+11	41.12	7.74	− 4	106	89
11	+ 9	6	0.6	47.40	10.39	+15	41.11	7.75	− 1	106	89
12	+10	+7	22.4	+47.54	+10.42	+16	41.11	−7.76	+ 3	106	89
13	+ 7	8	20.6	47.67	10.45	+12	41.11	7.78	+ 6	107	89
14	+ 3	8	18.9	47.81	10.49	+ 5	41.11	7.79	+ 8	107	89
15	− 2	8	17.3	47.95	10.52	− 4	41.11	7.80	+ 8	107	89
16	− 6	7	15.5	48.09	10.56	−11	41.11	7.81	+ 6	108	89
17	− 9	7	13.5	48.22	10.59	−15	41.11	7.82	+ 3	108	89
18	−10	+6	11.2	+48.36	+10.62	−16	41.11	−7.83	− 1	108	89
19	− 7	7	8.9	48.50	10.66	−12	41.10	7.84	− 5	108	89
20	− 3	7	7.1	48.64	10.69	− 5	41.10	7.84	− 7	109	89
21	+ 2	8	5.4	48.77	10.73	+ 3	41.10	7.85	− 8	109	89
22	+ 7	8	3.8	48.91	10.77	+12	41.10	7.86	− 7	109	89
23	+11	9	2.4	49.05	10.80	+18	41.10	7.86	− 5	110	89
24	+13	+9	1.0	+49.19	+10.84	+21	41.10	−7.87	− 2	110	89
25	+12	8	23.5	49.32	10.87	+20	41.10	7.87	+ 1	110	89
26	+10	8	21.9	49.46	10.91	+17	41.10	7.87	+ 4	111	89
27	+ 6	7	20.2	49.60	10.94	+10	41.09	7.87	+ 6	111	89
28	+ 1	7	18.4	49.74	10.98	+ 2	41.09	7.88	+ 7	111	89
29	− 4	8	16.7	49.88	11.01	− 6	41.09	7.88	+ 7	111	89
30	− 8	+8	15.1	+50.01	+11.05	−14	41.09	−7.88	+ 6	112	89
31	−12	8	13.5	50.15	11.08	−20	41.09	7.88	+ 3	112	89
32	−14	+9	12.0	+50.29	+11.11	−23	41.09	−7.88	0	112	89

Reductionsgrößen 1957

für 12h Sternzeit Greenwich

Weltzeit	t	A	Δ	A′	B	Δ	B′	C	Δ	D	Δ
1957	s			in 0.00001	″		in 0.″001	″		″	
Jan. 0.223	−0.0011	+0.29714	347	+128	+5.556	0	+80	− 3.109	328	+20.187	63
1.221	+0.0016	0.30061	346	+240	5.556	0	+65	3.437	328	20.124	70
2.218	0.0044	0.30407	344	+311	5.556	1	+40	3.765	326	20.054	75
3.215	0.0071	0.30751	343	+339	5.555	1	+11	4.091	324	19.979	83
4.212	0.0098	0.31094	341	+306	5.554	2	−21	4.415	323	19.896	88
5.210	0.0126	0.31435	340	+221	5.552	3	−47	4.738	322	19.808	95
6.207	0.0153	+0.31775	338	+ 87	+5.549	3	−70	− 5.060	319	+19.713	101
7.204	0.0180	0.32113	336	− 77	5.546	4	−80	5.379	319	19.612	107
8.201	0.0208	0.32449	334	−254	5.542	4	−76	5.698	317	19.505	113
9.199	0.0235	0.32783	333	−406	5.538	5	−59	6.015	314	19.392	120
10.196	0.0262	0.33116	330	−510	5.533	6	−28	6.329	313	19.272	125
11.193	0.0290	0.33446	328	−528	5.527	7	+ 9	6.642	311	19.147	131
12.191	0.0317	+0.33774	326	−467	+5.520	6	+46	− 6.953	308	+19.016	138
13.188	0.0344	0.34100	325	−296	5.514	7	+73	7.261	307	18.878	143
14.185	0.0371	0.34425	322	− 83	5.507	8	+80	7.568	303	18.735	149
15.182	0.0399	0.34747	319	+139	5.499	8	+70	7.871	300	18.586	155
16.180	0.0426	0.35066	315	+320	5.491	9	+40	8.171	298	18.431	161
17.177	0.0453	0.35381	313	+412	5.482	9	0	8.469	296	18.270	166
18.174	0.0481	+0.35694	311	+407	+5.473	10	−40	− 8.765	294	+18.104	172
19.171	0.0508	0.36005	308	+311	5.463	10	−72	9.059	289	17.932	178
20.169	0.0535	0.36313	305	+153	5.453	10	−82	9.348	286	17.754	184
21.166	0.0563	0.36618	303	− 22	5.443	10	−74	9.634	284	17.570	189
22.163	0.0590	0.36921	300	−162	5.433	11	−50	9.918	282	17.381	194
23.161	0.0617	0.37221	297	−234	5.422	11	−11	10.200	278	17.187	199
24.158	0.0644	+0.37518	293	−229	+5.411	11	+27	−10.478	274	+16.988	205
25.155	0.0672	0.37811	290	−150	5.400	12	+59	10.752	271	16.783	210
26.152	0.0699	0.38101	287	− 31	5.388	12	+78	11.023	267	16.573	214
27.150	0.0726	0.38388	284	+109	5.376	12	+82	11.290	264	16.359	221
28.147	0.0754	0.38672	280	+231	5.364	13	+71	11.554	259	16.138	225
29.144	0.0781	0.38952	277	+317	5.351	13	+50	11.813	256	15.913	230
30.141	0.0808	+0.39229	274	+352	+5.338	12	+21	−12.069	253	+15.683	235
31.139	0.0836	0.39503	272	+337	5.326	12	− 9	12.322	249	15.448	240
Febr. 1.136	0.0863	0.39775	268	+269	5.314	12	−39	12.571	244	15.208	244
2.133	0.0890	0.40043	264	+155	5.302	13	−62	12.815	240	14.964	249
3.130	0.0918	0.40307	262	+ 1	5.289	13	−76	13.055	236	14.715	253
4.128	0.0945	0.40569	260	−168	5.276	14	−77	13.291	232	14.462	258
5.125	0.0972	+0.40829	255	−331	+5.262	13	−66	−13.523	228	+14.204	263
6.122	0.0999	0.41084	252	−460	5.249	12	−41	13.751	223	13.941	266
7.120	0.1027	0.41336	248	−521	5.237	13	− 6	13.974	219	13.675	270
8.117	0.1054	0.41584	244	−500	5.224	12	+30	14.193	215	13.405	275
9.114	0.1081	0.41828	242	−392	5.212	12	+60	14.408	210	13.130	279
10.111	0.1109	+0.42070		−206	+5.200		+78	−14.618		+12.851	

Reduktionsgrößen 1957

für 12^h Sternzeit Greenwich

Weltzeit	t	A	Diff.	A′	B	Diff.	B′	C	Diff.	D	Diff.
1957	a			in 0.00001	″		in 0.″001	″		″	
Febr. 10.111	0.1109	+0.42070	239	−206	+5.200	12	+78	−14.618	206	+12.851	283
11.109	0.1136	0.42309	235	+ 7	5.188	12	+77	14.824	201	12.568	286
12.106	0.1163	0.42544	232	+203	5.176	12	+55	15.025	196	12.282	290
13.103	0.1191	0.42776	230	+340	5.164	12	+19	15.221	191	11.992	293
14.100	0.1218	0.43006	227	+384	5.152	11	−22	15.412	186	11.699	298
15.098	0.1245	0.43233	223	+329	5.141	11	−58	15.598	181	11.401	301
16.095	0.1272	+0.43456	220	+201	+5.130	10	−81	−15.779	176	+11.100	304
17.092	0.1300	0.43676	217	+ 32	5.120	11	−81	15.955	172	10.796	306
18.090	0.1327	0.43893	215	−119	5.109	11	−64	16.127	166	10.490	310
19.087	0.1354	0.44108	212	−220	5.098	10	−30	16.293	161	10.180	313
20.084	0.1382	0.44320	208	−243	5.088	10	+11	16.454	156	9.867	317
21.081	0.1409	0.44528	206	−185	5.078	9	+48	16.610	151	9.550	319
22.079	0.1436	+0.44734	205	− 70	+5.069	9	+75	−16.761	146	+ 9.231	321
23.076	0.1464	0.44939	201	+ 75	5.060	8	+83	16.907	141	8.910	323
24.073	0.1491	0.45140	198	+213	5.052	8	+80	17.048	135	8.587	327
25.070	0.1518	0.45338	196	+321	5.044	8	+60	17.183	131	8.260	330
26.068	0.1546	0.45534	194	+377	5.036	7	+31	17.314	124	7.930	331
27.065	0.1573	0.45728	192	+375	5.029	6	0	17.438	119	7.599	333
28.062	0.1600	+0.45920	191	+321	+5.023	6	−31	−17.557	113	+ 7.266	336
März 1.059	0.1627	0.46111	187	+216	5.017	6	−54	17.670	109	6.930	337
2.057	0.1655	0.46298	186	+ 78	5.011	5	−70	17.779	103	6.593	339
3.054	0.1682	0.46484	184	− 85	5.006	4	−77	17.882	97	6.254	341
4.051	0.1709	0.46668	182	−249	5.002	3	−70	17.979	92	5.913	343
5.049	0.1737	0.46850	180	−387	4.999	3	−48	18.071	86	5.570	344
6.046	0.1764	+0.47030	179	−473	+4.996	3	−18	−18.157	81	+ 5.226	346
7.043	0.1791	0.47209	177	−487	4.993	2	+17	18.238	76	4.880	346
8.040	0.1819	0.47386	176	−418	4.991	1	+49	18.314	69	4.534	348
9.038	0.1846	0.47562	175	−279	4.990	1	+71	18.383	64	4.186	350
10.035	0.1873	0.47737	173	− 92	4.989	0	+78	18.447	58	3.836	350
11.032	0.1900	0.47910	172	+102	4.989	1	+65	18.505	53	3.486	350
12.029	0.1928	+0.48082	171	+258	+4.990	1	+35	−18.558	48	+ 3.136	352
13.027	0.1955	0.48253	170	+335	4.991	2	− 7	18.606	41	2.784	352
14.024	0.1982	0.48423	169	+321	4.993	2	−45	18.647	36	2.432	353
15.021	0.2010	0.48592	169	+223	4.995	3	−72	18.683	30	2.079	353
16.019	0.2037	0.48761	168	+ 71	4.998	4	−82	18.713	25	1.726	354
17.016	0.2064	0.48929	167	− 89	5.002	5	−75	18.738	19	1.372	354
18.013	0.2092	+0.49096	167	−211	+5.007	5	−47	−18.757	13	+ 1.018	354
19.010	0.2119	0.49263	168	−267	5.012	6	− 7	18.770	8	0.664	354
20.008	0.2146	0.49431	167	−237	5.018	6	+33	18.778	2	+ 0.310	354
21.005	0.2174	0.49598	167	−139	5.024	7	+65	18.780	− 4	− 0.044	353
22.002	0.2201	0.49765	167	+ 8	5.031	8	+83	18.776	9	0.397	354
22.999	0.2228	+0.49932		+162	+5.039		+84	−18.767		− 0.751	

Reduktionsgrößen 1957

für 12ʰ Sternzeit Greenwich

Weltzeit	t	A	Δ	A′	B	Δ	B′	C	Δ	D	Δ
1957	a			in 0.00001	″		in 0″.001	″		″	
März 22.999	0.2228	+0.49932	167	+162	+5.039	8	+84	−18.767	15	− 0.751	353
23.997	0.2255	0.50099	167	+293	5.047	9	+71	18.752	20	1.104	352
24.994	0.2283	0.50266	168	+380	5.056	10	+44	18.732	25	1.456	352
25.991	0.2310	0.50434	168	+404	5.066	10	+13	18.707	32	1.808	351
26.988	0.2337	0.50602	168	+367	5.076	11	−20	18.675	37	2.159	350
27.986	0.2365	0.50770	169	+278	5.087	12	−48	18.638	42	2.509	349
28.983	0.2392	+0.50939	170	+145	+5.099	12	−67	−18.596	48	− 2.858	349
29.980	0.2419	0.51109	172	− 13	5.111	13	−77	18.548	53	3.207	347
30.978	0.2447	0.51281	172	−171	5.124	14	−72	18.495	59	3.554	345
31.975	0.2474	0.51453	173	−319	5.138	14	−56	18.436	64	3.899	344
April 1.972	0.2501	0.51626	174	−418	5.152	14	−31	18.372	70	4.243	343
2.969	0.2528	0.51800	175	−458	5.166	15	+ 3	18.302	75	4.586	341
3.967	0.2556	+0.51975	177	−421	+5.181	16	+38	−18.227	80	− 4.927	340
4.964	0.2583	0.52152	178	−309	5.197	17	+63	18.147	85	5.267	339
5.961	0.2610	0.52330	180	−142	5.214	17	+76	18.062	91	5.606	337
6.958	0.2638	0.52510	182	+ 43	5.231	18	+71	17.971	95	5.943	334
7.956	0.2665	0.52692	184	+205	5.249	18	+45	17.876	102	6.277	332
8.953	0.2692	0.52876	185	+306	5.267	18	+10	17.774	106	6.609	329
9.950	0.2720	+0.53061	187	+322	+5.285	19	−28	−17.668	112	− 6.938	328
10.948	0.2747	0.53248	189	+249	5.304	20	−63	17.556	116	7.266	326
11.945	0.2774	0.53437	190	+112	5.324	20	−79	17.440	121	7.592	323
12.942	0.2802	0.53627	192	− 50	5.344	20	−78	17.319	126	7.915	321
13.939	0.2829	0.53819	195	−196	5.364	21	−60	17.193	132	8.236	318
14.937	0.2856	0.54014	197	−280	5.385	21	−25	17.061	136	8.554	316
15.934	0.2883	+0.54211	200	−287	+5.406	21	+15	−16.925	141	− 8.870	312
16.931	0.2911	0.54411	201	−214	5.427	21	+50	16.784	146	9.182	311
17.928	0.2938	0.54612	203	− 79	5.448	22	+76	16.638	150	9.493	307
18.926	0.2965	0.54815	206	+ 80	5.470	23	+85	16.488	155	9.800	304
19.923	0.2993	0.55021	208	+232	5.493	23	+79	16.333	160	10.104	301
20.920	0.3020	0.55229	211	+348	5.516	23	+57	16.173	164	10.405	298
21.917	0.3047	+0.55440	214	+405	+5.539	24	+27	−16.009	170	−10.703	294
22.915	0.3075	0.55654	217	+396	5.563	24	− 6	15.839	173	10.997	291
23.912	0.3102	0.55871	219	+327	5.587	24	−38	15.666	178	11.288	288
24.909	0.3129	0.56090	222	+208	5.611	24	−62	15.488	182	11.576	284
25.907	0.3156	0.56312	224	+ 56	5.635	24	−75	15.306	186	11.860	281
26.904	0.3184	0.56536	227	−110	5.659	24	−76	15.120	190	12.141	277
27.901	0.3211	+0.56763	229	−266	+5.683	25	−65	−14.930	195	−12.418	274
28.898	0.3238	0.56992	232	−386	5.708	26	−41	14.735	199	12.692	269
29.896	0.3266	0.57224	235	−443	5.734	25	− 8	14.536	202	12.961	266
30.893	0.3293	0.57459	237	−428	5.759	25	+27	14.334	207	13.227	262
Mai 1.890	0.3320	0.57696	241	−335	5.784	25	+55	14.127	211	13.489	258
2.887	0.3348	+0.57937		−181	+5.809		+73	−13.916		−13.747	

Reduktionsgrößen 1957

für 12ʰ Sternzeit Greenwich

Weltzeit	t	A		A′	B		B′	C		D	
1957	a			in 0.00001	″		in 0.″001	″		″	
Mai 2.887	0.3348	+0.57937	244	−181	+5.809	25	+73	−13.916	215	−13.747	254
3.885	0.3375	0.58181	246	+ 4	5.834	25	+73	13.701	219	14.001	250
4.882	0.3402	0.58427	249	+178	5.859	25	+55	13.482	222	14.251	246
5.879	0.3430	0.58676	251	+303	5.884	25	+26	13.260	226	14.497	241
6.877	0.3457	0.58927	254	+344	5.909	26	−15	13.034	230	14.738	237
7.874	0.3484	0.59181	257	+296	5.935	25	−49	12.804	232	14.975	233
8.871	0.3511	+0.59438	261	+175	+5.960	25	−72	−12.572	237	−15.208	228
9.868	0.3539	0.59699	263	+ 13	5.985	25	−79	12.335	240	15.436	223
10.866	0.3566	0.59962	265	−148	6.010	25	−66	12.095	243	15.659	220
11.863	0.3593	0.60227	268	−263	6.035	25	−38	11.852	247	15.879	215
12.860	0.3621	0.60495	270	−307	6.060	25	− 3	11.605	250	16.094	210
13.857	0.3648	0.60765	273	−268	6.085	24	+37	11.355	253	16.304	206
14.855	0.3675	+0.61038	276	−159	+6.109	24	+65	−11.102	255	−16.510	201
15.852	0.3703	0.61314	279	− 9	6.133	24	+84	10.847	259	16.711	196
16.849	0.3730	0.61593	281	+150	6.157	24	+81	10.588	262	16.907	191
17.847	0.3757	0.61874	284	+285	6.181	23	+67	10.326	263	17.098	186
18.844	0.3784	0.62158	286	+371	6.204	23	+41	10.063	267	17.284	181
19.841	0.3812	0.62444	289	+396	6.227	23	+ 9	9.796	270	17.465	177
20.838	0.3839	+0.62733	291	+356	+6.250	23	−25	− 9.526	273	−17.642	171
21.836	0.3866	0.63024	293	+258	6.273	22	−53	9.253	274	17.813	166
22.833	0.3894	0.63317	296	+117	6.295	22	−73	8.979	278	17.979	161
23.830	0.3921	0.63613	297	− 51	6.317	21	−78	8.701	279	18.140	156
24.827	0.3948	0.63910	299	−220	6.338	21	−72	8.422	281	18.296	151
25.825	0.3976	0.64209	302	−358	6.359	21	−52	8.141	285	18.447	145
26.822	0.4003	+0.64511	305	−442	+6.380	20	−23	− 7.856	286	−18.592	141
27.819	0.4030	0.64816	306	−454	6.400	20	+11	7.570	288	18.733	135
28.816	0.4058	0.65122	308	−386	6.420	20	+47	7.282	290	18.868	130
29.814	0.4085	0.65430	310	−244	6.440	19	+69	6.992	291	18.998	125
30.811	0.4112	0.65740	312	− 57	6.459	19	+76	6.701	293	19.123	119
31.808	0.4139	0.66052	313	+134	6.478	18	+66	6.408	296	19.242	114
Juni 1.806	0.4167	+0.66365	315	+289	+6.496	17	+38	− 6.112	298	−19.356	109
2.803	0.4194	0.66680	316	+367	6.513	17	+ 1	5.814	298	19.465	103
3.800	0.4221	0.66996	318	+355	6.530	17	−36	5.516	299	19.568	97
4.797	0.4249	0.67314	319	+257	6.547	16	−67	5.217	301	19.665	92
5.795	0.4276	0.67633	320	+101	6.563	15	−79	4.916	303	19.757	86
6.792	0.4303	0.67953	322	− 68	6.578	15	−75	4.613	304	19.843	81
7.789	0.4331	+0.68275	323	−208	+6.593	15	−51	− 4.309	305	−19.924	76
8.786	0.4358	0.68598	324	−286	6.608	14	−16	4.004	306	20.000	69
9.784	0.4385	0.68922	325	−283	6.622	13	+22	3.698	307	20.069	64
10.781	0.4412	0.69247	326	−207	6.635	13	+54	3.391	308	20.133	59
11.778	0.4440	0.69573	328	− 75	6.648	12	+76	3.083	308	20.192	53
12.776	0.4467	+0.69901		+ 81	+6.660		+83	− 2.775		−20.245	

Reduktionsgrößen 1957

für 12h Sternzeit Greenwich

Weltzeit	t	A		A′	B		B′	C		D	
1957	a			in 0.00001	″		in 0.″001	″		″	
Juni 12.776	0.4467	+0.69901	328	+ 81	+6.″660	12	+83	−2.775	309	−20.″245	48
13.773	0.4494	0.70229	328	+220	6.672	11	+73	2.466	310	20.293	42
14.770	0.4522	0.70557	329	+327	6.683	11	+50	2.156	311	20.335	36
15.767	0.4549	0.70886	329	+377	6.694	10	+21	1.845	311	20.371	30
16.765	0.4576	0.71215	329	+364	6.704	9	− 9	1.534	311	20.401	25
17.762	0.4604	0.71544	330	+292	6.713	9	−40	1.223	311	20.426	20
18.759	0.4631	+0.71874	330	+170	+6.722	8	−61	−0.912	311	−20.446	13
19.756	0.4658	0.72204	331	+ 12	6.730	7	−75	0.601	312	20.459	8
20.754	0.4686	0.72535	330	−161	6.737	7	−76	−0.289	312	20.467	$\underline{3}$
21.751	0.4713	0.72865	331	−319	6.744	7	−62	+0.023	312	20.470	3
22.748	0.4740	0.73196	330	−434	6.751	6	−37	0.335	312	20.467	9
23.745	0.4767	0.73526	330	−482	6.757	5	− 3	0.647	312	20.458	15
24.743	0.4795	+0.73856	329	−451	+6.762	4	+34	+0.959	311	−20.443	20
25.740	0.4822	0.74185	329	−337	6.766	4	+61	1.270	311	20.423	25
26.737	0.4849	0.74514	329	−158	6.770	3	+75	1.581	310	20.398	32
27.735	0.4877	0.74843	329	+ 46	6.773	3	+72	1.891	310	20.366	37
28.732	0.4904	0.75172	328	+228	6.776	2	+53	2.201	309	20.329	43
29.729	0.4931	0.75500	326	+351	6.778	0	+19	2.510	309	20.286	48
30.726	0.4959	+0.75826	326	+385	+6.778	0	−23	+2.819	307	−20.238	54
Juli 1.724	0.4986	0.76152	325	+326	6.778	1	−56	3.126	307	20.184	59
2.721	0.5013	0.76477	324	+193	6.779	0	−77	3.433	305	20.125	65
3.718	0.5040	0.76801	324	+ 24	6.779	1	−79	3.738	305	20.060	70
4.715	0.5068	0.77125	323	−133	6.778	1	−61	4.043	304	19.990	76
5.713	0.5095	0.77448	321	−241	6.777	1	−31	4.347	303	19.914	81
6.710	0.5122	+0.77769	319	−260	+6.776	3	+ 8	+4.650	302	−19.833	87
7.707	0.5150	0.78088	318	−221	6.773	3	+45	4.952	299	19.746	93
8.705	0.5177	0.78406	317	−109	6.770	3	+69	5.251	299	19.653	98
9.702	0.5204	0.78723	315	+ 38	6.767	4	+81	5.550	296	19.555	103
10.699	0.5232	0.79038	313	+180	6.763	5	+76	5.846	296	19.452	108
11.696	0.5259	0.79351	312	+295	6.758	5	+58	6.142	293	19.344	113
12.694	0.5286	+0.79663	310	+361	+6.753	5	+32	+6.435	291	−19.231	119
13.691	0.5314	0.79973	308	+371	6.748	6	+ 3	6.726	291	19.112	125
14.688	0.5341	0.80281	307	+320	6.742	6	−28	7.017	289	18.987	130
15.685	0.5368	0.80588	305	+219	6.736	7	−53	7.306	286	18.857	134
16.683	0.5395	0.80893	303	+ 76	6.729	7	−69	7.592	284	18.723	140
17.680	0.5423	0.81196	300	− 88	6.722	8	−76	7.876	283	18.583	145
18.677	0.5450	+0.81496	298	−254	+6.714	8	−69	+8.159	279	−18.438	150
19.674	0.5477	0.81794	295	−395	6.706	8	−48	8.438	278	18.288	156
20.672	0.5505	0.82089	294	−483	6.698	9	−19	8.716	274	18.132	161
21.669	0.5532	0.82383	292	−498	6.689	10	+17	8.990	273	17.971	165
22.666	0.5559	0.82675	290	−424	6.679	9	+48	9.263	271	17.806	170
23.664	0.5587	+0.82965		−278	+6.670		+70	+9.534		−17.636	

Reduktionsgrößen 1957

für 12ʰ Sternzeit Greenwich

Weltzeit	t	A		A′	B		B′	C		D	
1957	a			in 0.00001	″		in 0.″001	″		″	
Juli 23.664	0.5587	+0.82965	287	−278	+6.670	10	+70	+ 9.534	267	−17.636	175
24.661	0.5614	0.83252	284	− 82	6.660	10	+77	9.801	266	17.461	180
25.658	0.5641	0.83536	282	+119	6.650	11	+65	10.067	262	17.281	185
26.655	0.5668	0.83818	280	+280	6.639	10	+35	10.329	259	17.096	190
27.653	0.5696	0.84098	277	+364	6.629	10	− 4	10.588	256	16.906	195
28.650	0.5723	0.84375	275	+352	6.619	11	−42	10.844	254	16.711	199
29.647	0.5750	+0.84650	271	+255	+6.608	11	−71	+11.098	252	−16.512	203
30.644	0.5778	0.84921	269	+101	6.597	11	−82	11.350	247	16.309	208
31.642	0.5805	0.85190	266	− 63	6.586	11	−73	11.597	244	16.101	212
Aug. 1.639	0.5832	0.85456	264	−193	6.575	12	−44	11.841	241	15.889	217
2.636	0.5860	0.85720	261	−250	6.563	13	− 8	12.082	239	15.672	222
3.634	0.5887	0.85981	258	−227	6.550	12	+31	12.321	234	15.450	226
4.631	0.5914	+0.86239	256	−132	+6.538	12	+62	+12.555	231	−15.224	230
5.628	0.5942	0.86495	253	+ 10	6.526	11	+79	12.786	227	14.994	235
6.625	0.5969	0.86748	250	+158	6.515	12	+79	13.013	224	14.759	238
7.623	0.5996	0.86998	248	+294	6.503	12	+68	13.237	221	14.521	243
8.620	0.6023	0.87246	245	+365	6.491	13	+41	13.458	216	14.278	247
9.617	0.6051	0.87491	242	+389	6.478	12	+12	13.674	213	14.031	251
10.614	0.6078	+0.87733	238	+355	+6.466	12	−17	+13.887	210	−13.780	255
11.612	0.6105	0.87971	236	+268	6.454	12	−44	14.097	206	13.525	258
12.609	0.6133	0.88207	234	+140	6.442	12	−64	14.303	201	13.267	263
13.606	0.6160	0.88441	230	− 14	6.430	12	−74	14.504	197	13.004	266
14.603	0.6187	0.88671	227	−177	6.418	12	−71	14.701	193	12.738	270
15.601	0.6215	0.88898	225	−326	6.406	11	−55	14.894	189	12.468	273
16.598	0.6242	+0.89123	223	−438	+6.395	12	−31	+15.083	186	−12.195	277
17.595	0.6269	0.89346	221	−493	6.383	11	+ 1	15.269	181	11.918	280
18.593	0.6296	0.89567	218	−466	6.372	11	+35	15.450	176	11.638	283
19.590	0.6324	0.89785	215	−363	6.361	11	+62	15.626	173	11.355	287
20.587	0.6351	0.90000	211	−195	6.350	10	+75	15.799	168	11.068	290
21.584	0.6378	0.90211	209	− 3	6.340	11	+73	15.967	163	10.778	294
22.582	0.6406	+0.90420	208	+178	+6.329	10	+49	+16.130	159	−10.484	297
23.579	0.6433	0.90628	204	+299	6.319	10	+14	16.289	155	10.187	300
24.576	0.6460	0.90832	202	+333	6.309	9	−25	16.444	150	9.887	302
25.573	0.6488	0.91034	201	+275	6.300	10	−62	16.594	145	9.585	305
26.571	0.6515	0.91235	198	+145	6.290	9	−81	16.739	141	9.280	308
27.568	0.6542	0.91433	195	− 15	6.281	8	−79	16.880	136	8.972	311
28.565	0.6570	+0.91628	193	−159	+6.273	8	−61	+17.016	131	− 8.661	313
29.563	0.6597	0.91821	191	−245	6.265	8	−26	17.147	126	8.348	316
30.560	0.6624	0.92012	188	−248	6.257	7	+17	17.273	122	8.032	318
31.557	0.6651	0.92200	186	−171	6.250	6	+52	17.395	117	7.714	321
Sept. 1.554	0.6679	0.92386	185	− 37	6.244	6	+75	17.512	112	7.393	323
2.552	0.6706	+0.92571		+123	+6.238		+83	+17.624		− 7.070	

Reduktionsgrößen 1957

für 12ʰ Sternzeit Greenwich

Weltzeit	t	A		A′	B		B′	C		D	
1957	h			in 0.00001	″		in 0.″001	″		″	
Sept. 2.552	0.6706	+0.92571	183	+123	+6.238	6	+83	+17.624	108	−7.070	325
3.549	0.6733	0.92754	182	+269	6.232	6	+74	17.732	101	6.745	326
4.546	0.6761	0.92936	180	+374	6.226	5	+51	17.833	96	6.419	328
5.543	0.6788	0.93116	177	+419	6.221	5	+22	17.929	92	6.091	331
6.541	0.6815	0.93293	176	+402	6.216	4	− 9	18.021	87	5.760	333
7.538	0.6843	0.93469	174	+324	6.212	4	−37	18.108	82	5.427	335
8.535	0.6870	+0.93643	174	+206	+6.208	3	−58	+18.190	76	−5.092	336
9.533	0.6897	0.93817	172	+ 58	6.205	3	−68	18.266	71	4.756	338
10.530	0.6924	0.93989	171	−100	6.202	1	−70	18.337	66	4.418	339
11.527	0.6952	0.94160	169	−252	6.201	1	−60	18.403	61	4.079	340
12.524	0.6979	0.94329	168	−374	6.200	1	−39	18.464	56	3.739	341
13.522	0.7006	0.94497	167	−450	6.199	1	− 9	18.520	50	3.398	343
14.519	0.7034	+0.94664	166	−459	+6.198	1	+22	+18.570	45	−3.055	343
15.516	0.7061	0.94830	166	−395	6.199	2	+50	18.615	39	2.712	345
16.513	0.7088	0.94996	165	−265	6.201	1	+69	18.654	34	2.367	346
17.511	0.7116	0.95161	164	− 93	6.202	2	+73	18.688	29	2.021	346
18.508	0.7143	0.95325	164	+ 85	6.204	3	+60	18.717	23	1.675	347
19.505	0.7170	0.95489	163	+226	6.207	3	+30	18.740	18	1.328	348
20.502	0.7198	+0.95652	163	+292	+6.210	4	− 9	+18.758	13	−0.980	348
21.500	0.7225	0.95815	163	+272	6.214	6	−45	18.771	7	0.632	348
22.497	0.7252	0.95978	163	+171	6.220	5	−73	18.778	2	−0.284	349
23.494	0.7279	0.96141	162	+ 20	6.225	6	−81	18.780	4	+0.065	349
24.492	0.7307	0.96303	163	−133	6.231	7	−72	18.776	9	0.414	350
25.489	0.7334	0.96466	163	−245	6.238	8	−43	18.767	15	0.764	349
26.486	0.7361	+0.96629	162	−283	+6.246	8	− 5	+18.752	20	+1.113	349
27.483	0.7389	0.96791	163	−235	6.254	9	+36	18.732	25	1.462	349
28.481	0.7416	0.96954	164	−114	6.263	9	+66	18.707	31	1.811	348
29.478	0.7443	0.97118	164	+ 51	6.272	10	+84	18.676	37	2.159	348
30.475	0.7471	0.97282	165	+220	6.282	11	+80	18.639	42	2.507	347
Okt. 1.472	0.7498	0.97447	167	+354	6.293	11	+64	18.597	48	2.854	347
2.470	0.7525	+0.97614	167	+432	+6.304	12	+35	+18.549	53	+3.201	345
3.467	0.7552	0.97781	168	+440	6.316	12	+ 2	18.496	58	3.546	345
4.464	0.7580	0.97949	169	+384	6.328	13	−27	18.438	64	3.891	344
5.462	0.7607	0.98118	170	+274	6.341	15	−53	18.374	70	4.235	344
6.459	0.7634	0.98288	171	+132	6.356	14	−67	18.304	75	4.579	342
7.456	0.7662	0.98459	172	− 27	6.370	15	−72	18.229	80	4.921	341
8.453	0.7689	+0.98631	174	−181	+6.385	16	−65	+18.149	85	+5.262	339
9.451	0.7716	0.98805	176	−312	6.401	16	−47	18.064	91	5.601	338
10.448	0.7744	0.98981	178	−401	6.417	17	−20	17.973	97	5.939	337
11.445	0.7771	0.99159	179	−430	6.434	17	+11	17.876	102	6.276	334
12.442	0.7798	0.99338	181	−393	6.451	18	+40	17.774	107	6.610	333
13.440	0.7826	+0.99519		−290	+6.469		+64	+17.667		+6.943	

Reduktionsgrößen 1957

für 12ʰ Sternzeit Greenwich

Weltzeit	t	A		A′	B		B′	C		D	
1957	a			in 0.00001	″		in 0.″001	″		″	
Okt. 13.440	0.7826	+0.99519	182	−290	+6.469	18	+64	+17.667	113	+ 6.943	331
14.437	0.7853	0.99701	185	−136	6.487	18	+74	17.554	118	7.274	329
15.434	0.7880	0.99886	187	+ 31	6.505	19	+65	17.436	123	7.603	327
16.431	0.7907	1.00073	189	+178	6.524	20	+43	17.313	128	7.930	325
17.429	0.7935	1.00262	192	+267	6.544	20	+ 8	17.185	134	8.255	322
18.426	0.7962	1.00454	193	+273	6.564	21	−30	17.051	138	8.577	320
19.423	0.7989	+1.00647	196	+201	+6.585	22	−61	+16.913	143	+ 8.897	318
20.421	0.8017	1.00843	199	+ 61	6.607	21	−79	16.770	149	9.215	316
21.418	0.8044	1.01042	201	−100	6.628	22	−78	16.621	154	9.531	312
22.415	0.8071	1.01243	203	−234	6.650	22	−56	16.467	159	9.843	309
23.412	0.8099	1.01446	207	−306	6.672	23	−22	16.308	164	10.152	307
24.410	0.8126	1.01653	210	−296	6.695	23	+19	16.144	170	10.459	304
25.407	0.8153	+1.01863	212	−205	+6.718	23	+55	+15.974	174	+10.763	301
26.404	0.8180	1.02075	215	− 51	6.741	23	+77	15.800	178	11.064	297
27.401	0.8208	1.02290	217	+129	6.764	24	+83	15.622	184	11.361	294
28.399	0.8235	1.02507	220	+290	6.788	24	+75	15.438	188	11.655	291
29.396	0.8262	1.02727	224	+403	6.812	24	+51	15.250	193	11.946	287
30.393	0.8290	1.02951	227	+450	6.836	25	+17	15.057	197	12.233	284
31.391	0.8317	+1.03178	229	+423	+6.861	25	−15	+14.860	202	+12.517	280
Nov. 1.388	0.8344	1.03407	232	+336	6.886	24	−44	14.658	207	12.797	276
2.385	0.8372	1.03639	235	+201	6.910	25	−62	14.451	212	13.073	273
3.382	0.8399	1.03874	239	+ 41	6.935	25	−71	14.239	215	13.346	269
4.380	0.8426	1.04113	242	−122	6.960	25	−70	14.024	220	13.615	265
5.377	0.8454	1.04355	245	−263	6.985	25	−55	13.804	225	13.880	261
6.374	0.8481	+1.04600	248	−367	+7.010	26	−32	+13.579	229	+14.141	256
7.371	0.8508	1.04848	252	−413	7.036	25	0	13.350	233	14.397	252
8.369	0.8535	1.05100	255	−395	7.061	25	+31	13.117	237	14.649	248
9.366	0.8563	1.05355	257	−308	7.086	25	+55	12.880	240	14.897	243
10.363	0.8590	1.05612	261	−168	7.111	26	+69	12.640	245	15.140	239
11.360	0.8617	1.05873	264	− 3	7.137	25	+70	12.395	250	15.379	233
12.358	0.8645	+1.06137	267	+152	+7.162	25	+53	+12.145	253	+15.612	230
13.355	0.8672	1.06404	270	+262	7.187	25	+22	11.892	256	15.842	225
14.352	0.8699	1.06674	273	+293	7.212	24	−14	11.636	260	16.067	220
15.350	0.8727	1.06947	277	+248	7.236	25	−49	11.376	264	16.287	215
16.347	0.8754	1.07224	281	+124	7.261	25	−73	11.112	267	16.502	210
17.344	0.8781	1.07505	283	− 35	7.286	24	−77	10.845	271	16.712	205
18.341	0.8808	+1.07788	286	−188	+7.310	24	−66	+10.574	275	+16.917	200
19.339	0.8836	1.08074	289	−297	7.334	23	−37	10.299	278	17.117	195
20.336	0.8863	1.08363	292	−328	7.357	23	+ 1	10.021	280	17.312	189
21.333	0.8890	1.08655	294	−274	7.380	23	+38	9.741	283	17.501	184
22.330	0.8918	1.08949	298	−147	7.403	22	+68	9.458	287	17.685	179
23.328	0.8945	+1.09247		+ 23	+7.425		+82	+ 9.171		+17.864	

Reduktionsgrößen 1957

für 12h Sternzeit Greenwich

Weltzeit	t	A		A′	B		B′	C		D	
1957	a			in 0.00001	″		in 0.″001	″		″	
Nov. 23.328	0.8945	+1.09247	300	+23	+7.425	23	+82	+9.171	290	+17.864	173
24.325	0.8972	1.09547	303	+198	7.448	22	+78	8.881	293	18.037	167
25.322	0.9000	1.09850	305	+339	7.470	22	+61	8.588	295	18.204	162
26.320	0.9027	1.10155	308	+422	7.492	21	+32	8.293	299	18.366	156
27.317	0.9054	1.10463	310	+433	7.513	21	0	7.994	301	18.522	151
28.314	0.9082	1.10773	313	+376	7.534	20	−31	7.693	303	18.673	145
29.311	0.9109	+1.11086	315	+259	+7.554	20	−59	+7.390	306	+18.818	139
30.309	0.9136	1.11401	318	+107	7.574	19	−71	7.084	308	18.957	134
Dez. 1.306	0.9163	1.11719	320	−61	7.593	19	−74	6.776	310	19.091	127
2.303	0.9191	1.12039	322	−216	7.612	18	−63	6.466	312	19.218	121
3.300	0.9218	1.12361	324	−341	7.630	18	−41	6.154	314	19.339	116
4.298	0.9245	1.12685	327	−412	7.648	17	−12	5.840	316	19.455	109
5.295	0.9273	+1.13012	328	−416	+7.665	17	+18	+5.524	318	+19.564	104
6.292	0.9300	1.13340	329	−348	7.682	16	+47	5.206	320	19.668	97
7.289	0.9327	1.13669	331	−228	7.698	15	+66	4.886	322	19.765	91
8.287	0.9355	1.14000	334	−60	7.713	15	+74	4.564	323	19.856	85
9.284	0.9382	1.14334	335	+117	7.728	14	+60	4.241	324	19.941	78
10.281	0.9409	1.14669	335	+251	7.742	14	+34	3.917	326	20.019	73
11.279	0.9436	+1.15004	337	+319	+7.756	13	0	+3.591	326	+20.092	66
12.276	0.9464	1.15341	338	+303	7.769	12	−37	3.265	328	20.158	60
13.273	0.9491	1.15679	339	+205	7.781	11	−65	2.937	328	20.218	53
14.270	0.9518	1.16018	341	+53	7.792	10	−79	2.609	331	20.271	48
15.268	0.9546	1.16359	341	−112	7.802	10	−71	2.278	331	20.319	41
16.265	0.9573	1.16700	341	−246	7.812	10	−48	1.947	331	20.360	34
17.262	0.9600	+1.17041	342	−314	+7.822	9	−14	+1.616	331	+20.394	28
18.259	0.9628	1.17383	344	−299	7.831	7	+24	1.285	332	20.422	21
19.257	0.9655	1.17727	343	−207	7.838	7	+57	0.953	333	20.443	15
20.254	0.9682	1.18070	343	−58	7.845	7	+76	0.620	333	20.458	9
21.251	0.9710	1.18413	344	+112	7.852	6	+80	+0.287	333	20.467	3
22.249	0.9737	1.18757	343	+265	7.858	4	+69	−0.046	332	20.470	5
23.246	0.9764	+1.19100	344	+372	+7.862	4	+45	−0.378	333	+20.465	10
24.243	0.9791	1.19444	343	+423	7.866	4	+13	0.711	333	20.455	17
25.240	0.9819	1.19787	343	+388	7.870	3	−18	1.044	332	20.438	23
26.238	0.9846	1.20130	342	+300	7.873	3	−47	1.376	332	20.415	30
27.235	0.9873	1.20472	341	+164	7.876	2	−65	1.708	332	20.385	36
28.232	0.9901	1.20813	341	+3	7.878	0	−72	2.040	331	20.349	43
29.229	0.9928	+1.21154	340	−160	+7.878	0	−68	−2.371	330	+20.306	49
30.227	0.9955	1.21494	340	−307	7.878	1	−51	2.701	329	20.257	55
31.224	0.9983	1.21834	338	−407	7.877	1	−24	3.030	328	20.202	62
32.221	1.0010	+1.22172		−444	+7.876		+5	−3.358		+20.140	

Reduktionsgrößen 1957

für 12^h Sternzeit Greenwich

Weltzeit	t	log A	log B	log C	log D	E
1957	a					s
Jan. 0.2	−0.0011	9.47296	0.74476	0.49262*n*	1.30507	+0.0022
10.2	+0.0262	9.52004	0.74296	0.80134*n*	1.28493	22
20.2	0.0535	9.56006	0.73664	0.97072*n*	1.24930	22
30.1	0.0808	9.59361	0.72738	1.08167*n*	1.19543	22
Febr. 9.1	0.1081	9.62147	0.71700	1.15860*n*	1.11826	22
19.1	+0.1354	9.64452	0.70740	1.21200*n*	1.00775	+0.0022
März 1.1	0.1627	9.66380	0.70044	1.24724*n*	0.84073	21
11.0	0.1900	9.68043	0.69801	1.26729*n*	0.54233	21
21.0	0.2174	9.69546	0.70105	1.27370*n*	8.64345*n*	21
31.0	0.2447	9.70996	0.70961	1.26705*n*	0.55072*n*	21
April 10.0	+0.2720	9.72478	0.72304	1.24719*n*	0.84123*n*	+0.0021
19.9	0.2993	9.74053	0.73981	1.21307*n*	1.00449*n*	21
29.9	0.3266	9.75758	0.75846	1.16244*n*	1.11264*n*	21
Mai 9.9	0.3539	9.77597	0.77706	1.09114*n*	1.18853*n*	20
19.8	0.3812	9.79549	0.79428	0.99105*n*	1.24217*n*	20
29.8	+0.4085	9.81578	0.80889	0.84460*n*	1.27871*n*	+0.0020
Juni 8.8	0.4358	9.83631	0.82007	0.60249*n*	1.30103*n*	20
18.8	0.4631	9.85657	0.82750	9.95999*n*	1.31061*n*	20
28.7	0.4904	9.87606	0.83097	0.34262	1.30812*n*	20
Juli 8.7	0.5177	9.89435	0.83059	0.72024	1.29343*n*	19
18.7	+0.5450	9.91114	0.82698	0.91164	1.26571*n*	+0.0019
28.7	0.5723	9.92621	0.82079	1.03519	1.22300*n*	19
Aug. 7.6	0.5996	9.93951	0.81311	1.12179	1.16200*n*	19
17.6	0.6269	9.95108	0.80502	1.18381	1.07620*n*	19
27.6	0.6542	9.96110	0.79803	1.22737	0.95289*n*	19
Sept. 6.5	+0.6815	9.96985	0.79351	1.25578	0.76042*n*	+0.0018
16.5	0.7088	9.97771	0.79246	1.27077	0.37420*n*	18
26.5	0.7361	9.98511	0.79560	1.27305	0.04650	18
Okt. 6.5	0.7634	9.99250	0.80318	1.26255	0.66077	18
16.4	0.7907	0.00032	0.81451	1.23837	0.89927	18
26.4	+0.8180	0.00892	0.82872	1.19866	1.04391	+0.0017
Nov. 5.4	0.8454	0.01851	0.84417	1.14001	1.14239	17
15.4	0.8727	0.02917	0.85950	1.05599	1.21184	17
25.3	0.9000	0.04080	0.87332	0.93389	1.26017	17
Dez. 5.3	0.9273	0.05312	0.88451	0.74225	1.29146	17
15.3	+0.9546	0.06580	0.89221	0.35755	1.30790	+0.0017
25.2	0.9819	0.07841	0.89597	0.01870*n*	1.31044	16
35.2	+1.0092	0.09054	0.89586	0.63719*n*	1.29922	+0.0016

Reduktionsgrößen 1957

Übertragung mittlerer Sternörter

von dem Äquinoktium t_1 auf $t_2 = 1957.0$

t_1	$m^s(t_2-t_1)$	$n^s(t_2-t_1)$	$n''(t_2-t_1)$	$\log n^s(t_2-t_1)$	$\log n''(t_2-t_1)$
	m s	s	''		
1755	+10 20.445	+270.014	+4050.21	2.431386	3.607478
1790	8 32.999	223.213	3348.20	2.348719	3.524811
1800	8 2.294	209.842	3147.64	2.321892	3.497985
1810	7 31.588	196.473	2947.09	2.293303	3.469393
1825	6 45.528	176.419	2646.28	2.246545	3.422636
1830	+ 6 30.171	+169.734	+2546.02	2.229769	3.405862
1835	6 14.816	163.050	2445.75	2.212321	3.388412
1840	5 59.460	156.366	2345.49	2.194142	3.370234
1845	5 44.103	149.682	2245.23	2.175170	3.351261
1850	5 28.746	142.998	2144.98	2.155330	3.331423
1855	+ 5 13.389	+136.315	+2044.72	2.134544	3.310634
1860	4 58.031	129.631	1944.47	2.112709	3.288801
1865	4 42.673	122.948	1844.22	2.089721	3.265813
1870	4 27.315	116.265	1743.97	2.065449	3.241539
1875	4 11.956	109.582	1643.73	2.039739	3.215830
1880	+ 3 56.596	+102.899	+1543.48	2.012411	3.188501
1885	3 41.236	96.216	1443.24	1.98325	3.159339
1890	3 25.876	89.533	1343.00	1.95198	3.128076
1895	3 10.515	82.851	1242.76	1.91830	3.094387
1900	2 55.153	76.169	1142.53	1.88178	3.057868
1905	+ 2 39.791	+ 69.486	+1042.30	1.84190	3.017993
1910	2 24.429	62.804	942.06	1.79799	2.97408
1915	2 9.066	56.122	841.83	1.74913	2.92522
1920	1 53.702	49.441	741.61	1.69409	2.87018
1925	1 38.339	42.759	641.38	1.63103	2.80712
1930	+ 1 22.974	+ 36.077	+ 541.16	1.55723	2.73333
1935	1 7.609	29.396	440.94	1.46829	2.64438
1940	0 52.244	22.715	340.72	1.35631	2.53240
1945	0 36.879	16.034	240.51	1.20504	2.38113
1950	0 21.513	9.353	140.29	0.97095	2.14703
1955	+ 0 6.146	+ 2.672	+ 40.08	0.42684	1.60293
1960	− 0 9.221	− 4.009	− 60.13	0.60304*n*	1.77909*n*

Sind α_1, δ_1 die Koordinaten für t_1 und α_2, δ_2 jene für $t_2 = 1957.0$, ist ferner α', δ' der genäherte Sternort für die Zeit

$$\frac{1}{2}(t_1 + t_2),$$

so ist

$$\alpha_2 = \alpha_1 + m^s(t_2-t_1) + [n^s(t_2-t_1)] \sin \alpha' \operatorname{tg} \delta'$$

$$\delta_2 = \delta_1 + [n''(t_2-t_1)] \cos \alpha'$$

Reduktionsgrößen 1957

Übertragung mittlerer Polsternörter

von dem Äquinoktium t_1 auf $t_2 = 1957.0$

t_1	90° − (N)		(m) + (N) − 90°		(n)
	′ ″	m s	′ ″	m s	′ ″
1755	+77 31.87	+5 10.125	+77 35.18	+5 10.345	+67 29.87
1790	64 6.46	4 16.431	64 8.71	4 16.580	55 48.01
1800	60 16.29	4 1.086	60 18.28	4 1.219	52 27.48
1810	56 26.11	3 45.740	56 27.86	3 45.857	49 6.96
1825	50 40.79	3 22.719	50 42.20	3 22.813	44 6.19
1830	+48 45.67	+3 15.045	+48 46.98	+3 15.132	+42 25.93
1835	46 50.55	3 7.370	46 51.76	3 7.451	40 45.68
1840	44 55.43	2 59.695	44 56.54	2 59.770	39 5.43
1845	43 0.30	2 52.020	43 1.32	2 52.088	37 25.18
1850	41 5.16	2 44.344	41 6.09	2 44.406	35 44.93
1855	+39 10.02	+2 36.668	+39 10.87	+2 36.724	+34 4.68
1860	37 14.88	2 28.992	37 15.64	2 29.042	32 24.43
1865	35 19.73	2 21.315	35 20.42	2 21.360	30 44.19
1870	33 24.57	2 13.638	33 25.19	2 13.679	29 3.95
1875	31 29.41	2 5.961	31 29.96	2 5.997	27 23.70
1880	+29 34.24	+1 58.283	+29 34.73	+1 58.315	+25 43.46
1885	27 39.07	1 50.605	27 39.49	1 50.633	24 3.22
1890	25 43.89	1 42.926	25 44.26	1 42.950	22 22.99
1895	23 48.71	1 35.248	23 49.02	1 35.268	20 42.75
1900	21 53.52	1 27.568	21 53.79	1 27.586	19 2.52
1905	+19 58.33	+1 19.889	+19 58.55	+1 19.903	+17 22.29
1910	18 3.13	1 12.209	18 3.31	1 12.220	15 42.06
1915	16 7.93	1 4.529	16 8.07	1 4.538	14 1.83
1920	14 12.72	0 56.848	14 12.83	0 56.855	12 21.61
1925	12 17.51	0 49.167	12 17.58	0 49.173	10 41.38
1930	+10 22.29	+0 41.485	+10 22.34	+0 41.490	+ 9 1.16
1935	8 27.06	0 33.804	8 27.09	0 33.806	7 20.94
1940	6 31.83	0 26.122	6 31.85	0 26.123	5 40.72
1945	4 36.59	0 18.439	4 36.60	0 18.440	4 0.51
1950	2 41.34	0 10.757	2 41.35	0 10.757	2 20.29
1955	+ 0 46.10	+0 3.073	+ 0 46.10	+0 3.074	+ 0 40.08
1960	− 1 9.15	−0 4.610	− 1 9.15	−0 4.610	− 1 0.13

Sind α_1, δ_1 die Koordinaten für t_1 und α_2, δ_2 jene für $t_2 = 1957.0$, so hat man

zur Reduktion von dem Äquinoktium t_1 auf t_2:

$$a_1 = \alpha_1 + [90° - (N)]$$

$$p_1 = (\operatorname{tang} \delta_1 + \cos a_1 \operatorname{tang} \tfrac{1}{2}(n)) \sin (n)$$

$$\operatorname{tang} \Delta a_1 = \frac{p_1 \sin a_1}{1 - p_1 \cos a_1}$$

$$\alpha_2 = a_1 + [(m) + (N) - 90°] + \Delta a_1$$

$$\operatorname{tang} \tfrac{1}{2}(\delta_2 - \delta_1) = \cos (a_1 + \tfrac{1}{2}\Delta a_1) \sec \tfrac{1}{2}\Delta a_1 \operatorname{tang} \tfrac{1}{2}(n)$$

zur Reduktion von dem Äquinoktium t_2 auf t_1:

$$a_2 = \alpha_2 - [(m) + (N) - 90°]$$

$$p_2 = -(\operatorname{tang} \delta_2 - \cos a_2 \operatorname{tang} \tfrac{1}{2}(n)) \sin (n)$$

$$\operatorname{tang} \Delta a_2 = \frac{p_2 \sin a_2}{1 - p_2 \cos a_2}$$

$$\alpha_1 = a_2 - [90° - (N)] + \Delta a_2$$

$$\operatorname{tang} \tfrac{1}{2}(\delta_1 - \delta_2) = -\cos (a_2 + \tfrac{1}{2}\Delta a_2) \sec \tfrac{1}{2}\Delta a_2 \operatorname{tang} \tfrac{1}{2}(n)$$

Reduktion von Koordinatendifferenzen scheinbarer Örter auf Differenzen mittlerer Örter für den Jahresanfang

Sind $\Delta\alpha$ und $\Delta\delta$ die gemessenen Koordinatendifferenzen der scheinbaren Örter im Sinne Objekt minus Stern, $d\Delta\alpha$ und $d\Delta\delta$ die an ihnen anzubringenden Korrektionen, um Koordinatendifferenzen zu erhalten, die sich auf das mittlere Äquinoktium des Jahresanfangs beziehen, so wird

$$d\Delta\alpha = (d\Delta\alpha)_1 + (d\Delta\alpha)_2$$
$$d\Delta\delta = (d\Delta\delta)_1 + (d\Delta\delta)_2,$$

wobei

$$(d\Delta\alpha)_1 = -j\cos(G+\alpha)\frac{\operatorname{tg}\delta}{15}\Delta\alpha^{\mathrm{m}} - j\sin(G+\alpha)\frac{\sec^2\delta}{225}\Delta\delta'$$
$$(d\Delta\alpha)_2 = -k\cos(H+\alpha)\frac{\sec\delta}{15}\Delta\alpha^{\mathrm{m}} - k\sin(H+\alpha)\frac{\operatorname{tg}\delta\sec\delta}{225}\Delta\delta'$$
$$(d\Delta\delta)_1 = j\sin(G+\alpha)\Delta\alpha^{\mathrm{m}}$$
$$(d\Delta\delta)_2 = k\sin(H+\alpha)\sin\delta\Delta\alpha^{\mathrm{m}} - k\cos(H+\alpha)\frac{\cos\delta}{15}\Delta\delta' + [0.0003\, i\sin\delta\Delta\delta']$$

Hierin bezeichnen $(d\Delta\alpha)_1$ und $(d\Delta\delta)_1$ den Einfluß der Präzession und Nutation, $(d\Delta\alpha)_2$ und $(d\Delta\delta)_2$ den Einfluß der Aberration.

Die Größen G, H, j, k, i sind auf S. 252* — 269* zu finden. Die Faktoren $\frac{1}{15}\operatorname{tg}\delta$, $\frac{1}{225}\sec^2\delta$, $\frac{1}{15}\sec\delta$, $\frac{1}{225}\operatorname{tg}\delta\sec\delta$, $\sin\delta$, $\frac{1}{15}\cos\delta$ entnehme man der Zusammenstellung auf S. 283*. Die numerischen Werte der Funktionen sinus und cosinus sind auf S. 284* enthalten. $\Delta\alpha^{\mathrm{m}}$ bedeutet die in Zeitminuten ausgedrückte gemessene Rektaszensionsdifferenz, $\Delta\delta'$ ist die in Bogenminuten ausgedrückte gemessene Deklinationsdifferenz. Die Größen $d\Delta\alpha$ und $d\Delta\delta$ ergeben sich in Zeit- bzw. Bogensekunden. Das in eckige Klammern gesetzte Glied $0.0003\, i\sin\delta\Delta\delta'$ in der Formel für $(d\Delta\delta)_2$ beträgt für $\Delta\delta' = 10'$ im Maximum 0″02 und kann daher in den meisten Fällen unberücksichtigt bleiben.

δ	$\frac{1}{15}$ tg δ	$\frac{1}{225}$ sec² δ	$\frac{1}{15}$ sec δ	$\frac{1}{225}$ tg δ sec δ	sin δ	$\frac{1}{15}$ cos δ	tg δ	$\frac{1}{15}$ sec² δ	δ
0°	0.000	•0.004	0.067	0.000	0.00	0.07	0.00	0.07	0°
5	0.006	0.004	0.067	0.000	0.09	0.07	0.09	0.07	5
10	0.012	0.005	0.068	0.001	0.17	0.07	0.18	0.07	10
15	0.018	0.005	0.069	0.001	0.26	0.06	0.27	0.07	15
20	0.024	0.005	0.071	0.002	0.34	0.06	0.36	0.08	20
25	0.031	0.005	0.074	0.002	0.42	0.06	0.47	0.08	25
30	0.038	0.006	0.077	0.003	0.50	0.06	0.58	0.09	30
35	0.047	0.007	0.081	0.004	0.57	0.05	0.70	0.10	35
40	0.056	0.008	0.087	0.005	0.64	0.05	0.84	0.11	40
40	0.056	0.008	0.087	0.005	0.64	0.05	0.84	0.11	40
42	0.060	0.008	0.090	0.005	0.67	0.05	0.90	0.12	42
44	0.064	0.009	0.093	0.006	0.69	0.05	0.97	0.13	44
46	0.069	0.009	0.096	0.007	0.72	0.05	1.04	0.14	46
48	0.074	0.010	0.100	0.007	0.74	0.04	1.11	0.15	48
50	0.079	0.011	0.104	0.008	0.77	0.04	1.19	0.16	50
52	0.085	0.012	0.108	0.009	0.79	0.04	1.28	0.18	52
54	0.092	0.013	0.113	0.010	0.81	0.04	1.38	0.19	54
56	0.099	0.014	0.119	0.012	0.83	0.04	1.48	0.21	56
58	0.107	0.016	0.126	0.013	0.85	0.04	1.60	0.24	58
60	0.115	0.018	0.133	0.015	0.87	0.03	1.73	0.27	60
60	0.115	0.018	0.133	0.015	0.87	0.03	1.73	0.27	60
61	0.120	0.019	0.138	0.017	0.87	0.03	1.80	0.28	61
62	0.125	0.020	0.142	0.018	0.88	0.03	1.88	0.30	62
63	0.131	0.022	0.147	0.019	0.89	0.03	1.96	0.32	63
64	0.137	0.023	0.152	0.021	0.90	0.03	2.05	0.35	64
65	0.143	0.025	0.158	0.023	0.91	0.03	2.14	0.37	65
66	0.150	0.027	0.164	0.025	0.91	0.03	2.25	0.40	66
67	0.157	0.029	0.171	0.027	0.92	0.03	2.36	0.44	67
68	0.165	0.032	0.178	0.029	0.93	0.02	2.48	0.48	68
69	0.174	0.035	0.186	0.032	0.93	0.02	2.61	0.52	69
70	0.183	0.038	0.195	0.036	0.94	0.02	2.75	0.57	70
71	0.194	0.042	0.205	0.040	0.95	0.02	2.90	0.63	71
72	0.205	0.047	0.216	0.044	0.95	0.02	3.08	0.70	72
73	0.218	0.052	0.228	0.050	0.96	0.02	3.27	0.78	73
74	0.232	0.058	0.242	0.056	0.96	0.02	3.49	0.88	74
75	0.249	0.066	0.258	0.064	0.97	0.02	3.73	1.00	75
75.0°	0.249	0.066	0.258	0.064	0.97	0.02	3.73	1.00	75.0°
75.5	0.258	0.071	0.266	0.069	0.97	0.02	3.87	1.06	75.5
76.0	0.267	0.076	0.276	0.074	0.97	0.02	4.01	1.14	76.0
76.5	0.278	0.082	0.286	0.079	0.97	0.02	4.17	1.22	76.5
77.0	0.289	0.088	0.296	0.086	0.97	0.01	4.33	1.32	77.0
77.5	0.301	0.095	0.308	0.093	0.98	0.01	4.51	1.42	77.5
78.0	0.314	0.103	0.321	0.101	0.98	0.01	4.70	1.54	78.0
78.5	0.328	0.112	0.334	0.110	0.98	0.01	4.92	1.68	78.5
79.0	0.343	0.122	0.349	0.120	0.98	0.01	5.14	1.83	79.0
79.5	0.360	0.134	0.366	0.132	0.98	0.01	5.40	2.01	79.5
80.0	0.378	0.147	0.384	0.145	0.98	0.01	5.67	2.21	80.0

Sinus

	0^h	1^h	2^h	3^h	4^h	5^h	
0^m	0.000	0.259	0.500	0.707	0.866	0.966	60
1	0.004	0.263	0.504	0.710	0.868	0.967	59
2	0.009	0.267	0.508	0.713	0.870	0.968	58
3	0.013	0.271	0.511	0.716	0.872	0.969	57
4	0.017	0.276	0.515	0.719	0.875	0.970	56
5	0.022	0.280	0.519	0.722	0.877	0.971	55
6	0.026	0.284	0.522	0.725	0.879	0.972	54
7	0.031	0.288	0.526	0.728	0.881	0.973	53
8	0.035	0.292	0.530	0.731	0.883	0.974	52
9	0.039	0.297	0.534	0.734	0.885	0.975	51
10	0.044	0.301	0.537	0.737	0.887	0.976	50
11	0.048	0.305	0.541	0.740	0.889	0.977	49
12	0.052	0.309	0.545	0.743	0.891	0.978	48
13	0.057	0.313	0.548	0.746	0.893	0.979	47
14	0.061	0.317	0.552	0.749	0.895	0.980	46
15	0.065	0.321	0.556	0.752	0.897	0.981	45
16	0.070	0.326	0.559	0.755	0.899	0.982	44
17	0.074	0.330	0.563	0.758	0.901	0.982	43
18	0.078	0.334	0.566	0.760	0.903	0.983	42
19	0.083	0.338	0.570	0.763	0.904	0.984	41
20	0.087	0.342	0.574	0.766	0.906	0.985	40
21	0.092	0.346	0.577	0.769	0.908	0.986	39
22	0.096	0.350	0.581	0.772	0.910	0.986	38
23	0.100	0.354	0.584	0.774	0.912	0.987	37
24	0.105	0.358	0.588	0.777	0.914	0.988	36
25	0.109	0.362	0.591	0.780	0.915	0.988	35
26	0.113	0.367	0.595	0.783	0.917	0.989	34
27	0.118	0.371	0.598	0.785	0.919	0.990	33
28	0.122	0.375	0.602	0.788	0.921	0.990	32
29	0.126	0.379	0.605	0.791	0.922	0.991	31
30	0.131	0.383	0.609	0.793	0.924	0.991	30
31	0.135	0.387	0.612	0.796	0.926	0.992	29
32	0.139	0.391	0.616	0.799	0.927	0.993	28
33	0.143	0.395	0.619	0.801	0.929	0.993	27
34	0.148	0.399	0.623	0.804	0.930	0.994	26
35	0.152	0.403	0.626	0.806	0.932	0.994	25
36	0.156	0.407	0.629	0.809	0.934	0.995	24
37	0.161	0.411	0.633	0.812	0.935	0.995	23
38	0.165	0.415	0.636	0.814	0.937	0.995	22
39	0.169	0.419	0.639	0.817	0.938	0.996	21
40	0.174	0.423	0.643	0.819	0.940	0.996	20
41	0.178	0.427	0.646	0.822	0.941	0.997	19
42	0.182	0.431	0.649	0.824	0.943	0.997	18
43	0.187	0.434	0.653	0.827	0.944	0.997	17
44	0.191	0.438	0.656	0.829	0.946	0.998	16
45	0.195	0.442	0.659	0.831	0.947	0.998	15
46	0.199	0.446	0.663	0.834	0.948	0.998	14
47	0.204	0.450	0.666	0.836	0.950	0.998	13
48	0.208	0.454	0.669	0.839	0.951	0.999	12
49	0.212	0.458	0.672	0.841	0.952	0.999	11
50	0.216	0.462	0.676	0.843	0.954	0.999	10
51	0.221	0.466	0.679	0.846	0.955	0.999	9
52	0.225	0.469	0.682	0.848	0.956	0.999	8
53	0.229	0.473	0.685	0.850	0.958	1.000	7
54	0.233	0.477	0.688	0.853	0.959	1.000	6
55	0.238	0.481	0.692	0.855	0.960	1.000	5
56	0.242	0.485	0.695	0.857	0.961	1.000	4
57	0.246	0.489	0.698	0.859	0.962	1.000	3
58	0.250	0.492	0.701	0.862	0.964	1.000	2
59	0.255	0.496	0.704	0.864	0.965	1.000	1
60	0.259	0.500	0.707	0.866	0.966	1.000	0^m
	5^h	4^h	3^h	2^h	1^h	0^h	

Cosinus

Reduktionsgrößen 1957

Übertragung von Rektaszensions- und Deklinationsdifferenzen vom mittleren Äquinoktium 1957.0 auf das Normaläquinoktium 1950.0

α	a_1	a_2	d_1	α	α	a_1	a_2	d_1	α
h m				h m	h m				h m
0 0	−0.0408−	−0.0000+	+0.000−	24 0	6 0	+0.0000+	−0.0408+	+0.612−	18 0
10	0408	0018	027	23 50	10	0018	0408	612	17 50
20	0407	0036	053	40	20	0036	0407	610	40
30	0405	0053	080	30	30	0058	0405	607	30
40	0402	0071	106	20	40	0071	0402	603	20
0 50	0398	0088	132	10	6 50	0088	0398	598	10
1 0	−0.0394−	−0.0106+	+0.158−	23 0	7 0	+0.0106+	−0.0394+	+0.591−	17 0
10	0389	0123	184	22 50	10	0123	0389	584	16 50
20	0383	0140	209	40	20	0140	0383	575	40
30	0377	0156	234	30	30	0156	0377	566	30
40	0371	0172	259	20	40	0172	0371	555	20
1 50	0362	0188	283	10	7 50	0188	0362	543	10
2 0	−0.0353−	−0.0204+	+0.306−	22 0	8 0	+0.0204+	−0.0353+	+0.530−	16 0
10	0344	0219	329	21 50	10	0219	0344	516	15 50
20	0334	0234	351	40	20	0234	0334	501	40
30	0324	0248	373	30	30	0248	0324	486	30
40	0313	0262	393	20	40	0262	0313	469	20
2 50	0301	0276	414	10	8 50	0276	0301	451	10
3 0	−0.0289−	−0.0289+	+0.433−	21 0	9 0	+0.0289+	−0.0289+	+0.433−	15 0
10	0276	0301	451	20 50	10	0301	0276	414	14 50
20	0262	0313	469	40	20	0313	0262	393	40
30	0248	0324	486	30	30	0324	0248	373	30
40	0234	0334	501	20	40	0334	0234	351	20
3 50	0219	0344	516	10	9 50	0344	0219	329	10
4 0	−0.0204−	−0.0353+	+0.530−	20 0	10 0	+0.0353+	−0.0204+	+0.306−	14 0
10	0188	0362	543	19 50	10	0362	0188	283	13 50
20	0172	0371	555	40	20	0371	0172	259	40
30	0156	0377	566	30	30	0377	0156	234	30
40	0140	0383	575	20	40	0383	0140	209	20
4 50	0123	0389	584	10	10 50	0389	0123	184	10
5 0	−0.0106−	−0.0394+	+0.591−	19 0	11 0	+0.0394+	−0.0106+	+0.158−	13 0
10	0088	0398	598	18 50	10	0398	0088	132	12 50
20	0071	0402	603	40	20	0402	0071	106	40
30	0053	0405	607	30	30	0405	0053	080	30
40	0036	0407	610	20	40	0407	0036	053	20
5 50	0018	0408	612	10	11 50	0408	0018	027	10
6 0	−0.0000−	−0.0408+	+0.612−	18 0	12 0	+0.0408+	−0.0000+	+0.000−	12 0

Für α zwischen 12^h und 24^h gelten die Vorzeichen zur Rechten.

$$\Delta\alpha_{1950.0} = \Delta\alpha_{1957.0} + a_1 \cdot \mathrm{tg}\,\delta \cdot \Delta\alpha^m + a_2 \cdot \frac{1}{15}\sec^2\delta \cdot \Delta\delta'$$

$$\Delta\delta_{1950.0} = \Delta\delta_{1957.0} + d_1 \cdot \Delta\alpha^m$$

$\Delta\alpha^m$ bedeutet die Rektaszensionsdifferenz in Zeitminuten, $\Delta\delta'$ ist die Deklinationsdifferenz in Bogenminuten.

Die Werte von $\mathrm{tg}\,\delta$ und $\frac{1}{15}\sec^2\delta$ sind auf S. 283* enthalten.

Reduktionsgrößen 1957

Reduktion vom mittleren Äquinoktium 1950.0 auf das wahre Äquinoktium der Epoche

0h Weltzeit	*f*	*log g*	*G*	0h Weltzeit	*f*	*log g*	*G*
1957	s		h m s	1957	s		h m s
Jan. —3	+22.394	2.16474	0 8 42	Juli 1	+23.848	2.19217	0 9 59
+2	22.448	2.16578	0 8 42	6	23.898	2.19308	0 9 58
7	22.500	2.16680	0 8 40	11	23.947	2.19397	0 9 55
12	22.551	2.16778	0 8 36	16	23.995	2.19482	0 9 51
17	22.601	2.16873	0 8 31	21	24.041	2.19565	0 9 47
22	+22.649	2.16963	0 8 26	26	+24.085	2.19645	0 9 42
27	22.694	2.17050	0 8 20	31	24.128	2.19721	0 9 36
Febr. 1	22.737	2.17131	0 8 13	Aug. 5	24.168	2.19792	0 9 30
6	22.777	2.17206	0 8 6	10	24.207	2.19860	0 9 24
11	22.815	2.17278	0 7 59	15	24.243	2.19925	0 9 18
16	+22.850	2.17345	0 7 53	20	+24.277	2.19985	0 9 12
21	22.883	2.17407	0 7 48	25	24.309	2.20042	0 9 7
26	22.914	2.17466	0 7 43	30	24.340	2.20096	0 9 2
März 3	22.944	2.17521	0 7 40	Sept. 4	24.368	2.20147	0 8 59
8	22.972	2.17573	0 7 38	9	24.395	2.20195	0 8 56
13	+22.998	2.17623	0 7 37	14	+24.422	2.20241	0 8 55
18	23.024	2.17672	0 7 38	19	24.447	2.20287	0 8 55
23	23.050	2.17721	0 7 41	24	24.472	2.20331	0 8 56
28	23.076	2.17771	0 7 45	29	24.497	2.20376	0 8 59
April 2	23.102	2.17821	0 7 50	Okt. 4	24.523	2.20422	0 9 3
7	+23.129	2.17873	0 7 57	9	+24.549	2.20469	0 9 9
12	23.158	2.17927	0 8 5	14	24.577	2.20518	0 9 16
17	23.188	2.17984	0 8 13	19	24.606	2.20571	0 9 23
22	23.220	2.18045	0 8 23	24	24.636	2.20627	0 9 32
27	23.254	2.18109	0 8 33	29	24.669	2.20686	0 9 41
Mai 2	+23.289	2.18178	0 8 44	Nov. 3	+24.705	2.20749	0 9 51
7	23.327	2.18250	0 8 54	8	24.742	2.20816	0 10 1
12	23.367	2.18325	0 9 5	13	24.782	2.20888	0 10 10
17	23.410	2.18405	0 9 15	18	24.825	2.20963	0 10 20
22	23.454	2.18488	0 9 24	23	24.870	2.21043	0 10 29
27	+23.500	2.18574	0 9 32	28	+24.916	2.21127	0 10 37
Juni 1	23.547	2.18663	0 9 40	Dez. 3	24.965	2.21213	0 10 44
6	23.596	2.18753	0 9 47	8	25.016	2.21301	0 10 49
11	23.646	2.18845	0 9 52	13	25.067	2.21391	0 10 54
16	23.696	2.18939	0 9 56	18	25.120	2.21482	0 10 57
21	+23.747	2.19032	0 9 58	23	+25.172	2.21574	0 10 58
26	23.798	2.19125	0 9 59	28	25.225	2.21665	0 10 58
Juli 1	+23.848	2.19217	0 9 59	33	+25.278	2.21755	0 10 56

Red. in $\alpha = f + \frac{1}{15} g \sin (G + \alpha) \operatorname{tg} \delta$ + **Korr. nach** S. 287*

Red. in $\delta = g \cos (G + \alpha)$ + **Korr. nach** S. 287*

Korrektion der Reduktion vom mittleren Äquinoktium 1950.0 auf das jedesmalige wahre Äquinoktium (s. S. 286*), berechnet für 1957.0, mit Hinzufügung ihrer einjährigen Änderung

Für Rektaszension (in 0ˢ001)

α	δ +60°		+50°		+30°		+10°		−10°		−30°		−50°		−60°	
0ʰ	+13	+4	+ 9	+3	+5	+1	+2	0	−1	0	−4	−1	− 8	−2	−12	−3
1	+18	+5	+12	+3	+6	+2	+3	+1	0	0	−2	−1	− 5	−1	− 6	−2
2	+21	+6	+13	+4	+6	+2	+3	+1	+1	0	−1	0	− 2	0	− 1	0
3	+20	+6	+13	+4	+6	+2	+3	+1	+1	0	0	0	+ 1	0	+ 3	+1
4	+16	+5	+10	+3	+5	+1	+3	+1	+1	0	+1	0	+ 2	0	+ 4	+1
5	+ 9	+3	+ 6	+2	+3	+1	+2	0	+1	0	+1	0	+ 1	0	+ 3	+1
6	0	0	0	0	0	0	0	0	0	0	+1	0	+ 1	0	+ 1	0
7	− 9	−2	− 5	−1	−2	−1	−1	0	0	0	0	0	0	0	− 2	0
8	−16	−4	− 9	−3	−4	−1	−2	0	0	0	0	0	0	0	− 3	−1
9	−20	−6	−12	−3	−5	−1	−2	−1	0	0	+1	0	+ 1	0	− 2	0
10	−20	−6	−12	−4	−6	−2	−2	−1	0	0	+2	+1	+ 3	+1	+ 2	+1
11	−17	−5	−11	−3	−5	−1	−2	0	+1	0	+3	+1	+ 6	+2	+ 7	+2
12	−12	−3	− 8	−2	−4	−1	−1	0	+2	0	+5	+1	+ 9	+3	+13	+4
13	− 6	−2	− 5	−1	−2	−1	0	0	+3	+1	+6	+2	+12	+3	+18	+5
14	− 1	0	− 2	0	−1	0	+1	0	+3	+1	+6	+2	+13	+4	+21	+6
15	+ 3	+1	+ 1	0	0	0	+1	0	+3	+1	+6	+2	+13	+4	+20	+6
16	+ 4	+1	+ 2	0	+1	0	+1	0	+3	+1	+5	+1	+10	+3	+16	+5
17	+ 3	+1	+ 1	0	+1	0	+1	0	+2	0	+3	+1	+ 6	+2	+ 9	+3
18	+ 1	0	+ 1	0	+1	0	0	0	0	0	0	0	0	0	0	0
19	− 2	0	0	0	0	0	0	0	−1	0	−2	−1	− 5	−1	− 9	−2
20	− 3	−1	0	0	0	0	0	0	−2	0	−4	−1	− 9	−3	−16	−4
21	− 2	0	+ 1	0	+1	0	0	0	−2	−1	−5	−1	−12	−3	−20	−6
22	+ 2	+1	+ 3	+1	+2	+1	0	0	−2	−1	−6	−2	−12	−4	−20	−6
23	+ 7	+2	+ 6	+2	+3	+1	+1	0	−2	0	−5	−1	−11	−3	−17	−5
24	+13	+4	+ 9	+3	+5	+1	+2	0	−1	0	−4	−1	− 8	−2	−12	−3

Für Deklination (in 0ʺ01)

α	δ +60°		+50°		+30°		+10°		−10°		−30°		−50°		−60°	
0ʰ	0	0	0	0	0	0	0	0	0	0	0	0	0	0	0	0
1	− 4	−1	− 3	−1	− 3	−1	− 3	−1	− 3	−1	− 3	−1	− 3	−1	− 2	−1
2	− 8	−2	− 7	−2	− 6	−2	− 6	−2	− 5	−2	− 5	−1	− 4	−1	− 4	−1
3	−12	−3	−11	−3	− 9	−3	− 8	−2	− 7	−2	− 7	−2	− 5	−1	− 4	−1
4	−16	−5	−14	−4	−12	−3	−10	−3	− 9	−3	− 8	−2	− 5	−2	− 3	−1
5	−18	−5	−16	−5	−13	−4	−11	−3	−10	−3	− 8	−2	− 5	−2	− 3	−1
6	−19	−5	−17	−5	−14	−4	−12	−3	−10	−3	− 8	−2	− 5	−2	− 3	−1
7	−18	−5	−16	−5	−13	−4	−11	−3	−10	−3	− 8	−2	− 5	−2	− 3	−1
8	16	−4	−14	−4	−11	−3	−10	−3	− 9	−3	− 7	−2	− 5	−1	− 3	−1
9	−12	−3	−10	−3	− 9	−3	− 8	−2	− 7	−2	− 6	−2	− 5	−1	− 3	−1
10	− 7	−2	− 7	−2	− 6	−2	− 6	−2	− 5	−1	− 5	−1	− 4	−1	− 3	−1
11	− 3	−1	− 3	−1	− 3	−1	− 3	−1	− 3	−1	− 2	−1	− 2	−1	− 2	−1
12	0	0	0	0	0	0	0	0	0	0	0	0	0	0	0	0
13	+ 2	+1	+ 3	+1	+ 3	+1	+ 3	+1	+ 3	+1	+ 3	+1	+ 3	+1	+ 4	+1
14	+ 4	+1	+ 4	+1	+ 5	+1	+ 5	+2	+ 6	+2	+ 6	+2	+ 7	+2	+ 8	+2
15	+ 4	+1	+ 5	+1	+ 7	+2	+ 7	+2	+ 8	+2	+ 9	+3	+11	+3	+12	+3
16	+ 3	+1	+ 5	+2	+ 8	+2	+ 9	+3	+10	+3	+12	+3	+14	+4	+16	+5
17	+ 3	+1	+ 5	+2	+ 8	+2	+10	+3	+11	+3	+13	+4	+16	+5	+18	+5
18	+ 3	+1	+ 5	+2	+ 8	+2	+10	+3	+12	+3	+14	+4	+17	+5	+19	+5
19	+ 3	+1	+ 5	+2	+ 8	+2	+10	+3	+11	+3	+13	+4	+16	+5	+18	+5
20	+ 3	+1	+ 5	+1	+ 7	+2	+ 9	+3	+10	+3	+11	+3	+14	+4	+16	+4
21	+ 3	+1	+ 5	+1	+ 6	+2	+ 7	+2	+ 8	+2	+ 9	+3	+10	+3	+12	+3
22	+ 3	+1	+ 4	+1	+ 5	+1	+ 5	+1	+ 6	+2	+ 6	+2	+ 7	+2	+ 7	+2
23	+ 2	+1	+ 2	+1	+ 2	+1	+ 3	+1	+ 3	+1	+ 3	+1	+ 3	+1	+ 3	+1
24	0	0	0	0	0	0	0	0	0	0	0	0	0	0	0	0

α	0h; 12h		1h; 13h		2h; 14h		3h; 15h		4h; 16h		5h; 17h		α
m	—A+ s	—D+ ″	—A+ s	—D+ ″	—A+ s	—D+ ″	—A+ s	—D+ ″	—A+ s	—D+ ″	—A+ s	—D+ ″	m
0		140.30	2.414	135.54	4.670	121.56	6.608	99.28	8.096	70.24	9.032	36.42	0
1	0.034	140.30	2.454	135.38	4.705	121.25	6.637	98.85	8.117	69.71	9.043	35.83	1
2	0.075	140.30	2.493	135.22	4.741	120.95	6.666	98.41	8.137	69.18	9.053	35.24	2
3	0.116	140.29	2.533	135.06	4.776	120.63	6.695	97.97	8.157	68.65	9.063	34.65	3
4	0.157	140.28	2.572	134.89	4.811	120.32	6.723	97.53	8.177	68.12	9.073	34.05	4
5	0.197	140.27	2.611	134.72	4.846	120.00	6.752	97.09	8.197	67.58	9.083	33.46	5
6	0.238	140.25	2.651	134.55	4.881	119.68	6.780	96.65	8.216	67.05	9.093	32.86	6
7	0.279	140.24	2.690	134.38	4.915	119.36	6.808	96.21	8.236	66.51	9.103	32.27	7
8	0.320	140.22	2.728	134.20	4.950	119.04	6.836	95.76	8.255	65.97	9.112	31.67	8
9	0.360	140.20	2.767	134.02	4.985	118.71	6.864	95.31	8.274	65.42	9.121	31.07	9
10	0.401	140.17	2.806	133.84	5.019	118.38	6.891	94.86	8.293	64.88	9.130	30.47	10
11	0.442	140.14	2.845	133.66	5.053	118.05	6.919	94.41	8.312	64.34	9.139	29.87	11
12	0.483	140.11	2.884	133.47	5.088	117.72	6.946	93.96	8.331	63.80	9.148	29.28	12
13	0.523	140.08	2.923	133.28	5.122	117.39	6.974	93.50	8.349	63.25	9.156	28.68	13
14	0.564	140.04	2.962	133.08	5.156	117.06	7.001	93.05	8.368	62.71	9.164	28.08	14
15	0.605	140.00	3.000	132.89	5.190	116.72	7.028	92.59	8.386	62.16	9.172	27.48	15
16	0.646	139.96	3.039	132.69	5.224	116.38	7.055	92.13	8.404	61.61	9.180	26.88	16
17	0.686	139.92	3.077	132.49	5.258	116.04	7.081	91.67	8.422	61.06	9.188	26.28	17
18	0.727	139.87	3.116	132.29	5.292	115.69	7.108	91.20	8.439	60.50	9.196	25.68	18
19	0.767	139.82	3.154	132.08	5.325	115.34	7.134	90.74	8.457	59.95	9.203	25.07	19
20	0.808	139.77	3.192	131.87	5.359	114.99	7.160	90.27	8.474	59.39	9.210	24.47	20
21	0.849	139.72	3.231	131.66	5.392	114.64	7.186	89.80	8.491	58.83	9.217	23.87	21
22	0.889	139.66	3.269	131.45	5.426	114.29	7.213	89.33	8.508	58.28	9.224	23.27	22
23	0.930	139.60	3.307	131.24	5.459	113.93	7.239	88.86	8.525	57.72	9.231	22.67	23
24	0.971	139.54	3.346	131.02	5.492	113.57	7.265	88.38	8.542	57.16	9.237	22.06	24
25	1.011	139.47	3.384	130.80	5.525	113.21	7.290	87.90	8.558	56.60	9.243	21.46	25
26	1.052	139.41	3.422	130.58	5.558	112.85	7.316	87.42	8.575	56.04	9.249	20.85	26
27	1.093	139.34	3.460	130.35	5.590	112.48	7.341	86.94	8.591	55.48	9.255	20.25	27
28	1.133	139.26	3.498	130.12	5.623	112.12	7.366	86.46	8.607	54.92	9.261	19.64	28
29	1.174	139.19	3.535	129.89	5.656	111.74	7.391	85.98	8.622	54.35	9.267	19.03	29
30	1.214	139.11	3.573	129.66	5.688	111.37	7.416	85.49	8.638	53.79	9.272	18.42	30
31	1.254	139.03	3.611	129.43	5.720	111.00	7.441	85.01	8.654	53.22	9.277	17.81	31
32	1.295	138.95	3.648	129.19	5.752	110.63	7.466	84.52	8.669	52.66	9.283	17.21	32
33	1.335	138.86	3.686	128.95	5.785	110.25	7.490	84.03	8.684	52.09	9.287	16.60	33
34	1.376	138.77	3.724	128.71	5.817	109.87	7.515	83.54	8.699	51.52	9.292	15.99	34
35	1.416	138.68	3.761	128.46	5.848	109.49	7.539	83.05	8.714	50.95	9.297	15.38	35
36	1.456	138.58	3.798	128.22	5.880	109.10	7.563	82.55	8.729	50.38	9.301	14.78	36
37	1.496	138.49	3.835	127.97	5.912	108.72	7.587	82.06	8.744	49.81	9.305	14.17	37
38	1.537	138.39	3.872	127.71	5.943	108.33	7.610	81.56	8.758	49.24	9.310	13.56	38
39	1.577	138.29	3.909	127.46	5.975	107.94	7.634	81.06	8.772	48.66	9.313	12.95	39
40	1.617	138.18	3.946	127.20	6.006	107.54	7.657	80.56	8.786	48.09	9.317	12.34	40
41	1.657	138.07	3.983	126.94	6.037	107.15	7.681	80.06	8.800	47.51	9.321	11.73	41
42	1.697	137.96	4.020	126.68	6.068	106.76	7.704	79.56	8.814	46.94	9.324	11.12	42
43	1.737	137.85	4.057	126.42	6.099	106.36	7.727	79.05	8.828	46.36	9.327	10.51	43
44	1.777	137.74	4.094	126.15	6.130	105.96	7.750	78.55	8.841	45.78	9.330	9.90	44
45	1.817	137.62	4.130	125.88	6.161	105.56	7.773	78.04	8.854	45.20	9.333	9.29	45
46	1.857	137.50	4.167	125.61	6.192	105.15	7.795	77.53	8.867	44.62	9.335	8.68	46
47	1.897	137.38	4.203	125.33	6.222	104.75	7.818	77.02	8.880	44.04	9.338	8.07	47
48	1.937	137.25	4.240	125.05	6.252	104.34	7.840	76.50	8.893	43.46	9.340	7.45	48
49	1.977	137.12	4.276	124.77	6.283	103.93	7.862	75.99	8.906	42.87	9.342	6.84	49
50	2.017	136.99	4.312	124.49	6.313	103.51	7.884	75.47	8.918	42.29	9.344	6.23	50
51	2.057	136.86	4.348	124.21	6.343	103.10	7.906	74.96	8.930	41.71	9.346	5.62	51
52	2.097	136.72	4.384	123.93	6.374	102.69	7.928	74.44	8.942	41.12	9.347	5.01	52
53	2.136	136.58	4.421	123.64	6.403	102.27	7.950	73.92	8.954	40.54	9.349	4.40	53
54	2.176	136.44	4.457	123.35	6.433	101.85	7.971	73.40	8.966	39.96	9.350	3.79	54
55	2.216	136.30	4.492	123.06	6.463	101.43	7.992	72.88	8.977	39.37	9.351	3.17	55
56	2.256	136.15	4.528	122.76	6.492	101.00	8.013	72.35	8.989	38.78	9.352	2.56	56
57	2.295	136.00	4.564	122.47	6.521	100.58	8.034	71.83	9.000	38.19	9.352	1.95	57
58	2.335	135.85	4.599	122.17	6.551	100.15	8.055	71.30	9.011	37.60	9.353	1.34	58
59	2.374	135.70	4.635	121.87	6.579	99.72	8.076	70.77	9.021	37.01	9.353	0.72	59
60	2.414	135.54	4.670	121.56	6.608	99.28	8.096	70.24	9.032	36.42	9.353	0.11	60

α	6h; 18h		7h; 19h		8h; 20h		9h; 21h		10h; 22h		11h; 23h		α
m	—A+	+D—	—A+	+D—	—A+	+D—	—A+	+D—	—A+	+D—	—A+	+D—	m
	s	″	s	″	s	″	s	″	s	″	s	″	
0	9.353		9.036	36.20	8.104	70.05	6.619	99.13	4.683	121.44	2.428	135.49	0
1	9.353	0.50	9.025	36.79	8.084	70.58	6.590	99.56	4.648	121.75	2.389	135.65	1
2	9.353	1.12	9.015	37.38	8.063	71.11	6.562	99.99	4.612	122.05	2.349	135.80	2
3	9.352	1.73	9.004	37.98	8.042	71.64	6.532	100.42	4.577	122.35	2.310	135.96	3
4	9.352	2.34	8.993	38.57	8.021	72.17	6.503	100.84	4.541	122.65	2.271	136.11	4
5	9.351	2.95	8.981	39.15	8.000	72.69	6.474	101.27	4.505	122.95	2.231	136.25	5
6	9.350	3.57	8.970	39.74	7.979	73.22	6.444	101.69	4.470	123.24	2.191	136.40	6
7	9.349	4.18	8.958	40.33	7.958	73.74	6.414	102.11	4.434	123.53	2.151	136.54	7
8	9.347	4.79	8.946	40.91	7.936	74.26	6.385	102.53	4.397	123.82	2.111	136.68	8
9	9.346	5.40	8.934	41.50	7.914	74.77	6.354	102.95	4.361	124.11	2.071	136.82	9
10	9.344	6.01	8.922	42.08	7.892	75.29	6.324	103.36	4.325	124.39	2.031	136.95	10
11	9.342	6.62	8.910	42.66	7.870	75.81	6.294	103.77	4.289	124.67	1.991	137.08	11
12	9.340	7.23	8.898	43.25	7.848	76.32	6.264	104.18	4.253	124.96	1.951	137.21	12
13	9.338	7.85	8.885	43.83	7.826	76.84	6.234	104.59	4.216	125.23	1.911	137.34	13
14	9.336	8.46	8.872	44.41	7.804	77.35	6.204	105.00	4.180	125.51	1.871	137.46	14
15	9.333	9.07	8.859	44.99	7.781	77.86	6.173	105.40	4.143	125.78	1.831	137.58	15
16	9.331	9.68	8.846	45.57	7.759	78.37	6.143	105.81	4.107	126.05	1.791	137.70	16
17	9.328	10.29	8.833	46.15	7.736	78.87	6.112	106.21	4.070	126.32	1.751	137.82	17
18	9.325	10.90	8.820	46.73	7.713	79.38	6.081	106.61	4.033	126.59	1.711	137.93	18
19	9.321	11.51	8.806	47.30	7.689	79.88	6.049	107.00	3.996	126.85	1.671	138.04	19
20	9.318	12.12	8.792	47.88	7.666	80.38	6.018	107.40	3.959	127.11	1.631	138.15	20
21	9.314	12.73	8.778	48.46	7.643	80.88	5.987	107.80	3.922	127.37	1.591	138.26	21
22	9.311	13.34	8.764	49.03	7.619	81.38	5.956	108.19	3.885	127.62	1.551	138.36	22
23	9.307	13.95	8.750	49.60	7.596	81.88	5.925	108.58	3.848	127.88	1.510	138.46	23
24	9.303	14.56	8.735	50.18	7.572	82.38	5.893	108.97	3.811	128.13	1.470	138.55	24
25	9.298	15.16	8.720	50.75	7.548	82.87	5.861	109.35	3.774	128.37	1.430	138.65	25
26	9.294	15.77	8.705	51.32	7.524	83.37	5.829	109.74	3.737	128.62	1.390	138.74	26
27	9.289	16.38	8.690	51.89	7.499	83.86	5.797	110.12	3.699	128.86	1.349	138.83	27
28	9.284	16.99	8.675	52.46	7.475	84.35	5.765	110.49	3.661	129.10	1.309	138.92	28
29	9.279	17.59	8.660	53.02	7.450	84.83	5.733	110.87	3.624	129.34	1.268	139.00	29
30	9.274	18.20	8.644	53.59	7.425	85.32	5.700	111.24	3.586	129.57	1.228	139.08	30
31	9.269	18.81	8.628	54.15	7.400	85.81	5.668	111.61	3.548	129.81	1.188	139.16	31
32	9.263	19.42	8.613	54.72	7.376	86.29	5.635	111.99	3.511	130.04	1.147	139.24	32
33	9.257	20.03	8.597	55.28	7.350	86.77	5.602	112.35	3.473	130.27	1.107	139.31	33
34	9.251	20.63	8.581	55.84	7.325	87.25	5.570	112.72	3.435	130.49	1.066	139.38	34
35	9.245	21.24	8.564	56.40	7.300	87.73	5.537	113.08	3.397	130.72	1.026	139.45	35
36	9.239	21.84	8.548	56.96	7.274	88.21	5.504	113.44	3.359	130.94	0.985	139.51	36
37	9.233	22.45	8.531	57.52	7.248	88.69	5.471	113.80	3.321	131.16	0.945	139.58	37
38	9.226	23.05	8.514	58.08	7.223	89.16	5.438	114.16	3.283	131.38	0.904	139.64	38
39	9.219	23.65	8.497	58.63	7.196	89.63	5.404	114.51	3.244	131.59	0.864	139.70	39
40	9.212	24.25	8.480	59.19	7.170	90.10	5.371	114.86	3.206	131.80	0.823	139.75	40
41	9.205	24.86	8.463	59.74	7.144	90.57	5.338	115.21	3.168	132.01	0.783	139.80	41
42	9.198	25.46	8.446	60.30	7.118	91.04	5.304	115.56	3.129	132.22	0.742	139.85	42
43	9.190	26.06	8.428	60.85	7.091	91.50	5.270	115.91	3.091	132.42	0.702	139.90	43
44	9.183	26.67	8.410	61.40	7.065	91.96	5.237	116.26	3.053	132.62	0.661	139.95	44
45	9.175	27.27	8.392	61.95	7.038	92.42	5.203	116.60	3.014	132.82	0.620	139.99	45
46	9.167	27.87	8.374	62.50	7.011	92.88	5.169	116.94	2.975	133.01	0.580	140.03	46
47	9.159	28.47	8.356	63.04	6.984	93.34	5.135	117.28	2.936	133.21	0.539	140.07	47
48	9.150	29.07	8.338	63.59	6.956	93.80	5.101	117.61	2.897	133.40	0.497	140.10	48
49	9.142	29.66	8.319	64.14	6.929	94.25	5.066	117.94	2.858	133.59	0.456	140.13	49
50	9.133	30.26	8.300	64.68	6.901	94.70	5.032	118.27	2.819	133.77	0.415	140.16	50
51	9.124	30.86	8.281	65.23	6.874	95.15	4.998	118.60	2.780	133.95	0.374	140.19	51
52	9.115	31.46	8.262	65.77	6.846	95.60	4.963	118.93	2.742	134.14	0.333	140.21	52
53	9.106	32.05	8.243	66.31	6.818	96.05	4.928	119.25	2.703	134.31	0.291	140.23	53
54	9.096	32.65	8.224	66.85	6.790	96.49	4.894	119.57	2.664	134.49	0.250	140.25	54
55	9.087	33.24	8.204	67.39	6.762	96.94	4.859	119.89	2.625	134.66	0.210	140.26	55
56	9.077	33.84	8.185	67.92	6.734	97.38	4.824	120.20	2.586	134.83	0.169	140.28	56
57	9.067	34.43	8.165	68.46	6.706	97.82	4.789	120.52	2.546	135.00	0.128	140.29	57
58	9.057	35.02	8.145	68.99	6.677	98.26	4.754	120.83	2.507	135.17	0.088	140.29	58
59	9.047	35.61	8.124	69.52	6.648	98.70	4.718	121.14	2.468	135.33	0.047	140.30	59
60	9.036	36.20	8.104	70.05	6.619	99.13	4.683	121.44	2.428	135.49	0.007	140.30	60

Reduktionsgrößen 1957

Übertragung von Sternörtern vom mittleren Äquinoktium 1957.0
auf das Normaläquinoktium 1950.0

α	B	α	α	B	α
h m	s	h m	h m	s	h m
0 0	−21.513	12 0	6 0	−21.513	18 0
10	21.513	10	10	21.513	10
20	21.514	20	20	21.513	20
30	21.514	30	30	21.513	30
40	21.514	40	40	21.513	40
0 50	21.514	12 50	6 50	21.513	18 50
1 0	−21.514	13 0	7 0	−21.513	19 0
10	21.514	10	10	21.512	10
20	21.514	20	20	21.512	20
30	21.514	30	30	21.512	30
40	21.515	40	40	21.512	40
1 50	21.515	13 50	7 50	21.512	19 50
2 0	−21.515	14 0	8 0	−21.512	20 0
10	21.515	10	10	21.512	10
20	21.515	20	20	21.512	20
30	21.515	30	30	21.512	30
40	21.515	40	40	21.512	40
2 50	21.515	14 50	8 50	21.512	20 50
3 0	−21.515	15 0	9 0	−21.512	21 0
10	21.515	10	10	21.512	10
20	21.515	20	20	21.512	20
30	21.515	30	30	21.512	30
40	21.515	40	40	21.512	40
3 50	21.515	15 50	9 50	21.512	21 50
4 0	−21.515	16 0	10 0	−21.512	22 0
10	21.515	10	10	21.512	10
20	21.515	20	20	21.512	20
30	21.514	30	30	21.512	30
40	21.514	40	40	21.512	40
4 50	21.514	16 50	10 50	21.512	22 50
5 0	−21.514	17 0	11 0	−21.513	23 0
10	21.514	10	10	21.513	10
20	21.514	20	20	21.513	20
30	21.514	30	30	21.513	30
40	21.514	40	40	21.513	40
5 50	21.513	17 50	11 50	21.513	23 50
6 0	−21.513	18 0	12 0	−21.513	24 0

C	ΔC	P	C	ΔC	P
s	s		s	s	
0	e0.000	e0.0000	350	e0.076	e0.1909
10	000	0055	360	082	1963
20	000	0109	370	089	2018
30	000	0164	380	097	2072
40	000	0218	390	104	2127
50	e0.000	e0.0273	400	e0.113	e0.2181
60	000	0327	410	121	2236
70	001	0382	420	131	2290
80	001	0436	430	140	2345
90	001	0491	440	150	2399
100	e0.002	e0.0545	450	e0.161	e0.2454
110	002	0600	460	172	2508
120	003	0654	470	183	2563
130	004	0709	480	195	2617
140	005	0764	490	207	2672
150	e0.006	e0.0818	500	e0.220	e0.2726
160	007	0873	510	234	2781
170	009	0927	520	248	2835
180	010	0982	530	262	2890
190	012	1036	540	277	2944
200	e0.014	e0.1091	550	e0.293	e0.2999
210	016	1145	560	309	3053
220	019	1200	570	326	3107
230	022	1254	580	344	3162
240	025	1309	590	362	3216
250	e0.028	e0.1363	600	e0.380	e0.3271
260	031	1418	610	400	3325
270	035	1473	620	420	3380
280	039	1527	630	440	3434
290	043	1582	640	462	3489
300	e0.048	e0.1636	650	e0.484	e0.3543
310	053	1691	660	506	3598
320	058	1745	670	529	3652
330	063	1800	680	553	3707
340	069	1854	690	578	3761
350	e0.076	e0.1909	700	e0.604	e0.3815

e bedeutet: Vorzeichen entgegengesetzt dem Vorzeichen des Arguments.

$$\alpha_{1950.0} = \alpha_{1957.0} + B + C + \Delta C, \text{ wobei } C = A \cdot \mathrm{tg}\,(\delta_{1957.0} + D)$$
$$\delta_{1950.0} = \delta_{1957.0} + D + R, \text{ wobei } R = A \cdot P$$

A und *D* sind aus der Tafel S. 288* u. 289* mit dem Argument $\alpha_{1957.0}$ zu entnehmen. Für die Werte von α zwischen 0^h und 12^h gelten die Vorzeichen zur Linken, für die Werte von α zwischen 12^h und 24^h gelten die Vorzeichen zur Rechten. *B*, *ΔC* und *P* sind in der obenstehenden Tafel enthalten. Die Vorzeichen von *ΔC* und *P* sind dem Vorzeichen von *C* entgegengesetzt.

Finsternisse, Merkurdurchgang, Sternbedeckungen, Mösting A., Rotation der Sonne, des Mars und des Jupiter, Trabanten

---

Konstellationen, Hilfstafeln

1957

Sonnen- und Mondfinsternisse 1957

Im Jahre 1957 finden zwei Sonnenfinsternisse und zwei Mondfinsternisse statt.

I. Ringförmige Sonnenfinsternis 1957 April 29—30 in Berlin nicht sichtbar

Konjunktion in Rektaszension	April 30,	$0^h 30^m 39^s.7$ Weltzeit
Rektaszension des Mondes		$2^h 28^m 1^s.51$
Stündliche Änderung		2 10.66
Rektaszension der Sonne		2 28 1.51
Stündliche Änderung		9.52
Deklination des Mondes		$+15° 35' 20''.8$
Stündliche Änderung		+ 7 27.4
Deklination der Sonne		+ 14 37 41.8
Stündliche Änderung		+ 46.3
Äquatorialhorizontalparallaxe des Mondes		$56' 24''.6$
„ der Sonne		8.7
Halbmesser des Mondes		$15' 21''.5$
„ der Sonne		15 52.5

		Weltzeit	Westl. Länge v. Greenwich	Geogr. Breite
		h m	° ′	° ′
Anfang der Finsternis	April 29,	21 50.4	245 40	+26 16
Beginn der ringförmigen Verfinsterung	29,	23 51.1	303 30	+65 34
Größte Phase[1]	30,	0 4.9	319 56	+70 40
Ende der ringförmigen Verfinsterung	30,	0 18.3	342 43	+74 13
Ende der Finsternis	30,	2 19.1	106 53	+50 39

Die Finsternis ist sichtbar im mittleren, nördlichen und östlichen Asien, im nördlichen Teil des Stillen Ozeans, im mittleren, nordwestlichen und nördlichen Teil von Nordamerika, im Nördlichen Eismeer und im nördlichen Grönland. Die Zone der ringförmigen Verfinsterung verläuft innerhalb der Barentssee.

[1] Die Achse des Schattenkegels trifft die Erde nicht. Der kleinste Abstand beträgt etwa 13 km und wird erreicht zu der Zeit und an dem Ort, die hier angegeben sind.

Ringförmige Sonnenfinsternis

1957 April 29—30

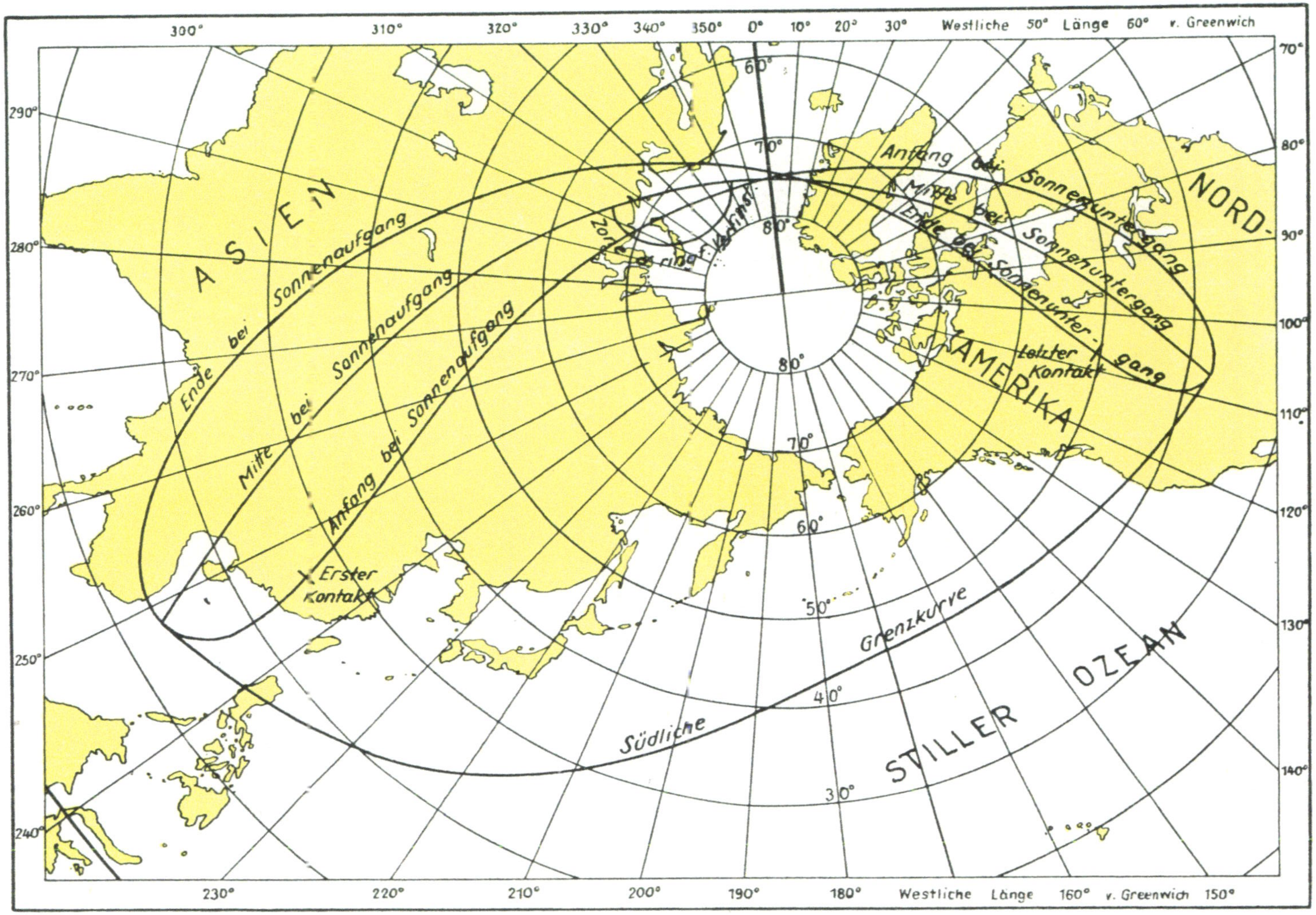

Zu Seite 292*

Elemente der ringförmigen Sonnenfinsternis 1957 April 29—30

Weltzeit	x	y	sin d	cos d	μ	l(a)	l(i)
h m					° ′ ″		
21 50	−1.387907	+0.706746	+0.251936	+0.967744	148 10 42.2	0.555373	+0.0094087
22 00	−1.301551	+0.726582	+0.251971	+0.967735	150 40 43.8	0.555361	+0.0093969
10	1.215191	0.746413	0.252007	0.967726	153 10 45.5	0.555348	0.0093845
20	1.128826	0.766238	0.252042	0.967716	155 40 47.1	0.555335	0.0093716
30	1.042456	0.786056	0.252078	0.967707	158 10 48.7	0.555322	0.0093581
40	0.956082	0.805867	0.252113	0.967698	160 40 50.3	0.555308	0.0093440
50	0.869704	0.825672	0.252148	0.967689	163 10 52.0	0.555293	0.0093293
23 00	−0.783321	+0.845471	+0.252184	+0.967679	165 40 53.6	0.555277	+0.0093140
10	0.696935	0.865262	0.252219	0.967670	168 10 55.2	0.555261	0.0092980
20	0.610544	0.885046	0.252255	0.967661	170 40 56.8	0.555245	0.0092814
30	0.524149	0.904823	0.252290	0.967652	173 10 58.5	0.555228	0.0092643
40	0.437752	0.924593	0.252326	0.967642	175 41 0.1	0.555210	0.0092465
50	0.351352	0.944356	0.252361	0.967633	178 11 1.7	0.555191	0.0092282
0 0	−0.264948	+0.964112	+0.252396	+0.967624	180 41 3.3	0.555172	+0.0092093
10	0.178543	0.983862	0.252432	0.967615	183 11 5.0	0.555153	0.0091898
20	0.092135	1.003605	0.252467	0.967605	185 41 6.6	0.555133	0.0091697
30	−0.005724	1.023341	0.252502	0.967596	188 11 8.2	0.555112	0.0091490
40	+0.080688	1.043070	0.252538	0.967587	190 41 9.8	0.555090	0.0091278
50	0.167102	1.062791	0.252573	0.967578	193 11 11.5	0.555068	0.0091059
1 0	+0.253518	+1.082505	+0.252609	+0.967569	195 41 13.1	0.555046	+0.0090835
10	0.339935	1.102212	0.252644	0.967559	198 11 14.7	0.555023	0.0090605
20	0.426355	1.121912	0.252679	0.967550	200 41 16.3	0.554999	0.0090368
30	0.512776	1.141605	0.252715	0.967541	203 11 18.0	0.554975	0.0090126
40	0.599197	1.161290	0.252750	0.967532	205 41 19.6	0.554950	0.0089878
50	0.685619	1.180968	0.252785	0.967522	208 11 21.2	0.554924	0.0089624
2 0	+0.772042	+1.200638	+0.252821	+0.967513	210 41 22.8	0.554898	+0.0089364
10	0.858465	1.220301	0.252856	0.967504	213 11 24.4	0.554871	0.0089098
2 20	+0.944888	+1.239956	+0.252891	+0.967495	215 41 26.0	0.554844	+0.0088826

Weltzeit	x′ für 1m	log x′ für 1m	y′ für 1m	log y′ für 1m	tg f(a)	log tg f(a)	tg f(i)	log tg f(i)
h m								
21 0	+0.0086326	7.93614	+0.0019871	7.29822	+0.0046416	7.66667	+0.0046185	7.66450
22 0	0.0086358	7.93630	0.0019834	7.29741	0.0046416	7.66667	0.0046184	7.66449
23 0	0.0086384	7.93643	0.0019795	7.29656	0.0046415	7.66666	0.0046184	7.66449
0 0	0.0086404	7.93653	0.0019753	7.29563	0.0046415	7.66666	0.0046183	7.66448
1 0	0.0086417	7.93660	0.0019710	7.29469	0.0046414	7.66665	0.0046183	7.66448
2 0	+0.0086423	7.93663	+0.0019667	7.29374	+0.0046413	7.66664	+0.0046182	7.66447

II. Totale Mondfinsternis 1957 Mai 13—14 in Berlin sichtbar

Opposition in Rektaszension	Mai 13,	22ʰ 25ᵐ 37ˢ.8	Weltzeit
Rektaszension des Mondes		15ʰ 21ᵐ 52ˢ.30	
Stündliche Änderung		2 21.76	
Rektaszension der Sonne		3 21 52.30	
Stündliche Änderung		9.84	
Deklination des Mondes		— 18° 11′ 40″.4	
Stündliche Änderung		— 5 34.2	
Deklination der Sonne		+ 18 29 32.7	
Stündliche Änderung		+ 36.6	
Äquatorialhorizontalparallaxe des Mondes		57′ 58″.3	
,, der Sonne		8.7	
Halbmesser des Mondes		15′ 47″.0	
,, der Sonne		15 49.4	
Eintritt des Mondes in den Halbschatten	Mai 13,	19ʰ 41ᵐ.9	Weltzeit
Eintritt des Mondes in den Kernschatten	13,	20 44.8	,,
Beginn der totalen Verfinsterung	13,	21 51.6	,,
Mitte der Finsternis	13,	22 30.9	,,
Ende der totalen Verfinsterung	13,	23 10.2	,,
Austritt des Mondes aus dem Kernschatten	14,	0 17.0	,,
Austritt des Mondes aus dem Halbschatten	14,	1 20.0	,,

Der Mond steht zu den Zeiten der ersten und letzten Berührung mit dem Kernschatten im Zenit der Orte, deren geographische Lage ist:

313° 3′ westliche Länge von Greenwich, 18° 2′ südliche Breite
4 10 ,, ,, ,, ,, 18 22 ,, ,,

Positionswinkel des Eintritts .... = 116°
,, des Austritts .... = 261°

Größe der Finsternis in Einheiten des Monddurchmessers = 1.304

Die Finsternis ist sichtbar in Australien mit Ausnahme des östlichen Teiles, in Asien mit Ausnahme des nordöstlichen Teiles, im Indischen Ozean, in Afrika und Europa, im Atlantischen Ozean und der Ostküste von Nordamerika, in Südamerika und in der Antarktis.

Totale Sonnenfinsternis

1957 Oktober 23

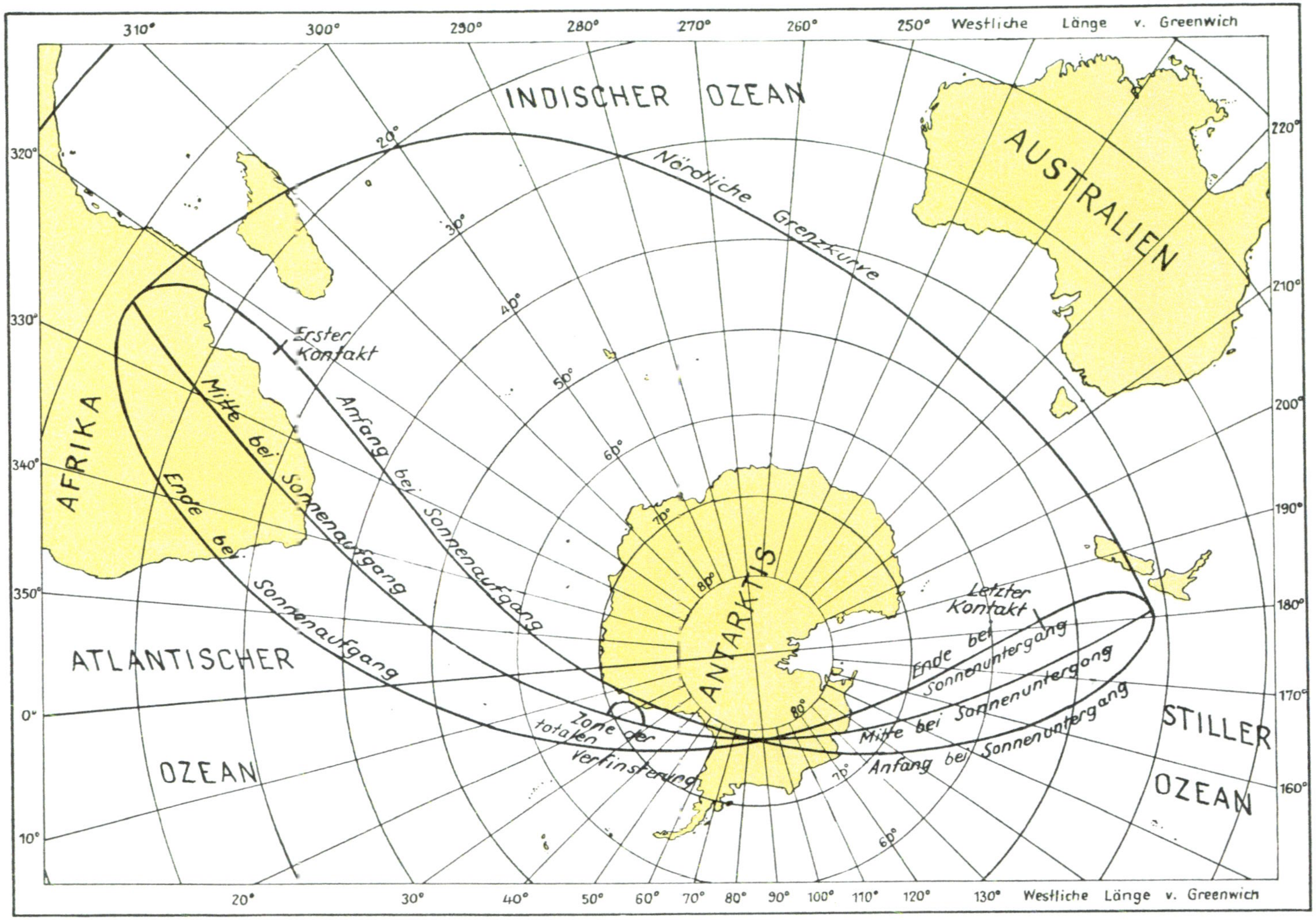

Zu Seite 295*

III. Totale Sonnenfinsternis 1957 Oktober 23 in Berlin nicht sichtbar

		h m s	
Konjunktion in Rektaszension	Oktober 23,	5 21 52.8	Weltzeit

	h m s
Rektaszension des Mondes	13 49 53.32
Stündliche Änderung	2 25.68
Rektaszension der Sonne	13 49 53.32
Stündliche Änderung	9.51
	° ′ ″
Deklination des Mondes	— 12 21 13.4
Stündliche Änderung	— 9 51.2
Deklination der Sonne	— 11 18 44.1
Stündliche Änderung	— 52.8
	′ ″
Äquatorialhorizontalparallaxe des Mondes	60 20.0
„ der Sonne	8.8
Halbmesser des Mondes	16 25.6
„ der Sonne	16 4.7

		Weltzeit h m	Westl. Länge v. Greenwich ° ′	Geogr. Breite ° ′
Anfang der Finsternis	Oktober 23,	2 50.9	321 58	—25 4
Beginn der totalen Verfinsterung	„ 23,	4 49.5	18 37	—69 31
Größte Phase[1]	„ 23,	4 53.4	23 20	—71 15
Ende der totalen Verfinsterung	„ 23,	4 57.0	28 13	—72 45
Ende der Finsternis	„ 23,	6 55.8	181 38	—54 20

Die Finsternis ist sichtbar im südlichen Teil von Afrika und Madagaskar, im südlichen Teil des Indischen Ozeans und in der Antarktis. Die Zone der totalen Verfinsterung verläuft in einem kleinen Gebiet des Südlichen Eismeers zwischen den Längen 16° und 28° westlich von Greenwich und den südlichen Breiten 69° und 73°.

[1] Die Achse des Schattenkegels trifft die Erde nicht. Der kleinste Abstand beträgt etwa 34 km und wird erreicht zu der Zeit und an dem Ort, die hier angegeben sind.

Elemente der totalen Sonnenfinsternis 1957 Oktober 23

Weltzeit	x	y	sin d	cos d	μ	$l^{(a)}$	$l^{(i)}$
h m					° ′ ″		
2 50	−1.398464	−0.659171	−0.195493	+0.980705	226 23 7.2	0.539781	−0.0061053
3 0	−1.306408	−0.684177	−0.195534	+0.980697	228 53 8.9	0.539804	−0.0060827
10	1.214348	0.709176	0.195574	0.980689	231 23 10.6	0.539826	0.0060608
20	1.122284	0.734169	0.195615	0.980681	233 53 12.3	0.539847	0.0060397
30	1.030216	0.759155	0.195656	0.980673	236 23 14.0	0.539867	0.0060192
40	0.938146	0.784134	0.195697	0.980665	238 53 15.7	0.539887	0.0059994
50	0.846072	0.809107	0.195737	0.980656	241 23 17.4	0.539907	0.0059803
4 0	−0.753995	−0.834074	−0.195778	+0.980648	243 53 19.1	0.539925	−0.0059619
10	0.661916	0.859034	0.195819	0.980640	246 23 20.8	0.539943	0.0059442
20	0.569835	0.883987	0.195860	0.980632	248 53 22.5	0.539960	0.0059271
30	0.477752	0.908934	0.195900	0.980624	251 23 24.2	0.539976	0.0059108
40	0.385667	0.933874	0.195941	0.980616	253 53 25.9	0.539992	0.0058951
50	0.293581	0.958806	0.195982	0.980608	256 23 27.6	0.540007	0.0058802
5 0	−0.201493	−0.983731	−0.196023	+0.980599	258 53 29.4	0.540021	−0.0058659
10	0.109404	1.008648	0.196064	0.980591	261 23 31.1	0.540035	0.0058523
20	−0.017314	1.033557	0.196104	0.980583	263 53 32.8	0.540048	0.0058395
30	+0.074777	1.058459	0.196145	0.980575	266 23 34.5	0.540060	0.0058274
40	0.166868	1.083353	0.196186	0.980567	268 53 36.2	0.540072	0.0058159
50	0.258960	1.108240	0.196227	0.980559	271 23 37.9	0.540083	0.0058052
6 0	+0.351052	−1.133119	−0.196267	+0.980550	273 53 39.6	0.540093	−0.0057951
10	0.443142	1.157991	0.196308	0.980542	276 23 41.3	0.540102	0.0057857
20	0.535232	1.182855	0.196349	0.980534	278 53 43.0	0.540111	0.0057770
30	0.627321	1.207712	0.196390	0.980526	281 23 44.7	0.540119	0.0057690
40	0.719409	1.232560	0.196430	0.980518	283 53 46.4	0.540126	0.0057617
50	0.811495	1.257401	0.196471	0.980510	286 23 48.1	0.540133	0.0057551
7 0	+0.903580	−1.282234	−0.196512	+0.980501	288 53 49.8	0.540139	−0.0057491

Welt-zeit	x' für 1m	log x'	y' für 1m	log y'	tg $f^{(a)}$	log tg $f^{(a)}$	tg $f^{(i)}$	log tg $f^{(i)}$
h m								
2 0	+0.0092029	7.96393	−0.0025041	7.39865n	+0.0046999	7.67209	+0.0046765	7.66992
3 0	0.0092058	7.96406	0.0025003	7.39799n	0.0047000	7.67210	0.0046766	7.66993
4 0	0.0092078	7.96416	0.0024963	7.39730n	0.0047000	7.67210	0.0046766	7.66993
5 0	0.0092089	7.96421	0.0024921	7.39657n	0.0047001	7.67211	0.0046767	7.66994
6 0	0.0092091	7.96422	0.0024876	7.39578n	0.0047001	7.67211	0.0046767	7.66994
7 0	+0.0092084	7.96418	−0.0024829	7.39496n	+0.0047002	7.67212	+0.0046768	7.66995

IV. Totale Mondfinsternis 1957 November 7 in Berlin nicht sichtbar

			h m s	
Opposition in Rektaszension	Nov.	7,	14 16 51.9	Weltzeit
			h m s	
Rektaszension des Mondes			2 49 47.85	
Stündliche Änderung			2 7.90	
Rektaszension der Sonne			14 49 47.85	
Stündliche Änderung			10.00	
			° ′ ″	
Deklination des Mondes			+ 15 54 13.5	
Stündliche Änderung			+ 6 25.4	
Deklination der Sonne			— 16 18 47.9	
Stündliche Änderung			— 44.2	
			′ ″	
Äquatorialhorizontalparallaxe des Mondes			55 35.4	
„ der Sonne			8.9	
			′ ″	
Halbmesser des Mondes			15 8.1	
„ der Sonne			16 8.6	
			h m	
Eintritt des Mondes in den Halbschatten	Nov.	7,	11 30.5	Weltzeit
Eintritt des Mondes in den Kernschatten	„	7,	12 43.4	„
Beginn der totalen Verfinsterung	„	7,	14 11.9	„
Mitte der Finsternis	„	7,	14 26.9	„
Ende der totalen Verfinsterung	„	7,	14 41.9	„
Austritt des Mondes aus dem Kernschatten	„	7,	16 10.5	„
Austritt des Mondes aus dem Halbschatten	„	7,	17 23.2	„

Der Mond steht zu den Zeiten der ersten und letzten Berührung mit dem Kernschatten im Zenit der Orte, deren geographische Lage ist:

195° 40′ westliche Länge von Greenwich, 15° 44′ nördliche Breite
245 45 „ „ „ „ 16 6 „ „

Positionswinkel des Eintritts = 53°
„ „ Austritts = 284°

Größe der Finsternis in Einheiten des Monddurchmessers = 1.035

Die Finsternis ist sichtbar in Nordamerika mit Ausnahme des östlichen Teiles, im Stillen Ozean und im Nördlichen Eismeer, in Australien und Asien, im Indischen Ozean, im nordöstlichen Teil von Afrika und in Osteuropa.

Merkurdurchgang 1957

Merkurdurchgang 1957 Mai 5—6 in Berlin nicht sichtbar

Konjunktion in Rektaszension	Mai	5,	23ʰ 18ᵐ 33ˢ.9	Weltzeit
Rektaszension des Merkur			2ʰ 50ᵐ 50ˢ.26	
Stündliche Änderung		—	5.34	
Rektaszension der Sonne			2 50 50.26	
Stündliche Änderung		+	9.65	
Deklination des Merkur		+	16° 40′ 24″.4	
Stündliche Änderung		—	1 8.5	
Deklination der Sonne		+	16 23 23.4	
Stündliche Änderung		+	42.5	
Äquatorialhorizontalparallaxe des Merkur			15″.72	
,, der Sonne			8.72	
Halbmesser des Merkur			5″.97	
,, der Sonne			15′ 51″.13	

Geozentrischer Verlauf des Durchganges

	Weltzeit	Positionswinkel nach Westen	Merkur steht im Zenit der Orte: Westl. Länge v. Greenwich	Geogr. Breite
	h m s	° ′	° ′	° ′
Eintritt, äußere Berührung	Mai 5, 23 59 5.8	8 44	180 40	+16 40
Eintritt, innere Berührung	,, 6, 0 9 0.3	11 3	183 9	+16 39
Kleinster Abstand d. Zentren 15′ 7″.7	,, 6, 1 14 13.7	— —	199 32	+16 38
Austritt, innere Berührung	,, 6, 2 19 24.9	43 26	215 54	+16 37
Austritt, äußere Berührung	,, 6, 2 29 19.5	45 44	218 23	+16 37

Die Weltzeit der vier Kontakte für irgendeinen Ort der Erdoberfläche mit den geozentrischen Koordinaten ρ und φ' und der westlichen Länge λ von Greenwich kann nach folgenden Formeln berechnet werden:

Eintritt, äuß. Ber.	$T_1 = 23^h\,59^m\,5^s.8 - 308^s.53\,\rho \sin\varphi' - 104^s.82\,\rho \cos\varphi' \cos(27^\circ\,35'.7 + \lambda)$
Eintritt, inn. Ber.	$T_2 = 0\;9\;0.3 - 348.26\,\rho \sin\varphi' - 126.16\,\rho \cos\varphi' \cos(31\;\;9.0 + \lambda)$
Austritt, inn. Ber.	$T_3 = 2\;19\;24.9 + 261.45\,\rho \sin\varphi' + 270.06\,\rho \cos\varphi' \cos(37\;19.0 + \lambda)$
Austritt, äuß. Ber.	$T_4 = 2\;29\;19.5 + 220.72\,\rho \sin\varphi' + 245.55\,\rho \cos\varphi' \cos(36\;\;4.2 + \lambda)$

Der Eintritt ist sichtbar in Nordamerika mit Ausnahme des äußersten östlichen Teiles, im Stillen Ozean, in der Arktis, in Australien, in Asien mit Ausnahme des südwestlichen Teiles und im östlichen Teil des Indischen Ozeans. Der Austritt ist sichtbar im westlichen Teil von Nordamerika, in der Arktis, im Stillen Ozean mit Ausnahme des südöstlichen Teiles, in Australien, in Asien, im Indischen Ozean und im nordöstlichen Teil von Europa.

Elemente der in Mitteleuropa sichtbaren Sternbedeckungen

Stern: Name	NZC	Gr.	α app.	δ app.	Konjunktion in Rektaszension: Weltzeit	Stundenw. H	Y	x′	y′	Alter des Mondes
Januar										
		m	h m s	° ′ ″	d h m	h m				d
BD—13°5779	3051	7.0	20 50 8.49	—13 21 52.3	3 16 32.1	+2 34.0	+0.8277	0.5234	+0.1613	2.6
51 Aquarii	3287	5.8	22 21 52.60	— 5 3 14.2	5 17 15.7	+1 53.9	+0.3263	0.5113	+0.1924	4.6
BD—5°5790	3290	7.3	22 23 52.44	— 5 23 44.6	5 18 20.5	+2 56.9	+0.9131	0.5111	+0.1927	4.7
241 B. Piscium .	203	6.9	1 20 38.41	+11 8 39.5	9 15 9.8	—2 55.3	+0.5368	0.5359	+0.1714	8.5
100 Piscium ...	230	7.4	1 32 35.52	+12 20 26.5	9 20 58.5	+2 42.5	+0.2368	0.5396	+0.1662	8.8
π Piscium ...	240	5.6	1 34 50.17	+11 55 25.6	9 22 3.5	+3 45.3	+0.8607	0.5404	+0.1651	8.8
281 B. Piscium .	241	6.9	1 35 24.56	+11 51 40.6	9 22 20.0	+4 1.4	+0.9728	0.5405	+0.1648	8.8
BD+18°484	497	6.4	3 24 37.63	+18 36 29.4	11 23 33.4	+3 33.6	+0.4348	0.5779	+0.0951	10.9
43 Tauri	614	5.7	4 6 41.61	+19 29 50.1	12 16 56.0	—3 43.0	+0.8686	0.5906	+0.0600	11.6
282 B. Tauri ...	691	6.6	4 33 13.38	+19 47 40.4	13 3 33.0	+6 29.2	+1.0712	0.5973	+0.0362	12.0
106 *l* Tauri	765	5.3	5 5 17.93	+20 21 45.8	13 16 6.9	—5 27.0	+0.7592	0.6038	+0.0063	12.6
351 B. Tauri ...	793	6.2	5 16 44.35	+20 5 25.0	13 20 32.3	—1 12.2	+1.0339	0.6057	—0.0046	12.8
372 B. Tauri ...	837	6.1	5 31 7.80	+20 26 39.8	14 2 4.3	+4 6.3	+0.6140	0.6076	—0.0183	13.0
68 Orionis	940	5.7	6 9 31.02	+19 48 0.4	14 16 42.6	—5 51.4	+0.7142	0.6106	—0.0548	13.6
A² Cancri	1318	5.7	8 44 37.09	+12 15 54.8	17 4 35.5	+3 36.3	+0.7797	0.5952	—0.1788	16.1
ω Leonis m. ..	1397	5.5	9 26 11.63	+ 9 14 28.1	17 21 27.8	—4 10.3	+0.5395	0.5866	—0.1995	16.8
87 *e* Leonis ...	1670	5.1	11 28 8.90	— 2 46 9.1	20 1 43.8	—1 47.7	+1.2691	0.5642	—0.2168	19.0
40 H. Virginis .	2029	5.1	14 8 30.51	—16 6 1.5	23 2 12.3	—3 47.6	+1.1785	0.5567	—0.1489	22.0
Februar										
		m	h m s	° ′ ″	d h m	h m				d
6 G. Piscium .	3370	6.2	22 56 2.70	— 2 37 28.8	2 17 50.2	+3 44.8	+1.0257	0.5126	+0.1958	2.8
λ Piscium ...	3494	4.6	23 39 51.34	+ 1 32 39.3	3 17 26.1	+2 40.8	+1.0414	0.5143	+0.1955	3.8
51 Piscium ...	68	5.7	0 30 11.04	+ 6 43 9.2	4 20 4.4	+4 33.1	+0.4606	0.5207	+0.1868	4.9
210 B. Piscium .	173	6.6	1 9 14.36	+10 3 53.2	5 16 7.6	+0 0.5	+0.4376	0.5287	+0.1741	5.8
12 H.¹ Arietis .	299	6.3	2 0 16.98	+13 16 15.7	6 17 15.8	+0 21.9	+1.0612	0.5421	+0.1501	6.8
Mars	—	0.9	2 12 30.21	+14 15 18.5	6 23 5.1	+5 59.9	+0.8595	0.5211	+0.1338	7.1
124 B. Arietis ..	423	6.4	2 50 49.11	+16 18 35.3	7 16 50.2	—0 50.4	+0.9938	0.5573	+0.1188	7.8
53 Arietis	455	6.1	3 5 1.60	+17 42 57.5	7 23 13.9	+5 20.1	+0.2332	0.5616	+0.1087	8.1
106 *l* Tauri	765	5.3	5 5 17.68	+20 21 45.4	10 1 57.7	+6 12.0	+0.5607	0.5925	+0.0070	10.2
BD+19°1110	888	6.0	5 49 52.84	+19 51 25.2	10 19 40.2	—0 47.2	+0.8379	0.5993	—0.0336	10.9
203 B. Orionis .	892	6.6	5 50 47.91	+20 17 21.5	10 20 1.9	—0 26.4	+0.3899	0.5994	—0.0345	10.9
χ¹ Orionis	894	4.6	5 51 52.44	+20 16 6.8	10 20 27.2	—0 2.1	+0.3959	0.5995	—0.0355	11.0
57 Orionis	895	5.9	5 52 26.23	+19 44 29.2	10 20 40.5	+0 10.7	+0.9189	0.5996	—0.0360	11.0
64 Orionis	913	5.2	6 0 56.96	+19 41 28.8	11 0 0.9	+3 23.1	+0.8340	0.6005	—0.0439	11.1
χ² Orionis	915	4.7	6 1 24.30	+20 8 22.0	11 0 11.6	+3 33.4	+0.3757	0.6005	—0.0443	11.1
68 Orionis	940	5.7	6 9 30.88	+19 48 0.2	11 3 22.1	+6 36.3	+0.5629	0.6013	—0.0518	11.2
BD+18°1338	1038	6.8	6 43 52.14	+18 52 55.8	11 16 45.5	—4 32.5	+0.5705	0.6031	—0.0832	11.8
110 B.Geminor.	1072	6.2	6 59 58.02	+17 48 56.3	11 23 1.1	+1 28.1	+1.0621	0.6033	—0.0974	12.1
1 Cancri	1197	6.0	7 54 35.66	+15 54 11.1	12 20 19.8	—2 4.3	+0.3782	0.6012	—0.1421	12.9
30 B. Cancri ..	1234	6.1	8 8 36.67	+14 45 16.0	13 1 50.4	+3 13.1	+0.6931	0.6000	—0.1524	13.2
BD+14°1850	1237	6.4	8 10 0.52	+14 7 49.0	13 2 23.4	+3 44.9	+1.2209	0.5998	—0.1534	13.2
55 Leonis	1587	6.0	10 53 32.19	+ 0 57 43.3	15 21 8.3	—4 2.9	+0.9988	0.5789	—0.2197	16.0
62 *p*³ Leonis ..	1605	6.2	11 1 27.05	+ 0 13 35.5	16 0 29.6	—0 48.9	+0.9840	0.5780	—0.2200	16.1
ψ Virginis ...	1853	4.9	12 52 9.12	— 9 18 32.8	18 0 18.1	—2 43.2	+0.3523	0.5690	—0.1947	18.1
21 Sagittarii ..	2666	5.0	18 22 48.17	—20 33 54.6	24 4 7.1	—4 0.6	+0.6511	0.5477	+0.0577	24.3
43 *d* Sagittarii.	2814	5.0	19 15 7.78	—19 1 47.2	25 5 10.5	—3 45.4	+0.9246	0.5393	+0.0979	25.3

Elemente der in Mitteleuropa sichtbaren Sternbedeckungen

Stern: Name	NZC	Gr.	α app.	δ app.	Konjunktion in Rektaszension: Weltzeit	Stundenw. H	Y	x'	y'	Alter des Mondes
März										
		m	h m s	° ' "	d h m	h m				d
180 B. Piscium .	145	6.7	1 0 28.21	+ 8 54 9.8	4 17 12.5	+3 0.9	+0.6927	0.5291	+0.1765	3.0
BD+11°248	279	7.1	1 51 12.35	+12 28 18.9	5 18 27.1	+3 28.8	+0.9989	0.5400	+0.1538	4.1
26 B. Tauri ...	517	6.4	3 31 42.28	+17 41 35.0	7 17 9.2	+0 38.2	+1.1412	0.5644	+0.0874	6.0
282 B. Tauri ...	691	6.6	4 33 12.59	+19 47 39.0	8 19 48.0	+2 19.7	+0.5890	0.5774	+0.0366	7.1
BD+18°1214	985	6.9	6 23 41.03	+18 46 57.0	10 17 21.8	—1 49.4	+1.0393	0.5906	—0.0623	9.0
162 B. Geminor.	1141	5.6	7 29 21.98	+17 10 33.1	11 19 55.0	—0 17.6	+0.2433	0.5915	—0.1181	10.1
84 B. Cancri ..	1281	6.4	8 31 24.68	+13 24 5.8	12 21 8.1	—0 2.4	+0.4357	0.5887	—0.1631	11.2
A¹ Cancri	1309	5.7	8 40 52.78	+12 49 55.7	13 1 0.7	+3 41.5	+0.3557	0.5881	—0.1690	11.3
A² Cancri	1318	5.7	8 44 37.18	+12 15 52.9	13 2 32.8	+5 10.0	+0.6563	0.5879	—0.1713	11.4
ω Leonis *m*. ..	1397	5.5	9 26 11.92	+ 9 14 25.1	13 19 42.4	—2 19.2	+0.5026	0.5849	—0.1933	12.1
68 *i* Virginis ..	1930	5.6	13 24 29.40	—12 29 18.0	18 0 46.6	—0 56.6	+1.0972	0.5768	—0.1793	16.3
550 B. Virginis .	1949	5.8	13 32 25.83	—12 59 53.3	18 4 10.0	+2 19.4	+1.0119	0.5769	—0.1748	16.5
April										
		m	h m s	° ' "	d h m	h m				d
29 Arietis	374	6.1	2 30 33.15	+14 50 42.6	2 18 49.3	+5 2.1	+0.9701	0.5537	+0.1304	2.4
234 B. Tauri ...	654	6.0	4 22 27.53	+18 56 37.7	4 20 37.8	+5 6.9	+1.1017	0.5757	+0.0452	4.5
ε Tauri	668	3.6	4 26 7.14	+19 5 8.9	4 22 11.8	+6 37.5	+1.0203	0.5762	+0.0421	4.5
BD+19°886	790	6.9	5 14 59.58	+20 5 9.8	5 18 52.0	+2 32.2	+0.3991	0.5817	—0.0008	5.4
351 B. Tauri ...	793	6.2	5 16 43.15	+20 5 23.7	5 19 35.3	+3 14.0	+0.3939	0.5819	—0.0023	5.4
352 B. Tauri ...	796	6.8	5 17 47.20	+19 32 4.0	5 20 2.2	+3 39.8	+0.9703	0.5819	—0.0033	5.4
353 B. Tauri ...	798	6.4	5 18 25.28	+19 46 15.0	5 20 18.1	+3 55.1	+0.7234	0.5819	—0.0038	5.4
71 Orionis	947	5.2	6 12 20.51	+19 10 14.8	6 18 44.4	+1 31.2	+0.7145	0.5844	—0.0516	6.4
BD+18°1214	985	6.9	6 23 40.52	+18 46 57.0	6 23 26.3	+6 2.5	+0.8471	0.5845	—0.0615	6.6
BD+17°1518	1091	6.7	7 9 19.58	+17 2 47.1	7 18 22.6	+0 16.3	+1.0868	0.5835	—0.0998	7.4
30 B. Cancri ..	1234	6.1	8 8 36.02	+14 45 16.8	8 19 9.3	+0 7.8	+0.3677	0.5800	—0.1442	8.4
BD+14°1850	1237	6.4	8 9 59.87	+14 7 49.7	8 19 44.6	+0 41.8	+0.9137	0.5799	—0.1452	8.4
BD+14°1879	1256	7.1	8 19 31.75	+13 45 30.7	8 23 45.7	+4 34.0	+0.6923	0.5792	—0.1516	8.6
κ Cancri	1359	5.1	9 5 27.37	+10 50 17.2	9 19 16.2	—0 38.2	+0.3987	0.5758	—0.1785	9.4
BD+10°1972	1384	7.4	9 17 14.14	+ 9 58 4.3	10 0 18.7	+4 13.4	+0.3562	0.5751	—0.1843	9.6
14 Sextantis ..	1482	6.3	10 4 34.98	+ 5 49 0.9	10 20 43.2	—0 6.2	+0.5421	0.5726	—0.2027	10.5
19 Sextantis ..	1495	5.9	10 10 36.54	+ 4 49 22.1	10 23 19.9	+2 24.9	+1.0023	0.5723	—0.2043	10.6
62 *p*³ Leonis ..	1605	6.2	11 1 27.15	+ 0 13 32.9	11 21 26.0	—0 16.2	+0.9503	0.5716	—0.2128	11.5
λ Librae	2267	5.1	15 50 53.14	—20 2 28.9	17 1 11.5	—0 59.7	+0.8724	0.5799	—0.0723	16.7
16 B.Capricorni	2968	6.2	20 18 23.42	—14 55 9.9	22 2 54.2	—3 24.6	+0.5034	0.5298	+0.1378	21.7
β Capricorni..	2969	3.2	20 18 37.59	—14 54 57.8	22 3 1.3	—3 17.7	+0.5161	0.5297	+0.1379	21.7
Mai										
		m	h m s	° ' "	d h m	h m				d
333 B. Tauri *m*.	760	6.5	5 3 0.73	+19 44 51.8	2 19 37.1	+5 15.9	+0.6582	0.5860	+0.0094	2.8
110 B. Geminor.	1072	6.2	6 59 56.74	+17 48 57.0	4 19 52.5	+3 42.3	+0.5936	0.5848	—0.0924	4.8
BD+15°1734	1212	7.1	8 0 18.67	+15 4 1.5	5 21 10.4	+4 4.0	+0.4632	0.5784	—0.1379	5.9
60 Cancri	1332	5.7	8 53 36.50	+11 47 15.9	6 20 0.9	+2 5.0	+0.2536	0.5718	—0.1704	6.8
25 B. Sextantis	1453	6.3	9 51 29.52	+ 6 9 26.1	7 21 23.3	+2 33.6	+1.2814	0.5658	—0.1954	7.9
237 B. Leonis ..	1582	6.3	10 50 3.44	+ 1 14 55.4	8 23 29.9	+3 46.0	+0.9381	0.5628	—0.2081	9.0
BD—7°3443	1809	6.9	12 35 10.71	— 8 4 7.7	10 22 27.8	+1 6.4	+0.6863	0.5670	—0.1960	10.9
χ Virginis ...	1815	4.8	12 37 4.33	— 7 45 50.9	10 23 18.1	+1 54.9	+0.2138	0.5672	—0.1954	10.9
68 *i* Virginis ..	1930	5.6	13 24 29.74	—12 29 20.7	11 20 8.0	—1 59.2	+1.1341	0.5718	—0.1754	11.8
550 B. Virginis .	1949	5.8	13 32 26.22	—12 59 56.1	11 23 35.4	+1 20.9	+1.0546	0.5726	—0.1713	12.0
11 H. Librae ..	2217	5.5	15 30 11.78	—19 31 38.9	14 1 56.9	+1 52.9	+1.0550	0.5810	—0.0893	14.1
ξ Ophiuchi ..	2498	4.5	17 18 28.96	—21 4 5.0	16 0 3.2	—1 41.5	+0.7081	0.5739	+0.0043	16.0
190 B. Ophiuchi	2509	6.0	17 22 11.12	—21 24 8.9	16 1 39.4	—0 8.8	+1.0728	0.5734	+0.0075	16.1
15 Sagittarii ..	2638	5.4	18 12 42.29	—20 44 27.5	16 23 52.7	—2 42.3	+1.0279	0.5640	+0.0503	17.0
16 Sagittarii ..	2639	6.0	18 12 42.71	—20 24 2.7	16 23 52.9	—2 42.1	+0.6633	0.5640	+0.0503	17.0

Sternbedeckungen 1957

Elemente der in Mitteleuropa sichtbaren Sternbedeckungen

Stern: Name	NZC	Gr.	α app.	δ app.	Konjunktion in Rektaszension: Weltzeit	Stundenw. H	Y	x′	y′	Alter des Mondes
Juni										
		m	h m s	° ′ ″	d h m	h m				d
BD+3°2379	1543	6.6	10 29 24.88	+ 3 3 42.7	4 19 37.6	+2 0.1	+1.0733	0.5621	—0.2046	6.3
BD—1°2521	1655	6.7	11 22 48.64	— 1 58 48.8	5 19 44.8	+1 17.9	+1.1880	0.5588	—0.2077	7.3
127 B. Virginis .	1778	7.1	12 20 59.27	— 7 3 56.3	6 22 9.8	+2 49.0	+0.9748	0.5595	—0.1982	8.4
474 B. Virginis .	1901	6.9	13 12 43.46	—11 8 35.7	7 21 28.8	+1 20.1	+0.7302	0.5633	—0.1792	9.4
BD—10°3644	1907	6.7	13 15 9.10	—11 15 41.8	7 22 33.9	+2 23.0	+0.6579	0.5635	—0.1780	9.4
ω^1 Scorpii	2307	4.1	16 4 21.09	—20 33 20.2	11 0 24.2	+1 36.2	+1.0526	0.5765	—0.0608	12.5
Juli										
		m	h m s	° ′ ″	d h m	h m				d
44 B. Virginis .	1743	6.8	12 3 24.97	— 5 36 38.8	3 19 32.7	+2 15.5	+1.2568	0.5609	—0.2032	5.9
BD—16°3939*m*.	2111	7.0	14 46 10.79	—17 9 51.0	6 20 23.1	+0 35.1	+0.7637	0.5674	—0.1229	9.0
28 G. Librae ..	2119	6.7	14 49 13.73	—17 36 56.0	6 21 43.7	+1 52.9	+1.0715	0.5675	—0.1207	9.0
47 c^2 Capricorni	3187	6.2	21 44 2.30	— 9 28 8.5	14 22 20.8	—3 53.2	+1.2580	0.5200	+0.1752	17.0
κ Aquarii	3320	5.3	22 35 35.15	— 4 26 39.4	16 1 50.7	—1 10.3	+0.6866	0.5137	+0.1868	18.2
62 Piscium ...	103	6.1	0 46 6.22	+ 7 4 11.7	18 23 47.3	—5 12.8	+0.9857	0.5211	+0.1767	21.1
δ Piscium ...	105	4.6	0 46 29.80	+ 7 21 20.8	18 23 59.5	—5 0.9	+0.7082	0.5212	+0.1766	21.1
August										
		m	h m s	° ′ ″	d h m	h m				d
ξ Ophiuchi ..	2498	4.5	17 18 29.43	—21 4 4.3	5 20 44.5	+0 22.5	+0.8937	0.5649	+0.0002	9.7
15 Sagittarii ..	2638	5.4	18 12 43.13	—20 44 25.7	6 21 10.2	—0 2.0	+1.1140	0.5587	+0.0455	10.7
16 Sagittarii ..	2639	6.0	18 12 43.54	—20 24 0.7	6 21 10.4	—0 1.8	+0.7456	0.5587	+0.0455	10.7
17 Sagittarii ..	2642	7.1	18 14 5.80	—20 33 28.7	6 21 47.9	+0 34.5	+0.9456	0.5585	+0.0466	10.7
187 B. Sagittarii	2787	6.4	19 4 41.61	—18 48 7.6	7 21 15.0	—0 45.2	+0.6061	0.5504	+0.0860	11.7
376 B. Aquarii .	3507	6.4	23 46 40.92	+ 1 58 56.6	13 22 36.0	—3 42.3	+0.5873	0.5144	+0.1871	17.7
25 Piscium ...	3515	6.2	23 50 56.24	+ 1 51 29.5	14 0 53.4	—1 28.8	+1.1529	0.5147	+0.1866	17.8
312 B. Tauri ...	736	6.2	4 52 29.29	+19 25 2.1	20 2 49.5	—4 10.2	+0.5801	0.5789	+0.0230	23.9
74 B.Gemin. *m*.	1040	6.2	6 44 54.86	+18 14 22.6	22 0 58.3	—7 46.4	+0.5737	0.5945	—0.0752	25.8
BD—17°4273	2173	7.0	15 10 2.79	—17 55 50.9	30 18 52.4	+2 17.2	+0.8580	0.5762	—0.1073	5.3
β Scorpii	2302	2.9	16 2 59.12	—19 41 24.4	31 17 34.9	+0 10.4	+0.7384	0.5735	—0.0646	6.2
September										
		m	h m s	° ′ ″	d h m	h m				d
16 G. Sagittarii	2591	6.5	17 57 30.30	—20 20 9.6	2 19 57.5	+0 46.8	+0.6308	0.5605	+0.0317	8.3
BD—19°5182	2733	6.4	18 47 7.52	—19 11 20.5	3 18 44.1	—1 12.5	+0.5736	0.5519	+0.0710	9.3
BD—17°5746	2889	7.1	19 44 44.97	—17 10 48.3	4 22 11.8	+1 22.1	+0.9120	0.5409	+0.1118	10.4
ε Piscium	146	4.4	1 0 46.61	+ 7 39 56.2	11 19 43.4	—5 55.1	+1.2134	0.5246	+0.1698	17.3
26 B. Arietis ..	290	6.1	1 57 11.57	+12 5 32.4	13 0 28.3	—2 2.0	+0.9001	0.5348	+0.1458	18.5
o Arietis	403	5.8	2 42 14.52	+15 8 5.8	13 22 32.1	—4 39.5	+0.5213	0.5444	+0.1203	19.4
σ Arietis	422	5.5	2 49 10.87	+14 54 35.7	14 1 51.6	—1 26.4	+1.1571	0.5459	+0.1158	19.6
ε Tauri	668	3.6	4 26 9.86	+19 5 15.8	15 22 24.5	—6 23.2	+0.3033	0.5664	+0.0446	21.4
ω Leonis *m*. ..	1397	5.5	9 26 11.31	+ 9 14 29.5	21 4 28.7	—4 58.3	+0.4948	0.5852	—0.1833	26.7
Saturn	—	0.8	16 32 3.67	—20 23 29.3	28 13 56.5	—2 7.2	+1.0225	0.5768	—0.0399	4.8
110 B. Sagittarii	2699	7.2	18 32 54.86	—19 18 3.0	30 18 47.8	+0 51.9	+0.4717	0.5579	+0.0599	7.0
Oktober										
		m	h m s	° ′ ″	d h m	h m				d
16 B.Capricorni	2968	6.2	20 18 25.38	—14 54 59.4	2 21 5.2	+1 32.0	+0.6320	0.5341	+0.1311	9.1
β Capricorni .	2969	3.2	20 18 39.56	—14 54 47.3	2 21 12.3	+1 38.9	+0.6438	0.5341	+0.1312	9.1
ν Aquarii	3093	4.5	21 7 19.05	—11 32 25.9	3 21 54.6	+1 36.6	+0.4844	0.5249	+0.1554	10.1
46 c^1 Capricorni	3185	5.3	21 42 46.68	— 9 16 25.7	4 16 25.7	—4 24.7	+0.9846	0.5201	+0.1689	10.9
κ Aquarii	3320	5.3	22 35 35.82	— 4 26 33.6	5 20 34.0	—1 4.6	+0.5771	0.5162	+0.1818	11.4
o Arietis	403	5.8	2 42 15.07	+15 8 8.1	11 4 9.3	+2 45.0	+0.4142	0.5476	+0.1198	17.4
85 H.^{1} Tauri ..	639	6.0	4 17 59.45	+18 38 34.1	13 0 20.3	—2 32.5	+0.4662	0.5651	+0.0506	19.2
234 B. Tauri ...	654	6.0	4 22 31.02	+18 56 46.2	13 2 21.5	—0 35.5	+0.2403	0.5658	+0.0470	19.3

Elemente der in Mitteleuropa sichtbaren Sternbedeckungen

Stern					Konjunktion in Rektaszension					Alter des Mondes
Name	NZC	Gr.	α app.	δ app.	Weltzeit	Stundenw. H	Y	x′	y′	
Oktober										
		m	h m s	° ′ ″	d h m	h m				d
BD+18°1129	943	6.2	6 11 5.56	+18 41 30.2	15 1 39.7	—2 58.1	+0.5963	0.5761	—0.0438	21.3
λ Geminorum	1106	3.6	7 15 40.87	+16 36 59.5	16 5 15.7	—0 22.1	+0.8021	0.5771	—0.0962	22.4
BD+14°1850	1237	6.4	8 10 1.01	+14 7 49.1	17 4 29.0	—1 59.4	+0.6442	0.5762	—0.1355	23.4
κ Cancri	1359	5.1	9 5 27.91	+10 50 17.6	18 4 17.6	—3 2.3	+0.3393	0.5748	—0.1688	24.4
39 G. Sagitt. *m.*	2629	6.3	18 8 44.65	—19 51 0.2	27 16 28.9	+0 43.2	+0.6014	0.5712	+0.0416	4.5
187 B. Sagittarii	2787	6.4	19 4 40.43	—18 48 8.6	28 17 28.4	+0 50.9	+1.0880	0.5569	+0.0845	5.5
84 B.Capricorni	3045	6.0	20 48 23.04	—12 41 59.2	30 19 26.7	+1 13.6	+0.3888	0.5300	+0.1468	7.6
BD—13°5779	3051	7.0	20 50 12.14	—13 21 35.5	30 20 21.8	+2 7.2	+1.2486	0.5296	+0.1476	7.6
November										
		m	h m s	° ′ ″	d h m	h m				d
BD—5°5790	3290	7.3	22 23 56.06	— 5 23 22.6	1 21 22.3	+1 41.9	+0.5706	0.5155	+0.1787	9.7
BD+1°4773	3507	6.4	23 46 41.27	+ 1 59 0.4	3 17 49.3	—3 6.5	+0.5375	0.5170	+0.1837	11.5
25 Piscium ...	3515	6.2	23 50 56.61	+ 1 51 33.3	3 20 5.6	—0 54.1	+1.0916	0.5174	+0.1833	11.6
60 Piscium ...	98	6.2	0 45 14.38	+ 6 30 49.8	5 0 42.2	+2 53.0	+1.0806	0.5253	+0.1736	12.8
62 Piscium ...	103	6.1	0 46 7.73	+ 7 4 22.2	5 1 9.9	+3 19.8	+0.5458	0.5255	+0.1733	12.8
δ Piscium ...	105	4.6	0 46 31.31	+ 7 21 31.5	5 1 22.1	+3 31.7	+0.2667	0.5256	+0.1732	12.9
163 B. Tauri ...	593	5.8	3 58 24.94	+18 4 36.1	8 21 38.0	—3 9.2	+0.5464	0.5672	+0.0664	16.7
97 *i* Tauri	730	5.1	4 48 56.38	+18 46 8.4	9 19 51.1	—5 43.0	+0.8318	0.5743	+0.0254	17.6
74 B. Gemin. *m.*	1040	6.2	6 44 57.26	+18 14 19.2	11 21 34.0	—5 47.9	+0.2111	0.5783	—0.0718	19.7
A² Cancri	1318	5.7	8 44 38.40	+12 15 49.7	14 1 13.8	—3 59.4	+0.3523	0.5699	—0.1556	21.9
60 Cancri	1332	5.7	8 53 38.42	+11 47 10.9	14 5 10.6	—0 10.9	+0.2160	0.5693	—0.1606	22.0
BD—1° 2546	1688	6.3	11 36 14.88	— 2 12 9.4	17 5 20.9	—2 31.3	+0.6788	0.5676	—0.2027	25.0
89 G. Sagittarii	2715	6.5	18 40 25.81	—19 19 27.0	24 15 58.0	+1 31.0	+0.7685	0.5702	+0.0669	3.0
92 G. Sagittarii	2718	6.7	18 41 39.47	—19 21 34.3	24 16 30.4	+2 2.2	+0.8425	0.5699	+0.0679	3.0
BD—17°5699*seq.*	2871	7.1	19 36 47.52	—17 0 12.6	25 17 23.1	+2 3.9	+0.5401	0.5547	+0.1074	4.0
λ Piscium ...	3494	4.6	23 39 54.83	+ 1 33 2.5	30 22 3.7	+3 1.8	+0.2841	0.5142	+0.1835	9.2
Dezember										
		m	h m s	° ′ ″	d h m	h m				d
72 G. Piscium .	30	7.0	0 13 48.72	+ 4 1 10.3	1 16 11.0	—3 21.8	+0.8524	0.5176	+0.1798	10.0
ε Piscium ...	146	4.4	1 0 46.81	+ 7 39 57.5	2 16 47.3	—3 28.5	+1.1344	0.5258	+0.1686	11.0
192 B. Piscium .	162	6.9	1 4 27.51	+ 8 8 15.5	2 18 40.9	—1 38.2	+0.9347	0.5266	+0.1674	11.1
26 B. Arietis ..	290	6.1	1 57 12.19	+12 5 35.0	3 21 12.0	+0 4.5	+0.7843	0.5395	+0.1459	12.2
o Arietis	403	5.8	2 42 15.49	+15 8 9.0	4 18 50.9	—2 58.1	+0.3902	0.5517	+0.1211	13.1
σ Arietis	422	5.5	2 49 11.89	+14 54 38.6	4 22 6.1	+0 10.7	+1.0185	0.5536	+0.1168	13.2
26 Geminorum	1029	5.1	6 39 59.34	+17 41 8.6	9 1 56.4	+0 26.6	+1.0000	0.5860	—0.0678	17.4
74 B. Gemin. *m.*	1040	6.2	6 44 57.96	+18 14 17.2	9 4 1.0	+2 26.6	+0.2846	0.5859	—0.0719	17.5
68 Geminorum	1147	5.1	7 31 14.29	+15 54 57.4	9 23 24.2	—2 53.3	+0.9179	0.5828	—0.1081	18.3
ω Leonis *m.* ..	1397	5.5	9 26 13.62	+ 9 14 17.8	12 0 51.4	—3 13.0	+0.5161	0.5692	—0.1766	20.3
69 *p*⁵ Leonis ..	1623	5.4	11 11 37.12	+ 0 9 30.1	13 23 56.7	—5 45.4	+0.6633	0.5617	—0.2013	22.3
78 B. Virginis .	1759	6.5	12 12 6.54	— 5 29 4.0	15 3 11.0	—3 27.0	+0.9358	0.5633	—0.1963	23.4
50 Virginis ...	1888	6.2	13 7 33.22	—10 6 17.5	16 3 51.7	—3 37.7	+0.9610	0.5684	—0.1798	24.5
117 G.Capricorni	3184	7.1	21 42 40.66	— 9 13 44.1	25 15 51.1	+0 24.0	+0.7399	0.5261	+0.1692	4.4
46 *c*¹ Capricorni	3185	5.3	21 42 45.65	— 9 16 30.0	25 15 53.7	+0 26.5	+0.7977	0.5260	+0.1692	4.4
47 *c*² Capricorni	3187	6.2	21 44 1.60	— 9 28 9.4	25 16 32.8	+1 4.5	+1.1214	0.5258	+0.1696	4.4
κ Aquarii	3320	5.3	22 35 34.87	— 4 26 38.2	26 19 35.7	+3 20.2	+0.3578	0.5170	+0.1809	5.5
BD—2° 5914	3420	7.1	23 13 48.99	— 1 39 6.6	27 16 4.8	—0 45.6	+1.0178	0.5138	+0.1838	6.4
BD+2° 4752	6	6.9	0 3 13.58	+ 3 22 25.1	28 18 40.5	+1 5.1	+0.3229	0.5144	+0.1808	7.5
60 Piscium ...	98	6.2	0 45 13.92	+ 6 30 47.0	29 17 1.6	—1 12.1	+0.8104	0.5192	+0.1724	8.4
62 Piscium ...	103	6.1	0 46 7.28	+ 7 4 19.5	29 17 29.7	—0 44.8	+0.2747	0.5194	+0.1721	8.4
BD+12° 317	340	7.1	2 16 36.56	+12 47 58.2	31 15 30.6	—4 6.8	+1.1762	0.5398	+0.1358	10.3

Sternbedeckungen 1957

Ein- und Austritte für Berlin-Babelsberg

$\lambda = -0^h\ 52^m.4 \qquad \varphi = +52°\ 24'.4$

Tag	NZC	Stern	Größe	Phase	Weltzeit	P	a	b	Alter des Mondes
1957			m		h m	°	m	m	d
Jan. 12	497	175 B. Arietis	6.4	E.	0 16.3	42	−0.6	−0.1	10.9
14	837	372 B. Tauri	6.1	E.	2 39.7	66	−0.3	−1.0	13.0
17	1397	ω Leonis *m.*	5.5	A.	21 2.0	291	−0.7	+0.7	16.8
Febr. 10	892	203 B. Orionis	6.6	E.	19 38.2	53	−1.5	+1.1	10.9
10	894	χ^1 Orionis	4.6	E.	20 12.4	53	−1.6	+0.8	11.0
11	913	64 Orionis	5.2	E.	0 35.2	118	−0.1	−1.9	11.1
März 4	145	180 B. Piscium	6.7	E.	17 45.8	100	−0.5	−2.0	3.0
8	691	282 B. Tauri	6.6	E.	20 11.0	86	−0.8	−1.3	7.1
12	1281	84 B. Cancri	6.4	E.	20 55.6	55	−2.1	+1.4	11.2
13	1397	ω Leonis *m.*	5.5	E.	18 35.5	93	−1.1	+1.0	12.1
April 5	790	BD+19°886 ..	6.9	E.	19 35.0	27	—	—	5.4
5	798	353 B. Tauri	6.4	E.	20 52.2	93	−0.2	−1.5	5.5
5	796	352 B. Tauri	6.8	E.	20 54.8	160	+0.7	−3.6	5.4
6	947	71 Orionis	5.2	E.	18 58.9	114	−0.9	−1.8	6.4
8	1237	BD+14°1850 .	6.4	E.	20 0.8	152	−0.6	−2.5	8.4
9	1359	ϰ Cancri	5.1	E.	18 54.3	44	—	—	9.4
10	1482	14 Sextantis	6.3	E.	20 25.6	64	−2.1	+0.8	10.5
10	1495	19 Sextantis	5.9	E.	23 49.3	122	−0.5	−1.8	10.6
11	1605	62 p^3 Leonis	6.2	E.	21 14.0	139	−1.0	−1.3	11.5
17	2267	λ Librae	5.1	A.	1 44.0	295	−1.4	−0.5	16.7
Mai 4	1072	110 B. Geminorum ..	6.2	E.	20 33.5	47	−0.7	−0.5	4.8
15	2498	ξ Ophiuchi	4.5	E.	23 24.8	31	—	—	16.0
16	2498	ξ Ophiuchi	4.5	A.	0 2.3	333	—	—	16.0
16	2638	15 Sagittarii	5.4	A.	23 48.8	249	−1.4	+1.2	17.0
Juni 4	1543	BD+3°2379 ..	6.6	E.	20 8.6	137	−0.5	−2.0	6.3
5	1655	BD−1°2521 ..	6.7	E.	20 20.1	164	−0.5	−2.3	7.3
6	1778	127 B. Virginis	7.1	E.	22 39.6	103	−0.6	−1.6	8.4
7	1901	474 B. Virginis	6.9	E.	21 49.0	44	—	—	9.4
Juli 3	1743	44 B. Virginis	6.8	E.	20 24.0	170	−0.4	−2.6	5.9
6	2111	BD−16°3939 *m.*	7.0	E.	20 24.0	54	−1.6	−0.1	9.0
14	3187	47 c^2 Capricorni ...	6.2	A.	21 26.0	190	−0.6	+3.0	17.1
18	103	62 Piscium	6.1	A.	23 8.2	247	−0.2	+1.9	21.1
18	105	δ Piscium	4.6	A.	23 15.7	311	−0.9	+0.7	21.1
Aug. 5	2498	ξ Ophiuchi	4.5	E.	20 34.2	79	−1.4	−0.4	9.7

Sternbedeckungen 1957

Ein- und Austritte für Berlin-Babelsberg

$\lambda = -0^h\ 52^m.4 \qquad \varphi = +52^\circ\ 24'.4$

Tag	NZC	Stern	Größe	Phase	Weltzeit	P	a	b	Alter des Mondes
1957			m		h m	°	m	m	d
Aug. 6	2638	15 Sagittarii	5.4	E.	20 56.3	124	−1.8	−0.9	10.7
6	2639	16 Sagittarii	6.0	E.	21 4.0	40	−1.3	+0.5	10.7
6	2642	17 Sagittarii	7.1	E.	21 41.1	90	−1.5	−0.7	10.7
20	736	312 B. Tauri	6.2	A.	2 24.8	282	−0.8	+1.1	23.9
31	2302	β Scorpii	2.9	A.	18 17.9	329	−1.5	−2.0	6.3
Sept. 2	2591	16 G. Sagittarii	6.5	E.	20 29.3	7	—	—	8.4
4	2889	BD−17°5746 .	7.1	E.	22 21.7	97	−1.3	−1.4	10.4
13	290	26 B. Arietis	6.1	A.	0 21.6	211	−0.8	+2.5	18.5
21	1397	ω Leonis *m*.	5.5	A.	3 53.5	302	−0.4	+0.6	26.7
28	—	Saturn	0.8	E.	12 57.3	122	−0.9	+0.5	4.8
28	—	Saturn	0.8	A.	14 5.9	255	−1.5	+0.8	4.8
Okt. 2	2968	16 B. Capricorni ...	6.2	E.	21 29.8	45	−0.6	−0.2	9.1
2	2969	β Capricorni ...	3.2	E.	21 36.8	49	−0.7	−0.3	9.1
3	3093	ν Aquarii	4.5	E.	22 37.1	17	−0.1	+1.0	10.1
5	3320	κ Aquarii	5.3	E.	20 28.7	0	—	—	12.1
13	639	85 H.^{1} Tauri	6.0	A.	0 19.2	293	−1.6	0.0	19.2
15	943	BD+18°1129 .	6.2	A.	1 33.3	266	−1.2	+1.1	21.3
18	1359	κ Cancri	5.1	A.	3 45.4	341	−0.8	−1.8	24.4
28	2787	187 B. Sagittarii	6.4	E.	17 37.4	131	−2.0	−2.3	5.5
Nov. 1	3290	BD−5°5790 ..	7.3	E.	21 48.6	50	−0.7	−0.2	9.7
5	103	62 Piscium	6.1	E.	1 47.8	67	−0.4	−0.9	12.9
9	730	97 *i* Tauri	5.1	A.	19 14.5	249	0.0	+1.8	17.6
14	1318	A^2 Cancri	5.7	A.	0 33.0	333	−0.8	−1.0	21.9
24	2715	89 G. Sagittarii	6.5	E.	16 13.0	65	−0.9	−0.7	3.0
Dez. 2	146	ε Piscium	4.4	E.	15 20.2	123	−1.1	+0.9	11.0
2	162	192 B. Piscium	6.9	E.	17 38.9	102	−1.7	+0.6	11.1
3	290	26 B. Arietis	6.1	E.	20 55.8	112	−1.9	−1.4	12.2
12	1397	ω Leonis *m*.	5.5	A.	0 35.4	301	−1.0	+0.1	20.4
15	1759	78 B. Virginis	6.5	A.	2 45.4	225	—	—	23.5
16	1888	50 Virginis	6.2	A.	3 23.0	223	—	—	24.5
25	3185	46 c^1 Capricorni ...	5.3	E.	15 45.9	69	−1.3	−0.1	4.4
25	3184	117 G. Capricorni ...	7.1	E.	15 46.3	58	−1.2	+0.1	4.4
29	98	60 Piscium	6.2	E.	16 8.9	77	−1.5	+1.0	8.5

Sternbedeckungen 1957

Ein- und Austritte für Frankfurt a. M.

$\lambda = -0^h\ 34^m\!.6 \qquad \varphi = +50^\circ\ 7'\!.0$

Tag		NZC	Stern		Größe	Phase	Weltzeit	P	a	b	Alter des Mondes
1957					m		h m	°	m	m	d
Jan.	3	3051		BD—13°5779 .	7.0	E.	17 2.4	107	—1.2	—2.2	2.6
	5	3287	51	Aquarii *m.* ...	5.8	E.	18 17.0	357	—	—	4.6
	9	230	100	Piscium	7.4	E.	22 3.5	0	—	—	8.8
	12	497		BD+18°484 ..	6.4	E.	1 4.2	54	—0.6	—0.4	10.9
	14	837	372 B.	Tauri	6.1	E.	2 40.7	75	—0.3	—1.1	13.0
	17	1397	ω	Leonis *m.*	5.5	A.	20 57.1	283	—0.6	+1.0	16.8
Febr.	10	892	203 B.	Orionis	6.6	E.	19 29.1	72	—1.6	+0.9	10.9
	10	894	χ^1	Orionis	4.6	E.	20 3.8	72	—1.6	+0.6	11.0
	11	913	64	Orionis	5.2	E.	0 39.1	127	—0.1	—2.1	11.1
März	4	145	180 B.	Piscium	6.7	E.	17 48.0	109	—0.7	—2.4	3.0
	8	691	282 B.	Tauri	6.6	E.	20 10.3	96	—0.9	—1.4	7.1
	12	1281	84 B.	Cancri	6.4	E.	20 44.5	70	—1.9	+0.8	11.2
	13	1397	ω	Leonis *m.*	5.5	E.	18 28.9	103	—1.0	+0.8	12.1
April	5	790		BD+19°886 ..	6.9	E.	19 26.8	45	—1.3	+0.3	5.4
	5	793	351 B.	Tauri	6.2	E.	20 26.0	24	—	—	5.4
	5	798	353 B.	Tauri	6.4	E.	20 55.0	101	—0.2	—1.7	5.5
	6	947	71	Orionis	5.2	E.	18 59.3	124	—0.9	—2.0	6.4
	8	1234	30 B.	Cancri	6.1	E.	18 56.5	49	—	—	8.4
	8	1237		BD+14°1850 .	6.4	E.	20 5.5	167	—0.3	—3.5	8.4
	9	1256		BD+14°1879 .	7.1	E.	0 28.9	56	—0.3	—0.8	8.6
	9	1359	ϰ	Cancri	5.1	E.	18 38.8	64	—2.0	+1.7	9.4
	10	1482	14	Sextantis	6.3	E.	20 15.5	78	—1.9	+0.4	10.5
	10	1495	19	Sextantis	5.9	E.	23 51.0	128	—0.6	—1.9	10.6
	11	1605	$62p^3$	Leonis	6.2	E.	21 13.1	150	—0.9	—1.5	11.5
	17	2267	λ	Librae	5.1	A.	1 38.4	291	—1.5	—0.3	16.7
Mai	2	760	333 B.	Tauri *m.*	6.5	E.	20 15.7	72	0.0	—1.0	2.8
	4	1072	110 B.	Geminorum ..	6.2	E.	20 32.0	59	—0.7	—0.8	4.8
	9	1582	237 B.	Leonis	6.3	E.	0 7.3	100	—0.3	—1.6	9.0
	10	1809		BD—7°3443 ..	6.9	E.	22 38.3	48			10.9
	15	2498	ξ	Ophiuchi	4.5	E.	23 11.7	40	—1.8	+2.1	16.0
	15	2498	ξ	Ophiuchi	4.5	A.	23 58.7	326	—1.2	—0.6	16.0
	16	2639	16	Sagittarii	6.0	A.	23 20.1	337	—	—	17.0
	16	2638	15	Sagittarii	5.4	A.	23 39.4	245	—1.4	+1.5	17.0
Juni	4	1543		BD+3°2379 ..	6.6	E.	20 10.7	144	—0.6	—2.1	6.3
	5	1655		BD—1°2521 ..	6.7	E.	20 24.2	174	—0.3	—2.8	7.3
	6	1778	127 B.	Virginis	7.1	E.	22 40.5	106	—0.7	—1.6	8.4
	7	1901	474 B.	Virginis	6.9	E.	21 41.7	53	—1.7	—0.1	9.4
	11	2307	ω^1	Scorpii	4.1	E.	0 39.7	121	—1.4	—1.6	12.5
Juli	3	1743	44 B.	Virginis	6.8	E.	20 28.9	178	—	—	5.9
	6	2111		BD—16°3939*m.*	7.0	E.	20 16.6	60	—1.8	+0.1	9.0
	6	2119	28 G.	Librae	6.7	E.	22 5.9	125	—1.2	—1.7	9.0

Sternbedeckungen 1957

Ein- und Austritte für Frankfurt a. M.

$\lambda = -0^h\ 34^m\!.6 \qquad \varphi = +50°\ 7'\!.0$

Tag	NZC	Stern	Größe	Phase	Weltzeit	P	a	b	Alter des Mondes
1957			m		h m	°	m	m	d
Juli 16	3320	ϰ Aquarii	5.3	A.	2 20.3	277	−2.1	−0.2	18.2
18	103	62 Piscium	6.1	A.	23 3.0	246	−0.1	+1.9	21.1
18	105	δ Piscium	4.6	A.	23 10.9	310	−0.6	+0.6	21.1
Aug. 5	2498	ξ Ophiuchi	4.5	E.	20 28.0	80	−1.6	−0.2	9.7
6	2638	15 Sagittarii	5.4	E.	20 50.1	125	−1.9	−0.8	10.7
6	2639	16 Sagittarii	6.0	E.	20 56.7	42	−1.4	+0.7	10.7
6	2642	17 Sagittarii	7.1	E.	21 35.5	90	−1.6	−0.5	10.7
20	736	312 B. Tauri	6.2	A.	2 18.7	281	−0.7	+1.2	23.9
30	2173	BD−17°4273 .	7.0	E.	19 14.4	82	−0.9	−1.1	5.3
31	2302	β Scorpii	2.9	A.	18 15.4	326	−1.5	−1.8	6.3
Sept. 2	2591	16 G. Sagittarii	6.5	E.	20 24.5	9	—	—	8.4
4	2889	BD−17°5746 .	7.1	E.	22 18.2	97	−1.6	−1.2	10.4
13	290	26 B. Arietis	6.1	A.	0 12.3	210	−0.7	+2.6	18.5
21	1397	ω Leonis *m*.	5.5	A.	3 50.2	295	−0.4	+0.7	26.7
28	—	Saturn	0.8	E.	12 52.6	130	−0.8	+0.3	4.8
28	—	Saturn	0.8	A.	13 56.5	248	−1.7	+1.2	4.8
Okt. 2	2968	16 B. Capricorni ...	6.2	E.	21 26.8	46	−0.8	0.0	9.1
2	2969	β Capricorni ...	3.2	E.	21 34.1	50	−0.8	−0.2	9.1
3	3093	ν Aquarii	4.5	E.	22 33.9	20	−0.3	+1.1	10.1
5	3320	ϰ Aquarii	5.3	E.	20 21.1	358	—	—	12.1
13	639	85 H.^{1} Tauri	6.0	A.	0 11.9	289	−1.6	+0.3	19.2
15	943	BD+18°1129 .	6.2	A.	1 25.2	261	−1.1	+1.4	21.3
16	1106	λ Geminorum ..	3.6	E.	5 10.2	165	—	—	22.4
17	1237	BD+14°1850 .	6.4	A.	4 34.3	262	−1.6	+1.0	23.4
18	1359	ϰ Cancri	5.1	A.	3 44.8	329	−0.9	−1.0	24.4
28	2787	187 B. Sagittarii	6.4	E.	17 32.8	131	−2.2	−2.1	5.5
Nov. 1	3290	BD−5°5790 ..	7.3	E.	21 45.2	52	−0.9	−0.1	9.7
5	103	62 Piscium	6.1	E.	1 48.0	75	−0.5	−1.1	12.9
5	105	δ Piscium	4.6	E.	2 32.3	3	—	—	12.9
9	730	97 *i* Tauri	5.1	A.	19 10.5	248	+0.1	+1.8	17.6
14	1318	A^2 Cancri	5.7	A.	0 31.2	324	−0.8	−0.4	21.9
17	1688	BD−1°2546 ..	6.3	A.	5 13.4	287	−1.2	+0.4	25.0
24	2715	89 G. Sagittarii	6.5	E.	16 10.3	65	−1.1	−0.5	3.0
24	2718	92 G. Sagittarii	6.7	E.	16 48.6	88	−1.1	−1.2	3.0
25	2871	BD−17°5699 *seq.*	7.1	E.	18 2.4	27	−0.2	+0.5	4.0
30	3494	λ Piscium	4.6	E.	23 10.2	8	−0.2	+2.4	9.2
Dez. 2	162	192 B. Piscium	6.9	E.	17 29.9	102	−1.6	+0.8	11.1
3	290	26 B. Arietis	6.1	E.	20 50.0	116	−2.2	−1.5	12.2
12	1397	ω Leonis *m*.	5.5	A.	0 30.2	292	−1.0	+0.5	20.4
28	6	BD+2°4752 ..	6.9	E.	19 25.8	358	—	—	7.5

Sternbedeckungen 1957

Ein- und Austritte für München

$\lambda = -0^h\,46^m\!.4 \qquad \varphi = +48°\ 8'\!.8$

Tag	NZC	Stern	Größe	Phase	Weltzeit	P	a	b	Alter des Mondes
1957			m		h m	°	m	m	d
Jan. 5	3287	51 Aquarii *m.* . . .	5.8	E.	18 12.2	13	−0.1	+1.7	4.6
9	230	100 Piscium	7.4	E.	21 59.5	15	−0.8	+2.2	8.8
12	497	BD+18°484 . .	6.4	E.	0 16.9	57	−0.6	−0.5	10.9
14	837	372 B. Tauri	6.1	E.	2 43.7	76	−0.3	−1.1	13.0
17	1397	ω Leonis *m.*	5.5	A.	20 57.0	277	−0.7	+1.1	16.8
Febr. 10	892	203 B. Orionis	6.6	E.	19 32.4	78	−1.7	+0.6	10.9
10	894	χ^1 Orionis	4.6	E.	20 7.7	78	−1.7	+0.3	11.0
11	913	64 Orionis	5.2	E.	0 43.6	129	0.0	−2.1	11.1
März 4	145	180 B. Piscium	6.7	E.	17 55.1	117	−0.6	−2.9	3.0
8	691	282 B. Tauri	6.6	E.	20 15.8	99	−0.8	−1.6	7.1
12	1281	84 B. Cancri	6.4	E.	20 48.8	73	−1.9	+0.5	11.2
13	1397	ω Leonis *m.*	5.5	E.	18 30.7	108	−1.1	+0.5	12.1
April 5	790	BD+19°886 . .	6.9	E.	19 30.2	49	−1.2	+0.1	5.4
5	793	351 B. Tauri	6.2	E.	20 27.4	30	—	—	5.4
5	798	353 B. Tauri	6.4	E.	20 58.7	103	−0.1	−1.6	5.5
6	947	71 Orionis	5.2	E.	19 6.0	127	−0.8	−2.2	6.4
8	1234	30 B. Cancri	6.1	E.	18 59.8	54	−2.4	+1.6	8.4
8	1237	BD+14°1850 .	6.4	E.	20 13.2	169	−0.1	−3.7	8.4
9	1359	κ Cancri	5.1	E.	18 41.9	68	−2.1	+1.3	9.4
10	1482	14 Sextantis	6.3	E.	20 20.5	79	−1.9	+0.2	10.5
10	1495	19 Sextantis	5.9	E.	23 56.3	129	−0.5	−1.9	10.6
11	1605	$62p^3$ Leonis	6.2	E.	21 18.9	150	−0.9	−1.7	11.5
17	2267	λ Librae	5.1	A.	1 43.9	290	−1.6	−0.5	16.7
Mai 4	1072	110 B. Geminorum . .	6.2	E.	20 35.3	60	−0.6	−0.8	4.8
10	1809	BD−7°3443 . .	6.9	E.	22 43.9	49	—	—	10.9
15	2498	ξ Ophiuchi	4.5	E.	23 13.1	42	−1.9	+2.0	16.0
16	2498	ξ Ophiuchi	4.5	A.	0 4.0	323	1.4	−0.8	16.0
16	2639	16 Sagittarii	6.0	A.	23 23.9	333	—	—	17.0
16	2638	15 Sagittarii	5.4	A.	23 41.0	243	−1.6	+1.5	17.0
Juni 4	1543	BD+3°2379 . .	6.6	E.	20 16.6	145	−0.5	−2.2	6.3
5	1655	BD−1°2521 . .	6.7	E.	20 30.7	175	−0.3	−3.0	7.3
6	1778	127 B. Virginis	7.1	E.	22 45.7	108	−0.6	−1.7	8.4
7	1901	474 B. Virginis	6.9	E.	21 47.0	55	−1.6	−0.2	9.4
11	2307	ω^1 Scorpii	4.1	E.	0 47.2	126	−1.4	−1.8	12.5
Juli 3	1743	44 B. Virginis	6.8	E.	20 36.3	182	—	—	5.9
6	2111	BD−16°3939*m*	7.0	E.	20 21.9	62	−1.8	−0.1	9.0
6	2119	28 G. Librae	6.7	E.	22 12.8	128	−1.2	−1.9	9.0
16	3320	κ Aquarii	5.3	A.	2 26.6	268	−2.0	−0.1	18.2
18	103	62 Piscium	6.1	A.	22 59.7	242	−0.2	+1.9	21.1

Sternbedeckungen 1957

Ein- und Austritte für München

$\lambda = -0^h\ 46^m.4 \qquad \varphi = +48°\ 8'.8$

Tag	NZC	Stern	Größe	Phase	Weltzeit	*P*	*a*	*b*	Alter des Mondes
1957			m		h m	°	m	m	d
Juli 18	105	δ Piscium	4.6	A.	23 11.3	303	−0.7	+0.8	21.1
Aug. 5	2498	ξ Ophiuchi	4.5	E.	20 33.5	84	−1.7	−0.4	9.7
6	2638	15 Sagittarii	5.4	E.	20 58.0	131	−2.1	−1.3	10.7
6	2639	16 Sagittarii	6.0	E.	20 59.8	46	−1.5	+0.6	10.7
6	2642	17 Sagittarii	7.1	E.	21 41.7	95	−1.7	−0.7	10.7
20	736	312 B. Tauri	6.2	A.	2 18.5	273	−0.8	+1.3	23.9
31	2302	β Scorpii	2.9	A.	18 23.8	322	−1.6	−1.9	6.3
Sept. 2	2591	16 G. Sagittarii	6.5	E.	20 22.0	21	—	—	8.4
4	2889	BD−17°5746 .	7.1	E.	22 25.8	105	−1.7	−1.6	10.4
13	290	26 B. Arietis	6.1	A.	0 8.7	200	−0.6	+3.1	18.5
21	1397	ω Leonis *m.*	5.5	A.	3 49.7	288	−0.4	+0.8	26.7
28	—	Saturn	0.8	E.	12 54.5	131	−0.9	+0.1	4.8
28	—	Saturn	0.8	A.	13 59.4	247	−1.8	+1.1	4.8
Okt. 2	2968	16 B. Capricorni ...	6.2	E.	21 29.5	54	−0.9	−0.2	9.1
2	2969	β Capricorni ...	3.2	E.	21 37.1	58	−0.9	−0.4	9.1
3	3093	ν Aquarii	4.5	E.	22 33.4	30	−0.5	+0.6	10.1
5	3320	κ Aquarii	5.3	E.	20 15.9	11	−0.6	+2.7	12.1
13	639	85 H.[1] Tauri	6.0	A.	0 15.8	281	−1.6	+0.5	19.2
13	654	234 B. Tauri	6.0	A.	2 50.0	326	—	—	19.3
15	943	BD+18°1129 .	6.2	A.	1 25.6	254	−1.2	+1.6	21.3
18	1359	κ Cancri	5.1	A.	3 49.3	322	−1.0	−0.8	24.4
27	2629	39 G. Sagittarii *m.* .	6.3	E.	17 0.3	8	—	—	4.5
28	2787	187 B. Sagittarii	6.4	E.	17 46.0	145	—	—	5.5
Nov. 1	3290	BD−5°5790 ..	7.3	E.	21 48.4	60	−1.0	−0.3	9.7
5	103	62 Piscium	6.1	E.	1 51.8	81	−0.5	−1.3	12.9
5	105	δ Piscium	4.6	E.	2 29.0	16	−0.4	+1.7	12.9
9	730	97 *i* Tauri	5.1	A.	19 6.6	242	+0.1	+1.9	17.6
14	1318	A^2 Cancri	5.7	A.	0 34.1	315	−0.8	−0.2	21.9
24	2715	89 G. Sagittarii	6.5	E.	16 14.6	72	−1.1	−0.7	3.0
24	2718	92 G. Sagittarii	6.7	E.	16 54.2	95	−1.1	−1.4	3.0
25	2871	BD−17°5699 *seq.*	7.1	E.	18 2.6	37	−0.3	+0.1	4.0
30	3494	λ Piscium	4.6	E.	23 7.6	20	−0.3	+1.3	9.2
Dez. 2	162	192 B. Piscium	6.9	E.	17 34.1	111	−2.1	+0.3	11.1
3	290	26 B. Arietis	6.1	E.	21 1.5	129	—	—	12.2
12	1397	ω Leonis *m.*	5.5	A.	0 32.3	287	−1.1	+0.6	20.4
25	3185	46 c^1 Capricorni ...	5.3	E.	15 44.3	76	−1.7	−0.2	4.4
28	6	BD+2°4752 ..	6.9	E.	19 20.9	14	−0.6	+2.3	7.5
29	98	60 Piscium	6.2	E.	16 2.2	84	−1.7	+0.9	8.5

0h Weltzeit	Mondbewegung ☊	$L_☾$	$\tilde{\omega}_☾$	$M_☾$	Lage des Mondäquators gegen den Erdäquator i	Δ	☊′	$\Delta - ☋$
1957	°	°	°	°	°	°	°	°
Jan. —4	236.9745	210.5470	133.146	77.401	24.314	54.112	3.135	357.133
+6	236.4450	342.3109	134.260	208.050	24.326	53.601	3.115	357.152
16	235.9155	114.0749	135.375	338.700	24.337	53.091	3.094	357.171
26	235.3859	245.8389	136.489	109.350	24.349	52.580	3.073	357.190
Febr. 5	234.8564	17.6028	137.603	240.000	24.360	52.070	3.052	357.210
15	234.3268	149.3668	138.717	10.650	24.371	51.560	3.031	357.229
25	233.7973	281.1308	139.831	141.300	24.382	51.051	3.009	357.249
März 7	233.2678	52.8947	140.945	271.950	24.393	50.541	2.988	357.269
17	232.7382	184.6587	142.059	42.600	24.404	50.031	2.966	357.289
27	232.2087	316.4227	143.173	173.250	24.415	49.522	2.943	357.310
April 6	231.6791	88.1867	144.287	303.900	24.426	49.013	2.921	357.330
16	231.1496	219.9506	145.401	74.550	24.436	48.504	2.898	357.351
26	230.6201	351.7146	146.515	205.200	24.447	47.996	2.875	357.372
Mai 6	230.0905	123.4786	147.629	335.850	24.457	47.487	2.852	357.393
16	229.5610	255.2425	148.743	106.500	24.468	46.979	2.829	357.415
26	229.0315	27.0065	149.857	237.149	24.478	46.471	2.805	357.436
Juni 5	228.5019	158.7705	150.971	7.799	24.488	45.964	2.782	357.458
15	227.9724	290.5344	152.085	138.449	24.498	45.456	2.758	357.480
25	227.4428	62.2984	153.199	269.099	24.508	44.949	2.733	357.502
Juli 5	226.9133	194.0624	154.313	39.749	24.518	44.442	2.709	357.525
15	226.3838	325.8263	155.427	170.399	24.528	43.935	2.685	357.547
25	225.8542	97.5903	156.541	301.049	24.538	43.428	2.660	357.570
Aug. 4	225.3247	229.3543	157.655	71.699	24.548	42.921	2.635	357.593
14	224.7951	1.1182	158.769	202.349	24.558	42.415	2.610	357.616
24	224.2656	132.8822	159.883	332.999	24.567	41.908	2.584	357.639
Sept. 3	223.7361	264.6462	160.997	103.649	24.577	41.402	2.559	357.663
13	223.2065	36.4101	162.111	234.299	24.586	40.896	2.533	357.686
23	222.6770	168.1741	163.225	4.949	24.595	40.390	2.507	357.710
Okt. 3	222.1475	299.9381	164.339	135.599	24.604	39.884	2.481	357.734
13	221.6179	71.7020	165.454	266.248	24.613	39.379	2.455	357.758
23	221.0884	203.4660	166.568	36.898	24.622	38.874	2.428	357.782
Nov. 2	220.5588	335.2300	167.682	167.548	24.631	38.368	2.401	357.807
12	220.0293	106.9939	168.796	298.198	24.640	37.863	2.375	357.831
22	219.4998	238.7579	169.910	68.848	24.649	37.359	2.348	357.856
Dez. 2	218.9702	10.5219	171.024	199.498	24.657	36.854	2.320	357.881
12	218.4407	142.2858	172.138	330.148	24.666	36.350	2.293	357.906
22	217.9111	274.0498	173.252	100.798	24.674	35.845	2.266	357.931
32	217.3816	45.8138	174.366	231.448	24.682	35.341	2.238	357.957

Tägliche Änderungen

d	Δ☊ °	$\Delta L_☾$ °	$\Delta \tilde{\omega}_☾$ °	$\Delta M_☾$ °
1	—0.0530	13.1764	+ 0.111	13.065
2	0.1059	26.3528	0.223	26.130
3	0.1589	39.5292	0.334	39.195
4	0.2118	52.7056	0.446	52.260
5	0.2648	65.8820	0.557	65.325
6	—0.3177	79.0584	+ 0.668	78.390
7	0.3707	92.2348	0.780	91.455
8	0.4236	105.4112	0.891	104.520
9	0.4766	118.5876	1.003	117.585
10	—0.5295	131.7640	+ 1.114	130.650

Mondkrater Mösting A. 1957

Tag	0h Weltzeit								
	$\alpha_{☾} - \alpha_k$			$\delta_{☾} - \delta_k$			log sin p_k		
1957	s	s	s	″	″	″			
Jan. 10	+ 2.25	−0.11	−0.30	+ 11.0	+21.6	+ 0.9	8.21604	+684	+ 88
11	+ 2.14	−0.41	−0.30	+ 32.6	+22.2	+ 0.6	8.22288	+733	+ 49
12	+ 1.73	−0.68	−0.27	+ 54.8	+23.2	+ 1.0	8.23021	+729	− 4
13	+ 1.05	−0.90	−0.22	+ 78.0	+24.7	+ 1.5	8.23750	+661	− 68
14	+ 0.15	−1.04	−0.14	+102.7	+26.2	+ 1.5	8.24411	+525	−136
15	− 0.89	−1.11	−0.07	+128.9	+26.5	+ 0.3	8.24936	+333	−192
16	− 2.00	−1.15	−0.04	+155.4	+24.8	− 1.7	8.25269	+103	−230
17	− 3.15	−1.19	−0.04	+180.2	+20.0	− 4.8	8.25372	−135	−238
18	− 4.34	−1.27	−0.08	+200.2	+12.4	− 7.6	8.25237	−349	−214
19	− 5.61	−1.35	−0.08	+212.6	+ 2.7	− 9.7	8.24888	−513	−164
20	− 6.96	−1.42	−0.07	+215.3	− 7.8	−10.5	8.24375	−618	−105
21	− 8.38	−1.40	+0.02	+207.5	−18.1	−10.3	8.23757	−662	− 44
22	− 9.78	−1.26	+0.14	+189.4	−27.2	− 9.1	8.23095	−654	+ 8
23	−11.04		+0.33	+162.2		− 7.0	8.22441		+ 45
	s	s	s	″	″	″			
Febr. 9	+ 2.06	−0.18	−0.17	+ 75.2	+22.4	− 0.5	8.22779	+709	+ 27
10	+ 1.88	−0.39	−0.21	+ 97.6	+22.0	− 0.4	8.23488	+683	− 26
11	+ 1.49	−0.64	−0.25	+119.6	+21.8	− 0.2	8.24171	+596	− 87
12	+ 0.85	−0.96	−0.32	+141.4	+21.1	− 0.7	8.24767	+441	−155
13	− 0.11	−1.27	−0.31	+162.5	+19.2	− 1.9	8.25208	+233	−208
14	− 1.38	−1.57	−0.30	+181.7	+15.2	− 4.0	8.25441	− 9	−242
15	− 2.95	−1.83	−0.26	+196.9	+ 8.2	− 7.0	8.25432	−252	−243
16	− 4.78	−2.00	−0.17	+205.1	− 1.1	− 9.3	8.25180	−463	−211
17	− 6.78	−2.03	−0.03	+204.0	−12.0	−10.9	8.24717	−619	−156
18	− 8.81	−1.90	+0.13	+192.0	−22.7	−10.7	8.24098	−709	− 90
19	−10.71	−1.53	+0.37	+169.3	−32.0	− 9.3	8.23389	−734	− 25
20	−12.24	−0.95	+0.58	+137.3	−38.2	− 6.2	8.22655	−703	+ 31
21	−13.19	−0.19	+0.76	+ 99.1	−40.9	− 2.7	8.21952	−631	+ 72
22	−13.38		+0.77	+ 58.2		+ 1.3	8.21321		+ 98
	s	s	s	″	″	″			
März 10	+ 1.69	+0.07	−0.16	+115.5	+19.5	− 2.2	8.23218	+588	− 2
11	+ 1.76	−0.22	−0.29	+135.0	+17.5	− 2.0	8.23806	+540	− 48
12	+ 1.54	−0.63	−0.41	+152.5	+15.4	− 2.1	8.24346	+440	−100
13	+ 0.91	−1.12	−0.49	+167.9	+12.7	− 2.7	8.24786	+286	−154
14	− 0.21	−1.60	−0.48	+180.6	+ 8.7	− 4.0	8.25072	+ 90	−196
15	− 1.81	−2.01	−0.41	+189.3	+ 2.5	− 6.2	8.25162	−128	−218
16	− 3.82	−2.31	−0.30	+191.8	− 6.0	− 8.5	8.25034	−339	−211
17	− 6.13	−2.39	−0.08	+185.8	−16.2	−10.2	8.24695	−518	−179
18	− 8.52		+0.20	+169.6		−10.3	8.24177		−126

Tag	$\alpha_☾ - \alpha_k$ (0h Weltzeit)			$\delta_☾ - \delta_k$			log sin p_k		
	s	s	s	″	″	″			
1957 März 18	— 8.52	—2.19	+0.20	+169.6	—26.5	—10.3	8.24177	—644	—126
19	—10.71	—1.68	+0.51	+143.1	—35.2	— 8.7	8.23533	—707	— 63
20	—12.39	—0.90	+0.78	+107.9	—40.2	— 5.0	8.22826	—709	— 2
21	—13.29	0.00	+0.90	+ 67.7	—41.0	— 0.8	8.22117	—660	+ 49
22	—13.29	+0.86	+0.86	+ 26.7	—37.5	+ 3.5	8.21457	—571	+ 89
23	—12.43	+1.50	+0.64	— 10.8	—30.7	+ 6.8	8.20886	—456	+115
24	—10.93		+0.36	— 41.5		+ 8.7	8.20430		+127
	s	s	s	″	″	″			
April 8	+ 0.98	+0.02	—0.27	+150.4	+13.9	— 3.6	8.23585	+381	— 32
9	+ 1.00	—0.41	—0.43	+164.3	+10.3	— 3.6	8.23966	+316	— 65
10	+ 0.59	—0.90	—0.49	+174.6	+ 6.4	— 3.9	8.24282	+216	—100
11	— 0.31	—1.43	—0.53	+181.0	+ 1.8	— 4.6	8.24498	+ 84	—132
12	— 1.74	—1.90	—0.47	+182.8	— 4.3	— 6.1	8.24582	— 74	—158
13	— 3.64	—2.23	—0.33	+178.5	12.1	— 7.8	8.24508	—241	—167
14	— 5.87	—2.34	—0.11	+166.4	—21.2	— 9.1	8.24267	—396	—155
15	— 8.21	—2.12	+0.22	+145.2	—30.1	— 8.9	8.23871	—522	—126
16	—10.33	—1.53	+0.59	+115.1	—37.1	— 7.0	8.23349	—603	— 81
17	—11.86	—0.69	+0.84	+ 78.0	—40.3	— 3.2	8.22746	—632	— 29
18	—12.55	+0.24	+0.93	+ 37.7	—39.0	+ 1.3	8.22114	—612	+ 20
19	—12.31	+1.05	+0.81	— 1.3	—33.6	+ 5.4	8.21502	—547	+ 65
20	—11.26	+1.59	+0.54	— 34.9	—25.5	+ 8.1	8.20955	—448	+ 99
21	— 9.67	+1.85	+0.26	— 60.4	—16.1	+ 9.4	8.20507	—325	+123
22	— 7.82	+1.85	0.00	— 76.5	— 6.8	+ 9.3	8.20182	—190	+135
23	— 5.97		—0.19	— 83.3		+ 8.1	8.19992		+138
	s	s	s	″	″	″			
Mai 8	— 0.80	—0.85	—0.11	+183.0	+ 0.7	— 5.2	8.23943	+ 51	— 66
9	— 1.65	—1.29	—0.44	+183.7	— 5.0	— 5.7	8.23994	— 31	— 82
10	— 2.94	—1.70	—0.41	+178.7	—11.5	— 6.5	8.23963	—125	— 94
11	— 4.64	—1.96	—0.26	+167.2	—19.0	— 7.5	8.23838	—228	—103
12	— 6.60	—1.97	—0.01	+148.2	—26.7	— 7.7	8.23610	—330	—102
13	— 8.57	—1.68	+0.29	+121.5	—33.6	— 6.9	8.23280	—420	— 90
14	—10.25	—1.07	+0.61	+ 87.9	—38.2	— 4.6	8.22860	—486	— 66
15	—11.32	—0.25	+0.82	+ 49.7	—38.7	— 0.5	8.22374	—518	— 32
16	—11.57	+0.58	+0.83	+ 11.0	—35.3	+ 3.4	8.21856	—513	+ 5
17	—10.99	+1.23	+0.65	— 24.3	—28.3	+ 7.0	8.21343	—471	+ 42
18	— 9.76	+1.63	+0.40	— 52.6	—19.4	+ 8.9	8.20872	—394	+ 77
19	— 8.13	+1.75	+0.12	— 72.0	—10.0	+ 9.4	8.20478	—288	+106
20	— 6.38	+1.68	—0.07	— 82.0	— 1.1	+ 8.9	8.20190	—162	+126
21	— 4.70	+1.46	—0.22	— 83.1	+ 6.6	+ 7.7	8.20028	— 26	+136
22	— 3.24		—0.29	— 76.5		+ 6.1	8.20002		+139

Mondkrater Mösting A. 1957

Tag	0h Weltzeit								
	$\alpha_☾ - \alpha_k$			$\delta_☾ - \delta_k$			log sin p_k		
1957	s	s	s	″	″	″			
Juni 6	− 3.78	−1.33	−0.31	+186.0	−11.6	− 7.0	8.23725	−210	− 50
7	− 5.11	−1.57	−0.24	+174.4	−18.7	− 7.1	8.23515	−257	− 47
8	− 6.68	−1.63	−0.06	+155.7	−25.8	− 7.1	8.23258	−301	− 44
9	− 8.31	−1.47	+0.16	+129.9	−32.1	− 6.3	8.22957	−343	− 42
10	− 9.78	−1.03	+0.44	+ 97.8	−36.6	− 4.5	8.22614	−380	− 37
11	−10.81	−0.39	+0.64	+ 61.2	−38.1	− 1.5	8.22234	−406	− 26
12	−11.20	+0.34	+0.73	+ 23.1	−35.9	+ 2.2	8.21828	−419	− 13
13	−10.86	+0.99	+0.65	− 12.8	−30.2	+ 5.7	8.21409	−408	+ 11
14	− 9.87	+1.44	+0.45	− 43.0	−22.1	+ 8.1	8.21001	−373	+ 35
15	− 8.43	+1.64	+0.20	− 65.1	−12.9	+ 9.2	8.20628	−313	+ 60
16	− 6.79	+1.65	+0.01	− 78.0	− 3.7	+ 9.2	8.20315	−225	+ 88
17	− 5.14	+1.50	−0.15	− 81.7	+ 4.4	+ 8.1	8.20090	−118	+107
18	− 3.64	+1.28	−0.22	− 77.3	+11.3	+ 6.9	8.19972	+ 7	+125
19	− 2.36	+1.02	−0.26	− 66.0	+16.6	+ 5.3	8.19979	+141	+134
20	− 1.34	+0.74	−0.28	− 49.4	+20.4	+ 3.8	8.20120	+276	+135
21	− 0.60		−0.26	− 29.0		+ 2.6	8.20396		+126
	s	s	s	″	″	″			
Juli 5	− 7.72	−1.53	+0.01	+166.2	−25.6	− 7.7	8.23331	−424	− 20
6	− 9.25	−1.34	+0.19	+140.6	−32.2	− 6.6	8.22907	−426	− 2
7	−10.59	−0.92	+0.42	+108.4	−36.7	− 4.5	8.22481	−418	+ 8
8	−11.51	−0.33	+0.59	+ 71.7	−38.4	− 1.7	8.22063	−402	+ 16
9	−11.84	+0.34	+0.67	+ 33.3	−36.6	+ 1.8	8.21661	−384	+ 18
10	−11.50	+0.95	+0.61	− 3.3	−31.7	+ 4.9	8.21277	−358	+ 26
11	−10.55	+1.40	+0.45	− 35.0	−24.2	+ 7.5	8.20919	−327	+ 31
12	− 9.15	+1.62	+0.22	− 59.2	−15.2	+ 9.0	8.20592	−284	+ 43
13	− 7.53	+1.64	+0.02	− 74.4	− 6.2	+ 9.0	8.20308	−227	+ 57
14	− 5.89	+1.53	−0.11	− 80.6	+ 2.3	+ 8.5	8.20081	−154	+ 73
15	− 4.36	+1.34	−0.19	− 78.3	+ 9.7	+ 7.4	8.19927	− 64	+ 90
16	− 3.02	+1.11	−0.23	− 68.6	+15.6	+ 5.9	8.19863	+ 43	+107
17	− 1.91	+0.90	−0.21	− 53.0	+20.0	+ 4.4	8.19906	+161	+118
18	− 1.01	+0.69	−0.21	− 33.0	+23.2	+ 3.2	8.20067	+288	+127
19	− 0.32	+0.53	−0.16	− 9.8	+24.9	+ 1.7	8.20355	+413	+125
20	+ 0.21	+0.39	−0.14	+ 15.1	+25.5	+ 0.6	8.20768	+529	+116
21	+ 0.60		−0.12	+ 40.6		− 0.4	8.21297		+ 95
	s	s	s	″	″	″			
Aug. 3	−11.72	−1.08	+0.49	+119.2	−37.3	− 5.5	8.22818	−564	+ 18
4	−12.80	−0.40	+0.68	+ 81.9	−39.7	− 2.4	8.22254	−522	+ 42
5	−13.20	+0.32	+0.72	+ 42.2	−38.4	+ 1.3	8.21732	−465	+ 57
6	−12.88	+0.97	+0.65	+ 3.8	−33.7	+ 4.7	8.21267	−404	+ 61
7	−11.91	+1.45	+0.48	− 29.9	−26.3	+ 7.4	8.20863	−341	+ 63
8	−10.46	+1.69	+0.24	− 56.2	−17.5	+ 8.8	8.20522	−279	+ 62
9	− 8.77	+1.72	+0.03	− 73.7	− 8.4	+ 9.1	8.20243	−216	+ 63
10	− 7.05	+1.60	−0.12	− 82.1	+ 0.4	+ 8.8	8.20027	−152	+ 64
11	− 5.45		−0.21	− 81.7		+ 7.7	8.19875		+ 70

Tag	0h Weltzeit $\alpha_☾-\alpha_k$			$\delta_☾-\delta_k$			log sin p_k		
1957	s	s	s	"	"	"			
Aug. 11	— 5.45	+1.39	—0.21	— 81.7	+ 8.1	+ 7.7	8.19875	— 82	+ 70
12	— 4.06	+1.16	—0.23	— 73.6	+14.4	+ 6.3	8.19793	— 6	+ 76
13	— 2.90	+0.95	—0.21	— 59.2	+19.5	+ 5.1	8.19787	+ 81	+ 87
14	— 1.95	+0.77	—0.18	— 39.7	+23.1	+ 3.6	8.19868	+178	+ 97
15	— 1.18	+0.66	—0.11	— 16.6	+25.4	+ 2.3	8.20046	+283	+105
16	— 0.52	+0.60	—0.06	+ 8.8	+26.5	+ 1.1	8.20329	+395	+112
17	+ 0.08	+0.58	—0.02	+ 35.3	+26.2	— 0.3	8.20724	+503	+108
18	+ 0.66	+0.57	—0.01	+ 61.5	+24.8	— 1.4	8.21227	+601	+ 98
19	+ 1.23		—0.05	+ 86.3		— 2.4	8.21828		+ 75
	s	s	s	"	"	"			
Sept. 2	—14.28	+0.83	+0.81	+ 10.5	—36.4	+ 4.2	8.21639	—541	+ 80
3	—13.45	+1.42	+0.59	— 25.9	—29.2	+ 7.2	8.21098	—449	+ 92
4	—12.03	+1.74	+0.32	— 55.1	—20.2	+ 9.0	8.20649	—352	+ 97
5	—10.29	+1.82	+0.08	— 75.3	—10.6	+ 9.6	8.20297	—258	+ 94
6	— 8.47	+1.70	—0.12	— 85.9	— 1.7	+ 8.9	8.20039	—171	+ 87
7	— 6.77	+1.48	—0.22	— 87.6	+ 6.4	+ 8.1	8.19868	— 89	+ 82
8	— 5.29	+1.22	0.26	81.2	+13.2	+ 6.8	8.19779	— 14	+ 75
9	— 4.07	+0.96	—0.26	— 68.0	+18.6	+ 5.4	8.19765	+ 57	+ 71
10	— 3.11	+0.76	—0.20	— 49.4	+22.8	+ 4.2	8.19822	+128	+ 71
11	— 2.35	+0.64	—0.12	— 26.6	+25.7	+ 2.9	8.19950	+201	+ 73
12	— 1.71	+0.59	—0.05	— 0.9	+27.2	+ 1.5	8.20151	+280	+ 79
13	— 1.12	+0.63	+0.04	+ 26.3	+27.6	+ 0.4	8.20431	+362	+ 82
14	— 0.49	+0.73	+0.10	+ 53.9	+26.4	— 1.2	8.20793	+446	+ 84
15	+ 0.24	+0.81	+0.08	+ 80.3	+24.0	— 2.4	8.21239	+528	+ 82
16	+ 1.05	+0.84	+0.03	+104.3	+20.4	— 3.6	8.21767	+598	+ 70
17	+ 1.89	+0.69	—0.15	+124.7	+16.2	— 4.2	8.22365	+644	+ 46
18	+ 2.58		—0.35	+140.9		— 3.8	8.23009		+ 11
	s	s	s	"	"	"			
Okt. 1	—13.23	+1.62	+0.49	— 52.2	—23.6	+ 9.1	8.21114	—493	+106
2	—11.61	+1.82	+0.20	— 75.8	—13.8	+ 9.8	8.20621	—375	+118
3	9.79	+1.78	—0.04	— 89.6	— 4.1	+ 9.7	8.20246	—256	+119
4	— 8.01	+1.58	—0.20	— 93.7	+ 4.5	+ 8.6	8.19990	—141	+115
5	— 6.43	+1.31	—0.27	— 89.2	+11.7	+ 7.2	8.19849	— 38	+103
6	— 5.12	+1.01	—0.30	— 77.5	+17.6	+ 5.9	8.19811	+ 53	+ 91
7	— 4.11	+0.75	—0.26	— 59.9	+22.1	+ 4.5	8.19864	+129	+ 76
8	— 3.36	+0.57	—0.18	— 37.8	+25.3	+ 3.2	8.19993	+193	+ 64
9	— 2.79	+0.47	—0.10	— 12.5	+27.5	+ 2.2	8.20186	+248	+ 55
10	— 2.32	+0.49	+0.02	+ 15.0	+28.5	+ 1.0	8.20434	+298	+ 50
11	— 1.83	+0.59	+0.10	+ 43.5	+28.0	— 0.5	8.20732	+344	+ 46
12	— 1.24	+0.77	+0.18	+ 71.5	+26.1	— 1.9	8.21076	+390	+ 46
13	— 0.47	+0.91	+0.14	+ 97.6	+22.7	— 3.4	8.21466	+435	+ 45
14	+ 0.44	+0.95	+0.04	+120.3	+18.2	— 4.5	8.21901	+477	+ 42
15	+ 1.39	+0.81	—0.14	+138.5	+13.2	— 5.0	8.22378	+507	+ 30
16	+ 2.20	+0.46	—0.35	+151.7	+ 8.5	— 4.7	8.22885	+520	+ 13
17	+ 2.66		—0.53	+160.2		— 3.9	8.23405		— 19

Mondkrater Mösting A. 1957

Tag	0h Weltzeit								
	$\alpha_{☾}-\alpha_k$			$\delta_{☾}-\delta_k$			log sin p_k		
1957	s	s	s	″	″	″			
Okt. 31	−8.85	+1.62	−0.11	− 96.4	+ 1.9	+ 9.3	8.20298	−258	+133
Nov. 1	−7.23	+1.39	−0.23	− 94.5	+ 9.9	+ 8.0	8.20040	−124	+134
2	−5.84	+1.11	−0.28	− 84.6	+16.2	+ 6.3	8.19916	+ 3	+127
3	−4.73	+0.83	−0.28	− 68.4	+21.1	+ 4.9	8.19919	+115	+112
4	−3.90	+0.58	−0.25	− 47.3	+24.8	+ 3.7	8.20034	+208	+ 93
5	−3.32	+0.41	−0.17	− 22.5	+27.2	+ 2.4	8.20242	+280	+ 72
6	−2.91	+0.34	−0.07	+ 4.7	+28.5	+ 1.3	8.20522	+329	+ 49
7	−2.57	+0.37	+0.03	+ 33.2	+28.6	+ 0.1	8.20851	+359	+ 30
8	−2.20	+0.50	+0.13	+ 61.8	+27.5	− 1.1	8.21210	+372	+ 13
9	−1.70	+0.67	+0.17	+ 89.3	+24.9	− 2.6	8.21582	+373	+ 1
10	−1.03	+0.81	+0.14	+114.2	+20.9	− 4.0	8.21955	+369	− 4
11	−0.22	+0.80	−0.01	+135.1	+15.9	− 5.0	8.22324	+360	− 9
12	+0.58	+0.64	−0.16	+151.0	+10.6	− 5.3	8.22684	+349	− 11
13	+1.22	+0.30	−0.34	+161.6	+ 5.4	− 5.2	8.23033	+334	− 15
14	+1.52	−0.17	−0.47	+167.0	+ 1.1	− 4.3	8.23367	+308	− 26
15	+1.35		−0.55	+168.1		− 3.9	8.23675		− 41
	s	s	s	″	″	″			
Nov. 30	−5.02	+0.94	−0.25	− 72.8	+20.0	+ 5.5	8.19981	+ 30	+141
Dez. 1	−4.08	+0.72	−0.22	− 52.8	+24.0	+ 4.0	8.20011	+163	+133
2	−3.36	+0.52	−0.20	− 28.8	+26.7	+ 2.7	8.20174	+279	+116
3	−2.84	+0.38	−0.14	− 2.1	+28.0	+ 1.3	8.20453	+371	+ 92
4	−2.46	+0.33	−0.05	+ 25.9	+28.4	+ 0.4	8.20824	+435	+ 64
5	−2.13	+0.34	+0.01	+ 54.3	+27.6	− 0.8	8.21259	+464	+ 29
6	−1.79	+0.42	+0.08	+ 81.9	+25.6	− 2.0	8.21723	+461	− 3
7	−1.37	+0.49	+0.07	+107.5	+22.5	− 3.1	8.22184	+428	− 33
8	−0.88	+0.51	+0.02	+130.0	+18.3	− 4.2	8.22612	+373	− 55
9	−0.37	+0.40	−0.11	+148.3	+13.4	− 4.9	8.22985	+304	− 69
10	+0.03	+0.16	−0.24	+161.7	+ 8.3	− 5.1	8.23289	+230	− 74
11	+0.19	−0.18	−0.34	+170.0	+ 3.2	− 5.1	8.23519	+160	− 70
12	+0.01	−0.58	−0.40	+173.2	− 1.6	− 4.8	8.23679	+ 96	− 64
13	−0.57	−0.99	−0.41	+171.6	− 6.4	− 4.8	8.23775	+ 38	− 58
14	−1.56	−1.39	−0.40	+165.2	−11.4	− 5.0	8.23813	− 15	− 53
15	−2.95		−0.34	+153.8		− 5.2	8.23798		− 54
	s	s	s	″	″	″			
Dez. 30	−2.66	+0.59	−0.10	− 5.7	+27.9	+ 1.6	8.20205	+322	+135
31	−2.07	+0.53	−0.06	+ 22.2	+28.2	+ 0.3	8.20527	+439	+117
32	−1.54		−0.02	+ 50.4		− 1.0	8.20966		+ 88

0h Weltzeit	P	B_0	L_0
1957	Rotation Nr. 1382		
	°	°	°
Jan. 0	+ 2.61	−2.96	308.22
1	2.13	3.08	295.05
2	1.64	3.19	281.88
3	1.15	3.31	268.71
4	0.67	3.42	255.54
5	+ 0.18	3.53	242.37
6	− 0.30	−3.65	229.21
7	0.79	3.76	216.04
8	1.27	3.87	202.87
9	1.76	3.97	189.70
10	2.24	4.08	176.53
11	2.71	4.19	163.36
12	− 3.19	−4.29	150.20
13	3.67	4.39	137.03
14	4.14	4.50	123.86
15	4.61	4.60	110.69
16	5.08	4.70	97.52
17	5.55	4.79	84.36
18	− 6.01	−4.89	71.19
19	6.47	4.98	58.02
20	6.93	5.08	44.85
21	7.39	5.17	31.69
22	7.84	5.26	18.52
23	− 8.29	−5.34	5.35
	Rotation Nr. 1383		
	°	°	°
Jan. 24	− 8.73	−5.43	352.19
25	9.17	5.52	339.02
26	9.61	5.60	325.85
27	10.04	5.68	312.69
28	10.47	5.76	299.52
29	10.90	5.84	286.35
30	−11.32	−5.91	273.19
31	11.74	5.98	260.02
Febr. 1	12.15	6.06	246.86
2	12.56	6.13	233.69
3	12.96	6.19	220.53
4	13.36	6.26	207.36
5	−13.75	−6.32	194.19
6	14.14	6.38	181.03
7	14.52	6.44	167.86
8	14.90	6.50	154.69
9	15.27	6.56	141.53
10	15.64	6.61	128.36
11	−16.01	−6.66	115.19
12	−16.36	−6.71	102.02

0h Weltzeit	P	B_0	L_0
1957	Rotation Nr. 1383		
	°	°	°
Febr. 12	−16.36	−6.71	102.02
13	16.71	6.76	88.86
14	17.06	6.81	75.69
15	17.40	6.85	62.52
16	17.73	6.89	49.35
17	18.06	6.93	36.18
18	−18.38	−6.96	23.01
19	−18.70	−7.00	9.84
	Rotation Nr. 1384		
	°	°	°
Febr. 20	−19.02	−7.03	356.67
21	19.32	7.06	343.50
22	19.62	7.09	330.33
23	19.92	7.11	317.16
24	20.21	7.14	303.99
25	20.49	7.16	290.82
26	−20.76	−7.18	277.65
27	21.03	7.20	264.48
28	21.29	7.21	251.31
März 1	21.55	7.22	238.14
2	21.80	7.23	224.96
3	22.05	7.24	211.79
4	−22.29	−7.25	198.62
5	22.52	7.25	185.44
6	22.74	7.25	172.27
7	22.96	7.25	159.09
8	23.17	7.25	145.92
9	23.38	7.24	132.74
10	−23.58	−7.23	119.56
11	23.77	7.22	106.38
12	23.96	7.21	93.21
13	24.14	7.20	80.03
14	24.31	7.18	66.85
15	24.47	7.16	53.67
16	−24.63	−7.14	40.49
17	24.78	7.12	27.30
18	24.93	7.09	14.12
19	−25.07	−7.06	0.94
	Rotation Nr. 1385		
	°	°	°
März 20	−25.20	−7.03	347.75
21	25.32	7.00	334.57
22	25.44	6.97	321.38
23	25.55	6.93	308.20
24	−25.65	−6.90	295.01

0h Weltzeit	P	B_0	L_0
1957	Rotation Nr. 1385		
	°	°	°
März 24	−25.65	−6.90	295.01
25	25.75	6.86	281.82
26	25.84	6.81	268.64
27	25.92	6.77	255.45
28	26.00	6.72	242.26
29	26.07	6.68	229.07
30	−26.13	−6.63	215.88
31	26.19	6.58	202.69
April 1	26.23	6.52	189.50
2	26.27	6.47	176.30
3	26.30	6.41	163.11
4	26.33	6.35	149.91
5	−26.35	−6.29	136.72
6	26.36	6.23	123.52
7	26.36	6.16	110.32
8	26.36	6.09	97.12
9	26.35	6.03	83.93
10	26.33	5.96	70.73
11	−26.30	−5.88	57.53
12	26.27	5.81	44.33
13	26.23	5.74	31.12
14	26.18	5.66	17.92
15	−26.13	−5.58	4.72
	Rotation Nr. 1386		
	°	°	°
April 16	−26.07	−5.50	351.51
17	26.00	5.42	338.31
18	25.92	5.34	325.10
19	25.83	5.25	311.89
20	25.74	5.17	298.69
21	25.64	5.08	285.48
22	−25.54	−4.99	272.27
23	25.43	4.90	259.06
24	25.30	4.81	245.85
25	25.17	4.72	232.64
26	25.04	4.62	219.42
27	24.90	4.53	206.21
28	−24.75	−4.43	193.00
29	24.59	4.33	179.78
30	24.42	4.23	166.57
Mai 1	24.25	4.13	153.35
2	24.07	4.03	140.13
3	23.88	3.93	126.92
4	−23.69	−3.82	113.70
5	−23.49	−3.72	100.48

Rotation der Sonne 1957

0^h Weltzeit	P	B_0	L_0
1957	**Rotation Nr. 1386**		
	°	°	°
Mai 5	−23.49	−3.72	100.48
6	23.28	3.61	87.26
7	23.07	3.51	74.04
8	22.84	3.40	60.82
9	22.61	3.29	47.60
10	22.38	3.18	34.37
11	−22.14	−3.07	21.15
12	−21.89	−2.96	7.92
	Rotation Nr. 1387		
	°	°	°
Mai 13	−21.63	−2.85	354.70
14	21.37	2.74	341.47
15	21.10	2.62	328.25
16	20.82	2.51	315.02
17	20.54	2.40	301.80
18	20.25	2.28	288.57
19	−19.95	−2.16	275.34
20	19.65	2.05	262.11
21	19.34	1.93	248.88
22	19.03	1.81	235.65
23	18.71	1.70	222.42
24	18.38	1.58	209.19
25	−18.05	−1.46	195.96
26	17.71	1.34	182.73
27	17.36	1.22	169.50
28	17.01	1.10	156.27
29	16.66	0.98	143.04
30	16.30	0.86	129.80
31	−15.94	−0.74	116.57
Juni 1	15.57	0.62	103.34
2	15.19	0.50	90.10
3	14.81	0.38	76.87
4	14.43	0.26	63.63
5	14.04	0.14	50.40
6	−13.64	−0.02	37.16
7	13.24	+0.10	23.93
8	−12.84	+0.22	10.69
	Rotation Nr. 1388		
	°	°	°
Juni 9	−12.44	+0.34	357.46
10	12.03	0.46	344.22
11	11.62	0.58	330.98
12	11.20	0.70	317.75
13	10.78	0.82	304.51
14	−10.36	+0.94	291.27

0^h Weltzeit	P	B_0	L_0
1957	**Rotation Nr. 1388**		
	°	°	°
Juni 14	−10.36	+0.94	291.27
15	9.93	1.06	278.04
16	9.50	1.18	264.80
17	9.07	1.30	251.56
18	8.63	1.42	238.32
19	8.19	1.54	225.09
20	− 7.75	+1.66	211.85
21	7.31	1.77	198.62
22	6.87	1.89	185.38
23	6.43	2.00	172.14
24	5.98	2.12	158.90
25	5.53	2.24	145.67
26	− 5.08	+2.35	132.43
27	4.62	2.46	119.19
28	4.17	2.58	105.96
29	3.72	2.69	92.72
30	3.26	2.80	79.48
Juli 1	2.81	2.91	66.25
2	− 2.35	+3.02	53.01
3	1.90	3.13	39.78
4	1.44	3.24	26.54
5	0.99	3.34	13.31
6	− 0.53	+3.45	0.07
	Rotation Nr. 1389		
	°	°	°
Juli 7	− 0.08	+3.56	346.84
8	+ 0.37	3.66	333.60
9	0.83	3.76	320.37
10	1.28	3.87	307.13
11	1.73	3.97	293.90
12	2.18	4.07	280.66
13	+ 2.63	+4.17	267.43
14	3.08	4.27	254.20
15	3.52	4.36	240.96
16	3.97	4.46	227.73
17	4.41	4.55	214.50
18	4.85	4.65	201.26
19	+ 5.29	+4.74	188.03
20	5.73	4.83	174.80
21	6.16	4.92	161.57
22	6.59	5.01	148.34
23	7.02	5.09	135.11
24	7.45	5.18	121.88
25	+ 7.87	+5.26	108.65
26	+ 8.29	+5.34	95.42

0^h Weltzeit	P	B_0	L_0
1957	**Rotation Nr. 1389**		
	°	°	°
Juli 26	+ 8.29	+5.34	95.42
27	8.71	5.43	82.20
28	9.12	5.51	68.97
29	9.53	5.58	55.74
30	9.94	5.66	42.52
31	10.35	5.73	29.29
Aug. 1	+10.76	+5.81	16.07
2	+11.15	+5.88	2.84
	Rotation Nr. 1390		
	°	°	°
Aug. 3	+11.54	+5.95	349.62
4	11.93	6.02	336.39
5	12.32	6.08	323.17
6	12.70	6.15	309.95
7	13.08	6.21	296.72
8	13.46	6.27	283.50
9	+13.83	+6.33	270.28
10	14.19	6.39	257.06
11	14.55	6.45	243.83
12	14.91	6.50	230.61
13	15.27	6.56	217.39
14	15.62	6.61	204.18
15	+15.96	+6.66	190.96
16	16.30	6.70	177.74
17	16.64	6.75	164.52
18	16.97	6.79	151.30
19	17.29	6.83	138.09
20	17.61	6.87	124.87
21	+17.93	+6.91	111.66
22	18.24	6.95	98.44
23	18.55	6.98	85.23
24	18.85	7.01	72.01
25	19.15	7.04	58.80
26	19.44	7.07	45.59
27	+19.72	+7.10	32.38
28	20.00	7.12	19.17
29	+20.28	+7.14	5.96
	Rotation Nr. 1391		
	°	°	°
Aug. 30	+20.55	+7.16	352.75
31	20.81	7.18	339.54
Sept. 1	21.07	7.20	326.33
2	21.32	7.21	313.12
3	21.57	7.22	299.91
4	+21.81	+7.23	286.70

1957 Rotation Nr. 1391

0h Weltzeit	P (°)	B_0 (°)	L_0 (°)
Sept. 4	+21.81	+7.23	286.70
5	22.05	7.24	273.49
6	22.28	7.25	260.29
7	22.50	7.25	247.08
8	22.72	7.25	233.87
9	22.93	7.25	220.67
10	+23.14	+7.25	207.46
11	23.34	7.24	194.26
12	23.54	7.23	181.06
13	23.73	7.22	167.85
14	23.91	7.21	154.65
15	24.09	7.20	141.45
16	+24.26	+7.18	128.24
17	24.42	7.17	115.04
18	24.58	7.15	101.84
19	24.73	7.13	88.64
20	24.87	7.10	75.44
21	25.01	7.07	62.24
22	+25.14	+7.05	49.04
23	25.27	7.02	35.84
24	25.39	6.98	22.65
25	+25.50	+6.95	9.45

Rotation Nr. 1392

0h Weltzeit	P (°)	B_0 (°)	L_0 (°)
Sept. 26	+25.61	+6.91	356.25
27	25.71	6.88	343.05
28	25.80	6.84	329.85
29	25.88	6.79	316.66
30	25.96	6.75	303.47
Okt. 1	26.03	6.70	290.27
2	+26.10	+6.65	277.08
3	26.16	6.60	263.88
4	26.21	6.55	250.69
5	26.25	6.50	237.49
6	26.29	6.44	224.30
7	26.32	6.38	211.10
8	+26.34	+6.32	197.91
9	26.35	6.26	184.72
10	26.36	6.19	171.53
11	26.36	6.13	158.33
12	26.35	6.06	145.14
13	26.34	5.99	131.95
14	+26.32	+5.92	118.76
15	26.29	5.85	105.57
16	+26.25	+5.77	92.38

1957 Rotation Nr. 1392

0h Weltzeit	P (°)	B_0 (°)	L_0 (°)
Okt. 16	+26.25	+5.77	92.38
17	26.20	5.69	79.19
18	26.15	5.61	66.00
19	26.09	5.53	52.81
20	26.02	5.45	39.62
21	25.95	5.37	26.43
22	+25.87	+5.28	13.24
23	+25.78	+5.20	0.05

Rotation Nr. 1393

0h Weltzeit	P (°)	B_0 (°)	L_0 (°)
Okt. 24	+25.68	+5.11	346.87
25	25.57	5.02	333.68
26	25.45	4.92	320.49
27	25.33	4.83	307.30
28	25.20	4.74	294.12
29	25.06	4.64	280.93
30	+24.92	+4.54	267.74
31	24.77	4.44	254.56
Nov. 1	24.60	4.34	241.37
2	24.43	4.24	228.18
3	24.26	4.14	215.00
4	24.07	4.03	201.81
5	+23.88	+3.93	188.63
6	23.68	3.82	175.44
7	23.47	3.71	162.26
8	23.25	3.60	149.07
9	23.03	3.49	135.89
10	22.80	3.38	122.70
11	+22.56	+3.27	109.52
12	22.31	3.15	96.33
13	22.05	3.04	83.15
14	21.79	2.92	69.97
15	21.52	2.80	56.79
16	21.24	2.69	43.60
17	+20.96	+2.57	30.42
18	20.66	2.45	17.24
19	+20.36	+2.33	4.06

Rotation Nr. 1394

0h Weltzeit	P (°)	B_0 (°)	L_0 (°)
Nov. 20	+20.06	+2.21	350.88
21	19.74	2.08	337.70
22	19.42	1.96	324.52
23	19.09	1.84	311.33
24	18.76	1.72	298.15
25	+18.41	+1.59	284.98

1957 Rotation Nr. 1394

0h Weltzeit	P (°)	B_0 (°)	L_0 (°)
Nov. 25	+18.41	+1.59	284.98
26	18.06	1.47	271.80
27	17.71	1.34	258.62
28	17.34	1.22	245.44
29	16.97	1.09	232.26
30	16.60	0.96	219.08
Dez. 1	+16.22	+0.84	205.90
2	15.83	0.71	192.72
3	15.44	0.58	179.54
4	15.04	0.45	166.36
5	14.63	0.33	153.19
6	14.22	0.20	140.01
7	+13.81	+0.07	126.83
8	13.39	−0.06	113.65
9	12.96	0.19	100.48
10	12.53	0.31	87.30
11	12.10	0.44	74.12
12	11.66	0.57	60.95
13	+11.22	−0.70	47.77
14	10.77	0.83	34.60
15	10.32	0.95	21.42
16	+ 9.86	−1.08	8.25

Rotation Nr. 1395

0h Weltzeit	P (°)	B_0 (°)	L_0 (°)
Dez. 17	+ 9.40	−1.21	355.07
18	8.94	1.33	341.90
19	8.48	1.46	328.72
20	8.01	1.59	315.55
21	7.54	1.71	302.38
22	7.07	1.84	289.21
23	+ 6.59	−1.96	276.03
24	6.11	2.08	262.86
25	5.63	2.21	249.69
26	5.15	2.33	236.52
27	4.67	2.45	223.35
28	4.19	2.57	210.17
29	+ 3.70	−2.69	197.00
30	3.22	2.81	183.83
31	2.73	2.93	170.66
32	+ 2.25	−3.05	157.49

Rotation des Mars 1957

0h Weltzeit		Durchgangszeit des Nullmeridians	0h Weltzeit		Durchgangszeit des Nullmeridians	0h Weltzeit		Durchgangszeit des Nullmeridians
Tag	Länge des Zentralmeridians		Tag	Länge des Zentralmeridians		Tag	Länge des Zentralmeridians	
1957	°	Weltzeit h m	1957	°	Weltzeit h m	1957	°	Weltzeit h m
Jan. 1	327.69	2 12.8	Febr. 1	25.14	22 56.8	März 4	82.96	18 59.0
2	317.94	2 52.9	2	15.38	23 36.9	5	73.23	19 39.0
3	308.19	3 33.0	3	5.62	— —	6	63.49	20 19.0
4	298.44	4 13.1	4	355.86	0 17.0	7	53.76	20 59.0
5	288.69	4 53.2	5	346.10	0 57.2	8	44.04	21 39.0
6	278.93	5 33.3	6	336.34	1 37.3	9	34.31	22 18.9
7	269.17	6 13.4	7	326.58	2 17.4	10	24.58	22 58.9
8	259.41	6 53.6	8	316.83	2 57.5	11	14.86	23 38.9
9	249.66	7 33.7	9	307.07	3 37.6	12	5.13	— —
10	239.90	8 13.8	10	297.32	4 17.7	13	355.41	0 18.9
11	230.14	8 53.9	11	287.56	4 57.8	14	345.69	0 58.8
12	220.38	9 34.1	12	277.81	5 37.9	15	335.97	1 38.8
13	210.62	10 14.2	13	268.06	6 18.0	16	326.25	2 18.8
14	200.86	10 54.3	14	258.31	6 58.1	17	316.53	2 58.7
15	191.09	11 34.5	15	248.56	7 38.2	18	306.81	3 38.6
16	181.33	12 14.6	16	238.81	8 18.3	19	297.09	4 18.6
17	171.57	12 54.7	17	229.06	8 58.3	20	287.38	4 58.5
18	161.81	13 34.9	18	219.31	9 38.4	21	277.67	5 38.5
19	152.04	14 15.0	19	209.57	10 18.5	22	267.95	6 18.4
20	142.28	14 55.1	20	199.82	10 58.5	23	258.24	6 58.3
21	132.52	15 35.3	21	190.08	11 38.6	24	248.53	7 38.3
22	122.76	16 15.4	22	180.33	12 18.7	25	238.82	8 18.2
23	112.99	16 55.6	23	170.59	12 58.7	26	229.11	8 58.1
24	103.23	17 35.7	24	160.85	13 38.8	27	219.40	9 38.0
25	93.47	18 15.8	25	151.11	14 18.8	28	209.69	10 17.9
26	83.71	18 56.0	26	141.37	14 58.8	29	199.98	10 57.8
27	73.94	19 36.1	27	131.63	15 38.9	30	190.27	11 37.7
28	64.18	20 16.3	28	121.89	16 18.9	31	180.57	12 17.6
29	54.42	20 56.4	März 1	112.16	16 58.9	April 1	170.86	12 57.5
30	44.66	21 36.5	2	102.42	17 38.9	2	161.16	13 37.4
31	34.90	22 16.7	3	92.69	18 19.0	3	151.45	14 17.3

Rotation des Mars 1957

0h Weltzeit		Durchgangszeit des Nullmeridians	0h Weltzeit		Durchgangszeit des Nullmeridians	0h Weltzeit		Durchgangszeit des Nullmeridians
Tag	Länge des Zentralmeridians		Tag	Länge des Zentralmeridians		Tag	Länge des Zentralmeridians	
1957		Weltzeit	1957		Weltzeit	1957		Weltzeit
	°	h m		°	h m		°	h m
April 4	141.75	14 57.2	Mai 5	201.23	10 52.7	Juni 5	260.73	6 48.1
5	132.05	15 37.1	6	191.54	11 32.5	6	251.03	7 28.0
6	122.35	16 16.9	7	181.85	12 12.3	7	241.32	8 7.9
7	112.65	16 56.8	8	172.16	12 52.2	8	231.62	8 47.7
8	102.95	17 36.7	9	162.47	13 32.0	9	221.92	9 27.6
9	93.25	18 16.5	10	152.78	14 11.8	10	212.21	10 7.5
10	83.55	18 56.4	11	143.09	14 51.7	11	202.51	10 47.4
11	73.85	19 36.3	12	133.40	15 31.5	12	192.80	11 27.3
12	64.15	20 16.1	13	123.71	16 11.3	13	183.09	12 7.2
13	54.46	20 56.0	14	114.01	16 51.2	14	173.39	12 47.1
14	44.76	21 35.9	15	104.32	17 31.0	15	163.68	13 27.0
15	35.07	22 15.7	16	94.63	18 10.8	16	153.97	14 7.0
16	25.37	22 55.6	17	84.94	18 50.7	17	144.26	14 46.9
17	15.68	23 35.4	18	75.25	19 30.5	18	134.55	15 26.8
18	5.98	— —	19	65.56	20 10.4	19	124.84	16 6.7
19	356.29	0 15.3	20	55.87	20 50.2	20	115.12	16 46.7
20	346.59	0 55.1	21	46.17	21 30.0	21	105.41	17 26.6
21	336.90	1 35.0	22	36.48	22 9.9	22	95.69	18 6.6
22	327.21	2 14.8	23	26.79	22 49.7	23	85.98	18 46.5
23	317.52	2 54.6	24	17.09	23 29.6	24	76.26	19 26.5
24	307.82	3 34.5	25	7.40	— —	25	66.54	20 6.4
25	298.13	4 14.3	26	357.70	0 9.4	26	56.82	20 46.4
26	288.44	4 54.1	27	348.01	0 49.3	27	47.10	21 26.3
27	278.75	5 34.0	28	338.31	1 29.2	28	37.38	22 6.3
28	269.06	6 13.8	29	328.62	2 9.0	29	27.65	22 46.3
29	259.37	6 53.7	30	318.92	2 48.9	30	17.93	23 26.3
30	249.68	7 33.5	31	309.22	3 28.7	Juli 1	8.20	— —
Mai 1	239.99	8 13.3	Juni 1	299.52	4 8.6	2	358.48	0 6.3
2	230.30	8 53.2	2	289.83	4 48.5	3	348.75	0 46.3
3	220.61	9 33.0	3	280.13	5 28.3			
4	210.92	10 12.8	4	270.43	6 8.2			

Rotation des Jupiter 1957

Länge des Zentralmeridians der beleuchteten Scheibe für 0^h Weltzeit

Tag	System I	System II	Red. auf volle Scheibe	Tag	System I	System II	Red. auf volle Scheibe	Tag	System I	System II	Red. auf volle Scheibe
1957	°	°	°	1957	°	°	°	1957	°	°	°
Jan. 0	21.1	318.2	−0.5	Febr. 21	316.4	216.7	−0.1	April 14	253.2	116.7	+0.1
1	179.0	108.5	0.5	22	114.5	7.1	0.1	15	51.1	267.0	0.1
2	337.0	258.8	0.5	23	272.5	157.5	0.1	16	209.1	57.3	0.1
3	134.9	49.1	0.5	24	70.5	307.9	0.1	17	7.0	207.6	0.2
4	292.9	199.4	0.5	25	228.6	98.3	0.1	18	164.9	357.9	0.2
5	90.8	349.7	−0.4	26	26.6	248.7	−0.1	19	322.9	148.2	+0.2
6	248.7	140.0	0.4	27	184.7	39.2	0.1	20	120.8	298.5	0.2
7	46.7	290.3	0.4	28	342.7	189.6	0.1	21	278.7	88.8	0.2
8	204.6	80.7	0.4	März 1	140.7	340.0	−0.1	22	76.6	239.1	0.2
9	2.6	231.0	0.4	2	298.8	130.4	0.0	23	234.6	29.4	0.2
10	160.5	21.3	−0.4	3	96.8	280.8	0.0	24	32.5	179.7	+0.2
11	318.5	171.6	0.4	4	254.8	71.2	0.0	25	190.4	330.0	0.2
12	116.4	321.9	0.4	5	52.9	221.6	0.0	26	348.3	120.3	0.2
13	274.4	112.3	0.4	6	210.9	12.0	0.0	27	146.2	270.5	0.2
14	72.4	262.6	0.4	7	9.0	162.4	0.0	28	304.1	60.8	0.3
15	230.3	52.9	−0.4	8	167.0	312.8	0.0	29	102.0	211.1	+0.3
16	28.3	203.3	0.4	9	325.0	103.2	0.0	30	259.9	1.3	0.3
17	186.2	353.6	0.4	10	123.1	253.6	0.0	Mai 1	57.8	151.6	0.3
18	344.2	143.9	0.4	11	281.1	44.0	0.0	2	215.7	301.9	0.3
19	142.2	294.3	0.4	12	79.1	194.5	0.0	3	13.6	92.1	0.3
20	300.2	84.6	−0.4	13	237.2	344.9	0.0	4	171.4	242.4	+0.3
21	98.2	235.0	0.4	14	35.2	135.3	0.0	5	329.3	32.6	0.3
22	256.1	25.3	0.4	15	193.2	285.7	0.0	6	127.2	182.8	0.3
23	54.1	175.7	0.3	16	351.3	76.1	0.0	7	285.0	333.1	0.3
24	212.1	326.0	0.3	17	149.3	226.5	0.0	8	82.9	123.3	0.3
25	10.1	116.4	−0.3	18	307.3	16.9	0.0	9	240.8	273.6	+0.3
26	168.1	266.7	0.3	19	105.4	167.3	0.0	10	38.6	63.8	0.4
27	326.1	57.1	0.3	20	263.4	317.7	0.0	11	196.5	214.0	0.4
28	124.1	207.5	0.3	21	61.4	108.1	0.0	12	354.3	4.2	0.4
29	282.1	357.8	0.3	22	219.4	258.5	0.0	13	152.1	154.4	0.4
30	80.1	148.2	−0.3	23	17.5	48.9	0.0	14	310.0	304.6	+0.4
31	238.1	298.6	0.3	24	175.5	199.2	0.0	15	107.8	94.8	0.4
Febr. 1	36.1	88.9	0.3	25	333.5	349.6	0.0	16	265.7	245.0	0.4
2	194.1	239.3	0.3	26	131.5	140.0	0.0	17	63.5	35.3	0.4
3	352.1	29.7	0.3	27	289.5	290.4	0.0	18	221.3	185.5	0.4
4	150.1	180.1	−0.3	28	87.5	80.7	0.0	19	19.1	335.6	+0.4
5	308.1	330.5	0.2	29	245.5	231.1	0.0	20	177.0	125.8	0.4
6	106.1	120.8	0.2	30	43.5	21.5	0.0	21	334.8	276.0	0.4
7	264.1	271.2	0.2	31	201.5	171.9	0.0	22	132.6	66.2	0.4
8	62.1	61.6	0.2	April 1	359.5	322.2	0.0	23	290.4	216.4	0.4
9	220.1	212.0	−0.2	2	157.5	112.6	0.0	24	88.2	6.6	+0.4
10	18.2	2.4	0.2	3	315.5	262.9	+0.1	25	246.0	156.7	0.5
11	176.2	152.8	0.2	4	113.5	53.3	0.1	26	43.8	306.9	0.5
12	334.2	303.2	0.2	5	271.5	203.7	0.1	27	201.6	97.1	0.5
13	132.2	93.5	0.2	6	69.4	354.0	0.1	28	359.4	247.2	0.5
14	290.2	243.9	−0.2	7	227.4	144.4	0.1	29	157.2	37.4	+0.5
15	88.3	34.3	0.2	8	25.4	294.7	+0.1	30	315.0	187.5	0.5
16	246.3	184.7	0.2	9	183.4	85.1	0.1	31	112.8	337.7	0.5
17	44.3	335.1	0.1	10	341.3	235.4	0.1	Juni 1	270.6	127.9	0.5
18	202.4	125.5	0.1	11	139.3	25.7	0.1	2	68.3	278.0	0.5
19	0.4	275.9	0.1	12	297.3	176.0	0.1	3	226.1	68.2	0.5
20	158.4	66.3	−0.1	13	95.2	326.4	+0.1	4	23.9	218.3	+0.5

Rotation des Jupiter 1957

Länge des Zentralmeridians der beleuchteten Scheibe für 0h Weltzeit

Tag	System I	System II	Red. auf volle Scheibe	Tag	System I	System II	Red. auf volle Scheibe	Tag	System I	System II	Red. auf volle Scheibe
1957	°	°	°	1957	°	°	°	1957	°	°	°
Juni 5	181.7	8.4	+0.5	Juli 27	102.9	253.0	+0.3	Nov. 11	55.2	108.9	−0.1
6	339.4	158.6	0.5	28	260.6	43.0	0.3	12	213.0	259.0	0.1
7	137.2	308.7	0.5	29	58.2	193.1	0.3	13	10.7	49.2	0.1
8	294.9	98.9	0.5	30	215.9	343.1	0.3	14	168.5	199.3	0.1
9	92.7	249.0	0.5	31	13.6	133.2	0.3	15	326.2	349.4	0.1
10	250.5	39.1	+0.5	Aug. 1	171.3	283.2	+0.3	16	124.0	139.5	−0.1
11	48.2	189.3	0.5	2	328.9	73.2	0.3	17	281.7	289.6	0.1
12	206.0	339.4	0.5	3	126.6	223.3	0.3	18	79.5	79.7	0.2
13	3.7	129.5	0.5	4	284.3	13.3	0.3	19	237.2	229.9	0.2
14	161.5	279.6	0.5	5	82.0	163.4	0.3	20	35.0	20.0	0.2
15	319.2	69.7	+0.5	6	239.6	313.4	+0.3	21	192.8	170.1	−0.2
16	117.0	219.8	0.5	7	37.3	103.5	0.3	22	350.5	320.3	0.2
17	274.7	9.9	0.5	8	195.0	253.5	0.3	23	148.3	110.4	0.2
18	72.4	160.1	0.5	9	352.7	43.5	0.2	24	306.1	260.5	0.2
19	230.2	310.2	0.5	10	150.3	193.6	0.2	25	103.8	50.7	0.2
20	27.9	100.3	+0.5	11	308.0	343.6	+0.2	26	261.6	200.8	−0.2
21	185.6	250.4	0.5	12	105.7	133.7	0.2	27	59.4	351.0	0.2
22	343.4	40.5	0.5	13	263.3	283.7	0.2	28	217.2	141.1	0.2
23	141.1	190.6	0.5	14	61.0	73.8	0.2	29	14.9	291.3	0.2
24	298.8	340.7	0.5	15	218.7	223.8	0.2	30	172.7	81.4	0.2
25	96.5	130.8	+0.5	16	16.3	13.8	+0.2	Dez. 1	330.5	231.6	−0.2
26	254.3	280.9	0.5	17	174.0	163.9	0.2	2	128.3	21.7	0.2
27	52.0	71.0	0.5	18	331.7	313.9	0.2	3	286.1	171.9	0.2
28	209.7	221.0	0.5	19	129.4	103.9	0.2	4	83.8	322.0	0.3
29	7.4	11.1	0.5	20	287.0	254.0	0.2	5	241.6	112.2	0.3
30	165.1	161.2	+0.5	21	84.7	44.0	+0.2	6	39.4	262.4	−0.3
Juli 1	322.8	311.3	0.5	22	242.3	194.1	0.2	7	197.2	52.5	0.3
2	120.6	101.4	0.5	23	40.0	344.1	0.2	8	355.0	202.7	0.3
3	278.3	251.4	0.5	24	197.7	134.1	0.2	9	152.8	352.9	0.3
4	76.0	41.5	0.5	25	355.4	284.2	0.1	10	310.6	143.0	0.3
5	233.7	191.6	+0.5	26	153.0	74.2	+0.1	11	108.4	293.2	−0.3
6	31.4	341.7	0.5	27	310.7	224.2	0.1	12	266.2	83.4	0.3
7	189.1	131.8	0.4	28	108.4	14.3	0.1	13	64.1	233.6	0.3
8	346.8	281.8	0.4	29	266.0	164.3	0.1	14	221.9	23.7	0.3
9	144.5	71.9	0.4	30	63.7	314.4	0.1	15	19.7	173.9	0.3
10	302.2	222.0	+0.4	31	221.4	104.4	+0.1	16	177.5	324.1	−0.3
11	99.9	12.0	0.4	Sept. 1	19.0	254.4	0.1	17	335.3	114.3	0.3
12	257.6	162.1	0.4	2	176.7	44.5	0.1	18	133.1	264.5	0.4
13	55.3	312.2	0.4	3	334.4	194.5	0.1	19	291.0	54.7	0.4
14	213.0	102.2	0.4	4	132.0	344.5	0.1	20	88.8	204.9	0.4
15	10.7	252.3	+0.4	5	289.7	134.6	0.1	21	246.6	355.1	−0.4
16	168.4	42.4	0.4	Sept. 6	87.4	284.6	+0.1	22	44.4	145.3	0.4
17	326.0	192.4	0.4	..	.....	.....	...	23	202.3	295.5	0.4
18	123.7	342.5	0.4	..	.....	.....	...	24	0.1	85.7	0.4
19	281.4	132.5	0.4	Nov. 3	233.4	348.1	−0.1	25	157.9	235.9	0.4
20	79.1	282.6	+0.4	4	31.1	138.2	0.1	26	315.8	26.1	−0.4
21	236.8	72.6	0.4	5	188.8	288.3	0.1	27	113.6	176.3	0.4
22	34.5	222.7	0.4	6	346.6	78.4	0.1	28	271.5	326.5	0.4
23	192.2	12.8	0.4	7	144.3	228.5	0.1	29	69.3	116.7	0.4
24	349.8	162.8	0.4	8	302.0	18.6	0.1	30	227.2	266.9	0.4
25	147.5	312.9	0.3	9	99.8	168.7	0.1	31	25.0	57.2	0.4
26	305.2	102.9	+0.3	10	257.5	318.8	−0.1	32	182.9	207.4	−0.4

Jupitertrabanten 1957

Verfinsterungen: E. = Eintritte, A. = Austritte (in Weltzeit)

Januar

Tag	Weltzeit h m	Trab.
0	19 57.4	I E.
1	6 9.1	III E.
	9 21.7	III A.
2	14 25.6	I E.
	18 2.2	II E.
4	8 53.8	I E.
6	3 22.0	I E.
	7 20.5	II E.
	10 19.2	IV E.
	13 15.6	IV A.
7	21 50.3	I E.
8	10 6.6	III E.
	13 18.4	III A.
9	16 18.5	I E.
	20 37.8	II E.
11	10 46.7	I E.
13	5 14.9	I E.
	9 56.0	II E.
14	23 43.2	I E.
15	14 4.0	III E.
	17 15.0	III A.
16	18 11.4	I E.
	23 13.4	II E.
18	12 39.6	I E.
20	7 7.9	I E.
	12 31.4	II E.
22	1 36.1	I E.
	18 1.0	III E.
	21 11.3	III A.
23	4 21.2	IV E.
	7 6.3	IV A.
	20 4.4	I E.
24	1 48.8	II E.
25	14 32.7	I E.
27	9 1.0	I E.
	15 6.8	II E.
29	3 29.2	I E.
	21 58.1	III E.
30	1 7.6	III A.
	21 57.5	I E.
31	4 24.2	II E.

Februar

Tag	Weltzeit h m	Trab.
1	16 25.8	I E.
3	10 54.1	I E.
	17 42.3	II E.
5	5 22.4	I E.
6	1 55.9	III E.
	5 4.7	III A.
	23 50.7	I E.
7	6 59.6	II E.
8	18 19.0	I E.
	22 23.5	IV E.
9	0 56.5	IV A.
10	12 47.3	I E.
	20 17.7	II E.
12	7 15.6	I E.
13	5 53.8	III E.
14	1 44.0	I E.
	9 34.9	II E.
15	20 12.3	I E.
17	14 40.7	I E.
	22 52.9	II E.
19	9 9.0	I E.
20	9 52.5	III E.
21	3 37.4	I E.
	12 10.3	II E.
22	22 5.8	I E.
24	16 34.2	I E.
25	1 28.2	II E.
	16 26.8	IV E.
	18 46.3	IV A.
26	11 2.6	I E.
27	13 50.6	III E.
28	5 31.0	I E.
	14 45.6	II E.

März

Tag	Weltzeit h m	Trab.
1	23 59.4	I E.
3	18 27.8	I E.
4	4 3.4	II E.
5	12 56.2	I E.
6	17 48.6	III E.
7	7 24.7	I E.
	17 20.8	II E.
9	1 53.1	I E.
10	20 21.6	I E.
11	6 38.6	II E.
12	14 50.1	I E.
13	21 46.4	III E.
14	9 18.6	I E.
	10 32.0	IV E.
	12 36.6	IV A.
	19 56.0	II E.
16	3 47.1	I E.
17	22 15.6	I E.
18	0 30.5	I A.
	11 53.9	II A.
19	18 59.0	I A.
21	4 48.5	III A.
	13 27.5	I A.
22	1 11.1	II A.
23	7 56.0	I A.
25	2 24.6	I A.
	14 28.6	II A.
26	20 53.1	I A.
28	8 46.4	III A.
	15 21.7	I A.
29	3 45.8	II A.
30	9 50.2	I A.
31	4 38.5	IV E.
	6 25.9	IV A.

April

Tag	Weltzeit h m	Trab.
1	4 18.9	I A.
	17 3.2	II A.
2	22 47.4	I A.
4	12 44.5	III A.
	17 16.1	I A.
5	6 20.5	II A.
6	11 44.6	I A.
8	6 13.3	I A.
	19 37.9	II A.
10	0 41.9	I A.
11	16 43.7	III A.
	19 10.5	I A.
12	8 55.2	II A.
13	13 39.2	I A.
15	8 7.8	I A.
	22 12.5	II A.
16	22 47.4	IV E.
17	0 13.9	IV A.
	2 36.5	I A.
18	20 41.7	III A.
	21 5.2	I A.
19	11 29.8	II A.
20	15 33.8	I A.
22	10 2.5	I A.
23	0 47.1	II A.
24	4 31.2	I A.
25	21 39.7	III E.
	22 59.9	I A.
26	0 39.8	III A.
	14 4.4	II A.
27	17 28.6	I A.
29	11 57.4	I A.
30	3 21.7	II A.

Mai

Tag	Weltzeit h m	Trab.
1	6 26.1	I A.
3	0 54.8	I A.
	1 38.5	III E.
	4 37.7	III A.
	16 38.9	II A.
	17 0.9	IV E.
	17 59.4	IV A.
4	19 23.5	I A.
6	13 52.3	I A.
7	5 56.2	II A.
8	8 21.0	I A.
10	2 49.8	I A.
	5 37.4	III E.
	8 35.8	III A.
	19 13.4	II A.
11	21 18.6	I A.
13	15 47.3	I A.
14	8 30.7	II A.
15	10 16.1	I A.
17	4 44.8	I A.
	9 37.0	III E.
	12 34.6	III A.
	21 47.9	II A.
18	23 13.6	I A.
20	17 42.4	I A.
21	11 5.1	II A.
22	12 11.1	I A.
24	6 40.0	I A.
	13 36.6	III E.
	16 33.4	III A.
25	0 22.3	II A.
26	1 8.7	I A.
27	19 37.6	I A.
28	13 39.5	II A.
29	14 6.3	I A.
31	8 35.1	I A.
	17 36.8	III E.
	20 32.8	III A.

Jupitertrabanten 1957

Verfinsterungen: E. = Eintritte, A. = Austritte (in Weltzeit)

Juni

Tag	Weltzeit h m	Trab.
1	2 56.7	II A.
2	3 3.9	I A.
3	21 32.7	I A.
4	16 13.9	II A.
5	16 1.5	I A.
7	10 30.4	I A.
	21 36.5	III E.
8	0 31.6	III A.
	5 31.1	II A.
9	4 59.1	I A.
10	23 28.0	I A.
11	18 48.3	II A.
12	17 56.7	I A.
14	12 25.6	I A.
15	1 35.8	III E.
	4 30.2	III A.
	8 5.5	II A.
16	6 54.3	I A.
18	1 23.2	I A.
	21 22.6	II A.
19	19 52.0	I A.
21	14 20.8	I A.
22	5 34.9	III E.
	8 28.4	III A.
	10 39.8	II A.
23	8 49.6	I A.
25	3 18.4	I A.
	23 57.0	II A.
26	21 47.2	I A.
28	16 16.0	I A.
29	9 34.1	III E.
	12 26.8	III A.
	13 14.1	II A.
30	10 44.8	I A.

Juli

Tag	Weltzeit h m	Trab.
2	5 13.6	I A.
3	2 31.2	II A.
	23 42.4	I A.
5	18 11.2	I A.
6	13 33.9	III E.
	15 48.3	II A.
	16 25.7	III A.
7	12 40.0	I A.
9	7 8.8	I A.
10	5 5.4	II A.
11	1 37.6	I A.
12	20 6.4	I A.
13	17 33.6	III E.
	18 22.5	II A.
	20 24.5	III A.
14	14 35.1	I A.
16	9 3.9	I A.
17	7 39.6	II A.
18	3 32.6	I A.
19	22 1.4	I A.
20	20 56.7	II A.
	21 33.8	III E.
21	0 23.9	III A.
	16 30.2	I A.
23	10 59.0	I A.
24	10 13.8	II A.
25	5 27.8	I A.
26	23 56.5	I A.
27	23 30.9	II A.
28	1 33.3	III E.
	4 22.5	III A.
	18 25.3	I A.
30	12 54.0	I A.
31	12 48.0	II A.

August

Tag	Weltzeit h m	Trab.
1	7 22.7	I A.
3	1 51.5	I A.
4	2 5.1	II A.
	5 32.4	III E.
	8 20.8	III A.
	20 20.2	I A.
6	14 49.0	I A.
7	15 22.2	II A.
8	9 17.7	I A.
10	3 46.4	I A.
11	4 39.3	II A.
	9 31.2	III E.
	12 18.7	III A.
	22 15.1	I A.
13	16 43.8	I A.
14	17 56.4	II A.
15	11 12.5	I A.
17	5 41.2	I A.
18	7 13.5	II A.
	13 29.8	III E.
	16 16.7	III A.
19	0 9.9	I A.
20	18 38.6	I A.
21	20 30.6	II A.
22	13 7.3	I A.
24	7 36.0	I A.

Oktober

Tag	Weltzeit h m	Trab.
21	3 54.3	II E.
	15 5.8	I E.
22	1 18.7	III E.
23	9 34.3	I E.
24	17 11.6	II E.
25	4 2.7	I E.
26	22 31.1	I E.
28	6 29.2	II E.
	16 59.6	I E.
29	5 17.5	III E.
30	11 28.0	I E.
31	19 46.6	II E.

November

Tag	Weltzeit h m	Trab.
1	5 56.4	I E.
3	0 24.9	I E.
4	9 4.3	II E.
	18 53.2	I E.
5	9 15.7	III E.
6	13 21.7	I E.
7	22 21.6	II E.
8	7 50.0	I E.
10	2 18.5	I E.
11	11 39.4	II E.
	20 46.8	I E.
12	13 13.3	III E.
13	15 15.2	I E.
15	0 56.7	II E.
	9 43.5	I E.
17	4 11.9	I E.
18	14 14.6	II E.
	22 40.2	I E.
19	17 10.7	III E.
	19 46.5	III A.
20	17 8.6	I E.
22	3 31.9	II E.
	11 36.9	I E.
24	6 5.3	I E.
25	16 49.9	II E.
26	0 33.6	I E.
	21 8.0	III E.
	23 43.1	III A.
27	19 1.9	I E.
29	6 7.2	II E.
	13 30.2	I E.

Dezember

Tag	Weltzeit h m	Trab.
1	7 58.5	I E.
2	19 25.2	II E.
3	2 26.8	I E.
4	1 6.0	III E.
	3 40.3	III A.
	20 55.1	I E.
6	8 42.5	II E.
	15 23.4	I E.
8	9 51.7	I E.
9	22 0.6	II E.
10	4 20.0	I E.
11	5 3.7	III E.
	7 37.2	III A.
	22 48.2	I E.
13	11 17.9	II E.
	17 16.5	I E.
15	11 44.8	I E.
17	0 36.0	II E.
	6 13.0	I E.
18	9 1.8	III E.
	11 34.6	III A.
19	0 41.3	I E.
20	13 53.4	II E.
	19 9.5	I E.
22	13 37.8	I E.
24	3 11.5	II E.
	8 6.0	I E.
25	12 59.2	III E.
	15 31.2	III A.
26	2 34.2	I E.
27	16 28.9	II E.
	21 2.4	I E.
29	15 30.7	I E.
31	5 47.0	II E.
	9 58.9	I E.
32	16 56.3	III E.
	19 27.5	III A.

Jupitertrabanten 1957

JANUAR

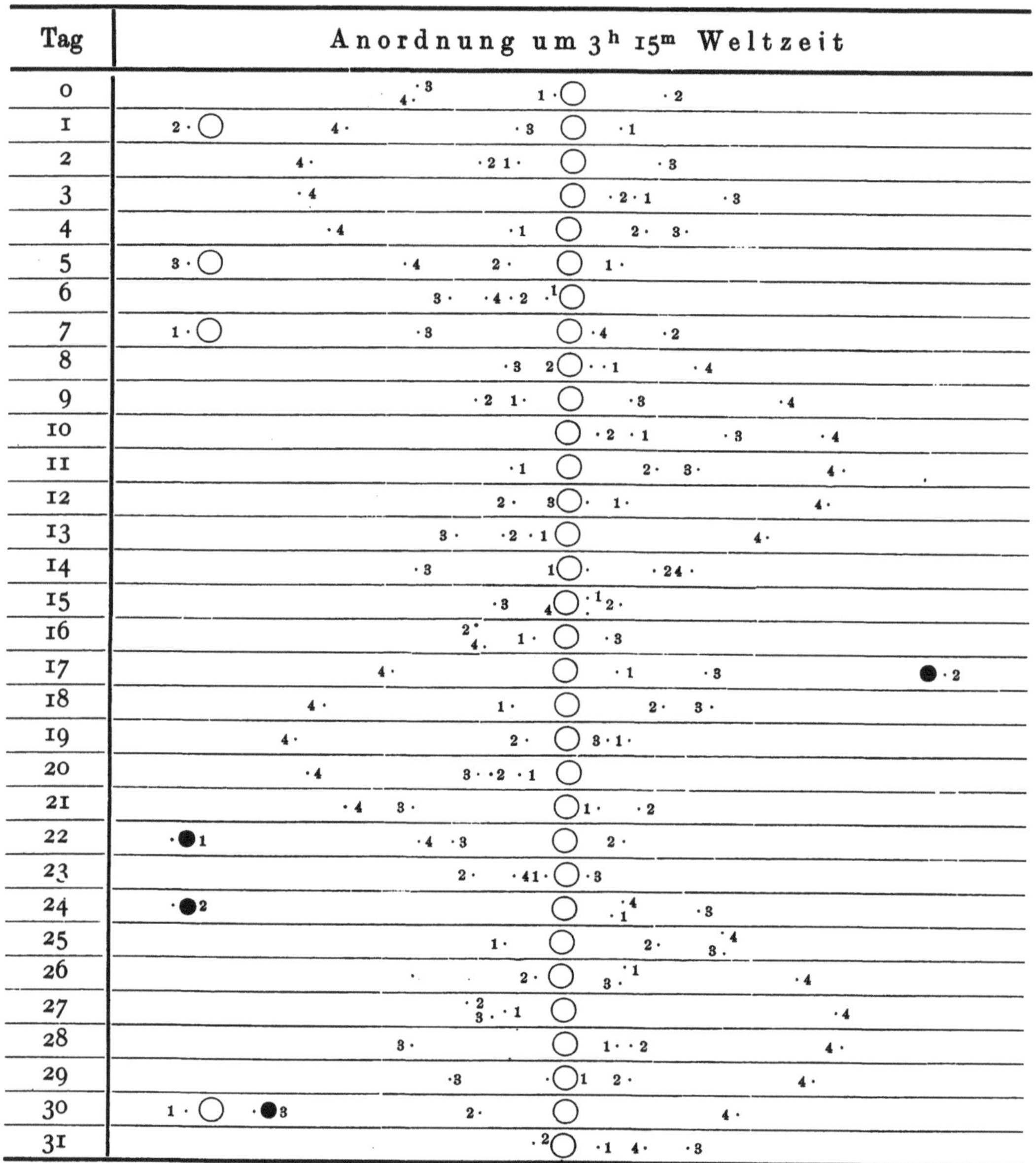

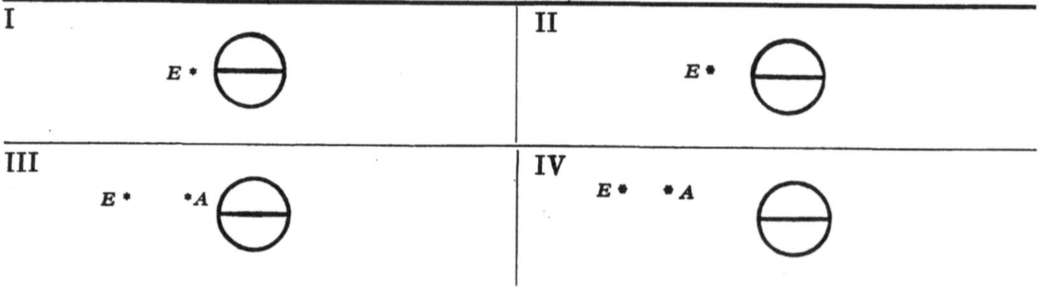

Jupitertrabanten 1957

FEBRUAR

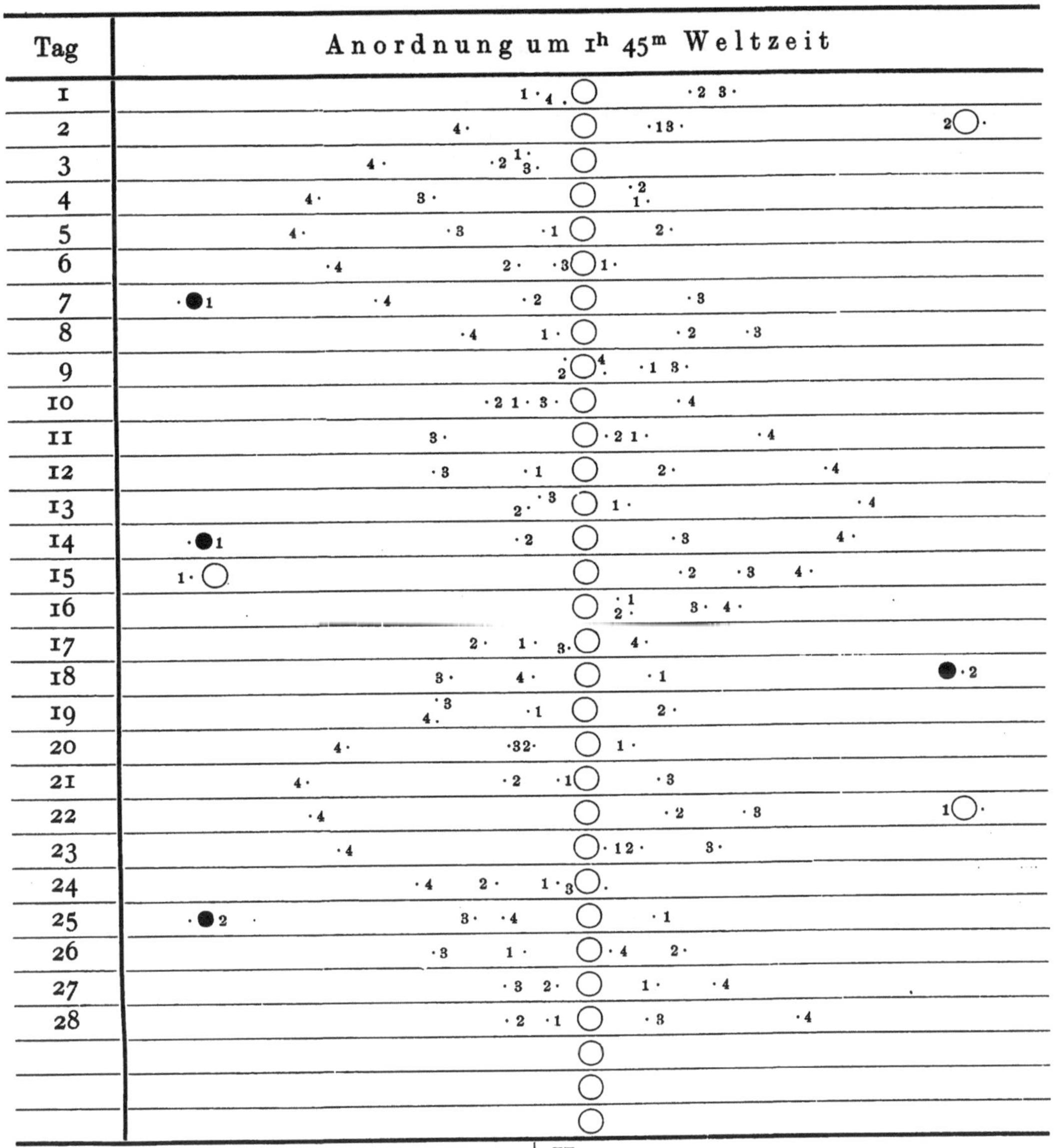

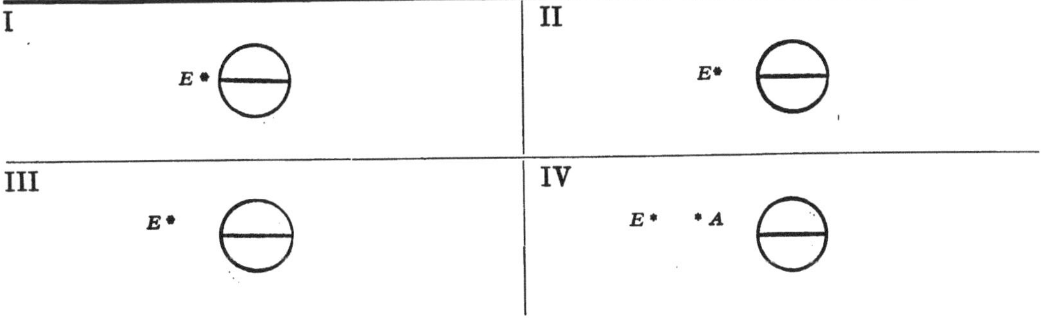

Jupitertrabanten 1957

MÄRZ

Tag	Anordnung um 0^h 15^m Weltzeit
1	○ 1· ·2 ·3 ·4
2	·●1 ○ 2· 3· ·4
3	2· 1·○3· 4·
4	3· ·2○ ·1 4·
5	3· 1· ○ ·2 4·
6	·3 4○· ·1 2○·
7	·2 4· ·1 ○·3
8	4· ○ ·2 1· ·3
9	4· ·1○ 2· 3·
10	4· 2· ○ 3· 1○·
11	·4 3· ·2 ○ ·1
12	·4 3· 1· ○ ·2
13	·4 ·3 2○· ·1
14	·2 ·4 ·1 ○ ●·3
15	○ ·2 ·4 1· ·3
16	·1○ 2· ·4 3·
17	2· 1○· 3· ·4
18	·2 3· ○ ·4 ●·1
19	3· 1· ○ ·2 4·
20	·3 ○ 2· ·1 4·
21	2· 1· ·○3 4·
22	○ 1·4· ·3 ●·2
23	·1 4· ○ 2· 3·
24	4· 2· ○1· 3·
25	·●1 4· ·23· ○
26	4· 3· 1·○ ·2
27	·4 ·3 ○ ·1 2·
28	·4 2· 1· ·3○
29	·4 ·○2 ·1 ·3
30	·4 ·1 ○ 2· ·3
31	2· ·○4 1· 3·

I

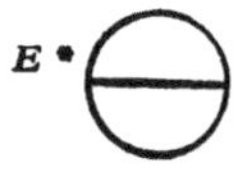

II

III

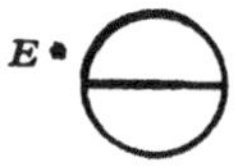

IV

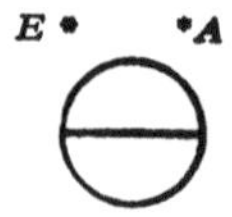

Jupitertrabanten 1957

APRIL

Tag — **Anordnung um $23^h\ 15^m$ Weltzeit**

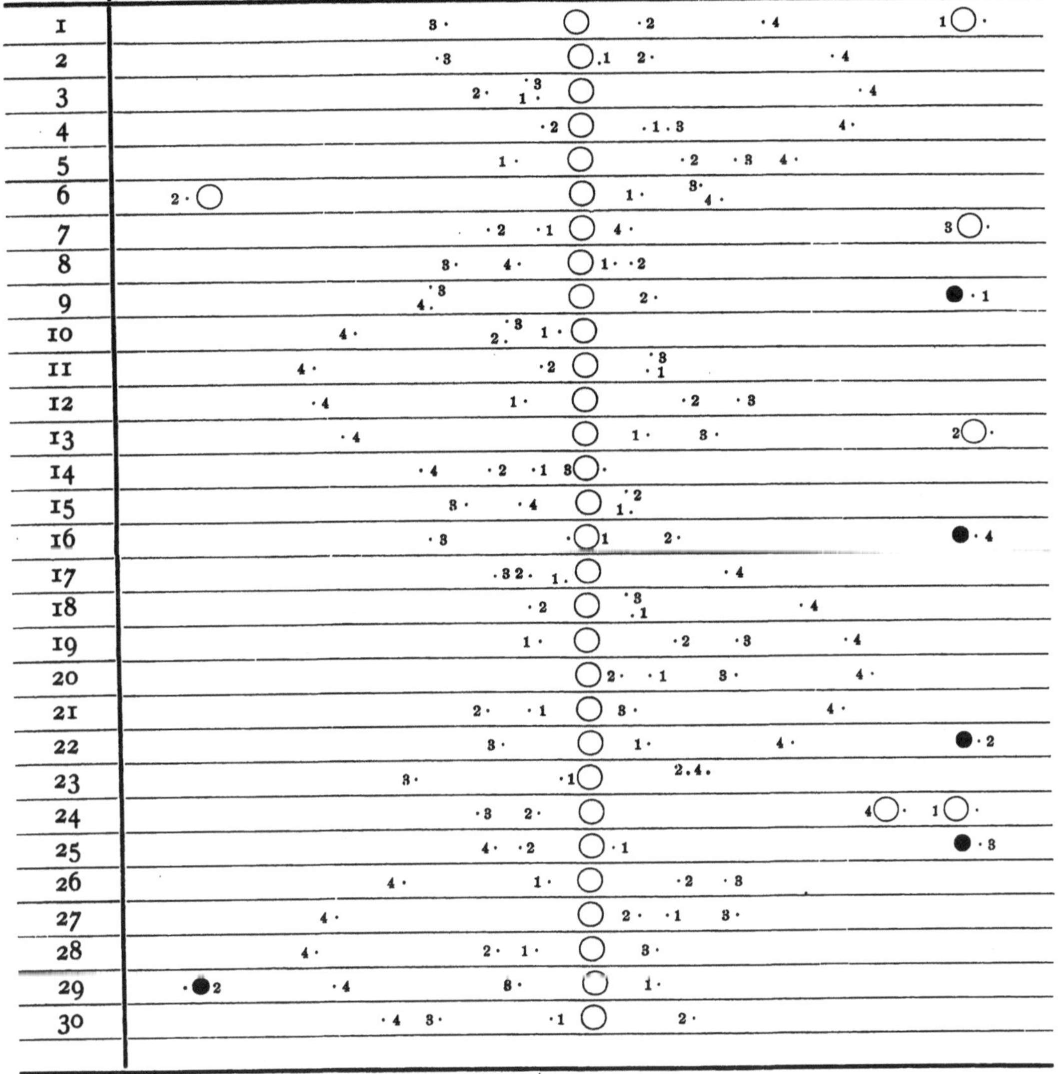

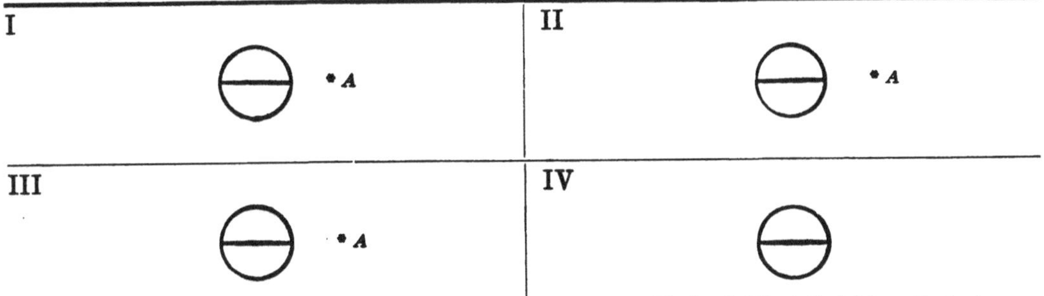

Trabant IV wird nicht verfinstert

Jupitertrabanten 1957

MAI

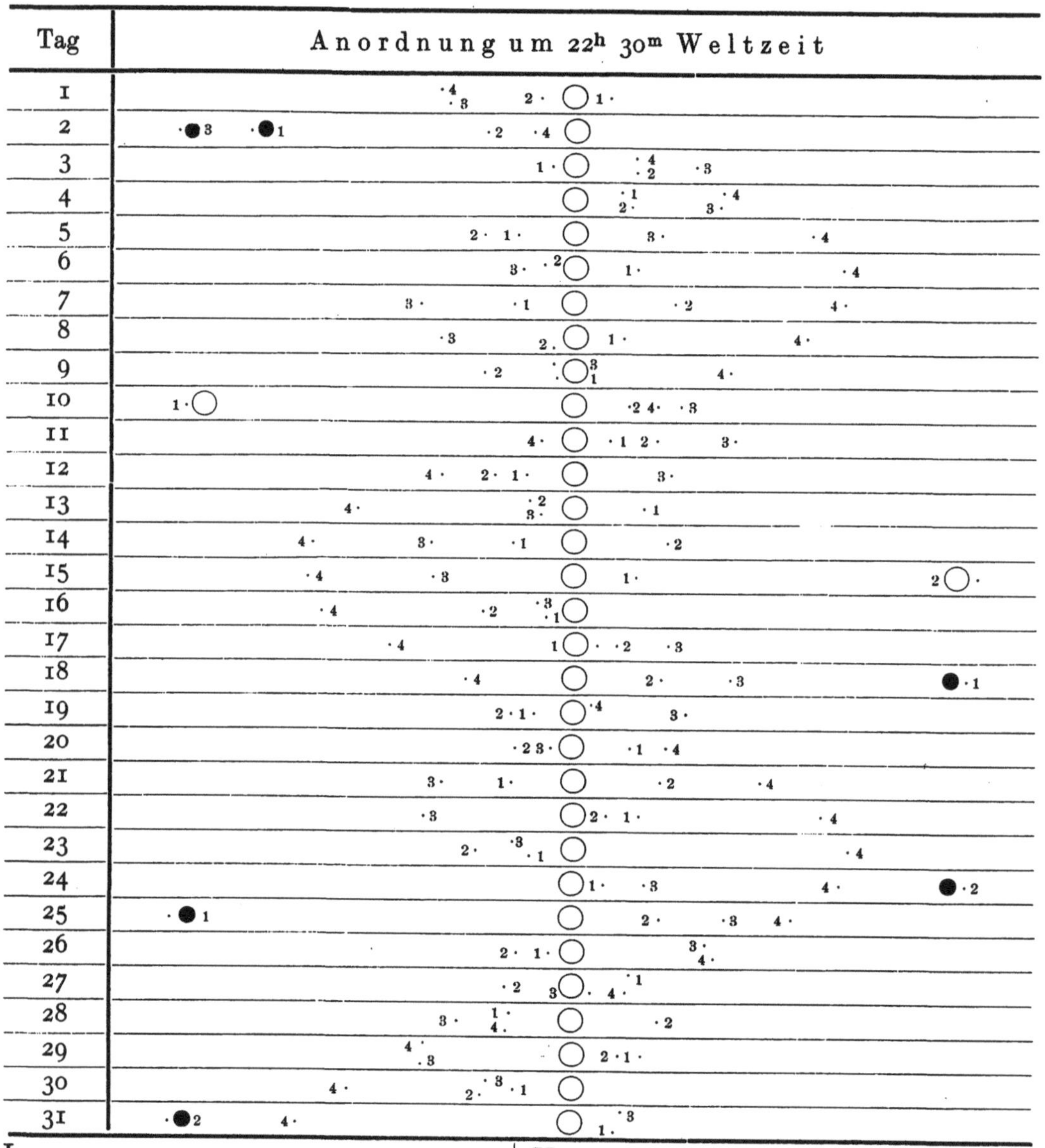

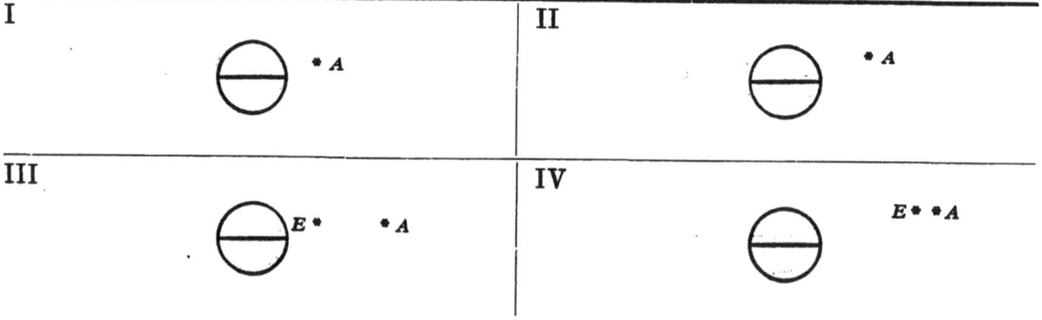

Jupitertrabanten 1957

JUNI

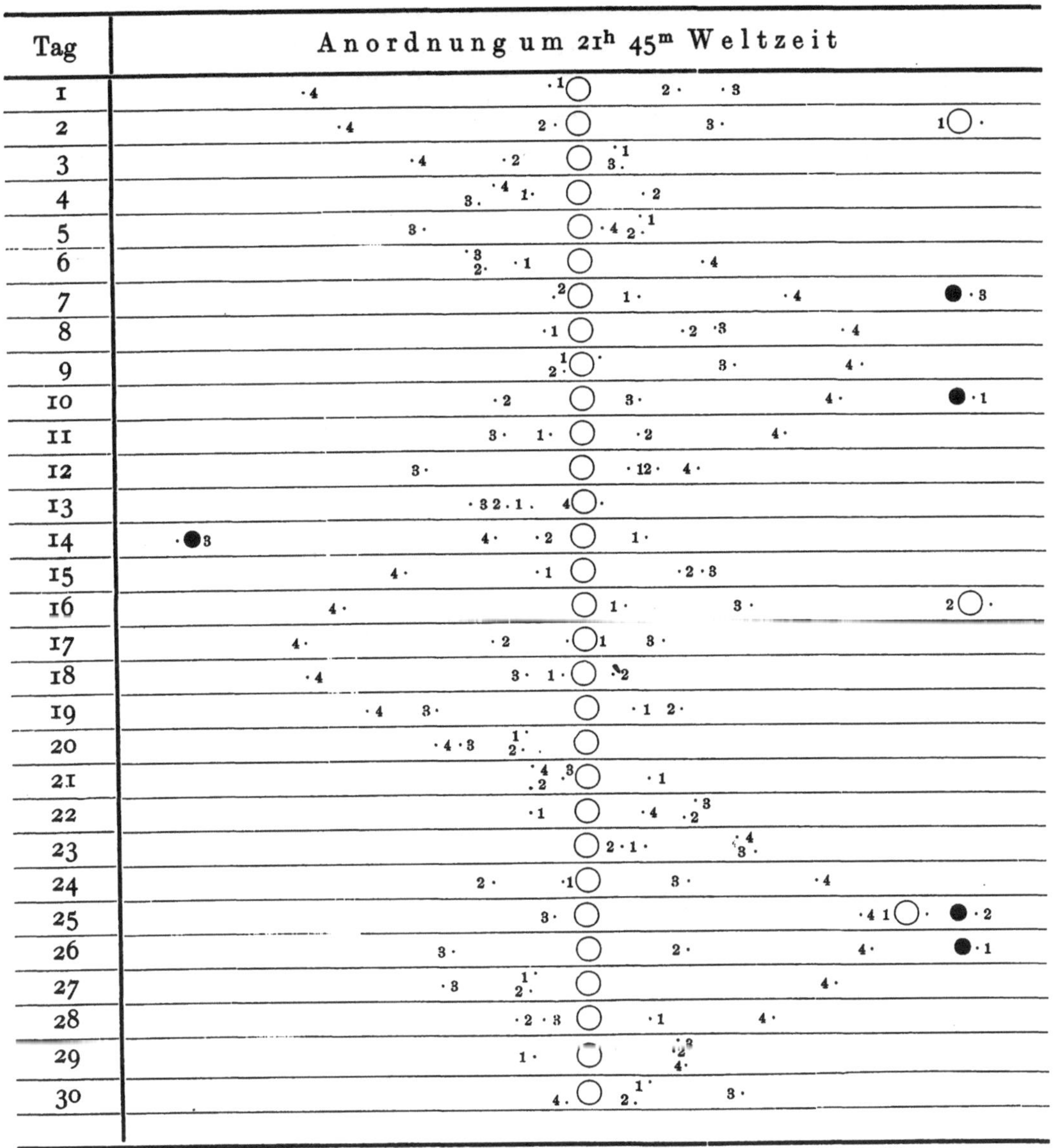

I

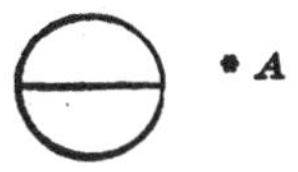

II

III

IV

Trabant IV wird nicht verfinstert

Jupitertrabanten 1957

JULI

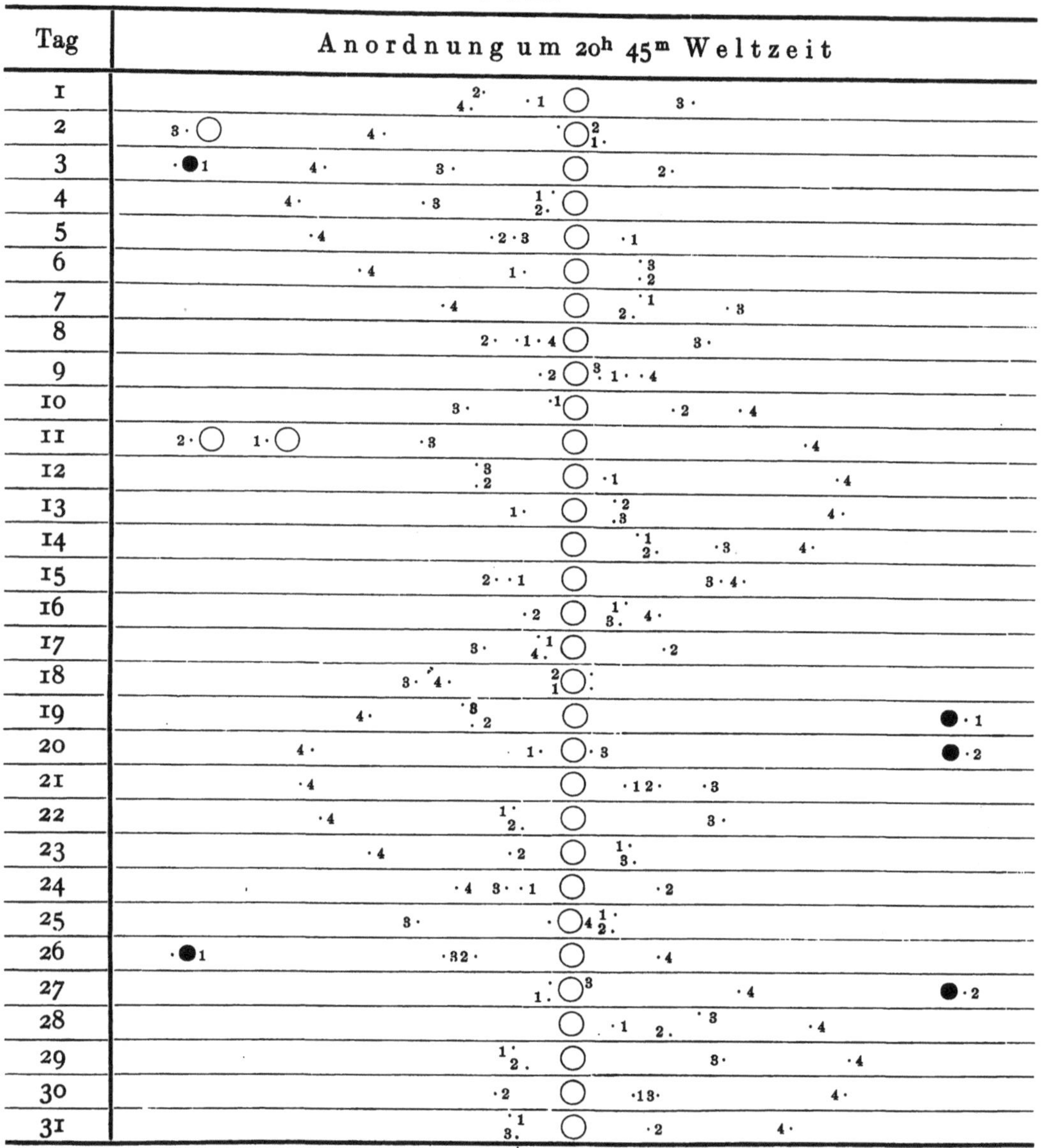

I

II

III

IV

Trabant IV wird nicht verfinstert

Jupitertrabanten 1957

AUGUST

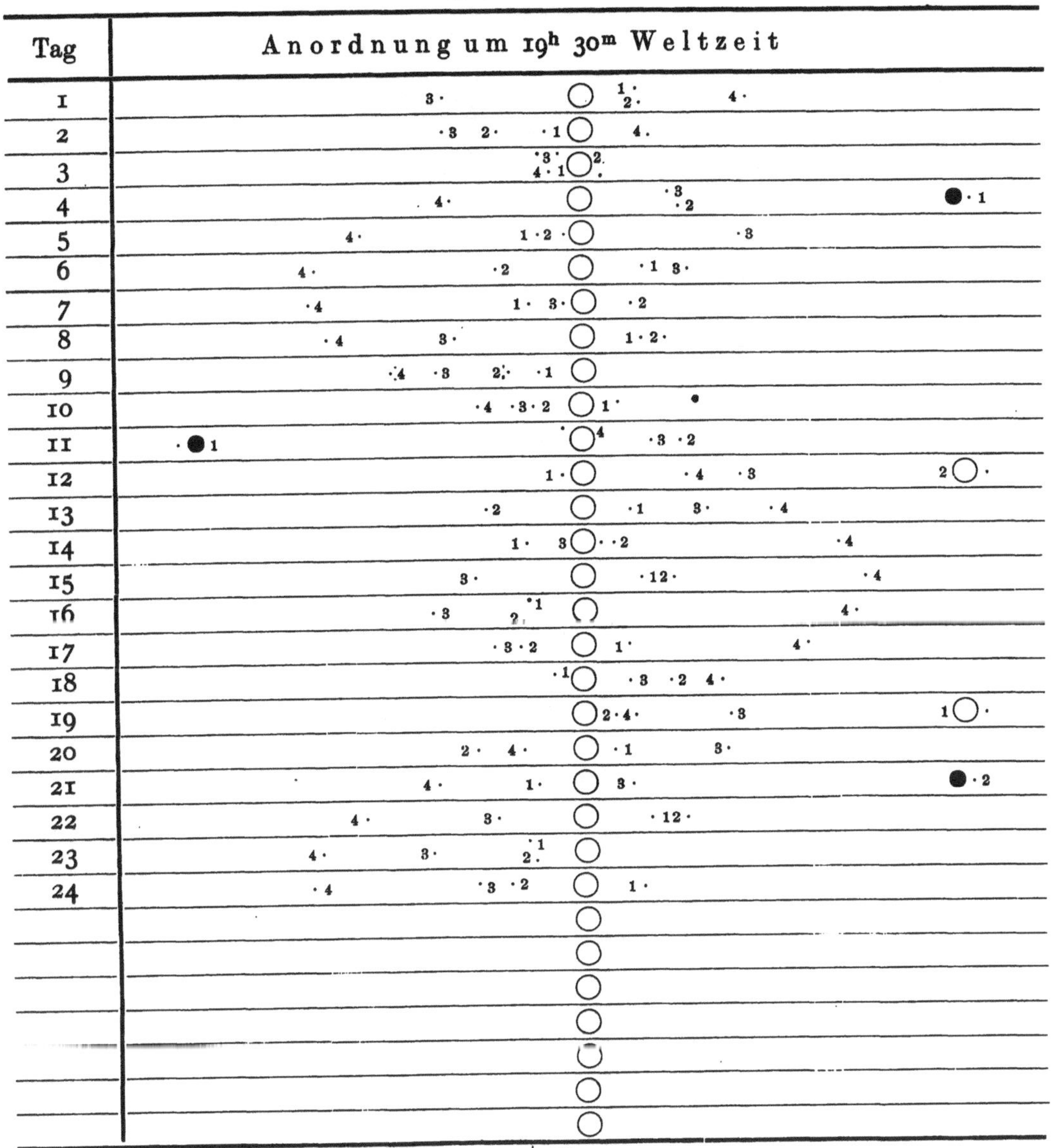

I

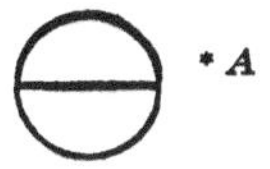

II

III

IV

Trabant IV wird nicht verfinstert

Jupitertrabanten 1957

NOVEMBER

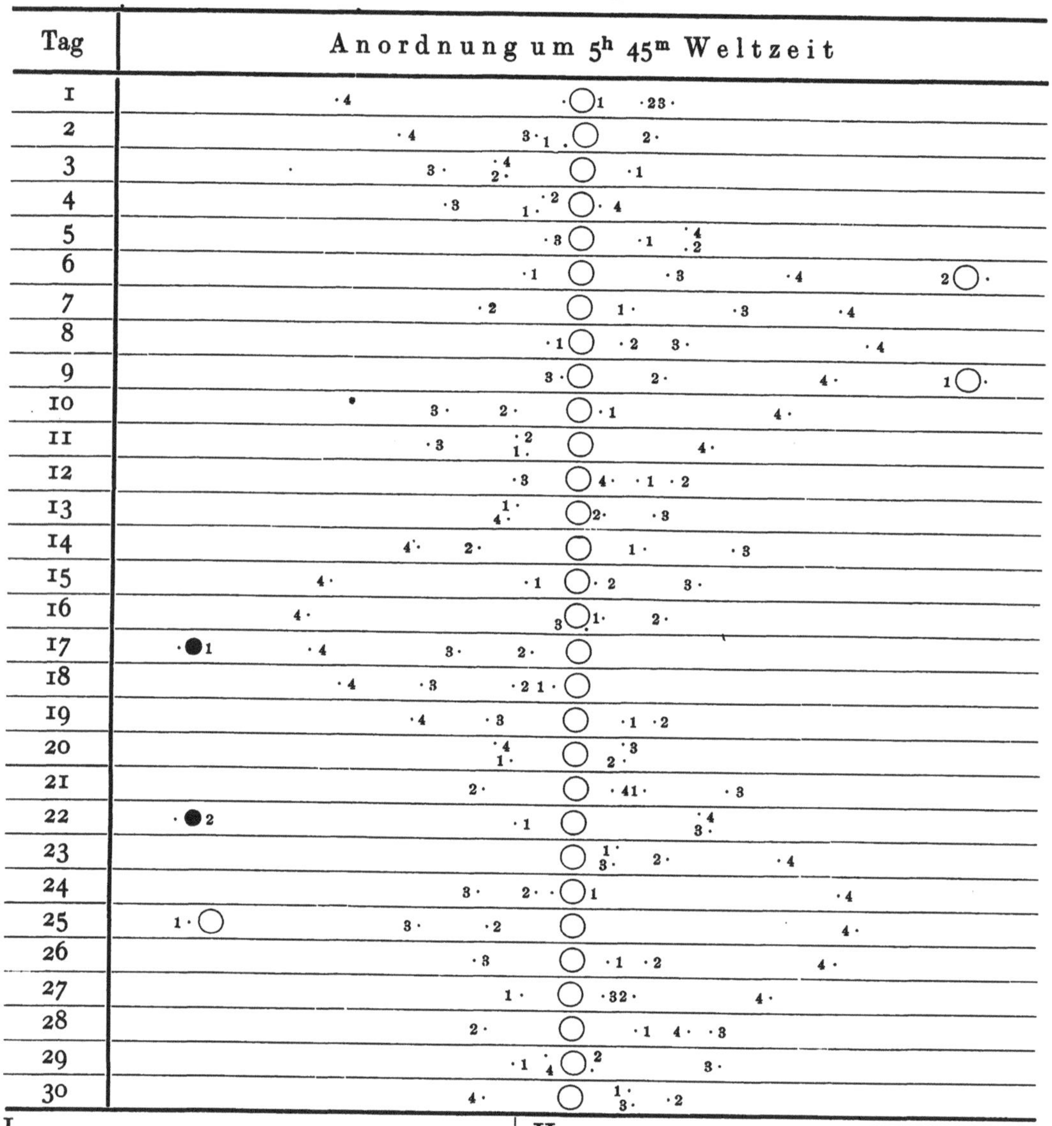

I

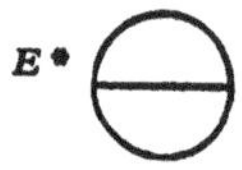

II

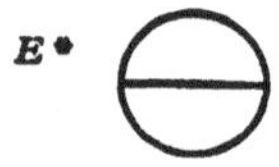

III

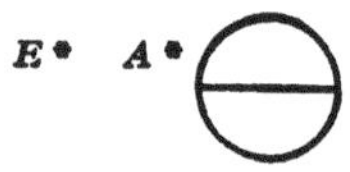

IV

Trabant IV wird nicht verfinstert

Jupitertrabanten 1957

DEZEMBER

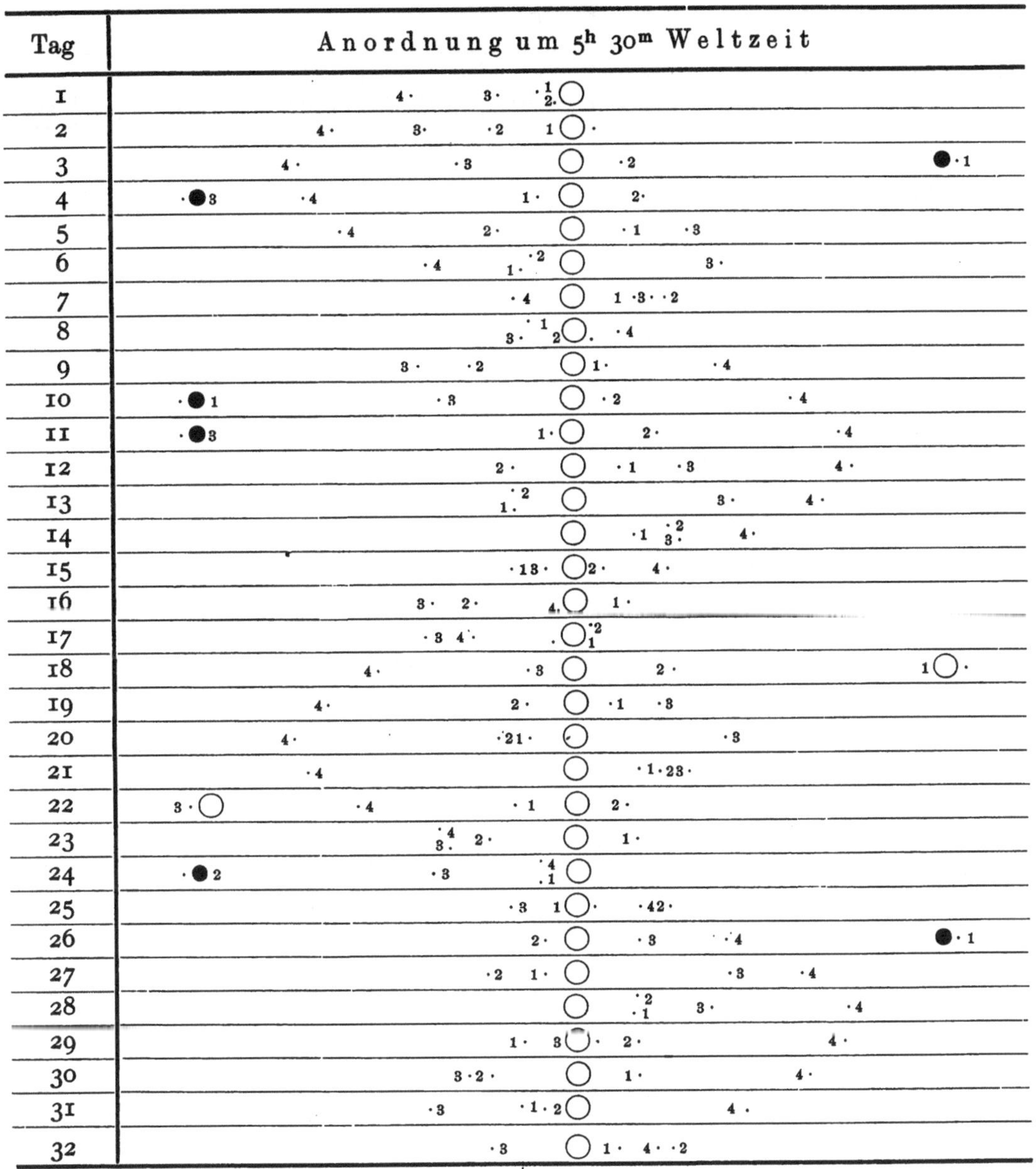

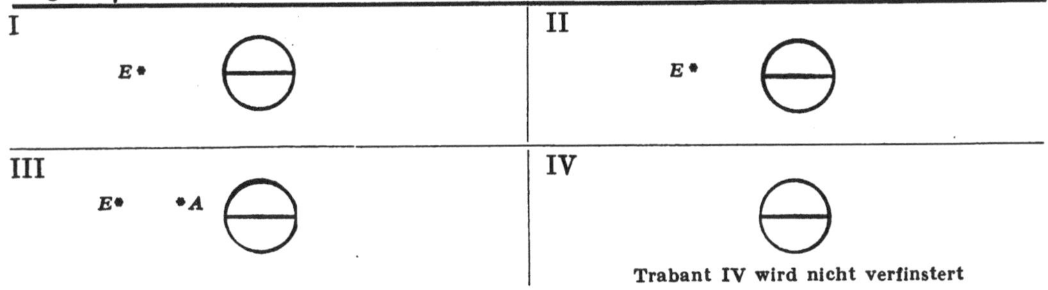

Trabant IV wird nicht verfinstert

Saturn und Saturnsring 1957

0h Weltzeit		α	β	pα	a	b	U′	B′	P′
1957		″	″	″	″	″	°	°	°
Jan.	0	15.37	14.09	−0.01	34.61	+15.15	76.081	+25.535	−6.502
	8	15.47	14.19	0.01	34.85	15.29	76.348	25.569	6.379
	16	15.60	14.31	0.02	35.14	15.45	76.615	25.603	6.256
	24	15.75	14.44	0.02	35.47	15.62	76.882	25.636	6.132
Febr.	1	15.91	14.59	0.03	35.85	15.80	77.149	25.669	6.009
	9	16.10	14.76	−0.03	36.26	+15.99	77.416	+25.702	−5.886
	17	16.30	14.94	0.04	36.71	16.20	77.684	25.734	5.763
	25	16.51	15.14	0.04	37.18	16.41	77.951	25.765	5.639
März	5	16.73	15.34	0.04	37.68	16.63	78.219	25.796	5.515
	13	16.96	15.55	0.04	38.19	16.85	78.486	25.827	5.391
	21	17.18	15.75	−0.04	38.70	+17.07	78.754	+25.857	−5.267
	29	17.41	15.96	0.04	39.21	17.28	79.022	25.887	5.143
April	6	17.63	16.16	0.03	39.70	17.48	79.290	25.916	5.018
	14	17.83	16.35	0.03	40.16	17.67	79.558	25.945	4.894
	22	18.01	16.52	0.02	40.58	17.84	79.826	25.973	4.769
	30	18.18	16.66	0.01	40.94	+17.98	80.094	+26.000	−4.645
Mai	8	18.31	16.78	−0.01	41.24	18.09	80.362	26.027	4.520
	16	18.41	16.87	0.00	41.46	18.17	80.631	26.053	4.395
	24	18.47	16.93	0.00	41.60	18.21	80.899	26.079	4.270
Juni	1	18.49	16.95	0.00	41.66	18.21	81.168	26.105	4.145
	9	18.48	16.94	0.00	41.62	+18.17	81.436	+26.130	−4.020
	17	18.42	16.89	0.00	41.50	18.10	81.705	26.155	3.895
	25	18.33	16.80	+0.01	41.30	17.99	81.973	26.179	3.769
Juli	3	18.21	16.69	0.01	41.02	17.86	82.242	26.203	3.643
	11	18.06	16.55	0.02	40.67	17.70	82.510	26.226	3.518
	19	17.88	16.38	+0.02	40.27	+17.52	82.779	+26.248	−3.392
	27	17.68	16.20	0.03	39.83	17.33	83.048	26.270	3.266
Aug.	4	17.47	16.01	0.04	39.35	17.13	83.317	26.292	3.140
	12	17.25	15.81	0.04	38.85	16.92	83.586	26.313	3.014
	20	17.02	15.60	0.04	38.34	16.72	83.855	26.333	2.888
	28	16.80	15.39	+0.04	37.83	+16.53	84.124	+26.353	−2.762
Sept.	5	16.57	15.19	0.04	37.33	16.34	84.393	26.372	2.636
	13	16.36	15.00	0.04	36.85	16.17	84.663	26.391	2.509
	21	16.16	14.81	0.04	36.39	16.01	84.932	26.409	2.383
	29	15.97	14.64	0.03	35.96	15.86	85.202	26.427	2.256
Okt.	7	15.79	14.48	+0.03	35.57	+15.73	85.471	+26.445	−2.130
	15	15.63	14.34	0.02	35.22	15.61	85.740	26.462	2.003
	23	15.50	14.22	0.02	34.90	15.51	86.010	26.478	1.877
	31	15.38	14.11	0.01	34.64	15.43	86.279	26.494	1.750
Nov.	8	15.28	14.02	0.01	34.42	15.37	86.549	26.510	1.624
	16	15.20	13.95	+0.01	34.25	+15.32	86.818	+26.525	−1.497
	24	15.15	13.90	0.00	34.13	15.30	87.088	26.540	1.370
Dez.	2	15.12	13.88	0.00	34.06	15.29	87.357	26.554	1.244
	10	15.11	13.87	0.00	34.04	15.29	87.627	26.567	1.117
	18	15.13	13.88	0.00	34.07	15.32	87.896	26.580	0.990
	26	15.16	13.92	0.00	34.15	15.36	88.166	26.592	0.863
	34	15.22	13.97	0.00	34.29	+15.42	88.436	+26.604	−0.736

Saturn und Saturnsring 1957

0^h Weltzeit	U	B	P	$\log \frac{(\Delta)}{\Delta}$
1957	°	°	°	
Jan. 0	120.472	+25.959	+3.592	9.94433
4	120.944	25.994	3.644	9.94575
8	121.404	26.026	3.694	9.94731
12	121.850	26.054	3.742	9.94902
16	122.281	26.079	3.789	9.95087
20	122.695	+26.102	+3.833	9.95285
24	123.092	26.122	3.875	9.95495
28	123.469	26.139	3.915	9.95717
Febr. 1	123.826	26.153	3.953	9.95951
5	124.161	26.165	3.988	9.96195
9	124.473	+26.174	+4.021	9.96448
13	124.761	26.181	4.051	9.96711
17	125.025	26.186	4.079	9.96981
21	125.262	26.189	4.103	9.97257
25	125.473	26.191	4.125	9.97539
März 1	125.656	+26.191	+4.144	9.97826
5	125.810	26.189	4.160	9.98116
9	125.936	26.186	4.173	9.98407
13	126.032	26.181	4.182	9.98699
17	126.098	26.176	4.189	9.98991
21	126.135	+26.169	+4.192	9.99280
25	126.142	26.161	4.192	9.99565
29	126.120	26.152	4.190	9.99845
April 2	126.068	26.142	4.184	0.00119
6	125.987	26.132	4.176	0.00384
10	125.878	+26.121	+4.164	0.00639
14	125.741	26.109	4.150	0.00884
18	125.578	26.096	4.133	0.01115
22	125.390	26.083	4.113	0.01332
26	125.179	26.069	4.091	0.01534
30	124.946	+26.055	+4.067	0.01720
Mai 4	124.693	26.040	4.041	0.01887
8	124.422	26.024	4.012	0.02034
12	124.135	26.008	3.981	0.02162
16	123.835	25.992	3.949	0.02269
20	123.524	+25.975	+3.916	0.02354
24	123.204	25.958	3.882	0.02416
28	122.879	25.941	3.847	0.02456
Juni 1	122.550	25.923	3.812	0.02473
5	122.221	25.906	3.777	0.02467
9	121.894	+25.889	+3.742	0.02438
13	121.572	25.873	3.707	0.02386
17	121.257	25.858	3.673	0.02311
21	120.951	25.844	3.640	0.02215
25	120.658	25.830	3.608	0.02098
29	120.380	25.818	3.578	0.01961
Juli 3	120.118	+25.807	+3.549	0.01804
1957	°	°	°	
Juli 3	120.118	+25.807	+3.549	0.01804
7	119.875	25.799	3.522	0.01628
11	119.653	25.792	3.498	0.01436
15	119.452	25.787	3.476	0.01228
19	119.275	25.785	3.457	0.01006
23	119.123	+25.785	+3.441	0.00770
27	118.996	25.788	3.427	0.00522
31	118.896	25.794	3.416	0.00264
Aug. 4	118.824	25.802	3.408	9.99997
8	118.780	25.813	3.403	9.99723
12	118.764	+25.826	+3.402	9.99443
16	118.777	25.842	3.404	9.99158
20	118.818	25.861	3.409	9.98870
24	118.888	25.882	3.417	9.98580
28	118.986	25.906	3.428	9.98290
Sept. 1	119.113	+25.932	+3.443	9.98000
5	119.267	25.961	3.460	9.97713
9	119.448	25.991	3.480	9.97428
13	119.656	26.023	3.503	9.97148
17	119.890	26.057	3.529	9.96874
21	120.148	+26.092	+3.558	9.96605
25	120.431	26.128	3.589	9.96344
29	120.737	26.164	3.623	9.96092
Okt. 3	121.065	26.201	3.659	9.95848
7	121.415	26.239	3.698	9.95615
11	121.785	+26.277	+3.739	9.95392
15	122.175	26.315	3.781	9.95181
19	122.583	26.352	3.825	9.94981
23	123.008	26.388	3.871	9.94794
27	123.448	26.423	3.918	9.94621
31	123.903	+26.458	+3.967	9.94461
Nov. 4	124.372	26.491	4.017	9.94316
8	124.852	26.523	4.068	9.94185
12	125.343	26.552	4.120	9.94069
16	125.843	26.580	4.172	9.93969
20	126.352	+26.606	+4.225	9.93884
24	126.867	26.630	4.278	9.93815
28	127.388	26.651	4.332	9.93762
Dez. 2	127.913	26.670	4.385	9.93725
6	128.440	26.686	4.438	9.93705
10	128.969	+26.700	+4.491	9.93701
14	129.497	26.711	4.544	9.93713
18	130.024	26.720	4.596	9.93742
22	130.548	26.726	4.647	9.93787
26	131.068	26.730	4.698	9.93849
30	131.582	26.731	4.747	9.93927
34	132.088	+26.730	+4.796	9.94020

Saturnstrabanten 1957

0h Weltzeit		L	M	L	M	L	L	M	L	M
1957		MIMAS		ENCELADUS		TETHYS	DIONE		RHEA	
		°	°	°	°	°	°	°	°	°
Jan.	—8	264.089	5.94	323.223	63.0	109.379	292.631	324.3	204.324	15.6
	+8	256.028	341.86	206.940	301.3	280.543	237.188	267.4	39.364	210.5
	24	247.967	317.80	90.659	179.6	91.707	181.745	210.7	234.403	45.4
Febr.	9	239.906	293.72	334.378	57.9	262.871	126.302	153.8	69.443	240.3
	25	231.847	269.65	218.098	296.2	74.035	70.859	97.1	264.482	75.2
März	13	223.787	245.57	101.818	174.6	245.199	15.416	40.3	99.522	270.1
	29	215.729	221.49	345.539	52.9	56.362	319.973	343.5	294.561	105.0
April	14	207.670	197.43	229.260	291.2	227.526	264.530	286.7	129.601	299.9
	30	199.613	173.35	112.982	169.5	38.690	209.087	229.9	324.640	134.8
Mai	16	191.556	149.28	356.704	47.8	209.854	153.644	173.2	159.680	329.6
Juni	1	183.500	125.21	240.426	286.1	21.017	98.200	116.4	354.719	164.5
	17	175.444	101.14	124.149	164.5	192.181	42.757	59.6	189.759	359.4
Juli	3	167.388	77.08	7.871	42.8	3.345	347.314	2.8	24.798	194.3
	19	159.334	53.00	251.594	281.1	174.508	291.871	306.0	219.838	29.2
Aug.	4	151.280	28.94	135.316	159.4	345.672	236.428	249.3	54.877	224.1
	20	143.226	4.87	19.038	37.7	156.835	180.984	192.5	249.917	59.0
Sept.	5	135.173	340.81	262.760	276.0	327.999	125.541	135.6	84.956	253.9
	21	127.121	316.74	146.482	154.4	139.162	70.098	78.8	279.996	88.8
Okt.	7	119.069	292.67	30.203	32.7	310.326	14.655	22.0	115.035	283.7
	23	111.018	268.61	273.924	271.0	121.489	319.212	325.3	310.074	118.6
Nov.	8	102.967	244.54	157.644	149.3	292.653	263.769	268.5	145.114	313.5
	24	94.917	220.48	41.363	27.6	103.816	208.325	211.7	340.153	148.4
Dez.	10	86.868	196.42	285.082	265.9	274.979	152.882	154.9	175.193	343.3
	26	78.819	172.35	168.800	144.2	86.143	97.439	98.1	10.232	178.2
	42	70.771	148.29	52.517	22.6	257.306	41.997	41.4	205.272	13.1

0h Weltzeit		L	M	L	M	e	log a	L	M
1957		TITAN		HYPERION				JAPETUS	
		°	°	°	°			°	°
Jan.	—8	187.843	359.65	75.300	123.53	0.08680	2.33107	137.435	181.16
	+8	189.076	0.86	346.170	35.36	0.08647	2.33084	210.045	253.77
	24	190.309	2.07	257.258	307.41	0.08616	2.33061	282.654	326.37
Febr.	9	191.542	3.28	168.560	219.68	0.08589	2.33039	355.264	38.97
	25	192.775	4.49	80.060	132.15	0.08567	2.33019	67.873	111.57
März	13	194.008	5.70	351.738	44.81	0.08551	2.33001	140.482	184.17
	29	195.240	6.91	263.571	317.65	0.08544	2.32986	213.092	256.78
April	14	196.473	8.12	175.533	230.62	0.08546	2.32973	285.701	329.38
	30	197.706	9.33	87.592	143.68	0.08556	2.32964	358.311	41.98
Mai	16	198.939	10.54	359.715	56.79	0.08574	2.32958	70.920	114.58
Juni	1	200.172	11.75	271.868	329.93	0.08603	2.32956	143.529	187.18
	17	201.405	12.95	184.015	243.08	0.08644	2.32958	216.139	259.79
Juli	3	202.637	14.16	96.121	156.19	0.08695	2.32963	288.748	332.39
	19	203.870	15.37	8.154	69.21	0.08754	2.32972	1.358	44.99
Aug.	4	205.103	16.58	280.080	342.11	0.08822	2.32984	73.967	117.59
	20	206.336	17.79	191.868	254.86	0.08899	2.32999	146.576	190.19
Sept.	5	207.569	19.00	103.494	167.44	0.08983	2.33017	219.186	262.80
	21	208.801	20.21	14.937	79.82	0.09074	2.33037	291.795	335.40
Okt.	7	210.034	21.42	286.176	351.99	0.09166	2.33058	4.405	48.00
	23	211.267	22.63	197.199	263.93	0.09262	2.33081	77.014	120.60
Nov.	8	212.500	23.84	108.001	175.64	0.09361	2.33104	149.624	193.20
	24	213.733	25.05	18.580	87.11	0.09460	2.33128	222.233	265.81
Dez.	10	214.965	26.26	288.937	358.33	0.09557	2.33151	294.842	338.41
	26	216.198	27.47	199.083	269.33	0.09650	2.33173	7.452	51.01
	42	217.431	28.67	109.032	180.12	0.09739	2.33193	80.061	123.61

Bewegung der mittleren Länge *L* und der mittleren Anomalie *M*

Zeit	Mimas		Enceladus		Tethys	Dione		Rhea		Titan		Japetus	
	L	*M*	*L*	*M*	*L*	*L*	*M*	*L*	*M*	*L*	*M*	*L*	*M*
d	°	°	°	°	°	°	°	°	°	°	°	°	°
1	21.9966	20.996	262.7325	262.39	190.6978	131.5348	131.45	79.6900	79.68	22.5771	22.576	4.5381	4.537
2	43.9931	41.992	165.4650	164.79	21.3955	263.0696	262.90	159.3799	159.36	45.1541	45.151	9.0762	9.075
3	65.9897	62.988	68.1975	67.18	212.0933	34.6044	34.35	239.0699	239.04	67.7312	67.727	13.6143	13.612
4	87.9862	83.984	330.9300	329.58	42.7910	166.1393	165.80	318.7599	318.73	90.3083	90.302	18.1524	18.150
5	109.9828	104.980	233.6625	231.97	233.4888	297.6741	297.25	38.4498	38.41	112.8853	112.878	22.6905	22.687
6	131.9794	125.976	136.3950	134.36	64.1865	69.2089	68.70	118.1398	118.09	135.4624	135.454	27.2286	27.225
7	153.9759	146.972	39.1275	36.76	254.8843	200.7437	200.15	197.8298	197.77	158.0394	158.029	31.7667	31.762
8	175.9725	167.968	301.8600	299.15	85.5820	332.2785	331.60	277.5197	277.45	180.6165	180.605	36.3047	36.300
9	197.9690	188.963	204.5925	201.54	276.2798	103.8133	103.05	357.2097	357.13	203.1936	203.181	40.8428	40.837
10	219.9656	209.959	107.3250	103.94	106.9775	235.3481	234.50	76.8997	76.81	225.7706	225.756	45.3809	45.375
11	241.9622	230.955	10.0575	6.33	297.6753	6.8829	5.95	156.5897	156.49	248.3477	248.332	49.9190	49.912
12	263.9587	251.951	272.7900	268.73	128.3730	138.4175	137.40	236.2796	236.18	270.9248	270.907	54.4571	54.450
13	285.9553	272.947	175.5225	171.12	319.0708	269.9526	268.85	315.9696	315.86	293.5018	293.483	58.9952	58.987
14	307.9518	293.943	78.2550	73.51	149.7685	41.4874	40.30	35.6596	35.54	316.0789	316.059	63.5333	63.525
15	329.9484	314.939	340.9875	335.91	340.4663	173.0222	171.75	115.3495	115.22	338.6559	338.634	68.0714	68.062
16	351.9450	335.935	243.7200	238.30	171.1640	304.5570	303.20	195.0395	194.90	361.2330	361.210	72.6095	72.600
d	°	°	°	°	°	°	°	°	°	°	°	°	°
0.1	38.1997	38.100	26.2732	26.24	19.0698	13.1535	13.14	7.9690	7.97	2.2577	2.258	0.4538	0.454
0.2	76.3993	76.199	52.5463	52.48	38.1396	26.3070	26.29	15.9380	15.94	4.5154	4.515	0.9076	0.907
0.3	114.5990	114.299	78.8195	78.72	57.2093	39.4605	39.43	23.9070	23.90	6.7731	6.773	1.3614	1.361
0.4	152.7986	152.398	105.0927	104.96	76.2791	52.6140	52.58	31.8760	31.87	9.0308	9.030	1.8152	1.815
0.5	190.9983	190.498	131.3658	131.20	95.3489	65.7675	65.72	39.8450	39.84	11.2885	11.288	2.2690	2.269
0.6	229.1979	228.598	157.6390	157.44	114.4187	78.9209	78.87	47.8140	47.81	13.5462	13.545	2.7229	2.722
0.7	267.3976	266.697	183.9122	183.68	133.4884	92.0744	92.01	55.7830	55.78	15.8039	15.803	3.1767	3.176
0.8	305.5972	304.797	210.1854	209.92	152.5582	105.2279	105.16	63.7520	63.75	18.0616	18.060	3.6305	3.630
0.9	343.7969	342.896	236.4585	236.15	171.6280	118.3814	118.30	71.7210	71.71	20.3194	20.318	4.0843	4.084
1.0	381.9966	380.996	262.7317	262.39	190.6978	131.5349	131.45	79.6900	79.68	22.5771	22.576	4.5381	4.537
d	°	°	°	°	°	°	°	°	°	°	°	°	°
0.01	3.8200	3.810	2.6273	2.62	1.9070	1.3153	1.31	0.7969	0.80	0.2258	0.226	0.0454	0.045
0.02	7.6399	7.620	5.2546	5.25	3.8140	2.6307	2.63	1.5938	1.59	0.4515	0.452	0.0908	0.091
0.03	11.4599	11.430	7.8820	7.87	5.7209	3.9460	3.94	2.3907	2.39	0.6773	0.677	0.1361	0.136
0.04	15.2799	15.240	10.5093	10.50	7.6279	5.2614	5.26	3.1876	3.19	0.9031	0.903	0.1815	0.181
0.05	19.0998	19.050	13.1366	13.12	9.5349	6.5767	6.57	3.9845	3.98	1.1289	1.129	0.2269	0.227
0.06	22.9198	22.860	15.7639	15.74	11.4419	7.8921	7.89	4.7814	4.78	1.3546	1.355	0.2723	0.272
0.07	26.7398	26.670	18.3912	18.37	13.3488	9.2074	9.20	5.5783	5.58	1.5804	1.580	0.3177	0.318
0.08	30.5597	30.480	21.0185	20.99	15.2558	10.5228	10.52	6.3752	6.38	1.8062	1.806	0.3630	0.363
0.09	34.3797	34.290	23.6459	23.62	17.1628	11.8381	11.83	7.1721	7.17	2.0319	2.032	0.4084	0.408
0.10	38.1997	38.100	26.2732	26.24	19.0698	13.1535	13.14	7.9690	7.97	2.2577	2.258	0.4538	0.454
d	°	°	°	°	°	°	°	°	°	°	°	°	°
0.001	0.3820	0.381	0.2627	0.26	0.1907	0.1315	0.13	0.0797	0.08	0.0226	0.023	0.0045	0.005
0.002	0.7640	0.762	0.5255	0.52	0.3814	0.2631	0.26	0.1594	0.16	0.0452	0.045	0.0091	0.009
0.003	1.1460	1.143	0.7882	0.79	0.5721	0.3946	0.39	0.2391	0.24	0.0677	0.068	0.0136	0.014
0.004	1.5280	1.524	1.0509	1.05	0.7628	0.5261	0.53	0.3188	0.32	0.0903	0.090	0.0182	0.018
0.005	1.9100	1.905	1.3137	1.31	0.9535	0.6577	0.66	0.3984	0.40	0.1129	0.113	0.0227	0.023
0.006	2.2920	2.286	1.5764	1.57	1.1442	0.7892	0.79	0.4781	0.48	0.1355	0.135	0.0272	0.027
0.007	2.6740	2.667	1.8391	1.84	1.3349	0.9207	0.92	0.5578	0.56	0.1580	0.158	0.0318	0.032
0.008	3.0560	3.048	2.1019	2.10	1.5256	1.0523	1.05	0.6375	0.64	0.1806	0.181	0.0363	0.036
0.009	3.4380	3.429	2.3646	2.36	1.7163	1.1838	1.18	0.7172	0.72	0.2032	0.203	0.0408	0.041
0.010	3.8200	3.810	2.6273	2.62	1.9070	1.3153	1.31	0.7969	0.80	0.2258	0.226	0.0454	0.045

0h Weltzeit	ϑ Mimas	ϑ Encel.	ϑ Tethys	ϑ Dione	ϑ Rhea	γ Rhea	N Saturnsring	I Saturnsring	ω Saturnsring
1957	°	°	°	°	°	′	°	°	°
Jan. —8	32.8	22.3	129.5	133.9	55.6	18.69	128.713	6.659	41.287
+8	16.8	15.7	126.4	132.5	55.1	18.69	128.715	6.659	41.286
24	0.8	9.0	123.2	131.1	54.6	18.69	128.716	6.659	41.284
Febr. 9	344.8	2.3	120.0	129.8	54.1	18.69	128.718	6.659	41.283
25	328.8	355.6	116.8	128.4	53.6	18.68	128.720	6.659	41.282
März 13	312.8	348.9	113.7	127.1	53.1	18.67	128.722	6.658	41.280
29	296.8	342.2	110.5	125.7	52.6	18.67	128.724	6.658	41.279
April 14	280.8	335.5	107.4	124.3	52.1	18.67	128.726	6.658	41.278
30	264.7	328.8	104.2	123.0	51.6	18.67	128.728	6.658	41.276
Mai 16	248.7	322.1	101.0	121.6	51.1	18.67	128.729	6.658	41.275
Juni 1	232.8	315.4	97.8	120.3	50.6	18.67	128.731	6.657	41.274
17	216.8	308.7	94.7	118.9	50.1	18.67	128.733	6.657	41.272
Juli 3	200.8	302.1	91.5	117.6	49.6	18.66	128.735	6.657	41.271
19	184.7	295.4	88.3	116.2	49.1	18.66	128.737	6.657	41.270
Aug. 4	168.7	288.7	85.2	114.8	48.6	18.66	128.739	6.657	41.268
20	152.7	282.0	82.0	113.5	48.1	18.66	128.741	6.656	41.267
Sept. 5	136.7	275.3	78.8	112.1	47.6	18.66	128.743	6.656	41.266
21	120.7	268.6	75.7	110.8	47.2	18.66	128.744	6.656	41.264
Okt. 7	104.7	261.9	72.5	109.4	46.7	18.66	128.746	6.656	41.263
23	88.7	255.2	69.3	108.0	46.2	18.66	128.748	6.656	41.262
Nov. 8	72.7	248.5	66.2	106.7	45.7	18.66	128.750	6.655	41.260
24	56.7	241.8	63.0	105.3	45.2	18.66	128.752	6.655	41.259
Dez. 10	40.7	235.1	59.8	104.0	44.7	18.66	128.754	6.655	41.258
26	24.7	228.5	56.7	102.6	44.2	18.66	128.756	6.655	41.257
42	8.7	221.8	53.5	101.2	43.7	18.66	128.757	6.655	41.255

$\log \frac{1}{1+\zeta}$ in Einheiten der 5. Dezimale

u—U	u—U	Mimas	Encel.	Tethys	Dione	Rhea	u—U	u—U
0°	360°	−6+	−7+	−9+	−11+	−16+	180°	180°
10	350	−6+	−7+	−9+	−11+	−16+	170	190
20	340	−5+	−7+	−8+	−11+	−15+	160	200
30	330	−5+	−6+	−8+	−10+	−14+	150	210
40	320	−4+	−6+	−7+	− 9+	−12+	140	220
50	310	−3+	−5+	−6+	− 8+	−10+	130	230
60	300	−3+	−4+	−4+	− 6+	− 8+	120	240
70	290	−2+	−3+	−3+	− 4+	− 6+	110	250
80	280	−1+	−1+	−2+	− 2+	− 3+	100	260
90	270	0	0	0	0	0	90	270

0h Weltzeit	TITAN			HYPERION			JAPETUS		
	U	*B*	*P*	*U*	*B*	*P*	*U*	*B*	*P*
1957	°	°	°	°	°	°	°	°	°
Jan. 0	125.430	+25.721	+4.153	122.881	+26.021	+3.982	202.076	+15.167	+14.469
8	126.362	25.779	4.251	123.819	26.081	4.085	202.943	15.075	14.388
16	127.238	25.825	4.342	124.701	26.129	4.182	203.756	14.982	14.308
24	128.049	25.860	4.425	125.517	26.166	4.270	204.507	14.891	14.232
Febr. 1	128.783	25.885	4.499	126.256	26.193	4.349	205.185	14.804	14.160
9	129.430	+25.901	+4.564	126.909	+26.210	+4.418	205.782	+14.723	+14.094
17	129.981	25.909	4.619	127.465	26.218	4.477	206.290	14.648	14.036
25	130.430	25.910	4.663	127.918	26.220	4.524	206.701	14.583	13.988
März 5	130.768	25.905	4.696	128.261	26.215	4.559	207.011	14.529	13.951
13	130.990	25.895	4.718	128.488	26.206	4.582	207.214	14.488	13.926
21	131.095	+25.882	+4.727	128.596	+26.193	+4.593	207.308	+14.459	+13.914
29	131.081	25.866	4.725	128.585	26.176	4.591	207.293	14.445	13.915
April 6	130.949	25.847	4.712	128.457	26.156	4.578	207.169	14.445	13.928
14	130.704	25.826	4.688	128.216	26.135	4.552	206.942	14.459	13.953
22	130.356	25.803	4.653	127.870	26.111	4.515	206.619	14.488	13.989
30	129.914	+25.778	+4.609	127.430	+26.085	+4.469	206.210	+14.528	+14.035
Mai 8	129.392	25.752	4.557	126.910	26.057	4.414	205.727	14.579	14.088
16	128.808	25.725	4.498	126.328	26.027	4.352	205.186	14.639	14.146
24	128.179	25.696	4.434	125.702	25.997	4.285	204.605	14.706	14.208
Juni 1	127.527	25.667	4.367	125.052	25.967	4.215	204.002	14.779	14.270
9	126.873	+25.639	+4.300	124.400	+25.937	+4.144	203.396	+14.853	+14.331
17	126.238	25.613	4.234	123.767	25.909	4.075	202.808	14.927	14.389
25	125.642	25.591	4.172	123.174	25.885	4.010	202.257	15.000	14.442
Juli 3	125.104	25.573	4.116	122.638	25.866	3.951	201.760	15.069	14.489
11	124.641	25.562	4.067	122.177	25.853	3.900	201.333	15.134	14.529
19	124.265	+25.559	+4.028	121.804	+25.848	+3.859	200.988	+15.192	+14.562
27	123.988	25.564	3.999	121.530	25.853	3.829	200.734	15.243	14.586
Aug. 4	123.818	25.579	3.981	121.363	25.867	3.811	200.581	15.286	14.601
12	123.760	25.604	3.976	121.308	25.891	3.805	200.533	15.320	14.608
20	123.815	25.639	3.983	121.367	25.926	3.812	200.591	15.345	14.606
28	123.985	+25.683	+4.001	121.540	+25.970	+3.833	200.756	+15.361	+14.595
Sept. 5	124.267	25.735	4.032	121.826	26.022	3.866	201.025	15.364	14.575
13	124.657	25.793	4.075	122.221	26.082	3.911	201.395	15.357	14.546
21	125.150	25.857	4.128	122.719	26.147	3.968	201.860	15.340	14.508
29	125.740	25.925	4.191	123.313	26.216	4.034	202.414	15.311	14.460
Okt. 7	126.420	+25.994	+4.263	123.998	+26.286	+4.110	203.051	+15.270	+14.402
15	127.180	26.062	4.343	124.764	26.356	4.194	203.761	15.218	14.335
23	128.012	26.129	4.430	125.602	26.424	4.286	204.536	15.155	14.259
31	128.908	26.191	4.522	126.503	26.488	4.383	205.368	15.080	14.173
Nov. 8	129.857	26.247	4.618	127.457	26.546	4.485	206.247	14.994	14.078
16	130.847	+26.296	+4.717	128.454	+26.597	+4.590	207.163	+14.898	+13.975
24	131.870	26.337	4.818	129.484	26.639	4.697	208.107	14.792	13.864
Dez. 2	132.915	26.369	4.919	130.535	26.672	4.805	209.069	14.677	13.746
10	133.970	26.390	5.019	131.595	26.695	4.912	210.038	14.555	13.622
18	135.024	26.401	5.118	132.655	26.708	5.017	211.004	14.427	13.493
26	136.066	26.403	5.214	133.704	26.710	5.119	211.958	14.294	13.362
34	137.084	+26.395	+5.305	134.729	+26.703	+5.217	212.889	+14.158	+13.230

0ʰ Weltzeit	HYPERION $\alpha_{tr}-\alpha_{pl}$		$\delta_{tr}-\delta_{pl}$	
1957	s	s	″	″
Jan. 0	+13.5	−1.6	+ 4	−46
2	+11.9	−5.9	− 42	−31
4	+ 6.0	−8.3	− 73	0
6	− 2.3	−7.4	− 73	+31
8	− 9.7	−3.4	− 42	+49
10	−13.1	+1.2	+ 7	+47
12	−11.9	+5.0	+ 54	+30
14	− 6.9	+6.9	+ 84	+ 7
16	0.0	+7.0	+ 91	−17
18	+ 7.0	+5.1	+ 74	−37
20	+12.1	+1.6	+ 37	−49
22	+13.7	−3.0	− 12	−44
24	+10.7	−7.2	− 56	−23
26	+ 3.5	−8.6	− 79	+11
28	− 5.1	−6.6	− 68	+41
30	−11.7	−2.0	− 27	+51
Febr. 1	−13.7	+2.7	+ 24	+44
3	−11.0	+6.0	+ 68	+24
5	− 5.0	+7.4	+ 92	− 1
7	+ 2.4	+6.8	+ 91	−25
9	+ 9.2	+4.2	+ 66	−44
11	+13.4	+0.1	+ 22	−51
13	+13.5	−4.7	− 29	−40
15	+ 8.8	−8.4	− 69	−12
17	+ 0.4	−8.5	− 81	+24
19	− 8.1	−5.3	− 57	+48
21	−13.4	−0.3	− 9	+52
23	−13.7	+4.1	+ 43	+39
25	− 9.6	+6.9	+ 82	+16
27	− 2.7	+7.7	+ 98	−10
März 1	+ 5.0	+6.4	+ 88	−35
3	+11.4	+3.1	+ 53	−50
5	+14.5	−1.8	+ 3	−51
7	+12.7	−6.6	− 48	−33
9	+ 6.1	−9.2	− 81	+ 2
11	− 3.1	−7.9	− 79	+37
13	−11.0	−3.7	− 42	+54
15	−14.7	+1.6	+ 12	+50
17	−13.1	+5.6	+ 62	+33
19	− 7.5	+7.7	+ 95	+ 6
21	+ 0.2		+101	

0ʰ Weltzeit	HYPERION $\alpha_{tr}-\alpha_{pl}$		$\delta_{tr}-\delta_{pl}$	
1957	s	s	″	″
März 21	+ 0.2	+ 7.8	+101	−22
23	+ 8.0	+ 5.5	+ 79	−43
25	+13.5	+ 1.4	+ 36	−55
27	+14.9	− 4.0	− 19	−48
29	+10.9	− 8.4	− 67	−20
31	+ 2.5	− 9.5	− 87	+17
April 2	− 7.0	− 6.6	− 70	+48
4	−13.6	− 1.5	− 22	+57
6	−15.1	+ 3.5	+ 35	+46
8	−11.6	+ 7.0	+ 81	+23
10	− 4.6	+ 8.3	+104	− 6
12	+ 3.7	+ 7.3	+ 98	−33
14	+11.0	+ 4.1	+ 65	−51
16	+15.1	− 0.9	+ 14	−56
18	+14.2	− 6.3	− 42	−40
20	+ 7.9	− 9.6	− 82	− 5
22	− 1.7	− 9.0	− 87	+34
24	−10.7	− 4.7	− 53	+56
26	−15.4	+ 0.9	+ 3	+56
28	−14.5	+ 5.4	+ 59	+37
30	− 9.1	+ 8.0	+ 96	+11
Mai 2	− 1.1	+ 8.5	+107	−18
4	+ 7.4	+ 6.3	+ 89	−44
6	+13.7	+ 2.1	+ 45	−57
8	+15.8	− 3.6	− 12	−52
10	+12.2	− 8.4	− 64	−27
12	+ 3.8	−10.1	− 91	+14
14	− 6.3	− 7.5	− 77	+47
16	−13.8	− 2.1	− 30	+60
18	−15.9	+ 3.2	+ 30	+50
20	−12.7	+ 7.1	+ 80	+26
22	− 5.6	+ 8.6	+106	− 3
24	+ 3.0	+ 7.8	+103	−31
26	+10.8	+ 4.6	+ 72	−52
28	+15.4	− 0.4	+ 20	−58
30	+15.0	− 6.1	− 38	−43
Juni 1	+ 8.9	− 9.8	− 81	− 9
3	− 0.9	− 9.5	− 90	+32
5	−10.4	− 5.1	− 58	+55
7	−15.5	+ 0.5	− 3	+58
9	−15.0		+ 55	

0ʰ Weltzeit	HYPERION $\alpha_{tr}-\alpha_{pl}$		$\delta_{tr}-\delta_{pl}$	
1957	s	s	″	″
Juni 9	−15.0	+ 5.3	+ 55	+40
11	− 9.7	+ 8.0	+ 95	+13
13	− 1.7	+ 8.6	+108	−16
15	+ 6.9	+ 6.5	+ 92	−42
17	+13.4	+ 2.4	+ 50	−56
19	+15.8	− 3.1	− 6	−54
21	+12.7	− 8.1	− 60	−29
23	+ 4.6	−10.2	− 89	+10
25	− 5.6	− 7.7	− 79	+45
27	−13.3	− 2.5	− 34	+58
29	−15.8	+ 2.9	+ 24	+51
Juli 1	−12.9	+ 6.8	+ 75	+28
3	− 6.1	+ 8.4	+103	0
5	+ 2.3	+ 7.8	+103	−28
7	+10.1	+ 4.8	+ 75	−50
9	+14.9	0.0	+ 25	−56
11	+14.9	− 5.5	− 31	−45
13	+ 9.4	− 9.4	− 76	−12
15	0.0	− 9.3	− 88	+27
17	− 9.3	− 5.5	− 61	+53
19	−14.8	+ 0.1	− 8	+55
21	−14.7	+ 4.7	+ 47	+41
23	−10.0	+ 7.6	+ 88	+16
25	− 2.4	+ 8.1	+104	−13
27	+ 5.7	+ 6.6	+ 91	−37
29	+12.3	+ 2.8	+ 54	−53
31	+15.1	− 2.3	+ 1	−52
Aug. 2	+12.8	− 7.4	− 51	−32
4	+ 5.4	− 9.6	− 83	+ 5
6	− 4.2	− 7.7	− 78	+39
8	−11.9	− 3.1	− 39	+54
10	−15.0	+ 2.2	+ 15	+50
12	−12.8	+ 5.9	+ 65	+30
14	− 6.9	+ 7.8	+ 95	+ 4
16	+ 0.9	+ 7.5	+ 99	−23
18	+ 8.4	+ 5.1	+ 76	−43
20	+13.5	+ 0.8	+ 33	−53
22	+14.3	− 4.4	− 20	−45
24	+ 9.9	− 8.4	− 65	−18
26	+ 1.5	− 9.0	− 83	+19
28	− 7.5		− 64	

HYPERION

0h Weltzeit		$\alpha_{tr} - \alpha_{pl}$	Diff.	$\delta_{tr} - \delta_{pl}$	Diff.
1957		s	s	″	″
Aug.	28	− 7.5	−5.8	−64	+46
	30	−13.3	−0.9	−18	+53
Sept.	1	−14.2	+3.6	+35	+42
	3	−10.6	+6.7	+77	+20
	5	− 3.9	+7.6	+97	− 6
	7	+ 3.7	+6.6	+91	−31
	9	+10.3	+3.6	+60	−47
	11	+13.9	−1.1	+13	−51
	13	+12.8	−5.9	−38	−36
	15	+ 6.9	−8.9	−74	− 4
	17	− 2.0	−7.9	−78	+31
	19	− 9.9	−4.0	−47	+49
	21	−13.9	+0.9	+ 2	+49
	23	−13.0	+4.7	+51	+34
	25	− 8.3	+7.0	+85	+10
	27	− 1.3	+7.2	+95	−14
	29	+ 5.9	+5.6	+81	−37
Okt.	1	+11.5	+2.1	+44	−49
	3	+13.6	−2.7	− 5	−47
	5	+10.9	−7.1	−52	−26
	7	+ 3.8	−8.7	−78	+ 9
	9	− 4.9	−6.6	−69	+39
	11	−11.5	−2.3	−30	+50
	13	−13.8	+2.2	+20	+43
	15	−11.6	+5.5	+63	+26
	17	− 6.1	+7.0	+89	+ 3
	19	+ 0.9	+6.8	+92	−22
	21	+ 7.7	+4.6	+70	−41
	23	+12.3	+0.6	+29	−50
	25	+12.9	−4.2	−21	−42
	27	+ 8.7	−7.8	−63	−14
	29	+ 0.9	−8.2	−77	+19
	31	− 7.3	−5.2	−58	+44
Nov.	2	−12.5	−0.9	−14	+48
	4	−13.4	+3.2	+34	+39
	6	−10.2	+6.0	+73	+19
	8	− 4.2	+7.0	+92	− 5
	10	+ 2.8	+6.3	+87	−28
	12	+ 9.1	+3.6	+59	−45
	14	+12.7	−0.8	+14	−49
	16	+11.9	−5.4	−35	−35
	18	+ 6.5		−70	

JAPETUS

0h Weltzeit		$\alpha_{tr} - \alpha_{pl}$	Diff.	$\delta_{tr} - \delta_{pl}$	Diff.
1957		s	s	″	″
Jan.	0	−14.2	+4.4	+159	− 8
	2	− 9.8	+4.6	+151	−12
	4	− 5.2	+4.7	+139	−15
	6	− 0.5	+4.8	+124	−17
	8	+ 4.3	+4.7	+107	−20
	10	+ 9.0	+4.5	+ 87	−22
	12	+13.5	+4.2	+ 65	−24
	14	+17.7	+3.8	+ 41	−25
	16	+21.5	+3.3	+ 16	−25
	18	+24.8	+2.7	− 9	−25
	20	+27.5	+2.0	− 34	−24
	22	+29.5	+1.3	− 58	−23
	24	+30.8	+0.5	− 81	−21
	26	+31.3	−0.3	−102	−19
	28	+31.0	−1.1	−121	−15
	30	+29.9	−1.9	−136	−12
Febr.	1	+28.0	−2.7	−148	− 8
	3	+25.3	−3.4	−156	− 4
	5	+21.9	−4.0	−160	0
	7	+17.9	−4.4	−160	+ 5
	9	+13.5	−4.8	−155	+ 9
	11	+ 8.7	−5.1	−146	+12
	13	+ 3.6	−5.2	−134	+16
	15	− 1.6	−5.3	−118	+19
	17	− 6.9	−5.1	− 99	+22
	19	−12.0	−4.8	− 77	+23
	21	−16.8	−4.5	− 54	+25
	23	−21.3	−4.0	− 29	+25
	25	−25.3	−3.4	− 4	+26
	27	−28.7	−2.7	+ 22	+26
März	1	−31.4	−2.0	+ 48	+25
	3	−33.4	−1.3	+ 73	+23
	5	−34.7	−0.4	+ 96	+21
	7	−35.1	+0.3	+117	+18
	9	−34.8	+1.1	+135	+15
	11	−33.7	+1.9	+150	+12
	13	−31.8	+2.7	+162	+ 8
	15	−29.1	+3.3	+170	+ 5
	17	−25.8	+3.9	+175	+ 1
	19	−21.9	+4.5	+176	− 4
	21	−17.4	+4.9	+172	− 8
	23	−12.5		+164	

0h Weltzeit	JAPETUS $\alpha_{tr}-\alpha_{pl}$		JAPETUS $\delta_{tr}-\delta_{pl}$	
1957	s	s	″	″
März 23	−12.5	+5.3	+164	−11
25	− 7.2	+5.5	+153	−15
27	− 1.7	+5.6	+138	−19
29	+ 3.9	+5.5	+119	−22
31	+ 9.4	+5.3	+ 97	−25
April 2	+14.7	+4.9	+ 72	−26
4	+19.6	+4.5	+ 46	−28
6	+24.1	+3.9	+ 18	−29
8	+28.0	+3.2	− 11	−28
10	+31.2	+2.4	− 39	−27
12	+33.6	+1.4	− 66	−26
14	+35.0	+0.5	− 92	−24
16	+35.5	−0.5	−116	−21
18	+35.0	−1.4	−137	−17
20	+33.6	−2.4	−154	−13
22	+31.2	−3.3	−167	− 8
24	+27.9	−4.1	−175	− 3
26	+23.8	−4.8	−178	+ 2
28	+19.0	−5.3	−176	+ 6
30	+13.7	−5.7	−170	+11
Mai 2	+ 8.0	−6.0	−159	+15
4	+ 2.0	−6.1	−144	+20
6	− 4.1	−6.0	−124	+23
8	−10.1	−5.7	−101	+26
10	−15.8	−5.4	− 75	+28
12	−21.2	−4.8	− 47	+29
14	−26.0	−4.1	− 18	+30
16	−30.1	−3.3	+ 12	+29
18	−33.4	−2.6	+ 41	+29
20	−36.0	−1.7	+ 70	+27
22	−37.7	−0.8	+ 97	+25
24	−38.5	+0.2	+122	+22
26	−38.3	+1.1	+144	+19
28	−37.2	+2.0	+163	+15
30	−35.2	+2.8	+178	+10
Juni 1	−32.4	+3.6	+188	+ 6
3	−28.8	+4.3	+194	+ 1
5	−24.5	+4.9	+195	− 4
7	−19.6	+5.3	+191	− 8
9	−14.3	+5.7	+183	−13
11	− 8.6		+170	

0h Weltzeit	JAPETUS $\alpha_{tr}-\alpha_{pl}$		JAPETUS $\delta_{tr}-\delta_{pl}$	
1957	s	s	″	″
Juni 11	− 8.6	+5.9	+170	−16
13	− 2.7	+5.9	+154	−20
15	+ 3.2	+5.8	+134	−24
17	+ 9.0	+5.6	+110	−27
19	+14.6	+5.2	+ 83	−29
21	+19.8	+4.7	+ 54	−30
23	+24.5	+4.0	+ 24	−31
25	+28.5	+3.2	− 7	−31
27	+31.7	+2.4	− 38	−29
29	+34.1	+1.4	− 67	−27
Juli 1	+35.5	+0.4	− 94	−25
3	+35.9	−0.5	−119	−22
5	+35.4	−1.5	−141	−18
7	+33.9	−2.5	−159	−13
9	+31.4	−3.3	−172	− 9
11	+28.1	−4.2	−181	− 4
13	+23.9	−4.8	−185	+ 2
15	+19.1	−5.3	−183	+ 7
17	+13.8	−5.6	−176	+12
19	+ 8.2	−5.8	−164	+16
21	+ 2.4	−5.8	−148	+20
23	− 3.4	−5.7	−128	+23
25	− 9.1	−5.5	−105	+26
27	−14.6	−5.0	− 79	+27
29	−19.6	−4.5	− 52	+29
31	−24.1	−3.8	− 23	+30
Aug. 2	−27.9	−3.2	+ 7	+29
4	−31.1	−2.4	+ 36	+27
6	−33.5	−1.6	+ 63	+26
8	−35.1	−0.7	+ 89	+24
10	−35.8	+0.1	+113	+21
12	−35.7	+1.0	+134	+18
14	−34.7	+1.7	+152	+14
16	−33.0	+2.5	+166	+10
18	−30.5	+3.1	+176	+ 6
20	−27.4	+3.7	+182	+ 2
22	−23.7	+4.3	+184	− 2
24	−19.4	+4.7	+182	− 7
26	−14.7	+5.0	+175	−10
28	− 9.7	+5.2	+165	−14
30	− 4.5		+151	

0h Weltzeit	JAPETUS $\alpha_{tr}-\alpha_{pl}$		JAPETUS $\delta_{tr}-\delta_{pl}$	
1957	s	s	″	″
Aug. 30	− 4.5	+5.2	+151	−18
Sept. 1	+ 0.7	+5.1	+133	−21
3	+ 5.8	+5.0	+112	−23
5	+10.8	+4.7	+ 89	−25
7	+15.5	+4.4	+ 64	−26
9	+19.9	+3.8	+ 38	−27
11	+23.7	+3.2	+ 11	−28
13	+26.9	+2.4	− 17	−27
15	+29.3	+1.7	− 44	−25
17	+31.0	+0.9	− 69	−23
19	+31.9	+0.1	− 92	−21
21	+32.0	−0.8	−113	−18
23	+31.2	−1.6	−131	−14
25	+29.6	−2.4	−145	−10
27	+27.2	−3.1	−155	− 6
29	+24.1	−3.7	−161	− 2
Okt. 1	+20.4	−4.2	−163	+ 2
3	+16.2	−4.6	−161	+ 7
5	+11.6	−4.9	−154	+10
7	+ 6.7	−5.0	−144	+14
9	+ 1.7	−5.0	−130	+17
11	− 3.3	−5.0	−113	+20
13	− 8.3	−4.7	− 93	+22
15	−13.0	−4.4	− 71	+24
17	−17.4	−3.9	− 47	+24
19	−21.3	−3.4	− 23	+25
21	−24.7	−2.8	+ 2	+25
23	−27.5	−2.2	+ 27	+24
25	−29.7	−1.5	+ 51	+22
27	−31.2	−0.9	+ 73	+21
29	−32.1	−0.1	+ 94	+18
31	−32.2	+0.6	+112	+16
Nov. 2	−31.6	+1.3	+128	+13
4	−30.3	+2.0	+141	+10
6	−28.3	+2.5	+151	+ 6
8	−25.8	+3.1	+157	+ 3
10	−22.7	+3.6	+160	0
12	−19.1	+4.0	+160	− 4
14	−15.1	+4.3	+156	− 8
16	−10.8	+4.5	+148	−11
18	− 6.3		+137	

Östliche Elongationen (in Weltzeit)

MIMAS

	h		h		h		h		h
Jan. 0	9.7	Febr. 14	15.5	März 31	21.1	Mai 16	2.6	Juni 30	8.1
1	8.3	15	14.1	April 1	19.7	17	1.2	Juli 1	6.7
2	6.9	16	12.8	2	18.4	17	23.8	2	5.3
3	5.6	17	11.4	3	17.0	18	22.4	3	3.9
4	4.2	18	10.0	4	15.6	19	21.0	4	2.5
5	2.8	19	8.6	5	14.2	20	19.7	5	1.1
6	1.4	20	7.3	6	12.9	21	18.3	5	23.7
7	0.1	21	5.9	7	11.5	22	16.9	6	22.3
7	22.7	22	4.5	8	10.1	23	15.5	7	21.0
8	21.3	23	3.1	9	8.7	24	14.2	8	19.6
9	19.9	24	1.8	10	7.3	25	12.8	9	18.2
10	18.5	25	0.4	11	6.0	26	11.4	10	16.8
11	17.2	25	23.0	12	4.6	27	10.0	11	15.5
12	15.8	26	21.6	13	3.2	28	8.6	12	14.1
13	14.4	27	20.2	14	1.8	29	7.3	13	12.7
14	13.0	28	18.8	15	0.4	30	5.9	14	11.3
15	11.7	März 1	17.4	15	23.0	31	4.5	15	9.9
16	10.3	2	16.1	16	21.6	Juni 1	3.1	16	8.6
17	8.9	3	14.7	17	20.2	2	1.7	17	7.2
18	7.5	4	13.3	18	18.9	3	0.3	18	5.8
19	6.2	5	11.9	19	17.5	3	22.9	19	4.4
20	4.8	6	10.6	20	16.1	4	21.5	20	3.0
21	3.4	7	9.2	21	14.7	5	20.2	21	1.6
22	2.0	8	7.8	22	13.3	6	18.8	22	0.2
23	0.7	9	6.4	23	11.9	7	17.4	22	22.8
23	23.3	10	5.0	24	10.5	8	16.0	23	21.5
24	21.9	11	3.7	25	9.1	9	14.6	24	20.1
25	20.5	12	2.3	26	7.8	10	13.2	25	18.7
26	19.1	13	0.9	27	6.4	11	11.8	26	17.3
27	17.7	13	23.5	28	5.0	12	10.4	27	16.0
28	16.3	14	22.1	29	3.6	13	9.1	28	14.6
29	15.0	15	20.7	30	2.2	14	7.7	29	13.2
30	13.6	16	19.3	Mai 1	0.8	15	6.3	30	11.8
31	12.2	17	17.9	1	23.4	16	4.9	31	10.4
Febr. 1	10.8	18	16.6	2	22.0	17	3.5	Aug. 1	9.1
2	9.5	19	15.2	3	20.6	18	2.1	2	7.7
3	8.1	20	13.8	4	19.3	19	0.7	3	6.3
4	6.7	21	12.4	5	17.9	19	23.3	4	4.9
5	5.3	22	11.0	6	16.5	20	21.9	5	3.5
6	3.9	23	9.6	7	15.1	21	20.6	6	2.1
7	2.6	24	8.2	8	13.7	22	19.2	7	0.8
8	1.2	25	6.9	9	12.3	23	17.8	7	23.4
8	23.8	26	5.5	10	10.9	24	16.4	8	22.0
9	22.4	27	4.1	11	9.5	25	15.0	9	20.6
10	21.0	28	2.7	12	8.2	26	13.6	10	19.3
11	19.6	29	1.3	13	6.8	27	12.2	11	17.9
12	18.3	29	23.9	14	5.4	28	10.8	12	16.5
13	16.9	30	22.5	15	4.0	29	9.5	13	15.1

Östliche Elongationen (in Weltzeit)

MIMAS

	h
Aug. 14	13.8
15	12.4
16	11.0
17	9.6
18	8.3
19	6.9
20	5.5
21	4.1
22	2.7
23	1.3
23	23.9
24	22.6
25	21.2
26	19.8
27	18.4
28	17.1
29	15.7
30	14.3
31	12.9
Sept. 1	11.5
2	10.2
3	8.8
4	7.4
5	6.0
6	4.6
7	3.2
8	1.9
9	0.5
9	23.1
10	21.7
11	20.4
12	19.0
13	17.6
14	16.2
15	14.9
16	13.5
17	12.1
18	10.7
19	9.4
20	8.0
21	6.6
22	5.2
23	3.9
24	2.5
25	1.1
25	23.7
26	22.4
27	21.0

	h
Sept. 28	19.6
29	18.3
30	16.9
Okt. 1	15.5
2	14.2
3	12.8
4	11.4
5	10.0
6	8.7
7	7.3
8	5.9
9	4.5
10	3.2
11	1.8
12	0.4
12	23.0
13	21.7
14	20.3
15	18.9
16	17.5
17	16.2
18	14.8
19	13.4
20	12.0
21	10.7
22	9.3
23	7.9
24	6.5
25	5.1
26	3.8
27	2.4
28	1.0
28	23.6
29	22.3
30	20.9
31	19.5
Nov. 1	18.1
2	16.8
3	15.4
4	14.0
5	12.6
6	11.3
7	9.9
8	8.5
9	7.1
10	5.8
11	4.4
12	3.0

	h
Nov. 13	1.6
14	0.3
14	22.9
15	21.5
16	20.2
17	18.8

ENCELADUS

	h
Jan. 1	5.4
2	14.3
3	23.2
5	8.1
6	17.0
8	1.9
9	10.8
10	19.7
12	4.6
13	13.5
14	22.4
16	7.3
17	16.1
19	1.0
20	9.9
21	18.8
23	3.7
24	12.6
25	21.5
27	6.4
28	15.3
30	0.2
31	9.1
Febr. 1	18.0
3	2.9
4	11.8
5	20.7
7	5.6
8	14.5
9	23.4
11	8.3
12	17.2
14	2.1
15	10.9
16	19.8
18	4.7

	h
Febr. 19	13.6
20	22.5
22	7.4
23	16.2
25	1.1
26	10.0
27	18.9
März 1	3.8
2	12.7
3	21.6
5	6.5
6	15.3
8	0.2
9	9.1
10	18.0
12	2.9
13	11.8
14	20.7
16	5.6
17	14.5
18	23.3
20	8.2
21	17.1
23	2.0
24	10.9
25	19.8
27	4.6
28	13.5
29	22.4
31	7.3
April 1	16.1
3	1.0
4	9.9
5	18.8
7	3.6
8	12.5
9	21.4
11	6.3
12	15.1
14	0.0
15	8.9
16	17.8
18	2.7
19	11.5
20	20.4
22	5.3
23	14.2
24	23.1

	h
April 26	8.0
27	16.8
29	1.7
30	10.6
Mai 1	19.5
3	4.3
4	13.2
5	22.1
7	7.0
8	15.8
10	0.7
11	9.6
12	18.5
14	3.3
15	12.2
16	21.1
18	6.0
19	14.8
20	23.7
22	8.6
23	17.5
25	2.3
26	11.2
27	20.1
29	5.0
30	13.8
31	22.7
Juni 2	7.6
3	16.5
5	1.3
6	10.2
7	19.1
9	4.0
10	12.8
11	21.7
13	6.6
14	15.5
16	0.3
17	9.2
18	18.1
20	2.9
21	11.8
22	20.7
24	5.6
25	14.4
26	23.3
28	8.2
29	17.1

Östliche Elongationen (in Weltzeit)

ENCELADUS

	h
Juli 1	1.9
2	10.8
3	19.7
5	4.6
6	13.5
7	22.4
9	7.2
10	16.1
12	1.0
13	9.9
14	18.8
16	3.7
17	12.5
18	21.4
20	6.3
21	15.2
23	0.1
24	8.9
25	17.8
27	2.7
28	11.6
29	20.5
31	5.4
Aug. 1	14.2
2	23.1
4	8.0
5	16.9
7	1.8
8	10.7
9	19.6
11	4.5
12	13.4
13	22.2
15	7.1
16	16.0
18	0.9
19	9.8
20	18.7
22	3.6
23	12.5
24	21.4
26	6.3
27	15.2
29	0.0
30	8.9
31	17.8
Sept. 2	2.7
3	11.6

	h
Sept. 4	20.5
6	5.4
7	14.3
8	23.2
10	8.1
11	17.0
13	1.9
14	10.7
15	19.6
17	4.5
18	13.4
19	22.3
21	7.2
22	16.1
24	1.0
25	9.9
26	18.8
28	3.7
29	12.6
30	21.5
Okt. 2	6.4
3	15.3
5	0.2
6	9.1
7	18.0
9	2.9
10	11.8
11	20.7
13	5.6
14	14.5
15	23.4
17	8.3
18	17.2
20	2.1
21	11.0
22	19.9
24	4.8
25	13.7
26	22.6
28	7.5
29	16.4
31	1.3
Nov. 1	10.2
2	19.1
4	4.0
5	12.9
6	21.8
8	6.7

	h
Nov. 9	15.6
11	0.5
12	9.4
13	18.3
15	3.2
16	12.1
17	21.0

TETHYS

	h
Jan. 0	3.4
2	0.8
3	22.1
5	19.4
7	16.8
9	14.1
11	11.4
13	8.8
15	6.1
17	3.4
19	0.7
20	22.0
22	19.4
24	16.7
26	14.0
28	11.4
30	8.7
Febr. 1	6.0
3	3.4
5	0.7
6	22.0
8	19.4
10	16.7
12	14.0
14	11.3
16	8.6
18	5.9
20	3.3
22	0.6
23	21.9
25	19.2
27	16.5
März 1	13.8
3	11.1
5	8.4
7	5.8

TETHYS

	h
März 9	3.1
11	0.4
12	21.7
14	19.0
16	16.3
18	13.6
20	10.9
22	8.2
24	5.5
26	2.8
28	0.1
29	21.4
31	18.7
April 2	16.0
4	13.3
6	10.6
8	7.9
10	5.2
12	2.5
14	23.8
15	21.1
17	18.4
19	15.7
21	13.0
23	10.3
25	7.5
27	4.8
29	2.1
30	23.4
Mai 2	20.7
4	18.0
6	15.3
8	12.6
10	9.8
12	7.1
14	4.4
16	1.7
17	23.0
19	20.3
21	17.6
23	14.9
25	12.2
27	9.5
29	6.8
31	4.1
Juni 2	1.4
3	22.7
5	20.0

	h
Juni 7	17.3
9	14.6
11	11.8
13	9.1
15	6.4
17	3.7
19	1.0
20	22.3
22	19.6
24	16.9
26	14.1
28	11.4
30	8.7
Juli 2	6.0
4	3.3
6	0.6
7	21.9
9	19.2
11	16.5
13	13.8
15	11.1
17	8.4
19	5.7
21	3.0
23	0.3
24	21.6
26	18.9
28	16.2
30	13.5
Aug. 1	10.8
3	8.1
5	5.4
7	2.7
9	0.0
10	21.3
12	18.6
14	16.0
16	13.3
18	10.6
20	7.9
22	5.2
24	2.5
25	23.8
27	21.1
29	18.5
31	15.8
Sept. 2	13.1
4	10.4

Östliche Elongationen (in Weltzeit)

TETHYS

		h
Sept.	6	7.7
	8	5.0
	10	2.4
	11	23.7
	13	21.0
	15	18.4
	17	15.7
	19	13.1
	21	10.4
	23	7.7
	25	5.0
	27	2.4
	28	23.7
	30	21.0
Okt.	2	18.3
	4	15.7
	6	13.0
	8	10.3
	10	7.6
	12	5.0
	14	2.3
	15	23.6
	17	21.0
	19	18.3
	21	15.7
	23	13.0
	25	10.3
	27	7.7
	29	5.0
	31	2.3
Nov.	1	23.7
	3	21.0
	5	18.3
	7	15.7
	9	13.0
	11	10.3
	13	7.7
	15	5.0
	17	2.4

DIONE

		h
Jan.	2	9.2
	5	3.0
	7	20.7
	10	14.5
	13	8.2
	16	2.0
	18	19.7
	21	13.5
	24	7.2
	27	0.9
	29	18.6
Febr.	1	12.3
	4	6.1
	6	23.8
	9	17.5
	12	11.2
	15	4.9
	17	22.6
	20	16.4
	23	10.1
	26	3.8
	28	21.5
März	3	15.2
	6	8.9
	9	2.6
	11	20.3
	14	14.0
	17	7.7
	20	1.4
	22	19.1
	25	12.7
	28	6.4
	31	0.1
April	2	17.8
	5	11.5
	8	5.1
	10	22.8
	13	16.4
	16	10.1
	19	3.7
	21	21.4
	24	15.0
	27	8.7
	30	2.3
Mai	2	19.9
	5	13.6
	8	7.2
	11	0.9
	13	18.5
	16	12.2
	19	5.8
	21	23.5
	24	17.1
	27	10.8
	30	4.4
Juni	1	22.1
	4	15.7
	7	9.4
	10	3.0
	12	20.7
	15	14.3
	18	8.0
	21	1.6
	23	19.3
	26	12.9
	29	6.6
Juli	2	0.2
	4	17.9
	7	11.6
	10	5.3
	12	22.9
	15	16.6
	18	10.2
	21	3.9
	23	21.6
	26	15.3
	29	9.0
Aug.	1	2.6
	3	20.3
	6	14.0
	9	7.7
	12	1.4
	14	19.0
	17	12.7
	20	6.4
	23	0.1
	25	17.8
	28	11.5
	31	5.3
Sept.	2	23.0
	5	16.7
	8	10.4
	11	4.1
	13	21.8
	16	15.6
	19	9.3
	22	3.0
	24	20.7
	27	14.4
	30	8.2
Okt.	3	1.9
	5	19.7
	8	13.4
	11	7.1
	14	0.8
	16	18.6
	19	12.3
	22	6.1
	24	23.8
	27	17.5
	30	11.3
Nov.	2	5.0
	4	22.8
	7	16.5
	10	10.3
	13	4.1
	15	21.8
	18	15.6

RHEA

		h
Jan.	1	4.2
	5	16.8
	10	5.3
	14	17.9
	19	6.4
	23	19.0
	28	7.5
Febr.	1	20.0
	6	8.6
	10	21.1
	15	9.6
	19	22.1
	24	10.5
	28	23.0
März	5	11.5
	9	23.9
	14	12.4
	19	0.8
	23	13.3
	28	1.7
April	1	14.1
	6	2.5
	10	14.8
	15	3.2
	19	15.6
	24	3.9
	28	16.3
Mai	3	4.6
	7	16.9
	12	5.3
	16	17.6
	21	5.9
	25	18.2
	30	6.5
Juni	3	18.8
	8	7.1
	12	19.4
	17	7.7
	21	20.1
	26	8.4
	30	20.8
Juli	5	9.1
	9	21.5
	14	9.8
	18	22.2
	23	10.5
	27	22.9
Aug.	1	11.3
	5	23.7
	10	12.1
	15	0.6
	19	13.0
	24	1.4
	28	13.9
Sept.	2	2.3
	6	14.8
	11	3.3
	15	15.8
	20	4.3
	24	16.8
	29	5.4
Okt.	3	17.9
	8	6.5
	12	19.1
	17	7.6
	21	20.2
	26	8.7
	30	21.3
Nov.	4	9.9
	8	22.5
	13	11.1
	17	23.7

Elongationen und Konjunktionen (in Weltzeit)

TITAN

		h			h
Jan.	1	8.0 WE	Juni	29	18.2 OK
	5	9.6 OK	Juli	3	12.9 ÖE
	9	5.0 ÖE		7	10.7 UK
	13	3.6 UK		11	14.9 WE
	17	8.6 WE		15	15.9 OK
	21	10.0 OK		19	10.8 ÖE
	25	5.3 ÖE		23	8.6 UK
	29	4.0 UK		27	12.9 WE
Febr.	2	9.0 WE		31	14.1 OK
	6	10.2 OK	Aug.	4	9.1 ÖE
	10	5.4 ÖE		8	7.0 UK
	14	4.1 UK		12	11.4 WE
	18	8.9 WE		16	12.8 OK
	22	9.9 OK		20	7.8 ÖE
	26	5.0 ÖE		24	5.9 UK
März	2	3.7 UK		28	10.4 WE
	6	8.4 WE	Sept.	1	11.9 OK
	10	9.2 OK		5	7.0 ÖE
	14	4.2 ÖE		9	5.2 UK
	18	2.8 UK		13	9.9 WE
	22	7.4 WE		17	11.4 OK
	26	8.1 OK		21	6.6 ÖE
	30	2.9 ÖE		25	5.0 UK
April	3	1.4 UK		29	9.8 WE
	7	5.9 WE	Okt.	3	11.3 OK
	11	6.5 OK		7	6.6 ÖE
	15	1.2 ÖE		11	5.2 UK
	18	23.5 UK		15	10.2 WE
	23	3.8 WE		19	11.6 OK
	27	4.3 OK		23	7.0 ÖE
	30	23.0 ÖE		27	5.7 UK
Mai	4	21.2 UK		31	10.8 WE
	9	1.4 WE	Nov.	4	12.2 OK
	13	1.8 OK		8	7.6 ÖE
	16	20.5 ÖE		12	6.5 UK
	20	18.6 UK		16	11.7 WE
	24	22.7 WE		20	13.0 OK
	28	23.3 OK			
Juni	1	18.0 ÖE			
	5	15.9 UK			
	9	20.0 WE			
	13	20.7 OK			
	17	15.4 ÖE			
	21	13.2 UK			
	25	17.3 WE			

HYPERION

		h			h
Jan.	0	18.7 ÖE	Aug.	26	11.2 UK
	5	14.8 UK		31	5.3 WE
	10	7.6 WE	Sept.	6	4.9 OK
	16	4.3 OK		12	1.5 ÖE
	22	4.1 ÖE		16	17.1 UK
	26	23.1 UK		21	11.9 WE
	31	16.3 WE		27	13.0 OK
Febr.	6	13.6 OK	Okt.	3	9.2 ÖE
	12	12.1 ÖE		8	0.4 UK
	17	6.1 UK		12	20.1 WE
	21	23.7 WE		18	22.6 OK
	27	21.3 OK		24	18.3 ÖE
März	5	18.6 ÖE		29	8.9 UK
	10	11.8 UK	Nov.	3	5.7 WE
	15	5.6 WE		9	9.7 OK
	21	3.2 OK		15	4.4 ÖE
	26	23.6 ÖE		19	18.4 UK
	31	16.2 UK			
April	5	10.0 WE			
	11	7.5 OK			
	17	3.1 ÖE			
	21	19.3 UK			
	26	12.9 WE			
Mai	2	10.2 OK			
	8	5.5 ÖE			
	12	21.5 UK			
	17	14.9 WE			
	23	11.9 OK			
	29	7.2 ÖE			
Juni	2	23.2 UK			
	7	16.4 WE			
	13	13.4 OK			
	19	8.9 ÖE			
	24	0.9 UK			
	28	18.0 WE			
Juli	4	15.3 OK			
	10	11.2 ÖE			
	15	3.2 UK			
	19	20.5 WE			
	25	18.2 OK			
	31	14.5 ÖE			
Aug.	5	6.6 UK			
	10	0.1 WE			
	15	22.7 OK			
	21	19.2 ÖE			

JAPETUS

		h
Jan.	7	3.2 OK
	26	23.6 ÖE
Febr.	15	4.9 UK
März	7	15.9 WE
	28	11.0 OK
April	16	17.8 ÖE
Mai	5	11.2 UK
	25	9.3 WE
Juni	14	19.4 OK
Juli	3	23.9 ÖE
	22	17.2 UK
Aug.	11	19.1 WE
Sept.	1	16.3 OK
	21	8.8 ÖE
Okt.	10	14.1 UK
	31	6.2 WE
Nov.	21	13.6 OK

ÖE = Östliche Elongation
WE = Westliche Elongation
OK = Obere Konjunktion
UK = Untere Konjunktion

Weltzeit 1957		h m	
Jan.	1	6	☿ stationär in AR.
	2	13 35	☿ ☌ ☾
	3	6	Erde i. kleinst. Abst. v. ☉
	5	6	☿ im Perihel
	8	14	♂ □ ☉
	9	8 45	♂ ☌ ☾
	10	15	☿ untere ☌ ☉
	16	23 17	♅ ☌ ☾
	17	0	♃ stationär in AR.
	20	19 51	♃ ☌ ☾
	21	16	☿ ☌ ♀; ☿ 2° 49′ nördl.
	21	18	☿ stationär in AR.
	22	20	♆ □ ☉
	23	0 7	♆ ☌ ☾
	25	4	♅ ☍ ☉
	25	23 38	♄ ☌ ☾
	28	15 44	☿ ☌ ☾
	29	5 53	♀ ☌ ☾
Febr.	2	19	☿ gr. westl. Elong. 25° 19′
	3	8	♆ stationär in AR.
	6	23 5	♂ ☌ ☾
	13	8 54	♅ ☌ ☾
	17	3 2	♃ ☌ ☾
	18	3	♇ ☍ ☉
	18	5	☿ im Aphel
	19	7 43	♆ ☌ ☾
	22	9 16	♄ ☌ ☾
	27	11	♀ im Aphel
	28	9 52	☿ ☌ ☾
	28	20 33	♀ ☌ ☾
März	4	20	♄ □ ☉
	7	13 25	♂ ☌ ☾
	10	13	☿ ☌ ♀; ☿ 0° 47′ südl.
	12	17 35	♅ ☌ ☾
	16	9 7	♃ ☌ ☾
	17	18	♃ ☍ ☉
	18	16 52	♆ ☌ ☾
	20	18	☿ obere ☌ ☉
	20	21 17	☉ tritt in ♈, Frühlingsanf.
	21	18 23	♄ ☌ ☾
	24	4	♄ stationär in AR.
	31	5 54	♀ ☌ ☾

Weltzeit 1957		h m	
April	1	11 58	☿ ☌ ☾
	3	5	☿ im Perihel
	5	3 41	♂ ☌ ☾
	9	0 28	♅ ☌ ☾
	10	11	♅ stationär in AR.
	12	14 2	♃ ☌ ☾
	14	13	♀ obere ☌ ☉
	15	2 13	♆ ☌ ☾
	15	9	☿ gr. östl. Elong. 19° 45′
	18	2 41	♄ ☌ ☾
	21	15	♆ ☍ ☉
	23	9	♅ □ ☉
	25	15	☿ stationär in AR.
	30	— —	Ringförm. Sonnenfinstern.
	30	8 53	♀ ☌ ☾
	30	15 25	☿ ☌ ☾
Mai	2	16	☿ ☌ ♀; ☿ 1° 49′ nördl.
	3	18 7	♂ ☌ ☾
	6	0	☿ untere ☌ ☉, Merkurdurchgang
	6	6 36	♅ ☌ ☾
	9	18 39	♃ ☌ ☾
	12	10 9	♆ ☌ ☾
	13	— —	Totale Mondfinsternis
	15	9 20	♄ ☌ ☾
	17	5	☿ im Aphel
	18	7	☿ stationär in AR.
	19	16	♃ stationär in AR.
	27	16 58	☿ ☌ ☾
	30	9 56	♀ ☌ ☾
Juni	1	8 50	♂ ☌ ☾
	1	19	♄ ☍ ☉
	1	23	☿ gr. westl. Elong. 24° 28′
	2	13 53	♅ ☌ ☾
	6	0 47	♃ ☌ ☾
	8	16 6	♆ ☌ ☾
	11	13 57	♄ ☌ ☾
	14	4	♃ □ ☉
	19	20	♀ im Perihel
	21	16 21	☉ tritt in ♋, Sommersanf.
	27	5 33	☿ ☌ ☾
	29	10 36	♀ ☌ ☾
	29	23	♂ ☌ ♅; ♂ 0° 40′ nördl.
	29	23 41	♅ ☌ ☾
	29	23 44	♂ ☌ ☾
	30	4	☿ im Perihel

Weltzeit

1957		h	m	
Juli	3	1		Erde i. größt. Abst. v. ☉
	3	10	12	♃ ☌ ☾
	4	5		☿ obere ☌ ☉
	5	21	3	♆ ☌ ☾
	6	0		♀ ☌ ♅; ♀ 1° 0′ nördl.
	8	17	14	♄ ☌ ☾
	11	19		♀ ☌ ♂; ♀ 0° 25′ nördl.
	12	10		♆ stationär in AR.
	15	22		☿ ☌ ♅; ☿ 1° 15′ nördl.
	23	0		♆ □ ☉
	23	22		☿ ☌ ♂; ☿ 0° 7′ nördl.
	27	11	56	♅ ☌ ☾
	28	14	44	♂ ☌ ☾
	28	22	34	☿ ☌ ☾
	29	8	2	♀ ☌ ☾
	30	18		♅ ☌ ☉
	30	23	41	♃ ☌ ☾
	31	2		♂ im Aphel
Aug.	2	2	53	♆ ☌ ☾
	4	21	3	♄ ☌ ☾
	12	8		♄ stationär in AR.
	13	4		☿ im Aphel
	13	15		☿ gr. östl. Elong. 27° 26′
	22	15		♀ ☌ ♃; ♀ 0° 28′ südl.
	23	14		♇ ☌ ☉
	24	1	21	♅ ☌ ☾
	26	5	50	♂ ☌ ☾
	26	19		☿ stationär in AR.
	26	23	57	☿ ☌ ☾
	27	16	52	♃ ☌ ☾
	28	1	16	♀ ☌ ☾
	29	11	13	♆ ☌ ☾
	31	17		♄ □ ☉
Sept.	1	3	33	♄ ☌ ☾
	6	0		☿ ☌ ♂; ☿ 5° 39′ südl.
	9	20		☿ untere ☌ ☉
	15	19		♀ ☌ ♆; ♀ 2° 28′ südl.
	18	8		☿ stationär in AR.
	20	14	1	♅ ☌ ☾
	21	15		♂ ☌ ☉
	22	17	30	☿ ☌ ☾
	23	7	27	☉ tritt in ♎, Herbstanf.
	23	21	5	♂ ☌ ☾
	24	12	29	♃ ☌ ☾
	25	19		☿ gr. westl. Elong. 17° 52′
	25	22	14	♆ ☌ ☾
	26	4		☿ im Perihel
	26	18	12	♀ ☌ ☾
	28	13	56	♄ ☌ ☾

Weltzeit

1957		h	m	
Okt.	5	16		♃ ☌ ☉
	10	3		♀ im Aphel
	13	11		☿ ☌ ♂; ☿ 0° 57′ nördl.
	14	10		☿ ☌ ♃; ☿ 0° 30′ nördl.
	16	18		♂ ☌ ♃; ♂ 0° 24′ südl.
	18	0	1	♅ ☌ ☾
	20	12		♀ ☌ ♄; ♀ 4° 7′ südl.
	22	8	33	♃ ☌ ☾
	22	12	33	♂ ☌ ☾
	23	—	—	Totale Sonnenfinsternis
	23	4	46	☿ ☌ ☾
	23	5		♃ im Aphel
	23	10	36	♆ ☌ ☾
	24	3		☿ obere ☌ ☉
	25	13		☿ ☌ ♆; ☿ 1° 17′ südl.
	26	1		♆ ☌ ☉
	26	3	47	♄ ☌ ☾
	26	15	17	♀ ☌ ☾
Nov.	4	7		♅ □ ☉
	7	—	—	Totale Mondfinsternis
	9	3		☿ im Aphel
	14	1		♂ ☌ ♆; ♂ 1° 15′ südl.
	14	6	45	♅ ☌ ☾
	17	12		♅ stationär in AR.
	18	7		♀ gr. östl. Elong. 47° 14′
	19	2	57	♃ ☌ ☾
	19	22	5	♆ ☌ ☾
	20	4	22	♂ ☌ ☾
	21	21		☿ ☌ ♄; ☿ 3° 34′ südl.
	22	19	16	♄ ☌ ☾
	22	21	51	☿ ☌ ☾
	25	13	35	♀ ☌ ☾
Dez.	8	0		☿ gr. östl. Elong. 20° 58′
	9	3		♄ ☌ ☉
	11	11	44	♅ ☌ ☾
	16	8		☿ stationär in AR.
	16	17	57	♃ ☌ ☾
	17	6	57	♆ ☌ ☾
	18	20	56	♂ ☌ ☾
	20	10	9	♄ ☌ ☾
	21	23	52	☿ ☌ ☾
	22	2	49	☉ tritt in ♑, Wintersanf.
	23	3		☿ im Perihel
	24	4		♀ in größt. Helligkeit
	24	18	27	♀ ☌ ☾
	25	20		☿ untere ☌ ☉

Sonnenaufgang 1957

Mittlere Ortszeit — Meridian von Greenwich

Tag	Geographische Breite													
	−10°	0°	+10°	+20°	+30°	+35°	+40°	+45°	+50°	+52°	+54°	+56°	+58°	+60°
1957	h m	h m	h m	h m	h m	h m	h m	h m	h m	h m	h m	h m	h m	h m
Jan. 0	5 42	6 0	6 17	6 35	6 56	7 8	7 22	7 39	7 59	8 8	8 19	8 32	8 46	9 3
1	5 43	6 0	6 17	6 35	6 56	7 8	7 22	7 39	7 59	8 8	8 19	8 32	8 46	9 3
2	5 43	6 0	6 17	6 36	6 56	7 8	7 22	7 39	7 59	8 8	8 19	8 31	8 45	9 2
3	5 44	6 1	6 18	6 36	6 56	7 9	7 22	7 39	7 59	8 8	8 19	8 31	8 45	9 2
4	5 44	6 1	6 18	6 36	6 57	7 9	7 22	7 39	7 59	8 8	8 18	8 31	8 44	9 1
5	5 45	6 2	6 19	6 37	6 57	7 9	7 22	7 38	7 58	8 8	8 18	8 30	8 44	9 0
6	5 45	6 2	6 19	6 37	6 57	7 9	7 22	7 38	7 58	8 7	8 18	8 30	8 43	8 59
7	5 46	6 3	6 19	6 37	6 57	7 9	7 22	7 38	7 58	8 7	8 17	8 29	8 42	8 58
8	5 46	6 3	6 20	6 37	6 57	7 9	7 22	7 38	7 57	8 6	8 17	8 28	8 42	8 57
9	5 47	6 4	6 20	6 37	6 57	7 9	7 22	7 38	7 57	8 6	8 16	8 28	8 41	8 56
10	5 48	6 4	6 20	6 38	6 57	7 9	7 22	7 37	7 56	8 5	8 15	8 27	8 40	8 55
11	5 48	6 4	6 21	6 38	6 57	7 9	7 22	7 37	7 56	8 5	8 15	8 26	8 39	8 54
12	5 49	6 5	6 21	6 38	6 57	7 8	7 21	7 37	7 55	8 4	8 14	8 25	8 38	8 53
13	5 49	6 5	6 21	6 38	6 57	7 8	7 21	7 36	7 55	8 3	8 13	8 24	8 37	8 51
14	5 50	6 6	6 21	6 38	6 57	7 8	7 21	7 36	7 54	8 2	8 12	8 23	8 35	8 50
15	5 50	6 6	6 21	6 38	6 57	7 8	7 20	7 35	7 53	8 2	8 11	8 22	8 34	8 48
16	5 51	6 6	6 22	6 38	6 57	7 8	7 20	7 35	7 53	8 1	8 10	8 21	8 33	8 47
17	5 51	6 7	6 22	6 38	6 57	7 7	7 20	7 34	7 52	8 0	8 9	8 19	8 31	8 45
18	5 52	6 7	6 22	6 38	6 56	7 7	7 19	7 33	7 51	7 59	8 8	8 18	8 30	8 44
19	5 52	6 7	6 22	6 38	6 56	7 7	7 19	7 33	7 50	7 58	8 7	8 17	8 28	8 42
20	5 53	6 8	6 22	6 38	6 56	7 6	7 18	7 32	7 49	7 57	8 6	8 15	8 27	8 40
21	5 53	6 8	6 22	6 38	6 56	7 6	7 17	7 31	7 48	7 56	8 4	8 14	8 25	8 38
22	5 54	6 8	6 23	6 38	6 55	7 5	7 17	7 30	7 47	7 54	8 3	8 13	8 24	8 36
23	5 54	6 8	6 23	6 38	6 55	7 5	7 16	7 29	7 46	7 53	8 2	8 11	8 22	8 34
24	5 54	6 9	6 23	6 38	6 55	7 4	7 16	7 29	7 45	7 52	8 0	8 10	8 20	8 32
25	5 55	6 9	6 23	6 38	6 54	7 4	7 15	7 28	7 44	7 51	7 59	8 8	8 18	8 30
26	5 55	6 9	6 23	6 37	6 54	7 3	7 14	7 27	7 42	7 49	7 57	8 6	8 16	8 28
27	5 56	6 9	6 23	6 37	6 53	7 3	7 13	7 26	7 41	7 48	7 56	8 5	8 15	8 26
28	5 56	6 10	6 23	6 37	6 53	7 2	7 13	7 25	7 40	7 47	7 54	8 3	8 13	8 24
29	5 57	6 10	6 23	6 37	6 52	7 2	7 12	7 24	7 39	7 45	7 53	8 1	8 11	8 22
30	5 57	6 10	6 23	6 36	6 52	7 1	7 11	7 23	7 37	7 44	7 51	7 59	8 9	8 19
31	5 57	6 10	6 23	6 36	6 51	7 0	7 10	7 22	7 36	7 42	7 49	7 57	8 7	8 17
Febr. 1	5 58	6 10	6 23	6 36	6 51	6 59	7 9	7 20	7 34	7 41	7 48	7 56	8 4	8 15
2	5 58	6 10	6 23	6 36	6 50	6 59	7 8	7 19	7 33	7 39	7 46	7 54	8 2	8 12
3	5 58	6 11	6 22	6 35	6 50	6 58	7 7	7 18	7 31	7 37	7 44	7 52	8 0	8 10
4	5 59	6 11	6 22	6 35	6 49	6 57	7 6	7 17	7 30	7 36	7 42	7 50	7 58	8 8
5	5 59	6 11	6 22	6 34	6 48	6 56	7 5	7 16	7 28	7 34	7 41	7 48	7 56	8 5
6	5 59	6 11	6 22	6 34	6 47	6 55	7 4	7 14	7 27	7 32	7 39	7 46	7 54	8 3
7	6 0	6 11	6 22	6 34	6 47	6 54	7 3	7 13	7 25	7 31	7 37	7 44	7 51	8 0
8	6 0	6 11	6 22	6 33	6 46	6 53	7 2	7 12	7 23	7 29	7 35	7 42	7 49	7 58
9	6 0	6 11	6 22	6 33	6 45	6 53	7 1	7 10	7 22	7 27	7 33	7 39	7 47	7 55
10	6 1	6 11	6 21	6 32	6 44	6 52	7 0	7 9	7 20	7 25	7 31	7 37	7 44	7 52

Sonnenuntergang 1957

Mittlere Ortszeit

Meridian von Greenwich

Tag	Geographische Breite													
	−10°	0°	+10°	+20°	+30°	+35°	+40°	+45°	+50°	+52°	+54°	+56°	+58°	+60°
1957	h m	h m	h m	h m	h m	h m	h m	h m	h m	h m	h m	h m	h m	h m
Jan. 0	18 24	18 7	17 50	17 31	17 11	16 58	16 45	16 28	16 8	15 58	15 47	15 35	15 21	15 4
1	18 25	18 7	17 50	17 32	17 11	16 59	16 45	16 29	16 9	15 59	15 48	15 36	15 22	15 5
2	18 25	18 8	17 51	17 33	17 12	17 0	16 46	16 30	16 10	16 0	15 49	15 37	15 23	15 6
3	18 25	18 8	17 51	17 33	17 13	17 1	16 47	16 31	16 11	16 1	15 51	15 38	15 24	15 8
4	18 26	18 9	17 52	17 34	17 14	17 2	16 48	16 32	16 12	16 2	15 52	15 40	15 26	15 10
5	18 26	18 9	17 53	17 35	17 14	17 2	16 49	16 33	16 13	16 4	15 53	15 41	15 27	15 11
6	18 26	18 10	17 53	17 35	17 15	17 3	16 50	16 34	16 14	16 5	15 54	15 43	15 29	15 13
7	18 27	18 10	17 53	17 36	17 16	17 4	16 51	16 35	16 15	16 6	15 56	15 44	15 31	15 15
8	18 27	18 10	17 54	17 37	17 17	17 5	16 52	16 36	16 17	16 8	15 57	15 46	15 32	15 17
9	18 27	18 11	17 55	17 37	17 17	17 6	16 53	16 37	16 18	16 9	15 59	15 47	15 34	15 19
10	18 28	18 11	17 55	17 38	17 18	17 7	16 54	16 38	16 19	16 10	16 0	15 49	15 36	15 21
11	18 28	18 12	17 56	17 39	17 19	17 8	16 55	16 39	16 21	16 12	16 2	15 51	15 38	15 23
12	18 28	18 12	17 56	17 39	17 20	17 9	16 56	16 41	16 22	16 13	16 3	15 52	15 39	15 25
13	18 28	18 12	17 57	17 40	17 21	17 9	16 57	16 42	16 23	16 15	16 5	15 54	15 41	15 27
14	18 29	18 13	17 57	17 41	17 22	17 10	16 58	16 43	16 25	16 16	16 7	15 56	15 43	15 29
15	18 29	18 13	17 58	17 41	17 22	17 11	16 59	16 44	16 26	16 18	16 8	15 58	15 45	15 31
16	18 29	18 14	17 58	17 42	17 23	17 12	17 0	16 46	16 28	16 19	16 10	16 0	15 47	15 34
17	18 29	18 14	17 59	17 42	17 24	17 13	17 1	16 47	16 29	16 21	16 12	16 1	15 49	15 36
18	18 29	18 14	17 59	17 43	17 25	17 14	17 2	16 48	16 31	16 23	16 14	16 3	15 52	15 38
19	18 29	18 14	18 0	17 44	17 26	17 15	17 3	16 49	16 32	16 24	16 15	16 5	15 54	15 41
20	18 30	18 15	18 0	17 44	17 27	17 16	17 5	16 51	16 34	16 26	16 17	16 7	15 56	15 43
21	18 30	18 15	18 1	17 45	17 27	17 17	17 6	16 52	16 36	16 28	16 19	16 9	15 58	15 45
22	18 30	18 15	18 1	17 46	17 28	17 18	17 7	16 54	16 37	16 29	16 21	16 11	16 0	15 48
23	18 30	18 16	18 1	17 46	17 29	17 19	17 8	16 55	16 39	16 31	16 23	16 13	16 3	15 50
24	18 30	18 16	18 2	17 47	17 30	17 20	17 9	16 56	16 40	16 33	16 25	16 16	16 5	15 53
25	18 30	18 16	18 2	17 48	17 31	17 21	17 10	16 58	16 42	16 35	16 27	16 18	16 7	15 55
26	18 30	18 16	18 3	17 48	17 32	17 22	17 12	16 59	16 44	16 36	16 29	16 20	16 10	15 58
27	18 30	18 16	18 3	17 49	17 33	17 23	17 13	17 0	16 45	16 38	16 31	16 22	16 12	16 0
28	18 30	18 17	18 3	17 49	17 34	17 24	17 14	17 2	16 47	16 40	16 32	16 24	16 14	16 3
29	18 30	18 17	18 4	17 50	17 34	17 25	17 15	17 3	16 49	16 42	16 34	16 26	16 17	16 6
30	18 30	18 17	18 4	17 51	17 35	17 26	17 16	17 5	16 50	16 44	16 36	16 28	16 19	16 8
31	18 30	18 17	18 5	17 51	17 36	17 27	17 18	17 6	16 52	16 46	16 38	16 30	16 21	16 11
Febr. 1	18 30	18 17	18 5	17 52	17 37	17 28	17 19	17 8	16 54	16 47	16 40	16 33	16 24	16 13
2	18 30	18 17	18 5	17 52	17 38	17 29	17 20	17 9	16 56	16 49	16 42	16 35	16 26	16 16
3	18 29	18 17	18 6	17 53	17 39	17 30	17 21	17 10	16 57	16 51	16 44	16 37	16 28	16 19
4	18 29	18 18	18 6	17 54	17 40	17 31	17 22	17 12	16 59	16 53	16 46	16 39	16 31	16 21
5	18 29	18 18	18 6	17 54	17 41	17 33	17 24	17 13	17 1	16 55	16 48	16 41	16 33	16 24
6	18 29	18 18	18 7	17 55	17 41	17 34	17 25	17 15	17 2	16 57	16 50	16 43	16 36	16 27
7	18 29	18 18	18 7	17 55	17 42	17 35	17 26	17 16	17 4	16 59	16 52	16 46	16 38	16 29
8	18 28	18 18	18 7	17 56	17 43	17 36	17 27	17 18	17 6	17 0	16 55	16 48	16 40	16 32
9	18 28	18 18	18 7	17 56	17 44	17 37	17 28	17 19	17 8	17 2	16 57	16 50	16 43	16 35
10	18 28	18 18	18 8	17 57	17 45	17 38	17 30	17 20	17 9	17 4	16 59	16 52	16 45	16 37

Sonnenaufgang 1957

Mittlere Ortszeit — Meridian von Greenwich

Tag	Geographische Breite −10°	0°	+10°	+20°	+30°	+35°	+40°	+45°	+50°	+52°	+54°	+56°	+58°	+60°
1957	h m	h m	h m	h m	h m	h m	h m	h m	h m	h m	h m	h m	h m	h m
Febr. 10	6 1	6 11	6 21	6 32	6 44	6 52	7 0	7 9	7 20	7 25	7 31	7 37	7 44	7 52
11	6 1	6 11	6 21	6 32	6 44	6 51	6 58	7 7	7 18	7 23	7 29	7 35	7 42	7 50
12	6 1	6 11	6 21	6 31	6 43	6 50	6 57	7 6	7 17	7 22	7 27	7 33	7 40	7 47
13	6 1	6 11	6 21	6 31	6 42	6 49	6 56	7 5	7 15	7 20	7 25	7 31	7 37	7 44
14	6 1	6 11	6 20	6 30	6 41	6 48	6 55	7 3	7 13	7 18	7 23	7 28	7 35	7 42
15	6 2	6 11	6 20	6 30	6 40	6 47	6 54	7 2	7 11	7 16	7 21	7 26	7 32	7 39
16	6 2	6 11	6 20	6 29	6 39	6 45	6 52	7 0	7 10	7 14	7 19	7 24	7 30	7 36
17	6 2	6 11	6 19	6 28	6 38	6 44	6 51	6 59	7 8	7 12	7 16	7 22	7 27	7 34
18	6 2	6 11	6 19	6 28	6 38	6 43	6 50	6 57	7 6	7 10	7 14	7 19	7 25	7 31
19	6 2	6 11	6 19	6 27	6 37	6 42	6 48	6 55	7 4	7 8	7 12	7 17	7 22	7 28
20	6 3	6 10	6 18	6 27	6 36	6 41	6 47	6 54	7 2	7 6	7 10	7 14	7 20	7 25
21	6 3	6 10	6 18	6 26	6 35	6 40	6 46	6 52	7 0	7 4	7 8	7 12	7 17	7 22
22	6 3	6 10	6 18	6 25	6 34	6 39	6 44	6 51	6 58	7 2	7 6	7 10	7 14	7 20
23	6 3	6 10	6 17	6 25	6 33	6 38	6 43	6 49	6 56	7 0	7 3	7 7	7 12	7 17
24	6 3	6 10	6 17	6 24	6 32	6 36	6 41	6 47	6 54	6 58	7 1	7 5	7 9	7 14
25	6 3	6 10	6 16	6 23	6 31	6 35	6 40	6 46	6 52	6 55	6 59	7 2	7 7	7 11
26	6 3	6 10	6 16	6 23	6 30	6 34	6 39	6 44	6 50	6 53	6 56	7 0	7 4	7 8
27	6 4	6 10	6 16	6 22	6 29	6 33	6 37	6 42	6 48	6 51	6 54	6 58	7 1	7 5
28	6 4	6 9	6 15	6 21	6 28	6 32	6 36	6 41	6 46	6 49	6 52	6 55	6 59	7 3
März 1	6 4	6 9	6 15	6 20	6 27	6 30	6 34	6 39	6 44	6 47	6 50	6 53	6 56	7 0
2	6 4	6 9	6 14	6 20	6 26	6 29	6 33	6 37	6 42	6 45	6 47	6 50	6 53	6 57
3	6 4	6 9	6 14	6 19	6 24	6 28	6 31	6 35	6 40	6 42	6 45	6 47	6 51	6 54
4	6 4	6 9	6 13	6 18	6 23	6 26	6 30	6 34	6 38	6 40	6 42	6 45	6 48	6 51
5	6 4	6 8	6 13	6 17	6 22	6 25	6 28	6 32	6 36	6 38	6 40	6 42	6 45	6 48
6	6 4	6 8	6 12	6 16	6 21	6 24	6 27	6 30	6 34	6 36	6 38	6 40	6 42	6 45
7	6 4	6 8	6 12	6 16	6 20	6 22	6 25	6 28	6 32	6 33	6 35	6 37	6 40	6 42
8	6 4	6 8	6 11	6 15	6 19	6 21	6 23	6 26	6 30	6 31	6 33	6 35	6 37	6 39
9	6 4	6 7	6 11	6 14	6 18	6 20	6 22	6 24	6 27	6 29	6 30	6 32	6 34	6 36
10	6 4	6 7	6 10	6 13	6 16	6 18	6 20	6 23	6 25	6 27	6 28	6 29	6 31	6 33
11	6 4	6 7	6 9	6 12	6 15	6 17	6 19	6 21	6 23	6 24	6 26	6 27	6 28	6 30
12	6 4	6 7	6 9	6 11	6 14	6 15	6 17	6 19	6 21	6 22	6 23	6 24	6 26	6 27
13	6 4	6 6	6 8	6 11	6 13	6 14	6 15	6 17	6 19	6 20	6 21	6 22	6 23	6 24
14	6 4	6 6	6 8	6 10	6 12	6 13	6 14	6 15	6 17	6 17	6 18	6 19	6 20	6 21
15	6 4	6 6	6 7	6 9	6 10	6 11	6 12	6 13	6 15	6 15	6 16	6 16	6 17	6 18
16	6 4	6 6	6 7	6 8	6 9	6 10	6 11	6 12	6 12	6 13	6 13	6 14	6 14	6 15
17	6 4	6 5	6 6	6 7	6 8	6 9	6 9	6 10	6 10	6 11	6 11	6 11	6 12	6 12
18	6 4	6 5	6 6	6 6	6 7	6 7	6 8	6 8	6 8	6 8	6 8	6 9	6 9	6 9
19	6 4	6 5	6 5	6 5	6 6	6 6	6 6	6 6	6 6	6 6	6 6	6 6	6 6	6 6
20	6 4	6 4	6 5	6 5	6 4	6 4	6 4	6 4	6 4	6 4	6 3	6 3	6 3	6 3
21	6 4	6 4	6 4	6 4	6 3	6 3	6 3	6 2	6 2	6 1	6 1	6 1	6 0	6 0
22	6 4	6 4	6 3	6 3	6 2	6 2	6 1	6 0	5 59	5 59	5 59	5 58	5 57	5 57
23	6 4	6 4	6 3	6 2	6 1	6 0	5 59	5 58	5 57	5 57	5 56	5 55	5 55	5 54

Tag	Geographische Breite													
	—10°	0°	+10°	+20°	+30°	+35°	+40°	+45°	+50°	+52°	+54°	+56°	+58°	+60°
1957	h m	h m	h m	h m	h m	h m	h m	h m	h m	h m	h m	h m	h m	h m
Febr. 10	18 28	18 18	18 8	17 57	17 45	17 38	17 30	17 20	17 9	17 4	16 59	16 52	16 45	16 37
11	18 28	18 18	18 8	17 57	17 45	17 39	17 31	17 22	17 11	17 6	17 1	16 54	16 48	16 40
12	18 27	18 18	18 8	17 58	17 46	17 40	17 32	17 23	17 13	17 8	17 3	16 57	16 50	16 43
13	18 27	18 18	18 8	17 58	17 47	17 40	17 33	17 25	17 14	17 10	17 5	16 59	16 52	16 45
14	18 27	18 18	18 8	17 59	17 48	17 41	17 34	17 26	17 16	17 12	17 7	17 1	16 55	16 48
15	18 27	18 18	18 9	17 59	17 49	17 42	17 36	17 27	17 18	17 13	17 9	17 3	16 57	16 50
16	18 26	18 18	18 9	18 0	17 49	17 43	17 37	17 29	17 20	17 15	17 11	17 5	17 0	16 53
17	18 26	18 18	18 9	18 0	17 50	17 44	17 38	17 30	17 21	17 17	17 13	17 8	17 2	16 56
18	18 26	18 17	18 9	18 1	17 51	17 45	17 39	17 32	17 23	17 19	17 15	17 10	17 4	16 58
19	18 25	18 17	18 9	18 1	17 52	17 46	17 40	17 33	17 25	17 21	17 17	17 12	17 7	17 1
20	18 25	18 17	18 10	18 1	17 52	17 47	17 41	17 34	17 26	17 23	17 19	17 14	17 9	17 4
21	18 25	18 17	18 10	18 2	17 53	17 48	17 43	17 36	17 28	17 25	17 21	17 16	17 11	17 6
22	18 24	18 17	18 10	18 2	17 54	17 49	17 44	17 37	17 30	17 26	17 23	17 19	17 14	17 9
23	18 24	18 17	18 10	18 3	17 55	17 50	17 45	17 39	17 32	17 28	17 25	17 21	17 16	17 11
24	18 23	18 17	18 10	18 3	17 55	17 51	17 46	17 40	17 33	17 30	17 27	17 23	17 19	17 14
25	18 23	18 17	18 10	18 4	17 56	17 52	17 47	17 41	17 35	17 32	17 29	17 25	17 21	17 16
26	18 23	18 16	18 10	18 4	17 57	17 53	17 48	17 43	17 37	17 34	17 31	17 27	17 23	17 19
27	18 22	18 16	18 10	18 4	17 58	17 54	17 49	17 44	17 38	17 36	17 33	17 29	17 26	17 22
28	18 22	18 16	18 10	18 5	17 58	17 54	17 50	17 46	17 40	17 37	17 34	17 32	17 28	17 24
März 1	18 21	18 16	18 11	18 5	17 59	17 55	17 52	17 47	17 42	17 39	17 36	17 34	17 30	17 27
2	18 21	18 16	18 11	18 5	18 0	17 56	17 53	17 48	17 43	17 41	17 38	17 36	17 33	17 29
3	18 20	18 15	18 11	18 6	18 0	17 57	17 54	17 50	17 45	17 43	17 40	17 38	17 35	17 32
4	18 20	18 15	18 11	18 6	18 1	17 58	17 55	17 51	17 47	17 45	17 42	17 40	17 37	17 34
5	18 19	18 15	18 11	18 6	18 2	17 59	17 56	17 52	17 48	17 46	17 44	17 42	17 39	17 37
6	18 19	18 15	18 11	18 7	18 2	18 0	17 57	17 54	17 50	17 48	17 46	17 44	17 42	17 39
7	18 18	18 14	18 11	18 7	18 3	18 1	17 58	17 55	17 52	17 50	17 48	17 46	17 44	17 42
8	18 18	18 14	18 11	18 7	18 4	18 1	17 59	17 56	17 53	17 52	17 50	17 48	17 46	17 44
9	18 17	18 14	18 11	18 8	18 4	18 2	18 0	17 58	17 55	17 53	17 52	17 50	17 49	17 47
10	18 17	18 14	18 11	18 8	18 5	18 3	18 1	17 59	17 56	17 55	17 54	17 52	17 51	17 49
11	18 16	18 13	18 11	18 8	18 6	18 4	18 2	18 0	17 58	17 57	17 56	17 55	17 53	17 52
12	18 15	18 13	18 11	18 9	18 6	18 5	18 3	18 2	18 0	17 59	17 58	17 57	17 55	17 54
13	18 15	18 13	18 11	18 9	18 7	18 6	18 4	18 3	18 1	18 0	18 0	17 59	17 58	17 57
14	18 14	18 13	18 11	18 9	18 8	18 7	18 6	18 4	18 3	18 2	18 2	18 1	18 0	17 59
15	18 14	18 12	18 11	18 10	18 8	18 7	18 7	18 5	18 4	18 4	18 4	18 3	18 2	18 1
16	18 13	18 12	18 11	18 10	18 9	18 8	18 8	18 7	18 6	18 6	18 5	18 5	18 4	18 4
17	18 13	18 12	18 11	18 10	18 9	18 9	18 9	18 8	18 8	18 7	18 7	18 7	18 7	18 6
18	18 12	18 11	18 11	18 11	18 10	18 10	18 10	18 9	18 9	18 9	18 9	18 9	18 9	18 9
19	18 12	18 11	18 11	18 11	18 11	18 11	18 11	18 11	18 11	18 11	18 11	18 11	18 11	18 11
20	18 11	18 11	18 11	18 11	18 11	18 12	18 12	18 12	18 12	18 13	18 13	18 13	18 14	18 14
21	18 10	18 11	18 11	18 11	18 12	18 12	18 13	18 13	18 14	18 14	18 15	18 15	18 16	18 16
22	18 10	18 10	18 11	18 12	18 13	18 13	18 14	18 15	18 16	18 16	18 17	18 18	18 18	18 19
23	18 9	18 10	18 11	18 12	18 13	18 14	18 15	18 16	18 17	18 18	18 19	18 19	18 20	18 21

Sonnenaufgang 1957

Mittlere Ortszeit — Meridian von Greenwich

Tag	Geographische Breite													
	−10°	0°	+10°	+20°	+30°	+35°	+40°	+45°	+50°	+52°	+54°	+56°	+58°	+60°
1957	h m	h m	h m	h m	h m	h m	h m	h m	h m	h m	h m	h m	h m	h m
März 23	6 4	6 4	6 3	6 2	6 1	6 0	5 59	5 58	5 57	5 57	5 56	5 55	5 55	5 54
24	6 4	6 3	6 2	6 1	6 0	5 59	5 58	5 57	5 55	5 54	5 54	5 53	5 52	5 51
25	6 4	6 3	6 2	6 0	5 58	5 57	5 56	5 55	5 53	5 52	5 51	5 50	5 49	5 48
26	6 4	6 3	6 1	5 59	5 57	5 56	5 55	5 53	5 51	5 50	5 49	5 48	5 46	5 45
27	6 4	6 2	6 0	5 58	5 56	5 55	5 53	5 51	5 49	5 47	5 46	5 45	5 43	5 42
28	6 4	6 2	6 0	5 58	5 55	5 53	5 51	5 49	5 46	5 45	5 44	5 42	5 41	5 39
29	6 4	6 2	5 59	5 57	5 54	5 52	5 50	5 47	5 44	5 43	5 41	5 40	5 38	5 36
30	6 4	6 1	5 59	5 56	5 52	5 50	5 48	5 45	5 42	5 40	5 39	5 37	5 35	5 33
31	6 4	6 1	5 58	5 55	5 51	5 49	5 46	5 43	5 40	5 38	5 36	5 34	5 32	5 29
April 1	6 4	6 1	5 58	5 54	5 50	5 48	5 45	5 42	5 38	5 36	5 34	5 32	5 29	5 26
2	6 4	6 1	5 57	5 53	5 49	5 46	5 43	5 40	5 36	5 34	5 32	5 29	5 27	5 23
3	6 4	6 0	5 56	5 52	5 48	5 45	5 42	5 38	5 33	5 31	5 29	5 26	5 24	5 20
4	6 4	6 0	5 56	5 51	5 46	5 44	5 40	5 36	5 31	5 29	5 27	5 24	5 21	5 17
5	6 4	6 0	5 55	5 51	5 45	5 42	5 38	5 34	5 29	5 27	5 24	5 21	5 18	5 14
6	6 4	5 59	5 55	5 50	5 44	5 41	5 37	5 32	5 27	5 24	5 22	5 19	5 15	5 11
7	6 4	5 59	5 54	5 49	5 43	5 39	5 35	5 31	5 25	5 22	5 19	5 16	5 12	5 8
8	6 4	5 59	5 54	5 48	5 42	5 38	5 34	5 29	5 23	5 20	5 17	5 13	5 10	5 5
9	6 4	5 58	5 53	5 47	5 41	5 37	5 32	5 27	5 21	5 18	5 14	5 11	5 7	5 2
10	6 4	5 58	5 52	5 46	5 39	5 35	5 31	5 25	5 18	5 15	5 12	5 8	5 4	4 59
11	6 4	5 58	5 52	5 46	5 38	5 34	5 29	5 23	5 16	5 13	5 10	5 6	5 1	4 56
12	6 4	5 58	5 51	5 45	5 37	5 33	5 27	5 21	5 14	5 11	5 7	5 3	4 59	4 53
13	6 4	5 57	5 51	5 44	5 36	5 31	5 26	5 20	5 12	5 9	5 5	5 0	4 56	4 50
14	6 4	5 57	5 50	5 43	5 35	5 30	5 24	5 18	5 10	5 6	5 2	4 58	4 53	4 48
15	6 4	5 57	5 50	5 42	5 34	5 29	5 23	5 16	5 8	5 4	5 0	4 55	4 50	4 45
16	6 4	5 57	5 49	5 42	5 33	5 27	5 21	5 14	5 6	5 2	4 58	4 53	4 48	4 42
17	6 4	5 56	5 49	5 41	5 32	5 26	5 20	5 13	5 4	5 0	4 55	4 50	4 45	4 39
18	6 4	5 56	5 48	5 40	5 30	5 25	5 18	5 11	5 2	4 58	4 53	4 48	4 42	4 36
19	6 4	5 56	5 48	5 39	5 29	5 24	5 17	5 9	5 0	4 55	4 51	4 45	4 40	4 33
20	6 4	5 56	5 47	5 39	5 28	5 22	5 16	5 8	4 58	4 53	4 48	4 43	4 37	4 30
21	6 4	5 55	5 47	5 38	5 27	5 21	5 14	5 6	4 56	4 51	4 46	4 40	4 34	4 27
22	6 4	5 55	5 46	5 37	5 26	5 20	5 13	5 4	4 54	4 49	4 44	4 38	4 32	4 24
23	6 4	5 55	5 46	5 36	5 25	5 19	5 11	5 3	4 52	4 47	4 42	4 36	4 29	4 21
24	6 4	5 55	5 46	5 36	5 24	5 18	5 10	5 1	4 50	4 45	4 39	4 33	4 26	4 18
25	6 4	5 55	5 45	5 35	5 23	5 16	5 9	4 59	4 48	4 43	4 37	4 31	4 24	4 16
26	6 4	5 55	5 45	5 34	5 22	5 15	5 7	4 58	4 46	4 41	4 35	4 28	4 21	4 13
27	6 4	5 54	5 44	5 34	5 21	5 14	5 6	4 56	4 44	4 39	4 33	4 26	4 19	4 10
28	6 4	5 54	5 44	5 33	5 20	5 13	5 5	4 55	4 42	4 37	4 31	4 24	4 16	4 7
29	6 4	5 54	5 44	5 32	5 19	5 12	5 3	4 53	4 41	4 35	4 29	4 21	4 14	4 4
30	6 4	5 54	5 43	5 32	5 18	5 11	5 2	4 51	4 39	4 33	4 27	4 19	4 11	4 2
Mai 1	6 5	5 54	5 43	5 31	5 18	5 10	5 1	4 50	4 37	4 31	4 24	4 17	4 9	3 59
2	6 5	5 54	5 43	5 31	5 17	5 9	4 59	4 48	4 35	4 29	4 22	4 15	4 6	3 56
3	6 5	5 53	5 42	5 30	5 16	5 8	4 58	4 47	4 33	4 27	4 20	4 12	4 4	3 53

Mittlere Ortszeit — Meridian von Greenwich

Tag	Geographische Breite −10°	0°	+10°	+20°	+30°	+35°	+40°	+45°	+50°	+52°	+54°	+56°	+58°	+60°
1957	h m	h m	h m	h m	h m	h m	h m	h m	h m	h m	h m	h m	h m	h m
März 23	18 9	18 10	18 11	18 12	18 13	18 14	18 15	18 16	18 17	18 18	18 19	18 19	18 20	18 21
24	18 9	18 10	18 11	18 12	18 14	18 15	18 16	18 17	18 19	18 20	18 20	18 21	18 22	18 24
25	18 8	18 9	18 11	18 12	18 14	18 16	18 17	18 18	18 20	18 21	18 22	18 23	18 25	18 26
26	18 8	18 9	18 11	18 13	18 15	18 16	18 18	18 20	18 22	18 23	18 24	18 25	18 27	18 28
27	18 7	18 9	18 11	18 13	18 16	18 17	18 19	18 21	18 24	18 25	18 26	18 27	18 29	18 31
28	18 6	18 8	18 11	18 13	18 16	18 18	18 20	18 22	18 25	18 26	18 28	18 30	18 31	18 33
29	18 6	18 8	18 11	18 14	18 17	18 19	18 21	18 23	18 27	18 28	18 30	18 32	18 34	18 36
30	18 5	18 8	18 11	18 14	18 17	18 19	18 22	18 25	18 28	18 30	18 32	18 34	18 36	18 38
31	18 5	18 8	18 11	18 14	18 18	18 20	18 23	18 26	18 30	18 32	18 33	18 36	18 38	18 41
April 1	18 4	18 7	18 11	18 14	18 19	18 21	18 24	18 27	18 31	18 33	18 35	18 38	18 40	18 43
2	18 4	18 7	18 11	18 15	18 19	18 22	18 25	18 29	18 33	18 35	18 37	18 40	18 42	18 46
3	18 3	18 7	18 11	18 15	18 20	18 23	18 26	18 30	18 34	18 37	18 39	18 42	18 45	18 48
4	18 2	18 6	18 11	18 15	18 20	18 23	18 27	18 31	18 36	18 38	18 41	18 44	18 47	18 50
5	18 2	18 6	18 11	18 15	18 21	18 24	18 28	18 32	18 38	18 40	18 43	18 46	18 49	18 53
6	18 1	18 6	18 11	18 16	18 22	18 25	18 29	18 34	18 39	18 42	18 45	18 48	18 51	18 55
7	18 1	18 6	18 11	18 16	18 22	18 26	18 30	18 35	18 41	18 44	18 46	18 50	18 53	18 58
8	18 0	18 5	18 11	18 16	18 23	18 27	18 31	18 36	18 42	18 45	18 48	18 52	18 56	19 0
9	18 0	18 5	18 11	18 16	18 23	18 27	18 32	18 37	18 44	18 47	18 50	18 54	18 58	19 3
10	17 59	18 5	18 11	18 17	18 24	18 28	18 33	18 39	18 45	18 49	18 52	18 56	19 0	19 5
11	17 59	18 4	18 11	18 17	18 25	18 29	18 34	18 40	18 47	18 50	18 54	18 58	19 2	19 7
12	17 58	18 4	18 11	18 17	18 25	18 30	18 35	18 41	18 49	18 52	18 56	19 0	19 5	19 10
13	17 57	18 4	18 11	18 18	18 26	18 31	18 36	18 42	18 50	18 54	18 58	19 2	19 7	19 12
14	17 57	18 4	18 11	18 18	18 26	18 31	18 37	18 44	18 52	18 55	19 0	19 4	19 9	19 15
15	17 56	18 3	18 11	18 18	18 27	18 32	18 38	18 45	18 53	18 57	19 1	19 6	19 11	19 17
16	17 56	18 3	18 11	18 18	18 28	18 33	18 39	18 46	18 55	18 59	19 3	19 8	19 14	19 20
17	17 55	18 3	18 11	18 19	18 28	18 34	18 40	18 47	18 56	19 1	19 5	19 10	19 16	19 22
18	17 55	18 3	18 11	18 19	18 29	18 34	18 41	18 49	18 58	19 2	19 7	19 12	19 18	19 25
19	17 55	18 2	18 11	18 19	18 29	18 35	18 42	18 50	19 0	19 4	19 9	19 14	19 20	19 27
20	17 54	18 2	18 11	18 20	18 30	18 36	18 43	18 51	19 1	19 6	19 11	19 16	19 23	19 30
21	17 54	18 2	18 11	18 20	18 31	18 37	18 44	18 53	19 3	19 7	19 13	19 18	19 25	19 32
22	17 53	18 2	18 11	18 20	18 31	18 38	18 45	18 54	19 4	19 9	19 14	19 20	19 27	19 35
23	17 53	18 2	18 11	18 21	18 32	18 39	18 46	18 55	19 6	19 11	19 16	19 22	19 29	19 37
24	17 52	18 1	18 11	18 21	18 33	18 39	18 47	18 56	19 7	19 12	19 18	19 24	19 32	19 40
25	17 52	18 1	18 11	18 21	18 33	18 40	18 48	18 58	19 9	19 14	19 20	19 26	19 34	19 42
26	17 51	18 1	18 11	18 22	18 34	18 41	18 49	18 59	19 10	19 16	19 22	19 28	19 36	19 45
27	17 51	18 1	18 11	18 22	18 35	18 42	18 50	19 0	19 12	19 17	19 24	19 31	19 38	19 47
28	17 51	18 1	18 11	18 22	18 35	18 43	18 51	19 1	19 14	19 19	19 26	19 33	19 40	19 50
29	17 50	18 1	18 11	18 23	18 36	18 43	18 52	19 3	19 15	19 21	19 27	19 35	19 43	19 52
30	17 50	18 1	18 11	18 23	18 36	18 44	18 53	19 4	19 17	19 23	19 29	19 37	19 45	19 55
Mai 1	17 50	18 1	18 11	18 23	18 37	18 45	18 54	19 5	19 18	19 24	19 31	19 39	19 47	19 57
2	17 49	18 0	18 12	18 24	18 38	18 46	18 55	19 6	19 20	19 26	19 33	19 41	19 49	20 0
3	17 49	18 0	18 12	18 24	18 38	18 47	18 56	19 8	19 21	19 28	19 35	19 43	19 52	20 2

Sonnenaufgang 1957

Mittlere Ortszeit — Meridian von Greenwich

Tag	Geographische Breite													
	−10°	0°	+10°	+20°	+30°	+35°	+40°	+45°	+50°	+52°	+54°	+56°	+58°	+60°
1957	h m	h m	h m	h m	h m	h m	h m	h m	h m	h m	h m	h m	h m	h m
Mai 3	6 5	5 53	5 42	5 30	5 16	5 8	4 58	4 47	4 33	4 27	4 20	4 12	4 4	3 53
4	6 5	5 53	5 42	5 29	5 15	5 7	4 57	4 46	4 32	4 25	4 18	4 10	4 1	3 51
5	6 5	5 53	5 42	5 29	5 14	5 6	4 56	4 44	4 30	4 24	4 16	4 8	3 59	3 48
6	6 5	5 53	5 41	5 28	5 13	5 5	4 55	4 43	4 28	4 22	4 14	4 6	3 56	3 46
7	6 5	5 53	5 41	5 28	5 12	5 4	4 53	4 41	4 27	4 20	4 12	4 4	3 54	3 43
8	6 5	5 53	5 41	5 27	5 12	5 3	4 52	4 40	4 25	4 18	4 10	4 2	3 52	3 40
9	6 6	5 53	5 40	5 27	5 11	5 2	4 51	4 39	4 24	4 16	4 9	4 0	3 50	3 38
10	6 6	5 53	5 40	5 26	5 10	5 1	4 50	4 37	4 22	4 15	4 7	3 58	3 47	3 35
11	6 6	5 53	5 40	5 26	5 9	5 0	4 49	4 36	4 20	4 13	4 5	3 56	3 45	3 33
12	6 6	5 53	5 40	5 25	5 9	4 59	4 48	4 35	4 19	4 11	4 3	3 54	3 43	3 30
13	6 6	5 53	5 39	5 25	5 8	4 58	4 47	4 34	4 17	4 10	4 1	3 52	3 41	3 28
14	6 6	5 53	5 39	5 24	5 7	4 58	4 46	4 33	4 16	4 8	4 0	3 50	3 39	3 26
15	6 6	5 53	5 39	5 24	5 7	4 57	4 45	4 31	4 15	4 7	3 58	3 48	3 36	3 23
16	6 7	5 53	5 39	5 24	5 6	4 56	4 44	4 30	4 13	4 5	3 56	3 46	3 34	3 21
17	6 7	5 53	5 39	5 23	5 6	4 55	4 43	4 29	4 12	4 4	3 55	3 44	3 32	3 19
18	6 7	5 53	5 38	5 23	5 5	4 55	4 42	4 28	4 10	4 2	3 53	3 42	3 30	3 16
19	6 7	5 53	5 38	5 23	5 4	4 54	4 42	4 27	4 9	4 1	3 51	3 41	3 28	3 14
20	6 7	5 53	5 38	5 22	5 4	4 53	4 41	4 26	4 8	3 59	3 50	3 39	3 27	3 12
21	6 8	5 53	5 38	5 22	5 3	4 53	4 40	4 25	4 7	3 58	3 48	3 37	3 25	3 10
22	6 8	5 53	5 38	5 22	5 3	4 52	4 39	4 24	4 6	3 57	3 47	3 36	3 23	3 8
23	6 8	5 53	5 38	5 21	5 3	4 51	4 38	4 23	4 4	3 56	3 46	3 34	3 21	3 6
24	6 8	5 53	5 38	5 21	5 2	4 51	4 38	4 22	4 3	3 54	3 44	3 33	3 19	3 4
25	6 9	5 53	5 38	5 21	5 2	4 50	4 37	4 22	4 2	3 53	3 43	3 31	3 18	3 2
26	6 9	5 53	5 38	5 21	5 1	4 50	4 36	4 21	4 1	3 52	3 42	3 30	3 16	3 0
27	6 9	5 54	5 38	5 21	5 1	4 49	4 36	4 20	4 0	3 51	3 40	3 28	3 14	2 58
28	6 9	5 54	5 38	5 20	5 1	4 49	4 35	4 19	3 59	3 50	3 39	3 27	3 13	2 56
29	6 10	5 54	5 38	5 20	5 0	4 48	4 35	4 19	3 59	3 49	3 38	3 26	3 11	2 55
30	6 10	5 54	5 38	5 20	5 0	4 48	4 34	4 18	3 58	3 48	3 37	3 25	3 10	2 53
31	6 10	5 54	5 38	5 20	5 0	4 48	4 34	4 17	3 57	3 47	3 36	3 23	3 9	2 51
Juni 1	6 10	5 54	5 38	5 20	4 59	4 47	4 33	4 17	3 56	3 46	3 35	3 22	3 7	2 50
2	6 11	5 54	5 38	5 20	4 59	4 47	4 33	4 16	3 55	3 45	3 34	3 21	3 6	2 48
3	6 11	5 54	5 38	5 20	4 59	4 47	4 33	4 16	3 55	3 45	3 33	3 20	3 5	2 47
4	6 11	5 55	5 38	5 20	4 59	4 46	4 32	4 15	3 54	3 44	3 32	3 19	3 4	2 46
5	6 11	5 55	5 38	5 20	4 59	4 46	4 32	4 15	3 53	3 43	3 32	3 18	3 3	2 44
6	6 12	5 55	5 38	5 20	4 58	4 46	4 32	4 14	3 53	3 43	3 31	3 18	3 2	2 43
7	6 12	5 55	5 38	5 20	4 58	4 46	4 31	4 14	3 52	3 42	3 30	3 17	3 1	2 42
8	6 12	5 55	5 38	5 20	4 58	4 46	4 31	4 14	3 52	3 41	3 30	3 16	3 0	2 41
9	6 12	5 55	5 38	5 20	4 58	4 45	4 31	4 13	3 51	3 41	3 29	3 15	2 59	2 40
10	6 13	5 56	5 38	5 20	4 58	4 45	4 31	4 13	3 51	3 41	3 29	3 15	2 59	2 39
11	6 13	5 56	5 38	5 20	4 58	4 45	4 31	4 13	3 51	3 40	3 28	3 14	2 58	2 38
12	6 13	5 56	5 39	5 20	4 58	4 45	4 31	4 13	3 50	3 40	3 28	3 14	2 58	2 38
13	6 13	5 56	5 39	5 20	4 58	4 45	4 30	4 13	3 50	3 40	3 28	3 14	2 57	2 37

Mittlere Ortszeit — Meridian von Greenwich

Sonnenuntergang 1957

Tag	Geographische Breite													
	−10°	0°	+10°	+20°	+30°	+35°	+40°	+45°	+50°	+52°	+54°	+56°	+58°	+60°
1957	h m	h m	h m	h m	h m	h m	h m	h m	h m	h m	h m	h m	h m	h m
Mai 3	17 49	18 0	18 12	18 24	18 38	18 47	18 56	19 8	19 21	19 28	19 35	19 43	19 52	20 2
4	17 49	18 0	18 12	18 24	18 39	18 47	18 57	19 9	19 23	19 29	19 37	19 45	19 54	20 4
5	17 48	18 0	18 12	18 25	18 40	18 48	18 58	19 10	19 24	19 31	19 38	19 47	19 56	20 7
6	17 48	18 0	18 12	18 25	18 40	18 49	18 59	19 11	19 26	19 33	19 40	19 49	19 58	20 9
7	17 48	18 0	18 12	18 26	18 41	18 50	19 0	19 12	19 27	19 34	19 42	19 51	20 0	20 12
8	17 47	18 0	18 12	18 26	18 42	18 51	19 1	19 14	19 29	19 36	19 44	19 53	20 3	20 14
9	17 47	18 0	18 13	18 26	18 42	18 51	19 2	19 15	19 30	19 37	19 45	19 55	20 5	20 17
10	17 47	18 0	18 13	18 27	18 43	18 52	19 3	19 16	19 32	19 39	19 47	19 56	20 7	20 19
11	17 47	18 0	18 13	18 27	18 44	18 53	19 4	19 17	19 33	19 41	19 49	19 58	20 9	20 22
12	17 47	18 0	18 13	18 28	18 44	18 54	19 5	19 18	19 35	19 42	19 51	20 0	20 11	20 24
13	17 46	18 0	18 13	18 28	18 45	18 55	19 6	19 20	19 36	19 44	19 52	20 2	20 13	20 26
14	17 46	18 0	18 14	18 28	18 46	18 55	19 7	19 21	19 38	19 45	19 54	20 4	20 16	20 29
15	17 46	18 0	18 14	18 29	18 46	18 56	19 8	19 22	19 39	19 47	19 56	20 6	20 18	20 31
16	17 46	18 0	18 14	18 29	18 47	18 57	19 9	19 23	19 40	19 48	19 58	20 8	20 20	20 33
17	17 46	18 0	18 14	18 30	18 47	18 58	19 10	19 24	19 42	19 50	19 59	20 10	20 22	20 36
18	17 46	18 0	18 14	18 30	18 48	18 59	19 11	19 25	19 43	19 51	20 1	20 11	20 24	20 38
19	17 45	18 0	18 15	18 30	18 49	18 59	19 12	19 26	19 44	19 53	20 2	20 13	20 26	20 40
20	17 45	18 0	18 15	18 31	18 49	19 0	19 13	19 27	19 46	19 54	20 4	20 15	20 28	20 43
21	17 45	18 0	18 15	18 31	18 50	19 1	19 14	19 29	19 47	19 56	20 6	20 17	20 30	20 45
22	17 45	18 0	18 15	18 32	18 50	19 2	19 14	19 30	19 48	19 57	20 7	20 19	20 32	20 47
23	17 45	18 0	18 16	18 32	18 51	19 2	19 15	19 31	19 50	19 59	20 9	20 20	20 34	20 49
24	17 45	18 0	18 16	18 33	18 52	19 3	19 16	19 32	19 51	20 0	20 10	20 22	20 35	20 51
25	17 45	18 0	18 16	18 33	18 52	19 4	19 17	19 33	19 52	20 1	20 12	20 24	20 37	20 53
26	17 45	18 1	18 16	18 33	18 53	19 4	19 18	19 34	19 53	20 3	20 13	20 25	20 39	20 56
27	17 45	18 1	18 17	18 34	18 53	19 5	19 19	19 35	19 55	20 4	20 15	20 27	20 41	20 58
28	17 45	18 1	18 17	18 34	18 54	19 6	19 19	19 36	19 56	20 5	20 16	20 28	20 43	21 0
29	17 45	18 1	18 17	18 34	18 55	19 6	19 20	19 37	19 57	20 6	20 17	20 30	20 44	21 1
30	17 45	18 1	18 17	18 35	18 55	19 7	19 21	19 37	19 58	20 8	20 19	20 31	20 46	21 3
31	17 45	18 1	18 18	18 35	18 56	19 8	19 22	19 38	19 59	20 9	20 20	20 33	20 48	21 5
Juni 1	17 45	18 1	18 18	18 36	18 56	19 8	19 22	19 39	20 0	20 10	20 21	20 34	20 49	21 7
2	17 45	18 1	18 18	18 36	18 57	19 9	19 23	19 40	20 1	20 11	20 22	20 35	20 51	21 9
3	17 45	18 2	18 18	18 36	18 57	19 10	19 24	19 41	20 2	20 12	20 24	20 37	20 52	21 10
4	17 45	18 2	18 19	18 37	18 58	19 10	19 24	19 42	20 3	20 13	20 25	20 38	20 53	21 12
5	17 45	18 2	18 19	18 37	18 58	19 11	19 25	19 42	20 4	20 14	20 26	20 39	20 55	21 13
6	17 45	18 2	18 19	18 37	18 59	19 11	19 26	19 43	20 5	20 15	20 27	20 40	20 56	21 15
7	17 45	18 2	18 19	18 38	18 59	19 12	19 26	19 44	20 5	20 16	20 28	20 41	20 57	21 16
8	17 45	18 2	18 20	18 38	19 0	19 12	19 27	19 44	20 6	20 17	20 29	20 42	20 58	21 18
9	17 46	18 3	18 20	18 38	19 0	19 13	19 27	19 45	20 7	20 18	20 30	20 43	20 59	21 19
10	17 46	18 3	18 20	18 39	19 0	19 13	19 28	19 46	20 8	20 18	20 30	20 44	21 0	21 20
11	17 46	18 3	18 20	18 39	19 1	19 14	19 28	19 46	20 8	20 19	20 31	20 45	21 1	21 21
12	17 46	18 3	18 21	18 39	19 1	19 14	19 29	19 47	20 9	20 20	20 32	20 46	21 2	21 22
13	17 46	18 3	18 21	18 40	19 2	19 15	19 29	19 47	20 10	20 20	20 33	20 47	21 3	21 23

Sonnenaufgang 1957

Mittlere Ortszeit — Meridian von Greenwich

Tag	Geographische Breite													
	−10°	0°	+10°	+20°	+30°	+35°	+40°	+45°	+50°	+52°	+54°	+56°	+58°	+60°
1957	h m	h m	h m	h m	h m	h m	h m	h m	h m	h m	h m	h m	h m	h m
Juni 13	6 13	5 56	5 39	5 20	4 58	4 45	4 30	4 13	3 50	3 40	3 28	3 14	2 57	2 37
14	6 14	5 56	5 39	5 20	4 58	4 45	4 30	4 13	3 50	3 39	3 27	3 13	2 57	2 37
15	6 14	5 57	5 39	5 20	4 58	4 45	4 30	4 13	3 50	3 39	3 27	3 13	2 56	2 36
16	6 14	5 57	5 39	5 20	4 58	4 45	4 30	4 13	3 50	3 39	3 27	3 13	2 56	2 36
17	6 14	5 57	5 39	5 21	4 59	4 46	4 30	4 13	3 50	3 39	3 27	3 13	2 56	2 36
18	6 15	5 57	5 40	5 21	4 59	4 46	4 31	4 13	3 50	3 39	3 27	3 13	2 56	2 35
19	6 15	5 57	5 40	5 21	4 59	4 46	4 31	4 13	3 50	3 39	3 27	3 13	2 56	2 35
20	6 15	5 58	5 40	5 21	4 59	4 46	4 31	4 13	3 50	3 39	3 27	3 13	2 56	2 35
21	6 15	5 58	5 40	5 21	4 59	4 46	4 31	4 13	3 50	3 40	3 27	3 13	2 56	2 35
22	6 16	5 58	5 41	5 22	4 59	4 46	4 31	4 13	3 51	3 40	3 27	3 13	2 56	2 36
23	6 16	5 58	5 41	5 22	5 0	4 47	4 32	4 14	3 51	3 40	3 28	3 13	2 57	2 36
24	6 16	5 59	5 41	5 22	5 0	4 47	4 32	4 14	3 51	3 40	3 28	3 14	2 57	2 36
25	6 16	5 59	5 41	5 22	5 0	4 47	4 32	4 14	3 52	3 41	3 28	3 14	2 57	2 37
26	6 16	5 59	5 41	5 23	5 0	4 48	4 33	4 14	3 52	3 41	3 29	3 15	2 58	2 38
27	6 17	5 59	5 42	5 23	5 1	4 48	4 33	4 15	3 52	3 42	3 29	3 15	2 58	2 38
28	6 17	5 59	5 42	5 23	5 1	4 48	4 33	4 15	3 53	3 42	3 30	3 16	2 59	2 39
29	6 17	6 0	5 42	5 23	5 1	4 49	4 34	4 16	3 53	3 43	3 30	3 16	3 0	2 40
30	6 17	6 0	5 42	5 24	5 2	4 49	4 34	4 16	3 54	3 43	3 31	3 17	3 1	2 41
Juli 1	6 17	6 0	5 43	5 24	5 2	4 49	4 35	4 17	3 55	3 44	3 32	3 18	3 2	2 42
2	6 17	6 0	5 43	5 24	5 3	4 50	4 35	4 17	3 55	3 45	3 33	3 19	3 2	2 43
3	6 18	6 0	5 43	5 25	5 3	4 50	4 36	4 18	3 56	3 45	3 33	3 20	3 3	2 44
4	6 18	6 1	5 43	5 25	5 3	4 51	4 36	4 19	3 57	3 46	3 34	3 21	3 4	2 45
5	6 18	6 1	5 44	5 25	5 4	4 51	4 37	4 19	3 57	3 47	3 35	3 22	3 6	2 46
6	6 18	6 1	5 44	5 26	5 4	4 52	4 37	4 20	3 58	3 48	3 36	3 23	3 7	2 48
7	6 18	6 1	5 44	5 26	5 5	4 52	4 38	4 21	3 59	3 49	3 37	3 24	3 8	2 49
8	6 18	6 1	5 44	5 26	5 5	4 53	4 38	4 21	4 0	3 50	3 38	3 25	3 9	2 51
9	6 18	6 2	5 45	5 27	5 6	4 53	4 39	4 22	4 1	3 51	3 39	3 26	3 11	2 52
10	6 18	6 2	5 45	5 27	5 6	4 54	4 40	4 23	4 2	3 52	3 40	3 27	3 12	2 54
11	6 18	6 2	5 45	5 27	5 7	4 55	4 40	4 24	4 3	3 53	3 41	3 29	3 14	2 55
12	6 18	6 2	5 46	5 28	5 7	4 55	4 41	4 25	4 4	3 54	3 43	3 30	3 15	2 57
13	6 18	6 2	5 46	5 28	5 8	4 56	4 42	4 25	4 5	3 55	3 44	3 31	3 17	2 59
14	6 18	6 2	5 46	5 29	5 8	4 56	4 43	4 26	4 6	3 56	3 45	3 33	3 18	3 1
15	6 18	6 2	5 46	5 29	5 9	4 57	4 43	4 27	4 7	3 57	3 46	3 34	3 20	3 3
16	6 18	6 2	5 46	5 29	5 9	4 58	4 44	4 28	4 8	3 59	3 48	3 36	3 21	3 5
17	6 18	6 3	5 47	5 30	5 10	4 58	4 45	4 29	4 9	4 0	3 49	3 37	3 23	3 6
18	6 18	6 3	5 47	5 30	5 10	4 59	4 46	4 30	4 10	4 1	3 51	3 39	3 25	3 8
19	6 18	6 3	5 47	5 30	5 11	5 0	4 47	4 31	4 11	4 2	3 52	3 40	3 27	3 11
20	6 18	6 3	5 47	5 31	5 12	5 0	4 47	4 32	4 13	4 4	3 54	3 42	3 29	3 13
21	6 18	6 3	5 48	5 31	5 12	5 1	4 48	4 33	4 14	4 5	3 55	3 43	3 30	3 15
22	6 18	6 3	5 48	5 32	5 13	5 2	4 49	4 34	4 15	4 6	3 57	3 45	3 32	3 17
23	6 18	6 3	5 48	5 32	5 13	5 2	4 50	4 35	4 16	4 8	3 58	3 47	3 34	3 19
24	6 18	6 3	5 48	5 32	5 14	5 3	4 51	4 36	4 18	4 9	4 0	3 49	3 36	3 21

Sonnenuntergang 1957

Mittlere Ortszeit — Meridian von Greenwich

Tag	Geographische Breite													
	−10°	0°	+10°	+20°	+30°	+35°	+40°	+45°	+50°	+52°	+54°	+56°	+58°	+60°
1957	h m	h m	h m	h m	h m	h m	h m	h m	h m	h m	h m	h m	h m	h m
Juni 13	17 46	18 3	18 21	18 40	19 2	19 15	19 29	19 47	20 10	20 20	20 33	20 47	21 3	21 23
14	17 46	18 4	18 21	18 40	19 2	19 15	19 30	19 48	20 10	20 21	20 33	20 47	21 4	21 24
15	17 47	18 4	18 22	18 40	19 2	19 15	19 30	19 48	20 11	20 22	20 34	20 48	21 5	21 25
16	17 47	18 4	18 22	18 41	19 3	19 16	19 31	19 49	20 11	20 22	20 34	20 48	21 5	21 26
17	17 47	18 4	18 22	18 41	19 3	19 16	19 31	19 49	20 12	20 22	20 35	20 49	21 6	21 26
18	17 47	18 5	18 22	18 41	19 3	19 16	19 31	19 49	20 12	20 23	20 35	20 49	21 6	21 27
19	17 47	18 5	18 22	18 41	19 4	19 17	19 32	19 50	20 12	20 23	20 35	20 50	21 7	21 27
20	17 48	18 5	18 23	18 42	19 4	19 17	19 32	19 50	20 13	20 23	20 36	20 50	21 7	21 28
21	17 48	18 5	18 23	18 42	19 4	19 17	19 32	19 50	20 13	20 24	20 36	20 50	21 7	21 28
22	17 48	18 6	18 23	18 42	19 4	19 17	19 32	19 50	20 13	20 24	20 36	20 50	21 7	21 28
23	17 48	18 6	18 23	18 42	19 4	19 17	19 32	19 51	20 13	20 24	20 36	20 51	21 7	21 28
24	17 48	18 6	18 23	18 42	19 5	19 18	19 33	19 51	20 13	20 24	20 36	20 51	21 7	21 28
25	17 49	18 6	18 24	18 43	19 5	19 18	19 33	19 51	20 13	20 24	20 36	20 51	21 7	21 28
26	17 49	18 6	18 24	18 43	19 5	19 18	19 33	19 51	20 13	20 24	20 36	20 51	21 7	21 28
27	17 49	18 7	18 24	18 43	19 5	19 18	19 33	19 51	20 13	20 24	20 36	20 50	21 7	21 27
28	17 49	18 7	18 24	18 43	19 5	19 18	19 33	19 51	20 13	20 24	20 36	20 50	21 7	21 27
29	17 50	18 7	18 24	18 43	19 5	19 18	19 33	19 51	20 13	20 24	20 36	20 50	21 6	21 26
30	17 50	18 7	18 25	18 43	19 5	19 18	19 33	19 51	20 13	20 24	20 36	20 50	21 6	21 26
Juli 1	17 50	18 7	18 25	18 43	19 5	19 18	19 33	19 50	20 13	20 23	20 35	20 49	21 5	21 25
2	17 51	18 8	18 25	18 43	19 5	19 18	19 33	19 50	20 12	20 23	20 35	20 49	21 5	21 24
3	17 51	18 8	18 25	18 43	19 5	19 18	19 33	19 50	20 12	20 22	20 34	20 48	21 4	21 24
4	17 51	18 8	18 25	18 44	19 5	19 18	19 32	19 50	20 12	20 22	20 34	20 47	21 3	21 23
5	17 51	18 8	18 25	18 44	19 5	19 18	19 32	19 49	20 11	20 22	20 33	20 47	21 3	21 22
6	17 52	18 8	18 25	18 44	19 5	19 17	19 32	19 49	20 11	20 21	20 33	20 46	21 2	21 21
7	17 52	18 8	18 25	18 44	19 5	19 17	19 32	19 49	20 10	20 20	20 32	20 45	21 1	21 20
8	17 52	18 9	18 25	18 44	19 4	19 17	19 31	19 48	20 9	20 20	20 31	20 44	21 0	21 18
9	17 52	18 9	18 25	18 44	19 4	19 17	19 31	19 48	20 9	20 19	20 30	20 43	20 59	21 17
10	17 52	18 9	18 25	18 43	19 4	19 16	19 31	19 47	20 8	20 18	20 30	20 42	20 58	21 16
11	17 53	18 9	18 26	18 43	19 4	19 16	19 30	19 47	20 8	20 17	20 29	20 41	20 56	21 14
12	17 53	18 9	18 26	18 43	19 4	19 16	19 30	19 46	20 7	20 17	20 28	20 40	20 55	21 13
13	17 53	18 9	18 26	18 43	19 3	19 15	19 29	19 46	20 6	20 16	20 27	20 39	20 54	21 11
14	17 53	18 9	18 26	18 43	19 3	19 15	19 29	19 45	20 5	20 15	20 26	20 38	20 52	21 9
15	17 54	18 10	18 26	18 43	19 3	19 14	19 28	19 44	20 4	20 14	20 25	20 37	20 51	21 8
16	17 54	18 10	18 25	18 43	19 2	19 14	19 28	19 43	20 3	20 13	20 23	20 35	20 49	21 6
17	17 54	18 10	18 25	18 42	19 2	19 13	19 27	19 43	20 2	20 12	20 22	20 34	20 48	21 4
18	17 54	18 10	18 25	18 42	19 2	19 13	19 26	19 42	20 1	20 11	20 21	20 33	20 46	21 2
19	17 55	18 10	18 25	18 42	19 1	19 12	19 26	19 41	20 0	20 9	20 20	20 31	20 45	21 0
20	17 55	18 10	18 25	18 42	19 1	19 12	19 25	19 40	19 59	20 8	20 18	20 30	20 43	20 58
21	17 55	18 10	18 25	18 41	19 0	19 11	19 24	19 39	19 58	20 7	20 17	20 28	20 41	20 56
22	17 55	18 10	18 25	18 41	19 0	19 11	19 23	19 38	19 57	20 6	20 15	20 26	20 39	20 54
23	17 55	18 10	18 25	18 41	18 59	19 10	19 23	19 37	19 56	20 4	20 14	20 25	20 37	20 52
24	17 55	18 10	18 25	18 40	18 59	19 9	19 22	19 36	19 54	20 3	20 12	20 23	20 36	20 50

Sonnenaufgang 1957

Mittlere Ortszeit

Meridian von Greenwich

Tag	Geographische Breite													
	−10°	0°	+10°	+20°	+30°	+35°	+40°	+45°	+50°	+52°	+54°	+56°	+58°	+60°
1957	h m	h m	h m	h m	h m	h m	h m	h m	h m	h m	h m	h m	h m	h m
Juli 24	6 18	6 3	5 48	5 32	5 14	5 3	4 51	4 36	4 18	4 9	4 0	3 49	3 36	3 21
25	6 17	6 3	5 48	5 33	5 14	5 4	4 52	4 37	4 19	4 11	4 1	3 50	3 38	3 24
26	6 17	6 3	5 49	5 33	5 15	5 5	4 52	4 38	4 20	4 12	4 3	3 52	3 40	3 26
27	6 17	6 3	5 49	5 33	5 16	5 5	4 53	4 39	4 22	4 13	4 4	3 54	3 42	3 28
28	6 17	6 3	5 49	5 34	5 16	5 6	4 54	4 40	4 23	4 15	4 6	3 56	3 44	3 30
29	6 17	6 3	5 49	5 34	5 17	5 7	4 55	4 41	4 25	4 16	4 8	3 57	3 46	3 33
30	6 17	6 3	5 49	5 35	5 17	5 8	4 56	4 42	4 26	4 18	4 9	3 59	3 48	3 35
31	6 16	6 3	5 49	5 35	5 18	5 8	4 57	4 43	4 27	4 19	4 11	4 1	3 50	3 37
Aug. 1	6 16	6 3	5 50	5 35	5 19	5 9	4 58	4 45	4 29	4 21	4 13	4 3	3 52	3 40
2	6 16	6 3	5 50	5 36	5 19	5 10	4 59	4 46	4 30	4 23	4 14	4 5	3 54	3 42
3	6 16	6 3	5 50	5 36	5 20	5 11	5 0	4 47	4 32	4 24	4 16	4 7	3 56	3 44
4	6 15	6 3	5 50	5 36	5 20	5 11	5 1	4 48	4 33	4 26	4 18	4 9	3 59	3 47
5	6 15	6 2	5 50	5 37	5 21	5 12	5 2	4 49	4 34	4 27	4 19	4 11	4 1	3 49
6	6 15	6 2	5 50	5 37	5 22	5 13	5 2	4 51	4 36	4 29	4 21	4 13	4 3	3 51
7	6 14	6 2	5 50	5 37	5 22	5 14	5 3	4 52	4 37	4 30	4 23	4 15	4 5	3 54
8	6 14	6 2	5 50	5 38	5 23	5 14	5 4	4 53	4 39	4 32	4 25	4 16	4 7	3 56
9	6 14	6 2	5 51	5 38	5 23	5 15	5 5	4 54	4 40	4 34	4 26	4 18	4 9	3 59
10	6 13	6 2	5 51	5 38	5 24	5 16	5 6	4 55	4 42	4 35	4 28	4 20	4 11	4 1
11	6 13	6 2	5 51	5 39	5 25	5 17	5 7	4 56	4 43	4 37	4 30	4 22	4 13	4 3
12	6 12	6 2	5 51	5 39	5 25	5 17	5 8	4 58	4 45	4 38	4 32	4 24	4 16	4 6
13	6 12	6 1	5 51	5 39	5 26	5 18	5 9	4 59	4 46	4 40	4 33	4 26	4 18	4 8
14	6 12	6 1	5 51	5 39	5 26	5 19	5 10	5 0	4 48	4 42	4 35	4 28	4 20	4 11
15	6 11	6 1	5 51	5 40	5 27	5 20	5 11	5 1	4 49	4 43	4 37	4 30	4 22	4 13
16	6 11	6 1	5 51	5 40	5 28	5 20	5 12	5 2	4 50	4 45	4 39	4 32	4 24	4 15
17	6 10	6 1	5 51	5 40	5 28	5 21	5 13	5 3	4 52	4 47	4 41	4 34	4 26	4 18
18	6 10	6 1	5 51	5 41	5 29	5 22	5 14	5 5	4 53	4 48	4 42	4 36	4 29	4 20
19	6 9	6 0	5 51	5 41	5 29	5 23	5 15	5 6	4 55	4 50	4 44	4 38	4 31	4 23
20	6 9	6 0	5 51	5 41	5 30	5 23	5 16	5 7	4 56	4 51	4 46	4 40	4 33	4 25
21	6 9	6 0	5 51	5 42	5 30	5 24	5 17	5 8	4 58	4 53	4 48	4 42	4 35	4 27
22	6 8	6 0	5 51	5 42	5 31	5 25	5 18	5 9	4 59	4 55	4 50	4 44	4 37	4 30
23	6 8	5 59	5 51	5 42	5 32	5 26	5 19	5 11	5 1	4 56	4 51	4 46	4 40	4 32
24	6 7	5 59	5 51	5 42	5 32	5 26	5 20	5 12	5 2	4 58	4 53	4 48	4 42	4 35
25	6 6	5 59	5 51	5 43	5 33	5 27	5 21	5 13	5 4	5 0	4 55	4 50	4 44	4 37
26	6 6	5 59	5 51	5 43	5 33	5 28	5 22	5 14	5 5	5 1	4 57	4 52	4 46	4 40
27	6 5	5 58	5 51	5 43	5 34	5 29	5 22	5 15	5 7	5 3	4 58	4 54	4 48	4 42
28	6 5	5 58	5 51	5 43	5 34	5 29	5 23	5 17	5 8	5 4	5 0	4 55	4 50	4 44
29	6 4	5 58	5 51	5 44	5 35	5 30	5 24	5 18	5 10	5 6	5 2	4 57	4 52	4 47
30	6 4	5 57	5 51	5 44	5 36	5 31	5 25	5 19	5 11	5 8	5 4	4 59	4 55	4 49
31	6 3	5 57	5 51	5 44	5 36	5 32	5 26	5 20	5 13	5 9	5 6	5 1	4 57	4 51
Sept. 1	6 3	5 57	5 51	5 44	5 37	5 32	5 27	5 21	5 14	5 11	5 7	5 3	4 59	4 54
2	6 2	5 56	5 51	5 44	5 37	5 33	5 28	5 23	5 16	5 13	5 9	5 5	5 1	4 56
3	6 1	5 56	5 51	5 45	5 38	5 34	5 29	5 24	5 17	5 14	5 11	5 7	5 3	4 59

Sonnenuntergang 1957

Mittlere Ortszeit | Meridian von Greenwich

Tag	Geographische Breite													
	−10°	0°	+10°	+20°	+30°	+35°	+40°	+45°	+50°	+52°	+54°	+56°	+58°	+60°
1957	h m	h m	h m	h m	h m	h m	h m	h m	h m	h m	h m	h m	h m	h m
Juli 24	17 55	18 10	18 25	18 40	18 59	19 9	19 22	19 36	19 54	20 3	20 12	20 23	20 36	20 50
25	17 56	18 10	18 24	18 40	18 58	19 9	19 21	19 35	19 53	20 1	20 11	20 21	20 34	20 48
26	17 56	18 10	18 24	18 40	18 58	19 8	19 20	19 34	19 52	20 0	20 9	20 20	20 32	20 46
27	17 56	18 10	18 24	18 39	18 57	19 7	19 19	19 33	19 50	19 59	20 8	20 18	20 30	20 43
28	17 56	18 10	18 24	18 39	18 56	19 6	19 18	19 32	19 49	19 57	20 6	20 16	20 28	20 41
29	17 56	18 10	18 24	18 39	18 56	19 6	19 17	19 31	19 47	19 55	20 4	20 14	20 25	20 39
30	17 56	18 10	18 23	18 38	18 55	19 5	19 16	19 30	19 46	19 54	20 3	20 12	20 23	20 36
31	17 57	18 10	18 23	18 38	18 54	19 4	19 15	19 28	19 45	19 52	20 1	20 10	20 21	20 34
Aug. 1	17 57	18 10	18 23	18 37	18 54	19 3	19 14	19 27	19 43	19 51	19 59	20 8	20 19	20 31
2	17 57	18 10	18 23	18 37	18 53	19 2	19 13	19 26	19 41	19 49	19 57	20 6	20 17	20 29
3	17 57	18 10	18 22	18 36	18 52	19 1	19 12	19 25	19 40	19 47	19 55	20 4	20 14	20 26
4	17 57	18 10	18 22	18 36	18 51	19 0	19 11	19 23	19 38	19 45	19 53	20 2	20 12	20 24
5	17 57	18 9	18 22	18 35	18 51	18 59	19 10	19 22	19 37	19 44	19 51	20 0	20 10	20 21
6	17 57	18 9	18 21	18 35	18 50	18 58	19 9	19 21	19 35	19 42	19 49	19 58	20 8	20 19
7	17 57	18 9	18 21	18 34	18 49	18 57	19 7	19 19	19 33	19 40	19 47	19 56	20 5	20 16
8	17 57	18 9	18 21	18 33	18 48	18 56	19 6	19 18	19 32	19 38	19 45	19 54	20 3	20 13
9	17 58	18 9	18 20	18 33	18 47	18 55	19 5	19 16	19 30	19 36	19 43	19 51	20 0	20 11
10	17 58	18 9	18 20	18 32	18 46	18 54	19 4	19 15	19 28	19 34	19 41	19 49	19 58	20 8
11	17 58	18 9	18 20	18 32	18 45	18 53	19 3	19 13	19 26	19 32	19 39	19 47	19 55	20 5
12	17 58	18 8	18 19	18 31	18 44	18 52	19 1	19 12	19 25	19 31	19 37	19 45	19 53	20 3
13	17 58	18 8	18 19	18 30	18 43	18 51	19 0	19 10	19 23	19 29	19 35	19 42	19 50	20 0
14	17 58	18 8	18 18	18 30	18 42	18 50	18 59	19 9	19 21	19 27	19 33	19 40	19 48	19 57
15	17 58	18 8	18 18	18 29	18 41	18 49	18 57	19 7	19 19	19 25	19 31	19 38	19 45	19 54
16	17 58	18 8	18 18	18 28	18 40	18 48	18 56	19 6	19 17	19 23	19 29	19 35	19 43	19 51
17	17 58	18 7	18 17	18 27	18 39	18 46	18 54	19 4	19 15	19 21	19 26	19 33	19 40	19 49
18	17 58	18 7	18 17	18 27	18 38	18 45	18 53	19 2	19 13	19 18	19 24	19 30	19 38	19 46
19	17 58	18 7	18 16	18 26	18 37	18 44	18 52	19 1	19 11	19 16	19 22	19 28	19 35	19 43
20	17 58	18 7	18 16	18 25	18 36	18 43	18 50	18 58	19 9	19 14	19 20	19 26	19 32	19 40
21	17 58	18 6	18 15	18 25	18 35	18 42	18 49	18 57	19 7	19 12	19 17	19 23	19 30	19 37
22	17 58	18 6	18 15	18 24	18 34	18 40	18 47	18 56	19 5	19 10	19 15	19 21	19 27	19 34
23	17 58	18 6	18 14	18 23	18 33	18 39	18 46	18 54	19 3	19 8	19 13	19 18	19 24	19 31
24	17 58	18 6	18 14	18 22	18 32	18 38	18 44	18 52	19 1	19 6	19 10	19 16	19 22	19 28
25	17 58	18 5	18 13	18 21	18 31	18 36	18 43	18 50	18 59	19 4	19 8	19 13	19 19	19 25
26	17 58	18 5	18 13	18 21	18 30	18 35	18 41	18 49	18 57	19 1	19 6	19 11	19 16	19 22
27	17 58	18 5	18 12	18 20	18 29	18 34	18 40	18 47	18 55	18 59	19 3	19 8	19 13	19 20
28	17 58	18 5	18 12	18 19	18 28	18 33	18 38	18 45	18 53	18 57	19 1	19 6	19 11	19 17
29	17 58	18 4	18 11	18 18	18 26	18 31	18 37	18 43	18 51	18 55	18 59	19 3	19 8	19 14
30	17 58	18 4	18 10	18 17	18 25	18 30	18 35	18 42	18 49	18 52	18 56	19 1	19 5	19 11
31	17 58	18 4	18 10	18 16	18 24	18 29	18 34	18 40	18 47	18 50	18 54	18 58	19 2	19 8
Sept. 1	17 58	18 3	18 9	18 16	18 23	18 27	18 32	18 38	18 45	18 48	18 51	18 55	19 0	19 5
2	17 58	18 3	18 9	18 15	18 22	18 26	18 31	18 36	18 43	18 46	18 49	18 53	18 57	19 2
3	17 57	18 3	18 8	18 14	18 21	18 24	18 29	18 34	18 41	18 43	18 47	18 50	18 54	18 59

Sonnenaufgang 1957

Mittlere Ortszeit | Meridian von Greenwich

Tag	Geographische Breite													
	—10°	0°	+10°	+20°	+30°	+35°	+40°	+45°	+50°	+52°	+54°	+56°	+58°	+60°
1957	h m	h m	h m	h m	h m	h m	h m	h m	h m	h m	h m	h m	h m	h m
Sept. 3	6 1	5 56	5 51	5 45	5 38	5 34	5 29	5 24	5 17	5 14	5 11	5 7	5 3	4 59
4	6 1	5 56	5 51	5 45	5 38	5 34	5 30	5 25	5 19	5 16	5 13	5 9	5 5	5 1
5	6 0	5 56	5 51	5 45	5 39	5 35	5 31	5 26	5 20	5 18	5 14	5 11	5 8	5 3
6	6 0	5 55	5 51	5 45	5 39	5 36	5 32	5 27	5 22	5 19	5 16	5 13	5 10	5 6
7	5 59	5 55	5 50	5 46	5 40	5 37	5 33	5 29	5 23	5 21	5 18	5 15	5 12	5 8
8	5 59	5 55	5 50	5 46	5 40	5 37	5 34	5 30	5 25	5 22	5 20	5 17	5 14	5 10
9	5 58	5 54	5 50	5 46	5 41	5 38	5 35	5 31	5 26	5 24	5 22	5 19	5 16	5 13
10	5 57	5 54	5 50	5 46	5 42	5 39	5 36	5 32	5 28	5 26	5 23	5 21	5 18	5 15
11	5 57	5 53	5 50	5 46	5 42	5 40	5 37	5 33	5 29	5 27	5 25	5 23	5 20	5 17
12	5 56	5 53	5 50	5 47	5 43	5 40	5 38	5 35	5 31	5 29	5 27	5 25	5 23	5 20
13	5 56	5 53	5 50	5 47	5 43	5 41	5 39	5 36	5 32	5 31	5 29	5 27	5 25	5 22
14	5 55	5 52	5 50	5 47	5 44	5 42	5 40	5 37	5 34	5 32	5 31	5 29	5 27	5 25
15	5 54	5 52	5 50	5 47	5 44	5 43	5 41	5 38	5 35	5 34	5 32	5 31	5 29	5 27
16	5 54	5 52	5 50	5 47	5 45	5 43	5 41	5 39	5 37	5 36	5 34	5 33	5 31	5 29
17	5 53	5 51	5 50	5 48	5 45	5 44	5 42	5 41	5 38	5 37	5 36	5 35	5 33	5 32
18	5 52	5 51	5 50	5 48	5 46	5 45	5 43	5 42	5 40	5 39	5 38	5 37	5 35	5 34
19	5 52	5 51	5 50	5 48	5 47	5 46	5 44	5 43	5 41	5 41	5 40	5 39	5 38	5 36
20	5 51	5 50	5 49	5 48	5 47	5 46	5 45	5 44	5 43	5 42	5 41	5 41	5 40	5 39
21	5 51	5 50	5 49	5 49	5 48	5 47	5 46	5 45	5 44	5 44	5 43	5 43	5 42	5 41
22	5 50	5 50	5 49	5 49	5 48	5 48	5 47	5 47	5 46	5 45	5 45	5 45	5 44	5 43
23	5 49	5 49	5 49	5 49	5 49	5 48	5 48	5 48	5 47	5 47	5 47	5 47	5 46	5 46
24	5 49	5 49	5 49	5 49	5 49	5 49	5 49	5 49	5 49	5 49	5 49	5 48	5 48	5 48
25	5 48	5 49	5 49	5 49	5 50	5 50	5 50	5 50	5 50	5 50	5 50	5 50	5 50	5 50
26	5 47	5 48	5 49	5 50	5 50	5 51	5 51	5 51	5 52	5 52	5 52	5 52	5 53	5 53
27	5 47	5 48	5 49	5 50	5 51	5 51	5 52	5 53	5 53	5 54	5 54	5 54	5 55	5 55
28	5 46	5 48	5 49	5 50	5 51	5 52	5 53	5 54	5 55	5 55	5 56	5 56	5 57	5 58
29	5 46	5 47	5 49	5 50	5 52	5 53	5 54	5 55	5 56	5 57	5 58	5 58	5 59	6 0
30	5 45	5 47	5 49	5 51	5 53	5 54	5 55	5 56	5 58	5 59	5 59	6 0	6 1	6 2
Okt. 1	5 44	5 47	5 49	5 51	5 53	5 54	5 56	5 58	5 59	6 0	6 1	6 2	6 3	6 5
2	5 44	5 46	5 49	5 51	5 54	5 55	5 57	5 59	6 1	6 2	6 3	6 4	6 6	6 7
3	5 43	5 46	5 49	5 51	5 54	5 56	5 58	6 0	6 2	6 4	6 5	6 6	6 8	6 9
4	5 43	5 46	5 49	5 52	5 55	5 57	5 59	6 1	6 4	6 5	6 7	6 8	6 10	6 12
5	5 42	5 45	5 49	5 52	5 55	5 58	6 0	6 3	6 6	6 7	6 8	6 10	6 12	6 14
6	5 41	5 45	5 48	5 52	5 56	5 58	6 1	6 4	6 7	6 9	6 10	6 12	6 14	6 17
7	5 41	5 45	5 48	5 52	5 57	5 59	6 2	6 5	6 9	6 10	6 12	6 14	6 16	6 19
8	5 40	5 44	5 48	5 53	5 57	6 0	6 3	6 6	6 10	6 12	6 14	6 16	6 19	6 21
9	5 40	5 44	5 48	5 53	5 58	6 1	6 4	6 8	6 12	6 14	6 16	6 18	6 21	6 24
10	5 39	5 44	5 48	5 53	5 58	6 2	6 5	6 9	6 13	6 15	6 18	6 20	6 23	6 26
11	5 39	5 44	5 48	5 53	5 59	6 2	6 6	6 10	6 15	6 17	6 20	6 22	6 25	6 29
12	5 38	5 43	5 48	5 54	6 0	6 3	6 7	6 11	6 16	6 19	6 21	6 24	6 28	6 31
13	5 38	5 43	5 48	5 54	6 0	6 4	6 8	6 13	6 18	6 21	6 23	6 26	6 30	6 34
14	5 37	5 43	5 48	5 54	6 1	6 5	6 9	6 14	6 20	6 22	6 25	6 29	6 32	6 36

Sonnenuntergang 1957

Mittlere Ortszeit — Meridian von Greenwich

Tag	Geographische Breite −10°	0°	+10°	+20°	+30°	+35°	+40°	+45°	+50°	+52°	+54°	+56°	+58°	+60°
1957	h m	h m	h m	h m	h m	h m	h m	h m	h m	h m	h m	h m	h m	h m
Sept. 3	17 57	18 3	18 8	18 14	18 21	18 24	18 29	18 34	18 41	18 43	18 47	18 50	18 54	18 59
4	17 57	18 2	18 7	18 13	18 19	18 23	18 27	18 32	18 38	18 41	18 44	18 48	18 51	18 56
5	17 57	18 2	18 7	18 12	18 18	18 22	18 26	18 31	18 36	18 39	18 42	18 45	18 48	18 53
6	17 57	18 2	18 6	18 11	18 17	18 20	18 24	18 29	18 34	18 37	18 39	18 42	18 46	18 50
7	17 57	18 1	18 6	18 10	18 16	18 19	18 23	18 27	18 32	18 34	18 37	18 40	18 43	18 47
8	17 57	18 1	18 5	18 9	18 15	18 17	18 21	18 25	18 30	18 32	18 34	18 37	18 40	18 44
9	17 57	18 1	18 4	18 8	18 13	18 16	18 19	18 23	18 28	18 30	18 32	18 35	18 37	18 41
10	17 57	18 0	18 4	18 8	18 12	18 15	18 18	18 21	18 25	18 27	18 29	18 32	18 34	18 38
11	17 57	18 0	18 3	18 7	18 11	18 13	18 16	18 19	18 23	18 25	18 27	18 29	18 32	18 35
12	17 57	18 0	18 2	18 6	18 10	18 12	18 14	18 17	18 21	18 23	18 25	18 27	18 29	18 32
13	17 57	17 59	18 2	18 5	18 8	18 10	18 13	18 16	18 19	18 20	18 22	18 24	18 26	18 28
14	17 57	17 59	18 1	18 4	18 7	18 9	18 11	18 14	18 17	18 18	18 20	18 21	18 23	18 25
15	17 57	17 59	18 1	18 3	18 6	18 6	18 10	18 12	18 14	18 16	18 17	18 19	18 20	18 22
16	17 57	17 58	18 0	18 2	18 5	18 6	18 8	18 10	18 12	18 13	18 15	18 16	18 18	18 19
17	17 56	17 58	17 59	18 1	18 3	18 5	18 6	18 8	18 10	18 11	18 12	18 13	18 15	18 16
18	17 56	17 58	17 59	18 0	18 2	18 3	18 5	18 6	18 8	18 9	18 10	18 11	18 12	18 13
19	17 56	17 57	17 58	18 0	18 1	18 2	18 3	18 4	18 6	18 6	18 7	18 8	18 9	18 10
20	17 56	17 57	17 58	17 59	18 0	18 0	18 1	18 2	18 3	18 4	18 5	18 5	18 6	18 7
21	17 56	17 56	17 57	17 58	17 58	17 59	18 0	18 0	18 1	18 2	18 2	18 3	18 3	18 4
22	17 56	17 56	17 56	17 57	17 57	17 57	17 58	17 58	17 59	17 59	18 0	18 0	18 1	18 1
23	17 56	17 56	17 56	17 56	17 56	17 56	17 56	17 56	17 57	17 57	17 57	17 57	17 58	17 58
24	17 56	17 55	17 55	17 55	17 55	17 55	17 55	17 55	17 55	17 55	17 55	17 55	17 55	17 55
25	17 56	17 55	17 54	17 54	17 53	17 53	17 53	17 53	17 52	17 52	17 52	17 52	17 52	17 52
26	17 56	17 55	17 54	17 53	17 52	17 52	17 51	17 51	17 50	17 50	17 50	17 50	17 49	17 49
27	17 56	17 54	17 53	17 52	17 51	17 50	17 50	17 49	17 48	17 48	17 47	17 47	17 46	17 46
28	17 56	17 54	17 53	17 51	17 50	17 49	17 48	17 47	17 46	17 45	17 45	17 44	17 44	17 43
29	17 56	17 54	17 52	17 50	17 48	17 47	17 46	17 45	17 44	17 43	17 42	17 42	17 41	17 40
30	17 55	17 53	17 51	17 49	17 47	17 46	17 45	17 43	17 41	17 41	17 40	17 39	17 38	17 37
Okt. 1	17 55	17 53	17 51	17 49	17 46	17 45	17 43	17 41	17 39	17 38	17 37	17 36	17 35	17 34
2	17 55	17 53	17 50	17 48	17 45	17 43	17 41	17 39	17 37	17 36	17 35	17 34	17 32	17 31
3	17 55	17 52	17 50	17 47	17 44	17 42	17 40	17 38	17 35	17 34	17 33	17 31	17 29	17 28
4	17 55	17 52	17 49	17 46	17 42	17 40	17 38	17 36	17 33	17 31	17 30	17 28	17 27	17 25
5	17 55	17 52	17 48	17 45	17 41	17 39	17 37	17 34	17 31	17 29	17 28	17 26	17 24	17 22
6	17 55	17 51	17 48	17 44	17 40	17 38	17 35	17 32	17 28	17 27	17 25	17 23	17 21	17 19
7	17 55	17 51	17 47	17 43	17 39	17 36	17 33	17 30	17 26	17 25	17 23	17 21	17 18	17 16
8	17 55	17 51	17 47	17 42	17 38	17 35	17 32	17 28	17 24	17 22	17 20	17 18	17 16	17 13
9	17 55	17 51	17 46	17 42	17 36	17 34	17 30	17 27	17 22	17 20	17 18	17 15	17 13	17 10
10	17 55	17 50	17 46	17 41	17 35	17 32	17 29	17 25	17 20	17 18	17 16	17 13	17 10	17 7
11	17 55	17 50	17 45	17 40	17 34	17 31	17 27	17 23	17 18	17 16	17 13	17 10	17 7	17 4
12	17 55	17 50	17 45	17 39	17 33	17 30	17 26	17 21	17 16	17 13	17 11	17 8	17 5	17 1
13	17 55	17 50	17 44	17 38	17 32	17 28	17 24	17 19	17 14	17 11	17 8	17 5	17 2	16 58
14	17 55	17 49	17 44	17 38	17 31	17 27	17 23	17 18	17 12	17 9	17 6	17 3	16 59	16 55

Sonnenaufgang 1957

Mittlere Ortszeit | Meridian von Greenwich

Tag	Geographische Breite													
	−10°	0°	+10°	+20°	+30°	+35°	+40°	+45°	+50°	+52°	+54°	+56°	+58°	+60°
1957	h m	h m	h m	h m	h m	h m	h m	h m	h m	h m	h m	h m	h m	h m
Okt. 14	5 37	5 43	5 48	5 54	6 1	6 5	6 9	6 14	6 20	6 22	6 25	6 29	6 32	6 36
15	5 37	5 43	5 48	5 55	6 2	6 6	6 10	6 15	6 21	6 24	6 27	6 31	6 34	6 39
16	5 36	5 42	5 48	5 55	6 2	6 6	6 11	6 16	6 23	6 26	6 29	6 33	6 37	6 41
17	5 36	5 42	5 49	5 55	6 3	6 7	6 12	6 18	6 24	6 28	6 31	6 35	6 39	6 43
18	5 35	5 42	5 49	5 56	6 4	6 8	6 13	6 19	6 26	6 29	6 33	6 37	6 41	6 46
19	5 35	5 42	5 49	5 56	6 4	6 9	6 14	6 20	6 28	6 31	6 35	6 39	6 43	6 48
20	5 34	5 42	5 49	5 56	6 5	6 10	6 15	6 22	6 29	6 33	6 37	6 41	6 46	6 51
21	5 34	5 41	5 49	5 57	6 6	6 11	6 16	6 23	6 31	6 35	6 39	6 43	6 48	6 53
22	5 33	5 41	5 49	5 57	6 6	6 12	6 18	6 24	6 33	6 36	6 41	6 45	6 50	6 56
23	5 33	5 41	5 49	5 58	6 7	6 12	6 19	6 26	6 34	6 38	6 42	6 47	6 52	6 59
24	5 33	5 41	5 49	5 58	6 8	6 13	6 20	6 27	6 36	6 40	6 44	6 49	6 55	7 1
25	5 32	5 41	5 49	5 58	6 9	6 14	6 21	6 28	6 37	6 42	6 46	6 51	6 57	7 4
26	5 32	5 41	5 49	5 59	6 9	6 15	6 22	6 30	6 39	6 44	6 48	6 54	6 59	7 6
27	5 31	5 41	5 50	5 59	6 10	6 16	6 23	6 31	6 41	6 45	6 50	6 56	7 2	7 9
28	5 31	5 40	5 50	6 0	6 11	6 17	6 24	6 33	6 43	6 47	6 52	6 58	7 4	7 11
29	5 31	5 40	5 50	6 0	6 11	6 18	6 25	6 34	6 44	6 49	6 54	7 0	7 6	7 14
30	5 30	5 40	5 50	6 0	6 12	6 19	6 26	6 35	6 46	6 51	6 56	7 2	7 9	7 16
31	5 30	5 40	5 50	6 1	6 13	6 20	6 28	6 37	6 47	6 53	6 58	7 4	7 11	7 19
Nov. 1	5 30	5 40	5 51	6 1	6 14	6 21	6 29	6 38	6 49	6 54	7 0	7 6	7 13	7 21
2	5 30	5 40	5 51	6 2	6 14	6 22	6 30	6 39	6 51	6 56	7 2	7 8	7 16	7 24
3	5 29	5 40	5 51	6 2	6 15	6 23	6 31	6 41	6 53	6 58	7 4	7 11	7 18	7 27
4	5 29	5 40	5 51	6 3	6 16	6 24	6 32	6 42	6 54	7 0	7 6	7 13	7 20	7 29
5	5 29	5 40	5 51	6 3	6 17	6 24	6 33	6 44	6 56	7 2	7 8	7 15	7 23	7 32
6	5 29	5 40	5 52	6 4	6 18	6 25	6 34	6 45	6 58	7 3	7 10	7 17	7 25	7 34
7	5 28	5 40	5 52	6 4	6 18	6 26	6 36	6 46	6 59	7 5	7 12	7 19	7 27	7 37
8	5 28	5 40	5 52	6 5	6 19	6 27	6 37	6 48	7 1	7 7	7 14	7 21	7 30	7 40
9	5 28	5 40	5 53	6 6	6 20	6 28	6 38	6 49	7 3	7 9	7 16	7 23	7 32	7 42
10	5 28	5 41	5 53	6 6	6 21	6 29	6 39	6 50	7 4	7 11	7 18	7 26	7 34	7 45
11	5 28	5 41	5 53	6 7	6 22	6 30	6 40	6 52	7 6	7 12	7 20	7 28	7 37	7 47
12	5 28	5 41	5 53	6 7	6 22	6 31	6 41	6 53	7 8	7 14	7 22	7 30	7 39	7 50
13	5 28	5 41	5 54	6 8	6 23	6 32	6 43	6 55	7 9	7 16	7 23	7 32	7 41	7 52
14	5 28	5 41	5 54	6 8	6 24	6 33	6 44	6 56	7 11	7 18	7 25	7 34	7 44	7 55
15	5 28	5 41	5 54	6 9	6 25	6 34	6 45	6 57	7 12	7 20	7 27	7 36	7 46	7 57
16	5 28	5 41	5 55	6 9	6 26	6 35	6 46	6 59	7 14	7 21	7 29	7 38	7 48	8 0
17	5 28	5 42	5 55	6 10	6 26	6 36	6 47	7 0	7 16	7 23	7 31	7 40	7 50	8 2
18	5 28	5 42	5 56	6 11	6 27	6 37	6 48	7 1	7 17	7 25	7 33	7 42	7 53	8 5
19	5 28	5 42	5 56	6 11	6 28	6 38	6 50	7 3	7 19	7 26	7 35	7 44	7 55	8 7
20	5 28	5 42	5 56	6 12	6 29	6 39	6 51	7 4	7 20	7 28	7 37	7 46	7 57	8 10
21	5 28	5 42	5 57	6 12	6 30	6 40	6 52	7 5	7 22	7 30	7 38	7 48	7 59	8 12
22	5 28	5 43	5 57	6 13	6 31	6 41	6 53	7 7	7 23	7 31	7 40	7 50	8 1	8 14
23	5 28	5 43	5 58	6 14	6 32	6 42	6 54	7 8	7 25	7 33	7 42	7 52	8 4	8 17
24	5 28	5 43	5 58	6 14	6 32	6 43	6 55	7 9	7 27	7 35	7 44	7 54	8 6	8 19

Sonnenuntergang 1957

Mittlere Ortszeit — Meridian von Greenwich

Tag	Geographische Breite													
	—10°	0°	+10°	+20°	+30°	+35°	+40°	+45°	+50°	+52°	+54°	+56°	+58°	+60°
1957	h m	h m	h m	h m	h m	h m	h m	h m	h m	h m	h m	h m	h m	h m
Okt. 14	17 55	17 49	17 44	17 38	17 31	17 27	17 23	17 18	17 12	17 9	17 6	17 3	16 59	16 55
15	17 55	17 49	17 43	17 37	17 30	17 26	17 21	17 16	17 10	17 7	17 4	17 0	16 56	16 52
16	17 55	17 49	17 43	17 36	17 29	17 24	17 20	17 14	17 8	17 5	17 1	16 58	16 54	16 49
17	17 55	17 49	17 42	17 35	17 27	17 23	17 18	17 12	17 6	17 2	16 59	16 55	16 51	16 46
18	17 56	17 49	17 42	17 35	17 26	17 22	17 17	17 11	17 4	17 0	16 57	16 53	16 48	16 43
19	17 56	17 48	17 41	17 34	17 25	17 21	17 15	17 9	17 2	16 58	16 54	16 50	16 46	16 41
20	17 56	17 48	17 41	17 33	17 24	17 19	17 14	17 7	17 0	16 56	16 52	16 48	16 43	16 38
21	17 56	17 48	17 40	17 32	17 23	17 18	17 13	17 6	16 58	16 54	16 50	16 45	16 40	16 35
22	17 56	17 48	17 40	17 32	17 22	17 17	17 11	17 4	16 56	16 52	16 48	16 43	16 38	16 32
23	17 56	17 48	17 40	17 31	17 21	17 16	17 10	17 2	16 54	16 50	16 45	16 41	16 35	16 29
24	17 56	17 48	17 39	17 30	17 20	17 15	17 8	17 1	16 52	16 48	16 43	16 38	16 33	16 26
25	17 56	17 48	17 39	17 30	17 19	17 14	17 7	16 59	16 50	16 46	16 41	16 36	16 30	16 24
26	17 56	17 47	17 38	17 29	17 18	17 13	17 6	16 58	16 48	16 44	16 39	16 34	16 28	16 21
27	17 57	17 47	17 38	17 29	17 18	17 11	17 4	16 56	16 46	16 42	16 37	16 31	16 25	16 18
28	17 57	17 47	17 38	17 28	17 17	17 10	17 3	16 55	16 45	16 40	16 35	16 29	16 23	16 16
29	17 57	17 47	17 38	17 27	17 16	17 9	17 2	16 53	16 43	16 38	16 33	16 27	16 20	16 13
30	17 57	17 47	17 37	17 27	17 15	17 8	17 1	16 52	16 41	16 36	16 31	16 25	16 18	16 10
31	17 57	17 47	17 37	17 26	17 14	17 7	16 59	16 50	16 39	16 34	16 29	16 22	16 15	16 8
Nov. 1	17 58	17 47	17 37	17 26	17 13	17 6	16 58	16 49	16 38	16 32	16 27	16 20	16 13	16 5
2	17 58	17 47	17 36	17 25	17 13	17 5	16 57	16 47	16 36	16 30	16 25	16 18	16 11	16 2
3	17 58	17 47	17 36	17 25	17 12	17 4	16 56	16 46	16 34	16 29	16 23	16 16	16 8	16 0
4	17 58	17 47	17 36	17 24	17 11	17 3	16 55	16 45	16 33	16 27	16 21	16 14	16 6	15 57
5	17 59	17 47	17 36	17 24	17 10	17 3	16 54	16 43	16 31	16 25	16 19	16 12	16 4	15 55
6	17 59	17 47	17 36	17 23	17 10	17 2	16 53	16 42	16 29	16 23	16 17	16 10	16 2	15 52
7	17 59	17 47	17 35	17 23	17 9	17 1	16 52	16 41	16 28	16 22	16 15	16 8	15 59	15 50
8	18 0	17 47	17 35	17 23	17 8	17 0	16 51	16 40	16 26	16 20	16 13	16 6	15 57	15 47
9	18 0	17 47	17 35	17 22	17 8	16 59	16 50	16 39	16 25	16 18	16 11	16 4	15 55	15 45
10	18 0	17 48	17 35	17 22	17 7	16 58	16 49	16 37	16 23	16 17	16 10	16 2	15 53	15 43
11	18 0	17 48	17 35	17 21	17 6	16 58	16 48	16 36	16 22	16 15	16 8	16 0	15 51	15 40
12	18 1	17 48	17 35	17 21	17 6	16 57	16 47	16 35	16 20	16 14	16 6	15 58	15 49	15 38
13	18 1	17 48	17 35	17 21	17 5	16 56	16 46	16 34	16 19	16 12	16 5	15 56	15 47	15 36
14	18 2	17 48	17 35	17 21	17 5	16 55	16 45	16 33	16 18	16 11	16 3	15 54	15 45	15 34
15	18 2	17 48	17 35	17 20	17 4	16 55	16 44	16 32	16 17	16 9	16 1	15 53	15 43	15 31
16	18 2	17 48	17 35	17 20	17 4	16 54	16 43	16 31	16 15	16 8	16 0	15 51	15 41	15 29
17	18 3	17 49	17 35	17 20	17 3	16 54	16 42	16 30	16 14	16 7	15 58	15 49	15 39	15 27
18	18 3	17 49	17 35	17 20	17 3	16 53	16 42	16 29	16 13	16 5	15 57	15 48	15 37	15 25
19	18 3	17 49	17 35	17 20	17 2	16 52	16 41	16 28	16 12	16 4	15 56	15 46	15 35	15 23
20	18 4	17 49	17 35	17 20	17 2	16 52	16 40	16 27	16 11	16 3	15 54	15 45	15 34	15 21
21	18 4	17 50	17 35	17 19	17 2	16 51	16 40	16 26	16 10	16 2	15 53	15 43	15 32	15 19
22	18 5	17 50	17 35	17 19	17 1	16 51	16 39	16 25	16 8	16 1	15 52	15 42	15 30	15 17
23	18 5	17 50	17 35	17 19	17 1	16 51	16 39	16 25	16 8	15 59	15 50	15 40	15 29	15 16
24	18 6	17 50	17 35	17 19	17 1	16 50	16 38	16 24	16 7	15 58	15 49	15 39	15 27	15 14

Sonnenaufgang 1957

Mittlere Ortszeit

Meridian von Greenwich

Tag	Geographische Breite													
	−10°	0°	+10°	+20°	+30°	+35°	+40°	+45°	+50°	+52°	+54°	+56°	+58°	+60°
1957	h m	h m	h m	h m	h m	h m	h m	h m	h m	h m	h m	h m	h m	h m
Nov. 24	5 28	5 43	5 58	6 14	6 32	6 43	6 55	7 9	7 27	7 35	7 44	7 54	8 6	8 19
25	5 28	5 43	5 59	6 15	6 33	6 44	6 56	7 10	7 28	7 36	7 45	7 56	8 8	8 21
26	5 28	5 44	5 59	6 15	6 34	6 45	6 57	7 12	7 29	7 38	7 47	7 58	8 10	8 24
27	5 28	5 44	6 0	6 16	6 35	6 46	6 58	7 13	7 31	7 39	7 49	7 59	8 12	8 26
28	5 29	5 44	6 0	6 17	6 36	6 47	6 59	7 14	7 32	7 41	7 51	8 1	8 14	8 28
29	5 29	5 45	6 1	6 17	6 36	6 48	7 0	7 15	7 34	7 42	7 52	8 3	8 16	8 30
30	5 29	5 45	6 1	6 18	6 37	6 49	7 1	7 17	7 35	7 44	7 54	8 5	8 18	8 33
Dez. 1	5 29	5 45	6 2	6 19	6 38	6 49	7 2	7 18	7 36	7 45	7 55	8 6	8 19	8 35
2	5 29	5 46	6 2	6 19	6 39	6 50	7 3	7 19	7 38	7 47	7 57	8 8	8 21	8 37
3	5 30	5 46	6 3	6 20	6 40	6 51	7 4	7 20	7 39	7 48	7 58	8 10	8 23	8 39
4	5 30	5 47	6 3	6 20	6 40	6 52	7 5	7 21	7 40	7 49	8 0	8 11	8 25	8 40
5	5 30	5 47	6 4	6 21	6 41	6 53	7 6	7 22	7 42	7 51	8 1	8 13	8 26	8 42
6	5 31	5 47	6 4	6 22	6 42	6 54	7 7	7 23	7 43	7 52	8 3	8 14	8 28	8 44
7	5 31	5 48	6 5	6 22	6 43	6 55	7 8	7 24	7 44	7 53	8 4	8 16	8 30	8 46
8	5 31	5 48	6 5	6 23	6 43	6 55	7 9	7 25	7 45	7 55	8 5	8 17	8 31	8 48
9	5 32	5 49	6 6	6 24	6 44	6 56	7 10	7 26	7 46	7 56	8 6	8 19	8 32	8 49
10	5 32	5 49	6 6	6 24	6 45	6 57	7 11	7 27	7 47	7 57	8 8	8 20	8 34	8 51
11	5 32	5 50	6 7	6 25	6 46	6 58	7 12	7 28	7 48	7 58	8 9	8 21	8 35	8 52
12	5 33	5 50	6 7	6 25	6 46	6 58	7 12	7 29	7 49	7 59	8 10	8 22	8 36	8 54
13	5 33	5 51	6 8	6 26	6 47	6 59	7 13	7 30	7 50	8 0	8 11	8 23	8 38	8 55
14	5 34	5 51	6 8	6 27	6 48	7 0	7 14	7 31	7 51	8 1	8 12	8 24	8 39	8 56
15	5 34	5 51	6 9	6 27	6 48	7 1	7 15	7 31	7 52	8 2	8 13	8 25	8 40	8 57
16	5 34	5 52	6 9	6 28	6 49	7 1	7 15	7 32	7 53	8 3	8 14	8 26	8 41	8 58
17	5 35	5 52	6 10	6 28	6 50	7 2	7 16	7 33	7 53	8 3	8 14	8 27	8 42	8 59
18	5 35	5 53	6 10	6 29	6 50	7 2	7 17	7 33	7 54	8 4	8 15	8 28	8 42	9 0
19	5 36	5 53	6 11	6 29	6 51	7 3	7 17	7 34	7 55	8 5	8 16	8 28	8 43	9 1
20	5 36	5 53	6 11	6 30	6 51	7 4	7 18	7 35	7 55	8 5	8 16	8 29	8 44	9 2
21	5 37	5 54	6 12	6 30	6 52	7 4	7 18	7 35	7 56	8 6	8 17	8 30	8 44	9 2
22	5 37	5 55	6 12	6 31	6 52	7 5	7 19	7 36	7 57	8 7	8 18	8 30	8 45	9 3
23	5 38	5 55	6 13	6 31	6 53	7 5	7 19	7 36	7 57	8 7	8 18	8 31	8 45	9 3
24	5 38	5 56	6 13	6 32	6 53	7 6	7 20	7 37	7 57	8 7	8 18	8 31	8 46	9 3
25	5 39	5 56	6 14	6 32	6 54	7 6	7 20	7 37	7 58	8 8	8 19	8 31	8 46	9 4
26	5 39	5 57	6 14	6 33	6 54	7 6	7 21	7 37	7 58	8 8	8 19	8 32	8 46	9 4
27	5 40	5 57	6 15	6 33	6 54	7 7	7 21	7 38	7 58	8 8	8 19	8 32	8 46	9 4
28	5 40	5 58	6 15	6 34	6 55	7 7	7 21	7 38	7 59	8 8	8 19	8 32	8 46	9 4
29	5 41	5 58	6 16	6 34	6 55	7 7	7 21	7 38	7 59	8 8	8 19	8 32	8 46	9 4
30	5 42	5 59	6 16	6 34	6 55	7 8	7 22	7 38	7 59	8 8	8 19	8 32	8 46	9 3
31	5 42	5 59	6 17	6 35	6 56	7 8	7 22	7 38	7 59	8 8	8 19	8 32	8 46	9 3
32	5 43	6 0	6 17	6 35	6 56	7 8	7 22	7 38	7 59	8 8	8 19	8 31	8 46	9 3

Sonnenuntergang 1957

Mittlere Ortszeit — Meridian von Greenwich

Tag	Geographische Breite													
	−10°	0°	+10°	+20°	+30°	+35°	+40°	+45°	+50°	+52°	+54°	+56°	+58°	+60°
1957	h m	h m	h m	h m	h m	h m	h m	h m	h m	h m	h m	h m	h m	h m
Nov. 24	18 6	17 50	17 35	17 19	17 1	16 50	16 38	16 24	16 7	15 58	15 49	15 39	15 27	15 14
25	18 6	17 51	17 35	17 19	17 1	16 50	16 38	16 23	16 6	15 57	15 48	15 38	15 26	15 12
26	18 7	17 51	17 35	17 19	17 0	16 50	16 37	16 23	16 5	15 56	15 47	15 37	15 24	15 10
27	18 7	17 51	17 36	17 19	17 0	16 49	16 37	16 22	16 4	15 56	15 46	15 35	15 23	15 9
28	18 8	17 52	17 36	17 19	17 0	16 49	16 36	16 22	16 3	15 55	15 45	15 34	15 22	15 7
29	18 8	17 52	17 36	17 19	17 0	16 49	16 36	16 21	16 3	15 54	15 44	15 33	15 21	15 6
30	18 8	17 52	17 36	17 19	17 0	16 49	16 36	16 21	16 2	15 53	15 43	15 32	15 19	15 4
Dez. 1	18 9	17 53	17 37	17 19	17 0	16 48	16 35	16 20	16 1	15 52	15 42	15 31	15 18	15 3
2	18 9	17 53	17 37	17 20	17 0	16 48	16 35	16 20	16 1	15 52	15 42	15 30	15 17	15 2
3	18 10	17 54	17 37	17 20	17 0	16 48	16 35	16 20	16 0	15 51	15 41	15 30	15 16	15 1
4	18 11	17 54	17 37	17 20	17 0	16 48	16 35	16 19	16 0	15 51	15 40	15 29	15 15	15 0
5	18 11	17 54	17 38	17 20	17 0	16 48	16 35	16 19	15 59	15 50	15 40	15 28	15 15	14 59
6	18 12	17 55	17 38	17 20	17 0	16 48	16 35	16 19	15 59	15 50	15 39	15 27	15 14	14 58
7	18 12	17 55	17 38	17 21	17 0	16 48	16 35	16 19	15 59	15 49	15 39	15 27	15 13	14 57
8	18 13	17 56	17 39	17 21	17 0	16 48	16 35	16 18	15 58	15 49	15 38	15 26	15 13	14 56
9	18 13	17 56	17 39	17 21	17 0	16 48	16 35	16 18	15 58	15 49	15 38	15 26	15 12	14 55
10	18 14	17 57	17 39	17 21	17 1	16 49	16 35	16 18	15 58	15 49	15 38	15 26	15 12	14 55
11	18 14	17 57	17 40	17 22	17 1	16 49	16 35	16 18	15 58	15 49	15 38	15 25	15 11	14 54
12	18 15	17 57	17 40	17 22	17 1	16 49	16 35	16 18	15 58	15 48	15 38	15 25	15 11	14 54
13	18 15	17 58	17 41	17 22	17 1	16 49	16 35	16 19	15 58	15 48	15 38	15 25	15 11	14 53
14	18 16	17 58	17 41	17 23	17 2	16 49	16 35	16 19	15 58	15 48	15 38	15 25	15 11	14 53
15	18 16	17 59	17 42	17 23	17 2	16 50	16 36	16 19	15 58	15 49	15 38	15 25	15 10	14 53
16	18 17	17 59	17 42	17 24	17 2	16 50	16 36	16 19	15 59	15 49	15 38	15 25	15 10	14 53
17	18 17	18 0	17 42	17 24	17 3	16 50	16 36	16 19	15 59	15 49	15 38	15 25	15 11	14 53
18	18 18	18 0	17 43	17 24	17 3	16 51	16 37	16 20	15 59	15 49	15 38	15 25	15 11	14 53
19	18 18	18 1	17 43	17 25	17 4	16 51	16 37	16 20	15 59	15 49	15 38	15 26	15 11	14 53
20	18 19	18 1	17 44	17 25	17 4	16 52	16 38	16 21	16 0	15 50	15 39	15 26	15 11	14 54
21	18 19	18 2	17 44	17 26	17 5	16 52	16 38	16 21	16 0	15 50	15 39	15 27	15 12	14 54
22	18 20	18 2	17 45	17 26	17 5	16 53	16 38	16 22	16 1	15 51	15 40	15 27	15 12	14 55
23	18 20	18 3	17 45	17 27	17 6	16 53	16 39	16 22	16 1	15 51	15 40	15 28	15 13	14 55
24	18 21	18 3	17 46	17 27	17 6	16 54	16 40	16 23	16 2	15 52	15 41	15 28	15 14	14 56
25	18 21	18 4	17 46	17 28	17 7	16 54	16 40	16 23	16 3	15 53	15 42	15 29	15 14	14 57
26	18 22	18 4	17 47	17 28	17 7	16 55	16 41	16 24	16 3	15 53	15 42	15 30	15 15	14 58
27	18 22	18 5	17 47	17 29	17 8	16 56	16 41	16 25	16 4	15 54	15 43	15 31	15 16	14 59
28	18 23	18 5	17 48	17 30	17 8	16 56	16 42	16 25	16 5	15 55	15 44	15 31	15 17	15 0
29	18 23	18 6	17 49	17 30	17 9	16 57	16 43	16 26	16 6	15 56	15 45	15 32	15 18	15 1
30	18 24	18 6	17 49	17 31	17 10	16 58	16 44	16 27	16 6	15 57	15 46	15 33	15 19	15 2
31	18 24	18 7	17 50	17 31	17 10	16 58	16 44	16 28	16 7	15 58	15 47	15 35	15 20	15 3
32	18 24	18 7	17 50	17 32	17 11	16 59	16 45	16 29	16 8	15 59	15 48	15 36	15 21	15 5

Anfang der Nautischen Dämmerung

Mittlere Ortszeit

Meridian von Greenwich

Tag	Geographische Breite													
	−10°	0°	+10°	+20°	+30°	+35°	+40°	+45°	+50°	+52°	+54°	+56°	+58°	+60°
1957	h m	h m	h m	h m	h m	h m	h m	h m	h m	h m	h m	h m	h m	h m
Jan. 0	4 52	5 11	5 28	5 44	6 0	6 8	6 18	6 28	6 39	6 44	6 50	6 56	7 2	7 10
5	4 55	5 14	5 30	5 45	6 1	6 9	6 18	6 28	6 39	6 44	6 49	6 55	7 1	7 8
10	4 58	5 16	5 32	5 47	6 2	6 10	6 18	6 27	6 38	6 43	6 48	6 53	6 59	7 6
15	5 1	5 18	5 33	5 47	6 2	6 9	6 17	6 26	6 36	6 40	6 45	6 50	6 55	7 1
20	5 4	5 20	5 34	5 48	6 1	6 8	6 15	6 23	6 32	6 36	6 40	6 45	6 50	6 55
25	5 6	5 22	5 35	5 48	6 0	6 6	6 13	6 20	6 28	6 32	6 35	6 39	6 44	6 48
30	5 9	5 23	5 35	5 47	5 58	6 4	6 9	6 16	6 23	6 26	6 29	6 32	6 36	6 40
Febr. 4	5 11	5 24	5 35	5 45	5 55	6 0	6 5	6 11	6 16	6 19	6 21	6 24	6 27	6 30
9	5 13	5 25	5 35	5 44	5 52	5 56	6 0	6 5	6 9	6 11	6 13	6 15	6 17	6 20
14	5 14	5 25	5 34	5 41	5 48	5 52	5 55	5 58	6 1	6 3	6 4	6 5	6 7	6 8
19	5 16	5 25	5 32	5 39	5 44	5 47	5 49	5 51	5 53	5 53	5 54	5 55	5 55	5 56
24	5 17	5 25	5 31	5 36	5 40	5 41	5 42	5 43	5 44	5 44	5 44	5 44	5 43	5 43
März 1	5 18	5 24	5 29	5 32	5 34	5 35	5 35	5 35	5 34	5 33	5 33	5 32	5 30	5 29
6	5 18	5 23	5 27	5 28	5 29	5 29	5 28	5 26	5 24	5 22	5 21	5 19	5 17	5 14
11	5 18	5 22	5 24	5 24	5 23	5 22	5 20	5 17	5 13	5 11	5 9	5 6	5 3	4 59
16	5 19	5 21	5 21	5 20	5 17	5 15	5 12	5 8	5 2	4 59	4 56	4 52	4 48	4 44
21	5 19	5 19	5 18	5 16	5 11	5 8	5 4	4 58	4 51	4 47	4 43	4 39	4 33	4 27
26	5 19	5 18	5 15	5 11	5 5	5 1	4 55	4 48	4 39	4 35	4 30	4 24	4 18	4 10
31	5 18	5 16	5 12	5 7	4 59	4 53	4 47	4 38	4 27	4 22	4 16	4 9	4 2	3 53
April 5	5 18	5 15	5 9	5 2	4 52	4 46	4 38	4 28	4 15	4 9	4 2	3 54	3 45	3 35
10	5 18	5 13	5 6	4 58	4 46	4 39	4 29	4 18	4 3	3 56	3 48	3 39	3 28	3 16
15	5 18	5 11	5 3	4 53	4 40	4 31	4 21	4 8	3 51	3 43	3 34	3 23	3 11	2 56
20	5 18	5 10	5 1	4 49	4 34	4 24	4 13	3 58	3 39	3 30	3 19	3 7	2 53	2 35
25	5 17	5 9	4 58	4 45	4 28	4 17	4 4	3 48	3 27	3 17	3 5	2 51	2 34	2 12
30	5 18	5 8	4 56	4 41	4 23	4 11	3 57	3 39	3 16	3 4	2 50	2 34	2 14	1 47
Mai 5	5 18	5 7	4 54	4 38	4 18	4 5	3 49	3 30	3 4	2 51	2 35	2 17	1 52	1 18
10	5 18	5 6	4 52	4 35	4 13	3 59	3 43	3 21	2 53	2 38	2 21	1 59	1 29	0 34
15	5 19	5 6	4 50	4 32	4 9	3 54	3 36	3 13	2 42	2 26	2 6	1 40	1 0	
20	5 20	5 5	4 49	4 30	4 6	3 50	3 31	3 6	2 32	2 14	1 51	1 20	0 6	
25	5 20	5 5	4 48	4 28	4 3	3 46	3 26	3 0	2 23	2 3	1 37	0 56		
30	5 21	5 6	4 48	4 27	4 0	3 43	3 22	2 55	2 15	1 53	1 23	0 25		
Juni 4	5 22	5 6	4 48	4 27	3 59	3 41	3 19	2 50	2 9	1 45	1 10			
9	5 23	5 7	4 48	4 26	3 58	3 40	3 17	2 47	2 4	1 38	0 59			
14	5 25	5 8	4 49	4 26	3 58	3 39	3 16	2 46	2 1	1 34	0 49			
19	5 26	5 9	4 50	4 27	3 58	3 39	3 16	2 45	2 0	1 32	0 45			
24	5 27	5 10	4 51	4 28	3 59	3 40	3 17	2 47	2 1	1 33	0 47			
29	5 28	5 11	4 52	4 30	4 1	3 42	3 19	2 49	2 4	1 37	0 53			
Juli 4	5 29	5 12	4 54	4 32	4 3	3 45	3 22	2 53	2 10	1 44	1 5			

In +56° Breite herrscht Dämmerung von Sonnenuntergang bis Sonnenaufgang in der Zeit vom 1. Juni bis 11. Juli.
In +58° Breite herrscht Dämmerung von Sonnenuntergang bis Sonnenaufgang in der Zeit vom 21. Mai bis 23. Juli.
In +60° Breite herrscht Dämmerung von Sonnenuntergang bis Sonnenaufgang in der Zeit vom 12. Mai bis 1. Aug.

Ende der Nautischen Dämmerung

Mittlere Ortszeit | Meridian von Greenwich

Tag	Geographische Breite													
	−10°	0°	+10°	+20°	+30°	+35°	+40°	+45°	+50°	+52°	+54°	+56°	+58°	+60°
1957	h m	h m	h m	h m	h m	h m	h m	h m	h m	h m	h m	h m	h m	h m
Jan. 0	19 14	18 55	18 39	18 23	18 7	17 58	17 49	17 39	17 27	17 22	17 17	17 11	17 4	16 57
5	19 16	18 58	18 41	18 26	18 10	18 2	17 53	17 43	17 32	17 27	17 22	17 16	17 10	17 3
10	19 17	18 59	18 44	18 29	18 14	18 6	17 57	17 48	17 37	17 33	17 28	17 22	17 16	17 10
15	19 18	19 1	18 46	18 32	18 17	18 10	18 2	17 53	17 43	17 39	17 34	17 29	17 24	17 18
20	19 19	19 2	18 48	18 35	18 21	18 14	18 7	17 59	17 50	17 46	17 42	17 37	17 32	17 27
25	19 18	19 3	18 50	18 38	18 25	18 19	18 12	18 5	17 57	17 53	17 50	17 46	17 41	17 37
30	19 18	19 4	18 52	18 40	18 29	18 23	18 17	18 11	18 4	18 1	17 58	17 55	17 51	17 47
Febr. 4	19 17	19 4	18 53	18 43	18 33	18 28	18 22	18 18	18 12	18 9	18 7	18 4	18 1	17 58
9	19 16	19 4	18 54	18 45	18 37	18 32	18 28	18 24	18 19	18 18	18 16	18 13	18 11	18 9
14	19 14	19 4	18 55	18 47	18 40	18 37	18 34	18 30	18 27	18 26	18 25	18 23	18 22	18 20
19	19 12	19 3	18 55	18 49	18 44	18 41	18 39	18 37	18 35	18 34	18 34	18 33	18 33	18 32
24	19 10	19 2	18 56	18 51	18 47	18 46	18 44	18 44	18 43	18 43	18 43	18 43	18 43	18 44
März 1	19 7	19 1	18 56	18 53	18 51	18 50	18 50	18 50	18 51	18 52	18 52	18 53	18 55	18 56
6	19 5	19 0	18 56	18 54	18 54	18 54	18 55	18 57	18 59	19 0	19 2	19 4	19 6	19 8
11	19 2	18 58	18 56	18 56	18 57	18 58	19 0	19 3	19 7	19 9	19 12	19 14	19 17	19 21
16	18 59	18 57	18 56	18 57	19 0	19 3	19 6	19 10	19 16	19 18	19 21	19 25	19 29	19 34
21	18 56	18 55	18 56	18 59	19 3	19 7	19 11	19 17	19 24	19 28	19 32	19 36	19 41	19 47
26	18 53	18 54	18 56	19 0	19 7	19 11	19 17	19 24	19 33	19 37	19 42	19 47	19 54	20 1
31	18 50	18 52	18 56	19 2	19 10	19 15	19 22	19 31	19 41	19 47	19 53	19 59	20 7	20 16
April 5	18 47	18 51	18 56	19 3	19 13	19 20	19 28	19 38	19 50	19 57	20 3	20 11	20 20	20 31
10	18 45	18 50	18 56	19 5	19 17	19 24	19 34	19 45	20 0	20 7	20 15	20 24	20 35	20 47
15	18 42	18 49	18 57	19 6	19 20	19 29	19 39	19 52	20 9	20 17	20 26	20 37	20 49	21 4
20	18 40	18 48	18 57	19 9	19 24	19 34	19 45	20 0	20 19	20 28	20 39	20 51	21 5	21 23
25	18 38	18 47	18 59	19 11	19 28	19 39	19 52	20 8	20 29	20 39	20 51	21 5	21 22	21 44
30	18 37	18 47	18 59	19 13	19 32	19 44	19 58	20 16	20 39	20 51	21 4	21 21	21 41	22 7
Mai 5	18 36	18 47	19 0	19 15	19 36	19 48	20 4	20 24	20 49	21 2	21 18	21 37	22 1	22 36
10	18 34	18 47	19 1	19 18	19 39	19 53	20 10	20 31	21 0	21 14	21 32	21 54	22 24	23 19
15	18 34	18 47	19 2	19 20	19 43	19 58	20 16	20 39	21 10	21 26	21 47	22 12	22 52	
20	18 33	18 48	19 4	19 23	19 47	20 3	20 22	20 47	21 21	21 39	22 1	22 33	23 47	
25	18 33	18 48	19 5	19 25	19 51	20 8	20 28	20 54	21 30	21 50	22 17	22 58		
30	18 34	18 49	19 7	19 28	19 55	20 12	20 33	21 0	21 40	22 2	22 32	23 30		
Juni 4	18 34	18 50	19 8	19 30	19 58	20 15	20 37	21 6	21 48	22 12	22 46			
9	18 35	18 51	19 10	19 32	20 0	20 19	20 41	21 11	21 54	22 20	23 0			
14	18 35	18 52	19 11	19 34	20 3	20 21	20 44	21 15	21 59	22 27	23 11			
19	18 36	18 54	19 13	19 35	20 4	20 23	20 46	21 17	22 2	22 30	23 18			
24	18 38	18 55	19 14	19 36	20 5	20 24	20 47	21 18	22 3	22 30	23 18			
29	18 39	18 56	19 14	19 37	20 6	20 24	20 47	21 18	22 2	22 29	23 13			
Juli 4	18 40	18 57	19 15	19 37	20 5	20 24	20 46	21 16	21 59	22 25	23 4			

In +56° Breite herrscht Dämmerung von Sonnenuntergang bis Sonnenaufgang in der Zeit vom 1. Juni bis 11. Juli.
In +58° Breite herrscht Dämmerung von Sonnenuntergang bis Sonnenaufgang in der Zeit vom 21. Mai bis 23. Juli.
In +60° Breite herrscht Dämmerung von Sonnenuntergang bis Sonnenaufgang in der Zeit vom 12. Mai bis 1. Aug.

Anfang der Nautischen Dämmerung

Mittlere Ortszeit | Meridian von Greenwich

Tag	Geographische Breite													
	−10°	0°	+10°	+20°	+30°	+35°	+40°	+45°	+50°	+52°	+54°	+56°	+58°	+60°
1957	h m	h m	h m	h m	h m	h m	h m	h m	h m	h m	h m			
Juli 4	5 29	5 12	4 54	4 32	4 3	3 45	3 22	2 53	2 10	1 44	1 5			
9	5 29	5 13	4 55	4 34	4 6	3 48	3 26	2 58	2 17	1 53	1 19	h m		
14	5 29	5 14	4 57	4 36	4 9	3 52	3 31	3 4	2 25	2 3	1 33	0 38		
19	5 30	5 15	4 58	4 38	4 12	3 56	3 36	3 10	2 34	2 14	1 48	1 9	h m	
24	5 30	5 15	5 0	4 40	4 16	4 0	3 41	3 17	2 43	2 25	2 3	1 32	0 27	
29	5 29	5 16	5 1	4 43	4 20	4 5	3 47	3 24	2 53	2 37	2 17	1 52	1 13	h m
Aug. 3	5 28	5 16	5 2	4 45	4 23	4 10	3 53	3 32	3 3	2 49	2 32	2 10	1 40	0 49
8	5 27	5 16	5 3	4 47	4 27	4 14	3 59	3 39	3 14	3 1	2 45	2 27	2 3	1 29
13	5 25	5 15	5 4	4 49	4 31	4 19	4 5	3 47	3 24	3 12	2 58	2 42	2 23	1 56
18	5 23	5 15	5 4	4 51	4 34	4 24	4 11	3 55	3 34	3 23	3 11	2 57	2 40	2 19
23	5 21	5 14	5 4	4 53	4 38	4 28	4 17	4 2	3 43	3 34	3 23	3 11	2 57	2 39
28	5 19	5 13	5 5	4 55	4 41	4 33	4 22	4 9	3 53	3 44	3 35	3 25	3 12	2 57
Sept. 2	5 16	5 11	5 5	4 56	4 44	4 37	4 28	4 16	4 2	3 55	3 47	3 37	3 27	3 14
7	5 13	5 10	5 5	4 57	4 48	4 41	4 33	4 23	4 11	4 4	3 57	3 49	3 40	3 30
12	5 11	5 8	5 4	4 59	4 51	4 45	4 38	4 30	4 19	4 14	4 8	4 1	3 54	3 45
17	5 8	5 7	5 4	5 0	4 54	4 49	4 44	4 37	4 28	4 23	4 18	4 13	4 6	3 59
22	5 4	5 5	5 4	5 1	4 57	4 53	4 49	4 43	4 36	4 32	4 28	4 24	4 18	4 12
27	5 1	5 3	5 4	5 2	4 59	4 57	4 54	4 49	4 44	4 41	4 38	4 34	4 30	4 25
Okt. 2	4 58	5 1	5 3	5 4	5 2	5 1	4 59	4 56	4 52	4 50	4 47	4 44	4 41	4 38
7	4 55	5 0	5 3	5 5	5 5	5 5	5 4	5 2	4 59	4 58	4 56	4 54	4 52	4 50
12	4 52	4 58	5 3	5 6	5 8	5 9	5 9	5 8	5 7	5 6	5 5	5 5	5 3	5 2
17	4 49	4 57	5 3	5 7	5 11	5 13	5 14	5 14	5 15	5 15	5 15	5 14	5 14	5 13
22	4 47	4 56	5 3	5 9	5 14	5 17	5 19	5 21	5 22	5 23	5 23	5 24	5 25	5 25
27	4 44	4 55	5 3	5 11	5 17	5 21	5 24	5 27	5 30	5 31	5 32	5 34	5 35	5 36
Nov. 1	4 43	4 54	5 4	5 13	5 21	5 25	5 29	5 33	5 37	5 39	5 41	5 43	5 45	5 47
6	4 41	4 54	5 5	5 15	5 24	5 29	5 34	5 39	5 45	5 47	5 50	5 52	5 55	5 58
11	4 40	4 54	5 6	5 17	5 28	5 33	5 39	5 45	5 52	5 55	5 58	6 2	6 5	6 9
16	4 39	4 54	5 7	5 20	5 32	5 38	5 44	5 51	5 59	6 3	6 6	6 10	6 14	6 19
21	4 39	4 55	5 9	5 22	5 35	5 42	5 49	5 57	6 6	6 10	6 14	6 18	6 23	6 29
26	4 39	4 56	5 11	5 25	5 39	5 46	5 54	6 3	6 13	6 17	6 21	6 26	6 32	6 38
Dez. 1	4 40	4 57	5 13	5 28	5 43	5 51	5 59	6 8	6 19	6 23	6 28	6 34	6 39	6 46
6	4 41	4 59	5 15	5 31	5 46	5 55	6 3	6 13	6 24	6 29	6 34	6 40	6 46	6 53
11	4 42	5 1	5 18	5 34	5 50	5 58	6 7	6 17	6 29	6 34	6 39	6 45	6 52	6 59
16	4 44	5 3	5 20	5 36	5 53	6 1	6 11	6 21	6 33	6 38	6 44	6 50	6 57	7 4
21	4 47	5 6	5 23	5 39	5 56	6 4	6 14	6 24	6 36	6 41	6 47	6 53	7 0	7 8
26	4 49	5 8	5 25	5 41	5 58	6 7	6 16	6 26	6 38	6 43	6 49	6 55	7 2	7 9
31	4 52	5 11	5 28	5 43	6 0	6 8	6 18	6 28	6 39	6 44	6 50	6 56	7 2	7 10
36	4 55	5 13	5 30	5 45	6 1	6 9	6 18	6 28	6 39	6 44	6 49	6 55	7 1	7 8

In +56° Breite herrscht Dämmerung von Sonnenuntergang bis Sonnenaufgang in der Zeit vom 1. Juni bis 11. Juli.
In +58° Breite herrscht Dämmerung von Sonnenuntergang bis Sonnenaufgang in der Zeit vom 21. Mai bis 23. Juli.
In +60° Breite herrscht Dämmerung von Sonnenuntergang bis Sonnenaufgang in der Zeit vom 12. Mai bis 1. Aug.

Ende der Nautischen Dämmerung

Mittlere Ortszeit — Meridian von Greenwich

Tag	Geographische Breite													
	−10°	0°	+10°	+20°	+30°	+35°	+40°	+45°	+50°	+52°	+54°	+56°	+58°	+60°
1957	h m	h m	h m	h m	h m	h m	h m	h m	h m	h m	h m	h m	h m	h m
Juli 4	18 40	18 57	19 15	19 37	20 5	20 24	20 46	21 16	21 59	22 25	23 4			
9	18 41	18 57	19 15	19 37	20 4	20 22	20 44	21 13	21 54	22 18	22 52			
14	18 42	18 58	19 15	19 36	20 3	20 20	20 41	21 8	21 47	22 9	22 38	23 33		
19	18 43	18 58	19 14	19 34	20 0	20 17	20 37	21 3	21 39	21 59	22 24	23 4		
24	18 44	18 58	19 14	19 33	19 57	20 13	20 32	20 56	21 30	21 48	22 10	22 41	23 46	
29	18 44	18 57	19 12	19 30	19 53	20 8	20 26	20 49	21 20	21 36	21 56	22 21	23 0	
Aug. 3	18 44	18 57	19 11	19 27	19 49	20 3	20 20	20 41	21 9	21 23	21 41	22 2	22 32	23 24
8	18 44	18 56	19 9	19 24	19 44	19 57	20 12	20 32	20 58	21 11	21 26	21 45	22 8	22 42
13	18 44	18 55	19 6	19 21	19 39	19 51	20 5	20 23	20 46	20 58	21 11	21 27	21 47	22 13
18	18 44	18 53	19 4	19 17	19 33	19 44	19 57	20 13	20 34	20 45	20 56	21 10	21 27	21 48
23	18 44	18 52	19 1	19 12	19 28	19 37	19 49	20 3	20 22	20 31	20 42	20 54	21 8	21 26
28	18 44	18 50	18 58	19 8	19 21	19 30	19 40	19 53	20 10	20 18	20 27	20 38	20 50	21 5
Sept. 2	18 43	18 48	18 55	19 3	19 15	19 23	19 32	19 44	19 58	20 5	20 13	20 22	20 33	20 45
7	18 43	18 46	18 51	18 59	19 9	19 15	19 23	19 33	19 46	19 52	19 59	20 7	20 16	20 26
12	18 42	18 44	18 48	18 54	19 2	19 8	19 14	19 23	19 34	19 39	19 45	19 51	19 59	20 8
17	18 42	18 43	18 45	18 49	18 56	19 0	19 6	19 13	19 22	19 26	19 31	19 37	19 43	19 51
22	18 41	18 42	18 42	18 45	18 49	18 53	18 57	19 3	19 10	19 14	19 18	19 22	19 28	19 34
27	18 41	18 39	18 39	18 40	18 43	18 45	18 49	18 53	18 59	19 1	19 5	19 8	19 12	19 17
Okt. 2	18 41	18 38	18 36	18 35	18 37	18 38	18 40	18 43	18 47	18 49	18 52	18 55	18 58	19 1
7	18 41	18 36	18 33	18 31	18 31	18 31	18 32	18 34	18 36	18 38	18 40	18 41	18 44	18 46
12	18 41	18 35	18 30	18 27	18 25	18 25	18 24	18 25	18 26	18 27	18 28	18 29	18 30	18 31
17	18 42	18 34	18 28	18 23	18 20	18 18	18 17	18 17	18 16	18 16	18 16	18 17	18 17	18 17
22	18 42	18 33	18 26	18 20	18 15	18 13	18 10	18 8	18 7	18 6	18 6	18 5	18 5	18 4
27	18 43	18 33	18 25	18 17	18 10	18 7	18 4	18 1	17 58	17 57	17 56	17 54	17 53	17 52
Nov. 1	18 45	18 33	18 23	18 15	18 6	18 2	17 58	17 54	17 50	17 48	17 46	17 44	17 42	17 40
6	18 46	18 34	18 23	18 13	18 3	17 58	17 53	17 48	17 43	17 40	17 38	17 35	17 32	17 29
11	18 48	18 34	18 22	18 11	18 0	17 55	17 49	17 43	17 36	17 33	17 30	17 27	17 23	17 19
16	18 51	18 36	18 22	18 10	17 58	17 52	17 45	17 38	17 30	17 27	17 23	17 20	17 15	17 11
21	18 53	18 37	18 23	18 10	17 56	17 50	17 42	17 34	17 26	17 22	17 18	17 13	17 8	17 3
26	18 56	18 39	18 24	18 10	17 56	17 48	17 40	17 32	17 22	17 18	17 13	17 8	17 3	16 57
Dez. 1	18 58	18 41	18 25	18 10	17 55	17 47	17 39	17 30	17 20	17 15	17 10	17 5	16 59	16 52
6	19 1	18 43	18 27	18 11	17 56	17 48	17 39	17 29	17 18	17 13	17 8	17 2	16 56	16 49
11	19 4	18 46	18 29	18 13	17 57	17 48	17 39	17 29	17 18	17 13	17 7	17 1	16 55	16 47
16	19 7	18 48	18 31	18 15	17 59	17 50	17 40	17 30	17 19	17 13	17 8	17 1	16 55	16 47
21	19 10	18 51	18 33	18 17	18 1	17 52	17 42	17 32	17 20	17 15	17 9	17 3	16 56	16 49
26	19 12	18 53	18 36	18 20	18 3	17 55	17 45	17 35	17 23	17 18	17 12	17 6	16 59	16 52
31	19 14	18 55	18 39	18 23	18 6	17 58	17 49	17 39	17 27	17 22	17 16	17 10	17 4	16 56
36	19 16	18 57	18 41	18 26	18 10	18 1	17 53	17 43	17 32	17 27	17 21	17 16	17 9	17 2

In +56° Breite herrscht Dämmerung von Sonnenuntergang bis Sonnenaufgang in der Zeit vom 1. Juni bis 11. Juli.
In +58° Breite herrscht Dämmerung von Sonnenuntergang bis Sonnenaufgang in der Zeit vom 21. Mai bis 23. Juli.
In +60° Breite herrscht Dämmerung von Sonnenuntergang bis Sonnenaufgang in der Zeit vom 12. Mai bis 1. Aug.

Mondaufgang 1957

Mittlere Ortszeit — Meridian von Greenwich

Tag	−10°	0°	+10°	+20°	+30°	+35°	+40°	+45°	+50°	+52°	+54°	+56°	+58°	+60°
1957	h m	h m	h m	h m	h m	h m	h m	h m	h m	h m	h m	h m	h m	h m
Jan. 0	5 6	5 21	5 37	5 54	6 14	6 25	6 38	6 54	7 12	7 21	7 31	7 43	7 55	8 11
1	5 56	6 10	6 25	6 41	6 59	7 9	7 21	7 35	7 52	8 0	8 9	8 19	8 30	8 43
2	6 45	6 58	7 10	7 24	7 39	7 48	7 58	8 10	8 25	8 32	8 39	8 47	8 57	9 7
3	7 32	7 43	7 53	8 4	8 16	8 24	8 32	8 41	8 53	8 58	9 4	9 10	9 17	9 26
4	8 19	8 26	8 34	8 42	8 51	8 56	9 2	9 9	9 17	9 21	9 25	9 29	9 34	9 40
5	9 4	9 8	9 13	9 18	9 23	9 26	9 30	9 34	9 39	9 41	9 43	9 46	9 49	9 52
6	9 49	9 50	9 51	9 53	9 54	9 55	9 56	9 58	9 59	10 0	10 1	10 1	10 2	10 3
7	10 34	10 32	10 30	10 28	10 26	10 25	10 23	10 22	10 20	10 19	10 18	10 17	10 16	10 14
8	11 20	11 15	11 10	11 4	10 58	10 55	10 51	10 46	10 41	10 39	10 36	10 33	10 30	10 26
9	12 8	12 0	11 51	11 43	11 33	11 27	11 21	11 14	11 5	11 1	10 56	10 51	10 46	10 40
10	12 59	12 47	12 36	12 25	12 11	12 3	11 55	11 44	11 32	11 26	11 20	11 13	11 6	10 57
11	13 53	13 39	13 25	13 11	12 54	12 45	12 34	12 21	12 6	11 58	11 50	11 41	11 31	11 20
12	14 50	14 34	14 19	14 2	13 43	13 33	13 20	13 5	12 47	12 39	12 29	12 19	12 7	11 52
13	15 49	15 33	15 17	15 0	14 40	14 28	14 15	13 59	13 40	13 30	13 20	13 9	12 55	12 40
14	16 50	16 34	16 19	16 2	15 42	15 31	15 18	15 3	14 44	14 35	14 25	14 14	14 1	13 45
15	17 50	17 36	17 22	17 7	16 50	16 40	16 28	16 15	15 58	15 51	15 42	15 32	15 21	15 8
16	18 48	18 37	18 25	18 13	18 0	17 52	17 43	17 32	17 19	17 13	17 7	16 59	16 51	16 41
17	19 42	19 35	19 27	19 19	19 10	19 4	18 58	18 51	18 43	18 39	18 35	18 30	18 24	18 18
18	20 33	20 30	20 26	20 22	20 18	20 16	20 13	20 9	20 5	20 4	20 2	20 0	19 57	19 54
19	21 23	21 23	21 23	21 24	21 24	21 25	21 25	21 26	21 26	21 27	21 27	21 27	21 28	21 28
20	22 10	22 15	22 19	22 24	22 29	22 32	22 35	22 39	22 44	22 47	22 49	22 52	22 55	22 59
21	22 58	23 5	23 13	23 22	23 31	23 37	23 43	23 51	— —	— —	— —	— —	— —	— —
22	23 45	23 56	— —	— —	— —	— —	— —	— —	0 0	0 4	0 9	0 14	0 20	0 26
23	— —	— —	0 7	0 19	0 32	0 40	0 49	1 0	1 12	1 18	1 25	1 32	1 41	1 50
24	0 33	0 47	1 0	1 14	1 31	1 41	1 52	2 5	2 21	2 29	2 37	2 46	2 57	3 9
25	1 22	1 37	1 52	2 9	2 28	2 38	2 51	3 6	3 24	3 33	3 43	3 54	4 6	4 21
26	2 12	2 28	2 44	3 1	3 21	3 33	3 46	4 2	4 21	4 30	4 40	4 52	5 6	5 21
27	3 2	3 18	3 34	3 51	4 11	4 22	4 36	4 51	5 10	5 19	5 29	5 41	5 54	6 9
28	3 52	4 7	4 22	4 38	4 57	5 7	5 20	5 34	5 52	6 0	6 10	6 20	6 32	6 46
29	4 41	4 55	5 8	5 22	5 39	5 48	5 59	6 12	6 27	6 34	6 42	6 51	7 1	7 13
30	5 29	5 40	5 51	6 3	6 17	6 25	6 34	6 44	6 56	7 2	7 9	7 16	7 24	7 33
31	6 16	6 24	6 33	6 42	6 52	6 58	7 5	7 13	7 22	7 26	7 31	7 36	7 42	7 49
Febr. 1	7 1	7 7	7 13	7 19	7 25	7 29	7 34	7 39	7 45	7 48	7 51	7 54	7 58	8 2
2	7 46	7 49	7 51	7 54	7 57	7 59	8 1	8 3	8 6	8 7	8 9	8 10	8 12	8 14
3	8 31	8 31	8 30	8 29	8 29	8 28	8 28	8 27	8 26	8 26	8 26	8 26	8 25	8 25
4	9 17	9 13	9 9	9 5	9 0	8 58	8 55	8 51	8 47	8 46	8 44	8 41	8 39	8 36
5	10 3	9 56	9 50	9 42	9 34	9 29	9 24	9 17	9 10	9 7	9 3	8 59	8 54	8 49
6	10 52	10 42	10 32	10 22	10 10	10 3	9 55	9 46	9 35	9 30	9 25	9 19	9 12	9 4
7	11 43	11 30	11 18	11 5	10 50	10 41	10 31	10 19	10 5	9 59	9 52	9 44	9 35	9 24
8	12 37	12 22	12 8	11 52	11 34	11 24	11 12	10 59	10 42	10 34	10 25	10 16	10 4	9 52
9	13 33	13 17	13 1	12 45	12 25	12 14	12 1	11 46	11 27	11 18	11 9	10 58	10 45	10 30
10	14 31	14 15	13 59	13 42	13 23	13 11	12 58	12 42	12 23	12 14	12 4	11 53	11 40	11 24

Mittlere Ortszeit — Meridian von Greenwich

Tag	−10°	0°	+10°	+20°	+30°	+35°	+40°	+45°	+50°	+52°	+54°	+56°	+58°	+60°
	Geographische Breite													
1957	h m	h m	h m	h m	h m	h m	h m	h m	h m	h m	h m	h m	h m	h m
Jan. 0	18 1	17 45	17 30	17 13	16 54	16 43	16 31	16 16	15 57	15 48	15 38	15 27	15 15	15 0
1	18 47	18 33	18 20	18 5	17 48	17 38	17 27	17 13	16 57	16 49	16 40	16 31	16 20	16 7
2	19 31	19 20	19 8	18 56	18 41	18 33	18 24	18 12	17 59	17 52	17 45	17 38	17 29	17 19
3	20 13	20 4	19 55	19 45	19 34	19 28	19 21	19 12	19 2	18 57	18 52	18 46	18 39	18 32
4	20 53	20 47	20 41	20 34	20 27	20 23	20 18	20 12	20 5	20 2	19 58	19 54	19 50	19 45
5	21 31	21 28	21 26	21 22	21 19	21 17	21 14	21 12	21 8	21 7	21 5	21 3	21 1	20 59
6	22 10	22 10	22 10	22 11	22 11	22 11	22 11	22 11	22 12	22 12	22 12	22 12	22 12	22 12
7	22 49	22 52	22 56	23 0	23 4	23 6	23 9	23 12	23 16	23 18	23 20	23 22	23 24	23 27
8	23 29	23 36	23 43	23 50	23 58	— —	— —	— —	— —	— —	— —	— —	— —	— —
9	— —	— —	— —	— —	— —	0 3	0 8	0 14	0 22	0 25	0 29	0 33	0 38	0 43
10	0 12	0 22	0 32	0 42	0 54	1 1	1 9	1 18	1 29	1 34	1 40	1 46	1 54	2 2
11	0 59	1 11	1 24	1 37	1 53	2 2	2 12	2 24	2 38	2 45	2 53	3 1	3 11	3 22
12	1 50	2 5	2 20	2 35	2 53	3 4	3 16	3 30	3 48	3 56	4 5	4 15	4 27	4 41
13	2 46	3 2	3 18	3 35	3 55	4 6	4 19	4 35	4 54	5 3	5 13	5 25	5 38	5 54
14	3 46	4 2	4 18	4 36	4 55	5 7	5 20	5 36	5 55	6 4	6 14	6 26	6 39	6 54
15	4 49	5 4	5 19	5 35	5 53	6 4	6 16	6 30	6 47	6 56	7 5	7 15	7 26	7 40
16	5 52	6 5	6 18	6 31	6 46	6 55	7 5	7 17	7 31	7 37	7 45	7 53	8 2	8 12
17	6 55	7 4	7 14	7 24	7 35	7 41	7 49	7 57	8 7	8 12	8 17	8 22	8 29	8 36
18	7 55	8 1	8 7	8 12	8 19	8 23	8 27	8 32	8 38	8 41	8 43	8 47	8 50	8 54
19	8 54	8 55	8 57	8 58	9 0	9 1	9 3	9 4	9 5	9 6	9 7	9 8	9 9	9 10
20	9 50	9 48	9 45	9 43	9 40	9 38	9 36	9 34	9 32	9 30	9 29	9 28	9 26	9 24
21	10 45	10 39	10 33	10 26	10 19	10 15	10 10	10 4	9 58	9 55	9 51	9 48	9 44	9 39
22	11 39	11 29	11 20	11 10	10 59	10 52	10 44	10 36	10 25	10 21	10 15	10 9	10 3	9 56
23	12 32	12 20	12 8	11 55	11 40	11 31	11 21	11 10	10 56	10 49	10 42	10 34	10 25	10 15
24	13 25	13 11	12 56	12 41	12 24	12 13	12 2	11 48	11 31	11 23	11 15	11 5	10 54	10 41
25	14 17	14 2	13 46	13 29	13 10	12 59	12 46	12 31	12 12	12 3	11 53	11 42	11 29	11 14
26	15 8	14 52	14 36	14 19	13 59	13 47	13 34	13 18	12 59	12 50	12 39	12 28	12 14	11 58
27	15 58	15 42	15 26	15 10	14 50	14 39	14 26	14 11	13 52	13 43	13 33	13 21	13 8	12 53
28	16 45	16 30	16 16	16 0	15 43	15 32	15 21	15 7	14 50	14 41	14 32	14 22	14 11	13 57
29	17 29	17 17	17 4	16 51	16 36	16 27	16 17	16 5	15 50	15 43	15 36	15 27	15 18	15 7
30	18 12	18 2	17 52	17 41	17 29	17 22	17 14	17 4	16 53	16 47	16 42	16 35	16 28	16 19
31	18 52	18 45	18 38	18 30	18 22	18 17	18 11	18 4	17 56	17 52	17 48	17 43	17 38	17 33
Febr. 1	19 31	19 27	19 23	19 19	19 14	19 11	19 8	19 4	18 59	18 57	18 54	18 52	18 49	18 46
2	20 10	20 9	20 8	20 7	20 6	20 5	20 4	20 3	20 2	20 2	20 1	20 1	20 0	19 59
3	20 49	20 51	20 53	20 55	20 58	21 0	21 2	21 4	21 6	21 7	21 8	21 10	21 11	21 13
4	21 28	21 34	21 39	21 45	21 51	21 55	22 0	22 5	22 11	22 13	22 16	22 20	22 24	22 28
5	22 10	22 18	22 26	22 35	22 46	22 52	22 59	23 6	23 16	23 21	23 25	23 31	23 37	23 44
6	22 54	23 5	23 16	23 28	23 42	23 50	23 59	— —	— —	— —	— —	— —	— —	— —
7	23 41	23 55	— —	— —	— —	— —	— —	0 10	0 23	0 29	0 35	0 43	0 51	1 1
8	— —	— —	0 8	0 23	0 40	0 50	1 1	1 14	1 30	1 37	1 46	1 55	2 6	2 18
9	0 33	0 48	1 3	1 20	1 39	1 50	2 2	2 17	2 35	2 44	2 54	3 5	3 17	3 32
10	1 29	1 45	2 1	2 18	2 38	2 49	3 2	3 18	3 37	3 46	3 56	4 8	4 21	4 36

Mondaufgang 1957

Mittlere Ortszeit

Meridian von Greenwich

Tag	Geographische Breite													
	−10°	0°	+10°	+20°	+30°	+35°	+40°	+45°	+50°	+52°	+54°	+56°	+58°	+60°
1957	h m	h m	h m	h m	h m	h m	h m	h m	h m	h m	h m	h m	h m	h m
Febr. 10	14 31	14 15	13 59	13 42	13 23	13 11	12 58	12 42	12 23	12 14	12 4	11 53	11 40	11 24
11	15 30	15 15	15 0	14 44	14 26	14 15	14 3	13 48	13 30	13 22	13 12	13 2	12 50	12 36
12	16 28	16 15	16 2	15 49	15 33	15 24	15 14	15 1	14 46	14 39	14 32	14 23	14 13	14 1
13	17 24	17 14	17 5	16 54	16 43	16 36	16 28	16 19	16 8	16 3	15 57	15 51	15 44	15 36
14	18 18	18 12	18 6	18 0	17 53	17 49	17 44	17 38	17 32	17 29	17 26	17 22	17 18	17 13
15	19 9	19 7	19 6	19 4	19 2	19 0	18 59	18 58	18 56	18 55	18 54	18 53	18 52	18 50
16	19 59	20 2	20 4	20 6	20 9	20 11	20 13	20 15	20 18	20 19	20 20	20 22	20 23	20 25
17	20 49	20 55	21 1	21 7	21 15	21 19	21 24	21 30	21 37	21 41	21 44	21 48	21 53	21 58
18	21 38	21 47	21 57	22 7	22 19	22 26	22 34	22 43	22 54	22 59	23 5	23 11	23 19	23 27
19	22 28	22 40	22 52	23 6	23 21	23 30	23 40	23 52	— —	— —	— —	— —	— —	— —
20	23 18	23 32	23 47	— —	— —	— —	— —	— —	0 7	0 14	0 21	0 30	0 40	0 51
21	— —	— —	— —	0 2	0 20	0 30	0 42	0 57	1 14	1 22	1 31	1 41	1 53	2 7
22	0 8	0 24	0 39	0 56	1 16	1 27	1 40	1 55	2 14	2 23	2 33	2 44	2 57	3 12
23	0 59	1 15	1 31	1 48	2 7	2 19	2 32	2 47	3 6	3 15	3 26	3 37	3 50	4 5
24	1 49	2 4	2 19	2 36	2 54	3 5	3 18	3 33	3 51	3 59	4 9	4 19	4 31	4 46
25	2 38	2 52	3 6	3 21	3 38	3 47	3 59	4 12	4 28	4 35	4 44	4 53	5 4	5 16
26	3 26	3 38	3 50	4 3	4 17	4 25	4 35	4 46	4 59	5 6	5 12	5 20	5 29	5 38
27	4 13	4 22	4 32	4 42	4 53	5 0	5 7	5 16	5 26	5 31	5 36	5 42	5 49	5 56
28	4 59	5 6	5 12	5 19	5 27	5 32	5 37	5 43	5 50	5 53	5 57	6 1	6 5	6 10
März 1	5 44	5 48	5 52	5 55	6 0	6 2	6 5	6 8	6 12	6 14	6 16	6 18	6 20	6 23
2	6 30	6 30	6 30	6 31	6 31	6 32	6 32	6 33	6 33	6 33	6 34	6 34	6 34	6 34
3	7 15	7 12	7 10	7 7	7 3	7 1	6 59	6 57	6 54	6 53	6 51	6 50	6 48	6 46
4	8 1	7 55	7 50	7 43	7 36	7 32	7 28	7 23	7 16	7 14	7 10	7 7	7 3	6 59
5	8 49	8 40	8 32	8 22	8 12	8 6	7 59	7 51	7 41	7 37	7 32	7 27	7 21	7 14
6	9 39	9 28	9 16	9 4	8 50	8 42	8 33	8 22	8 10	8 4	7 57	7 50	7 42	7 32
7	10 31	10 17	10 4	9 49	9 33	9 23	9 12	8 59	8 43	8 36	8 28	8 19	8 9	7 57
8	11 25	11 10	10 55	10 39	10 20	10 9	9 57	9 42	9 24	9 16	9 7	8 56	8 44	8 30
9	12 21	12 5	11 49	11 32	11 13	11 2	10 49	10 33	10 15	10 6	9 56	9 45	9 32	9 17
10	13 17	13 2	12 46	12 30	12 11	12 0	11 48	11 33	11 15	11 6	10 56	10 46	10 33	10 19
11	14 13	14 0	13 46	13 31	13 14	13 4	12 53	12 40	12 24	12 16	12 8	11 58	11 47	11 35
12	15 8	14 57	14 46	14 34	14 20	14 12	14 3	13 53	13 40	13 34	13 27	13 20	13 12	13 2
13	16 1	15 54	15 46	15 38	15 28	15 23	15 16	15 9	15 0	14 56	14 52	14 47	14 41	14 35
14	16 53	16 49	16 45	16 41	16 36	16 34	16 30	16 27	16 22	16 20	16 18	16 16	16 13	16 10
15	17 44	17 44	17 44	17 44	17 44	17 44	17 44	17 45	17 45	17 45	17 45	17 45	17 45	17 45
16	18 34	18 38	18 42	18 47	18 52	18 55	18 58	19 2	19 7	19 9	19 11	19 14	19 17	19 20
17	19 25	19 33	19 40	19 49	19 58	20 4	20 10	20 17	20 26	20 31	20 35	20 40	20 46	20 52
18	20 16	20 27	20 38	20 49	21 3	21 11	21 20	21 30	21 43	21 49	21 56	22 3	22 12	22 21
19	21 7	21 21	21 34	21 49	22 5	22 15	22 26	22 39	22 55	23 3	23 11	23 21	23 31	23 44
20	22 0	22 15	22 30	22 46	23 4	23 15	23 28	23 42	— —	— —	— —	— —	— —	— —
21	22 52	23 7	23 23	23 40	23 59	— —	— —	— —	0 1	0 9	0 19	0 29	0 42	0 56
22	23 43	23 58	— —	— —	— —	0 10	0 23	0 39	0 58	1 7	1 17	1 28	1 41	1 56
23	— —	— —	0 14	0 30	0 49	1 0	1 13	1 28	1 46	1 55	2 4	2 15	2 28	2 42

Mittlere Ortszeit — Meridian von Greenwich

Tag	Geographische Breite													
	−10°	0°	+10°	+20°	+30°	+35°	+40°	+45°	+50°	+52°	+54°	+56°	+58°	+60°
1957	h m	h m	h m	h m	h m	h m	h m	h m	h m	h m	h m	h m	h m	h m
Febr. 10	1 29	1 45	2 1	2 18	2 38	2 49	3 2	3 18	3 37	3 46	3 56	4 8	4 21	4 36
11	2 28	2 44	2 59	3 16	3 35	3 46	3 59	4 14	4 32	4 41	4 50	5 1	5 14	5 28
12	3 30	3 44	3 58	4 13	4 30	4 39	4 50	5 4	5 19	5 27	5 35	5 44	5 55	6 7
13	4 32	4 43	4 55	5 7	5 20	5 28	5 37	5 47	5 59	6 5	6 11	6 18	6 26	6 35
14	5 34	5 42	5 49	5 58	6 7	6 12	6 18	6 25	6 33	6 37	6 41	6 46	6 51	6 57
15	6 34	6 38	6 42	6 46	6 51	6 53	6 56	6 59	7 3	7 5	7 7	7 9	7 12	7 14
16	7 34	7 33	7 33	7 33	7 32	7 32	7 32	7 31	7 31	7 31	7 31	7 31	7 30	7 30
17	8 31	8 27	8 23	8 18	8 13	8 10	8 7	8 3	7 58	7 56	7 54	7 51	7 49	7 45
18	9 28	9 20	9 12	9 4	8 54	8 49	8 42	8 35	8 27	8 23	8 18	8 13	8 8	8 2
19	10 24	10 13	10 2	9 50	9 36	9 29	9 20	9 10	8 57	8 52	8 45	8 38	8 31	8 22
20	11 18	11 5	10 51	10 37	10 21	10 11	10 0	9 47	9 32	9 25	9 17	9 8	8 57	8 46
21	12 12	11 57	11 42	11 26	11 7	10 56	10 44	10 29	10 11	10 3	9 54	9 43	9 31	9 17
22	13 4	12 48	12 33	12 16	11 56	11 45	11 32	11 16	10 57	10 48	10 38	10 27	10 13	9 58
23	13 54	13 39	13 23	13 6	12 47	12 35	12 23	12 7	11 48	11 39	11 29	11 18	11 5	10 49
24	14 42	14 27	14 13	13 57	13 39	13 28	13 16	13 2	12 44	12 36	12 27	12 16	12 4	11 50
25	15 27	15 14	15 2	14 48	14 32	14 22	14 12	13 59	13 44	13 37	13 28	13 20	13 9	12 58
26	16 10	16 0	15 49	15 38	15 24	15 17	15 8	14 58	14 45	14 39	14 33	14 26	14 18	14 9
27	16 52	16 44	16 36	16 27	16 17	16 11	16 5	15 57	15 48	15 44	15 39	15 34	15 28	15 21
28	17 31	17 26	17 21	17 16	17 9	17 6	17 1	16 57	16 51	16 48	16 45	16 42	16 38	16 34
März 1	18 10	18 8	18 6	18 4	18 1	18 0	17 58	17 56	17 54	17 53	17 52	17 51	17 49	17 48
2	18 49	18 50	18 51	18 53	18 54	18 55	18 56	18 57	18 58	18 58	18 59	19 0	19 0	19 1
3	19 29	19 33	19 37	19 42	19 47	19 50	19 54	19 58	20 2	20 5	20 7	20 10	20 13	20 16
4	20 9	20 17	20 24	20 32	20 41	20 46	20 52	20 59	21 7	21 11	21 16	21 20	21 25	21 31
5	20 53	21 3	21 13	21 24	21 37	21 44	21 52	22 2	22 14	22 19	22 25	22 32	22 39	22 48
6	21 38	21 51	22 4	22 17	22 33	22 42	22 52	23 5	23 20	23 26	23 34	23 43	23 53	— —
7	22 28	22 42	22 57	23 13	23 30	23 41	23 53	— —	— —	— —	— —	— —	— —	0 4
8	23 20	23 36	23 52	— —	— —	— —	— —	0 7	0 24	0 33	0 42	0 52	1 4	1 17
9	— —	— —	— —	0 9	0 28	0 39	0 52	1 7	1 26	1 34	1 44	1 56	2 8	2 23
10	0 16	0 32	0 48	1 5	1 24	1 35	1 48	2 3	2 21	2 30	2 40	2 51	3 4	3 18
11	1 15	1 29	1 44	2 0	2 17	2 28	2 39	2 53	3 10	3 18	3 27	3 37	3 48	4 1
12	2 14	2 27	2 39	2 53	3 8	3 17	3 26	3 38	3 52	3 58	4 6	4 14	4 23	4 33
13	3 15	3 24	3 34	3 44	3 55	4 2	4 9	4 17	4 28	4 32	4 38	4 43	4 50	4 57
14	4 14	4 20	4 26	4 32	4 39	4 43	4 48	4 53	4 59	5 2	5 5	5 9	5 12	5 17
15	5 13	5 15	5 17	5 19	5 22	5 23	5 24	5 26	5 28	5 29	5 30	5 31	5 32	5 33
16	6 12	6 10	6 8	6 6	6 3	6 2	6 0	5 58	5 56	5 55	5 54	5 52	5 51	5 49
17	7 10	7 4	6 58	6 52	6 45	6 41	6 36	6 30	6 24	6 21	6 18	6 14	6 10	6 6
18	8 8	7 58	7 49	7 39	7 27	7 21	7 13	7 5	6 54	6 50	6 44	6 39	6 32	6 25
19	9 5	8 53	8 40	8 27	8 12	8 4	7 54	7 42	7 28	7 22	7 15	7 7	6 58	6 48
20	10 1	9 47	9 32	9 17	8 59	8 49	8 38	8 24	8 7	7 59	7 51	7 41	7 30	7 17
21	10 56	10 40	10 24	10 8	9 49	9 38	9 25	9 10	8 52	8 43	8 33	8 22	8 10	7 55
22	11 48	11 32	11 16	11 0	10 40	10 29	10 16	10 1	9 42	9 33	9 23	9 12	8 59	8 44
23	12 37	12 22	12 7	11 51	11 33	11 22	11 10	10 55	10 37	10 28	10 19	10 8	9 56	9 42

Mondaufgang 1957

Mittlere Ortszeit | Meridian von Greenwich

Tag	Geographische Breite													
	−10°	0°	+10°	+20°	+30°	+35°	+40°	+45°	+50°	+52°	+54°	+56°	+58°	+60°
1957	h m	h m	h m	h m	h m	h m	h m	h m	h m	h m	h m	h m	h m	h m
März 23	— —	— —	0 14	0 30	0 49	1 0	1 13	1 28	1 46	1 55	2 4	2 15	2 28	2 42
24	0 33	0 47	1 2	1 17	1 34	1 44	1 56	2 10	2 26	2 34	2 43	2 52	3 3	3 16
25	1 22	1 34	1 47	2 0	2 15	2 24	2 34	2 46	3 0	3 7	3 14	3 22	3 31	3 42
26	2 9	2 20	2 30	2 40	2 53	3 0	3 8	3 17	3 29	3 34	3 40	3 46	3 53	4 1
27	2 56	3 3	3 11	3 18	3 28	3 33	3 39	3 46	3 54	3 57	4 2	4 6	4 11	4 17
28	3 41	3 46	3 50	3 55	4 1	4 4	4 7	4 11	4 16	4 19	4 21	4 24	4 27	4 30
29	4 26	4 28	4 29	4 31	4 33	4 34	4 35	4 36	4 38	4 39	4 39	4 40	4 41	4 42
30	5 12	5 10	5 8	5 7	5 5	5 4	5 2	5 1	4 59	4 59	4 58	4 57	4 56	4 55
31	5 58	5 53	5 49	5 44	5 38	5 35	5 31	5 27	5 21	5 19	5 17	5 14	5 11	5 7
April 1	6 46	6 38	6 30	6 22	6 13	6 7	6 1	5 54	5 46	5 42	5 38	5 33	5 28	5 22
2	7 36	7 25	7 15	7 3	6 51	6 43	6 35	6 25	6 13	6 8	6 2	5 55	5 48	5 40
3	8 28	8 15	8 2	7 48	7 32	7 23	7 13	7 1	6 46	6 39	6 32	6 23	6 14	6 3
4	9 21	9 7	8 52	8 36	8 18	8 8	7 56	7 42	7 25	7 17	7 8	6 58	6 47	6 33
5	10 16	10 1	9 45	9 29	9 9	8 58	8 46	8 31	8 12	8 4	7 54	7 43	7 30	7 16
6	11 12	10 56	10 41	10 24	10 5	9 54	9 42	9 27	9 8	9 0	8 50	8 39	8 27	8 12
7	12 7	11 52	11 38	11 23	11 5	10 55	10 44	10 30	10 13	10 5	9 56	9 46	9 35	9 22
8	13 0	12 48	12 36	12 23	12 8	12 0	11 50	11 39	11 25	11 18	11 11	11 3	10 54	10 43
9	13 52	13 43	13 34	13 24	13 13	13 7	12 59	12 51	12 40	12 36	12 30	12 25	12 18	12 10
10	14 42	14 37	14 31	14 25	14 19	14 15	14 10	14 5	13 59	13 56	13 53	13 49	13 45	13 41
11	15 32	15 30	15 28	15 27	15 24	15 23	15 22	15 20	15 18	15 17	15 16	15 15	15 14	15 13
12	16 21	16 23	16 25	16 28	16 30	16 32	16 34	16 36	16 38	16 39	16 41	16 42	16 44	16 45
13	17 11	17 17	17 23	17 29	17 36	17 40	17 45	17 51	17 58	18 1	18 4	18 8	18 12	18 17
14	18 1	18 11	18 20	18 30	18 42	18 48	18 56	19 5	19 16	19 21	19 27	19 33	19 40	19 48
15	18 53	19 5	19 18	19 31	19 46	19 55	20 5	20 17	20 31	20 38	20 46	20 54	21 4	21 15
16	19 46	20 0	20 15	20 30	20 48	20 58	21 10	21 24	21 41	21 49	21 58	22 8	22 20	22 33
17	20 40	20 55	21 10	21 27	21 46	21 57	22 10	22 25	22 44	22 52	23 2	23 13	23 26	23 41
18	21 33	21 48	22 4	22 20	22 39	22 51	23 3	23 18	23 37	23 46	23 56	— —	— —	— —
19	22 25	22 39	22 54	23 10	23 28	23 38	23 50	— —	— —	— —	— —	0 7	0 19	0 34
20	23 15	23 28	23 41	23 55	— —	— —	— —	0 4	0 22	0 30	0 39	0 49	1 0	1 14
21	— —	— —	— —	— —	0 11	0 20	0 31	0 43	0 58	1 6	1 13	1 22	1 32	1 43
22	0 3	0 14	0 25	0 37	0 50	0 58	1 7	1 17	1 29	1 35	1 41	1 48	1 56	2 5
23	0 50	0 59	1 7	1 16	1 26	1 32	1 39	1 47	1 56	2 0	2 5	2 10	2 16	2 22
24	1 36	1 42	1 47	1 53	2 0	2 4	2 8	2 13	2 20	2 22	2 25	2 29	2 33	2 37
25	2 21	2 24	2 26	2 29	2 32	2 34	2 36	2 39	2 41	2 43	2 44	2 46	2 48	2 49
26	3 6	3 6	3 5	3 5	3 4	3 4	3 4	3 3	3 3	3 3	3 2	3 2	3 2	3 2
27	3 52	3 49	3 45	3 41	3 37	3 35	3 32	3 29	3 25	3 23	3 21	3 19	3 17	3 14
28	4 40	4 33	4 27	4 20	4 12	4 7	4 2	3 56	3 49	3 45	3 42	3 38	3 33	3 28
29	5 30	5 20	5 10	5 0	4 49	4 42	4 34	4 26	4 15	4 10	4 5	3 59	3 52	3 45
30	6 21	6 9	5 57	5 44	5 29	5 21	5 11	5 0	4 46	4 40	4 33	4 25	4 16	4 6
Mai 1	7 16	7 1	6 47	6 32	6 15	6 5	5 53	5 40	5 24	5 16	5 8	4 58	4 47	4 35
2	8 11	7 56	7 40	7 24	7 5	6 54	6 42	6 27	6 9	6 0	5 51	5 40	5 28	5 14
3	9 7	8 52	8 36	8 20	8 0	7 49	7 37	7 22	7 3	6 54	6 45	6 34	6 21	6 7

Mittlere Ortszeit — Meridian von Greenwich

Tag	Geographische Breite −10°	0°	+10°	+20°	+30°	+35°	+40°	+45°	+50°	+52°	+54°	+56°	+58°	+60°
1957	h m	h m	h m	h m	h m	h m	h m	h m	h m	h m	h m	h m	h m	h m
März 23	12 37	12 22	12 7	11 51	11 33	11 22	11 10	10 55	10 37	10 28	10 19	10 8	9 56	9 42
24	13 24	13 10	12 57	12 42	12 26	12 16	12 5	11 52	11 36	11 28	11 20	11 11	11 0	10 48
25	14 8	13 56	13 45	13 33	13 19	13 11	13 1	12 50	12 37	12 31	12 24	12 16	12 7	11 58
26	14 50	14 41	14 32	14 22	14 11	14 5	13 58	13 49	13 39	13 34	13 29	13 23	13 17	13 9
27	15 30	15 24	15 18	15 11	15 4	14 59	14 54	14 49	14 42	14 39	14 35	14 31	14 27	14 22
28	16 9	16 6	16 3	16 0	15 56	15 54	15 51	15 48	15 45	15 43	15 41	15 39	15 37	15 35
29	16 48	16 48	16 48	16 48	16 48	16 48	16 48	16 48	16 48	16 48	16 48	16 48	16 48	16 48
30	17 28	17 31	17 34	17 37	17 41	17 44	17 46	17 49	17 53	17 54	17 56	17 58	18 0	18 3
31	18 8	18 15	18 21	18 28	18 36	18 40	18 45	18 51	18 58	19 1	19 5	19 9	19 14	19 19
April 1	18 51	19 1	19 10	19 20	19 31	19 38	19 45	19 54	20 5	20 9	20 15	20 21	20 28	20 35
2	19 37	19 49	20 1	20 13	20 28	20 36	20 46	20 57	21 11	21 18	21 25	21 33	21 42	21 52
3	20 25	20 39	20 53	21 8	21 25	21 35	21 47	22 0	22 17	22 25	22 33	22 43	22 54	23 7
4	21 17	21 32	21 48	22 4	22 23	22 34	22 46	23 1	23 19	23 28	23 37	23 48	— —	— —
5	22 12	22 27	22 43	23 0	23 19	23 30	23 43	23 58	— —	— —	— —	— —	0 1	0 15
6	23 8	23 23	23 38	23 54	— —	— —	— —	— —	0 16	0 25	0 35	0 46	0 58	1 13
7	— —	— —	— —	— —	0 12	0 23	0 35	0 49	1 6	1 14	1 24	1 34	1 45	1 59
8	0 6	0 19	0 32	0 46	1 2	1 12	1 22	1 34	1 49	1 56	2 4	2 13	2 22	2 33
9	1 4	1 14	1 25	1 36	1 49	1 56	2 5	2 14	2 26	2 31	2 37	2 44	2 51	2 59
10	2 1	2 9	2 16	2 24	2 33	2 38	2 43	2 50	2 58	3 1	3 5	3 10	3 15	3 20
11	2 58	3 2	3 6	3 10	3 14	3 17	3 19	3 23	3 27	3 28	3 30	3 32	3 35	3 37
12	3 55	3 55	3 55	3 55	3 55	3 55	3 54	3 54	3 54	3 54	3 54	3 54	3 53	3 53
13	4 53	4 49	4 45	4 40	4 35	4 33	4 29	4 26	4 21	4 19	4 17	4 15	4 12	4 9
14	5 50	5 42	5 35	5 27	5 17	5 12	5 6	4 59	4 50	4 47	4 42	4 38	4 33	4 27
15	6 48	6 37	6 26	6 14	6 1	5 53	5 45	5 35	5 23	5 17	5 11	5 4	4 56	4 48
16	7 45	7 32	7 18	7 4	6 48	6 38	6 28	6 15	6 0	5 52	5 44	5 36	5 26	5 14
17	8 42	8 27	8 12	7 56	7 37	7 27	7 14	7 0	6 42	6 34	6 25	6 14	6 3	5 49
18	9 36	9 21	9 5	8 48	8 29	8 18	8 5	7 50	7 31	7 22	7 12	7 1	6 49	6 34
19	10 28	10 13	9 58	9 41	9 23	9 12	8 59	8 44	8 26	8 17	8 7	7 56	7 44	7 29
20	11 17	11 3	10 49	10 34	10 17	10 6	9 55	9 41	9 24	9 16	9 8	8 58	8 47	8 34
21	12 3	11 51	11 38	11 25	11 10	11 2	10 52	10 40	10 26	10 19	10 11	10 3	9 54	9 43
22	12 46	12 36	12 26	12 16	12 4	11 57	11 49	11 39	11 28	11 23	11 17	11 10	11 3	10 55
23	13 27	13 19	13 12	13 5	12 56	12 51	12 45	12 39	12 31	12 27	12 23	12 18	12 13	12 7
24	14 6	14 2	13 58	13 53	13 48	13 45	13 42	13 38	13 33	13 31	13 29	13 26	13 23	13 20
25	14 45	14 44	14 43	14 42	14 40	14 40	14 39	14 38	14 36	14 36	14 35	14 34	14 34	14 33
26	15 24	15 26	15 28	15 31	15 33	15 35	15 36	15 38	15 40	15 41	15 42	15 44	15 45	15 47
27	16 5	16 10	16 15	16 21	16 27	16 31	16 35	16 40	16 45	16 48	16 51	16 54	16 58	17 2
28	16 47	16 55	17 4	17 12	17 22	17 28	17 35	17 43	17 52	17 56	18 1	18 6	18 12	18 19
29	17 32	17 43	17 54	18 6	18 19	18 27	18 36	18 47	18 59	19 5	19 12	19 19	19 27	19 37
30	18 21	18 34	18 47	19 1	19 18	19 27	19 38	19 51	20 6	20 14	20 22	20 31	20 42	20 54
Mai 1	19 12	19 27	19 42	19 58	20 16	20 27	20 39	20 54	21 11	21 20	21 29	21 40	21 52	22 5
2	20 7	20 22	20 38	20 55	21 14	21 25	21 38	21 53	22 11	22 20	22 30	22 41	22 53	23 8
3	21 3	21 19	21 34	21 50	22 9	22 19	22 32	22 46	23 4	23 12	23 22	23 32	23 44	23 58

Mondaufgang 1957

Mittlere Ortszeit

Meridian von Greenwich

Tag	−10°	0°	+10°	+20°	+30°	+35°	+40°	+45°	+50°	+52°	+54°	+56°	+58°	+60°
	Geographische Breite													
1957	h m	h m	h m	h m	h m	h m	h m	h m	h m	h m	h m	h m	h m	h m
Mai 3	9 7	8 52	8 36	8 20	8 0	7 49	7 37	7 22	7 3	6 54	6 45	6 34	6 21	6 7
4	10 3	9 48	9 34	9 18	9 0	8 49	8 37	8 23	8 6	7 58	7 49	7 38	7 27	7 13
5	10 57	10 44	10 31	10 18	10 2	9 53	9 43	9 31	9 16	9 9	9 1	8 52	8 42	8 31
6	11 49	11 39	11 29	11 18	11 6	10 59	10 51	10 41	10 30	10 24	10 18	10 12	10 5	9 56
7	12 38	12 32	12 25	12 18	12 10	12 5	12 0	11 53	11 46	11 42	11 38	11 34	11 29	11 24
8	13 27	13 24	13 21	13 17	13 14	13 11	13 9	13 6	13 3	13 1	12 59	12 58	12 55	12 53
9	14 15	14 15	14 16	14 17	14 17	14 18	14 18	14 19	14 20	14 20	14 21	14 21	14 22	14 22
10	15 2	15 7	15 11	15 16	15 21	15 24	15 28	15 32	15 37	15 40	15 42	15 45	15 48	15 52
11	15 51	15 59	16 7	16 15	16 25	16 31	16 37	16 45	16 54	16 58	17 3	17 8	17 14	17 20
12	16 41	16 52	17 3	17 15	17 29	17 37	17 46	17 56	18 9	18 15	18 22	18 29	18 38	18 47
13	17 33	17 47	18 0	18 15	18 31	18 41	18 52	19 5	19 21	19 29	19 37	19 46	19 57	20 9
14	18 26	18 41	18 56	19 13	19 31	19 42	19 54	20 9	20 27	20 36	20 45	20 56	21 8	21 23
15	19 20	19 36	19 51	20 8	20 27	20 38	20 51	21 7	21 25	21 34	21 44	21 55	22 8	22 23
16	20 13	20 29	20 44	21 0	21 19	21 29	21 42	21 57	22 14	22 23	22 32	22 43	22 55	23 9
17	21 5	21 19	21 33	21 48	22 5	22 15	22 26	22 39	22 55	23 3	23 11	23 21	23 31	23 43
18	21 55	22 7	22 19	22 32	22 46	22 55	23 4	23 15	23 29	23 35	23 42	23 50	23 59	— —
19	22 43	22 53	23 2	23 12	23 24	23 31	23 38	23 47	23 57	— —	— —	— —	— —	0 8
20	23 30	23 36	23 43	23 50	23 59	— —	— —	— —	— —	0 2	0 8	0 14	0 20	0 28
21	— —	— —	— —	— —	— —	0 3	0 9	0 15	0 22	0 26	0 29	0 34	0 38	0 43
22	0 15	0 19	0 23	0 27	0 32	0 34	0 37	0 41	0 45	0 47	0 49	0 51	0 54	0 57
23	1 0	1 1	1 2	1 2	1 3	1 4	1 5	1 5	1 6	1 7	1 7	1 8	1 8	1 9
24	1 45	1 43	1 41	1 38	1 36	1 34	1 32	1 30	1 28	1 27	1 25	1 24	1 23	1 21
25	2 32	2 27	2 21	2 15	2 9	2 5	2 1	1 56	1 50	1 48	1 45	1 42	1 38	1 34
26	3 20	3 12	3 4	2 55	2 45	2 39	2 32	2 25	2 15	2 11	2 7	2 2	1 56	1 50
27	4 11	4 0	3 49	3 37	3 24	3 16	3 7	2 57	2 44	2 39	2 33	2 26	2 18	2 9
28	5 5	4 51	4 38	4 24	4 7	3 58	3 47	3 35	3 19	3 12	3 4	2 55	2 45	2 34
29	6 1	5 46	5 31	5 15	4 56	4 46	4 33	4 19	4 2	3 53	3 44	3 34	3 22	3 9
30	6 58	6 42	6 27	6 10	5 51	5 40	5 27	5 12	4 53	4 45	4 35	4 24	4 11	3 57
31	7 55	7 40	7 25	7 9	6 51	6 40	6 27	6 13	5 55	5 46	5 37	5 26	5 14	5 0
Juni 1	8 51	8 38	8 25	8 10	7 54	7 44	7 33	7 20	7 4	6 56	6 48	6 39	6 28	6 16
2	9 45	9 34	9 23	9 12	8 58	8 50	8 41	8 31	8 18	8 12	8 6	7 59	7 50	7 41
3	10 36	10 29	10 21	10 12	10 3	9 57	9 51	9 44	9 35	9 31	9 27	9 22	9 16	9 9
4	11 25	11 21	11 17	11 12	11 7	11 4	11 1	10 57	10 52	10 50	10 48	10 45	10 42	10 39
5	12 13	12 12	12 12	12 11	12 11	12 10	12 10	12 9	12 9	12 9	12 9	12 8	12 8	12 7
6	13 0	13 3	13 6	13 9	13 13	13 16	13 18	13 21	13 25	13 27	13 28	13 30	13 33	13 35
7	13 47	13 54	14 0	14 7	14 16	14 21	14 26	14 32	14 40	14 44	14 48	14 52	14 57	15 2
8	14 35	14 45	14 55	15 6	15 18	15 25	15 33	15 43	15 54	16 0	16 6	16 12	16 20	16 28
9	15 25	15 38	15 51	16 4	16 20	16 29	16 39	16 51	17 6	17 13	17 21	17 29	17 39	17 51
10	16 17	16 32	16 46	17 2	17 20	17 30	17 42	17 56	18 13	18 22	18 31	18 41	18 53	19 7
11	17 10	17 25	17 41	17 57	18 17	18 28	18 41	18 56	19 14	19 23	19 33	19 44	19 57	20 12
12	18 3	18 19	18 34	18 51	19 10	19 21	19 34	19 49	20 7	20 16	20 26	20 37	20 49	21 4
13	18 55	19 10	19 25	19 40	19 58	20 8	20 20	20 34	20 51	20 59	21 8	21 18	21 30	21 43

Monduntergang 1957

Mittlere Ortszeit — Meridian von Greenwich

Tag	Geographische Breite													
	−10°	0°	+10°	+20°	+30°	+35°	+40°	+45°	+50°	+52°	+54°	+56°	+58°	+60°
1957	h m	h m	h m	h m	h m	h m	h m	h m	h m	h m	h m	h m	h m	h m
Mai 3	21 3	21 19	21 34	21 50	22 9	22 19	22 32	22 46	23 4	23 12	23 22	23 32	23 44	23 58
4	22 1	22 15	22 29	22 43	23 0	23 10	23 21	23 34	23 49	23 57	— —	— —	— —	— —
5	22 59	23 10	23 22	23 34	23 47	23 55	— —	— —	— —	— —	0 5	0 14	0 24	0 36
6	23 56	— —	— —	— —	— —	— —	0 4	0 15	0 27	0 33	0 40	0 47	0 55	1 4
7	— —	0 4	0 12	0 21	0 31	0 37	0 44	0 51	1 0	1 4	1 9	1 14	1 19	1 26
8	0 52	0 56	1 1	1 7	1 12	1 16	1 20	1 24	1 29	1 31	1 34	1 37	1 40	1 44
9	1 47	1 48	1 49	1 51	1 52	1 53	1 54	1 55	1 56	1 57	1 57	1 58	1 59	1 59
10	2 42	2 39	2 37	2 34	2 31	2 29	2 28	2 25	2 22	2 21	2 20	2 18	2 17	2 15
11	3 38	3 31	3 25	3 19	3 11	3 7	3 2	2 57	2 50	2 47	2 43	2 40	2 36	2 31
12	4 34	4 24	4 15	4 5	3 53	3 47	3 39	3 30	3 20	3 15	3 10	3 4	2 57	2 50
13	5 30	5 18	5 6	4 53	4 38	4 29	4 19	4 8	3 54	3 47	3 40	3 32	3 23	3 13
14	6 27	6 13	5 58	5 43	5 26	5 16	5 4	4 50	4 34	4 26	4 17	4 7	3 56	3 43
15	7 23	7 7	6 52	6 36	6 17	6 5	5 53	5 38	5 19	5 11	5 1	4 50	4 38	4 23
16	8 17	8 1	7 46	7 29	7 10	6 59	6 46	6 31	6 12	6 3	5 53	5 42	5 30	5 15
17	9 8	8 53	8 38	8 23	8 5	7 54	7 42	7 28	7 10	7 2	6 53	6 42	6 30	6 16
18	9 55	9 42	9 29	9 15	8 59	8 50	8 39	8 27	8 11	8 4	7 56	7 47	7 37	7 25
19	10 40	10 29	10 19	10 7	9 54	9 46	9 37	9 27	9 14	9 8	9 2	8 54	8 46	8 37
20	11 22	11 14	11 6	10 57	10 47	10 41	10 34	10 26	10 17	10 13	10 8	10 3	9 56	9 50
21	12 2	11 57	11 52	11 46	11 39	11 35	11 31	11 26	11 20	11 17	11 14	11 11	11 7	11 3
22	12 41	12 39	12 37	12 34	12 31	12 30	12 28	12 25	12 23	12 22	12 20	12 19	12 17	12 15
23	13 20	13 21	13 22	13 23	13 23	13 24	13 25	13 25	13 26	13 26	13 27	13 27	13 28	13 28
24	14 0	14 4	14 8	14 12	14 16	14 19	14 22	14 26	14 30	14 32	14 34	14 37	14 39	14 42
25	14 41	14 48	14 55	15 2	15 11	15 16	15 21	15 28	15 36	15 39	15 43	15 48	15 53	15 58
26	15 25	15 35	15 45	15 55	16 7	16 14	16 22	16 31	16 43	16 48	16 54	17 0	17 7	17 16
27	16 12	16 24	16 37	16 50	17 5	17 14	17 24	17 36	17 51	17 57	18 5	18 13	18 23	18 34
28	17 3	17 17	17 31	17 47	18 4	18 15	18 27	18 40	18 57	19 6	19 14	19 24	19 36	19 49
29	17 57	18 13	18 28	18 45	19 4	19 15	19 28	19 42	20 1	20 9	20 19	20 30	20 43	20 57
30	18 55	19 10	19 26	19 42	20 1	20 12	20 25	20 40	20 58	21 7	21 16	21 27	21 39	21 54
31	19 54	20 8	20 22	20 38	20 55	21 5	21 17	21 31	21 47	21 55	22 4	22 13	22 24	22 37
Juni 1	20 53	21 5	21 17	21 30	21 45	21 54	22 3	22 15	22 29	22 35	22 42	22 50	22 59	23 9
2	21 51	22 0	22 10	22 20	22 31	22 37	22 45	22 53	23 3	23 8	23 13	23 19	23 25	23 33
3	22 48	22 54	23 0	23 6	23 13	23 17	23 22	23 27	23 34	23 37	23 40	23 43	23 47	23 52
4	23 43	23 45	23 48	23 50	23 53	23 55	23 57	23 59	— —	— —	— —	— —	— —	— —
5	— —	— —	— —	— —	— —	— —	— —	— —	0 1	0 2	0 3	0 5	0 6	0 8
6	0 38	0 36	0 35	0 34	0 32	0 31	0 30	0 29	0 27	0 26	0 26	0 25	0 24	0 23
7	1 32	1 27	1 22	1 17	1 11	1 7	1 3	0 59	0 54	0 51	0 48	0 45	0 42	0 39
8	2 26	2 18	2 10	2 1	1 51	1 45	1 38	1 31	1 22	1 17	1 13	1 8	1 2	0 56
9	3 22	3 10	2 59	2 47	2 33	2 25	2 16	2 6	1 53	1 47	1 41	1 34	1 26	1 16
10	4 17	4 3	3 50	3 35	3 19	3 9	2 58	2 45	2 30	2 22	2 14	2 5	1 55	1 43
11	5 12	4 57	4 42	4 26	4 8	3 57	3 44	3 30	3 12	3 4	2 54	2 44	2 32	2 18
12	6 7	5 51	5 35	5 19	4 59	4 48	4 35	4 20	4 1	3 52	3 43	3 31	3 19	3 4
13	6 59	6 44	6 28	6 12	5 53	5 43	5 30	5 15	4 57	4 48	4 39	4 28	4 15	4 1

Mondaufgang 1957

Mittlere Ortszeit

Meridian von Greenwich

Tag	Geographische Breite													
	−10°	0°	+10°	+20°	+30°	+35°	+40°	+45°	+50°	+52°	+54°	+56°	+58°	+60°
1957	h m	h m	h m	h m	h m	h m	h m	h m	h m	h m	h m	h m	h m	h m
Juni 13	18 55	19 10	19 25	19 40	19 58	20 8	20 20	20 34	20 51	20 59	21 8	21 18	21 30	21 43
14	19 47	20 0	20 12	20 26	20 42	20 51	21 1	21 14	21 28	21 35	21 43	21 51	22 1	22 12
15	20 36	20 46	20 57	21 8	21 21	21 29	21 37	21 47	21 59	22 5	22 11	22 17	22 25	22 33
16	21 23	21 31	21 39	21 48	21 57	22 3	22 9	22 17	22 25	22 29	22 34	22 39	22 44	22 50
17	22 9	22 14	22 19	22 25	22 31	22 35	22 39	22 43	22 49	22 51	22 54	22 57	23 1	23 4
18	22 54	22 56	22 58	23 1	23 3	23 5	23 6	23 8	23 11	23 12	23 13	23 14	23 16	23 17
19	23 39	23 38	23 37	23 36	23 35	23 34	23 33	23 33	23 32	23 31	23 31	23 30	23 30	23 29
20	— —	— —	— —	— —	— —	— —	— —	23 58	23 53	23 51	23 49	23 47	23 44	23 42
21	0 24	0 20	0 16	0 12	0 7	0 4	0 1	— —	— —	— —	— —	— —	— —	23 56
22	1 11	1 4	0 57	0 50	0 41	0 36	0 31	0 25	0 17	0 13	0 10	0 5	0 1	— —
23	2 0	1 50	1 41	1 30	1 18	1 11	1 3	0 54	0 44	0 39	0 33	0 27	0 20	0 12
24	2 52	2 40	2 27	2 14	1 59	1 50	1 40	1 29	1 15	1 9	1 1	0 53	0 45	0 34
25	3 47	3 32	3 18	3 3	2 45	2 35	2 23	2 10	1 53	1 46	1 37	1 27	1 16	1 4
26	4 44	4 28	4 13	3 56	3 37	3 26	3 14	2 59	2 41	2 32	2 23	2 12	1 59	1 45
27	5 42	5 26	5 11	4 54	4 35	4 24	4 11	3 56	3 38	3 29	3 20	3 9	2 56	2 41
28	6 40	6 25	6 11	5 56	5 38	5 28	5 16	5 2	4 45	4 37	4 28	4 18	4 7	3 53
29	7 36	7 24	7 12	6 59	6 44	6 35	6 25	6 14	6 0	5 53	5 46	5 38	5 28	5 17
30	8 30	8 21	8 12	8 2	7 51	7 44	7 37	7 28	7 18	7 13	7 8	7 2	6 55	6 48
Juli 1	9 21	9 16	9 10	9 4	8 57	8 53	8 49	8 44	8 38	8 35	8 31	8 28	8 24	8 20
2	10 11	10 9	10 7	10 5	10 3	10 1	10 0	9 58	9 56	9 56	9 55	9 53	9 52	9 51
3	10 58	11 0	11 2	11 4	11 7	11 8	11 10	11 12	11 14	11 15	11 16	11 17	11 19	11 20
4	11 46	11 51	11 57	12 3	12 10	12 14	12 18	12 24	12 30	12 33	12 36	12 40	12 44	12 48
5	12 34	12 43	12 51	13 1	13 12	13 18	13 26	13 34	13 44	13 49	13 54	14 0	14 7	14 14
6	13 23	13 34	13 46	13 59	14 13	14 21	14 31	14 42	14 56	15 3	15 10	15 18	15 27	15 37
7	14 13	14 27	14 41	14 55	15 13	15 23	15 34	15 48	16 4	16 12	16 21	16 30	16 42	16 54
8	15 4	15 20	15 35	15 51	16 10	16 21	16 33	16 48	17 6	17 15	17 25	17 36	17 48	18 3
9	15 57	16 12	16 28	16 44	17 4	17 15	17 28	17 43	18 1	18 10	18 20	18 31	18 44	18 59
10	16 49	17 4	17 19	17 35	17 53	18 4	18 16	18 31	18 48	18 57	19 6	19 16	19 28	19 42
11	17 40	17 54	18 7	18 22	18 38	18 48	18 59	19 12	19 28	19 35	19 43	19 53	20 3	20 15
12	18 30	18 41	18 53	19 5	19 19	19 28	19 37	19 48	20 1	20 7	20 14	20 21	20 29	20 39
13	19 18	19 27	19 36	19 46	19 57	20 3	20 10	20 19	20 29	20 33	20 39	20 44	20 50	20 58
14	20 4	20 11	20 17	20 24	20 31	20 36	20 41	20 47	20 53	20 57	21 0	21 4	21 8	21 13
15	20 50	20 53	20 56	21 0	21 4	21 7	21 9	21 12	21 16	21 18	21 19	21 22	21 24	21 26
16	21 34	21 35	21 35	21 35	21 36	21 36	21 36	21 37	21 37	21 37	21 38	21 38	21 38	21 38
17	22 19	22 16	22 14	22 11	22 8	22 6	22 4	22 1	21 59	21 57	21 56	21 54	21 53	21 51
18	23 5	22 59	22 53	22 47	22 40	22 37	22 32	22 27	22 21	22 18	22 15	22 12	22 8	22 4
19	23 52	23 43	23 35	23 26	23 15	23 9	23 3	22 55	22 46	22 41	22 37	22 32	22 26	22 19
20	— —	— —	— —	— —	23 53	23 46	23 37	23 27	23 14	23 8	23 2	22 55	22 47	22 38
21	0 41	0 30	0 19	0 7	— —	— —	— —	— —	23 48	23 41	23 33	23 24	23 14	23 3
22	1 34	1 20	1 7	0 52	0 36	0 27	0 16	0 3	— —	— —	— —	— —	23 51	23 37
23	2 28	2 13	1 58	1 42	1 24	1 14	1 1	0 47	0 30	0 22	0 13	0 2	— —	— —
24	3 25	3 10	2 54	2 37	2 18	2 7	1 54	1 40	1 21	1 13	1 3	0 52	0 40	0 25

Monduntergang 1957

Mittlere Ortszeit — Meridian von Greenwich

Tag	Geographische Breite													
	−10°	0°	+10°	+20°	+30°	+35°	+40°	+45°	+50°	+52°	+54°	+56°	+58°	+60°
1957	h m	h m	h m	h m	h m	h m	h m	h m	h m	h m	h m	h m	h m	h m
Juni 13	6 59	6 44	6 28	6 12	5 53	5 43	5 30	5 15	4 57	4 48	4 39	4 28	4 15	4 1
14	7 48	7 34	7 20	7 5	6 48	6 38	6 27	6 13	5 57	5 49	5 41	5 31	5 20	5 7
15	8 34	8 22	8 11	7 58	7 43	7 35	7 25	7 14	7 0	6 53	6 46	6 38	6 29	6 18
16	9 18	9 8	8 59	8 49	8 37	8 31	8 23	8 14	8 3	7 58	7 52	7 46	7 39	7 31
17	9 59	9 52	9 45	9 38	9 30	9 26	9 20	9 14	9 6	9 3	8 59	8 55	8 50	8 45
18	10 38	10 34	10 31	10 27	10 22	10 20	10 17	10 13	10 9	10 7	10 5	10 3	10 0	9 57
19	11 17	11 16	11 16	11 15	11 14	11 14	11 13	11 13	11 12	11 12	11 11	11 11	11 10	11 10
20	11 56	11 58	12 1	12 3	12 6	12 8	12 10	12 12	12 15	12 17	12 18	12 19	12 21	12 23
21	12 36	12 41	12 47	12 53	12 59	13 3	13 8	13 13	13 19	13 22	13 25	13 29	13 33	13 37
22	13 18	13 26	13 35	13 44	13 54	14 0	14 7	14 15	14 25	14 29	14 34	14 40	14 46	14 53
23	14 2	14 14	14 25	14 37	14 51	14 59	15 8	15 18	15 31	15 37	15 44	15 52	16 0	16 10
24	14 51	15 4	15 18	15 32	15 49	15 59	16 10	16 23	16 39	16 46	16 54	17 4	17 14	17 26
25	15 44	15 59	16 14	16 30	16 48	16 59	17 11	17 26	17 44	17 52	18 2	18 12	18 24	18 39
26	16 40	16 56	17 11	17 28	17 47	17 58	18 11	18 26	18 45	18 54	19 3	19 14	19 27	19 42
27	17 39	17 55	18 10	18 26	18 44	18 55	19 7	19 21	19 39	19 47	19 56	20 7	20 18	20 32
28	18 40	18 54	19 7	19 21	19 37	19 47	19 57	20 10	20 25	20 32	20 39	20 48	20 58	21 9
29	19 41	19 51	20 2	20 13	20 26	20 34	20 42	20 52	21 3	21 9	21 15	21 21	21 29	21 37
30	20 40	20 47	20 55	21 2	21 11	21 16	21 22	21 28	21 36	21 40	21 44	21 48	21 53	21 59
Juli 1	21 37	21 41	21 45	21 49	21 53	21 56	21 58	22 2	22 6	22 7	22 9	22 11	22 14	22 16
2	22 33	22 33	22 33	22 33	22 33	22 33	22 33	22 33	22 33	22 32	22 32	22 32	22 32	22 32
3	23 28	23 25	23 21	23 17	23 12	23 10	23 7	23 3	22 59	22 57	22 55	22 53	22 50	22 48
4	— —	— —	— —	— —	23 52	23 47	23 41	23 35	23 27	23 23	23 19	23 15	23 10	23 4
5	0 23	0 16	0 8	0 1	— —	— —	— —	— —	23 57	23 51	23 46	23 39	23 32	23 24
6	1 18	1 7	0 57	0 46	0 33	0 26	0 18	0 8	— —	— —	— —	— —	23 58	23 48
7	2 12	1 59	1 46	1 33	1 17	1 8	0 58	0 45	0 31	0 24	0 16	0 8	— —	— —
8	3 7	2 52	2 37	2 22	2 4	1 54	1 42	1 28	1 11	1 2	0 53	0 43	0 32	0 19
9	4 0	3 45	3 29	3 13	2 54	2 43	2 30	2 15	1 56	1 48	1 38	1 27	1 14	1 0
10	4 52	4 37	4 22	4 5	3 46	3 35	3 22	3 7	2 49	2 40	2 30	2 19	2 7	1 52
11	5 42	5 28	5 13	4 58	4 40	4 30	4 18	4 4	3 46	3 38	3 29	3 19	3 7	2 54
12	6 30	6 17	6 4	5 50	5 35	5 26	5 15	5 3	4 48	4 41	4 33	4 24	4 14	4 3
13	7 14	7 4	6 53	6 42	6 29	6 22	6 13	6 3	5 51	5 45	5 39	5 32	5 24	5 15
14	7 56	7 48	7 40	7 32	7 22	7 17	7 11	7 3	6 54	6 50	6 46	6 41	6 35	6 28
15	8 36	8 31	8 26	8 21	8 15	8 11	8 8	8 3	7 57	7 55	7 52	7 49	7 45	7 41
16	9 15	9 13	9 11	9 9	9 7	9 6	9 4	9 2	9 0	8 59	8 58	8 57	8 55	8 54
17	9 54	9 55	9 56	9 57	9 59	9 59	10 0	10 1	10 3	10 3	10 4	10 5	10 5	10 6
18	10 33	10 37	10 41	10 46	10 51	10 54	10 57	11 1	11 6	11 8	11 10	11 13	11 16	11 19
19	11 13	11 20	11 27	11 35	11 44	11 49	11 55	12 1	12 10	12 13	12 17	12 22	12 27	12 33
20	11 56	12 6	12 16	12 26	12 38	12 45	12 54	13 3	13 14	13 20	13 26	13 32	13 39	13 48
21	12 41	12 54	13 6	13 19	13 35	13 43	13 54	14 5	14 20	14 27	14 34	14 42	14 52	15 3
22	13 31	13 45	13 59	14 15	14 32	14 43	14 54	15 8	15 25	15 33	15 42	15 52	16 3	16 16
23	14 24	14 40	14 55	15 12	15 31	15 42	15 54	16 9	16 27	16 36	16 45	16 56	17 9	17 23
24	15 22	15 37	15 53	16 9	16 28	16 39	16 52	17 6	17 24	17 33	17 43	17 53	18 5	18 20

Mondaufgang 1957

Mittlere Ortszeit

Meridian von Greenwich

Tag	Geographische Breite													
	—10°	0°	+10°	+20°	+30°	+35°	+40°	+45°	+50°	+52°	+54°	+56°	+58°	+60°
1957	h m	h m	h m	h m	h m	h m	h m	h m	h m	h m	h m	h m	h m	h m
Juli 24	3 25	3 10	2 54	2 37	2 18	2 7	1 54	1 40	1 21	1 13	1 3	0 52	0 40	0 25
25	4 23	4 8	3 53	3 37	3 18	3 8	2 55	2 41	2 23	2 15	2 5	1 55	1 42	1 28
26	5 21	5 7	4 54	4 40	4 23	4 14	4 3	3 50	3 34	3 27	3 19	3 10	2 59	2 47
27	6 17	6 6	5 55	5 44	5 31	5 23	5 15	5 4	4 52	4 46	4 40	4 33	4 25	4 16
28	7 11	7 4	6 56	6 48	6 39	6 34	6 28	6 22	6 13	6 10	6 5	6 1	5 56	5 50
29	8 3	7 59	7 56	7 52	7 48	7 45	7 42	7 39	7 35	7 33	7 31	7 29	7 27	7 24
30	8 53	8 53	8 53	8 54	8 54	8 55	8 55	8 56	8 56	8 56	8 56	8 57	8 57	8 57
31	9 42	9 46	9 50	9 55	10 0	10 3	10 6	10 10	10 15	10 17	10 20	10 22	10 25	10 29
Aug. 1	10 31	10 39	10 46	10 54	11 4	11 9	11 16	11 23	11 32	11 36	11 41	11 46	11 51	11 58
2	11 20	11 31	11 42	11 53	12 7	12 14	12 23	12 33	12 46	12 52	12 58	13 5	13 14	13 23
3	12 11	12 24	12 37	12 51	13 7	13 17	13 27	13 40	13 56	14 3	14 11	14 20	14 31	14 43
4	13 2	13 16	13 31	13 47	14 5	14 16	14 28	14 42	15 0	15 8	15 18	15 28	15 40	15 54
5	13 53	14 9	14 24	14 41	15 0	15 11	15 24	15 39	15 57	16 6	16 16	16 27	16 39	16 54
6	14 45	15 0	15 15	15 32	15 50	16 1	16 14	16 28	16 46	16 55	17 4	17 15	17 27	17 41
7	15 36	15 50	16 4	16 19	16 36	16 46	16 58	17 11	17 28	17 36	17 44	17 54	18 4	18 17
8	16 26	16 38	16 50	17 4	17 18	17 27	17 37	17 49	18 3	18 9	18 16	18 24	18 33	18 44
9	17 14	17 24	17 34	17 45	17 57	18 4	18 12	18 21	18 32	18 38	18 43	18 49	18 57	19 5
10	18 1	18 8	18 16	18 23	18 32	18 38	18 43	18 50	18 58	19 2	19 6	19 10	19 15	19 21
11	18 47	18 51	18 56	19 0	19 6	19 9	19 13	19 17	19 21	19 24	19 26	19 29	19 32	19 35
12	19 32	19 33	19 35	19 36	19 38	19 39	19 40	19 42	19 43	19 44	19 45	19 46	19 47	19 48
13	20 16	20 15	20 13	20 12	20 10	20 9	20 8	20 6	20 5	20 4	20 3	20 2	20 1	20 0
14	21 1	20 57	20 52	20 47	20 42	20 39	20 35	20 31	20 27	20 24	20 22	20 19	20 16	20 13
15	21 48	21 40	21 33	21 25	21 16	21 11	21 5	20 58	20 50	20 47	20 43	20 38	20 33	20 28
16	22 35	22 25	22 15	22 4	21 52	21 45	21 37	21 28	21 17	21 12	21 6	21 0	20 53	20 45
17	23 25	23 13	23 0	22 47	22 32	22 23	22 13	22 2	21 48	21 42	21 34	21 26	21 17	21 7
18	— —	— —	23 49	23 34	23 16	23 6	22 55	22 42	22 25	22 18	22 9	22 0	21 49	21 36
19	0 17	0 3	— —	— —	— —	23 55	23 43	23 28	23 11	23 2	22 53	22 42	22 30	22 16
20	1 11	0 56	0 41	0 25	0 6	— —	— —	— —	— —	23 57	23 48	23 37	23 25	23 11
21	2 7	1 52	1 37	1 21	1 2	0 51	0 38	0 24	0 6	— —	— —	— —	— —	— —
22	3 4	2 50	2 35	2 20	2 3	1 53	1 41	1 27	1 11	1 3	0 54	0 44	0 33	0 20
23	4 0	3 48	3 36	3 23	3 8	2 59	2 50	2 38	2 24	2 17	2 10	2 2	1 53	1 42
24	4 55	4 46	4 37	4 27	4 16	4 9	4 2	3 53	3 43	3 38	3 33	3 27	3 20	3 13
25	5 48	5 43	5 37	5 31	5 25	5 21	5 16	5 11	5 5	5 2	4 59	4 56	4 52	4 47
26	6 40	6 39	6 37	6 35	6 33	6 32	6 31	6 30	6 28	6 27	6 26	6 25	6 24	6 23
27	7 32	7 34	7 36	7 39	7 42	7 43	7 45	7 47	7 50	7 51	7 53	7 54	7 56	7 58
28	8 22	8 28	8 35	8 41	8 49	8 53	8 58	9 4	9 11	9 14	9 18	9 22	9 26	9 31
29	9 14	9 23	9 32	9 42	9 54	10 1	10 9	10 18	10 29	10 34	10 39	10 46	10 53	11 1
30	10 5	10 17	10 29	10 42	10 57	11 6	11 16	11 28	11 42	11 49	11 57	12 5	12 14	12 25
31	10 57	11 11	11 25	11 40	11 58	12 8	12 20	12 33	12 50	12 58	13 7	13 17	13 28	13 41
Sept. 1	11 50	12 5	12 20	12 36	12 55	13 5	13 18	13 33	13 51	13 59	14 9	14 19	14 32	14 46
2	12 42	12 57	13 12	13 28	13 47	13 58	14 10	14 25	14 43	14 51	15 1	15 11	15 24	15 38
3	13 33	13 47	14 2	14 17	14 35	14 45	14 56	15 10	15 27	15 35	15 44	15 54	16 5	16 18

Monduntergang 1957

Mittlere Ortszeit | Meridian von Greenwich

Tag	Geographische Breite													
	−10°	0°	+10°	+20°	+30°	+35°	+40°	+45°	+50°	+52°	+54°	+56°	+58°	+60°
1957	h m	h m	h m	h m	h m	h m	h m	h m	h m	h m	h m	h m	h m	h m
Juli 24	15 22	15 37	15 53	16 9	16 28	16 39	16 52	17 6	17 24	17 33	17 43	17 53	18 5	18 20
25	16 22	16 36	16 51	17 6	17 23	17 33	17 45	17 58	18 15	18 22	18 31	18 40	18 51	19 4
26	17 23	17 35	17 48	18 0	18 15	18 23	18 33	18 44	18 58	19 4	19 11	19 18	19 27	19 37
27	18 25	18 34	18 43	18 52	19 3	19 9	19 16	19 24	19 34	19 39	19 44	19 49	19 55	20 2
28	19 25	19 30	19 36	19 41	19 48	19 51	19 56	20 0	20 6	20 9	20 12	20 15	20 18	20 22
29	20 23	20 25	20 26	20 28	20 30	20 31	20 32	20 34	20 35	20 36	20 37	20 37	20 38	20 40
30	21 21	21 18	21 16	21 14	21 11	21 9	21 7	21 5	21 3	21 2	21 0	20 59	20 57	20 56
31	22 17	22 11	22 5	21 59	21 52	21 47	21 43	21 37	21 31	21 28	21 25	21 21	21 17	21 13
Aug. 1	23 13	23 4	22 54	22 45	22 33	22 27	22 19	22 11	22 1	21 56	21 51	21 45	21 39	21 32
2	— —	23 56	23 44	23 31	23 17	23 8	22 59	22 48	22 34	22 28	22 21	22 13	22 4	21 54
3	0 8	— —	— —	— —	— —	23 53	23 42	23 28	23 12	23 4	22 56	22 46	22 36	22 23
4	1 3	0 49	0 35	0 20	0 3	— —	— —	— —	23 56	23 47	23 38	23 27	23 15	23 1
5	1 57	1 42	1 26	1 10	0 52	0 41	0 28	0 14	— —	— —	— —	— —	— —	23 49
6	2 49	2 34	2 18	2 2	1 43	1 32	1 19	1 4	0 45	0 37	0 27	0 16	0 3	— —
7	3 39	3 24	3 10	2 54	2 36	2 25	2 13	1 58	1 41	1 32	1 23	1 13	1 0	0 46
8	4 27	4 13	4 0	3 46	3 29	3 20	3 9	2 56	2 40	2 33	2 24	2 15	2 5	1 53
9	5 12	5 0	4 49	4 37	4 23	4 15	4 6	3 55	3 42	3 36	3 29	3 21	3 13	3 3
10	5 54	5 46	5 37	5 27	5 17	5 10	5 3	4 55	4 45	4 40	4 35	4 29	4 23	4 15
11	6 35	6 29	6 23	6 17	6 9	6 5	6 0	5 55	5 48	5 45	5 41	5 37	5 33	5 28
12	7 14	7 11	7 8	7 5	7 1	6 59	6 57	6 54	6 51	6 49	6 47	6 45	6 43	6 41
13	7 53	7 53	7 53	7 53	7 53	7 53	7 53	7 53	7 53	7 53	7 53	7 53	7 53	7 53
14	8 32	8 35	8 38	8 41	8 45	8 47	8 49	8 52	8 56	8 57	8 59	9 1	9 3	9 5
15	9 11	9 17	9 23	9 30	9 37	9 41	9 46	9 52	9 58	10 2	10 5	10 9	10 13	10 18
16	9 53	10 1	10 10	10 20	10 30	10 37	10 44	10 52	11 2	11 7	11 12	11 18	11 24	11 31
17	10 36	10 48	10 59	11 11	11 25	11 33	11 42	11 53	12 6	12 12	12 19	12 26	12 35	12 45
18	11 23	11 36	11 50	12 4	12 21	12 30	12 41	12 54	13 10	13 17	13 25	13 34	13 45	13 57
19	12 13	12 28	12 43	12 59	13 17	13 28	13 40	13 54	14 12	14 20	14 29	14 39	14 51	15 5
20	13 7	13 23	13 38	13 54	14 13	14 24	14 37	14 51	15 10	15 18	15 28	15 38	15 51	16 5
21	14 5	14 19	14 34	14 50	15 8	15 19	15 31	15 45	16 2	16 10	16 19	16 29	16 41	16 54
22	15 4	15 17	15 31	15 45	16 1	16 10	16 21	16 33	16 48	16 55	17 3	17 11	17 21	17 32
23	16 5	16 15	16 26	16 37	16 50	16 58	17 6	17 16	17 27	17 33	17 39	17 45	17 53	18 1
24	17 5	17 13	17 20	17 28	17 37	17 42	17 48	17 54	18 2	18 6	18 9	18 14	18 19	18 24
25	18 6	18 9	18 13	18 17	18 21	18 23	18 26	18 29	18 33	18 35	18 37	18 39	18 41	18 43
26	19 5	19 5	19 5	19 4	19 4	19 3	19 3	19 3	19 2	19 2	19 2	19 1	19 1	19 1
27	20 4	20 0	19 56	19 51	19 46	19 43	19 40	19 36	19 31	19 29	19 27	19 24	19 22	19 18
28	21 2	20 54	20 47	20 38	20 29	20 23	20 17	20 10	20 2	19 58	19 53	19 49	19 43	19 37
29	22 0	21 49	21 38	21 26	21 13	21 6	20 57	20 47	20 35	20 29	20 23	20 16	20 8	19 59
30	22 56	22 43	22 30	22 16	22 0	21 50	21 40	21 27	21 12	21 5	20 57	20 48	20 38	20 27
31	23 52	23 37	23 22	23 6	22 48	22 38	22 26	22 12	21 55	21 46	21 37	21 27	21 16	21 2
Sept. 1	— —	— —	— —	23 58	23 39	23 29	23 16	23 1	22 43	22 34	22 25	22 14	22 2	21 47
2	0 45	0 30	0 15	— —	— —	— —	— —	23 55	23 37	23 28	23 19	23 8	22 56	22 42
3	1 36	1 21	1 6	0 50	0 32	0 21	0 9	— —	— —	— —	— —	— —	23 58	23 46

Mondaufgang 1957

Mittlere Ortszeit

Meridian von Greenwich

Tag	Geographische Breite													
	−10°	0°	+10°	+20°	+30°	+35°	+40°	+45°	+50°	+52°	+54°	+56°	+58°	+60°
1957	h m	h m	h m	h m	h m	h m	h m	h m	h m	h m	h m	h m	h m	h m
Sept. 3	13 33	13 47	14 2	14 17	14 35	14 45	14 56	15 10	15 27	15 35	15 44	15 54	16 5	16 18
4	14 23	14 36	14 49	15 2	15 18	15 27	15 37	15 49	16 4	16 11	16 18	16 27	16 36	16 47
5	15 11	15 22	15 33	15 44	15 57	16 5	16 13	16 23	16 35	16 41	16 47	16 54	17 1	17 10
6	15 58	16 7	16 15	16 24	16 34	16 39	16 46	16 53	17 2	17 7	17 11	17 16	17 22	17 28
7	16 44	16 50	16 55	17 1	17 8	17 11	17 16	17 21	17 27	17 29	17 32	17 35	17 39	17 43
8	17 29	17 32	17 35	17 37	17 40	17 42	17 44	17 46	17 49	17 50	17 52	17 53	17 55	17 57
9	18 14	18 14	18 13	18 13	18 12	18 12	18 12	18 11	18 11	18 11	18 10	18 10	18 10	18 9
10	18 59	18 56	18 52	18 49	18 45	18 42	18 39	18 36	18 33	18 31	18 29	18 27	18 25	18 22
11	19 45	19 39	19 32	19 26	19 18	19 14	19 9	19 3	18 56	18 53	18 49	18 46	18 41	18 37
12	20 32	20 23	20 14	20 4	19 53	19 47	19 40	19 32	19 22	19 17	19 12	19 7	19 0	18 53
13	21 21	21 10	20 58	20 46	20 32	20 24	20 15	20 4	19 51	19 45	19 39	19 31	19 23	19 14
14	22 12	21 58	21 45	21 30	21 14	21 4	20 54	20 41	20 26	20 19	20 11	20 2	19 52	19 40
15	23 4	22 49	22 34	22 19	22 1	21 50	21 38	21 24	21 7	20 59	20 50	20 40	20 29	20 15
16	23 58	23 42	23 27	23 11	22 52	22 42	22 29	22 15	21 57	21 48	21 39	21 28	21 16	21 2
17	— —	— —	— —	— —	23 49	23 39	23 27	23 13	22 56	22 48	22 38	22 28	22 17	22 3
18	0 52	0 37	0 23	0 7	— —	— —	— —	— —	— —	23 56	23 48	23 39	23 29	23 17
19	1 46	1 33	1 20	1 6	0 50	0 41	0 30	0 18	0 3	— —	— —	— —	— —	— —
20	2 40	2 29	2 19	2 8	1 55	1 47	1 39	1 29	1 16	1 11	1 5	0 58	0 50	0 41
21	3 33	3 25	3 18	3 10	3 1	2 56	2 50	2 43	2 35	2 31	2 27	2 22	2 17	2 11
22	4 25	4 21	4 17	4 13	4 9	4 6	4 4	4 0	3 56	3 54	3 52	3 50	3 47	3 45
23	5 16	5 16	5 17	5 17	5 17	5 18	5 18	5 18	5 18	5 19	5 19	5 19	5 19	5 19
24	6 8	6 12	6 16	6 21	6 26	6 29	6 32	6 36	6 41	6 43	6 45	6 48	6 51	6 54
25	7 0	7 8	7 15	7 24	7 33	7 39	7 45	7 53	8 2	8 6	8 10	8 15	8 21	8 28
26	7 53	8 4	8 15	8 26	8 40	8 48	8 56	9 7	9 20	9 26	9 32	9 40	9 48	9 57
27	8 47	9 0	9 13	9 27	9 44	9 53	10 4	10 17	10 33	10 40	10 48	10 57	11 8	11 20
28	9 41	9 55	10 10	10 26	10 44	10 55	11 7	11 21	11 38	11 47	11 56	12 6	12 18	12 32
29	10 35	10 50	11 5	11 21	11 39	11 50	12 3	12 17	12 35	12 44	12 53	13 4	13 16	13 30
30	11 27	11 42	11 57	12 12	12 30	12 40	12 52	13 6	13 23	13 32	13 40	13 50	14 2	14 15
Okt. 1	12 19	12 32	12 45	12 59	13 15	13 25	13 36	13 48	14 3	14 11	14 19	14 27	14 37	14 49
2	13 8	13 19	13 31	13 43	13 56	14 4	14 13	14 24	14 37	14 43	14 49	14 57	15 5	15 14
3	13 55	14 4	14 13	14 23	14 34	14 40	14 47	14 56	15 5	15 10	15 15	15 21	15 27	15 34
4	14 42	14 48	14 54	15 1	15 9	15 13	15 18	15 24	15 31	15 34	15 37	15 41	15 45	15 50
5	15 27	15 30	15 34	15 38	15 42	15 44	15 47	15 50	15 54	15 55	15 57	15 59	16 2	16 4
6	16 12	16 12	16 13	16 13	16 14	16 14	16 15	16 15	16 16	16 16	16 16	16 17	16 17	16 17
7	16 57	16 54	16 52	16 49	16 46	16 45	16 43	16 40	16 38	16 37	16 35	16 34	16 32	16 30
8	17 43	17 37	17 32	17 26	17 20	17 16	17 12	17 7	17 1	16 58	16 55	16 52	16 49	16 45
9	18 30	18 21	18 13	18 4	17 55	17 49	17 42	17 35	17 26	17 22	17 17	17 12	17 7	17 1
10	19 18	19 8	18 57	18 45	18 32	18 25	18 16	18 6	17 55	17 49	17 43	17 36	17 29	17 20
11	20 9	19 56	19 43	19 29	19 14	19 4	18 54	18 42	18 28	18 21	18 13	18 5	17 56	17 45
12	21 0	20 46	20 32	20 16	19 59	19 49	19 37	19 24	19 7	18 59	18 51	18 41	18 30	18 17
13	21 53	21 38	21 23	21 7	20 49	20 38	20 26	20 11	19 54	19 46	19 36	19 26	19 14	19 0
14	22 46	22 32	22 17	22 1	21 43	21 32	21 20	21 6	20 49	20 41	20 31	20 21	20 9	19 56

Monduntergang 1957

Mittlere Ortszeit — Meridian von Greenwich

Tag	Geographische Breite −10°	0°	+10°	+20°	+30°	+35°	+40°	+45°	+50°	+52°	+54°	+56°	+58°	+60°
1957	h m	h m	h m	h m	h m	h m	h m	h m	h m	h m	h m	h m	h m	h m
Sept. 3	1 36	1 21	1 6	0 50	0 32	0 21	0 9	— —	— —	— —	— —	— —	23 58	23 46
4	2 24	2 11	1 57	1 42	1 25	1 16	1 4	0 51	0 35	0 27	0 19	0 9	— —	— —
5	3 10	2 58	2 47	2 34	2 19	2 11	2 1	1 49	1 36	1 29	1 22	1 14	1 5	0 54
6	3 53	3 44	3 34	3 24	3 12	3 6	2 58	2 49	2 38	2 33	2 27	2 21	2 13	2 5
7	4 34	4 28	4 21	4 13	4 5	4 0	3 55	3 48	3 40	3 37	3 33	3 28	3 23	3 18
8	5 14	5 10	5 6	5 2	4 57	4 54	4 51	4 47	4 43	4 41	4 38	4 36	4 33	4 30
9	5 53	5 52	5 51	5 50	5 49	5 48	5 47	5 46	5 45	5 44	5 44	5 43	5 42	5 42
10	6 32	6 34	6 36	6 38	6 41	6 42	6 44	6 45	6 47	6 49	6 50	6 51	6 52	6 54
11	7 11	7 16	7 21	7 27	7 33	7 36	7 40	7 45	7 50	7 53	7 56	7 59	8 2	8 6
12	7 52	8 0	8 8	8 16	8 26	8 31	8 37	8 45	8 54	8 58	9 2	9 7	9 13	9 19
13	8 35	8 45	8 56	9 7	9 19	9 27	9 35	9 45	9 57	10 3	10 9	10 16	10 23	10 32
14	9 20	9 33	9 45	9 59	10 14	10 23	10 33	10 45	11 0	11 7	11 15	11 23	11 33	11 44
15	10 8	10 22	10 36	10 52	11 9	11 19	11 31	11 45	12 1	12 9	12 18	12 28	12 39	12 52
16	10 59	11 14	11 29	11 46	12 4	12 15	12 27	12 42	12 59	13 8	13 17	13 28	13 40	13 54
17	11 53	12 8	12 23	12 39	12 58	13 8	13 21	13 35	13 52	14 1	14 10	14 20	14 32	14 46
18	12 50	13 4	13 18	13 33	13 50	13 59	14 10	14 24	14 39	14 47	14 55	15 4	15 15	15 27
19	13 48	14 0	14 12	14 24	14 39	14 47	14 56	15 7	15 20	15 27	15 33	15 41	15 49	15 59
20	14 47	14 56	15 5	15 15	15 25	15 32	15 38	15 47	15 56	16 1	16 6	16 11	16 17	16 24
21	15 46	15 52	15 57	16 3	16 10	16 14	16 18	16 23	16 29	16 31	16 34	16 37	16 41	16 45
22	16 46	16 47	16 49	16 51	16 53	16 54	16 55	16 57	16 59	16 59	17 0	17 1	17 2	17 3
23	17 45	17 43	17 41	17 38	17 36	17 34	17 32	17 30	17 28	17 27	17 26	17 24	17 23	17 21
24	18 44	18 38	18 32	18 26	18 19	18 15	18 10	18 5	17 58	17 55	17 52	17 48	17 44	17 40
25	19 44	19 34	19 25	19 15	19 4	18 57	18 50	18 41	18 31	18 26	18 21	18 15	18 9	18 1
26	20 43	20 31	20 18	20 6	19 51	19 42	19 33	19 21	19 8	19 1	18 54	18 46	18 37	18 27
27	21 41	21 27	21 13	20 58	20 40	20 30	20 19	20 6	19 49	19 42	19 33	19 24	19 13	19 0
28	22 37	22 22	22 7	21 51	21 32	21 21	21 9	20 55	20 37	20 28	20 19	20 9	19 57	19 43
29	23 30	23 15	23 0	22 44	22 26	22 15	22 2	21 48	21 30	21 22	21 12	21 2	20 49	20 35
30	— —	— —	23 52	23 37	23 20	23 10	22 58	22 44	22 28	22 20	22 11	22 1	21 50	21 37
Okt. 1	0 20	0 6	— —	— —	— —	— —	23 55	23 43	23 28	23 21	23 14	23 5	22 55	22 44
2	1 7	0 55	0 42	0 29	0 14	0 5	— —	— —	— —	— —	— —	— —	— —	23 55
3	1 51	1 41	1 31	1 20	1 7	1 0	0 52	0 42	0 30	0 25	0 18	0 12	0 4	— —
4	2 33	2 26	2 18	2 10	2 0	1 55	1 48	1 41	1 32	1 28	1 24	1 19	1 13	1 7
5	3 13	3 9	3 4	2 58	2 52	2 49	2 45	2 40	2 35	2 32	2 29	2 26	2 23	2 19
6	3 53	3 51	3 49	3 47	3 44	3 43	3 41	3 39	3 37	3 36	3 35	3 33	3 32	3 30
7	4 31	4 33	4 34	4 35	4 36	4 36	4 37	4 38	4 39	4 40	4 40	4 41	4 42	4 42
8	5 11	5 15	5 19	5 23	5 28	5 31	5 34	5 38	5 42	5 44	5 46	5 49	5 52	5 55
9	5 51	5 58	6 5	6 13	6 21	6 26	6 31	6 38	6 45	6 49	6 53	6 57	7 2	7 8
10	6 34	6 43	6 53	7 3	7 15	7 22	7 29	7 38	7 49	7 54	8 0	8 6	8 13	8 21
11	7 18	7 30	7 42	7 55	8 10	8 18	8 28	8 39	8 53	8 59	9 6	9 14	9 23	9 34
12	8 6	8 20	8 33	8 48	9 5	9 15	9 26	9 39	9 55	10 2	10 11	10 20	10 31	10 44
13	8 56	9 11	9 26	9 41	9 59	10 10	10 22	10 36	10 54	11 2	11 11	11 21	11 33	11 47
14	9 49	10 4	10 19	10 35	10 53	11 4	11 16	11 30	11 48	11 56	12 5	12 16	12 28	12 41

Mondaufgang 1957

Mittlere Ortszeit | Meridian von Greenwich

Tag	Geographische Breite													
	−10°	0°	+10°	+20°	+30°	+35°	+40°	+45°	+50°	+52°	+54°	+56°	+58°	+60°
1957	h m	h m	h m	h m	h m	h m	h m	h m	h m	h m	h m	h m	h m	h m
Okt. 14	22 46	22 32	22 17	22 1	21 43	21 32	21 20	21 6	20 49	20 41	20 31	20 21	20 9	19 56
15	23 39	23 26	23 12	22 58	22 41	22 31	22 20	22 7	21 51	21 44	21 36	21 26	21 16	21 3
16	— —	— —	— —	23 56	23 42	23 34	23 25	23 14	23 0	22 54	22 48	22 40	22 31	22 21
17	0 31	0 20	0 9	— —	— —	— —	— —	— —	— —	— —	— —	23 59	23 53	23 46
18	1 23	1 14	1 5	0 56	0 45	0 39	0 32	0 24	0 14	0 10	0 5	— —	— —	— —
19	2 13	2 8	2 2	1 57	1 50	1 46	1 42	1 37	1 31	1 28	1 25	1 22	1 18	1 14
20	3 3	3 1	3 0	2 58	2 56	2 55	2 53	2 52	2 50	2 49	2 49	2 48	2 46	2 45
21	3 53	3 55	3 57	4 0	4 2	4 4	4 6	4 8	4 10	4 12	4 13	4 14	4 16	4 17
22	4 44	4 50	4 56	5 2	5 10	5 14	5 19	5 24	5 31	5 34	5 38	5 41	5 46	5 50
23	5 37	5 46	5 55	6 5	6 17	6 23	6 31	6 40	6 51	6 56	7 1	7 8	7 14	7 22
24	6 31	6 43	6 55	7 8	7 23	7 32	7 42	7 53	8 7	8 14	8 22	8 30	8 39	8 50
25	7 26	7 40	7 54	8 9	8 26	8 37	8 48	9 2	9 18	9 26	9 35	9 45	9 56	10 9
26	8 22	8 37	8 52	9 8	9 26	9 37	9 49	10 4	10 21	10 30	10 39	10 50	11 2	11 16
27	9 17	9 31	9 46	10 2	10 20	10 31	10 43	10 58	11 15	11 23	11 33	11 43	11 55	12 8
28	10 10	10 24	10 38	10 52	11 9	11 19	11 30	11 43	11 59	12 7	12 15	12 25	12 35	12 48
29	11 1	11 13	11 25	11 38	11 53	12 1	12 11	12 22	12 36	12 43	12 50	12 58	13 6	13 16
30	11 50	12 0	12 10	12 20	12 32	12 39	12 47	12 56	13 7	13 12	13 18	13 24	13 31	13 38
31	12 37	12 44	12 52	12 59	13 8	13 13	13 19	13 26	13 33	13 37	13 41	13 46	13 51	13 56
Nov. 1	13 23	13 27	13 32	13 36	13 42	13 45	13 48	13 53	13 57	14 0	14 2	14 5	14 8	14 11
2	14 8	14 9	14 11	14 12	14 14	14 15	14 17	14 18	14 20	14 21	14 21	14 22	14 23	14 25
3	14 53	14 51	14 50	14 48	14 47	14 46	14 44	14 43	14 42	14 41	14 40	14 40	14 39	14 38
4	15 38	15 34	15 29	15 25	15 19	15 16	15 13	15 9	15 5	15 2	15 0	14 58	14 55	14 52
5	16 25	16 18	16 10	16 3	15 54	15 49	15 43	15 37	15 29	15 25	15 21	15 17	15 12	15 7
6	17 13	17 3	16 53	16 43	16 31	16 24	16 16	16 7	15 56	15 51	15 46	15 40	15 33	15 25
7	18 4	17 51	17 39	17 26	17 11	17 3	16 53	16 42	16 28	16 22	16 15	16 7	15 58	15 48
8	18 56	18 42	18 28	18 13	17 56	17 46	17 35	17 22	17 6	16 59	16 50	16 41	16 30	16 18
9	19 49	19 34	19 19	19 3	18 45	18 34	18 22	18 8	17 51	17 43	17 34	17 23	17 12	16 58
10	20 43	20 28	20 13	19 57	19 39	19 28	19 16	19 2	18 44	18 36	18 26	18 16	18 4	17 50
11	21 36	21 22	21 8	20 53	20 36	20 26	20 14	20 1	19 45	19 37	19 28	19 19	19 7	18 55
12	22 28	22 16	22 4	21 51	21 36	21 27	21 17	21 6	20 52	20 45	20 38	20 30	20 20	20 10
13	23 19	23 9	23 0	22 49	22 38	22 31	22 23	22 14	22 3	21 58	21 52	21 46	21 39	21 31
14	— —	— —	23 55	23 48	23 40	23 36	23 31	23 25	23 17	23 14	23 10	23 6	23 2	22 56
15	0 8	0 2	— —	— —	— —	— —	— —	— —	— —	— —	— —	— —	— —	— —
16	0 57	0 54	0 51	0 47	0 44	0 42	0 39	0 36	0 33	0 31	0 30	0 28	0 26	0 23
17	1 45	1 45	1 46	1 47	1 47	1 48	1 48	1 49	1 50	1 50	1 51	1 51	1 52	1 52
18	2 34	2 38	2 42	2 47	2 52	2 55	2 58	3 3	3 7	3 10	3 12	3 15	3 18	3 21
19	3 24	3 32	3 39	3 48	3 57	4 3	4 9	4 16	4 25	4 29	4 34	4 39	4 45	4 51
20	4 16	4 27	4 38	4 49	5 2	5 10	5 19	5 29	5 42	5 48	5 54	6 2	6 10	6 19
21	5 10	5 23	5 36	5 51	6 7	6 16	6 27	6 40	6 56	7 3	7 11	7 20	7 31	7 43
22	6 6	6 20	6 35	6 51	7 9	7 19	7 31	7 45	8 3	8 11	8 20	8 31	8 43	8 56
23	7 1	7 17	7 32	7 48	8 6	8 17	8 29	8 44	9 2	9 10	9 20	9 30	9 42	9 57
24	7 57	8 11	8 26	8 41	8 59	9 9	9 21	9 35	9 52	10 0	10 8	10 18	10 30	10 43

Mittlere Ortszeit — Meridian von Greenwich

Tag	Geographische Breite													
	−10°	0°	+10°	+20°	+30°	+35°	+40°	+45°	+50°	+52°	+54°	+56°	+58°	+60°
1957	h m	h m	h m	h m	h m	h m	h m	h m	h m	h m	h m	h m	h m	h m
Okt. 14	9 49	10 4	10 19	10 35	10 53	11 4	11 16	11 30	11 48	11 56	12 5	12 16	12 28	12 41
15	10 43	10 57	11 12	11 27	11 44	11 54	12 6	12 19	12 36	12 43	12 52	13 2	13 12	13 25
16	11 39	11 52	12 4	12 18	12 33	12 42	12 52	13 3	13 18	13 24	13 31	13 40	13 49	13 59
17	12 36	12 46	12 56	13 7	13 19	13 26	13 34	13 43	13 54	13 59	14 5	14 11	14 18	14 26
18	13 32	13 39	13 46	13 54	14 2	14 7	14 13	14 19	14 26	14 30	14 34	14 38	14 42	14 48
19	14 30	14 33	14 37	14 40	14 44	14 47	14 49	14 52	14 56	14 58	15 0	15 2	15 4	15 6
20	15 27	15 27	15 27	15 26	15 26	15 26	15 26	15 25	15 25	15 25	15 24	15 24	15 24	15 24
21	16 25	16 21	16 17	16 13	16 8	16 5	16 2	15 58	15 54	15 52	15 50	15 47	15 45	15 42
22	17 24	17 17	17 9	17 1	16 52	16 46	16 40	16 33	16 25	16 21	16 17	16 12	16 7	16 1
23	18 24	18 13	18 2	17 51	17 38	17 30	17 22	17 12	17 0	16 54	16 48	16 41	16 34	16 25
24	19 23	19 10	18 57	18 43	18 27	18 18	18 7	17 55	17 39	17 32	17 25	17 16	17 6	16 55
25	20 22	20 7	19 53	19 37	19 19	19 9	18 57	18 43	18 25	18 17	18 8	17 58	17 47	17 34
26	21 18	21 3	20 48	20 32	20 13	20 3	19 50	19 36	19 18	19 9	19 0	18 49	18 37	18 23
27	22 11	21 57	21 42	21 27	21 9	20 59	20 47	20 33	20 15	20 7	19 58	19 48	19 36	19 23
28	23 1	22 48	22 35	22 21	22 5	21 55	21 44	21 32	21 16	21 9	21 1	20 52	20 42	20 30
29	23 47	23 36	23 25	23 13	22 59	22 51	22 42	22 32	22 19	22 13	22 6	21 59	21 50	21 41
30	— —	— —	— —	— —	23 53	23 47	23 40	23 32	23 22	23 17	23 12	23 6	23 0	22 53
31	0 30	0 22	0 13	0 4	— —	— —	— —	— —	— —	— —	— —	— —	— —	— —
Nov. 1	1 11	1 5	0 59	0 53	0 46	0 41	0 37	0 31	0 24	0 21	0 18	0 14	0 10	0 5
2	1 51	1 48	1 44	1 41	1 37	1 35	1 33	1 30	1 27	1 25	1 23	1 21	1 19	1 17
3	2 29	2 29	2 29	2 29	2 29	2 29	2 29	2 29	2 29	2 29	2 29	2 29	2 29	2 28
4	3 9	3 12	3 14	3 18	3 21	3 23	3 25	3 28	3 31	3 33	3 34	3 36	3 38	3 41
5	3 49	3 55	4 0	4 7	4 14	4 18	4 23	4 28	4 35	4 38	4 41	4 45	4 49	4 53
6	4 31	4 39	4 48	4 57	5 8	5 14	5 21	5 29	5 39	5 43	5 48	5 54	6 0	6 7
7	5 15	5 26	5 37	5 49	6 3	6 11	6 20	6 30	6 43	6 49	6 56	7 3	7 11	7 21
8	6 2	6 15	6 28	6 42	6 59	7 8	7 19	7 31	7 47	7 54	8 2	8 11	8 21	8 33
9	6 52	7 6	7 21	7 37	7 54	8 5	8 17	8 31	8 48	8 56	9 5	9 15	9 26	9 40
10	7 45	8 0	8 15	8 31	8 49	9 0	9 12	9 27	9 44	9 52	10 2	10 12	10 24	10 38
11	8 39	8 54	9 8	9 24	9 42	9 52	10 4	10 18	10 34	10 42	10 51	11 1	11 13	11 25
12	9 35	9 48	10 1	10 15	10 31	10 40	10 51	11 3	11 18	11 25	11 33	11 41	11 51	12 2
13	10 31	10 42	10 53	11 4	11 17	11 25	11 34	11 44	11 56	12 1	12 8	12 14	12 22	12 31
14	11 26	11 34	11 42	11 51	12 1	12 6	12 13	12 20	12 29	12 33	12 37	12 42	12 47	12 53
15	12 22	12 26	12 31	12 36	12 42	12 45	12 49	12 53	12 58	13 0	13 3	13 6	13 9	13 12
16	13 17	13 18	13 19	13 21	13 22	13 23	13 24	13 25	13 26	13 27	13 27	13 28	13 29	13 29
17	14 13	14 10	14 8	14 5	14 2	14 0	13 59	13 56	13 54	13 52	13 51	13 50	13 48	13 46
18	15 9	15 3	14 57	14 51	14 44	14 39	14 35	14 29	14 23	14 20	14 16	14 13	14 9	14 4
19	16 7	15 58	15 48	15 38	15 27	15 21	15 13	15 5	14 55	14 50	14 45	14 39	14 32	14 25
20	17 6	16 53	16 41	16 29	16 14	16 6	15 56	15 45	15 31	15 25	15 18	15 10	15 1	14 51
21	18 4	17 50	17 36	17 21	17 4	16 54	16 43	16 30	16 13	16 6	15 57	15 48	15 37	15 25
22	19 2	18 47	18 32	18 16	17 58	17 47	17 35	17 20	17 3	16 54	16 45	16 34	16 22	16 9
23	19 58	19 43	19 28	19 12	18 54	18 43	18 31	18 16	17 58	17 50	17 41	17 30	17 18	17 4
24	20 50	20 36	20 22	20 8	19 51	19 41	19 29	19 16	18 59	18 51	18 43	18 33	18 22	18 9

Mondaufgang 1957

Mittlere Ortszeit — Meridian von Greenwich

Tag	Geographische Breite													
	−10°	0°	+10°	+20°	+30°	+35°	+40°	+45°	+50°	+52°	+54°	+56°	+58°	+60°
1957	h m	h m	h m	h m	h m	h m	h m	h m	h m	h m	h m	h m	h m	h m
Nov. 24	7 57	8 11	8 26	8 41	8 59	9 9	9 21	9 35	9 52	10 0	10 8	10 18	10 30	10 43
25	8 50	9 3	9 16	9 30	9 46	9 55	10 5	10 18	10 33	10 40	10 47	10 56	11 6	11 17
26	9 41	9 52	10 3	10 15	10 28	10 36	10 44	10 54	11 7	11 12	11 19	11 26	11 33	11 42
27	10 30	10 38	10 47	10 56	11 6	11 12	11 18	11 26	11 35	11 40	11 44	11 50	11 55	12 2
28	11 17	11 22	11 28	11 34	11 41	11 45	11 49	11 54	12 1	12 3	12 6	12 10	12 14	12 18
29	12 2	12 5	12 8	12 10	12 14	12 16	12 18	12 20	12 23	12 25	12 26	12 28	12 30	12 32
30	12 47	12 47	12 46	12 46	12 46	12 46	12 46	12 46	12 46	12 45	12 45	12 45	12 45	12 45
Dez. 1	13 32	13 29	13 25	13 22	13 18	13 16	13 14	13 11	13 8	13 6	13 5	13 3	13 1	12 58
2	14 18	14 12	14 6	13 59	13 52	13 48	13 43	13 38	13 31	13 28	13 25	13 21	13 17	13 13
3	15 5	14 56	14 48	14 38	14 28	14 21	14 15	14 7	13 57	13 53	13 48	13 42	13 36	13 30
4	15 55	15 43	15 32	15 20	15 7	14 59	14 50	14 39	14 27	14 21	14 14	14 7	13 59	13 50
5	16 46	16 33	16 20	16 6	15 50	15 40	15 30	15 17	15 2	14 55	14 47	14 38	14 29	14 17
6	17 40	17 26	17 11	16 55	16 37	16 27	16 15	16 1	15 44	15 36	15 28	15 18	15 6	14 53
7	18 35	18 20	18 5	17 49	17 30	17 20	17 7	16 53	16 35	16 27	16 17	16 7	15 55	15 41
8	19 30	19 16	19 1	18 46	18 28	18 17	18 5	17 52	17 34	17 26	17 17	17 7	16 56	16 42
9	20 24	20 11	19 58	19 44	19 28	19 19	19 9	18 56	18 41	18 34	18 26	18 17	18 7	17 56
10	21 16	21 6	20 55	20 44	20 31	20 23	20 15	20 5	19 53	19 47	19 41	19 34	19 26	19 17
11	22 7	21 59	21 51	21 43	21 34	21 29	21 23	21 16	21 7	21 3	20 59	20 54	20 49	20 42
12	22 55	22 51	22 47	22 42	22 37	22 34	22 31	22 27	22 23	22 20	22 18	22 15	22 13	22 9
13	23 43	23 42	23 42	23 41	23 40	23 40	23 39	23 39	23 38	23 38	23 38	23 37	23 37	23 37
14	— —	— —	— —	— —	— —	— —	— —	— —	— —	— —	— —	— —	— —	— —
15	0 30	0 33	0 36	0 40	0 43	0 45	0 48	0 51	0 54	0 56	0 57	0 59	1 2	1 4
16	1 19	1 25	1 31	1 38	1 46	1 51	1 56	2 2	2 10	2 13	2 17	2 21	2 26	2 31
17	2 8	2 18	2 27	2 38	2 50	2 56	3 4	3 13	3 25	3 30	3 36	3 42	3 49	3 57
18	3 0	3 12	3 24	3 37	3 53	4 1	4 11	4 23	4 38	4 44	4 52	5 0	5 10	5 21
19	3 53	4 7	4 21	4 37	4 54	5 4	5 16	5 30	5 46	5 54	6 3	6 13	6 24	6 37
20	4 48	5 3	5 18	5 34	5 53	6 3	6 16	6 31	6 48	6 57	7 6	7 17	7 29	7 43
21	5 43	5 58	6 13	6 29	6 47	6 58	7 10	7 25	7 42	7 50	8 0	8 10	8 22	8 36
22	6 38	6 51	7 5	7 20	7 37	7 47	7 58	8 11	8 27	8 35	8 43	8 53	9 3	9 15
23	7 30	7 42	7 54	8 7	8 22	8 30	8 40	8 51	9 5	9 11	9 18	9 26	9 35	9 45
24	8 21	8 30	8 40	8 50	9 2	9 9	9 16	9 25	9 36	9 41	9 47	9 53	9 59	10 7
25	9 9	9 16	9 23	9 30	9 39	9 43	9 49	9 55	10 3	10 7	10 10	10 15	10 19	10 25
26	9 55	9 59	10 3	10 8	10 13	10 16	10 19	10 23	10 27	10 29	10 32	10 34	10 37	10 40
27	10 40	10 42	10 43	10 44	10 46	10 46	10 47	10 48	10 50	10 50	10 51	10 52	10 52	10 53
28	11 25	11 23	11 22	11 20	11 18	11 16	11 15	11 13	11 12	11 11	11 10	11 9	11 8	11 6
29	12 10	12 6	12 1	11 56	11 50	11 47	11 43	11 39	11 34	11 32	11 29	11 27	11 24	11 20
30	12 56	12 49	12 41	12 33	12 24	12 19	12 13	12 7	11 59	11 55	11 51	11 46	11 41	11 36
31	13 44	13 34	13 24	13 13	13 1	12 54	12 46	12 37	12 26	12 21	12 15	12 9	12 2	11 54
32	14 35	14 22	14 10	13 57	13 42	13 33	13 23	13 12	12 58	12 52	12 44	12 36	12 28	12 17

Monduntergang 1957

Mittlere Ortszeit — Meridian von Greenwich

Tag	Geographische Breite													
	−10°	0°	+10°	+20°	+30°	+35°	+40°	+45°	+50°	+52°	+54°	+56°	+58°	+60°
1957	h m	h m	h m	h m	h m	h m	h m	h m	h m	h m	h m	h m	h m	h m
Nov. 24	20 50	20 36	20 22	20 8	19 51	19 41	19 29	19 16	18 59	18 51	18 43	18 33	18 22	18 9
25	21 39	21 27	21 15	21 2	20 47	20 38	20 28	20 17	20 3	19 56	19 49	19 40	19 31	19 20
26	22 24	22 14	22 5	21 54	21 42	21 35	21 27	21 18	21 7	21 1	20 56	20 49	20 42	20 34
27	23 7	23 0	22 53	22 45	22 36	22 31	22 25	22 19	22 11	22 7	22 3	21 58	21 53	21 47
28	23 47	23 43	23 39	23 34	23 29	23 26	23 22	23 18	23 13	23 11	23 9	23 6	23 3	23 0
29	— —	— —	— —	— —	— —	— —	— —	— —	— —	— —	— —	— —	— —	— —
30	0 26	0 25	0 24	0 22	0 21	0 20	0 19	0 17	0 16	0 15	0 14	0 13	0 13	0 12
Dez. 1	1 5	1 7	1 8	1 10	1 12	1 13	1 15	1 16	1 18	1 19	1 20	1 21	1 22	1 23
2	1 44	1 49	1 54	1 59	2 4	2 8	2 11	2 16	2 21	2 23	2 26	2 28	2 32	2 35
3	2 25	2 33	2 40	2 48	2 57	3 3	3 9	3 16	3 24	3 28	3 32	3 37	3 42	3 49
4	3 9	3 19	3 29	3 40	3 52	3 59	4 7	4 17	4 28	4 34	4 40	4 46	4 54	5 3
5	3 55	4 7	4 19	4 33	4 48	4 57	5 7	5 19	5 33	5 40	5 47	5 56	6 5	6 16
6	4 44	4 58	5 12	5 27	5 44	5 54	6 6	6 19	6 36	6 44	6 52	7 2	7 13	7 26
7	5 36	5 51	6 6	6 22	6 41	6 51	7 4	7 18	7 36	7 44	7 53	8 4	8 16	8 29
8	6 31	6 46	7 1	7 17	7 35	7 46	7 58	8 12	8 30	8 38	8 47	8 57	9 9	9 23
9	7 28	7 42	7 56	8 11	8 27	8 37	8 48	9 1	9 17	9 24	9 33	9 42	9 52	10 4
10	8 25	8 37	8 49	9 2	9 16	9 24	9 33	9 44	9 57	10 4	10 10	10 18	10 26	10 36
11	9 22	9 31	9 40	9 50	10 1	10 7	10 14	10 23	10 32	10 37	10 42	10 47	10 54	11 1
12	10 18	10 24	10 30	10 36	10 43	10 47	10 52	10 57	11 3	11 6	11 9	11 12	11 16	11 21
13	11 13	11 15	11 18	11 20	11 23	11 25	11 27	11 29	11 31	11 32	11 33	11 35	11 36	11 38
14	12 8	12 6	12 5	12 4	12 2	12 2	12 1	12 0	11 58	11 58	11 57	11 56	11 55	11 55
15	13 2	12 58	12 53	12 48	12 42	12 39	12 35	12 31	12 26	12 23	12 21	12 18	12 15	12 12
16	13 58	13 50	13 42	13 33	13 24	13 18	13 12	13 4	12 55	12 51	12 47	12 42	12 36	12 30
17	14 54	14 43	14 33	14 21	14 8	14 0	13 51	13 41	13 29	13 23	13 17	13 10	13 2	12 53
18	15 52	15 38	15 25	15 11	14 55	14 45	14 35	14 22	14 7	14 0	13 52	13 43	13 33	13 22
19	16 49	16 34	16 19	16 4	15 46	15 35	15 23	15 9	14 52	14 44	14 35	14 25	14 13	14 0
20	17 45	17 30	17 15	16 58	16 40	16 29	16 17	16 2	15 44	15 36	15 26	15 15	15 3	14 49
21	18 38	18 24	18 9	17 54	17 36	17 26	17 14	17 0	16 42	16 34	16 25	16 15	16 3	15 49
22	19 29	19 16	19 3	18 49	18 33	18 24	18 13	18 0	17 45	17 37	17 29	17 20	17 10	16 58
23	20 16	20 6	19 55	19 43	19 29	19 22	19 13	19 2	18 49	18 43	18 37	18 29	18 21	18 12
24	21 1	20 52	20 44	20 35	20 25	20 19	20 12	20 4	19 54	19 50	19 45	19 39	19 33	19 26
25	21 43	21 37	21 31	21 25	21 18	21 14	21 10	21 5	20 58	20 55	20 52	20 48	20 44	20 40
26	22 22	22 20	22 17	22 14	22 11	22 9	22 7	22 4	22 1	22 0	21 58	21 57	21 55	21 53
27	23 1	23 2	23 2	23 2	23 3	23 3	23 3	23 3	23 4	23 4	23 4	23 4	23 4	23 4
28	23 40	23 44	23 47	23 50	23 54	23 57	23 59	— —	— —	— —	— —	— —	— —	— —
29	— —	— —	— —	— —	— —	— —	— —	0 2	0 6	0 7	0 9	0 11	0 13	0 16
30	0 20	0 26	0 32	0 39	0 46	0 51	0 56	1 1	1 8	1 12	1 15	1 19	1 23	1 28
31	1 2	1 10	1 19	1 29	1 40	1 46	1 53	2 1	2 12	2 16	2 21	2 27	2 33	2 41
32	1 46	1 57	2 8	2 20	2 34	2 42	2 51	3 2	3 15	3 21	3 28	3 36	3 44	3 54

Länge λ	Präzession in Länge p_λ — Breite β: 0°	+1°	+2°	+3°	+4°	+5°	+6°	+7°	+8°	+9°	Länge λ	Präz. in Br. p_β — Präzession p_β	Diff.
°	″	″	″	″	″	″	″	″	″	″	°	″	
0	50.268	.259	.251	.243	.235	50.227	.218	.210	.202	.193	0	+0.046	81
10	.268	.260	.252	.244	.236	.228	.220	.212	.204	.196	10	+0.127	76
20	.268	.260	.253	.245	.238	.230	.223	.215	.208	.200	20	+0.203	71
30	.268	.261	.254	.247	.241	.234	.227	.220	.214	.207	30	+0.274	62
40	50.268	.262	.256	.250	.244	50.239	.233	.227	.221	.215	40	+0.336	52
50	.268	.263	.258	.254	.249	.244	.240	.235	.230	.225	50	+0.388	41
60	.268	.264	.261	.257	.254	.250	.247	.244	.240	.237	60	+0.429	27
70	.268	.265	.263	.261	.259	.257	.255	.253	.251	.249	70	+0.456	13
80	50.268	.267	.266	.266	.265	50.264	.264	.263	.262	.262	80	+0.469	1
90	.268	.268	.269	.270	.271	.272	.272	.273	.274	.275	90	+0.468	15
100	.268	.270	.272	.274	.276	.279	.281	.283	.285	.288	100	+0.453	28
110	.268	.271	.275	.278	.282	.285	.289	.292	.296	.300	110	+0.425	42
120	50.268	.272	.277	.282	.287	50.291	.296	.301	.306	.311	120	+0.383	54
130	.268	.273	.279	.285	.291	.297	.303	.309	.315	.321	130	+0.329	63
140	.268	.274	.281	.288	.295	.301	.308	.315	.322	.329	140	+0.266	71
150	.268	.275	.282	.290	.297	.305	.313	.320	.328	.335	150	+0.195	78
160	50.268	.275	.283	.291	.299	50.307	.315	.323	.332	.340	160	+0.117	81
170	.268	.276	.284	.292	.300	.309	.317	.325	.333	.342	170	+0.036	82
180	.268	.276	.284	.292	.300	.308	.317	.325	.333	.342	180	−0.046	81
190	.268	.275	.283	.291	.299	.307	.315	.323	.331	.339	190	−0.127	76
200	50.268	.275	.282	.290	.297	50.305	.312	.320	.327	.335	200	−0.203	71
210	.268	.274	.281	.288	.294	.301	.308	.315	.321	.328	210	−0.274	62
220	.268	.273	.279	.285	.291	.296	.302	.308	.314	.320	220	−0.336	52
230	.268	.272	.277	.281	.286	.291	.295	.300	.305	.310	230	−0.388	41
240	50.268	.271	.274	.278	.281	50.285	.288	.291	.295	.298	240	−0.429	27
250	.268	.270	.272	.274	.276	.278	.280	.282	.284	.286	250	−0.456	13
260	.268	.268	.269	.269	.270	.271	.271	.272	.273	.273	260	−0.469	1
270	.268	.267	.266	.265	.264	.263	.263	.262	.261	.260	270	−0.468	15
280	50.268	.265	.263	.261	.259	50.256	.254	.252	.250	.247	280	−0.453	28
290	.268	.264	.260	.257	.253	.250	.246	.243	.239	.235	290	−0.425	42
300	.268	.263	.258	.253	.248	.244	.239	.234	.229	.224	300	−0.383	54
310	.268	.262	.256	.250	.244	.238	.232	.226	.220	.214	310	−0.329	63
320	50.268	.261	.254	.247	.240	50.234	.227	.220	.213	.206	320	−0.266	71
330	.268	.260	.253	.245	.238	.230	.222	.215	.207	.200	330	−0.195	78
340	.268	.260	.252	.244	.236	.228	.220	.212	.203	.195	340	−0.117	81
350	.268	.259	.251	.243	.235	.226	.218	.210	.202	.193	350	−0.036	82
360	50.268	.259	.251	.243	.235	50.227	.218	.210	.202	.193	360	+0.046	

Länge λ	Präzession in Länge p_λ — Breite β 0°	−1°	−2°	−3°	−4°	−5°	−6°	−7°	−8°	−9°	Präz. in Br. p_β — Länge λ	Präzession p_β	
°	″	″	″	″	″	″	″	″	″	″	°	″	
0	50.268	.276	.284	.292	.300	50.308	.317	.325	.333	.342	0	+0.046	81
10	.268	.275	.283	.291	.299	.307	.315	.323	.331	.339	10	+0.127	76
20	.268	.275	.282	.290	.297	.305	.312	.320	.327	.335	20	+0.203	71
30	.268	.274	.281	.288	.294	.301	.308	.315	.321	.328	30	+0.274	62
40	50.268	.273	.279	.285	.291	50.296	.302	.308	.314	.320	40	+0.336	52
50	.268	.272	.277	.281	.286	.291	.295	.300	.305	.310	50	+0.388	41
60	.268	.271	.274	.278	.281	.285	.288	.291	.295	.298	60	+0.429	27
70	.268	.270	.272	.274	.276	.278	.280	.282	.284	.286	70	+0.456	13
80	50.268	.268	.269	.269	.270	50.271	.271	.272	.273	.273	80	+0.469	1
90	.268	.267	.266	.265	.264	.263	.263	.262	.261	.260	90	+0.468	15
100	.268	.265	.263	.261	.259	.256	.254	.252	.250	.247	100	+0.453	28
110	.268	.264	.260	.257	.253	.250	.246	.243	.239	.235	110	+0.425	42
120	50.268	.263	.258	.253	.248	50.244	.239	.234	.229	.224	120	+0.383	54
130	.268	.262	.256	.250	.244	.238	.232	.226	.220	.214	130	+0.329	63
140	.268	.261	.254	.247	.240	.234	.227	.220	.213	.206	140	+0.266	71
150	.268	.260	.253	.245	.238	.230	.222	.215	.207	.200	150	+0.195	78
160	50.268	.260	.252	.244	.236	50.228	.220	.212	.203	.195	160	+0.117	81
170	.268	.259	.251	.243	.235	.226	.218	.210	.202	.193	170	+0.036	82
180	.268	.259	.251	.243	.235	.227	.218	.210	.202	.193	180	−0.046	81
190	.268	.260	.252	.244	.236	.228	.220	.212	.204	.196	190	−0.127	76
200	50.268	.260	.253	.245	.238	50.230	.223	.215	.208	.200	200	−0.203	71
210	.268	.261	.254	.247	.241	.234	.227	.220	.214	.207	210	−0.274	62
220	.268	.262	.256	.250	.244	.239	.233	.227	.221	.215	220	−0.336	52
230	.268	.263	.258	.254	.249	.244	.240	.235	.230	.225	230	−0.388	41
240	50.268	.264	.261	.257	.254	50.250	.247	.244	.240	.237	240	−0.429	27
250	.268	.265	.263	.261	.259	.257	.255	.253	.251	.249	250	−0.456	13
260	.268	.267	.266	.266	.265	.264	.264	.263	.262	.262	260	−0.469	1
270	.268	.268	.269	.270	.271	.272	.272	.273	.274	.275	270	−0.468	15
280	50.268	.270	.272	.274	.276	50.279	.281	.283	.285	.288	280	−0.453	28
290	.268	.271	.275	.278	.282	.285	.289	.292	.296	.300	290	−0.425	42
300	.268	.272	.277	.282	.287	.291	.296	.301	.306	.311	300	−0.383	54
310	.268	.273	.279	.285	.291	.297	.303	.309	.315	.321	310	−0.329	63
320	50.268	.274	.281	.288	.295	50.301	.308	.315	.322	.329	320	−0.266	71
330	.268	.275	.282	.290	.297	.305	.313	.320	.328	.335	330	−0.195	78
340	.268	.275	.283	.291	.299	.307	.315	.323	.332	.340	340	−0.117	81
350	.268	.276	.284	.292	.300	.309	.317	.325	.333	.342	350	−0.036	82
360	50.268	.276	.284	.292	.300	50.308	.317	.325	.333	.342	360	+0.046	

Hilfstafeln

Präzession in Rektaszension (p_α) und Deklination (p_δ)

α \ δ	p_α +60°	+50°	+40°	+30°	+20°	+10°	0°	−10°	−20°	−30°	−40°	−50°	−60°	p_δ
h	s	s	s	s	s	s	s	s	s	s	s	s	s	″
0	3.07	3.07	3.07	3.07	3.07	3.07	3.07	3.07	3.07	3.07	3.07	3.07	3.07	+20.0
1	3.67	3.48	3.36	3.27	3.20	3.13	3.07	3.01	2.95	2.87	2.78	2.66	2.47	+19.4
2	4.23	3.87	3.63	3.46	3.32	3.19	3.07	2.95	2.83	2.69	2.51	2.28	1.92	+17.4
3	4.71	4.20	3.87	3.62	3.42	3.24	3.07	2.91	2.73	2.53	2.28	1.95	1.44	+14.2
4	5.08	4.45	4.04	3.74	3.49	3.28	3.07	2.87	2.65	2.41	2.10	1.69	1.07	+10.0
5	5.31	4.61	4.16	3.82	3.54	3.30	3.07	2.84	2.60	2.33	1.99	1.53	0.84	+ 5.2
6	5.39	4.67	4.19	3.84	3.56	3.31	3.07	2.84	2.59	2.30	1.95	1.48	0.76	0.0
7	5.31	4.61	4.16	3.82	3.54	3.30	3.07	2.84	2.60	2.33	1.99	1.53	0.84	− 5.2
8	5.08	4.45	4.04	3.74	3.49	3.28	3.07	2.87	2.65	2.41	2.10	1.69	1.07	−10.0
9	4.71	4.20	3.87	3.62	3.42	3.24	3.07	2.91	2.73	2.53	2.28	1.95	1.44	−14.2
10	4.23	3.87	3.63	3.46	3.32	3.19	3.07	2.95	2.83	2.69	2.51	2.28	1.92	−17.4
11	3.67	3.48	3.36	3.27	3.20	3.13	3.07	3.01	2.95	2.87	2.78	2.66	2.47	−19.4
12	3.07	3.07	3.07	3.07	3.07	3.07	3.07	3.07	3.07	3.07	3.07	3.07	3.07	−20.0
13	2.47	2.66	2.78	2.87	2.95	3.01	3.07	3.13	3.20	3.27	3.36	3.48	3.67	−19.4
14	1.92	2.28	2.51	2.69	2.83	2.95	3.07	3.19	3.32	3.46	3.63	3.87	4.23	−17.4
15	1.44	1.95	2.28	2.53	2.73	2.91	3.07	3.24	3.42	3.62	3.87	4.20	4.71	−14.2
16	1.07	1.69	2.10	2.41	2.65	2.87	3.07	3.28	3.49	3.74	4.04	4.45	5.08	−10.0
17	0.84	1.53	1.99	2.33	2.60	2.84	3.07	3.30	3.54	3.82	4.16	4.61	5.31	− 5.2
18	0.76	1.48	1.95	2.30	2.59	2.84	3.07	3.31	3.56	3.84	4.19	4.67	5.39	0.0
19	0.84	1.53	1.99	2.33	2.60	2.84	3.07	3.30	3.54	3.82	4.16	4.61	5.31	+ 5.2
20	1.07	1.69	2.10	2.41	2.65	2.87	3.07	3.28	3.49	3.74	4.04	4.45	5.08	+10.0
21	1.44	1.95	2.28	2.53	2.73	2.91	3.07	3.24	3.42	3.62	3.87	4.20	4.71	+14.2
22	1.92	2.28	2.51	2.69	2.83	2.95	3.07	3.19	3.32	3.46	3.63	3.87	4.23	+17.4
23	2.47	2.66	2.78	2.87	2.95	3.01	3.07	3.13	3.20	3.27	3.36	3.48	3.67	+19.4
24	3.07	3.07	3.07	3.07	3.07	3.07	3.07	3.07	3.07	3.07	3.07	3.07	3.07	+20.0

Präzessionswerte und Schiefe der Ekliptik

Zeit	m	n	n	ψ	log π	Π	ε
	s	″	s	″		° ′	° ′ ″
1900.0	3.07234	20.0468	1.33646	50.2564	9.67309	173 57.06	23 27 8.26
1905.0	3.07243	20.0464	1.33643	50.2575	9.67305	173 59.80	23 27 5.92
1910.0	3.07252	20.0460	1.33640	50.2586	9.67302	174 2.53	23 27 3.57
1915.0	3.07262	20.0456	1.33637	50.2597	9.67299	174 5.27	23 27 1.23
1920.0	3.07271	20.0451	1.33634	50.2608	9.67296	174 8.01	23 26 58.89
1925.0	3.07280	20.0447	1.33632	50.2620	9.67293	174 10.75	23 26 56.54
1930.0	3.07289	20.0443	1.33629	50.2631	9.67290	174 13.49	23 26 54.20
1935.0	3.07299	20.0439	1.33626	50.2642	9.67287	174 16.23	23 26 51.86
1940.0	3.07308	20.0434	1.33623	50.2653	9.67284	174 18.97	23 26 49.52
1945.0	3.07317	20.0430	1.33620	50.2664	9.67281	174 21.71	23 26 47.17
1950.0	3.07327	20.0426	1.33617	50.2675	9.67278	174 24.45	23 26 44.83
1955.0	3.07336	20.0422	1.33614	50.2686	9.67275	174 27.19	23 26 42.49
1960.0	3.07346	20.0418	1.33612	50.2697	9.67272	174 29.93	23 26 40.15

′	″	°	′	″	°	″	°	″	°
0	0.0	0.000	3	0.0	0.050	0.000	0.00000	1.800	0.00050
	3.6	01		3.6	51	036	01	836	51
	7.2	02		7.2	52	072	02	872	52
	10.8	03		10.8	53	108	03	908	53
	14.4	04		14.4	54	144	04	944	54
0	18.0	0.005	3	18.0	0.055	0.180	0.00005	1.980	0.00055
	21.6	06		21.6	56	216	06	2.016	56
	25.2	07		25.2	57	252	07	052	57
	28.8	08		28.8	58	288	08	088	58
	32.4	09		32.4	59	324	09	124	59
0	36.0	0.010	3	36.0	0.060	0.360	0.00010	2.160	0.00060
	39.6	11		39.6	61	396	11	196	61
	43.2	12		43.2	62	432	12	232	62
	46.8	13		46.8	63	468	13	268	63
	50.4	14		50.4	64	504	14	304	64
	54.0	0.015		54.0	0.065	0.540	0.00015	2.340	0.00065
0	57.6	16	3	57.6	66	576	16	376	66
1	1.2	17	4	1.2	67	612	17	412	67
	4.8	18		4.8	68	648	18	448	68
	8.4	19		8.4	69	684	19	484	69
1	12.0	0.020	4	12.0	0.070	0.720	0.00020	2.520	0.00070
	15.6	21		15.6	71	756	21	556	71
	19.2	22		19.2	72	792	22	592	72
	22.8	23		22.8	73	828	23	628	73
	26.4	24		26.4	74	864	24	664	74
1	30.0	0.025	4	30.0	0.075	0.900	0.00025	2.700	0.00075
	33.6	26		33.6	76	936	26	736	76
	37.2	27		37.2	77	0.972	27	772	77
	40.8	28		40.8	78	1.008	28	808	78
	44.4	29		44.4	79	044	29	844	79
1	48.0	0.030	4	48.0	0.080	1.080	0.00030	2.880	0.00080
	51.6	31		51.6	81	116	31	916	81
	55.2	32		55.2	82	152	32	952	82
1	58.8	33	4	58.8	83	188	33	2.988	83
2	2.4	34	5	2.4	84	224	34	3.024	84
	6.0	0.035		6.0	0.085	1.260	0.00035	060	0.00085
	9.6	36		9.6	86	296	36	096	86
	13.2	37		13.2	87	332	37	132	87
	16.8	38		16.8	88	368	38	168	88
	20.4	39		20.4	89	404	39	204	89
2	24.0	0.040	5	24.0	0.090	1.440	0.00040	3.240	0.00090
	27.6	41		27.6	91	476	41	276	91
	31.2	42		31.2	92	512	42	312	92
	34.8	43		34.8	93	548	43	348	93
	38.4	44		38.4	94	584	44	384	94
2	42.0	0.045	5	42.0	0.095	1.620	0.00045	3.420	0.00095
	45.6	46		45.6	96	656	46	456	96
	49.2	47		49.2	97	692	47	492	97
	52.8	48		52.8	98	728	48	528	98
2	56.4	49	5	56.4	99	764	49	564	99
3	0.0	0.050	6	0.0	0.100	1.800	0.00050	3.600	0.00100

Verwandlung von mittlerer Zeit in Sternzeit

Red.	0^m	1^m	2^m	3^m
s	h m s	h m s	h m s	h m s
0	0 0 0	6 5 15	12 10 29	18 15 44
1	0 6 5	6 11 20	12 16 34	18 21 49
2	0 12 10	6 17 25	12 22 40	18 27 54
3	0 18 16	6 23 30	12 28 45	18 33 59
4	0 24 21	6 29 36	12 34 50	18 40 5
5	0 30 26	6 35 41	12 40 55	18 46 10
6	0 36 31	6 41 46	12 47 1	18 52 15
7	0 42 37	6 47 51	12 53 6	18 58 20
8	0 48 42	6 53 56	12 59 11	19 4 26
9	0 54 47	7 0 2	13 5 16	19 10 31
10	1 0 52	7 6 7	13 11 21	19 16 36
11	1 6 58	7 12 12	13 17 27	19 22 41
12	1 13 3	7 18 17	13 23 32	19 28 47
13	1 19 8	7 24 23	13 29 37	19 34 52
14	1 25 13	7 30 28	13 35 42	19 40 57
15	1 31 19	7 36 33	13 41 48	19 47 2
16	1 37 24	7 42 38	13 47 53	19 53 7
17	1 43 29	7 48 44	13 53 58	19 59 13
18	1 49 34	7 54 49	14 0 3	20 5 18
19	1 55 40	8 0 54	14 6 9	20 11 23
20	2 1 45	8 6 59	14 12 14	20 17 28
21	2 7 50	8 13 5	14 18 19	20 23 34
22	2 13 55	8 19 10	14 24 24	20 29 39
23	2 20 1	8 25 15	14 30 30	20 35 44
24	2 26 6	8 31 20	14 36 35	20 41 49
25	2 32 11	8 37 26	14 42 40	20 47 55
26	2 38 16	8 43 31	14 48 45	20 54 0
27	2 44 22	8 49 36	14 54 51	21 0 5
28	2 50 27	8 55 41	15 0 56	21 6 10
29	2 56 32	9 1 47	15 7 1	21 12 16
30	3 2 37	9 7 52	15 13 6	21 18 21
31	3 8 43	9 13 57	15 19 12	21 24 26
32	3 14 48	9 20 2	15 25 17	21 30 31
33	3 20 53	9 26 8	15 31 22	21 36 37
34	3 26 58	9 32 13	15 37 27	21 42 42
35	3 33 3	9 38 18	15 43 33	21 48 47
36	3 39 9	9 44 23	15 49 38	21 54 52
37	3 45 14	9 50 28	15 55 43	22 0 58
38	3 51 19	9 56 34	16 1 48	22 7 3
39	3 57 24	10 2 39	16 7 54	22 13 8
40	4 3 30	10 8 44	16 13 59	22 19 13
41	4 9 35	10 14 49	16 20 4	22 25 19
42	4 15 40	10 20 55	16 26 9	22 31 24
43	4 21 45	10 27 0	16 32 14	22 37 29
44	4 27 51	10 33 5	16 38 20	22 43 34
45	4 33 56	10 39 10	16 44 25	22 49 39
46	4 40 1	10 45 16	16 50 30	22 55 45
47	4 46 6	10 51 21	16 56 35	23 1 50
48	4 52 12	10 57 26	17 2 41	23 7 55
49	4 58 17	11 3 31	17 8 46	23 14 0
50	5 4 22	11 9 37	17 14 51	23 20 6
51	5 10 27	11 15 42	17 20 56	23 26 11
52	5 16 33	11 21 47	17 27 2	23 32 16
53	5 22 38	11 27 52	17 33 7	23 38 21
54	5 28 43	11 33 58	17 39 12	23 44 27
55	5 34 48	11 40 3	17 45 17	23 50 32
56	5 40 54	11 46 8	17 51 23	23 56 37
57	5 46 59	11 52 13	17 57 28	24 2 42
58	5 53 4	11 58 19	18 3 33	24 8 48
59	5 59 9	12 4 24	18 9 38	24 14 53

Red.		Red.	
s	m s	s	m s
0.00	0 0	0.50	3 3
0.01	0 4	0.51	3 6
0.02	0 7	0.52	3 10
0.03	0 11	0.53	3 14
0.04	0 15	0.54	3 17
0.05	0 18	0.55	3 21
0.06	0 22	0.56	3 25
0.07	0 26	0.57	3 28
0.08	0 29	0.58	3 32
0.09	0 33	0.59	3 35
0.10	0 37	0.60	3 39
0.11	0 40	0.61	3 43
0.12	0 44	0.62	3 46
0.13	0 47	0.63	3 50
0.14	0 51	0.64	3 54
0.15	0 55	0.65	3 57
0.16	0 58	0.66	4 1
0.17	1 2	0.67	4 5
0.18	1 6	0.68	4 8
0.19	1 9	0.69	4 12
0.20	1 13	0.70	4 16
0.21	1 17	0.71	4 19
0.22	1 20	0.72	4 23
0.23	1 24	0.73	4 27
0.24	1 28	0.74	4 30
0.25	1 31	0.75	4 34
0.26	1 35	0.76	4 38
0.27	1 39	0.77	4 41
0.28	1 42	0.78	4 45
0.29	1 46	0.79	4 49
0.30	1 50	0.80	4 52
0.31	1 53	0.81	4 56
0.32	1 57	0.82	4 59
0.33	2 1	0.83	5 3
0.34	2 4	0.84	5 7
0.35	2 8	0.85	5 10
0.36	2 11	0.86	5 14
0.37	2 15	0.87	5 18
0.38	2 19	0.88	5 21
0.39	2 22	0.89	5 25
0.40	2 26	0.90	5 29
0.41	2 30	0.91	5 32
0.42	2 33	0.92	5 36
0.43	2 37	0.93	5 40
0.44	2 41	0.94	5 43
0.45	2 44	0.95	5 47
0.46	2 48	0.96	5 51
0.47	2 52	0.97	5 54
0.48	2 55	0.98	5 58
0.49	2 59	0.99	6 2
0.50	3 3	1.00	6 5

Die Reduktion ist zur mittleren Zeit zu addieren.

Red.	0m	1m	2m	3m	Red.		Red.	
s	h m s	h m s	h m s	h m s	s	m s	s	m s
0	0 0 0	6 6 15	12 12 29	18 18 44	0.00	0 0	0.50	3 3
1	0 6 6	6 12 21	12 18 35	18 24 50	0.01	0 4	0.51	3 7
2	0 12 12	6 18 27	12 24 42	18 30 56	0.02	0 7	0.52	3 10
3	0 18 19	6 24 33	12 30 48	18 37 2	0.03	0 11	0.53	3 14
4	0 24 25	6 30 40	12 36 54	18 43 9	0.04	0 15	0.54	3 18
5	0 30 31	6 36 46	12 43 0	18 49 15	0.05	0 18	0.55	3 21
6	0 36 37	6 42 52	12 49 7	18 55 21	0.06	0 22	0.56	3 25
7	0 42 44	6 48 58	12 55 13	19 1 27	0.07	0 26	0.57	3 29
8	0 48 50	6 55 4	13 1 19	19 7 34	0.08	0 29	0.58	3 32
9	0 54 56	7 1 11	13 7 25	19 13 40	0.09	0 33	0.59	3 36
10	1 1 2	7 7 17	13 13 31	19 19 46	0.10	0 37	0.60	3 40
11	1 7 9	7 13 23	13 19 38	19 25 52	0.11	0 40	0.61	3 43
12	1 13 15	7 19 29	13 25 44	19 31 59	0.12	0 44	0.62	3 47
13	1 19 21	7 25 36	13 31 50	19 38 5	0.13	0 48	0.63	3 51
14	1 25 27	7 31 42	13 37 56	19 44 11	0.14	0 51	0.64	3 54
15	1 31 34	7 37 48	13 44 3	19 50 17	0.15	0 55	0.65	3 58
16	1 37 40	7 43 54	13 50 9	19 56 23	0.16	0 59	0.66	4 2
17	1 43 46	7 50 1	13 56 15	20 2 30	0.17	1 2	0.67	4 5
18	1 49 52	7 56 7	14 2 21	20 8 36	0.18	1 6	0.68	4 9
19	1 55 59	8 2 13	14 8 28	20 14 42	0.19	1 10	0.69	4 13
20	2 2 5	8 8 19	14 14 34	20 20 48	0.20	1 13	0.70	4 16
21	2 8 11	8 14 26	14 20 40	20 26 55	0.21	1 17	0.71	4 20
22	2 14 17	8 20 32	14 26 46	20 33 1	0.22	1 21	0.72	4 24
23	2 20 24	8 26 38	14 32 53	20 39 7	0.23	1 24	0.73	4 27
24	2 26 30	8 32 44	14 38 59	20 45 13	0.24	1 28	0.74	4 31
25	2 32 36	8 38 51	14 45 5	20 51 20	0.25	1 32	0.75	4 35
26	2 38 42	8 44 57	14 51 11	20 57 26	0.26	1 35	0.76	4 38
27	2 44 49	8 51 3	14 57 18	21 3 32	0.27	1 39	0.77	4 42
28	2 50 55	8 57 9	15 3 24	21 9 38	0.28	1 43	0.78	4 46
29	2 57 1	9 3 16	15 9 30	21 15 45	0.29	1 46	0.79	4 49
30	3 3 7	9 9 22	15 15 36	21 21 51	0.30	1 50	0.80	4 53
31	3 9 14	9 15 28	15 21 43	21 27 57	0.31	1 54	0.81	4 57
32	3 15 20	9 21 34	15 27 49	21 34 3	0.32	1 57	0.82	5 0
33	3 21 26	9 27 41	15 33 55	21 40 10	0.33	2 1	0.83	5 4
34	3 27 32	9 33 47	15 40 1	21 46 16	0.34	2 5	0.84	5 8
35	3 33 38	9 39 53	15 46 8	21 52 22	0.35	2 8	0.85	5 11
36	3 39 45	9 45 59	15 52 14	21 58 28	0.36	2 12	0.86	5 15
37	3 45 51	9 52 5	15 58 20	22 4 35	0.37	2 16	0.87	5 19
38	3 51 57	9 58 12	16 4 26	22 10 41	0.38	2 19	0.88	5 22
39	3 58 3	10 4 18	16 10 33	22 16 47	0.39	2 23	0.89	5 26
40	4 4 10	10 10 24	16 16 39	22 22 53	0.40	2 26	0.90	5 30
41	4 10 16	10 16 30	16 22 45	22 29 0	0.41	2 30	0.91	5 33
42	4 16 22	10 22 37	16 28 51	22 35 6	0.42	2 34	0.92	5 37
43	4 22 28	10 28 43	16 34 57	22 41 12	0.43	2 37	0.93	5 41
44	4 28 35	10 34 49	16 41 4	22 47 18	0.44	2 41	0.94	5 44
45	4 34 41	10 40 55	16 47 10	22 53 24	0.45	2 45	0.95	5 48
46	4 40 47	10 47 2	16 53 16	22 59 31	0.46	2 48	0.96	5 52
47	4 46 53	10 53 8	16 59 22	23 5 37	0.47	2 52	0.97	5 55
48	4 53 0	10 59 14	17 5 29	23 11 43	0.48	2 56	0.98	5 59
49	4 59 6	11 5 20	17 11 35	23 17 49	0.49	2 59	0.99	6 3
50	5 5 12	11 11 27	17 17 41	23 23 56	0.50	3 3	1.00	6 6
51	5 11 18	11 17 33	17 23 47	23 30 2				
52	5 17 25	11 23 39	17 29 54	23 36 8				
53	5 23 31	11 29 45	17 36 0	23 42 14				
54	5 29 37	11 35 52	17 42 6	23 48 21				
55	5 35 43	11 41 58	17 48 12	23 54 27				
56	5 41 50	11 48 4	17 54 19	24 0 33				
57	5 47 56	11 54 10	18 0 25	24 6 39				
58	5 54 2	12 0 17	18 6 31	24 12 46				
59	6 0 8	12 6 23	18 12 37	24 18 52				

Die Reduktion ist von der Sternzeit zu subtrahieren.

Verwandlung von mittlerer Zeit in Sternzeit

Red.	0m	1m	2m	3m	Red.
s	h m s	h m s	h m s	h m s	s
0	0 0 0.0	6 5 14.5	12 10 29.1	18 15 43.6	0
1	6 5.2	11 19.8	16 34.3	21 48.8	1
2	12 10.5	17 25.0	22 39.6	27 54.1	2
3	18 15.7	23 30.3	28 44.8	33 59.3	3
4	24 21.0	29 35.5	34 50.0	40 4.6	4
5	30 26.2	35 40.7	40 55.3	46 9.8	5
6	36 31.5	41 46.0	47 0.5	52 15.1	6
7	42 36.7	47 51.2	53 5.8	18 58 20.3	7
8	48 41.9	6 53 56.5	12 59 11.0	19 4 25.5	8
9	0 54 47.2	7 0 1.7	13 5 16.2	10 30.8	9
10	1 0 52.4	6 7.0	11 21.5	16 36.0	10
11	6 57.7	12 12.2	17 26.7	22 41.3	11
12	13 2.9	18 17.4	23 32.0	28 46.5	12
13	19 8.1	24 22.7	29 37.2	34 51.8	13
14	25 13.4	30 27.9	35 42.5	40 57.0	14
15	31 18.6	36 33.2	41 47.7	47 2.2	15
16	37 23.9	42 38.4	47 52.9	53 7.5	16
17	43 29.1	48 43.7	13 53 58.2	19 59 12.7	17
18	49 34.4	7 54 48.9	14 0 3.4	20 5 18.0	18
19	1 55 39.6	8 0 54.1	6 8.7	11 23.2	19
20	2 1 44.8	6 59.4	12 13.9	17 28.4	20
21	7 50.1	13 4.6	18 19.2	23 33.7	21
22	13 55.3	19 9.9	24 24.4	29 38.9	22
23	20 0.6	25 15.1	30 29.6	35 44.2	23
24	26 5.8	31 20.3	36 34.9	41 49.4	24
25	32 11.1	37 25.6	42 40.1	47 54.7	25
26	38 16.3	43 30.8	48 45.4	20 53 59.9	26
27	44 21.5	49 36.1	14 54 50.6	21 0 5.1	27
28	50 26.8	8 55 41.3	15 0 55.9	6 10.4	28
29	2 56 32.0	9 1 46.6	7 1.1	12 15.6	29
30	3 2 37.3	7 51.8	13 6.3	18 20.9	30
31	8 42.5	13 57.0	19 11.6	24 26.1	31
32	14 47.8	20 2.3	25 16.8	30 31.4	32
33	20 53.0	26 7.5	31 22.1	36 36.6	33
34	26 58.2	32 12.8	37 27.3	42 41.8	34
35	33 3.5	38 18.0	43 32.5	48 47.1	35
36	39 8.7	44 23.3	49 37.8	21 54 52.3	36
37	45 14.0	50 28.5	15 55 43.0	22 0 57.6	37
38	51 19.2	9 56 33.7	16 1 48.3	7 2.8	38
39	3 57 24.4	10 2 39.0	7 53.5	13 8.0	39
40	4 3 29.7	8 44.2	13 58.8	19 13.3	40
41	9 34.9	14 49.5	20 4.0	25 18.5	41
42	15 40.2	20 54.7	26 9.2	31 23.8	42
43	21 45.4	27 0.0	32 14.5	37 29.0	43
44	27 50.7	33 5.2	38 19.7	43 34.3	44
45	33 55.9	39 10.4	44 25.0	49 39.5	45
46	40 1.1	45 15.7	50 30.2	22 55 44.7	46
47	46 6.4	51 20.9	16 56 35.5	23 1 50.0	47
48	52 11.6	10 57 26.2	17 2 40.7	7 55.2	48
49	4 58 16.9	11 3 31.4	8 45.9	14 0.5	49
50	5 4 22.1	9 36.6	14 51.2	20 5.7	50
51	10 27.4	15 41.9	20 56.4	26 11.0	51
52	16 32.6	21 47.1	27 1.7	32 16.2	52
53	22 37.8	27 52.4	33 6.9	38 21.4	53
54	28 43.1	33 57.6	39 12.1	44 26.7	54
55	34 48.3	40 2.9	45 17.4	50 31.9	55
56	40 53.6	46 8.1	51 22.6	23 56 37.2	56
57	46 58.8	52 13.3	17 57 27.9	24 2 42.4	57
58	53 4.0	11 58 18.6	18 3 33.1	8 47.7	58
59	5 59 9.3	12 4 23.8	18 9 38.4	24 14 52.9	59

Red.		Red.	
s	m s	s	m s
0.00	0 0.0	0.50	3 2.6
01	3.7	51	6.3
02	7.3	52	9.9
03	11.0	53	13.6
04	14.6	54	17.2
0.05	18.3	0.55	20.9
06	21.9	56	24.5
07	25.6	57	28.2
08	29.2	58	31.8
09	32.9	59	35.5
0.10	36.5	0.60	39.1
11	40.2	61	42.8
12	43.8	62	46.5
13	47.5	63	50.1
14	51.1	64	53.8
0.15	54.8	0.65	3 57.4
16	0 58.4	66	4 1.1
17	1 2.1	67	4.7
18	5.7	68	8.4
19	9.4	69	12.0
0.20	13.0	0.70	15.7
21	16.7	71	19.3
22	20.4	72	23.0
23	24.0	73	26.6
24	27.7	74	30.3
0.25	31.3	0.75	33.9
26	35.0	76	37.6
27	38.6	77	41.2
28	42.3	78	44.9
29	45.9	79	48.5
0.30	49.6	0.80	52.2
31	53.2	81	55.8
32	1 56.9	82	4 59.5
33	2 0.5	83	5 3.2
34	4.2	84	6.8
0.35	7.8	0.85	10.5
36	11.5	86	14.1
37	15.1	87	17.8
38	18.8	88	21.4
39	22.4	89	25.1
0.40	26.1	0.90	28.7
41	29.7	91	32.4
42	33.4	92	36.0
43	37.1	93	39.7
44	40.7	94	43.3
0.45	44.4	0.95	47.0
46	48.0	96	50.6
47	51.7	97	54.3
48	55.3	98	5 57.9
0.49	2 59.0	0.99	6 1.6

Red.		Red.		Red.	
s	s	s	s	s	s
0.000		0.003		0.006	
	0.2		1.3		2.4
001		004		007	
	0.5		1.6		2.7
002		005		008	
	0.9		2.0		3.1
003		006		009	
	1.3		2.4		3.5
0.004		0.007		0.010	
					3.8

Die Reduktion ist zur mittleren Zeit zu addieren.

Verwandlung von Sternzeit in mittlere Zeit

Red.	0m	1m	2m	3m	Red.
s	h m s	h m s	h m s	h m s	s
0	0 0 0.0	6 6 14.5	12 12 29.1	18 18 43.6	0
1	6 6.2	12 20.8	18 35.3	24 49.9	1
2	12 12.5	18 27.0	24 41.6	30 56.1	2
3	18 18.7	24 33.3	30 47.8	37 2.3	3
4	24 25.0	30 39.5	36 54.0	43 8.6	4
5	30 31.2	36 45.7	43 0.3	49 14.8	5
6	36 37.5	42 52.0	49 6.5	18 55 21.1	6
7	42 43.7	48 58.2	12 55 12.8	19 1 27.3	7
8	48 49.9	6 55 4.5	13 1 19.0	7 33.5	8
9	0 54 56.2	7 1 10.7	7 25.3	13 39.8	9
10	1 1 2.4	7 17.0	13 31.5	19 46.0	10
11	7 8.7	13 23.2	19 37.7	25 52.3	11
12	13 14.9	19 29.4	25 44.0	31 58.5	12
13	19 21.1	25 35.7	31 50.2	38 4.8	13
14	25 27.4	31 41.9	37 56.5	44 11.0	14
15	31 33.6	37 48.2	44 2.7	50 17.2	15
16	37 39.9	43 54.4	50 8.9	19 56 23.5	16
17	43 46.1	50 0.7	13 56 15.2	20 2 29.7	17
18	49 52.4	7 56 6.9	14 2 21.4	8 36.0	18
19	1 55 58.6	8 2 13.1	8 27.7	14 42.2	19
20	2 2 4.8	8 19.4	14 33.9	20 48.5	20
21	8 11.1	14 25.6	20 40.2	26 54.7	21
22	14 17.3	20 31.9	26 46.4	33 0.9	22
23	20 23.6	26 38.1	32 52.6	39 7.2	23
24	26 29.8	32 44.4	38 58.9	45 13.4	24
25	32 36.1	38 50.6	45 5.1	51 19.7	25
26	38 42.3	44 56.8	51 11.4	20 57 25.9	26
27	44 48.5	51 3.1	14 57 17.6	21 3 32.2	27
28	50 54.8	8 57 9.3	15 3 23.9	9 38.4	28
29	2 57 1.0	9 3 15.6	9 30.1	15 44.6	29
30	3 3 7.3	9 21.8	15 36.3	21 50.9	30
31	9 13.5	15 28.0	21 42.6	27 57.1	31
32	15 19.8	21 34.3	27 48.8	34 3.4	32
33	21 26.0	27 40.5	33 55.1	40 9.6	33
34	27 32.2	33 46.8	40 1.3	46 15.8	34
35	33 38.5	39 53.0	46 7.6	52 22.1	35
36	39 44.7	45 59.3	52 13.8	21 58 28.3	36
37	45 51.0	52 5.5	15 58 20.0	22 4 34.6	37
38	51 57.2	9 58 11.7	16 4 26.3	10 40.8	38
39	3 58 3.4	10 4 18.0	10 32.5	16 47.1	39
40	4 4 9.7	10 24.2	16 38.8	22 53.3	40
41	10 15.9	16 30.5	22 45.0	28 59.5	41
42	16 22.2	22 36.7	28 51.2	35 5.8	42
43	22 28.4	28 43.0	34 57.5	41 11.0	43
44	28 34.7	34 49.2	41 3.7	47 18.3	44
45	34 40.9	40 55.4	47 10.0	53 24.5	45
46	40 47.1	47 1.7	53 16.2	22 59 30.8	46
47	46 53.4	53 7.9	16 59 22.5	23 5 37.0	47
48	52 59.6	10 59 14.2	17 5 28.7	11 43.2	48
49	4 59 5.9	11 5 20.4	11 34.9	17 49.5	49
50	5 5 12.1	11 26.7	17 41.2	23 55.7	50
51	11 18.4	17 32.9	23 47.4	30 2.0	51
52	17 24.6	23 39.1	29 53.7	36 8.2	52
53	23 30.8	29 45.4	35 59.9	42 14.5	53
54	29 37.1	35 51.6	42 6.2	48 20.7	54
55	35 43.3	41 57.9	48 12.4	23 54 26.9	55
56	41 49.6	48 4.1	17 54 18.6	24 0 33.2	56
57	47 55.8	11 54 10.3	18 0 24.9	6 39.4	57
58	5 54 2.1	12 0 16.6	6 31.1	12 45.7	58
59	6 0 8.3	12 6 22.8	18 12 37.4	24 18 51.9	59

Die Reduktion ist von der Sternzeit zu subtrahieren.

Red.		Red.	
s	m s	s	m s
0.00	0 0.0	0.50	3 3.1
01	3.7	51	6.8
02	7.3	52	10.4
03	11.0	53	14.1
04	14.6	54	17.8
0.05	18.3	0.55	21.4
06	22.0	56	25.1
07	25.6	57	28.8
08	29.3	58	32.4
09	33.0	59	36.1
0.10	36.6	0.60	39.7
11	40.3	61	43.4
12	43.9	62	47.1
13	47.6	63	50.7
14	51.3	64	54.4
0.15	54.9	0.65	3 58.1
16	0 58.6	66	4 1.7
17	1 2.3	67	5.4
18	5.9	68	9.0
19	9.6	69	12.7
0.20	13.2	0.70	16.4
21	16.9	71	20.0
22	20.6	72	23.7
23	24.2	73	27.4
24	27.9	74	31.0
0.25	31.6	0.75	34.7
26	35.2	76	38.3
27	38.9	77	42.0
28	42.5	78	45.7
29	46.2	79	49.3
0.30	49.9	0.80	53.0
31	53.5	81	4 56.7
32	1 57.2	82	5 0.3
33	2 0.9	83	4.0
34	4.5	84	7.6
0.35	8.2	0.85	11.3
36	11.8	86	15.0
37	15.5	87	18.6
38	19.2	88	22.3
39	22.8	89	26.0
0.40	26.5	0.90	29.6
41	30.2	91	33.3
42	33.8	92	36.9
43	37.5	93	40.6
44	41.1	94	44.3
0.45	44.8	0.95	47.9
46	48.5	96	51.6
47	52.1	97	55.3
48	55.8	98	5 58.9
0.49	2 59.5	0.99	6 2.6

Red.		Red.		Red.	
s	s	s	s	s	s
0.000		0.003		0.006	
	0.2		1.3		2.4
001		004		007	
	0.5		1.6		2.7
002		005		008	
	0.9		2.0		3.1
003		006		009	
	1.3		2.4		3.5
0.004		0.007		0.010	
					3.8

Verwandlung von Stunden, Minuten und Sekunden

	0^h	1^h	2^h	3^h	4^h	5^h		
m	d	d	d	d	d	d	s	d
0	0.000000	0.041667	0.083333	0.125000	0.166667	0.208333	0	0.000000
1	000694	042361	084028	125694	167361	209028	1	000012
2	001389	043056	084722	126389	168056	209722	2	000023
3	002083	043750	085417	127083	168750	210417	3	000035
4	002778	044444	086111	127778	169444	211111	4	000046
5	0.003472	0.045139	0.086806	0.128472	0.170139	0.211806	5	0.000058
6	004167	045833	087500	129167	170833	212500	6	000069
7	004861	046528	088194	129861	171528	213194	7	000081
8	005556	047222	088889	130556	172222	213889	8	000093
9	006250	047917	089583	131250	172917	214583	9	000104
10	0.006944	0.048611	0.090278	0.131944	0.173611	0.215278	10	0.000116
11	007639	049306	090972	132639	174306	215972	11	000127
12	008333	050000	091667	133333	175000	216667	12	000139
13	009028	050694	092361	134028	175694	217361	13	000150
14	009722	051389	093056	134722	176389	218056	14	000162
15	0.010417	0.052083	0.093750	0.135417	0.177083	0.218750	15	0.000174
16	011111	052778	094444	136111	177778	219444	16	000185
17	011806	053472	095139	136806	178472	220139	17	000197
18	012500	054167	095833	137500	179167	220833	18	000208
19	013194	054861	096528	138194	179861	221528	19	000220
20	0.013889	0.055556	0.097222	0.138889	0.180556	0.222222	20	0.000231
21	014583	056250	097917	139583	181250	222917	21	000243
22	015278	056944	098611	140278	181944	223611	22	000255
23	015972	057639	099306	140972	182639	224306	23	000266
24	016667	058333	100000	141667	183333	225000	24	000278
25	0.017361	0.059028	0.100694	0.142361	0.184028	0.225694	25	0.000289
26	018056	059722	101389	143056	184722	226389	26	000301
27	018750	060417	102083	143750	185417	227083	27	000313
28	019444	061111	102778	144444	186111	227778	28	000324
29	020139	061806	103472	145139	186806	228472	29	000336
30	0.020833	0.062500	0.104167	0.145833	0.187500	0.229167	30	0.000347
31	021528	063194	104861	146528	188194	229861	31	000359
32	022222	063889	105556	147222	188889	230556	32	000370
33	022917	064583	106250	147917	189583	231250	33	000382
34	023611	065278	106944	148611	190278	231944	34	000394
35	0.024306	0.065972	0.107639	0.149306	0.190972	0.232639	35	0.000405
36	025000	066667	108333	150000	191667	233333	36	000417
37	025694	067361	109028	150694	192361	234028	37	000428
38	026389	068056	109722	151389	193056	234722	38	000440
39	027083	068750	110417	152083	193750	235417	39	000451
40	0.027778	0.069444	0.111111	0.152778	0.194444	0.236111	40	0.000463
41	028472	070139	111806	153472	195139	236806	41	000475
42	029167	070833	112500	154167	195833	237500	42	000486
43	029861	071528	113194	154861	196528	238194	43	000498
44	030556	072222	113889	155556	197222	238889	44	000509
45	0.031250	0.072917	0.114583	0.156250	0.197917	0.239583	45	0.000521
46	031944	073611	115278	156944	198611	240278	46	000532
47	032639	074306	115972	157639	199306	240972	47	000544
48	033333	075000	116667	158333	200000	241667	48	000556
49	034028	075694	117361	159028	200694	242361	49	000567
50	0.034722	0.076389	0.118056	0.159722	0.201389	0.243056	50	0.000579
51	035417	077083	118750	160417	202083	243750	51	000590
52	036111	077778	119444	161111	202778	244444	52	000602
53	036806	078472	120139	161806	203472	245139	53	000613
54	037500	079167	120833	162500	204167	245833	54	000625
55	0.038194	0.079861	0.121528	0.163194	0.204861	0.246528	55	0.000637
56	038889	080556	122222	163889	205556	247222	56	000648
57	039583	081250	122917	164583	206250	247917	57	000660
58	040278	081944	123611	165278	206944	248611	58	000671
59	0.040972	0.082639	0.124306	0.165972	0.207639	0.249306	59	0.000683

m	6h	7h	8h	9h	10h	11h	s	d
	d	d	d	d	d	d		
0	0.250000	0.291667	0.333333	0.375000	0.416667	0.458333	0	0.000000
1	250694	292361	334028	375694	417361	459028	1	000012
2	251389	293056	334722	376389	418056	459722	2	000023
3	252083	293750	335417	377083	418750	460417	3	000035
4	252778	294444	336111	377778	419444	461111	4	000046
5	0.253472	0.295139	0.336806	0.378472	0.420139	0.461806	5	0.000058
6	254167	295833	337500	379167	420833	462500	6	000069
7	254861	296528	338194	379861	421528	463194	7	000081
8	255556	297222	338889	380556	422222	463889	8	000093
9	256250	297917	339583	381250	422917	464583	9	000104
10	0.256944	0.298611	0.340278	0.381944	0.423611	0.465278	10	0.000116
11	257639	299306	340972	382639	424306	465972	11	000127
12	258333	300000	341667	383333	425000	466667	12	000139
13	259028	300694	342361	384028	425694	467361	13	000150
14	259722	301389	343056	384722	426389	468056	14	000162
15	0.260417	0.302083	0.343750	0.385417	0.427083	0.468750	15	0.000174
16	261111	302778	344444	386111	427778	469444	16	000185
17	261806	303472	345139	386806	428472	470139	17	000197
18	262500	304167	345833	387500	429167	470833	18	000208
19	263194	304861	346528	388194	429861	471528	19	000220
20	0.263889	0.305556	0.347222	0.388889	0.430556	0.472222	20	0.000231
21	264583	306250	347917	389583	431250	472917	21	000243
22	265278	306944	348611	390278	431944	473611	22	000255
23	265972	307639	349306	390972	432639	474306	23	000266
24	266667	308333	350000	391667	433333	475000	24	000278
25	0.267361	0.309028	0.350694	0.392361	0.434028	0.475694	25	0.000289
26	268056	309722	351389	393056	434722	476389	26	000301
27	268750	310417	352083	393750	435417	477083	27	000313
28	269444	311111	352778	394444	436111	477778	28	000324
29	270139	311806	353472	395139	436806	478472	29	000336
30	0.270833	0.312500	0.354167	0.395833	0.437500	0.479167	30	0.000347
31	271528	313194	354861	396528	438194	479861	31	000359
32	272222	313889	355556	397222	438889	480556	32	000370
33	272917	314583	356250	397917	439583	481250	33	000382
34	273611	315278	356944	398611	440278	481944	34	000394
35	0.274306	0.315972	0.357639	0.399306	0.440972	0.482639	35	0.000405
36	275000	316667	358333	400000	441667	483333	36	000417
37	275694	317361	359028	400694	442361	484028	37	000428
38	276389	318056	359722	401389	443056	484722	38	000440
39	277083	318750	360417	402083	443750	485417	39	000451
40	0.277778	0.319444	0.361111	0.402778	0.444444	0.486111	40	0.000463
41	278472	320139	361806	403472	445139	486806	41	000475
42	279167	320833	362500	404167	445833	487500	42	000486
43	279861	321528	363194	404861	446528	488194	43	000498
44	280556	322222	363889	405556	447222	488889	44	000509
45	0.281250	0.322917	0.364583	0.406250	0.447917	0.489583	45	0.000521
46	281944	323611	365278	406944	448611	490278	46	000532
47	282639	324306	365972	407639	449306	490972	47	000544
48	283333	325000	366667	408333	450000	491667	48	000556
49	284028	325694	367361	409028	450694	492361	49	000567
50	0.284722	0.326389	0.368056	0.409722	0.451389	0.493056	50	0.000579
51	285417	327083	368750	410417	452083	493750	51	000590
52	286111	327778	369444	411111	452778	494444	52	000602
53	286806	328472	370139	411806	453472	495139	53	000613
54	287500	329167	370833	412500	454167	495833	54	000625
55	0.288194	0.329861	0.371528	0.413194	0.454861	0.496528	55	0.000637
56	288889	330556	372222	413889	455556	497222	56	000648
57	289583	331250	372917	414583	456250	497917	57	000660
58	290278	331944	373611	415278	456944	498611	58	000671
59	0.290972	0.332639	0.374306	0.415972	0.457639	0.499306	59	0.000683

Julianische Periode

I. Anzahl der am 0. Januar, 12h Weltzeit, seit Anfang der Periode verflossenen Tage

Jahr nach Chr.	0	100	200	300	400	500	600	700	800	900
	17	17	17	18	18	19	19	19	20	20
0	21057	57582	94107	30632	67157	03682	40207	76732	13257	49782
4	22518	59043	95568	32093	68618	05143	41668	78193	14718	51243
8	23979	60504	97029	33554	70079	06604	43129	79654	16179	52704
12	25440	61965	98490	35015	71540	08065	44590	81115	17640	54165
16	26901	63426	99951	36476	73001	09526	46051	82576	19101	55626
20	28362	64887	01412	37937	74462	10987	47512	84037	20562	57087
24	29823	66348	02873	39398	75923	12448	48973	85498	22023	58548
28	31284	67809	04334	40859	77384	13909	50434	86959	23484	60009
32	32745	69270	05795	42320	78845	15370	51895	88420	24945	61470
36	34206	70731	07256	43781	80306	16831	53356	89881	26406	62931
40	35667	72192	08717	45242	81767	18292	54817	91342	27867	64392
44	37128	73653	10178	46703	83228	19753	56278	92803	29328	65853
48	38589	75114	11639	48164	84689	21214	57739	94264	30789	67314
52	40050	76575	13100	49625	86150	22675	59200	95725	32250	68775
56	41511	78036	14561	51086	87611	24136	60661	97186	33711	70236
60	42972	79497	16022	52547	89072	25597	62122	98647	35172	71697
64	44433	80958	17483	54008	90533	27058	63583	00108	36633	73158
68	45894	82419	18944	55469	91994	28519	65044	01569	38094	74619
72	47355	83880	20405	56930	93455	29980	66505	03030	39555	76080
76	48816	85341	21866	58391	94916	31441	67966	04491	41016	77541
80	50277	86802	23327	59852	96377	32902	69427	05952	42477	79002
84	51738	88263	24788	61313	97838	34363	70888	07413	43938	80463
88	53199	89724	26249	62774	99299	35824	72349	08874	45399	81924
92	54660	91185	27710	64235	00760	37285	73810	10335	46860	83385
96	56121	92646	29171	65696	02221	38746	75271	11796	48321	84846
100	57582	94107	30632	67157	03682	40207	76732	13257	49782	86307
	17	17	18	18	19	19	19	20	20	20

Ia. Anzahl der am 0. eines jeden Monats, 12h Weltzeit, seit Beginn der Schaltperiode verflossenen Tage

Jahr	Jan. 0	Febr. 0	März 0	April 0	Mai 0	Juni 0	Juli 0	Aug. 0	Sept. 0	Okt. 0	Nov. 0	Dez. 0
0	0	31	60	91	121	152	182	213	244	274	305	335
1	366	397	425	456	486	517	547	578	609	639	670	700
2	731	762	790	821	851	882	912	943	974	1004	1035	1065
3	1096	1127	1155	1186	1216	1247	1277	1308	1339	1369	1400	1430

Julianische Periode

I. Anzahl der am o. Januar, 12^h Weltzeit, seit Anfang der Periode verflossenen Tage

Jahr nach Chr.	1000	1100	1200	1300	1400	1500	1600	1700	1800	1900
	20	21	21	21	22	22	23	23	23	24
0	86307	22832	59357	95882	32407	68932	05447	41971[1]	78495[1]	15019[1]
4	87768	24293	60818	97343	33868	70393	06908	43432	79956	16480
8	89229	25754	62279	98804	35329	71854	08369	44893	81417	17941
12	90690	27215	63740	00265	36790	73315	09830	46354	82878	19402
16	92151	28676	65201	01726	38251	74776	11291	47815	84339	20863
20	93612	30137	66662	03187	39712	76237	12752	49276	85800	22324
24	95073	31598	68123	04648	41173	77698	14213	50737	87261	23785
28	96534	33059	69584	06109	42634	79159	15674	52198	88722	25246
32	97995	34520	71045	07570	44095	80620	17135	53659	90183	26707
36	99456	35981	72506	09031	45556	82081	18596	55120	91644	28168
40	00917	37442	73967	10492	47017	83542	20057	56581	93105	29629
44	02378	38903	75428	11953	48478	85003	21518	58042	94566	31090
48	03839	40364	76889	13414	49939	86464	22979	59503	96027	32551
52	05300	41825	78350	14875	51400	87925	24440	60964	97488	34012
56	06761	43286	79811	16336	52861	89386	25901	62425	98949	35473
60	08222	44747	81272	17797	54322	90847	27362	63886	00410	36934
64	09683	46208	82733	19258	55783	92308	28823	65347	01871	38395
68	11144	47669	84194	20719	57244	93769	30284	66808	03332	39856
72	12605	49130	85655	22180	58705	95230	31745	68269	04793	41317
76	14066	50591	87116	23641	60166	96691	33206	69730	06254	42778
80	15527	52052	88577	25102	61627	98152	34667	71191	07715	44239
84	16988	53513	90038	26563	63088	99603	36128	72652	09176	45700
88	18449	54974	91499	28024	64549	01064	37589	74113	10637	47161
92	19910	56435	92960	29485	66010	02525	39050	75574	12098	48622
96	21371	57896	94421	30946	67471	03986	40511	77035	13559	50083
100	22832	59357	95882	32407	68932	05447	41971[1]	78495[1]	15019[1]	51544
	21	21	21	22	22	23	23	23	24	24

[1] Die Zahlen geben die am —1. Jan. seit Anfang der Periode verflossenen Tage.

Ia. Anzahl der am o. eines jeden Monats, 12^h Weltzeit, seit Beginn der Schaltperiode verflossenen Tage

Jahr	Jan. 0	Febr. 0	März 0	April 0	Mai 0	Juni 0	Juli 0	Aug. 0	Sept. 0	Okt. 0	Nov. 0	Dez. 0
0	0[2]	31[2]	60	91	121	152	182	213	244	274	305	335
1	366	397	425	456	486	517	547	578	609	639	670	700
2	731	762	790	821	851	882	912	943	974	1004	1035	1065
3	1096	1127	1155	1186	1216	1247	1277	1308	1339	1369	1400	1430

Von 1582 Okt. 15 bis 1583 Dez. 31 sind die Zahlen der Tafel Ia um 10 zu verkleinern.

[2] In den Jahren 1700, 1800, 1900 um 1 zu vergrößern.

AA

Julianische Periode

II. Anzahl der am 0. eines jeden Monats, 12^h Weltzeit, seit Beginn der Periode verflossenen Tage

Jahr n. Chr.	Januar 0	Febr. 0	März 0	April 0	Mai 0	Juni 0	Juli 0	Aug. 0	Sept. 0	Okt. 0	Nov. 0	Dez. 0
1860	2400 410	441	470	501	531	562	592	623	654	684	715	745
1861	776	807	835	866	896	927	957	988	*019	*049	*080	*110
1862	2401 141	172	200	231	261	292	322	353	384	414	445	475
1863	506	537	565	596	626	657	687	718	749	779	810	840
1864	871	902	931	962	992	*023	*053	*084	*115	*145	*176	*206
1865	2402 237	268	296	327	357	388	418	449	480	510	541	571
1866	602	633	661	692	722	753	783	814	845	875	906	936
1867	967	998	*026	*057	*087	*118	*148	*179	*210	*240	*271	*301
1868	2403 332	363	392	423	453	484	514	545	576	606	637	667
1869	698	729	757	788	818	849	879	910	941	971	*002	*032
1870	2404 063	094	122	153	183	214	244	275	306	336	367	397
1871	428	459	487	518	548	579	609	640	671	701	732	762
1872	793	824	853	884	914	945	975	*006	*037	*067	*098	*128
1873	2405 159	190	218	249	279	310	340	371	402	432	463	493
1874	524	555	583	614	644	675	705	736	767	797	828	858
1875	889	920	948	979	*009	*040	*070	*101	*132	*162	*193	*223
1876	2406 254	285	314	345	375	406	436	467	498	528	559	589
1877	620	651	679	710	740	771	801	832	863	893	924	954
1878	985	*016	*044	*075	*105	*136	*166	*197	*228	*258	*289	*319
1879	2407 350	381	409	440	470	501	531	562	593	623	654	684
1880	715	746	775	806	836	867	897	928	959	989	*020	*050
1881	2408 081	112	140	171	201	232	262	293	324	354	385	415
1882	446	477	505	536	566	597	627	658	689	719	750	780
1883	811	842	870	901	931	962	992	*023	*054	*084	*115	*145
1884	2409 176	207	236	267	297	328	358	389	420	450	481	511
1885	542	573	601	632	662	693	723	754	785	815	846	876
1886	907	938	966	997	*027	*058	*088	*119	*150	*180	*211	*241
1887	2410 272	303	331	362	392	423	453	484	515	545	576	606
1888	637	668	697	728	758	789	819	850	881	911	942	972
1889	2411 003	034	062	093	123	154	184	215	246	276	307	337
1890	368	399	427	458	488	519	549	580	611	641	672	702
1891	733	764	792	823	853	884	914	945	976	*006	*037	*067
1892	2412 098	129	158	189	219	250	280	311	342	372	403	433
1893	464	495	523	554	584	615	645	676	707	737	768	798
1894	829	860	888	919	949	980	*010	*041	*072	*102	*133	*163
1895	2413 194	225	253	284	314	345	375	406	437	467	498	528
1896	559	590	619	650	680	711	741	772	803	833	864	894
1897	925	956	984	*015	*045	*076	*106	*137	*168	*198	*229	*259
1898	2414 290	321	349	380	410	441	471	502	533	563	594	624
1899	655	686	714	745	775	806	836	867	898	928	959	989

Julianische Periode

II. Anzahl der am 0. eines jeden Monats, 12h Weltzeit, seit Beginn der Periode verflossenen Tage

Jahr n. Chr.	Januar 0	Febr. 0	März 0	April 0	Mai 0	Juni 0	Juli 0	Aug. 0	Sept. 0	Okt. 0	Nov. 0	Dez. 0
1900	2415 020	051	079	110	140	171	201	232	263	293	324	354
1901	385	416	444	475	505	536	566	597	628	658	689	719
1902	750	781	809	840	870	901	931	962	993	*023	*054	*084
1903	2416 115	146	174	205	235	266	296	327	358	388	419	449
1904	480	511	540	571	601	632	662	693	724	754	785	815
1905	846	877	905	936	966	997	*027	*058	*089	*119	*150	*180
1906	2417 211	242	270	301	331	362	392	423	454	484	515	545
1907	576	607	635	666	696	727	757	788	819	849	880	910
1908	941	972	*001	*032	*062	*093	*123	*154	*185	*215	*246	*276
1909	2418 307	338	366	397	427	458	488	519	550	580	611	641
1910	672	703	731	762	792	823	853	884	915	945	976	*006
1911	2419 037	068	096	127	157	188	218	249	280	310	341	371
1912	402	433	462	493	523	554	584	615	646	676	707	737
1913	768	799	827	858	888	919	949	980	*011	*041	*072	*102
1914	2420 133	164	192	223	253	284	314	345	376	406	437	467
1915	498	529	557	588	618	649	679	710	741	771	802	832
1916	863	894	923	954	984	*015	*045	*076	*107	*137	*168	*198
1917	2421 229	260	288	319	349	380	410	441	472	502	533	563
1918	594	625	653	684	714	745	775	806	837	867	898	928
1919	959	990	*018	*049	*079	*110	*140	*171	*202	*232	*263	*293
1920	2422 324	355	384	415	445	476	506	537	568	598	629	659
1921	690	721	749	780	810	841	871	902	933	963	994	*024
1922	2423 055	086	114	145	175	206	236	267	298	328	359	389
1923	420	451	479	510	540	571	601	632	663	693	724	754
1924	785	816	845	876	906	937	967	998	*029	*059	*090	*120
1925	2424 151	182	210	241	271	302	332	363	394	424	455	485
1926	516	547	575	606	636	667	697	728	759	789	820	850
1927	881	912	940	971	*001	*032	*062	*093	*124	*154	*185	*215
1928	2425 246	277	306	337	367	398	428	459	490	520	551	581
1929	612	643	671	702	732	763	793	824	855	885	916	946
1930	977	*008	*036	*067	*097	*128	*158	*189	*220	*250	*281	*311
1931	2426 342	373	401	432	462	493	523	554	585	615	646	676
1932	707	738	767	798	828	859	889	920	951	981	*012	*042
1933	2427 073	104	132	163	193	224	254	285	316	346	377	407
1934	438	469	497	528	558	589	619	650	681	711	742	772
1935	803	834	862	893	923	954	984	*015	*046	*076	*107	*137
1936	2428 168	199	228	259	289	320	350	381	412	442	473	503
1937	534	565	593	624	654	685	715	746	777	807	838	868
1938	899	930	958	989	*019	*050	*080	*111	*142	*172	*203	*233
1939	2429 264	295	323	354	384	415	445	476	507	537	568	598

Julianische Periode

II. Anzahl der am 0. eines jeden Monats, 12^h Weltzeit, seit Beginn der Periode verflossenen Tage

Jahr n. Chr.	Januar 0	Febr. 0	März 0	April 0	Mai 0	Juni 0	Juli 0	Aug. 0	Sept. 0	Okt. 0	Nov. 0	Dez. 0
1940	2429 629	660	689	720	750	781	811	842	873	903	934	964
1941	995	*026	*054	*085	*115	*146	*176	*207	*238	*268	*299	*329
1942	2430 360	391	419	450	480	511	541	572	603	633	664	694
1943	725	756	784	815	845	876	906	937	968	998	*029	*059
1944	2431 090	121	150	181	211	242	272	303	334	364	395	425
1945	456	487	515	546	576	607	637	668	699	729	760	790
1946	821	852	880	911	941	972	*002	*033	*064	*094	*125	*155
1947	2432 186	217	245	276	306	337	367	398	429	459	490	520
1948	551	582	611	642	672	703	733	764	795	825	856	886
1949	917	948	976	*007	*037	*068	*098	*129	*160	*190	*221	*251
1950	2433 282	313	341	372	402	433	463	494	525	555	586	616
1951	647	678	706	737	767	798	828	859	890	920	951	981
1952	2434 012	043	072	103	133	164	194	225	256	286	317	347
1953	378	409	437	468	498	529	559	590	621	651	682	712
1954	743	774	802	833	863	894	924	955	986	*016	*047	*077
1955	2435 108	139	167	198	228	259	289	320	351	381	412	442
1956	473	504	533	564	594	625	655	686	717	747	778	808
1957	839	870	898	929	959	990	*020	*051	*082	*112	*143	*173
1958	2436 204	235	263	294	324	355	385	416	447	477	508	538
1959	569	600	628	659	689	720	750	781	812	842	873	903
1960	934	965	994	*025	*055	*086	*116	*147	*178	*208	*239	*269
1961	2437 300	331	359	390	420	451	481	512	543	573	604	634
1962	665	696	724	755	785	816	846	877	908	938	969	999
1963	2438 030	061	089	120	150	181	211	242	273	303	334	364
1964	395	426	455	486	516	547	577	608	639	669	700	730
1965	761	792	820	851	881	912	942	973	*004	*034	*065	*095
1966	2439 126	157	185	216	246	277	307	338	369	399	430	460
1967	491	522	550	581	611	642	672	703	734	764	795	825
1968	856	887	916	947	977	*008	*038	*069	*100	*130	*161	*191
1969	2440 222	253	281	312	342	373	403	434	465	495	526	556
1970	587	618	646	677	707	738	768	799	830	860	891	921
1971	952	983	*011	*042	*072	*103	*133	*164	*195	*225	*256	*286
1972	2441 317	348	377	408	438	469	499	530	561	591	622	652
1973	683	714	742	773	803	834	864	895	926	956	987	*017
1974	2442 048	079	107	138	168	199	229	260	291	321	352	382
1975	413	444	472	503	533	564	594	625	656	686	717	747
1976	778	809	838	869	899	930	960	991	*022	*052	*083	*113
1977	2443 144	175	203	234	264	295	325	356	387	417	448	478
1978	509	540	568	599	629	660	690	721	752	782	813	843
1979	2443 874	905	933	964	994	*025	*055	*086	*117	*147	*178	*208

Hilfsgrößen

zur Berechnung der geozentrischen Koordinaten

$\rho \sin \varphi' = s \sin \varphi; \quad \rho \cos \varphi' = c \cos \varphi$

φ	log *s*		log *c*		φ	log *s*		log *c*	
± 0°	9.9970705	4	0.0000000	4	±40°	9.9976745	252	0.0006040	252
1	.9970709	14	.0000004	14	41	.9976997	254	.0006292	254
2	.9970723	22	.0000018	22	42	.9977251	255	.0006546	255
3	.9970745	31	.0000040	31	43	.9977506	255	.0006801	255
4	.9970776	40	.0000071	40	44	.9977761	255	.0007056	255
5	9.9970816	49	0.0000111	49	45	9.9978016	256	0.0007311	256
6	.9970865	57	.0000160	57	46	.9978272	255	.0007567	255
7	.9970922	66	.0000217	66	47	.9978527	255	.0007822	255
8	.9970988	74	.0000283	74	48	.9978782	254	.0008077	254
9	.9971062	83	.0000357	83	49	.9979036	252	.0008331	252
10	9.9971145	92	0.0000440	92	50	9.9979288	252	0.0008583	252
11	.9971237	99	.0000532	99	51	.9979540	249	.0008835	249
12	.9971336	108	.0000631	108	52	.9979789	247	.0009084	247
13	.9971444	116	.0000739	116	53	.9980036	245	.0009331	245
14	.9971560	123	.0000855	123	54	.9980281	242	.0009576	242
15	9.9971683	131	0.0000978	131	55	9.9980523	239	0.0009818	239
16	.9971814	139	.0001109	139	56	.9980762	235	.0010057	235
17	.9971953	146	.0001248	146	57	.9980997	232	.0010292	232
18	.9972099	154	.0001394	154	58	.9981229	228	.0010524	228
19	.9972253	160	.0001548	160	59	.9981457	224	.0010752	224
20	9.9972413	168	0.0001708	168	60	9.9981681	220	0.0010976	220
21	.9972581	174	.0001876	174	61	.9981901	215	.0011196	215
22	.9972755	180	.0002050	180	62	.9982116	209	.0011411	209
23	.9972935	187	.0002230	187	63	.9982325	205	.0011620	205
24	.9973122	192	.0002417	192	64	.9982530	199	.0011825	199
25	9.9973314	198	0.0002609	198	65	9.9982729	193	0.0012024	193
26	.9973512	204	.0002807	204	66	.9982922	188	.0012217	188
27	.9973716	209	.0003011	209	67	.9983110	181	.0012405	181
28	.9973925	214	.0003220	214	68	.9983291	175	.0012586	175
29	.9974139	219	.0003434	219	69	.9983466	168	.0012761	168
30	9.9974358	223	0.0003653	223	70	9.9983634	161	0.0012929	161
31	.9974581	227	.0003876	227	71	.9983795	154	.0013090	154
32	.9974808	232	.0004103	232	72	.9983949	147	.0013244	147
33	.9975040	235	.0004335	235	73	.9984096	140	.0013391	140
34	.9975275	238	.0004570	238	74	.9984236	132	.0013531	132
35	9.9975513	241	0.0004808	241	75	9.9984368	124	0.0013663	124
36	.9975754	245	.0005049	245	76	.9984492	117	.0013787	117
37	.9975999	246	.0005294	246	77	.9984609	108	.0013904	108
38	.9976245	249	.0005540	249	78	.9984717	100	.0014012	100
39	.9976494	251	.0005789	251	79	.9984817	92	.0014112	92
40	9.9976745		0.0006040		80	9.9984909		0.0014204	

Halber Tagbogen

δ \ φ	+30°	+32°	+34°	+36°	+38°	+40°	+42°	+44°	+46°	+48°	+50°
°	h m	h m	h m	h m	h m	h m	h m	h m	h m	h m	h m
−30	4 45.4	4 38.8	4 31.8	4 24.4	4 16.5	4 8.1	3 58.9	3 48.9	3 37.9	3 25.7	3 11.8
29	4 48.6	4 42.3	4 35.6	4 28.6	4 21.1	4 13.0	4 4.3	3 54.9	3 44.5	3 33.0	3 20.1
28	4 51.7	4 45.7	4 39.3	4 32.6	4 25.5	4 17.8	4 9.6	4 0.7	3 50.9	3 40.1	3 28.0
27	4 54.7	4 49.0	4 42.9	4 36.5	4 29.8	4 22.5	4 14.7	4 6.2	3 57.0	3 46.9	3 35.5
26	4 57.7	4 52.2	4 46.5	4 40.4	4 33.9	4 27.1	4 19.7	4 11.7	4 3.0	3 53.4	3 42.8
25	5 0.6	4 55.4	4 49.9	4 44.2	4 38.0	4 31.5	4 24.5	4 16.9	4 8.7	3 59.7	3 49.7
24	5 3.5	4 58.5	4 53.3	4 47.8	4 42.0	4 35.8	4 29.2	4 22.0	4 14.3	4 5.8	3 56.5
23	5 6.3	5 1.6	4 56.6	4 51.4	4 45.9	4 40.1	4 33.8	4 27.0	4 19.7	4 11.8	4 3.0
22	5 9.0	5 4.6	4 59.9	4 55.0	4 49.7	4 44.2	4 38.3	4 31.9	4 25.0	4 17.5	4 9.3
21	5 11.7	5 7.5	5 3.1	4 58.4	4 53.5	4 48.3	4 42.7	4 36.7	4 30.2	4 23.2	4 15.4
−20	5 14.4	5 10.4	5 6.2	5 1.8	4 57.2	4 52.3	4 47.0	4 41.3	4 35.3	4 28.7	4 21.4
19	5 17.0	5 13.3	5 9.3	5 5.2	5 0.8	4 56.2	4 51.2	4 45.9	4 40.2	4 34.0	4 27.3
18	5 19.6	5 16.1	5 12.4	5 8.5	5 4.4	5 0.0	4 55.4	4 50.4	4 45.1	4 39.3	4 33.0
17	5 22.2	5 18.9	5 15.4	5 11.7	5 7.9	5 3.8	4 59.5	4 54.9	4 49.9	4 44.5	4 38.6
16	5 24.7	5 21.6	5 18.4	5 14.9	5 11.4	5 7.5	5 3.5	4 59.2	4 54.6	4 49.5	4 44.1
15	5 27.2	5 24.3	5 21.3	5 18.1	5 14.8	5 11.2	5 7.5	5 3.5	4 59.2	4 54.5	4 49.5
14	5 29.7	5 27.0	5 24.2	5 21.3	5 18.2	5 14.9	5 11.4	5 7.7	5 3.7	4 59.5	4 54.8
13	5 32.1	5 29.7	5 27.1	5 24.4	5 21.5	5 18.5	5 15.3	5 11.9	5 8.2	5 4.3	5 0.0
12	5 34.6	5 32.3	5 29.9	5 27.4	5 24.8	5 22.1	5 19.1	5 16.0	5 12.6	5 9.0	5 5.1
11	5 37.0	5 34.9	5 32.7	5 30.5	5 28.1	5 25.6	5 22.9	5 20.1	5 17.0	5 13.7	5 10.2
−10	5 39.4	5 37.5	5 35.5	5 33.5	5 31.3	5 29.1	5 26.7	5 24.1	5 21.4	5 18.4	5 15.2
9	5 41.7	5 40.1	5 38.3	5 36.5	5 34.6	5 32.5	5 30.4	5 28.1	5 25.7	5 23.0	5 20.2
8	5 44.1	5 42.6	5 41.1	5 39.5	5 37.8	5 36.0	5 34.1	5 32.1	5 29.9	5 27.6	5 25.1
7	5 46.4	5 45.2	5 43.8	5 42.4	5 41.0	5 39.4	5 37.8	5 36.0	5 34.2	5 32.2	5 30.0
6	5 48.8	5 47.7	5 46.6	5 45.4	5 44.1	5 42.8	5 41.4	5 40.0	5 38.4	5 36.7	5 34.9
5	5 51.1	5 50.2	5 49.3	5 48.3	5 47.3	5 46.2	5 45.1	5 43.9	5 42.6	5 41.2	5 39.7
4	5 53.4	5 52.7	5 52.0	5 51.2	5 50.4	5 49.6	5 48.7	5 47.8	5 46.8	5 45.7	5 44.5
3	5 55.8	5 55.2	5 54.7	5 54.1	5 53.6	5 53.0	5 52.3	5 51.6	5 50.9	5 50.1	5 49.3
2	5 58.1	5 57.7	5 57.4	5 57.1	5 56.7	5 56.3	5 55.9	5 55.5	5 55.1	5 54.6	5 54.1
− 1	6 0.4	6 0.2	6 0.1	6 0.0	5 59.8	5 59.7	5 59.5	5 59.4	5 59.2	5 59.0	5 58.9
0	6 2.7	6 2.7	6 2.8	6 2.9	6 2.9	6 3.0	6 3.1	6 3.2	6 3.4	6 3.5	6 3.6
+ 1	6 5.0	6 5.2	6 5.5	6 5.8	6 6.1	6 6.4	6 6.7	6 7.1	6 7.5	6 7.9	6 8.4
2	6 7.3	6 7.7	6 8.2	6 8.7	6 9.2	6 9.8	6 10.3	6 11.0	6 11.6	6 12.4	6 13.2
3	6 9.6	6 10.3	6 10.9	6 11.6	6 12.3	6 13.1	6 14.0	6 14.8	6 15.8	6 16.8	6 18.0
4	6 11.9	6 12.8	6 13.6	6 14.5	6 15.5	6 16.5	6 17.6	6 18.7	6 20.0	6 21.3	6 22.8
5	6 14.3	6 15.3	6 16.4	6 17.5	6 18.6	6 19.9	6 21.2	6 22.6	6 24.2	6 25.8	6 27.6
6	6 16.6	6 17.8	6 19.1	6 20.4	6 21.8	6 23.3	6 24.9	6 26.6	6 28.4	6 30.4	6 32.5
7	6 19.0	6 20.4	6 21.8	6 23.4	6 25.0	6 26.7	6 28.6	6 30.5	6 32.6	6 34.9	6 37.4
8	6 21.3	6 22.9	6 24.6	6 26.4	6 28.2	6 30.2	6 32.3	6 34.5	6 36.9	6 39.5	6 42.3
9	6 23.7	6 25.5	6 27.4	6 29.4	6 31.4	6 33.7	6 36.0	6 38.5	6 41.2	6 44.1	6 47.3
10	6 26.1	6 28.1	6 30.2	6 32.4	6 34.7	6 37.2	6 39.8	6 42.5	6 45.6	6 48.8	6 52.3
+11	6 28.5	6 30.7	6 33.0	6 35.4	6 38.0	6 40.7	6 43.6	6 46.6	6 49.9	6 53.5	6 57.4
12	6 31.0	6 33.4	6 35.9	6 38.5	6 41.3	6 44.3	6 47.4	6 50.8	6 54.4	6 58.3	7 2.5
13	6 33.4	6 36.0	6 38.8	6 41.6	6 44.7	6 47.9	6 51.3	6 54.9	6 58.9	7 3.1	7 7.8
14	6 35.9	6 38.7	6 41.7	6 44.8	6 48.0	6 51.5	6 55.2	6 59.2	7 3.4	7 8.0	7 13.1
15	6 38.4	6 41.4	6 44.6	6 47.9	6 51.5	6 55.2	6 59.2	7 3.5	7 8.1	7 13.0	7 18.5
16	6 41.0	6 44.2	6 47.6	6 51.2	6 54.9	6 58.9	7 3.2	7 7.8	7 12.7	7 18.1	7 23.9
17	6 43.5	6 47.0	6 50.6	6 54.4	6 58.5	7 2.7	7 7.3	7 12.2	7 17.5	7 23.3	7 29.5
18	6 46.1	6 49.8	6 53.7	6 57.7	7 2.0	7 6.6	7 11.5	7 16.7	7 22.4	7 28.5	7 35.3
19	6 48.8	6 52.7	6 56.8	7 1.1	7 5.7	7 10.5	7 15.7	7 21.3	7 27.4	7 33.9	7 41.1
20	6 51.5	6 55.6	6 59.9	7 4.5	7 9.4	7 14.5	7 20.1	7 26.0	7 32.4	7 39.4	7 47.1
+21	6 54.2	6 58.6	7 3.1	7 8.0	7 13.1	7 18.6	7 24.5	7 30.8	7 37.6	7 45.1	7 53.3
22	6 56.9	7 1.6	7 6.4	7 11.5	7 17.0	7 22.8	7 29.0	7 35.7	7 42.9	7 50.9	7 59.6
23	6 59.8	7 4.6	7 9.7	7 15.1	7 20.9	7 27.0	7 33.6	7 40.7	7 48.4	7 56.8	8 6.1
24	7 2.6	7 7.7	7 13.1	7 18.8	7 24.9	7 31.3	7 38.3	7 45.8	7 54.0	8 2.9	8 12.9
25	7 5.6	7 10.9	7 16.6	7 22.6	7 29.0	7 35.8	7 43.1	7 51.1	7 59.8	8 9.3	8 19.9
26	7 8.5	7 14.2	7 20.1	7 26.4	7 33.2	7 40.4	7 48.1	7 56.5	8 5.7	8 15.8	8 27.1
27	7 11.6	7 17.5	7 23.8	7 30.4	7 37.5	7 45.0	7 53.2	8 2.1	8 11.8	8 22.6	8 34.7
28	7 14.7	7 20.9	7 27.5	7 34.4	7 41.9	7 49.9	7 58.5	8 7.9	8 18.2	8 29.7	8 42.6
29	7 17.9	7 24.4	7 31.3	7 38.6	7 46.4	7 54.8	8 3.9	8 13.9	8 24.8	8 37.1	8 51.0
+30	7 21.2	7 28.0	7 35.2	7 42.9	7 51.1	7 59.9	8 9.5	8 20.1	8 31.7	8 44.8	8 59.7

δ \ φ	+50°	+51°	+52°	+53°	+54°	+55°	+56°	+57°	+58°	+59°	+60°
°	h m	h m	h m	h m	h m	h m	h m	h m	h m	h m	h m
−30	3 11.8	3 4.1	2 55.8	2 46.8	2 36.9	2 25.9	2 13.5	1 59.3	1 42.4	1 21.1	0 49.7
29	3 20.1	3 12.9	3 5.3	2 57.0	2 48.0	2 38.1	2 27.1	2 14.7	2 0.4	1 43.4	1 21.9
28	3 28.0	3 21.3	3 14.2	3 6.6	2 58.3	2 49.3	2 39.4	2 28.4	2 15.9	2 1.6	1 44.5
27	3 35.5	3 29.3	3 22.7	3 15.7	3 8.0	2 59.8	2 50.8	2 40.8	2 29.8	2 17.3	2 2.9
26	3 42.8	3 37.0	3 30.8	3 24.2	3 17.2	3 9.6	3 1.4	2 52.4	2 42.4	2 31.3	2 18.8
25	3 49.7	3 44.3	3 38.6	3 32.4	3 25.9	3 18.9	3 11.3	3 3.1	2 54.1	2 44.1	2 33.0
24	3 56.5	3 51.4	3 46.0	3 40.3	3 34.3	3 27.8	3 20.8	3 13.2	3 5.0	2 56.0	2 46.0
23	4 3.0	3 58.2	3 53.2	3 47.9	3 42.3	3 36.2	3 29.8	3 22.8	3 15.3	3 7.1	2 58.0
22	4 9.3	4 4.9	4 0.2	3 55.2	3 50.0	3 44.3	3 38.4	3 31.9	3 25.0	3 17.5	3 9.3
21	4 15.4	4 11.3	4 6.9	4 2.3	3 57.4	3 52.2	3 46.6	3 40.7	3 34.3	3 27.4	3 19.9
−20	4 21.4	4 17.5	4 13.5	4 9.1	4 4.6	3 59.8	3 54.6	3 49.1	3 43.2	3 36.9	3 30.0
19	4 27.3	4 23.7	4 19.9	4 15.8	4 11.6	4 7.1	4 2.3	3 57.2	3 51.8	3 45.9	3 39.6
18	4 33.0	4 29.6	4 26.1	4 22.3	4 18.4	4 14.2	4 9.8	4 5.1	4 0.1	3 54.7	3 48.9
17	4 38.6	4 35.4	4 32.1	4 28.7	4 25.0	4 21.1	4 17.0	4 12.7	4 8.1	4 3.1	3 57.8
16	4 44.1	4 41.2	4 38.1	4 34.9	4 31.5	4 27.9	4 24.1	4 20.1	4 15.9	4 11.3	4 6.4
15	4 49.5	4 46.8	4 43.9	4 41.0	4 37.8	4 34.5	4 31.0	4 27.4	4 23.4	4 19.3	4 14.8
14	4 54.8	4 52.3	4 49.7	4 46.9	4 44.1	4 41.0	4 37.8	4 34.4	4 30.8	4 27.0	4 22.9
13	5 0.0	4 57.7	4 55.3	4 52.8	4 50.2	4 47.4	4 44.5	4 41.4	4 38.1	4 34.6	4 30.9
12	5 5.1	5 3.0	5 0.9	4 58.6	4 56.2	4 53.7	4 51.0	4 48.2	4 45.2	4 42.0	4 38.7
11	5 10.2	5 8.3	5 6.4	5 4.3	5 2.1	4 59.8	4 57.4	4 54.9	4 52.2	4 49.3	4 46.3
−10	5 15.2	5 13.5	5 11.8	5 9.9	5 7.9	5 5.9	5 3.7	5 1.5	4 59.1	4 56.5	4 53.8
9	5 20.2	5 18.7	5 17.1	5 15.5	5 13.7	5 11.9	5 10.0	5 8.0	5 5.8	5 3.6	5 1.2
8	5 25.1	5 23.8	5 22.4	5 21.0	5 19.5	5 17.9	5 16.2	5 14.4	5 12.5	5 10.6	5 8.5
7	5 30.0	5 28.9	5 27.7	5 26.4	5 25.1	5 23.8	5 22.3	5 20.8	5 19.2	5 17.5	5 15.7
6	5 34.9	5 33.9	5 32.9	5 31.8	5 30.7	5 29.6	5 28.4	5 27.1	5 25.7	5 24.3	5 22.8
5	5 39.7	5 38.9	5 38.1	5 37.2	5 36.3	5 35.4	5 34.4	5 33.4	5 32.2	5 31.1	5 29.9
4	5 44.5	5 43.9	5 43.3	5 42.6	5 41.9	5 41.2	5 40.4	5 39.6	5 38.7	5 37.8	5 36.9
3	5 49.3	5 48.9	5 48.4	5 47.9	5 47.4	5 46.9	5 46.3	5 45.8	5 45.2	5 44.5	5 43.8
2	5 54.1	5 53.8	5 53.5	5 53.3	5 52.9	5 52.6	5 52.3	5 52.0	5 51.6	5 51.2	5 50.8
− 1	5 58.9	5 58.8	5 58.7	5 58.6	5 58.4	5 58.3	5 58.2	5 58.1	5 58.0	5 57.9	5 57.7
0	6 3.6	6 3.7	6 3.8	6 3.9	6 4.0	6 4.1	6 4.2	6 4.3	6 4.4	6 4.5	6 4.7
+ 1	6 8.4	6 8.6	6 8.9	6 9.2	6 9.5	6 9.8	6 10.1	6 10.4	6 10.8	6 11.2	6 11.6
2	6 13.2	6 13.6	6 14.0	6 14.5	6 15.0	6 15.5	6 16.0	6 16.6	6 17.2	6 17.8	6 18.5
3	6 18.0	6 18.6	6 19.2	6 19.8	6 20.5	6 21.2	6 22.0	6 22.8	6 23.6	6 24.6	6 25.5
4	6 22.8	6 23.5	6 24.4	6 25.2	6 26.1	6 27.0	6 28.0	6 29.0	6 30.1	6 31.3	6 32.5
5	6 27.6	6 28.6	6 29.6	6 30.6	6 31.7	6 32.8	6 34.0	6 35.3	6 36.6	6 38.1	6 39.6
6	6 32.5	6 33.6	6 34.8	6 36.0	6 37.3	6 38.7	6 40.1	6 41.6	6 43.2	6 44.9	6 46.7
7	6 37.4	6 38.7	6 40.0	6 41.5	6 43.0	6 44.6	6 46.2	6 48.0	6 49.8	6 51.8	6 53.9
8	6 42.3	6 43.8	6 45.3	6 47.0	6 48.7	6 50.5	6 52.4	6 54.4	6 56.5	6 58.8	7 1.2
9	6 47.3	6 48.9	6 50.7	6 52.6	6 54.5	6 56.5	6 58.7	7 0.9	7 3.3	7 5.9	7 8.6
10	6 52.3	6 54.1	6 56.1	6 58.2	7 0.3	7 2.6	7 5.0	7 7.5	7 10.2	7 13.1	7 16.2
11	6 57.4	6 59.4	7 1.6	7 3.9	7 6.3	7 8.8	7 11.4	7 14.2	7 17.2	7 20.4	7 23.8
12	7 2.5	7 4.8	7 7.2	7 9.7	7 12.3	7 15.1	7 18.0	7 21.1	7 24.3	7 27.8	7 31.5
13	7 7.8	7 10.2	7 12.8	7 15.5	7 18.4	7 21.4	7 24.6	7 28.0	7 31.6	7 35.4	7 39.5
14	7 13.1	7 15.7	7 18.6	7 21.5	7 24.6	7 27.9	7 31.4	7 35.1	7 39.0	7 43.2	7 47.7
15	7 18.5	7 21.4	7 24.4	7 27.6	7 31.0	7 34.6	7 38.3	7 42.4	7 46.6	7 51.2	7 56.1
16	7 23.9	7 27.1	7 30.4	7 33.8	7 37.5	7 41.4	7 45.4	7 49.8	7 54.4	7 59.4	8 4.7
17	7 29.5	7 32.9	7 36.5	7 40.2	7 44.1	7 48.3	7 52.7	7 57.4	8 2.5	8 7.9	8 13.7
18	7 35.3	7 38.9	7 42.7	7 46.7	7 50.9	7 55.4	8 0.2	8 5.3	8 10.8	8 16.6	8 23.0
19	7 41.1	7 45.0	7 49.1	7 53.4	7 57.9	8 2.8	8 7.9	8 13.4	8 19.4	8 25.7	8 32.6
20	7 47.1	7 51.3	7 55.6	8 0.3	8 5.2	8 10.4	8 15.9	8 21.9	8 28.3	8 35.2	8 42.8
+21	7 53.3	7 57.7	8 2.4	8 7.3	8 12.6	8 18.2	8 24.2	8 30.7	8 37.6	8 45.2	8 53.5
22	7 59.6	8 4.3	8 9.4	8 14.7	8 20.3	8 26.4	8 32.8	8 39.8	8 47.4	8 55.7	9 4.8
23	8 6.1	8 11.2	8 16.6	8 22.3	8 28.3	8 34.9	8 41.9	8 49.5	8 57.7	9 6.8	9 16.9
24	8 12.9	8 18.3	8 24.0	8 30.2	8 36.7	8 43.8	8 51.4	8 59.6	9 8.7	9 18.8	9 30.0
25	8 19.9	8 25.7	8 31.8	8 38.4	8 45.5	8 53.1	9 1.4	9 10.5	9 20.5	9 31.7	9 44.4
26	8 27.1	8 33.4	8 40.0	8 47.0	8 54.7	9 3.0	9 12.1	9 22.1	9 33.2	9 45.9	10 0.6
27	8 34.7	8 41.4	8 48.5	8 56.1	9 4.4	9 13.5	9 23.5	9 34.6	9 47.3	10 1.9	10 19.5
28	8 42.6	8 49.8	8 57.5	9 5.8	9 14.8	9 24.8	9 35.9	9 48.5	10 3.1	10 20.5	10 42.9
29	8 51.0	8 58.7	9 7.0	9 16.1	9 26.0	9 37.1	9 49.6	10 4.1	10 21.5	10 43.7	11 18.1
+30	8 59.7	9 8.1	9 17.2	9 27.1	9 38.2	9 50.7	10 5.1	10 22.3	10 44.4	11 18.5	— —

Hilfstafeln

zur Berechnung der optischen Mondlibration

λ−☊	Δλ	a	B	λ−☊	λ−☊	Δλ	a	B	λ−☊
°	′		° ′	°	°	′		° ′	°
0	+0.0+	−0.0269+	−0 0.0+	180	45	+0.6+	−0.0190+	−1 5.3+	225
1	0.0	268	0 1.6	181	46	0.6	187	1 6.4	226
2	0.0	268	0 3.2	182	47	0.6	183	1 7.5	227
3	0.1	268	0 4.8	183	48	0.6	180	1 8.6	228
4	0.1	268	0 6.4	184	49	0.6	176	1 9.7	229
5	+0.1+	−0.0268+	−0 8.0+	185	50	+0.6+	−0.0173+	−1 10.7+	230
6	0.1	267	0 9.7	186	51	0.6	169	1 11.8	231
7	0.1	267	0 11.3	187	52	0.6	165	1 12.8	232
8	0.2	266	0 12.9	188	53	0.6	162	1 13.8	233
9	0.2	265	0 14.4	189	54	0.6	158	1 14.7	234
10	+0.2+	−0.0264+	−0 16.0+	190	55	+0.6+	−0.0154+	−1 15.6+	235
11	0.2	264	0 17.6	191	56	0.6	150	1 16.5	236
12	0.2	263	0 19.2	192	57	0.6	146	1 17.4	237
13	0.3	262	0 20.8	193	58	0.6	142	1 18.3	238
14	0.3	261	0 22.3	194	59	0.5	138	1 19.2	239
15	+0.3+	−0.0259+	−0 23.9+	195	60	+0.5+	−0.0134+	−1 20.0+	240
16	0.3	258	0 25.5	196	61	0.5	130	1 20.8	241
17	0.3	257	0 27.0	197	62	0.5	126	1 21.5	242
18	0.4	255	0 28.5	198	63	0.5	122	1 22.3	243
19	0.4	254	0 30.1	199	64	0.5	118	1 23.0	244
20	+0.4+	−0.0252+	−0 31.6+	200	65	+0.5+	−0.0114+	−1 23.7+	245
21	0.4	251	0 33.1	201	66	0.5	109	1 24.4	246
22	0.4	249	0 34.6	202	67	0.4	105	1 25.0	247
23	0.4	247	0 36.1	203	68	0.4	101	1 25.6	248
24	0.5	245	0 37.6	204	69	0.4	096	1 26.2	249
25	+0.5+	−0.0243+	−0 39.0+	205	70	+0.4+	−0.0092+	−1 26.8+	250
26	0.5	241	0 40.5	206	71	0.4	87	1 27.3	251
27	0.5	239	0 41.9	207	72	0.4	83	1 27.8	252
28	0.5	237	0 43.4	208	73	0.3	79	1 28.3	253
29	0.5	235	0 44.8	209	74	0.3	74	1 28.8	254
30	+0.5+	−0.0233+	−0 46.2+	210	75	+0.3+	−0.0070+	−1 29.2+	255
31	0.5	230	0 47.6	211	76	0.3	65	1 29.6	256
32	0.6	228	0 48.9	212	77	0.3	60	1 30.0	257
33	0.6	225	0 50.3	213	78	0.2	56	1 30.3	258
34	0.6	223	0 51.6	214	79	0.2	51	1 30.6	259
35	+0.6+	−0.0220+	−0 53.0+	215	80	+0.2+	−0.0047+	−1 30.9+	260
36	0.6	217	0 54.3	216	81	0.2	42	1 31.2	261
37	0.6	214	0 55.6	217	82	0.2	37	1 31.4	262
38	0.6	212	0 56.9	218	83	0.1	33	1 31.6	263
39	0.6	209	0 58.1	219	84	0.1	28	1 31.8	264
40	+0.6+	−0.0206+	−0 59.4+	220	85	+0.1+	−0.0023+	−1 32.0+	265
41	0.6	203	1 0.6	221	86	0.1	19	1 32.1	266
42	0.6	200	1 1.8	222	87	0.1	14	1 32.2	267
43	0.6	196	1 3.0	223	88	0.0	09	1 32.3	268
44	0.6	193	1 4.1	224	89	0.0	05	1 32.3	269
45	+0.6+	−0.0190+	−1 5.3+	225	90	+0.0+	−0.0000+	−1 32.3+	270

$$l' = \lambda + \Delta\lambda - a\,(B - \beta) - L_{☾};\quad b' = B - \beta$$

l', b' = Optische Libration der Mondmitte in selenographischer Länge und Breite.

λ, β = Länge und Breite des Mondmittelpunktes, berechnet für den Beobachtungsort.

$L_{☾}$ = Mittlere Länge des Mondes, ☊ = Mondknoten.

Hilfstafeln

zur Berechnung der optischen Mondlibration

λ−☊	Δλ	a	B	λ−☊	λ−☊	Δλ	a	B	λ−☊
°	′		° ′	°	°	′		° ′	°
90	−0.0 −	+0.0000 −	−1 32.3 +	270	135	−0.6 −	+0.0190 −	−1 5.3 +	315
91	0.0	05	1 32.3	271	136	0.6	193	1 4.1	316
92	0.0	09	1 32.3	272	137	0.6	196	1 3.0	317
93	0.1	14	1 32.2	273	138	0.6	200	1 1.8	318
94	0.1	19	1 32.1	274	139	0.6	203	1 0.6	319
95	−0.1 −	+0.0023 −	−1 32.0 +	275	140	−0.6 −	+0.0206 −	−0 59.4 +	320
96	0.1	28	1 31.8	276	141	0.6	209	0 58.1	321
97	0.1	33	1 31.6	277	142	0.6	212	0 56.9	322
98	0.2	37	1 31.4	278	143	0.6	214	0 55.6	323
99	0.2	42	1 31.2	279	144	0.6	217	0 54.3	324
100	−0.2 −	+0.0047 −	−1 30.9 +	280	145	−0.6 −	+0.0220 −	−0 53.0 +	325
101	0.2	51	1 30.6	281	146	0.6	223	0 51.6	326
102	0.2	56	1 30.3	282	147	0.6	225	0 50.3	327
103	0.3	60	1 30.0	283	148	0.6	228	0 48.9	328
104	0.3	65	1 29.6	284	149	0.5	230	0 47.6	329
105	−0.3 −	+0.0070 −	−1 29.2 +	285	150	−0.5 −	+0.0233 −	−0 46.2 +	330
106	0.3	74	1 28.8	286	151	0.5	235	0 44.8	331
107	0.3	79	1 28.3	287	152	0.5	237	0 43.4	332
108	0.4	83	1 27.8	288	153	0.5	239	0 41.9	333
109	0.4	87	1 27.3	289	154	0.5	241	0 40.5	334
110	−0.4 −	+0.0092 −	−1 26.8 +	290	155	−0.5 −	+0.0243 −	−0 39.0 +	335
111	0.4	096	1 26.2	291	156	0.5	245	0 37.6	336
112	0.4	101	1 25.6	292	157	0.4	247	0 36.1	337
113	0.4	105	1 25.0	293	158	0.4	249	0 34.6	338
114	0.5	109	1 24.4	294	159	0.4	251	0 33.1	339
115	−0.5 −	+0.0114 −	−1 23.7 +	295	160	−0.4 −	+0.0252 −	−0 31.6 +	340
116	0.5	118	1 23.0	296	161	0.4	254	0 30.1	341
117	0.5	122	1 22.3	297	162	0.4	255	0 28.5	342
118	0.5	126	1 21.5	298	163	0.3	257	0 27.0	343
119	0.5	130	1 20.8	299	164	0.3	258	0 25.5	344
120	−0.5 −	+0.0134 −	−1 20.0 +	300	165	−0.3 −	+0.0259 −	−0 23.9 +	345
121	0.5	138	1 19.2	301	166	0.3	261	0 22.3	346
122	0.6	142	1 18.3	302	167	0.3	262	0 20.8	347
123	0.6	146	1 17.4	303	168	0.2	263	0 19.2	348
124	0.6	150	1 16.5	304	169	0.2	264	0 17.6	349
125	−0.6 −	+0.0154 −	−1 15.6 +	305	170	−0.2 −	+0.0264 −	−0 16.0 +	350
126	0.6	158	1 14.7	306	171	0.2	265	0 14.4	351
127	0.6	162	1 13.8	307	172	0.2	266	0 12.9	352
128	0.6	165	1 12.8	308	173	0.1	267	0 11.3	353
129	0.6	169	1 11.8	309	174	0.1	267	0 9.7	354
130	−0.6 −	+0.0173 −	−1 10.7 +	310	175	−0.1 −	+0.0268 −	−0 8.0 +	355
131	0.6	176	1 9.7	311	176	0.1	268	0 6.4	356
132	0.6	180	1 8.6	312	177	0.1	268	0 4.8	357
133	0.6	183	1 7.5	313	178	0.0	268	0 3.2	358
134	0.6	187	1 6.4	314	179	0.0	268	0 1.6	359
135	−0.6 −	+0.0190 −	−1 5.3 +	315	180	−0.0 −	+0.0269 −	−0 0.0 +	360

$$l' = \lambda + \Delta\lambda - a\,(B - \beta) - L_{☾}; \quad b' = B - \beta$$

l', b' = Optische Libration der Mondmitte in selenographischer Länge und Breite.

λ, β = Länge und Breite des Mondmittelpunktes, berechnet für den Beobachtungsort.

$L_{☾}$ = Mittlere Länge des Mondes, ☊ = Mondknoten.

Verwandlung von Zeitmaß in Gradmaß

0^h *bis* 4^h 0° *bis* 60°			4^h *bis* 8^h 60° *bis* 120°			8^h *bis* 12^h 120° *bis* 180°			12^h *bis* 16^h 180° *bis* 240°			16^h *bis* 20^h 240° *bis* 300°			20^h *bis* 24^h 300° *bis* 360°		
h	m	°	h	m	°	h	m	°	h	m	°	h	m	°	h	m	°
0	0	0	4	0	60	8	0	120	12	0	180	16	0	240	20	0	300
	4	1		4	61		4	121		4	181		4	241		4	301
	8	2		8	62		8	122		8	182		8	242		8	302
	12	3		12	63		12	123		12	183		12	243		12	303
	16	4		16	64		16	124		16	184		16	244		16	304
0	20	5	4	20	65	8	20	125	12	20	185	16	20	245	20	20	305
	24	6		24	66		24	126		24	186		24	246		24	306
	28	7		28	67		28	127		28	187		28	247		28	307
	32	8		32	68		32	128		32	188		32	248		32	308
	36	9		36	69		36	129		36	189		36	249		36	309
0	40	10	4	40	70	8	40	130	12	40	190	16	40	250	20	40	310
	44	11		44	71		44	131		44	191		44	251		44	311
	48	12		48	72		48	132		48	192		48	252		48	312
	52	13		52	73		52	133		52	193		52	253		52	313
0	56	14	4	56	74	8	56	134	12	56	194	16	56	254	20	56	314
1	0	15	5	0	75	9	0	135	13	0	195	17	0	255	21	0	315
	4	16		4	76		4	136		4	196		4	256		4	316
	8	17		8	77		8	137		8	197		8	257		8	317
	12	18		12	78		12	138		12	198		12	258		12	318
	16	19		16	79		16	139		16	199		16	259		16	319
1	20	20	5	20	80	9	20	140	13	20	200	17	20	260	21	20	320
	24	21		24	81		24	141		24	201		24	261		24	321
	28	22		28	82		28	142		28	202		28	262		28	322
	32	23		32	83		32	143		32	203		32	263		32	323
	36	24		36	84		36	144		36	204		36	264		36	324
1	40	25	5	40	85	9	40	145	13	40	205	17	40	265	21	40	325
	44	26		44	86		44	146		44	206		44	266		44	326
	48	27		48	87		48	147		48	207		48	267		48	327
	52	28		52	88		52	148		52	208		52	268		52	328
1	56	29	5	56	89	9	56	149	13	56	209	17	56	269	21	56	329
2	0	30	6	0	90	10	0	150	14	0	210	18	0	270	22	0	330
	4	31		4	91		4	151		4	211		4	271		4	331
	8	32		8	92		8	152		8	212		8	272		8	332
	12	33		12	93		12	153		12	213		12	273		12	333
	16	34		16	94		16	154		16	214		16	274		16	334
2	20	35	6	20	95	10	20	155	14	20	215	18	20	275	22	20	335
	24	36		24	96		24	156		24	216		24	276		24	336
	28	37		28	97		28	157		28	217		28	277		28	337
	32	38		32	98		32	158		32	218		32	278		32	338
	36	39		36	99		36	159		36	219		36	279		36	339
2	40	40	6	40	100	10	40	160	14	40	220	18	40	280	22	40	340
	44	41		44	101		44	161		44	221		44	281		44	341
	48	42		48	102		48	162		48	222		48	282		48	342
	52	43		52	103		52	163		52	223		52	283		52	343
2	56	44	6	56	104	10	56	164	14	56	224	18	56	284	22	56	344
3	0	45	7	0	105	11	0	165	15	0	225	19	0	285	23	0	345
	4	46		4	106		4	166		4	226		4	286		4	346
	8	47		8	107		8	167		8	227		8	287		8	347
	12	48		12	108		12	168		12	228		12	288		12	348
	16	49		16	109		16	169		16	229		16	289		16	349
3	20	50	7	20	110	11	20	170	15	20	230	19	20	290	23	20	350
	24	51		24	111		24	171		24	231		24	291		24	351
	28	52		28	112		28	172		28	232		28	292		28	352
	32	53		32	113		32	173		32	233		32	293		32	353
	36	54		36	114		36	174		36	234		36	294		36	354
3	40	55	7	40	115	11	40	175	15	40	235	19	40	295	23	40	355
	44	56		44	116		44	176		44	236		44	296		44	356
	48	57		48	117		48	177		48	237		48	297		48	357
	52	58		52	118		52	178		52	238		52	298		52	358
3	56	59	7	56	119	11	56	179	15	56	239	19	56	299	23	56	359
4	0	60	8	0	120	12	0	180	16	0	240	20	0	300	24	0	360

0^m *bis* 2^m 0°.00 *bis* 0°.50			2^m *bis* 4^m 0°.50 *bis* 1°.00			$0^s.000$ *bis* $1^s.200$ 0°.0000 *bis* 0°.0050		$1^s.200$ *bis* $2^s.400$ 0°.0050 *bis* 0°.0100	
m	s	°	m	s	°	s	°	s	°
0	0.0	0.00	2	0.0	0.50	0.000	0.0000	1.200	0.0050
	2.4	01		2.4	51	024	01	224	51
	4.8	02		4.8	52	048	02	248	52
	7.2	03		7.2	53	072	03	272	53
	9.6	04		9.6	54	096	04	296	54
0	12.0	0.05	2	12.0	0.55	0.120	0.0005	1.320	0.0055
	14.4	06		14.4	56	144	06	344	56
	16.8	07		16.8	57	168	07	368	57
	19.2	08		19.2	58	192	08	392	58
	21.6	09		21.6	59	216	09	416	59
0	24.0	0.10	2	24.0	0.60	0.240	0.0010	1.440	0.0060
	26.4	11		26.4	61	264	11	464	61
	28.8	12		28.8	62	288	12	488	62
	31.2	13		31.2	63	312	13	512	63
	33.6	14		33.6	64	336	14	536	64
0	36.0	0.15	2	36.0	0.65	0.360	0.0015	1.560	0.0065
	38.4	16		38.4	66	384	16	584	66
	40.8	17		40.8	67	408	17	608	67
	43.2	18		43.2	68	432	18	632	68
	45.6	19		45.6	69	456	19	656	69
0	48.0	0.20	2	48.0	0.70	0.480	0.0020	1.680	0.0070
	50.4	21		50.4	71	504	21	704	71
	52.8	22		52.8	72	528	22	728	72
	55.2	23		55.2	73	552	23	752	73
0	57.6	24	2	57.6	74	576	24	776	74
1	0.0	0.25	3	0.0	0.75	0.600	0.0025	1.800	0.0075
	2.4	26		2.4	76	624	26	824	76
	4.8	27		4.8	77	648	27	848	77
	7.2	28		7.2	78	672	28	872	78
	9.6	29		9.6	79	696	29	896	79
1	12.0	0.30	3	12.0	0.80	0.720	0.0030	1.920	0.0080
	14.4	31		14.4	81	744	31	944	81
	16.8	32		16.8	82	768	32	968	82
	19.2	33		19.2	83	792	33	1.992	83
	21.6	34		21.6	84	816	34	2.016	84
1	24.0	0.35	3	24.0	0.85	0.840	0.0035	2.040	0.0085
	26.4	36		26.4	86	864	36	064	86
	28.8	37		28.8	87	888	37	088	87
	31.2	38		31.2	88	912	38	112	88
	33.6	39		33.6	89	936	39	136	89
1	36.0	0.40	3	36.0	0.90	0.960	0.0040	2.160	0.0090
	38.4	41		38.4	91	0.984	41	184	91
	40.8	42		40.8	92	1.008	42	208	92
	43.2	43		43.2	93	032	43	232	93
	45.6	44		45.6	94	056	44	256	94
1	48.0	0.45	3	48.0	0.95	1.080	0.0045	2.280	0.0095
	50.4	46		50.4	96	104	46	304	96
	52.8	47		52.8	97	128	47	328	97
	55.2	48		55.2	98	152	48	352	98
1	57.6	49	3	57.6	0.99	176	49	376	99
2	0.0	0.50	4	0.0	1.00	1.200	0.0050	2.400	0.0100

s	°
0.0000	0.00000
24	1
48	2
72	3
96	4
0.0120	0.00005

s	°
0.0120	0.00005
144	6
168	7
192	8
216	9
0.0240	0.00010

Koordinaten der Sternwarten

Name	Seehöhe	Geogr. Breite	Länge von Greenwich + westlich — östlich	Korr. der Sternzeit	Geoz. Breite	Log. ρ incl. Seehöhe
	m	° ′ ″	h m s	s	° ′ ″	
Abastumani (Mt. Kanobili)	1700	+41 45 18.2	— 2 51 18.08	— 28.14	+41 33 47.3	9.999470
Abbadia	69	+43 22 52.2	+ 0 7 0.1	+ 1.15	+43 11 17.8	9.999317
Adelaide	41	—34 55 35.1	— 9 14 19.90	— 91.06	—34 44 42.7	9.999526
Albany (Neue Sternw.)[1]	40	+42 39 12.8	+ 4 55 7.12	+ 48.48	+42 27 39.7	9.999334
Algier-Bouzaréah[2]	345	+36 48 4.8	— 0 12 8.53	— 1.99	+36 36 58.1	9.999497
Allegheny (Neue Sternw.)	370	+40 28 58.1	+ 5 20 5.39	+ 52.59	+40 17 31.4	9.999411
Amherst (Neue Sternw.)	110	+42 21 56.5	+ 4 50 5.98	+ 47.66	+42 10 24.0	9.999346
Ann Arbor	282	+42 16 48.7	+ 5 34 55.27	+ 55.02	+42 5 16.4	9.999360
Arcetri (Zentr. d. Sternw.[3])	184	+43 45 14.4	— 0 45 1.30	— 7.39	+43 33 39.5	9.999316
Armagh	64	+54 21 11	+ 0 26 35.48	+ 4.37	+54 10 11.4	9.999041
Arosa	2050	+46 47	— 0 38 1	— 6.25	+46 35	9.999366
Asiago (Astrophys. Obs.)	1045	+45 51 44.7	— 0 46 6.86	— 7.58	+45 40 9.3	9.999321
Athen	110	+37 58 15.5	— 1 34 52.2	— 15.58	+37 47 1.2	9.999456
Bamberg (Remeis-Sternw.)	288	+49 53 6.4	— 0 43 33.57	— 7.15	+49 41 40.3	9.999167
Barcelona[4]	415	+41 24 59.3	— 0 8 30.2	— 1.41	+41 13 29.4	9.999391
Basel-Binningen (Pass.-Instr.)	318	+47 32 27.2	— 0 30 20.02	— 4.98	+47 20 54.1	9.999228
Bautzen (Schulsternwarte)	224	+51 10 38	— 0 57 43	— 9.48	+50 59 18	9.999130
Belgrad	250	+44 48 13.2	— 1 22 3.8	— 13.48	+44 36 37.6	9.999294
Bergedorf (Mer.-Kr.)	41	+53 28 46.9	— 0 40 57.74	— 6.73	+53 17 40.8	9.999060
Berkeley	94	+37 52 23.5	+ 8 9 2.91	+ 80.34	+37 41 9.8	9.999458
Berlin-Babelsberg[5]	82	+52 24 24.2	— 0 52 25.49	— 8.61	+52 13 11.1	9.999089
Berlin-Treptow (Archenh.-Sternw.)	38	+52 29 7	— 0 53 54.2	— 8.86	+52 17 54	9.999085
Bern (Astronom. Institut)	563	+46 57 12.7	— 0 29 42.88	— 4.88	+46 45 38.5	9.999260
Bern (Sternwarte)	500	+46 57 13.6	— 0 29 42.9	— 4.88	+46 45 39.4	9.999256
Besançon	312	+47 14 59.0	— 0 23 57.1	— 3.93	+47 3 25.3	9.999236
Blaca	280	+43 17 37	— 1 6 8.0	— 10.86	+43 6 3	9.999334
Bloemfontein (Filiale Obs. Univ. Michig.)	1490	—29 5 45	— 1 44 57	— 17.24	—28 55 55	9.999758
Bloemfontein (Boyden Stat. d. Harv. Obs.)	1379	—29 12	— 1 45 57	— 17.40	—29 2	9.999748
Bloomington (Goethe Link Obs.)	274	+39 33	+ 5 46.3	+ 56.89	+39 22	9.999428
Bogota	2640	+ 4 35 55.2	+ 4 56 19.51	+ 48.68	+ 4 34 4.4	0.000111
Bologna Zentr. d. Sternw.	84	+44 29 52.8	— 0 45 24.48	— 7.46	+44 18 17.3	9.999290
Bombay (Colaba)	19	+18 53 36.2	— 4 51 15.60	— 47.85	+18 46 31.1	9.999849
Bonn Zentr. d. Sternw.	62	+50 43 45.0	— 0 28 23.18	— 4.66	+50 32 22.7	9.999130
Bordeaux (Floirac)	73	+44 50 7.2	+ 0 2 6.56	+ 0.35	+44 38 31.6	9.999281
Bosque Alegre (Filiale v. Cordoba, Reflektor)	1250	—31 35 53	+ 4 18 11.2	+ 42.41	—31 25 33	9.999686
Boston (University)[6]	31	+42 20 58	+ 4 44 19.1	+ 46.71	+42 9 25.6	9.999341
Breslau (Neue Sternw.)[7]	117	+51 6 42.1	— 1 8 21.22	— 11.23	+50 55 21.7	9.999130
Brisbane	51	—27 28 23.0	—10 12 6.48	—100.55	—27 18 54.6	9.999694
Brüssel (Uccle) Mer.-Kr.	105	+50 47 54.6	— 0 17 26.05	— 2.86	+50 36 32.7	9.999131
Budapest (Univ.-Sternw.)	110	+47 29 34.7	— 1 16 15.4	— 12.53	+47 18 1.5	9.999215
Budapest-Svábhegy	470	+47 29 58.6	— 1 15 51.41	— 12.46	+47 18 25.4	9.999240
Budapest[8]	110	+47 28 49	— 1 16 13.7	— 12.53	+47 17 16	9.999215
Buenos Aires	26	—34 36 19.3	+ 3 53 44.27	+ 38.40	—34 25 29.7	9.999533

[1] Dudley Observatory, seit Juni 1893. Alte Sternwarte 37″0 nördlich, 7s10 östlich. — [2] Alte Sternwarte 3′8 südlich, 8s östlich. — [3] Seit Oktober 1872, früher in Florenz. — [4] J. Comas Solá. — [5] Die Koordinaten beziehen sich auf die Mitte der großen Kuppel, in der der große Refraktor aufgestellt ist. Die frühere Sternwarte in Berlin (seit 1835) lag 5′ 52″5 nördlich und 1m 9s31 östlich. — [6] Die alte Sternwarte lag 4s1 östlich, 34″5 nördlich. — [7] Geogr. Breite des Vertikalkreises, Länge des Durchgangsinstruments. — [8] Observ. der Technischen Hochschule.

Name	Seehöhe	Geogr. Breite	Länge von Greenwich + westlich — östlich	Korr. der Sternzeit	Geoz. Breite	Log. ρ incl. Seehöhe
	m	° ′ ″	h m s	s	° ′ ″	
Bukarest (Mil. Geogr. Inst.)	85	+44 24 34.2	—1 44 27.01	—17.16	+44 12 58.7	9.999292
Cambridge Engl.	28	+52 12 51.6	—0 0 22.75	— 0.06	+52 1 37.3	9.999090
Cambridge (Steavenson)...	27	+52 12 53.3	—0 0 22.77	— 0.06	+52 1 39.0	9.999090
Cambridge Mass.[1]	24	+42 22 47.6	+4 44 31.05	+46.74	+42 11 15.1	9.999340
Canberra (Commonw. Obs.)	808	—35 19 30	—9 56 1.35	—97.91	—35 8 34	9.999569
Cap der Guten Hoffnung	10	—33 56 6.8	—1 13 54.38	—12.14	—33 45 23.2	9.999547
Caracas (Observ. Cajigal) .	1042	+10 30 24.3	+4 27 42.61	+43.98	+10 26 15.6	0.000023
Castel Gandolfo	—	+41 44 48	—0 50 36.4	— 8.31	+41 33 17	9.999354
Catania	47	+37 30 13.3	—1 0 20.60	— 9.91	+37 19 1.9	9.999466
Charkow	139	+50 0 9.9	—2 24 55.72	—23.81	+49 48 44.4	9.999153
Charlottesville[2]	259	+38 2 1.2	+5 14 5.33	+51.60	+37 50 46.5	9.999464
Cincinnati (Neue Sternw.)[3]	247	+39 8 19.8	+5 37 41.40	+55.47	+38 56 59.1	9.999437
Cleveland (Case Obs.) ...	215	+41 30 14.5	+5 26 25.86	+53.63	+41 18 44.3	9.999375
Coimbra	99	+40 12 24.5	+0 33 43.1	+ 5.54	+40 0 58.9	9.999400
Columbia, Missouri[4] ...	225	+38 56 51.7	+6 9 18.33	+60.67	+38 45 32.0	9.999440
Cordoba	434	—31 25 15.5	+4 16 47.16	+42.18	—31 14 57.5	9.999635
Danzig (Naturf. Ges.) ...	30	+54 21 18.0	—1 14 39.6	—12.26	+54 10 18.4	9.999036
Danzig (Städt. Sternw.) ..	30	+54 21 37.9	—1 14 36.5	—12.26	+54 10 38.3	9.999036
Delaware (Perkins Obs.) .	270	+40 15 4	+5 32 13.33	+54.58	+40 3 38	9.999410
Denver[5]	1644	+39 40 36.4	+6 59 47.72	+68.96	+39 29 13.1	9.999519
Dorpat (Tartu, Jurjew) Mer.-Kr.	67	+58 22 47.2	—1 46 53.18	—17.56	+58 12 25.1	9.998946
Dresden (Geodät. Inst.) ..	168	+51 1 49.3	—0 54 55.1	— 9.02	+50 50 28.5	9.999130
Dublin (Dunsink Obs.) ...	86	+53 23 13.1	+0 25 21.1	+ 4.17	+53 12 6.4	9.999065
Dunlap Obs. (Toronto)...	244	+43 51 46	+5 17 41.3	+52.19	+43 40 11	9.999317
Durban	79	—29 50 46.6	—2 4 1.18	—20.37	—29 40 47.0	9.999645
Durham	108	+54 46 6.2	+0 6 19.75	+ 1.04	+54 35 9.8	9.999033
Edinburgh	146	+55 55 30	+0 12 44.1	+ 2.09	+55 44 43.5	9.999008
Edinburgh (Blackf. Hill).	134	+55 55 28.0	+0 12 44.0	+ 2.09	+55 44 41.5	9.999007
Evanston (Dearborn Obs.)[6]	175	+42 3 27.2	+5 50 41.84	+57.61	+41 51 55.4	9.999358
Faenza (Urania Lamonia) .	45	+44 17 2	—0 47 33.9	— 7.81	+44 5 27	9.999293
Flagstaff (Lowell Obs.) ..	2210	+35 12 30.5	+7 26 44.6	+73.39	+35 1 35.8	9.999667
Florenz (Mil. Geogr. Inst.).	72	+43 46 49.4	—0 45 2.5	— 7.40	+43 35 14.5	9.999308
Fort Davis (McDonald Obs.) ..	2081	+30 40 17.0	+6 56 5.36	+68.35	+30 30 7.5	9.999764
Frankfurt a. M.	121	+50 7 0	—0 34 36.3	— 5.70	+49 55 34.6	9.999149
Freiburg i. Br. (Obs. Schauinsland)	1240	+47 54 51	—0 31 37.4	— 5.20	+47 43 19	9.999281
Genf (Mer.-Kr.).........	406	+46 11 59.3	—0 24 36.53	— 4.04	+46 0 24.1	9.999269
Genua (Mar.-Sternw.) Mer.-Kr.	108	+44 25 8.1	—0 35 41.28	— 5.86	+44 13 32.6	9.999294
Georgetown D. C.	62	+38 54 26.2	+5 8 18.33	+50.65	+38 43 6.7	9.999430
Glasgow Schottl.	55	+55 52 42.1	+0 17 10.55	+ 2.82	+55 41 55.2	9.999003
Göttingen	161	+51 31 48.2	—0 39 46.22	— 6.53	+51 20 30.0	9.999117
Graz	375	+47 4 37.2	—1 1 47.71	—10.15	+46 53 3.2	9.999244
Greenwich (Transit Circle) .	47	+51 28 38.2	0 0 0.00	0.00	+51 17 19.7	9.999110
Groningen...........	4	+53 13 13.8	—0 26 15.11	— 4.31	+53 2 6.0	9.999064
Hamburg (D. Hydr. Inst.) ..	30	+53 32 51.8	—0 39 53.44	— 6.55	+53 21 46.2	9.999058
Hannover N. H.	183	+43 42 15.3	+4 49 8.00	+47.50	+43 30 40.5	9.999317
Harvard College Obs. ..	24	+42 22 47.6	+4 44 31.05	+46.74	+42 11 15.1	9.999340

[1] Harvard College Observatory. — [2] Leander McCormick Observatory, University of Virginia. — [3] Mount Lookout seit 1873. — [4] Laws Observatory. — [5] University Park, Chamberlin Observatory. — [6] Früher 6″.2 nördl., 0s.5 westl.

Koordinaten der Sternwarten

Name	Seehöhe	Geogr. Breite	Länge von Greenwich + westlich — östlich	Korr. der Sternzeit	Geoz. Breite	Log. ρ incl. Seehöhe
	m	° ′ ″	h m s	s	° ′ ″	
Haverford	116	+40 0 40.1	+5 1 12.7	+49.48	+39 49 15.4	9.999406
Heidelberg (Königst.) (Mer.-Kr.)	570	+49 23 54.6	−0 34 53.13	− 5.73	+49 12 26.8	9.999198
Helsinki (Mer.-Kr.)	33	+60 9 42.3	−1 39 49.10	−16.40	+59 59 40.8	9.998903
Helwan	115	+29 51 31.1	−2 5 21.77	−20.59	+29 41 31.4	9.999648
Herrsching (München)	534	+47 59 55	−0 44 43.6	− 7.35	+47 48 23	9.999231
Hongkong	33	+22 18 13.2	−7 36 41.25	−75.02	+22 10 5.8	9.999793
Hyderabad-Deccan[1]	554	+17 25 54.3	−5 13 48.98	−51.55	+17 19 17.7	9.999907
Innsbruck	605	+47 16 6.5	−0 45 31.42	− 7.48	+47 4 32.8	9.999254
Irumu (R. Gérard)	—	+ 1 27 29	−0 59 29.9	− 9.77	+ 1 26 54	9.999999
Istanbul (Univ. Sternw.)	65	+41 0 45	−1 55 52	−19.03	+40 49 16	9.999377
Jena (Univers.) Zentr. d. St.	164	+50 55 35.6	−0 46 20.22	− 7.61	+50 44 14.3	9.999131
Johannesburg	1786	−26 10 52.1	−1 52 17.9	−18.45	−26 1 42.0	9.999839
Johannesburg (Fil. d. Yale Observ.)	1741	−26 11 14	−1 52 7	−18.42	−26 2 4	9.999836
Kairo	—	+30 4 38.2	−2 5 8.80	−20.56	+29 54 35.8	9.999635
Kalocsa[2]	102	+46 31 42.4	−1 15 54.34	−12.47	+46 20 7.6	9.999239
Karlsruhe (W. Malsch)	128	+49 1 26.6	−0 33 32.52	− 5.51	+48 49 57.5	9.999177
Kasan (Univers.)	79	+55 47 24.3	−3 16 29.03	−32.28	+55 36 36.6	9.999007
Kasan (Engelhardt)	98	+55 50 20.5	−3 15 15.74	−32.08	+55 39 33.2	9.999007
Kiel (Neuer Mer.-Kr.)	52	+54 20 27.6	−0 40 35.45	− 6.67	+54 9 27.9	9.999040
Kiel (Alter Mer.-Kr.)	47	+54 20 28.5	−0 40 35.57	− 6.67	+54 9 28.8	9.999040
Kiew (Mer.-Kr.)	184	+50 27 11.8	−2 2 0.56	−20.04	+50 15 48.3	9.999145
Kitab	658	+39 8 1.7	−4 27 31.7	−43.95	+38 56 41.0	9.999465
Kodaikanal	2343	+10 13 50	−5 9 52.0	−50.94	+10 9 47.6	0.000114
Kopenhagen (Neue Sternw.)[3]	14	+55 41 12.6	−0 50 18.69	− 8.26	+55 30 24.0	9.999005
Kopenhagen (Urania-Sternw.)	10	+55 41 19.2	−0 50 9.11	− 8.24	+55 30 30.6	9.999005
Krakau (Mer.-Kr.)	221	+50 3 51.9	−1 19 50.28	−13.11	+49 52 26.7	9.999158
Kremsmünster (Mer.-Kr.)	384	+48 3 23.1	−0 56 31.58	− 9.28	+47 51 51.1	9.999219
Kunming	1940	+25 1 32.0	−6 51 9.2	−67.54	+24 52 39.8	9.999872
Kyoto (Astron. Inst.)	55	+35 1 37.1	−9 3 7.0	−89.22	+34 50 43.9	9.999525
Kyoto (Kwasan Observ.)	220	+34 59 40.3	−9 3 10.24	−89.23	+34 48 47.4	9.999537
Ladd Observ. (Providence)	69	+41 50 15.6	+4 45 35.95	+46.92	+41 38 44.4	9.999357
La Plata (Mer.-Kr. Gautier)	17	−34 54 30.3	+3 51 43.74	+38.07	−34 43 38.1	9.999525
Leiden (Neue Sternw.) (Mer.-Kr.)[4]	6	+52 9 19.8	−0 17 56.15	− 2.94	+51 58 5.2	9.999090
Leipzig[5]	119	+51 20 5.9	−0 49 33.93	− 8.14	+51 8 46.7	9.999119
Lembang (Bosscha St.)	1300	− 6 49 29.1	−7 10 27.81	−70.71	− 6 46 45.5	0.000068
Lemberg (Univ.-Sternwarte)	330	+49 49 57.6	−1 36 7.13	−15.79	+49 38 31.4	9.999171
Lemberg (Techn. Hochsch.) Pass.-Instr.	340	+49 50 11.2	−1 36 3.40	−15.78	+49 38 45.0	9.999171
Leningrad (Akad.)	20	+59 56 29.7	−2 1 13.35	−19.91	+59 46 25.5	9.998907
Leningrad (Univers.)	4	+59 56 32.0	−2 1 11.3	−19.91	+59 46 27.8	9.998906
Lick Observ. (Mer.-Kr.)	1283	+37 20 25.3	+8 6 34.86	+79.94	+37 9 14.9	9.999552
Lissabon (Tapada)	94	+38 42 30.5	+0 36 44.68	+ 6.04	+38 31 12.0	9.999437
Lissabon (Mar. Sternw.)	—	+38 42 17.6	+0 36 33.6	+ 6.01	+38 30 59.2	9.999431
Liverpool (Neue Sternw.)[6]	62	+53 24 4.8	+0 12 17.33	+ 2.02	+53 12 58.2	9.999063
London (Mill Hill) (Obs. of Univ.)	82	+51 36 46.3	+0 0 57.77	+ 0.16	+51 25 28.6	9.999109

[1] Nizamiah Observatory. — [2] Erzbischöfl. Haynaldsche Sternwarte. — [3] Seit 1861 Nov. 11. Alte Sternwarte 20″3 südlich, 0s03 westlich. — [4] Seit 1860. Alte Sternwarte 8″0 nördlich, 0s42 östlich. — [5] Seit 1861. Alte Sternwarte 14″2 nördlich, 4s00 westlich. — [6] Alte Sternwarte 44″0 nördlich, 17s1 östlich.

Name	Seehöhe	Geogr. Breite	Länge von Greenwich + westlich — östlich	Korr. der Sternzeit	Geoz. Breite	Log. ρ incl. Seehöhe
	m	° ′ ″	h m s	s	° ′ ″	
Los Angeles (Morse Mem. Obs. of Occid. College)	205	+34 7 42	+7 52 50	+77.67	+33 56 57	9.999556
Lourenço Marques	60	−25 58 5.5	−2 10 22.63	−21.42	−25 48 58.9	9.999725
Lübeck (Navig.-Sch.)	19	+53 51 31.1	−0 42 45.6	− 7.02	+53 40 27.8	9.999049
Lund (Zentr. d. Sternw.)	34	+55 41 51.6	−0 52 44.97	− 8.66	+55 31 3.1	9.999006
Lüttich Ougrée	128	+50 37 6	−0 22 12	− 3.65	+50 25 43	9.999137
Lyon	299	+45 41 40.8	−0 19 8.5	− 3.14	+45 30 5.3	9.999274
Madison (Washburn Obs.)	292	+43 4 36.8	+5 57 37.90	+58.75	+42 53 2.9	9.999340
Madras	7	+13 4 8.0	−5 20 59.65	−52.73	+12 59 2.5	9.999926
Madrid (Zentr. d. Sternw.)	656	+40 24 30.1	+0 14 45.09	+ 2.43	+40 13 3.7	9.999433
Mailand, Brera	120	+45 27 59.2	−0 36 45.89	− 6.04	+45 16 23.6	9.999268
Manila	3	+14 35 25	−8 3 50	−79.48	+14 29 47	9.999908
Marburg	248	+50 48 46.9	−0 35 4.9	− 5.76	+50 37 25.0	9.999141
Mare Island Calif.	18	+38 5 55.8	+8 9 5.63	+80.35	+37 54 40.8	9.999447
Marseille (Neue Sternw.) (Mer.-Kr.)[1]	75	+43 18 19.1	−0 21 34.56	− 3.54	+43 6 44.8	9.999320
McDonald Observatory (Mt. Locke. Fort Davis)	2081	+30 40 17.0	+6 56 5.36	+68.35	+30 30 7.5	9.999764
McMath-Hulbert Obs. (Lake Angelus)	296	+42 39 47.7	+5 33 3.3	+54.71	+42 28 14.5	9.999351
Merate (Filiale von Mailand, Brera)	380	+45 41 54.1	−0 37 42.85	− 6.20	+45 30 18.6	9.999279
Meudon	162	+48 48 18	−0 8 55.5	− 1.46	+48 36 48	9.999185
Middletown, Conn.	70	+41 33 18	+4 50 38.2	+47.74	+41 21 47.6	9.999364
Mizusawa	61	+39 8 3.4	−9 24 31.46	−92.74	+38 56 42.7	9.999424
Modena	63	+44 38 52.8	−0 43 42.8	− 7.18	+44 27 17.2	9.999285
Montreal	57	+45 30 20	+4 54 18.63	+48.35	+45 18 44.4	9.999263
Montrose (La Crescenta Obs.)	879	+34 14 37.5	+7 52 54	+77.69	+34 3 51.1	9.999599
Mt. Hamilton (Lick Obs.) (Mer.-Kr.)	1283	+37 20 25.3	+8 6 34.86	+79.94	+37 9 14.9	9.999552
Mt. Locke (Mc. Donald Obs.)	2081	+30 40 17.0	+6 56 5.36	+68.35	+30 30 7.5	9.999764
Mt. Palomar, Calif.	1706	+33 21 22.4	+7 47 27.36	+76.79	+33 10 44.3	9.999677
Mt. Wilson, Calif.	1742	+34 12 59.5	+7 52 14.33	+77.57	+34 2 13.3	9.999659
Moskau (Mer.-Kr.)	142	+55 45 19.5	−2 30 17.03	−24.69	+55 34 31.5	9.999012
München (West-Kuppel)	529	+48 8 45.5	−0 46 26.02	− 7.63	+47 57 13.8	9.999227
Münster	75	+51 57 45.8	−0 30 29.66	− 5.01	+51 46 30.0	9.999100
Nashville (Vanderbilt Obs.)	174	+36 8 58.2	+5 47 12.81	+57.04	+35 57 56.1	9.999506
Neapel (Capo di Monte)	154	+40 51 45.7	−0 57 1.40	− 9.37	+40 40 17.6	9.999387
Neuchâtel (Refraktor)	488	+46 59 49.5	−0 27 49.77	− 4.57	+46 48 15.4	9.999254
New Haven (Neue Stw.)[2]	40	+41 19 22.3	+4 51 40.58	+47.92	+41 7 52.7	9.999368
New York (Columb. Obs.)	25	+40 48 34.6	+4 55 50	+48.60	+40 37 6.7	9.999380
Nikolajew (Mer.-Kr.)	55	+46 58 19.3	−2 7 53.98	−21.01	+46 46 45.1	9.999225
Nizza (Kl. Mer.-Kr.)	378	+43 43 16.9	−0 29 12.15	− 4.79	+43 31 42.0	9.999330
Northfield (Goodsell Obs.)	290	+44 27 41.4	+6 12 35.84	+61.21	+44 16 5.9	9.999305
Oakland, Californ.[3]	99	+37 47	+8 8 48	+80.30	+37 35 47	9.999460
Oak Ridge (Filiale d. Harvard Obs.)	183	+42 30 13	+4 46 14.2	+47.02	+42 18 40	9.999347
Odessa (Univ.-Stw. Mer.-Kr.)	55	+46 28 36.2	−2 3 2.05	−20.21	+46 17 1.3	9.999237
Odessa (Filiale v. Pulkowa)	—	+46 28 36.0	−2 3 2.19	−20.21	+46 17 1.1	9.999234
Ondrejow	527	+49 54 38.1	−0 59 8.08	− 9.71	+49 43 12.3	9.999182
Oslo (Mer.-Kr.)	25	+59 54 43.7	−0 42 53.51	− 7.04	+59 44 39.2	9.998908
Ottawa (Mer.-Kr.)	85	+45 23 39.1	+5 2 51.98	+49.75	+45 12 3.5	9.999267

[1] Seit 1866. Alte Sternwarte 30″.1 südlich, 6ˢ.2 westlich; Seehöhe 29 m. — [2] Yale University. Alte Sternwarte 45″.8 südlich, 1ˢ.58 westlich. — [3] Chabot Observatory.

Koordinaten der Sternwarten

Name	Seehöhe	Geogr. Breite	Länge von Greenwich + westlich — östlich	Korr. der Sternzeit	Geoz. Breite	Log. ρ incl. Seehöhe
	m	° ′ ″	h m s	s	° ′ ″	
Oxford (Univers.)	64	+51 45 34.2	+0 5 0.4	+ 0.82	+51 34 17.3	9.999104
Oxford, Mississippi	140	+34 22 12.6	+5 58 7.18	+58.83	+34 11 25.1	9.999546
Padua	38	+45 24 1.3	—0 47 29.15	— 7.80	+45 12 26.3	9.999261
Palermo	72	+38 6 44.0	—0 53 25.87	— 8.78	+37 55 28.9	9.999451
Paris (Obs.nat.) Mer.Cassini	59	+48 50 11.2	—0 9 20.93	— 1.53	+48 38 41.5	9.999177
Paris (Montsouris)westl.Mer.	—	+48 49 18.0	—0 9 20.6	— 1.53	+48 37 48.2	9.999174
Peking	—	+39 54 23.0	—7 45 52.87	—76.53	+39 42 58.7	9.999401
Perkins Obs. (Delaware)	270	+40 15 4	+5 32 13.33	+54.58	+40 3 38	9.999410
Philadelphia[1]	74	+39 58 2.1	+5 1 6.88	+49.47	+39 46 37.5	9.999404
Pic du Midi (Filiale v. Toulouse)	2850	+42 56 31.5	—0 0 34.29	— 0.09	+42 44 57.8	9.999518
Pola	32	+44 51 48.6	—0 55 23.07	— 9.10	+44 40 12.9	9.999277
Porto Alegre[2] Mer.-Kr.	—	—30 1 51	+3 24 53.2	+33.66	—29 51 49	9.999636
Posen (Poznan)	85	+52 23 48.6	—1 7 30.60	—11.09	+52 12 35.4	9.999090
Potsdam (Astrophys. Obs.)	107	+52 22 56.0	—0 52 15.86	— 8.59	+52 11 42.7	9.999091
Potsdam (Geod.Inst.) Turm	109	+52 22 54.8	—0 52 16.11	— 8.59	+52 11 41.5	9.999091
Potsdam (Geod. Inst.) (Östl. Meridianh.)	91	+52 22 54	—0 52 16.058	— 8.586	+52 11 41	9.999091
Poughkeepsie[3]	61	+41 41 18	+4 55 35.2	+48.56	+41 29 47	9.999360
Prag (Klementinum) Turm	197	+50 5 16.0	—0 57 40.29	— 9.47	+49 53 50.9	9.999155
Princeton N. J. (N. Stw.)[4]	75	+40 20 55.8	+4 58 39.44	+49.06	+40 9 29.7	9.999395
Providence (Ladd. Observ.)	69	+41 50 15.6	+4 45 35.95	+46.92	+41 38 44.4	9.999357
Pulkowa (Zentr. d. Stw.)	75	+59 46 18.5	—2 1 18.57	—19.93	+59 36 12.3	9.998914
Quebec, Canada	90	+46 47 59.2	+4 44 52.71	+46.80	+46 36 24.8	9.999231
Quito	2846	— 0 14 0	+5 13 58.20	+51.58	— 0 13 54	0.000194
Riga (Polytechnikum) Turm	—	+56 57 7	—1 36 28.11	—15.84	+56 46 30	9.998974
Rio de Janeiro (N. Stw.)	33	—22 53 42.1	+2 52 53.6	+28.40	—22 45 24.7	9.999782
Rom (Coll. Rom. Mer.-Kr.)	59	+41 53 53.6	—0 49 55.36	— 8.19	+41 42 22.3	9.999354
Rom (Capitol Mer.-Kr.)	65	+41 53 33.2	—0 49 56.34	— 8.20	+41 42 1.9	9.999355
Rom (Monte Mario Durchg.-Instr.)	152	+41 55 19.2	—0 49 48.55	— 8.19	+41 43 47.8	9.999360
Rugby	119	+52 22 30	+0 5 2.0	+ 0.83	+52 11 16.7	9.999093
St. Louis, Missouri	—	+38 38 3.6	+6 0 49.15	+59.28	+38 26 45.5	9.999433
Saltsjöbaden (Stockholms Observator.)	55	+59 16 18	—1 13 14	—12.03	+59 6 6	9.998924
San Fernando	30	+36 27 42.0	+0 24 49.30	+ 4.08	+36 16 37.7	9.999488
Santiago de Chile (N.St.)	580	—33 33 44.2	+4 42 46.0	+46.44	—33 23 4.1	9.999595
Santiago de Compostela (Univ.-Sternw.)	220	+42 52 31.8	+0 34 14.26	+ 5.62	+42 40 58.2	9.999341
Sendai (Durchg.-Instr.)	36	+38 15 14.9	—9 23 29.49	—92.57	+38 3 59.0	9.999444
Sétif	1120	+36 11 10	—0 21 38.6	— 3.55	+36 0 7.7	9.999569
Simeïs	360	+44 24 11.6	—2 15 59.38	—22.34	+44 12 36.1	9.999312
Skalnaté Pleso	1783	+49 11 20.0	—1 20 58.77	—13.30	+48 59 51.4	9.999286
Sofia (Mil. Geogr. Inst.)	555	+42 41 51	—1 33 19.87	—15.33	+42 30 18	9.999368
Sofia (Universitätssternwarte)	572	+42 41 1.7	—1 33 23.3	—15.34	+42 29 28.5	9.999369
Sonneberg (Erbisbühl)	640	+50 22 41.4	—0 44 46.19	— 7.36	+50 11 17.5	9.999178
South Hadley	76	+42 15 18.2	+4 50 19	+47.69	+42 3 45.9	9.999346
Sproul Observatory	63	+39 54 16.2	+5 1 25.62	+49.52	+39 42 51.9	9.999405
Stalinabad (Tadjik Observ.)	—	+38 33 30	—4 35 6.2	—45.19	+38 22 12	9.999434
Straßburg (N. St. M.-Kr.)[5]	144	+48 35 0.4	—0 31 4.53	— 5.10	+48 23 29.9	9.999190

[1] Flower Obs. (Univ. of Pennsylvania). — [2] Observatorio Regional do Rio Grande do Sul. — [3] Vassar College. — [4] Alte Sternwarte 2″.0 nördlich, 1ˢ.94 östlich; 65ᵐ. — [5] Seit Anfang 1881.

Name	Seehöhe	Geogr. Breite	Länge von Greenwich + westlich — östlich	Korr. der Sternzeit	Geoz. Breite	Log. ρ incl. Seehöhe
	m	° ′ ″	h m s	s	° ′ ″	
Stuttgart (Schwäb. Sternw.)	344	+48 47 0.7	— 0 36 47.39	— 6.04	+48 35 30.8	9.999198
Swarthmore (Sproul Obs.) (Refraktor)	63	+39 54 16.2	+ 5 1 25.62	+ 49.52	+39 42 51.9	9.999405
Sydney	44	—33 51 41.1	—10 4 49.54	— 99.36	—33 40 58.2	9.999551
Sydney (Riverview Coll. Obs.)	42	—33 49 45.7	—10 4 37.99	— 99.33	—33 39 3.1	9.999552
Tacubaya[1]	2311	+19 24 17.9	+ 6 36 46.71	+ 65.18	+19 17 3.0	9.999997
Tanakami	165	+34 58 18	— 9 3 57.4	— 89.36	+34 47 25	9.999533
Tartu (Dorpat, Jurjew) (Mer.-Kr.)	67	+58 22 47.2	— 1 46 53.19	— 17.56	+58 12 25.1	9.998946
Taschkent (Mer.-Kr.)	475	+41 19 31.6	— 4 37 10.88	— 45.53	+41 8 2.0	9.999397
Teramo (Cerulli)	398	+42 39 27	— 0 54 55.8	— 9.02	+42 27 54	9.999358
Tokio (Mer.-Kr.)	57	+35 40 19	— 9 18 9.90	— 91.69	+35 29 21	9.999509
Tonanzintla	2150	+19 1 57.9	+ 6 33 15.32	+ 64.60	+18 54 50.1	9.999992
Toronto (Univ. Obs.)	110	+43 39 46.0	+ 5 17 34.70	+ 52.17	+43 28 11.2	9.999313
Tortosa (Ebro-Stw. M.-Kr.)	54	+40 49 14	— 0 1 58	— 0.32	+40 37 46	9.999382
Toulouse (Mer.-Kr.)	195	+43 36 44.0	— 0 5 51.01	— 0.96	+43 25 9.3	9.999329
Triest (Oss. Astr.)	68	+45 38 35.5	— 0 55 4.92	— 9.05	+45 27 0.0	9.999259
Tsingtau	—	+36 4 11.3	— 8 1 16.21	— 79.06	+35 53 9.8	9.999496
Tucson, Arizona (Steward Obs.)	757	+32 13 59.4	+ 7 23 47.68	+ 72.90	+32 3 32.6	9.999638
Turin (Mer.-Kr.)	276	+45 4 7.9	— 0 30 47.15	— 5.06	+44 52 32.2	9.999288
Turin (Pino Torinese)	618	+45 2 16.3	— 0 31 6.52	— 5.11	+44 50 40.6	9.999312
Turku (Spiegelteleskop)	28	+60 27 8.7	— 1 28 55.03	— 14.61	+60 17 10.7	9.998896
Upsala (N. Stw. Pass.-Instr.)	21	+59 51 29.4	— 1 10 30.13	— 11.58	+59 41 24.2	9.998909
Urbana, Ill.	236	+40 6 20.2	+ 5 52 53.90	+ 57.97	+39 54 55.1	9.999412
Utrecht	12	+52 5 9.5	— 0 20 31.6	— 3.37	+51 53 54.4	9.999093
Valkenburg (Ignatius Coll.)	100	+50 52 29.3	— 0 23 19.91	— 3.83	+50 41 7.8	9.999129
Venedig	15	+45 26 10.5	— 0 49 22.12	— 8.11	+45 14 34.9	9.999261
Victoria B.C. (Domin. Obs.)	229	+48 31 15.7	+ 8 13 40.17	+ 81.18	+48 19 45.0	9.999197
Warschau[2] Zentr. d. Stw.	121	+52 13 4.6	— 1 24 7.25	— 13.82	+52 1 50.3	9.999097
Warschau (Techn. Hochsch.)	144	+52 13 21.0	— 1 24 2.4	— 13.81	+52 2 6.8	9.999098
Washington (Neue Stw.)	82	+38 55 14.0	+ 5 8 15.78	+ 50.64	+38 43 54.4	9.999431
Washington (Kath. Univ.)	—	+38 56 14.8	+ 5 8 0.0	+ 50.60	+38 44 55.1	9.999425
Wellington (Transit Instr.)[3]	127	—41 17 3.8	—11 39 4.27	—114.84	—41 5 34.3	9.999375
Wendelstein (Observat. d. Sternwarte München)	1838	+47 42 13	— 0 48 4	— 7.90	+47 30 40	9.999328
West Point N. Y. (N. St.)[4]	170	+41 23 22.1	+ 4 55 50.6	+ 48.60	+41 11 52.3	9.999375
Wien (Neue Sternw. Zentr.)	240	+48 13 55.4	— 1 5 21.35	— 10.73	+48 2 23.9	9.999205
Wien (Mil. Geogr. Inst.)	211	+48 12 40.5	— 1 5 26.24	— 10.75	+48 1 8.9	9.999203
Wien (Techn. Hochschule)	198	+48 11 58.3	— 1 5 29.76	— 10.76	+48 0 26.7	9.999204
Williams-Bay, Wisc.[5]	334	+42 34 12.6	+ 5 54 13.24	+ 58.19	+42 22 39.6	9.999356
Williamstown, Mass.	213	+42 42 49	+ 4 52 53.5	+ 48.12	+42 31 16	9.999344
Wilna (Pass.-Instr.)	122	+54 40 59.1	— 1 41 8.76	— 16.61	+54 30 2.1	9.999036
Wroclaw	117	+51 6 42.1	— 1 8 21.22	— 11.23	+50 55 21.7	9.999130
Würzburg (Neue Univ.-Sternw. Zentr.)	207	+49 47 19.0	— 0 39 44.71	— 6.53	+49 35 52.7	9.999163
Yale Observatory	40	+41 19 22.3	+ 4 51 40.58	+ 47.92	+41 7 52.7	9.999368
Yerkes Observatory	334	+42 34 12.6	+ 5 54 13.24	+ 58.19	+42 22 39.6	9.999356
Zô-sè, China	100	+31 5 47.6	— 8 4 44.75	— 79.63	+30 55 33.2	9.999619
Zürich (Meridian-Kreis)	468	+47 22 38.3	— 0 34 12.3	— 5.62	+47 11 4.8	9.999242

[1] Seit März 1883, früher in Chapultepec. — [2] Universitäts-Sternwarte. — [3] Dominion Observatory. — Seit 1883. Alte Sternwarte 9″ nördlich, $1^s.2$ östlich. — [5] Yerkes Observatory.

Normalzeiten der wichtigeren Länder

Normalzeit = Mittl. Ortszeit des Meridians	Bezeichnung	Staaten
östl. Gr. h m		
12 0	—	Neuseeland, Kamtschatka
10 0	Ostaustralische Zeit	Viktoria, Neusüdwales, Queensland, Tasmanien, Britisch-Neuguinea, Sacchalin nördlich von +50° Br.
9 30	Südaustralische Zeit	Südaustralien, Niederländ. Neuguinea
9 0	Mittlere Japan-Zeit	Japan, Mandschukuo, Korea, Sacchalin südlich von +50° Br., Taiwan
8 0	Chinesische Küsten-Zeit	Ostküste von China, Indochina, Philippinen, Celebes, Westaustralien, Britisch Nord-Borneo, Timor
7 30	—	Malaiische Staaten, Singapur, Indones. Borneo, Bali, Java, Lombok
7 0	Südchinesische Küsten-Zeit	Südküste von China, Thailand, Süd-Sumatra
6 30	—	Birma, Nord-Sumatra
6 0	—	Pakistan, östlicher Teil
5 30	—	Indien, Ceylon
4 30	—	Afghanistan, Pakistan, westlicher Teil
4 0	—	Sowjetunion*) von 40° bis 52° 30′ östlicher Länge
3 30	—	Iran
3 0	—	Sowjetunion*) westlich von 40° östlicher Länge, Irak, Abessinien, Britisch Somaliland, Kenya, Tanganjika, Uganda, Madagaskar
2 0	Osteuropäische Zeit	Finnland, Bulgarien, Rumänien, Griechenland, Türkei, Cypern, Palästina, Ägypten, Cyrenaica, Arabien, Belgisch Kongo, östlicher Teil, Südafrika
1 0	Mitteleuropäische Zeit (M. E. Z.)	Norwegen, Schweden, Dänemark, Niederlande, Belgien, Frankreich, Deutschland, Österreich, Polen, Ungarn, Schweiz, Italien, Tschechoslowakei, Jugoslawien, Tripolis, Belgisch Kongo, westlicher Teil
h m 0 0	Westeuropäische Zeit (Greenwich-Zeit)	Großbritannien und Irland, Luxemburg, Portugal, Spanien, Gibraltar, Marokko, Algerien
westl. Gr. h m		
1 0	—	Island, Madeira, Kanarische Inseln
2 0	—	Azoren, Kapverdische Inseln, Grönland-Scoresbysund
3 0	—	Ostbrasilien, Grönland-Westküste und Angmagsalik, Argentinien, Uruguay
3 30	—	Niederl. Guayana, Labrador
4 0	Intercolonial St. Time	Mittelbrasilien, Kanada (Küste Quebec östl. v. 68° westl. L.) Paraguay, Bolivien, Chile
4 30	—	Venezuela
5 0	Eastern St. Time	Kanada (Quebec westl. v. 68° westl. L., Ontario östl. v. 90° westl. L.), Vereinigte Staaten (Ostzone), Panama, Peru, Ekuador, Westbrasilien, Kolumbien
6 0	Central St. Time	Zentralzone von Kanada und von den Vereinigten Staaten, Mexiko, mit Ausnahme des nördl. Teiles
7 0	Mountain St. Time	Gebirgszone von Kanada und von den Vereinigten Staaten, nördliches Mexiko
8 0	Pacific St. Time	Vereinigte Staaten (pazifische Küste), Britisch-Kolumbien, Alaska südlich von Cross-Sund
9 0	—	Alaska nördl. v. Cross-Sund bis Prinz-Williams-Sund
10 0	—	Alaska westlich Prinz-Williams-Sund bis 162° westlicher Länge, Hawai (Sandwichinseln)
11 0	—	Alaska westlich von 162° westl. Länge, Aleuten, Samoa

*) Im Gebiet der Sowjetrepubliken sind alle Uhren 1 Stunde vorgestellt.

Arg.	Funktion	Differenzen I.	II.	III.	IV.
$a_\circ$	$f_\circ$		$\Delta^{II}_\circ$		$\Delta^{IV}_\circ$
		Δ^{I}		Δ^{III}	
a_1	f_1		Δ^{II}_1		Δ^{IV}_1

$$\Delta^{II}_m = \frac{\Delta^{II}_\circ + \Delta^{II}_1}{2}; \qquad \Delta^{IV}_m = \frac{\Delta^{IV}_\circ + \Delta^{IV}_1}{2}$$

$$f(a_\circ + n) = f_\circ + n \cdot \Delta^{I} + \frac{n(n-1)}{2} \cdot \Delta^{II}_m + \frac{n(n-1)(n-\frac{1}{2})}{6} \cdot \Delta^{III} + \frac{(n+1)n(n-1)(n-2)}{24} \cdot \Delta^{IV}_m + \cdots$$

$$f(a_\circ + \tfrac{1}{2}) = f_\circ + \tfrac{1}{2} \cdot \Delta^{I} - \tfrac{1}{8} \cdot \Delta^{II}_m + \tfrac{3}{128} \cdot \Delta^{IV}_m - \cdots$$

$$\frac{n(n-1)}{2} = b \qquad \frac{n(n-1)(n-\frac{1}{2})}{6} = c \qquad \frac{(n+1)n(n-1)(n-2)}{24} = d$$

n	b	c	d	n	n	b	c	d	n
0.00	−0.0000−	+0.0000−	+0.000+	1.00	0.25	−0.0938−	+0.0078−	+0.017+	0.75
01	0050	0008	001	0.99	26	0962	0077	018	74
02	0098	0016	002	98	27	0986	0076	018	73
03	0146	0023	002	97	28	1008	0074	018	72
04	0192	0029	003	96	29	1030	0072	019	71
0.05	−0.0238−	+0.0036−	+0.004+	0.95	0.30	−0.1050−	+0.0070−	+0.019+	0.70
06	0282	0041	005	94	31	1070	0068	020	69
07	0326	0047	006	93	32	1088	0065	020	68
08	0368	0052	006	92	33	1106	0063	020	67
09	0410	0056	007	91	34	1122	0060	021	66
0.10	−0.0450−	+0.0060−	+0.008+	0.90	0.35	−0.1138−	+0.0057−	+0.021+	0.65
11	0490	0064	009	89	36	1152	0054	021	64
12	0528	0067	009	88	37	1166	0051	022	63
13	0566	0070	010	87	38	1178	0047	022	62
14	0602	0072	011	86	39	1190	0044	022	61
0.15	−0.0638−	+0.0074−	+0.011+	0.85	0.40	−0.1200−	+0.0040−	+0.022+	0.60
16	0672	0076	012	84	41	1210	0036	023	59
17	0706	0078	013	83	42	1218	0032	023	58
18	0738	0079	013	82	43	1226	0029	023	57
19	0770	0080	014	81	44	1232	0025	023	56
0.20	−0.0800−	+0.0080−	+0.014+	0.80	0.45	−0.1238−	+0.0021−	+0.023+	0.55
21	0830	0080	015	79	46	1242	0017	023	54
22	0858	0080	016	78	47	1246	0012	023	53
23	0886	0080	016	77	48	1248	0008	023	52
24	0912	0079	017	76	49	1250	0004	023	51
0.25	−0.0938−	+0.0078−	+0.017+	0.75	0.50	−0.1250−	+0.0000−	+0.023+	0.50

Interpolation

mit Berücksichtigung zweiter Differenzen

$$f(a_0 + n) = f_0 + n\,(\Delta^{I} + \text{Tafelwert})$$

Die Tafelwerte sind negativ für positive zweite Differenz, sie sind positiv für negative zweite Differenz

n	Zweite Differenz = Δ^{II}_{m}																				*n*
	3	6	9	12	15	18	21	24	27	30	33	36	39	42	45	48	51	54	57	60	
0.00	1.5	3.0	4.5	6.0	7.5	9.0	10.5	12.0	13.5	15.0	16.5	18.0	19.5	21.0	22.5	24.0	25.5	27.0	28.5	30.0	0.00
01	1.5	3.0	4.5	5.9	7.4	8.9	10.4	11.9	13.4	14.9	16.3	17.8	19.3	20.8	22.3	23.8	25.2	26.7	28.2	29.7	01
02	1.5	2.9	4.4	5.9	7.4	8.8	10.3	11.8	13.2	14.7	16.2	17.6	19.1	20.6	22.1	23.5	25.0	26.5	27.9	29.4	02
03	1.5	2.9	4.4	5.8	7.3	8.7	10.2	11.6	13.1	14.6	16.0	17.5	18.9	20.4	21.8	23.3	24.7	26.2	27.6	29.1	03
04	1.4	2.9	4.3	5.8	7.2	8.6	10.1	11.5	13.0	14.4	15.8	17.3	18.7	20.2	21.6	23.0	24.5	25.9	27.4	28.8	04
0.05	1.4	2.9	4.3	5.7	7.1	8.6	10.0	11.4	12.8	14.3	15.7	17.1	18.5	20.0	21.4	22.8	24.2	25.7	27.1	28.5	0.05
06	1.4	2.8	4.2	5.6	7.1	8.5	9.9	11.3	12.7	14.1	15.5	16.9	18.3	19.7	21.2	22.6	24.0	25.4	26.8	28.2	06
07	1.4	2.8	4.2	5.6	7.0	8.4	9.8	11.2	12.6	14.0	15.3	16.7	18.1	19.5	20.9	22.3	23.7	25.1	26.5	27.9	07
08	1.4	2.8	4.1	5.5	6.9	8.3	9.7	11.0	12.4	13.8	15.2	16.6	17.9	19.3	20.7	22.1	23.5	24.8	26.2	27.6	08
09	1.4	2.7	4.1	5.5	6.8	8.2	9.6	10.9	12.3	13.7	15.0	16.4	17.7	19.1	20.5	21.8	23.2	24.6	25.9	27.3	09
0.10	1.4	2.7	4.1	5.4	6.8	8.1	9.5	10.8	12.2	13.5	14.9	16.2	17.6	18.9	20.3	21.6	23.0	24.3	25.7	27.0	0.10
11	1.3	2.7	4.0	5.3	6.7	8.0	9.3	10.7	12.0	13.4	14.7	16.0	17.4	18.7	20.0	21.4	22.7	24.0	25.4	26.7	11
12	1.3	2.6	4.0	5.3	6.6	7.9	9.2	10.6	11.9	13.2	14.5	15.8	17.2	18.5	19.8	21.1	22.4	23.8	25.1	26.4	12
13	1.3	2.6	3.9	5.2	6.5	7.8	9.1	10.4	11.7	13.1	14.4	15.7	17.0	18.3	19.6	20.9	22.2	23.5	24.8	26.1	13
14	1.3	2.6	3.9	5.2	6.5	7.7	9.0	10.3	11.6	12.9	14.2	15.5	16.8	18.1	19.4	20.6	21.9	23.2	24.5	25.8	14
0.15	1.3	2.6	3.8	5.1	6.4	7.7	8.9	10.2	11.5	12.8	14.0	15.3	16.6	17.9	19.1	20.4	21.7	23.0	24.2	25.5	0.15
16	1.3	2.5	3.8	5.0	6.3	7.6	8.8	10.1	11.3	12.6	13.9	15.1	16.4	17.6	18.9	20.2	21.4	22.7	23.9	25.2	16
17	1.2	2.5	3.7	5.0	6.2	7.5	8.7	10.0	11.2	12.5	13.7	14.9	16.2	17.4	18.7	19.9	21.2	22.4	23.7	24.9	17
18	1.2	2.5	3.7	4.9	6.2	7.4	8.6	9.8	11.1	12.3	13.5	14.8	16.0	17.2	18.5	19.7	20.9	22.1	23.4	24.6	18
19	1.2	2.4	3.6	4.9	6.1	7.3	8.5	9.7	10.9	12.2	13.4	14.6	15.8	17.0	18.2	19.4	20.7	21.9	23.1	24.3	19
0.20	1.2	2.4	3.6	4.8	6.0	7.2	8.4	9.6	10.8	12.0	13.2	14.4	15.6	16.8	18.0	19.2	20.4	21.6	22.8	24.0	0.20
21	1.2	2.4	3.6	4.7	5.9	7.1	8.3	9.5	10.7	11.9	13.0	14.2	15.4	16.6	17.8	19.0	20.1	21.3	22.5	23.7	21
22	1.2	2.3	3.5	4.7	5.9	7.0	8.2	9.4	10.5	11.7	12.9	14.0	15.2	16.4	17.6	18.7	19.9	21.1	22.2	23.4	22
23	1.2	2.3	3.5	4.6	5.8	6.9	8.1	9.2	10.4	11.6	12.7	13.9	15.0	16.2	17.3	18.5	19.6	20.8	21.9	23.1	23
24	1.1	2.3	3.4	4.6	5.7	6.8	8.0	9.1	10.3	11.4	12.5	13.7	14.8	16.0	17.1	18.2	19.4	20.5	21.7	22.8	24
0.25	1.1	2.3	3.4	4.5	5.6	6.8	7.9	9.0	10.1	11.3	12.4	13.5	14.6	15.8	16.9	18.0	19.1	20.3	21.4	22.5	0.25
26	1.1	2.2	3.3	4.4	5.6	6.7	7.8	8.9	10.0	11.1	12.2	13.3	14.4	15.5	16.7	17.8	18.9	20.0	21.1	22.2	26
27	1.1	2.2	3.3	4.4	5.5	6.6	7.7	8.8	9.9	11.0	12.0	13.1	14.2	15.3	16.4	17.5	18.6	19.7	20.8	21.9	27
28	1.1	2.2	3.2	4.3	5.4	6.5	7.6	8.6	9.7	10.8	11.9	13.0	14.0	15.1	16.2	17.3	18.4	19.4	20.5	21.6	28
29	1.1	2.1	3.2	4.3	5.3	6.4	7.5	8.5	9.6	10.7	11.7	12.8	13.8	14.9	16.0	17.0	18.1	19.2	20.2	21.3	29
0.30	1.1	2.1	3.2	4.2	5.3	6.3	7.4	8.4	9.5	10.5	11.6	12.6	13.7	14.7	15.8	16.8	17.9	18.9	20.0	21.0	0.30
31	1.0	2.1	3.1	4.1	5.2	6.2	7.2	8.3	9.3	10.4	11.4	12.4	13.5	14.5	15.5	16.6	17.6	18.6	19.7	20.7	31
32	1.0	2.0	3.1	4.1	5.1	6.1	7.1	8.2	9.2	10.2	11.2	12.2	13.3	14.3	15.3	16.3	17.3	18.4	19.4	20.4	32
33	1.0	2.0	3.0	4.0	5.0	6.0	7.0	8.0	9.0	10.1	11.1	12.1	13.1	14.1	15.1	16.1	17.1	18.1	19.1	20.1	33
34	1.0	2.0	3.0	4.0	5.0	5.9	6.9	7.9	8.9	9.9	10.9	11.9	12.9	13.9	14.9	15.8	16.8	17.8	18.8	19.8	34
0.35	1.0	2.0	2.9	3.9	4.9	5.9	6.8	7.8	8.8	9.8	10.7	11.7	12.7	13.7	14.6	15.6	16.6	17.6	18.5	19.5	0.35
36	1.0	1.9	2.9	3.8	4.8	5.8	6.7	7.7	8.6	9.6	10.6	11.5	12.5	13.4	14.4	15.4	16.3	17.3	18.2	19.2	36
37	0.9	1.9	2.8	3.8	4.7	5.7	6.6	7.6	8.5	9.5	10.4	11.3	12.3	13.2	14.2	15.1	16.1	17.0	18.0	18.9	37
38	0.9	1.9	2.8	3.7	4.7	5.6	6.5	7.4	8.4	9.3	10.2	11.2	12.1	13.0	14.0	14.9	15.8	16.7	17.7	18.6	38
39	0.9	1.8	2.7	3.7	4.6	5.5	6.4	7.3	8.2	9.2	10.1	11.0	11.9	12.8	13.7	14.6	15.6	16.5	17.4	18.3	39
0.40	0.9	1.8	2.7	3.6	4.5	5.4	6.3	7.2	8.1	9.0	9.9	10.8	11.7	12.6	13.5	14.4	15.3	16.2	17.1	18.0	0.40
41	0.9	1.8	2.7	3.5	4.4	5.3	6.2	7.1	8.0	8.9	9.7	10.6	11.5	12.4	13.3	14.2	15.0	15.9	16.8	17.7	41
42	0.9	1.7	2.6	3.5	4.4	5.2	6.1	7.0	7.8	8.7	9.6	10.4	11.3	12.2	13.1	13.9	14.8	15.7	16.5	17.4	42
43	0.9	1.7	2.6	3.4	4.3	5.1	6.0	6.8	7.7	8.6	9.4	10.3	11.1	12.0	12.8	13.7	14.5	15.4	16.2	17.1	43
44	0.8	1.7	2.5	3.4	4.2	5.0	5.9	6.7	7.6	8.4	9.2	10.1	10.9	11.8	12.6	13.4	14.3	15.1	16.0	16.8	44
0.45	0.8	1.7	2.5	3.3	4.1	5.0	5.8	6.6	7.4	8.3	9.1	9.9	10.7	11.6	12.4	13.2	14.0	14.9	15.7	16.5	0.45
46	0.8	1.6	2.4	3.2	4.1	4.9	5.7	6.5	7.3	8.1	8.9	9.7	10.5	11.3	12.2	13.0	13.8	14.6	15.4	16.2	46
47	0.8	1.6	2.4	3.2	4.0	4.8	5.6	6.4	7.2	8.0	8.7	9.5	10.3	11.1	11.9	12.7	13.5	14.3	15.1	15.9	47
48	0.8	1.6	2.3	3.1	3.9	4.7	5.5	6.2	7.0	7.8	8.6	9.4	10.1	10.9	11.7	12.5	13.3	14.0	14.8	15.6	48
49	0.8	1.5	2.3	3.1	3.8	4.6	5.4	6.1	6.9	7.7	8.4	9.2	9.9	10.7	11.5	12.2	13.0	13.8	14.5	15.3	49
0.50	0.8	1.5	2.3	3.0	3.8	4.5	5.3	6.0	6.8	7.5	8.3	9.0	9.8	10.5	11.3	12.0	12.8	13.5	14.3	15.0	0.50

Interpolation

mit Berücksichtigung zweiter Differenzen

$f(a_0 + n) = f_0 + n\,(\Delta^{I} + \text{Tafelwert})$

Die Tafelwerte sind negativ für positive zweite Differenz, sie sind positiv für negative zweite Differenz

n	Zweite Differenz = Δ^{II}_{m}																				*n*
	3	6	9	12	15	18	21	24	27	30	33	36	39	42	45	48	51	54	57	60	
0.50	0.8	1.5	2.3	3.0	3.8	4.5	5.3	6.0	6.8	7.5	8.3	9.0	9.8	10.5	11.3	12.0	12.8	13.5	14.3	15.0	0.50
51	0.7	1.5	2.2	2.9	3.7	4.4	5.1	5.9	6.6	7.4	8.1	8.8	9.6	10.3	11.0	11.8	12.5	13.2	14.0	14.7	51
52	0.7	1.4	2.2	2.9	3.6	4.3	5.0	5.8	6.5	7.2	7.9	8.6	9.4	10.1	10.8	11.5	12.2	13.0	13.7	14.4	52
53	0.7	1.4	2.1	2.8	3.5	4.2	4.9	5.6	6.3	7.1	7.8	8.5	9.2	9.9	10.6	11.3	12.0	12.7	13.4	14.1	53
54	0.7	1.4	2.1	2.8	3.5	4.1	4.8	5.5	6.2	6.9	7.6	8.3	9.0	9.7	10.4	11.0	11.7	12.4	13.1	13.8	54
0.55	0.7	1.4	2.0	2.7	3.4	4.1	4.7	5.4	6.1	6.8	7.4	8.1	8.8	9.5	10.1	10.8	11.5	12.2	12.8	13.5	0.55
56	0.7	1.3	2.0	2.6	3.3	4.0	4.6	5.3	5.9	6.6	7.3	7.9	8.6	9.2	9.9	10.6	11.2	11.9	12.5	13.2	56
57	0.6	1.3	1.9	2.6	3.2	3.9	4.5	5.2	5.8	6.5	7.1	7.7	8.4	9.0	9.7	10.3	11.0	11.6	12.3	12.9	57
58	0.6	1.3	1.9	2.5	3.2	3.8	4.4	5.0	5.7	6.3	6.9	7.6	8.2	8.8	9.5	10.1	10.7	11.3	12.0	12.6	58
59	0.6	1.2	1.8	2.5	3.1	3.7	4.3	4.9	5.5	6.2	6.8	7.4	8.0	8.6	9.2	9.8	10.5	11.1	11.7	12.3	59
0.60	0.6	1.2	1.8	2.4	3.0	3.6	4.2	4.8	5.4	6.0	6.6	7.2	7.8	8.4	9.0	9.6	10.2	10.8	11.4	12.0	0.60
61	0.6	1.2	1.8	2.3	2.9	3.5	4.1	4.7	5.3	5.9	6.4	7.0	7.6	8.2	8.8	9.4	9.9	10.5	11.1	11.7	61
62	0.6	1.1	1.7	2.3	2.9	3.4	4.0	4.6	5.1	5.7	6.3	6.8	7.4	8.0	8.6	9.1	9.7	10.3	10.8	11.4	62
63	0.6	1.1	1.7	2.2	2.8	3.3	3.9	4.4	5.0	5.6	6.1	6.7	7.2	7.8	8.3	8.9	9.4	10.0	10.5	11.1	63
64	0.5	1.1	1.6	2.2	2.7	3.2	3.8	4.3	4.9	5.4	5.9	6.5	7.0	7.6	8.1	8.6	9.2	9.7	10.3	10.8	64
0.65	0.5	1.1	1.6	2.1	2.6	3.2	3.7	4.2	4.7	5.3	5.8	6.3	6.8	7.4	7.9	8.4	8.9	9.5	10.0	10.5	0.65
66	0.5	1.0	1.5	2.0	2.6	3.1	3.6	4.1	4.6	5.1	5.6	6.1	6.6	7.1	7.7	8.2	8.7	9.2	9.7	10.2	66
67	0.5	1.0	1.5	2.0	2.5	3.0	3.5	4.0	4.5	5.0	5.4	5.9	6.4	6.9	7.4	7.9	8.4	8.9	9.4	9.9	67
68	0.5	1.0	1.4	1.9	2.4	2.9	3.4	3.8	4.3	4.8	5.3	5.8	6.2	6.7	7.2	7.7	8.2	8.6	9.1	9.6	68
69	0.5	0.9	1.4	1.9	2.3	2.8	3.3	3.7	4.2	4.7	5.1	5.6	6.0	6.5	7.0	7.4	7.9	8.4	8.8	9.3	69
0.70	0.5	0.9	1.4	1.8	2.3	2.7	3.2	3.6	4.1	4.5	5.0	5.4	5.9	6.3	6.8	7.2	7.7	8.1	8.6	9.0	0.70
71	0.4	0.9	1.3	1.7	2.2	2.6	3.0	3.5	3.9	4.4	4.8	5.2	5.7	6.1	6.5	7.0	7.4	7.8	8.3	8.7	71
72	0.4	0.8	1.3	1.7	2.1	2.5	2.9	3.4	3.8	4.2	4.6	5.0	5.5	5.9	6.3	6.7	7.1	7.6	8.0	8.4	72
73	0.4	0.8	1.2	1.6	2.0	2.4	2.8	3.2	3.6	4.1	4.5	4.9	5.3	5.7	6.1	6.5	6.9	7.3	7.7	8.1	73
74	0.4	0.8	1.2	1.6	2.0	2.3	2.7	3.1	3.5	3.9	4.3	4.7	5.1	5.5	5.9	6.2	6.6	7.0	7.4	7.8	74
0.75	0.4	0.8	1.1	1.5	1.9	2.3	2.6	3.0	3.4	3.8	4.1	4.5	4.9	5.3	5.6	6.0	6.4	6.8	7.1	7.5	0.75
76	0.4	0.7	1.1	1.4	1.8	2.2	2.5	2.9	3.2	3.6	4.0	4.3	4.7	5.0	5.4	5.8	6.1	6.5	6.8	7.2	76
77	0.3	0.7	1.0	1.4	1.7	2.1	2.4	2.8	3.1	3.5	3.8	4.1	4.5	4.8	5.2	5.5	5.9	6.2	6.6	6.9	77
78	0.3	0.7	1.0	1.3	1.7	2.0	2.3	2.6	3.0	3.3	3.6	4.0	4.3	4.6	5.0	5.3	5.6	5.9	6.3	6.6	78
79	0.3	0.6	0.9	1.3	1.6	1.9	2.2	2.5	2.8	3.2	3.5	3.8	4.1	4.4	4.7	5.0	5.4	5.7	6.0	6.3	79
0.80	0.3	0.6	0.9	1.2	1.5	1.8	2.1	2.4	2.7	3.0	3.3	3.6	3.9	4.2	4.5	4.8	5.1	5.4	5.7	6.0	0.80
81	0.3	0.6	0.9	1.1	1.4	1.7	2.0	2.3	2.6	2.9	3.1	3.4	3.7	4.0	4.3	4.6	4.8	5.1	5.4	5.7	81
82	0.3	0.5	0.8	1.1	1.4	1.6	1.9	2.2	2.4	2.7	3.0	3.2	3.5	3.8	4.1	4.3	4.6	4.9	5.1	5.4	82
83	0.3	0.5	0.8	1.0	1.3	1.5	1.8	2.0	2.3	2.6	2.8	3.1	3.3	3.6	3.8	4.1	4.3	4.6	4.8	5.1	83
84	0.2	0.5	0.7	1.0	1.2	1.4	1.7	1.9	2.2	2.4	2.6	2.9	3.1	3.4	3.6	3.8	4.1	4.3	4.6	4.8	84
0.85	0.2	0.5	0.7	0.9	1.1	1.4	1.6	1.8	2.0	2.3	2.5	2.7	2.9	3.2	3.4	3.6	3.8	4.1	4.3	4.5	0.85
86	0.2	0.4	0.6	0.8	1.1	1.3	1.5	1.7	1.9	2.1	2.3	2.5	2.7	2.9	3.2	3.4	3.6	3.8	4.0	4.2	86
87	0.2	0.4	0.6	0.8	1.0	1.2	1.4	1.6	1.8	2.0	2.1	2.3	2.5	2.7	2.9	3.1	3.3	3.5	3.7	3.9	87
88	0.2	0.4	0.5	0.7	0.9	1.1	1.3	1.4	1.6	1.8	2.0	2.2	2.3	2.5	2.7	2.9	3.1	3.2	3.4	3.6	88
89	0.2	0.3	0.5	0.7	0.8	1.0	1.2	1.3	1.5	1.7	1.8	2.0	2.1	2.3	2.5	2.6	2.8	3.0	3.1	3.3	89
0.90	0.2	0.3	0.5	0.6	0.8	0.9	1.1	1.2	1.4	1.5	1.7	1.8	2.0	2.1	2.3	2.4	2.6	2.7	2.9	3.0	0.90
91	0.1	0.3	0.4	0.5	0.7	0.8	0.9	1.1	1.2	1.4	1.5	1.6	1.8	1.9	2.0	2.2	2.3	2.4	2.6	2.7	91
92	0.1	0.2	0.4	0.5	0.6	0.7	0.8	1.0	1.1	1.2	1.3	1.4	1.6	1.7	1.8	1.9	2.0	2.2	2.3	2.4	92
93	0.1	0.2	0.3	0.4	0.5	0.6	0.7	0.8	0.9	1.1	1.2	1.3	1.4	1.5	1.6	1.7	1.8	1.9	2.0	2.1	93
94	0.1	0.2	0.3	0.4	0.5	0.5	0.6	0.7	0.8	0.9	1.0	1.1	1.2	1.3	1.4	1.4	1.5	1.6	1.7	1.8	94
0.95	0.1	0.2	0.2	0.3	0.4	0.5	0.5	0.6	0.7	0.8	0.8	0.9	1.0	1.1	1.1	1.2	1.3	1.4	1.4	1.5	0.95
96	0.1	0.1	0.2	0.2	0.3	0.4	0.4	0.5	0.5	0.6	0.7	0.7	0.8	0.8	0.9	1.0	1.0	1.1	1.1	1.2	96
97	0.0	0.1	0.1	0.2	0.2	0.3	0.3	0.4	0.4	0.5	0.5	0.5	0.6	0.6	0.7	0.7	0.8	0.8	0.9	0.9	97
98	0.0	0.1	0.1	0.1	0.2	0.2	0.2	0.2	0.3	0.3	0.3	0.4	0.4	0.4	0.5	0.5	0.5	0.5	0.6	0.6	98
0.99	0.0	0.0	0.0	0.1	0.1	0.1	0.1	0.1	0.1	0.2	0.2	0.2	0.2	0.2	0.2	0.2	0.3	0.3	0.3	0.3	0.99
1.00	0.0	0.0	0.0	0.0	0.0	0.0	0.0	0.0	0.0	0.0	0.0	0.0	0.0	0.0	0.0	0.0	0.0	0.0	0.0	0.0	1.00

Interpolation

mit Berücksichtigung zweiter Differenzen

$$f(a_0 + n) = f_0 + n\,(\Delta^{I} + \text{Tafelwert})$$

Die Tafelwerte sind negativ für positive zweite Differenz, sie sind positiv für negative zweite Differenz

n	Zweite Differenz = Δ^{II}_{m}																				*n*
	63	66	69	72	75	78	81	84	87	90	93	96	99	102	105	108	111	114	117	120	
0.00	31.5	33.0	34.5	36.0	37.5	39.0	40.5	42.0	43.5	45.0	46.5	48.0	49.5	51.0	52.5	54.0	55.5	57.0	58.5	60.0	0.00
01	31.2	32.7	34.2	35.6	37.1	38.6	40.1	41.6	43.1	44.6	46.0	47.5	49.0	50.5	52.0	53.5	54.9	56.4	57.9	59.4	01
02	30.9	32.3	33.8	35.3	36.8	38.2	39.7	41.2	42.6	44.1	45.6	47.0	48.5	50.0	51.5	52.9	54.4	55.9	57.3	58.8	02
03	30.6	32.0	33.5	34.9	36.4	37.8	39.3	40.7	42.2	43.7	45.1	46.6	48.0	49.5	50.9	52.4	53.8	55.3	56.7	58.2	03
04	30.2	31.7	33.1	34.6	36.0	37.4	38.9	40.3	41.8	43.2	44.6	46.1	47.5	49.0	50.4	51.8	53.3	54.7	56.2	57.6	04
0.05	29.9	31.4	32.8	34.2	35.6	37.1	38.5	39.9	41.3	42.8	44.2	45.6	47.0	48.5	49.9	51.3	52.7	54.2	55.6	57.0	0.05
06	29.6	31.0	32.4	33.8	35.3	36.7	38.1	39.5	40.9	42.3	43.7	45.1	46.5	47.9	49.4	50.8	52.2	53.6	55.0	56.4	06
07	29.3	30.7	32.1	33.5	34.9	36.3	37.7	39.1	40.5	41.9	43.2	44.6	46.0	47.4	48.8	50.2	51.6	53.0	54.4	55.8	07
08	29.0	30.4	31.7	33.1	34.5	35.9	37.3	38.6	40.0	41.4	42.8	44.2	45.5	46.9	48.3	49.7	51.1	52.4	53.8	55.2	08
09	28.7	30.0	31.4	32.8	34.1	35.5	36.9	38.2	39.6	41.0	42.3	43.7	45.0	46.4	47.8	49.1	50.5	51.9	53.2	54.6	09
0.10	28.4	29.7	31.1	32.4	33.8	35.1	36.5	37.8	39.2	40.5	41.9	43.2	44.6	45.9	47.3	48.6	50.0	51.3	52.7	54.0	0.10
11	28.0	29.4	30.7	32.0	33.4	34.7	36.0	37.4	38.7	40.1	41.4	42.7	44.1	45.4	46.7	48.1	49.4	50.7	52.1	53.4	11
12	27.7	29.0	30.4	31.7	33.0	34.3	35.6	37.0	38.3	39.6	40.9	42.2	43.6	44.9	46.2	47.5	48.8	50.2	51.5	52.8	12
13	27.4	28.7	30.0	31.3	32.6	33.9	35.2	36.5	37.8	39.2	40.5	41.8	43.1	44.4	45.7	47.0	48.3	49.6	50.9	52.2	13
14	27.1	28.4	29.7	31.0	32.3	33.5	34.8	36.1	37.4	38.7	40.0	41.3	42.6	43.9	45.2	46.4	47.7	49.0	50.3	51.6	14
0.15	26.8	28.1	29.3	30.6	31.9	33.2	34.4	35.7	37.0	38.3	39.5	40.8	42.1	43.4	44.6	45.9	47.2	48.5	49.7	51.0	0.15
16	26.5	27.7	29.0	30.2	31.5	32.8	34.0	35.3	36.5	37.8	39.1	40.3	41.6	42.8	44.1	45.4	46.6	47.9	49.1	50.4	16
17	26.1	27.4	28.6	29.9	31.1	32.4	33.6	34.9	36.1	37.4	38.6	39.8	41.1	42.3	43.6	44.8	46.1	47.3	48.6	49.8	17
18	25.8	27.1	28.3	29.5	30.8	32.0	33.2	34.4	35.7	36.9	38.1	39.4	40.6	41.8	43.1	44.3	45.5	46.7	48.0	49.2	18
19	25.5	26.7	27.9	29.2	30.4	31.6	32.8	34.0	35.2	36.5	37.7	38.9	40.1	41.3	42.5	43.7	45.0	46.2	47.4	48.6	19
0.20	25.2	26.4	27.6	28.8	30.0	31.2	32.4	33.6	34.8	36.0	37.2	38.4	39.6	40.8	42.0	43.2	44.4	45.6	46.8	48.0	0.20
21	24.9	26.1	27.3	28.4	29.6	30.8	32.0	33.2	34.4	35.6	36.7	37.9	39.1	40.3	41.5	42.7	43.8	45.0	46.2	47.4	21
22	24.6	25.7	26.9	28.1	29.3	30.4	31.6	32.8	33.9	35.1	36.3	37.4	38.6	39.8	41.0	42.1	43.3	44.5	45.6	46.8	22
23	24.3	25.4	26.6	27.7	28.9	30.0	31.2	32.3	33.5	34.7	35.8	37.0	38.1	39.3	40.4	41.6	42.7	43.9	45.0	46.2	23
24	23.9	25.1	26.2	27.4	28.5	29.6	30.8	31.9	33.1	34.2	35.3	36.5	37.6	38.8	39.9	41.0	42.2	43.3	44.5	45.6	24
0.25	23.6	24.8	25.9	27.0	28.1	29.3	30.4	31.5	32.6	33.8	34.9	36.0	37.1	38.3	39.4	40.5	41.6	42.8	43.9	45.0	0.25
26	23.3	24.4	25.5	26.6	27.8	28.9	30.0	31.1	32.2	33.3	34.4	35.5	36.6	37.7	38.9	40.0	41.1	42.2	43.3	44.4	26
27	23.0	24.1	25.2	26.3	27.4	28.5	29.6	30.7	31.8	32.9	33.9	35.0	36.1	37.2	38.3	39.4	40.5	41.6	42.7	43.8	27
28	22.7	23.8	24.8	25.9	27.0	28.1	29.2	30.2	31.3	32.4	33.5	34.6	35.6	36.7	37.8	38.9	40.0	41.0	42.1	43.2	28
29	22.4	23.4	24.5	25.6	26.6	27.7	28.8	29.8	30.9	32.0	33.0	34.1	35.1	36.2	37.3	38.3	39.4	40.5	41.5	42.6	29
0.30	22.1	23.1	24.2	25.2	26.3	27.3	28.4	29.4	30.5	31.5	32.6	33.6	34.7	35.7	36.8	37.8	38.9	39.9	41.0	42.0	0.30
31	21.7	22.8	23.8	24.8	25.9	26.9	27.9	29.0	30.0	31.1	32.1	33.1	34.2	35.2	36.2	37.3	38.3	39.3	40.4	41.4	31
32	21.4	22.4	23.5	24.5	25.5	26.5	27.5	28.6	29.6	30.6	31.6	32.6	33.7	34.7	35.7	36.7	37.7	38.8	39.8	40.8	32
33	21.1	22.1	23.1	24.1	25.1	26.1	27.1	28.1	29.1	30.2	31.2	32.2	33.2	34.2	35.2	36.2	37.2	38.2	39.2	40.2	33
34	20.8	21.8	22.8	23.8	24.8	25.7	26.7	27.7	28.7	29.7	30.7	31.7	32.7	33.7	34.7	35.6	36.6	37.6	38.6	39.6	34
0.35	20.5	21.5	22.4	23.4	24.4	25.4	26.3	27.3	28.3	29.3	30.2	31.2	32.2	33.2	34.1	35.1	36.1	37.1	38.0	39.0	0.35
36	20.2	21.1	22.1	23.0	24.0	25.0	25.9	26.9	27.8	28.8	29.8	30.7	31.7	32.6	33.6	34.6	35.5	36.5	37.4	38.4	36
37	19.8	20.8	21.7	22.7	23.6	24.6	25.5	26.5	27.4	28.4	29.3	30.2	31.2	32.1	33.1	34.0	35.0	35.9	36.9	37.8	37
38	19.5	20.5	21.4	22.3	23.3	24.2	25.1	26.0	27.0	27.9	28.8	29.8	30.7	31.6	32.6	33.5	34.4	35.3	36.3	37.2	38
39	19.2	20.1	21.0	22.0	22.9	23.8	24.7	25.6	26.5	27.5	28.4	29.3	30.2	31.1	32.0	32.9	33.9	34.8	35.7	36.6	39
0.40	18.9	19.8	20.7	21.6	22.5	23.4	24.3	25.2	26.1	27.0	27.9	28.8	29.7	30.6	31.5	32.4	33.3	34.2	35.1	36.0	0.40
41	18.6	19.5	20.4	21.2	22.1	23.0	23.9	24.8	25.7	26.6	27.4	28.3	29.2	30.1	31.0	31.9	32.7	33.6	34.5	35.4	41
42	18.3	19.1	20.0	20.9	21.8	22.6	23.5	24.4	25.2	26.1	27.0	27.8	28.7	29.6	30.5	31.3	32.2	33.1	33.9	34.8	42
43	18.0	18.8	19.7	20.5	21.4	22.2	23.1	23.9	24.8	25.7	26.5	27.4	28.2	29.1	29.9	30.8	31.6	32.5	33.3	34.2	43
44	17.6	18.5	19.3	20.2	21.0	21.8	22.7	23.5	24.4	25.2	26.0	26.9	27.7	28.6	29.4	30.2	31.1	31.9	32.8	33.6	44
0.45	17.3	18.2	19.0	19.8	20.6	21.5	22.3	23.1	23.9	24.8	25.6	26.4	27.2	28.1	28.9	29.7	30.5	31.4	32.2	33.0	0.45
46	17.0	17.8	18.6	19.4	20.3	21.1	21.9	22.7	23.5	24.3	25.1	25.9	26.7	27.5	28.4	29.2	30.0	30.8	31.6	32.4	46
47	16.7	17.5	18.3	19.1	19.9	20.7	21.5	22.3	23.1	23.9	24.6	25.4	26.2	27.0	27.8	28.6	29.4	30.2	31.0	31.8	47
48	16.4	17.2	17.9	18.7	19.5	20.3	21.1	21.8	22.6	23.4	24.2	25.0	25.7	26.5	27.3	28.1	28.9	29.6	30.4	31.2	48
49	16.1	16.8	17.6	18.4	19.1	19.9	20.7	21.4	22.2	23.0	23.7	24.5	25.2	26.0	26.8	27.5	28.3	29.1	29.8	30.6	49
0.50	15.8	16.5	17.3	18.0	18.8	19.5	20.3	21.0	21.8	22.5	23.3	24.0	24.8	25.5	26.3	27.0	27.8	28.5	29.3	30.0	0.50

Interpolation

mit Berücksichtigung zweiter Differenzen

$$f(a_0 + n) = f_0 + n\,(\Delta^{I} + \text{Tafelwert})$$

Die Tafelwerte sind negativ für positive zweite Differenz, sie sind positiv für negative zweite Differenz

n	Zweite Differenz = Δ^{II}_{m}																				n
	63	66	69	72	75	78	81	84	87	90	93	96	99	102	105	108	111	114	117	120	
0.50	15.8	16.5	17.3	18.0	18.8	19.5	20.3	21.0	21.8	22.5	23.3	24.0	24.8	25.5	26.3	27.0	27.8	28.5	29.3	30.0	0.50
51	15.4	16.2	16.9	17.6	18.4	19.1	19.8	20.6	21.3	22.1	22.8	23.5	24.3	25.0	25.7	26.5	27.2	27.9	28.7	29.4	51
52	15.1	15.8	16.6	17.3	18.0	18.7	19.4	20.2	20.9	21.6	22.3	23.0	23.8	24.5	25.2	25.9	26.6	27.4	28.1	28.8	52
53	14.8	15.5	16.2	16.9	17.6	18.3	19.0	19.7	20.4	21.2	21.9	22.6	23.3	24.0	24.7	25.4	26.1	26.8	27.5	28.2	53
54	14.5	15.2	15.9	16.6	17.3	17.9	18.6	19.3	20.0	20.7	21.4	22.1	22.8	23.5	24.2	24.8	25.5	26.2	26.9	27.6	54
0.55	14.2	14.9	15.5	16.2	16.9	17.6	18.2	18.9	19.6	20.3	20.9	21.6	22.3	23.0	23.6	24.3	25.0	25.7	26.3	27.0	0.55
56	13.9	14.5	15.2	15.8	16.5	17.2	17.8	18.5	19.1	19.8	20.5	21.1	21.8	22.4	23.1	23.8	24.4	25.1	25.7	26.4	56
57	13.5	14.2	14.8	15.5	16.1	16.8	17.4	18.1	18.7	19.4	20.0	20.6	21.3	21.9	22.6	23.2	23.9	24.5	25.2	25.8	57
58	13.2	13.9	14.5	15.1	15.8	16.4	17.0	17.6	18.3	18.9	19.5	20.2	20.8	21.4	22.1	22.7	23.3	23.9	24.6	25.2	58
59	12.9	13.5	14.1	14.8	15.4	16.0	16.6	17.2	17.8	18.5	19.1	19.7	20.3	20.9	21.5	22.1	22.8	23.4	24.0	24.6	59
0.60	12.6	13.2	13.8	14.4	15.0	15.6	16.2	16.8	17.4	18.0	18.6	19.2	19.8	20.4	21.0	21.6	22.2	22.8	23.4	24.0	0.60
61	12.3	12.9	13.5	14.0	14.6	15.2	15.8	16.4	17.0	17.6	18.1	18.7	19.3	19.9	20.5	21.1	21.6	22.2	22.8	23.4	61
62	12.0	12.5	13.1	13.7	14.3	14.8	15.4	16.0	16.5	17.1	17.7	18.2	18.8	19.4	20.0	20.5	21.1	21.7	22.2	22.8	62
63	11.7	12.2	12.8	13.3	13.9	14.4	15.0	15.5	16.1	16.7	17.2	17.8	18.3	18.9	19.4	20.0	20.5	21.1	21.6	22.2	63
64	11.3	11.9	12.4	13.0	13.5	14.0	14.6	15.1	15.7	16.2	16.7	17.3	17.8	18.4	18.9	19.4	20.0	20.5	21.1	21.6	64
0.65	11.0	11.6	12.1	12.6	13.1	13.7	14.2	14.7	15.2	15.8	16.3	16.8	17.3	17.9	18.4	18.9	19.4	20.0	20.5	21.0	0.65
66	10.7	11.2	11.7	12.2	12.8	13.3	13.8	14.3	14.8	15.3	15.8	16.3	16.8	17.3	17.9	18.4	18.9	19.4	19.9	20.4	66
67	10.4	10.9	11.4	11.9	12.4	12.9	13.4	13.9	14.4	14.9	15.3	15.8	16.3	16.8	17.3	17.8	18.3	18.8	19.3	19.8	67
68	10.1	10.6	11.0	11.5	12.0	12.5	13.0	13.4	13.9	14.4	14.9	15.4	15.8	16.3	16.8	17.3	17.8	18.2	18.7	19.2	68
69	9.8	10.2	10.7	11.2	11.6	12.1	12.6	13.0	13.5	14.0	14.4	14.9	15.3	15.8	16.3	16.7	17.2	17.7	18.1	18.6	69
0.70	9.5	9.9	10.4	10.8	11.3	11.7	12.2	12.6	13.1	13.5	14.0	14.4	14.9	15.3	15.8	16.2	16.7	17.1	17.6	18.0	0.70
71	9.1	9.6	10.0	10.4	10.9	11.3	11.7	12.2	12.6	13.1	13.5	13.9	14.4	14.8	15.2	15.7	16.1	16.5	17.0	17.4	71
72	8.8	9.2	9.7	10.1	10.5	10.9	11.3	11.8	12.2	12.6	13.0	13.4	13.9	14.3	14.7	15.1	15.5	16.0	16.4	16.8	72
73	8.5	8.9	9.3	9.7	10.1	10.5	10.9	11.3	11.7	12.2	12.6	13.0	13.4	13.8	14.2	14.6	15.0	15.4	15.8	16.2	73
74	8.2	8.6	9.0	9.4	9.8	10.1	10.5	10.9	11.3	11.7	12.1	12.5	12.9	13.3	13.7	14.0	14.4	14.8	15.2	15.6	74
0.75	7.9	8.3	8.6	9.0	9.4	9.8	10.1	10.5	10.9	11.3	11.6	12.0	12.4	12.8	13.1	13.5	13.9	14.3	14.6	15.0	0.75
76	7.6	7.9	8.3	8.6	9.0	9.4	9.7	10.1	10.4	10.8	11.2	11.5	11.9	12.2	12.6	13.0	13.3	13.7	14.0	14.4	76
77	7.2	7.6	7.9	8.3	8.6	9.0	9.3	9.7	10.0	10.4	10.7	11.0	11.4	11.7	12.1	12.4	12.8	13.1	13.5	13.8	77
78	6.9	7.3	7.6	7.9	8.3	8.6	8.9	9.2	9.6	9.9	10.2	10.6	10.9	11.2	11.6	11.9	12.2	12.5	12.9	13.2	78
79	6.6	6.9	7.2	7.6	7.9	8.2	8.5	8.8	9.1	9.5	9.8	10.1	10.4	10.7	11.0	11.3	11.7	12.0	12.3	12.6	79
0.80	6.3	6.6	6.9	7.2	7.5	7.8	8.1	8.4	8.7	9.0	9.3	9.6	9.9	10.2	10.5	10.8	11.1	11.4	11.7	12.0	0.80
81	6.0	6.3	6.6	6.8	7.1	7.4	7.7	8.0	8.3	8.6	8.8	9.1	9.4	9.7	10.0	10.3	10.5	10.8	11.1	11.4	81
82	5.7	5.9	6.2	6.5	6.8	7.0	7.3	7.6	7.8	8.1	8.4	8.6	8.9	9.2	9.5	9.7	10.0	10.3	10.5	10.8	82
83	5.4	5.6	5.9	6.1	6.4	6.6	6.9	7.1	7.4	7.7	7.9	8.2	8.4	8.7	8.9	9.2	9.4	9.7	9.9	10.2	83
84	5.0	5.3	5.5	5.8	6.0	6.2	6.5	6.7	7.0	7.2	7.4	7.7	7.9	8.2	8.4	8.6	8.9	9.1	9.4	9.6	84
0.85	4.7	5.0	5.2	5.4	5.6	5.9	6.1	6.3	6.5	6.8	7.0	7.2	7.4	7.7	7.9	8.1	8.3	8.6	8.8	9.0	0.85
86	4.4	4.6	4.8	5.0	5.3	5.5	5.7	5.9	6.1	6.3	6.5	6.7	6.9	7.1	7.4	7.6	7.8	8.0	8.2	8.4	86
87	4.1	4.3	4.5	4.7	4.9	5.1	5.3	5.5	5.7	5.9	6.0	6.2	6.4	6.6	6.8	7.0	7.2	7.4	7.6	7.8	87
88	3.8	4.0	4.1	4.3	4.5	4.7	4.9	5.0	5.2	5.4	5.6	5.8	5.9	6.1	6.3	6.5	6.7	6.8	7.0	7.2	88
89	3.5	3.6	3.8	4.0	4.1	4.3	4.5	4.6	4.8	5.0	5.1	5.3	5.4	5.6	5.8	5.9	6.1	6.3	6.4	6.6	89
0.90	3.2	3.3	3.5	3.6	3.8	3.9	4.1	4.2	4.4	4.5	4.7	4.8	5.0	5.1	5.3	5.4	5.6	5.7	5.9	6.0	0.90
91	2.8	3.0	3.1	3.2	3.4	3.5	3.6	3.8	3.9	4.1	4.2	4.3	4.5	4.6	4.7	4.9	5.0	5.1	5.3	5.4	91
92	2.5	2.6	2.8	2.9	3.0	3.1	3.2	3.4	3.5	3.6	3.7	3.8	4.0	4.1	4.2	4.3	4.4	4.6	4.7	4.8	92
93	2.2	2.3	2.4	2.5	2.6	2.7	2.8	2.9	3.0	3.2	3.3	3.4	3.5	3.6	3.7	3.8	3.9	4.0	4.1	4.2	93
94	1.9	2.0	2.1	2.2	2.3	2.3	2.4	2.5	2.6	2.7	2.8	2.9	3.0	3.1	3.2	3.2	3.3	3.4	3.5	3.6	94
0.95	1.6	1.7	1.7	1.8	1.9	2.0	2.0	2.1	2.2	2.3	2.3	2.4	2.5	2.6	2.6	2.7	2.8	2.9	2.9	3.0	0.95
96	1.3	1.3	1.4	1.4	1.5	1.6	1.6	1.7	1.7	1.8	1.9	1.9	2.0	2.0	2.1	2.2	2.2	2.3	2.3	2.4	96
97	0.9	1.0	1.0	1.1	1.1	1.2	1.2	1.3	1.3	1.4	1.4	1.4	1.5	1.5	1.6	1.6	1.7	1.7	1.8	1.8	97
98	0.6	0.7	0.7	0.7	0.8	0.8	0.8	0.8	0.9	0.9	0.9	1.0	1.0	1.0	1.1	1.1	1.1	1.1	1.2	1.2	98
0.99	0.3	0.3	0.3	0.4	0.4	0.4	0.4	0.4	0.4	0.5	0.5	0.5	0.5	0.5	0.5	0.5	0.6	0.6	0.6	0.6	0.99
1.00	0.0	0.0	0.0	0.0	0.0	0.0	0.0	0.0	0.0	0.0	0.0	0.0	0.0	0.0	0.0	0.0	0.0	0.0	0.0	0.0	1.00

Mittlere Refraktion R_0
als Funktion der scheinbaren Zenitdistanz z

z (°)	R_0 (″)	Δ
0.0	0.00	
0.5	0.52	52
1.0	1.05	53
1.5	1.57	52
2.0	2.10	53
2.5	2.62	52
3.0	3.15	53
3.5	3.67	52
4.0	4.20	53
4.5	4.72	52
5.0	5.25	53
5.5	5.78	53
6.0	6.31	53
6.5	6.84	53
7.0	7.38	54
7.5	7.91	53
8.0	8.45	54
8.5	8.98	53
9.0	9.52	54
9.5	10.06	54
10.0	10.60	54
10.5	11.14	54
11.0	11.68	54
11.5	12.22	54
12.0	12.77	55
12.5	13.32	55
13.0	13.87	55
13.5	14.42	55
14.0	14.98	56
14.5	15.54	56
15.0	16.10	56
15.5	16.66	56
16.0	17.23	57
16.5	17.80	57
17.0	18.37	57
17.5	18.95	58
18.0	19.53	58

z (°)	R_0 (″)	Δ
18.0	19.53	
18.5	20.11	58
19.0	20.69	58
19.5	21.28	59
20.0	21.87	59
20.5	22.47	60
21.0	23.07	60
21.5	23.67	60
22.0	24.28	61
22.5	24.89	61
23.0	25.51	62
23.5	26.13	62
24.0	26.75	62
24.5	27.38	63
25.0	28.02	64
25.5	28.66	64
26.0	29.31	65
26.5	29.96	65
27.0	30.62	66
27.5	31.28	66
28.0	31.95	67
28.5	32.63	68
29.0	33.31	68
29.5	34.00	69
30.0	34.69	69
30.5	35.39	70
31.0	36.10	71
31.5	36.82	72
32.0	37.54	72
32.5	38.27	73
33.0	39.01	74
33.5	39.76	75
34.0	40.52	76
34.5	41.29	77
35.0	42.07	78
35.5	42.85	78
36.0	43.64	79

z (°)	R_0 (″)	Δ
36.0	43.64	
36.5	44.45	81
37.0	45.26	81
37.5	46.08	82
38.0	46.92	84
38.5	47.77	85
39.0	48.64	87
39.5	49.51	87
40.0	50.40	89
40.5	51.30	90
41.0	52.21	91
41.5	53.13	92
42.0	54.07	94
42.5	55.02	95
43.0	56.00	98
43.5	56.98	98
44.0	57.98	100
44.5	59.00	102
45.0	60.04	104
45.5	61.09	105
46.0	62.17	108
46.5	63.26	109
47.0	64.37	111
47.5	65.51	114
48.0	66.67	116
48.5	67.84	117
49.0	69.04	120
49.5	70.27	123
50.0	71.51	124
50.5	72.79	128
51.0	74.10	131
51.5	75.43	133
52.0	76.79	136
52.5	78.18	139
53.0	79.60	142
53.5	81.06	146
54.0	82.55	149

z (°)	R_0 (″)	Δ
52.0	76.79	
2	77.34	55
4	77.90	56
6	78.46	56
8	79.03	57
53.0	79.60	57
2	80.18	58
4	80.76	58
6	81.35	59
8	81.95	60
54.0	82.55	60
2	83.16	61
4	83.77	61
6	84.39	62
8	85.01	62
55.0	85.64	63
2	86.28	64
4	86.92	64
6	87.57	65
8	88.23	66
56.0	88.89	66
2	89.56	67
4	90.23	67
6	90.92	69
8	91.61	69
57.0	92.31	70
2	93.02	71
4	93.73	71
6	94.45	72
8	95.18	73
58.0	95.92	74
2	96.67	75
4	97.42	75
6	98.18	76
8	98.95	77
59.0	99.73	78
2	100.52	79
4	101.31	79
6	102.12	81
8	102.93	81
60.0	103.76	83

z (°)	R_0 (″)	Δ
60.0	103.76	
2	104.60	84
4	105.44	84
6	106.30	86
8	107.16	86
61.0	108.04	88
2	108.93	89
4	109.83	90
6	110.74	91
8	111.66	92
62.0	112.60	94
2	113.55	95
4	114.51	96
6	115.49	98
8	116.47	98
63.0	117.47	100
2	118.48	101
4	119.51	103
6	120.55	104
8	121.60	105
64.0	122.67	107
2	123.75	108
4	124.85	110
6	125.97	112
8	127.10	113
65.0	128.25	115
2	129.42	117
4	130.60	118
6	131.80	120
8	133.02	122
66.0	134.26	124
2	135.52	126
4	136.80	128
6	138.09	129
8	139.41	132
67.0	140.75	134
2	142.11	136
4	143.50	139
6	144.90	140
8	146.33	143
68.0	147.78	145

Refraktion $R = R_0 (1 + A\alpha + B)$

$H = H_1 [1 - 0.00264 \cos 2\varphi - 0.000163 (t - T)]$, wobei H_1 = abgelesener Barometerstand, φ = geographische Breite des Beobachtungsortes, t = Temperatur des Quecksilbers, T = Lufttemperatur.

Mittlere Refraktion R_0 als Funktion der scheinbaren Zenitdistanz z

z	R_0	Diff.	z	R_0	Diff.
68°.0	147″.78	73	72°.0	183″.10	107
1	148.51	74	1	184.17	108
2	149.25	74	2	185.25	110
3	149.99	76	3	186.35	110
4	150.75	76	4	187.45	112
68.5	151.51	77	72.5	188.57	113
6	152.28	77	6	189.70	114
7	153.05	79	7	190.84	116
8	153.84	79	8	192.00	116
9	154.63	80	9	193.16	118
69.0	155.43	80	73.0	194.34	119
1	156.23	81	1	195.53	121
2	157.04	82	2	196.74	122
3	157.86	83	3	197.96	123
4	158.69	83	4	199.19	125
69.5	159.52	84	73.5	200.44	126
6	160.36	84	6	201.70	127
7	161.20	85	7	202.97	129
8	162.05	86	8	204.26	131
9	162.91	87	9	205.57	132
70.0	163.78	88	74.0	206.89	134
1	164.66	89	1	208.23	135
2	165.55	90	2	209.58	137
3	166.45	91	3	210.95	138
4	167.36	91	4	212.33	140
70.5	168.27	92	74.5	213.73	142
6	169.19	93	6	215.15	143
7	170.12	94	7	216.58	146
8	171.06	95	8	218.04	147
9	172.01	96	9	219.51	149
71.0	172.97	97	75.0	221.00	151
1	173.94	98	1	222.51	152
2	174.92	98	2	224.03	155
3	175.90	100	3	225.58	156
4	176.90	101	4	227.14	159
71.5	177.91	102	75.5	228.73	160
6	178.93	103	6	230.33	163
7	179.96	103	7	231.96	165
8	180.99	105	8	233.61	167
9	182.04	106	9	235.28	169
72.0	183.10		76.0	236.97	

Verbesserung der mittleren Refraktion wegen Lufttemperatur und Barometerstand

T	A
C −15°	+0.0608
14	0565
13	0523
12	0481
11	0439
−10	+0.0398
9	0357
8	0316
7	0275
6	0235
− 5	+0.0195
4	0155
3	0116
2	0077
− 1	+0.0038
0	0.0000
+ 1	−0.0038
2	0076
3	0114
4	0151
+ 5	−0.0188
6	0225
7	0261
8	0298
9	0334
+10	−0.0369
11	0405
12	0440
13	0475
14	0510
+15	−0.0545
16	0579
17	0613
18	0647
19	0680
+20	−0.0714
21	0747
22	0780
23	0812
24	0845
+25	−0.0877

Für $z < 45°$ ist $\alpha = 1.000$

z	α
45°	1.000
46	1.001
47	1.001
48	1.001
49	1.001
50	1.002
51	1.002
52	1.002
53	1.002
54	1.002
55	1.002
56	1.003
57	1.003
58	1.003
59	1.003
60	1.004
61	1.004
62	1.004
63	1.004
64	1.005
65	1.005
66	1.006
67	1.007
68	1.007
69	1.008
70	1.009
71	1.010
72	1.011
73	1.013
74	1.015
75	1.017
76	1.020

T	A
+25°	−0.0877
26	0909
27	0941
28	0972
29	1004
+30	−0.1035

H	B	H
mm 720	−0.0526 +	mm 800
721	0513	799
722	0500	798
723	0487	797
724	0474	796
725	−0.0461 +	795
726	0447	794
727	0434	793
728	0421	792
729	0408	791
730	−0.0395 +	790
731	0382	789
732	0368	788
733	0355	787
734	0342	786
735	−0.0329 +	785
736	0316	784
737	0303	783
738	0289	782
739	0276	781
740	−0.0263 +	780
741	0250	779
742	0237	778
743	0224	777
744	0211	776
745	−0.0197 +	775
746	0184	774
747	0171	773
748	0158	772
749	0145	771
750	−0.0132 +	770
751	0118	769
752	0105	768
753	0092	767
754	0079	766
755	−0.0066 +	765
756	0053	764
757	0039	763
758	0026	762
759	−0.0013 +	761
760	0.0000	760

Refraktion $R = R_0\,(1 + A\alpha + B)$

$H = H_1\,[1 - 0.00264 \cos 2\varphi - 0.000163\,(t - T)]$, wobei H_1 = abgelesener Barometerstand, φ = geographische Breite des Beobachtungsortes, t = Temperatur des Quecksilbers, T = Lufttemperatur.

Polaris 1957

Bestimmung der geographischen Breite durch Messung von Zenitdistanzen des Polarsterns

Tafel 1

	Sternzeit												
	0ʰ	Diff.	1ʰ	Diff.	2ʰ	Diff.	3ʰ	Diff.	4ʰ	Diff.	5ʰ	Diff.	
m	′ ″	″	′ ″	″	′ ″	″	′ ″	″	′ ″	″	′ ″	″	m
0	−49 21.7	14.2	−54 45.2	6.9	−56 20.1	0.9	−53 59.8	8.6	−47 54.8	15.8	−38 31.7	21.7	0
2	49 35.9	14.0	54 52.1	6.7	56 19.2	1.2	53 51.2	8.9	47 39.0	15.9	38 10.0	21.9	2
4	49 49.9	13.8	54 58.8	6.4	56 18.0	1.4	53 42.3	9.1	47 23.1	16.2	37 48.1	22.1	4
6	50 3.7	13.6	55 5.2	6.2	56 16.6	1.7	53 33.2	9.4	47 6.9	16.5	37 26.0	22.2	6
8	50 17.3	13.4	55 11.4	5.9	56 14.9	2.0	53 23.8	9.7	46 50.4	16.6	37 3.8	22.4	8
10	−50 30.7	13.1	−55 17.3	5.6	−56 12.9	2.2	−53 14.1	9.9	−46 33.8	16.8	−36 41.4	22.6	10
12	50 43.8	12.9	55 22.9	5.4	56 10.7	2.5	53 4.2	10.2	46 17.0	17.1	36 18.8	22.7	12
14	50 56.7	12.6	55 28.3	5.1	56 8.2	2.7	52 54.0	10.4	45 59.9	17.2	35 56.1	22.9	14
16	51 9.3	12.4	55 33.4	4.9	56 5.5	3.0	52 43.6	10.7	45 42.7	17.5	35 33.2	23.0	16
18	51 21.7	12.1	55 38.3	4.6	56 2.5	3.2	52 32.9	10.9	45 25.2	17.7	35 10.2	23.2	18
20	−51 33.8	11.9	−55 42.9	4.4	−55 59.3	3.5	−52 22.0	11.1	−45 7.5	17.9	−34 47.0	23.4	20
22	51 45.7	11.7	55 47.3	4.1	55 55.8	3.8	52 10.9	11.4	44 49.6	18.1	34 23.6	23.5	22
24	51 57.4	11.4	55 51.4	3.8	55 52.0	4.0	51 59.5	11.6	44 31.5	18.4	34 0.1	23.7	24
26	52 8.8	11.2	55 55.2	3.6	55 48.0	4.3	51 47.9	11.8	44 13.1	18.5	33 36.4	23.8	26
28	52 20.0	10.9	55 58.8	3.3	55 43.7	4.5	51 36.1	12.1	43 54.6	18.7	33 12.6	24.0	28
30	−52 30.9	10.7	−56 2.1	3.0	−55 39.2	4.8	−51 24.0	12.3	−43 35.9	18.9	−32 48.6	24.1	30
32	52 41.6	10.4	56 5.1	2.8	55 34.4	5.1	51 11.7	12.6	43 17.0	19.2	32 24.5	24.3	32
34	52 52.0	10.2	56 7.9	2.5	55 29.3	5.4	50 59.1	12.8	42 57.8	19.3	32 0.2	24.4	34
36	53 2.2	10.0	56 10.4	2.3	55 23.9	5.6	50 46.3	13.0	42 38.5	19.6	31 35.8	24.6	36
38	53 12.2	9.7	56 12.7	2.0	55 18.3	5.9	50 33.3	13.3	42 18.9	19.7	31 11.2	24.7	38
40	−53 21.9	9.4	−56 14.7	1.7	−55 12.4	6.1	−50 20.0	13.5	−41 59.2	19.9	−30 46.5	24.8	40
42	53 31.3	9.2	56 16.4	1.5	55 6.3	6.4	50 6.5	13.8	41 39.3	20.2	30 21.7	25.0	42
44	53 40.5	9.0	56 17.9	1.2	54 59.9	6.6	49 52.7	13.9	41 19.1	20.3	29 56.7	25.1	44
46	53 49.5	8.7	56 19.1	0.9	54 53.3	6.9	49 38.8	14.2	40 58.8	20.4	29 31.6	25.3	46
48	53 58.2	8.5	56 20.0	0.7	54 46.4	7.1	49 24.6	14.4	40 38.4	20.7	29 6.3	25.4	48
50	−54 6.7	8.2	−56 20.7	0.4	−54 39.3	7.4	−49 10.2	14.6	−40 17.7	20.8	−28 40.9	25.5	50
52	54 14.9	8.0	56 21.1	0.1	54 31.9	7.6	48 55.6	14.9	39 56.9	21.1	28 15.4	25.7	52
54	54 22.9	7.7	56 21.2	$\overline{0.1}$	54 24.3	7.9	48 40.7	15.1	39 35.8	21.2	27 49.7	25.8	54
56	54 30.6	7.4	56 21.1	0.4	54 16.4	8.2	48 25.6	15.3	39 14.6	21.3	27 23.9	25.9	56
58	54 38.0	7.2	56 20.7	0.6	54 8.2	8.4	48 10.3	15.5	38 53.3	21.6	26 58.0	26.0	58
60	−54 45.2		−56 20.1		−53 59.8		−47 54.8		−38 31.7		−26 32.0		60

$\varphi = 90° - z$ + Korrektion nach (Tafel 1 + Tafel 2 + Tafel 3)

Polaris 1957

Bestimmung der geographischen Breite durch Messung von Zenitdistanzen des Polarsterns

Tafel 1

m	Sternzeit 6h	Δ	7h	Δ	8h	Δ	9h	Δ	10h	Δ	11h	Δ	m
0	−26′ 32.0″	26.1″	−12′ 46.8″	28.7″	+ 1′ 46.2″	29.2″	+16′ 7.2″	27.8″	+29′ 18.3″	24.6″	+40′ 27.9″	19.7″	0
2	26 5.9	26.2	12 18.1	28.7	2 15.4	29.3	16 35.0	27.7	29 42.9	24.4	40 47.6	19.5	2
4	25 39.7	26.4	11 49.4	28.7	2 44.7	29.2	17 2.7	27.7	30 7.3	24.3	41 7.1	19.3	4
6	25 13.3	26.4	11 20.7	28.8	3 13.9	29.1	17 30.4	27.5	30 31.6	24.1	41 26.4	19.1	6
8	24 46.9	26.6	10 51.9	28.9	3 43.0	29.2	17 57.9	27.5	30 55.7	23.9	41 45.5	18.9	8
10	−24 20.3	26.7	−10 23.0	28.9	+ 4 12.2	29.1	+18 25.4	27.4	+31 19.6	23.8	+42 4.4	18.8	10
12	23 53.6	26.8	9 54.1	28.9	4 41.3	29.1	18 52.8	27.3	31 43.4	23.7	42 23.2	18.5	12
14	23 26.8	26.8	9 25.2	29.0	5 10.4	29.1	19 20.1	27.1	32 7.1	23.5	42 41.7	18.4	14
16	23 0.0	27.0	8 56.2	29.0	5 39.5	29.0	19 47.2	27.1	32 30.6	23.4	43 0.1	18.1	16
18	22 33.0	27.1	8 27.2	29.0	6 8.5	29.0	20 14.3	27.0	32 54.0	23.2	43 18.2	18.0	18
20	−22 5.9	27.2	− 7 58.2	29.1	+ 6 37.5	29.0	+20 41.3	26.9	+33 17.2	23.1	+43 36.2	17.8	20
22	21 38.7	27.3	7 29.1	29.1	7 6.5	28.9	21 8.2	26.8	33 40.3	22.9	43 54.0	17.5	22
24	21 11.4	27.3	7 0.0	29.1	7 35.4	28.9	21 35.0	26.8	34 3.2	22.8	44 11.5	17.4	24
26	20 44.1	27.5	6 30.9	29.1	8 4.3	28.8	22 1.8	26.6	34 26.0	22.6	44 28.9	17.1	26
28	20 16.6	27.6	6 1.8	29.2	8 33.1	28.9	22 28.4	26.5	34 48.6	22.5	44 46.0	17.0	28
30	−19 49.0	27.6	− 5 32.6	29.2	+ 9 2.0	28.8	+22 54.9	26.4	+35 11.1	22.3	+45 3.0	16.8	30
32	19 21.4	27.8	5 3.4	29.2	9 30.8	28.7	23 21.3	26.3	35 33.4	22.1	45 19.8	16.5	32
34	18 53.6	27.8	4 34.2	29.3	9 59.5	28.6	23 47.6	26.1	35 55.5	22.0	45 36.3	16.4	34
36	18 25.8	28.0	4 4.9	29.3	10 28.1	28.6	24 13.7	26.1	36 17.5	21.8	45 52.7	16.1	36
38	17 57.8	27.8	3 35.6	29.2	10 56.7	28.5	24 39.8	25.9	36 39.3	21.7	46 8.8	16.0	38
40	−17 30.0	28.0	− 3 6.4	29.3	+11 25.2	28.5	+25 5.7	25.8	+37 1.0	21.5	+46 24.8	15.8	40
42	17 2.0	28.1	2 37.1	29.2	11 53.7	28.4	25 31.5	25.7	37 22.5	21.3	46 40.6	15.5	42
44	16 33.9	28.2	2 7.9	29.3	12 22.1	28.4	25 57.2	25.6	37 43.8	21.1	46 56.1	15.3	44
46	16 5.7	28.2	1 38.6	29.2	12 50.5	28.3	26 22.8	25.5	38 4.9	20.9	47 11.4	15.1	46
48	15 37.5	28.3	1 9.4	29.3	13 18.8	28.2	26 48.3	25.3	38 25.8	20.8	47 26.5	14.9	48
50	−15 9.2	28.4	− 0 40.1	29.3	+13 47.0	28.2	+27 13.6	25.3	+38 46.6	20.6	+47 41.4	14.8	50
52	14 40.8	28.4	− 0 10.8	29.2	14 15.2	28.1	27 38.9	25.1	39 7.2	20.5	47 56.2	14.4	52
54	14 12.4	28.5	+ 0 18.4	29.3	14 43.3	28.1	28 4.0	24.9	39 27.7	20.2	48 10.6	14.3	54
56	13 43.9	28.5	0 47.7	29.2	15 11.4	27.9	28 28.9	24.8	39 47.9	20.1	48 24.9	14.0	56
58	13 15.4	28.6	1 16.9	29.3	15 39.3	27.9	28 53.7	24.6	40 8.0	19.9	48 38.9	13.7	58
60	−12 46.8		+ 1 46.2		+16 7.2		+29 18.3		+40 27.9		+48 52.6		60

$\varphi = 90° - z$ + Korrektion nach (Tafel 1 + Tafel 2 + Tafel 3)

Polaris 1957

Bestimmung der geographischen Breite durch Messung von Zenitdistanzen des Polarsterns

Tafel 1

	Sternzeit												
	12^h		13^h		14^h		15^h		16^h		17^h		
m	° ′ ″	″	° ′ ″	″	° ′ ″	″	° ′ ″	″	° ′ ″	″	° ′ ″	″	m
0	+48 52.6	13.7	+54 1.2	6.6	+55 34.7	0.7	+53 27.4	8.0	+47 46.0	15.1	+38 45.5	21.0	0
2	49 6.3	13.3	54 7.8	6.4	55 34.0	1.0	53 19.4	8.2	47 30.9	15.2	38 24.5	21.1	2
4	49 19.6	13.2	54 14.2	6.2	55 33.0	1.2	53 11.2	8.5	47 15.7	15.5	38 3.4	21.3	4
6	49 32.8	12.9	54 20.4	5.9	55 31.8	1.4	53 2.7	8.7	47 0.2	15.8	37 42.1	21.5	6
8	49 45.7	12.6	54 26.3	5.7	55 30.4	1.7	52 54.0	8.9	46 44.4	15.9	37 20.6	21.7	8
10	+49 58.3	12.4	+54 32.0	5.4	+55 28.7	1.9	+52 45.1	9.2	+46 28.5	16.1	+36 58.9	21.8	10
12	50 10.7	12.3	54 37.4	5.2	55 26.8	2.2	52 35.9	9.4	46 12.4	16.3	36 37.1	22.0	12
14	50 23.0	12.0	54 42.6	4.9	55 24.6	2.4	52 26.5	9.7	45 56.1	16.6	36 15.1	22.1	14
16	50 35.0	11.7	54 47.5	4.7	55 22.2	2.6	52 16.8	9.9	45 39.5	16.7	35 53.0	22.3	16
18	50 46.7	11.7	54 52.2	4.5	55 19.6	2.9	52 6.9	10.1	45 22.8	16.9	35 30.7	22.5	18
20	+50 58.4	11.3	+54 56.7	4.2	+55 16.7	3.2	+51 56.8	10.3	+45 5.9	17.2	+35 8.2	22.6	20
22	51 9.7	11.1	55 0.9	4.0	55 13.5	3.4	51 46.5	10.6	44 48.7	17.4	34 45.6	22.8	22
24	51 20.8	10.9	55 4.9	3.7	55 10.1	3.6	51 35.9	10.8	44 31.3	17.5	34 22.8	23.0	24
26	51 31.7	10.7	55 8.6	3.5	55 6.5	3.9	51 25.1	11.0	44 13.8	17.8	33 59.8	23.1	26
28	51 42.4	10.4	55 12.1	3.3	55 2.6	4.1	51 14.1	11.3	43 56.0	18.0	33 36.7	23.3	28
30	+51 52.8	10.2	+55 15.4	3.0	+54 58.5	4.4	+51 2.8	11.5	+43 38.0	18.2	+33 13.4	23.4	30
32	52 3.0	10.0	55 18.4	2.8	54 54.1	4.6	50 51.3	11.8	43 19.8	18.3	32 50.0	23.6	32
34	52 13.0	9.7	55 21.2	2.5	54 49.5	4.9	50 39.5	12.0	43 1.5	18.6	32 26.4	23.7	34
36	52 22.7	9.5	55 23.7	2.3	54 44.6	5.1	50 27.5	12.2	42 42.9	18.7	32 2.7	23.9	36
38	52 32.2	9.2	55 26.0	2.0	54 39.5	5.4	50 15.3	12.5	42 24.2	19.0	31 38.8	24.0	38
40	+52 41.4	9.1	+55 28.0	1.8	+54 34.1	5.6	+50 2.8	12.7	+42 5.2	19.1	+31 14.8	24.2	40
42	52 50.5	8.8	55 29.8	1.5	54 28.5	5.8	49 50.1	12.9	41 46.1	19.4	30 50.6	24.3	42
44	52 59.3	8.6	55 31.3	1.3	54 22.7	6.1	49 37.2	13.2	41 26.7	19.5	30 26.3	24.5	44
46	53 7.9	8.3	55 32.6	1.0	54 16.6	6.3	49 24.0	13.3	41 7.2	19.6	30 1.8	24.6	46
48	53 16.2	8.1	55 33.6	0.8	54 10.3	6.5	49 10.7	13.6	40 47.6	19.9	29 37.2	24.7	48
50	+53 24.3	7.9	+55 34.4	0.5	+54 3.8	6.8	+48 57.1	13.8	+40 27.7	20.1	+29 12.5	24.9	50
52	53 32.2	7.6	55 34.9	0.3	53 57.0	7.0	48 43.3	14.0	40 7.6	20.2	28 47.6	25.0	52
54	53 39.8	7.4	55 35.2	0.1	53 50.0	7.3	48 29.3	14.2	39 47.4	20.5	28 22.6	25.1	54
56	53 47.2	7.1	55 35.3	0.2	53 42.7	7.5	48 15.1	14.4	39 26.9	20.6	27 57.5	25.2	56
58	53 54.3	6.9	55 35.1	0.4	53 35.2	7.8	48 0.7	14.7	39 6.3	20.8	27 32.3	25.4	58
60	+54 1.2		+55 34.7		+53 27.4		+47 46.0		+38 45.5		+27 6.9		60

$\varphi = 90° - z$ + Korrektion nach (Tafel 1 + Tafel 2 + Tafel 3)

Polaris 1957

Bestimmung der geographischen Breite durch Messung von Zenitdistanzen des Polarsterns

Tafel 1

	Sternzeit												
	18h		19h		20h		21h		22h		23h		
m	′ ″	″	′ ″	″	′ ″	″	′ ″	″	′ ″	″	′ ″	″	m
0	+27 6.9	25.5	+13 35.3	28.4	− 0 55.7	29.4	−15 27.1	28.4	−28 58.7	25.4	−40 33.6	20.5	0
2	26 41.4	25.6	13 6.9	28.5	1 25.1	29.3	15 55.5	28.3	29 24.1	25.2	40 54.1	20.4	2
4	26 15.8	25.8	12 38.4	28.5	1 54.4	29.4	16 23.8	28.2	29 49.3	25.1	41 14.5	20.1	4
6	25 50.0	25.8	12 9.9	28.6	2 23.8	29.3	16 52.0	28.1	30 14.4	24.9	41 34.6	20.0	6
8	25 24.2	26.0	11 41.3	28.6	2 53.1	29.4	17 20.1	28.1	30 39.3	24.8	41 54.6	19.8	8
10	+24 58.2	26.1	+11 12.7	28.7	− 3 22.5	29.3	−17 48.2	28.0	−31 4.1	24.7	−42 14.4	19.6	10
12	24 32.1	26.2	10 44.0	28.7	3 51.8	29.3	18 16.2	27.8	31 28.8	24.5	42 34.0	19.4	12
14	24 5.9	26.3	10 15.3	28.8	4 21.1	29.3	18 44.0	27.8	31 53.3	24.4	42 53.4	19.2	14
16	23 39.6	26.4	9 46.5	28.8	4 50.4	29.3	19 11.8	27.6	32 17.7	24.2	43 12.6	19.0	16
18	23 13.2	26.6	9 17.7	28.9	5 19.7	29.2	19 39.4	27.8	32 41.9	24.1	43 31.6	18.8	18
20	+22 46.6	26.7	+ 8 48.8	28.9	− 5 48.9	29.2	−20 7.2	27.5	−33 6.0	23.9	−43 50.4	18.6	20
22	22 19.9	26.8	8 19.9	29.0	6 18.1	29.3	20 34.7	27.5	33 29.9	23.8	44 9.0	18.4	22
24	21 53.1	26.8	7 50.9	29.0	6 47.4	29.2	21 2.2	27.4	33 53.7	23.6	44 27.4	18.1	24
26	21 26.3	27.0	7 21.9	29.1	7 16.6	29.1	21 29.6	27.3	34 17.3	23.5	44 45.5	18.0	26
28	20 59.3	27.1	6 52.8	29.1	7 45.7	29.2	21 56.9	27.2	34 40.8	23.3	45 3.5	17.8	28
30	+20 32.2	27.2	+ 6 23.7	29.2	− 8 14.9	29.1	−22 24.1	27.1	−35 4.1	23.1	−45 21.3	17.6	30
32	20 5.0	27.3	5 54.5	29.2	8 44.0	29.1	22 51.2	26.9	35 27.2	23.0	45 38.9	17.3	32
34	19 37.7	27.3	5 25.3	29.2	9 13.1	29.0	23 18.1	26.9	35 50.2	22.8	45 56.2	17.1	34
36	19 10.4	27.5	4 56.1	29.2	9 42.1	29.0	23 45.0	26.7	36 13.0	22.7	46 13.3	16.9	36
38	18 42.9	27.6	4 26.9	29.3	10 11.1	29.0	24 11.7	26.7	36 35.7	22.5	46 30.2	16.7	38
40	+18 15.3	27.7	+ 3 57.6	29.3	−10 40.1	28.9	−24 38.4	26.6	−36 58.2	22.3	−46 46.9	16.6	40
42	17 47.6	27.7	3 28.3	29.3	11 9.0	28.9	25 5.0	26.4	37 20.5	22.2	47 3.5	16.2	42
44	17 19.9	27.8	2 59.0	29.3	11 37.9	28.8	25 31.4	26.4	37 42.7	22.0	47 19.7	16.1	44
46	16 52.1	27.9	2 29.7	29.3	12 6.7	28.8	25 57.8	26.2	38 4.7	21.8	47 35.8	15.8	46
48	16 24.2	28.0	2 0.4	29.3	12 35.5	28.8	26 24.0	26.1	38 26.5	21.6	47 51.6	15.5	48
50	+15 56.2	28.0	+ 1 31.1	29.4	−13 4.3	28.7	−26 50.1	26.0	−38 48.1	21.5	−48 7.1	15.4	50
52	15 28.2	28.1	1 1.7	29.3	13 33.0	28.6	27 16.1	25.8	39 9.6	21.2	48 22.5	15.1	52
54	15 0.1	28.2	0 32.4	29.4	14 1.6	28.6	27 41.9	25.7	39 30.8	21.1	48 37.6	14.9	54
56	14 31.9	28.3	+ 0 3.0	29.3	14 30.2	28.5	28 7.6	25.6	39 51.9	21.0	48 52.5	14.7	56
58	14 3.6	28.3	− 0 26.3	29.4	14 58.7	28.4	28 33.2	25.5	40 12.9	20.7	49 7.2	14.5	58
60	+13 35.3		− 0 55.7		−15 27.1		−28 58.7		−40 33.6		−49 21.7		60

$\varphi = 90° - z$ + Korrektion nach (Tafel 1 + Tafel 2 + Tafel 3)

Polaris 1957

Die Tafelwerte sind stets positiv

Tafel 2

1957	Sternzeit 0h 0m	0h 30m	1h 0m	1h 30m	2h 0m	2h 30m	3h 0m	3h 30m	4h 0m	4h 30m	5h 0m	5h 30m	5h 60m	1957
	″	″	″	″	″	″	″	″	″	″	″	″	″	
Jan. 1	32.1	32.1	32.0	31.6	31.0	30.2	29.2	28.2	27.2	26.3	25.1	24.3	23.5	Jan. 1
16	31.3	32.0	32.5	32.8	32.7	32.5	32.1	31.6	31.0	30.5	29.5	29.0	28.3	16
31	29.2	30.5	31.6	32.4	33.0	33.4	33.5	33.7	33.6	33.6	33.1	33.0	32.5	31
Febr. 15	25.8	27.6	29.2	30.6	31.8	32.8	33.7	34.4	35.0	35.5	35.6	35.9	36.0	Febr. 15
März 2	21.5	23.6	25.7	27.5	29.2	30.9	32.2	33.5	34.8	35.9	36.6	37.6	38.2	März 2
17	16.8	19.1	21.3	23.5	25.6	27.6	29.5	31.4	33.1	34.9	36.2	37.8	39.1	17
April 1	12.0	14.2	16.6	18.8	21.1	23.4	25.7	28.0	30.3	32.6	34.5	36.7	38.6	April 1
16	7.6	9.7	11.8	14.1	16.4	18.9	21.3	23.9	26.4	29.1	31.5	34.2	36.7	16
Mai 1	4.0	5.7	7.5	9.6	11.7	14.0	16.5	19.2	22.0	24.9	27.5	30.7	33.5	Mai 1
16	1.4	2.6	4.0	5.7	7.6	9.7	12.0	14.6	17.3	20.3	23.2	26.5	29.7	16
31	0.0	0.6	1.5	2.7	4.1	5.9	7.8	10.1	12.7	15.7	18.5	21.9	25.2	31
Juni 15	0.0	0.0	0.2	0.8	1.6	2.9	4.4	6.3	8.5	11.2	13.9	17.1	20.5	Juni 15
30	1.1	0.4	0.0	0.0	0.2	0.9	1.8	3.2	5.0	7.3	9.6	12.6	15.8	30
Juli 15	3.4	2.1	1.2	0.5	0.0	0.0	0.3	1.1	2.4	4.0	5.8	8.5	11.2	Juli 15
30	6.8	5.0	3.4	2.1	1.0	0.3	0.0	0.0	0.6	1.7	2.9	5.1	7.4	30
Aug. 14	11.0	8.8	6.7	4.8	3.1	1.7	0.7	0.1	0.0	0.4	0.9	2.4	4.1	Aug. 14
29	16.0	13.4	10.9	8.5	6.2	4.2	2.5	1.2	0.4	0.0	0.0	0.7	1.8	29
Sept. 13	21.4	18.6	15.8	12.9	10.2	7.7	5.3	3.5	1.9	0.9	0.0	0.0	0.4	Sept. 13
28	27.2	24.2	21.2	18.1	15.0	12.0	9.1	6.6	4.4	2.7	1.1	0.4	0.0	28
Okt. 13	32.7	29.9	26.8	23.6	20.2	16.9	13.7	10.6	7.9	5.6	3.3	1.9	0.7	Okt. 13
28	38.6	35.9	32.9	29.7	26.2	22.7	19.2	15.8	12.5	9.6	6.7	4.6	2.7	28
Nov. 12	43.2	40.9	38.2	35.1	31.7	28.2	24.5	20.9	17.4	14.1	10.8	8.1	5.7	Nov. 12
27	47.0	45.2	42.8	40.1	36.9	33.5	29.8	26.3	22.6	19.1	15.4	12.4	9.6	27
Dez. 12	49.6	48.3	46.4	44.1	41.3	38.3	34.8	31.3	27.7	24.2	20.4	17.2	14.1	Dez. 12
27	50.7	50.0	48.8	47.1	44.8	42.2	39.2	35.9	32.6	29.2	25.4	22.3	18.9	27
32	50.6	50.3	49.7	47.7	45.6	43.1	40.2	37.2	33.9	30.6	26.9	23.8	20.5	32

1957	Sternzeit 6h 0m	6h 30m	7h 0m	7h 30m	8h 0m	8h 30m	9h 0m	9h 30m	10h 0m	10h 30m	11h 0m	11h 30m	11h 60m	1957
	″	″	″	″	″	″	″	″	″	″	″	″	″	
Jan. 1	23.5	22.7	22.2	21.7	21.3	20.8	20.5	20.3	19.9	19.8	19.3	19.0	18.6	Jan. 1
16	28.3	27.5	27.0	26.4	25.7	25.0	24.3	23.8	23.0	22.3	21.2	20.4	19.4	16
31	32.5	32.1	31.7	31.1	30.5	29.8	28.9	28.2	27.0	26.0	24.4	23.1	21.5	31
Febr. 15	36.0	35.9	35.8	35.6	35.2	34.5	33.8	32.9	31.6	30.3	28.5	26.9	24.9	Febr. 15
März 2	38.2	38.7	39.1	39.3	39.2	39.0	38.3	37.6	36.4	35.1	33.2	31.4	29.2	März 2
17	39.1	40.1	41.2	41.9	42.4	42.6	42.3	41.9	41.0	39.9	38.0	36.2	33.9	17
April 1	38.6	40.2	41.9	43.3	44.4	45.1	45.3	45.4	44.8	44.1	42.6	40.9	38.7	April 1
16	36.7	38.9	41.2	43.2	44.9	46.1	47.0	47.7	47.7	47.4	46.2	44.9	43.1	16
Mai 1	33.5	36.3	39.1	41.8	44.0	46.1	47.5	48.8	49.4	49.7	49.1	48.4	46.7	Mai 1
16	29.7	32.8	36.1	39.2	42.0	44.4	46.4	48.4	49.6	50.4	50.4	50.2	49.3	16
31	25.2	28.6	32.2	35.6	38.7	41.7	44.3	46.8	48.7	50.0	50.7	51.1	50.7	31
Juni 15	20.5	23.9	27.5	31.2	34.7	38.0	41.0	43.9	46.2	48.3	49.5	50.5	50.7	Juni 15
30	15.8	19.0	22.6	26.4	30.0	33.5	36.8	40.1	42.9	45.4	47.2	48.8	49.6	30
Juli 15	11.2	14.3	17.8	21.4	25.1	28.6	32.1	35.7	38.7	41.6	43.8	45.9	47.3	Juli 15
30	7.4	10.0	13.1	16.5	19.9	23.4	26.9	30.5	33.8	37.0	39.5	42.1	43.9	30
Aug. 14	4.1	6.3	8.9	11.9	15.0	18.3	21.6	25.2	28.5	31.8	34.6	37.4	39.7	Aug. 14
29	1.8	3.2	5.3	7.8	10.5	13.4	16.5	19.8	23.0	26.3	29.1	32.1	34.7	29
Sept. 13	0.4	1.1	2.6	4.4	6.6	9.0	11.6	14.7	17.6	20.7	23.6	26.6	29.3	Sept. 13
28	0.0	0.0	0.7	1.9	3.3	5.2	7.3	9.9	12.5	15.3	17.9	20.9	23.5	28
Okt. 13	0.7	0.0	0.0	0.4	1.2	2.4	3.9	6.0	8.0	10.4	12.7	15.4	18.0	Okt. 13
28	2.7	1.3	0.5	0.0	0.0	0.5	1.2	2.5	3.9	5.8	7.6	9.9	12.1	28
Nov. 12	5.7	3.5	2.1	1.0	0.2	0.0	0.0	0.6	1.4	2.6	3.9	5.7	7.5	Nov. 12
27	9.6	6.9	4.8	3.1	1.7	0.7	0.0	0.0	0.0	0.7	1.3	2.5	3.7	27
Dez. 12	14.1	11.0	8.5	6.3	4.4	2.7	1.4	0.8	0.1	0.0	0.0	0.5	1.1	Dez. 12
27	18.9	15.7	12.9	10.3	8.0	5.9	4.0	2.7	1.5	0.8	0.0	0.0	0.0	27
32	20.5	17.2	14.4	11.8	9.3	7.1	5.1	3.7	2.3	1.5	0.5	0.2	0.1	32

Tafel 2 Die Tafelwerte sind stets positiv

1957	Sternzeit 12h 0m	12h 30m	13h 0m	13h 30m	14h 0m	14h 30m	15h 0m	15h 30m	16h 0m	16h 30m	17h 0m	17h 30m	17h 60m	1957
	"	"	"	"	"	"	"	"	"	"	"	"	"	
Jan. 1	18.6	18.2	17.2	16.1	14.6	12.9	11.0	9.0	7.8	9.6	11.5	13.5	15.6	Jan. 1
16	19.4	18.3	16.7	14.9	12.9	10.6	8.1	5.6	4.0	5.4	7.1	8.8	10.8	16
31	21.5	19.8	17.6	15.3	12.6	9.7	6.7	3.5	1.4	2.3	3.5	4.8	6.6	31
Febr. 15	24.9	22.7	20.0	17.1	13.8	10.3	6.5	2.8	0.0	0.4	1.0	1.9	3.1	Febr. 15
März 2	29.2	26.7	23.5	20.2	16.4	12.2	8.0	3.7	0.2	0.0	0.0	0.2	0.9	März 2
17	33.9	31.2	27.9	24.2	20.0	15.5	10.7	5.8	1.9	1.0	0.4	0.0	0.0	17
April 1	38.7	36.1	32.6	28.9	24.5	19.7	14.5	9.2	4.7	3.3	2.1	1.1	0.5	April 1
16	43.1	40.6	37.4	33.6	29.2	24.2	18.9	13.3	8.6	6.8	5.1	3.6	2.4	16
Mai 1	46.7	44.6	41.7	38.1	33.9	29.1	23.7	18.0	13.0	11.0	9.1	7.1	5.6	Mai 1
16	49.3	47.7	45.2	42.0	38.0	33.4	28.2	22.6	17.7	15.6	13.4	11.3	9.4	16
31	50.7	49.7	47.7	45.0	41.5	37.2	32.4	27.1	22.3	20.2	18.1	15.9	13.9	31
Juni 15	50.7	50.3	49.0	46.9	44.0	40.2	35.8	30.9	26.5	24.7	22.7	20.7	18.6	Juni 15
30	49.6	49.9	49.2	47.7	45.4	42.2	38.4	34.0	30.0	28.6	27.0	25.2	23.3	30
Juli 15	47.3	48.2	48.0	47.2	45.6	43.1	39.9	36.1	32.6	31.9	30.8	29.3	27.9	Juli 15
30	43.9	45.3	45.8	45.6	44.6	42.8	40.2	37.2	34.4	34.2	33.7	32.7	31.7	30
Aug. 14	39.7	41.5	42.5	42.9	42.5	41.4	39.5	37.1	35.0	35.5	35.7	35.4	35.0	Aug. 14
29	34.7	36.9	38.3	39.2	39.4	38.9	37.7	36.0	34.6	35.9	36.6	37.1	37.3	29
Sept. 13	29.3	31.7	33.4	34.8	35.4	35.4	34.9	33.7	33.1	35.0	36.6	37.8	38.7	Sept. 13
28	23.5	26.1	28.0	29.6	30.6	31.1	31.1	30.6	30.6	33.2	35.5	37.4	39.1	28
Okt. 13	18.0	20.4	22.4	24.1	25.4	26.2	26.5	26.6	27.1	30.3	33.3	35.9	38.4	Okt. 13
28	12.1	14.4	16.3	18.0	19.4	20.4	21.0	21.4	22.5	26.3	29.9	33.2	36.4	28
Nov. 12	7.5	9.4	11.0	12.6	13.9	14.9	15.7	16.3	17.6	21.8	25.8	29.7	33.4	Nov. 12
27	3.7	5.1	6.4	7.6	8.7	9.6	10.4	10.9	12.4	16.8	21.2	25.4	29.5	27
Dez. 12	1.1	2.0	2.8	3.6	4.3	4.8	5.4	5.9	7.3	11.7	16.2	20.6	25.0	Dez. 12
27	0.0	0.3	0.4	0.6	0.8	0.9	1.0	1.3	2.4	6.7	11.2	15.5	20.2	27
32	0.1	0.0	0.0	0.0	0.0	0.0	0.0	0.0	1.1	5.3	9.7	14.0	18.6	32

1957	Sternzeit 18h 0m	18h 30m	19h 0m	19h 30m	20h 0m	20h 30m	21h 0m	21h 30m	22h 0m	22h 30m	23h 0m	23h 30m	23h 60m	1957
	"	"	"	"	"	"	"	"	"	"	"	"	"	
Jan. 1	15.6	17.5	19.7	21.6	23.6	25.3	27.0	28.5	29.7	30.6	31.4	32.1	32.1	Jan. 1
16	10.8	12.7	14.9	16.9	19.2	21.1	23.2	25.0	26.6	28.1	29.5	30.7	31.3	16
31	6.6	8.1	10.2	12.2	14.4	16.3	18.6	20.6	22.6	24.4	26.3	28.0	29.2	31
Febr. 15	3.1	4.3	6.1	7.7	9.7	11.6	13.7	15.9	18.0	20.1	22.2	24.2	25.8	Febr. 15
März 2	0.9	1.5	2.8	4.0	5.7	7.1	9.2	11.2	13.2	15.3	17.5	19.7	21.5	März 2
17	0.0	0.1	0.7	1.4	0.5	3.5	5.2	6.9	8.6	10.5	12.7	14.9	16.8	17
April 1	0.5	0.0	0.0	0.0	0.5	1.0	2.2	3.4	4.8	6.3	8.1	10.2	12.0	April 1
16	2.4	1.3	0.7	0.1	0.0	0.0	0.5	1.1	1.9	3.0	4.5	6.2	7.6	16
Mai 1	5.6	3.9	2.8	1.5	0.9	0.0	0.0	0.0	0.2	0.7	1.6	2.7	4.0	Mai 1
16	9.4	7.4	5.8	4.1	2.9	1.7	1.1	0.4	0.0	0.0	0.3	0.9	1.4	16
31	13.9	11.6	9.7	7.7	6.2	4.4	3.2	2.0	0.9	0.4	0.0	0.0	0.0	31
Juni 15	18.6	16.3	14.4	12.1	10.2	8.1	6.5	4.9	3.4	2.1	1.2	0.6	0.0	Juni 15
30	23.3	21.2	19.3	16.9	14.9	12.6	10.7	8.7	6.7	5.0	3.5	2.3	1.1	30
Juli 15	27.9	25.9	24.1	21.9	19.8	17.5	15.4	13.1	10.9	8.8	6.9	5.2	3.4	Juli 15
30	31.7	30.2	28.8	26.8	25.0	22.7	20.6	18.3	15.8	13.4	11.2	9.0	6.8	30
Aug. 14	35.0	33.9	33.0	31.4	29.9	27.8	25.9	23.6	21.1	18.6	16.1	13.7	11.0	Aug. 14
29	37.3	37.0	36.6	35.5	34.4	32.7	31.0	29.0	26.6	24.1	21.6	19.0	16.0	29
Sept. 13	38.7	39.1	39.3	38.9	38.3	37.1	35.9	34.1	32.0	29.7	27.1	24.5	21.4	Sept. 13
28	39.1	40.2	41.2	41.4	41.6	40.9	40.2	38.9	37.1	35.1	32.8	30.2	27.2	28
Okt. 13	38.4	40.2	41.9	42.9	43.7	43.7	43.6	42.8	41.6	40.0	38.0	35.7	32.7	Okt. 13
28	36.4	38.9	41.4	43.3	44.9	45.6	46.3	46.3	45.7	44.6	43.1	41.2	38.6	28
Nov. 12	33.4	36.7	39.8	42.3	44.7	46.1	47.5	48.2	48.2	47.8	46.8	45.4	43.2	Nov. 12
27	29.5	33.3	37.1	40.2	43.2	45.4	47.5	48.8	49.6	49.7	49.4	48.6	47.0	27
Dez. 12	25.0	29.2	33.4	37.0	40.5	43.4	46.1	48.0	49.5	50.4	50.7	50.6	49.6	Dez. 12
27	20.2	24.5	29.0	33.0	36.9	40.2	43.5	46.1	48.1	49.6	50.7	51.1	50.7	27
32	18.6	23.0	27.5	31.5	35.6	39.0	42.4	45.1	47.3	48.9	50.2	50.9	50.6	32

Polaris 1957

Tafel 3

Wahre Zenit-distanz	Sternzeit 0h u. 12h 0m	30m	1h u. 13h 0m	30m	2h u. 14h 0m	30m	3h u. 15h 0m	30m	4h u. 16h 0m	30m	5h u. 17h 0m	30m	60m	Wahre Zenit-distanz
°	"	"	"	"	"	"	"	"	"	"	"	"	"	°
10	+24.5	13.8	5.9	1.2	0.1	2.7	8.9	18.1	29.9	43.2	57.3	71.2	84.1+	10
12	18.5	10.4	4.4	0.9	0.1	2.1	6.7	13.7	22.5	32.6	43.2	53.7	63.4	12
14	14.2	8.0	3.4	0.7	0.1	1.6	5.1	10.5	17.3	25.0	33.2	41.2	48.6	14
16	10.9	6.1	2.6	0.5	0.1	1.2	4.0	8.1	13.3	19.3	25.5	31.7	37.5	16
18	8.4	4.7	2.0	0.4	0.0	0.9	3.0	6.2	10.2	14.8	19.6	24.3	28.7	18
20	+ 6.3	3.6	1.5	0.3	0.0	0.7	2.3	4.7	7.7	11.1	14.8	18.4	21.7+	20
22	4.6	2.6	1.1	0.2	0.0	0.5	1.7	3.4	5.6	8.2	10.8	13.4	15.9	22
24	3.2	1.8	0.8	0.2	0.0	0.4	1.2	2.4	3.9	5.6	7.5	9.3	11.0	24
26	2.0	1.1	0.5	0.1	0.0	0.2	0.7	1.5	2.4	3.5	4.6	5.8	6.8	26
28	+ 0.9	0.5	0.2	0.0	0.0	0.1	0.3	0.7	1.1	1.6	2.2	2.7	3.2+	28
30	0.0	0.0	0.0	0.0	0.0	0.0	0.0	0.0	0.0	0.0	0.0	0.0	0.0	30
32	− 0.8	0.5	0.2	0.0	0.0	0.1	0.3	0.6	1.0	1.4	1.9	2.4	2.8−	32
34	1.6	0.9	0.4	0.1	0.0	0.2	0.6	1.1	1.9	2.7	3.6	4.5	5.3	34
36	2.2	1.2	0.5	0.1	0.0	0.2	0.8	1.6	2.7	3.9	5.2	6.4	7.6	36
38	2.8	1.6	0.7	0.1	0.0	0.3	1.0	2.1	3.4	5.0	6.6	8.2	9.6	38
40	3.4	1.9	0.8	0.2	0.0	0.4	1.2	2.5	4.1	5.9	7.9	9.8	11.5	40
45	− 4.6	2.6	1.1	0.2	0.0	0.5	1.7	3.4	5.5	8.0	10.7	13.2	15.6−	45
50	5.6	3.1	1.3	0.3	0.0	0.6	2.0	4.1	6.8	9.8	13.0	16.1	19.1	50
55	6.4	3.6	1.5	0.3	0.0	0.7	2.3	4.7	7.8	11.3	15.0	18.7	22.0	55
60	7.2	4.0	1.7	0.3	0.0	0.8	2.6	5.3	8.8	12.7	16.8	20.9	24.6	60
65	− 7.9	4.4	1.9	0.4	0.0	0.9	2.9	5.8	9.6	13.9	18.4	22.9	27.0−	65
70	8.5	4.8	2.0	0.4	0.0	0.9	3.1	6.3	10.4	15.0	19.9	24.7	29.2	70
75	9.1	5.1	2.2	0.4	0.0	1.0	3.3	6.7	11.1	16.1	21.3	26.5	31.2	75
80	9.7	5.4	2.3	0.5	0.0	1.1	3.5	7.2	11.8	17.1	22.6	28.1	33.2	80
85	−10.2	5.8	2.5	0.5	0.0	1.1	3.7	7.6	12.5	18.0	23.9	29.7	35.1−	85

Wahre Zenit-distanz	Sternzeit 6h u. 18h 0m	30m	7h u. 19h 0m	30m	8h u. 20h 0m	30m	9h u. 21h 0m	30m	10h u. 22h 0m	30m	11h u. 23h 0m	30m	60m	Wahre Zenit-distanz
°	"	"	"	"	"	"	"	"	"	"	"	"	"	°
10	+84.1	94.8	102.7	107.4	108.5	105.9	99.7	90.4	78.7	65.4	51.2	37.3	24.5+	10
12	63.4	71.5	77.5	81.0	81.9	79.9	75.2	68.2	59.4	49.3	38.7	28.2	18.5	12
14	48.6	54.8	59.4	62.1	62.8	61.3	57.7	52.3	45.6	37.8	29.6	21.6	14.2	14
16	37.5	42.3	45.8	47.8	48.3	47.2	44.4	40.3	35.1	29.1	22.8	16.6	10.9	16
18	28.7	32.4	35.1	36.7	37.1	36.2	34.1	30.9	26.9	22.3	17.5	12.8	8.4	18
20	+21.7	24.4	26.5	27.7	28.0	27.3	25.7	23.3	20.3	16.8	13.2	9.6	6.3+	20
22	15.9	17.9	19.4	20.3	20.5	20.0	18.8	17.1	14.9	12.3	9.7	7.0	4.6	22
24	11.0	12.4	13.4	14.0	14.2	13.8	13.0	11.8	10.3	8.5	6.7	4.9	3.2	24
26	6.8	7.7	8.3	8.7	8.8	8.6	8.1	7.3	6.4	5.3	4.1	3.0	2.0	26
28	+ 3.2	3.6	3.9	4.1	4.1	4.0	3.8	3.4	3.0	2.5	1.9	1.4	0.9+	28
30	0.0	0.0	0.0	0.0	0.0	0.0	0.0	0.0	0.0	0.0	0.0	0.0	0.0	30
32	− 2.8	3.2	3.4	3.6	3.6	3.5	3.3	3.0	2.6	2.2	1.7	1.2	0.8−	32
34	5.3	6.0	6.5	6.8	6.9	6.7	6.3	5.7	5.0	4.1	3.2	2.4	1.6	34
36	7.6	8.6	9.3	9.7	9.8	9.6	9.0	8.2	7.1	5.9	4.6	3.4	2.2	36
38	9.6	10.9	11.8	12.3	12.5	12.2	11.4	10.4	9.0	7.5	5.9	4.3	2.8	38
40	11.5	13.0	14.1	14.7	14.9	14.5	13.7	12.4	10.8	9.0	7.0	5.1	3.4	40
45	−15.6	17.6	19.1	20.0	20.2	19.7	18.5	16.8	14.6	12.1	9.5	6.9	4.6−	45
50	19.1	21.5	23.3	24.3	24.6	24.0	22.6	20.5	17.9	14.8	11.6	8.5	5.6	50
55	22.0	24.8	26.9	28.1	28.4	27.7	26.1	23.7	20.6	17.1	13.4	9.8	6.4	55
60	24.6	27.8	30.1	31.5	31.8	31.0	29.2	26.5	23.1	19.2	15.0	10.9	7.2	60
65	−27.0	30.5	33.0	34.5	34.9	34.0	32.0	29.1	25.3	21.0	16.5	12.0	7.9−	65
70	29.2	32.9	35.7	37.3	37.7	36.8	34.6	31.4	27.3	22.7	17.8	13.0	8.5	70
75	31.2	35.2	38.2	39.9	40.3	39.4	37.1	33.6	29.3	24.3	19.0	13.9	9.1	75
80	33.2	37.4	40.6	42.4	42.8	41.8	39.4	35.7	31.1	25.8	20.2	14.7	9.7	80
85	−35.1	39.6	42.9	44.8	45.3	44.2	41.6	37.8	32.9	27.3	21.4	15.6	10.2−	85

Besondere Erläuterungen zu den Angaben und zum Gebrauch des Jahrbuches

Das Jahrbuch gibt die Örter der *Planeten* in geozentrischen und in heliozentrischen Koordinaten. Die Zeitpunkte, für die sie gelten, sind in Weltzeit ausgedrückt, wenn nicht ausdrücklich eine andere Zeit angegeben wird. — **Weltzeit ist identisch mit Bürgerlicher Zeit Greenwich.** Der bürgerliche Tag beginnt um Mitternacht, die Weltzeit-Stunden sind von 0^h bis 24^h durchgezählt. Die Beziehung zu der bis zum Jahrgang 1924 (einschließlich) im Jahrbuch verwendeten Mittleren Zeit Greenwich besteht darin, daß der astronomische mittlere Tag erst am Mittag des bürgerlichen Tages, also 12^h nach dessen Anfang beginnt. Somit ist 1925 Jan. 1, 0^h Weltzeit gleich 1924 Dez. 31, 12^h Mittlere Zeit Greenwich.

Die Örter der *Fixsterne* sind gegeben als »Mittlere Sternörter«, bezogen auf das mittlere Äquinoktium des Jahresanfangs, und in Ephemeridenform als »Scheinbare Sternörter«, bezogen auf das jedesmalige wahre Äquinoktium.

Zur Erläuterung ist im einzelnen folgendes zu bemerken:

Sonnenephemeride (S. 2—29 und 116—124).

Der erste Teil der Sonnenephemeride (S. 2—19) gibt auf den l i n k e n Seiten für 0^h Weltzeit an jedem Tage:

1) Die Zeitgleichung = Wahre Zeit *minus* Mittlere Zeit.

2) Die geozentrischen, äquatorialen Koordinaten α, δ des scheinbaren Sonnenorts, bezogen auf das jedesmalige wahre Äquinoktium, zugleich mit der ersten Differenzenreihe. Diese Angaben sind direkt mit den Beobachtungen vergleichbar. Die Nutationsglieder kurzer Periode sind, wie im Vorwort erwähnt, in den Koordinaten nicht enthalten.

3) Die halbe Durchgangsdauer (in Sternzeit) der Sonnenscheibe durch den Meridian.

4) Den geozentrischen Halbmesser der Sonnenscheibe, d. i. der Winkel, unter dem der Sonnenhalbmesser vom Erdmittelpunkt aus erscheint.

Die r e c h t e n Seiten geben:

1) Die Julianische Zeit, d. i. die Anzahl der seit Beginn der Julianischen Periode verflossenen mittleren Sonnentage.

2) Die Sternzeit für 0^h Weltzeit. In ihr sind, wie im Vorwort erwähnt, nur die langperiodischen Glieder der Nutation enthalten.

Um für einen Erdort der westlichen Längendifferenz $\Delta\lambda$ (in Stunden) gegen Greenwich die Sternzeit in seiner mittleren Mitternacht zu erhalten, ist zu diesen Angaben hinzuzulegen: $9^s.8565\,\Delta\lambda$. Diese Werte findet man unter der Überschrift: »Korr. der Sternzeit« im Verzeichnis der Sternwarten.

3) Die Nutation in Rektaszension getrennt nach langperiodischen und kurzperiodischen Gliedern.

4) Die geozentrischen ekliptikalen Koordinaten λ, β der Sonne, bezogen auf das mittlere Äquinoktium des Jahresanfangs, sowie die Entfernung R der Erde von der Sonne. Diese Angaben finden bei Bahnberechnungen u. dergl. Verwendung.

5) Die bürgerlichen Ortszeiten des Aufgangs und Untergangs der Sonne für einen Ort des Nullmeridians in + 50° Breite; sie sind mit der Horizontalrefraktion 34′ berechnet und gelten für den oberen Rand der Sonne.

Auf S. 20—28 folgen, bezogen auf das mittlere Äquinoktium des Jahresanfangs, die rechtwinkligen, geozentrischen, äquatorialen Sonnenkoordinaten für 0^h Weltzeit mit ihren ersten und zweiten Differenzen. Die gleichen Koordinaten, jedoch bezogen auf das Normaläquinoktium 1950.0, werden auf S. 116—124 gegeben.

Die Werte von X, Y, Z sind auf 6 Dezimalen gegeben. Die Ephemeriden bieten jedoch die Möglichkeit, die Sonnenkoordinaten auch auf 7 Dezimalen zu entnehmen. Zu diesem Zwecke füge man an die sechsstelligen Werte eine Null an und vereinige sie algebraisch mit den Werten von ΔX, ΔY, ΔZ. Ein ausführliches Beispiel hierfür ist im Jahrgang 1933, S. 362* gegeben.

Die gleichen Vorschriften gelten für die auf das Normaläquinoktium 1950.0 bezogenen Sonnenkoordinaten auf S. 116—124.

Am Fuß der Seite 28 findet man die Zeiten für die Anfänge der Jahreszeiten und für die Erdnähe und Erdferne der Sonne.

Die Seite 29 enthält die Aberration, Parallaxe, mittlere Länge $L_\odot$ und mittlere Anomalie $M_\odot$ der Sonne im Intervall von je 10 Tagen.

Mondephemeride (S. 30—48).

Die Mondephemeride (S. 30—47) gibt auf den linken Seiten für 0^h Weltzeit:

1) Die scheinbare Rektaszension und Deklination des Mondmittelpunktes mit den ersten Differenzen.

2) Die Äquatorial-Horizontalparallaxe $p_☾$ des Mondes.

3) Den geozentrischen Mondhalbmesser $r_☾$, d. i. der Winkel, unter dem der Mondhalbmesser vom Erdmittelpunkt aus erscheint.

4) Die Länge und Breite des Mondes, abgekürzt auf 0°001.

5) Das Alter des Mondes.

Die rechten Seiten enthalten:

1) Für den oberen Durchgang des Mondes durch den Meridian von Greenwich die genäherten Angaben für die Rektaszension, Deklination und Parallaxe des Mondmittelpunktes, sowie die bürgerliche Greenwicher Zeit dieses Durchgangs, nebst den Änderungen für 1^h westlicher Längendifferenz.

2) Die bürgerlichen Ortszeiten des Aufgangs und Untergangs des Mondes für einen Ort des Nullmeridians in +50° Breite nebst Änderung für 1^h westlicher Längendifferenz; sie sind mit der Horizontalrefraktion 34′ berechnet und gelten für den oberen Rand des Mondes.

Seite 48 enthält die Zeitangaben für die Phasen, die Erdnähe und Erdferne des Mondes.

Ephemeriden der Großen Planeten (S. 49—115 und 125—128).

Die geozentrischen Örter der Planeten sind für Merkur, Venus, Mars, Jupiter, Saturn, Uranus und Neptun von Tag zu Tag, für Pluto von zwei zu zwei Tagen für 0^h Weltzeit mit ihren ersten Differenzen gegeben. Für die Planeten Merkur bis Neptun sind scheinbare, auf das momentane wahre Äquinoktium bezogene Örter gegeben. Die Örter von Pluto sind auf das mittlere Äquinoktium 1950.0 bezogen und sind nicht wegen Aberration korrigiert. Zur bequemeren Vergleichung der Beobachtungen mit der Ephemeride sind bei diesem Planeten Fixsternaberration und Lichtzeit in besonderen Spalten angeführt.

Die letzten Spalten enthalten den scheinbaren Halbmesser, die Horizontalparallaxe sowie die mittleren Ortszeiten der oberen Kulmination, des Aufgangs und des Untergangs für einen Ort des Nullmeridians in +50° geographischer Breite.

Die Örter von Pluto sind nach den Elementen XIX von E. C. Bower, Lick Observatory Bulletin 437, unter Berücksichtigung der Störungen durch Jupiter, Saturn, Uranus und Neptun berechnet.

Die scheinbaren Halbmesser in der Einheit der Entfernung sind:

	″		″
Merkur	3.34	Saturn (äquat.)	83.33
Venus	8.41	» (polar)	74.57
Mars	4.68	Uranus	34.28
Jupiter (äquat.)	98.47	Neptun	36.56
» (polar)	91.91		

Bei Jupiter und Saturn ist in den Ephemeriden der scheinbare Polarhalbmesser gegeben.

Die heliozentrischen Ephemeriden der Planeten (S. 125—128) geben den Log. des Radiusvector, die Länge, deren Reduktion auf die Bahn und die Breite bezogen auf das mittlere Äquinoktium 1950.0.

☊ und *i* stellen die Bahnlage für die Epoche 1950.0 und das Normaläquinoktium 1950.0 dar.

Die Genauigkeit und Ausführlichkeit dieser heliozentrischen Angaben sind ihrem Hauptzweck, zur Berechnung der speziellen Störungen zu dienen, angepaßt.

Die beigefügten Werte der Planetenmassen sind die den Tafeln von Newcomb und von Hill zugrunde liegenden. Für die Erde ist noch besonders zu erwähnen, daß die Masse von »Erde + Mond« gegeben ist, Radiusvector und heliozentrische Länge sich auf den Schwerpunkt des Systems »Erde + Mond« beziehen.

Erläuterungen

Mittlere Örter von 1535 Fixsternen (S. 2*—40*).

Die mittleren Örter der 1535 Fixsterne sind aus den Angaben des Dritten Fundamentalkatalogs des Berliner Astronomischen Jahrbuchs (I. Teil: Veröffentlichungen des *Astronomischen Rechen-Instituts* Nr. 54, II. Teil: Abhandlungen der *Preußischen Akademie der Wissenschaften* Jahrg. 1938, Phys. math. Klasse Nr. 3) abgeleitet worden. Die in Teil I durch ein † gekennzeichneten Sterne sind von 1944 ab weggelassen worden. Die in Teil II enthaltenen Zusatzsterne sind durch ihre Nummern, die alle über 1000 liegen, leicht zu erkennen. Die zusätzlichen Polsterne sind mit den griechischen Buchstaben α—π bezeichnet. Die Örter aller Polsterne sind durch trigonometrische Übertragung erhalten worden. Die jährlichen Veränderungen gelten für die Mitte des Jahres. Ein * vor dem Namen weist auf eine Anmerkung am Fuß der Seite hin.

Unter Gr. stehen die visuellen Größen, welche aus dem „Henry Draper Catalogue (Harvard Annals, Vol. 91—99)" entnommen sind. Bei einigen weiten Doppelsternen ist an Stelle der im H. D. C. angegebenen Gesamthelligkeit die Helligkeit der hellen Komponente angeführt. Bei Veränderlichen sind die Grenzen der Helligkeit angegeben; beziehen sich diese auf photographische Größen, so sind sie durch kursiven Druck kenntlich gemacht.

Die Spektren sind aus dem Draper Katalog übernommen worden. Zusammengesetzte Spektren sind durch + gekennzeichnet. In anderen Fällen beziehen sich, wo 2 Spektren gegeben sind, diese auf die Komponenten eines Doppelsterns.

Scheinbare Örter von 584 Fixsternen (S. 41*—250*).

Die scheinbaren Rektaszensionen und Deklinationen der Fixsterne sind für den Moment der oberen Kulmination im Meridian von Greenwich gegeben.

Die Ephemeriden der 560 Sterne mit Deklinationen kleiner als 80°, deren scheinbare Örter von 10 zu 10 Sterntagen gegeben sind, enthalten die kurzperiodischen Mondglieder der Nutation nicht. Das Datum des Tages, an welchem zwei Kulminationen stattfinden, ist in kleinem Druck vor der Rektaszensionsspalte angeführt.

Die jährliche Parallaxe ist bei folgenden Sternen berücksichtigt, bei denen sie hinreichend verbürgt erscheint:

Nr. 10	ζ Tucanae	mit	0.″133	Nr. 538	α Centauri	mit	0.″756
Nr. 11	β Hydri	»	0.143	Nr. 667	μ Herculis	»	0.109
Nr. 59	τ Ceti	»	0.298	Nr. 695	χ Draconis	»	0.119
Nr. 127	ε Eridani	»	0.305	Nr. 699	α Lyrae	»	0.121
Nr. 257	α Canis maj.	»	0.377	Nr. 745	α Aquilae	»	0.208
Nr. 291	α Canis min.	»	0.291	Nr. 754	δ Pavonis	»	0.174
Nr. 295	β Geminor.	»	0.100	Nr. 793	61 Cygni	»	0.299
Nr. 445	β Virginis	»	0.101	Nr. 805	γ Pavonis	»	0.113
Nr. 470	β Canum ven.	»	0.108	Nr. 867	α Piscis austr.	»	0.135
Nr. 492	β Comae	»	0.121	Nr. 875	Br 3077 Cass.	»	0.146
Nr. 513	η Bootis	»	0.112				

Von den im B. J. nicht mit Ephemeriden versehenen Sternen des FK 3 besitzen noch folgende hinreichend verbürgte Parallaxen:

Nr. 119	82 G. Eridani	0.″159	Nr. 1073	268 G. Ceti	0.″147
Nr. 135	δ Eridani	0.112	Nr. 1093	κ Ceti	0.106
Nr. 217	γ Leporis	0.122	Nr. 1134	π^3 Orionis	0.128
Nr. 239	α Mensae	0.118	Nr. 1300	61 Ursae maj.	0.109
Nr. 825	ε Indi	0.288	Nr. 1307	Grb 1830 U Maj	0.108
Nr. 1019	96 G. Pisc.	0.148	Nr. 1345	61 Virginis	0.116
Nr. 1030	μ Cassiop.	0.130	Nr. 1391	33 G. Librae	0.172

Die Ephemeriden der auf S. 2*—40* eingeklammerten Sterne findet man in »Apparent Places of Fundamental Stars«. H. M. Stationary Office, London.

Es folgen die scheinbaren Örter von 20 Polsternen für jede obere Kulmination. Sie enthalten die kurzperiodischen Mondglieder nicht, jedoch sind deren Werte in besonderen Spalten gegeben.

Am Fuße der Ephemeriden ist der mittlere Ort eines jeden Sternes für den Anfang des Jahres und die Werte von sec δ und tg δ angegeben, welche bei der Reduktion der Meridianbeobachtungen nach der hierfür am zweckmäßigsten erscheinenden B e s s e l schen Formel gebraucht werden. Ferner sind hier die Größen a, b, a', b' enthalten, mit deren Hilfe die Nutationsglieder kurzer Periode leicht berechnet werden können. Man erhält $A'a+B'b$ in Zeitsekunden, $A'a'+B'b'$ in Bogensekunden.

Auf den Seiten 241*—250* sind die rechtwinkligen Koordinaten der scheinbaren Örter von vier polnahen Sternen gegeben. Sie beziehen sich auf ein Koordinatensystem, dessen positive x-Achse nach dem Frühlingspunkt und dessen positive y-Achse nach dem Punkt $\alpha = 6^h$, $\delta = 0°$ gerichtet ist. Der Zusammenhang zwischen x, y und α, δ ist gegeben durch die Beziehungen: $x = \cos\delta \cos\alpha$, $y = \cos\delta \sin\alpha$. Die Angaben gelten für 12^h Sternzeit Greenwich und enthalten die kurzperiodischen Mondglieder der Nutation nicht, deren Werte jedoch in der letzten Spalte einer jeden Seite unter der Überschrift »Kurzperiod.Nutationsgl.« gegeben sind.

Als Quellen für die Koordinaten und Eigenbewegungen dieser vier Sterne sind benutzt worden:

für BD + 89°1: L. Courvoisier: Neue Position und Eigenbewegung des Polsterns BD + 89°1. Astron. Nachr. Bd. **273**, S. 87.

für BD + 89°3 und + 89°37: L. Courvoisier: Beobachtungen der Polsterne BD + 89°3 und BD + 89°37 am Vertikalkreis 1914—1926. Veröff. der Universitäts-Sternwarte zu Berlin-Babelsberg, Band XII, Heft 2.

für CPD — 89°38: Cape Annals Bd. **XI**, II, 244 für den Ort und eine briefliche Mitteilung für die Eigenbewegung.

Damit werden die mittleren Örter für 1957.0:

Name	Gr.	x	Jährl. Veränd. 1957.5	Jährl. Eigenbew.	y	Jährl. Veränd. 1957.5	Jährl. Eigenbew.
	m	″	″	″	″	″	″
BD+89° 1	10.56	− 620.72	−20.070	−0.011	+ 76.99	−0.151	−0.010
BD+89° 3	9.06	− 424.43	−20.241	−0.006	+862.49	−0.103	−0.006
BD+89° 37	10.06	−1401.16	−19.974	−0.011	−349.67	−0.300	+0.015
CPD−89° 38	9.5	+ 316.13	+20.137	+0.027	−306.36	+0.104	+0.031

Erläuterungen

Reduktionsgrößen (S. 252*—290*).

Auf die scheinbaren Örter der Sterne folgt S. 251* eine Zusammenstellung der Werte, mit welchen die Reduktionsgrößen der darauf folgenden Tafeln berechnet sind, und der Formeln für die Reduktion auf den scheinbaren Ort.

Die Größen zur »Reduktion auf den scheinbaren Ort« sind in ihrer *ersten* Form: A, B, C, D, E; A', B' gegeben für 12^h Sternzeit des Meridians von Greenwich:

1) Auf S. 270*—278* für jeden Sterntag. Hier sind die numerischen Werte von A, B, C und D mit ihren Differenzen gegeben und die kurzperiodischen Nutationsglieder A' und B' mit angeführt.
2) Auf S. 279* im Intervall von 10 Sterntagen.

Diese Tafel soll zur Berechnung von Sternephemeriden für die Epochen der Meridiandurchgänge dienen. Wegen ihrer logarithmischen Form und des großen Intervalls ist die Tafel zur Interpolation nicht geeignet. Man wird deshalb zweckmäßig die Interpolation erst nach der Summierung der einzelnen unmittelbar für die Epochen der Tafel berechneten Glieder vornehmen.

Beiden Tafeln ist in einer Spalte die dem festen Sternzeitmoment jedesmal entsprechende Weltzeit vorangestellt; man wird hiernach auf jeden beliebigen Zeitpunkt, gegeben durch Datum, Sternzeit und Längendifferenz gegen Greenwich, übergehen können. Eine weitere Spalte gibt die seit Beginn des annus fictus verflossene Zeit in Bruchteilen des tropischen Jahres.

Die Reduktionsgrößen der *zweiten* Form: f, log g, G, log h, H, log i und i, sowie f', g' und G' sind auf S. 252*—269* von Tag zu Tag für 0^h Weltzeit gegeben.

Auch hier findet sich eine Spalte, t überschrieben, welche die seit Beginn des annus fictus verflossene Zeit in Bruchteilen des tropischen Jahres gibt. Ferner ist die Sternzeit Greenwich für 0^h Weltzeit gegeben.

Die Seiten mit ungerader Seitenzahl enthalten außer den schon erwähnten f', g', G' noch folgende Größen:

ψ = Allgemeine Präzession seit Jahresanfang.
$\Delta\psi$ = Langperiodische Glieder der Nutation in Länge.
$\Delta\psi'$ = Kurzperiodische Glieder der Nutation in Länge.
ε = Mittlere Schiefe der Ekliptik.
$\Delta\varepsilon$ = Langperiodische Glieder der Nutation in Schiefe.
$\Delta\varepsilon'$ = Kurzperiodische Glieder der Nutation in Schiefe.
Die Koeffizienten j und k der Formeln auf S. 282*.

Die wahre Schiefe erhält man durch Addition der Gesamtnutation $(\Delta\varepsilon + \Delta\varepsilon')$ zu der mittleren Schiefe.

Auf S. 280* findet sich eine Tafel der Hilfsgrößen zur Berechnung der Präzession von verschiedenen mittleren Äquinoktien bis 1957.0.

S. 281* enthält eine Tafel der Hilfsgrößen zur Übertragung der Polsternörter von verschiedenen mittleren Äquinoktien auf das mittlere Äquinoktium 1957.0.

Auf S. 282* sind die Formeln zusammengestellt, mit welchen bei Anschlußbeobachtungen die gemessenen Koordinatendifferenzen der scheinbaren Örter in solche der mittleren Örter für den Jahresanfang übergeführt werden. Die in diesen Formeln auftretenden Koeffizienten j und k sind auf den Seiten 253*—269* enthalten und haben die Bedeutung

$$j = 15\, g \text{ arc } 1'$$
$$k = 15\, h \text{ arc } 1',$$

wobei g und h die auf den Seiten 252*—268* gegebenen Reduktionsgrößen sind.

S. 283* enthält eine Zusammenstellung der von der Deklination abhängenden Faktoren der Formeln auf S. 282*.

S. 284* enthält eine Tafel der numerischen Werte der Funktionen Sinus und Cosinus für in Zeit ausgedrückte Winkel. Ihre Benutzung erleichtert die Berechnung der Formeln auf S. 282*.

Die Seite 285* enthält eine Tafel zur Übertragung von Rektaszensions- und Deklinationsdifferenzen vom mittleren Äquinoktium 1957.0 auf das Normaläquinoktium 1950.0. Man findet die auf das Normaläquinoktium 1950.0 bezogene Koordinatendifferenz, indem man an der auf das mittlere Äquinoktium 1957.0 bezogene Rektaszensionsdifferenz die differentielle Präzession $\Delta\, p^s_\alpha$ und an der Deklinationsdifferenz die differentielle Präzession $\Delta\, p''_\delta$ anbringt:

$$\Delta p^s_\alpha \;= a_1 \operatorname{tg} \delta \cdot \Delta\alpha^m + a_2 \tfrac{1}{15} \sec^2\delta \cdot \Delta\delta',$$
$$\Delta p\delta'' = d_1 \cdot \Delta\alpha^m.$$

Die Koeffizienten a_1, a_2 und d_1 sind in der Tafel auf S. 285* enthalten und haben die Bedeutung:

$$a_1 = (n) \text{ arc } 1' \cos \alpha$$
$$a_2 = (n) \text{ arc } 1' \sin \alpha$$
$$d_1 = -15\, (n) \text{ arc } 1' \sin \alpha.$$

$\Delta\alpha^m$ und $\Delta\delta'$ sind die auf das mittlere Äquinoktium 1957.0 bezogenen Rektaszensions- und Deklinationsdifferenzen in Zeit- bez. Bogenminuten. Nach den angegebenen Formeln findet man die differentielle Präzession für Rektaszension in Zeitsekunden, diejenige für Deklination in Bogensekunden.

Die auf Seite 286* gegebenen Größen f, log g und G dienen zur Übertragung der Örter von dem *mittleren* Normaläquinoktium 1950.0 auf das *wahre* Äquinoktium der Epoche. Die Berücksichtigung des Einflusses der Variatio saecularis bei dieser Übertragung ist durch die Tafeln auf S. 287* gegeben.

Eine Tafel zur Übertragung von Sternörtern vom mittleren Äquinoktium 1957.0 auf das Normaläquinoktium 1950.0 befindet sich auf den Seiten 288*—290*.

Die hier tabulierten Größen sind gerechnet nach den Formeln:

$$A \;= (n^s) \sin a$$
$$D \;= (n'') \cos a$$
$$B \;= (m^s) - 0.00001818\, (n^s)^2 \sin 2\, a$$
$$\Delta C = \operatorname{arc} tg\, C - C;\; C = A\, tg\, (\delta_{1957.0} + D)$$
$$P \;= -15\, tg \tfrac{1}{2} \psi;\; tg\, \psi = \sin\, (n) \sin\, a\; tg\, (\delta_{1957.0} + D)$$
$$a \;= \alpha_{1957.0} + 90^\circ - (N)$$

Wegen der Größen (m), (n), (N) vgl. S. [5] der „Grundbegriffe der Sphärischen Astronomie“ im Jahrbuch für 1916. Falls die auf S. 290* gegebene Tafel für ΔC und P nicht ausreicht, berechne man die Größen nach den vorstehend gegebenen Formeln oder benutze die weiterreichende Tafel in Veröff. d. Astronom. Rechen-Instituts Nr. 49.

Sonnen- und Mondfinsternisse (S. 292*—297*).

Bei der Berechnung der Finsternisse des Jahres 1957 sind die Örter von Sonne und Mond um folgende Beträge verbessert worden:

	Sonne				Mond			
1957	$\Delta\lambda$	$\Delta\beta$	$\Delta\alpha$	$\Delta\delta$	$\Delta\lambda$	$\Delta\beta$	$\Delta\alpha$	$\Delta\delta$
	″	″	s	″	″	″	s	″
April 29—30	+1.4	0.0	+0.09	+0.4	—2.9	—0.2	—0.19	—1.2
Mai 13—14	+1.4	0.0	+0.09	+0.4	—3.1	—0.8	—0.22	0.0
Okt. 23	+1.4	0.0	+0.09	—0.5	—3.4	—0.8	—0.23	+0.4
Nov. 7	+1.4	0.0	+0.09	—0.4	—2.9	—0.2	—0.18	—1.1

Die bei den Sonnenfinsternissen gegebenen Besselschen Elemente dienen in der folgenden Weise zur Vorausberechnung der Phasenzeiten und der Positionswinkel der Kontakte:

Mit einer Ausgangszeit T (siehe weiter unten) entnimmt man der Elemententabelle die Werte:

x, y, log sin d, log cos d, μ, l ($l^{(a)}$ für äußere, $l^{(i)}$ für innere Berührung), log tang f ($f^{(a)}$ für äußere, $f^{(i)}$ für innere Berührung), x' und y'.

Mit ihnen rechnet man das folgende Formelsystem durch:

$$(1)\left\{\begin{aligned} \xi &= c \cos\varphi \sin(\mu-\lambda) \\ \eta &= s \sin\varphi \cos d - c \cos\varphi \sin d \cos(\mu-\lambda) \\ \zeta &= s \sin\varphi \sin d + c \cos\varphi \cos d \cos(\mu-\lambda) \\ \xi' &= [7.6398-10]\, c \cos\varphi \cos(\mu-\lambda) \\ \eta' &= [7.6398-10]\, \xi \sin d, \end{aligned}\right.$$

worin φ die geographische Breite, λ die westliche Länge (von Greenwich) des Beobachtungsortes bezeichnen, s und c aus der Tafel auf S. 405* zu entnehmen sind.

Alsdann:

$$(2)\left\{\begin{aligned} m \sin M &= x - \xi \\ m \cos M &= y - \eta \end{aligned}\right\} m > 0 \qquad \left\{\begin{aligned} n \sin N &= x' - \xi' \\ n \cos N &= y' - \eta' \end{aligned}\right\} n > 0$$

Nun berechnet man aus:

$$(3)\quad L = l - \zeta \operatorname{tang} f$$

$L^{(a)}$ mit $l^{(a)}$ und $f^{(a)}$, $L^{(i)}$ mit $l^{(i)}$ und $f^{(i)}$; dann aus:

$$(4)\quad \sin\psi = \frac{m \sin(M-N)}{L}\ {}^{1)}$$

[1]) Wird der Winkel ψ bei der ersten Näherungsrechnung imaginär, so rechne man τ unter der Annahme $\psi = 90°$ aus $\tau = -\frac{m\cos(M-N)}{n}$; bleibt ψ auch in der weiteren Rechnung imaginär, so deutet dies an, daß an dem betreffenden Orte keine Sonnenfinsternis stattfindet.

mit $L^{(a)}$ und $L^{(i)}$ je zwei Werte $\psi^{(a_1)}$, $\psi^{(a_2)}$ und $\psi^{(i_1)}$, $\psi^{(i_2)}$, von denen der eine zum Eintritt der Erde in den Halb- oder Kernschatten-Kegel, der andere zu ihrem Austritt aus ihm gehört. Diesen vier Werten $\psi^{(a_1)}$, $\psi^{(a_2)}$ und $\psi^{(i_1)}$, $\psi^{(i_2)}$ entsprechen vier Werte $\tau^{(a_1)}$, $\tau^{(a_2)}$ und $\tau^{(i_1)}$, $\tau^{(i_2)}$ (in Zeitminuten) nach

$$(5)\ \tau = -\frac{m \cos(M-N)}{n} + \frac{L \cos\psi}{n},$$

um welche die Ausgangszeit T zu verbessern ist, um die Zeit der gesuchten Phase zu erhalten. Ist T die gesuchte Phasenzeit, so wird $\tau = 0$ werden. Man muß daher das Formelsystem (1) bis (5) mit steigenden Näherungen so lange durchrechnen, bis dieser Fall eintritt, d. h. bis das Formelsystem sich schließt. Zu diesem Zweck beginnt man mit einem Näherungswert T_1, für den man, wenn kein besserer bekannt sein sollte, eine beliebige Zeit nahe der Mitte der Finsternis nehmen mag, und rechnet die erste genäherte Korrektion τ_1; dann wiederholt man die Rechnung mit $T_2 = T_1 + \tau_1$, dann mit $T_3 = T_2 + \tau_2 = T_1 + \tau_1 + \tau_2$ usf. bis sich $\tau_n = 0$ ergibt. T_n ist dann die gesuchte Weltzeit des Kontaktes, die durch Hinzufügung der Längendifferenz in mittlere Ortszeit zu verwandeln ist. Die Rechnung ist für jede Berührung gesondert durchzuführen.

Die Positionswinkel der einzelnen Phasen, in üblicher Weise vom Punkt größter Deklination nach Osten gezählt, folgen aus den Werten der letzten Näherung (Größen mit dem Index n) nach

$$P = N + \psi.$$

Will man den Winkelabstand Q vom Punkte der größten Höhe haben, so hat man von P noch den parallaktischen Winkel γ abzuziehen, der aus

$$\left.\begin{aligned} p \sin\gamma &= \xi \\ p \cos\gamma &= \eta \end{aligned}\right\}\ p > 0$$

folgt, also $Q = P - \gamma$.

Um die Zeit der größten Phase, T_{max}, zu erhalten, hat man die beiden Formelsysteme (1) und (2) mit einem Näherungswerte T_1 durchzurechnen, daraus $T_2 = T_1 - \frac{m \cos(M-N)}{n}$ zu entnehmen und die Rechnung so lange fortzusetzen, bis die Korrektion der Ausgangszeit 0 wird. Als Näherungswert T_1 wählt man zweckmäßig das Mittel der beiden Werte von T_2 für die Berührungszeiten.

Die Größe der Verfinsterung i, in Teilen des Sonnendurchmessers ausgedrückt, ergibt sich dann aus:

$$i = \frac{L^{(a)} - m}{2\,L^{(a)} - 0.5459}$$

worin $L^{(a)}$ und m die zur Zeit T_{max} gehörigen Werte bedeuten.

Merkurdurchgang (S. 298*).

Die auf S 298* enthaltenen Angaben ermöglichen eine Berechnung des Merkurdurchganges für einen beliebigen Ort der Erdoberfläche.

Sternbedeckungen (S. 299*—308*).

Die Seiten 299* bis 302* enthalten die Elemente von Stern- und Planetenbedeckungen durch den Mond, welche in dem Gebiet zwischen den Meridianen 0^h und 2^h östlicher Länge von Greenwich und den Breitenkreisen $+45°$ und $+55°$ sichtbar sind.

Mit den in der Zusammenstellung der Elemente gegebenen Werten geschieht die Berechnung der Berührungszeiten eines Sternes mit dem Mondrand für einen Ort mit den geographischen Koordinaten φ und λ (λ positiv, wenn der Beobachtungsort westlich von Greenwich liegt) auf folgende Weise:

Aus der auf den Seiten 299* bis 302* enthaltenen Weltzeit T der geozentrischen Konjunktion von Mond und Stern findet man einen ausreichenden Näherungswert $T+t$ der Weltzeit der topozentrischen Konjunktion durch Berechnung der Größen:

$$h_0 = H - \lambda$$

$$\xi_0 = c \cos\varphi \sin h_0 \text{ (} c \text{ und später } s \text{ aus der Tafel auf Seite 405*)}$$

$$\xi' = [9.4192 - 10]\, c \cos\varphi \cos\frac{4}{3} h_0$$

$$t = \frac{\xi_0}{x' - \xi'}$$

t ergibt sich in Stunden mittlerer Zeit. Das Vorzeichen entspricht dem von h_0.

Für die Zeit $T+t$ berechne man die folgenden Größen, in denen $t_0 = 1.0027\, t$ ist.

$$\xi = c \cos\varphi \sin(h_0 + t_0)$$

$$\eta = s \sin\varphi \cos\delta - c \cos\varphi \sin\delta \cos(h_0 + t_0) = \eta_1 - \eta_2$$

$$\xi' = [9.4192 - 10]\, c \cos\varphi \cos(h_0 + t_0)$$

$$\eta' = [9.4192 - 10]\, \xi \sin\delta$$

$$x = x' t$$

$$y = Y + y' t.$$

Aus den Beziehungen:

$$\left.\begin{aligned} m \sin M &= x - \xi \\ m \cos M &= y - \eta \end{aligned}\right\} m > 0$$

$$\left.\begin{aligned} n \sin N &= x' - \xi' \\ n \cos N &= y' - \eta' \end{aligned}\right\} n > 0$$

$$\sin\psi = [0.5646]\, m \sin(M - N),$$

ψ zwischen $+90°$ und $-90°$, berechne man

$$\tau = -\frac{[1.7782]\, m}{n} \cos(M - N) \mp \frac{[1.2135]}{n} \cos\psi$$

$$d\tau = \frac{[6.7591 - 10]\, \tau^2}{n \cos\psi} [\eta_2 \cos(N \mp \psi) - \xi \sin(N \mp \psi)],$$

wobei die oberen Vorzeichen für den Eintritt, die unteren für den Austritt gelten. Die eingeklammerten Zahlen bedeuten Logarithmen. τ und $d\tau$ ergeben sich in Zeitminuten. Werden die für den Eintritt geltenden Werte mit τ' und $d\tau'$ bezeichnet, die für den Austritt geltenden mit τ'' und $d\tau''$, so ist die Weltzeit des

$$\text{Eintritts} = T + t + \tau' + d\tau'$$

$$\text{Austritts} = T + t + \tau'' + d\tau''.$$

Als Kontrolle berechne man die Werte von x, y, ξ, η für die so gefundenen Berührungszeiten. Sind diese richtig, so muß die Beziehung erfüllt sein:

$$\sqrt{(x - \xi)^2 + (y - \eta)^2} = 0.2725.$$

Ist $m \sin(M - N) > 0.2725$, so tritt für den betreffenden Beobachtungsort keine Bedeckung des Sternes ein.

Die Positionswinkel des Sternes in bezug auf den Mondmittelpunkt für die Zeiten des Ein- und Austritts folgen aus

$$P_E = N - \psi - d\,P \text{ für den Eintritt,}$$

$$P_A = N + \psi + d\,P \pm 180^\circ \text{ für den Austritt,}$$

wobei die Winkel $N - \psi$ und $N + \psi$ aus der Rechnung für $d\,\tau$ entnommen werden können, und $d\,P$ in Graden ausgedrückt aus

$$d\,P = \frac{[7.3038 - 10]\,\tau^2}{\cos\psi}\,(\eta_2 \sin N + \xi \cos N)$$

folgt.

Die Angaben über Sternbedeckungen sind von dem Nautical Almanac Office, US. Naval Observatory, Washington, zur Verfügung gestellt worden.

Auf den Seiten 303*—308* sind für Berlin-Babelsberg, Frankfurt a. M. und München Vorausberechnungen der an diesen Orten sichtbaren Sternbedeckungen gegeben. Außer der Weltzeit und dem Positionswinkel des Ein- oder Austrittes des bedeckten Sternes sind noch die Koeffizienten a und b angeführt, welche eine genäherte Vorausberechnung der Berührungszeiten für andere Orte innerhalb Deutschlands ermöglichen, die nicht allzuweit von den genannten Hauptpunkten entfernt sind. Bezeichnen λ und φ die geographischen Koordinaten des Beobachtungsortes, λ_0 und φ_0 diejenigen des ihm am nächsten gelegenen Hauptpunktes, so ist die gesuchte Berührungszeit gleich der für den Hauptpunkt geltenden $+ a(\lambda - \lambda_0) + b(\varphi - \varphi_0)$. Hierbei sind die Differenzen $\lambda - \lambda_0$ und $\varphi - \varphi_0$ in Einheiten des Grades unter Mitnahme des Zehntelgrades auszudrücken, damit sich die Korrektion in Zeitminuten ergibt.

Die Vorausberechnungen der Sternbedeckungen für Berlin-Babelsberg, Frankfurt a. M. und München wurden vom Nautical Almanac Office, London, ausgeführt und von diesem zum Abdruck zur Verfügung gestellt.

Mondbewegung und Lage des Mondäquators gegen den Erdäquator (S. 309*).

Auf S. 309* finden sich:

☊, Aufsteigender mittlerer Knoten der Mondbahn auf der Ekliptik,
$L_☾$, Mittlere Länge des Mondes,
$\tilde{\omega}_☾$, Mittlere Länge des Perigäums,
$M_☾$, Mittlere Anomalie des Mondes,
i, Neigung des Mondäquators gegen den Erdäquator,
Δ, Stück des Mondäquators zwischen Ekliptik und Erdäquator,
☊′, Aufsteigender Knoten des Mondäquators auf dem Erdäquator.

☋, der aufsteigende Knoten des Mondäquators auf der Ekliptik ist gleich dem absteigenden Knoten der Mondbahn, also

$$☋ = ☊ \pm 180^\circ.$$

Vom Jahrgang 1926 ab sind die Brownschen Mondtafeln verwendet.

Die Größen i, Δ und ☊′ berechnen sich aus:

$$\sin \tfrac{1}{2}(\Delta + ☊') \cos \tfrac{1}{2} i = \cos \tfrac{1}{2}(\varepsilon - J) \sin \tfrac{1}{2} ☋$$

$$\cos \tfrac{1}{2}(\Delta + ☊') \cos \tfrac{1}{2} i = \cos \tfrac{1}{2}(\varepsilon + J) \cos \tfrac{1}{2} ☋$$

$$\sin \tfrac{1}{2}(\Delta - ☊') \sin \tfrac{1}{2} i = \sin \tfrac{1}{2}(\varepsilon - J) \sin \tfrac{1}{2} ☋$$

$$\cos \tfrac{1}{2}(\Delta - ☊') \sin \tfrac{1}{2} i = \sin \tfrac{1}{2}(\varepsilon + J) \cos \tfrac{1}{2} ☋;$$

dabei ist J, die Neigung des Mondäquators gegen die Ekliptik, nach F. Hayn (Astr. Nachr. Bd. **199**, S. 263) zu $J = 1° 32' 20''$ angenommen worden. Die Zahlen geben die Lage des mittleren Mondäquators (ohne physische Libration).

Die auf S. 309* gemachten Angaben über die Elemente der Mondbahn und des Mondäquators werden, teilweise in Verbindung mit den Größen $L_\odot$ und $M_\odot$ auf S. 29, zu verschiedenen Zwecken verwendet:

1) Als Argumente für die Berechnung der Reduktionsgrößen A, B, C, D, E, A', B'.

2) Bei Bestimmung der selenographischen Koordinaten von Punkten der Mondoberfläche.

3) Bei Berechnung der *optischen* und *physischen* Libration des Mondes.

a) Für die Berechnung der *optischen* Libration des Mondes sind alle nötigen Angaben in den Erläuterungen zu den Hilfstafeln unter Nr. 8 (S. 450*) gemacht.

b) Die Beträge der *physischen* Mondlibration in selenographischer Länge, der Neigung des Mondäquators und seinem aufsteigenden Knoten auf der Ekliptik τ, ρ, σ haben die Werte:

$$\tau = -\ 13'' \sin M_☾ + 65'' \sin M_\odot + 26'' \sin 2\,(L_☾ - M_☾ - ☊)$$

$$\rho = -106'' \cos M_☾ + 34'' \cos(2L_☾ - M_☾ - 2☊) - 11'' \cos 2(L_☾ - ☊)$$

$$\sigma \sin J = -108'' \sin M_☾ + 34'' \sin(2\,L_☾ - M_☾ - 2☊) - 11'' \sin 2\,(L_☾ - ☊).$$

Diese Zahlenangaben beruhen auf der Annahme $f = 0.73$, worüber F. Hayn (Astr. Nachr. Bd. **199**, S. 264) einzusehen ist.

Ephemeride für den Mondkrater Mösting A. (S. 310*—314*).

Die Ephemeride des Mondkraters Mösting A. dient zwei verschiedenen Zwecken: erstens zur genauen Bestimmung von Mondörtern am Himmel durch Beobachtung des Kraters, zweitens zur Bestimmung der selenographischen Koordinaten weiterer Punkte der Mondoberfläche durch deren mikrometrischen Anschluß an Mösting A.

Sie gilt für 0^h Weltzeit und enthält für die Tage, an welchen Mösting A. innerhalb der Beleuchtungsgrenze liegt, die Unterschiede $\alpha_☾ - \alpha_k$ in Rektaszension und $\delta_☾ - \delta_k$ in Deklination zwischen der Mondmitte und dem Krater, vom Erdmittelpunkt aus gesehen, sowie den Logarithmus des Sinus der Äquatorial-Horizontalparallaxe p_k des Kraters, welche von der des Mondes $p_☾$ zu unterscheiden ist, mit den zugehörigen Differenzen.

Zur Anwendung der Ephemeride auf Beobachtungen des Kraters interpoliere man $\alpha_☾ - \alpha_k$, $\delta_☾ - \delta_k$ und log sin p_k mit der Beobachtungszeit. Fügt man alsdann $\alpha_☾ - \alpha_k$ und $\delta_☾ - \delta_k$ zum geozentrischen Ort des

Kraters hinzu (die Parallaxe wird mit p_k und δ_k, der Deklination des Kraters, berechnet), so hat man die geozentrische Rektaszension und Deklination des Mondes für die Beobachtungszeit.

Der Berechnung der Ephemeride des Kraters Mösting A. liegen folgende von F. H a y n ermittelte Konstanten (Astr. Nachr. Bd. **199**, S. 263) zugrunde:

$$\lambda_0 = -5°\,10'\,7'', \quad \beta_0 = -3°\,11'\,2'', \quad h = 15'\,33''.4.$$

Für die Reduktion auf den mittleren Mondäquator wurden die Werte angenommen:

$$d\lambda = -13''\sin M_☾ + 65''\sin M_\odot + 26''\sin 2\,(L_☾ - M_☾ - ☊)$$
$$d\beta = -108''\sin(L_☾ - M_☾ - ☊ + \lambda_0) - 34''\sin(L_☾ - M_☾ - ☊ - \lambda_0)$$
$$+ 11''\sin(L_☾ - ☊ - \lambda_0),$$

so daß die auf den mittleren Mondäquator bezogenen selenographischen Koordinaten des Kraters Mösting A. sind:

$$\lambda = \lambda_0 + d\lambda, \qquad \beta = \beta_0 + d\beta.$$

Die Formeln zur Berechnung der Ephemeride siehe in den Erläuterungen zum Jahrbuch 1916.

Die Formeln für die Reduktion von mikrometrischen Anschlußbeobachtungen von Kratern an Mösting A. findet man in den Jahrbüchern bis zum Jahrgang 1952.

Rotation der Sonne (S. 315*—317*).

Die auf den Seiten 315*—317* enthaltenen Größen haben die Bedeutung:

P Positionswinkel der Rotationsachse der Sonne, in der üblichen Weise von deren Nordpunkt nach Osten gezählt.

B_0 und L_0 Heliographische Breite und Länge des Mittelpunktes der Sonne.

Als Nullmeridian der Zählung der heliographischen Längen dient der Meridian, welcher am 1. Januar 1854 im mittleren Greenwicher Mittag (J. D. 239 8220ᵈ0) durch den aufsteigenden Knoten des Sonnenäquators auf der Ekliptik ging.

Die Neigung des Sonnenäquators gegen die Ekliptik beträgt 7°25, die Länge des aufsteigenden Knotens auf dieser ist 73°667 + 0°01396 (t — 1850.0).

Die siderische Rotationszeit beträgt 25ᵈ38 und die synodische 27ᵈ2753.

Nach Carrington beginnt die erste synodische Rotation 1853 Nov. 9. Im Jahre 1957 beginnt die synodische Rotation:

		d			d			d
Nr. 1383	Jan.	23.37	Nr. 1388	Juni	8.81	Nr. 1393	Okt.	23.00
Nr. 1384	Febr.	19.75	Nr. 1389	Juli	6.01	Nr. 1394	Nov.	19.31
Nr. 1385	März	19.07	Nr. 1390	Aug.	2.21	Nr. 1395	Dez.	16.63
Nr. 1386	April	15.36	Nr. 1391	Aug.	29.45			
Nr. 1387	Mai	12.60	Nr. 1392	Sept.	25.72			

Rotation des Mars (S. 318*—319*).

Auf den Seiten 318*—319* ist die Länge des Zentralmeridians sowie die Durchgangszeit des Nullmeridians durch den Mittelpunkt der Marsscheibe gegeben. Die Angaben sind wegen Aberration korrigiert, also direkt mit der Beobachtungszeit vergleichbar.

Rotation des Jupiter (S. 320*—321*).

Auf den Seiten 320*—321* ist die Länge des Zentralmeridians des beleuchteten Teiles der Jupiterscheibe enthalten. Die Angaben unter System I beziehen sich auf die Äquatorzone mit der Rotationsperiode $9^h\ 50^m\ 30^s.004$, diejenigen unter System II gelten für die Gebiete nördlich und südlich von dieser mit der Rotationsperiode $9^h\ 55^m\ 40^s.632$. In einer besonderen Spalte ist die Reduktion auf den Zentralmeridian der vollen Jupiterscheibe gegeben.

Als Ausgangswerte sind verwendet worden für

System I:

1897 Juli 14 mittl. Mittag Greenw. Länge des Zentralmeridians $= 47^\circ.31$,

System II:

1897 Juli 14 mittl. Mittag Greenw. Länge des Zentralmeridians $= 96^\circ.58$.

Der Nordpol der Rotationsachse des Jupiter zeigt nach dem Punkt

$$\text{AR.} = 17^h\ 52^m\ 0^s.84 + 0^s.247\ (t - 1910)$$

$$\text{Dekl.} = +64^\circ\ 33'\ 34''.6\ -0''.60\ (t - 1910),$$

t in tropischen Jahren.

Jupitertrabanten (S. 322*—333*).

Die Seiten 322* und 323* enthalten die Zeitangaben (in Weltzeit) für die Verfinsterungen der vier hellen Jupitertrabanten in dem Schattenkegel des Jupiter; Ein- und Austritte sind durch beigefügtes E. und A. unterschieden.

Auf den Seiten 324*—333* sind die Anordnungen der vier hellen Trabanten in bezug auf die Jupiterscheibe schematisch angegeben, wie sie im umkehrenden Fernrohr zu der am Kopfe der Diagramme angegebenen Zeit erscheinen. Die Trabanten sind durch die Ziffern 1 bis 4 gekennzeichnet, wobei die Stellung der Ziffer in bezug auf den betreffenden Trabant die Richtung seiner Bewegung kennzeichnet. Am Rande der Diagramme ist angegeben, ob ein Trabant verfinstert ist oder sich vor der Planetenscheibe befindet. Am Fuß der Seiten sind die Stellungen der Trabanten in bezug auf Jupiter für die Berührungen mit dem Schattenkegel angegeben. Ein- und Austritte sind durch beigefügtes E. und A. unterschieden.

Saturnsring (S. 334*—335*, 338*).

Die Angaben für die scheinbare Größe des Saturn und für die Lage und Größe des Saturnsringes haben die folgende Bedeutung:

α Große Achse des Saturn.

β Kleine Achse des Saturn.

p_a Phase; positiv, wenn der Ostrand, negativ, wenn der Westrand verdunkelt ist.

a Große Achse der Ringellipse.

b Kleine Achse der Ringellipse; positiv, wenn die nördliche, negativ, wenn die südliche Fläche des Ringes sichtbar ist.

U' Heliozentrische Länge des Saturn, gezählt auf der Ringebene vom aufsteigenden Knoten des Ringes in der Ekliptik an.

B' Erhöhungswinkel der Sonne über der Ringebene vom Saturn aus gesehen; nördlich positiv, südlich negativ.

P' Winkel der kleinen Achse der Ringellipse mit dem durch den Saturnsmittelpunkt gehenden Längenkreise; östlich positiv, westlich negativ.

U Geozentrische Länge des Saturn, gezählt auf der Ringebene vom aufsteigenden Knoten des Ringes im Erdäquator an.

B Erhöhungswinkel der Erde über der Ringebene vom Saturn aus gesehen; nördlich positiv, südlich negativ.

P Winkel der kleinen Achse der Ringellipse mit dem durch den Saturnsmittelpunkt gehenden Stundenkreise; östlich positiv, westlich negativ.

N Aufsteigender Knoten der Ringebene im Erdäquator, gezählt vom Äquinoktium an.

J Neigung der Ringebene gegen den Erdäquator.

ω Entfernung der Ekliptik vom Erdäquator, gemessen auf der Ringebene.

Es liegen folgende Bestimmungen nach H. Struve zugrunde:

Durchmesser des Saturn in der Entfernung 9.53887

Äquatorial $17''.47$ Polar $15''.65$

Durchmesser des Ringes in der Entfernung 9.53887

$2\,R = 39''.35$

Lage des Saturnsringes gegen die Ekliptik und das Äquinoktium von 1889.25 nach G. Struve

$☊_1 = 167°\ 58'.08$ und $i_1 = 28°\ 4'.55.$

Saturnstrabanten (S. 336*—347*).

Die Berechnungen der Saturnstrabanten Mimas bis Rhea sind mit den von G. Struve in den Veröffentlichungen der Universitätssternwarte Berlin-Babelsberg, Bd. VI, Heft 4 abgeleiteten Elementen durchgeführt worden. Für Titan und Japetus sind die von ihm in Bd. VI, Heft 5 angegebenen Elemente benutzt worden, und für Hyperion haben die von J. Woltjer in den Annalen der Sternwarte Leiden, Bd. 16, Teil 3 bestimmten Elemente als Grundlage gedient.

Die den Ephemeriden zugrunde liegenden Elemente sind auf den Seiten 417*—419* des Jahrbuches für 1950 enthalten.

Auf den Seiten 336*—338* sind die Hilfsmittel gegeben, um in bequemer Weise die Positionen der Trabanten ableiten zu können. Sieht man hierbei von der Neigung γ ab, so erhält man die rechtwinkligen Koordinaten x und y des Trabanten in bezug auf ein Achsenkreuz, dessen Anfangspunkt im Mittelpunkt des Saturn gelegen ist, dessen X-Achse parallel der großen Achse des Ringes verläuft, positiv, wenn östlich, negativ, wenn westlich vom Saturn, und dessen positive Y-Achse mit dem durch den Saturnsmittelpunkt gehenden Stundenkreise den Winkel P einschließt, aus den Gleichungen:

$$x = \frac{a(\Delta)}{\Delta} \frac{1}{1+\zeta} \frac{r}{a} \sin(u-U)$$

$$y = \frac{a(\Delta)}{\Delta} \frac{1}{1+\zeta} \frac{r}{a} \sin B \cos(u-U).$$

$(\Delta) = 9.53887$ bezeichnet den mittleren Wert der Entfernung Sonne—Saturn, Δ ist die Entfernung Erde—Saturn, $u = L + (v - M)$ ist die wahre Länge des Trabanten vom Erdäquator an gezählt.

Die Größen $v-M$ und $\log \frac{r}{a}$ sind auf S. 312*—313* des Jahrbuchs 1933 gegeben, $\log \frac{1}{1+\zeta}$ ist auf S. 338* enthalten.

Ist genaueste Ortsbestimmung erforderlich, so darf man bei Mimas, Tethys und Rhea die Neigungen γ gegen den Saturnsäquator, da sie schon merklichere Werte annehmen, nicht mehr vernachlässigen; x und y ergeben sich dann aus:

$$x = \frac{a(\Delta)}{\Delta} \frac{1}{1+\zeta} \frac{r}{a} \sin(u-U)$$

$$y = \frac{a(\Delta)}{\Delta} \frac{1}{1+\zeta} \frac{r}{a} \sin B [\cos(u-U) + \sin\gamma \operatorname{cotg} B \sin(u-\vartheta)].$$

Die Werte von ϑ, der Länge des aufsteigenden Knotens der Trabantenbahn auf dem Saturnsäquator, gezählt vom Schnittpunkte des Saturnsäquators mit dem Erdäquator, findet man für die fünf inneren Trabanten auf S. 338*; auch ist hier für Rhea γ, weil stärker mit der Zeit veränderlich, in Intervallen von 16 Tagen gegeben.

Will man aus x und y die Rektaszensions- und Deklinationsdifferenzen bestimmen, so dienen dazu die Gleichungen:

$$s \sin(p - P) = x$$

$$s \cos(p - P) = y$$

$$\Delta\alpha = \alpha_{tr} - \alpha_{pl} = \frac{1}{15} s \sin p \sec \delta_{tr}$$

$$\Delta\delta = \delta_{tr} - \delta_{pl} = s \cos p.$$

Auf den Seiten 339*—342* finden sich, außer den Hilfsgrößen U, B und P für die Trabanten Titan, Hyperion und Japetus die genäherten Rektaszensions- und Deklinationsunterschiede gegen den Saturn in dem Sinne Trabant minus Planet für die beiden letzteren Trabanten.

Die aus den Angaben des Berliner Jahrbuchs ermittelten Trabantenörter sind auf das mittlere Äquinoktium der Epoche bezogen.

Zum Schluß enthalten die Seiten 343*—347* die Zeitangaben (in Weltzeit) für die östlichen Elongationen von Mimas, Enceladus, Tethys, Dione, Rhea, ferner für die östlichen und westlichen Elongationen ($u - U = \pm 90°$) und für die oberen und unteren Konjunktionen ($u - U = 0°$, $180°$) von Titan, Hyperion und Japetus mit Saturn; diese Zeitangaben für die Elongationen und Konjunktionen sind bereits für Lichtzeit korrigiert, also ohne weiteres mit den Beobachtungen vergleichbar.

Konstellationen (S. 348*—349*).

In der Übersicht der Konstellationen des Jahres 1957 sind die hauptsächlichsten Planeten-Konstellationen gegeneinander und gegen Sonne und Mond sowie die Angaben der Epochen, zu welchen sich die Planeten in gewissen Hauptpunkten ihrer Bahn und ihres synodischen Laufes befinden, zusammengestellt. Die Bedeutung der hier verwendeten Zeichen siehe Seite II. — Die Konjunktionen der Planeten mit dem Mond und ihre gegenseitigen sind als Konjunktionen in AR. zu verstehen. Die Angaben über Konjunktion und Opposition der Planeten mit der Sonne entsprechen den Zeiten, zu denen der Längenunterschied zwischen Planet und Sonne 0° oder 180° ist.

Auf- und Untergangszeiten der Sonne und des Mondes sowie Anfang und Ende der Nautischen Dämmerung (S. 350*—389*).

Für Orte auf dem Meridian von Greenwich und ausgewählte geographische Breiten zwischen —10° und +60° sind die mittleren Ortszeiten der Auf- und Untergänge von Sonne und Mond gegeben. Sie beziehen sich auf das Erscheinen bzw. Verschwinden des oberen Randes der Sonne oder des Mondes und sind mit der Horizontalrefraktion 34ʹ.0 berechnet.

Für Anfang und Ende der Nautischen Dämmerung beträgt die Zenitdistanz der Sonne 102°.

Hilfstafeln (S. 390*—411*).

Es folgt eine Reihe von häufig gebrauchten Hilfstafeln.

1) Tafeln für Präzessionswerte (S. 390*—392*).

a) Präzession in Länge und Breite (Seite 390*—391*).

$$p\lambda = \psi + \pi \operatorname{tg} \beta \cos (\Pi - \lambda)$$
$$p\beta = \pi \sin (\Pi - \lambda)$$

b) Präzession in Rektaszension und Deklination (Seite 392*).

$$p\alpha = m + \tfrac{1}{15} n \sin \alpha \operatorname{tg} \delta$$
$$p\delta = n \cos \alpha$$

c) Präzessionswerte m, n, ψ, π, Π und ε, die mittlere Schiefe der Ekliptik (Seite 392*).

Mit diesen Werten berechnet sich die Präzession für die Elemente einer Bahnebene im System der Ekliptik nach:

$$p_{\Omega} = \psi - \pi \operatorname{cotg} i \sin (\Pi - \Omega)$$
$$p_i = - \pi \cos (\Pi - \Omega)$$
$$p_{\omega} = \pi \operatorname{cosec} i \sin (\Pi - \Omega)$$

und im System des Äquators nach:

$$p_{\Omega'} = m - n \operatorname{cotg} i' \cos \Omega'$$
$$p_{i'} = - n \sin \Omega'$$
$$p_{\omega'} = n \cos \Omega' \operatorname{cosec} i'$$

Den Tafeln a) und b) liegen die Präzessionswerte für 1950.0 zugrunde. Über die Bedeutung der Bezeichnungen und die Zahlenwerte vergleiche die Erläuterungen zum Jahrbuch für 1916.

2) Eine Tafel zur Verwandlung von Minuten und Sekunden in Dezimalteile des Grades und umgekehrt (S. 393*).

3) Hilfstafeln zur Verwandlung von mittlerer Zeit in Sternzeit (S. 394*, 396*) und von Sternzeit in mittlere Zeit (S. 395*, 397*).

4) Eine Tafel zur Verwandlung von Stunden, Minuten und Sekunden in Dezimalteile des Tages und umgekehrt (S. 398*—399*).

5) Eine Tafel für die Ermittelung eines Datums in der Julianischen Periode (Seite 400*—404*). Die Tafel besteht aus zwei Teilen. Der erste Teil (S. 400*—401*) gibt in vierjährigen Schaltperioden für die Jahre 0 bis 2000 die Anzahl der am 0. Januar, 12^h Weltzeit, seit Anfang der Julianischen Periode verflossenen Tage. Als Ergänzung gibt die Hilfstafel am Fuß der Seite die Anzahl der am 0. eines jeden Monats, 12^h Weltzeit, seit Beginn der Schaltperiode verflossenen Tage. Man gehe bis zum 4. Oktober des Jahres 1582 mit dem Datum des Julianischen, für spätere Jahre mit dem Datum des Gregorianischen Kalenders in die Tafel ein. Der zweite Teil (S. 402*—404*) gibt für die Jahre 1860—1979 unmittelbar die Anzahl der im Gregorianischen Kalender am 0. eines jeden Monats, 12^h Weltzeit, seit Beginn der Julianischen Periode verflossenen Tage.

6) Eine Tafel der Hilfsgrößen s und c (S. 405*) zur Berechnung der geozentrischen Breite φ' und der geozentrischen Entfernung ρ eines Erdortes, ausgedrückt in Einheiten der großen Halbachse des Erdellipsoids, aus der geographischen Breite φ nach den Formeln:

$$\varrho \sin \varphi' = s \sin \varphi$$
$$\varrho \cos \varphi' = c \cos \varphi$$

Darin haben s und c die Bedeutung:

$$s = \frac{1 - e^2}{\sqrt{1 - e^2 \sin^2 \varphi}}, \quad c = \frac{1}{\sqrt{1 - e^2 \sin^2 \varphi}}, \quad e = \sqrt{2\,\mathfrak{a} - \mathfrak{a}^2}.$$

Gemäß den Beschlüssen der Pariser Ephemeridenkonferenz von 1911 ist dabei die Abplattung $\mathfrak{a} = \frac{1}{297}$ angenommen.

7) Tafel des halben Tagbogens (S. 406*—407*), berechnet mit der Horizontalrefraktion 34ʹ.9 für geographische Breiten von $+30°$ bis $+60°$ und Deklinationen von $-30°$ bis $+30°$.

8) Die Tafel zur Berechnung der optischen Mondlibration (S. 408*—409*) gibt mit dem Argument $\lambda - \Omega$ die Werte $\Delta\lambda$, a und B entsprechend den Gleichungen:

$$\Delta\lambda = \frac{1}{\operatorname{arc} 1'} \operatorname{tang}^2 \frac{1}{2} J \sin 2(\lambda - \Omega)$$
$$a = -\cos(\lambda - \Omega) \sin J$$
$$\operatorname{tang} B = -\sin(\lambda - \Omega) \operatorname{tang} J$$

J = Neigung des Mondäquators gegen die Ekliptik (s. S. 444*).
Ω = Länge des aufsteigenden mittleren Knotens der Mondbahn auf der Ekliptik (s. S. 309*).
λ, β = Länge und Breite des Mondmittelpunktes, berechnet für den Beobachtungsort.

Bezeichnen noch $L_☾$ die mittlere Länge des Mondes, l' und b' die optische Libration der Mondmitte in selenographischer Länge und Breite, so ist:

$$l' = \lambda - L_☾ + \Delta\lambda - a(B - \beta)$$
$$b' = B - \beta$$

Der Winkel C, welchen der Mondmeridian des Mittelpunktes der scheinbaren Mondscheibe mit dem Stundenkreise bildet, ergibt sich aus der Gleichung:

$$\sin C = -\sin i \frac{\cos(L_☾ + l' + \Delta - ☋)}{\cos\delta_☾} = -\sin i \frac{\cos(\alpha_☾ - ☊')}{\cos b'},$$

worin $\alpha_☾$, $\delta_☾$ Rektaszension und Deklination des Mondmittelpunktes, gesehen vom Beobachtungsort aus, bezeichnen; die anderen vorkommenden Größen i, Δ, ☋ und ☊′ haben schon auf S. 443* ihre Erklärung gefunden.

9) Eine Tafel zur Verwandlung von Zeitmaß in Gradmaß mit dezimaler Unterteilung (S. 410*—411*).

Koordinaten der Sternwarten (S. 412*—417*).

Die Seiten 412*—417* enthalten die geographischen und geozentrischen Koordinaten der Sternwarten.

Die Seehöhen sind in allen Fällen angegeben, wo sie sich einigermaßen sicher ermitteln ließen.

Die geographischen Längen sind auf den Meridian von Greenwich bezogen und dementsprechend ist die »Korrektion der Sternzeit« die Differenz: Orts-Sternzeit in mittlerer Mitternacht minus Greenwicher Sternzeit in mittlerer Mitternacht.

Die geozentrischen Koordinaten sind den Beschlüssen der Pariser Ephemeridenkonferenz vom Oktober 1911 gemäß unter Annahme der Abplattung 1 : 297 berechnet.

Bei Berechnung von $\log \varrho$ ist die Seehöhe berücksichtigt.

Normalzeiten der wichtigeren Länder (S. 418*).

Auf S. 418* sind die in den wichtigeren Ländern eingeführten Normalzeiten zusammengestellt.

Interpolation (S. 419*—423*).

Zur Erleichterung der Interpolation nach der Besselschen Formel sind auf S. 419* die Koeffizienten der zweiten bis vierten Differenzen für jedes Hundertstel des Argumentenintervalles gegeben. Die Seiten 420*—423* enthalten für den speziellen Fall, daß die dritten und höheren Differenzen unberücksichtigt bleiben können, die Verbesserung der ersten Differenz wegen des Einflusses der zweiten Differenz.

Refraktionstafel (S. 424*—425*).

Die auf den Seiten 424*—425* enthaltene Refraktionstafel ist nach der Theorie von R. Radau (Annales de l'Observatoire de Paris, Memoires, Bd. 19) unter Verwendung der Refraktionskonstante 60″154 berechnet und ist eine Abkürzung der in den Bänden der Connaissance des Temps enthaltenen Tafel.

Erläuterungen

Polaristafeln (S. 426*—432*).

Die auf den Seiten 426*—432* enthaltenen Tafeln erleichtern die Bestimmung der geographischen Breite φ aus Messungen der Zenitdistanz z des Polarsterns außerhalb des Meridians nach der Formel

$$\varphi = 90° - z - p \cos t + \tfrac{1}{2} p^2 \sin^2 t \operatorname{cotg} z,$$

wobei p die Poldistanz des Polarsterns und t sein Stundenwinkel ist. Man geht in Tafel 1 mit der Sternzeit der Beobachtung ein, in Tafel 2 mit der Sternzeit und dem Datum und in Tafel 3 mit der Sternzeit und der Zenitdistanz. Da in jeder der drei Tafeln willkürliche Konstanten enthalten sind, ist es notwendig, die Werte aller drei Tafeln bei der Reduktion der Messungen zu berücksichtigen.

Berichtigungen.

Jahrbuch 1954: S. 18, Dez. 21. Die Zeitgleichung ist $+2^m\ 18^s\!.21$ anstatt $+1^m\ 18^s\!.21$.

Jahrbuch 1956: S. 48, Dez. 32. Die Zeit des Neumondes ist $2^h\ 13^m$ anstatt $1^h\ 13^m$.

S. 5*, Stern 1068. Die Deklination ist $+29°$ anstatt $+28°$.

Alphabetisches Sachregister

Kolibri 360 GmbH
Ferdinand-Jühlke-Straße 7
99095 Erfurt, Deutschland
produktsicherheit@kolibri360.de